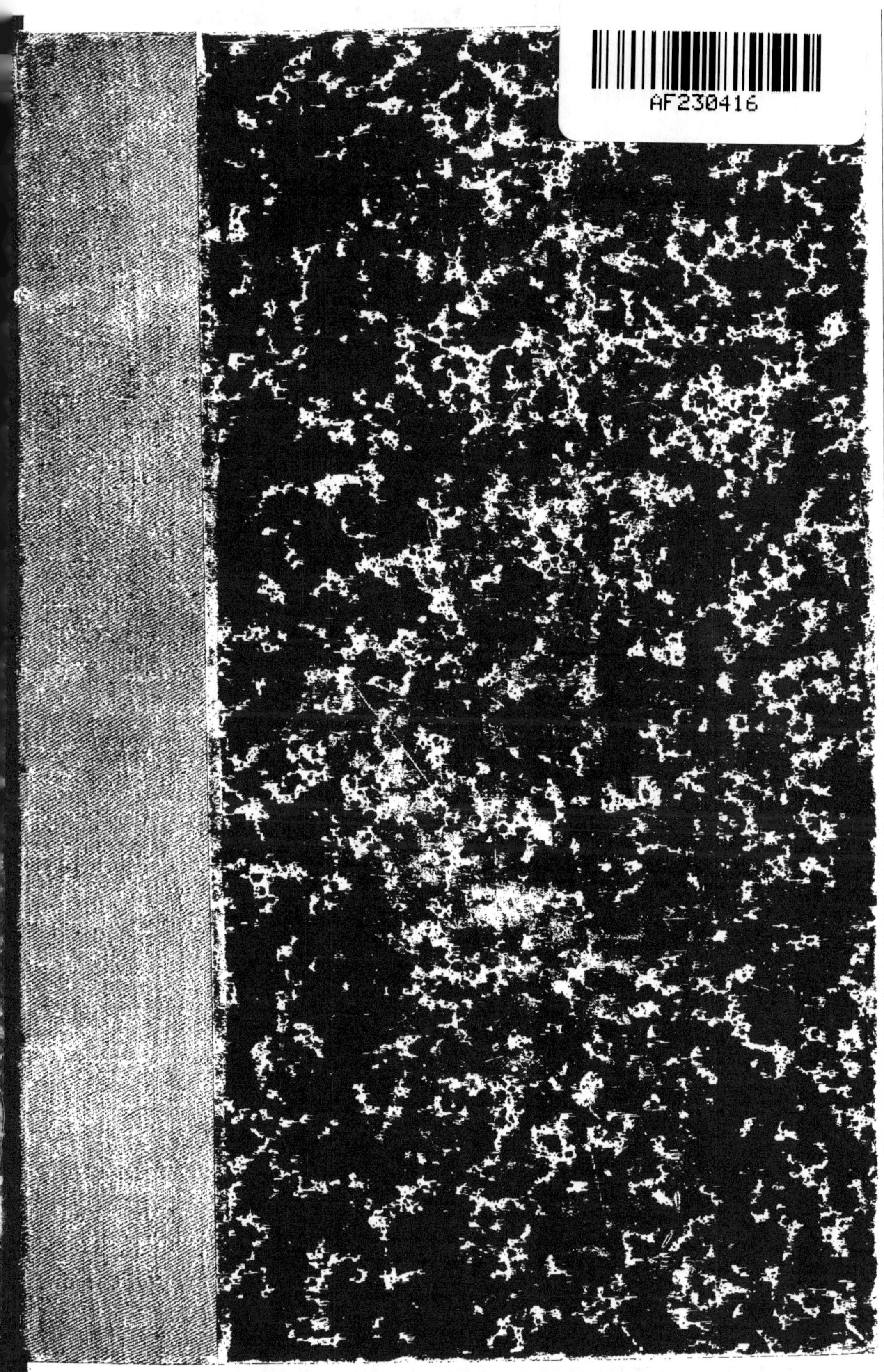

AF230416

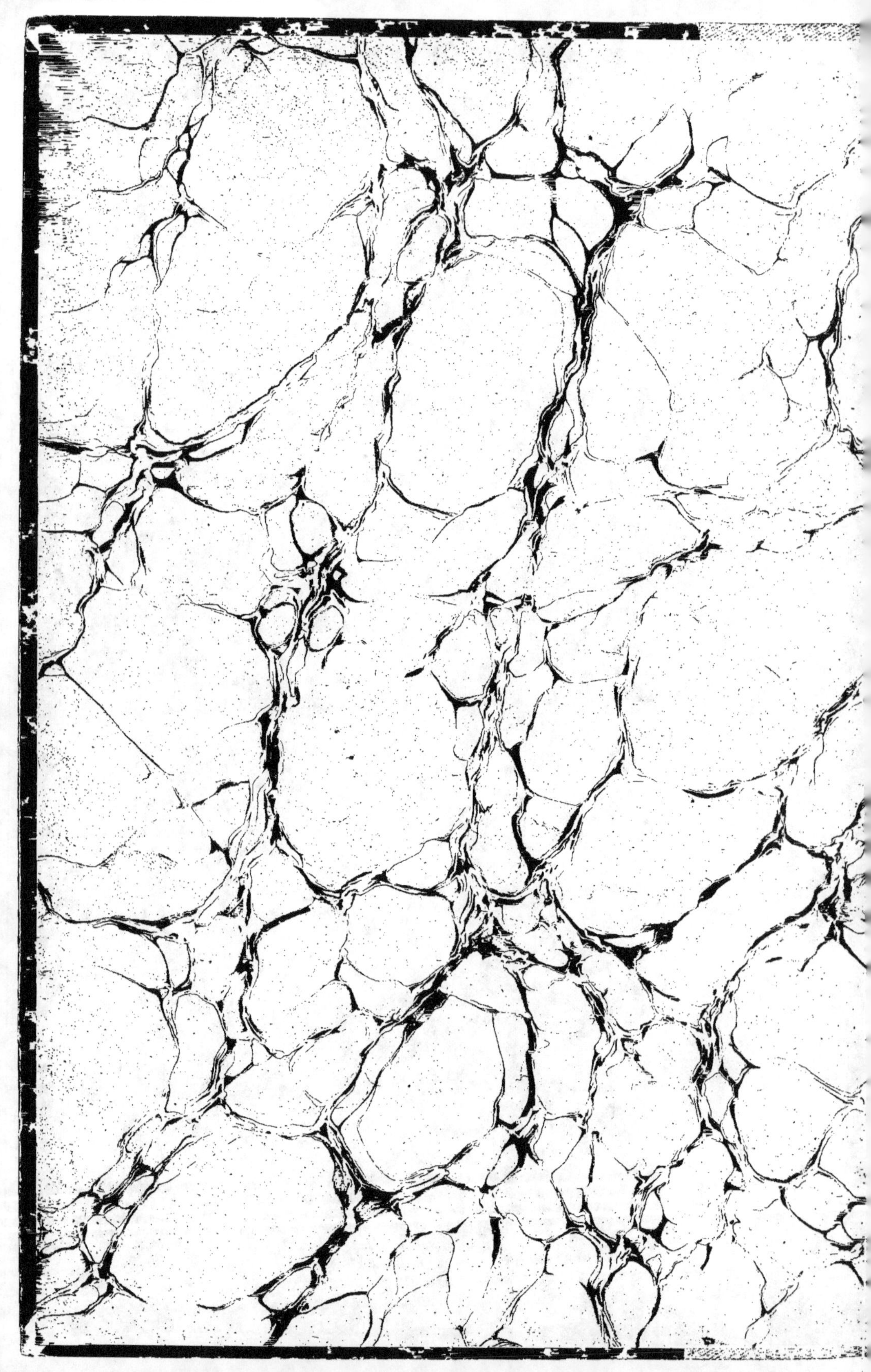

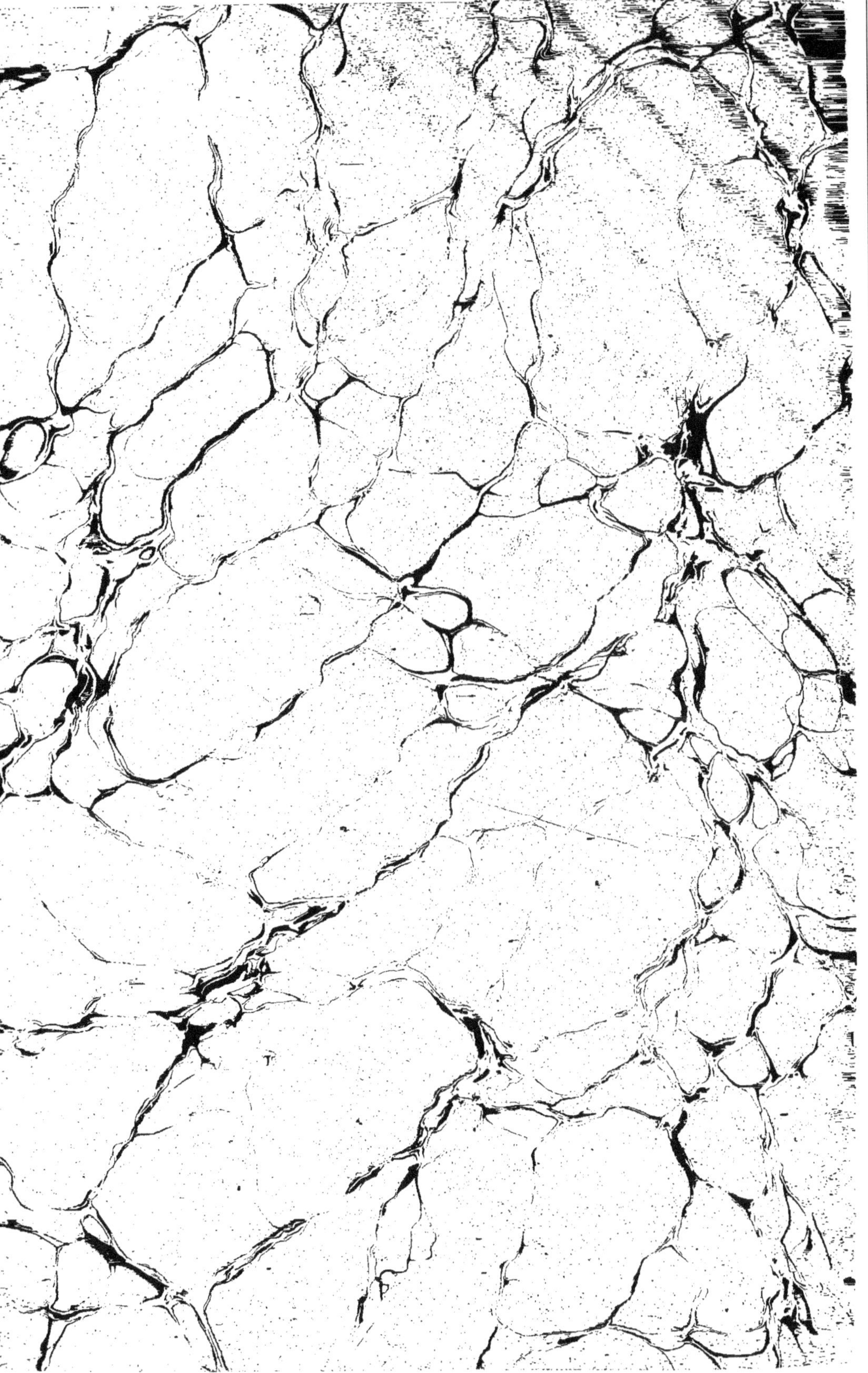

L'AMOUR CONJUGAL

PAR

LE DOCTEUR MICHEL VILLEMONT

UNE SÉRIE PAR SEMAINE

PARIS

LIBRAIRIE DES PUBLICATIONS NOUVELLES
9, PASSAGE SAULNIER, 9

IMP. VORMUS, A PARIS.

PRÉFACE

Les premiers hommes étaient tout autres que nous : ils étaient bien moins scrupuleux et bien plus raisonnables que nous ne le sommes. Leur nudité ne leur causait aucune émotion déréglée. La nature et la raison étaient les maîtresses de leurs mouvements et l'amour semblait obéir à leurs ordres quand ils s'y opposaient. Ils regardaient une femme comme une statue quand il ne leur était pas permis de l'aimer.

Nous avons été élevés dans la répugnance à nommer les parties naturelles de l'un et de l'autre sexe que nous appelons *honteuses*, quoique Moïse les ait nommées *saintes*, puisqu'il n'était pas permis à une femme de les toucher sans avoir la main coupée. Il y a loin avec ce que nous voyons aujourd'hui. C'est pour réagir contre l'état actuel des choses que nous publions ce livre. Loin d'être immoral, il sera une œuvre d'hygiène et servira de retenue aux êtres de tous les sexes et de tous les âges.

Un jeune homme y connaîtra de quel tempérament il est, quelle disposition il a pour la continence ou pour le mariage. Il apprendra à quel âge il doit se marier pour ne pas s'énerver dans le commencement de sa vie.

Un vieillard y verra jusqu'à quel âge il peut se marier et jusqu'à quel moment de sa vie il peut, sans danger, se procurer les plaisirs qui sont comme l'apanage de la force et de la jeunesse.

Un théologien, un jurisconsulte y trouveront les causes de la validité et de la dissolution d'un mariage, et les vices qui s'y rencontrent. Le juge y trouvera des difficultés de droit et de médecine, établies et décidées si clairement qu'il pourra distinguer les véritables causes de l'impuissance d'un homme et de la stérilité d'une femme, et ne se laissera pas abuser quand on lui présentera des enfants supposés. Il y remarquera les défauts qui peuvent causer le divorce. Une femme apprendra dans ce livre à régler sa vie et à ménager la santé de ses filles. Un débauché y connaîtra quels fâcheux chagrins et quelles maladies incurables cause une vie déréglée, et il y trouvera des remèdes pour conserver sa santé et être plus retenu à l'avenir.

Il serait à souhaiter que le lecteur, de quelque sexe qu'il fût, apprécie à sa juste valeur tout ce qu'il pourra lire dans ce livre, qu'il arrange sa vie intime sur les conseils qui lui sont donnés, car là sont les sources de la force, de la puissance, de la virilité des individus qui forment une grande nation.

L'AMOUR CONJUGAL

PREMIÈRE PARTIE

CHAPITRE PREMIER

DES PARTIES DE L'HOMME ET DE LA FEMME QUI SERVENT
A LA GÉNÉRATION

ARTICLE PREMIER

Des parties naturelles et externes de l'homme.

Nous appelons le membre viril la principale des parties naturelles de l'homme, que les anciens ont mise au nombre des dieux, sous le nom de *Fascinus*, pour nous apprendre l'empire qu'elle s'était acquis dans le monde ; car il n'y a ni charmes ni enchantements qui la puissent égaler.

En effet, dans ces derniers siècles, aussi bien que dans les premiers, on a eu beaucoup de vénération pour cette partie-là, parce qu'elle est le père du genre humain et l'origine des parties qui nous composent. Villandré, ainsi que le remarque l'Histoire de France, commit un crime de lèse-majesté, pour avoir touché de la main les parties naturelles de Charles IX. La loi de l'Ancien Testament commande de couper la main à une femme qui aurait manié ces mêmes parties, ou par mépris, ou par injure ; et cette même loi, aussi bien que la nouvelle, ne permet pas qu'un homme qui a quelque défaut dans les parties de la génération, soit admis dans l'église de Dieu. Et les Cafres se trouvent glorieux quand ils ont coupé, en guerre, à leurs ennemis plusieurs membres virils, dont ils font présent à leurs femmes ou à leurs amies, qui, par honneur, s'en font des colliers qu'elles se mettent au cou. Le membre viril a un notable commerce avec toutes les autres parties du corps : si on le touche quelquefois un peu rudement, le cœur s'en ressent aussitôt par des faiblesses surprenantes, la tête en pâtit par des pesanteurs insupportables, et les yeux en souffrent par des vertiges et des éblouissements funestes.

A considérer en gros cette partie, on dirait qu'elle est toute d'une pièce ; mais, si on l'examine par parties, on connaîtra aisément qu'elle est couverte d'une petite peau fort déliée, et d'une autre plus épaisse, qui est garnie de veines et d'artères, attachée fortement au gland par un lien robuste et membraneux ; qu'elle a une membrane toute de chair, qui l'enveloppe, et presse comme un étui toutes les parties qui la composent. Sa substance n'est ni solide ni osseuse ; si elle avait été comme celle des chiens ou des loups, il y aurait eu beaucoup de désordre dans les différentes rencontres des hommes avec les femmes ; et il n'eût pas fallu tant de témoins pour justifier un larcin amoureux, qu'il n'en faut aujourd'hui, si, en se caressant, on eût été arrêté par cette partie-là.

Le conduit commun de l'urine et de la semence est placé au milieu de cette partie. Le gland, couvert de son prépuce, qui est à l'une de ses extrémités, a la chair si délicate et si sensible, que c'est là que la nature a établi le trône de la volupté dans les embrassements des femmes.

Deux tuyaux, que l'on nomme nerveux ou caverneux, accompagnent le conduit commun de l'urine et de la semence ; ils sont remplis d'une matière déliée et spongieuse, qui ressemble à du sang caillé et noirci. C'est dans leurs petites cavités que les artères et les nerfs portent des esprits, qui, s'y multipliant, font ensuite enfler ces deux parties, qui raidissent et qui endurcissent tout le corps de la verge, souvent contre notre volonté. C'est sans doute pour cela qu'Aristote a dit que le cœur et la verge étaient dans l'homme deux sortes d'animaux qui se remuaient d'eux-mêmes. Tout ceci ne se fait pas sans mystère. La nature a ses desseins dans tout ce qu'elle entreprend, et cette dureté que nous souffrons souvent malgré nous, n'arrive pas seulement pour se lier étroitement avec une femme, mais pour darder avec violence dans ses parties les plus profondes la matière dont on fait les hommes.

La verge ne saurait s'élever sans muscles, ni se maintenir raide sans un continuel abord d'esprits ; il serait même impossible que la semence fût dardée comme elle l'est, si d'autres petits muscles ne pressaient son conduit pour l'en faire sortir avec précipitation.

ARTICLE II

Des parties naturelles et internes de l'homme.

Les testicules sont renfermés dans une bourse, comme quelque chose de fort précieux : aussi est-ce de là que la nature puise incessamment la matière dont elle fait tous les jours des miracles dans la production des hommes. Ces parties sont les témoins de la virilité et de la force ; et il n'était pas permis autrefois, dans le barreau de Rome, de porter témoignage contre quelqu'un, si l'on en était privé.

Chaque homme a ordinairement deux testicules ; si l'un est incommodé, flétri ou blessé, l'autre peut servir à la génération ; et il s'en trouve qui n'en ont naturellement qu'un, comme autrefois les Sylles et les Cotes : mais la nature renferme dans cette seule partie toute la vertu qui devait être dans les deux.

Ceux qui en ont trois ou quatre sont bien plus communs que ceux qui n'en ont qu'un ; et nos histoires de médecine remarquent qu'il n'y a guère de royaumes qui ne fournissent des familles où il n'y ait des hommes à trois testicules : mais ceux-ci n'ont point l'avantage des premiers, puisqu'au lieu d'être fertiles par la multitude de leurs parties, ils en deviennent impuissants, la vertu prolifique étant divisée en trop de parties pour avoir de la force. Agathocle, roi de Sicile, et M. Pint... de cette ville, connurent bien que le plus grand nombre des testicules n'était pas le meilleur pour la génération, bien qu'il le fût pour l'ardeur et pour le plaisir, et qu'il valait beaucoup mieux n'en avoir qu'un ou deux, que d'en avoir davantage.

Si l'homme, dit un philosophe ancien, avait les testicules cachés dans le ventre, il n'y aurait point entre les animaux d'animal plus lascif que lui. Afin donc d'éviter les désordres de sa lasciveté, la nature, ajoute-t-il, a placé au dehors les parties de la génération, pour recevoir incessamment les impressions des injures de l'air. Cependant, pourrais-je répliquer, cela n'empêche pas que l'homme ne soit le plus lascif de tous les animaux, puisqu'en tout temps et à toute heure il est disposé aux délices de l'amour, et que la plupart des animaux attendent la belle saison pour s'accoupler.

Mais la nature a eu une tout autre raison de mettre ces parties au dehors. La semence en est beaucoup mieux préparée lorsqu'elle a plus d'étendue et de temps à se perfectionner. Et c'est sans doute cette même raison qui fait que la semence des femmes n'est pas si rectifiée que la nôtre, parce que les vaisseaux qui en préparent la matière sont incomparablement plus courts et moins entrelacés que ceux des hommes.

Presque tous les enfants ont les testicules cachés dans le ventre ou dans les aines, et il s'en trouve peu à qui les testicules paraissent avant l'âge de huit ou dix ans : c'est alors que la chaleur commençant à être vigoureuse, dispose toutes les parties de la génération pour l'admirable ouvrage de la nature, et qu'elle pousse au dehors les parties qui étaient demeurées cachées jusqu'en ce temps-là. De tous ces enfants, il y en a quelques-uns à qui les testicules ne descendent que fort tard, ou quelquefois jamais, et alors l'on prendrait ces hommes pour des eunuques, s'ils n'avaient d'autres marques pour nous persuader qu'ils sont des hommes parfaits. Jamais la femme du seigneur d'Argenton n'aurait douté de la puissance de son mari, si elle lui avait trouvé des testicules dans la bourse ; et l'on n'aurait su justifier sa fécondité par toutes les marques qu'il en avait, si, après sa mort, Ambroise Paré n'eût trouvé ses testicules dans le ventre. Et jamais le lapidaire dont parle Kerckringius n'eût si fortement chanté, s'il n'eût eu ses testicules cachés dans le ventre, qui lui sortirent à dix ans, après une fièvre chaude.

Quoi qu'en veuille dire Hippocrate, il n'y a pas d'apparence de croire ce qu'il nous veut persuader, que le testicule droit soit plus chaud que le gauche, et que ce soit lui aussi qui engendre les mâles, au lieu que le gauche ne produit que les femelles. L'expérience et la raison m'obligent de m'éloigner du sentiment de ce médecin; car nous savons que la semence de l'un et de l'autre testicule se mêlent ensemble lorsqu'elle sort ; on ne saurait attribuer l'effet que nous en voyons plutôt à l'un qu'à l'autre, et que la génération des mâles ne doit point plutôt s'imputer à l'une de ces deux petites parties, qu'à la complexion de tout le corps de l'homme ou de la femme, ainsi que nous l'examinerons ailleurs.

Au reste, dans la dissection que j'ai faite plusieurs fois des testicules des hommes, j'ai souvent remarqué que le gauche avait des veines et des artères plus grosses que l'autre, et que par conséquent il était plus échauffé par le sang et plus vivifié par les esprits, et que d'ailleurs il était ordinairement plus gros, plus ferme et plus plein de semence que l'autre : d'où l'on pourrait conclure, contre le sentiment d'Hippocrate, qu'il contribuerait plutôt que le droit à la génération des mâles.

Mais, à dire le vrai, pour le répéter encore, ni l'un ni l'autre ne produit pas plutôt un mâle qu'une femelle; témoin l'histoire que nous fait Gassendi, d'un homme qui, s'étant fait couper un testicule, ne laissa pas pourtant de faire des enfants de l'un et de l'autre sexe.

Les testicules sont fort ordinairement couverts de plusieurs membranes très dures à la pointe de la lancette, de peur que les esprits qui sont destinés pour la vie des hommes à venir ne se dissipent par les pores. Leur substance est un entrelacis de vaisseaux-spermatiques, qu'on pourrait dire être la fin des préparants, et le commencement des éjaculatoires. Elle est faite d'un nombre infini de petits filets, qui sont comme les réservoirs d'une matière séminale, qui vient d'un sang artériel, filtré par mille petits conduits, et d'un suc nerveux qui s'y est aussi glissé par mille petits détours. Une matière glanduleuse occupe l'entre-deux de ces deux vaisseaux, leur communique la vertu d'engendrer de la semence. Les artères et les nerfs portent incessamment aux testicules ce qu'il y a de plus épuré dans le corps de l'homme. Des muscles pressent et préservent ces deux petites parties et les suspendent, de peur que les vaisseaux qui préparent et contiennent la semence ne se rompent par la pesanteur des testicules et par les agitations violentes de l'amour.

Il leur arriverait sans doute, dans les mouvements de cette passion, des accidents funestes, si ces mêmes muscles, en les tirant en haut, ne les en garantissaient ; souvent la semence manquerait d'esprits dans cette occasion, s'ils ne les approchaient de la racine de la verge.

Quelques philosophes, et après eux quelques médecins, ne demeurent pas d'accord que la semence se forme dans les testicules, parce, disent-ils, qu'il n'y a point de cavités sensibles, ni de passage pour y porter la matière ; que ces parties étant froides, il ne peut s'y faire aucune onction d'une matière spiritueuse ; qu'on a beau faire la dissection des testicules, on n'y trouve jamais de semence ; qu'il y a des animaux qui n'ont pas de testicules, et qui cependant ne laissent pas d'engendrer ; enfin, que nous avons des histoires qui nous assurent que des hommes qui en avaient été privés ont fait néanmoins des enfants.

Toutes ces raisons paraissent bien fortes à ceux qui n'examinent les choses que par les livres des auteurs ; mais si nous recherchons diligemment la vérité de tout cela, par la dissection des parties et par d'autres meilleures raisons, nous serons bientôt d'un autre sentiment.

Car on sait que les artères spermatiques vont tout droit aux testicules, et qu'en se partageant en deux rameaux, elles portent à l'épididyme et au corps du testicule la matière de la semence. On sait encore que les nerfs qui viennent de la sixième paire, et ceux qui sortent du cordon des nerfs qui viennent du bas de l'épine du dos, communiquent aux testicules une matière spiritueuse propre à la génération ; d'ailleurs, que les testicules n'étant qu'un entrelacis de vaisseaux, ils ont, à cause de cela, des cavités, bien qu'elles ne soient pas sensibles, que la semence n'étant qu'un excrément, la nature ne la souffre pas longtemps dans les testicules, à moins qu'ils ne soient malades : ce que l'histoire de Dodone nous confirme, qui, ayant trouvé dans le corps d'un Espagnol un testicule d'une grosseur prodigieuse, l'ayant ensuite coupé, en fit rejaillir la semence aux yeux de ceux qui étaient présents ; que les poissons ont des parties qui ont du rapport aux testicules des autres animaux ; et qu'enfin les histoires que l'on trouve par écrit des hommes et des animaux qui ont engendré sans testicules, sont ou fabuleuses, ou que du moins elles doivent être entendues ainsi que nous l'expliquerons au chapitre *des Eunuques*.

Mais la principale raison que l'on objecte, est prise du tempérament des testicules. Cependant on sait que le cerveau est d'un tempérament froid, et d'une substance assez solide pour être de sa nature une glande ; que l'on ne voit aucune cavité dans le lieu où les nerfs prennent leur origine, et que jamais, dans les dissections que l'on en a faites, l'on n'a remarqué ce que devenait le sang qui se filtrait au travers de la substance, et quelle était la matière prochaine des esprits qui nous font mouvoir et sortir ; et si j'ai souvent observé, en pressant la substance du cerveau d'un homme mort, un peu de sérosité rougissante dans les endroits les plus solides, ce n'était néanmoins que du sang qui commençait à se changer en suc nerveux. Ainsi, bien que le cerveau soit d'un tempérament froid, comme je viens de le dire, et qu'il n'ait été fait que pour tempérer l'ardeur du cœur, selon la pensée d'Aristote, il ne laisse pourtant pas d'engendrer des esprits beaucoup plus subtils et plus épurés que ceux du cœur ; car le sang des artères, tout couvert et tout plein d'esprits, montant en haut avec précipitation par le mouvement que lui donne le cœur, entre dans la substance du cerveau pour en recevoir toutes les impressions spiritueuses.

Les chimistes en font à peu près de même lorsqu'ils veulent faire de l'eau-de-vie ; car les esprits-de-vin qu'ils mettent dans l'alambic, s'élevant peu à peu au chapiteau, et se distribuant ensuite par un long conduit dans un vaisseau qui les reçoit, auraient des qualités âpres et peu agréables au goût, s'ils n'étaient adoucis dans la serpentine par la froideur d'un tonneau d'eau : comme si le froid, condensant et rassemblant les esprits-de-vin, les rendait ensuite plus rectifiés et plus doux.

Il en arrive autant dans le cerveau ; car le sang qui sort tout bouillant du cœur, et qui rejaillit en haut, entre dans la substance du cerveau, qui, par sa froideur, en condense les esprits, et qui le rend la liqueur la plus subtile et la plus épurée de toutes celles que nous ayons dans le corps.

Cela étant ainsi établi, il me semble qu'il n'est pas maintenant difficile de rendre raison pourquoi les testicules sont les ouvriers de la semence de l'homme. Car personne n'ignore qu'ils ne soient des parties froides, puisqu'ils sont des entrelacis de vaisseaux pressés par de petites glandes ; et, si l'on est persuadé que le sang se subtilise en passant par le cerveau, et devient esprit animal, on doit aussi croire que ce même sang se rectifie en pénétrant les testicules, et qu'il devient esprit séminal, pour parler de la sorte.

Deux sortes de vaisseaux sont attachés aux deux extrémités du testicule : les

uns, qui sont un entrelacis d'artères, de veines, de nerfs et de vaisseaux lymphatiques, portent la matière pour faire la semence, et les autres en rapportent la
semence toute faite, et s'en déchargent dans le corps variqueux ou pyramidal que
l'on nomme *prostates*; et puis, suivant le sentiment de tous les anatomistes, ils
s'en déchargent dans de petits réservoirs qui sont à la racine de la verge.

On pourrait comparer ces réservoirs aux petites cavités d'une grenade dont on
a ôté les graines. C'est là que la semence se forme et se conserve pour plusieurs
embrassements et pour différentes générations. J'ai eu souvent la curiosité de
presser avec les deux doigts ces petites vessies glanduleuses, et des glandes que
l'on nomme *prostates*, qui se trouvent auprès, pour en faire sortir la semence; et
en même temps j'apercevais, malgré la froideur du cadavre, une liqueur blanche
et épaisse sortir des prostates, et une claire et pâle suinter des vésicules, ensuite
se filtrer l'une et l'autre au travers d'une membrane, près d'une petite verrue que
les anatomistes ont nommée *verru montanum*, et puis s'épancher dans le conduit
de la semence et de l'urine.

C'est plutôt la callosité et la dureté de ces cellules et de cette chair glanduleuse, que l'on appelle *prostates*, qui rend les Scythes stériles, qu'une légère perte
de sang, qui coule d'une veine coupée à la tempe. Car, comme les Tartares sont
incessamment à cheval, ils pressent tellement ces petits réservoirs par la pesanteur et par l'agitation continuelle de leur corps, qu'ils les endurcissent et les
rendent ensuite incapables de recevoir la semence qui vient des testicules.

ARTICLE III

Des parties naturelles et externes de la femme.

Après avoir diligemment examiné les parties de l'homme qui servent à la
génération, il me semble qu'il est à propos de considérer celles de la femme, et
d'admirer en même temps l'artifice dont la nature s'est servie à les former, et le
merveilleux arrangement avec lequel elle les a disposées.

Si les parties naturelles des femmes étaient toutes semblables à celles des
hommes, et qu'il n'y eût seulement de différence que dans le renversement de ces
mêmes parties, on aurait raison de dire que la femme est un homme imparfait,
et que la froideur de son sexe est cause que ses parties sont demeurées au dedans,
au lieu de sortir au dehors, comme celles des hommes.

Gallien, et Fallope après lui, quelque savants anatomistes qu'ils soient, au-

raient de la peine à soutenir cette opinion. Car, si l'on observe la différente structure des parties des deux sexes ; si l'on en examine le nombre et la figure, et si
l'on en considère les cavités et la figure ; enfin si l'on en compare l'action et
l'usage, on verra bientôt qu'elles sont tout à fait différentes les unes des autres :
car, quelle proportion y a-t-il entre la matrice et le gland, ou, si l'on veut, la
bourse de l'homme, entre le membre viril et le clitoris ? Les vaisseaux qui contiennent la semence des femmes ne ressemblent pas à ceux des hommes, et leurs
testicules sont faits d'une tout autre façon.

Mais, sans m'arrêter à ces sortes de questions, qui ne servent presque de rien
à mon sujet, examinons en peu de mots les parties naturelles de la femme que
nous apercevons les premières.

La nature est admirable dans tous ses effets, et ne produit jamais rien sans
dessein. Le poil commence à poindre à douze ou à quinze ans, lorsque, selon la
pensée de Théodoret, l'âme peut distinguer le vice de la vertu. C'est alors que la
nature met un voile sur les parties naturelles de l'un et de l'autre sexe, pour leur
marquer que l'honnêteté et la pudeur y doivent établir leur principal domicile.

Les parties naturelles de la femme, que l'on appelle *nature*, parce que tous
les hommes y prennent leur origine, sont la cause de la plupart de nos chagrins,
aussi bien que de nos plaisirs ; et j'ose dire que presque tous les désordres qui ont
paru dans le monde, et qui arrivent encore tous les jours, viennent de ces parties-là. On n'a qu'à lire Pétrone, et entendre bien l'histoire des huit années qu'il
décrit de la cour débauchée de Néron, pour être persuadé de ce que je dis.

Les lèvres et les rides de ces parties ne sont que les replis que la peau y fait ;
elles ressemblent à peu près à la crête d'un jeune coq, et les rides y marquent
aussi bien la vieillesse que sur le visage, lorsque les filles vieillissent ou qu'elles
ont prostitué leur pudicité. Ce sont ces rides internes que l'on appelle *nymphes*,
qui, dans l'évacuation de l'urine, causent un si grand bruit, qu'il nous surpren-
drait sans doute si nous n'y étions accoutumés.

Quatre petits morceaux de chair de la figure d'une feuille de myrte sont placés
après les nymphes, qui, bien qu'ils soient incessamment arrosés, n'éteignent
pourtant pas le feu que la nature a allumé dans ces parties. Souvent c'est comme
de l'eau, qui, tombant sur de la chaux, les excite et les échauffe davantage. Ces
caroncules, que les médecins appellent *myrtiformes*, sont quelquefois liées les
unes aux autres par des membranes qui font l'entrée de la matrice si petite, qu'à
peine l'extrémité de l'un des doigts y pourrait entrer dans une fille de neuf à dix
ans, à moins que de lui faire violence en les déchirant. C'est ce que les matrones
veulent dire lorsque, en faisant leur rapport du violement d'une vierge, elles disent
que la corde est rompue ; et c'est aussi la séparation de ces mêmes parties, qui, en
donnant du sang la première nuit des noces, était autrefois parmi les Juifs un

signe de défloration ; ce que nous examinerons ci-après avec beaucoup de curiosité.

On voit au haut des nymphes une partie plus ou moins longue que la moitié
du doigt, que les anatomistes appellent *clitoris*, et que je pourrais nommer la
fougue et la rage de l'amour. C'est là que la nature a mis le trône de ses plaisirs
et de ses voluptés, comme elle l'a fait dans le gland de l'homme.

C'est là qu'elle a placé ces chatouillements excessifs, et qu'elle a établi le lieu
de la lasciveté des femmes ; car, dans l'action de l'amour, le clitoris se remplit
d'esprits, et se roidit ensuite comme la verge d'un homme : aussi en a-t-il les
parties toutes semblables. On peut voir ses tuyaux, ses nerfs et ses muscles : il
ne lui manque ni gland ni prépuce ; et s'il était troué par le bout, on dirait qu'il
est tout semblable au membre viril. C'est de cette partie qu'abusent les femmes
lascives. Jamais Sapho Lesbienne ne se serait acquis une méchante réputation,
si elle avait eu cette partie plus petite. J'ai vu une fille de huit ans qui avait déjà
le clitoris aussi long que la moitié du petit doigt ; et si cette partie croît avec l'âge
comme il y a de l'apparence, je me persuade que, présentement, elle est aussi
grosse et aussi longue que celle de la femme que Platerus dit avoir vue, qui l'avait
aussi grosse et aussi longue que le cou d'une oie.

Cette partie s'enfle tellement pendant la vie de quelques femmes, lorsque
l'amour y envoie des esprits, que la peine que l'on a de le rencontrer dans une
femme morte semblerait incroyable, à moins que d'en avoir fait l'expérience :
tant il est vrai que les parties ne sont pas toujours en même état pendant la vie et
pendant la mort !

Mais, si cette partie cause souvent des désordres aux femmes, elle leur apporte
aussi des avantages ; car elle est à la matrice ce que la luette est aux poumons ; et
le clitoris avec les caroncules corrige l'air froid qui pourrait incommoder la matrice ; il empêche en même temps qu'il n'y entre quelque chose d'étranger.

Toutes les parties que je viens de nommer seraient inutiles à la génération,
si l'hymen, que les poètes profanes ont dit être le dieu des noces, n'en était du
nombre. Les anatomistes anciens, qui ne s'occupaient qu'aux choses les plus
communes de l'anatomie, ont pris pour l'hymen les caroncules dont nous avons
parlé ci-dessus, qui souvent, étant jointes ensemble par des membranes assez
fortes, s'opposent à l'entrée du dieu Priape ; car il n'eût pas été raisonnable que
quelque autre chose qui n'eût pas été dieu, selon la pensée des païens, se fût
opposée aux desseins d'un autre dieu. Cependant il arrive quelquefois, mais fort
rarement, que la nature, voulant conserver la matrice de quelques femmes délicates, produit une membrane au-dessus du conduit de l'urine, afin que l'air, ou
quelque autre chose, n'incommode pas les parties internes ; et c'est cette membrane
que l'on appelle proprement *hymen*. Elle est parsemée de veines, et ordinaire-

ment trouée par le milieu, pour laisser d'un côté couler les règles, et de l'autre pour donner entrée à la semence de l'homme. Mais comme cette membrane, qu'on nomme *hymen,* est contre les lois de la nature, nos anatomistes ont pris pour l'hymen les caroncules jointes ensemble par de petites membranes. C'est ce qu'ont fait Vesale, Aquapendens, Fallope, Casserius, Sébisius, Bauhin, et plusieurs autres, qui appellent hymen ces caroncules jointes, qu'il faut quelquefois couper, comme nous le verrons au chap. 3, art. 2, par une histoire que tout Paris a ouï dire, et que je rapporte dans toutes les circonstances.

ARTICLE IV

Des parties naturelles et internes de la femme.

Entre toutes les parties de la femme qui servent à la génération, la matrice tient sans doute le premier lieu ; et, bien qu'elle soit l'une de ses parties les plus faibles, néanmoins elle est le lieu où les trésors de la nature sont cachés. C'est cette terre où Diogène avait accoutumé de planter des hommes, et où, sans doute, il s'immortalisait au milieu des rues.

Elle est située au bas du ventre, entre la vessie et le gros boyau, qui servent comme de coussins au plus fier et au plus superbe de tous les animaux, pendant qu'il demeure dans les flancs de sa mère.

Dans les femmes de moyenne taille, qui ont accoutumé d'être souvent baisées, elle est assez grosse, et sa profondeur est de onze travers de doigt, ou à peu près, depuis l'entrée jusqu'au fond : mais, dans les vierges et dans les vieilles femmes, elle est extrêmement petite, et souvent pas plus grosse qu'une fève ou qu'un œuf de pigeon ; ce n'est qu'une peau dure et flétrie, dénuée d'artères et de veines apparentes.

Lorsque les règles coulent aux filles, ou qu'une femme a conçu, toute sa substance s'enfle un peu plus qu'auparavant, et à mesure qu'un enfant croît, la matrice devient aussi plus simple et plus menue dans sa circonférence, mais un peu plus épaisse dans son fond, à cause de l'arrière-faix qui y est placé et de l'abondance des vaisseaux dont la matrice est parsemée en cet endroit-là ; ce que l'expérience de plusieurs dissections m'a souvent fait remarquer.

A considérer une fiole renversée, l'on a une idée assez juste de la figure de la

matrice, si ce n'est qu'elle est un peu aplatie quand elle est vide. Ses liens la tiennent tellement attachée à toutes les parties du bas-ventre, qu'elle ne peut en être ébranlée qu'avec violence.

Son col s'attache par le bas, et deux ligaments ronds qui se communiquent aux aines et au dedans des cuisses, l'empêchent de s'élancer en haut dans les suffocations dont les femmes sont souvent attaquées.

C'est par ces deux liens que les femmes grosses ressentent de si cuisantes douleurs au dedans des cuisses, et que quelquefois elles se déchargent sur les aines de l'impureté d'une infâme conjonction.

Mais, comme la matrice ne peut monter, elle ne peut aussi descendre, si ce n'est par quelque effort extraordinaire ; car elle est attachée en haut par deux ligaments qui, étant fermes et larges, ressemblent en quelque façon à des ailes de chauve-souris. Et, bien que les ligaments ne touchent point la matrice pour l'assujettir, ils tiennent pourtant ses cornes si fermes, qui en sont des parties, qu'elle ne peut s'affaisser. C'est dans ces ligaments larges que les testicules sont placés et les vaisseaux qui portent la semence à la matrice. Ce sont les liens qui empêchent la matrice de tomber de son lieu par le poids de l'enfant, ou par les violents efforts de l'accouchement : si bien que cette partie étant affermie de tous côtés, il est bien comme impossible qu'elle sorte du lieu où la nature l'a placée, comme l'antiquité nous l'a voulu persuader. Elle n'est pas seulement assujettie par toutes les parties que nous venons de nommer ; les artères, les veines, les nerfs qui s'y terminent abondamment, lui servent encore de liens ; les membranes qui l'environnent la pressent de toutes parts, et l'empêchent de sortir de sa place.

Aux deux côtés de la matrice, on voit deux vaisseaux avancés que Dioclès a appelés *les cornes de la matrice*, à cause de la ressemblance des cornes dans les bêtes qui ont du rapport à celles-ci.

Le col de la matrice est une de ses parties les plus considérables ; c'est la porte de la pudeur, et, selon l'expérience commune, l'étui du membre viril. Il est naturellement un peu tortu, afin de défendre la matrice de ce qui pourrait venir du dehors pour l'incommoder, et pour donner davantage de plaisir à l'homme quand il caresse sa femme.

Dès que cette partie commence à sentir les plaisirs de l'amour, elle s'agite tellement, qu'étant d'une substance nerveuse et pleine de plis, elle s'élargit ou se resserre quand il le faut.

Si un enfant tire de la mamelle de sa mère le lait avec plaisir, le col de la matrice suce aussi fort agréablement, dans les voluptés amoureuses, la semence qui rejaillit de la verge de l'homme.

La femme devant beaucoup contribuer à la génération, elle avait besoin de testicules aussi bien que l'homme ; et je m'étonne qu'il y ait eu des médecins qui se soient laissés aller dans cette occasion au sentiment d'Aristote. Ce philosophe a cru que la femme ne concourait point à la génération, en donnant de sa part de la semence, mais qu'elle ne communiquait que des aliments pour nourrir et faire croître ce qu'elle avait conçu dans ses entrailles; ce que nous examinerons dans la troisième partie de ce livre.

Cependant il est certain que les femmes ont des testicules, des vaisseaux spermatiques et de la semence, puisqu'elles se polluent quelquefois, et que leurs testicules aplatis, au lieu d'être solides comme ceux des hommes, renferment de petites cellules jointes ensemble, qui renferment une humeur qui rejaillit souvent au visage de celui qui les coupe.

Paracelse et Amatus, Portugais de nation, ont laissé par écrit que la matrice n'était pas la seule partie où un enfant pouvait se former. Ils ont mis dans une fiole de la semence d'un homme avec du sang des règles d'une femme; puis ils ont posé cette fiole dans du fumier chaud, pour observer comment la nature agissait dans les flancs d'une femme lorsqu'elle travaillait à la génération. Mais, outre que cela me paraît impie et impossible, je ne saurais ajouter foi à un imposteur ni à un juif sur l'expérience qu'ils nous proposent.

J'avoue pourtant de bonne foi qu'il y a quelques histoires qui nous marquent qu'un enfant s'est formé dans l'estomac d'une femme, et que quelques autres ont été trouvés dans les vaisseaux spermatiques que l'on appelle *les cornes de la matrice*. Mais, pour dire là-dessus ce que je pense, la première histoire me semble tout à fait impossible, car l'estomac faisant tous les jours sa digestion, ne peut changer son action pour celle de la matrice. L'autre me paraît plus faisable, les cornes étant une partie de la matrice, et ayant tout ce qu'il faut pour la conception et pour la nourriture du fruit, comme nous le prouverons ailleurs.

La matrice, selon le sentiment de Platon, est un animal qui se meut extraordinairement quand elle hait ou qu'elle aime passionnément quelque chose. Son instinct est surprenant lorsque, par son mouvement précipité, elle s'approche du membre de l'homme pour en tirer de quoi s'humecter et se procurer du plaisir.

Son action principale est la conception : lorsque la semence de l'homme et de la femme s'assemblent dans ses replis, elle les reçoit agréablement, comme une bonne mère dont elle s'est attribué le nom. Elle les couvre, pour ainsi dire, par sa chaleur modérée, afin de faire un jour de ces semences animées la plus belle production que la nature ait jamais tentée : ce que nous examinerons plus particulièrement au livre III.

La matrice a encore d'autres usages, dont le principal est de vider le sang superflu des femmes, et de le décharger ainsi des impuretés dont elles pourraient être un jour incommodées. Il ne faut pas s'imaginer, comme quelques-uns ont fait, que ce sang puisse aller jusqu'à acquérir la qualité de venin; au contraire, il

est ordinairement beau et pur, et ce n'est que par abondance qu'il sort tous les
mois des artères de la matrice.

CHAPITRE II

DE LA PROPORTION NATURELLE ET DES DÉFAUTS DES PARTIES GÉNITALES DE L'HOMME ET DE LA FEMME

Si nous remarquions ce qui se passe tous les jours dans le monde parmi les
animaux les plus parfaits, touchant l'ouvrage de la génération, nous observerions
que Dieu, ou, si l'on veut, la nature, qui est l'organe universel de sa puissance,
a donné à chaque espèce des parties différentes pour se perpétuer; que les unes
reçoivent les parties des autres, lorsqu'il se fait une jonction de corps pour la propagation de chacune. Les parties génitales ne sont pas par hasard dans les flancs
des femelles. Les âmes dans les bêtes, et les intelligences dans les femmes, sont
tout l'attirail des parties naturelles de l'un et de l'autre sexe par le commandement de la nature.

L'intelligence, ou, si l'on veut parler autrement, l'âme que Dieu a créée et
placée ensuite dans le petit corps d'un Chinois au milieu de la Chine, pour me
servir de cet exemple, choisit dans le corps de sa mère qui vient de concevoir, la
matière la plus proportionnée à former toutes les parties qui doivent un jour
contribuer à la génératïon. Elle n'a pas besoin de modèle pour cela, il suffit
qu'elle exécute les desseins de la nature pour garder toutes les mesures et les proportions qu'il est nécessaire de garder dans la figure des parties secrètes de cet
homme à venir. Elle place donc ces parties dans leur lieu naturel; elle fait une
étroite liaison de tout ce qui les compose, pour les faire un jour agir commodément quand il en sera besoin.

D'ailleurs, une autre intelligence qui est de la même nature que l'autre, s'occupe au milieu de la France à choisir dans les entrailles d'une femme qui vient
de concevoir, la matière la plus disposée à former les parties naturelles d'une fille.
Elle agit si bien en cette rencontre, qu'elle les rend propres à être un jour le lieu
où un homme doit être engendré.

Les parties naturelles de ces deux enfants sont si justes, leurs ouvertures si
mesurées, leurs profondeurs si réglées, leurs distances si proportionnées; enfin
toutes les dimensions sont si bien observées, qu'il n'y reste plus rien qu'à admirer l'ouvrage de Dieu par le ministère de ces deux intelligences. Car bien qu'elles

soient éloignées l'une de l'autre de la longueur de la moitié de la terre, elles ont cependant si justement fabriqué les deux parties secrètes de l'un et de l'autre sexe, que, lorsque les parties seront un jour en état de se joindre amoureusement, rien ne manquera à leur conjonction. Elles se présenteront si commodément de tous côtés, que l'on dirait qu'elles ont été coulées au moule, tant elles sont proportionnées les unes aux autres.

Mais si ces intelligences manquent de matière pour former les parties de la génération de l'un des deux sexes; si la matière est trop abondante, qu'elle ne soit pas flexible, ou qu'elle ait des qualités et des figures rebelles; si la figure de la matrice de la mère est incommodée, et que son tempérament soit déréglé, quelle apparence y a-t-il que ces intelligences puissent réussir à façonner ces parties qui doivent un jour perpétuer les hommes?

Je ne saurais accuser ni la nature, ni ces intelligences de commettre ces défauts; elles ne font jamais rien d'elles-mêmes de défectueux, et surtout quand elles se proposent la génération et la conservation des hommes.

Ces manquements et ces maladies n'arrivent pas seulement aux parties naturelles de l'enfant qui se forme dans les flancs de sa mère, il en est encore attaqué après qu'il en est sorti, ainsi que nous le dirons ailleurs.

ARTICLE PREMIER

De la proportion des parties naturelles de l'homme et de la femme,
selon les lois de la nature.

Quoique l'on évite tous les jours d'exposer aux yeux les mystères de l'amour, nous savons pourtant tout ce qui se passe dans l'action du mariage, et nous sommes fort contents lorsque nous en avons des connaissances plus parfaites. Si d'un côté le péché a attaché de la honte à cette connaissance, pour me servir de la pensée de saint Augustin, de l'autre la nature n'y a rien mis que de bienfaisant.

La nature, qui n'a jamais rien fait sans dessein, a établi des lois pour toutes les parties qui nous composent: celles que nous appelons *amoureuses*, ont ordinairement leur dimension dans les hommes et dans les femmes; et le membre de l'homme, selon ces mêmes lois, ne doit avoir communément que six ou huit pouces de long, et que trois ou quatre de circonférence; c'est la plus juste mesure que la nature ait gardée en formant cette partie dans la plupart des hommes. Si la verge est plus grande et plus grosse, il faut trop d'artifice à la faire mouvoir; et les habitants du Midi sont principalement pour cela moins propres que nous à la génération.

Le conduit des parties secrètes de la femme est ordinairement de six ou huit pouces de profondeur, et sa circonférence interne n'a point de mesure déterminée; car, par une admirable structure, ce conduit s'ajuste si proprement à la partie de l'homme qui en est pressée, qu'il devient plus ou moins large, selon les instruments qui le touchent.

ARTICLE II

Des défauts des parties naturelles de l'homme.

Les casuistes et les jurisconsultes traitent ces sortes de matières aussi bien que les médecins; mais ils les traitent d'une façon toute différente. Les premiers croient être obligés d'en parler pour le salut des âmes, en refusant le mariage à ceux qu'ils en jugent incapables, et en séparant pour quelque temps l'homme et la femme, que quelques incommodités des parties auraient troublés dans le mariage.

Les jurisconsultes se sentent aussi excités par l'intérêt de la justice et pour le bien de l'État, d'agiter ces mêmes questions. Ils veulent par là savoir les causes de la dissolution du mariage, pour en corriger les abus. Mais parce que ces matières difficiles sont souvent fort mal touchées par les uns et par les autres, je tâcherai d'éclaircir les difficultés qui en dépendent, afin que l'on puisse ensuite juger sainement les différends qui tomberont entre les mains de ceux qui en doivent être ou les juges ou les arbitres.

Quand les parties naturelles de l'homme ne peuvent s'unir avec celles de la femme, l'on doit souvent en accuser les défauts naturels des unes ou des autres; mais, pour comprendre comment ces défauts arrivent, il faut s'imaginer que l'intelligence qui a ordre de faire le corps d'un garçon dans les entrailles de sa mère, ne trouvant pas toujours assez de matière pour former les parties naturelles d'un enfant, elle est obligée de rendre défectueuses ces mêmes parties, et parce que les parties qui servent à la vie sont beaucoup plus nécessaires que celles qui contribuent à la propagation de l'espèce; que d'ailleurs celles-là sont plus tôt formées que celles-ci, il arrive quelquefois que l'intelligence emploie aux parties nécessaires à la vie presque toute la matière qui était destinée aux parties secrètes, et ainsi ces dernières parties deviennent fort petites dans la suite du temps, leur matière ayant été ménagée pour d'autres. Ce fut là la cause d'une des observations de Platerus, qui remarque qu'un homme n'avait que le gland couvert de son prépuce, au lieu du membre viril.

Les défauts des parties secrètes, aussi bien que des autres, dont nous sommes souvent composés, ne sont pas toujours naturels ; et le gentilhomme dont nous parle Paul Zachias n'aurait jamais engendré, s'il eût manqué, dès le ventre de sa mère, de la moitié de ses parties naturelles.

La mortification de la chair et la chasteté sont souvent de puissantes causes pour diminuer nos parties naturelles. L'exemple de saint Martin nous le fait bien voir, lui qui pendant sa vie avait tellement macéré son corps par des austérités inouïes, et qui s'était tellement raidi contre les libertés de son siècle, qu'après sa mort, si nous en croyons Sulpice, sa verge était si petite, que l'on ne l'aurait point trouvée si l'on n'eût su le lieu qu'elle devait occuper.

Les verges trop longues ou trop grosses ne sont pas les plus propres, ni pour la copulation, ni pour la génération ; elles incommodent les femmes, ne produisent rien : si bien que, pour la commodité de l'action, il faut que la partie de l'homme soit médiocre, et que celle de la femme soit proportionnée, afin de s'unir l'une à l'autre, et de se toucher agréablement de toutes parts.

Il n'y a point d'autre cause de ce vice naturel que l'abondance de la matière dans les premières semaines de la conception : bien que l'intelligence qui a soin de la formation de cette partie aussi bien que des autres, ne sachant que faire de tant de matière qui reste après les principales parties formées, elle l'emploie à faire une grosse et longue verge.

S'il est vrai, ce que nos physionomistes nous disent, que les hommes qui ont de grands nez ont aussi de grandes verges, et qu'ils sont plus robustes et plus courageux que les autres, nous ne devons pas nous étonner de ce qu'Héliogabale, que la nature avait favorisé de grandes parties génitales, comme l'écrit Lampdius, choisissait des soldats qui avaient de grands nez, afin d'être en état, avec moins de troupes, de faire quelque expédition de guerre, ou de résister plus fortement aux efforts de ses ennemis ; mais il ne s'apercevait pas en même temps que ces gens aux grandes verges étaient les plus étourdis et les plus stupides des hommes.

Souvent les petits hommes ont un membre plus grand que les autres ; il s'en est même trouvé autrefois qui avaient la verge si longue, si nous en croyons Martial, qu'ils étaient souvent en état de la flairer ; et je ne sais si ce poète ne voulait point parler de Claudius, qui viola Pompéïa, femme de César, dans le temple de déesse Bona, lequel, au rapport de l'histoire, avait le membre aussi gros que les deux plus grosses verges que l'on eût pu joindre ensemble.

On doute si la semence est prolifique, qui passe par une longue verge. Galien, après Aristote, a agité cette question. Ils disent tous deux que les esprits résidant abondamment par la longueur du chemin, la semence n'est plus ensuite capable de production. Mais plusieurs médecins, entre autres le savant Hucher, sont d'un tout autre sentiment; car la semence se portant directement dans le fond de la matrice sans être altérée de l'air, ni par aucune autre cause étrangère, elle a toutes les dispositions nécessaires pour la génération, et les histoires que ce grand médecin nous rapporte sur ce sujet, nous font bien voir que la vérité est toute pour lui.

A moins que les deux parties génitales des deux sexes ne soient bien proportionnées, comme je l'ai dit, il n'y a pas d'apparence qu'elles se joignent étroitement l'une à l'autre; car, si l'homme est un peu membru, et que la femme soit fort étroite, la conjonction n'est point agréable, et l'on ne peut se souffrir l'un et l'autre. Mais si ce même homme se joint ensuite amoureusement à une autre qui soit plus ouverte, il ne la touchera qu'avec plaisir, au lieu des plaintes et des douleurs qu'il causait à la première: si bien qu'il est vrai de dire que celui qui nous a donné tant de remèdes contre l'amour, nous a laissé par écrit que, si nous aimons les personnes qui ont des inclinations et des parties proportionnées aux nôtres, notre flamme est heureuse; et il ne vient de notre amour légitime que des tendresses et des voluptés permises.

En effet, si les deux femmes dont Platerus nous fait l'histoire avaient pu souffrir leurs maris, elles ne se seraient jamais plaintes en justice, et jamais les juges n'auraient prononcé d'un commun consentement que leurs mariages étaient invalides, avec injonction aux femmes d'entrer dans la solitude, et permission aux hommes de se marier à d'autres, qui ne furent pas si simples, après leur mariage, que de se plaindre de la grosseur des parties naturelles de leurs maris.

Je ne parle point ici de la grosseur prodigieuse de la verge de quelques hommes, on sait qu'ils ne sont pas destinés pour le mariage; et l'on aurait eu grand tort si l'on avait voulu remarier l'homme dont parle Fabrice de Hildan, qui l'avait aussi grosse qu'un enfant nouvellement né.

Ce ne sont pas seulement les grosses et les petites verges qui sont des défauts dans les hommes; elles sont encore défectueuses, si elles sont mal figurées, ou si toutes les parties qui les composent ne sont pas dans leur lieu naturel: car, parmi les chrétiens, les noces n'étant instituées que pour avoir des enfants, il n'y a pas lieu de douter que, si un homme a ses parties si mal figurées qu'il ne puisse consommer le mariage, et que ces défauts soient incurables, le mariage ne doive être déclaré invalide.

Enfin, il y a tant d'autres défauts qui privent le membre viril de son action ordinaire, qu'il faudrait faire un discours particulier sur cette matière pour les

décrire tous, car, pour le dire en peu de mots, on ne saurait caresser agréablement une femme, et encore moins engendrer, si on est maltraité d'une gonorrhée
cordée, ou d'un nodus virulent; si les parties naturelles sont affligées de poireaux,
d'ulcères ou cicatrices; si le prépuce est d'une grandeur prodigieuse, si la
verge est brisée par le fil du gland, ou enfin si l'on est attaqué par des maladies
qui empêchent de caresser une femme, et qui souvent sont la cause de la dissolu
tion du mariage, ainsi que nous l'examinerons ailleurs.

ARTICLE III

Des défauts des parties naturelles de la femme.

Je suis persuadé que la femme a moins de chaleur que l'homme, et qu'elle es
aussi sujette à beaucoup plus d'infirmités que lui. La stérilité, qui en est une des
plus considérables, vient le plus souvent plutôt de son côté que de celui du mari ;
car, entre cette infinité de parties qui composent ses parties naturelles, s'il y en a
une qui manque ou qui soit défectueuse, la génération ne peut s'accomplir, et une
femme qui est ainsi imparfaite ne peut espérer l'honneur d'être appelée de ce doux
nom de mère.

Je n'ai pas résolu ici de parler de toutes les parties qui concourent du côté de
la femme à la formation de l'enfant ; il me semble en avoir assez dit au chapitre
précédent. Mon dessein n'est présentement que de découvrir les défauts des
parties naturelles de la femme qui peuvent empêcher la copulation, et qui peuvent
être guéries.

Je ne m'étonne pas si les Phéniciens, au rapport de saint Athanase, obligeaient
leurs filles, par des lois sévères, de souffrir avant d'être mariées, que des valets les
déflorassent; et si les Arméniens, ainsi que Strabon le rapporte, sacrifiaient les
leurs dans le temple de la déesse Anaïtis, pour y être dépucelées, afin de trouver
ensuite des partis avantageux à leur condition ; car, on ne saurait dire quels
épuisements et quelles douleurs un homme souffre dans cette première action, au
moins si la fille est étroite. Bien loin d'éteindre la passion d'une femme, souvent
on lui cause tant de chagrin et de haine, que c'est pour l'ordinaire une des sources du divorce des mariages. Il est bien plus doux de baiser une femme accoutumée aux plaisirs de l'amour, que de la caresser quand elle n'a point encore connu
d'homme: car, comme nous prions ici un serrurier de faire mouvoir les ressorts
d'une serrure neuve qu'il nous apporte, pour éviter la peine que nous prendrions

le premier jour, ainsi les peuples dont nous venons de parler avaient raison d'avoir établi de semblables lois.

Jeanne d'Arc, appelée *la Pucelle d'Orléans*, était du nombre de ces filles étroites ; et si elle eût prostitué son honneur, ou qu'elle eût été mariée, comme les ennemis de sa vertu et de sa bravoure le publient encore aujourd'hui, jamais Guillaume de Cauda et Guillaume des Jardins, docteurs en médecine, n'auraient déclaré, lorsqu'ils la visitèrent dans la prison de Rouen, par l'ordre du cardinal d'Angleterre et du comte de Warwick, qu'elle était si étroite, qu'à peine aurait-elle été capable de la compagnie d'un homme.

Ce n'est pas ordinairement un grand défaut à une femme d'avoir le conduit de la pudeur trop étroit, à moins que cela n'aille, comme il arrive quelquefois, jusqu'à s'opposer à la copulation et à la génération même. Le défaut est bien plus commun quand ce passage est trop large, il ne faut pas toujours mal juger des filles qui ont naturellement le conduit de la pudeur aussi large que les femmes qui ont eu plusieurs enfants.

Bien que ce défaut n'empêche pas la copulation, cependant on ne voit guère de femmes larges qui conçoivent dans leurs entrailles, parce qu'elles ne peuvent garder longtemps la liqueur qu'un homme leur a communiquée avec plaisir.

Le conduit de la pudeur est naturellement un peu courbé ; il ne se redresse que lorsqu'il est question de se joindre amoureusement : car il était bien juste que d'un côté la nature le raidit, puisque de l'autre elle raidissait les parties génitales de l'homme, pour favoriser la conjonction de l'un et de l'autre, et pour faciliter la génération.

L'amour tout seul n'est point capable de redresser ce canal, quand il est endurci. L'imagination n'a point assez d'empire sur cette partie pour la ramollir, et les esprits s'émoussent et perdent leur vigueur quand ils agissent sur sa dureté. Il faut des humeurs douces et bénignes, que la nature y fait passer tous les mois pour adoucir et redresser ces parties endurcies à moins de cela, elle ne se rendent point capables de faire leur devoir en contribuant à la production des hommes.

Si nous suivions en France ce que Platon nous a laissé par écrit pour une république bien réglée, nous ne verrions point tant de désordres dans les mariages que nous en observons quelquefois. On se marie en aveugle, sans avoir auparavant considéré si l'on est capable de génération. Si, avant de se marier, on s'examinait tout nu, selon les lois de ce philosophe, ou qu'il y eût des personnes établies pour cela, je suis assuré qu'il y aurait quelques mariages plus tranquilles qu'ils ne le sont, et que jamais Hammeberge n'eût été répudiée par Théodoric, si ces lois eussent été alors établies.

A voir une jeune femme bien faite, on ne dirait point qu'elle a des défauts qui

s'opposent à la copulation. Quand son mari veut exécuter les ordres qu'il a reçus
en se mariant, il trouve des obstacles qui s'opposent à sa vigueur. L'hymen, ou
les caroncules jointes fortement ensemble, occupant le canal des parties naturelles de la femme, s'opposent à ses efforts. Il a beau pousser et se mettre en feu,
ces obstacles ne cèdent point à la force; et, quand il aurait autant de vigueur que
tous les écoliers du médecin Aquapendens, jamais il ne pourrait dépuceler sa
femme, qui est presque toute fermée. Toutes les femmes en cet état, et qui vivent
après quinze ou dix-huit ans, ne sont pas entièrement fermées; elles ont un petit
trou, ou plusieurs ensemble, pour laisser couler les règles, et pour donner quelquefois entrée à la semence de l'homme. Car, bien que ces femmes ne soient pas
capables de copulation, elles peuvent pourtant quelquefois concevoir; et c'est
ainsi qu'engendra Cornelia, mère de Gracques, à qui il fallut faire incision avant
que d'accoucher.

L'accouchement est quelquefois accompagné d'accidents si fâcheux, que les
femmes se fendent d'une manière étonnante, et j'en ai vu une dont les deux trous
n'en faisaient qu'un. Ces parties se déchirent d'une telle façon, et la nature, en
les repoussant, y envoie tant de matière, qu'il s'y engendre plus de chair qu'auparavant : si bien qu'après cela l'ouverture en est presque toute bouchée; et
quand ces femmes sont un jour en état d'être embrassées par leurs maris, elles
sont fort surprises de n'être pas ouvertes comme auparavant.

Les ulcères véroliques qui arrivent aux parties naturelles des femmes font la
même chose; ils collent tellement la chair d'un côté et d'autre, quand ils se guérissent, qu'il ne reste le plus souvent qu'un petit trou qui sert à vider de temps
en temps les ordures des femmes. Souvent il y a du risque pour la vie, si on les
coupe et si on élargit le conduit de la pudeur. Celle qui dans une pareille occasion demandait du secours à Benivenius, n'en fut pas pour cela exaucée; car ce
médecin, craignant que, s'il la coupait, il n'en arrivât quelque funeste accident,
aima mieux la laisser vivre de la sorte.

Il arrive tant de défauts dans les parties naturelles des femmes qui s'opposent
à la consommation du mariage, et par conséquent à la génération, qu'il faudrait
faire un livre tout entier pour parler des uns après les autres. Il me suffira seulement d'ajouter à ce que nous avons dit ci-dessus, qu'il naît quelquefois des
excroissances de chair dans le col de la matrice, dont la copulation est empêchée;
que le clitoris devient si grand, qu'il en défend l'entrée, et que, les lèvres sont
quelquefois si longues et si pendantes, que l'on est obligé de les couper aux filles
avant de les marier.

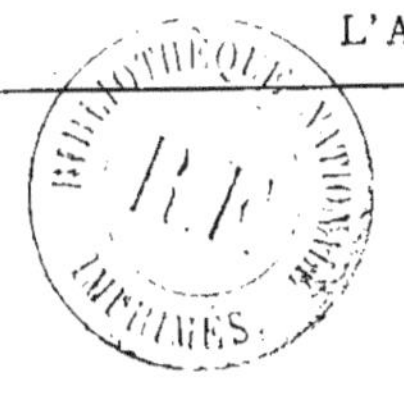

CHAPITRE III

DES REMÈDES QUI CORRIGENT LES DÉFAUTS DES PARTIES NATURELLES DE L'HOMME ET DE LA FEMME

Si je n'avais remarqué, en lisant les livres des casuistes et des jurisconsultes, plusieurs erreurs que les uns et les autres commettent lorsqu'ils parlent des causes de la dissolution du mariage, je me serais contenté du chapitre précédent, et je ne me serais pas donné la peine d'observer dans celui-ci, qui n'en est qu'une suite, les remèdes que l'on doit apporter aux parties naturelles des hommes et des femmes qui sont incommodés de maladies que l'on juge le plus souvent incurables.

Ce sont ces maladies qui les empêchent de se caresser, et de se donner réciproquement les libertés que le mariage leur permet de prendre.

Je ne parlerai ici que des incommodités qui affligent les dehors des parties naturelles de l'un et de l'autre sexe, et je n'examinerai que celles que l'on peut guérir, ayant dessein de discourir ailleurs de toutes les causes incurables, qui sont l'impuissance des hommes et la stérilité des femmes, et qui peuvent donner lieu au divorce entre des personnes mariées.

ARTICLE PREMIER

Des maladies qui arrivent au membre viril et qui peuvent être guéries.

Puisque le mariage n'est institué que pour avoir des enfants, on doit croire que, si les parties génitales de l'un et de l'autre sexe ne sont pas en état de se joindre étroitement, on ne saurait exécuter le dessein qu'a l'Église lorsqu'elle nous confère ce sacrement.

La conjonction du mâle et de la femelle doit précéder la génération ; si la copulation manque par les défauts naturels ou par quelque accident inopiné, l'espérance que l'on a d'avoir des enfants est vaine, puisque celle-ci n'est qu'une suite de l'autre.

Et, pour m'expliquer plus clairement par des exemples, je dirai que cette jeune demoiselle veut se plaindre hautement en justice de la longueur du membre de son mari, dont l'approche lui est un cruel supplice. En effet, la douleur qu'elle ressent quand elle en est touchée, lui fait perdre le sentiment, et souvent la rend comme immobile, car cet homme lui déchire les nymphes, lui meurtrit les caroncules, lui fait fendre le conduit de la pudeur, et enfonce le fond de sa matrice : c'est de là que vient une grande effusion de sang, un flux de ventre ennuyeux, et les autres incommodités qu'elle souffre après avoir été caressée de la sorte.

Ces maux ne sont pas pourtant sans remède ; car, si l'on a soin de trouer par le milieu un morceau de liège de la hauteur d'un ou deux pouces, selon l'excès de la longueur du membre, et qu'on le garnisse ensuite de coton dessus et dessous ; que ce coton soit garni d'une toile mollette, qui doit être piquée près à près, et que ce bourrelet, ou pour mieux dire, cet écusson, soit convexe par le haut et par le bas ; qu'ensuite on y couse à chaque côté deux petits rubans, et que, quand l'amour fera ressentir son feu, on fasse passer le membre par le trou de l'écusson, et qu'on lie à chaque cuisse les deux petits rubans que l'on y a cousus pour le tenir assujetti, on jouira après cela de nouveaux plaisirs que l'artifice aura inventés. C'est alors que la demoiselle ne fuira plus les caresses de son mari, et qu'elle ne lui refusera plus ses embrassements amoureux. Si par hasard son mari oublie l'écusson, elle aura soin d'en porter un autre, ou la nécessité lui fera trouver agréable sa main : donc elle évitera les douleurs qu'elle ressentait autrefois et le désespoir où elle était d'avoir des enfants dans la suite de son mariage.

La grosseur du membre de l'homme n'est pas si fâcheuse à une femme que sa longueur excessive. Elle ne fait qu'élargir des parties qui, étant membraneuses et charnues, s'élargissent assez aisément quand on le veut. La nature les a faites pour cela ; et aujourd'hui il se trouve peu de femmes qui se plaignent de la grosseur de la verge de leur mari. Pourvu qu'une femme soit d'une taille médiocre, qu'elle n'ait point les flancs rétrécis, ni de défauts à ses parties naturelles, je ne vois pas d'accidents à craindre quand, dans le mariage, elle se servira d'une grosse verge.

Si ces parties sont trop étroites, il n'y a qu'à les faire dilater par les remèdes que nous exposerons à l'article suivant, ou, si l'on veut, il n'y a qu'à faire diminuer la grosseur excessive du membre de l'homme ; ce que l'on peut faire par les cataplasmes froids astringents. J'appréhenderais pourtant que ces sortes de remèdes ne détruisissent la semence, et ne la rendissent incapable d'être féconde : si bien qu'il vaudrait beaucoup mieux élargir le conduit de la pudeur, que de s'arrêter trop longtemps à diminuer la grosseur de cette autre partie.

J'ai déjà dit que je ne parlerais point ici des maladies incurables, ni de la grosseur prodigieuse de la verge de l'homme qui aurait été causée par quelque maladie. Je sais que l'on n'est point alors disposé à s'en servir pour plaire à sa femme, ni pour engendrer; et je ne saurais croire que Pierre Perrod, maréchal du village Cresciat, en Suisse, eût eu envie à l'âge de quarante ans, de se joindre amoureusement à sa femme lorsque sa verge était aussi grosse qu'un enfant naissant; car, au rapport de Fabrice de Hildan, il portait entre ses cuisses une grosse masse de chair inégale, livide et mollette comme un champignon, que ce médecin allemand lui coupa. Bien loin de mourir de cette opération, il se porta beaucoup mieux, et avait de temps en temps des mouvements de concupiscence lorsqu'il était couché auprès de sa femme : mais malheureusement il manquait des parties pour exécuter les ordres secrets de la nature.

Le membre viril étant raide devient tortu lorsque le fil qui, par-dessous, lie le prépuce au gland, s'avance jusqu'au conduit de l'urine : si bien que la tête du membre étant tirée en bas par cette bride, la verge est contrainte de se plier en forme d'arc. Si avec cette incommodité un homme veut se joindre amoureusement à sa femme, il augmente sa douleur, et s'aperçoit que sa verge se courbe encore plus qu'auparavant. Néanmoins la passion extrême de l'amour fait quelquefois oublier la douleur, témoin ce ministre luthérien dont parle Hoffmann, qui, la méprisant généreusement, fit plusieurs enfants à sa femme, malgré cette incommodité.

Il n'est pas fort difficile de trouver un remède à ce défaut : il n'y a qu'à donner un coup de ciseau au lien qui tient le gland trop gêné, et empêcher ensuite la jonction du prépuce avec le gland. Pour guérir promptement le mal qu'aura fait le ciseau, on mettra entre la plaie un linge trempé dans un blanc d'œuf battu, et l'on continuera ce remède quelques jours de suite, pour donner le temps à la nature d'y former la cicatrice.

Les matrones italiennes ont une fort mauvaise coutume sur ce sujet : elles se laissent croître l'ongle du pouce de la main droite, et après avoir aperçu le fil de la langue, ou du gland des petits enfants, elles le coupent de leur ongle, et brisent ainsi ce qui tient ces parties trop assujetties. Mais, pour dire ce que je pense sur ces sortes de déchirements, il ne peut arriver de là que des inflammations, qui souvent sont bientôt après suivies de la mort.

Il y a encore une autre cause qui rend tortu le membre de l'homme; savoir, lorsque le prépuce est tellement joint au gland, soit par un défaut naturel ou par des ulcères négligés, que l'on ne saurait alors caresser une femme sans ressentir des douleurs extrêmes. Nos médecins, qui n'ont pas trouvé indigne d'eux de contribuer par leurs propres mains à la santé des hommes, prétendent que cette incommodité peut être guérie, si l'on y apporte le soin et l'adresse qui y sont nécessaires : cependant ils sont d'un avis contraire sur l'opération. Les uns croient qu'il faut couper plus de prépuce que de gland, parce que le prépuce étant une peau qui ne peut donner beaucoup de sang, ni causer aucune inflammation considérable, ainsi qu'on le remarque tous les jours dans la circoncision des Juifs, l'opération en doit être plus aisée et moins dangereuse. Les autres, au contraire, veulent qu'on coupe plus de gland que de prépuce, parce que, disent-ils, la cicatrice s'en doit plus tôt faire, que l'on est ensuite plus disposé à faire des enfants, et qu'il est même de la bienséance de se tenir toujours le gland couvert. Mais pour moi, il me semble que le meilleur est de tenir le milieu de ces opinions, et que, si l'on doit en favoriser quelqu'une, ce doit être toujours la première.

Après que l'opération est faite, et que l'on a découvert le gland autant qu'il le faut, on met entre deux, comme j'ai dit ci-dessus, un linge trempé dans un blanc d'œuf battu, ou dans un digestif que le chirurgien aura composé selon les indications qu'il aura prises de la partie malade, de la douleur et des accidents, qu'il doit toujours considérer en faisant ces remèdes. Sur cela, Fabrice de Hildan nous fait une histoire d'un homme de vingt ans, qui, s'étant marié avec une très belle fille, se trouva impuissant le premier jour de ses noces, étant incommodé de cette sorte de maladie ; ce savant médecin en fit lui-même l'opération, et le jeune homme étant guéri de son incommodité, satisfit si bien sa femme, qu'après cela elle ne se plaignit plus de l'impuissance de son mari.

Il se rencontre encore une troisième cause qui rend le membre tortu quand il se raidit. Après les complaisances qu'un homme a eues pour une courtisane, en se tenant longtemps en état de satisfaire les appétits déréglés de cette femme, il vient quelquefois à l'un des côtés de la verge ce que nous appelons *nodus ou ganglion*, qui n'est qn'une dureté, grosse ordinairement comme une fève, placée sur les nerfs de cette partie. Quand on presse fortement cette dureté, on n'y sent qu'une douleur obscure ; mais, quand le membre vient à se raidir, c'est alors que les douleurs sont extrêmes, par la gêne et la torture que souffre la verge dans une figure courbée, qui est contre les lois ordinaires de la nature.

Il y en a qui ont voulu guérir cette maladie en ramollissant la dureté qui la causait ; mais ils ont jeté les malades dans un désespoir de guérison. Ils n'ont pas prévu que les remèdes ramollissants qu'ils y appliquaient, augmentaient le mal en dilatant les parties nerveuses de la verge, qui recevait ensuite plus d'esprits vaporeux qu'auparavant. Car, en humectant le nodus, ils élargissaient ainsi les ligaments poreux, à la façon des varices et des anévrismes, et augmentaient le mal par ce moyen-là, plutôt que de le guérir.

L'expérience nous enseigne qu'il en fallait user d'une tout autre manière. Elle nous a montré que les remèdes astringents contribuaient seuls à la guérison de cette maladie, tellement que, si l'on mouillait des plumasseaux et des linges, et qu'on les appliquât tièdes sur la partie malade, on guérirait bientôt cette incommodité.

Jacques Houllier nous apprend un remède industrieux, pour donner à une verge tortue la figure qui lui est propre et naturelle. Il nous rapporte qu'un homme, qui était impuissant de la sorte, fut parfaitement guéri de son incommodité, après avoir fait entrer la verge dans un canal de plomb proportionné à sa grosseur, et avoir retenu le canal assujetti par des attelles pendant un temps assez considérable. La verge de l'homme est mollette et flétrie par beaucoup de causes qui s'opposent à l'action pour laquelle la nature l'a formée. Si un homme est trop jeune ou trop vieux, son membre ne se raidit point ; et, si quelquefois cela lui arrive, la dureté est sans effet, et l'on ne peut en attendre des suites avantageuses pour la production d'un homme. Souvent les esprits vaporeux en sont la cause, et une semence prolifique ne se trouve presque jamais dans ces âges-là.

D'ailleurs, si l'on est malade, ou que l'on ne fasse que relever de quelque fâcheuse maladie, ou enfin que la verge soit incommodée dans quelques-unes de ses parties, il n'y a pas d'apparence qu'elle agisse, à moins que l'on n'y apporte auparavant les remèdes nécessaires.

D'autre part, si l'on a pris par la bouche, ou que l'on se soit appliqué des remèdes pour éteindre le feu de la concupiscence, et combattre les aiguillons de la chair, comme nous le remarquerons ailleurs, les parties naturelles, étant trop mollettes, ne seront point alors en état de contribuer à la génération.

Enfin, si l'on est enchanté et ensorcelé, comme on le dit, toutes les parties génitales languissent, et ne peuvent alors se joindre étroitement à celles d'une femme.

De toutes ces causes qui affligent nos parties naturelles, nous n'examinerons présentement que celles qui peuvent produire des maladies que l'on peut guérir, et encore nous ne nous arrêterons qu'à ces seules maladies qui attaquent principalement la verge de l'homme et qui la rendent mollette, sans en chercher d'autres qui peuvent avoir leur source de plus loin, me réservant d'en parler lorsque je traiterai en général de l'impuissance des hommes.

Une maladie aiguë détruit notre passion. L'amour est languissant quand nous souffrons, et nous ne saurions nous lier amoureusement à une femme, si notre chaleur naturelle et nos esprits ne sont multipliés en nous-mêmes, et qu'ils ne soient communiqués à nos parties naturelles.

Une vie misérable éteindra sans doute notre feu, et il n'y a point d'homme qui se trouve en état de se divertir avec les dames si sa table est très médiocre. Le travail excessif nous rend sages sur cette matière, et nous ne pensons qu'au repos quand nous sommes fatigués. D'ailleurs, si notre esprit est fortement occupé à quelques affaires, nos parties naturelles sont alors comme engourdies quand il faut s'appliquer à l'amour ; témoins ceux qui gouvernent par eux-mêmes les royaumes et les républiques, qui font presque toujours des enfants étourdis ; comme si l'esprit du père était presque tout demeuré plutôt dans les affaires d'État qu'il a ménagées, que dans le corps des enfants qu'il a engendrés.

Souvent nous nous sommes tant divertis avec les femmes, que nos parties naturelles sont devenues si faibles et si languissantes, que, même dans la fleur de notre âge, elles refusent de nous obéir quand nous leur commandons de se mouvoir.

Toutes ces faiblesses et ces maladies ne sont pas sans remède ; il ne faut qu'être jeune pour se remettre bientôt d'une maladie qui nous aura affaiblis : et si avec cela nous avons la belle saison, du bon vin, et des aliments choisis, les forces que nous aurions presque toutes perdues renaîtront bientôt après ; et ce que le jeûne aurait détruit, la bonne chère le rétablira aussitôt, et alors nous serons en état de nous servir de toutes nos parties.

Le repos est le remède du travail, et les médicaments qui nous sont ennemis peuvent trouver leur antidote, comme firent les parties naturelles d'un gentilhomme, qui, étant devenues flétries par un onguent jaune fait avec du vif-argent dont il s'était frotté, furent bientôt rétablies par l'huile de lavande qu'il y appliqua.

L'épuisement que l'on a souffert auprès des femmes se répare par la fuite et par l'éloignement, et jamais ce jeune Espagnol dont Christophe Aviega nous fait l'histoire, n'eût pris de nouveaux plaisirs avec sa femme, s'il n'en eût usé de la sorte. Cette histoire est trop considérable sur cette matière pour ne la pas rapporter ici tout entière, et pour ne pas la traduire en français. Je conseillai à un jeune gentilhomme, dit ce médecin, de s'absenter durant quinze jours de la ville où il demeurait, de monter à cheval le seizième jour de son absence, sur le soir, et de faire deux ou trois lieues de chemin, après quoi il viendrait chez lui souper chez sa femme, qui se découvrirait la gorge, et qui se mettrait à table vis-à-vis de lui. Or, j'avais commandé, poursuit-il, qu'on lui apprêtât à souper un chapon rôti et un ragoût de mouton bouilli avec de la roquette ; le bon vin rouge fumeux et astringent ne nous manquait point, non plus que le vin doux pour le dessert. Trois heures après souper, je lui conseillai de se mettre au lit avec sa femme, qui lui échaufferait les reins en les joignant de bien près, et de dormir en cette posture ; qu'à son réveil il s'entretînt avec elle de discours amoureux, et qu'il s'endormît ensuite s'il le pouvait ; la petite pointe du jour étant venue, qu'il caressât sa femme, et qu'il s'acquittât de son devoir en valeureux cavalier. Mon conseil, ajoute-t-il, fut fort favorable à ce gentilhomme, non pour une fois seulement, mais pour plusieurs ; et comme je ne voulais point alléguer cette histoire sans avoir éprouvé auparavant la même chose en plusieurs personnes, j'ai expérimenté, dit-il, que cette façon d'agir est fort propre à rendre vigoureux ceux qui se sont épuisés auprès des femmes. Il faut donc conclure après tout cela, que la mollesse des parties naturelles de l'homme qui a pris quelquefois ses divertissements avec trop de chaleur, n'est pas toujours incurable, comme la plupart se le persuadent : si cela était, le gentilhomme du duc d'Albe, dont Houllier nous fait l'histoire n'aurait pas été guéri si promptement avec l'admiration de tous ceux qui l'accompagnaient, et le remède qu'on appelle en Provence *sambajeu*, ne ferait pas encore présentement des merveilles sur ceux qui ont les parties naturelles flétries, si nous en voulons croire Valleriola ; car il n'y a rien au monde de meilleur contre les faiblesses des parties naturelles, que les œufs, le sucre, le safran, la cannelle et le vin, dont ce breuvage est composé.

D'autres maladies attaquent encore le membre viril avec autant de force que les précédentes ; mais, outre toutes celles qu'il souffre, il y en a de bénignes qui se guérissent par les premiers remèdes que l'on y apporte ; et s'il s'en trouve de malignes qui quelquefois ne cèdent ni aux sueurs, ni à la salivation, ni au fer, ni au feu : ce sont ces dernières qui viennent d'un commerce infâme, et qui affligent les hommes d'une manière tout à fait surprenante.

Quelques hommes ont le prépuce si long, qu'ils ne sont pas disposés à se joindre amoureusement à leurs femmes. La verge est importune en cet état, et elle ne peut communiquer sa semence qu'elle ne soit éventée, et que par ce moyen elle ne soit incapable de génération. Ceux qui ont ce défaut se salissent incessamment quand ils veulent uriner, témoin l'homme de douze ans dont Fabrice de Hildan nous fait l'histoire.

De peur que dans cette maladie il n'arrive une rétention d'urine et une inflammation au col de la vessie, qui sont souvent deux maladies mortelles, il ne faut pas hésiter à couper le prépuce. Il n'y a non plus de danger dans cette opération, qu'il n'y en a eu à couper celui de cet homme dont nous venons de parler, qui se maria quelque temps après qu'on lui eut coupé le prépuce, qui avait six pouces de long. Nos chirurgiens grecs appellent cette maladie *phimosis*, qui rend quelquefois la verge tortue, quand le prépuce, ne pouvant être retroussé, est attaché au gland, comme nous l'avons remarqué ci-dessus.

Il y a une autre maladie qui est tout opposée à celle-ci ; les mêmes chirurgiens la nomment *paraphimosis*, lorsque le prépuce, étant retroussé, presse tellement la racine du gland, qu'il ne peut être remis dans sa place, quoiqu'on le tire ou le presse fortement avec les doigts. Cette incommodité vient de plusieurs causes différentes.

Quelquefois, en voyageant pendant la rigueur de l'hiver, le gland et le dessous du prépuce touchent rudement un linge ou un drap, et alors ils s'enflent l'un et l'autre. Le prépuce se retrousse et ne peut être remis, quelque violence que l'on y fasse : si bien que, dans cette occasion, il arrive assez souvent un étranglement de la verge; ce qu'un homme savant, dont la dévotion lui a fait prendre une robe de pénitence, éprouva l'année dernière, avec un danger évident de perdre la vie.

Je ne saurais dire combien le froid cause de maux à la verge de l'homme. Si dans le Septentrion on n'avait soin de la conserver par des fourrures contre la rigueur du climat, les hommes de ces contrées finiraient bientôt par cette partie, au lieu de s'en multiplier. Le froid la fait souvent devenir dure comme une pierre, et elle demeurerait longtemps en cet état, si l'expérience ne nous avait appris que le feu la faisait ramollir et en faisait diminuer la douleur, ainsi qu'il arriva à Georges de Transylvanie, au rapport de Smece.

Les jeunes gens qui ne sont pas accoutumés aux violents exercices de l'amour, sont quelquefois affligés du renversement du prépuce, qu'un peu d'eau fraîche et d'abstinence guérissent tout aussitôt; témoin le jeune homme de vingt-quatre ans que Fabrice Hildan guérit de la sorte.

Mais si la prison et l'étranglement du gland ont des causes malignes, et si elles ont été produites par une conjonction infâme, il ne faut pas en espérer une guérison si prompte, ni si heureuse; car la verge, qui est naturellement poreuse, étant enflée de sang et animée d'esprits, souffre aisément une impression pernicieuse que fait une courtisane corrompue, et elle est souvent affligée de maladies malignes.

Il me reste encore à parler d'une maladie qui arrive quelquefois dans le conduit commun de l'urine et de la semence, lorsqu'après un ulcère virulent il s'y engendre une caroncule et une chair mollette et baveuse. Bien que cette incommodité soit fort difficile à guérir, cependant je n'ai pas jugé à propos de la placer entre celles qui rendent un homme impuissant; puisqu'elle ne paraît pas incurable; car, si Charles IX donna deux mille écus à un gentilhomme italien pour lui avoir communiqué un remède contre ce mal, on doit croire que cette maladie peut être guérie, puisque ce bon prince récompensa si magnifiquement celui qui lui en avait donné le moyen.

Afin de ne rien passer sous silence qui puisse en quelque façon plaire au lecteur, j'ai bien voulu mettre ici ce remède, pour s'en servir dans l'occasion. On prendra trois onces de céruse, un denier de camphre et autant d'antimoine cru, demi-once de tuthie préparée avec de l'eau de rose, six drachmes de litharge d'or lavée, deux drachmes de blanc rhasis sans opium, deux scrupules de mastic, autant d'encens, autant de cendre de savonnier, et autant d'aloès, avec une suffisante quantité d'huile rosat pour faire l'onguent un peu épais. Mais, avant que de le faire, on préparera et on pulvérisera à part toutes les choses que l'on doit pulvériser, et on les passera par le tamis, pour être plus disposées à entrer dans la

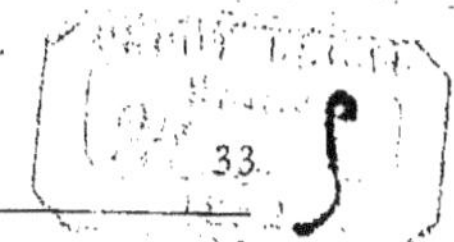

composition du remède. Après cela, l'on en embarrassera le bout d'une bougie dont on se servira au besoin.

Ce remède est beaucoup plus souverain et plus assuré que celui que l'on employa pour un gentilhomme parisien qui était incommodé d'une pareille maladie ; on ne lui eut pas plus tôt jeté dans la verge un remède âpre, qu'une inflammation et une rétention d'urine y survinrent si bien qu'il ne vécut guère après tous ces maux, comme nous le fait remarquer Fabrice de Hildan, qui nous enseigne qu'il ne faut presque point de remèdes âpres pour guérir les maux de la verge.

Il naît quelquefois des verrues et des excroissances de chair sur le gland, qui viennent après des ulcères mal guéris, et qui empêchent la conjonction.

Pour guérir ces maladies, nous sommes souvent obligés de couper ces poireaux, et de les faire ensuite cicatriser avec de la poudre d'une pierre que l'on nomme *calcite*. Quelques-uns y appliquent le feu ; ce que je ne voudrais faire que fort légèrement sur la peau de cette partie, parce que le membre viril étant de lui-même tout nerfs, j'appréhenderais qu'il n'arrivât au patient ce qui arriva, il n'y a pas longtemps, à M. Brancaci, grand-prieur de Malte, qui, s'étant fait appliquer un fer rouge au gros doigt du pied, qui est une autre partie du corps extrêmement nerveuse, mourut bientôt après par la douleur, par la fièvre et par la gangrène.

On a quelquefois bien de la peine à arrêter le sang des veines et des artères ; que l'on a coupées dans les opérations que l'on a faites sur la verge d'un homme; et Fabrice de Hildan nous fait remarquer qu'un chirurgien ayant coupé une excroissance sur le gland d'un homme de quarante ans, cet homme perdit tant de sang pendant que le chirurgien faisait chauffer un fer, que trois jours après il en mourut.

J'aimerais donc beaucoup mieux user du remède dont j'ai parlé ci-dessus, ou d'une forte décoction d'une tête de mort et de vitriol, qui arrête, comme par miracle, le sang des veines et des artères coupées, que de me servir du feu, par les raisons que j'ai alléguées ci-dessus. Ce fut sans doute le présent que fit le roi d'Angleterre, il y a quelques années, à M. le duc d'Estrées, vice-amiral de France, lorsqu'il était aux côtes de ce premier royaume, afin que, s'il arrivait dans l'armée navale dont il avait la conduite, quelques grandes pertes de sang, on pût le arrêter tout d'un coup par le moyen de ce remède.

ARTICLE II.

*Des maladies qui arrivent aux parties naturelles de la femme
et qui peuvent être guéries.*

Les parties naturelles des femmes ont des défauts aussi bien que celles des hommes; il s'en trouve d'incurables, qui seront remarqués au chapitre *de la Stérilité des hommes*, et il y en a d'autres que l'on peut corriger, et que je vais examiner.

Les filles sont trop larges, trop étroites, ou quelquefois presque toutes fermées; il y en a qui ont les lèvres de leurs parties trop longues et trop pendantes, et qui ont encore d'autres défauts qui les empêchent de se joindre amoureusement à un homme.

La nature, qui est admirable dans tout ce qu'elle fait, a composé de membranes charnues le conduit de la pudeur des femmes, afin que, ces parties s'élargissant comme il faut dans l'accouchement, elles puissent ensuite se rétrécir pour empêcher les incommodités qui en pourraient arriver, si elles demeuraient toujours ouvertes. Quelquefois, dans de fausses et de fâcheuses couches, elles ne se resserrent plus comme auparavant après s'être extrêmement élargies: si bien qu'elles demeurent tellement lâches et ouvertes, qu'elles sont importunes aux femmes et désagréables à leurs maris.

C'est ce conduit que l'on trouve trop large dans quelques filles qui sont d'une taille avantageuse et d'une constitution sanguine, et qui avec cela ont la poitrine carrée, les flancs larges et la voix forte. Un homme qui aura la verge petite ou médiocre, et qui sera marié à une telle fille, ne pourrait avoir aucun soupçon contre sa vertu, puisqu'à l'égard de son mari son défaut est naturel.

La médecine, qui trouve des remèdes presque pour toutes sortes de maladies, n'en manque pas pour celle-ci. Elle en fournit à une honnête fille qui va se marier, afin d'ôter le soupçon que pourrait avoir son mari de quelques prétendus désordres de sa vie. Elle en communique encore à une femme qui a fait depuis peu de pénibles couches, pour n'être pas, dans la suite du temps, désagréable à son mari, pour conserver dans son mariage la paix et la tranquillité, et pour avoir un second enfant, qu'elle n'aurait point si elle demeurait dans l'état où elle se trouve maintenant.

Ces sujets étant raisonnables, l'on doit trouver bon que l'on use de nos remèdes pour un si juste motif. Je ne prétends point ici être l'auteur de l'abus que l'on en peut faire. Mon dessein n'est pas de favoriser le crime, mais de guérir les maladies qui affligent les femmes, et d'entretenir une amoureuse complaisance parmi des personnes mariées. Autrement nous serions réduits à retrancher de nos livres et de notre pratique l'antimoine, le sublimé, le réalgal et les autres poisons dont nous nous servons tous les jours si heureusement pour la guérison des maladies. Il me semble qu'il suffit de faire son devoir en guérissant les maladies qui se présentent, sans se mettre beaucoup en peine des mauvaises inclinations de quelques personnes qui abusent de ce qu'il y a de meilleur au monde.

Les femmes des régions chaudes préviennent le défaut que nous avons marqué, en se lavant les parties naturelles avec de l'eau de myrte distillée, qu'elles aromatisent avec un peu d'essence de girofle ou avec quelques gouttes d'esprit-de-vin ambré, ou avec des décoctions astringentes. Mais la décoction de grande consoude est encore meilleure que tout cela, si nous en croyons la femme dont parle Sennert, qui, s'étant mise dans un bain que sa servante avait préparé pour elle-même, fut fort fatiguée la nuit suivante par son mari, parce qu'elle se trouva presque toute fermée. Cette expérience n'est pas seule. Benivenius nous fait une semblable histoire sur ce sujet ; et nous en produirions quelques autres, si l'on pouvait douter de cette vérité.

On ne doit pourtant se servir de ces sortes de remèdes que pendant sept ou huit jours de suite, afin que les parties naturelles ne deviennent pas trop étroites ; mais parce que souvent elles s'élargissent beaucoup après les règles, on pourra, cinq jours après qu'elles auront entièrement cessé, s'en humecter encore pendant huit autres jours.

On doit avoir d'autres précautions pour les femmes qui sont depuis peu accouchées : car les vidanges de l'accouchement doivent couler pendant un mois tout au moins ; après quoi on peut se laver avec les eaux que nous avons proposées, mais avec une telle prudence, que les femmes ne deviennent pas si étroites qu'elles puissent donner de la peine à leurs maris quand la passion les obligera à éteindre leurs flammes. Car ces remèdes agissent quelquefois avec tant de force, qu'il s'est trouvé des femmes, si nous en croyons Benivenius, qui, par l'imprudence de leurs matrones, s'étaient lavées si souvent de ces sortes d'eaux, qu'elles s'étaient ensuite repenties d'avoir suivi les avis qu'on leur avait donnés.

J'ai fait remarquer, au chapitre précédent, quelle peine on avait pour dépuceler une jeune femme étroite, quelles douleurs on en ressentait à la verge, et quelle enflure il y survenait. La femme qui n'est guère ouverte, n'a pas moins de douleur de son côté lorsqu'elle se joint à un homme qui a le membre assez gros, ou qui l'a même médiocre : toutes les parties délicates du conduit de la pudeur en sont déchirées ; et, si l'on n'y prend garde avec beaucoup d'exactitude, il s'y engendre des ulcères qui ne donnent pas peu de peine à guérir. Si la femme

de qualité que je guéris, il y a quelques jours, avait caché son mal plus longtemps, sans doute qu'elle n'aurait pas été sitôt soulagée par le remède que je lui
proposai. Il était fait de parties égales de litharge d'or pulvérisée, de céruse et de
corne de cerf brûlée, avec autant qu'il fallait de mucilage de semence de coin,
extrait avec de l'eau de plantain. Après s'être ointe de cet onguent, et s'être ensuite
lavée de temps en temps avec de l'eau rose, elle se trouva entièrement guérie.

L'avis que je donne ici aux filles qui sont incommodées de tumeurs de rate
et de vapeurs, et qui sont extrêmement pâles, ne doit pas être méprisé. Elles
doivent se souvenir de n'user pas souvent d'un remède fort commun, qui contribue beaucoup à la guérison de toutes ces maladies ; car, bien que la limaille de
fer ou d'acier ait des qualités apéritives, elle en a aussi d'astringentes qui resserrent tellement les filles qui s'en servent longtemps, qu'ensuite elles souffrent
beaucoup les premières semaines de leur mariage, et sans doute que, pressées
par la douleur, elles abandonneraient alors leur mari, si la bienséance et l'amour
conjugal ne les en empêchaient. La fille du chaudronnier que je vis, il y a deux
ans, n'aurait pas gardé toutes ces mesures avec son mari, si je n'avais donné
ordre d'élargir ses parties naturelles par des décoctions de pied de mouton, de
corne de cerf, de moelle de bœuf, de racine de guimauve, de semence de lin,
d'herbes aux puces bouillies dans de l'eau.

Le canal de la pudeur se trouve quelquefois presque tout fermé par les caroncules liées les unes aux autres par une membrane délicate, ou par une qui est
quelquefois bien forte à déchirer. Dans cette première occasion, un homme se
fait hardiment passage quand il aime avec ardeur. Les petites membranes se
déchirent aisément, et, par une petite perte de sang, elles donnent des marques d'une
virginité perdue. C'est alors que l'on montre de la fenêtre des mariés à ceux qui
passent, les linges tachés de sang, selon la coutume de quelques villes d'Espagne,
où les Espagnols disent aujourd'hui en leur langue : *vergen la tenemos*.

On en fait presque autant dans les royaumes de Fez et de Maroc ; car, après
que le marié est entré dans sa chambre avec sa femme, et qu'il y a badiné la première nuit de ses noces, il y a une vieille femme qui attend à la porte pour recevoir de la mariée le linge sanglant qui est la marque de sa virginité ravie ; puis
la vieille va le montrer aux parents qui sont encore à table, et elle crie à haute
voix : *Elle était pucelle jusqu'à aujourd'hui*. Que s'il ne se trouve point de
linge teint de sang, on renvoie la mariée chez ses parents avec déshonneur.

Mais si la membrane qui joint les caroncules est forte, dure et presque cartila-
gineuse, on a beau pousser, rien ne s'ouvre, et l'on se perdrait plutôt que de forcer une barrière qui est défendue avec tant d'opiniâtreté. Il n'y a point de meilleur remède, dans cette occasion, que de prendre un bistouri courbé, et de
couper la membrane qui défend avec tant de résistance les avenues du palais de

l'amour : c'est ce que Paré dit avoir fait dans une fille de dix-sept ans, qui fut ensuite en état de se marier et d'avoir des enfants.

Souvent les caroncules jointes, qu'on nomme *hymen*, sont percées pour donner passage aux humeurs qui sortent de la matrice et qui y entrent aussi quelquefois ; et il ne faut pas s'étonner s'il y a eu des femmes qui ont conçu, ne pouvant même souffrir d'homme, comme il arriva à Cornélia, mère des Gracques, et comme il arriva encore tous les jours à plusieurs femmes de l'Amérique méridionale, qui conçoivent sans être ouvertes, mais aussi qui meurent souvent en mettant un homme au monde.

Ambroise Paré nous rapporte une histoire sur ce sujet, qui mérite d'être racontée tout au long. Un orfèvre, dit-il, qui demeurait à Paris, sur le pont au Change, épousa une jeune fille, et parce que l'amour est pour l'ordinaire violent dans les premières approches, ils se pressèrent si fort l'un et l'autre, qu'ils commencèrent tous deux de se plaindre, l'un de ce que sa femme n'était point ouverte, et l'autre que, dans les caresses de son mari, elle souffrait une douleur incroyable. Ils communiquèrent leurs désordres à leurs parents, qui, agissant en cela avec prudence, firent appeler dans la chambre des mariés Jérôme de Lanoue et le savant Siméon Pierre, docteurs en médecine, avec Louis Hubert et François de la Leurie, chirurgiens. Tous, d'une commune voix, tombèrent d'accord qu'il y avait une membrane au milieu du conduit de la pudeur, et ils en furent d'autant plus persuadés qu'ils la trouvèrent dure et calleuse, avec un petit trou au milieu, par lequel les règles avaient accoutumé de couler, et par lequel aussi était entrée la matière qui avait donné lieu à la grossesse de cette femme ; car, six mois après qu'elle eut été coupée, elle fit un bel enfant à son mari, qui se réconcilia ensuite avec elle.

Mais quand cette membrane n'est point trouée, et que les règles sont sur le point de paraître dans les jeunes personnes, je ne saurais dire quels accidents funestes elles ne causent point. On s'aperçoit tous les mois de quelque dégorgement d'humeurs, ou de quelque extrême douleur de ventre : les filles qui en sont incommodées souffrent de grandes défaillances, des vertiges et des épilepsies extraordinaires : le sang sort même périodiquement par les oreilles, par les yeux, ou par le nez, ainsi qu'il faisait à une jeune demoiselle de seize ans, qui aima mieux vivre avec langueur, que de se faire couper une membrane ferme et presque solide qui empêchait l'épanchement de ses règles, et qui, par ce moyen, la rendait incapable de la société d'un homme. La fille de vingt-un an dont Jean Wier nous rapporte l'histoire, fut bien plus sage que cette autre ; car celle-ci ayant été estimée grosse par toutes ses voisines, ce médecin justifia hautement son innocence, après lui avoir coupé une membrane dure qui s'opposait à la sortie de ses règles ;

si bien qu'après cela elle en reçut le soulagement qu'elle en pouvait espérer, et la réputation qu'elle avait perdue.

Pour empêcher la honte du divorce ou le hasard de mourir par la pudeur qui accompagne ordinairement le beau sexe, il faudrait que les pères fissent examiner toutes leurs filles à l'âge de neuf ans, afin de remédier d'abord à toutes les difficultés qui s'opposent à l'épanchement des règles et aux caresses des hommes. Ce serait un moyen assuré d'éviter les accidents qui en peuvent arriver ; et parce que la pudeur des filles n'est pas en cet âge-là dans son plus haut degré, il serait alors aisé de les guérir, au lieu de les abandonner à une mort certaine, à une éternelle solitude, ou à une infirmité déplorable.

Les excroissances qui viennent au canal de la pudeur par une conjonction infâme peuvent être guéries, mais avec quelques difficultés. On commence, dans ces sortes de maladies, la guérison par les remèdes que nous appelons *généraux;* on la continue par les sueurs et la salivation, et on l'achève en coupant et en brûlant la chair baveuse qui embarrasse le conduit de la pudeur.

Les femmes ne peuvent encore souffrir leurs maris si leurs parties naturelles sont ulcérées et garnies de fentes, si les hémorroïdes de la matrice et du siège les incommodent, et si une tumeur ou une pierre presse fortement le col de la vessie et le conduit de la pudeur, comme il arriva à Dyseris, dont Hippocrate nous rapporte l'histoire, qui, pendant sa jeunesse, ne pouvait souffrir la compagnie d'un homme.

Les remèdes qui sont propres à combattre toutes ces maladies sont fort aisés à trouver ; et, sans m'y arrêter à dessein, on doit seulement se ressouvenir que les ulcères et les fentes de la matrice n'en demandent pas d'âpres, mais de doux et de bénins.

Les lèvres et les nymphes des parties naturelles des femmes deviennent quelquefois si longues et si pendantes, qu'il est impossible alors qu'un homme en puisse approcher. Ces sortes d'accidents arrivent souvent aux filles africaines, si l'on en croit Léon d'Afrique, qui nous rapporte que ces incommodités sont si communes dans les régions du Midi, qu'il y a des hommes qui, allant par les rues des villes de ces contrées-là, crient à haute voix : *Qui est-ce qui veut être coupée?* De même dans ce pays-ci il y a des hommes qui font connaître par leur sifflet l'habitude qu'ils ont à couper les chevaux, à bistourner les veaux, et à travailler enfin sur les parties génitales des autres animaux.

La honte qu'ont quelquefois nos femmes françaises, lorsque ces replis de la peau de leurs parties naturelles sont excessifs en longueur, les empêche de s'exposer à un chirurgien pour se les faire couper, comme font les vierges égyptiennes avant que de se marier. Ces nymphes allongées sont si véritables, que, dans l'empire du prêtre Jean, où l'on circoncit les femmes aussi bien que les hommes, l'on en fait une cérémonie.

Bien que le conduit de la pudeur soit naturellement un peu tortu, comme je l'ai déjà dit, il ne laisse pas d'être disposé à recevoir la verge d'un homme, et c'est par cette figure qu'il la presse agréablement, et qu'il lui donne tant de chatouillements dans la copulation. Cependant, s'il est excessivement tortu, ou par l'abstinence de la compagnie d'un homme, ou par les agitations continuelles qu'il souffre dans les suffocations, ou enfin par quelque autre cause que ce soit, il n'est point alors en état de souffrir un homme. La femme y ressent trop de douleur quand on la presse, et elle a même de la répugnance pour ce qui plaît à toutes les autres.

Cette maladie n'est pas toujours incurable, et les femmes que nous pensons bien souvent ne pouvoir être guéries, ne sont intraitables que par leur pudeur ou par notre ignorance. Tous les médecins de France ne purent autrefois guérir une des plus grandes princesses du monde, qui était incommodée de ce défaut; il n'y eut que Fernel qui assura le roi, des plus glorieux de son temps, de la guérison de la reine. Après avoir donc connu exactement la cause de sa stérilité, il pria le roi de coucher avec elle lorsque le conduit de la pudeur serait humecté et élargi par les règles qui seraient sur le point de cesser: ce qui réussit si bien qu'après dix ans de stérilité, la reine donna à cet invincible monarque cinq ou six enfants, qui valurent dix mille écus chacun à ce savant médecin.

SECONDE PARTIE

CHAPITRE PREMIER

ARTICLE PREMIER

Éloge de la virginité.

Je ne suis pas du sentiment de ces hérétiques qui préféraient le mariage à la virginité, et qui comparaient le premier à un arbre tout chargé de fruits, que le jardinier veut conserver, et la seconde à un autre arbre stérile, comme était le figuier de l'Écriture, qui fut maudit et jeté ensuite au feu, comme indigne d'occuper une place sur la terre, et comme l'objet de l'indignation de son maître.

Entre tous les états de la vie, la virginité peut être comptée la première. La difficulté qu'on a à résister à la nature est assurément une des choses qui la rendent plus recommandable dans le monde, où elle est l'ornement des mœurs, la sainteté des sexes, le lien de la pudeur, la paix des familles et la source des plus saintes amitiés.

C'est une belle fleur conservée chèrement dans un jardin muré de toutes parts. Elle est inconnue aux bêtes, et il n'y a point de fer qui l'ait blessée en la cultivant : un air favorable l'évente, une chaleur tempérée la conserve, et une douce pluie l'arrose et la fait croître. Tous les jeunes gens la désirent avec passion, mais ils ne l'ont pas plus tôt cueillie, qu'ils la méprisent.

C'est de cette façon que je puis dire, avec Catulle, qu'une fille est chérie de tous ses amis, quand elle garde la fleur de sa virginité; mais elle ne l'a pas plus tôt laissé prendre, qu'il ne se trouve pas même des enfants qui la regardent, ni les filles qui la reçoivent dans leur société.

Ce ne sont pas seulement les chrétiens qui ont eu la virginité en vénération ; les païens et les barbares même ont eu pour elle une estime toute particulière.

Les Romains, autrefois, lui firent bâtir un temple et élever une statue, qu'ils appelaient *Bucca veritatis*. Cette statue décidait de la virginité ou de l'infamie des filles : témoin la fille du roi de la Volatère, qui, après lui avoir mis le doigt dans la bouche, n'en fut pas mordue, et ainsi se justifia de l'injure qu'une vieille femme avait faite à sa pudicité. Il n'en arriva pas de même, à ce qu'on dit, à l'égard d'une autre, qui, étant accusée du même crime, eut le doigt emporté par la bouche de la statue.

On sait encore quelle vénération ont eue ces mêmes peuples pour les vierges vestales, et le fameux édit que l'empereur Tibère fit publier. La fille de Séjan, qui n'avait pas encore atteint l'âge de puberté, fut déflorée par le bourreau avant que d'être étranglée, pour ne pas faire déshonneur à la virginité.

Les poètes nous ont aussi marqué de leur côté quelle estime ils en faisaient, et leur fable nous apprend que Daphné changée en laurier ne peut aujourd'hui souffrir le feu sans se plaindre, comme autrefois elle ne pouvait souffrir le feu impudique de la concupiscence. Les théologiens et les médecins considèrent la virginité d'une manière toute différente. Les premiers disent qu'elle est une vertu de l'âme qui n'a rien de commun avec le corps ; qu'on a beau baiser amoureusement une fille, elle ne perd pas pour cela sa virginité, à moins qu'elle n'y consente.

Les médecins, au contraire, pensent que la virginité est un bien et un assemblage naturel des parties d'une fille qui n'a pas été corrompue par l'approche d'un homme.

Mais, quoi qu'il en soit, nous n'examinerons ici que cette virginité matérielle, pour parler ainsi, afin que ceux qui sont assis sur les fleurs de lis, et qui ont la gloire de juger tous les jours les différends des hommes, en soient pleinement instruits. Ils doivent savoir si on accuse injustement une fille d'avoir été violée, si une femme se plaint à tort d'être mariée à un homme impuissant, et enfin si l'innocence d'un homme est véritable, qui veut se justifier de l'infamie ou de la lâcheté qu'on lui impute.

ARTICLE II

Des signes de la virginité présente.

Les matrones, que l'usage a rendues arbitres de la virginité des filles et de la chasteté des femmes, ont des lumières trop faibles sur cette matière pour en décider. On doit être éclairé dans l'anatomie plus qu'elles ne le sont, pour faire des rapports aussi justes et aussi véritables que ceux qui sont la cause du crédit et de la réputation des juges, de l'honneur des filles et des femmes, de la justification d'un mari, et du repos de la société humaine.

Il faut donc examiner soigneusement toutes les marques de la virginité, afin de conserver l'honneur aux filles à qui on veut le ravir, et de donner de la confusion aux autres qui veulent le conserver sans justice.

Je ne m'arrêterai point ici à toutes les marques extérieures dont se servaient les anciens pour connaître la virginité. L'oracle du dieu Pan, l'insensibilité pour le feu, les eaux amères des Hébreux, la fumée de quelques plantes ou de quelques pierres, ou enfin la mesure du cou de la fille, sont des signes trop incertains, du moins dans le siècle où nous sommes, pour former là-dessus de véritables jugements. La dureté de la gorge, la couleur des mamelons et le rouge que la pudeur fait paraître sur le visage des filles, ne sont pas des signes plus assurés que les précédents.

La virginité est plus difficile à connaître qu'on ne le croit; il faut bien d'autres artifices que ceux-là pour être véritablement persuadé de la pudicité d'une fille. Quand nous aurions autant de soin à les chercher, chacun en particulier, qu'en a encore présentement le grand-duc de Moscovie pour choisir une femme vierge, je crois que nous aurions bien de la peine à y réussir; car le poil frisé et recoquillé des parties amoureuses, le conduit de la pudeur fort humide et fort ouvert, des nymphes flétries et décolorées, l'absence de l'hymen, l'orifice interne de la matrice fort élargi et décollé, le changement de la voix, tout cela n'est point une marque évidente de la prostitution d'une fille.

Celles qui montent à cheval à l'italienne, qui commencent à avoir leurs règles, ou qui les ont actuellement, celles qu'une maladie afflige il y a déjà longtemps, et celles enfin qui n'ont point naturellement d'hymen ni de membranes qui lient les caroncules et leurs parties les unes aux autres, ne sont pas moins chastes ni moins pudiques, pour avoir des marques contraires à celles dont on se sert le plus souvent pour connaître la virginité des filles. La servante dont Aquapendente nous fait l'histoire, qui n'avait pu être déflorée par tous ses écoliers, et une autre jeune femme d'un orfèvre de Paris, dont parle Paré, qui devint grosse sans que l'hymen fût déchiré, n'étaient pas plus vierges l'une que l'autre, quoiqu'elles eussent des marques de virginité.

Il est donc vrai, ainsi que nous l'assurent Riolan et Pinay, qu'il n'y a rien dans toute la médecine de plus difficile à connaître que la virginité, et que même, selon la pensée de Cujas, il est presque impossible d'en avoir des marques assurées. Il n'est point d'industrie ni de remèdes que les filles n'inventent pour dissimuler la perte qu'elles ont une fois faite : et s'il est impossible, selon le sentiment d'un grand roi, de connaître dans la mer le chemin d'un vaisseau, dans l'air celui d'un aigle, sur un rocher celui d'un serpent, il sera aussi impossible de découvrir le chemin que fait un homme quand il presse amoureusement une fille.

Si Ésope avait de la peine à répondre de la virginité d'une fille qu'il avait incessamment devant les yeux, aurions-nous plus de certitude de l'assurer dans une autre que nous ne verrions que fort rarement?

Le meilleur expédient pour conserver la pudicité des filles, selon la distinction qu'en font les médecins, et pour en être bien assuré, ce serait de coudre leurs parties naturelles dès qu'elles sont nées, ainsi que Pierre Bembo dit qu'on fait aux vierges africaines. Mais, parce que cette coutume n'est pas usitée en France, il faut que l'éducation, la sagesse et la pudeur s'opposent à la passion amoureuse des filles, que la nature, la santé et la jeunesse leur font naître à tous moments, et qu'avec cela elles conservent encore leur virginité par un don du ciel, que Dieu ne donne qu'à celles qui lui plaisent.

ARTICLE III

Des signes de la virginité absente.

L'oracle que Phéron, roi des Égyptiens, interrogea sur son aveuglement, lui répondit : Que, pour être guéri, il devait se laver les yeux avec de l'urine d'une vierge, ou d'une femme qui se contentât des caresses de son mari. Ce remède ne se trouva pas chez lui ; et, si la fille d'un jardinier ne le lui eût donné, je crois qu'il eût attendu longtemps avant que de recouvrer la vue, la virginité et la chasteté étant alors quelque chose de fort rare.

Quoique nous ayons dit, à l'article précédent, qu'il n'y avait rien de si difficile à connaître que la virginité présente, il y a cependant quelques médecins qui se persuadent qu'il y a des signes et des conjectures qui nous peuvent faire découvrir l'absence de la virginité. Car si la défloration vient d'être commise ; si l'homme qui en est l'auteur est bien fourni de ses parties, et enfin si la fille est naturellement étroite, il n'y a rien, à ce qu'ils disent, de plus aisé à connaître que la perte de sa virginité.

Les lèvres et les nymphes de ses parties naturelles, toutes rouges de sang, et tout enflées de douleur, sont des témoins irrévocables de son impudicité. Il n'y a plus de liaison dans ses parties amoureuses, et, à la voir marcher, elle porte le pied d'une certaine façon, qu'à moins qu'elle ne s'observe exactement, on s'apercevra qu'elle s'est mal conduite.

Mais, si on attend quelque temps à chercher des marques de sa défloration, tout est réuni et tout semble naturel chez elle. On ne connaîtra rien dans ses parties qui puisse la faire soupçonner d'avoir pris des plaisirs illicites. La nature, d'un côté, travaille incessamment à rétablir les parties divisées ou élargies ; et l'on n'aurait jamais soupçonné de lasciveté la fille des Topinambous, que Riolan trouva si étroite en la disséquant. L'artifice, d'un autre côté, éteint tellement ces parties, qu'il n'y a qu'un autre artifice qui en découvre la fourberie.

Mais il est incomparablement plus difficile d'asseoir un jugement assuré d'une grosse et grande fille de vingt-cinq ans, qui a passé quelques nuits entre les bras d'un homme assez mal fourni de ses pièces, bien qu'ils se soient souvent baisés ; cependant, si on la visite le lendemain, on ne trouvera pas un grand changement dans ses parties naturelles, et il serait même impossible de juger par là de sa défloration. Pour peu d'effronterie qu'ait la fille, elle fera comme la femme dont parle Salomon, qui se lave la bouche après avoir mangé, et qui fait ensuite des serments exécrables qu'elle n'a goûté de rien.

L'examen qu'on doit faire des hommes dans cette occasion est quelque chose de fort considérable pour découvrir le violement d'une fille ; car il s'en est trouvé de si impudentes, qu'elles ont accusé des hommes innocents. Marie-Françoise Oismode en usa de la sorte, à Rome, envers Étienne Nocati, qui, après avoir montré aux juges ses parties naturelles pour se justifier de l'affront qu'on lui faisait, fut absous par la Rote, et renvoyé avec dépens.

On croit que le sang qui s'épanche la première nuit des noces, et que le lait qu'on trouve dans les mamelles d'une fille, sont des marques manifestes de la perte de sa virginité. C'est pourquoi Moïse commanda aux Juifs de garder soigneusement les linges qui avaient servi la première nuit aux mariés, afin de disculper un jour la femme à l'égard de son mari ; ce que l'on observe encore aujourd'hui dans les royaumes de Fez et de Maroc, si nous en croyons les historiens. Le lait ne peut couler du sein d'une fille qu'elle n'ait auparavant conçu dans ses entrailles, et l'on ne doit pas appeler vierge celle qui donne à teter à un enfant.

Mais l'on me permettra de dire que le sang et le lait ne sont pas toujours des marques d'une fille prostituée, car une grande et grosse fille qu'on marie avec un petit homme n'est pas moins pucelle pour ne répandre point de sang la première nuit des noces ; et le sang qui coule des parties naturelles d'une autre fille n'est pas non plus un signe de sa vertu, l'artifice faisant quelquefois paraître un sang étranger, qui aurait été auparavant mis dans une petite vessie de mouton, et renfermé adroitement dans le conduit de la pudeur.

Si le sang des règles cesse de couler à une fille, ce sang remontant aux mamelles se change en lait, selon le sentiment d'Hippocrate ; et la petite fille dont Alexandre Benoît nous fait l'histoire, qui fut stérile toute sa vie, donna des marques de prostitution depuis son enfance, si le lait est un signe assuré d'une mauvaise conduite. Mais ce qui est encore le plus remarquable sur ce sujet, c'est que le Syrien du même Benoît et le soldat Benzo de Cardan avaient tous deux du lait, bien qu'ils fussent des hommes robustes.

Dans l'orient de l'Afrique, du côté de Mozambique et du pays des Cafres, si nous en croyons les historiens, plusieurs hommes nourrissent leurs enfants du lait de leurs mamelles; et, pour prouver ceci par un exemple familier, j'ai demeuré plus de quatre ans à Paris avec un honnête homme, médecin, qui s'appelait Roénette. Il était sanguin de tempérament, et il était âgé d'environ trente ou trente-cinq ans. Quand il se pressait la mamelle et le mamelon, il en faisait sortir des cuillerées d'une humeur blanchâtre et laitée, qui eût pu sans doute nourrir un enfant, si elle eût été sucée.

Sur cela, on n'a qu'à lire Théophile Bonnet, à la page 163, qui nous fournit plusieurs histoires d'hommes et de filles vierges qui ont eu du lait : mais, sans aller si loin mendier des preuves de ce que je dis, une histoire fameuse, arrivée en cette ville de la Rochelle, est seule capable de convaincre sur cela les plus opiniâtres.

L'an 1670, madame la Perère, fille de M. Despérence, capitaine au fort de la pointe du Sable, à Saint-Christophe, fut obligée de s'embarquer pour venir en France, au mois d'avril de la même année, afin d'éviter les désordres d'une guerre qui s'allumait entre les Français et les Anglais de cette île. Elle amena avec elle trois négresses; une vieille, l'autre âgée de trente ans, et la dernière de seize ou dix-huit, qu'elle avait élevée chez elle dès son bas âge. Cette demoiselle, qui avait une petite fille de deux mois à la mamelle de sa nourrice, s'embarqua avec précipitation avec son enfant, croyant que sa nourrice s'était embarquée auparavant, selon qu'elle le lui avait promis. Mais, après avoir mis à la voile, et n'ayant point trouvé sa nourrice, qui était volontairement demeurée à terre, elle fut obligée de nourrir son enfant avec du biscuit, du sucre et de l'eau, dont elle faisait une soupe. Cette enfant ne se contentait pas de cet aliment. Elle incommodait par ses cris tout l'équipage, principalement pendant la nuit. Pour cela on conseilla à la mère de faire amuser son enfant au teton de la jeune négresse, son esclave; mais l'enfant ne l'eut pas plus tôt teté pendant deux jours, qu'elle lui fit venir suffisamment du lait pour se nourrir.

Après deux mois de traversée, cette demoiselle arriva en cette ville, avec son enfant grosse et grasse; et, au mois de mars suivant, elle s'embarqua pour Saint-Christophe avec son enfant de treize mois, qui avait toujours été nourrie par le lait de la négresse vierge.

Après tout ce que nous venons de dire, nous devons croire qu'il n'y a point de marque assurée de la virginité, ni du violement d'une fille ; que tous les signes dont nous avons parlé sont presque toujours équivoques et incertains ; à moins qu'on n'usât de conjectures évidentes, ainsi que font aujourd'hui les jurisconsultes, qui remarquent tout quand il est question de juger de l'impudicité d'une fille. Ils observent jusqu'à la rencontre des yeux, au sourire, au rendez-vous, aux familiarités, aux collations, aux habits, aux visites particulières ; en un mot, ils nous font remarquer ce que l'on peut connaître de plus secret entre deux amants. Mais, après tout, ils ne savent pas encore certainement la vérité.

Il n'y a donc rien, je le dirai encore une fois, de si difficile à connaître que la virginité, puisque même une femme grosse, si nous en croyons Serverin Pinay, peut en avoir toutes les marques. A moins qu'une fille n'ait été trouvée entre les bras d'un homme, et qu'on ne l'examine au même instant, il n'y a guère moyen de connaître la défloration. Car, si l'on attend quelque temps, tous les signes qui l'accuseraient alors ne paraîtront plus, et l'on n'oserait, sans lui faire injustice, la taxer d'impudicité : si bien que je conclus hardiment que, puisque la nature ou l'artifice peut cacher aux yeux des plus savants médecins et des plus adroites matrones les marques de la virginité, on ne peut avec certitude connaître véritablement la défloration ou le violement d'une fille.

Quoique cela soit très véritable, néanmoins les règlements de Paris ordonnent que les matrones jurées, de cette ville-là, fassent leur rapport de violement par-devant le prévôt de ladite ville, qui doit le recevoir, pour rendre justice à qui il appartiendra.

Et, afin qu'il ne manque rien à la curiosité de ceux qui liront ce traité, j'ai bien voulu décrire ici un rapport de matrones, que l'on m'envoya de Paris il y a quelques années.

Nous, Marie, Marie-Christophlette Roine et Jeanne Portepoullet, matrones jurées de la ville de Paris, certifions à tous qu'il appartiendra, que, le 22 d'octobre de l'année présente, par ordonnance de M. le prévôt de Paris, en date du 15 de cedit mois, nous nous sommes transportées dans la rue de Dampierre, dans la maison qui est située à l'occident de celle où l'Écu d'argent pend pour enseigne, une petite rue entre deux, où nous avons vu et visité Olive Tisserand, âgée de trente ans ou environ, sur la plainte par elle faite en justice contre Jacques Mudont, bourgeois de la ville de la Roche-sur-Mer, duquel elle a dit avoir été forcée et violée, et le tout vu et visité au doigt et à l'œil, nous avons trouvé qu'elle a :

Les tetons dévoyés, c'est-à-dire, la gorge flétrie.

Les barres froissées, c'est-à-dire, l'os pubis ou Bertrand.

Le lipion recoquillé, c'est-à-dire, le poil.

L'entrepet ridé, c'est-à-dire, le périnée.

Le pouvant débiffe, c'est-à-dire, la nature de la femme qui peut tout.

Les balunaus pendants, c'est-à-dire, les lèvres.

Le lipendis pelé, c'est-à-dire, les bords des lèvres.

Les barboles abattues, c'est-à-dire, les nymphes.

Les halerons démis, c'est-à-dire, les caroncules.

L'entechenat retourné, et la corde rompue, c'est-à-dire, les membranes qui lient les caroncules les unes aux autres.

Le barbideau écorché, c'est-à-dire, le clitoris.

Le guilboquet fendu, c'est-à-dire, le col de la matrice.

Le guillenard élargi, c'est-à-dire, le conduit de la pudeur.

La dame du milieu retirée, c'est-à-dire, l'hymen.

L'arrière-fosse ouverte, c'est-à-dire, l'orifice interne de la matrice.

Le tout vu et visité, feuillet par feuillet, nous avons trouvé qu'il y avait trace de...... et ainsi nousdites matrones certifions être vrai à vous, M. le prévôt, au serment qu'avons fait à ladite ville. Fait à Paris, le 25 octobre 1762.

Si les matrones de France avaient soin d'assister aux anatomies des femmes, que l'on fait publiquement aux écoles des médecins, comme font celles d'Espagne, je suis assuré qu'elles ne donneraient pas des attestations fabriquées de la sorte. Car, si je voulais prendre la peine d'en examiner les parties, je ferais voir que les signes dont elles se servent pour prouver le violement d'une fille, sont la plupart très faux ou très légers, et qu'ainsi il ne faut jamais s'en fier à ces femmes, quand il est question de juger de l'honneur et de la virginité d'une fille.

Ce n'est pas seulement en Espagne que les sages-femmes sont instruites sur ce qu'elles doivent faire dans les accouchements. J'apprends de Théophile Bonnet qu'en 1763 le roi de Danemarck fit une ordonnance par laquelle il était enjoint aux matrones d'assister aux dissections des femmes que faisait le sieur Stenon, docteur en médecine et professeur en anatomie dans les écoles de médecine de Copenhague, afin de s'instruire de leur profession. Et Bertolen le jeune nous assure aussi que le même roi avait ordonné que les députés de la faculté de médecine de la même ville, interrogeraient les sages-femmes avant de les admettre à l'exercice de leur profession.

La sage-femme de Rachel, dont parle Moïse avec éloge, Satyra et Salpe, que Pline loue tant, étaient sans doute mieux instruites dans leur métier que celles-là, puisqu'elles se sont attiré des louanges de ces deux grands hommes. Elles ne les auraient pas sans doute méritées, si elles eussent été aussi ignorantes que celles qui certifièrent qu'une femme n'était pas grosse parce qu'elle était réglée, et qui furent la cause, par leur ignorance, qu'elle fut pendue à Paris, en 1666, avec son enfant de quatre mois qu'elle avait dans ses entrailles.

Par ce que nous avons dit ci-dessus, que l'artifice découvrait les ruses dont les filles usaient pour paraître vierges lorsqu'elles ne l'étaient pas, il me semble que, pour ne laisser rien échapper qui puisse servir à la curiosité du lecteur, nous devons examiner ici les moyens dont on peut découvrir la virginité fardée; car souvent les filles font parade d'une vertu qu'elles n'ont pas, et se persuadent même qu'il est impossible de connaître ce qu'elles ont perdu en secret. Pour les détromper dans cette occasion, on fera un demi-bain de décoction de feuilles de mauve, de seneçon, d'arroche, de branches ursines, etc., avec quelques poignées de graines de lin et de semence d'herbes aux puces. Elles demeureront une heure dans ce bain, après quoi on les essuiera, et on les examinera deux ou trois heures après le bain, les ayant cependant fait observer de bien près. Si une fille est pucelle, toutes ses parties amoureuses seront pressées et jointes les unes aux autres; mais, si elle ne l'est point, elles seront lâches, mollettes et pendantes, au lieu de ridées et de resserrées qu'elles étaient auparavant, lorsqu'elles voulaient nous en imposer.

CHAPITRE II

S'IL Y A DES REMÈDES CAPABLES DE RENDRE LA VIRGINITÉ A UNE FILLE

Saint Jérôme, écrivant à une fille dévote, que l'on appelait *Eustachion*, et lui interprétant ce beau passage de l'Écriture : « La vierge d'Israël est tombée, il n'y a personne qui la puisse relever, » dit dans une autre langue ces mêmes paroles : « Je vous dirai hardiment, ma chère fille, que, bien que Dieu soit tout-puissant, il ne peut pas toutefois rendre la virginité à une fille qui l'aura une fois perdue ; il peut bien lui pardonner son crime, mais il n'est pas en son pouvoir de lui rendre la fleur de sa virginité qu'elle s'est laissé ravir. »

En effet, il n'y a point de remède que nos médecins aient pu inventer, ni d'artifices que nos courtisanes aient pu pratiquer, qui la puissent faire renaître. C'est une vertu qui s'éclipse une fois dans la vie, et que l'on ne voit après jamais plus paraître. C'est une liaison de parties qui étant une fois séparées ne se réunissent jamais comme elles étaient auparavant.

Parce qu'il n'y a point de signe qui la puisse clairement découvrir, il n'y a point de remède qui la rétablisse quand elle est une fois perdue. Nous avons bien le pouvoir de les imiter et de faire une vierge masquée, pour ainsi dire ; mais nous ne pouvons remettre le naturel, qui est quelque chose de plus cher et de plus précieux.

J'ai été longtemps à me déterminer, savoir, si un médecin devait écrire ouvertement sur ces sortes de matières ; mais, après y avoir fait de sérieuses réflexions, j'ai été obligé par de puissants motifs à faire ce chapitre. Car le mépris et l'infamie que peut encourir une fille innocente qui se marie, lorsqu'elle est naturellement trop ouverte, et une autre qui par fragilité s'est laissée aller aux persuasions d'un homme qui l'a trompée, sont de fortes raisons pour ne pas me taire sur ce chapitre. La paix des familles et la tranquillité de l'esprit d'un mari sont presque toujours rétablies par les remèdes que nous avons dessein de proposer ; c'est par eux que la volupté licite du mariage est fomentée, et que souvent la génération est procurée : car il s'est vu des femmes qui ne pouvaient avoir des enfants que par les remèdes que je proposerai dans la suite de ce discours.

Les hommes, pour parler en général, n'estiment la virginité d'une fille que par l'ouverture étroite de ses parties naturelles, par la polissure de son ventre, et par la rondeur de sa gorge. Souvent ils ne se mettent guère en peine de quelques gouttes de sang qui doivent couler dans les premières caresses du mariage, et ils ne vont pas examiner tous les signes que nous avons rapportés au chapitre précédent, pour être assurés de la virginité des filles qu'ils épousent ; il suffit que leurs femmes aient les trois qualités que nous avons remarquées ci-dessus, pour être bien reçues auprès d'eux. Si elles sont trop ouvertes, ou qu'elles aient la gorge trop lâche et trop mollette, quand elles seraient des Agnès et des Catherine, le chagrin les prend aussitôt, et la passion insensée que l'on appelle la *jalousie* s'empare en même temps de leur esprit, et leur fait soupçonner des choses infâmes dont ces femmes sont tout à fait innocentes.

Pour donc éviter tous ces désordres, qui ne sont que trop fréquents dans le monde, et qui ne troublent que trop tôt la tranquillité du mariage, je rapporterai ici des remèdes qui mettent à couvert les filles et les femmes des mauvais préjugés que l'on pourrait avoir pour elles. Les premières pourront s'en servir lorsqu'elles seront trop ouvertes, et qu'elles auront les mamelles trop pendantes ; que d'ailleurs par faiblesse elles se seront abandonnées à leurs passions indiscrètes, et qu'elles auront été mères avant d'être mariées. Les autres en pourront user pour plaire à leurs maris et pour faciliter la conception dans leurs entrailles.

J'avoue que l'on peut abuser de ces remèdes comme des choses les plus excellentes du monde ; mais on ne saurait pourtant blâmer la nature, qui permet que le soleil échauffe la terre aussi bien pour les aconits et pour les colchiques, que pour les dictames et les gentianes.

S'il se trouve donc qu'une fille naturellement étroite ait accouché secrètement, et qu'elle veuille ensuite se marier sans que son mari puisse s'apercevoir de sa faiblesse passée, le meilleur remède que je puisse donner dans cette occasion, c'est qu'elle soit chaste et pudique quatre ou cinq ans avant son mariage, qu'elle ne s'échauffe point l'imagination d'amourettes, par des danses, des conversations et des lectures impudiques, et qu'elle vive enfin dans la modestie, qui est bienséante aux filles qui se repentent. Je lui promets que son mari la prendra pour pucelle, et qu'il ne croira jamais avoir été trompé. Car, si l'on fait réflexion sur l'histoire que nous avons rapportée au chapitre précédent, d'une fille de vingt-cinq ans, du pays de Topinambous, nous n'aurons pas de peine à persuader que le remède que je conseille ici, ne soit le meilleur de tous ceux que l'on pourrait mettre en usage.

La vapeur d'un peu de vinaigre, où l'on aura jeté un fer ou une brique rouge; la décoction astringente de glands, de prunelles sauvages, de myrrhe, de roses de Provins, et de noix de Cypre, l'onguent astringent de Fernel, les eaux distillées de myrrhe, sont tous des remèdes qui resserrent les parties naturelles des femmes qui sont trop ouvertes.

Pour remédier à ce défaut, quelques médecins veulent que l'on jette dans la matrice un lavement astringent, fait de la décoction des choses que nous avons proposées ci-dessus; mais je ne conseille pas l'usage de ce remède, à moins qu'une femme n'ait fait de fâcheuses couches, et qu'elle ne soit toute ouverte par les efforts qu'elle y aurait soufferts : autrement ces liqueurs astringentes pourraient causer des douleurs et des tranchées insupportables, si elles étaient une fois renfermées dans ces parties-là, et qu'elles n'en pussent sortir, ainsi que l'expérience me l'a fait quelquefois connaître.

Ne serait-il pas permis à une fille qui a passé quelques années de sa vie dans les voluptés illicites, de rassurer, le premier jour [de ses noces, l'esprit de son mari, en prenant un peu de sang d'agneau qu'elle aurait fait sécher auparavant, et en le mettant dans le conduit de la pudeur, après en avoir formé deux ou trois petites boules ; ne lui serait-il pas permis, dis-je, pour conserver la paix dans sa famille, de faire tous ses efforts pour paraître sage à l'égard de son mari ?

Mais l'envie de paraître pucelle va quelquefois jusque-là même, que l'on ne craint point de s'exposer aux douleurs les plus cuisantes; car il s'est trouvé des courtisanes qui se sont ulcéré les parties naturelles pour être estimées vierges, quand elles ont voulu se lier licitement avec un homme.

Le ventre est quelquefois si défiguré de rides et de cicatrices après un accouchement, que celles que l'on estime filles n'osent se marier à cause de ces défauts; cela les oblige souvent à mener une vie débauchée, et à passer le reste de leurs jours dans des voluptés illicites. Les femmes mêmes ont de la honte de se laisser voir en cet état à leurs maris, et ainsi quelquefois elles se privent des douceurs du mariage et de la naissance de plusieurs enfants.

Afin donc que ces filles puissent abandonner leur façon de vivre déshonnête et impudique, et qu'elles se marient avantageusement, que les femmes n'aient plus de scrupules dans le mariage, je veux bien écrire ici ce que j'ai appris d'un médecin le plus fameux de toute l'Italie.

On prendra quarante pieds de moutons, dont on brisera lès os, et après les avoir fait bouillir dans une suffisante quantité d'eau, l'on prendra avec une cuiller ce qui nagera par-dessus, à quoi l'on ajoutera deux gros de sperme de baleine, deux onces de graisse fraîche de pourceau femelle, autant de beurre frais sans sel ; on fera fondre tout cela dans un pot de terre vernissé, et, après que l'onguent sera refroidi, on le lavera avec de l'eau rose jusqu'à ce qu'il blanchisse ; on le mettra ensuite dans une boîte de verre, pour en user selon la nécessité.

Après que la personne se sera servie de ce remède, elle s'appliquera sur le ventre une peau de chien ou de chèvre, préparée de cette façon que l'on appelle *peau d'occagne ;* on prendra deux onces de chacune de ces huiles ; savoir, d'amandes douces, de millepertuis, de myrtille ; on les lavera avec de l'eau rose ; et, après avoir été ainsi préparées, l'on en oindra une de ces peaux parfumées que l'on apporte ordinairement d'Espagne ou d'Italie. On la laissera humecter pendant toute une nuit, et le lendemain on la frottera fortement entre les mains pendant une heure ; et après l'avoir ensuite, pendant deux jours entiers, exposée à l'air, où le soleil ne donne pas, on prendra la mesure du ventre pour la couper, et puis on l'appliquera principalement pendant la nuit. Si quelques semaines se passent sans que les cicatrices s'effacent, on doit prendre de l'huile de myrrhe, qui, en adoucissant la peau, en emporte les taches avec plus de force sans l'endommager ; si l'on veut que ce remède soit plus fort, on ajoutera à cette huile du suc de citron, et un peu de sel ammoniac, et par une forte agitation l'on en fera un onguent.

Il ne me reste qu'à remédier au défaut d'une grosse gorge mollette, qui fait quelquefois soupçonner une fille d'être lascive et d'aimer le vin, car il y en a qui portent comme deux coussins sur la poitrine, et qui sont tellement embarrassées quand elles veulent agir, qu'à peine peuvent-elles faire jouer leur bras. C'est peut-être pour ce sujet si nous en croyons l'histoire, que les Amazones se brûlaient l'une des mamelles, pour être ensuite plus agiles et plus adroites.

Outre les remèdes que nous avons allégués ci-dessus, qui peuvent servir à diminuer la gorge, on peut encore user de gros vin rouge, ou d'eau de forges, dans laquelle on aura fait bouillir du lierre, de la pervenche, de la myrrhe, du persil et de la ciguë même, sans appréhender la mauvaise qualité de cette dernière plante, notre ciguë étant bien différente de celle des Athéniens, avec le suc de laquelle ils firent mourir le plus sage des hommes, comme l'oracle l'avait nommé.

Il y en a qui se servent de formes de plomb pour diminuer les mamelles. En effet, c'est un bon remède pour ces sortes de défauts ; mais, si l'on a auparavant humecté le dedans du plomb avec de l'huile de jusquiame, le remède sera encore plus excellent : car cette huile a une vertu particulière pour diminuer la gorge et pour la faire endurcir : elle s'oppose même à la génération du lait après l'accouchement.

Mais, afin qu'il n'arrive point d'accident de l'usage de tous ces remèdes, je répéterai ici ce que j'ai conseillé ailleurs aux filles et aux femmes, c'est qu'il n'en faut user pour la gorge ni pour les parties naturelles, que trois ou quatre jours après les règles et huit jours auparavant : et les femmes qui ont depuis peu accouché, ne doivent s'en servir que sur la fin de leurs vidanges ; ce qui peut arriver après le trentième ou le quarantième jour de leur accouchement.

CHAPITRE III

A QUEL AGE UN GARÇON ET UNE FILLE DOIVENT SE MARIER

Il ne faut pas s'étonner si nous sommes mortels, puisque nous sommes composés de parties si différentes et si opposées entre elles. Les éléments qui se font tous les jours la guerre en nous-mêmes, sans que nous nous en apercevions, et la chaleur naturelle qui dissipe incessamment l'humeur radicale qui nous soutient, sont les deux causes de la fin où nous courons avec précipitation. Notre chaleur, agissant toujours sur notre humidité, la consume et la détruit peu à peu : bien que comme le feu d'une lampe finit par la dissipation de l'huile qui la fomente, notre chaleur s'éteint aussi par le défaut de l'huile qui la conserve. L'air, les aliments et les boissons ne sont point suffisants pour la réparer éternellement ; s'ils le font, ce n'est que pour un temps, et les parties qui entretiennent notre feu venant à vieillir, se lassent enfin d'agir incessamment de la même sorte, et de recevoir en même temps ce qui les fait subsister et ce qui les fait périr.

La nature, prévoyant bien la perte du monde, si en quelque façon elle n'y mettait ordre, donna, dès le commencement des siècles, à l'un et à l'autre sexe, un admirable assemblage de parties pour produire leur semblable, et en même temps des feux secrets pour les perpétuer. Ce fut dans la naissance du monde qu'elle établit cette douce société de vie, et qu'elle ne fit pas seulement une jonction de deux corps, mais un agréable mélange des âmes qui les animaient. Le mariage, qui est presque aussi vieux que le monde, est cette source d'immortalité et le plus important état des hommes, puisque, sans lui, les villes et les républiques seraient abandonnées.

ARTICLE PREMIER

Éloge du mariage.

Je ne veux point faire ici l'éloge du mariage : il est assez recommandable par l'institution que Dieu en fit dans le Paradis terrestre, et par la fin que l'Église s'y propose. Si Adam, dans l'état d'innocence, avait besoin d'un aide, comme le marque l'Écriture, nous ne devons pas être malheureux par une alliance qui rendit heureux notre premier père; et nous aurions tort de croire, selon la pensée de quelques-uns, qu'il répandit le mal dans tout l'univers quand il eut ordre de remplir la terre d'hommes et de les multiplier. Je ne veux pas encore dire que ce fut à des noces que Jésus-Christ fit son premier miracle, que le mariage sert de figure à l'union de Jésus-Christ avec l'Église : et je puis parler ainsi aux personnes mariées :

> Mariés, pensez en tout lieu
> Que vous êtes la sainte image
> De l'admirable mariage
> De l'Église et du fils de Dieu.

De plus, que c'est un mystère, au rapport de saint Paul, que l'on appelle *Dieu*, du nom d'époux dans les Cantiques, et que Jérémie même, pour parler à la façon des hommes, fait Dieu marié, et nous le représente en cet état. Toutes ces pensées sont trop communes, et elles ont été trop souvent rebattues.

Mais je puis dire qu'il n'y a point d'état dans la vie qui soit plus honorable que le mariage, puisque c'est une condition qui fait incessamment des présents, à l'Église et à l'État; et que, selon cette pensée, notre incomparable monarque, qui ne laisse rien échapper pour rendre les peuples heureux et son royaume abondant, a fait depuis peu, à l'imitation des Romains, une déclaration par laquelle il veut que les pères de dix enfants soient exempts des charges publiques, et qu'outre cela ils reçoivent encore de sa libéralité ordinaire une pension considérable.

En effet, les enfants sont des faveurs du ciel, par l'aveu même de saint Jérôme, qui élève si haut la virginité. Et dans le Vieux Testament le mariage est si fort estimé, qu'il a l'avantage d'être par-dessus les autres états de la vie : si bien qu'il est aisé de juger par là que, dans l'ancienne loi, on le préférait à la virginité, et que la stérilité des femmes y passait pour une espèce d'opprobre.

L'Église aujourd'hui nous montre bien la grandeur du mariage et de la génération lorsqu'elle comble de grâces les mariés. Cependant la question est encore aujourd'hui problématique, savoir lequel des deux états on doit le plus estimer, ou de celui du mariage, ou de celui de la continence; et c'est une chose bizarre que, dans le siècle où nous sommes, nous voyons des approbations et des privilèges pour l'un et pour l'autre parti. Charles Chausse, sieur de la Terrière, écrivit, en 1625, *De l'Excellence du Mariage contre la Continence,* et le sieur Ferrand écrivit ensuite contre ce livre, *De la Continence contre le Mariage.* Les choses n'étaient pas en cet état du temps de saint Jérôme, puisque ses amis supprimèrent son livre *De la Virginité,* que nous voyons aujourd'hui parmi ses ouvrages, parce qu'il était opposé aux desseins de l'Église. Cependant nous savons que de saints personnages ont choisi le mariage comme un état le plus honnête de la vie, témoin saint Pierre, saint Clément Alexandrin, maître d'Origène; Novat, prêtre de Carthage en Afrique; saint Hilaire, saint Grégoire de Nice, Tertullien et plusieurs autres, qui ont cru pouvoir recevoir plus de grâces du Ciel par le moyen de ce sacrement que par la voie de la continence.

Les juifs et les chrétiens estimaient donc beaucoup plus le mariage que la virginité, et ces derniers ne donnaient jamais de charges de magistrature aux hommes qui n'étaient point mariés. Les païens mêmes ont fait des lois à son avantage; car les Spartiates, d'un côté, instituèrent une fête où ceux qui n'étaient pas mariés étaient fouettés par des femmes, comme indignes de servir la république et de contribuer à son honneur et à son progrès. Les Romains, d'un autre côté, couronnaient la tête de ceux qui l'avaient été plusieurs fois, et, dans leurs réjouissances publiques, ceux qui avaient été souvent mariés paraissaient avec une palme à la main, comme chargés d'autant de victoires que les Césars ayant contribué à la grandeur de la république aussi bien qu'eux, par le nombre des soldats qu'ils lui avaient donnés. C'est pour cette raison, au rapport de saint Jérôme, qu'ils couronnèrent un homme de lauriers, et qu'ils voulurent que, dans la pompe funèbre, il accompagnât le corps de sa femme, la palme à la main et la couronne sur la tête; et, puisqu'il était fort raisonnable, ajoute-t-il, qu'ayant été marié vingt fois et sa femme vingt-deux, il fût mené comme en triomphe à son enterrement.

ARTICLE II

L'âge le plus propre au mariage.

Toute sorte d'âges n'est pas capable de goûter les douceurs du mariage. Les premières et les dernières années ont leurs obstacles ; et, si les enfants sont trop faibles, les vieillards sont trop languissants. Le milieu de notre vie est l'âge le plus propre à Vénus, qui, comme Mars, ne demande que des jeunes gens pleins de feu, de santé et de courage.

Les médecins ont des opinions différentes sur la division de notre vie. Les uns la partagent en quatre âges, d'autres en cinq, et d'autres en plusieurs parties. Mais, à considérer la chose de bien près, les années ne font pas les âges, c'est la force et le tempérament qui les distinguent. Une fille peut faire un enfant à dix ou douze ans, parce qu'elle est forte et robuste, au lieu qu'une autre n'en saurait faire un à dix-huit ou vingt, à cause de la faiblesse de ses parties et de la sécheresse de son tempérament. Néanmoins on doit se déterminer sur cette matière, afin que les jurisconsultes, qui ont besoin de la division des âges, puissent juger sainement des affaires qui leur appartiennent.

Le sentiment le plus suivi est celui qui divise notre vie en cinq périodes : le premier est l'adolescence, qui dure depuis notre naissance jusqu'à l'âge de vingt-cinq ans, après quoi nous ne croissons plus. Depuis vingt-cinq ans jusqu'à trente-cinq ou quarante est la fleur de l'âge de l'homme, et c'est ce qu'on appelle *la jeunesse*, et dure jusqu'à quarante-neuf ou cinquante ans ; c'est le temps où l'on se trouve de même force et de même tempérament : le quatrième âge est la première vieillesse qui dure jusqu'à soixante-cinq ans ; et enfin l'âge décrépit, qui accompagne les hommes jusqu'à la mort.

L'adolescence est encore divisée en plusieurs parties, entre lesquelles l'enfance tient le premier lieu ; elle commence depuis notre naissance jusqu'à trois ou quatre ans, lorsque nous avons appris à parler. La puérilité la suit, qui se termine à dix ans. L'âge de discrétion vient après, que quelques-uns nomment *puberté*, qui dure jusqu'à dix-huit ans ; et enfin l'adolescence, qui prend le nom de tout ce temps-là, va jusqu'à vingt-cinq.

L'enfance et la puérilité ne savent ce que c'est que de produire des hommes : et, bien qu'il y ait quelques historiens qui pourraient rendre cela douteux par une histoire qu'ils font d'un enfant de sept ans qui engrossa une fille, cependant parce qu'il ne s'en trouve qu'un exemple dans l'antiquité, et que d'ailleurs la génération est incompatible avec la faiblesse de cet âge, il me sera permis de demeurer dans mon sentiment, et d'exclure les enfants du nombre de ceux qui peuvent engendrer.

Je ne dirai pas la même chose de ceux qui ont atteint l'âge de discrétion : car dès que la voix se change, et qu'elle se grossit par la chaleur naturelle qui s'augmente dans la poitrine; que l'on commence à sentir le bouc par des vapeurs désagréables qui s'élèvent de la semence; que le poil vient aux parties naturelles, et que l'on y sent des chatouillements réitérés; c'est alors, dis-je, qu'un jeune homme est embrasé par l'ardeur de l'amour, et que les parties naturelles se disposent aux caresses des femmes.

Les médecins, qui considèrent incessamment les actions de la nature, ne peuvent se déterminer exactement sur l'âge que doivent avoir les hommes et les femmes pour se joindre amoureusement et pour engendrer : il y a tant de diversités de tempéraments et de vigueur dans les hommes et dans les parties qui servent à la génération, qu'il est impossible de prononcer juste sur cette matière. Ce que l'on peut dire en général, c'est que l'on commence à engendrer depuis dix ans jusqu'à dix-huit; mais on n'en saurait marquer exactement l'année en particulier.

Nous lisons, dans nos observations de médecine, qu'il y a eu des hommes qui ont été pères à dix ans, et qu'il s'est trouvé des femmes de neuf ans qui ont mérité le nom de mère. Joubert, médecin de Montpellier, et l'un des savants hommes de son temps, a vu en Gascogne Jeanne de Peirie qui fit un enfant à la fin de sa neuvième année. Cette histoire n'est point seule; je pourrais en rapporter beaucoup de semblables qui sont arrivées en France et dans les régions chaudes, si celle que nous a laissée par écrit saint Jérôme ne suffisait pour confirmer ce que je dis. Il nous assure qu'un enfant de dix ans engrossa une nourrice avec laquelle il coucha quelque temps.

J'avoue pourtant que ces sortes de prodiges sont rares dans le monde, et qu'il faut souvent des siècles pour en produire de semblables; mais la marque la plus assurée d'être en état d'engendrer, c'est, selon l'avis des médecins, lorsqu'un homme peut jeter de la semence, et que les règles paraissent à une fille : ce sont alors des signes évidents que la nature a fourni à l'un et à l'autre sexe de quoi se perpétuer. Ces épanchements d'humeurs ne paraissent que rarement à neuf ou dix ans; on ne voit même guère de filles de douze ans et de garçons de quatorze, capables d'obéir à l'amour et de produire cette matière dont se forment les hommes. Cela arrive le plus souvent aux filles de quatorze ans et aux garçons de seize; car en ce temps-là tout ne respire que production : c'est le printemps de la vie, et l'une des saisons les plus douces qu'aient les hommes. Une fille serait bien lente,

si à seize ans elle n'était capable de se perpétuer par la production d'un enfant, et un garçon de dix-huit ans serait bien froid, si, étant couché avec elle, il lui était impossible de prendre des plaisirs amoureux. Enfin, on peut conclure de tout ce que je viens de dire, que l'âge le plus prompt à faire des enfants est celui de dix ans, et le plus tardif celui de seize ou de dix-huit.

Sur ce que les femmes sont plus tôt prêtes à engendrer que les hommes, quelques médecins ont soutenu qu'elles étaient d'un tempérament plus chaud; car si, parlant en général, disent-ils, elles ont plus de sang, elles ont aussi plus de chaleur, puisque la chaleur naturelle réside davantage où il y a plus de cette humeur.

D'ailleurs on remarque, ajoutent-ils, que les femmes sont plus ingénieuses et plus agissantes que les hommes, parce qu'ayant plus de sang, elles ont aussi plus d'esprits, qui sont la cause de leur activité. Elles ont encore plus tôt du poil aux parties naturelles; il s'en est vu qui n'étaient presque pas entrées dans l'âge de discrétion, à qui la nature commençait à voiler leurs parties naturelles par le poil qu'elle y faisait naître : ces mêmes femmes croissent et vieillissent encore plus tôt, parce que la chaleur agissant plus fortement sur leurs corps que sur ceux des hommes, elle en avance aussi plus tôt les actions, et en dissipe plus tôt les humidités.

Au reste, elles sont beaucoup plus amoureuses que les hommes : et, comme les passereaux ne vivent pas longtemps, parce qu'ils sont trop chauds et trop susceptibles de l'amour, les femmes aussi durent beaucoup moins, parce qu'elles ont une chaleur dévorante qui les consume peu à peu. Il se trouve encore aujourd'hui des Messalines, qui, par l'excès de leur chaleur, seraient en état de disputer avec plusieurs hommes des plus vigoureux, lequel des deux est le plus chaud. En effet, elles souffrent le froid avec plus de constance; et, si la chaleur naturelle qu'elles ont abondamment ne s'opposait au froid de l'hiver, nous verrions autant de femmes que d'hommes se plaindre de la rigueur de cette saison.

S'il m'était permis de m'éloigner un peu de la matière que je traite, il me semble que je n'aurais pas de peine à prouver le contraire de ce que l'on dit du tempérament des femmes : je ferais voir que la grande quantité de sang vient plutôt de la médiocrité de la chaleur que de son excès; que les femmes sont plutôt légères qu'ingénieuses; que, si elles engendrent et vieillissent plus tôt, c'est aussi une marque de faiblesse de leur chaleur; que l'excès de l'amour ne peut être principalement attribué à la force de cette même chaleur, mais à l'inconstance de leur imagination, ou plutôt à la providence de la nature, qui les a faites pour nous servir de jouet après nos plus sérieuses occupations. Après tout, si elles ne sont pas si susceptibles du froid, il ne faut en chercher la cause que dans leur embonpoint ordinaire, qui s'oppose incessamment à la pénétration des qualités les plus actives.

L'homme, au contraire, agit avec plus de fermeté, se nourrit avec plus de bonheur, se défend avec plus de courage et de présence d'esprit, raisonne avec plus de force, et contribue à faire un enfant avec plus de promptitude. C'est lui principalement qui agit dans la génération, où il se communique soi-même, et qui, par ses autres actions de corps et d'esprit, donne partout des marques de sa force et de sa chaleur : au lieu que la femme ne fait que souffrir les impressions que l'homme veut lui donner, et souvent elle n'est pas si tôt prête que lui à donner de quoi former un homme ; en un mot, elle n'est faite que pour concevoir, pour allaiter et pour élever ses enfants.

De plus, un mâle est plus tôt accompli dans le sein de sa mère qu'une femelle : il s'agite avec plus de force et vient au monde un peu plus tôt ; ce que l'on doit attribuer à la force de sa chaleur et de son tempérament ; car c'est à cette même chaleur à perfectionner et à avancer plus promptement les choses, partout où elle se trouve plus abondante ; et par cette même raison, on ne voit presque jamais vivre de jumeaux de différents sexes. Il y a trop d'inégalité de chaleur et de tempérament quand ils se trouvent tous deux embarrassés dans les mêmes liens.

Mais reprenons la matière que nous avons laissée pour faire une digression qui ne me paraît pas inutile. Je dirai maintenant, pour continuer à parler des âges des hommes, que les jurisconsultes qui, dans ces sortes de matières, ne suivent pour l'ordinaire que le sentiment des médecins, ont fixé un temps pour le mariage au milieu de l'âge de discrétion ; et parce que ceux-là sont extrêmement rares qui commencent à engendrer à neuf ou dix ans, aussi bien que celles qui ne pourraient le faire à seize ou dix-huit, ils ont déterminé l'âge de quatorze ans pour les garçons, et de douze pour les filles, ces années se rencontrant dans le milieu de la puberté : si bien que ceux qui sont au-dessous de ces derniers âges sont estimés pupilles ; et la loi ne permet pas qu'ils soient accusés d'adultère, ni qu'ils puissent se marier. Si quelqu'un la viole par un mariage prématuré, les juges déclarent ce mariage nul et invalide, et mettent ceux qui l'auraient contracté au même état qu'ils étaient auparavant, parce qu'il est, disent-ils, de l'essence du mariage d'être en état de faire un enfant, et que ceux qui sont au-dessous de ces âges ne sont pas présumés en être capables.

Les politiques, qui considèrent la durée d'un État florissant, ne sont pas du sentiment des jurisconsultes pour le temps qu'il faut marier les jeunes gens. Ils savent que ce n'est pas seulement la bonté du climat, la fertilité de la terre, ni les richesses des habitants qui font un monarque redoutable, mais la santé et la vigueur des peuples qui lui appartiennent. L'âge de douze et de quatorze ans est un âge trop faible pour faire un présent à l'État d'hommes spirituels et robustes, et ces mêmes politiques apprennent des médecins qu'il faut un âge plus avancé pour engendrer des hommes capables de gouverner un royaume, ou de ménager une république.

En effet, le ventre d'une femme est trop étroit à cet âge-là pour engendrer des enfants bien faits ; ses parties internes ne sont pas assez larges pour les porter à terme : et une femme si jeune ne peut suffire tout ensemble et à son propre accroissement et à la nourriture de son enfant. Ses couches doivent être ordinairement funestes, et doivent lui faire appréhender de perdre la vie en la donnant à un autre. Les Brésiliens sont bien plus sages que nous : ils ne marient jamais leurs filles qu'elles n'aient eu leurs règles, parce que c'est par là que la nature leur marque qu'elles sont en état de porter des enfants. D'ailleurs un jeune homme a l'esprit et le corps trop faibles à l'âge de quatorze ans ; sa semence n'est ni assez cuite, ni assez digérée pour produire un enfant fort et spirituel : et, s'il est alors capable d'engendrer, les enfants qui en viennent sont ou trop petits ou trop délicats. Platon et Aristote, ces deux grands génies de l'antiquité, ne permettaient pas de se marier avant l'âge de trente ans ; et présentement une personne n'oserait se marier avant ce temps-là sans le consentement de son père et de sa mère : ce qui obligea Cratien à faire une loi, par laquelle il établissait la perfection d'un homme à cet âge-là. Car c'est alors qu'on ne croît plus, et que, la chaleur naturelle ne s'occupant plus à dilater les parties du corps de l'homme, elle s'emploie seulement à se conserver et à fomenter ses parties amoureuses, pour produire avec plus de force une matière capable de perpétuer son espèce.

Le meilleur est de suivre là-dessus le sentiment le plus commun, c'est-à-dire, d'estimer parfait un homme à vingt-cinq ans, et une fille à vingt. C'est alors qu'ils sont tous deux plutôt en état de se marier que dans un âge moins avancé ; car, pour parler de cet homme, il ne lui manque rien à cet âge-là pour contenter une femme ; ses parties naturelles ont les dimensions qu'elles doivent avoir pour bien agir dans les embrassements amoureux ; sa semence est féconde. Les esprits qui doivent servir à la génération s'engendrent, et sa verge est presque toujours en état de fournir de quoi faire un homme, contre la volonté même de celui qui la porte. Enfin, cet homme doit d'autant plus tôt se marier, qu'il est d'un tempérament chaud et humide, d'un sang bouillant, bilieux et mélancolique ; qu'il a la taille médiocre, la tête grosse, les yeux étincelants, le nez gros, la bouche bien fendue, les joues teintes de sang et le menton arrondi. L'on en doit à proportion dire autant d'une fille de vingt ans qui, à l'imitation de cette Fabiola dont parle saint Jérôme, ne peut vivre sans jouir des plaisirs de l'amour et sans suivre le conseil que l'Église donne en se mariant.

En effet, l'âge de douze ou quatorze ans est un âge trop tendre pour souffrir le joug du mariage : il faut des personnes fortes et robustes, si elles veulent y avoir du contentement.

ARTICLE III

De la conception, de la grossesse et de l'enfantement.

Lorsqu'une femme a conçu, elle a suivi en cela le conseil que l'Église lui a donné en la mariant; elle a exécuté les ordres de la nature; mais je ne sais par quel malheur ordinaire à l'amour elle paraît plus abattue qu'auparavant. Tout lui déplaît, elle ne mange point; et, si elle met quelque chose dans sa bouche, ce sont des choses hors de l'usage commun des hommes, encore les rejette-t-elle dès qu'elle les a prises. Les meilleurs aliments lui font mal au cœur, elle n'en peut même souffrir la fumée. Les nuits lui sont inquiètes; son sommeil est interrompu, et quelquefois accompagné de la maladie que l'on appelle *incube*: comme s'il ne suffisait pas que le corps pâtît, sans que l'âme eût encore ses peines. La vapeur d'une chandelle éteinte est insupportable à cette même femme, qui souffre de temps en temps de légers tremblements par tout le corps. Le ventre lui fait mal et s'aplatit si bien, qu'il y a lieu de croire, selon le proverbe, *qu'en ventre plat enfant il y a;* souvent le ventre demeure paresseux, et cette paresse lui cause pour l'ordinaire des tranchées. Les grâces ne sont plus sur son visage, ses yeux sont languissants et meurtris; et le feu dont l'amour se servait autrefois pour des conquêtes, les a abandonnés pour quelque temps. Elle ne peut marcher qu'elle ne boite, et qu'elle ne ressente d'extrêmes douleurs aux reins, aux cuisses et aux jambes. Enfin, dans la langueur où elle est, elle souffre sans cesse pour avoir trop aimé. Ces incommodités la feraient presque repentir de s'être alliée à un homme, si elle n'espérait au bout de neuf mois, de récompenser ses souffrances par la joie d'un enfant qui lui doit venir.

L'expérience nous apprend qu'une femme grosse est plus amoureuse au commencement de sa grossesse qu'auparavant: beaucoup plus de sang et d'esprits occupent ses parties naturelles; et, si on la baise en ce temps-là, c'est de l'eau que l'on jette sur le feu d'une forge, qui, plus il est arrosé, plus il est ardent.

Les Français ne sont pas si retenus à caresser les femmes grosses que quelques autres nations. Il y a même des médecins qui sont d'avis que l'on doit baiser avec plus d'ardeur pour obéir aux lois de la nature, qui les rend alors plus amoureuses. Mais, à dire le vrai, si nous suivions le sentiment d'Hippocrate, elles font de plus véhémentes couches quand elles ne sont point caressées pendant leur grossesse, et nous voyons souvent arriver des accidents funestes aux femmes qui se divertissent avec un homme quand elles sont grosses; car si elles ne font pas de fausses couches, au moins deviennent-elles grosses une seconde fois.

Les femmes du Brésil sont bien plus retenues que nos Françaises, puisque, dès qu'elles se sentent grosses, elles se séparent de la compagnie de leurs maris: elles n'appréhendent pas que les fortes secousses de l'amour ébranlent un enfant qui est fort délicat dans les premiers mois, et que les règles, qui sont souvent provoquées par la chaleur que les baisers réitérés excitent dans les parties naturelles d'une femme, l'étouffent et le suffoquent. Il ne peut même s'en garantir sur la fin de sa prison, lorsqu'il est plus robuste. Les liens qui le tiennent saisi se relâchent, par sa pesanteur, aux moindres efforts amoureux de la mère, et il est ainsi contraint de perdre la vie en naissant avant le temps, lui qui ne l'a presque pas encore reçue.

Quoique la plupart des médecins, après Hippocrate, disent que la matrice est tellement fermée après la conception, qu'il n'est pas possible d'y faire entrer la pointe d'une aiguille, nous sommes pourtant persuadés du contraire; car on sait qu'elle se décharge souvent de ses humidités superflues, et que les femmes sont engrossées une seconde fois. Nous ne manquons pas de femmes qui nous ont instruits des pertes rouges ou blanches qu'elles font dans les premiers mois de leur grossesse, et nous avons des exemples de superfétations, et peut-être plus souvent que nous le pensons; car les jumeaux qui naissent enveloppés de membranes différentes, et qui sont attachés à un seul arrière-faix, sont d'ordinaire autant de superfétations dont on ne s'aperçoit pas. Toute La Rochelle a su la superfétation de Mlle Louveau, qui, quelque temps après avoir accouché d'une fille, monta à cheval pour aller à la campagne, où elle accoucha d'un garçon vingt-neuf jours après ses premières couches. La fille vécut sept ans, et le garçon ne vécut que sept jours.

Les femmes seraient trop malheureuses si la douleur et les autres peines ne les abandonnaient point pendant leur grossesse. Une femme grosse qui a demeuré trois ou quatre mois dans des langueurs extrêmes, dans des dégoûts et des vomissements continuels, jouit présentement d'une santé parfaite. Elle ne se souvient plus d'avoir été incommodée; et si elle ne sentait dans ses entrailles quelques petits mouvements comme des fourmis, elle ne s'imaginerait pas d'être grosse. Mais cette santé ne dure pas longtemps: car, dès que l'enfant aura de la force, ses douleurs se renouvelleront; et en touchant son pouls, qui lui bat fort, on dirait qu'elle a la fièvre. Enfin le temps d'accoucher s'approche, l'enfant lui frappe le côté, les eaux commencent à couler pour humecter et élargir le passage; et, si l'accouchement n'est malheureux, en moins d'une heure elle se délivre. C'est alors que l'on doit considérer la pudeur d'une femme qui accouche, et que l'on doit avoir pour elle de la pitié et de la vénération, à cause du mal qu'elle souffre et du péril où elle est exposée, et aussi à cause de l'honneur qu'elle a d'être l'origine et la source des beaux ouvrages de la nature.

On a soin, d'un côté, de l'enfant; on lui coupe le cordon le plus long que l'on peut, si c'est un garçon, et le plus court si c'est une fille. Tout cela se fait par ordre de la matrone, qui s'imagine que le membre du garçon en deviendra plus grand, et que la fille en sera plus étroite; après cela, on lui donne du beurre et du miel fondus, pour s'opposer aux douleurs du ventre, auxquelles l'enfant est sujet après être né, et pour vider les excréments noirs qui sont dans ses boyaux il y a longtemps. D'un autre côté, on soulage la mère, on lui serre d'abord doucement le ventre, et l'on étuve avec du vin tiède ses parties naturelles. En un mot, on y apporte tous les soins que l'on a accoutumé d'apporter aux femmes nouvellement accouchées.

ARTICLE IV

Si la nature a fixé un temps pour accoucher.

Les médecins et les jurisconsultes agitent cette même question, et les uns et les autres l'examinent avec beaucoup de soin. Les jurisconsultes veulent être assurés d'un temps fixe pour la naissance des enfants, afin de partager justement un patrimoine, et de n'en pas faire hériter un enfant qui ne serait pas légitime; et parce que ceux-ci ne jugent que sur le sentiment des médecins, je veux bien rapporter ici en peu de mots ce que la plupart en pensent. Mais avant que de dire quelque chose d'assuré sur cela, il me semble qu'il est à propos de répondre d'abord à quelques difficultés qui se présentent.

Quelques médecins ont fait des livres exprès, où ils prétendent prouver qu'il n'y a point de temps déterminé pour la naissance des hommes, et que la nature étant la maîtresse d'elle-même, avance ou retarde le temps des couches quand il lui plaît. En effet, ceux qui sont dans ce sentiment ne manquent ni de raisons, ni d'autorités pour faire valoir leur opinion; car ils disent que les tempéraments des hommes étant presque infinis, les enfants qui ont le plus de chaleur sont plus tôt formés dans les entrailles de leur mère, et naissent aussi plus tôt; ainsi qu'il y en a qui viennent au monde à six mois, comme fit Livia, femme d'Auguste, selon le sentiment des médecins de ce temps-là; et d'autres qui, ayant moins de vigueur, ne peuvent naître qu'après plusieurs mois, témoin Ruffus, que Vestilia fit à onze mois ; l'enfant dont une femme de soixante ans accoucha, lequel demeura dans les flancs de sa mère pendant quinze mois, si nous voulons en croire Masse.

Ils disent encore qu'une femme qui a la matrice petite et étroite, et qui d'ailleurs a fort peu de nourriture pour donner à son enfant, ne saurait s'empêcher d'accoucher à six ou sept mois ; au lieu qu'une autre qui sera grande et bien nourrie, portera son enfant jusqu'à dix ou douze mois.

Ils ajoutent que la femme participant de la nature des animaux, qui font beaucoup de petits d'une seule ventrée, et de la nature de ceux qui n'en font qu'un, elle ne doit pas avoir un temps fixe pour accoucher ; que l'homme n'ayant point de temps déterminé pour caresser sa femme, la nature n'en a point aussi de fixe pour le faire naître ; qu'il n'en est pas de même des autres animaux, qui ont leur temps réglé pour faire leurs petits : si bien que l'on ne verra pas en hiver une linotte pondre et couver ses œufs ; qu'au reste, l'autorité d'Hippocrate décide cette question, qui a été suivie des jurisconsultes ; savoir, que les enfants peuvent naître depuis le septième mois jusqu'au onzième.

Mais si nous voulions examiner de près tous ces raisonnements, nous pourrions dire que, bien que les femmes et les enfants aient des complexions fort différentes entre eux, il y a lieu néanmoins d'être persuadé qu'une vieille Espagnole et qu'une jeune Laponaise accoucheraient naturellement l'une et l'autre au bout de neuf mois accomplis ; que l'on ne doit pas établir un sentiment sur ce que les femmes nous disent du nombre des mois de leur grossesse : que la grandeur de la matrice devait plutôt avancer ses productions que de les retarder ; qu'une femme qui a peu de sang devrait accoucher plus tard, ayant besoin de plus de temps pour perfectionner ce qu'elle porte dans ses entrailles ; et qu'enfin on ne doit pas regarder les défauts d'une partie, ni les erreurs de la nature, pour établir un principe universel.

Nous pourrions encore dire que la nature des femmes n'est point entre la nature de ces différents animaux, et qu'Averroès s'est fort mal expliqué là-dessus ; que, quand les femmes font plusieurs enfants dans les mêmes couches, nous pouvons dire que ces accouchements sont contre les ordres de la nature, qui a prescrit aux femmes de n'en faire qu'un, ainsi que l'expérience nous le fait remarquer tous les jours : après tout, que les femmes ont un temps aussi fixe pour accoucher, qu'ont les autres animaux pour faire leurs petits ; et qu'il ne faut pas confondre par un sophisme évident la saison et le temps auquel nous caressons les femmes, et auquel elles conçoivent, avec le temps que la nature garde comme inviolable pour la naissance des enfants.

Enfin nous pourrions opposer Hippocrate à Hippocrate même, et nous pourrions alléguer cette belle vérité qu'il nous a laissée par écrit : savoir, que la nature est toujours stable dans ses actions, et qu'il ne faut pas tant regarder ce qui arrive rarement, pour établir une règle générale, que ce qui s'y passe le plus communément.

Fortifions encore ce sentiment par d'autres preuves, et disons que si la nature garde une loi fixe dans le corps des bêtes lorsqu'elles sont pleines, et que cette même nature ne manque pas presque d'un jour à les irriter, pour mettre bas quand leur fruit a reçu tout l'accomplissement qui lui est nécessaire ; on ne peut douter que l'homme, qui est le plus parfait des animaux, ne soit réglé par les mêmes lois. La nature ne manque jamais d'observer un temps limité quand il est question de guérir une tumeur ou de finir une fièvre. Ses lois sont certaines et indubitables dans les crises, et les médecins ont passé pour des magiciens, qui ont remarqué ses mouvements avec plus d'exactitude. La grossesse est une espèce de maladie : les accidents qui arrivent aux femmes grosses en sont comme les symptômes, et l'accouchement en est comme la crise de la fin. On ne dénie point à la femme les mouvements fixes de la nature, quand il faut se défendre de quelque maladie qui l'oppresse ; il n'y a que dans la grossesse et dans l'accouchement qu'on lui refuse ces ordres invariables ; et parce que l'on observe que les accouchements arrivent en divers temps, par des causes étrangères qui les avancent ou qui les retardent, on est tellement prévenu là-dessus, que l'on prend l'ombre pour le corps, et le hasard pour la nature : si bien que l'on ne peut revenir de ce que l'on s'est une fois imaginé, qu'il n'y a point de temps précis pour l'accouchement des femmes.

Au reste, puisque l'expérience nous montre que la plupart des enfants naissent depuis les dix derniers jours du neuvième mois jusqu'aux dix premiers du dixième, c'est-à-dire, dans l'espace de vingt jours, et qu'ils vivent presque tous ; que ceux qui naissent à sept ou huit mois sont toujours imparfaits ou valétudinaires, et que de vingt il n'en vit pas trois, n'avouera-t-on pas que ces derniers naissent dans un temps que la nature n'a pas ordonné, et qu'ils sortent plutôt, par quelque maladie, des entrailles de leurs mères, que par les ordres secrets de cette admirable modératrice de l'univers ?

Ceux qui ont fait de sérieuses réflexions sur le mouvement de la nature dans les accouchements des femmes, et qui se sont longtemps appliqués à observer toutes les petites circonstances de la grossesse et des couches, découvrent aisément la difficulté de cette question. Ils ont remarqué, comme j'ai fait dans les hôpitaux et partout ailleurs, que la nature conserve un temps fixe et déterminé pour les accouchements qui se font selon ses ordres, et que les enfants les plus accomplis et les plus tempérés naissent toujours dans les dix premiers jours du dixième mois, et le plus souvent à la même heure du jour qu'ils ont été faits : les autres naissent, comme je l'ai déjà dit, depuis le vingtième jour du neuvième mois, jusqu'au dixième jour du dixième mois, c'est-à-dire, depuis le deux cent cin-

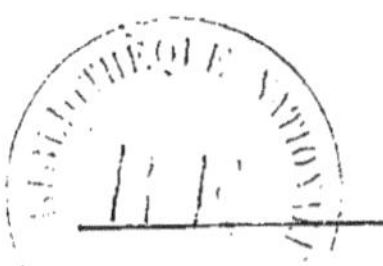

quante-cinquième jour de leur conception, jusqu'au deux cent soixante-quinzième : bien qu'il y en ait d'autres qui naissent quelquefois plus tôt ou plus tard, quand il y a quelque cause étrangère qui en avance ou en retarde la naissance.

Je pourrais prouver cette vérité par beaucoup d'histoires que m'ont fournies mes amis sur ce sujet, si je n'en avais des domestiques. Six enfants que ma femme a faits, ont demeuré dans les flancs de leur mère depuis le deux cent cinquante-sixième jour, jusqu'au deux cent soixante-dixième ; c'est-à-dire, qu'ils sont tous nés sur la fin du neuvième mois, ou au commencement du dixième, si nous comptons les accouchements par les mois de lune, comme le prétendent la plupart de nos médecins.

Mais la preuve incontestable de cette question ne peut être prise d'ailleurs que de la naissance de Jésus-Christ, qui a été le plus parfait des hommes. Saint Augustin nous apprend qu'il demeura dans le sein de la bienheureuse Marie pendant deux cent soixante-treize jours, qui est le temps que l'Église a observé depuis pour en célébrer la mémoire; c'est-à-dire, qu'il naquit dans le commencement du dixième mois.

Il est vrai qu'il y a quelques enfants qui naissent vers le dixième jour du septième mois, ou le dixième du onzième mois; mais les uns et les autres ne vivent pas longtemps : car, étant nés contre les ordres de la nature, ainsi que nous l'avons dit, ils sont sujets à mille incommodités.

Si les enfants naissent dans un espace de temps si vaste, il n'en faut accuser que la différente et mauvaise façon de vivre des femmes, le pays où elles demeurent, la saison dans laquelle elles accouchent, l'oisiveté dont elles jouissent, la variété de leur tempérament, les plaisirs déréglés qu'elles prennent avec les hommes pendant leur grossesse, les passions et les maladies dont elles sont attaquées. Tout cela avance ou retarde leurs couches, et force la nature à suspendre ou à rompre le cours ordinaire de ses opérations : ce qui n'arrive presque jamais aux autres animaux, qui vivent selon les lois de la nature.

On doit conclure de tout ce discours que les bons accouchements qui se font selon les ordres de la nature, arrivent le plus souvent dans l'espace de dix jours, et quelquefois de vingt; mais cela n'empêche pas que les enfants ne vivent quelquefois, et qu'en France ils ne soient estimés légitimes lorsqu'ils naissent depuis les dix premiers jours du septième mois; c'est-à-dire, depuis le cent quatre-vingt-septième jour de leur conception, jusqu'aux dix premiers jours du onzième mois, c'est-à-dire, jusqu'au trois cent cinquième jour; tellement que, devant ou après ce temps-là, j'oserais dire qu'on doit les estimer ou bâtards ou supposés. Et si la fille de Jean Pellors, marchand de Lyon, était née quelques jours après le trois cent quatrième jour de sa conception, jamais le parlement de Paris n'aurait donné un arrêt en sa faveur, par lequel il la déclarait capable d'être héritière de son père. En effet, par un autre arrêt, cette illustre compagnie déclara illégitime un autre enfant qui était né le douzième jour du onzième mois après la mort de son père.

ARTICLE V

Du devoir des mariés.

Après les travaux de l'enfantement, la femme ne se souvient plus des douleurs qu'elle y a souffertes, et ses vidanges ne sont pas plutôt écoulées, qu'elle attaque derechef son mari, et qu'elle lui livre amoureusement la bataille. Je ne doute point qu'elle n'y soit victorieuse comme auparavant, et qu'elle ne mérite d'être couronnée de myrte, comme l'étaient autrefois celles qui faisaient des conquêtes en amour : et je ne doute point aussi qu'elle ne mérite cet honneur, elle qui attaque avec tant de courage, qui triomphe avec tant de gloire, et qui partage si avantageusement avec son antagoniste les fruits de sa victoire.

Elle revient incessamment à la charge, et ne dit jamais c'est assez. Ses parties naturelles deviennent de jour en jour plus ardentes et plus amoureuses, plus inquiètes, plus inconstantes, et plus susceptibles de lasciveté. En effet, elles sont un animal dans un autre animal, qui fait souvent tant de désordres dans le corps des femmes, qu'elles sont obligées de chercher le moyen de l'assouvir et de l'apaiser pour l'empêcher de leur nuire.

Le mari rend donc exactement à sa femme ce qu'il lui doit, et la femme ce qu'elle doit à son mari. Si ce devoir manque du côté du mari, la femme devient de mauvaise humeur ; elle lui fait adroitement connaitre le chagrin qu'elle conçoit de n'être pas aimée: si bien que l'on peut dire que les caresses conjugales sont les nœuds de l'amour dans le mariage, et qu'elles en sont véritablement l'essence.

Mais il y a des occasions où un homme ne commet point de crime contre les lois de l'Écriture, ni de la société, lorsqu'il refuse ce plaisir à sa femme.

Si s'incommoder pour plaire à quelqu'un est une faute contre sa santé, selon le sentiment des médecins, au moins si l'incommodité est tant soit peu considérable, peut-on fournir tous les jours aux voluptés déréglées d'une femme, lorsque la vue se diminue, que le sommeil se perd, que l'estomac et la tête se ruinent, que les jambes s'affaiblissent ? Un homme n'est guère en état de faire son devoir à l'égard des affaires domestiques et étrangères, après s'être épuisé dans l'excès des voluptés conjugales. Les moindres incommodités qui viennent de l'excès de ces plaisirs, le dissipent absolument de ce qu'il doit en cela à sa femme. En user autrement, c'est pécher contre soi-même, s'attirer de grandes maladies et une vieillesse prématurée.

Ceux-là sont bien plutôt dispensés de ce devoir, qui sont tombés une seule fois dans les maladies qui attaquent les parties nécessaires à la vie; et, quand même il n'y aurait que de légères indispositions, cela devrait les empêcher de caresser leurs femmes. Les maladies du cerveau, de la poitrine et des extrémités du corps, qui sont périodiques, doivent encore les exempter de ce devoir, à moins qu'ils ne veuillent que le plaisir ne soit cause de leur misère.

L'homme a bien plus d'occasions que la femme de s'excuser sur le devoir du mariage. C'est lui qui, dans les caresses conjugales, agit presque tout seul, et qui semble, par ses mouvements précipités, se hâter de voir la fin de ses plaisirs pour les renouveler une autre fois: comme si la nature, étant chargée d'un homme, voulait, par l'excès des voluptés, nous ôter la pensée de ce que nous y faisons de principal, pour s'en réserver toute la gloire à elle-même.

Il n'en est pas de même de la femme, qui ne fait que souffrir les caresses d'un homme dans une posture aisée: il ne se trouve guère d'obstacle de son côté qui la puisse dispenser de ce qu'elle doit à son mari. La maladie n'est pas une cause assez légitime pour cela. Elle en souffre même quelques-unes qui ne se guérissent que par l'amour, et les remèdes des médecins sont souvent trop faibles pour les dompter. Priape, fils du vin et de l'oisiveté, a bien plus de pouvoir et de force que nos drogues; son autorité est plus souveraine, et son remède est beaucoup plus efficace que l'amorée, le carabé, les testicules de castor, et tous les autres remèdes que l'antiquité a inventés pour ces sortes de maladies.

Nous remarquons tous les ans dans les bêtes, que la nature fait dans leur corps une fermentation et une agitation d'humeurs, et qu'elle envoie à leurs parties naturelles du sang, des esprits, et de la matière qui les y chatouillent. Cette matière dans les bêtes est, par rapport aux femmes, ce que nous appelons *les règles:* si bien qu'il ne faut pas s'étonner si les bêtes cherchent alors plutôt qu'en un autre temps le mâle, que la nature leur a montré être le souverain remède à leurs tourments. C'est la raison pour laquelle la plupart des femmes sont plus amoureuses lorsque leurs règles commencent à couler; car le sang et les esprits se portant alors précipitamment à leurs parties naturelles qui en sont échauffées, elles chercheraient en ce temps-là de quoi se satisfaire, si la loi du vieux Testament ne punissait de mort les hommes qui les touchent en ce temps-là. On doit pourtant en quelque façon pardonner à l'excès de l'amour du beau sexe: il y a alors plus de feu et d'empressement pour aimer qu'en tout autre temps, pourvu toutefois qu'il se porte bien ; mais un homme n'est pas innocent quand il commet cette indécence.

J'avoue que l'un et l'autre ne sont point ordinairement incommodés quand ils se caressent pendant les règles ; il n'y a que la femme qui perd un peu plus de sang qu'elle ne ferait, mais l'homme n'en ressent aucun dommage. Tous les désordres de ces conjonctions impures ne tombent que sur l'enfant qui en est engendré ; car souvent il meurt avant de vieillir, ou passe toute sa vie dans une langueur continuelle.

Il en est à peu près de même des vidanges de l'accouchement. Ce que la mère et l'enfant ont refusé comme inutile pendant la grossesse, cela même se purge peu à peu quinze ou vingt jours après les couches. Si un homme caresse sa femme avant ce temps-là, il la met en danger de perdre la vie, ou de passer malheureusement sa grossesse, si elle devient grosse peu de temps après être accouchée ; car les ordures qui doivent couler par ces lieux, demeurant dans son corps, infectent et la mère et l'enfant à venir. C'était sans doute sur cela qu'était fondée la loi de l'Ancien Testament, qui ne permettait à aucun homme de toucher une femme, que trente jours après avoir fait un garçon, et soixante après avoir fait une fille.

Il y a beaucoup plus de difficultés à savoir si une femme grosse peut manquer à ce qu'elle doit à son mari. Les sentiments sont partagés là-dessus. Quelques-uns veulent que l'on puisse baiser aussi vigoureusement une femme quand elle est grosse que lorsqu'elle est vide. J'en prends à témoin Julie, fille de l'empereur Auguste, qui, étant grosse, voulut persuader aux gens que l'on ne faisait point de tort à son mari de faire passer d'autres hommes dans sa barque, lorsqu'elle était chargée de marchandise humaine, pour me servir de la pensée de cette femme. Les autres ont tant de scrupule dans cette occasion, qu'ils s'imaginent que l'on commettrait un grand crime si l'on caressait une femme grosse, et que l'on contribuerait à la perte de son enfant.

Pour décider cette question, on n'a qu'à observer ce qui se passe dans la nature parmi les bêtes, et l'on y verra que les cerfs et les taureaux, les béliers, et quelques autres animaux, ne touchent plus leurs femelles quand elles sont une fois pleines. Les accidents fâcheux que nous avons remarqués ci-dessus pouvoir arriver à une femme grosse qui reçoit les caresses de son mari, sont des causes légitimes pour empêcher un homme de caresser sa femme. De fausses couches peuvent arriver par un flux de sang que les agitations amoureuses excitent : une superfétation peut survenir ; un faux germe, ou un fardeau peut suffoquer l'enfant, comme un Riolan nous témoigne l'avoir vu ; en un mot, ces accidents peuvent ôter la vie à la mère et à l'enfant. Au contraire, les accouchements seront plus libres, si l'on ne touche point une femme pendant sa grossesse, et les enfants, selon la pensée d'Hippocrate, ne naîtront pas avant le terme.

Ce furent sans doute ces raisons qui empêchèrent le sage empereur de Constantinople, Isaac Comnène, de toucher sa femme après qu'elle eut conçu ; et, quoique ses médecins le lui conseillassent pour la conservation de sa santé, il n'en voulut pourtant rien faire, préférant la santé de deux personnes à la sienne propre. C'était même une loi parmi quelques peuples païens, si nous en croyons saint Clément, de ne connaître jamais une femme grosse.

J'en dis autant des nourrices, qui ne peuvent rendre sans danger ce qu'elles doivent à leurs maris ; car quelle apparence qu'un lait soit bon, si la mère a des dégoûts et des vomissements continuels ; si elle est épuisée par les plaisirs de l'amour qui échauffe et qui corrompt le lait par la chaleur excessive de ces mêmes plaisirs ; et si elle a les autres incommodités qui arrivent aux femmes grosses, et qui infectent le lait d'une mauvaise odeur, quand elles sont caressées? Cependant si une nourrice devient grosse d'un même homme, si elle n'est guère malade au commencement de sa grossesse, et que d'ailleurs elle soit vigoureuse et sanguine, je ne vois pas de raison qui puisse l'empêcher de rendre ce qu'elle doit à son mari, et même d'allaiter son enfant pendant les deux ou trois premiers mois de sa grossesse ; car l'enfant qu'elle porte dans ses entrailles, étant alors fort petit, n'a pas besoin d'abord de beaucoup d'aliments. Il y a même des femmes qui se portent beaucoup mieux, si elles allaitaient alors, que si elles conservaient toutes leurs humeurs pour l'enfant qu'elles ont conçu. Ces humeurs qu'elles ont en abondance peuvent suffoquer le petit enfant qu'elles portent dans leur sein, si elles ne sont épanchées pour d'autres usages. C'est pourquoi nous sommes quelquefois obligés de faire saigner ces personnes-là pour les décharger de l'abondance de leur sang, et les faire ensuite accoucher plus heureusement.

ARTICLE VI

Du temps où les hommes et les femmes cessent d'engendrer.

Le monde est plein de productions. Il s'en fait partout, jusque dans les entrailles de la terre. C'est le seul moyen qui fait subsister toute la liaison de ce grand univers. Les hommes, qui en sont l'ornement, ne manquent point, de leur côté, à faire de continuelles générations. Depuis l'âge de discrétion jusqu'à la vieillesse, ils s'emploient incessamment à cet amoureux commerce, comme s'ils avaient en vue d'éterniser la nature humaine, plutôt que de conserver leur vie et leur santé : car il est certain que les plus lascifs et les plus voluptueux sont ceux qui vivent le moins. Les passereaux, qui aiment si éperdument leurs femelles, ne vivent que trois ou quatre ans ; la chaleur naturelle qui s'épuise par l'amour leur manquant avec le temps, les fait aussi finir plus tôt. C'est pour cela que les peintres, voulant marquer une voluptueuse, ont fait tirer par des passereaux le char où Sapho était représentée comme en triomphe.

Nous avons ci-dessus observé le temps où les hommes et les femmes commençaient à engendrer ; il faut présentement examiner celui où ils finissent.

Quoique les médecins prolongent le temps de la première vieillesse jusqu'à soixante-cinq ans, et qu'ils croient qu'un homme puisse engendrer ordinairement jusqu'à cet âge-là, cependant les jurisconsultes se restreignent à l'âge de soixante ans, après quoi ils prétendent qu'un homme est impuissant : c'est pourquoi ils en ont fait une loi expresse. En effet, c'est alors que l'amour nous abandonne : et, bien que dans le fond du cœur nous le conservions toujours jusqu'à la mort, il ne se fait pourtant que fort rarement connaître dans nos parties naturelles après cet âge. La vieillesse nous glace, et nous n'avons presque plus de chaleur et d'esprits que pour nous conserver, bien loin d'en avoir pour en donner à un autre.

Il ne nous faut avoir que la pensée des plaisirs passés du mariage, quand nous sommes vieux, pour exciter le mouvement de notre cœur, et pour multiplier notre chaleur naturelle et nos esprits. Il n'y a ni feux, ni coussins, ni peaux d'animaux qui nous échauffent comme les pensées et les réflexions que nous faisons sur les amours de notre jeunesse. Le corps d'une fille de quinze ans est encore plus efficace, quand nous l'appliquons au nôtre ; il nous communique sa chaleur, qui est de la même espèce que celle que nous avons : l'expérience de David nous fait bien voir qu'il n'y a point au monde de meilleur remède que celui-là ; mais les pauvres filles ne durent pas longtemps. Elles donnent aux vieillards ce qu'elles ont de doux et d'agréable, et prennent pour elles ce qu'ils ont d'âpre et de fâcheux.

Ces approches innocentes dans un âge si avancé ne doivent pas pourtant obliger un vieillard à caresser amoureusement une fille ; et je ne sais si le bon roi David ne passa pas les bornes de la bienséance, quand il tenait dans ses bras la belle Abisag, puisque l'historien nous apprend qu'il mourut bientôt après.

La nature a ses mouvements réglés et ses productions déterminées, ainsi que nous l'avons prouvé ci-dessus ; et, s'il se trouve quelques exemples d'hommes vieux qui aient fait des enfants à l'âge de soixante, soixante-dix, quatre-vingts, ou même de cent ans, ils ne doivent pas servir de règle pour établir la fin de la génération dans les hommes.

C'est un prodige, ce que l'on nous rapporte que M. le duc de Saint-Simon a fait un enfant à l'âge de soixante-douze ans, que le roi et la reine ont tenu sur les fonts de baptême. On m'écrit de Paris, dans le temps que je retouche ce livre, que ce prétendu garçon, ayant douze ou treize ans, avait eu des effusions qui font distinguer les hommes des femmes, et que la matrone, après l'accouchement de la mère, s'était lourdement trompée en ne distinguant pas bien le sexe. C'est un autre prodige ce que nous dit Valère Maxime, que Masinissa, roi de Numidie, engendra Métynate après quatre-vingt-six ans. C'en est un autre, ce que nous apprend Enéas Silvius, d'Uladislas, roi de Pologne, qui fit deux garçons à l'âge de quatre-vingt-dix ans. C'en est encore un autre beaucoup plus grand, ce que nous raconte Félix Platérus, de son grand-père, qui engendra à l'âge de cent ans. Et enfin ce que nous dit Massa est encore quelque chose de plus incroyable là-dessus, qu'un homme de soixante ans, qui vint au monde sans avoir toutes les parties accomplies, et naquit le quinzième mois de sa conception.

Il n'en est pas de même à l'égard des femmes. Elles ont un temps plus limité et plus court que les hommes. Si une fois les règles les abandonnent lorsqu'elles sont un peu âgées, elles cessent en même temps d'engendrer. C'est pour cela que la loi a déterminé aussi judicieusement un temps à l'égard des femmes qu'à l'égard des hommes. Elle estime prodigieux les accouchements qui se font après l'âge de cinquante ans, et n'admet point les enfants pour légitimes qui naissent après ce temps-là, parce que, selon le sentiment des médecins, les règles cessant aux femmes environ âgées de quarante-cinq ou cinquante ans, il est impossible qu'il se puisse naturellement engendrer un enfant, si la femme manque des choses nécessaires à le former et à le nourrir.

Cependant, si, après cet âge-là, il se trouve encore quelques femmes vigoureuses qui puissent avoir leurs règles, je ne doute point que l'on ne fît une grande injustice à un enfant qui en naîtrait, si on le privait du bien de ses parents. Ce fut sans doute la seule raison qui obligea l'empereur Henri de faire accoucher sa femme, à l'âge de cinquante ans, à la vue de tout le monde, pour ôter le soupçon que l'on aurait pu avoir de son accouchement.

Ainsi, bien que la loi soit établie pour les termes des productions des hommes qui arrivent le plus souvent, il peut cependant naître des occasions où elle ne doit pas avoir lieu, pourvu que les hommes aient de la vigueur, et que les règles ne manquent point aux femmes; car on ne saurait faire une loi si juste, qu'elle ne pût causer quelquefois du dommage à quelques particuliers; et, parce qu'elle est générale, il se trouve des occasions où elle ne favorise pas tout le monde.

CHAPITRE IV

QUEL TEMPÉRAMENT EST LE PLUS PROPRE A UN HOMME POUR ÊTRE LASCIF, ET A UNE FEMME POUR ÊTRE FORT AMOUREUSE

Pour expliquer le mélange et la composition des mixtes qui se rencontrent dans l'univers, et qui ont tous un tempérament différent, les philosophes se sont servis de deux moyens. Les uns ont considéré la matière qui les forme, ils en ont observé la figure, la grandeur et la liaison, et se sont imaginé, comme ont fait Démocrite et Descartes, qu'ils en expliqueraient suffisamment la nature par les atomes qui les composent. Les autres, comme Hippocrate et Aristote, se sont persuadés que la matrice des mixtes ne pouvait être sans cette qualité, et que le toucher étant le juge des premières et des secondes qualités, ils pourraient aussi par là en faire mieux connaître la nature. Aristote appelle les secondes qualités *des effets corporels*, ou *des conditions matérielles*, que je pourrais nommer *des qualités de la matière*. Il en a fait de deux sortes, les unes actives, comme la puissance d'endurcir, de ramollir, d'épaissir, etc., et les autres passives, qui sont des effets de cette même faculté, comme est la dureté, l'épaisseur, la ténuité, etc.

De ce corps ainsi composé de matières et de qualités, pour parler avec ces derniers philosophes, il naît une autre qualité que l'on peut nommer avec Galien, *propriété de la substance*, avec Vellesine, *qualité du mélange de la matière*; ou enfin, avec d'autres, *qualités occultes*, qui est, à proprement parler, l'essence et le tempérament du mixte : si bien que l'on peut dire que le tempérament n'est autre chose qu'une qualité qui résulte du mélange de la matière et des qualités des éléments; car, comme plusieurs voix différentes font une mélodie quand elles sont bien mêlées, tout de même ces matières et ces qualités, bien que contraires, se lient si étroitement les unes aux autres pour faire un tempérament, que l'on ne saurait les discerner ; tant il est vrai de dire que le tempérament est une union et un ordre de choses qui sont incessamment opposées entre elles.

Il y a beaucoup de choses à observer dans la composition des corps; mais il y en a peu que nous puissions clairement connaître. J'avoue que nous savons qui en est l'auteur, que nous voyons tous les jours ses ouvrages, et que la matière nous en est sensible; mais qu'il est difficile de concevoir comment, par un peu de semence, pour me renfermer dans l'exemple de la formation de l'homme, il se peut faire une si grande variété de tempérament!

Ceux qui veulent s'élever dans ces sortes de connaissances par-dessus le reste des hommes, sont obligés d'avouer, après avoir bien cherché, qu'ils en savent moins que les enfants, et que le tempérament des hommes qu'ils examinent, est si difficile à comprendre, qu'ils sont contraints de dire qu'on ne le peut connaître qu'en gros.

Les médecins admettent quatre sortes de tempéraments, où une seule qualité prend le dessus, et ils en comptent aussi quatre autres, qu'ils appellent *composés*, où deux qualités sont manifestes. Les premiers tempéraments sont rares, et il ne se trouve presque jamais de qualité qui soit accompagnée d'une autre qui ne lui est pas ennemie. Quelques-uns ajoutent un neuvième tempérament, qu'ils appellent *égal* ou *tempéré*, où il n'y a point de qualités qui se surpassent l'une l'autre; mais parce que l'on ne le rencontre point dans les hommes, et que les matières et que les qualités des éléments ne sont pas mêlées ensemble si justement qu'il n'y en paraisse quelqu'une qui domine, nous ne parlons point de celui-ci, qui n'a été inventé dans les écoles que pour servir de règle aux autres.

Pour expliquer mieux les tempéraments des hommes, les médecins ont attribué les matières et les qualités des éléments à chaque humeur des corps. Ils ont dit que la bile était chaude et sèche comme le feu ; que la mélancolie était froide et sèche comme la terre; que la pituite était froide et humide comme l'eau ; et qu'enfin le sang était chaud et humide comme l'air.

ARTICLE PREMIER

Quel tempérament doit avoir un homme pour être fort lascif.

Après avoir expliqué en général les tempéraments des hommes, il faut présentement descendre dans le particulier, et examiner quel tempérament doivent avoir les deux sexes pour être fort lascifs. A voir ce jeune homme de vingt-cinq ans, on le prendrait pour un satyre qui cherche incessamment partout de quoi assouvir sa passion. Toutes les femmes lui sont agréables dans l'obscurité; il n'en refuse aucune, quelque laide qu'elle soit ; il est toujours en état de la satisfaire. Sa raison n'est pas capable de retenir ses emportements amoureux, et son tempérament est trop bouillant pour souffrir qu'elle en soit la maîtresse: jusque-là même qu'il est si amoureux et lascif, que, si le magistrat veut lui accorder la permission d'épouser la statue de la fortune, qu'il aime avec excès, il le fera publiquement, comme fit un autre impudique, qui caressa la statue de Vénus Gnidienne, faite par Praxitèle.

Il est vrai que tout favorise son tempérament et ses voluptés déréglées. Rien ne lui manque dans la vie; s'il y a au monde des aliments succulents et des breuvages délicieux, ils sont pour lui. Parce qu'il est incessamment dans la bonne chère, son ventre est toujours plein, et ses parties amoureuses, qui n'en sont pas fort éloignées, sont aussi toujours enflées de leur côté, selon la remarque de saint Jérôme: si bien que les bons aliments et l'excellent vin contribuent beaucoup à la lasciveté. C'est sans doute de là qu'est venu ce beau proverbe latin, qui n'a point de grâce si on le traduit en notre langue : *Sine Cerere et Baccho friget Venus.* En effet, tout est glacé dans l'amour, sans ce qui est marqué par le pépin du raisin, par le grain de froment, qui sont des figures bien faites des parties naturelles de l'homme et de la femme.

L'oisiveté est une des sources de l'amour déshonnête, et la fable n'a marié Mars avec Vénus, et n'a fait Priape fils de Bacchus et de Vénus, c'est-à-dire, qu'elle n'a joint l'oisiveté avec Mars et Bacchus, que pour cette raison. Aussi trouve-t-on dans les armées beaucoup plus de désordres amoureux que dans tout un royaume, parce que les soldats ne sont pas toujours occupés à la guerre.

La région et le climat ne contribuent pas peu à la lasciveté des hommes : nous voyons plus de chastes à Stockholm qu'à Séville ou à Naples, ville où souvent il naît des monstres, qui sont les effets d'un amour abominable. L'histoire que nous fait saint Augustin, est une preuve de ce que j'avance. Le gouverneur d'Antioche, dit-il, pressait un jour un marchand de lui donner une livre d'or; cet homme, au désespoir de ne pas se trouver en état de le satisfaire, le communiqua à sa femme, qui, pour mettre son mari hors de peine, lui demanda permission de se prostituer à un riche marchand qui la priait d'amour, il y avait quelques jours. Elle espérait par ce moyen assouvir l'avidité du gouverneur, et tirer son mari de l'embarras où il se trouvait, en recevant de cet homme une pareille somme d'or. Le mari y consent, la femme se prostitue, et le marchand au lieu de lui donner une livre d'or, comme ils étaient convenus, lui fit donner une livre de terre. La femme fort surprise de cette infidélité, porta ses plaintes au gouverneur, qui fit payer au marchand ce qu'il avait promis à la femme.

Un homme donc qui sera ému par toutes les causes de lasciveté dont je viens de parler, et qui d'ailleurs est d'un tempérament chaud et sec, laissera le plus souvent agir sa passion indiscrète, sans vouloir la modérer, car il a le cœur si échauffé, qu'il pousse sans cesse un sang extrêmement chaud, subtil et plein d'esprits dans toutes les parties du corps qu'il enflamme, et son pouls agité en est un signe et un effet tout ensemble. Il paraît plus ferme et plus fréquent quand on le touche. C'est par là qu'un Hippocrate connut l'amour déréglé de Perdicas pour Philé, maîtresse de son père.

Son foie, qui est la partie où l'amour a établi son siège, selon la pensée de Galien, est plein de feu et de soufre, et le corps, à qui il communique incessamment ses humeurs, est tout jaune par la bile qu'il engendre. Cette chaleur excessive épaissit son sang, et le rend épais et mélancolique, si bien que par cette qualité il conserve plus longtemps la chaleur qui lui a été communiquée ; et comme le lièvre est le plus mélancolique de tous les animaux, il est aussi le plus lascif.

Le cerveau de cet homme n'a pas assez de froideur pour tempérer l'ardeur de son cœur et de son foie ; il est presque tout desséché par le feu excessif de l'amour, et il n'a pas plus de cerveau que cet impudique Triacleur dont on a fait depuis peu la dissection.

Ses reins, où l'Écriture met le siège de la concupiscence, sont si chauds, qu'ils enflamment les parties voisines ; la chaleur dilate les vaisseaux spermatiques, et y fait aussi couler la semence plus abondamment : si bien qu'un homme amoureux de la sorte n'aurait point de honte de se faire servir à table par des filles nues, ainsi que faisait l'empereur Tibère, ni de se faire traîner en public par d'autres filles nues, comme le faisait l'infâme Héliogabale.

Si nous considérons maintenant cet homme par le dehors, on dirait qu'il vole quand il marche ; son embonpoint ne l'embarrasse guère : il suffit qu'il soit charnu ou nerveux, pour être agile et lascif tout ensemble. Sa taille est médiocre, sa poitrine large, sa voix forte et grosse. La couleur de son visage est brune et basanée, mêlée d'un peu de rouge : si on le découvre, sa peau ne paraîtra pas tout à fait blanche ; ses yeux sont brillants et bien ouverts, son nez est grand et aquilin, ses bras sont garnis de veines qui renferment un sang subtil et pétillant. Si on le touche, on s'imagine mettre la main sur du feu. Sa peau est si rude et si sèche, que le poil qui la couvre presque partout ne fait que l'adoucir un peu. Ses cheveux sont durs, noirs et frisés. Il n'a garde de les faire couper, sur ce qu'il a ouï dire des Auvergnats, que, pour avoir plus de bétail, ils ne coupaient jamais la laine de leurs brebis, ni les crins de leurs chevaux, parce qu'ils ont remarqué, par expérience, qu'il se fait par là une dissipation d'esprits qui s'oppose à la lasciveté et à la génération. Sa barbe, qui est un signe de l'admirable puissance de faire des enfants, marque la force et la vigueur de complexion ; elle est épaisse, noire et dure. Ses parties naturelles sont comme ensevelies dans le poil ; et si la nature s'est hâtée à y en faire naître dès l'âge de treize ou quatorze ans, ce n'a été que pour donner des marques d'une lasciveté désordonnée, qui se manifeste dans le temps.

Il est certain, selon que les naturalistes le remarquent, que les oiseaux qui ont le plus de plumes aiment le plus éperdument leurs femelles, parce qu'ils ont beaucoup plus d'excréments vaporeux. Aussi les hommes qui ont le plus de poils sont les plus amoureux, leur humidité étant vaincue par l'excès d'une chaleur, qui n'est pourtant pas capable de les rendre malades.

C'est cette même chaleur qui dessèche le cerveau et le crâne des hommes lascifs, et qui les fait promptement devenir chauves ; car, comme il manque à la tête des vapeurs terrestres dont les cheveux sont produits, et que d'ailleurs les cheveux ne peuvent percer une peau dure et sèche, comme l'ont ceux qui sont d'un tempérament chaud et sec, on ne doit pas s'étonner s'ils deviennent chauves, et si cette chauveté s'augmente tous les jours par l'usage des femmes. C'est ce qui attira sur Jules-César cette raillerie piquante que l'on publia à Rome, lorsqu'on l'y menait en triomphe : *Romani, servate uxores, mœchum calvum adducimus.* Ajoutez à cela que cet empereur fut si amoureux et si lascif, qu'il changea quatre fois de femmes légitimes qu'il dépucela : Cléopâtre, dont il eut Césarion, qu'il aima éperdument ; Eunoé, reine de Mauritanie, qu'il caressa ; Posthumie, femme de Servius Sulpitius ; Lollia, femme de Gabinius ; Tertulla, femme de Crassus ; Murcia, femme de Pompée ; et Servilia, sœur de Caton et mère de Marcus Brutus. De plus, si cet homme lascif a perdu une jambe, il s'acquittera beaucoup mieux qu'un autre de son devoir auprès de sa femme, parce que les parties mutilées ne recevant point d'aliment, le sang s'arrête dans les parties de la génération, et les rend plus fortes et plus lascives que dans les autres hommes.

Cet homme dont nous venons de faire le portrait, est d'un tempérament si chaud et si amoureux, qu'il aurait beau avoir la vertu des personnes les plus saintes, sa nature lui donnera toujours une pente à l'amour des femmes ; on aurait plutôt éteint un grand feu avec une goutte d'eau, et l'on obligerait plutôt un fleuve rapide à remonter vers sa source, que de corriger l'inclination de cet homme. Cette passion déréglée qui lui échauffe incessamment l'imagination, est la cause de tous les désordres de sa vie : c'est un appétit qui s'arme avec violence contre sa raison, et qui détruit à toute heure ce beau présent que Dieu lui a fait. En un mot, c'est une maladie habituelle qui ne s'empare ordinairement que des âmes folles qui se laissent éblouir par la beauté de quelques femmes. Les rois et le vin sont bien puissants ; mais, à dire le vrai, la femme l'est encore plus ; et il faudrait que Dieu fît un miracle, si on voulait que cet homme corrigeât son humeur amoureuse. Quand on s'abandonne trop mollement aux plaisirs du mariage, selon la pensée de saint Augustin dans ses *Confessions*, ces plaisirs deviennent coutume, et cette coutume nécessité.

Son âme, qui est aussi éprise d'amour que son corps est échauffé, rend sa passion sans exemple. Il ne voit pas plutôt une femme un peu découverte, que ses parties naturelles en sont émues ; et il ne l'a pas plutôt observée avec réflexion, que cet objet fait autant d'impression sur lui, que le fouet en faisait sur cet autre dont on nous raconte qu'il ne caressait jamais plus ardemment une femme, que lorsqu'on le fouettait le plus cruellement.

Mais quand ce feu sera un peu apaisé par la froideur de l'âge, l'amour qui agite à cette heure cet homme lui donnera en ce temps-là de l'esprit et de l'agrément ; mais il n'étouffera pas entièrement la flamme qu'il a nourrie dans son sein : au contraire, elle sera plus violente qu'autrefois. Ce sera alors un feu allumé dans du feu, qui conservera plus longtemps sa chaleur ; et cette bile, qui était autrefois la source de tous ses emportements amoureux, se changera peu à peu en une humeur épaisse et mélancolique, qui serait encore la cause de ses voluptés déréglées, si ses parties étaient alors en état de lui obéir.

Il est donc véritable, par tous les signes que nous venons de rapporter, que les hommes qui sont d'un tempérament chaud et sec, bilieux ou mélancolique, sont les plus lascifs. Ils ne manquent ni d'appétit naturel, ni de mouvements de concupiscence ; ils ont en abondance de la matière et des esprits vaporeux, qui disposent incessamment leurs parties naturelles à se joindre amoureusement à une femme.

Et si ceux qui sont d'un tempérament chaud et humide, que nous appelons *sanguins*, aiment plus éperdument que les autres, cependant leur semence n'est pas accompagnée d'une qualité si âpre qui les chatouille à toute heure, et qui les rend ainsi plus amoureux. Périclès était du nombre de ces dernières personnes, puisqu'il épousa une courtisane, après s'être enquis de sa vie passée. Il y a des Suisses et des Allemands qui en font de même aujourd'hui, et la plupart s'en trouvent bien.

ARTICLE II

Quel tempérament doit avoir une femme pour être fort amoureuse.

L'amour embrase tellement le cœur d'une jeune fille qui aime l'oisiveté, les louanges, les habits somptueux, les festins et les discours d'amourettes, qu'enfin elle succombe à ses appas, et qu'elle ne peut se défendre de ses atteintes. Elle y a même d'ailleurs une pente et une inclination naturelles ; car, si on la considère par le dehors, sa taille est médiocre, son marcher chancelant et badin, et son embonpoint modéré. Elle est brune, et ses yeux étincelants sont des marques d'une

flamme cachée. Sa bouche est belle et bien faite, mais un peu grande et sèche;
son nez un peu camus et retroussé; sa gorge est grosse et dure; sa voix forte, et
ses flancs bien ouverts. Ses cheveux sont noirs, longs et un peu rudes, et dès l'âge
de onze ou douze ans, elle s'aperçut que le poil sortait de ses parties naturelles,
et qu'il y excitait déjà des émotions amoureuses. Ce fut alors que la chaleur de
son tempérament bilieux avança ses règles et lui fit faire des démarches déshonnêtes pour son sexe, si bien qu'il ne faut pas s'étonner si elle continue encore
présentement son commerce indiscret.

Plus le sang et les esprits coulent dans une partie que la douleur ou la volupté
irrite, plus il s'y fait de violentes fluxions. D'abord cette jeune fille n'était qu'émue
dans ses embrassements amoureux; à cette heure que les conduits sont fort ouverts,
et qu'ils portent abondamment du sang et des esprits à ses parties naturelles, dès
la moindre petite émotion amoureuse, sa passion est si violente qu'elle ne saurait
la modérer. Les avis de ses parents sont vains, les règles de la pudeur et de l'honnêteté sont inutiles, et les réflexions qu'elle y peut faire ne sont plus de saison. Il
n'y a point de lien pour la vertu ni pour la tempérance, quand la passion domine,
et que notre tempérament nous force à aimer: témoin Bonne de Savoie, femme
de Galéas Sforce, que l'on ne put jamais faire revenir de son impudicité.

L'on épuiserait plutôt la mer, et l'on prendrait plutôt les astres avec les mains,
que de rompre les mauvaises inclinations de cette jeune fille. Sa nature, sa beauté,
sa santé et sa jeunesse sont de grands obstacles à sa pudicité, et tout cela lui a
servi de bon maître pour lui apprendre à aimer tendrement. Il lui semble qu'elle
a de la confusion, et qu'elle fait quelque chose contre la bienséance, quand elle
refuse un jeune homme bien fait qui la prie de bonne grâce. Et si par hasard elle
paraît quelquefois le refuser, par quelque pudeur du sexe qui lui reste encore,
c'est alors qu'elle en a le plus d'envie, et qu'elle s'abandonnerait avec le plus de
passion. Elle ressent dans elle-même un appétit secret pour se lier amoureusement à un homme, et il semble que la côte dont sa première mère lui a laissé une
petite partie, veuille incessamment, par un instinct naturel, se joindre à la personne dont elle a été séparée, et qu'elle veuille imiter Ève après sa création, qui
ne mangea et qui ne but qu'après avoir été caressée de son mari. Il n'y a point
d'excès d'amour où cette jeune fille ne se porte, et son imagination est si échauffée par les objets, que, si elle manque quelquefois d'occasion pour se satisfaire, elle
tombe au même instant dans une fureur d'amour que l'on ne peut corriger
qu'avec peine. C'est alors que ses discours sont impudiques, et ses actions lascives, et qu'elle cherche avec les yeux, quand la maladie lui en permet l'usage,
quelque personne capable de la guérir.

Cette fureur amoureuse vient souvent à tel point, qu'elle la force à solliciter
un homme de l'embrasser tendrement, et à se prostituer même au premier venu.

Mais, si par hasard elle devient grosse, tout se calme chez elle, et ses parties amoureuses sont alors comme assouvies, ainsi qu'il arriva à cette femme, quoique vertueuse, dont Mathieu de Gradis nous rapporte l'histoire.

Au reste, toutes les femmes amoureuses ne sont pas semblables : on en voit d'agiles, d'inconstantes, de babillardes, de hardies ou d'inquiètes. D'autres paraissent mornes, solitaires, timides, ou languissantes. Il s'en est trouvé qui n'ont pas eu de honte de publier ce que les autres cachent avec tant de soin. Suétone nous apprend que Tibère fit peindre autour de sa salle toutes les postures lascives qu'il avait tirées du livre de la courtisane Eliphaetis. On en a vu d'autres qui, craignant les suites fâcheuses de l'amour, se divertissaient avec des filles, comme si elles eussent été des hommes : c'est ce que le poète Martial reproche aigrement à Bassa. On sait encore que Mégille méritait le même reproche, et que Sapho Lesbienne avait chez elle quantité de servantes pour un pareil divertissement.

Si nous en voulons croire saint Jérôme et après lui saint Thomas, une fille désire avec plus de passion qu'une femme d'être caressée d'un homme, parce, disent-ils, qu'elle n'a jamais goûté les plaisirs que cause une conjonction amoureuse, et qu'elle s'imagine qu'ils sont tout autres qu'ils ne sont. Mais l'expérience que ces deux grands hommes n'avaient point, nous fait voir tout le contraire, et nous savons qu'une femme qui sait ce que c'est que l'amour, a beaucoup plus de peine qu'une fille à se garantir de ses attraits. J'en appelle à témoin la reine Sémiramis, qui, après avoir pleuré la mort de son mari, se prostitua à beaucoup de personnes, et qui, pour cacher ses désordres, fit bâtir quantité de mausolées pour enterrer tous vivants ceux avec qui elle avait pris des plaisirs illicites, afin que son impudicité fût cachée aux yeux des hommes.

On dit qu'une femme stérile est plus amoureuse qu'une femme féconde : et l'on ne manque point de raisons là-dessus ; car, si on considère l'envie déréglée qu'a la première de se perpétuer par la génération, et la cause la plus ordinaire de la stérilité, qui est l'ardeur de ses entrailles, on avouera qu'elle doit être plus lascive que l'autre ; témoin les femmes du Malabar, qui ne sont pas les plus fécondes du monde, à cause de la chaleur du pays, et qui, à cause de cela, ont la permission de prendre autant de maris qu'il leur plaît, parce que les enfants, selon leur loi, ne sont nobles que de leur côté. C'est absolument une piperie pour le libertinage où les Orientaux sont plongés.

Mais une femme qui devient grosse, et qui devrait avoir assouvi sa passion, ne laisse pas encore d'aimer éperdument. J'en prends à témoin Popilia, qui, étant un jour interrogée sur la passion déréglée d'une femme grosse, par rapport aux autres animaux, répondit fort spirituellement qu'elle ne s'étonnait pas de ce que les femelles des bêtes fuyaient alors la compagnie des mâles, parce qu'en effet elles étaient des bêtes.

Peut-être ne manquerions-nous pas ici de raisons pour excuser cette ardeur dans les femmes grosses ; et, si nous avions dessein de nous servir de morale, nous pourrions dire que, si Dieu leur a donné ces désirs ardents, ce n'a été que pour conserver la chasteté de leurs maris, et pour se mériter la gloire d'être vertueuses en résistant fortement à l'amour.

Cette passion d'amour déréglé, en quelque état que soient les femmes, cause le plus souvent de si étranges désordres quand elle s'est une fois saisie de leur esprit, qu'il n'y a point de meurtre, de trahisons, ni d'empoisonnements, qu'elles n'entreprennent pour venir à bout de leurs desseins impudiques. Pantia empoisonna ses deux enfants avec de l'aconit, pour faire un adultère ; et Tarpoia trahit sa patrie en donnant des moyens aux Gaulois pour prendre le Capitole, parce qu'elle aimait leur roi. Jeanne de Naples, cette infâme princesse, fit étrangler André, son premier mari, aux grilles de sa fenêtre, parce que ce jeune prince infortuné n'assouvissait pas sa passion indiscrète. Mais quelle apparence qu'un homme seul pût éteindre la flamme d'une femme lascive, si cinquante ne le purent faire autrefois à l'égard de Messaline ? La matrice d'une femme est du nombre des choses insatiables dont parle l'Écriture ; et je ne sais s'il y a quelque chose au monde à quoi on puisse comparer son avidité : car ni l'enfer, ni le feu, ni la terre ne sont pas si dévorants que le sont les parties naturelles d'une femme lascive.

A-t-on vu plus de passions criminelles, plus d'effronterie que dans Vestilia, femme de Titus Labeo, laquelle déclara hautement devant les édiles de Rome, qu'elle protestait de vivre désormais en femme publique ?

La passion de se joindre étroitement à un homme est extrême dans l'esprit d'une femme ; c'est un appétit sans jugement et sans mesure, car il s'en est vu qui sont devenues fort pauvres pour contenter leur lasciveté. Chloé fut la dupe de Lupercus par sa prodigalité ; et Sempronia, qui était si savante, aima plutôt les hommes qu'elle n'en fut aimée, et n'épargna non plus sa bourse que sa renommée pour satisfaire sa passion.

J'avoue que l'amour fait des indiscrètes ; mais celles qui passent pour les plus chastes n'ont souvent pas moins de flammes que les autres, pour être beaucoup plus retenues. Celle-là est chaste que l'on n'a peut-être jamais priée d'amour ; et, si l'on examinait dans le particulier celles qui passent pour les plus vertueuses, on trouverait peut-être qu'elles sont aussi criminelles que les autres, et qu'il y en aurait peu de pudiques et d'honnêtes. La matrone d'Éphèse, dont Pétrone fait raconter si agréablement à Sénèque l'histoire, laquelle était en chasteté l'admiration des provinces voisines, se laissa mollement persuader par un soldat.

Pénélope, qui était l'exemple de la vertu parmi les anciens, fut si abandonnée à ses plaisirs illicites pendant l'absence d'Ulysse son mari, qu'elle fit un enfant qui prit le nom de tous ceux qui avaient contribué à le faire; et Lucrèce, qui passait parmi les Romains pour la vertu même, n'est pas exempte de ce crime, pour s'être mis le poignard dans le sein. Si ce n'est pas une impudicité d'être violée, ce ne doit pas être aussi une justice de se tuer lorsqu'on n'est pas coupable; et, si elle s'est punie de la sorte, elle s'est persuadée que le crime qu'elle avait commis était si énorme, qu'elle méritait la mort de sa propre main.

Il faut donc avouer que les femmes sont naturellement portées à l'amour, et que leur tempérament est l'une des causes de cette passion, mais aussi que l'éducation et la liberté qu'on leur donne aujourd'hui ne contribuent pas peu à leurs désordres; et, quoi que l'on dise, je ne trouve point injuste ce que l'on ordonnait et ce que l'on pratiquait même autrefois à Paris, lorsque l'impudicité d'une femme était avérée: on faisait monter le mari sur un âne, duquel il tenait la queue à la main; sa femme menait l'âne, et un héraut criait par les rues: L'on en fera de même à celui qui le fera. Une presque semblable coutume était établie en Catalogne. Le mari payait l'amende quand la femme était convaincue d'adultère, comme si par là on eût dû plutôt imputer la faute au mari qu'à la femme.

ARTICLE III

Quel est le plus amoureux de l'homme ou de la femme?

On confond ordinairement l'amour avec le plaisir, et la chaleur avec la lasciveté; mais, à dire le vrai, le plaisir n'est qu'un effet de l'amour, et la lasciveté ne se trouve pas toujours avec la plus grande chaleur. Nous avons dessein d'examiner ici lequel des deux sexes est le plus amoureux et le plus lascif, nous réservant de traiter ailleurs cette question : qui prend le plus de plaisir de l'homme ou de la femme lorsqu'ils se caressent amoureusement?

Ceux qui veulent que les hommes soient plus lascifs que les femmes, disent que l'homme a plus de chaleur; qu'il a le pouls plus ferme, la respiration plus forte, les entrailles et la peau plus chaudes et plus sèches; qu'il a plus de poil, qu'il vit plus longtemps, qu'il est plus agissant; enfin, qu'il attaque les femmes avec plus de vigueur.

Il est vrai que l'homme est beaucoup plus chaud que la femme, et qu'il a les autres qualités qu'on lui attribue; mais pour cela il n'est pas plus lascif. L'amour ne trouble le plus souvent que les faibles esprits; mais l'homme ayant l'esprit plus fort que la femme, il n'est pas sujet à des transports ni à des emportements si extraordinaires ; il semble que sa passion soit en quelque façon réglée par le jugement, au lieu que celle de la femme est sans ordre et sans mesure : car, s'il est question de parler de l'amour et d'en exécuter les ordres, nous ne sommes que des enfants au prix des femmes, qui en savent plus que nous, et qui nous feraient longtemps la leçon sur ces sortes de matières.

D'ailleurs, les femmes ont l'imagination plus vive que nous ; et parce qu'elles sont ordinairement dans l'oisiveté, au lieu que les hommes sont dans l'embarras des affaires, elles ont plus de plaisir à se représenter les objets qui leur peuvent donner de l'amour. Le désir qu'elles ont de se remplir et d'empêcher par là le vide que la nature abhorre tant, est en vérité insatiable ; au lieu que notre passion est modérée, et qu'elle ne nous invite que pour nous décharger ; aussi leur imagination est émue par deux sortes d'objets ; l'un est de s'humecter en se remplissant, et l'autre de se défaire en même temps de la matière qu'elles engendrent en plus grande abondance que nous.

Personne ne nie qu'elles ne soient plus humides que nous ; leur embonpoint, leur beauté et leurs règles en sont des marques évidentes. C'est leur tempérament qui leur fournit plus de semence qu'à nous, et qui les expose souvent aux vapeurs et à la fureur ; car, si leur semence se corrompt, ces maladies en sont cause, ainsi qu'il arriva il n'y a pas longtemps aux vierges de Loudun, selon la pensée de Sennert et de Duncan.

Les hommes ne sont pas sujets aux désordres que causent les vapeurs d'une semence corrompue, quoi qu'en veuillent dire quelques-uns ; ils ont peu de semence en comparaison des femmes, et ils ne sont jamais incommodés de sa rétention : la nature a trouvé des moyens pour les en décharger en dormant, lorsque souvent elle leur fait naître des idées agréables qui la leur font épancher.

Ce n'est pas une preuve de lasciveté que de demeurer fort peu de temps dans des caresses amoureuses ; mais c'est plutôt parce que la matière n'est pas fort éloignée du lieu d'où elle sort. Les femmes y demeureraient un jour entier, comme fit autrefois Messaline, et il ne leur tarderait pas de s'en éloigner, comme à nous, après y avoir pris les plaisirs que nous en espérions.

Si les animaux qui ont le plus de semence sont les plus lascifs, nous ne pouvons pas douter que la femme ne soit plus amoureuse que nous, puisque l'enfant qu'elle a conçu ne se nourrit d'abord que de cette matière, ainsi que nous le prouverons ailleurs. Nous observerons encore parmi les animaux, que les plus lascifs sont les plus petits, et ceux qui vivent le moins : si cela est ainsi, comme personne n'en doute, la femme est plus lascive que l'homme, puisqu'en général elle est plus petite, et vit beaucoup moins que lui.

La matrice et les testicules sont des parties situées dans le corps des femmes sans être exposées comme les nôtres aux injures d'un air froid qui éteint notre flamme ; aussi remarquons-nous que les animaux qui ont leurs parties génitales cachées, sont plus lascifs que les autres. C'est pour placer la matrice que la nature a fait les femmes avec des flancs ouverts et les hanches élevées, qu'elle leur a donné de grosses fesses et des cuisses charnues ; au lieu que les hommes ont les parties d'en haut plus larges et plus grosses que celles d'en bas, la chaleur ayant dilaté les unes et fortifié les autres.

Après tout, s'il m'était permis de joindre l'expérience aux raisons, je dirais que nous n'avons que trop d'exemples dans les écrits des païens, et même dans l'Écriture sainte, qu'il n'est pas besoin de rapporter ici. Nectimène et Valéria recherchèrent toutes deux les caresses de leur propre père ; Agrippine se prostitua à son fils ; Julie reçut des plaisirs amoureux de l'empereur Caracalla son gendre, qui l'épousa ensuite ; Sémiramis s'abandonna à une infinité d'hommes. Une fille de Toscane, du temps du pape Pie V, se fit couvrir d'un chien, et la plupart des filles égyptiennes s'accouplent encore aujourd'hui avec des boucs ; et je doute fort que le satyre que l'on amena à Sylla, lorsqu'il passait par la Macédoine, ne fût plutôt une marque de lasciveté d'une femme que d'un homme.

Je ne parle point ici des deux Faustine, ni des deux Jeanne de Naples : l'on sait qu'elles ont été impudiques et lascives dès leur bas âge, et qu'elles n'ont ensuite rien épargné pour se bien divertir avec les hommes ; et jamais les conciles d'Elibéri et de Néocésarée n'eussent fait des ordonnances contre les femmes, si elles n'eussent été lascives. Le premier commande aux gens d'église mariés de répudier leurs femmes quand elles sont dans le dérèglement, autrement il les prive de la communion à l'article de la mort ; le second, de donner les ordres à celui dont la femme est adultère, à moins qu'il ne la répudie. Toutes les femmes étaient d'un autre tempérament que Bérénice, qui, au rapport de Josèphe, se sépara de son mari pour en être trop caressée. En effet, une personne amoureuse l'est en toute sorte d'état ; elle a beau être fille ou femme, mariée ou veuve, vide ou pleine, stérile ou féconde, tout cela n'empêche pas qu'elle ne soit plus lascive qu'un homme.

Enfin, on peut ajouter à tout cela l'autorité des théologiens et des jurisconsultes. Les premiers avouent ingénument que la passion de l'amour est plus excusable dans les femmes que dans les hommes, parce que, ajoutent-ils, qu'elles en sont plus susceptibles ; et les seconds, par la même raison, punissent de mort un homme adultère, et ne souffrent pas qu'une femme soit privée de la vie pour être tombée dans un semblable désordre ; ils se contentent seulement de la faire fouetter, de la tondre et de la jeter dans un couvent.

Il faut donc conclure après tout cela que les femmes sont beaucoup plus lascives et plus amoureuses que les hommes. Et si la crainte et l'honneur ne les retenaient bien souvent dans la violence naturelle de leur passion, il y en aurait très peu qui n'y succombassent; ou, pour nous arrêter, ou pour nous engager, elles feraient pour nous ce que nous avons accoutumé de faire pour elles. Pour moi, j'admire tous les jours la force de ces filles belles et jeunes qui résistent courageusement : leurs combats m'étonnent, mais leurs victoires me ravissent. Partout l'amour leur tend des pièges et leur livre des combats; partout elles se défendent fortement, et sont beaucoup plus heureuses en amour qu'Alexandre et que César en victoires. Elles font souvent des conquêtes avant que d'avoir combattu. Mais enfin il faut un jour se rendre à cette passion naturelle; tant il est vrai de dire en paraphrasant les deux vers d'Alciat :

> Qu'aisément l'amoureux poison
> S'introduit dans le cœur d'une jeune pucelle,
> Et qu'une mère avec raison
> Fait pour l'en garantir une garde fidèle !
> D'un ennemi qui plaît l'abord est dangereux :
> Un sage surveillant a peu de deux bons yeux,
> Pour être toujours en défense ;
> Argus en avait cent et il découvrait tout;
> Cependant, de sa vigilance
> Cupidon sut venir à bout.

CHAPITRE V

EN QUELLE SAISON ON SE CARESSE AVEC PLUS DE CHALEUR ET D'EMPRESSEMENT

Les opinions sont si différentes sur cette matière dans les livres des auteurs, et par le rapport des hommes à qui j'en ai parlé, qu'il me semble impossible de résoudre d'abord cette question, sans distinguer auparavant les climats et les saisons, sans prendre garde à l'un et à l'autre sexe, et sans faire réflexion sur l'âge, sur le tempérament et sur la coutume des hommes.

La chaleur est si différente selon la variété des climats, que les effets qu'elle produit dans les corps ne sont pas semblables. Les Espagnols du royaume de Grenade ont des mœurs très éloignées des mœurs des Hollandais, par la distance des lieux qu'ils habitent, et par la différence de la chaleur qui les échauffe; et l'on ne peut douter que la passion de l'amour ne soit plus violente dans les uns que pans les autres. La chaleur excessive de l'air est ordinairement la cause de la bile

et de la violence de nos inclinations. Elle ouvre aisément les pores pour s'insinuer dans les corps ; elle élargit les conduits pour faire couler plus fortement les
humeurs ; elle échauffe les parties qui sont froides par leur propre tempérament :
au lieu que la froideur, c'est-à-dire la chaleur modérée de l'air, fait tout le contraire ; elle produit de la pituite, qui cause ensuite des effets tout opposés.

Vénus ne veut que des personnes vigoureuses pour exécuter ses ordres. Les
jeunes gens sont trop mous et trop scrupuleux pour cela, et les vieillards trop
faibles et trop timides : il en faut d'un âge médiocre, depuis vingt-cinq jusqu'à
quarante-cinq ans, pour s'acquitter parfaitement de leur devoir : parmi tous ces
âges, il faut encore choisir ceux qui sont d'un tempérament chaud et sec, dans
lesquels la bile et la mélancolie chaude dominent, et avec tout cela qui soient
fermes, hardis et amoureux.

Les médecins disent que la coutume est une seconde nature. En effet, ceux qui
ont accoutumé de jouir souvent des voluptés du mariage ont les conduits de la
génération plus ouverts, et les parties plus grosses et plus larges que ceux qui,
dans les déserts et la solitude, ne voient des femmes qu'en songe. J'en prends à
témoin l'empereur Néron, sous le nom d'Eumolpe, et le chevalier Claude Sene-
cron, sous le nom d'Acylte, à qui l'amour réitéré avait fait de si grosses parties
qu'on les distinguait par là des autres hommes, si nous en croyons l'histoire de
Pétrone.

La rétention des règles et de la semence ne cause pas tant de désordres aux
femmes, après avoir souvent joui des plaisirs de l'amour, qu'elle leur en cause
auparavant. Les esprits et le sang, à force de passer dans les parties de l'un et
l'autre sexe, y entretiennent une chaleur qui les dilate ; au lieu que dans les parties naturelles de ces vénérables ermites et de ces bienheureuses vierges, à peine
y a-t-il des conduits qui y portent des esprits pour les vivifier, et des vaisseaux
qui y conduisent du sang pour les nourrir, ainsi que les observations d'anatomie
nous le font connaître.

Nous avons fait voir que le tempérament de l'homme est différent de celui de
la femme ; que l'homme, à parler, en général, est chaud et sec, qu'il est plein de
bile et de mélancolie, et qu'il a d'ailleurs une âme intrépide, un corps ferme, resserré et endurci. On sait aussi que la femme est froide et humide, c'est-à-dire
moins chaude que lui ; que le sang et la pituite sont les deux principales humeurs
qui dominent dans son sorps, et qui le rendent poli, mollet et délicat.

Les saisons ne sont pas réglées par les médecins comme par les astrologues.
Elles n'ont pas un temps limité, selon le sentiment des premiers, ni un certain
nombre de jours qui les déterminent : il n'y a que la chaleur et la froidure qui leur
imposent des bornes. Le mois de septembre sera l'automne quand il fera un temps
inconstant et tempéré ; l'été, quand la chaleur se fera sentir avec excès ; l'hiver ne

sera quelquefois que d'un mois, la rigueur du froid n'étant excessive que pendant ce temps-là ; et le printemps en durera quatre, la douce température de l'air se faisant connaître pendant un long espace de temps. Ce sont donc ces deux qualités premières qui règlent principalement les saisons, et non un nombre déterminé de jours.

Nos corps reçoivent de l'air, sans pouvoir nous y opposer, les différentes qualités qu'il communique. S'il est froid ou chaud, rude ou tempéré, il fait une telle impression sur nous, que nous en devenons sains ou malades, selon les divers états où l'on se trouve quand on le respire ou que l'on en change.

Cela étant ainsi, il me semble que l'on peut maintenant répondre à la question proposée, et concilier en même temps tous ceux qui ont eu sur cette matière des sentiments différents. Je ne m'arrêterai point ici à en citer les passages, ni à en faire la critique : ce serait une chose trop embarrassante et pour les autres et pour moi-même. Je me contenterai seulement de dire ce que je pense sur les différentes émotions amoureuses que nous avons dans chaque saison de l'année, et j'examinerai avec quelle ardeur un homme et une femme se caressent dans un temps plus que dans un autre.

La chaleur excessive de l'été nous épuise et nous affaiblit tellement, que nous ne sommes pas alors capables d'entreprendre une affaire où il y a beaucoup à travailler : témoin en sont les habitants du midi, qui naturellement sont si lâches et si paresseux, qu'ils aiment mieux demeurer incessamment dans l'oisiveté, que de ménager une affaire qui peut leur causer un peu de peine. L'excès de la chaleur des mois de juillet et d'août, joint à notre complexion bouillante, détruit notre chaleur naturelle, dissipe nos esprits et affaiblit toutes nos parties.

Elle produit beaucoup de bile et d'excréments âpres, qui ensuite nous rendent faibles et languissants. Si nous voulons alors nous joindre amoureusement à une femme, nos forces nous manquent aussitôt ; et bien qu'au commencement la passion nous en fournisse assez pour faire quelque effort, nous ressentons néanmoins bientôt après des faiblesses et des épuisements extraordinaires, qui nous empêchent d'être vaillants ; et si nous voulons nous affaiblir tout à fait, et nous procurer des maladies, nous n'avons alors qu'à caresser souvent une femme.

Au contraire, les femmes sont beaucoup plus amoureuses pendant l'été. Leur tempérament froid et humide est corrigé par les ardeurs du soleil ; leurs conduits sont plus ouverts, leurs humeurs plus agitées, et leur imagination plus émue. C'est en ce temps-là que quelques-unes sollicitent plutôt les hommes qu'elles n'en sont sollicitées, et qu'une nudité négligée de leur part nous fait aisément connaître qu'elles meurent d'envie d'éteindre le feu que la nature leur a allumé dans le sein.

En vérité, ces passions amoureuses sont mal partagées! Pendant que les femmes sont ardentes, nous sommes languissants. Leur passion ne commence pas plutôt à paraître que la nôtre se dissipe, comme si la nature nous voulait montrer par là que l'excès de l'amour est tout à fait contraire à la santé des hommes.

L'automne, qui dure ordinairement peu, est plus propre pour nous à l'exercice de l'amour. Bien que l'air en soit chaud et sec, il est pourtant tempéré par la fraîcheur des nuits et par l'inconstance de la saison. Les hommes ne sont pas échauffés en ce temps-là, et leur chaleur naturelle est un peu plus faite; la dissipation ne s'en fait pas sitôt, leurs pores n'étant pas alors si ouverts. Cependant, parce qu'il y a peu de temps que nous sommes sortis des ardentes chaleurs de l'été, et que nous sommes tous affaiblis par des indispositions fâcheuses qui arrivent souvent dans l'automne, il faut avouer que nous ne sommes encore guère en état de faire de grands efforts dans les caresses des femmes.

Je n'en ose pas dire autant d'une jeune fille. La chaleur qu'elle a contractée dans le cœur par la violence de l'amour, et celle que l'air chaud de l'été précédent lui a communiquée, ne s'éloignent pas sitôt; son tempérament n'est pas refroidi, et le mouvement de ses humeurs n'est pas apaisé: c'est une mer agitée dont le calme ne peut paraître que longtemps après la tempête.

L'hiver est incommode par ses glaces, ses neiges et ses pluies froides; nous en sommes vivement touchés, et nos parties amoureuses, qui sont exposées au dehors, en ressentent souvent de si fâcheuses atteintes, que si, dans le Septentrion, on n'avait soin de les couvrir avec des fourrures, on courrait risque de les faire couper et de perdre ensuite la vie. Parce qu'elles sont d'un tempérament froid et sec, et qu'elles ne sont échauffées que par les esprits qui y sont portés en abondance, je ne m'étonne pas si elles se retirent vers le ventre pour se conserver par la chaleur qu'elles y rencontrent. C'est en hiver que nous faisons beaucoup de pituites et de crudités, et bien que nous ayons plus de chaleur naturelle qu'en été, nous ne laissons pas, dans cette saison, d'être presque aussi lents que dans l'autre.

Ce n'est pourtant pas ce que pensent plusieurs, qui croient que l'hiver est une saison où l'on se caresse avec le plus d'ardeur et de passion. Car, disent-ils, nous mangeons alors beaucoup plus, nous sommes plus agiles, et notre chaleur naturelle semble être beaucoup plus forte.

Si ceux qui raisonnent de la sorte prennent l'hiver pour une saison tempérée et exempte de grands froids, ainsi qu'il arrive dans les pays du Midi, je serais sans doute de leur sentiment; mais s'ils voulaient qu'un Suédois, qui est près de cinq mois dans les glaces et dans les frimas de son pays, eût dans l'hiver des empressements amoureux, je ne saurais souscrire à cette pensée. Cet homme, quelque vigoureux qu'il fût, est si pénétré de froid, que Vénus, que les poëtes ont cru être faite de la partie la plus chaude des eaux, ne saurait l'exciter, ni lui faire naître dans le cœur aucune ardeur amoureuse.

Les femmes sont encore plus languissantes en hiver que nous ne le sommes ; leur tempérament froid le devient encore plus, et l'amour ne s'est jamais si bien fait connaître parmi elles dans les contrées du septentrion que dans celles du midi. Toute la nature est dans ce temps-là en repos : pas une plante ne se dispose à la production, et les arbres ne nous donnent presque aucune marque de vie.

Il n'y a que le printemps qui nous inspire du courage et de la vigueur pour l'amour ; mais c'est ce beau printemps qui n'est plus accompagné de gelée ni de frimas : c'est cette admirable saison où toute la nature, par son vert et par ses fleurs, ne respire que productions. Alors le sang bouillonne dans les veines de l'un et de l'autre sexe, et sur le gazon nous contons souvent notre martyre à une belle, pendant que le rossignol conte le sien à l'écho des forêts.

Nous ne manquons alors ni de disposition ni de matière pour satisfaire notre passion autant de fois qu'elle nous excite. Nous faisons assez de sang pour nous soutenir dans l'exercice amoureux, et l'air froid ne nous empêche plus d'agir avec liberté. Tout nous inspire de l'amour ; il n'est pas jusqu'aux oiseaux et aux insectes qui, dans le mois de mai, ne se caressent avec plaisir. L'amour, qui fait ressentir en ce temps-là plus que dans un autre, est peut-être la cause de ce que l'on dit ordinairement, que les enfants engendrés au mois de mai sont le plus souvent ou fous ou hébétés : on y va alors avec trop d'ardeur ; et les efforts trop souvent réitérés sont sans doute la cause des défauts qui se remarquent aux enfants qui sont produits en ce temps-là. C'est pour cela sans doute que les Romains défendaient avec tant de sévérité de faire des noces au mois de mai, et que, dans ce même mois, ils en faisaient fermer tous les temples pendant que l'on célébrait les fêtes Lémuriennes, parce qu'ils croyaient que les noces étaient alors malheureuses, et que les enfants qui étaient conçus dans cette saison étaient trop vifs, trop pétulants et trop étourdis. Cependant c'est la saison dans laquelle les hommes les plus sages et les plus spirituels ont été engendrés, pourvu toutefois que leurs pères n'aient pas pris de trop fréquents ni de trop violents plaisirs en les engendrant.

Nous pouvons donc dire que le printemps est la saison où les hommes et les femmes sont plus amoureux. Il nous fait naître des envies naturelles de nous joindre amoureusement les uns aux autres, et nous y sommes principalement conviés par les exemples qu'il nous en fournit de toutes parts.

ARTICLE PREMIER

A quelle heure du jour on doit baiser amoureusement sa femme.

La bonne digestion de l'estomac ne contribue pas peu à notre santé : si elle est bien faite, notre chyle est bon, et notre sang est pur ; nos esprits sont agités et pénétrants ; notre semence est épaisse et féconde ; toutes nos parties solides sont robustes ; en un mot, nous jouissons d'une santé parfaite. Mais, si quelque chose trouble l'action de notre estomac, nous sommes pleins de crudités ; notre sang n'est que pituite ; nos esprits, qu'une eau languissante ; et notre semence, que du phlegme. Nous ressentons au dedans de nous des indigestions et des faiblesses qui nous empêchent d'être en état de faire aucune action de vigueur.

Entre toutes les causes qui ruinent notre estomac, qui en affaiblissent la digestion, il n'y en a pas de plus forte que l'amour. Il nous épuise de telle sorte par la dissipation de notre chaleur naturelle, par la perte de nos esprits, qu'après cela nous en ressentons de l'incommodité dans les principales parties qui nous composent.

L'estomac, qui est la partie qui contribue le plus à la santé quand il fait bien ses fonctions, est donc le premier attaqué dans les excès de l'amour. Mais le cerveau et les nerfs n'en souffrent pas moins ; et leur souffrance a été quelquefois jusque-là dans quelques hommes, qu'ils en ont perdu l'esprit ; et Poppée, dans Pétrone, craignait fort que Néron n'en devînt paralytique.

Toutes les parties spermatiques, étant naturellement froides, sont affaiblies par l'excès de l'amour ; l'estomac, qui en est une des plus considérables, n'est pas des dernières à s'en ressentir, et l'on peut dire que c'est elle qui est la source de toutes nos incommodités, quand nous abusons de ces plaisirs.

Puisque Vénus est donc une des causes étrangères qui est la plus contraire à notre vie quand nous nous y adonnons avec excès, ou à contretemps, et que d'ailleurs, selon l'expérience que nous en avons, elle entretient notre santé lorsque nous en usons à propos, examinons quelle heure du jour est la plus commode pour n'en recevoir aucune incommodité.

Ce ne sont ni les divertissements du jour ou de la nuit, ni les plaisirs du matin ou du soir qui nous causent des incommodités. Que ce soit avant ou après le sommeil que nous nous jetions entre les bras d'une femme, ce n'est pas ce qui détruit notre santé, et qui nous fait des faiblesses d'estomac et de nerfs, ni des maux de tête pesants. Tous les désordres qui nous viennent des femmes ne naissent que de l'excès de notre passion et de l'occasion que nous ménageons souvent fort mal lorsque nous voulons les caresser. Si notre passion était modérée, et que nos emportements amoureux fussent mieux réglés ; si avec cela nous les baisions quand nous ne sommes ni trop vides ni trop pleins, je suis assuré que Vénus, bien loin de nuire, entretiendrait la santé d'un jeune homme : car ce qui est selon les lois de la nature, ne peut nous causer de mal si nous n'en abusons.

Quelques médecins pensent que les plaisirs amoureux que nous prenons pendant le jour sont plus funestes que ceux de la nuit ; et que, comme les caresses des femmes nous épuisent excessivement, nous devons être en repos après les avoir faites, et réparer, par le sommeil et la tranquillité, les esprits que nous y avons perdus ; au lieu qu'après les occupations ordinaires du jour, nous nous fatiguons encore auprès d'une femme, et nos lassitudes ne se guérissent pas par d'autres lassitudes.

Il y en a d'autres qui s'expliquent mieux là-dessus, et qui croient que le point du jour est le temps le plus propre à se caresser. C'est alors, disent-ils, que nous sommes dans un état moins inégal ; que nos forces ne sont pas dissipées par les actions du jour ; que notre estomac n'est point accablé par les aliments, et que le sommeil a multiplié nos esprits et fortifié notre chaleur naturelle. Nous n'appréhendons point alors les crudités qui souvent nous incommodent. La coction est achevée, et les nerfs tout pleins d'esprit ne se relâchent point si promptement. C'est ce que nous veut dire Hippocrate quand il met par ordre ce que nous devons faire pour conserver notre santé, et qu'il nous conseille le travail avant le manger et le boire, et le sommeil avant Vénus.

En effet, l'aurore qui répond au printemps, paraît plus commode pour la génération : car, après qu'un homme s'est agréablement diverti avec sa femme, et qu'il s'est un peu endormi après ses plaisirs légitimes, il répare ainsi toutes les pertes qu'il vient de faire, et guérit les lassitudes qu'il vient de gagner amoureusement. Après cela il se lève, et va où ses occupations ordinaires l'appellent, pendant que sa femme demeure au lit pour conserver le précieux dépôt qu'il vient de lui confier. C'est ainsi qu'en usent la plupart des artisans qui se portent si bien, et qui ont des enfants si bien faits et si robustes ; car, après s'être lassés du travail du jour précédent, ils attendent presque toujours l'aurore à poindre pour embrasser leurs femmes. C'est par là sans doute qu'ils évitent les incommodités qu'ont les autres hommes, qui, sans faire réflexion à leur santé, s'abandonnent à toute heure à la violence de leur passion.

Tous les médecins demeurent d'accord qu'il ne faut pas baiser sa femme à jeun, parce que l'on ne doit point travailler quand on a faim. Le travail épuise et dessèche nos corps ; mais le travail de l'amour énerve entièrement. Nous devons au contraire nous réjouir avec elle, selon la pensée de quelques-uns, quand nous avons le ventre médiocrement plein ; car c'est en ce temps-là, disent-ils, que, par la chaleur et les esprits que les aliments nous communiquent, il nous vient je ne sais quelle envie de les toucher ; après quoi nous pouvons réparer par le sommeil la perte que nous avons faite, le repos étant l'unique remède pour ces sortes de lassitudes.

Mais, à parler franchement, il y a quelque chose à dire sur toutes ces opinions. Le jour n'a rien de fâcheux, ni la nuit rien de favorable pour l'amour ; au contraire, on dirait que le jour a quelques attraits que la nuit n'a pas ; notre passion se réveille et s'excite de nouveau à la vue d'une belle personne, et la lumière d'une bougie ne nous la fait pas paraître avec tant de charmes que celle du soleil. J'en appelle à témoin saint Grégoire de Nazianze, qui, à soixante ans, fut tellement épris de la femme de son voisin, qui logeait vis-à-vis de sa maison de campagne, qu'il se résolut à abandonner sa demeure pour ne pas se laisser surprendre aux attraits de l'amour.

Au reste, le matin serait le véritable temps de nous embrasser, si nous avions quelque chose de bon dans l'estomac, et si toutes les coctions qui se font en nous n'étaient point accomplies ; mais en ce temps-là il ne se trouve dans notre estomac que de la pituite et des crudités, qui sont des restes de notre dernier repas, et qui ne sont capables d'être émus par les plaisirs de l'amour que pour notre perte. C'est à cause des crudités matinières que les médecins, pour conserver la santé, conseillent de manger un peu le matin, afin que, la digestion se faisant par les aliments qu'on a pris, l'estomac soit déchargé des ordures qui s'y étaient assemblées pendant le sommeil, et soit ensuite plus pur pour recevoir ce que nous voudrions lui donner à dîner.

Si nous embrassons donc amoureusement une femme ayant l'estomac vide, nous languissons un moment après, nous ressentons plus fortement les douleurs et les faiblesses que causent ces épuisements. Nous avons perdu de notre chaleur et de nos esprits par ces caresses, et nous n'avons pas chez nous de quoi les réparer aussitôt. Bien loin de les réparer, nous augmentons par là les crudités que nous avons, et par les mouvements passionnés de l'amour, nous les contraignons de se mêler parmi notre sang et d'en corrompre la masse.

Pour résoudre donc la question, après avoir dit ce que l'on peut dire sur cette matière, on me permettra de n'observer ni le jour, ni la nuit, ni les heures, ni les moments, mais la seule disposition dans laquelle nous sommes quand nous sentons les aiguillons de Vénus.

Si par hasard nous nous sentons pesants, si une douleur obscure de tête nous accable, qu'une pesanteur de reins nous presse, que nous soyons chagrins et mélancoliques sans en avoir de sujets, et qu'avec cela, contre notre coutume, il y ait longtemps que nous n'ayons caressé de femme, alors on ne doit point observer de temps ni prendre de mesure. Il n'importe d'embrasser une femme à jeun ou après le repas, le matin ou le soir, toutes ces heures sont propres quand il est question de nous défaire d'une matière qui nous incommode. On se délasse lorsqu'on change d'occupation : le travail amoureux nous paraît doux après les occupations ordinaires du jour; nous nous sentons plus légers et plus gais, la digestion se fait mieux, notre sang s'agite avec plus de liberté; en un mot, notre corps ne nous embarrasse plus comme auparavant.

Mais il ne faut pas se trouver dans ces sortes d'occasions, qui sont plus rares que l'on ne se le persuade, parce que la nature, pendant le sommeil, nous décharge souvent de ces humeurs superflues : après cela, il n'en reste plus le lendemain pour nous faire de la peine. Si nous nous trompons, que nous pensions être incommodés de beaucoup de semence, lorsque nous sommes malades d'une autre cause, nous en ressentons aussitôt des effets malheureux, et à peine pouvons-nous ensuite réparer la faute que nous avons commise.

Il vaut bien mieux attendre que la première digestion soit faite, et que la seconde s'accomplisse, que l'estomac se soit déchargé de ce qu'on lui a donné à digérer, et que le cœur, le foie et les autres viscères sanguins achèvent de changer en sang le chyle qu'ils ont nouvellement reçu. Alors tout notre corps est plein de chaleur et d'esprits, et notre estomac a été depuis peu satisfait et rassasié; notre cerveau et nos nerfs sont vivifiés par de nouveaux esprits qui en fournissent incessamment à nos parties naturelles. Ainsi, quelques efforts que nous fassions en ce temps pour nous épuiser, nous recevons sans cesse au dedans de quoi réparer la perte que nous venons de faire.

Après ces grandes maximes qui sont établies sur l'expérience, j'ose dire qu'il y a dans vingt-quatre heures deux temps considérables pour obéir à l'amour : l'un est à quatre ou cinq heures après dîner, et l'autre à quatre ou cinq heures après souper. Alors notre corps n'est ni trop plein, ni trop vide; la coction de notre estomac est en quelque façon accomplie, nos entrailles sont réjouies par l'abord d'une nouvelle humeur; notre chaleur naturelle est recréée; nos esprits sont multipliés; et, quand nous en dissiperions beaucoup dans ce moment, nous en aurions toujours assez pour n'être pas incommodés de leur perte. C'est en ce temps-là que nos embrassements ne sont pas inutiles. Bien loin d'en ressentir de la douleur et des vertiges, nous en avons de la joie, et nous en recevons du soulagement : si bien qu'il me serait permis de dire, selon l'avis d'Hermogène, que la nuit les plaisirs de l'amour sont doux, et que le jour ils sont salutaires.

Ce que je trouve pourtant de plus avantageux dans l'une de ces deux occasions, c'est que nous nous fortifions par deux moyens lorsque nous caressons une femme l'après-dîner : nous réparons en partie nos forces par le souper, nous les augmentons tout à fait par le sommeil de la nuit suivante; au lieu que, si nous la baisons après souper, nous n'avons que le repos de la nuit pour réparer ce que nous venons de perdre.

Les oiseaux, qui ne suivent que les mouvements de la nature, pour ne pas parler ici des autres animaux, ne se joignent le plus souvent que le soir. On entend alors de toutes parts, au mois de mai, le mâle appeler sa femelle, et la femelle répondre à son mâle. La chaleur du jour les a disposés à se caresser; les aliments qu'ils ont pris pendant le jour ont échauffé leur sang, et l'humeur qui s'est engendrée dans leurs parties amoureuses depuis le soir précédent, les invite alors à s'en décharger.

Plus les plaisirs sont grands, plus ils nous causent de maux quand nous ne prenons pas assez de précautions pour nous garantir de leurs appâts. Sous cette apparence de volupté, il se glisse incessamment des causes de douleurs et de chagrins, et nous prenons volontairement ce fin poison, dont même nous ne nous apercevons pas.

Si l'amour nous fait ressentir la pointe de ses flèches, et qu'il nous embrase le cœur après la débauche, ainsi qu'il ne manque pas de faire à ceux qui sont les plus lascifs, nous devons en ce temps-là faire tous nos efforts pour éviter ses attraits, si nous sommes en état de les connaître. Nous savons que le vin nous rend hardis et amoureux, mais aussi qu'il étouffe peu à peu notre chaleur naturelle, si nous en prenons avec excès. Nous paraissons à la vérité plus gais et plus enjoués après avoir bien bu, et nous sommes alors capables d'entreprendre plus que dans un autre temps. Peut-être ressemblons-nous à un arbre au pied duquel on jette de la chaux pour en échauffer les racines; le fruit en vient plus tôt, et il est même plus coloré, mais l'arbre après ne vit pas longtemps; et, si l'amour et le vin agissent également sur nos parties, il ne faut point douter qu'ils ne nous incommodent doublement.

On doit donc éviter toutes les occasions qui nous peuvent donner de l'amour après avoir fait la débauche, si nous voulons éviter les maux dont nous ne connaissons pas les suites souvent fâcheuses.

Les épuisements que nous souffrons d'ailleurs, joints aux plaisirs que nous prenons à contretemps avec les femmes, ne peuvent que nous incommoder de la même sorte; et je ne conseillerais jamais à un homme d'embrasser sa femme après une saignée, un flux de ventre ou une maladie considérable, à moins que de vouloir abréger sa vie; car Vénus ne peut être agréable après d'autres épuisements. Quelque robuste que soit un homme, il ne saurait éviter les accidents funestes que peuvent lui procurer ces plaisirs déréglés.

J'ai connu des hommes qui, n'étant pas encore tout à fait guéris d'une maladie aiguë, sont morts bientôt après avoir caressé leurs femmes, quoiqu'il n'y eût aucun signe qui nous eût donné des marques de leur mort; et aujourd'hui j'en connais même d'autres qui n'en peuvent revenir.

Cependant, s'il faut faire une fois une faute, il vaut beaucoup mieux se joindre à sa femme le ventre plein que vide; les accidents n'en sont pas si fâcheux, et nous avons plus de remèdes pour subvenir à la plénitude qu'aux épuisements.

L'expérience ne nous a pas appris jusqu'ici que les femmes doivent observer le temps pour être caressées. Les humeurs qu'elles épanchent lorsque nous les embrassons, ne sont pas si spiritueuses que les nôtres, et leur faiblesse ne vient pas tant de la perte de leur matière, que de l'excès du chatouillement et de la lassitude du mouvement de l'amour : au lieu que la nôtre est causée par la dissipation de nos esprits et de notre chaleur naturelle; si bien qu'on peut dire que les femmes le peuvent faire en tout temps, et que les hommes doivent prendre des précautions, puisque l'expérience nous le fait connaître.

ARTICLE II

Combien de fois pendant une nuit l'on peut caresser amoureusement sa femme.

La vanité est une passion naturelle à l'homme. Il s'y laisse aller quand il y pense le moins, et nous pouvons dire, sans exagération, qu'elle est un des plus grands maux auxquels il est sujet. En effet, l'homme n'est qu'un songe de l'ombre, si nous en voulons croire un poète grec; et, à bien considérer, il n'est que faiblesse et que misère. Il ne paraît jamais plus ridicule et plus faible que dans la vanité, et c'est sans doute ce qui obligea Démocrite à se moquer de lui.

Mais il n'y a point d'occasion où la vanité se fasse voir davantage que dans les matières de l'amour, quand, pour nous faire admirer, nous nous attribuons des exploits que nous n'avons jamais faits. C'est ainsi que l'empereur Proculus nous en impose, lorsque, écrivant à son ami Mesianus, il nous veut persuader qu'ayant pris en guerre cent filles sarmates, il les avait toutes baisées en moins de quinze jours; et le poète, qui est le maître de la galanterie, se vante aussi de l'avoir fait neuf fois pendant une nuit.

J'avoue que nous sommes vaillants en parlant de l'amour; mais nous sommes souvent bien lâches quand il faut exécuter ses ordres. Ce n'est pas assez que de badiner avec une femme; il faut encore quelque chose de réel par où il paraisse qu'on est homme, et qu'on peut produire son semblable.

Je sais qu'il y en a qui sont d'un tempérament si lascif, qu'ils pourraient baiser plusieurs femmes plusieurs nuits de suite ; ils se sentent presque toujours en état d'en satisfaire quelqu'une ; mais enfin ils s'affaiblissent, et ils s'énervent d'une telle façon, que leur semence n'est plus féconde, et que leurs parties naturelles refusent même de leur obéir. L'empereur Néron ne fut pas le seul qui manqua de force et de courage entre les bras de la belle Poppée, comme le rapporte Pétrone. Nous en avons aujourd'hui une infinité d'autres exemples ; et, s'il m'était permis de nommer les personnes qui ont paru épuisées et impuissantes entre les bras des belles qu'ils aimaient, j'en remplirais plus d'une page de ce livre.

Il faut tenir pour fabuleux ce que Crucius nous rapporte d'un serviteur qui engrossa dix servantes pendant une nuit, et ce que Clément Alexandrin nous dit d'Hercule, qui, ayant couché pendant douze ou quatorze heures avec cinquante filles athéniennes, leur fit à chacune un garçon, qu'on appela ensuite les *Tespiades*.

Nous savons, ainsi que nous l'avons remarqué ailleurs, que la semence de l'homme est conservée dans des réservoirs et dans les glandes qui sont à la racine de la verge ; que ces réservoirs ressemblent à de petites vessies qui ont communication les unes avec les autres, et qui sont arrangées à peu près comme sont les places d'une grenade dont on a ôté les grains. Il y en a trois ou quatre de chaque côté, ou plutôt il n'y en a qu'une qui a plusieurs cavités. Ces vessies, aussi bien que ces glandes, sont pleines de semence dans un jeune homme qui se porte bien, et qui d'ailleurs est d'un tempérament amoureux : si bien que l'une et l'autre de ces parties peuvent à peu près contenir autant de semence qu'il en faut pour trois ou quatre épanchements, et il s'en peut même trouver encore pour une autre dans les vaisseaux qui viennent des testicules. Je ne suis pas ici si exact que ceux qui disent qu'il y a trois sortes de semences qui ont chacune leur vertu. Je suis convaincu par l'expérience qu'il n'y en a que d'une sorte, que l'on voit sortir de la verge. Et bien que l'on en trouve en divers lieux de plus liquides et de plus épaisses, cependant, parce qu'elles se mêlent ensemble lorsqu'elles sortent, elles ne paraissent que d'une seule matière, et que d'une seule consistance.

Dès que l'imagination est touchée et que les petites fibres du cerveau sont ébranlées par les pensées de l'amour, il se fait aussitôt une sueur interne dans nos parties naturelles, et les esprits qui s'y portent avec tumulte et précipitation, font sortir des prostates une matière liquide qui prépare le conduit pour le passage de la semence ; mais, quand on s'est joint amoureusement à une femme, alors deux ou trois petites vessies, qui sont les plus prêtes à se vider, se vident incontinent, et par là on donne des marques que l'on est homme parfait.

Cependant la nature tâche de réparer un moment après ce que l'on vient d'épancher, et, puis l'on est bientôt encore en état de jouir des voluptés de l'amour, et l'on épanche une seconde fois l'humeur qui se trouve le plus disposée à sortir.

La nature, qui, dans cette action, n'a pour but que la génération des hommes rassemble encore promptement la matière dont elle a besoin. Elle dispose cette humeur à se répandre quand on voudra : si bien que l'imagination étant incessamment émue par la beauté et les charmes de la personne que l'on tient entre ses bras, la passion se réveille et les parties naturelles se trouvent encore en état de lui obéir. On se lie donc étroitement à elle, et on lui fait part une troisième fois de ce qu'on a de plus pur et de plus précieux.

Si l'on veut aller plus loin, que le cœur soit encore embrasé pendant que les parties naturelles commencent à perdre leurs forces par la dissipation de notre chaleur naturelle et de nos esprits, la nature fait encore un effort pour ramasser ce qui reste de matière dans les vessies séminales et dans les parties voisines. Il me semble qu'elle les presse de toutes parts, et qu'elle se prépare à faire sortir avec empressement cette humeur qu'elle a rassemblée avec tant de promptitude. Il se fait alors un nouveau concours d'esprits, et le feu qui paraissait auparavant éteint, se rallume dans le moment, et se fait ressentir aux parties naturelles. C'est alors qu'un homme caresse encore amoureusement une femme, qu'il la presse étroitement, et qu'il peut même la rendre féconde par ses épanchements réitérés.

Enfin, après s'être reposé quelque temps, et avoir un peu réparé par le sommeil les esprits dissipés, on se trouve encore près de la personne que l'on aime éperdument; les caresses sont réciproques, quoiqu'il semble qu'elles soient alors plus pressantes du côté de la femme, qui commence à s'échauffer quand l'homme est épuisé, et qui l'invite à cette heure, au lieu que l'homme l'invitait au commencement.

Après tout, on se sent encore ému, et les parties naturelles, de flétries qu'elles étaient auparavant, commencent à se raidir. La nature ramasse des parties voisines ce qu'elle peut avoir de semence, elle en tire même des testicules, afin de la disposer à un cinquième épanchement.

J'avoue qn'elle ne peut faire cela sitôt, et qu'il lui faut du temps pour remplacer la matière qui s'est depuis peu répandue. Néanmoins de tous les efforts qu'elle fait en nous, il n'y en a pas un de plus prompt ni de plus violent que celui avec lequel elle entreprend la génération.

L'imagination s'échauffe donc encore, et l'on ne manque ni de courage ni de matière pour faire un nouveau sacrifice à l'amour. Les parties naturelles ont assez d'esprits pour se tenir quelque temps en état de faire leur devoir : et aux moindres caresses d'une femme, on l'embrasse encore, on lui fait part de l'humeur qu'elle désire avec tant de passion.

Mais s'il faut retourner une sixième fois, quoique nous éprouvions encore une
envie secrète de continuer nos caresses amoureuses, nos parties sont pourtant gla-
cées ; et si après l'épuisement qu'elles ont souffert à cinq différentes reprises, il en
sort encore un peu d'humeur, c'est une matière crue et aqueuse, qui n'est point
propre à la génération, ou du sang vermeil comme celui d'un poulet que l'on vient
d'égorger, qui se répand quelquefois en telle abondance par la faiblesse des parties
naturelles, que l'on a bien de la peine à en revenir : témoin un galant homme de
ma connaissance, qui vit encore, mais qui vit misérablement, lequel, après avoir
embrassé deux courtisanes cinq fois en un après-dîner, rendit par la verge, à la
sixième fois, plus de deux onces de sang.

Il faut donc croire que les plus grands efforts que l'on puisse faire auprès
d'une femme pendant une nuit, ne sauraient aller qu'à quatre ou cinq embrassements. Tous ces grands excès d'amour que l'on nous raconte sont autant de
fables que l'on nous débite ; et si nous en voulions croire les hommes sur ce
qu'ils nous disent là-dessus, sans consulter la raison, nous nous laisserions aller
aussi bien qu'eux à l'imposture et à la faiblesse d'âme.

Un roi d'Aragon rendit autrefois un arrêt authentique sur cette matière. Une
femme mariée à un Catalan fut obligée de se jeter un jour aux pieds du roi pour
implorer son secours sur les fréquentes caresses de son mari, qui, selon son rapport, lui ôteraient bientôt la vie si l'on n'y mettait ordre. Le roi fit venir le mari
pour en savoir la vérité. Le Catalan avoua sincèrement que chaque nuit il la bai-
sait dix fois. Sur quoi le roi lui défendit, sous peine de la vie, de la baiser plus
de six fois, de peur qu'il ne l'accablât par les excès de ses embrassements.

Je sais que les Espagnols, qui demeurent dans un pays chaud, sont beaucoup
plus amoureux que nous ne le sommes en France. La chaleur excessive de leur
climat, leurs aliments succulents, leurs femmes renfermées et voilées, le tempérament bilieux et mélancolique des hommes, qui aiment naturellement l'oisiveté,
sont sans doute les causes de leur lasciveté ordinaire : au lieu qu'en France la
chaleur est modérée, les aliments nourrissent moins, les femmes sont libres, et
elles conversent avec nous ; les hommes sont moins bilieux et moins mélancoliques ; enfin nous nous appliquons à quantité de choses, et l'oisiveté nous est
naturellement odieuse : si bien qu'à parler en général, si un Espagnol peut baiser
une femme six fois pendant une nuit, un Français ne la pourra caresser que cinq.

Les Rabbins, qui n'avaient en vue que la conservation de leur nation, taxaient
le devoir qu'un paysan devait rendre à sa femme, à une nuit par semaine ; celui
d'un marchand ou voiturier à une nuit par mois ; celui d'un matelot à deux nuits
par an, et celui d'un homme d'étude à une nuit en deux ans. Je suis assuré que,
si les femmes faisaient des lois, elles n'en useraient pas de la sorte, témoin la

femme d'un avocat, qui sur cela me dit l'autre jour fort ingénument qu'elle eût mieux aimé avoir été la femme d'un paysan que de tous les autres.

Les anciens avaient accoutumé de mettre Mercure près de Vénus, quand ils faisaient le portrait de cette déesse, pour nous apprendre que la raison, dont ils pensaient que Mercure était le dieu, devait toujours ménager nos voluptés. En effet, nous les goûtons avec plus de tranquillité lorsque l'usage n'en est pas si fréquent. Souvent nous nous dégoûtons des aliments que nous avons en abondance, et quelquefois nous sommes bien aises de quitter la table des grands pour celle d'un pauvre homme.

Si la modération est louable en quelque chose, c'est sans doute dans l'amour. Solon, qui fut estimé de l'oracle, l'un des plus sages de la Grèce, prévoyait bien les malheurs qui devaient arriver aux hommes par l'usage indiscret de l'amour, lorsqu'il ordonna à ses concitoyens qu'il ne fallait baiser sa femme que trois fois le mois.

Les caresses trop fréquentes des femmes nous épuisent entièrement ; au lieu que, si elles nous sont modérées, notre santé s'en conserve, et notre corps en devient plus libre qu'auparavant : si bien que je ne conseillerais pas à un jeune homme ni de fuir Vénus avec horreur, ni de se laisser aller à ses charmes avec trop de mollesse et de complaisance. Je ferais ici le souhait qu'Euripide faisait autrefois en parlant à Vénus :

> Vénus, en beauté si parfaite,
> Inspire, de grâce, à mon cœur
> Ta plus belle et plus vive ardeur,
> Et rends dans mes amours mon âme satisfaite ;
> Mais tiens si bien la bride à mes ardents désirs,
> Que, sans en ressentir ni douleur ni faiblesse,
> Jusque dans l'extrême vieillesse
> Je prenne part à tes plaisirs.

Je ne saurais louer le philosophe Aëtas, qui ne baisa sa femme que trois fois pendant son mariage, bien qu'il lui fît un garçon chaque fois. Pour Xénocrate, qui parut plutôt une pierre qu'un homme auprès de la courtisane Phryné, on doit, croire que ce fut un effet de la continence qu'il devait à l'étude de la philosophie, plutôt que le défaut du mouvement de ses parties naturelles.

Le tempérament, l'âge, le climat, la saison, et la façon de vivre, règlent toutes les caresses que nous faisons aux femmes. Un homme de vingt-cinq ans, qui est d'une complexion chaude, rempli de sang et d'esprits, qui habite les plaines fertiles de Barbarie, qui est l'un des plus aisés de ces contrées-là, baisera plutôt cinq fois une femme pendant une nuit du mois d'avril, qu'un autre de quarante ans, qui est d'un tempérament froid, et demeure dans les montagnes stériles de la

Suède, et qui avec cela a de la peine à vivre, n'en connaîtra une autre deux fois
pendant une nuit du mois de janvier.

Les femmes n'ont pas leurs voluptés bornées comme nous les avons ; autrement les nobles de Lithuanie ne permettraient pas aux leurs, comme ils le font,
d'avoir des aides dans leur mariage. En effet, les femmes ne se sentent pas épuisées quand même elles souffriraient longtemps de suite les attaques amoureuses
d'une multitude d'hommes : témoin l'impudique Messaline et l'infâme Cléopâtre.
La première ayant pris le nom de Lycisca, fameuse courtisane de Rome, surpassa
de vingt-cinq coups en moins de vingt-quatre heures, dans un lieu public, la
courtisane que l'on estimait la plus brave en amour ; et après cela elle avoua
qu'elle n'était pas encore tout à fait assouvie. L'autre, si nous en voulions croire
la lettre de Marc-Antoine, l'un de ses amants, souffrit pendant une nuit les efforts
amoureux de cent six hommes, sans témoigner d'en être fatiguée.

ARTICLE III

Si l'on doit prendre des remèdes pour dompter son humeur amoureuse,
ou pour s'exciter avec une femme.

Il n'y a rien qui soit plus capable de troubler notre tempérament, que si nous
changeons tout d'un coup et à contretemps notre façon de vivre. L'air, le manger, le boire et les autres choses que nous appelons *naturelles*, peuvent beaucoup
sur nous, et ce sont principalement ces causes auxquelles nous devons tout le
bonheur ou le malheur de notre vie, selon la manière dont nous en usons.

C'est un axiome dans la médecine qu'Hippocrate a remarqué le premier, que
le changement qui se fait en nous avec précipitation nous cause toujours des
maladies, à moins que nous ne soyons assez forts pour nous y opposer. Si l'on
veut, par exemple, corriger le tempérament trop chaud et trop sec d'un homme
amoureux, on doit y procéder avec tant de lenteur et de prudence, qu'il ne s'a-
perçoive presque pas lui-même de l'action des remèdes qui le rafraîchissent et
qui l'humectent : autrement on le jetterait dans une intempérie contraire qui le
rendrait malade.

ARTICLE IV

Des remèdes qui domptent le tempérament amoureux.

Les hommes qui, dans la fleur de leur âge, jouissent d'une parfaite santé, et qui sont d'un tempérament chaud et humide, ont beaucoup plus de semence que ceux qui sont d'un tempérament chaud et sec ; mais cependant ceux-ci sont les plus lascifs, ainsi que nous l'avons dit ailleurs. Si ces derniers n'ont pas tant de semence, elle est du moins plus âpre, plus chatouillante, et plus pleine d'esprits et de vents : c'est ce qui les rend hardis et amoureux, au lieu que les premiers sont simples et débonnaires.

En quelque lieu que vive un homme lascif, il est toujours embarrassé de son tempérament amoureux. La vertu ne peut rien où l'amour agit naturellement, et la religion même a trop peu de pouvoir sur son âme pour retenir ses premiers mouvements, et pour vaincre sa complexion qui lui fournit à toute heure des objets amoureux, dont son imagination est échauffée.

Dans le chagrin où il est, il cherche partout les remèdes qui puissent dompter sa passion. Celui que la nature lui présente pour éteindre son feu lui plairait plus que tous les autres, s'il était permis ; mais il a de certaines considérations pour ne le pas prendre. Cependant tous les autres remèdes dont on peut user par dedans ou par dehors sont tous en quelque façon inutiles ou dangereux pour lui. Leur fraîcheur éteint presque notre chaleur naturelle, leur astriction épaissit trop nos esprits, et l'un et l'autre détruisent presque notre mémoire et font tort à notre jugement. C'est ce qui a fait dire à plusieurs médecins qu'il ne fallait pas tout à fait s'opposer à la violence de l'amour, et qui inspira l'oracle d'Apollon delphique, que Diogène interrogea pour son fils amoureux : Qu'on se gardât bien d'arrêter la violence de cette passion, si l'on voulait conserver la vie des hommes. En effet, si l'on s'opiniâtre à détruire notre humeur amoureuse, on détruit en même temps notre tempérament, et par là on nous cause des maladies dont souvent nous ne guérissons jamais.

Cependant, si notre passion est si forte qu'elle nous apporte quelques incommodités fâcheuses, et que même elle nous en fasse appréhender d'autres qui ne le sont pas moins, nous pouvons alors nous servir des remèdes que les médecins nous proposent sur ce sujet, mais avec une telle modération, que nous ne fassions rien dont nous ayons lieu ensuite de nous repentir.

L'expérience nous apprend que l'air froid, les aliments qui font peu de sang et d'esprits, le jeûne, l'eau en boisson, l'application à l'étude, le travail et les veilles, sont des remèdes propres à combattre un amour déréglé. De plus, éviter la compagnie de la personne que l'on aime éperdument, se lier d'amitié avec une autre, fuir la nudité dans les portraits et dans les statues, ne lire jamais de livres qui nous excitent à l'amour, et ne point regarder d'animaux qui se caressent, sont encore de puissants moyens pour corriger cette passion ; car le grand secret pour vaincre ici et pour remporter la victoire, c'est de ne point combattre, ou de ne combattre qu'en fuyant.

Mais tous ces remèdes sont peu de chose pour un homme qui aime passionnément, et qui d'ailleurs est d'une telle complexion qu'il aimerait quand il ne voudrait pas aimer. Il faut quelqu'autre remède qui fasse plus d'impression sur lui-même, et qui lui arrache par force, pour parler ainsi, l'amour déréglé dont son imagination est blessée.

Je ne m'arrêterai point ici à décrire tous les remèdes que nos médecins emploient à combattre cette passion. Je proposerai seulement ceux qui ont le plus de force à la détruire, ou plutôt à la diminuer. Mais, avant que de les proposer, il me semble que l'on doit savoir que tous les tempéraments ne sont pas égaux, et qu'il y a des remèdes qui diminuent le sang, les esprits et la semence, en émoussent la pointe dans les uns, et qui cependant en d'autres en produisent abondamment.

Ce que j'avance serait difficile à croire, si l'expérience, par laquelle nous savons presque tout ce que nous savons, ne nous en instruisait. La laitue et la chicorée, par exemple, s'opposent presque dans tous les hommes à la génération de la semence ; mais je sais certainement que, dans quelques-uns, principalement s'ils en mangent le soir, elles en engendrent une telle abondance, qu'ils se polluent la nuit en dormant. La même expérience nous apprend encore que le poivre et le gingembre diminuent la semence, et dissipent les vents qui sont nécessaires à l'action de l'amour ; cependant il y en a d'autres qui sont beaucoup plus amoureux qu'auparavant, quand ils en ont usé.

La raison de ces effets si différents n'est fondée que sur la variété des complexions des hommes. La laitue, qui nous rend pour l'ordinaire lâches en amour, par l'aveu de toute l'antiquité, rend ceux-ci plus amoureux en tempérant leur chaleur et leur sécheresse excessive par sa froideur et par son humidité. Leurs parties naturelles, étant ainsi tempérées, acquièrent ensuite un tempérament égal, qui est la cause de la vigueur de toutes ces parties-là. Le poivre, au contraire, dissipant les humeurs superflues de ces autres, échauffe et dessèche leurs parties génitales, qui sont naturellement froides et humides, et leur procurant ainsi un tempérament égal, il augmente leur force, qui est ensuite la cause d'une coction plus avantageuse, ou, pour parler avec le sieur Daniel Tauvry, docteur en médecine, qui me cite dans cet endroit de son livre *Des Médicaments*, les remèdes qui augmentent la semence sont presque tous remplis de parties huileuses et volatiles : si bien que les froids et les chauds, agissant différemment sur diverses complexions, causent une abondance de semence et de pollutions nocturnes dans les hommes ; car les premiers calment le mouvement du sang et tempèrent les parties de la génération ; les autres, qui trouvent le sang en quelque espèce de repos, lui donnent du mouvement, et ainsi procurent aux parties de la génération une filtration abondante de semence dans les uns et dans les autres.

C'est encore par la même expérience que nous savons qu'il y a des remèdes chauds ou froids, que les uns et les autres dissipent ou étouffent notre feu, et s'opposent à notre concupiscence. Nous en prenons par la bouche, et nous nous en appliquons par dehors, afin d'éteindre de toutes parts cet amour déréglé qui nous cause tous les jours tant de désordres.

Je ne dirai rien ici des teintures rafraîchissantes, des lames de plomb que l'on s'applique sur les reins, des roses blanches dont on parsème son lit, de la mandragore, des groseilles rouges, du citron aigre, et de tous les autres remèdes qui s'opposent à la génération de la semence, en nous rafraîchissant, et en nous desséchant beaucoup. Je dirai seulement quelque chose de ceux qui ont le plus de force à éteindre notre feu et à détruire notre semence.

Le lis d'étang blanc, que quelques-uns appellent *volet*, et que nos apothicaires nomment *nénuphar*, aussi bien que les Arabes, a une qualité si particulière pour combattre nos désirs amoureux, qu'au rapport de Pline, son usage pendant douze jours consécutifs empêche la génération de la semence ; et, si nous en usons pendant quarante jours, nous ne sentirons plus les aiguillons de l'amour. Sa sécheresse, jointe à la froideur de cette plante, est si active, qu'elle dessèche et rafraîchi toutes nos parties, sans que d'ailleurs nous en ressentions aucune incommodité. C'est par cette qualité, si nous en croyons Galien, qu'elle entretient notre voix et nourrit notre corps, et que, s'opposant à la génération de la semence, elle empêche la dissipation des esprits qui se pourrait faire par les mouvements de l'amour.

On en use diversement : tantôt l'on en fait une décoction, du sirop, de la conserve, de l'eau distillée au bain-marie, et tantôt l'on en compose un liniment.

Bien que nous n'ayons pas la ciguë des Athéniens, qui est d'un vert obscur et d'une puanteur insupportable, cependant la nôtre ne laisse pas de nous incommoder par sa froideur quand nous la mangeons : témoin François Trapelinus, précepteur de Pomponace, qui, en ayant mangé dans un souper, fut troublé bientôt après ; témoin encore le chevalier Nazarinus Bassanus, qui, en ayant aussi mangé en guise de racines de persil, en devint aussitôt insensé.

Nous savons pourtant, sur le rapport de Scaliger et d'Anguilara, que les Piémontais en coupent le germe quand elle pousse au printemps, et qu'ils en mêlent dans des salades, et que quelques pauvres d'Italie s'en servent encore aujourd'hui avec du pain, en forme d'asperges. Jules Scaliger avoue même en avoir mangé, en guise de chervis, sans en avoir été incommodé ; et saint Jérôme nous assure que les prêtres d'Athènes, par l'usage qu'ils faisaient de la ciguë, cessaient de ressentir les mouvements de la concupiscence. La ciguë n'a donc point de mauvaises qualités, selon la pensée de ces auteurs ; et Mercuria n'aurait jamais conseillé aux femmes d'en boire la décoction pour empêcher de tomber dans les excès de l'amour, s'il n'eût été persuadé qu'elle ne produisait point de mauvais effets.

De tout cela, on peut conclure qu'il y a des espèces différentes de ciguë, ou que la force des personnes qui en usent résiste plus ou moins à la vertu de cette plante, ou qu'enfin, ce que je croirais plutôt, les unes en prennent peu et les autres beaucoup ; car Galien nous apprend que, si nous en usons avec modération, elle nous rafraîchit et dissipe notre semence : au contraire, si nous en prenons un peu plus, elle nous rend stupides, et enfin elle nous tue si nous en mangeons beaucoup.

Après cela l'on ne doit point être si scrupuleux dans l'usage de notre ciguë, que le sont quelques médecins d'aujourd'hui qui ne veulent pas même que l'on s'en serve par dehors en petite quantité ; et l'histoire de Socrate, qui mourut après avoir bu un mélange de ciguë, ne nous doit pas faire craindre d'user de la nôtre avec modération, puisque la boisson de la ciguë des Athéniens était un poison aiguisé avec de l'opium que l'on mettait dans du vin. Cependant nous apprenons de saint Basile, dans sa septième *Homélie*, que non seulement les prêtres athéniens usaient de leur ciguë, qui est plus ennemie de l'homme que la nôtre, pour dompter leur tempérament amoureux, et pour effacer de leur esprit les idées lascives, mais encore que les femmes incommodées de la fureur de la matrice en étaient entièrement guéries quand elles s'en étaient servies.

De tous les remèdes chauds qui détruisent la semence et qui combattent les vents, il n'y en a point que l'on estime avoir plus de force que le camphre, l'agnus-castus et la rue. Ce sont ces remèdes, à ce que l'on dit, qui causent aux hommes et aux femmes la chasteté et la stérilité même, et qui dissipent tous les fantômes que l'amour peut présenter à leur imagination.

Le camphre cru, que l'on nous apporte de Perse, de la Chine, ou de l'île de Bornéo, est une espèce de gomme, que quelques médecins pensent être froide et sèche, parce qu'étant mêlé avec quelques remèdes froids, ces remèdes rafraîchissent avec beaucoup plus de force.

Mais d'autres soutiennent le contraire, et croient que le camphre est chaud et sec au second degré, parce qu'il échauffe la langue et l'estomac, qu'il a une odeur pénétrante, qu'il enflamme, et qu'il brûle même dans l'eau. En effet, je n'ai point trouvé de meilleur remède dans les épuisements que cause l'étude, que de mettre dans la bouche gros de camphre comme la tête d'une épingle ; dès qu'il se fond à l'humidité de la bouche, il envoie par tout le corps des esprits qui nous récréent, et tombant ensuite dans notre estomac, il nous échauffe et nous incommode même par sa chaleur si nous en prenons beaucoup.

Quelques médecins pensent que les hommes qui en usent souvent sont pour la plupart stériles, parce qu'ils ont appris qu'il avait la propriété d'éteindre notre feu et la semence même. En effet, la sécheresse est trop considérable pour ne pas dessécher nos humidités, et sa matière trop subtile pour ne pas faire évaporer les parties spiritueuses de notre semence.

Mais cette pensée, quelque apparence qu'elle ait, et l'expérience qu'en fit Scaliger sur une chienne de chasse, n'empêchent pas que nous ne demeurions toujours dans notre sentiment ; savoir, que nous ne croyons pas qu'il puisse éteindre la semence ni empêcher la génération. Car, comme l'opinion n'est point bien établie par l'expérience, et que l'histoire de Jules Scaliger est unique, nous avons lieu de croire qu'il n'est point ennemi de la génération des hommes ; ce que je pourrais prouver par moi-même, et par Tachenius, qui nous assure que ceux qui purifient le camphre à Venise et à Amsterdam sont très amoureux et très féconds.

Les femmes athéniennes qui servaient aux cérémonies que l'on faisait en l'honneur de Cérès, préparaient des lits avec des branches d'agnus-castus, dans le temple consacré à cette déesse. Elles avaient appris par l'usage que l'odeur des branches de cet arbre combattait les pensées impudiques et les songes amoureux. A leur exemple, quelques moines chrétiens se font encore aujourd'hui des ceintures avec des branches de cet arbre qui se plient comme de l'osier, et ils prétendent par là s'arracher du cœur tous les désirs que l'amour pourrait y faire naître. En vérité, la semence de cet arbre, que les Italiens appellent *piperella*, et que Sérapion nomme *le poivre des moines*, fait de merveilleux effets pour se conserver dans l'innocence ; car si l'on en prend le poids d'un écu d'or, elle empêche la génération de la semence ; et, s'il s'en fait encore après en avoir usé, elle la dissipe par sa sécheresse ; et puis sa qualité astringente resserre tellement les parties secrètes, qu'après cela elles ne reçoivent presque plus de sang pour en fabriquer de nouvelles. N'est-ce point pour cela que la statue d'Esculape était faite de bois d'agnus-castus, et qu'aujourd'hui dans la cérémonie du doctorat des médecins, on ceint les reins du nouveau docteur avec une chaîne d'or qui rafraîchit de lui-même, pour lui marquer qu'en exerçant la médecine il doit être pudique et retenu avec les femmes.

La rue sèche produit les mêmes effets. Sa semence, qui est chaude et sèche au troisième degré, aussi bien que celle de l'agnus-castus, dessèche tellement notre semence, qu'il n'en reste presque point pour faire les épanchements amoureux; et, si l'on en prend de temps en temps le poids d'un écu d'or, l'on se trouve ensuite impuissant auprès d'une femme, quelque effort que l'on puisse faire.

Je ne saurais passer ici sous silence le remède horrible dont se servit Faustine, fille de l'empereur Antoine le Débonnaire, pour calmer l'amour déréglé qn'elle portait à un gladiateur. L'empereur, qui l'aimait tendrement, se persuadait qu'elle avait été enchantée, et il croyait qu'il était impossible, sans charmes, qu'une femme abandonnât un mari qui avait de si belles qualités comme en avait Antoine le Philosophe, pour aimer un gladiateur. C'est ce qui l'obligea à envoyer consulter les Chaldéens, qui lui firent réponse que Faustine devait boire du sang de celui qu'elle aimait, et coucher ensuite avec son mari, pour haïr horriblement ce premier homme. En effet, le succès répondit à la promesse; et Antonius Commodus naquit de ses embrassements, et dans le temps se délecta au meurtre, comme le meurtre avait été la cause de sa vie.

ARTICLE V

Des remèdes qui excitent l'homme à embrasser amoureusement une femme.

Je dis encore une fois que je ne prétends point écrire pour des personnes qui ont l'esprit mal tourné, mon dessein n'étant pas d'enseigner les excès de l'amour; ce serait favoriser le vice, et en même temps détruire la santé des hommes.

La matière que je traite est comme un couteau à deux tranchants, qui fait du bien à ceux qui le prennent à propos, et du mal aux autres qui ne savent pas le manier. Si je suis la cause de quelques excès, il ne faut pas m'en imputer le blâme; on doit plutôt blâmer ceux qui se laissent mollement aller au crime, et qui n'ont pas assez de vertu pour se soutenir. La terre n'est pas la cause de notre ivresse, bien qu'elle nous donne tous les ans ses liqueurs agréables; elle n'est pas non plus la cause de notre mort, quoiqu'elle nous présente des herbes vénéneuses.

J'écris donc pour des maris qui sont faibles par des défauts naturels, par l'âge, par des désordres de leur vie passée, ou par quelque longue maladie; qui n'ont pas assez de force pour engendrer ni pour satisfaire leur femme; qui cherchent partout des moyens pour avoir des successeurs légitimes, et qui n'épargnent ni leur bien ni leur santé même pour y réussir.

Je m'étonne de ce que les casuistes, qui ont écrit tant de bagatelles sur la matière que j'examine dans ce livre, aient oublié cette question importante, et qu'ils ne nous aient point du tout enseigné si c'était un crime de s'exciter, ou pour rendre le devoir à une femme, ou pour engendrer un enfant; car ces deux fins sont, ce me semble, fort raisonnables, au lieu que la volupté ne l'est pas. Quoi qu'il en soit, nous tâcherons d'en parler selon que la nature nous en instruira, et que l'expérience nous donnera des lumières pour connaître les remèdes qui sont les plus propres à nous exciter à l'amour.

La nature a mis dans le cœur de tous les hommes un violent désir d'avoir des enfants pour successeurs. et pour héritiers de leur nom et de leur bien. Je ne vois donc pas de crime à seconder cette inclination si naturelle, pourvu qu'elle se tienne dans de justes bornes. Mais, hormis cela, je ne craindrais point d'imiter un médecin italien qui donna à un vieillard un remède purgatif pour un remède amoureux.

Je ne veux point parler ici de tous les remèdes qui nous excitent à l'amour, et qui produisent beaucoup de matière dans nos parties secrètes, comme sont les jaunes d'œuf, les testicules de coq, les cancres, les chevrettes, les écrevisses, la moelle de bœuf, le vin doux, le lait, et les autres choses qui nourrissent beaucoup. Je ne dirai rien aussi des remèdes qui causent des vents, comme les artichauts, l'ail cuit, l'hippomane, le membre de cerf, ou de taureau tué au mois de mai ou d'octobre, les cucubes, etc. Je m'arrêterai seulement à ceux qui ont le plus de force pour encourager un homme à embrasser vigoureusement une femme.

Je dirai donc en peu de mots ce que je pense du petit crocodile, que les Latins appellent *scincus*, et que l'on pourrait nommer *crocodile terrestre*, et que l'on appelle aux Antilles *mabouiha* et *brochet terrestre*, du chervis, du satyrion, du borax, de l'opium, des cantharides, et de l'herbe dont parle Théophraste; mais j'avertirai encore ici ceux qui sont lents dans l'exercice de l'amour, de ne se servir de ces remèdes qu'après avoir inutilement employé les autres moyens naturels et légitimes.

Parce que nous ne connaissons presque point en France le petit crocodile qui se trouve ordinairement en Égypte, et que nous n'en avons l'expérience que par le rapport d'autrui, nous nous contenterons de dire que la chair d'autour de ses reins, mise en poudre, et bue dans du vin doux du poids d'un écu d'or, fait des merveilles pour exciter un homme à l'amour : aussi l'a-t-on fait entrer dans la composition qui irrite nos parties secrètes, et qui fait aimer éperdument.

Ce ne sont que les noms différents que chaque nation donne aux plantes, qui nous troublent le plus souvent quand il en faut parler; plus une plante a de vertus, plus on lui a donné de noms : témoin le chervi, dont les auteurs qui en ont traité ont fait une telle confusion, qu'il faut avouer que les plus éclairés dans la science des plantes ont bien de la peine aujourd'hui à débrouiller ce que les anciens et les nouveaux herboristes nous ont voulu dire. Les uns l'ont nommé *genicula* ou *genicella*, les autres l'ont appelé *fraxinelle*. Avicenne lui a donné le nom de *langue d'oiseau*, Pline, de *langue d'oison*, et les Arabes l'on désigné par celui de ce calcul. Ce n'est pourtant ni la renouée, ni le seau de Marie de Dioscoride, ni le dictame, ni le frêne, ni enfin l'ornithogalon des anciens, parce que tous ces noms marquent ces plantes particulières et différentes.

Ce que nous appelons *chervis*, et qui est aujourd'hui en France assez connu par ce nom-là, a tant de vertu pour exciter les hommes à aimer, que Tibère, l'un des plus lascifs de tous les empereurs, si nous en croyons l'historien, en faisait venir tous les ans d'Allemagne pour s'exciter avec ses femmes. En effet, tous les médecins demeurent d'accord de ses qualités, et disent qu'il engendre beaucoup de vents et de semence aussi bien que l'artichaut : ce qui oblige encore aujourd'hui les femmes suédoises, au rapport des matelots qui viennent du Septentrion, d'en donner à leurs maris quand elles les trouvent trop lâches à l'action de l'amour.

Le satyrion est une plante dont on fait plusieurs choses et dont on peut user indifféremment pour les effets que nous en espérons; sa racine représente ordinairement deux testicules de chien : la bulbe basse est succulente et dure, et la haute toute flétrie et mollette comme étant la plus vieille. C'est cette première racine que l'on doit toujours prendre quand on en a besoin. Cependant le satyrion, qui n'a qu'une seule racine bulbeuse, doit être préféré aux autres, selon le sentiment de plusieurs médecins. Mais quoi qu'il en soit, les bulbes de toutes ces plantes font beaucoup de semence, engendrent beaucoup de vents, si on les fait cuire sous la cendre comme les truffes, et si on les mêle ensuite avec du beurre frais, du lait et du girofle en poudre, ou qu'on les fasse confire en sucre, comme l'on en vend aujourd'hui chez les droguistes de Paris. Ces racines, par leur humidité superflue, enflant nos parties naturelles, nous rendent semblables à des satyres, d'où cette plante a pris son nom. On lui attribue tant de vertu, qu'il y en a qui pensent que, pour s'exciter puissamment à l'amour, il ne faut qu'en tenir dans les deux mains pendant l'action même.

C'est cette racine qui a donné le nom à ce fameux mélange que les médecins ont nommé *diasatyrion*. Si l'on en prend le matin et le soir, la pesanteur d'un demi-écu d'or avec du vin doux, ou du lait de vache, pendant sept ou huit jours, ils assurent que les vieillards reprendront la vigueur de leurs jeunes ans, pour satisfaire leur femme et pour se faire des successeurs. On débite une boisson gluante dans les cabarets de Perse, dont la base est une espèce de satyrion, qui est fort commun dans ce royaume-là. Elle échauffe beaucoup; aussi la boit-on chaude comme le café. C'est pour cela que les Perses en usent plutôt pendant l'hiver que durant l'été, principalement dans les villes septentrionales de ce pays-là. Ils l'appellent *scha-eb-rhaleb*, c'est-à-dire, sirop de renard, parce que le satyrion a ses bulbes semblables aux testicules de cet animal. Quelques-uns ont cru que c'était l'herbe amoureuse de Théophraste, ce que nous examinerons ci-après.

Le borax raffiné est du nombre de ces remèdes qui excitent puissamment à l'amour. Il est une espèce de sel dont usent aujourd'hui nos orfèvres pour faire fondre plus aisément l'or qu'ils mettent en œuvre. Il pénètre toutes les parties de notre corps ; il en ouvre tous les vaisseaux, et, par la ténuité de sa substance, il conduit aux parties génitales tout ce qui est capable en nous de servir de matière à la semence. Il a tant de vertu, ainsi que l'expérience me l'a souvent fait connaître, que, si l'on en donne à une femme qui ne peut accoucher, un ou deux scrupules, dans quelque liqueur convenable, l'on en verra bientôt des effets surprenants. Il se porte d'abord aux parties naturelles, et y produit tout ce que l'on peut attendre d'un remède qui a été tenu fort longtemps pour un secret.

On ne doit pas craindre d'en user par la bouche. L'usage n'en est point dangereux ; et, si quelques médecins ont écrit qu'il était un poison, ils ont confondu le chrysocolle des Grecs avec le banrach des Arabes : l'un et l'autre servent à faire fondre l'or plus aisément. C'est ainsi que les mêmes effets des drogues, et que la différence de noms que l'on impose aux choses, ont souvent trompé les hommes les plus doctes et les plus éclairés.

Si Fallope, le Lobel, Rodriguez à Castro et Mercuriel s'en sont heureusement servis dans les maladies des femmes, nous ne devons point en avoir de l'horreur ; et si ce dernier médecin nous assure qu'il agit si puissamment pour les parties naturelles de l'un et de l'autre sexe, qu'il jette même les hommes dans le priapisme, si l'on en use avec excès, nous pouvons hardiment nous en servir avec modération.

Peut-être me blâmera-t-on de ce que je place ici avec les remèdes qui excitent à l'amour l'opium, que toute l'antiquité a cru être froid au quatrième degré, et tuer les hommes par l'excès de cette qualité. Bien loin, dira-t-on, de nous enflammer auprès d'une femme, il nous cause le sommeil et nous rend stupides, au lieu de nous rendre amoureux ; mais si nous faisons réflexion qu'il est amer et âpre à la bouche, qu'il s'enflamme au feu, et que les Orientaux en usent pour être vaillants à la guerre et auprès des femmes, nous serons sans doute d'un autre sentiment.

Quand l'empereur des Turcs lève une armée, les soldats se garnissent d'opium, qu'ils appellent *amsiam* ou *assion*, pour s'en servir, comme nos matelots, de tabac, si nous en croyons Bellon. Une petite dose prise par la bouche excite des vapeurs qui montent au cerveau, trouble bénignement l'imagination, comme fait le vin ; mais une dose excessive fait entièrement évaporer notre chaleur naturelle, et dissipe tout à fait nos esprits, comme le safran, si nous en prenons beaucoup.

Les Orientaux, qui aiment naturellement l'excès de l'amour, ont l'imagination incessamment embarrassée d'objets lascifs; et, lorsqu'ils ont pris un peu d'opium, auquel ils sont accoutumés, elle s'échauffe alors, et se trouble plus qu'auparavant: et comme ils ressentent des démangeaisons et des chatouillements par tout le corps, et principalement à leurs parties naturelles, je ne m'étonne pas s'ils sont étourdis à la guerre et si lascifs avec les femmes.

C'est un poison pour nous qui n'y sommes point accoutumés, à moins que nous ne soyons aussi sains et aussi robustes que l'était M. Charas, quand il en prit douze grains. Pour moi, j'ai de la peine à en donner deux ou trois grains de crus à mes malades les plus vigoureux, me souvenant toujours des funestes effets que j'ai vus arriver par les mauvais usages de ce remède, et des préceptes que nous donne Zinguerus sur cette drogue.

Je ne m'étonne pas si les Turcs et les autres Orientaux ont une inclination si déréglée à prendre de l'opium pour jouir d'une volupté indicible. Pour moi qui ai éprouvé les vertus de cette drogue dans une maladie presque désespérée, en 1688, je dirai sincèrement ce que j'en ai ressenti. Tous les remèdes m'étaient alors inutiles dans les vomissements excessifs, et dans le fâcheux cours de ventre que je ressentais.

Je crus qu'il n'y avait point au monde d'autre moyens de me sauver, que de prendre deux grains d'extrait simple d'opium. Je ne l'eus pas plutôt pris, que je me sentis guéri comme par miracle, et que pendant un jour entier, je ressentis des plaisirs que je ne saurais exprimer. Une petite vapeur douce et chatouillante coulait insensiblement, comme je le pense, par les nerfs et par les membranes externes de mon corps. Cette vapeur me causait une volupté excessive; car, depuis la nuque du cou et les épaules jusqu'au croupion, je sentais un chatouillement qui me causait un plaisir parfait; puis cette vapeur agréable était portée aux pieds et aux genoux, où je ressentais encore, principalement autour de la rotule, des chatouillements inexplicables. Ce plaisir se fit ressentir plusieurs fois en sommeillant pendant ce jour-là: si bien que je ne fus pas marri d'avoir été malade, pour avoir ressenti des plaisirs qui sont une ombre de ceux du ciel, et une image d'une félicité bien imaginée. Je ne m'étonne donc pas si les Levantins sont si friands d'opium, puisqu'il cause tant de plaisir à ceux qui en usent.

Les mouches cantharides ont tant de pouvoir sur la vessie, et sur les parties génitales de l'un et de l'autre sexe, que, si l'on en prend deux ou trois grains, l'on en ressent de telles ardeurs, que l'on est ensuite malade: témoin ce qui arriva, ces années passées, à un de mes amis qui vit encore. Son rival étant au désespoir de ce qu'il épousait sa maîtresse, s'avisa de mettre des cantharides dans un pâté de poires, qu'il lui fit présenter le soir des noces. La nuit étant venue, le marié caressa tellement sa femme, qu'elle en fut incommodée: mais ces délices se changèrent bientôt en tristesse, lorsque cet homme, sur le minuit, se sentant extrêmement échauffé, avec une grande difficulté d'uriner, s'aperçut qu'il faisait du sang par la verge. La peur lui augmenta le mal, qui fut accompagné de quelques faiblesses. On le traita avec tout le soin possible, et l'on appliqua à son mal des remèdes qui le guérirent avec de la peine.

L'herbe qu'Androphile, roi des Indes, envoya au roi Antiochus, était l'herbe de *Théophraste*, fort efficace pour exciter les hommes à embrasser amoureusement les femmes, et en cela surpassait toutes les vertus des autres plantes. S'il en faut croire l'Indien qui en était porteur, il assurait qu'elle lui avait donné de la vigueur pour soixante-dix embrassements ; mais il avouait aussi qu'aux derniers effets, ce qu'il rendait n'était plus de la semence.

Nous savons, par ceux qui ont voyagé dans les Indes, que les Indiens sont beaucoup plus lascifs que nous ne le sommes, et que l'une de leurs principales occupations est de prendre avec les femmes les plaisirs que l'amour leur présente. Parce qu'ils se plaisent à cet exercice amoureux, ils ont trouvé des remèdes pour s'y exciter davantage. Ils usent ordinairement de bétel, d'areca ou de banghé, qu'ils prennent quelquefois seuls, et qu'ils mêlent souvent les uns avec les autres, ou avec un peu de chaux de coquille.

L'herbe dont parle Théophraste est sans doute l'une de ces trois choses ; et si je suis un bon devin, je choisirais plutôt le banghé que les deux autres, fondé sur cette conjecture, que le banghé, au rapport de Crusius, a des qualités semblables à celles du maslach, meslack, ou measlack des Turcs, qui n'est autre chose que l'ansiam des Orientaux, selon la pensée de Bauhin. Si l'ansiam rend les hommes plus allègres et plus lascifs, ainsi que nous l'avons rapporté ci-dessus, le banghé ne produira pas de moindres effets, si nous en croyons ceux qui en ont usé ; c'est-à-dire, qu'il nous rendra ardent à caresser les femmes, et nous causera en dormant d'agréables rêveries, si l'on s'en sert en petite quantité. Mais, si l'on prend beaucoup, l'on en devient insensé ; témoin les femmes indiennes, qui, voulant témoigner l'affection qu'elles portaient à leurs maris pendant leur vie, prennent beaucoup de banghé, qu'elles mêlent avec du sefane, et se jettent ainsi, tout insensées, dans le feu où l'on fait brûler le corps de leurs maris défunts.

Cette conjecture m'en fait naître deux autres ; l'une, que le banghé des Orientaux est le benjoin des Égyptiens, que Césalpinus dit avoir la semence dure et semblable à celle d'un petit cochon ; l'autre, que c'est l'herbe que nous appelons stramonium, ou *pomme épineuse*, qui est une espèce de *solanum* ou plutôt que nous nommons *chanvre*, de la semence de laquelle on fait commerce dans l'Orient, comme dans l'Occident le tabac.

Ces conjectures sont appuyées sur le rapport d'un honnête homme qui a passé quelques années dans les Indes, et qui m'a dit que les Orientaux usaient d'une petite semence qui les rendait comme insensés auprès des femmes, et il me l'a dépeinte semblable à celle du *stramonium* ; à quoi se rapporte fort bien ce qu'avait appris Hoffman du médecin Ratzemback, qui lui avait dit que les Turcs avaient, dans une forteresse qui fut prise par les chrétiens en l'an 1595, une grande quantité de semence.

D'ailleurs le stramonium, que les Turcs appellent *tatoula* ou *datoula*, produit des effets semblables à ceux du banghé ; car, si l'on donne un peu de sa semence avec du vin aux personnes qui y sont accoutumées, il les rend joyeuses, et remplit leur imagination d'objets qui ne sont point désagréables ; et parce que la plus grande passion des Orientaux est celle qu'ils ont pour les femmes, il ne faut pas s'étonner si, ayant l'esprit un peu troublé par la vertu de cette plante, ils ont en rêvant d'agréables rêveries, qu'en veillant même ils se sentent extrêmement émus auprès des femmes.

Mais il ne faut pas trop s'y jouer ; car si ceux qui y sont le plus accoutumés en prennent la pesanteur de deux écus d'or, ils en deviennent insensés pendant trois jours ; si la dose est un peu plus forte, ils en meurent ; et une demi-once tue le plus robuste de tous les hommes.

Ces conjectures que j'avais faites autrefois n'étaient pas, ce me semble, mal fondées ; cependant j'ai appris depuis, de bonne part, que le banghé des Orientaux était une herbe et une composition qu'ils appellent *banghé* ; l'une et l'autre, au moins les Perses et les Levantins, les nomment ainsi. Les barbares de Madagascar et des îles adjacentes les plus voisines de l'Afrique, les appellent *azeth mangha ;* les Égyptiens, *asis, assis* ou *axis* ; et les Turcs, *azarath* ; or, l'assis des Égyptiens ne signifie que de l'herbe par excellence, que je crois être notre chanvre. Puis, examinant le banghé des Asiatiques et le benjoin des Égyptiens, je trouve qu'ils sont le mangha des Africains, à quelques lettres près : ainsi on peut conclure que l'herbe lascive dont Théophraste fait mention, est plutôt le chanvre que toute autre chose, puisqu'elle a une odeur vineuse, qu'elle cause l'ivresse, et qu'elle trouble l'imagination. J'en dis de même de la composition que l'on en fait, comme je l'ai écrit fort au long dans mon livre *De la boisson des peuples*. Ainsi, il ne faut pas croire que ce soit ni le satyrion, ni le stramonium, comme je l'ai dit, ni le surnag des Africains, qui est peut-être notre satyrion, ni enfin les ginzeng des Chinois et des Tartares.

J'avoue que les Européens ne ressentent pas les mêmes effets de l'usage de ces narcotiques, que font les Asiatiques et les Africains. La coutume fait que ces drogues produisent des effets différents dans ceux qui en usent, et nous n'observons chez nous que la tranquillité de l'âme, le plaisir de la démangeaison du corps, au lieu des égarements amoureux qui se remarquent chez les autres. Si tous ces remèdes sont assaisonnés avec de l'ambre ou du musc, ils seront beaucoup plus efficaces, et exciteront davantage à l'amour, l'expérience nous montrant que ces deux parfums portent les humeurs aux parties naturelles qui en sont chatouillées. Je ne parlerai point ici de la chair de lion, parce que l'expérience a fait connaître qu'elle était ennemie des hommes : car un médecin en ayant donné trois gros à Aliso Vanicus pour l'exciter à aimer, il le tua au lieu de le guérir.

Les remèdes que l'on prend par la bouche ne sont pas les seuls qui excitent les hommes à embrasser amoureusement les femmes. Ceux que l'on applique par dehors y contribuent beaucoup, et l'on en forme des liniments pour en oindre les reins et les parties naturelles. Ces liniments se font avec du miel, du storax liquide, de l'huile de fourmi volante, du beurre frais ou de la graisse d'oie sauvage ; on y ajoute un peu d'euphorbe, de pied d'alexandre, de gingembre ou du poivre, pour faire pénétrer les remèdes, et l'on y mêle quelques grains d'ambre gris, de musc ou de civette pour le parfumer.

On peut encore appliquer des remèdes sur les testicules d'hommes lents, pour les exciter à aimer. Comme ces parties sont la seconde source de la chaleur, selon le sentiment de Galien, ils la communiquent aussi à tout le corps ; car, outre la force d'engendrer, ils fabriquent encore une humeur spiritueuse qui nous rend robustes, hardis et courageux. Pour cela, on peut prendre de la poudre de cannelle, de girofle, de gingembre et de rose, avec de la thériaque, de la mie de pain et du vin rouge.

Mais cet homme dont nous avons parlé ailleurs, après Célius Rodiginus, se servait d'un plaisant remède pour s'exciter avec une femme. Il se faisait bien fouetter dans l'action ; et si quelquefois, par respect ou par pitié, on le fouettait avec plus de modération, il se mettait en colère contre celui qui l'épargnait : si bien qu'il n'était jamais plus content que lorsque la douleur l'obligeait à satisfaire sa passion déréglée.

CHAPITRE VI

SI L'HOMME PREND PLUS DE PLAISIR QUE LA FEMME LORSQU'ILS SE CARESSENT.

Il n'y a point de plaisir ni plus prompt, ni plus grand que celui de l'amour ; il réjouit dans un instant tout notre corps, et ravit de joie toute notre âme. Nous n'avons besoin ni d'industrie ni de maître pour nous apprendre à aimer. La

nature nous a imprimé dans le cœur je ne sais quoi d'amoureux, qu'elle cultive peu à peu à mesure que nous croissons ; et quand elle nous incite à caresser une femme, je ne saurais dire en combien de manières elle nous fait naître des contentements. Les approches de l'amour sont aussi délicieuses que la jouissance même. Le plaisir est extrême quand nous y pensons par avance, et le souvenir en est agréable. La douleur que nous souffrons à aimer nous plaît autant que le plaisir même ; enfin, toutes les passions de l'âme sont, pour ainsi dire, les esclaves de cette passion amoureuse.

Le sentiment vif et indicible que nous avons dans les plaisirs du mariage, nous fait connaître celui qui en est l'auteur, et je me persuade que Dieu a voulu nous en faire connaître l'excès et la grandeur, pour nous indiquer ceux que nous devons espérer à l'avenir. Je n'aurais osé avancer cette pensée, si saint Augustin ne me l'avait fournie dans son liv. 14 *de la Cité de Dieu*, chap. 17, et je ne m'étonne pas, poursuit-il, si les plaisirs que nous prenons avec les femmes sont si excessifs, s'ils surpassent tous ceux que les hommes peuvent ressentir, et s'ils nous touchent si vivement au dedans et au dehors, puisque notre âme et notre corps en sont si puissamment émus. La nature ne nous a pas permis d'éviter ces voluptés, quelque saints que nous soyons, quand, dans le mariage, nous voulons nous appliquer à faire des enfants.

Si la nature n'avait mis des délices extrêmes dans l'action de l'amour, je ne saurais croire qu'un homme d'esprit pût se plaire à se repentir si souvent ; mais les idées trompeuses de l'amour sont si engageantes, qu'il est comme impossible de s'en garantir ; et il faut que le plaisir que l'on prend avec les femmes soit bien grand, puisque, selon le sentiment de la plupart des théologiens, les diables en sont si friands.

L'expérience de tous les jours nous fait voir que les plaisirs du mariage ne nous rendent pas heureux : au contraire, il y a peu de personnes qui ne se repentent après les avoir pris, comme nous venons de le dire. Il faut faire peu de réflexions sur les attraits de l'amour, dont la nature nous a charmés, pour connaître que ce n'est pas où il faut nous arrêter : si bien que, pour parler juste, il ne faut aimer les plaisirs du mariage que pour la génération et peut être pour être chaste, et pour obéir aux ordres de Dieu, qui veut garnir le ciel de bienheureux, dont nous sommes les organes et les instruments. Les hommes charnels n'entendent point ce langage, il n'y a que les spirituels qui le goûtent ; car ceux qui croient que le bien de l'homme dans le mariage est dans la chair, et que le mal est ce qui les détourne des plaisirs, que ceux-là s'en soûlent et qu'ils y meurent ! Mais ceux qui n'ont en vue que d'obéir à Dieu et satisfaire à ses commandements, qui ont une femme comme s'ils n'en avaient point, ainsi que parle saint Paul, et qui ont pour ennemis ceux qui les empêchent de faire leur devoir, que ces personnes-là se consolent en notre Seigneur !

Que si nous considérons le mariage avec toutes ses suites, en qualité d'hommes charnels, nous n'y trouverons que des malheurs et des imperfections ; mais si nous l'examinons en qualité de chrétiens, nous verrons que c'est l'ouvrage de Dieu, que Jésus-Christ a perfectionné par sa grâce, que nous avons perdu par notre corruption. Si nous ne nous servons du moyen de Jésus-Christ, tous nos plaisirs, quelque licites qu'ils puissent être, ne seront que des malheurs et des disgrâces. Le mariage sans Jésus-Christ est abominable ; avec Jésus-Christ il est aimable et saint, puisqu'il l'a sanctifié avec tout ce qui en dépend.

J'avoue que nous ne saurions empêcher que l'amour ne se fasse partout ressentir, et que les hommes les plus retirés qui habitent les grottes et les déserts ne sauraient éviter ses atteintes. Il les touche aussi bien que nous, et cette passion se fait connaître dans les forêts les plus affreuses, aussi bien que dans les villes les plus peuplées.

La volupté du corps consiste à ne ressentir aucune douleur. Celle de l'esprit réside dans la joie intérieure de n'être point esclave de ses passions ; mais les plaisirs que nous prenons dans le mariage sont quelque chose de divin, s'ils ne passent pas les bornes de la raison. C'est ce qui obligea les anciens à établir une Vénus honnête et modeste qui veillait aux actions licites des femmes mariées, et c'est cette même volupté que la nature a donnée comme des attraits pour la perpétuité de notre espèce.

Ce n'est point un crime que de prendre des plaisirs amoureux avec sa femme, si nous en voulons croire saint Bonaventure et Salome, le plus sage et le plus heureux des hommes, qui a le mieux parlé des plaisirs de l'amour, par l'expérience qu'il en avait faite ; et on ne doit point se persuader que la nature ait joint les plaisirs à la conjonction des sexes pour nous en faire des crimes.

De ces trois sortes de voluptés, savoir, du corps, de l'esprit et de l'amour, la dernière est sans doute la plus forte et la plus grande ; notre corps et notre âme se fondent de joie, pour ainsi dire, lorsque nous nous perpétuons : et ces deux parties de nous-mêmes ressentent tant de contentement, qu'on ne les a pu encore bien exprimer jusqu'à cette heure.

Si l'amour cause des égarements et nous fait perdre l'esprit, c'est une preuve de la violence de ses voluptés. Notre siècle nous fournit assez d'exemples malheureux, sans en aller chercher dans les siècles passés, pour nous apprendre cette vérité. La chambre de justice que notre grand monarque a depuis peu établie contre les empoisonneurs, nous marque assez, par les arrêts qu'elle donne, jusqu'où peuvent aller les emportements de l'amour. Si ces voluptés n'étaient pas si charmantes, et qu'elles n'eussent pas tant d'empire sur notre esprit, nous n'en verrions pas tous les jours tant de funestes effets, et jamais Vicurio et Ferrière n'auraient perdu la vie, en voulant la donner à un autre, si l'amour ne les avait charmés.

L'homme et la femme goûtent tous deux des plaisirs extrêmes quand ils se caressent, et j'aurais peine à dire lequel des deux en reçoit le plus. Cependant, si l'on peut découvrir celui qui a les parties de la génération plus sensibles et plus entortillées, qui engendre plus de vents, qui a l'imagination plus forte et le sang plus chaud et plus mobile, je me persuade que la question sera aisée à décider.

On ne doute pas que nos parties secrètes ne soient pas beaucoup plus sensibles que celles des femmes; elles sont toutes nerveuses, ou, pour mieux dire; elles ne sont que de nerfs : au lieu que les parties des femmes sont charnues, et par conséquent moins sensibles que les nôtres. Si, entre toutes les parties de notre corps, les nerfs ressentent une plus vive douleur quand on les touche, ils recevront aussi une plus grande volupté. D'ailleurs, nos vaisseaux spermatiques par où passe la semence sont extrêmement entortillés, et nos testicules ne sont, à proprement parler, qu'un tissu de nerfs ou de vaisseaux pliés les uns sur les autres. Si l'on pouvait développer nos vaisseaux spermatiques, et qu'ensuite on les mesurât, je ne mentirais point en disant qu'ils sont plus longs huit ou dix fois que nous ne sommes hauts, au lieu que ceux des femmes ne sont pas plus longs que le doigt.

Si les vents sont nécessaires pour les plaisirs de l'amour, ainsi que nous l'avons prouvé ailleurs, nous avouerons que les hommes n'étant pas si réglés dans leur façon de vivre que les femmes, ils engendrent aussi beaucoup plus de vents et d'esprits flatueux.

Nous avons encore l'esprit plus ferme, l'imagination plus forte que les femmes, les filets de notre cerveau sont plus tendus et plus durs, et quand nous aimons, nous aimons plus fortement et plus voluptueusement. Les femmes, au contraire, ont l'esprit plus inconstant et l'imagination plus faible. Les fibres de leur cerveau sont plus mollettes et plus flexibles, et, bien qu'elles paraissent quelquefois aimer plus ardemment, elles ne ressentent pas pour cela plus de volupté que nous dans les caresses amoureuses.

Enfin, notre sang est plus chaud que le leur, il s'agite avec plus de force : et il s'est vu des hommes trembler de froid à l'approche d'une femme qu'ils voulaient embrasser, le cœur et le cerveau se défaisant alors de la plus grande partie de leur chaleur et de leurs esprits pour les envoyer avec précipitation aux parties naturelles.

Nous sommes navrés de joie quand la semence tout enflée d'esprits se fait passage au travers de nos vaisseaux entortillés. Les vapeurs chaudes et chatouillantes qui s'en élèvent, et le mouvement précipité des esprits qui pénètrent nos membranes, ne contribuent pas peu à nos voluptés excessives.

Bien que les femmes soient vivement touchées des plaisirs de l'amour quand nous les embrassons, je ne saurais croire que leur volupté y soit plus grande : leur semence est plus liquide et moins chaude ; elle n'est pas remplie de tant d'esprits, et ne se darde pas si promptement que la nôtre.

Quoi qu'il en soit, on pourrait dire que la question demeure toujours indécise, et que l'on ne saurait la décider, si l'on ne prend pour juge Tirésias, qui, ayant été femme et homme tout ensemble, peut mieux juger qu'aucun autre du plus grand plaisir de l'un ou de l'autre des sexes. Ce fut lui qui décida en faveur de Jupiter contre Junon, et qui prononça que les femmes prenaient plus de plaisir que les hommes quand elles en étaient embrassées.

En effet, on pourrait dire que les parties naturelles des femmes s'agitent avec plus de violence quand elles veulent être humectées par la semence de l'homme, et la femme ressent un plus grand plaisir lorsque ses parties attirent et sucent nos humeurs, qu'elles les pressent de toutes parts par la conception, et qu'elles s'épuisent elles-mêmes par des épanchements considérables : si bien qu'il s'est trouvé quelqu'un qui a hardiment avancé que le plaisir des femmes surpassait d'un tiers celui des hommes.

Mais, sans m'arrêter à ce dernier sentiment, qui ne me paraît pas le plus véritable, je conclurai avec Hippocrate que les femmes ont beaucoup moins de volupté que nous, mais que leur plaisir dure plus longtemps. Car, puisque la nature fait notre plaisir de peu de durée, elle a aussi voulu qu'il fût extrême ; au lieu que le contentement des femmes étant moindre, elle les a récompensées en le faisant beaucoup plus durer : et c'est sans doute cette raison qui fit déterminer Tirésias à donner gain de cause à Jupiter, prenant la durée pour l'excès du plaisir.

ARTICLE PREMIER

De la manière dont les personnes mariées doivent se caresser.

Je n'aurais point traité cette matière, si je ne l'avais trouvée dans les livres des casuistes si mal agitée, qu'il est impossible que l'on en puisse tirer des conséquences véritables, à moins que de faire tort à la vérité. Le fondement de cette question se trouve dans l'expérience, dans les livres de la nature, ou dans ceux des fameux médecins, que la plupart des théologiens, des casuistes et des confesseurs n'ont jamais lus : si bien que je ne m'étonne pas s'ils se trompent si lourdement dans ces sortes de matières.

La fin du mariage, selon le sentiment de l'Église, est de faire des enfants ou d'assouvir médiocrement sa concupiscence. Elle blâme la seule volupté dans les caresses des femmes, et la condamne comme un crime capital, si elle passe les bornes de la raison.

La religion chrétienne a donc en abomination les caresses de l'homme et de la femme qui ne se font que par délices ; et la médecine, qui s'emploie à conserver la vie des hommes, nous donne des lois qui ne peuvent souffrir que nous abusions des contentements que la nature nous y présente. C'est contre cette vie abominable que saint Paul crie si haut dans le premier chapitre de son *Épître aux Romains*.

Toutes les postures que la courtisane Cyrenne inventa autrefois, jusqu'au nombre de douze, pour se caresser, que Pheileinis et Astinase publièrent, qu'Elephantis composa en vers léonins, et que l'empereur Tibère fit ensuite peindre autour de sa salle, nous font bien voir que les femmes savent mieux que nous toutes les souplesses de l'amour, et qu'elles s'abandonnent plus aux voluptés amoureuses. En effet, leur passion est plus violente, et leur plaisir dure plus longtemps : c'est comme un feu qui s'entretient dans du bois vert, par la faiblesse et la légèreté de leur jugement.

Quoiqu'un homme ait entrepris de parler dans ces derniers siècles de postures de l'amour, et qu'il en ait fait graver de belles planches par les Carrache, je suis pourtant persuadé qu'il n'y a pas si bien réussi que les femmes qui s'en sont mêlées ; car dans ces sortes de matières, partout où elles sont, elles emportent le prix.

La nature a appris à l'un et à l'autre sexe les postures permises, et celles qui contribuent à la génération ; et l'expérience a montré celles qui sont défendues et celles qui sont contraires à la santé.

Nos parties amoureuses n'ont pas été faites pour nous caresser debout, comme les hérissons ; nous altérons notre santé dans cette posture, et nous nous opposons même à la génération : car toutes nos parties nerveuses travaillent alors, et se ressentent de la peine que nous nous donnons. Les yeux en sont éblouis, la tête en pâtit, l'épine du dos en souffre, les genoux en tremblent, et les jambes semblent succomber à la pesanteur de tout le corps. C'est la source de toutes nos lassitudes, de nos gouttes et de nos rhumatismes. Mais encore la génération en est empêchée ; car la matière que nous communiquons à une femme n'est jamais bien reçue dans le lieu que la nature a destiné à cet usage. Le conduit de la pudeur est trop pressé par la posture de la femme, quand nous l'embrassons ainsi.

Être assis n'est pas non plus la posture qu'il faut à un amour bien réglé. Les parties naturelles ne se joignent qu'avec peine, et la semence n'est pas toute reçue pour faire un enfant accompli dans toutes ses parties.

L'homme qui, selon les lois de la nature, doit avoir l'empire sur la femme, et qui passe pour le maître de tous les animaux, est bien lâche de se soumettre à une femme, quand ils veulent prendre ensemble des plaisirs amoureux. Si cette femme est émue d'une passion déréglée, et qu'elle veuille s'adonner aux voluptés d'un amour impudique, il n'est pas de l'honnête homme de lui plaire ni de se soumettre lâchement à elle. C'est une atteinte qu'il donne à son privilège, et une honte qu'il s'attire par sa propre complaisance.

Au lieu de faire des enfants, on rend par cette posture une femme stérile ; et, si par hasard il en vient quelqu'un, il est ou petit ou imparfait. Le peu de matière que le père a donné pour le former a si peu fourni d'esprits, que l'âme, qui doit un jour s'en servir comme d'instrument pour ses plus belles facultés, ne fait dans la suite rien qui vaille, et les enfants en deviennent nains, boiteux, bossus, louches, imprudents et stupides. Il ne faut point aller chercher ailleurs des marques du dérèglement de ceux qui leur ont donné la vie, que ces mêmes enfants contrefaits.

La plus commune des postures est celle qui est la plus licite et la plus voluptueuse ; on se parle bouche à bouche, on se baise et se caresse quand on s'embrasse par devant.

Si un homme est trop pesant, et que la femme soit extrêmement délicate, il me semble qu'on n'agirait point contre les lois de la nature, si l'on se caressait de côté, à l'imitation des renards. On éviterait par cette posture tous les accidents auxquels une femme délicate peut être exposée dans la posture la plus commune, et il n'arriverait jamais par là de suffocation, ni de fausses couches.

Je mettrais ici la posture de caresser une femme par derrière parmi celles qui sont contre les lois de la nature, si un philosophe et deux médecins ne me disaient le contraire. En effet, toutes les bêtes, si nous en exceptons quelques-unes, se joignent de la sorte ; et pour engendrer, la nature ne leur a point appris d'autre moyen que celui-là. La matrice des femelles est alors plus en état de recevoir la semence du mâle ; elle la retient et la fomente plus commodément : si bien que, ne s'écoulant pas si aisément de leurs parties naturelles que dans une autre posture, l'expérience leur a fait voir que l'on rendait ainsi des femmes fécondes, qui étaient stériles auparavant.

Il est certain que l'anatomie nous montre que la matrice est beaucoup mieux située pour la conception, lorsqu'une femme est sur ses mains et sur ses pieds, que quand elle est sur le dos. Le fond de cette partie est alors plus bas que son orifice, et il n'y a qu'à jeter de la semence ; elle y coule d'elle-même, et par sa propre pesanteur, elle tombe où elle doit être conservée pour la génération. Cette posture est la plus naturelle et la moins voluptueuse. L'action de l'amour nous donne d'elle-même assez de plaisirs, sans en chercher de plus grands par une autre figure ; et je ne doute pas que les casuistes ne nous permissent d'en user de la sorte pour éviter l'excès de la volupté dans les embrassements des femmes.

Si une femme est naturellement si grasse qu'elle ait le ventre en pointe, qui s'oppose à l'approche de son mari, fera-t-on une dissolution de mariage, plutôt que de conseiller à cet homme de caresser sa femme par derrière ?

Mais encore, puisque la loi commande à un mari de rendre le devoir à sa femme quand elle témoigne l'aimer ardemment, elle oblige aussi la femme de rendre ce même devoir à son mari quand il ne peut dompter sa passion. Si par hasard il veut éteindre sa concupiscence sur la fin de la grossesse de sa femme, ne pourrait-on pas alors lui permettre de la caresser par derrière, plutôt que d'étouffer l'enfant qui est sur le point de naître, ou que d'aller lui-même chercher ailleurs à faire un crime ? Dans cette posture, il n'y a point de crainte pour une fausse couche : l'épine du dos souffre plutôt que le ventre les secousses que l'amour inspire aux hommes dans cette rencontre.

En effet, saint Thomas, qui est estimé parmi les théologiens pour un des meilleurs casuistes qu'il y ait, est de ce sentiment. Il nous apprend qu'il n'y a point de crime quand des personnes mariées se caressent par derrière, pourvu que ce ne soit pas à dessein de prendre des plaisirs excessifs, mais seulement pour des causes légitimes, comme lorsqu'un homme a le ventre trop gros, et qu'il a peur d'étouffer dans les entrailles de sa femme l'enfant qui en doit bientôt naître.

Si Paul Eginette et Mercurial, après le philosophe Lucrèce, ont été de ce sentiment, que les femmes concevaient plutôt en les caressant par derrière que par devant, je ne saurais me persuader qu'ils aient voulu parler de ce crime énorme auquel l'Écriture ne donne pas de nom. On ne conçoit jamais de la sorte, et les philosophes qui suivent les lois de la nature ne sont jamais infectés d'opinions qui soient contre ses maximes. Il est donc permis de caresser sa femme de quel-que manière que ce soit, pourvu que la volupté ne soit pas excessive, que notre santé n'y soit pas intéressée, et que l'on ne commette point de fautes contre la propagation des hommes. C'est ainsi que le pensent saint Thomas, comme je l'ai dit, le cardinal Cajetan, Albert le Grand, Abulensis sur saint Mathieu, et quelques autres casuistes.

Mais je m'aperçois ici plus qu'ailleurs que les choses dont je parle sont trop délicates pour en dire davantage. Je proteste que je n'ai pu choisir de termes moins durs pour expliquer mon sentiment sur ce sujet : et si j'ai passé quelquefois les bornes de la bienséance, comme le fit autrefois saint Augustin, on peut croire que ce n'a été que par la force de la matière que je traite.

ARTICLE II

Si l'on se trouve plus incommodé de baiser une laide femme qu'une belle.

La beauté est un des plus grands privilèges que la nature nous ait donnés pour avoir de l'autorité sur les autres. C'est cette qualité qui exerce sur les hommes une espèce de tyrannie, et qui les charme d'une manière si extraordinaire, que même les plus barbares en sentent les attraits. C'est ce qui oblige encore aujourd'hui quelques peuples de l'Afrique de mettre sur le trône les hommes les mieux faits d'entre eux, et c'est aussi ce qui inspirait à un évêque de Milan de choisir pour ses laquais, les personnes les mieux faites et les plus accomplies.

La beauté que l'on admire dans les femmes est un puissant aiguillon pour nous exciter aux délices de l'amour; elle nous engage à les aimer, et ce que l'avocat Hiperis n'avait pu gagner par son éloquence sur l'esprit des juges, la beauté de Phryné l'emporta hautement. Il n'y a pas moyen de se garantir des charmes d'une jeune personne qui a toutes les grâces à sa suite. Elle ménage nos inclinations comme il lui plaît, et la tyrannie de la beauté dont elle est ornée est si puissante, que, malgré nous, nous devenons ses esclaves : témoin Néron, qui, gagné par les attraits de Poppée, ne put jamais se garantir des attraits de ses charmes; sa beauté lui enflamma le cœur et l'appela au dernier plaisir, comme Pétrone nous le rapporte.

On dirait que la nature a fait un chef-d'œuvre en formant cette femme. En effet, sa taille est haute, bien prise, et des plus fines; son air a un je ne sais quoi si rempli de majesté, qu'il inspire du respect aux plus hardis; son humeur est agréable, et son esprit vif et brillant. A la considérer en particulier, son embonpoint est accompli, et le tour de son visage est merveilleux. Ses dents sont blanches, ses joues et ses lèvres sont de couleur de rose, son front est assez large, ses yeux grands et bleus, bien ouverts et pleins de feu; ses sourcils noirs, sa bouche et ses oreilles petites, son nez bien fait, sa gorge un peu élevée, ses mains longues et ses doigts déliés, sa poitrine large, son flanc pressé, ses pieds petits et délicats, en un mot, la beauté femelle a tout ce qui peut nous séduire en s'emparant de notre raison. Et si l'on veut une beauté qui plaisait aux anciens, je dirai

avec Pétrone qu'elle a les cheveux naturellement frisés, qui lui battent agréablement les épaules, que son front est petit, au-dessus duquel on voit de véritables
cheveux retroussés agréablement; que ses sourcils se courbent; que ses yeux sont
plus brillants que les étoiles dans l'obscurité de la nuit; que son nez est un peu
aquilin; que sa bouche est petite, semblable à celle de la Vénus de Praxitèle;
enfin, que son visage, sa gorge, ses bras et ses jambes, ornés de liens, de colliers
et de bracelets d'or, effacent la blancheur du marbre le plus estimé.

En vérité, il est bien malaisé de garder une fille pour qui tous les hommes
soupirent. Un homme même à qui la nature a fait présent d'une beauté extrême,
a bien de la peine à se garantir des insultes des autres hommes; et si Spurine,
gentilhomme toscan, ne se fût blessé au visage pour en effacer la beauté, jamais
il n'eût été à lui-même, et cette beauté eût été assurément une des principales
sources de l'embarras et des désordres de sa vie. Pour les belles femmes, il y en a
peu qui n'aient été superbes ou impudiques; et il me semble aujourd'hui qu'il
ne faut être que belle pour ne pas être estimée vertueuse, ou pour ne l'être pas
en effet.

> Que rarement la chasteté
> Se soutient avec la beauté!
> Qu'il est charmant de plaire et de passer pour belle!
> Et que de ce plaisir flatteur
> A l'engagement de son cœur,
> La pente est douce et naturelle!

C'était autrefois cette beauté à laquelle l'on donnait des couronnes de myrte,
et c'est encore aujourd'hui cette même beauté qui a tant de pouvoir sur l'âme des
hommes, qu'il s'en est vu qui, étant presque impuissants à l'amour, par la froideur de leur tempérament, en ont été échauffés, et se sont trouvés capables de
génération.

Cette beauté, qui est un don de Dieu, a tant d'empire sur notre âme, et ménage si fort nos passions, qu'elle les fait agir comme si elles lui appartenaient; et
jamais Urie n'aurait été sacrifiée à la passion du prince, si Bethsabée n'avait
été belle.

A la vue d'une belle femme tout s'émeut chez nous, et notre amour, qui, au
rapport de saint Jérôme, n'est autre chose, dans l'Écriture, que la charité et
le désir de la beauté, est souvent si excessif, que nous ne pouvons nous ménager
là-dessus sans avoir des forces surnaturelles. Un casuiste serait fâcheux s'il voulait nous persuader que nos actions sont criminelles lorsque, transportés de la
beauté d'une femme, nous la caressons avec ardeur. Alors notre chaleur s'augmente dans notre cœur; nos parties naturelles se gonflent et s'agitent en dépit

de nous : si bien qu'elles nous montrent, par leur mouvement importun, que la beauté a des attraits pour elles. En effet, les jours ne nous semblent durer que des moments en la compagnie d'une belle femme, et alors nous ne nous apercevons presque pas que nous avons faim, et nous méprisons toutes les incommodités qui accompagnent ordinairement le plaisir de l'amour. Nos caresses réitérées ne nous semblent ni fades ni ennuyeuses; la beauté les fait renaître sans peine, et nous donne de nouveaux désirs et de nouvelles forces pour la jouissance.

Je m'étonne que les plaisirs du mariage soient présentement en horreur, et qu'on nous défende d'en jouir. Je ne sais si cela est bien dans l'ordre, que d'établir le mariage comme une chose sainte et vénérable, et d'avoir de l'horreur pour les plaisirs qui en sont inséparables. C'est avoir de l'appétit, et vouloir manger et boire sans s'apercevoir que l'on en a. Qu'y a-t-il de plus contraire à la raison, que d'honorer un sacrement, et en même temps d'abhorrer ce qui en est le sceau? Mais Dieu est admirable dans tout ce qu'il fait; il a mis dans la femme une beauté qui nous charme et en même temps des plaisirs excessifs pour l'action du mariage, et en même temps il nous défend d'en jouir avec excès. Sans ce contrepoids nous serions malheureux, et nous nous jetterions du côté des plaisirs, qui nous exposeraient sans doute à toutes sortes de maux, et qui empêcheraient la génération, qui est le véritable dessein de Dieu.

La laideur, au contraire, calme tous nos transports: bien loin de nous exciter à aimer, elle nous fait abhorrer les plaisirs de l'amour. Si par hasard nous sommes obligés de nous approcher d'une laide femme, nos parties naturelles s'abattent au lieu de se raidir, et nous sentons dans notre cœur je ne sais quoi qui nous rebute et qui nous empêche de nous joindre amoureusement. Si nous voulons le faire par des principes de devoir ou de nécessité, il nous faut du temps pour nous y disposer, et encore après cela nous ne nous trouverons presque jamais en état de presser étroitement une laide femme. Il faut qu'Anacharsis se couche, et s'excite longtemps : sans cela il n'agirait point, et ses parties n'obéiraient jamais à sa passion languissante.

Alors nous ressentons en nous du feu et un glaçon. La nature nous embrase le cœur pour nous joindre, en même temps cette même nature glace nos parties amoureuses pour fuir, pour traduire ici la pensée de saint Augustin. Ces deux passions opposées nous causent d'étranges peines: et si l'amour l'emporte quelquefois sur l'horreur, ce que nous prêtons à cette femme nous épuise tellement, que nous sommes ensuite accablés des mêmes incommodités qui arrivent des plaisirs de l'amour. Le cœur, en qui la haine a éteint la plupart de ses esprits, est fort incommodé après en avoir communiqué à nos parties naturelles, et le cerveau, où ces passions opposées se font la guerre, s'affaiblit incessamment quand il faut envoyer ses esprits ailleurs : si bien que l'on pourrait dire qu'une seule caresse faite à une laide femme, cause plus de faiblesse et de défaillance, que six que l'on aura faites à une belle : la beauté a des charmes qui dilatent notre cœur, et qui en multiplient les esprits ; mais la laideur a je ne sais quoi qui le ferme et qui le glace.

S'il naît par hasard des enfants de ces conjonctions forcées, ce ne sont que des personnes pesantes et stupides, qui nous marquent évidemment le peu de contentement qu'a pris leur père dans les caresses de leur mère.

Il est donc vrai que l'on se trouve beaucoup plus incommodé quand l'on embrasse une laide femme que quand l'on en caresse une belle ; et que, si j'ose décider en théologien, c'est un plus grand crime de caresser une laide femme, que d'en caresser une belle ; car, s'il y a des charmes dans celle-ci dont on ne puisse se garantir, il y a des défauts dans l'autre qui ne devraient pas permettre de s'en approcher : si on le fait sans y être attiré par la beauté, la bonne grâce et les autres agréments qui nous éblouissent pour l'ordinaire, il faut croire, avec saint Chrysostôme, que, s'excitant contre les lois de la nature, le crime est beaucoup plus grand de ce côté-là que de l'autre.

Si je voulais conseiller à quelqu'un de se marier, je lui dirais qu'il n'épousât ni une belle ni une laide femme. La première aurait trop d'empire sur lui, et serait plutôt commune que particulière ; l'autre lui causerait cent repentirs, et peut-être le divorce, s'il n'avait une vertu toute particulière.

CHAPITRE VII

SI CEUX QUI NE BOIVENT QUE DE L'EAU SONT PLUS AMOUREUX,
ET S'ILS VIVENT PLUS QUE LES AUTRES.

Nous commençons à mourir dès que nous commençons à vivre ; et bien que les causes de la vie et de la mort semblent être si opposées entre elles, elles sont pourtant très étroitement unies en nous-mêmes. La vie subsiste par le moyen de la chaleur naturelle, dont l'âme se sert comme d'un instrument qui lui est absolument nécessaire. La mort est la perte de cette même chaleur, qui, agissant continuellement sur notre humide radical, le dissipe sans cesse en se détruisant soi-même.

La nature, qui a une prévoyance admirable pour conserver tout ce qu'elle a fait, n'a jamais su consentir à la perte de ses productions. Elle a voulu s'y opposer par deux moyens : la nourriture répare incessamment ce que la chaleur naturelle consume dans les animaux, et la génération perpétue leur espèce.

D'un côté, parce que les animaux dissipent tous les jours de trois sortes de matières qui les composent, la nature a donné l'air, les aliments et la boisson pour réparer par autant de moyens ce qu'ils perdent à tous moments. La première remplace les parties les plus spiritueuses, l'autre rétablit les plus solides, et la dernière enfin répare les plus humides. D'un autre côté, cette même nature a caché dans les animaux des feux secrets, qu'elle ménage adroitement pour conserver leur espèce. Elle a distingué leur sexe non seulement par leur complexion, mais par la situation et par la différence de leurs parties.

Tous les animaux se joignent de la même façon les uns que les autres ; la belette, la vipère et les poissons ne conçoivent pas par la bouche, ainsi que quelques-uns l'ont voulu persuader, mais par les parties que la nature leur a données pour la génération. Les cavales de Portugal engendrent de la même façon que les femmes : il faut être fou pour croire que ce soit le vent du Septentrion qui les rend fécondes.

On ne saurait exprimer quels ardents désirs les animaux ont de se joindre, quels contentements ils ressentent lorsque l'amour les y convie ; et, pour ne parler ici que de l'homme, quels plaisirs l'accompagnent dans cette action amoureuse !

L'air est si nécessaire pour remplacer dans nos corps les parties les plus subtiles qui s'évaporent incessamment, qu'au même instant que nous en manquons, nous cessons de vivre, et nous vivons même misérablement, s'il est impur et mêlé des vapeurs et des exhalaisons qui nous sont contraires. Il est encore aussi ennemi de nous-mêmes, s'il n'est pas agité par des vents qui en corrigent les mauvaises qualités, et qui l'empêchent de se corrompre ; et de là vient aussi que, presque tous les ans, on est affligé de peste dans la ville de Gênes, le vent du Septentrion ne pouvant y faire sentir ses qualités salutaires, à cause des montagnes qui couvrent cette ville de ce côté-là.

L'aliment ne nous est pas moins nécessaire que l'air. Il ne doit pas avoir de qualités excessives, ni une matière trop étrangère pour nous nourrir, mais un certain tempérament et une certaine matière qui le fassent aisément changer en toutes nos parties.

Cet aliment, que reçoit tous les jours notre estomac, ne saurait s'y cuire sans qu'il y ait quelque liqueur pour le dissoudre : et nous ne saurions vivre sans qu'il se fasse dans cette partie noble une espèce d'ébullition, par le moyen de laquelle nous puissions ensuite nous nourrir. Car comme, dans une grande sécheresse, les plantes meurent faute de pluie, ainsi nous cesserions bientôt de vivre si nous ne nous servions de quelque breuvage, qui, favorisant nos coctions, réparât incessamment les parties humides qui s'évaporent tous les jours en nous-mêmes.

Plus les choses sont nécessaires à la vie, plus on a de plaisir à les posséder ; et parce qu'il n'y a rien au monde de plus nécessaire que la boisson, aussi le contentement est excessif quand nous en assouvissons notre soif. La faim n'est pas si violente que la soif, qui est un désir de se rafraîchir et de s'humecter ; ce qui fait que les buveurs d'eau prennent tous les jours beaucoup plus de précaution, et pour l'espèce de breuvage, et pour la manière de s'en servir.

Mais parce qu'il y a de plusieurs sortes de breuvages, dont les uns sont plus sains que les autres, celui qui est le plus propre à étancher la soif est aussi celui que la nature, comme une mère et une nourrice commune, nous a rendu le plus commun. Je sais que l'art en a inventé de plusieurs sortes, que l'on a faites par l'expression de quelques fruits, ou par l'infusion et par la décoction de quelques racines, de quelques fleurs, de quelques semences, ou enfin par le mélange de sucre, de miel, de cannelle, de levain, de vinaigre, et de quantité d'autres choses que les hommes ont cherchées pour s'empêcher de boire de l'eau crue, et pour se faire mourir, ce me semble, avec plus de volupté. C'est ainsi que l'on a fait le vin, le cidre, la bière, l'hydromel, le chocolat, le tzibon, en un mot, toutes sortes de boissons.

De toutes les boissons nous ne nous servons guère ici que de vin et d'eau ; car pour les autres liqueurs, et principalement pour la bière et pour le cidre, l'on n'en use guère où le vin est commun. Mais, parce qu'on en boit quelquefois, je dirai que la bière, outre qu'elle est un peu amère et désagréable à boire, embarrasse fort les entrailles par l'épaisseur et la viscosité de sa matière, et souvent y fait naître des vents et des tranchées. Elle cause des ardeurs d'urine ; les nerfs et les reins en sont incommodés ; elle apporte même des douleurs de tête. Enfin, par son usage continuel, elle donne quelquefois naissance au scorbut et à la ladrerie blanche, ainsi que nous le fîmes voir, il y a quelques années, dans un traité de cette première maladie, que nous fîmes imprimer par le commandement de monseigneur Colbert de Terron.

Le cidre est accompagné d'une humidité superflue qui ruine le foie et qui y assemble, avec le temps, beaucoup de mauvaise humeur. La gale et la faiblesse des sens viennent souvent de son usage immodéré, et nous avons quelquefois observé que, pour peu qu'on ait des dispositions à la ladrerie blanche, le cidre suffisait pour rendre cette maladie incurable.

Le vin, que l'on peut nommer « le sang de la terre », est l'ennemi capital des enfants. La jeunesse en est corrompue, parce qu'elle s'en sert souvent comme d'un doux poison. Mais, pour ne m'étendre pas davantage sur ce sujet, l'on me permettra de dire en général qu'il est contraire en toute sorte d'âge par l'excès de sa chaleur et de son humidité : d'où vient que les maladies chaudes ou froides, qui sont causées par son excès, conduisent ceux qui en sont attaqués dans des suites funestes et dans des convulsions horribles qui les mènent indubitablement à la mort.

Nous avons presque tous, tant que nous sommes, les entrailles échauffées, la tête faible, le sang trop chaud; et nous sommes sujets, principalement en cette ville, à des fluxions importunes. Ce siècle est rempli de bilieux et de mélancoliques, par l'excès d'une bile brûlée. Les maladies aiguës sont toutes ordinairement accompagnées d'une chaleur insupportable : et ce serait alors faire une grande faute que d'user de vin, puisqu'il ne convient pas même aux personnes saines, à moins qu'il ne soit bien trempé. L'eau au contraire apaise d'abord la fureur des fièvres. Elle tempère les entrailles qui en sont incommodées, et guérit presque elle seule les grands maux, qui souvent ne peuvent être combattus sans son secours.

L'eau est un élément le plus beau et le plus nécessaire de tous. Elle est tellement utile à la vie spirituelle et temporelle, que nos plus sacrés mystères ne sauraient être célébrés sans eau, et que nous ne saurions vivre sans en avoir. La nature même, pour le répéter, l'a estimée si nécessaire aux hommes, qu'elle en a mis partout où l'on se peut trouver, et je puis dire que ç'a été l'eau plutôt que le feu qui a été la cause que les hommes se sont mis ensemble pour faire des villes.

La meilleure de toutes les eaux est celle qui est froide, claire, pure, légère et sans saveur; ce que l'on peut appeler *douceur dans l'eau*, qui s'échauffe en peu de temps, et qui se refroidit de même : enfin, pour être bonne elle doit être sans odeur ; elle doit plaire à la langue et au palais, et être agréable à la vue. Ce sont des marques assurées qu'elle passera bientôt par les urines, et qu'elle ne chargera pas l'estomac après l'avoir bue. Celle qui sort de la crevasse d'un rocher exposé au soleil levant, aura toutes ces bonnes qualités; mais l'on doit bien prendre garde de ne pas s'y tromper, comme fit autrefois l'armée du prince César Germanicus, aux côtes de Frise, où elle but de l'eau d'une fontaine minérale, qui la rendit en peu de temps presque toute scorbutique.

L'eau de fontaine, de puits, de citerne, ou de rivière, est très excellente à boire, pourvu qu'elle ait les qualités que nous venons de dire. Il faut que la fontaine soit fort nette, le puits découvert, la citerne garnie de gros sablons ou de petits cailloux, et que la rivière n'ait point de boue dans son lit.

L'eau de quelqu'une de ces espèces étanche merveilleusement la soif, répare l'humeur radicale et empêche la dissipation, tempère la chaleur des hommes, de quelque âge et de quelque région qu'ils puissent être. Elle sert à toutes les coctions qui se font dans notre corps ; elle distribue l'aliment qui nourrit nos parties; elle apaise puissamment les ardeurs de la colère et de la bile, que le vin excite d'une manière extraordinaire. C'est l'usage de l'eau qui fit autrefois nommer *sages*, les rois de Perse, qui faisaient porter partout où ils allaient de l'eau du fleuve d'Eulée ou de Choaspe. En effet, l'eau nous cause de grands biens. Elle nous humecte et nous donne une liberté de ventre; elle empêche que les vapeurs chaudes et bilieuses ne nous fassent mal à la tête. Elle nous fait dormir avec beaucoup de plaisir et de tranquillité, et les fluxions ne sont jamais excitées comme par le vin.

Après tout, si nous considérons les bons effets que produit l'eau dans ceux qui en usent ordinairement, nous verrons qu'elle rend la couleur plus agréable, l'haleine plus douce et les sens plus vifs; qu'elle répare les forces. et qu'enfin elle fait vivre plus doucement. En effet, Samson n'eût jamais été si fort, si sa boisson ordinaire eût été autre chose que de l'eau.

Le vin, au contraire, émousse la pointe des sens, augmente les douleurs de tête, et fomente la chaleur des entrailles, qui est souvent excessive; il brouille l'imagination; il efface la mémoire et trouble la raison; il corrompt les humeurs, et souvent il cause par son excès la stérilité des femmes, ou du moins des maladies incurables aux enfants qui naissent de parents débauchés.

Qu'on ne me dise donc pas que le vin réveille l'âme et qu'il excite l'esprit; car je répondrai que cette vigueur artificielle ne dure pas longtemps quand on en use avec excès. Il est comme de la chaux vive que l'on jette au pied d'un arbre, qui rend, à la vérité, son fruit plus coloré et plus mûr, mais qui tue l'arbre bientôt après.

Qu'on ne me dise pas encore, pour mépriser l'eau, qu'elle ne convient ni aux sains, ni aux malades; qu'Hippocrate et Galien se servaient de vin pour guérir la plupart des maladies aiguës. Car si l'on examine de bien près ce que ces deux médecins en rapportent, l'on verra aussitôt que la boisson qu'ils donnaient quelquefois à leurs malades était plutôt de l'eau que du vin, puisqu'ils ne mêlaient cette liqueur parmi l'eau que pour en ôter la crudité. Je pourrais rapporter ici, pour faire valoir l'eau, ce que ce dernier médecin a laissé par écrit, qu'il n'a jamais vu personne attaqué de fièvre ardente qu'il n'ait guéri après lui avoir donné abondamment de l'eau fraîche à boire.

Mais ce ne serait point encore assez pour l'éloge de l'eau, que d'avoir rapporté ce que nous avons dit ci-dessus, si la semence dont nous sommes formés ne lui était semblable, si nous ne nagions parmi les eaux dans le ventre de nos mères, et si notre cœur même n'en était incessamment arrosé.

La nature, qui est l'ouvrière de toutes choses, nous veut sans doute marquer par là, que, comme l'eau est ce qui nous donne l'être et nous le conserve ensuite dans les eaux de nos mères, elle doit aussi être la principale chose qui nous fasse vivre, lorsque nous en sommes sortis, puisqu'elle nous sert de principe pour perpétuer notre espèce.

Vénus, qui n'est autre chose que la passion de l'amour, nous fait encore voir que l'eau est une excellente chose, et qu'on la doit préférer à toutes les liqueurs, puisqu'elle en a voulu tirer son origine. Avant le déluge, les hommes ne buvaient que de l'eau, et l'on sait quel âge ils vivaient alors, puisqu'il s'en est vu qui ont atteint des huit et neuf cents ans; et présentement même, il y a plus des trois quarts des hommes qui ne se servent que de cette boisson, parmi lesquels il y en a qui vivent des siècles entiers. Cette façon de vivre n'est point misérable, comme quelques-uns se le persuadent; c'est un refuge assuré contre la misère; et c'est par cet artifice que de grands hommes ont vécu longtemps, qu'ils ont eu l'esprit sain et le corps robuste, et qu'ils ont été agréables à Dieu et aux hommes. Depuis que l'on a porté du vin et de l'eau-de-vie dans le Canada, les Iroquois, les Hurons et les Algonquins ne vivent pas aussi longtemps qu'ils faisaient auparavant. Ils sont même sujets, pendant le peu de temps qu'ils vivent, à des maladies surprenantes, qui ne viennent sans doute que de ce qu'ils ne boivent plus d'eau.

Ajoutons encore à cela que la nature a des appétits secrets pour demander ce qui est le plus propre à la vie; et parce qu'il y a dans de certaines personnes une répugnance à boire du vin, et une inclination à boire de l'eau, il faut aussi croire qu'elle leur a donné assez de chaleur pour ne pas en devoir chercher au dehors par l'usage du vin,

Ceux qui ne boivent que de l'eau ont souvent plus de santé que les autres; ils ont la vue plus perçante, et l'esprit plus éclairé, ils aiment davantage les sciences, et sont plus propres aux conseils et aux grandes affaires. Il est vrai que le vin nous donne du feu, et nous fait paraître plus spirituels que nous ne le sommes; mais, en vérité, il ne nous cause de l'éclat que dans la superficie.

L'amour des femmes fait notre tempérament, et l'expérience nous fait voir qu'il y a des hommes plus chauds et plus amoureux les uns que les autres. La chaleur est le principe de toutes choses. Elle entre dans toutes les actions de la nature; et parce que la génération en est la plus belle et là plus considérable, aussi ne s'accomplit-elle jamais sans qu'elle y soit. L'humidité y a sa bonne part, sans laquelle la chaleur ne saurait, en aucune façon, agir dans la production des animaux. Ce sont particulièrement ces deux principes que la nature emploie tous les jours pour engendrer toutes choses; et j'aurais de la peine à dire lequel des deux est le plus nécessaire, si je n'apprenais de quelques philosophes et de l'expérience même, que l'eau est ce qui doit tenir le premier lieu dans la génération des animaux : car, outre tout ce que nous avons dit ci-dessus, nous savons que les pays médiocrement froids sont beaucoup plus peuplés que ceux du Midi, et qu'il se trouve plus de villes sur le rivage de la mer et sur les bords de lacs et des rivières, que dans la plaine. On n'en saurait donner de plus forte raison, sinon que le pays du Septentrion, et les bords des étangs, des rivières ou de

la mer étant beaucoup plus humides que la plaine, ils sont aussi plus propres à
la génération. Et la mer ne produit-elle pas des poissons qui multiplient bien
plus que les animaux terrestres ? Nous avons l'expérience en France, que ceux
qui ne vivent presque que de coquillages et de poisson, qui ne sont que de l'eau
rassemblée, sont plus ardents à l'amour que les autres. En effet, nous nous y
sentons bien plus portés en carême qu'en toute autre saison, parce qu'en ce
temps-là nous ne nous nourrissons que de poisson et d'herbe, qui sont des aliments composés de beaucoup d'eau.

Après tout, l'illustre Tiraqueau n'eût pas engendré trente-neuf enfants légitimes, s'il n'eût été buveur d'eau ; et les Turcs n'auraient pas aujourd'hui plusieurs femmes, si le vin ne leur était défendu : car, puisque l'eau est d'elle-même
venteuse, elle cause aux hommes qui en usent pour boisson, plus de chatouillements que n'en ont ceux qui ne boivent que du vin ; et je suis assuré que, pour
la génération, l'humidité et les vents sont deux choses qui sont les plus nécessaires. Il est donc évident, après tout ce que nous venons de dire, que ceux qui
ne boivent que de l'eau sont plus amoureux, et qu'ils vivent plus que les autres.

CHAPITRE VIII

Les saisons ont beaucoup d'empire sur nos corps et sur nos humeurs ; nous
ne sommes pas de même en été comme en hiver. La bile domine dans cette sai-
son-là, et la pituite dans celle-ci. Ainsi, l'approche ou l'éloignement du soleil
cause la variété de notre tempérament. L'été nous échauffe le sang, l'automne le
sèche, l'hiver le refroidit, et le printemps l'humecte et le rend fluide : si bien que
la variété des saisons change notre tempérament, parce qu'elle change les liqueurs
de notre corps ; et comme nos inclinations suivent notre tempérament, au rapport de Galien, si notre complexion est changée par la variété des saisons, selon
que l'expérience nous le montre, il ne faut pas douter que nous ne soyons présentement tout autres que nous n'étions auparavant.

La variété des climats fait encore en nous la variété de nos inclinations. Nous
sommes à Archangel d'une autre humeur pendant l'hiver, que nous ne le sommes à Alexandrie d'Égypte, l'année suivante, pendant la même saison. L'air, les
eaux, la façon de vivre, et les autres choses, changent si fort notre complexion,

et elle est si différente dans ces deux lieux, qu'elle produit en nous des effets tout opposés.

L'âge nous rend plus inconstants que tout ce que nous avons dit. Dans notre enfance, nous voulions ce que nous abhorrons présentement dans un âge plus avancé, et notre vieillesse ne peut supporter le souvenir des faiblesses de nos premières années: si bien qu'il y a des plaisirs et des haines de tout âge. Bien plus, nous changeons tous les ans, tous les mois, toutes les semaines, et même tous les jours: de sorte qu'il ne faut pas s'étonner si notre âme est si chancelante, puisqu'elle se sert de notre sang et de notre tempérament pour faire ses plus belles actions.

Il semble que le changement nous soit naturel; car, lorsque nous avons trouvé quelque chose d'assuré et de constant, bientôt après nous nous en rebutons, et notre constance n'est pas de longue durée. Nous sommes de véritables pyrrhoniens, tous tant que nous sommes, et nous flottons entre la vérité et le mensonge.

Quand nous faisons réflexion sur notre nature, nous avons peine à croire que tant de contradictions viennent de nous: nous sommes donc inconstants, puisque nous les connaissons. Que l'on regarde dans l'antiquité si l'on trouvera quelque homme constant qui ait dressé sa vie sur quelque chose de ferme et d'assuré. Si on le rencontre, qu'on examine s'il n'a rien de fardé, qu'on le pratique dans sa maison, qu'on le voie dans son particulier pour savoir s'il exécutera bien le modèle de vie qu'il s'est prescrit: et après cela je suis assuré que l'on ne trouvera personne dont les actions de sa vie soient constantes; on ne verra que saillies qui naissent d'un principe inconstant. L'imagination grossit les objets, et nous les fait voir tout autres qu'ils ne sont. Ce n'est pas notre raison qui nous conduit: c'est la coutume, la mode, l'opinion, l'inclination, l'appétit et les occasions qui nous ménagent. Notre volonté n'est point juste; nous voulons et nous ne voulons pas; nous désirons présentement une femme, et demain une amie; en vérité, notre vie n'est qu'un mouvement inégal et irrégulier. Nous nous troublons nous-mêmes par l'instabilité de notre nature, et je puis dire hardiment que l'homme est un animal le plus inconstant et le plus contrefait qui soit au monde. Ce magistrat, dont la réputation est établie, et la vieillesse vénérable qui donne du respect à tout le monde par sa gravité, se gouverne, comme on le croit, par une saine raison de juge, selon l'apparence des choses, avec justice, sans s'arrêter aux vaines circonstances qui souvent les accompagnent, et qui ne frappent que les faibles esprits. Il entre au palais avec une gravité catonique; il se place sur les fleurs de lis pour y rendre la justice, mais si l'avocat ne lui plaît pas, qu'il ait une voix enrouée ou une langue bègue, qu'il soit laid de visage, ou que par hasard il laisse choir son bonnet; alors la gravité du magistrat se perd, il en rit, il en badine. Il n'est plus ce qu'il était auparavant, et cela seul suffit pour faire une injustice, et pour faire perdre le procès à l'avocat. Bon Dieu, quelle inconstance il y a dans l'homme ! il y a souvent des mouvements de fièvre que la santé ne saurait imiter.

Cette demoiselle [1] dont Pétrone nous fait l'histoire par la bouche de Sénèque, pour en parler encore ici, qui était l'exemple de la chasteté et de la constance de son voisinage, et qui avait résolu de mourir dans le sépulcre, auprès du corps de son défunt mari, se laisse lâchement persuader par un soldat qui lui en conte, et qui fait avec elle ce que la bienséance ne permet pas de dire. Cette femme était depuis peu triste jusqu'à la mort, et présentement il n'y a point de joie à laquelle on puisse comparer la sienne ; elle se sent heureuse, mais c'est d'un bonheur de frénétique, qui a ses fougues et ses saillies. En vérité, l'homme est un caméléon, qui change de couleur selon les différents lieux où il est. Il n'est pas besoin d'en rapporter ici d'autres exemples pour le prouver ; et si d'un nombre infini nous en voulions choisir quelqu'un, nous dirions que l'empereur Auguste, quelque grand qu'il fût, ternit sa gloire par sa grande inconstance. Certes, nous n'allons pas : on nous emporte tantôt doucement, tantôt avec violence. Cet homme, qui était hier fort courageux, parce que la nécessité, la colère et le vin lui échauffaient l'imagination, est aujourd'hui le plus grand poltron du monde. Quelle inégalité et quelle inconstance est ceci ! Cette variété a .pourtant ses causes, puisqu'elle semble être si naturelle à l'homme.

On ne se tromperait peut-être pas si nous attribuions notre inconstance à l'ordre que Dieu a donné à la nature, qui ne se conserve que par des changements réciproques et successifs. Les astres ne demeurent jamais en repos ; les saisons sont opposées les unes aux autres ; les éléments, qui entrent dans la composition des mixtes, se font incessamment la guerre sans se détruire. Toutes les générations du monde ne se font et ne se conservent que par des changements : l'homme même ne se forme dans les entrailles de sa mère que par des matières différentes, et ne se conserve que par la diversité de ses mouvements. Le cœur, où réside l'âme comme dans son trône, est-il toujours dans une même assiette? Le sang, par lequel nous vivons, est composé de parties si différentes, que nous ne vivrions pas si sa matière était égale et ses qualités semblables. Enfin, tout ce qui est au monde ne se fait et ne se conserve que par la variété et l'inconstance. Ainsi, l'instabilité de notre tempérament faisant l'inconstance de nos inclinations, contribue à la beauté du monde raisonnable, et à nous rendre variables et légers.

Or, puisque nos actions dépendent de notre tempérament, et que notre

---

1. La matrone d'Éphèse.

tempérament est si inconstant par le changement de nos humeurs, nous pouvons conclure que l'homme est le plus changeant et le plus inconstant de tous les animaux, et que sa raison, bien loin de détruire sa faiblesse, sert souvent à lui augmenter son inconstance.

Après avoir prouvé que les deux sexes sont naturellement inconstants, et en avoir découvert la cause, il me semble que je puis présentement examiner lequel des deux, ou de l'homme ou de la femme, est en général le plus inconstant; et puis, descendant dans le particulier, voir lequel des deux est le plus léger en amour.

Nous avons prouvé fort clairement au liv. II, chap. III, art. 2, que les hommes en général étaient plus chauds que les femmes, parce qu'ils étaient plus tôt formés dans le sein de leurs mères, qu'ils s'agitaient plus tôt dans leurs flancs, et qu'ils naissaient aussi plus tôt; qu'étant nés, ils agissaient avec plus de force et de fermeté dans tout ce qu'ils entreprenaient; qu'ils avaient le pouls plus plein et plus fort, et qu'enfin, comme les bêtes mâles étaient les plus fermes et les moins molles, les hommes aussi étaient plus vigoureux, et par conséquent plus chauds; et bien que nous ayons dit au même lieu qu'il y en avait qui croyaient que les femmes fussent plus chaudes de tempérament que les hommes, nous y avons pourtant fait voir qu'ils se trompaient lourdement, puisque les raisons que nous y avons alléguées ont fait connaître que les femmes en général étaient plus froides et plus humides que nous.

Nous ne nous arrêterons donc point ici à des difficultés qui sont décidées ailleurs d'une manière claire et convaincante. Il suffit que nous disions seulement que les femmes en général étant froides et humides, si on les compare aux hommes, elles ont aussi l'imagination plus faible, la raison moins solide, et la volonté plus légère, parce que la force de leurs facultés ne dépendant que de la chaleur des esprits et de la fermeté des parties dont l'âme se sert pour les faire agir, et que les femmes n'ayant ni tant de chaleur d'esprit, ni tant de fermeté des parties que les hommes, on peut dire que les facultés de leur âme sont plus faibles et plus languissantes.

Sur ces principes, les jurisconsultes veulent que les femmes aient des curateurs, et qu'elles rendent compte de l'administration des biens de leurs enfants, parce que, selon le sentiment de Cicéron, elles sont si faibles qu'elles ne sont pas capables de donner un bon avis. Ils veulent encore qu'elles soient mises à mort avant les hommes pour découvrir ce qu'ils ont dessein de savoir dans les conspirations notables; car, comme les femmes, ajoutent-ils, sont plus faibles que les hommes, l'expérience leur a montré qu'il en fallait user de la sorte.

En effet, les femmes ne sont pas plus constantes que les enfants, dont le tempérament est presque tout semblable; car elles sont humides comme eux, et leur chaleur médiocre est si embarrassée dans l'abondance de leur humidité, qu'à tout moment elles donnent des marques de leur faiblesse et dé leur inconstance.

Salomon, le plus sage de tous les hommes, qui connaissait mieux les femmes que nous, les compare au. vent, et dit fort à propos que celui qui a une femme dans sa possession, qui tâche de la retenir pour lui seul, ressemble à celui qui veut retenir le vent entre ses bras. En vérité, elle est bien légère par sa nature, et se laisse aller aisément aux petites choses par la faiblesse de son jugement ; elle s'arrête à la bagatelle, et passe toute sa vie à faire ce qui marque l'instabilité de son sexe. Sa taille est petite, ses forces médiocres, ses actions languissantes ; en un mot, elle est plus faible et plus inconstante que l'homme.

L'homme, au contraire, est plus grand, plus vigoureux, plus agissant ; ses conceptions sont meilleures, et son raisonnement plus fort. Il est plus résolu et plus ferme dans ses affaires, plus constant dans ses entreprises, et plus hardi dans ses actions, parce qu'il a une complexion plus chaude, plus sèche et plus forte. C'est sans doute pour cette raison que l'Écriture veut qu'il ait la supériorité sur la femme, et qu'il soit le maître et le seigneur de la famille.

La constance de quelques femmes exposées aux tourments ne me fera pas ici changer de sentiment. Nous savons que la belle Léene aima mieux se couper la langue et la cracher aux yeux du bourreau, que de rien révéler du meurtre du tyran ; et que la constante Epicharis se résolut plutôt à mourir que de rien avouer dans la conspiration de Néron : mais, comme ces exemples sont fort rares, et que, pour faire une maxime générale, on doit en avoir plusieurs, je demeurerai toujours dans mon sentiment, et je dirai que les femmes en général sont plus variables que les hommes. Mais peut-être se trouvera-t-il des occasions où elles le seront moins que nous ; c'est ce que nous voulons présentement examiner.

L'amour est une passion si badine et si violente, qu'on la remarque ordinairement avec plus d'excès dans les petites que dans les grandes âmes. J'avoue que nous en sommes tous touchés ; mais, à dire le vrai, les plus faibles, du nombre desquels sont les femmes, en sont plus embarrassées que nous. Et comme la persévérance est une qualité inséparable de l'amour, nous pouvons en conclure que les femmes aiment plus longtemps, et qu'ainsi elles sont en amour plus constantes que nous ; car l'amour cesse quand on n'aime plus, et l'on doit toujours aimer réellement, pour dire que l'on aime.

Si nous considérons ce qui se passe tous les jours parmi nous dans le monde, nous serons convaincus de cette vérité. L'expérience nous apprend que la pudeur des femmes les empêche de s'évaporer, et les oblige en même temps à n'aimer que ceux avec qui elles ont plus de liberté permise. La pudeur est encore une certaine honte qui les retient dans leur devoir, et qui souvent les rend constantes malgré elles. J'en dis de même de la timidité qui accompagne ordinairement le beau sexe. Cette retenue, qui est naturelle aux femmes, ne s'éloigne guère de la constance ; je pourrais dire qu'elle est sa compagne inséparable.

D'ailleurs il y a peu de femmes qui n'aiment éperdument ceux avec qui elles ont pris le dernier plaisir. Elles sont tellement attachées à leurs premiers amants, que si, par quelque grande considération, elles sont obligées de s'allier à d'autres, elles conservent toujours dans leur cœur un je ne sais quoi de tendre pour celui qui leur a ravi la fleur de leur virginité.

Au reste, nous savons qu'elles sont plus sédentaires et moins propres aux affaires que nous, et que la solitude et l'embarras de leur ménage les éloignent des compagnies : si bien qu'elles n'ont pas si souvent que nous des occasions où elles peuvent être infidèles.

Enfin, les lois les retiennent en punissant sévèrement celles qui ont été trop légères, en les condamnant à être rasées, et à être mises dans une prison perpétuelle, pour avoir été trop inconstantes en amour.

Je ne m'arrête point ici à l'exemple de quelques femmes abandonnées par la chaleur de leur tempérament ; car, quoique Lépidas, tante de Néron, sous le nom de Quartille dans Pétrone, ne se soit jamais connue vierge, que les deux Tullies, les deux Jeannes de Naples, et quelques autres aient fait gloire d'être caressées par plusieurs hommes, cela n'empêche pourtant pas que la proposition générale ne soit véritable, savoir que les femmes sont plus constantes en amour que les hommes.

Que, si nous faisons réflexion sur notre tempérament et les inclinations qui le suivent, nous serons convaincus par nous-mêmes que l'amour ne nous assujettit pas avec tant de tyrannie qu'il fait les femmes. La multiplicité des affaires nous embarrasse : pour nous délasser, nous prenons le premier jouet et le premier divertissement que nous trouvons. Notre grande chaleur nous donne la hardiesse à faire de nouvelles conquêtes. Nous en contons hardiment aux premières que nous trouvons, et souvent nous nous satisfaisons où les occasions nous sont favorables. Notre esprit est trop libre pour nous assujettir à une constance tyrannique, et les dégoûts que l'amour nous fait naître pour une personne, nous obligent souvent à changer de divertissement. Celle qui nous a plu pendant huit jours nous déplaît ensuite, et les petits chagrins que l'amour fait naître dans les caresses de cette femme sont bientôt changés en de nouvelles espérances pour une autre. Il nous fait accroire que les nouveaux contentements sont d'une autre nature que les passés, et ainsi il fomente notre inconstance naturelle par cette nouvelle piperie et par ces vaines espérances.

Au reste, comme les plaisirs et les épuisements sont plus grands dans les hommes que dans les femmes, et que d'ailleurs nos dégoûts sont plus insupportables et mieux fondés, l'Amour, qui ne cherche qu'à nous surprendre, pour rendre son empire plus grand et plus peuplé, nous persuade adroitement par des sentiments secrets que le changement nous sera plus agréable et plus voluptueux que la constance; et alors nous sommes si simples, que, bien que nous ayons l'expérience du contraire, nous nous laissons lâchement aller à ses persuasions secrètes et à ses mouvements cachés : témoin une infinité d'hommes qui surent parfaitement aimer, et qui, à l'imitation d'Ovide, furent les plus inconstants de tous. Certes, Tibulle et Properce ont bonne grâce de taxer les femmes d'inconstantes quand il est question d'aimer, puisque le premier abandonna Délie pour Némèse, et qu'il se dégoûta de toutes deux pour caresser Néère, et que l'autre ne se contenta pas de Cinthie.

Si une femme a dit spirituellement qu'elle cherchait avec empressement les caresses de plusieurs hommes, parce qu'elle était raisonnable, ne puis-je pas dire que la raison étant plus forte dans les hommes que dans les femmes, ils peuvent aussi s'en servir aux mêmes conditions? Plus l'on est raisonnable, plus l'on est exposé aux souplesses de l'amour; et comme l'amour est quelque chose de naturel, et qu'il obsède tout le monde, on peut dire que tous ne peuvent se défendre de ses appâts, et qu'ordinairement il trouble l'âme des uns et des autres. Mais comme l'amour excessif est une maladie commune aux deux sexes, ceux qui ont le plus de force d'âme résistent plus courageusement à sa tyrannie; et, si quelquefois ils en sont épris, ils changent souvent d'objets pour éviter les alarmes et les embarras qu'il donne toujours : au lieu que les petits esprits n'ayant pas assez de force d'âme pour résister à ses mouvements secrets, et d'ailleurs étant plus timides, ils se laissent lâchement emporter par la faiblesse de leur condition, et demeurent ainsi continuellement liés à la personne qu'ils aiment.

S'il est donc vrai, comme l'expérience nous le fait voir, que tous les hommes ne peuvent s'assujettir longtemps à l'empire de l'amour, et qu'ils ne suivent qu'avec saillie ses inspirations secrètes, on doit conclure, après ce que nous venons de dire, qu'ils sont en amour beaucoup plus inconstants que les femmes.

CHAPITRE IX

SI L'ON PEUT AIMER SANS ÊTRE JALOUX.

Je ne saurais me persuader que les stoïciens, qui ont tenu le premier rang parmi les anciens philosophes, fissent leurs sages exempts de toutes sortes de passions. Ils savaient très bien que la passion leur était si naturelle, qu'il était impossible de détruire dans l'homme ce qui lui était si essentiel. Si nous avons quelque foi pour ce que nous dit le philosophe Sénèque, qui était le maître de cette secte, nous serons convaincus de cette vérité. Il avoue franchement que le sage ne peut s'empêcher d'avoir des émotions dans l'âme, mais aussi que sa raison peut bien s'opposer puissamment à leur excès.

En effet, puisque nous sommes composés d'intelligence, d'âme, d'esprit et de corps, comme nous le prouverons ailleurs ; que notre intelligence a quelque rapport aux anges, et que notre âme, venue de nos parents, participe de la nature de celle des bêtes, il n'y a pas lieu de douter que les passions ne soient naturelles à l'une et à l'autre. Moïse nous apprend que les anges ont été jaloux et orgueilleux tout ensemble, et nous voyons, par expérience, que les bêtes se laissent tous les jours aller à leurs passions déréglées ; témoin le bouc qui tua le pasteur Gratis, parce qu'il avait caressé amoureusement sa chèvre.

Nous savons que les maladies sont comme naturelles à l'homme, quoi qu'en veuillent dire les médecins, puisque, depuis le commencement des siècles jusqu'à présent, l'on n'en a trouvé aucun qui en ait été exempt. Notre corps est composé de parties si différentes en tempérament, et nous sommes exposés à tant d'accidents, qu'il est impossible que, dans notre vie, nous ne souffrions quelque incommodité. Il est vrai qu'il y en a de légères et de fortes, et que de ces dernières il y en a de dangereuses, dont on ne meurt point, et d'autres pernicieuses, dont on ne peut réchapper, à cause de la corruption d'une partie nécessaire à la vie, ou de quelque autre cause violente. Ce sont ces dernières maladies que les médecins disent être contre les lois de la nature. Mais les hommes qui ont un bon tempérament ne sont exposés qu'aux légères maladies : ce qui leur fait dire qu'ils se portent toujours bien.

J'en dis de même des passions de l'âme. Elles sont si naturelles à l'homme, que ceux qui ont voulu en exempter tout à fait le sage, ont avoué facilement qu'il n'en avait que des émotions légères qui pouvaient être domptées par sa raison : et c'est ce qui fait dire à quelques-uns que le sage est exempt de passion. Mais ils sont demeurés d'accord que les autres hommes y étaient sujets comme les bêtes, et que la partie inférieure de leur âme était le lieu où elles résidaient. De sorte qu'il y avait des passions si enracinées dans ces hommes-là, qu'elles étaient sans remèdes, et d'autres, quoique grandes, que l'on pouvait guérir par des remèdes efficaces et salutaires.

Puis donc que les passions sont naturelles à l'homme, comme nous venons de le dire, la jalousie, qui est une des plus violentes, et qui est comparée à la mort et à l'enfer par l'Écriture, ne l'abandonnera jamais ; et comme elle vient de l'amour, nous sommes obligés de croire que tous ceux qui aiment sont jaloux ; c'est ce que nous avons dessein de prouver par ce discours.

Il n'est pas besoin de dépeindre ici l'amour. Nous en avons fait diverses peintures dans tout ce livre, où nous avons exposé aux yeux de tout le monde sa nature et ses effets ; il suffira seulement de parler ici de la jalousie, qui en est comme la fille.

Nous avons dit ailleurs que la beauté avait des charmes si puissants, principalement si elle se trouvait dans un sexe différent du nôtre, qu'elle nous entraînait même contre notre volonté, et, quelques efforts que nous puissions faire, il était presque impossible de nous en défendre. En effet, elle a tant d'attraits pour nous, qu'elle embrase d'abord notre cœur, qu'elle force notre volonté, et qu'elle fait obéir nos parties amoureuses à ses invincibles appas. Alors elle cause en nous un ardent désir de posséder une belle personne, et c'est ce désir que nous nommons *amour*, qui est sans doute la source de toutes les passions de notre âme.

Quand on aime bien, l'âme conserve des idées présentes à l'objet absent, et reçoit une extrême joie quand on lui parle de ce qu'elle aime. Mais parmi les vérités que l'on en débite, souvent il s'y glisse des mensonges et des impostures, et les véritables rapports sont souvent mêlés avec les faux. C'est ce qui mène l'âme dans l'erreur, qui la fait entrer en défiance par des soupçons, des conjectures et des doutes qu'elle se forge. Souvent on croit n'avoir pas assez de charmes pour mériter les bonnes grâces d'une personne, et en même temps on pense que cette personne peut être inconstante et qu'elle cesse d'aimer : c'est ce qui arriva à Poppée, qui examinait après l'impuissance de Néron, comme Pétrone l'observe. Alors, par la faiblesse de notre nature et par l'imposture de l'amour, ces conjectures se changent en preuves, et ces doutes en convictions, quelque assurance que l'on ait de la personne aimée. En vérité, nous ne saurions bien aimer sans être jaloux ; car, après être arrivés à ce haut degré d'amour où nous ne pouvons demeurer par notre inconstance naturelle, nous sommes obligés de tomber dans la froideur ou dans la haine, en passant toujours par la jalousie. Le médecin Celse, qui est un maître dans la connaissance de la nature de l'homme, a dit fort à propos qu'un homme qui est plus gras qu'à l'ordinaire devait craindre de tomber malade, parce que les choses de ce monde étant toutes inconstantes, il ne devait pas demeurer longtemps dans cet embonpoint.

C'est parmi tous ces troubles que l'âme est en désordre et comme en délire, et qu'après s'être défendue des apparences, et avoir coupé, pour ainsi dire, une tête à l'hydre, elle se laisse subordonner aux faiblesses de l'amour, qui lui fait souvent paraître des chimères pour des vérités, et qui fait naître à l'hydre dix têtes pour une qu'on lui a coupée.

Il n'est pas aisé qu'une personne émue d'une passion violente, comme est la jalousie, puisse juger juste dans sa propre cause, et qu'elle puisse voir la lumière parmi tant de ténèbres dont l'amour lui offusque la raison. Moïse avait trouvé un expédient sur cela, sans que l'homme et la femme fussent eux-mêmes leur propre juge. Le grand prêtre faisait boire aux femmes accusées d'impudicité un grand verre d'eau très amère, qu'on appelait *eau de jalousie*. Il prétendait par là guérir l'esprit des maris jaloux, en faisant paraître le crime par l'effet de cette eau de probation, qui devait faire pourrir le ventre de la femme criminelle, ou conserver la santé de celle qui était innocente. Nous aurions de la peine aujourd'hui à faire de pareilles épreuves, et je ne sais si nous pourrions croire qu'un larcin secret pût être découvert par ces sortes de moyens.

Cependant l'âme agitée de diverses passions cherche toutes sortes de moyens pour se dégager des doutes qu'elle s'est faits. Alors la curiosité l'anime à examiner toutes les circonstances de la faire. Elle observe et épie exactement ce qu'elle aime, de peur qu'elle ne le perde, mais cette recherche extravagante fait son mal pire qu'il n'était; et, au lieu de la guérir, elle y apporte souvent la gangrène. C'est ce que nous ont voulu dire des théologiens païens, par la fable qu'ils nous ont débitée; savoir, que Vulcain, ennuyé un jour des impudicités de sa femme, se résolut, pour se venger d'elle, à faire éclater sa jalousie en présence de tous les dieux qu'il croyait lui être propices et favorables. Mais, après avoir tendu des rets pour surprendre Mars et Vénus ensemble, bien loin de guérir par là sa passion, il se l'accrut, et fut estimé infâme parmi les dieux, pour avoir découvert un crime caché ; et de plus, les dieux furent si scandalisés de l'action de Vulcain, qu'en le chassant honteusement du ciel, il tomba à terre, et se cassa une jambe. Voilà ce qui arrive à nos jaloux ; la vengeance se mêle avec la jalousie, et pour avoir le plaisir de faire connaître aux hommes la faiblesse de leurs femmes, en découvrant leur secret amoureux, ils s'attirent la risée de tout le monde, et une tache perpétuelle pour leur réputation.

Mais, comme l'âme n'ignore pas que tout ce qui est au monde ne soit sujet au changement, elle commence à craindre de perdre tout ce qui fait son bonheur et son plaisir, et qu'un autre ne s'en empare. C'est proprement cette crainte que nous appelons *jalousie*, qui a l'amour pour père, et qui ne peut dénier pour mère la crainte qui l'a engendrée. Cela n'est-il pas étrange que les mêmes inclinations qui causent l'amitié dans le commerce des hommes, soient, dans l'amour excessif, la cause de la haine ?

Cette jalousie est si forte et si puissante dans l'esprit de quelques hommes, qu'il y en a eu, suivant le rapport de Tertullien, qui, au moindre petit bruit que faisait le vent, ou un rat à la porte de leur chambre, appréhendaient qu'on n'enlevât leur femme d'auprès d'eux.

Cette crainte ne s'est pas plus tôt emparée d'une âme faible, que la haine y trouve aussitôt sa place: mais, comme l'amour n'est pas entièrement banni, il s'y passe d'étranges désordres par tant de passions si opposées les unes aux autres ; et, si l'âme n'en est point détruite, elle ne doit assurément sa vie qu'au nombre de ses ennemis : car, d'un côté, la haine glace le cœur où l'âme fait sa principale demeure : elle y éteint presque ses esprits, et y suffoque la chaleur neturelle : d'un autre, l'amour le brûle, et, en y dilatant ses petites cavités, il en augmente les esprits et la chaleur. Pauvre cœur, que ce monstre de passion te fait souffrir ! C'est de ces passions contraires que naissent la colère, les chagrins, la fraude, l'espérance, le désespoir, la joie, la tristesse, la fureur, la rage, et puis l'envie de se venger aux dépens de sa vie et de sa réputation. Il y en a eu même qui ont passé leur jalousie jusqu'après leur mort, comme fit ce roi de Maroc, qui, après avoir été défait en guerre, ne voulut pas que personne jouît de sa femme après sa mort ; c'est pour cela qu'il la mit en croupe derrière lui sur son cheval, et que, poussant vivement le cheval, il se précipita du haut d'une montagne, ainsi que nous le rapporte Jean de Léon.

Mais n'allons point chercher les histoires de l'antiquité sur les effets de la jalousie ; nous n'en saurions trouver de si notables que celle qui arriva l'autre jour à Nice, en Provence. Le seigneur de Castel-Novo, âgé de soixante-sept ans, devint si éperdument amoureux de sa bru, Perrine de Harcouette, de Saint-Jean-de-Maurienne, que, son mari et sa femme lui étant un grand obstacle pour l'exécution de son premier dessein, il les fit tous empoisonner par la fille de chambre de sa femme. Mais, comme l'amour et la jalousie sont exposées à mille accidents divers, le beau-père trouva la mort où il pensait trouver des plaisirs, car sa belle-fille lui plongea le poignard dans le sein lorsqu'il voulut prendre avec elle des divertissements amoureux.

Comme rien n'est caché dans le monde, tôt ou tard la vengeance éclate, le scandale arrive, et par là on publie souvent un crime caché, dont le malheur s'étend quelquefois aux successeurs. Si, par hasard, la personne jalouse vient à se reconnaître, lorsque la maladie est formée et qu'elle n'est pas incurable, elle a pourtant, pour toutes ses peines, la douleur et le repentir, qui sont les effets d'un amour déréglé et la fin de la jalousie : car, partout où se trouve la jalousie, partout se trouve l'amour. Et comme la vie accompagne toujours les malades, et que la douleur ne touche jamais les morts, ainsi la jalousie n'abandonne jamais les amoureux, et ne se trouve jamais où il n'y a que des froids et des indifférents.

Après avoir découvert la naissance, la cause, la nature et les progrès de la jalousie, il me semble qu'il ne sera pas hors de propos d'en examiner présentement la différence et les effets.

L'expérience nous fait voir tous les jours que la raison est quelquefois la maîtresse de nos passions, et qu'elle les modère avec tant de force quand on s'est accoutumé, dès le bas âge, à les dompter, que l'on ne doit pas s'étonner s'il y a des hommes et des femmes qui ne se laissent point lâchement emporter à leurs mouvements impétueux. Joseph eut en apparence de légitimes soupçons de la bienheureuse Marie: mais il sut si bien les étouffer dans leur naissance, qu'il ne se laissa point aller aux excès de la jalousie. Jules-César avait tant de force sur son âme, que, bien qu'il eût de véritables causes pour être jaloux, sa grande âme ne succomba jamais à cette horrible passion. C'est ainsi qu'en usèrent Auguste, Luculle, Antoine et Pompée. Ces grands hommes, qui avaient sujet d'être jaloux, n'en firent point de bruit. On les plaignit plutôt de ce qu'ils étaient vertueux, qu'on ne les blâma de ce qu'ils étaient imprudents. Ils savaient bien qu'ils ne devaient pas se scandaliser de la mauvaise conduite de leurs femmes, et que, s'ils le faisaient, il n'y aurait pas jusqu'aux enfants qui ne les en raillassent.

Les femmes, naturellement, sont plus jalouses que les hommes, comme nous le prouverons ensuite, et ont quelquefois la même force d'âme dans de semblables occasions. Sara eut d'abord quelque légère jalousie de ce que son mari, Abraham, caressait Agar; mais la raison vint aussitôt au secours de sa passion; et, après l'avoir heureusement combattue, elle consentit que son mari fît des enfants à sa servante. C'est ainsi que fit Stratonice, qui, touchée de ce qu'elle n'avait point d'enfants de son mari Déjotarus, et agitée de quelque crainte de le perdre, consentit enfin qu'il en fît à Électra, à condition qu'elle les adopterait et les réputerait pour les siens propres.

Il n'en est pas de même des âmes basses et rampantes : l'amour et la jalousie s'y font ressentir avec plus d'empire et y font paraître avec plus d'éclat le nombre des passions qui les accompagnent. Quand l'amour est arrivé à ce haut point où il ne peut plus croître, ceux qui en sont enivrés appréhendent tout; une œillade les incommode, une conversation les importune, une promenade les inquiète, une collation leur déplaît, une lettre les chagrine : ils ressemblent à ceux qui sont sur un précipice, à qui les yeux s'éblouissent, les pieds chancellent, le corps tremble. Ils craignent de tomber, quoiqu'ils soient dans un lieu de sûreté. Il n'y a que les sages et les stupides qui soient exempts de l'excès de cette passion. Les autres, qui tiennent le milieu, qui composent presque tout le monde raisonnable, sont du nombre des esprits faibles ou médiocres. Ils ont un chancre caché dans le cœur, et, comme parlent les médecins, un *noli me tangere*, qui ne s'entretient que par des ordures croupissantes; c'est-à-dire que la jalousie ne s'entretient dans le cœur de ces petits esprits que par des passions ennemies et par des rêveries continuelles : c'est de là que viennent les inquiétudes, les extravagances et même la folie et la rage des jaloux, qui semblent pourtant avoir quelque espèce de raison, comme Lépidus semblait en avoir lorsque, devenant malade, il en mourut.

Nous serons plus convaincus de ce que je dis, si nous examinons en particulier la jalousie dans l'homme et dans la femme, et si nous cherchons lequel des deux est le plus jaloux.

La crainte de perdre ce que l'on aime est bien plus forte dans l'esprit d'une femme, que celle qui occupe l'âme d'un homme ; et, bien que la femme soit naturellement timide, l'expérience nous fait pourtant voir qu'elle est tellement hardie quand elle est jalouse, que, s'il est question de faire un crime, elle est beaucoup plus intrépide que nous.

D'ailleurs, comme elle est naturellement plus faible, et que par là elle a plus besoin du secours et de l'appui de l'homme, elle a aussi plus de crainte de le perdre quand elle l'aime beaucoup.

D'autre part, parce qu'elle est plus constante en amour que nous, comme nous l'avons prouvé au chapitre précédent, elle reçoit aussi beaucoup plus d'impression par les mouvements de l'amour et de la jalousie.

La lasciveté est encore une puissante cause de l'excès de cette passion ; elle la presse plus que nous, et l'engage plus fortement à être plus jalouse. En effet, elle s'imagine que son mari n'en aura pas assez pour elle, et dans cette pensée lascive, elle craint qu'une autre ne partage avec elle les contentements qu'elle désire avec ardeur, et le bien qu'elle pense lui appartenir.

Au reste, elle se met plus souvent en colère, et y demeure davantage; et alors, la jalousie devenant fureur, elle est capable de faire tout ce qu'il peut y avoir de mal au monde.

Enfin, il n'y a point de bête farouche qui soit plus cruelle que la femme, lorsqu'elle est troublée par la jalousie : il n'en faut point d'autre preuve que celle de Médée, qui tua ses propres enfants pour se venger de son mari ; ni que celle de Laodicée, femme d'Antiochus, surnommé *Dieu*, laquelle, selon le rapport de saint Jérôme sur Daniel, fit mourir Bérénice avec son enfant, parce qu'Antiochus en était père ; et puis elle s'empoisonna de désespoir. C'est cette passion déréglée qui a fait dire fort à propos à l'Ecclésiaste que la *femme jalouse est la douleur du cœur de son mari, et les plaintes de sa famille.*

Les hommes en usent à peu près de la même façon, si ce n'est que la lasciveté n'a point tant de part dans leur jalousie qu'elle en a dans celle des femmes. Ils appréhendent seulement qu'un autre ne ravisse le bien qu'ils pensent n'appartenir qu'à eux seuls ; et, dans cette noire pensée, ils se chargent d'une des plus cruelles passions de l'âme.

C'est la jalousie qui fit perdre la vie à Mariamne, parce que son mari, Hérode, ne pouvait souffrir que l'on aimât sa beauté. C'est aussi la même passion qui obligea le mari de la belle meunière à donner du mal secret à sa femme, pour le communiquer à un monarque des plus illustres de l'Europe, qui aimait beaucoup les belles-lettres ; et, comme il ne put ou ne voulut pas se venger sur sa personne royale, il se vengea sur le corps de sa femme, qui ensuite infecta le roi. Je ne saurais ici passer sous silence ce que l'on nous dit d'Octavius, qui, après avoir baisé amoureusement Pontia Posthumia, fut si vivement choqué de ce que cette femme ne voulut pas l'épouser, après l'en avoir priée, que son amour se changea en fureur : si bien qu'il arracha la vie à celle qui, entre ses bras, la lui avait si souvent redonnée.

En vérité, les hommes ressemblent bien aux cerfs qui, étant naturellement fort craintifs, sont extrêmement jaloux de leurs biches; aussi, les naturalistes ont-ils remarqué que le poil de leur tête était garni de vers qui la leur rongeaient incessamment. François Torre en avait un gros dans le tête, selon que l'histoire d'Italie nous le rapporte, lorsqu'il se pendit à Modène, pendant que dans le dernier siècle François Guichardin en était gouverneur, parce que la courtisane la Colère, qu'il aimait éperdument, toucha la main d'un gentilhomme qui jouait aux échecs avec lui.

Mais, s'il y a de légères maladies que nous domptons par notre sage façon de vivre, il y en a une infinité d'autres qui sont périlleuses et même funestes, ou par notre faute, ou par leur propre nature, que nous ne pouvons combattre par nos remèdes. Ainsi, la raison guérit les légères jalousies; mais elle ne combat pas aisément les fortes ni les désespérées. Je ne sais si l'on eût pu guérir la violente maladie de Procris, que son mari Céphale tua pour une bête sauve, ni celle de Thébé et de Luculla. La première, au rapport de Cicéron, tua Phérée, son mari, sur un fort léger soupçon; et l'autre empoisonna son mari, l'empereur Antonius Virus, parce qu'il aimait Fabia.

Il est donc vrai que les grandes âmes savent, par la force de la raison, résister à la jalousie, qu'elles ne la reçoivent jamais qu'à la porte, pour parler ainsi, sans la laisser entrer dans le logis, où, sans doute, comme un soldat ennemi, elle ruinerait son hôte. En effet, un homme prudent, selon la pensée d'Aristote, doit savoir l'honneur qu'il doit à ses parents, à sa femme, à ses enfants et à lui-même, afin que, le rendant à ceux qui le méritent, il soit estimé juste et saint dans sa famille. Il n'en est pas ainsi des petits esprits, et des médiocres : jamais la raison ne vient à leur secours. Ils se laissent entraîner à la violence d'une passion qui les agite, et n'ont pas assez de force pour résister à ses mouvements excessifs.

Je puis donc conclure que l'amour n'est jamais sans jalousie, et que l'on ne saurait aimer sans être jaloux.

CHAPITRE X

SI LA FEMME TIMIDE AIME PLUS QUE LA HARDIE ET L'ENJOUÉE

Nous avons prouvé ailleurs que les femmes étaient d'un autre tempérament que les hommes, et qu'étant plus froides et plus humides, il était bien raisonnable que la nature les eût créées de ce tempérament, parce qu'elles avaient été faites d'une autre matière que nous et pour d'autres usages. En effet, elles ont plus de part à la génération et dans la perpétuité de notre espèce, que les hommes même. C'est sans doute pour cette raison qu'elles sont ordinairement plus sanguines, ou plutôt qu'elles ne dissipent pas tant de sang que nous, et que d'ailleurs elles sont plus sujettes à des épanchements periodiques et à des règles de tous les mois, qui ne manquent jamais à celles à qui l'âge et la santé le permettent.

Mais, comme leur tempérament est bien différent du nôtre, il n'est pas moins dissemblable parmi elles. Il y en a de sanguines, de bilieuses, de pituiteuses et de mélancoliques, or, pour mieux parler, d'humides, de chaudes, de froides et de sèches. Ces qualités ne sont pas ordinairement seules; elles sont accompagnées d'une autre qui ne leur est pas incompatible : ainsi les sanguines sont chaudes et humides ; les bilieuses, chaudes et sèches ; les pituiteuses, froides et humides ; et les mélancoliques, froides et sèches. Or, de tous ces tempéraments, il n'y a que les sanguines qui peuvent servir à mon sujet ; mais ce sont des tempéraments sanguins qui participent un peu de la bile ou de la mélancolie : d'où naissent des humeurs et des inclinations fort différentes. Car la femme sanguine bilieuse, c'est-à-dire, la chaude et humide, qui aura un peu de bile mêlée parmi son sang, sera gaie et badine, et la sanguine mélancolique, c'est-à-dire, la chaude et humide, où la mélancolie aura un peu de part, sera timide, mélancolique et sérieuse.

Le sang, qui est la liqueur dominante dans le tempérament de ces deux femmes, sera plus subtil, plus ému et plus fluide dans la folâtre que dans la timide : ses esprits seront plus clairs, plus mobiles et plus obéissants à l'âme, parce que la bile, qui, selon le sentiment des médecins, est la partie la plus chaude, la plus sèche et la plus légère du sang, y sera mêlée d'une manière à ne pas nuire à la santé : au lieu que le sang de la mélancolique sera plus épais et plus terrestre, et moins propre à s'agiter ; ses esprits seront aussi plus ténébreux, moins mobiles et plus rebelles aux ordres de l'âme, parce que la mélancolie, qui est une liqueur la plus épaisse du sang, fera une bonne partie de sa masse.

Je ne prétends point parler ici de ces mélancoliques malades qui ont l'imagination troublée, et qui sont véritablement folles, ni de ces autres mélancoliques, froides et sèches, qu'il faut incessamment pousser pour les faire agir ; mais de ces mélancoliques qui ont le sang chaud et sec, et qui, selon l'aveu d'Aristote, et selon l'expérience même, sont des personnes sages et spirituelles. Celles qui ont ce tempérament ne sont ni si tristes ni si mornes que le peuple se le persuade : au contraire, elles sont gaies, enjouées, par le sang qui domine dans leurs veines ; mais, à la vérité, elles ne le sont pas tant que les bilieuses.

Je ne prétends pas aussi parler de ces tempéraments de femmes fort sanguines, qui n'ont que sept ou huit jours de libres pendant un mois, et qui sont sujettes pendant vingt-un ou vingt-deux jours à des écoulements ennuyeux, comme était Mlle de Ling..., qui, de plus, sentait le bouc dès l'âge de douze ans, qui sont bonnes et pacifiques, et qui, dans leur extrême vieillesse, deviennent stupides et hébétées ; mais seulement de celles qui n'ont leurs règles que quatre ou cinq jours de suite, qui sont simples, mais adroites et enjouées, et qui, dans un âge décrépit, ont les sens aussi rassis que dans leur plus vigoureuse jeunesse.

Après avoir fait toutes ces distinctions des tempéraments, examinons à cette heure les signes qui conviennent en général à ces deux complexions, et ceux qui leur sont propres en particulier.

Les filles sanguines bilieuses ont des signes communs qui peuvent convenir aux sanguines mélancoliques. Les unes et les autres sont de toute sorte de tailles : il y en a de grandes, de médiocres et de petites ; toutes deux sont belles ou laides ; l'une et l'autre ont de grosses veines aux bras et aux mains, et du poil au chignon du cou, et le long de l'épine du dos. L'amour les a marquées toutes deux de sa marque, et leur a imprimé sur les joues et sur les lèvres le caractère de la cruauté. Leurs pommettes des joues sont rouges comme du corail ; elles sont au toucher fermes et un peu sèches, et la chaleur dominante ne leur permet pas d'avoir une peau humide et fade, ni le coloris du teint plâtré et dégoûtant.

Il n'en est pas ainsi des autres marques particulières qui distinguent les filles bilieuses sanguines d'avec les sanguines mélancoliques. Celles-là ont un sang plus délié et plus fluide : au lieu que celles-ci en ont un plus grossier et plus visqueux. Dans celles-là, la bile se fait connaître par ses effets, c'est-à-dire une portion du sang la plus chaude et la plus sèche ; et dans celles-ci, la mélancolie, c'est-à-dire une bile brûlée, et un sang épais, qui est beaucoup plus chaud et plus sec que la bile, dont souvent elle est faite. Celles-là ont un feu qui brûle comme de la paille ; et celles-ci en ressentent un autre qui est allumé dans leurs entrailles comme dans un bois vert, qui, bien qu'il n'ait pas tant d'éclat et de lumière que l'autre, a pourtant beaucoup plus de chaleur. C'est donc du sang

que naissent les différences que nous observons dans ces deux sortes de tempéraments que nous découvrons dans le corps et dans l'âme de ces deux filles.

D'ailleurs, bien qu'elles aient toutes deux de l'embonpoint, cependant la bilieuse, ayant un sang plus délié, plus actif et plus pétillant, et ses actions étant plus badines ; de plus, dissipant plus de sang que l'autre, elle doit aussi être plus maigre, et les règles ne doivent couler que trois ou quatre jours de suite, et encore en très petite quantité : au lieu que les règles de la mélancolique coulent plus abondamment pendant sept à huit jours ; et parce que le sang de celle-ci est plus épais et moins actif, que sa vie est plus sédentaire, qui ne lui permet pas d'en faire une si grande dissipation, et d'ailleurs qu'elle dort davantage, ses actions doivent aussi être plus lentes, et son embonpoint plus accompli.

Au reste, la bilieuse a ordinairement la tête petite et les cheveux blonds ou châtains ; mais la mélancolique l'a un peu plus grosse et mieux faite, et son poil et ses cheveux sont noirs : et comme la sanguine bilieuse est plus sujette que l'autre à tomber dans les faiblesses de son sexe par la force de son tempérament, les anciens Romains avaient accoutumé de dépeindre les courtisanes avec des cheveux et des perruques blondes, et les sages matrones avec des noires ; témoin Pétrone, qui, dans son *Histoire satirique*, donne des tresses blondes à Lépida, à Agrippine et à Poppée, les trois plus grandes courtisanes de leur temps. De plus, la sanguine bilieuse a une gorge médiocre et des tetons fermes, qui ne se touchent point, et qui semblent être collés à sa poitrine ; mais la sanguine mélancolique a une grosse gorge, et ses mamelles dures se touchent et se baisent l'une l'autre, pour nous marquer ses inclinations secrètes et amoureuses.

Si ces deux jeunes filles sont distinguées par des signes essentiels que l'on observe dans leur corps, elles ne seront pas moins différentes par les diverses passions qui occupent leur âme.

La fille sanguine bilieuse est de son naaturel agissante et légère, hardie et enjouée, inquiète et inconstante ; elle chante, elle danse, elle folâtre toujours, jamais en repos, toujours badine. L'amour paraît à découvert dans ses yeux et sur son visage, comme il est dans le cœur ; enfin, c'est la sincérité même et la candeur. Que si un homme lui plaît, d'abord elle s'engage à l'aimer. Alors son feu est violent, mais il ne dure pas ; c'est un feu de paille, dont l'activité est bientôt ralentie. Le premier venu la persuade aisément, et lui fait changer de dessein ; de sorte qu'elle se fait autant d'amants qu'il y a de personnes qui lui plaisent. Son tempérament est la cause de ses inclinations. Les esprits de son sang, qui sont les organes dont l'âme se sert pour agir, sont toujours émus avec violence au moindre objet qui se présente. Ils ne trouvent point d'obstacle dans sa petite tête qui les arrête, et ils ne demeurent point où la raison réside. C'est ce qui la fait résoudre trop promptement, et juger avec trop de précipitation. Elle ne regarde jamais l'avenir; elle n'envisage que le présent, qui, passant fort vite, n'est accompagné que de fort peu de circonstances : aussi se repent-elle souvent de ses desseins, et se trompe presque toujours dans le commerce de la vie.

Toutes ces légères inclinations n'empêchent pourtant pas qu'elle n'ait meilleure grâce et moins de contrainte que l'autre : et, quoiqu'elle soit fort enjouée et fort libre au dehors, elle est pourtant fort modeste et fort retenue au dedans. Ce n'est pas une gaieté de malade qui rit en mourant, et qui est un signe des ordures qui l'ont excitée. Sa joie et son enjouement marquent la tranquillité de son esprit, le repos de son âme, la sagesse et la vertu, qui ne se lient jamais qu'avec l'innocence et la simplicité : et, si elle est facile à persuader, elle est assurément fort difficile à prendre.

J'avoue que c'est un des malheurs du siècle de n'oser badiner sans que l'on s'en plaigne, et sans que l'on en médise, comme si l'eau dormante était meilleure que celle qui court. En vérité, ces aimables personnes méritent nos respects. La naïveté de leurs actions nous charme, et la sincérité de leurs sentiments nous enchante. Les esprits du sang de cette jeune fille, toujours émue, enflamment son cœur par la vitesse de leurs mouvements ; ils échauffent son cerveau par le passage qu'ils y font avec précipitation : en un mot, ils mettent tout son sang dans un mouvement précipité ; ce qui est la cause de l'inconstance et de l'enjouement de la belle.

C'est donc son tempérament qui la rend légère, non vicieuse, gaie, non évaporée, simple, et non stupide. Si par hasard elle s'attache à un homme pour le mariage, elle le fait plutôt par considération et par obéissance que par sa propre inclination : et, comme elle entre dans un état où le badinage en fait l'ensemble, jugez si l'Amour, qui n'est qu'un enfant, et qui se plaît toujours à badiner, n'augmentera par son inclination enjouée. Elle folâtrera même jusque entre les bras de son mari, quand elle se soumettra aux ordres que la nature lui a imposés pour lui rendre ce qu'elle lui doit. Son corps ne sera pas plus en repos que son âme, qui pourtant ne s'égarera jamais que par les plaisirs excessifs du mariage ; ses membres ne deviendront jamais immobiles ni froids, parce que son cœur ne sera point navré par l'excès des contentements amoureux : si sa voix est quelquefois chancelante, ses soupirs suffoquants, sa parole mourante et entrecoupée, il ne faut qu'en accuser l'amour qui la blesse : mais il ne la fait pas mourir. Sa légèreté naturelle, qui ne lui permet pas de s'attacher fortement à son mari lorsqu'elle fait ce que l'on fait dans le mariage, l'exempte des coups mortels de l'amour.

Mais la fille sanguine mélancolique a bien d'autres inclinations que celles-là. Son âme est bien plus constante et moins légère. Quand elle badine, c'est avec plus de retenue : quand elle chante ou danse, c'est avec plus de modestie. Si l'amour paraît dans ses yeux et sur son visage, c'est d'une manière fort assurée, qui marque bien qu'il s'est emparé de son cœur, et qu'il y loge comme dans son palais. Sa timidité naturelle ne l'oblige pas à s'engager sitôt à la vue d'une personne qui lui plaît. Elle y pense longtemps avant que d'aimer. L'amour touche longtemps son cœur sans l'échauffer, et quand il l'échauffe par son feu, qui a de légers commencements, elle en ressent insensiblement la chaleur qui croît toujours; et, quand ce feu est une fois allumé, il est ardent et même violent; c'est un feu dans du bois vert et dans une matière épaisse, qui ne s'éteint pas sitôt. Il n'y a ni persuasion, ni raisons assez fortes qui puissent détourner cette fille d'aimer, quand elle est une fois attachée à un homme qu'elle estime. C'est un effet de sa complexion qui la rend si constante dans ses desseins, et si résolue dans ses entreprises.

Son sang et ses esprits bouillants qui coulent lentement dans ses veines, font tant d'impression sur son cœur et sur son cerveau, que toutes les parties de son corps s'en ressentent également. Le feu qui l'anime est dans une matière si tenace, qu'il ne l'abandonne jamais qu'après l'avoir consumée. De là vient qu'elle consulte avec raison, qu'elle raisonne avec prudence, et qu'elle s'abandonne avec discrétion. Elle se perd bien loin dans l'avenir, et y va chercher des plaisirs pour s'assurer de son bonheur qu'elle grossit toujours. Sa prudence la rend malheureuse. Elle est ingénieuse à se tourmenter. L'espérance la flatte, et lui fait voir des voluptés excessives : ainsi, elle trouve des plaisirs réels par la force de son imagination, qui ne sont véritablement qu'imaginaires. Les circonstances infinies de l'avenir embarrassent son âme amoureuse ; et, pour n'être point trompée, elle se feint des contentements dans toute son étendue. Son imagination vive est échauffée par le désir extrême de la jouissance. Son esprit même, que j'ai nommé ailleurs *intelligence*, semble extrêmement emporté par les émotions de son âme, qui est la partie spirituelle la plus basse et la plus voisine des sens. Ses rêveries en amour sont extravagantes ; elles vont jusqu'à l'extase dont elle ne sortira pas sitôt, à moins que l'on ne l'en tire par miracle. Car, comme le démon se mêle quelquefois parmi les vapeurs de la terre qui forment l'orage, pour causer quelque part du désordre, s'il en faut croire nos démonographes ; ainsi l'amour se mêle quelquefois parmi les fumées noires d'une bile brûlée, pour leurrer le beau sexe, sous l'espérance d'un bonheur ou de quelque grand plaisir à venir.

Enfin, l'amour qui agite cette fille est si violent, qu'elle tomberait sans doute dans quelque désordre odieux pour son sexe, si la timidité et la crainte n'étaient de puissants obstacles pour s'opposer aux efforts de sa passion amoureuse. Sa timidité naturelle est même une marque de son esclavage amoureux, et du trouble qu'elle sent au dedans; et, si elle paraît retenue, elle n'est pas innocente. Les âmes les plus dissimulées sont celles qui sont les moins vertueuses, parce que

le masque dont elles se couvrent empêche que l'on ne découvre ce qu'elles sont
véritablement.

Si nous cherchons la cause de toutes les inclinations de cette fille, nous trouverons sans doute que son sang chaud et grossier, ses esprits brillants et agités,
sont la source de toutes ses passions ; car son âme amoureuse, qui se sert de ses
esprits enflammés pour l'usage de ses passions, les excite avec tant de force dans
son cœur, qu'il en est lui-même fort ému et fort échauffé ; et puis le cœur, agitant encore dans ses petites cavités ces mêmes esprits les rend encore plus chauds
et plus pénétrants : si bien qu'étant ensuite dardés avec vigueur dans le cerveau,
ils y ébranlent ses petites fibres qui excitent l'imagination. C'est donc par le
moyen du feu du cœur et par la vivacité de l'imagination qu'il se fait une multiplication et un concours d'esprits qui accablent, pour ainsi dire, le cœur et le
cerveau de cette jeune personne. Il est vrai que ces parties se déchargent sur leurs
propres canaux de ce qui les trouble sur les autres parties du corps, et principalement sur les parties naturelles de cette fille, où ces esprits font une telle impression, qu'il n'est pas aisé de détruire, par la ténacité de la matière dont ils sont
faits, et dont l'âme se sert pour exciter ces passions.

Si par hasard on parle de mariage à cette fille, tout est en trouble chez elle ;
elle devient rêveuse, morne, chagrine et plus timide qu'à l'ordinaire. Ces désordres sont des marques assurées que l'amour fait du ravage dans son
cœur. Alors elle désire avec empressement ce qu'elle refuse avec crainte. Enfin, si l'amour l'emporte sur sa timidité, et qu'elle consente à se jeter entre les
bras d'un homme, sa timidité naturelle refusera toujours des faveurs qu'elle voudra bien laisser prendre, afin d'excuser son consentement par la force. Alors
l'amour extrême lui ôtera les forces, et s'emparant entièrement de son cœur, la
laissera faible et immobile comme un glaçon, faute de chaleur et d'esprits, qui
n'auront été précipités dans ses parties naturelles que pour obéir aux ordres de
la nature. Que si alors elle donne quelque marque de sa vie, ce n'est que par des
soupirs et des sanglots entrecoupés ; et son extase est si grande, qu'elle n'a pas
même senti le commencement des voluptés qui l'ont causée.

C'est donc le sang et ses esprits qui, étant de différente nature, font la variété
de la complexion de ces deux personnes ; car, s'il est vrai que les plus timides engendrent plus de sang et plus d'humeurs superflues, parce qu'elles aiment plus
l'oisiveté et le repos, il sera aussi vrai de dire qu'elles font plus de semence, et
que par conséquent elles sont plus amoureuses : témoin les lapines, qui, étant
les plus timides des animaux, sont aussi les plus amoureuses et les plus fécondes ;
elles n'ont pas sitôt mis bas qu'elles conçoivent une autre fois, ou qu'elles ont
déjà conçu. Cela est si assuré, qu'*Ovide*, qui est le maître en l'art d'aimer, a dit

adieu à l'amour, si l'on bannissait l'oisiveté, et que *Théophraste* a défini l'amour par une *affection d'une âme paresseuse.* C'est sans doute dans cette vue que deux fameux sculpteurs de l'antiquité, *Carracus* et *Phidias*, firent *Vénus* d'une même inclination par la posture qu'ils lui donnèrent; car l'un la fit assise, et l'autre lui donna une tortue sous ses pieds.

Il n'en est pas de même des gaies et des enjouées; elles sont plus sèches et n'engendrent pas tant d'excréments; elles n'ont pas le temps de demeurer en repos, ni de rêver à l'amour: si elles sont amoureuses, elles ne le sont qu'avec inconstance, à cause de l'activité de leur sang, et de la multiplicité des objets qui leur plaisent. Ainsi, je puis véritablement conclure que les timides sont plus amoureuses que les enjouées.

CHAPITRE XI

S'IL Y A PLUS DE PEINE A GAGNER LES BONNES GRACES D'UNE FEMME QU'A SE LES CONSERVER

Il n'était pas, ce me semble, besoin que Dieu contraignît les deux sexes, par des commandements sévères, à s'aimer l'un l'autre. Il avait mis dans nos cœurs, en nous créant, des désirs suffisants pour nous porter à aimer: témoin Adam, qui n'eut pas plus tôt vu Ève qu'il en devint amoureux; et je pense que les caresses qu'il fit à sa femme furent les premières occupations de sa vie. Son feu fut d'abord violent, aussi bien que dans la suite, puisqu'il ne s'éteignit qu'avec sa vie. Ève, de son côté, n'en fut pas moins émue, sa flamme s'augmenta par le feu de son mari, et l'Amour, qui n'était alors qu'un enfant, non plus qu'à cette heure, badina avec eux, comme il fait présentement avec nous.

Que si Dieu a fait des préceptes pour nous engager à aimer, il faut croire que ce n'a été qu'à cause de la corruption de notre nature. Il nous avait donné d'abord assez d'inclination de part et d'autre, pour ne nous pas refuser des faveurs: mais il se trouva dans la suite des temps des personnes si barbares et si inhumaines, qu'elles éteignirent ce feu naturel et ces flammes innocentes par une injustice qui en fit faire une loi.

Il y a pourtant peu de personnes aujourd'hui qui soient si cruelles que de haïr plutôt que d'aimer. La plupart sont d'une autre humeur, et ils se trouvent si indispensablement obligés à aimer par une inclination secrète et naturelle, qu'ils cesseraient plutôt d'être qu'ils ne cesseraient d'aimer. La femme, principalement, est de cette complexion, elle aime naturellement ; elle n'a qu'à voir un homme pour avoir d'abord de l'estime pour lui, parce qu'il est d'un autre sexe : aussi est-ce pour cela que quelques philosophes l'ont appelé un *animal sociable*.

Comme elle est faite d'une manière plus douce et plus polie que celle de l'homme, elle a aussi des parties plus mollettes et plus tendres. Son cœur est plus porté à la compassion que le nôtre, et sa pitié s'étend souvent jusqu'à soulager nos langueurs, quand il y irait même de la perte de sa réputation et de sa vie. Elle aura de la peine à voir un homme prosterné à ses pieds sans le relever aussitôt, pour l'embrasser ensuite avec des soupirs réitérés, ou des larmes abondantes, qui sont des marques évidentes de sa tendresse. Aussi, nous avons remarqué ailleurs qu'elle aimait avec plus de force et de constance que l'homme, et qu'il semblait que la nature lui eût fait un cœur propre pour aimer ; si bien que les historiens ne nous ont jamais parlé de femmes misanthropes, comme ils ont fait de plusieurs hommes.

D'ailleurs, l'envie déréglée qu'elles ont de se rendre immortelles par les moyens de la génération, est encore une puissante cause qui les oblige à aimer, et, parce qu'elles ne sauraient engendrer seules, elles cherchent avec empressement un compagnon avec qui elles puissent se lier étroitement, et, par la jonction de leur feu, produire une étincelle qui soit la cause d'un autre feu qui s'allumera un jour dans le cœur de l'enfant qu'ils auront engendré.

Je ne veux point m'arrêter ici aux fables que l'antiquité nous a débitées, lorsqu'elle nous a fait connaître des exemples de productions extraordinaires, et qu'elle a publié que ses dieux et nos hommes avaient fait leurs semblables sans le commerce d'un sexe différent. Cela me paraît si impossible, que j'ai dessein de faire un discours, lorsque je traiterai des incubes, pour désabuser ceux qui pensent qu'il y en a qui peuvent engendrer sans le secours et sans le mélange d'un sexe différent.

D'autre part, la femme étant naturellement fort humide, elle engendre aussi beaucoup de sang et de semence, dont souvent elle ne saurait se débarrasser toute seule. Elle se trouve quelquefois si chargée de cette dernière humeur, pour ne rien dire de la première, qu'au rapport de Galien, il a fallu user d'artifice et de remèdes à l'égard de quelques-unes dont l'état ne permettait pas les caresses des hommes, pour les débarrasser de cette matière importune. C'est cette semence qui leur cause tant de maux quand elle est retenue ou corrompue dans ses réceptacles et dans ses cornes, ou quand elle en sort par l'ouverture frangée de ses trompes, pour se répandre dans la cavité du ventre. C'est elle qui trouble l'imagination, qui déprave la mémoire, qui ruine la raison, et qui, contre les lois de la nature, arrêtant le mouvement du sang, ou le faisant bouillonner, rend les femmes froides, stupides et même extasiées, ou emportées, hardies et maniaques; enfin, c'est elle qui rend quelquefois leur corps tremblant et convulsif : si bien que la nature, qui, par un instinct secret, leur a montré un remède assuré pour leurs maux, leur inspire un désir ardent de se joindre amoureusement à un homme : et c'est cette union qu'elles cherchent quelquefois avec empressement, sans savoir souvent ce qui les porte à aimer.

Au reste, la passion d'aimer ne serait pas sans doute si violente, si la nature n'avait établi dans les caresses des femmes avec les hommes des plaisirs qui surpassent toutes les autres voluptés, par la sensibilité des parties nerveuses et naturelles de la femme, et si elle n'avait continué ces mêmes plaisirs hors des embrassements amoureux; car, quand il est question d'aimer, la femme a une imagination si vive et si obéissante aux ordres de l'amour, que souvent ses parties amoureuses sont échauffées, et plus irritées dans l'absence que dans la présence même d'un homme. Ainsi, la volupté étant continuelle dans les femmes amoureuses, soit par la force de leur imagination, ou·par des caresses véritables, il n'y a pas lieu de douter que le plaisir ne soit une puissante cause qui les oblige à aimer.

Mais encore la femme, qui est faible de son naturel, et qui, selon le sentiment de Platon, pourrait être mise au rang des animaux irraisonnables, n'envisage souvent que la volupté pour l'unique but des embrassements amoureux. Son action, étant d'elle-même une action animale, ne fomente dans son esprit d'autre idée que celle dont elle porte le nom; et comme le plaisir est opposé à la douleur, que la nature abhorre extrêmement, la femme ne considère la volupté dans ses caresses amoureuses que comme l'unique remède à ses maux. Enfin, elle a encore une raison aussi civile que naturelle qui l'oblige à aimer. La nature l'a faite aussi faible que timide; c'est pour cela qu'elle est contrainte de chercher ailleurs que dans soi-même de la force pour se défendre contre ses ennemis, et de l'appui pour se contenir dans les occasions. La soumission qu'elle fait paraître dans l'action amoureuse, et la faiblesse de sa taille, marquent assez qu'elle a besoin du secours et de l'appui d'un homme : ajoutez à cela qu'elle a un esprit fort léger, qui demande de la prudence pour être utile à quelque chose. C'est une girouette qui tourne au moindre vent, et qui serait sans doute emportée par la tempête, si la verge qui la soutient ne la retenait.

Que l'on ne me dise pas qu'il y en a aujourd'hui d'assez fortes pour gouverner des royaumes entiers que la loi a fait tomber en quenouille, et qu'autrefois les Amazones, qui entreprenaient des guerres sanglantes et qui en rapportaient d'heureuses victoires, n'étaient ni faibles ni timides; car l'expérience de tous les jours nous fait voir qu'outre qu'il y en a peu de ce nombre, celles qui sont les seules reines d'un grand pays ne gouvernent ordinairement que par l'avis des grands de la nation ; et, quoique M. Petit nous ait dit depuis peu des merveilles touchant les Amazones, cependant elles ne conviennent ni à notre climat, ni à notre façon de vivre, ni à nos tempéraments, la force et la hardiesse n'étant attachées naturellement qu'aux hommes de nos régions.

Il est donc vrai que la femme est plus humide et plus faible que nous, et qu'elle a aussi des inclinations plus fortes que nous à aimer ; et, puisqu'elle a pris naissance d'une de nos côtes, comme nous le marque l'Écriture, et que tout retourne, selon l'ordre de la nature, dans le lieu d'où il est sorti, il est bien raisonnable que la femme aime l'homme, et qu'elle se joigne naturellement à lui, pour se remettre dans la place qu'elle occupait autrefois.

Pour l'homme, il ne lui est pas difficile d'aimer une femme qui l'aime : on a autant d'inclination pour elle qu'elle en a pour nous. Il ne faut que lui marquer de la douceur pour l'obliger à aimer. Ce sont des mouches qui se prennent avec un peu de miel. Pour la femme, la complaisance la rend soumise : faites ce qu'elle veut, c'est la gagner avec peu de peine. Mais l'assiduité que l'on a auprès d'elle la rend esclave ; car, comme elle est de la nature des enfants qui aiment toujours à badiner quand ils en trouvent l'occasion ; ainsi, quand la femme manque de jouet pour s'ébattre, souvent elle cesse d'aimer. Enfin, la pudeur lui étant quelque chose de naturel, elle désire laisser prendre ce qu'elle ne veut pas donner. En vérité, un homme timide ne s'accorde guère alors avec la timidité d'une femme ; il faut qu'il l'attaque hardiment, et qu'elle se défende avec faiblesse.

Il est donc fort aisé de s'aimer réciproquement, puisque l'amour est l'argent de l'amour, et que dans le pays amoureux l'on ne change jamais de monnaie. Mais il est très difficile de se conserver l'estime que l'on s'est acquise auprès d'une belle ; car, si se conserver les bonnes grâces dépendait de la nature, qui agit toujours régulièrement, je croirais qu'il serait aussi aisé de se les conserver que de les acquérir ; mais, comme il ne dépend que du caprice et de la légèreté d'une femme de nous continuer ses faveurs, il faut espérer de les perdre souvent, et même quelquefois dès le moment que nous les avons acquises.

L'orgueil et la vanité des femmes sont la véritable cause de cette perte. Elles s'imaginent qu'elles sont ce qu'elles ne sont pas. Il leur semble que leur règne est éternel, et qu'elles seront toujours belles, agréables et maîtresses, comme elles l'étaient autrefois : mais l'homme, qui aime naturellement la liberté, a de la peine à se soumettre longtemps à une belle ; comme cette soumission lui ôte un peu de son droit, il s'échappe quelquefois, il se dérobe ; et, qui pis est, il se dégoûte d'une même personne : ainsi il déplaît à la belle, qui le chasse comme un perfide et un inconstant, et comme indigne de son amour.

D'ailleurs, la femme qui aime beaucoup est fort impatiente ; elle voudrait que sa passion fût assouvie dès qu'elle la presse ; et si un homme épuisé, qui ne l'aura mise qu'en appétit, s'absente pour se rétablir de ses langueurs, tout est perdu. C'est Poppée qui s'alarme de l'absence de Néron, ou Agrippine de celle de Creperius Gallus. Enfin, ce sexe ne veut point d'absence, autrement il s'offense, il se plaint. Toujours badiner, caresser, c'est son affaire : si l'on n'est pas assez prompt à lui accorder tout ce qu'elle demande, l'inquiétude la prend, l'oblige souvent à rompre le respect qu'elle doit à son amant qui, d'ailleurs, lassé du caprice et de l'impatience de cette femme lascive, l'abandonne pour en chercher une autre qui ait de meilleures inclinations.

D'autre part, elle est fort amoureuse de son naturel, sa complexion la porte naturellement à aimer ; et, pendant que sa pudeur couvre sa passion, sa passion excite ses humeurs dans ses parties naturelles, d'où souvent naissent des vapeurs malignes et déliées, qui aiguisent son imagination, et qui la rendent plus amoureuse qu'elle ne l'était auparavant. Dans cette fougue de passions, elle n'est plus à elle-même : quoi qu'il en coûte, elle veut être satisfaite. Et si un homme veut alors se servir d'elle comme d'un remède, ou qu'étant un peu indisposé, soit par la maladie ou par l'âge, il ne puisse fournir aux plaisirs de la belle, tout est perdu. Point d'excuse pour lui ; on s'en lasse, on s'en dégoûte, et l'on cherche ailleurs un autre, qui, par la nouveauté, s'acquittera mieux de son devoir, mais qui quittera enfin la partie par les épuisements excessifs qu'il souffrira avec cette femme amoureuse.

La jalousie suit de bien près son infâme volupté ; elle pense que l'on est toujours prêt à satisfaire sa passion ; et, quand on ne l'est pas, elle s'imagine qu'on fait ailleurs des débauches, au lieu d'en faire chez elle. Alors elle ne peut voir son amant, qu'elle ne murmure, qu'elle ne se plaigne, et qu'elle ne devienne triste, morne, chagrine et insupportable. Elle voudrait toujours assujettir un homme auprès d'elle, et le tenir toujours en prison. Mais comme il ne peut longtemps souffrir ses chaînes et son esclavage, il s'échappe, il fuit, il cherche ailleurs de quoi se divertir. Alors la jalousie augmente, souvent elle se change en rage et en désespoir ; et alors on trouve la belle plutôt disposée à la vengeance qu'à l'amour. Cet objet n'est plus aimable ; c'est un démon visible qui nous a tentés, mais qui nous fait horreur présentement.

Enfin, son opiniâtreté est sans exemple. On n'a qu'à lui montrer sa volonté pour l'obliger à faire le contraire. Si l'amour, par ses enchantements ordinaires, cachait tous les défauts de cette femme, on se laisserait surprendre à ses artifices ; mais, comme sa passion est trop violente pour feindre, on dessille enfin ses yeux, et l'on s'ennuie d'être esclave d'une belle qui est si capricieuse et si incommode ; et quoi que l'on ait pu faire pour conserver ses bonnes grâces, elle est si bourrue et si inégale, qu'il est impossible de vivre auprès d'elle dans une bonne intelligence. Si elle a quelque espèce de vertu, elle est vicieuse ; et les circonstances qui l'accompagnent ne la rendent pas aimable.

Enfin, quelque amoureux que soit un homme, il ne peut pas longtemps se plaire auprès d'une femme qui a de semblables défauts ; et, comme la plupart des femmes approchent fort de la complexion de celle-ci, il me semble qu'il est plus difficile de se conserver les bonnes grâces d'une femme que de se les acquérir.

CHAPITRE XII

SI LA BELLE PLAIT PLUS QUE LA COMPLAISANTE

Souvent il faut un siècle entier pour faire naître une belle personne, parce que la nature a besoin pour cela de tant de parties proportionnées les unes aux autres, et de tant de conditions différentes du côté de ceux qui l'engendrent, qu'il est très difficile qu'elle y réussisse. Souvent l'âme des parents n'est pas toujours dans des dispositions convenables, et la matière dont les hommes sont faits n'est pas toujours flexible pour lui obéir : si bien que je ne m'étonne pas s'il y a si peu de belles personnes au monde.

La beauté ne consiste pas seulement dans la juste proportion de toutes les parties du corps, mais encore dans la santé, dans la jeunesse et dans l'embonpoint, qui rendent la peau polie et blanche, et outre ce, quelques parties du corps vermeilles comme du corail rouge. La bonne grâce est encore tellement essentielle à la beauté, par la conduite du mouvement du corps, et principalement du visage et des yeux, qui sont les truchements de l'âme, que souvent c'est cette seule bonne grâce qui, faisant une grande partie de la beauté, nous engage à aimer. Mais la beauté n'est point parfaite si l'âme n'a ses agréments, et si une belle personne n'est point la maîtresse de ses passions.

Le cardinal Cajetan et le philosophe Socrate, les plus laids hommes du monde, surent si bien embellir leur âme par la modération de leurs passions, qu'ils se sont fait aimer de ceux qui eussent eu de l'aversion pour eux, s'ils ne les eussent regardés que par les yeux du corps.

C'est cette beauté parfaite du corps et de l'âme qui, procédant de la Divinité, nous persuade aisément sans rien dire.

Elle attire promptement nos yeux, et en même temps, par une tyrannie secrète, elle se rend maîtresse de notre volonté. Elle est placée dans toutes les parties proportionnées du corps, comme nous l'avons dit chap. xi de ce livre ; mais elle paraît principalement dans le visage et dans les yeux, où l'âme se représente elle-même, et où la beauté a établi son trône : aussi les peintres n'ont accoutumé que de nous peindre le visage, parce qu'il est seul l'abrégé de tout l'homme, et que c'est par là qu'en distinguant ses traits nous connaissons la différence des hommes.

Cette beauté ne se conserve ni par des voluptés excessives, ni par des contentements réitérés : au contraire, elle en est ternie, et souvent effacée. Le feu flétrit une belle fleur et en détruit l'éclat ; il n'y a que la fraîcheur de l'eau qui lui puisse longtemps conserver sa beauté : il en est de même d'une belle femme, que le feu de la concupiscence dessèche peu à peu, au lieu que la tempérance la conserve longtemps dans un même état.

C'est cette beauté qui a eu, depuis le commencement du monde jusqu'à présent, tant de crédit dans le commerce des hommes. Elle nous entraîne en dépit de nous, quelque forts et quelque constants que nous soyons : si bien que nous sommes aussitôt vaincus par l'approche d'une belle personne que nous sommes forcés d'aimer, si elle est de notre sexe ; mais, si elle est d'un sexe différent du nôtre, la nature, par des flammes secrètes qu'elle a excitées dans notre cœur, nous y entraîne avec beaucoup plus d'empressement.

Il ne faut pas s'étonner si nous sommes naturellement portés à aimer la beauté, puisque, selon le rapport des poètes, les dieux, qui ne combattirent jamais entre eux pour qui que ce soit, eurent pourtant de cruelles guerres pour la beauté d'Hélène. Les déesses ne furent pas plus d'accord qu'eux sur ce même sujet, et elles ne se fussent pas cédé le droit qu'elles prétendaient avoir, si Pâris n'eût décidé là-dessus, et s'il n'eût prononcé en faveur de Vénus, comme étant la plus belle et la plus agréable des trois déesses amoureuses.

Ce n'est point de la beauté trompeuse et masquée dont je prétends parler ici. L'artifice ne convient point à un beau visage ; et, si la nature lui a donné quelques agréments, le fard efface et ternit ce qu'il y a de plus beau et de plus précieux.

Ce n'est pas non plus ce qui a le plus d'éclat qui est le plus beau et le meilleur : les mouches à miel, qui nous donnent une si agréable liqueur, ne nous paraissent pas si belles que les cantharides, qui, par leur faux brillant, cachent un venin mortel qui nous ronge les entrailles, si nous en usons. Ce n'est donc pas cette beauté fardée et apparente que nous voulons aimer, c'est cette beauté simple et naturelle qui de l'âme se communique au corps, et qui nous charme si fort quand nous la regardons de fort près.

Après avoir examiné la beauté dans sa nature et dans ses effets, voyons maintenant ce que c'est que la complaisance, et puis nous nous déterminerons à aimer une belle femme ou une complaisante.

La complaisance est tellement nécessaire dans le commerce des hommes, que, si elle en était bannie, toutes les conversations deviendraient des disputes et des querelles; au lieu de la douceur et de la franchise dont la nature nous a fait présent, nous n'aurions parmi nous que de la flatterie et des déguisements. Sans l'art de plaire, tout serait confusion dans la société des hommes. La complaisance est une charité civile qui loue sans flatter, qui corrige sans offenser, qui guérit sans blesser, et qui ôte l'amertume des remèdes sans en détruire la vertu. C'est elle qui encourage les timides, qui enseigne les ignorants, qui relève les scrupuleux, et qui fortifie les faibles. Le jugement et la discrétion ne l'abandonnent jamais : elle est sage dans ses entreprises, avisée dans ses paroles, prudente dans ses desseins, franche dans ses actions, égale dans ses pensées : enfin, c'est une vertu secrète qui charme les cœurs des plus grands et des plus petits esprits. Je puis la comparer à un aimant qui attire le fer, quelque résistance qu'il fasse : je veux dire qu'elle ménage comme elle veut les esprits les plus grossiers. Elle n'est ni aveugle ni muette, comme quelques-uns l'ont dit; elle a des yeux pour remarquer les vertus et les vices, et une langue pour louer sans flatterie et pour blâmer sans rigueur. C'est une douceur naturelle qui convient bien aux deux sexes, mais principalement à celui qui est le plus beau. Elle le rend amoureux sans crime, libéral sans prodigalité, et complaisant sans dissimulation. Il n'y a que les grandes âmes qui sont complaisantes de la sorte, et c'est cette complaisance que j'ai dessein de mettre en parallèle avec la beauté, pour savoir laquelle des deux nous charme et nous enchante le plus.

Ce n'est pas de la lâche complaisance dont je veux m'entretenir présentement. Elle a l'art qui trompe agréablement, qui charme et qui empoisonne en même temps tout le monde. C'est une agréable meurtrière dont les blessures nous plaisent et nous font mourir. Elle est le partage des petits esprits et du peuple; témoin le faible Achab, dont parle l'Écriture, lequel n'aima que les prophètes flatteurs et complaisants, et qui en fut trompé dans la suite. L'expérience nous fait voir que les faux complaisants nous flattent pour nous détruire, et qu'ils ressemblent à ceux qui chatouillent les pourceaux sur le dos, pour les jeter à terre et pour les tuer ensuite. C'est cette complaisance trompeuse qui fait la guerre à la vertu, qui blâme avec les médisants, et qui pallie le vice avec les impies débauchés. Elle dit que la témérité est un grand courage, et que l'avarice est une économie; que l'effronterie est une bonne humeur, que l'éloquence est un babil, que la modestie est une stupidité, et que la franchise est une insolence. Ce fut cette complaisance qui fit prendre au lâche Sardanapale des habits de femme pour converser avec elles, et qui obligea Hercule à laisser sa massue pour prendre une quenouille, à la persuasion d'Omphale. Ces faiblesses furent sans doute la cause qu'Héliogabale fit un édit contre les lâches complaisants, par lequel il ordonnait qu'ils fussent attachés à une roue qui aurait un de ses rayons en l'eau, et qui tournerait de la sorte, pour vous montrer par là l'inconstance et la mollesse de leur vie.

Si Agrippine eût été traitée de la sorte pour l'infâme complaisance qu'elle eut pour Bassianus, elle eût assurément souffert un supplice proportionné à son crime : l'eau où elle aurait été plongée aurait peut-être éteint le feu de sa concupiscence, qu'elle fit plutôt assouvir qu'éteindre par les caresses de son propre fils. En vérité, cette sale complaisance est bien représentée par de faibles roseaux qui plient à tout vent, et qui croissent dans la boue; car elle est la nourrice des vices, comme la concupiscence est la mère de la malice qui les fait naître. Il n'y a que les petits esprits qui se laissent corrompre par cette basse complaisance : les sages se moquent de ses souplesses, et méprisent ses finesses, ses inégalités et ses trahisons. Ce fut cette funeste complaisance qui fit pécher notre première mère, et qui entraîna Adam dans les désordres dont nous sentons aujourd'hui les effets.

Ce n'est donc point de cette sotte complaisance dont je veux parler maintenant, ni de cette beauté rude et fade que l'on trouve ordinairement parmi les femmes mal élevées, qui n'ont ni la bonne grâce ni les qualités de l'âme qui font presque l'essence de la beauté dont nous parlons.

Cela étant ainsi établi, il me semble qu'il est aisé à cette heure de se déterminer sur la question proposée, savoir, si la belle nous charme plus que la complaisante.

L'expérience nous fait voir que la beauté des femmes nous excite à les aimer; mais si cette beauté est accomplie par le mélange de la bonne grâce et des belles qualités de l'âme, dont nous avons parlé ci-dessus, il n'y a ni charmes ni enchantement qui soient plus violents que ceux-là. La belle taille des femmes, leur embonpoint et leur beau visage, avec les autres parties de leur corps, proportionnées les unes aux autres, forcent avec violence notre volonté; mais si un je ne sais quoi qui nous plaît, et qui accompagne leurs actions et le mouvement de leur corps, est inséparable de leur beauté, et que d'ailleurs elles ménagent avec empire leurs passions; c'est-à-dire, qu'elles soient vertueuses, prudentes, discrètes, constantes, fidèles, complaisantes; en un mot, qu'elles soient sages, nons sommes alors obligés à les aimer, et par raison, et par une pente secrète que la nature nous a communiquée. J'avoue qu'il n'y a point au monde de philtres plus violents, ni d'enchantements plus forts que cette beauté parfaite. Témoin la belle Thessalienne, qui passait pour sorcière dans la province où elle était, et qui ne passa pas pour telle dans l'esprit d'Olympias, bien qu'elle eût ensorcelé le roi Philippe, son mari. Cette reine connut bien que sa beauté, sa bonne grâce, sa douceur et sa complaisance étaient les seuls philtres dont elle se servait pour charmer les hommes, et ceux dont elle avait usé pour enchanter son mari. Quand même ces femmes n'auraient que des qualités médiocres, cela suffirait pour nous entraîner et pour nous forcer à les aimer. Elles ménageraient nos inclinations, feraient pencher notre volonté du côté qui leur plairait, et, par une tyrannie secrète et aimable, elles s'empareraient de notre cœur et séduiraient notre raison, quelque résistance et quelques efforts que nous puissions faire. C'est une puissance naturelle à laquelle nous ne pouvons résister ; nous en sommes même convaincus dans la suite, et captivés dans l'absence. Mon Dieu ! quelle force est-ce là, qui nous entraîne si puissamment, et qui fait même agir nos parties amoureuses, sans que nous ayons le pouvoir de les arrêter ? Je veux dire que nos parties naturelles, quelque impuissantes à l'amour qu'elles puissent être, obéissent à cette beauté qui, nous frappant l'imagination, nous embrase le cœur, nous échauffe, nous enflamme nos parties naturelles, et qui, par l'abondance des esprits qui y sont portés, les rend propres à la génération. Si Lucilie eût eu ces charmes, elle n'eût pas donné à son mari Lucrèce une boisson pour être aimée ; car, au lieu de lui procurer de l'amour pour elle, Lucrèce en devint si fou qu'il se tua de sa propre main. Césonie, femme de l'empereur Caligula, manquait aussi de cette beauté enchanteresse, puisqu'elle donna à son mari un breuvage qui, au lieu de l'exciter à l'aimer, lui causa de la rage et de la fureur. Des boissons qui excitent à aimer troublent notre tempérament, et par là sont opposées aux principes de notre vie, comme nous l'avons remarqué ailleurs ; au lieu que les remèdes dont nous parlons sont naturels, et ainsi ne sont point ennemis des parties principales qui nous composent.

La complaisance n'agit pas comme la beauté parfaite ; ses charmes sont plus lents, et ses attraits ne nous emportent pas avec tant de vitesse et de précipitation. Bien qu'elle ne soit accompagnée que d'une médiocre beauté de corps, et d'un je ne sais quoi qui est inséparable de ses mouvements, et qui fait agir les femmes d'une manière qui nous plaît, cependant cette force n'est pas si violente que celle qui vient de la beauté. Il faut du temps pour aimer une femme complaisante. On observe ses actions, on regarde ses mouvements, on considère son humeur ; et, comme elle a quelque rapport à la nôtre, nous nous laissons aisément aller à ce qui nous ressemble, et nous aimons en elle ce qui est en nous. Il n'en est pas ainsi de la beauté que nous avons décrite : d'abord elle s'empare de notre raison, elle fait ployer notre volonté, et nous attire avec violence. Notre sang en est promptement ému, nos esprits fortement agités, notre imagination vivement frappée, et nos parties naturelles, quelque faibles et quelque vieilles qu'elles soient, en sont d'abord si animées, qu'elles se trouvent alors en état d'exécuter les ordres que la nature leur a prescrits.

Mais comme la belle et la complaisante ont chacune des qualités particulières qui charment ; que la première nous éblouit à sa première vue, et que l'autre nous enchante après l'avoir examinée de près, les sentiments se trouvent partagés sur le choix que l'on en doit faire : car ceux qui ne se prennent que par les yeux du corps seront assurément pour la belle ; mais ceux qui sont surpris par ceux de l'âme préfèrent toujours la complaisante à la belle : car la beauté, étant une qualité passagère, ne peut pas toujours plaire ; au lieu que la complaisance étant une qualité permanente, et s'augmentant toujours à force de vieillir, les personnes sages et posées auront sans doute plus d'estime pour la complaisante que pour la belle, pourvu que celle-là ait quelque espèce de beauté. Mais si la belle est accompagnée de la complaisance, comme nous en avons fait le portrait, qui est-ce qui doutera que l'on ne la doive préférer à celle qui sera seulement complaisante, et qui manquera de ce qui est ordinairement inséparable de la beauté?

TROISIÈME PARTIE

CHAPITRE PREMIER

On dit que les plus grands malheurs qui arrivent aux hommes ne viennent ordinairement que de l'excès de l'amour ou du vin. Et, pour ne parler ici que du premier, on doit avouer qu'il a des emportements que les plus sages ont bien de la peine à retenir. Cette passion ne garde point de mesure, et, quand elle en garde, elle cesse d'être appelée *amour*. Rien ne s'oppose à sa violence, tout lui obéit en nous-mêmes et hors de nous-mêmes, et elle trouve autant d'esclaves qu'elle trouve d'hommes.

Ce n'est point assez que de coucher une nuit ou deux avec une femme et de jouir plusieurs fois avec elle des plaisirs de l'amour ; il faut encore que cela aille à plusieurs mois et à plusieurs années de suite ; comme si cette passion ne s'assouvissait jamais mieux par aucune autre chose que par elle-même. Ce n'est pas dans cette rencontre qu'une action souvent réitérée nous déplaît, et que notre délicatesse est blessée par le moindre objet dégoûtant ; si cela arrive quelquefois, l'amour a tant d'adresse, qu'il sait bientôt nous guérir de nos petits dégoûts.

Épicure, que l'on a voulu faire passer pour un voluptueux indiscret, ne pouvait caresser des femmes, ni approuver les plaisirs de l'amour. Il soutenait que les embrassements étaient les ennemis capitaux de notre santé ; que, quand nous les caressions, toutes nos parties principales en souffraient, et que notre âme même en recevait quelques atteintes. En effet, cette passion corrompt notre esprit, abat notre courage, et empêche l'élévation de notre âme : témoin Salomon, que l'antiquité a surnommé *le Sage*, qui perdit l'esprit par l'excès des divertissements avec les femmes : témoin encore les Sardiens, qui, ayant perdu leurs forces avec les servantes des Smyrniens, furent honteusement vaincus par leurs ennemis.

Si nous voulions examiner ce que l'on souffre dans l'un et l'autre sexe, lorsque l'on aime éperdument, nous verrions combien il est dangereux de se laisser prendre aux amorces d'un amour excessif.

Depuis qu'un homme s'est abandonné à ses plaisirs, il a perdu son embonpoint et sa bonne mine : sa tête n'est plus garnie de cheveux comme auparavant, ses yeux sont ternis et livides, et l'on ne s'aperçoit plus du feu qui y brillait autrefois : il ne voit plus que de fort près, et encore faut-il que l'industrie des hommes lui fortifie la vue. Mais de l'humeur qu'il est, il aimerait mieux la perdre que de se priver de ses plaisirs ; et j'attends à toute heure qu'il dise à ses yeux ce que leur dit autrefois Théotyme, au rapport de saint Jérôme.

Les plaisirs de l'amour nous fascinent et nous aveuglent : ce qui fait dire aux poètes que l'amour était sans yeux ; car, dans les contentements qu'il nous cause, il se fait une telle dissipation d'esprits, qu'il est impossible après cela qu'il en reste assez pour en fournir ces parties-là.

Le cerveau, qui est le principal organe de toutes les facultés de l'âme, se refroidit et se dessèche tous les jours par la perte que nous faisons incessamment de nos humeurs dans les caresses des femmes. Il s'affaiblit encore, il s'épuise et se consume ; si bien que, dans quelques hommes lascifs, au rapport de Galien, on a quelquefois trouvé cette partie tellement diminuée, qu'elle n'était pas plus grosse que le poing. Quelle apparence y a-t-il qu'étant ainsi disposée, elle pût contribuer à la santé du corps, et fournir de matière pour faire toutes les belles fonctions de l'âme?

Enfin, par la disette des esprits, les yeux sont tristes et enfoncés, les joues pendantes et les narines desséchées, le front aride et calleux, l'ouïe dure, la bouche puante, en un mot, nous ne voyons que trop souvent les effets funestes que cause un amour déréglé.

Si la tête a ses langueurs, la poitrine n'en souffre pas moins ; et, comme c'est ici que la chaleur naturelle et l'humide radical ont leur principal siège, c'est aussi dans ce lieu que nous nous apercevons, plus qu'ailleurs, des désordres que cause cette passion indiscrète. Les hommes deviennent phtisiques et desséchés par les trop fréquentes caresses des femmes ; et quelques femmes, si elles allaitent après avoir fait plusieurs enfants, tombent aussi dans de semblables maladies. On remarque dans les uns et dans les autres un feu étranger qui consume ce qu'ils ont de plus humide dans le cœur; et la fièvre lente qui les mine, donne des marques de la cause qui l'a reproduite. Ils ont une grande difficulté de respirer : la soif les travaille ; ils ne savent ce que c'est que de dormir; ils toussent sans cesse, mais ils ne crachent rien ; et, s'ils crachent quelque chose, c'est un peu de sang. Quelque malades qu'ils soient, ils ne se sentent presque point de douleur, ou ne s'en plaignent que fort légèrement. Ah ! que le mal que produit l'amour est trompeur, jusqu'au moment même où il est le plus redoutable!

Mais c'est dans les parties naturelles que l'amour fait ses plus funestes impressions. Les parties voisines s'en ressentent plus que les autres, et sont ainsi punies d'avoir contribué de leur part à l'excès de nos plaisirs.

Les incommodités de nos parties naturelles sont en trop grand nombre, pour nous arrêter ici à les déterminer les unes après les autres. Il suffit d'en avoir parlé ailleurs, et de dire présentement que la douleur et le repentir suivent toujours les contentements réitérés que nous avons pris avec les femmes, et qu'à force d'aimer nous avons appris à n'aimer plus : d'où vient que le tombeau de Vénus, si nous en croyons quelques-uns, est encore maintenant tout couvert d'herbes froides, qui s'opposent à la fécondité des hommes.

Si ce n'était encore qu'une douleur passagère ou qu'un léger repentir qui fussent les effets d'un amour déréglé, peut-être qu'on en pourrait mépriser les attaques ; mais outre la stérilité, la sécheresse des reins, le flux du ventre et d'urine, et la chute du siège, on est encore maltraité de cette infâme maladie qui ne finit souvent ni par la salivation ni par la sueur. Elle est tellement enracinée dans la moelle des os de ces fameux débauchés, que pour l'en arracher il faudrait que l'amour qui l'a fait naître fût effectivement un dieu, et qu'il sût faire des miracles.

L'estomac ne peut faire sa fonction ; sa chaleur est dissipée par la perte des esprits et par l'excès de la volupté. Il ne fait plus que des crudités, au lieu d'un bon chyle. C'est d'où viennent tant de catarrhes, de fluxions, de gouttes, et de douleurs nocturnes que ressentent ceux qui, pendant toute leur vie, ont suivi avec trop de complaisance les inspirations de Vénus. On remarque de la faiblesse dans les jointures de leur corps, et au lieu d'une humeur douce et gluante qui facilite pour l'ordinaire les mouvements de toutes nos parties, on n'y trouve que du plâtre pour symbole de l'imposture de l'amour.

En effet, l'excès des plaisirs trouble notre repos par des inquiétudes continuelles, et altère notre santé par des qualités contre nature. Plus le plaisir est grand, plus son excès est pernicieux ; si bien qu'il faut le prendre avec mesure, pour n'en recevoir que de la satisfaction. La volupté est un poison qu'il faut corriger pour l'empêcher d'être funeste : elle est comme l'antimoine ou l'argent vif, qu'il faut préparer si nous voulons qu'il nous profite.

L'excès des viandes suffoque notre chaleur naturelle, l'exercice violent affaiblit nos forces, et les plaisirs les plus innocents de l'amour deviennent des supplices quand ils sont immodérés.

Pendant que l'homme ne vivait que de gland et ne buvait que de l'eau, il n'avait point d'humeurs superflues, et ne savait ce que c'était que fièvre et que fluxion. L'abstinence seule le guérissait des incommodités qui l'attaquaient quelquefois; mais depuis qu'il a traversé les mers pour aller aux Indes ; qu'il a percé une infinité de royaumes pour trouver la Chine; qu'il ne s'est pas contenté des aliments communs que la nature lui fournissait en qualité de mère; qu'il a mis sur sa table des truffes, des champignons, des huîtres, et autres choses qui irritent plutôt l'appétit qu'elles ne servent à l'entretien de la vie; qu'il y a souffert des pâtés, des tartes, des ragoûts et des entremets, dont il a farci son estomac ; qu'il ne s'est pas contenté de vin naturel, qu'il a mêlé une infinité de drogues pour le rendre ou plus clair ou plus suave ; que la glace l'a emporté sur la fraîcheur de nos caves ; enfin, depuis qu'il est voluptueux, il est sujet à la pierre, à la colique, aux douleurs d'estomac, et aux autres maladies que nous voyons lui arriver tous les jours.

Tandis que l'homme ne suivait que les mouvements de la nature, qu'il ne caressait sa femme qu'après avoir plusieurs fois ressenti les aiguillons de la concupiscence, et que sa raison était la maîtresse de sa passion, il était fort et robuste, et n'avait jamais éprouvé les suites fâcheuses des maladies secrètes et criminelles; mais depuis qu'il a fait gloire d'avoir plusieurs femmes, qu'il ne s'est pas contenté des mouvements de la nature, qu'il s'est excité lui-même par des remèdes qui aiguisent l'appétit sensuel; en un mot, depuis qu'il est luxurieux, il est aussi attaqué de faiblesses de nerfs, de goutte, de stupidité, et d'une infinité d'autres maladies qui l'accablent.

Mais si, après avoir trop souvent embrassé une femme, l'âme ne souffrait point dans ses principales facultés et dans ses fonctions les plus nécessaires à la vie, au moins pourrait-on se consoler des maux que le corps endure; mais, à dire vrai, les langueurs de notre âme sont encore bien plus considérables que celles de notre corps. Si elle est malade, l'économie de notre corps en est presque toute détruite, notre mémoire se perd, notre imagination s'égare et notre raison se diminue. Alors nous n'avons plus de prudence pour nous conduire dans les occasions de la vie où nous en avons autant besoin; et, s'il nous reste encore un peu d'entendement, ce n'est que pour observer que nous le perdons peu à peu. C'est une des plus fortes raisons que l'Église latine ait eues de ne permettre point à ses prêtres l'usage des femmes ; et saint Paul, qui préfère partout la continence au mariage, savait bien quels malheurs causait l'amour, qui dans son action et dans ses suites ne pouvait jamais être modéré. Car, combien de passions entraîne-t-il après lui! et, pour ne parler ici que de la jalousie qui en est une suite assez commune, combien ne fait-elle point souffrir ceux qui s'y abandonnent, et jusque-là qu'on en a vu qui en sont morts, comme Lépidus!

La santé, la vertu, le mérite et la réputation servent à ce vice de prétexte pour s'établir, et quand il s'est une fois emparé d'un cœur, il change l'amour en rage, le respect en mépris, et la tranquillité en défiance. C'est alors qu'un homme rend son remède plus dangereux que son mal, et qu'au lieu de se guérir par le silence, comme firent autrefois Pompée et Caton, les deux plus fameux cocus de leur siècle, il les met au jour, et même fait connaître à la postérité ses infortunes domestiques.

Que les bêtes sont heureuses dans leurs passions! elles vivent sans souci et sans alarmes; elles ne forment jamais de désirs, et ne sèchent jamais de tristesse; elles ont les plaisirs que l'amour leur suggère, sans en ressentir les maux. L'intérêt, l'ambition, la vérité et les autres passions de l'âme ne les occupent jamais. Cependant nous avons la raison, dont nous n'avons guère l'usage. Elle n'est pas un si grand avantage pour nous que les philosophes le publient. C'est un faible remède contre la violence de nos passions, et principalement contre celle de l'amour. Un peu de complaisance la séduit. Quand nous l'appelons à notre aide lorsque l'amour nous suffoque, au lieu de nous soulager, elle aide à déchirer le cœur. En vérité, c'est une chimère inventée à plaisir pour nous faire souffrir davantage, et ceux qui en ont le plus sont ceux qui sont plus fortement maltraités. Ne vaudrait-il pas mieux vivre comme les bêtes dans une indolence et dans une oisiveté innocente, que d'avoir de l'esprit et de la raison pour nous faire souffrir? C'est ce que me disait l'autre jour un ami, sur la matière que je traite.

Je puis donc dire sans exagération que l'amour déréglé est la peste la plus pernicieuse qui puisse jamais affliger les hommes. Il nous jette dans les maux qui sont entièrement incurables; et l'épuisement qui en est la cause fait la difficulté de leur guérison. Il apporte avec précipitation la vieillesse, et nous fait tomber, sans qu'on s'en aperçoive, dans les infirmités de cet âge-là; car, par la froideur et la sécheresse excessive qu'il nous cause, qui sont les qualités opposées aux principes de la vie, il nous avance la mort, à laquelle nous ne nous attendions pas sitôt.

Il s'en est vu même qui ont perdu la vie dans le moment. Pindare eut la destinée de mourir par l'excès de l'amour, dont il avait fait si souvent l'éloge; et Tertullien nous fait remarquer que le philosophe Speucipus n'eut pas le temps, avant que de mourir, de s'attrister ni de se repentir, comme on fait ordinairement, après qu'il eut pris ses divertissements avec une femme; et, de nos jours, le cardinal de Sainte-Cécile mourut à Rome pour avoir trop aimé: si bien que les choses extrêmes sont pour nous fort incommodes. Trop de bruit nous rend sourds, trop de lumière nous aveugle, trop de distance ou de proximité nous empêche de voir, trop de plaisir nous incommode. Les qualités excessives nous font du mal: nous ne les sentons plus, nous les supportons.

C'est cette Vénus du soir qui est l'avant-courrière de la nuit et des malheurs de notre vie. Si elle peut se vanter, avec raison, de nous avoir fait naître, nous pouvons justement nous plaindre de ce qu'elle peut nous causer la mort. Aussi s'est-il trouvé des peuples qui lui ont fait bâtir des temples, et qui ont eu pour elle de la vénération sous le titre de ces deux propriétés.

L'amour ne demande que des gens robustes pour ses actions. Ceux qui sont naturellement faibles, aussi bien que les convalescents, ne sont point en état d'obéir à ses ordres. Ils ont trop besoin pour eux-mêmes de la chaleur naturelle, sans la dissiper avec les femmes, comme fit autrefois celui dont parle Galien, qui, n'étant pas encore tout à fait guéri d'une violente maladie, mourut la même nuit qu'il se fut diverti avec sa femme; et Alexandre Benoît nous a aussi fait remarquer que le sénateur Virturio, étant décrépit, n'eut pas été plutôt transporté par les plaisirs de l'amour, qu'il en perdit la vie peu de temps après. Sur cela, Jean Dorat, qui épousa dans sa vieillesse une fille de vingt-deux ans, disait fort agréablement qu'il aimait mieux mourir par une épée bien nette et bien polie, que par un vieux fer rouillé.

De tous les animaux, il n'y en a point qui, dans les plaisirs amoureux, s'épuise plus que l'homme : un seul épanchement lui causera plus de faiblesse, si nous en voulons croire Avicenne et l'expérience même, une quarantième fois autant de sang qu'on lui pourrait tirer.

C'est sans doute pour cela que Démocrite blâmait si fort les divertissements pris avec les femmes, et que, voulant se conserver les forces que la nature lui avait données, il témoignait qu'il n'était pas d'humeur à les perdre dans leurs caresses. Les athlètes aussi ne se mariaient jamais, pour être plus forts et plus vaillants dans les jeux olympiques.

En effet, s'abstenir en quelque façon des femmes est l'une des trois choses qui peuvent le plus contribuer à notre force et au bonheur de notre vie ; car si nous nous levons de table avec appétit, que nous ne méprisions pas le travail, et que nous n'épanchions point notre semence, je suis fort persuadé que notre santé sera parfaite et exempte de tous les maux qui la troublent ordinairement.

Les embrassements d'une femme ne sont pas pour cela criminels ni dangereux, et l'action n'est pas impudique, si nous en croyons saint Jérôme et saint Augustin ; il n'y a que les excès que nous y faisons souvent qui peuvent être défendus, et produire toutes les incommodités dont nous venons de parler.

CHAPITRE II

DES UTILITÉS QU'APPORTENT LES PLAISIRS DU MARIAGE

Si la modération doit être gardée en quelque chose, ce doit être sans doute dans les embrassements des femmes. Cette vertu est nécessaire à conserver notre santé, ou à la rétablir quand nous l'avons perdue ; que si nous nous en éloignons tant soit peu, nous tombons infailliblement dans les incommodités dont nous avons parlé au chapitre précédent.

Que s'il n'y avait point d'excès dans la passion de l'amour, et que l'on n'en fût point incommodé, on n'espérerait point de remède. Ainsi, il est non seulement juste, mais utile pour nous, de découvrir notre faiblesse et notre corruption pour en chercher le remède : et il est également injuste qu'après l'avoir trouvé, nous ne voulions pas nous en servir ; et c'est peut-être pour cela que présentement[1], selon le témoignage de Léonard Coquée, aussi bien que du temps de saint Augustin[2], comme il le rapporte lui-même, on permettait à Rome les caresses des courtisanes, d'où procèdent et nos maladies et nos remèdes.

Quoique l'amour soit la plus puissante de toutes les passions, qu'il n'y ait point d'homme qui ne vive sous son empire et qui ne soit assujetti à ses lois, je suis pourtant persuadé que nous pouvons, en quelque façon, résister à sa violence, et nous empêcher d'exécuter si précisément ses ordres. Zénon ne peut servir de preuve, lui qui, pendant sa vie, ne baisa sa femme qu'une seule fois, et qui y fut encore obligé par civilité.

En effet, notre santé serait plus parfaite, si nous usions sagement des plaisirs de l'amour. Nous aurions une certaine gravité dans la chaleur du plaisir pour devenir pères, que nous n'avons pas quand nous ne cherchons que le contentement.

Les impatiences et les chagrins qui troublent notre repos ne seraient pas si fréquents ; nous vivrions sans inquiétude, et la douleur ne prendrait pas si souvent la place de la tranquillité. Nous nous divertirions sans peine, de quelque tempérament que nous fussions. Nous ne ressentirions ni langueur ni lassitude

---

1. « Ecclesia et principes christiani meretrices permittunt, ut gravioribus malis occurrunt. » (Coqueus, Comm. in August.)

2. « Latebræ requiruntur in usu scotorum quæ terrena civitas licitam fecit turpitudinem. » (Libro XIV, cap. xviii, De Civ. Dei.)

après avoir caressé une femme, et notre santé serait beaucoup mieux affermie qu'auparavant, après nous être déchargé de tout ce que nous avions de superflu. La chaleur naturelle n'est jamais plus robuste que quand il n'y a plus d'impuretés qui embarrassent ses actions et qui empêchent ses effets.

Une même chose peut être utile et préjudiciable, selon l'usage que l'on en fait : l'abstinence guérit souvent les incommodités de Charlemagne, et ce fut presque elle seule qui, pendant sa vie, fut le remède pour toutes ses maladies ; et la même abstinence le mit enfin dans le tombeau. Le bain d'eau froide qui soulagea Auguste, tua Marceline peu de temps après : et l'amour, qui cause tant de désordres quand nous en abusons, nous procure beaucoup de bien quand la raison ou la nécessité nous fait suivre ses mouvements.

Il n'y a rien au monde qui rafraîchisse davantage les bilieux que les caresses des femmes ; et si dans l'action ils se sentent un peu échauffés, cette chaleur n'est que passagère, et ne dure pas plus que les divertissements qu'ils y prennent. Toutes sortes de tempéraments y trouvent du secours, et cette action échauffe aussi doucement les pituiteux qu'elle échauffe les sanguins. Les mélancoliques en sont réjouis, et ils se défont, par ce moyen, de leur tristesse et de leur timidité. Leur appétit perdu et leur estomac débauché en sont rétablis. C'est ce qui donna le nom d'*Antièvro* à la courtisane Hoéa, parce qu'elle distribuait un remède assuré contre l'humeur noire, En effet, les plaisirs que nous prenons avec les femmes guérissent notre mélancolie, et font plus d'effet sur nous que tous les ellébores des médecins- La pensée même de l'amour nous réjouit et nous fortifie ; elle augmente notre chaleur et dissipe notre bile noire et épaisse.

Cet homme, dont Galien nous fait l'histoire, qui avait été si touché de la mort de sa femme, qu'il résolut de n'en avoir jamais, se trouvant quelque temps après fort incommodé par des indigestions d'estomac et par une tristesse dont il ne connaissait pas la cause, fut enfin obligé de rompre son vœu, et de se joindre amoureusement à une autre, entre les bras de laquelle il recouvra aussitôt la santé.

Quoique la copulation conjugale ait été nommée, par quelques-uns, *une légère épilepsie*, elle ne laisse pas pourtant de guérir cette grande maladie et beaucoup d'autres, qui cessent souvent aux premiers plaisirs que nous prenons avec les femmes, et au premier sang que les filles répandent par leurs parties naturelles.

L'on dompte les animaux les plus féroces par l'approche d'une de leurs femelles. Le tigre n'est plus tigre auprès de la sienne. Un homme, quelque emporté qu'il soit, devient modeste et traitable auprès d'une femme ; et il se trouve souvent des vierges ou des veuves furieuses qui ne s'apaisent que par les embrassements des hommes.

Toutes les grandes humidités du cerveau, les fluxions funestes qui nous causent souvent dans la gorge ou dans la poitrine des maladies incurables, ne sont ordinairement prévenues que par les plaisirs modérés que nous prenons avec les femmes. Cette pesanteur de corps insupportable, et ces lassitudes que nous ressentons dans l'oisiveté et après la bonne chère, ne sont guéries que par ce remède. Les athlètes avaient autrefois trouvé cet expédient pour se délasser de leur lutte, et ils se sentaient allègres et plus forts dès qu'ils s'étaient divertis avec une femme.

Cet exercice amoureux efface tous les songes qui nous font de la peine ; nous dormons ensuite avec tranquillité ; et si l'amour déréglé nous cause l'aveuglement en dissipant nos esprits, l'amour modéré rend nos yeux plus clairs en vidant les humidités qui nous troublent la vue.

La voix, de chancelante et d'entrecoupée qu'elle était auparavant, devient plus forte et plus ferme ; la chaleur du cœur s'augmente sans nous incommoder, et la force des entrailles se fait connaître par la vigueur de leurs actions. L'estomac n'engendre plus de vents et ne fait plus de crudités, on n'entend plus de murmure dans les boyaux, et les reins qui se trouvaient appesantis par la semence qui les accablait, se sentent en même temps soulagés par la décharge de cette matière.

C'est enfin le souverain remède des pâles couleurs ; et une fille qui fait peur à tout le monde par sa jaunisse, reprendra, peu de temps après son mariage, ce teint de lis et de rose, qui est le signe assuré d'une santé parfaite. Après les premiers combats amoureux, elle sentira sortir du sang d'elle-même, comme une marque de la victoire de l'amour. La paix et l'abondance viendront bientôt après ; la bonne complexion et la fécondité combleront de joie cette personne, qui avait presque perdu l'espérance de les avoir jamais.

Cette jeune veuve, qui tombait si souvent dans les suffocations qui la menaçaient d'une mort subite, n'est plus sujette à ces maux depuis qu'elle s'est remariée ; enfin cette Vénus matinière ne nous présage que la beauté du jour et les plaisirs de la vie. C'est elle qui, étant réglée, nous fait devenir pères de plusieurs enfants, et nous rend l'embonpoint que nous avions perdu à force d'aimer.

Ce jeune homme, à qui le visage est devenu pâle, les yeux meurtris et enfoncés, les lèvres blêmes, la voix chancelante, la respiration entrecoupée de soupirs et interrompue de sanglots, qui ne boit et ne mange plus, qui va expirer par l'excès de sa passion amoureuse, n'a pas plutôt obtenu la possession de ce qu'il aime, qu'on lui voit reprendre peu à peu ses forces : son embonpoint revient ; sa santé est ensuite ferme et assurée. Jamais Antiochus n'eût recouvré la sienne, si Séleucus ne l'eût fait jouir de Stratonice ; et jamais Juste, femme du consul Boëce, ne fût revenue de sa langueur, sans la pitié qu'en eut le comédien Pilade.

Je ne voudrais pas imiter ici le médecin Appollonides, qui se trompa si lourdement dans la connaissance de la maladie d'Amitis, femme de Mégalizius, et fille de Xerxès ; car ce médecin, pensant que la fièvre étique de cette femme était du nombre de celles qui se guérissent par l'amour, il lui conseilla les embrassements d'un homme : mais comme quelque temps après Amitis ne se sentit point soulagée par cette sorte de remède, outrée de douleur contre le medecin, elle s'en plaignit à sa mère, qui le dit ensuite à Xerxès. Le roi en fut si touché, qu'il condamna le médecin à être enterré tout vif jusqu'au cou : ce qui fut exécuté à l'heure même.

La goutte, qui, selon les médecins, est souvent engendrée par les caresses des femmes, en est quelquefois guérie : et il s'est vu des goutteux qui en ont été soulagés lorsqu'ils en ont usé avec modération. En effet, il n'y a point de moyen plus assuré pour nous conserver la santé, ou pour éviter une mort précipitée, que de se joindre quelquefois à une femme. Le poète Lucrèce ne se serait jamais tué, s'il eût possédé la belle qui le faisait soupirer, et cette fille de trente ans, dont Riolan fit un jour la dissection, n'aurait pas perdu la vie si elle s'était mariée ; car la semence n'aurait pas suffoqué sa chaleur naturelle, et son testicule gauche ne serait pas devenu aussi gros que le poing, par l'abondance et la rétention de cette matière : encore la fille que M. le Duc disséqua dernièrement dans l'hôpital général de la Salpétrière de Paris, ne fût point morte de fureur hystérique, si son testicule gauche ne fût devenu gros comme le poing, par la rétention d'une semence épaisse.

Au lieu que l'amour déréglé nous rend stupides, l'amour que l'on ménage avec prudence nous cause de la santé, nous inspire de la hardiesse, et nous fait naître de l'agrément. Un paysan, qui a l'esprit naturellement grossier, ne paraîtra pas être ce qu'il est quand il aime ; et alors il se trouvera peut-être en état de disputer avec un autre beaucoup plus spirituel que lui, de la finesse de l'esprit et des mouvements de sa passion.

Il est donc vrai que les embrassements des femmes ne nous peuvent faire de mal, pourvu que nous suivions le conseil d'Hippocrate, qui ne veut pas même nous permettre que, dans le printemps, qui est la saison la plus propre à cet exercice amoureux, nous en fassions des excès. Ces voluptés licites nous comblent de toutes sortes de biens ; elles rendent notre âme satisfaite, et augmentent les forces de notre corps, tellement que, quand même nous serions attaqués de quelque venin qui commencerait à détruire les forces de notre cœur, la copulation, si nous en voulons croire les naturalistes, serait un remède suffisant pour nous garantir de sa malignité.

Quand on ne se propose que de faire des enfants, que l'on suit simplement les mouvements de la nature, et qu'on n'est ému par le chatouillement de la semence que comme nous le sommes par les irritations des autres excréments de notre corps, on n'intéresse jamais sa santé par ces sortes de divertissements. C'est ce qu'Euripide a fort bien exprimé dans une autre langue, lorsqu'il parle à Vénus de la sorte :

> Vénus, en beauté si parfaite,
> Inspire, de grâce, à mon cœur
> Ta plus belle et plus vive ardeur,
> Et rends dans mes amours mon âme satisfaite;
> Mais tiens si bien la bride à mes ardents désirs,
> Que, sans en ressentir ni douleur ni faiblesse,
> Jusque dans l'extrême vieillesse
> Je prenne part à tes plaisirs.

Et pour dire là-dessus ce que je pense, un vieillard de soixante-dix ans sera encore en état de caresser une jeune fille et de lui faire un enfant, si pendant sa jeunesse il n'a pas pris trop de liberté avec les dames. C'est ce que l'oracle a voulu dire aux Spartiates, quand il leur commanda d'élever une statue à Vénus, avec ces mots écrits en d'autres caractères : *Vénus qui retarde la vieillesse;* en voulant faire connaître qu'elle n'est pas ennemie de notre santé, si nous suivons ses conseils avec prudence.

Enfin ce serait peu que d'avoir parlé des plaisirs du mariage sans en découvrir les remèdes qui s'opposent à leurs excès, et les moyens dont on doit se servir pour les éviter ; et nous serions fort injustes si nous favorisions le crime en favorisant la concupiscence de la chair, sans avoir égard à notre santé et à l'obéissance que nous devons aux ordres de Dieu.

CHAPITRE III

S'IL Y A DE VÉRITABLES SIGNES DE GROSSESSE

Quoique parmi les hommes il y ait des coutumes qui nous paraissent ridicules, on doit pourtant s'imaginer que l'on a eu de bonnes raisons de les établir. Le temps les a favorisées, et l'usage, qui est le maître et le tyran des actions des hommes, les a soutenues. Ces coutumes se sont sanctifiées dans la suite, comme les petits ruisseaux qui, coulant vers la mer, se grossissent enfin, et deviennent de grands fleuves.

L'exercice que font les gens mariés en dansant le jour de leurs noces paraît extravagant à plusieurs personnes, qui blâment toujours ce qui ne leur plaît pas. Ils ne sauraient se persuader que ce n'est pas sans raison que l'usage tolère cette ancienne coutume. Mais si l'on faisait un peu de réflexion sur les effets que causent les mouvements des mariés, peut-être trouverait-on que la danse des noces n'a été inventée que pour perpétuer plus aisément l'espèce des hommes ; car ce n'est ni la malice du siècle, ni la dépravation des mœurs, ni l'adresse de l'amour, ni les voluptés déréglées, qui sont la cause de cette cérémonie : c'est la raison même qui a voulu que les mariés dansassent le jour qu'ils se marient, afin que, par cette agitation, leur corps fût plus libre, plus ouvert et plus propre à la génération.

Les naturalistes nous font remarquer que, si l'on veut avoir un cheval de prix, on doit fatiguer la cavale avant qu'elle soit couverte, et que de cette conjonction plutôt que d'une autre, il naît ordinairement un animal fougueux et propre à la guerre.

Ainsi les femmes s'étant agitées avant que de se joindre amoureusement à leurs maris, sont défaites d'une partie de leurs excréments, et la chaleur qu'elles ont acquise en dansant a servi à dessécher leurs parties amoureuses, qui ne sont le plus souvent que trop humides, et qui, par ce moyen, ne sont pas disposées à la génération ; car la trop grande humidité de ces parties est une des principales causes de stérilité des femmes.

Après ces dispositions, on doit observer dans le mari et dans la femme d'autres circonstances qui servent de conjectures pour établir la connaissance que nous pouvons avoir de la grossesse d'une femme ; car si le mari n'est ni trop jeune ni trop vieux, que son tempérament soit robuste et ses parties principales bien saines ; qu'il ne soit ni trop gras, ni trop maigre, et qu'il ait les parties de la génération bien faites et bien disposées ; que d'ailleurs la femme ait aussi les mêmes dispositions, qu'elle soit dans la fleur de son âge, et qu'elle jouisse d'une santé parfaite, qu'elle ne soit ni trop grande ni trop petite, et que ses règles aient accoutumé de couler selon les lois de la nature, je ne doute point que, s'il y a les moindres marques que la femme soit grosse, on ne doive se le persuader, après tant de dispositions d'un côté et d'autre.

Mais, parce que ces conjectures ne sont pas des signes évidents de la grossesse il me semble que l'on en doit chercher quelque autre, pour la connaître avec certitude. On sait que la grossesse est ordinairement de neuf mois accomplis : ainsi nous examinerons d'abord les signes qui nous servent de conjectures pour la découvrir dans les premiers mois, et puis ceux qui nous la rendent plus certaine dans les derniers.

On a lieu de croire qu'une femme a conçu lorsque, après s'être divertie avec un homme, elle demeure sèche, et qu'elle ne rend point ce qu'elle a reçu, et qu'avec cela un homme se retire sans être beaucoup humide. Au même temps, la femme ressent comme de petits frissons, semblables à ceux qui nous arrivent après avoir mangé. Elle souffre quelquefois des faiblesses et des vomissements dans le moment que la semence de l'homme est dardée vers le fond de sa matrice, et qu'elle est reçue dans l'une de ses cornes pour se joindre avec la semence de cette femme, et y faire la conception.

La matrice, comme si elle avait de la joie d'avoir reçu l'humeur qui lui est propre, se resserre pour la retenir; ce qui cause à la femme je ne sais quel mouvement dans ses parties naturelles, duquel elle ressent du chatouillement et du plaisir, et fait qu'elle recherche alors plus ardemment la compagnie d'un homme.

Si, quelque temps après, la sage-femme la touche, et qu'elle rencontre une douce résistance, la matrice et son orifice interne ferme et mollet comme le cul d'une poule, ou le museau d'un chien naissant, il n'y a pas lieu de douter que la femme n'ait conçu.

Mais on ne se contente pas d'avoir des signes communs, on fait encore quantité d'expériences, à l'imitation de l'antiquité, pour découvrir la grossesse d'une femme. Les uns frottent d'un rouge les yeux de celle que l'on soupçonne grosse; et, si la chaleur pénètre la paupière, on ne doute plus après cela que cette femme ne soit enceinte.

Les autres tirent de son corps quelques gouttes de sang, et après les avoir laissées tomber dans de l'eau, ils conjecturent qu'elle est grosse si le sang va au fond. Il y en a d'autres qui lui donnent à boire cinq ou six onces d'hydromel simple ou anisé, en se mettant au lit, et ils jugent de la conception par les tranchées que cette boisson cause à la femme.

D'autres lui donnent encore une ou deux onces de suc de seneçon, mêlé avec un peu d'eau de pluie, et s'imaginent qu'elle est grosse si elle ne la vomit point.

Quelques-uns, après avoir mis dans ses parties naturelles une gousse d'ail, ou fait brûler de la myrrhe, de l'encens, ou quelque autre chose aromatique, pour lui en faire recevoir la vapeur par le bas, croient qu'elle est grosse, si elle ne ressent point quelque temps après à la bouche ou au nez l'odeur de l'ail ou des choses aromatiques.

Il y en a encore qui font diverses expériences sur l'urine. Ils considèrent cette liqueur dès qu'on la rend; et, après l'avoir trouvée troublée, et de couleur de l'écorce de citron mûr, avec de petits atomes qui s'y élèvent et qui y descendent, ils disent qu'elle a conçu.

D'autres laissent l'urine pendant la nuit dans un bassin de cuivre, où l'on a mis une aiguille fine ; et, s'ils observent le matin quelques points rouges sur l'aiguille, ils ne doutent plus de la grossesse.

Quelques autres prennent parties égales d'urine et de vin blanc ; si l'urine, après avoir été agitée, paraît semblable à du bouillon de fèves, ils assurent que la femme est grosse.

Les autres laissent pendant trois jours reposer à l'ombre, dans un vaisseau de verre bien bouché, l'urine d'une femme ; et, après l'avoir coulée par un taffetas clair, s'ils rencontrent de petits animaux sur le taffetas, ils ne font pas difficulté d'affirmer que la femme est grosse.

Enfin, je ne saurais dire combien d'expériences les hommes ont tentées pour découvrir la grossesse d'une femme ; mais les dégoûts, les envies de vomir, les vomissements même, et autres accidents qui leur arrivent, sont des signes bien plus certains, s'il y en a au moins de certains, que toutes les bagatelles dont l'antiquité a fait parade pour connaître une femme grosse.

Si les règles manquent à une femme sans qu'elle soit attaquée par des frissons ou par une fâcheuse fièvre ; que le ventre lui devienne plus plat ou plus resserré qu'auparavant, selon le proverbe des sages-femmes : *en ventre plat, enfant y a ;* que principalement après avoir mangé elle soit lente, et qu'elle ne puisse se toucher le ventre sans douleur, ce sont aussi des marques de conception.

Ses règles, retenues pour la génération, lui causent ordinairement des amertumes de bouche, des rapports âpres ou aigres, des éblouissements, des langueurs, des lassitudes, des douleurs de tête et de reins, des chagrins, ou des transports de joie dont elle ne sait pas elle-même la cause, des taches au visage ou dans quelque autre lieu du corps, des assoupissements ; enfin, le plus souvent un appétit déréglé ; car il s'en est vu qui ont mangé des charbons, de la cendre, du plâtre et d'autres choses pareilles. Tous ces accidents ne sont causés que par le manquement des règles que la nature a retenues pour ses usages particuliers, et toutes les parties de la femme ne souffrent que parce qu'elles sont arrosées des humeurs qui doivent chaque mois être évacuées.

Outre les accidents que nous venons de marquer, il en arrive d'autres après les quatre premiers mois de grossesse, qui nous servent de nouvelles preuves. Le sang qui croît tous les jours dans les veines d'une femme pour l'usage de l'enfant, qui en a alors plus de besoin, leur apporte plusieurs petits désordres qui nous instruisent de l'état où elles sont. Il se jette sur la gorge, et leur cause, aux unes plus tôt, et aux autres plus tard, des douleurs et des duretés aux mamelles, lorsque le lait commence à s'y former, et que le mamelon, avec son cercle, devient rouge aux blanches, et noir aux brunes. Leur voix commence alors à devenir plus grosse, par la chaleur naturelle qui se multiplie, et leur salive est plus abondante ; car on n'a jamais guère vu de femmes grosses, au moins de celles qui jouissent d'un embonpoint, qui ne fussent de grandes cracheuses.

Il paraît même aux jambes et aux cuisses des plus sanguines des veines enflées de diverses couleurs, que nous appelons *varices ;* car on les remarque bleues aux blanches, et noires aux brunes, par la variété de leur tempérament.

Après tout, l'un des signes les plus assurés qui nous peuvent découvrir la grossesse d'une femme, c'est le mouvement de l'enfant ; car si l'on met la main sur son ventre, et qu'on l'y tienne fort longtemps, l'on s'aperçoit, vers le quatrième ou le cinquième mois, d'un mouvement doux, et, sur la fin de la grossesse, d'un mouvement un peu plus fort qui vient de haut en bas, et vers le devant du ventre de la femme quand elle est couchée. Le fardeau ne se meut point de la sorte ; il suit le mouvement du corps, et il tombe comme du plomb du côté qu'il se penche. Les vents ont aussi un mouvement différent. Ils se font sentir inégalement, tantôt d'un côté et tantôt de l'autre ; et leur mouvement ne se fait pas vers le devant du ventre, comme dans une véritable grossesse ; mais on le sent le long des boyaux, que l'on entend quelquefois gronder.

Si l'on observe le pouls des femmes grosses, on trouve qu'il est beaucoup plus prompt et plus élevé que dans un autre temps ; aussi ont-elles alors du sang et de la chaleur autant que deux personnes, et des médecins peu expérimentés à toucher le pouls de ces femmes s'imagineraient aisément qu'elles ont la fièvre.

On ne se contente pas de découvrir en général la grossesse d'une femme par les signes que nous avons exposés ; on veut encore savoir si elle est grosse d'un garçon ou d'une fille, ou même encore si elle est grosse de plusieurs enfants.

Il est vrai que les garçons nous donnent souvent des marques que les filles ne nous donnent pas ; car celle qui est enceinte d'un garçon se porte ordinairement beaucoup mieux, et se sent même plus tôt que si elle l'est d'une fille, qui, dès les premières actions de sa vie, commence à donner plus de peine à sa mère, que ne le fait un garçon pendant toute sa vie.

Si la mère, sur la fin de sa grossesse, tombe dans quelque fâcheuse maladie sans faire de fausse couche, c'est une forte conjecture qu'elle porte dans ses flancs plutôt une fille qu'un garçon : celui-ci a ses attaches plus sèches que celle-là ; il ne saurait résister à des attaques si rudes.

Mais encore, un mâle rendra robustes toutes les parties droites de sa mère, qui, en voulant marcher, se servira plutôt du pied droit, et, en voulant prendre quelque chose, agira plutôt de la main droite que de la main gauche. On remarque encore dans son œil, dans la mamelle et dans son pouls du côté droit, beaucoup plus d'éclat, et beaucoup plus de changement et de force que du gauche ; et, si l'on tire de ses mamelles une goutte de lait, lorsqu'elle y en aura de perfectionné, on verra qu'elle se conservera ronde sur l'ongle, si elle porte un garçon ; au lieu que si c'est une fille, le lait, étant fort séreux, ne se soutiendra pas si bien.

Pour le nombre des enfants, on ne peut considérer que la grosseur extraordinaire du ventre ; et, par le milieu, une espèce d'enfonçure, qui nous donne des marques des jumeaux.

De tous ces signes, il y en a de très légers et de très ridicules ; car, de penser que l'on puisse découvrir la grossesse d'une femme par ses urines, c'est ce que je ne saurais me persuader. Je sais bien jusqu'où l'avarice des hommes a poussé cette curiosité, mais les différentes opinions où ils sont sur ce sujet me font justement douter de la vérité de leurs expériences.

L'urine ne nous peut donner, tout au plus, que des marques de l'état des parties d'où elle vient, et de la disposition de celles par où elle passe. Comme elle ne traverse pas la matrice, et qu'elle ne fait qu'effleurer son col, quelles conjectures peut-on faire par cet excrément, si ce n'est de la disposition de la vessie, des reins et des parties supérieures ?

Toutes ces expériences que l'on fait ordinairement avec de l'urine, sont superstitieuses ; tout ce qu'on met dans la matrice est dangereux : l'ail est caustique et brûlant, si on l'applique aux parties tendres du conduit de la pudeur. Les vapeurs des choses aromatiques sont suspectes, et il ne faut que cela pour faire des fausses couches. Mais il y a d'autres signes qui nous rendent plus certains que ceux-là de la grossesse d'une femme ; car la sécheresse de ses parties, après les caresses amoureuses, les chatouillements et les frissons qu'elle ressent aussitôt, les faiblesses et anéantissements où elle tombe dans le moment, sont de fortes conjectures pour nous faire croire qu'elle a déjà conçu.

D'autre part, si la matrice est formée, que les règles soient retenues, que le ventre s'aplatisse d'abord, et qu'il s'enfle dans la suite, que l'on s'aperçoive du lait qui se forme dans les mamelles, et qu'enfin on sente dans son flanc un mouvement qui ne peut venir que de l'agitation de l'enfant, qui est, si je puis parler ainsi, une partie des entrailles de sa mère ; tous ces signes, dis-je, joints ensemble, paraissent d'assez fortes preuves pour nous persuader qu'une femme est grosse.

Mais, à dire le vrai, il n'y a pas plus d'assurance à la croire grosse, qu'à deviner si elle a une pierre dans la vessie lorsqu'on en a quelques marques. Tant de signes qu'il vous plaira de la grossesse d'une femme, ce ne sont pourtant que des conjectures qui nous peuvent quelquefois tromper, et que des moyens de confusion pour un médecin qui s'y assure avec trop de confiance. J'avoue que l'on est assuré de la pierre, quand on la touche avec la sonde, et que l'on est aussi persuadé de la vérité de la grossesse lorsqu'on touche de la main la tête d'un enfant qui est dans le pas.

Si nous examinons en particulier tous ces signes que l'on croit être les plus propres à nous rendre certains de la grossesse d'une femme, nous verrons clairement qu'ils sont tous douteux ou équivoques; car, de demeurer sèches après avoir été embrassées, cela peut venir de la complexion de la femme et de la chaleur excessive de ses parties. De ressentir un plaisir extrême jusqu'à l'évanouissement, ce n'est pas non plus une marque de conception. Le cœur ressent de pressantes atteintes de l'amour, quand on jouit avec passion des délices du mariage, et le chatouillement que ressent alors une femme, vient aussitôt des embrassements d'un mari et de la compression de la poitrine, que des plaisirs de la conception, jusque-là même qu'il s'en est vu qui ont engendré sans avoir ressenti de plaisir.

Il y a des femmes stériles qui ont naturellement la matrice fermée, et il s'en trouve d'autres qui ont leur orifice dur et calleux, qui ne sont pas grosses pour cela.

Les règles manquent souvent aux filles sans aucun soupçon qu'elles soient enceintes; et les pâles couleurs, pour ne rien dire des autres maladies, sont toujours accompagnées du défaut des règles. L'on n'a guère vu de femmes incommodées de faux germes ou de fardeaux, à qui les règles n'aient manqué; mais encore il y a des femmes grosses qui sont réglées les premiers mois de leur grossesse, et j'en connais même qui l'étaient régulièrement pendant presque tout le temps qu'elles étaient enceintes : et d'autres qui ne le sont ni avant ni après la conception comme il arriva à la femme de Gorgias, selon le témoignage d'Hippocrate, dans ses *Épidémies*, qui, n'ayant point ses règles, ne laissa pas de devenir grosse, et d'en manquer après comme avant la conception.

Le ventre devient grêle d'abord et se grossit ensuite aussibien par le faux germe, par le fardeau et par d'autres maladies, que par la véritable grossesse; et souvent l'on ne peut guère distinguer la tumeur causée par ces différentes incommodités.

Le lait et le mouvement de l'enfant, qui semblent être les marques les plus assurées de la grossesse, ne le sont pas plus que les autres. On voit des filles qui ont du lait par le manquement de leurs règles, si nous en voulons croire Hippocrate et d'autres médecins après lui, et des femmes qui n'en ont point du tout qu'elles ne soient accouchées.

Les mouvements qu'elles sentent dans le ventre peuvent être excités par des vents ou par des humeurs, et les exemples des femmes qui s'y sont trompées ne sont pas rares; quelques savants médecins y ont même été surpris. Hippocrate, tout docte qu'il était, a douté de la grossesse de la sœur de Téménès, et Avenzoar donna un violent purgatif à sa femme sans la connaître grosse.

Il y a d'ailleurs tant de souplesses parmi le sexe, qu'il faut être bien fin pour n'y être pas surpris quand il veut nous en imposer. Car, lorsqu'une femme a dessein de paraître féconde pour être plus aimée de son mari, ou pour recevoir quelque chose de son amant, il n'y a point de ruses qu'elle n'invente pour paraître grosse. Il en est de la grossesse comme des écritures, on ne peut connaître celles-là véritables et celles-ci fausses que par conjectures. Ce ne sont pas les premiers enfants qui ont été supposés après que l'on est demeuré d'accord de la grossesse d'une femme. Lépida fut condamnée pour en user de la sorte, et il ne se trouve aujourd'hui que trop de femmes qui se font fort, ou de feindre leur grossesse, ou de supposer un enfant.

Après tout cela, on peut conclure que l'on ne doit jamais affirmer positivement qu'une femme est grosse, puisque tous les signes dont on peut se servir sont incertains, et que la femme même, qui en doit plutôt être le juge que nous, s'y trompe fort souvent.

CHAPITRE IV

DE LA FORMATION DE L'HOMME

Je me trouve insensiblement engagé, par la suite de la matière que je traite, à parler de quelques questions fort difficiles qu'agitent les théologiens, les philosophes et les médecins.

L'antiquité s'est trop attachée à la raison pour juger juste sur ce qu'elle nous a laissé par écrit : la plupart des choses qu'elle a dites sont ou vaines, ou douteuses, ou fausses par cette raison-là. Et, pour ne parler ici que de la formation de l'homme, tout ce qu'elle nous a enseigné est très obscur ou très imparfait ; tellement que nous avons été obligés de mettre, pour ainsi dire, la main à l'œuvre, afin de découvrir en ce point les secrets de la nature. Nous ne nous sommes pas servis des découvertes qui ont été faites par les autres ; nous avons aussi pris beaucoup de soin d'en faire sur les animaux, et sur les femmes même, afin de chercher plus exactement les admirables principes qui ont servi à nous former.

Nous sommes persuadés que la femme donne la matière aussi bien que l'homme pour former l'enfant qu'ils engendrent tous deux ; mais parce que l'on ne saurait discourir de la formation d'un enfant sans avoir auparavant observé avec exactitude les parties qui y travaillent, il m'a semblé à propos d'ajouter ici à ce que nous avons dit, au chapitre premier de la première partie de ce livre, beaucoup de choses particulières que j'ai remarquées dans les parties naturelles de la femme, la connaissance desquelles nous servira beaucoup à comprendre comment la nature agit en nous formant. Les deux semences de l'homme et de la femme étant jointes ensemble, il se fait un enfant par le moyen de l'intelligence qui fabrique pour elle-même toutes les parties dont nous admirons tous les jours les actions et les usages. Mais parce que ce composé d'âme et de corps ne saurait vivre sans nourriture, nous parlerons du sang des règles, et puis nous observerons par degrés les démarches que fait la nature pour former un enfant dans les entrailles de sa mère.

ARTICLE PREMIER

De la semence de l'homme

La semence de l'homme est l'écume de notre meilleur sang, selon Pythagore, et le doux écoulement de la moelle de l'épine du dos, selon Platon ; elle est la plus pure et la plus délicate partie du cerveau, ainsi que le veut Alcméon, et une substance tirée de tout notre corps, comme l'estiment Démocrite et Hippocrate. Enfin, si nous en croyons Épicure, elle est un élixir, un extrait ou abrégé de notre âme et de notre corps. D'autres philosophes, comme Aristote, se sont imaginé qu'elle était un excrément du dernier aliment. En effet, ce n'est qu'un pur excrément avant la conception et avant que l'intelligence y soit introduite, et l'on ne doit la regarder que comme le sang que l'on nous tire dans des palettes. Mais, selon l'idée qu'en a Tertullien, elle est un effet de nos désirs amoureux, et un flux de notre lasciveté bouillante.

Sa substance doit être épaisse et gluante, si elle est selon les lois de la nature, afin de conserver plus longtemps l'abondance des esprits et de la chaleur naturelle dont elle est remplie. Elle est ainsi dans les hommes d'un âge médiocre, la chaleur dont ils abondent plus que les autres, cuisant cette matière et la perfectionnant pour la rendre féconde. Ce qu'elle a de propre, c'est que la chaleur l'épaissit, et que la froideur la fond et la noircit en même temps. En effet, l'air froid en dissipe les esprits et la rend un cadavre de semence, pour parler ainsi ; au lieu que la chaleur en multiplie les parties subtiles, pourvu qu'elle soit dans un lieu où elle puisse conserver son tempérament.

Son odeur, que l'on peut appeler *vireuse*, est une marque de sa fécondité ; et tous les animaux qui sont en chaleur font exhaler de leur corps une odeur si péné-trante, qu'à peine peut-on demeurer auprès d'eux. Si on les tue en ce temps-là pour en manger la chair, leur odeur est si désagréable, que j'ai connu des per-sonnes qui étaient obligées de vomir après en avoir goûté.

Si l'on considère exactement la semence de l'homme, on y trouvera deux sortes de substances, l'une épaisse et gluante, l'autre déliée et spiritueuse ; c'est dans cette dernière partie, ainsi que nous l'expliquerons ci-après, que réside le principe du mouvement, lequel principe est d'une nature proportionnée à ce qui brille dans les astres.

Cette semence, ainsi composée, ne vient pas seulement des testicules et des petites vessies qui la conservent, elle coule encore de tout le reste de notre corps, ainsi que l'assure Hippocrate, le plus ancien et le plus éclairé de nos médecins.

Car si elle ne venait point de toutes les parties de notre corps, nous ne nous apercevrions pas d'un épuisement si subit et si universel lorsque nous embras-sons une femme. Dans un moment, notre cœur et notre cerveau ne s'épuiseraient pas d'esprits, tout notre corps ne tomberait pas dans un anéantissement que l'on ne saurait exprimer.

D'ailleurs, nous ne tressaillirions pas de joie, si tout notre corps ne contri-buait pas à cet épanchement, et la volupté ne serait pas si excessive, si elle ne dépendait de toutes nos parties.

Au reste, s'il est vrai que les esprits de la semence soient faits de la partie la plus subtile du suc nerveux, et que ce suc soit fait du sang de nos artères et de nos veines, je ne vois pas pourquoi on refuse à ces mêmes esprits le caractère des parties d'où ils sortent : car si les urines nous marquent les différentes disposi-tions des parties par où elles passent, la semence coulant des parties de tout l'homme, portera aussi sans doute avec elle les idées de tout notre corps.

En effet, quelle raison pourrions-nous apporter de la ressemblance des enfants à leur père ou à leur mère, si nous n'étions persuadés de cette vérité ? Et comment pourrions-nous nous imaginer qu'une femme naturellement boiteuse fît un enfant boiteux comme elle du même côté, et qu'elle en engendrât d'autres avec de pareils défauts qu'elle a apportés du ventre de sa mère ?

Si l'on veut en attribuer la cause à la force de l'imagination, je n'ai qu'à rapporter ici l'histoire que nous fait Gassendi, d'une petite chienne qui, étant boiteuse, fit des chiens boiteux, pour faire voir en passant que l'imagination n'a point de part dans ces sortes de ressemblances, puisqu'une chienne a l'imagina-tion fort faible, ou n'en a point du tout.

ARTICLE II

Exacte description des parties naturelles et internes de la femme

Avant que de parler de la semence de la femme, et de la manière dont un enfant est formé dans ses entrailles, j'ai jugé à propos de faire une description exacte de ses parties naturelles, et de joindre les observations que j'en ai faites à ce que j'en ai dit en général dans la première partie de ce livre.

Ce qui nous empêche ordinairement d'examiner les choses avec diligence, c'est la pensée où nous sommes que les anciens n'ont rien ignoré, et qu'il ne reste plus rien à savoir. Dans cette pensée, l'esprit le plus prompt et le plus pénétrant se ralentit et s'émousse; et parce que nous haïssons naturellement le travail, nous nous contentons d'apprendre sans peine ce qu'on nous dit. Mais il me semble qu'il n'y a point d'art qui ne se perfectionne par les expériences que l'on y peut faire. On y doit toujours consulter les sens, afin de nous désabuser par là des faux sentiments que l'on nous aurait pu donner.

La matrice est une partie principale de la femme, puisqu'elle lui cause tant de maux par ses désordres, et qu'elle lui porte tant de bien par sa bonne disposition. Car, si l'on fait réflexion aux maladies que souffrent les femmes par l'incommodité de la matrice, nous demeurerons d'accord que toutes celles qui les affligent viennent plutôt de cette partie que des autres, ou du moins qu'elles ne se font jamais sentir sans qu'elle en soit en quelque façon la cause. Le corps n'est pas seulement incommodé, l'âme s'en ressent encore, et la maladie fait d'aussi funestes impressions sur l'une que sur l'autre partie. Au contraire, quand la matrice est en bon état, on ne saurait dire quels avantages elle apporte à une femme. La couleur de son visage est vive, ses yeux sont brillants et pleins de feu, sa voix est agréable et charmante, son discours est engageant; en un mot, l'amour lui inspire des sentiments de douceur et de complaisance.

J'ai dit ailleurs que la matrice n'était pas dans le même état en toutes les femmes. Elle ne garde ni sa substance, ni sa situation, ni sa grandeur, ni sa figure ordinaire, quand une femme est grosse. Sa couleur, son épaisseur et sa superficie interne sont encore alors tout autres; et si l'on veut se donner la peine de la disséquer en ce temps-là, à peine la pourrait-on aisément diviser en cinq ou six membranes quand elle est vide.

Les testicules ne sont ordinairement éloignés de la matrice que de deux travers de doigt, dans les femmes qui ne sont pas enceintes ; mais, dans les autres, ils touchent tout à fait la matrice, et ils sont beaucoup plus longs, plus plats et plus pleins de semence dans celle-ci que dans les premières. Plus les femmes approchent du temps de leur accouchement, plus elles perdent, aussi bien que la matrice, leur situation et leur figure naturelles. La matière blanche dont ils sont abondamment remplis, a du rapport au blanc d'un œuf de poule, ainsi que Festerus témoigne l'avoir souvent trouvé, et que j'en suis moi-même le témoin ; car, étant à Padoue, et disséquant, avec le sieur Sinibaud, une fille de vingt ans qui s'était précipitée dans un puits, à cause de sa grossesse, je trouvai les testicules si pleins de semence, qu'au premier coup de scalpel la matière renfermée rejaillit aussitôt contre mon visage ; et, m'en étant par hasard tombé sur les lèvres, j'en goûtai assez pour la trouver fade, dégoûtante et un peu âpre.

Quatre vaisseaux viennent à droite et à gauche des lieux que nous avons marqués ailleurs ; ils sont entortillés les uns dans les autres, et liés ensemble par la production du péritoine, qui les renferme en forme d'étui, et, descendant ainsi vers la matrice, ils se partagent en deux branches, dont l'une, qui est la plus grosse, est distribuée à la matrice, et l'autre aux testicules. La première est souvent divisée en trois rameaux, dont le premier et le plus gros est distribué dans le fond de la matrice, pour y causer les règles dans les femmes qui ne sont pas enceintes, ce que l'expérience nous a montré dans des matrices renversées ; ou pour y porter dans les derniers mois de la grossesse. Le second est plus petit, et ne sert qu'à arroser et nourrir la matrice. Enfin, le troisième est assez gros ; il rampe le long des membranes de la matrice, et va se terminer par des conduits capillaires, vers son col, où il se mêle avec les vaisseaux hypogastriques et iliaques ; c'est ce vaisseau qui fait les règles dans les femmes grosses, et qui les décharge de l'abondance de leurs humeurs.

Il n'y a point de parties dans le corps de la femme où les anastomoses et les communications des vaisseaux paraissent plus évidemment que dans la matrice ; car on n'a qu'à souffler d'un côté, tous les vaisseaux s'enflent de l'autre, et se remplissent de vent ; si bien qu'après cela on ne peut douter du mélange des humeurs dans cette partie.

Presque tous les anatomistes appellent les vaisseaux dont nous venons de parler, des *vaisseaux spermatiques*, ou parce qu'ils se sont imaginé qu'ils préparaient la semence, ou que la semence des femmes n'était pas différente de leurs règles ; mais pour moi, qui les ai toujours trouvés pleins de sang, je les nommerai les *vaisseaux sanguins de la matrice*.

L'autre branche qui est distribuée aux testicules, est divisée en deux rameaux, ainsi que je l'ai observé par un microscope. L'un entre dans l'une des extrémités du testicule avec un tel artifice, que l'artère et le nerf se divisent en mille petits

conduits, et filtrent leur humeur dans sa cavité. L'autre, se perdant dans le ligament large qui lui sert d'appui, porte sans doute à la *tuba* des humeurs propres
à faire et entretenir les boules où se forment les enfants.

Ce que j'ai observé de particulier, c'est que les vaisseaux spermatiques qui
coulent en abondance dans le ligament large, entre le testicule et la tuba, et que
l'on peut nommer *vaisseaux nerveux*, parce qu'on ne les aperçoit presque point,
ont un, deux ou trois troncs que j'ai aperçus, dans quelques femmes, toucher les
cornes de la matrice, comme si l'humeur, venant des testicules par des vaisseaux
capillaires, était portée par plusieurs troncs pour être communiquée aux cornes
de la matrice

Les cornes de la matrice, que l'on appelle la *tuba* ou la *trompe de Fallope*, ont
du rapport aux vésicules séminaires des hommes; car elles conservent la semence
des femmes. Ces cornes sortent de chaque côté de la matrice, vers son fond; elles
sont de la longueur de sept pouces ou environ, et de la grosseur à peu près d'un
pouce dans les femmes grosses; mais, dans les jeunes filles ou dans les vieilles
femmes, elles sont fort petites et ne ressemblent qu'à un ligament. Du côté de la
matrice, elles sont grêles, dures et blanches; et puis devenant plus rouges et plus
larges à mesure qu'elles s'en éloignent, elles forment à l'autre extrémité ce que
nous appelons la *frange de la trompe*. Ces conduits, que j'ai trouvés s'avancer
dans le ventre, au-dessous des testicules, sont plus pressés en quelques lieux
qu'en d'autres: si bien que chacun [forme trois ou quatre petites cellules qui
pourraient être la cause de plusieurs enfants qu'une femme peut faire en une
seule fois.

La frange est faite de petites fibres entrelacéesles unes dans les autres et embarrassées d'une humeur gluante, principalement quand une femme est grosse. Ces
fibres, qui ressemblent à de petits nerfs, empêchent sans doute que la semence
ne sorte plus souvent qu'elle ne fait par l'ouverture de la frange, ou plutôt elles y
préparent l'air lorsque l'enfant commence à y être formé, quoiqu'il ne respire
pas : tout de même que la luette et l'épiglotte le préparent pour le poumon. Car
cet élément est un corps qui pénètre tout, et qui même se fait passage dans les
matières les plus pressantes et les plus solides. C'est peut-être pour cela que l'on
a nommé ces tuyaux la *soupape* ou le *soupirail de la matrice*.

Une femme n'a pas plus tôt conçu, que l'on observe en ce temps-là plus qu'en
tout autre, une élévation à l'ouverture de ses vaisseaux dans la matrice; et j'y ai
souvent rencontré comme une petite peau charnue que l'on pourrait appeler
valvule, qui défendait l'entrée, et permettait la sortie des humeurs qui se rencontraient dans les cornes de la matrice.

Ces cornes, que l'on peut nommer *vaisseaux* ou *conduits éjaculatoires*, sont
remplies d'une matière qui ressemble à du petit lait un peu épais ; elle se trouve

souvent en si grande abondance dans les femmes qui aiment éperdument, qu'elle sort des deux côtés quand elle est agitée ; c'est-à-dire, par la frange, pour causer les accidents qui arrivent aux femmes incommodées de vapeurs, et par l'ouverture de la matrice pour faire les pollutions que souffrent souvent les plus amoureuses.

J'ai souvent observé dans les chiennes pleines ce que Harvée a remarqué dans les biches, que les cornes de la matrice avaient un mouvement semblable à peu près à celui de nos boyaux, et je ne doute point que celles des femmes n'en aient aussi pour se décharger de l'enfant qui commence à se former, et pour se défendre encore d'une abondance de semence corrompue ; si bien que, pour les affermir contre la violence des mouvements qu'elles sont contraintes de faire quelquefois, la nature les a fortifiées par un fort ligament qui va d'un bout à l'autre ; car ce sont ces cornes, avec les testicules, et non le corps de la matrice, que l'on sent souvent avec tant de violence dans quelques femmes hystériques.

ARTICLE III

De la semence de la femme

Si Aristote et ses sectateurs ne s'étaient pas acquis pendant plusieurs siècles une grande réputation, je me persuade qu'il me serait aisé présentement de prouver que les femmes ont de la semence qui contribue en partie à la génération ; car il n'y aurait qu'à examiner sans préoccupation l'action et l'usage des parties que je viens de décrire, pour être convaincu que le sentiment où je suis est le plus vraisemblable ; mais, avant que de l'établir dans toute sa force, voyons en peu de mots si les raisons des adversaires ont quelque solidité.

1. Si les femmes, disent-ils, avaient de la semence ; elles n'auraient point de règles, puisque l'une et l'autre matière peuvent suffire à former un enfant ; mais parce que nous sommes assurés, ajoutent-ils, qu'elles ont des règles, et qu'elles n'engendrent jamais sans en avoir, on doit conclure qu'elles n'ont point de semence.

2. D'ailleurs, si les femmes avaient de la semence, il s'ensuivrait qu'elles auraient un principe d'action par lequel un enfant pourrait se former dans leurs entrailles sans la participation d'un homme, leur semence agissant sur les règles ; mais parce que nous n'avons point d'exemple de cela, on doit aussi avouer qu'elles n'ont point de semence.

3. Au reste, il n'y aurait jamais de conception sans volupté, si les femmes avaient de la semence; mais parce que, disent-ils, nous sommes certains par l'aveu même des femmes, qu'elles sont quelquefois devenues grosses sans avoir été touchées du moindre contentement, nous devons croire qu'elles n'ont point de semence; car, si elles en avaient, elles seraient alors, sans doute, averties de son écoulement par quelques petites voluptés.

4. Ils disent encore, que si les femmes ont de la semence, au moins n'est-elle pas féconde, et ne peut servir en aucune manière à la génération, que ce n'est qu'une humidité superflue, pour arroser leurs parties naturelles et pour les irriter quand il faut se joindre amoureusement; et que, comme les eunuques ont une espèce de semence qui n'a aucune vertu, les femmes ont aussi une matière qui n'a point de force à former un enfant.

5. Les femmes sont semblables aux enfants et aux eunuques dans la voix, dans le poil, dans l'habitude du corps et dans la passion de l'âme; elles n'ont donc pas plus de semence qu'eux.

Mais, 1. l'expérience nous fait voir qu'il en est tout autrement, et la raison n'y est pas contraire; car la semence des femmes est bien différente de leurs règles: l'une est blanche et les autres sont rouges. Celle-là sort en petite quantité, et ne s'écoule point ordinairement sans quelque plaisir; et celles-ci s'épanchent le plus souvent en abondance; et bien loin de les rendre joyeuses, elles en deviennent tristes et abattues. Après tout, la forte imagination peut souvent contribuer à l'écoulement de la semence; mais, quelque vive que soit cette faculté de l'âme, elle ne saurait avancer ni retarder les règles d'un seul jour; et ainsi les femmes ont de la semence et des règles tout ensemble, puisqu'elles ont diverses passions qui en sont des marques évidentes; la première matière servant à engendrer, et la seconde à nourrir en partie les enfants qu'elles font.

2. Le raisonnement de ces philosophes sur la formation de l'homme est si éloigné de la vérité, que je ne m'étonne pas si leurs raisons sont si faibles. Ils se persuadent que le sang des règles sert d'abord à nous former, et l'expérience nous fait voir tout le contraire; savoir, que nous sommes plusieurs mois dans le sein de nos mères sans en avoir besoin. Sur ce faux principe, ils établissent des raisonnements qui se détruisent d'eux-mêmes; car la semence ne pouvant rien faire elle seule, et n'étant qu'une cause partielle, il est impossible qu'elle soit la cause totale et active de la génération.

3. J'avoue que le plaisir n'accompagne pas toujours la conception, et je ne saurais croire que ce soit le seul écoulement de la semence des femmes qui leur cause des contentements. Le chatouillement qu'elles ressentent des parties de l'homme, et de la forte imagination qu'elles ont dans le combat amoureux, en sont la principale cause : si bien que je ne m'étonne pas s'il y en a eu quelques-

unes qui, n'ayant pas la liberté de l'imagination et du chatouillement, ont engendré sans plaisir.

4. Après tout, si les femmes n'ont pas de semence propre à engendrer, comment les enfants ressemblent-ils si parfaitement à leur mère dans les qualités du corps, dans les passions de l'âme et dans les maladies auxquelles elles sont sujettes? Et que dira-t-on du mélange de différentes bêtes, comme d'un cheval et d'une ânesse qui font un mulet, si la femelle, par sa semence, ne contribue en rien à la génération?

Mais pour prouver encore davantage ce que nous venons de dire, on m'avouera que la nature ne fait rien en vain, et qu'il ne fallait pas un si grand appareil de vaisseaux spermatiques, de testicules, de cornes, etc., si toutes ces parties n'étaient faites que pour humecter la matrice. Elles ont assurément un autre office que celui que les péripatéticiens leur donnent; elles servent à faire de la semence pour former les hommes; et quoique la semence des femmes ne soit pas si cuite que celle des hommes, elle ne laisse pourtant pas d'être de la semence, comme du sang est du sang, bien qu'il soit moins digéré que le nôtre.

On sait à quelles maladies quelques femmes sont sujettes quand elles demeurent vierges ou veuves, ou quand elles ne sont pas assez caressées de leurs maris; et l'on sait aussi quel remède est le plus prompt et le plus efficace pour les guérir. Si la semence qui est retenue dans les cornes de la matrice est employée à former un enfant, toutes les fâcheuses incommodités dont elles étaient auparavant tourmentées, cessent dans un moment, et la cause maternelle de leurs maux servant à d'autres meilleurs usages, elles jouissent ensuite d'une parfaite santé.

Mais encore, si j'osais faire comparaison entre les oiseaux femelles et les femmes, je pourrais dire que, puisqu'ils ont de la semence qui contribue à former leurs petits, les femmes en ont aussi qui sert à la génération; car quel usage auraient les testicules des femmes qui la fabriquent? Et l'expérience ne nous fait-elle pas connaître que les bêtes femelles châtrées ne souffrent pas l'approche de leurs mâles? Nous remarquons deux sortes de substance dans un œuf de poule: le poulet se forme du blanc, qui est la semence de la poule, et s'en nourrit dans les premiers jours de sa formation, et dans les derniers il se nourrit du jaune, qui vient du plus pur sang de la poule: si bien que le blanc de l'œuf ayant du rapport à la semence de la femme, on peut dire que la génération se fait dans la femme comme dans les œufs, et qu'elle contribue à la formation d'un enfant en donnant de la semence de son côté, aussi bien que les femelles des oiseaux. Que dira-t-on des poules châtrées, à qui on a arraché l'ovaire comme le réceptacle de leur semence, pour les rendre stériles, grosses et tendres?

Enfin, s'il m'est permis de me servir de l'Écriture sainte dans cette occasion, je pourrai conclure que la femme a de la semence qui contribue à la génération, puisque Dieu, menaçant les hommes, leur dit, par la bouche de Moïse, *qu'il mettra une haine irréconciliable entre la semence de la femme et la semence du serpent,* en parlant de la postérité de l'un et de l'autre.

ARTICLE IV

De l'âme de l'homme

Nous sommes persuadés de l'existence de beaucoup de choses, bien que nous n'en connaissions point les qualités. Nous demeurons tous d'accord que nous avons une âme, sous l'empire de laquelle nous vivons; mais nous ignorons ce que c'est que cette âme qui nous fait agir, et qui nous en empêche quand il lui plaît. Nous ignorons encore quel est en nous le lieu de sa résidence. Cette âme, qui connaît tout, ne se connaît pas elle-même : elle est comme un œil qui découvre tous les objets, mais qui ne se voit point, et qui ne sait de quelles parties il est composé.

Cette difficulté que nous avons à comprendre la nature de l'âme est une preuve évidente qu'elle est faite à l'image d'un Dieu qui ne peut être compris lui-même. Cependant, si nous pouvons espérer d'en avoir quelque connaissance, il ne faut point nous donner la peine d'interroger les philosophes sur cette matière : ils en ont trop dit pour dire vrai. Leur inclination naturelle et les diverses passions de leur âme les ont fait souvent tomber dans l'erreur, parce que ces deux choses ne les ont pas tant portés à examiner notre âme avec soin, qu'à en juger avec préoccupation.

Car l'inclination qu'ils ont eue pour la grandeur, l'élévation et l'indépendance, les a engagés insensiblement dans une fausse érudition, où ils ont vu des choses vaines et inutiles, qui ont flatté leur orgueil secret, en les faisant admirer de tout le monde. Les passions les ont fait sortir hors d'eux-mêmes pour leur représenter les choses, non pas selon qu'elles étaient en elles-mêmes, pour en former des jugements de vérité, mais selon le rapport qu'elles avaient avec eux, pour flatter leur inclination et celle de ceux à qui ils étaient unis ou par nature ou par volonté; car l'union naturelle que l'on a avec ceux qui sont autour de nous par la ressemblance du tempérament, de la profession et de la fausse religion où l'on a été élevé, est souvent la cause de beaucoup d'erreurs où l'on tombe tous les jours.

Nous les communiquons ensuite à d'autres, parce qu'on nous les a communiquées, et que nous en sommes persuadés, parce que nous ne les avons pas considérées avec assez d'attention, et que nous n'avons pas été assez désintéressés pour en bien juger. L'amour des choses nouvelles et extraordinaires nous préoccupe souvent en faveur de ce que nous prenons pour des vérités cachées ; et j'avoue sincèrement que tout ce qui porte le caractère de l'infini, comme l'âme, est capable de troubler l'imagination et de nous séduire, à moins que d'avoir des principes infaillibles qui nous puissent conduire dans toutes les difficultés qui se présentent sur cette matière.

Car quelle apparence de juger lequel des sentiments est le plus véritable touchant la nature et l'origine de l'âme, dans les livres de ceux qui en ont écrit ? Mais, sans m'arrêter ici aux philosophes païens, je dirai que plusieurs chrétiens ont cru que l'âme de l'homme était une substance corporelle, et par conséquent périssable, faite d'air ou de feu, ainsi que l'a décidé quelque concile contre les païens, qui la croyaient incorporelle, et par conséquent immortelle, comme ont été Démocrite, les Épicuriens et les Stoïciens.

D'autres chrétiens ont soutenu le contraire et ont dit, avec les derniers conciles, qu'elle était incorporelle, et par conséquent exempte de tous les accidents qui arrivent au corps. Quelques-uns ont enseigné que, selon le langage de l'Ecriture, elle était le sang de nos veines, puisque l'âme nous quittait quand nous en perdions beaucoup. D'autres, comme les Manichéens, ont dit qu'elle était une portion de la lumière céleste ; et les Sociniens de notre temps ont publié qu'elle était un vent délié et subtil.

Enfin, il y a tant d'opinions sur la nature de l'âme dans les livres des chrétiens et des païens, qu'il n'y a que Dieu seul qui sache laquelle est la plus véritable, et c'est même une grande question de savoir celle qui a le plus de vraisemblance.

Cependant nous nous flattons de savoir que l'âme est ce qui nous fait vivre, sentir, mouvoir et comprendre, qu'elle est une substance qui en occupe une autre dans toutes ses parties, et qu'elle n'occupe point de lieu comme un corps, puisqu'elle est indivisible, selon le sentiment même de quelques philosophes païens ; mais qu'elle a seulement une étendue de vie, pour me servir de l'expression de saint Augustin ; qu'elle n'est jamais dans le repos, et que le mouvement lui est quelque chose de si naturel, qu'il en est inséparable ; si bien qu'il ne faut pas s'étonner si elle est incessamment dans l'agitation, puisqu'elle prend son origine dans l'esprit céleste qui l'a créée, et qui est d'une nature à ne demeurer jamais dans l'oisiveté. Enfin, comme les plaisirs du mariage sont si excessifs, et qu'ils touchent si vivement notre corps et notre âme, il faut que ce soit quelque chose d'immatériel qui sème tant de plaisirs en nous.

Son origine est aussi contestée que sa nature. Les uns ont cru qu'elle sortait de Dieu, qu'elle était une partie de sa substance, et une étincelle de sa divinité ; les autres, qu'elle était une partie du soleil et de l'âme du monde, laquelle étant partagée entre toutes les choses animées, ceux des hommes qui en avaient le plus étaient aussi les plus spirituels. Il y en a qui se sont imaginé que toutes les âmes avaient été conservées au ciel, pour être ensuite distribuées aux corps qui en avaient besoin ; d'autres, qu'elles étaient créées et placées dans le corps d'un enfant au moment que la conception se faisait, ou après que l'embryon avait toutes les parties accomplies et disposées à la recevoir ; d'autres, qu'elle venait de l'âme de nos pères, par le moyen de la semence. Enfin, il y a sur cette matière des pensées si ridicules, que je perdrais le temps, si je les voulais toutes rapporter ici.

Pour moi, après avoir examiné tout ce que l'on peut dire de la nature et de l'origine de l'âme, je prends Dieu à témoin, pour me servir de l'expression de saint Jérôme, que je ne vois rien qui puisse me satisfaire sur cela. En effet, c'est une partie de la sagesse humaine que d'avouer sincèrement qu'il y a quelque chose que nous ne savons pas.

Mais, quoi qu'il en soit, s'il faut considérer l'homme tel qu'il est, nous le devons considérer composé de quatre sortes de substances différentes.

L'entendement ou l'intelligence, si l'on veut, en est comme le maître, étant une partie indépendante et immatérielle. C'est lui qui nous vient de dehors, et qui n'est pas, comme les autres parties, attaché à la matière. Il est envoyé dans le corps de l'enfant qui commence à se former dans les flancs de sa mère, comme un ange ou un premier moteur qui va bâtir un domicile pour sa demeure, selon le sentiment de Tertullien, et qui rendra compte un jour de ses bonnes ou de ses mauvaises actions.

Le corps est comme l'esclave ; il souffre toutes les incommodités auxquelles nous sommes sujets, et obéit, en qualité d'inférieur, aux lois que lui impose cette partie supérieure de nous-mêmes.

L'entendement et le corps de l'homme sont deux substances si éloignées l'une de l'autre, qu'il est impossible qu'elles se puissent joindre sans un lien qui les assemble. Il a donc fallu quelque chose qui participât en quelque façon des deux extrémités, pour les lier l'une à l'autre : l'âme et les esprits sont ce merveilleux lien qui joint l'entendement au corps de l'homme.

L'âme est une substance pure, et comme un élixir de tous nos esprits. Les esprits sont engendrés de la plus pure portion de notre sang ; ils sont très purs, très clairs, et avec cela très prompts à se mouvoir aux moindres ordres de notre entendement. Le cœur est la partie qui en fabrique la matière, le cerveau la perfectionne, et les nerfs conservent les esprits, et les portent enfin par tout notre corps.

Puisque l'âme et les esprits lient l'entendement avec le corps, l'âme sert aussi de lien pour unir l'entendement aux esprits, et les esprits unissent l'âme et le corps si bien, que, selon ce sentiment, l'âme approche davantage de la substance de l'entendement, s'il m'est permis de parler de la sorte, et les esprits de la substance du corps.

Ainsi, l'entendement et l'âme sont quelque chose de fort différent dans l'homme ; aussi remarquons-nous que tous les peuples ont divers termes pour les désigner quand ils en parlent à dessein. En effet, il semble que ce qui nous fait vivre soit autre chose que ce qui nous fait penser, selon la réflexion de Lactance ; car l'âme est assoupie dans ceux qui dorment, lorsque l'entendement se fait connaître par les fonctions : au lieu que dans les fous l'entendement est comme éteint, lorsque l'âme ne laisse pas de bien agir. L'entendement et l'âme sont donc différents l'un de l'autre, s'il faut le dire une seconde fois, puisque le premier vient de Dieu, et que l'autre est communiqué par le moyen de la semence de nos pères.

Peut-être que le sentiment dans lequel nous sommes, que la semence est animée, pourrait paraître étrange, si nous n'apportions de bonnes raisons pour en faire valoir la vérité.

S'il est vrai que les esprits sont des parties qui nous composent, comme l'enseigne Hippocrate, et que nos parties soient animées, selon le sentiment de tout le monde, il n'y a pas, ce me semble, lieu de douter que la semence ne soit animée, puisqu'elle n'est presque toute qu'esprit.

D'ailleurs, si la semence des plantes a un principe de mouvement qui les fait germer, qui est-ce qui niera que la semence de l'homme n'en a pas un qui l'anime et qui la fait agir ? On l'appellera, si l'on veut, selon le sentiment d'Aristote, une partie de l'animal, puisqu'elle est la principale cause de son mouvement et c'est là ce qui est le propre de l'âme.

D'autre part, nous nous apercevons dans les plaisirs que nous prenons avec les femmes, qu'il sort quelque chose de notre âme, qui nous fait tressaillir de joie ; puis nous demeurons languissants et abattus, nos yeux s'affaiblissent, et nous sentons que notre âme pâtit : ce qui nous fait croire que l'âme renfermée dans la semence est une distillation de notre âme, comme la matière de cette même semence est un extrait et un élixir de notre corps.

Car, qui pourrait s'imaginer que la nature pût passer d'un lieu à un autre par un milieu qui ne participât point des deux extrémités, et que le père étant animé aussi bien que le fils, pût produire ce même fils sans que la semence du premier, qui a servi de milieu à ces deux personnes, fût elle-même animée ?

Au reste, d'où vient l'amour déréglé d'un jeune homme, qui ressemble si fort à son père dans cette passion de l'âme ? D'où lui vient encore cette ambition extraordinaire, qui est si naturelle à sa mère, si ces deux passions qui le dominent ne coulent de l'âme de l'un et de l'autre ?

En effet, l'expérience nous apprend que les bêtes même de différentes espèces en produisent une troisième qui a un instinct mêlé, et que, s'il y a de la variété dans son corps, il n'y en a pas moins dans son âme, par le mélange des deux matières et des deux âmes de la semence de ces animaux.

Nous savons encore, par la même expérience, que tout ce qui est au monde produit son semblable ; et je ne vois pas pourquoi, entre toutes les choses animées, les hommes seraient privés de cet avantage.

En un mot, si nous voulions suivre la pensée de Sénèque, « la semence « a une âme qui est le principe de l'homme à venir ; elle en conserve toute l'idée « dans sa matière ; elle y cache déjà de la barbe et des cheveux blancs ; enfin, « l'enfant, qui n'est pas encore formé, est néanmoins enseveli tout entier dans « la semence. Les traits de son corps y sont déjà marqués, et l'on peut dire que « cette semence contient tout ensemble un enfant, un homme et un vieillard. »

C'est sur cela qu'Ovide reprochait à Ponticus sa mauvaise coutume de perdre un homme avec ses doigts. En effet, il n'est pas permis, par la loi, de se polluer, parce que, selon la pensée de Tertullien, c'est un homicide prématuré que d'empêcher ainsi un homme de naître ; et les jurisconsultes veulent que l'on punisse de mort un homme, ou de grosse amende pécuniaire, s'il fait faire de fausses couches à une femme, dans quelque temps que ce soit de sa grossesse.

Nous pouvons donc conclure que la semence de l'homme et de la femme est animée, mais qu'elle est animée seulement en puissance, c'est-à-dire, comme l'explique Pomponace, qu'il ne manque que les organes nécessaires pour produire ses actions. Mais, après que la semence des deux sexes est mêlée l'une avec l'autre, les organes de ses mouvements, qui étaient auparavant ensevelis dans sa matière, s'en dégageant enfin, se manifestent par leurs mouvements sensibles : si bien que, après la conception, la semence cesse d'être ce qu'elle était auparavant, et devient ce qu'elle n'était pas ; c'est-à-dire que l'âme de la semence nous donne alors des marques de sa présence, au lieu qu'avant cela elle était comme ensevelie dans l'embarras de la matière.

La semence est comme un architecte, pour me servir de la comparaison d'Aristote, qui conserve dans sa mémoire le dessin d'un édifice qu'il veut construire ; et, lorsqu'il trouve l'occasion de le faire, il en fait un matériel qui a toutes les mesures et les dimensions pareilles à celui dont il s'était auparavant formé l'idée.

Tout ce que l'on pourrait dire contre ces principes, selon la pensée de Senert, ne serait qu'une injure que nous ferions à Dieu par notre propre ignorance ; car si Dieu a commandé à la nature, qui n'est qu'un ordre secret de sa providence, par lequel toutes choses sont ce qu'elles sont, et font ce qu'elles doivent faire ; s'il lui a, dis-je, commandé de faire croître et multiplier toutes choses, en produisant chacun son semblable, je ne sais pourquoi ce commandement ne tomberait que sur ce qui n'est pas raisonnable.

ARTICLE V

Du sang des règles

La nature ne s'est pas contentée de faire naître dans les hommes et dans les femmes de la matière propre à engendrer des enfants, elle a encore ordonné aux femmes de produire de quoi les entretenir après les avoir conçus, et de quoi les nourrir quand ils sont nés. Le sang des règles qui coule si régulièrement tous les mois dans les femmes saines, et qui ne sont ni enceintes ni trop vieilles, est semblable au sang d'une victime que l'on vient d'égorger : aussi est-il une portion du sang de leurs artères. Il est vrai qu'elles se déchargent quelquefois par là de toutes les impuretés dont leur corps est rempli, et c'est alors ce qui fait paraître ce sang impur et corrompu.

Bien que nous observions, quoique rarement dans quelques arbres, des fruits sans fleurs, que quelques femmes soient devenues grosses sans avoir leurs règles, comme nous le marque Hippocrate de la femme de Gorgias ; cependant les fleurs des femmes devancent presque toujours la conception, et sont le plus souvent un signe de fécondité.

Ce sang est pour l'ordinaire un sang superflu par son abondance. La cause de ses épanchements périodiques semble être quelque chose de fort caché, puisqu'il se trouve, dans les écrits des médecins, tant de différentes opinions sur ce sujet.

1. Les uns disent que l'oisiveté, la bonne chère et le tempérament froid et humide des femmes ne contribuent pas peu à les faire ce qu'elles sont. Elles ne dissipent pas tout le sang qu'elles engendrent : ce qui reste tous les jours du superflu, après qu'elles se sont nourries, faisant peu à peu une plénitude considérable dans la masse de leur sang, vient enfin à un tel degré d'abondance, qu'au bout d'un mois ou environ la nature en étant comme accablée, les femmes s'en déchargent par les lieux destinés à cette évacuation.

2. Les autres croient que ce qui cause les fleurs aux femmes n'est pas seulement l'abondance du sang, mais une qualité souvent manifeste et quelquefois

cachée ; si bien que les règles des femmes, ajoutent-ils, étant âpres, pénétrantes, corrosives et malignes, il n'y a pas lieu de douter qu'elles ne puissent ouvrir de temps en temps les vaisseaux de la matrice pour se faire passage et pour délivrer ainsi les femmes des maux où elles tomberaient par la demeure de ce sang tout à fait ennemi de la nature d'où vient qu'il y en a eu qui s'en sont déchargées par différentes parties de leur corps, la nature ne pouvant souffrir cet excrément parmi ses liqueurs les plus pures.

Il ne faut pas douter, ajoutent-ils, de la mauvaise qualité des règles, si l'on considère avec quels chagrins les femmes s'en déchargent, quelles faiblesses elles en ressentent et quelle mauvaise couleur elles ont lorsqu'elles en sont incommodées. Et si l'on observe que les femmes qui sont en cet état font mourir par leur toucher une vigne qui pousse, qu'elles rendent un arbre stérile, qu'elles font aigrir le vin et rouiller le fer et l'acier, qu'elles procurent de fausses couches à une femme grosse, qu'elles en rendent une autre stérile, qu'elles obscurcissent la glace et l'éclat d'un miroir ou d'un ivoire poli, qu'elles font enrager un chien et rendent un homme fou, si l'un ou l'autre goûte de ce sang; enfin qu'elles causent encore beaucoup d'autres accidents, on peut dire que la mauvaise qualité des règles est cause de leur écoulement périodique.

3. Les autres attribuent le flux des règles à des causes supérieures, et se persuadent que la lune est la maîtresse des mouvements que nous observons; car ils ont remarqué que la mer s'enflait davantage, que les os des animaux étaient plus pleins de moelle, que les arbres avaient plus de sève et que les femmes souffraient aussi plutôt l'épanchement de leurs humeurs au renouveau ou au plein, qu'en tout autre temps : si bien que, comme la lune a beaucoup d'empire sur les choses humides, les femmes étant d'un tempérament froid et humide, propre, par conséquent, à souffrir les impressions de cet astre, ils ne doutent pas aussi qu'il ne leur fasse ressentir les effets de sa vertu.

4. Enfin, d'autres pensent qu'il y a quelque chose de caché et d'inconnu dans la cause des règles, et que c'est plutôt la loi de la nature qu'aucune autre cause qui en a imposé aux femmes la nécessité et l'incommodité tout ensemble; car ils ont remarqué qu'il y a des femmes aussi chaudes et sèches que des hommes; qu'il s'en trouve qui travaillent et qui ne font guère bonne chère, et qui, néanmoins, font toutes assez connaître qu'elles sont fécondes. Le sang des règles n'est pas si mauvais qu'on se le persuade, pourvu que les femmes soient saines, puisqu'il sert de nourriture à l'enfant qu'elles portent dans leurs entrailles et qu'elles le nourrissent ensuite du lait de leurs mamelles.

La lune n'est pas toujours la maîtresse des règles ; elles coulent aussi bien au dernier quartier qu'au nouveau ou au plein : si bien qu'après tout ils se sentent obligés de croire que Dieu, ou plutôt la nature, par ses ordres qui nous sont inconnus, communique aux femmes une nécessité secrète de se purger tous les mois. Mais toutes ces opinions différentes ne satisfont pas ceux qui veulent pénétrer dans les secrets de la nature. Elles ont toutes des difficultés insurmontables, et, à dire le vrai, pas une ne me plait. Il faut donc chercher quelque autre cause du mouvement des règles dans une fille de quinze ans, qui continue à se purger régulièrement pendant une partie de sa vie.

Si j'établis bien ce que je pense, que le flux des règles n'est causé que par une fermentation que fait la semence de cette fille sur toute la masse de son sang, je me persuade d'avoir trouvé la plus véritable cause de ses épanchements périodiques.

Pour éclaircir cette difficulté, on doit savoir que le sang a une très grande disposition à se fermenter, tantôt suivant les ordres de la nature, tantôt contre ses légitimes décrets. Nous l'éprouvons tous les jours de la première façon par le mouvement de notre cœur et le battement de nos artères ; et nous n'avons que trop d'expériences de la seconde dans nos fièvres intermittentes ou continues.

Le levain naturel du cœur et des autres viscères, selon le sentiment de quelques-uns, agite le sang continuellement par des ébullitions agréables ; la pituite dépravée le fait tous les jours d'une manière fâcheuse, la bile de deux jours l'un, la bile noire le troisième jour, et enfin la semence de la femme ne le fait fermenter qu'au bout de vingt-sept ou trente jours.

Cette semence, ainsi que nous l'avons dit ailleurs, étant d'une saveur insipide et tant soit peu âpre, ce qui se connaît même par son odeur désagréable, fait, par toutes ces qualités, bouillonner le sang qui sort tous les mois de ses vaisseaux.

Examinons cette matière de plus près, et voyons comment la semence d'une jeune fille peut se communiquer à toute la masse de son sang, pour le faire enfler et fermenter quand ses premières règles sont prêtes à paraître.

Nous savons, par la description exacte que nous avons faite des vaisseaux de la matrice, que ceux que nous avons nommés *sanguins*, descendant des parties supérieures, se divisent en deux rameaux ; que l'un de ces rameaux va aux testicules et à la trompe, et l'autre à la matrice. Le premier est composé, comme celui-ci, d'artère, de veine, de nerf et de vaisseau lymphatique. L'artère et le nerf portent au testicule la matière à faire de la semence ; la veine et le vaisseau lymphatique rapportent en haut le résidu des liqueurs que le testicule et les trompes n'ont pas trouvées propres pour nourrir leur substance, et pour servir à leur usage : si bien que cette matière infectée, pour ainsi dire, d'une vapeur subtile et séminaire du testicule et des trompes, remontant en haut, se mêle parmi le sang et dans la veine cave descendante, ou dans l'une des émulgentes, pour communiquer, d'un côté et d'autre, à toute la masse du sang les esprits et la matière vireuse qui a été puisée dans le testicule et dans les trompes.

C'est ce qui fait aussi la bonne grâce des femmes et des filles, leur enjouement, leur vigueur et leur hardiesse ; car, pour parler de cette sorte, les vapeurs sulfurées et spiritueuses de la semence, se mêlant parmi leur sang, leur servent comme de levain, qui d'un côté cause leurs règles, et d'un autre fait ce que nous trouvons d'agréable et d'engageant dans les femmes.

La matière qui revient des testicules et des trompes est ensuite portée dans tout le corps, par le mouvement du cœur et des artères. Elle arrose avec le sang toutes les parties, qui deviennent ensuite plus échauffées et plus pleines d'esprits : si bien que cette jeune fille, à l'âge de quinze ans, qui est le temps où ses testicules commencent à avoir de la force pour répandre leurs vapeurs par tout son corps, devient plus active et plus amoureuse qu'elle ne l'était auparavant. Elle se sent en état d'attendre un homme de pied ferme; elle l'irait même attaquer amoureusement, si la pudeur et la bienséance ne l'en empêchaient. C'est alors que la nature, qui n'est jamais dans l'oisiveté, la dispose à la propagation du genre humain. Elle échauffe ses parties naturelles, et y conduit incessamment de la matière et des humeurs pour les faire servir à perpétuer son espèce.

Cette matière séminaire, qui se mêle ainsi tous les jours peu à peu parmi son sang, dispose cette dernière humeur à la fermentation, jusqu'à ce qu'une suffisante quantité de vapeurs spermatiques y étant mêlée, l'ébullition soit parfaite et accomplie, de sorte que le sang puisse sortir des vaisseaux que la nature a préparés pour servir à cette évacuation. Le vin qui bout dans un tonneau fermé se fait passage à travers ses petites fentes, et évacue une suffisante quantité de moût pour rendre le calme au reste. Ainsi, le sang qui bouillonne par le levain dont nous venons de parler, se fait des ouvertures par les extrémités des vaisseaux de la matrice; et après que, pour l'ordinaire, le plus mauvais s'est épluché, celui qui reste demeure en repos jusqu'à ce que, dans un mois ou environ, il y ait encore une nouvelle matière qui le trouble et qui le fasse sortir. Car, si nous faisions réflexion aux qualités de la semence de la femme, nous demeurerions d'accord que ce levain n'a point de force pour causer de plus prompts mouvements.

Si le sang est dans un juste tempérament, comme il arrive dans les femmes qui se portent bien, la fermentation s'achève promptement, et l'évacuation de leurs règles finit à peu près dans trois ou quatre jours; mais si le sang est plein d'excréments, de crudité ou de pituite, quelle apparence y a-t-il qu'il s'échauffe et qu'il se fermente si promptement? Sa fermentation dure alors plusieurs jours, et son épanchement ne se fait qu'avec douleur. Ce sang est comme du moût qui a été depuis peu exprimé de quelques grappes de raisin. On a beau l'approcher du feu, il ne s'enflamme point; et, s'il s'échauffe un peu, ce n'est qu'avec peine. Au contraire, si le sang contient des matières bilieuses et soufrées, la fermentation s'en fera plus promptement, et la femme qui en sera incommodée ne manquera pas d'être attaquée de douleurs de tête, de flancs et de ses parties naturelles, qui seront quelquefois enflées par l'âpreté de l'humeur qui en sort. Ce sont les accidents que causent les règles dans une femme malsaine ; mais tout est pur dans une femme pure, et ses fleurs, qui sont aussi vermeilles et aussi épurées que le sang qui lui reste dans les veines, ne lui apportent que de la joie et de l'allégresse.

1. Cette opinion ne paraîtrait pas encore assez bien établie par tout ce que nous venons de dire, si nous n'apportions des raisons pour la confirmer. Une des principales que l'on puisse alléguer, c'est que la plupart des femmes, dans le temps de leurs règles, sont sujettes à une espèce de fièvre, ou du moins à une émotion universelle qui y a beaucoup de rapport ; ce qui montre qu'il se fait alors une fermentation dans toute la masse du sang.

2. D'autre part, s'il est vrai, comme je viens de le dire, que le sang ne bouillonne dans les veines des femmes pour l'évacuation des règles, que par le moyen de la semence qui s'y mêle, il est absolument nécessaire qu'elles aient cette semence avant que de nous donner des marques de leur fécondité par l'épanchement de leurs règles. C'est la raison pour laquelle nous voyons quelquefois des femmes nous donner des fruits sans nous avoir fait paraître des fleurs, parce qu'elles n'ont pas assez de semence pour exciter leurs règles, et qu'elles en ont assez pour faire un enfant. Témoin cette femme de Montauban, dont parle Rondelet, qui accoucha douze fois ; et cette autre femme de Toulouse, dont Joubert nous fait l'histoire, qui eut dix-huit enfants, sans que l'une ni l'autre eussent jamais su ce que c'était que les fleurs des femmes.

3. D'ailleurs, une fille de quinze ans se sent vigoureuse et entreprenante, de lâche et de timide qu'elle était quelques années auparavant. La voix lui grossit alors ; ses yeux deviennent étincelants ; la couleur de son visage est vive ; son humeur est gaie. Elle se fait gloire de montrer sa gorge qui s'enfle peu à peu, pour faire connaître qu'elle est en état d'être mise au rang des femmes. Son sein s'est déjà élevé jusqu'à la hauteur de deux travers de doigt, et son sang bouillonnant est prêt à sortir de ses vaisseaux. Elle donne même à sa mère des marques des feux secrets que la nature commence à allumer dans son sein : comme les petites chaleurs et les légers emportements lui sont alors fort naturels, ils doivent aussi faire connaître qu'elle a besoin d'être observée de fort près, pour ne pas manquer à la pudeur du sexe, et encore le plus souvent n'y réussit-on guère.

> En vain de nos jeunes coquettes
> On vous voit, mères inquiètes,
> Conduire les yeux et les pas.
> L'Amour a mille et mille appas,

Et, pour surprendre un cœur, sait des routes secrètes
Que vos soins ne connaissent pas.

En effet, c'est alors que la semence d'une fille, mêlée parmi son sang, ne le fait pas seulement fermenter, mais qu'elle élève sa gorge, qu'elle lui échauffe l'imagination, et lui inspire de l'amour, pour se perpétuer par le moyen de la génération.

4. C'est assurément par le défaut de semence que Phœtuse perdit ses règles à la fleur de son âge. Elle devint si sèche, par la tristesse qu'elle conçut de l'absence de son mari, que sans doute ses testicules, étant alors privés de leur fonction ordinaire, et étant devenus étiques et desséchés, ne furent plus en état de fournir à la masse du sang une matière pour la faire bouillonner. Et, parce qu'elle n'était plus ferme par l'épanchement de ses règles, elle perdit aussi son tempérament, pour prendre celui d'un homme sans changer de sexe. On la vit toute velue, et son menton garni de poils, ainsi que le rapporte Hippocrate.

5. Enfin, s'il est vrai, ce que nous rapportent quelques médecins, que les femmes à qui l'on a coupé la matrice et les testicules ont manqué de règles, et qu'elles manquent aussi des mouvements ou des efforts que la nature fait de temps en temps pour se décharger de son sang superflu, on doit croire qu'ayant perdu les principales parties qui contribuent à faire fermenter le sang dans leurs veines, elles ont aussi été privées de ces épanchements périodiques. Car l'expérience nous apprend que, si l'on arrache l'ovaire aux poules, elles ne font plus d'œufs; et comme cette partie, dans l'oiseau, a du rapport aux testicules des femmes, on ne peut douter que, par la perte de ces dernières parties, qui contribuent à faire la semence, elles ne perdent pas aussi la puissance de se perpétuer, et en même temps le droit d'être réputées parmi les femmes, faute de l'écoulement périodique de leurs règles.

Il est donc certain que la portion la plus subtile de la semence des femmes, ou, si l'on veut, des vapeurs séminaires, est la cause principale de leurs règles; que le tempérament, l'abondance du sang, l'empire des astres, et les autres causes que l'on apporte pour l'ordinaire sur cette matière, n'en sont que les causes secondes et éloignées, qui contribuent à faire les règles plus ou moins abondantes, et non à les faire paraître plus ou moins souvent.

La quantité du sang des règles ne doit pas dépasser dix-huit ou vingt onces. Cette quantité n'est pas toujours égale dans toutes les femmes; les unes perdent peu en beaucoup de temps. Je sais que mademoiselle I*** n'a que douze jours libres dans un mois, ses règles étant si abondantes pendant dix-huit jours, qu'elles peuvent être mises au nombre des choses qui arrivent contre les lois de la nature. Ainsi, il n'y a rien de déterminé, ni pour la quantité du sang, ni pour

le temps que les règles doivent durer. La santé, la maladie, le tempérament, la
façon de vivre, les emplois, le climat, la saison, la température de l'air, et beaucoup d'autres choses, changent tout dans ces sortes d'évacuations.

ARTICLE VI

Observations curieuses sur les divers temps de la formation de l'homme.

Toutes les parties et toutes les humeurs sont disposées pour la génération d'un
enfant dans l'un et dans l'autre sexe. Ce jeune homme est en état de se joindre
amoureusement, et cette jeune fille sent que la nature l'excite à se perpétuer par
le moyen de la génération. Dans la disposition où elle est, il faut peu de chose
pour faire un enfant, et ses parties amoureuses sont si disposées à le former, qu'elle
concevra à la moindre approche d'un homme. On pourrait comparer ses parties
amoureuses à un morceau d'ambre jaune échauffé par le mouvement, qui attire
la paille aussitôt qu'on la lui présente.

La femme n'a donc pas plus tôt reçu la matière de l'homme par cette amoureuse alliance, qu'elle la presse de toutes parts pour la faire passer promptement
dans l'un ou dans l'autre de ses vaisseaux éjaculatoires, afin que, s'y mêlant avec
la sienne, elle y cause la conception.

C'est dans l'un de ces conduits que les principes de notre corps et de notre
âme s'unissent et se mêlent pour ne faire qu'un composé, et c'est aussi dans ce
moment que Dieu, qui sait tout ce que nous faisons, semble s'être comme obligé
d'y envoyer un entendement, qui, selon la pensée de saint Grégoire de Nice,
« doit avoir soin de tous les organes du corps où il doit loger, pour régler en-
« suite les occupations qu'il y doit faire, et les mœurs qu'il doit suivre, afin,
« ajoute-t-il ailleurs, qu'il n'ait pas, un jour, à reprocher à Dieu d'avoir eu un
« corps et une âme qui n'auraient pas eu de dispositions nécessaires pour suivre
« ses principes secrets et ses mouvements intérieurs. »

Un homme qui a fait lui-même le luth dont il doit jouer, n'a sujet de se plaindre de personne, si son instrument n'est pas d'accord dans toutes ses parties : il
était le maître de sa matière, et il pouvait l'employer et la disposer comme il
jugeait à propos ; de sorte qu'il ne s'en prendra jamais qu'à lui seul s'il y a un défaut dans son luth, ou un faux son dans son harmonie.

Mais parce que ce sujet est de lui-même fort embrouillé, et qu'il renferme des
sentiments nouveaux, j'ai résolu de le partager en quatre articles, où je ferai voir,

autant qu'il me sera possible, les degrés dont la nature se sert pour nous former dans les entrailles de nos mères.

Parce que j'aurai besoin, dans la suite de ce discours, du mot de *conception*, pour exprimer ma pensée sur le sujet que je traite, j'ai peur que l'esprit du lecteur ne demeure souvent en suspens dans la diverse signification que je lui donne, à moins que de l'en avertir auparavant. Quand je dis donc que la *femme a conçu*, et que sa *conception est avantageuse*, je prends alors ce terme dans une signification active; mais lorsque je dis que *notre conception s'accomplit dans les cornes de la matrice de la femme*, et non dans sa matrice, ainsi qu'on se l'est persuadé jusqu'ici, ce mot a alors une signification tout opposée, et on le doit prendre passivement.

Premier degré de la formation de l'homme.

Il me semble qu'il n'y a rien de plus certain que de dire que la conception est un mélange de la semence de l'homme et de la femme, et qu'il n'y a rien aussi de plus incertain ni de plus caché que le lieu où cette conception se fait.

On a cru jusqu'ici que la matrice était le lieu où nous commençons à être formés, parce que l'on a presque toujours trouvé des enfants dans sa cavité, et que l'on ne s'est pas imaginé que la conception se pût faire ailleurs : car, bien que l'on ait vu des enfants dans les cornes de la matrice, on a cru cependant que ce n'était que contre les lois de la nature qu'ils se formaient dans ces petits conduits, et l'on ne s'est pas persuadé que c'était là que la Providence, par ses ordres secrets, avait déterminé de leur donner le commencement de la vie. J'avoue que le sentiment qui établit le lieu de la conception hors de la cavité de la matrice est plein de difficultés, et que l'on a besoin de raison et d'expérience pour en être convaincu.

1. Puisque, après les embrassements amoureux, on n'a jamais trouvé de semence dans la cavité de la matrice, au lieu que l'on en trouve toujours dans ses cornes, pourvu que la semence soit saine et féconde, on m'avouera qu'il y a lieu de croire que nous sommes plutôt formés dans ces petits conduits que dans un autre lieu, puisqu'il y a de la matière pour la génération.

En effet, toute l'exactitude que j'ai pu apporter, en disséquant beaucoup de chiennes qui s'étaient depuis peu accouplées, n'a servi qu'à me confirmer davantage dans l'opinion où je suis ; savoir, qu'il en arrivait de même dans les femmes, et que la conception se faisait plutôt dans les cornes, dans la trompe ou dans les vaisseaux éjaculatoires de la matrice, ainsi qu'on voudra les appeler, que dans la cavité de cette partie.

Il n'y a point de sang qui passe plus vite dans les artères, ni de chyle qui se distribue plus promptement dans les vaisseaux lactés, que la semence du mâle s'insinue dans la matrice des animaux ; ce qui fait croire à Harvée, qui a éventré, pour ce sujet, un nombre considérable de biches, que la conception se faisait d'une autre sorte qu'on ne se l'était imaginé jusqu'alors. Il a cru, mais d'une manière particulière, que parce qu'il n'avait rien rencontré, ni de la semence du coq, ni de celle du cerf, dans les parties secrètes de la poule et de la biche, après s'être accouplées l'une et l'autre, il fallait que la semence du mâle, ou ne fût pas entrée dans ces lieux, ou, si elle y était entrée, qu'elle en fût sortie en y laissant son impression et son caractère. Sur cela il a formé ce sentiment, que la génération se faisait de la même sorte qu'un homme pestiféré communique son mal à un autre, savoir, par le moyen de la contagion ou de quelques esprits invisibles ; ou encore comme un fer qui a touché, depuis peu, une pierre d'aimant, attire un autre fer, par la vertu qui lui a été communiquée : si bien, ajoute-t-il, que la conception de l'enfant se fait ni plus ni moins que celle de nos pensées. Nos yeux voient des objets : notre mémoire en conserve les idées, et notre âme en conserve les conséquences. Tout de même on touche une femme pour la rendre féconde, et elle ne conçoit pas parce que la semence de l'homme est présentée à sa matrice, mais parce qu'elle l'a touchée et lui a communiqué sa vertu. C'est ainsi, dit-il, que le vingtième œuf d'une poule est fécond, par l'impression que la semence du coq a fait sur le corps de la poule, qui n'en a été touchée qu'une seule fois.

Mais sans m'arrêter à cette opinion, qui me paraît trop métaphysique dans les ouvrages de la nature, continuons à prouver que la véritable union de la semence de l'homme et de la femme, que nous appelons *conception*, se fait d'une autre manière plus naturelle.

2. Nous observons tous les jours que les femmes sont plus ou moins amoureuses avant ou après leurs règles qu'en tout autre temps ; et la nature leur donnant alors beaucoup plus d'envie de se joindre, elles sont aussi en ce temps-là beaucoup plus sujettes à concevoir.

Si le fœtus se formait dans la cavité de la matrice, quelle apparence y a-t-il qu'il pût résister au flux des règles, qui doivent couler en abondance du fond de cette partie ? L'enfant à venir en serait détruit, et la matrice étant tout humectée, ne saurait les retenir, ni l'empêcher d'en sortir avec le sang ; et ainsi il ne se ferait point alors de conception au commencement des règles : ce qui est contraire à l'expérience. Il en arriverait de même sur la fin des fleurs ; car la matrice est encore alors trop humide pour pouvoir conserver le présent qu'on lui a fait ;

elle le recevrait plutôt quinze jours avant, parce qu'étant plus sèche, elle serait plus disposée à presser la semence qu'on lui aurait donnée.

Mais parce que l'expérience nous apprend que la conception qui se fait entre les règles n'arrive pas si souvent que celle qui se fait immédiatement avant ou après, je suis obligé de croire que la conception se fait dans un autre lieu que dans la cavité de la matrice. Je n'en saurais trouver de plus propre à cet usage que les cornes de cette partie, où souvent l'on a trouvé des enfants formés ; car, au commencement et à la fin des règles, tous les vaisseaux de la matrice sont ouverts, ou pour se décharger de l'abondance de leurs humeurs, ou pour recevoir la semence qu'on leur présente.

C'est ainsi que le fœtus peut éviter les désordres qui arrivent pour l'ordinaire au commencement de la grossesse : au lieu qu'il ne saurait s'en garantir, s'il commençait à se former dans la cavité de la matrice.

3. Les anciens ont su, aussi bien que nous, que la matrice des femmes n'avait qu'une seule cavité : ils nous ont pourtant laissé par écrit que les femmes grosses sentaient plus de douleur et de mouvement d'un côté que de l'autre ; ce qui se trouve encore aujourd'hui conforme à l'expérience. Car les médecins, qui se sont appliqués à connaître les effets et les circonstances de la grossesse, ont appris que les femmes sentent pour l'ordinaire plus de mouvement d'un côté du ventre que de l'autre. L'enfant, commençant à avoir un peu d'agitation par le mouvement de son cœur et de ses petites artères, irrite le vaisseau éjaculatoire qu'il habite, afin qu'il se défasse, en faveur de la matrice, de ce qu'il contient : et parce que ce vaisseau n'a pas assez d'espace pour élever un enfant qui a besoin alors d'un lieu plus étendu et plus commode pour ses perfections, il s'en défait par son mouvement circulaire, et le jette dans la cavité de la matrice.

4. On a cru, jusqu'au temps de Fernel, que la pierre se formait dans la vessie, où elle se trouve presque toujours ; mais, depuis que l'on a été désabusé de cette opinion, l'on croit, selon les expériences que l'on en a, que les reins lui donnent les premiers commencements : car les douleurs qui précèdent la pierre de la vessie nous font bien croire que c'est dans les reins que la pierre a été d'abord formée. Tout de même, les petites douleurs et les mouvements délicats et presque imperceptibles dont s'aperçoivent, dans l'un ou dans l'autre de leurs côtés, les femmes enceintes les plus sensibles, me font conjecturer que l'enfant commence à se former dans l'une ou dans l'autre des cornes de la matrice.

La substance de ces vaisseaux, leur figure, leur action et leur usage sont fort convenables à cet emploi. Ils sont d'un sentiment exquis, étant tous membraneux et charnus, pour s'élargir et pour sentir les irritations du fœtus ; leur figure est propre à se décharger de ce qu'ils contiennent ; ils sont presque toujours pleins de semence, et ont un mouvement par lequel ils se défendent de ce qui les presse et de celui qui les incommode. Nous n'avons que trop de preuves de leur mouvement dans les suffocations de matrice, et je puis assurer avoir vu plusieurs fois le mouvement de la matrice des chiennes que j'ai disséquées en vie, qui était à peu près semblable à celui de nos boyaux que nous appelons *péristaltique*.

Ce sont donc les petits mouvements des cornes de la matrice, que les femmes grosses sentent d'un côté ou d'autre, qui nous font croire que l'enfant y reçoit les premiers traits.

Mais encore, comment est-ce que la conception se pourrait quelquefois faire après les grandes cicatrices que la matrice a reçues, si elle ne se faisait hors de sa cavité ? Car nous savons, selon même le rapport de Rousset et Bauhin, que quelques femmes ont conçu après qu'on a ouvert la matrice, ou qu'elles y ont souffert de grands abcès. La matrice ne serait point alors en état de faire ses actions : elle serait trop mal formée, et ses membranes, affaiblies et desséchées par des plaies, ne pourraient se comprimer et se resserrer pour la conception ; au lieu que, recevant de ces cornes l'enfant qui a été formé, elle n'a ensuite qu'à le contenir et le conserver jusqu'à sa dernière perfection.

5. D'ailleurs, pour confirmer ma pensée, je puis dire ce que l'expérience m'a appris sur cette matière. Je connais quelques femmes qui ont toujours accoutumé de se coucher sur le côté droit lorsqu'elles dorment avec leurs maris, et c'est aussi dans cette posture qu'elles sont caressées et qu'elles conçoivent presque toujours des garçons. On ne saurait donner d'autre raison de ce qui arrive de la sorte, que celle qui favorise mon sentiment. Car la semence de l'homme étant reçue dans la matrice de la femme située dans la posture que nous avons marquée, ne peut tomber, par son propre poids, que dans la corne droite, où les garçons sont le plus souvent formés. C'est une remarque qu'a faite Rharsis, aussi bien que moi, lorsqu'il dit « que les femmes qui se couchent ordinairement du côté droit ne font presque jamais de filles. »

6. D'autre part, j'ai souvent observé, aussi bien que Fallope, que la chair de l'arrière-faix n'était jamais au milieu du fond de la matrice, mais vers l'un ou l'autre de ses côtés, parce qu'après un mois ou environ la boule où est renfermé l'enfant étant chassée du lieu où elle est, s'attache à l'endroit de la matrice le plus près de l'embouchure du vaisseau d'où elle sort ; ce qui n'arriverait pas de la sorte, si la conception se faisait dans la cavité de la matrice.

7. Au reste, Riolan, un des plus célèbres anatomistes de notre siècle, autorise mon opinion, lorsqu'il dit avoir souvent trouvé des enfants formés dans les cornes de la matrice. Et cet enfant mort qui était d'un pied de long, et qui sortit du fond de la matrice de cette pauvre femme qu'Harvée voulait faire couper, ne sortit d'autre lieu que de l'un des vaisseaux éjaculatoires.

8. Je trouve, dans mes *Mémoires*, qu'il y a environ vingt-trois ans qu'un vieux médecin, appelé *Jean Critier*, personnage très savant et très sincère, me raconta, à Paris, une histoire que M. Mercier, médecin de Bourges, qui vivait encore alors, lui avait faite de cette sorte. La femme de M. Agard, lieutenant criminel de cette ville-là, de la santé de laquelle ce dernier avait le soin, devint grosse, et se porta assez bien jusqu'au quatrième mois, après quoi elle souffrit des faiblesses et des douleurs extrêmes aux reins et dans le ventre, principalement du côté droit. Tout cela l'épuisa tellement, qu'elle mourut sans pouvoir se délivrer. On l'ouvrit le 2 janvier 1714 ; on trouva une fille longue de sept pouces dans la corne droite de la matrice, la matrice étant alors dans sa figure et situation ordinaires : si bien qu'après cela on peut dire que la conception l'a faite ailleurs que dans la cavité de la matrice, et que le fœtus étant déjà assez grand, et ne pouvant plus demeurer dans l'une de ses cornes, il faut qu'il en sorte pour se perfectionner ailleurs, ou que la mère en meure.

9. Je pourrais encore rapporter ici l'autorité d'Hippocrate, qui dit, en parlant de la superfétation des femmes, que « si le fœtus est descendu dans la matrice, « lorsque la femme engendre une seconde fois, ce second fœtus ne peut « vivre, et la femme en fait une fausse couche. » La raison en est évidente ; car, comme ce dernier fœtus ne se forme pas dans le lieu que la nature a destiné pour la conception des enfants, il ne peut aussi trouver de quoi ailleurs, et pour se former, et pour se nourrir. Aristote confirme cette opinion, et l'expérience l'autorise. Car nous voyons que les secondes conceptions qui se font dans les premiers mois de la grossesse, réussissent pour l'ordinaire ; que la femme nourrit l'un et l'autre de ses enfants, et qu'elle les met au monde comme s'ils étaient conçus dans le même moment. Mais si la superfétation arrive quelques mois après les premiers fœtus formés, et après que les cornes de la matrice sont embarrassées et bouchées par des humeurs, ou par l'enfant même qui occupe toute la cavité, ce qui arrive pourtant fort rarement, le second enfant ne peut vivre ; ce que l'histoire que rapporte Aristote sur ce sujet confirme clairement.

Après tout cela, l'on peut donc conclure que la conception se fait, selon les lois de la nature, dans les cornes de la matrice, et non dans sa cavité. Mais Kerkringe, Warton, de Graaf, et quelques autres médecins modernes, sont d'un autre sentiment, puisqu'ils ne peuvent croire que la conception se fasse, ni dans la cavité de la matrice, comme l'ont cru les anciens, ni dans ses cornes, comme je pense : mais ils soutiennent qu'elle se fait dans les testicules des femmes, lesquels sont pleins d'œufs comme l'est l'ovaire des oiseaux : si bien que, renouvelant la pensée des poètes anciens, qui publiaient qu'Hélène avait pris sa naissance d'un œuf, ils s'imaginent pouvoir établir et prouver cette opinion par des raisons et par des expériences suffisantes.

Ils assurent donc que les testicules des femmes sont de véritables ovaires, où les hommes commencent à se former ; que les vésicules dont ces parties sont composées, sont pleines d'une liqueur semblable au blanc d'œuf, laquelle, selon le sentiment de tous les anatomistes, est la semence de la femme ; que cette semence étant rendue féconde par les parties déliées et spiritueuses de la semence de l'homme, qui, étant dardée dans la matrice, se fait passage dans les trompes pour entrer ensuite dans les testicules de la femme, communique sa vertu prolifique à l'œuf ou aux œufs qui sont le plus près des membranes des testicules, ou les plus disposés à recevoir son impression féconde, quand il s'engendre un ou deux fœtus ; que l'une des trompes se courbe alors pour communiquer à l'œuf qui est disposé dans l'ovaire, à recevoir ce qu'elle a reçu de la matrice, qu'en ce temps-là ces mêmes trompes demeurent quelque temps collées au testicule, pour y faire une impression de fécondité, ou pour recevoir l'œuf où l'homme commence déjà à se former, ce qui se fait dans les lapines. au troisième jour, et peut-être dans les femmes quatre ou cinq jours après leur conception, comme le pense Kerkringe ; que les vésicules d'un côté, les boules ou les œufs de l'autre (c'est ainsi qu'ils les appellent indifféremment), se grossissent pendant quelque temps dans le testicule, et que l'enveloppe ou le vésicule qui contient la semence de la femme, et qui est une partie essentielle du testicule, se grossit aussi et se fait glanduleuse, afin de conserver les esprits de la semence de l'homme, qui sont les agents de la créature à venir, et de fournir aussi à la boule des humeurs pour la formation et pour l'entretien de l'homme à venir ; que cette même semence féconde prend d'autres enveloppes que la substance glanduleuse qui l'enveloppe, et que ces enveloppes sont le chorion et l'amnios du fœtus ; que l'étui où l'enveloppe glanduleuse s'ouvre pour laisser couler par le mamelon qui se forme sur les membranes du testicule, l'œuf fécond qui entre dans la trompe par la propre vertu du testicule, ou par sa propre disposition ; que pour cela la trompe embrasse étroitement avec sa frange une grande partie du testicule ; qu'ensuite cet œuf fécond étant tombé dans la trompe, tombe aussi dans la cavité de la matrice, où il se mûrit pour ainsi dire, et devient un fœtus parfait ; qu'enfin l'œil fécond et distingué des hydatides, qui sont plusieurs petites boules qui se tiennent par leur queue à leur grappe de chair, comme les grains de raisin sont attachés par leur grappe de bois, au lieu que les œufs féconds ou le fœtus se forme, manquent d'attache, et descendent ordinairement seuls du testicule dans les cornes, et puis dans la cavité de la matrice.

Cela étant donc ainsi établi, ils concluent que le fœtus prend son origine dans le testicule de la femme, et non dans ses cornes, ni dans la cavité de la matrice.

Cette opinion renferme, ce me semble, beaucoup plus de difficulté que celle des anciens que nous avons examinée et réfutée ensuite ; car elle soutient tant de choses qui me semblent impossibles, et qui ne peuvent être bien expliquées par ceux mêmes qui la soutiennent, que je ne m'étonne pas s'il y a aujourd'hui si peu de médecins qui aient embrassé ce parti.

1. En effet, peut-on concevoir que la trompe se courbe, et fasse obéir le ligament large sans que la femme sente son mouvement et son pli, qui ne se peut faire sans douleur? et le testicule qui est attaché à ce ligament, et qui flotte dans la cavité du ventre, peut-il être si stable, qu'il demeure toujours dans sa situation, et qu'il attende la jonction de la trompe pour recevoir l'impression génitale de la semence du mâle qui y est renfermée? En vérité, on fait faire ces mouvements à ces parties-là, pour appuyer le sentiment où l'on est, et pour flatter sa prévention.

2. D'ailleurs, qu'ils fassent la semence de l'homme si déliée et si spiritueuse qu'ils voudront, peut-elle entrer dans le testicule par les portes de deux fortes membranes dont il est revêtu? Et où montreront-ils une semblable démarche que fait la nature dans le corps de la femme? Les esprits animaux, qui sont imperceptibles, ont des conduits par où ils passent ; et la semence de l'homme, qui est plus grossière, n'en aura point!

3. D'autre part, comment se peut-il faire que l'œuf rendu fécond et animé, qui est alors gros comme un pois vert, puisse se faire passage à travers les enveloppes glanduleuses, et à travers les deux membranes du testicule de la femme, pour entrer dans la trompe par la jonction, sans que la femme n'en ressente rien ? Ces membranes sont-elles moins sensibles que celles du reste du corps? et si la membrane est un nerf aplati, comme le pense Galien, peut-elle le rompre sans douleur? de plus, le mamelon, que Graaf a inventé, se rencontre-t-il dans toutes les femmes, comme il nous l'assure? et n'y a-t-il pas lieu de croire qu'il l'invente à plaisir, pour couvrir l'aveuglement où il est ?

4. Au reste, cette solution de continuité est-elle selon les lois de la nature, qui en a tant d'horreur? et a-t-on vu quelquefois dans la femme de pareilles choses? J'avoue qu'on a remarqué des parties se dilater d'une manière extraordinaire, comme fait le pas de la pudeur dans l'accouchement ; mais on n'a jamais observé aucune partie se rompre et s'ouvrir selon les lois de la nature, à moins que ce ne soit pour finir une maladie, comme dans les abcès.

5. En un mot, peut-il se faire une plaie sans un épanchement de sang, et ce sang extravasé et hors de ses vaisseaux, se peut-il conserver sans se corrompre, et sans que la femme s'en aperçoive ?

6. La plaie que la boule aura faite en sortant du testicule, et l'ulcère qui s'ensuivra, peuvent-ils se consolider et se cicatriser dans une partie spermatique, comme sont les parties du testicule de la femme, sans que la femme en ressente de la douleur.

7. Enfin, le testicule a-t-il un mouvement sensible ou insensible pour se défaire de l'œuf qu'il contient ? et cette vertu expulsive, que Graaf a imaginée, peut-elle jeter l'œuf dehors par sa propre disposition, comme si c'était un excrément fâcheux ?

Toutes ces difficultés m'ont contraint d'abandonner ce parti, et m'ont fait dire en moi-même : comment y a-t-il des personnes de bon sens qui peuvent l'embrasser ? Cependant, comme il arrive quelquefois dans l'homme des actions dont nous ne connaissons pas les causes, celle-ci pourrait bien être de ce nombre-là ; car, s'il est vrai, ce que l'on vient de m'assurer, que M. de Verny, anatomiste du roi, fit voir à Paris, en 1691, un testicule de femme qui contenait une espèce de tête dans laquelle on remarquait la fente d'un œil avec deux paupières garnies de glandes ciliaires, et d'une espèce de sourcils ornés de poils, qui était au-dessus ; un front d'où sortait un toupet de cheveux, avec une éminence garnie de trois dents molaires, disposées en triangle, de la grosseur de celles d'un enfant de quatre ans ; trois autres dents dans la face antérieure de ce monstre, et à la postérieure cinq autres ; savoir, trois incisives et deux petites molaires : si cette histoire, dis-je, est véritable, comme plusieurs personnes nous l'assurent, nous pourrions, dans cette occasion, suspendre notre sentiment jusqu'à ce que la curiosité et le travail des anatomistes nous pussent faire voir quelque autre formation du fœtus dans le testicule d'une femme. Car, comme un sentiment ne peut solidement être appuyé, dans la médecine, sur une seule expérience, qui souvent est un jeu de la nature, il faut attendre que l'on nous ait fait voir quelque autre chose de réel dans la même partie, pour être persuadé que l'homme y prend ses principes, et qu'il commence à s'y former.

La conception n'est pas plus tôt faite, que Dieu, par les ordres qu'il a lui-même établis, crée un entendement humain, pour le placer dans le petit corps qui commence à se former. Cet entendement y est envoyé en qualité d'ambassadeur, qui doit un jour rendre compte de sa négociation, et qui doit représenter partout où il se trouve le caractère du maître qui l'envoie.

Cet entendement se mêle avec l'âme, ou plutôt se joint et s'unit à sa substance, et, ce qui nous surprend encore plus, aux esprits et au corps de l'homme, pour ne faire ensuite qu'un homme animé d'une seule forme.

Il serait difficile de s'imaginer comment se joignent ces substances si éloignées entre elles, si l'expérience ne nous en convainquait à tout moment ; car, si mourir est la dissolution de ses parties, vivre sera assurément l'union et la société de ces mêmes substances.

Si j'étais obligé de prouver ici les quatre parties qui nous composent, entre toutes les preuves que je pourrais choisir, je n'en saurais trouver de meilleure que celle que me fournit saint Grégoire de Nice, lorsqu'il dit « que puisque

« Dieu, qui est un être infini, s'est mêlé et s'est uni, sans confusion toutefois, à
« l'âme et au corps de Jésus-Christ, qui est une créature, nous pouvons croire
« que notre entendement peut se joindre à notre âme et à notre corps par des
« décrets d'en-haut : de sorte que de ces deux premières substances il ne s'en
« fasse qu'une seule forme, dont nous soyons animés. »

La semence de l'homme étant donc entrée dans l'une des cornes de la matrice,
fait enfler la semence de la femme, et lui sert comme de levain pour la production d'un enfant. Une des causes de la prompte distribution est une matière
séreuse et spermatique qui se trouve dans la matrice d'une femme féconde, et
qui se mêle avec elle pour lui servir de vésicule. Cette matière vient des vaisseaux et des glandes de la matrice et de son col, par l'expression de ses parties,
par la foule des esprits qui s'y portent, par le plaisir et le chatouillement que la
femme y ressent. L'activité de l'âme et de la semence de l'homme, et l'abondance de ses esprits, ne contribuent pas peu à l'y faire entrer précipitamment.
La petite valvule qui est à l'embouchure des vaisseaux éjaculatoires, favorise
aussi l'entrée de cette même matière. Elle est lâche avant et après les règles, pour
faciliter la conception, qui se fait en ce temps-là plutôt que dans un autre. La
membrane interne dans ces vaisseaux a tant de replis, et le conduit qu'elle forme
a l'embouchure si étroite, qu'il n'y a pas lieu de craindre que ce qui est une fois
entré en puisse sortir que dans son temps.

Il serait bon de remarquer ici ce que nous avons observé ailleurs, que les
cornes de la matrice d'une femme ont trois ou quatre petites cellules, qui servaient comme de forme ou de mesure à la semence de la femme et à la matrice de
chaque enfant : c'est pour cela que quelques jurisconsultes ont cru que la matrice
de la femme avait sept cellules, prenant la cavité de la matrice pour une septième.
La matière qui forme la semence vient peu à peu des testicules, et est filtrée au
travers de la substance nerveuse des vaisseaux éjaculatoires. Cet excrément des
testicules tombant peu à peu dans les cavités de ces vaisseaux, prend la figure de
la cellule qui le reçoit ; et la chaleur naturelle qui agit incessamment sur tout ce
qui est dans le corps, agissant aussi sur cette semence, produit tout autour une
petite peau mince et délicate, qui forme une boule, quand cette boule ou cet œuf
a été rendu fécond par la semence du mâle. Cette membrane n'est pas si ferme
ni si dure dans le lieu où la boule a reçu la dernière goutte de la semence, qu'elle
est ferme ailleurs ; et c'est par là que la semence de l'homme se communique à
celle de la femme, comme la semence du coq se communique à l'œuf de la poule
par la tache du jaune, et que l'humeur de la terre se filtre dans la semence d'une
plante par son germe. J'ai remarqué dans un œuf de poule couvé, qu'après le
premier jour l'ongle du jaune, la cicatrice ou le petit point blanc, ainsi qu'on
voudra l'appeler, qui est environné du cercle jaune obscur, était beaucoup plus

grand qu'il n'était avant que d'avoir été couvé ; le deuxième et le troisième jour, la tache s'était augmentée presque deux fois autant : j'ai jugé que l'âme du poulet résidait dans cette partie, que c'était par là que la semence du coq était entrée dans l'œuf, et que le cœur s'y voulait former, puisque j'y remarquais un si prompt changement.

C'est donc à un petit point de la semence de la femme, s'il m'est permis de comparer les bêtes aux femmes, que se communique l'âme de l'homme avec toute la matière qui la porte : ce qui arrive au même instant que la conception s'accomplit ; et c'est aussi alors, comme nous l'avons dit ailleurs, que l'entendement y paraît pour disposer toutes les parties à obéir ensuite à ses ordres.

Comme les fruits jouissent de la même âme que les arbres auxquels ils sont attachés, et qu'en étant désunis ils portent dans leurs semences des principes semblables à ceux qui ont formé les arbres dont ils ont été détachés : ainsi la boule de la semence de la femme, étant attachée au vaisseau éjaculatoire, jouit alors de la même âme que la femme ; mais, dès que cette boule a été rendue féconde par la semence de l'homme qui s'y est mêlée, alors elle a un principe indépendant et une âme particulière.

Ce qui me fait croire que cela est de la sorte, c'est ce que je vis la nuit du 23 janvier 1680. Mlle L..., après de pressantes tranchées, rendit environ deux cents boules ou petits œufs sans coquille, et c'est ce que quelques anatomistes modernes ont appelé fort improprement *hydatides*. Chaque boule était attachée par sa petite queue, qui tenait à des fibres charnues, tissues et entrelacées ensemble. La moitié des boules étaient grosses comme le bout du doigt, et l'autre moitié comme de petits pois : elles étaient toutes transparentes, et la membrane était assez dure. L'humeur qui y était contenue était assez claire, et en quelque façon gluante ; elle était un peu salée et âpre au goût, et je ne doute pas que ce ne soit de pareilles boules qui occupent ordinairement les cornes de la matrice quand elles sont prolifiques. Comme celles-ci n'avaient pas été rendues fécondes par la bonne semence du mari, et que les vaisseaux éjaculatoires les avaient rejetées comme inutiles : c'est de là sans doute qu'était venu ce faux germe.

Les semences de l'homme et de la femme, étant mêlées, se communiquent l'une à l'autre leurs qualités réciproques. Le peu d'âpreté de celle de l'homme, avec son odeur vireuse et sulfurée, pénètre toutes les parties de la semence de la femme, et en fait mouvoir tous les petits corps ; et la semence de la femme étant d'une substance un peu visqueuse et d'une qualité un peu âpre, n'obéit pas sitôt à la pénétration des qualités de celle de l'homme. Ainsi l'action est lente et les mouvements de toute la matière enflée en sont languissants : si bien que l'on ne peut remarquer aucune chose dans la formation du fœtus avant le neuvième ou dixième jour, ou, pour mieux dire, avant le quatorzième jour après lequel on peut observer les vessies transparentes, ensuite la goutte de sang et le point saillant qui, par son mouvement, donne des marques assurées de vie: si bien que ceux qui nous ont assuré avoir découvert quelque chose au sixième ou au huitième jour après la formation du fœtus, nous ont voulu assurément surprendre.

Mais avant que de passer outre, découvrons la manière dont la nature se sert pour faire fermenter les deux semences unies; car, puisqu'on demeure d'accord que nous ne vivons que par la fermentation, il faut aussi que ce soit par son moyen que nous commençions à être formés.

Nous savons que le levain a deux sortes de substances: la plus grossière devient de même nature que la matière avec laquelle on la mêle, et la plus subtile fait lever cette même matière par sa pénétration et par l'agitation qu'elle excite dans les corps différents de toute la masse. Ainsi la partie la plus terrestre et la plus visqueuse de la semence de l'homme sert en partie à composer les parties spermatiques de l'enfant, et la plus spiritueuse est employée aussi en partie à produire les esprits et l'âme de ce même enfant; ce qu'elle fait par la fermentation qu'elle seule cause dans toute la matière qui le compose.

Plus le levain a de parties subtiles et pénétrantes, et plus la matière sur laquelle on agit est souple et aisée à ménager, plus aussi on avance son action; témoin les garçons qui sont plus tôt formés que les filles, et les pigeons mâles qui naissent le plus souvent avant les femelles, la matière dont ils sont faits ayant plus de chaleur et d'esprits.

La semence de l'homme fermente donc peu à peu toute la masse de la boule, en précipitant toutes les parties les plus grossières, et en élevant les plus agitées et les plus spiritueuses. Son odeur virulente la dissout et en ouvre la matière, la sulfurée la précipite, et la qualité âpre de la semence de la femme la rassemble et l'endurcit: si bien qu'au bout de dix ou douze jours il se fait, dans la partie inférieure de la boule, une goutte d'eau transparente et claire comme un cristal fondu, qui est l'élixir et l'extrait des esprits de l'homme et de la femme. Cette petite ampoule d'eau se divise ordinairement en deux, et quelquefois en trois parties, si nous en croyons Cognatus et Félix Platerus. Le dernier dit avoir vu une femme qui faisait, presque tous les ans, des fausses couches, et qui rendit un jour une boule ronde et blanche, de la grosseur d'une noisette, qui était couverte d'une petite peau mince que l'on pourrait appeler *amnios*, et qui renfermait trois vésicules transparentes, dont l'inférieure était la plus pâle.

C'est dans cette humeur diaphane et cristalline que l'âme se place pour obéir de là aux ordres supérieurs de l'entendement, qui n'occupe point de lieu, et qui est cependant par tout ce petit corps pour disposer ses organes de la manière qu'il

le veut. Dans la partie inférieure de cette boule, où ce médecin remarqua la vésicule la plus pâle, est placée la matière la plus pesante des parties spiritueuses des
deux semences. Elle sert à former le cerveau, qui est la partie, dans les enfants,
la plus grande, la plus pesante et la plus froide; aussi observons-nous que la
tête des enfants qui sont dans les entrailles de leurs mères, est située toujours en bas lorsqu'elle est selon les lois de la nature. En effet, on aperçoit une
goutte d'eau transparente qui se forme, au commencement du troisième jour,
dans un œuf de poule couvé; et je ne doute point que ce ne soit là que le cœur
se place pour faire ensuite tous les organes qui peuvent servir à son mouvement.

Ce petit corps, qui se forme dans les entrailles de sa mère, est déjà comme un
enfant émancipé, qui n'a besoin d'aucune autre conduite que de la sienne propre
pour mettre toutes ses parties en ordre, et pour les placer où elles doivent être.
Cependant la nature, qui prévoit les besoins de cet embryon, enfle le conduit où
il se forme, et tire peu à peu, des testicules et de quelques petits vaisseaux nerveux qui se glissent de la matrice aux cornes, les aliments qui lui sont nécessaires : elle en fait de même de l'autre côté ; elle envoie de la matrice à la corne
vide, aussi bien qu'à celle qui est pleine, et ainsi ces vaisseaux éjaculatoires
s'enflent tous deux presque également, et j'en ai vu qui étaient aussi gros que
l'un de mes doigts.

Vers le quatorzième jour de la conception, plus ou moins, selon la chaleur
de la matrice, l'abondance des esprits, la vivacité de l'âme, la diversité du sexe,
la disposition du temps et de la saison, enfin, le tempérament de la femme et de
la matrice même, il naît dans l'une des ampoules transparentes un point rouge,
ou une goutte de sang qui s'agite d'elle-même; et je ne donte point que ce ne
soient les petites oreilles du cœur, ou le cœur même qui, par ses premiers mouvements de dilatation et de resserrement, veut se fabriquer des organes pour donner la vie au petit enfant qui commence à se former : car, comme c'est à l'entendement à placer toutes les parties en leur lieu, après leur avoir donné à chacune
une figure convenable, c'est aussi au cœur à les perfectionner et à les nourrir.

J'avoue que je suis en peine de dire si le sang est formé avant le cœur, ou le
cœur avant le sang; mais, quoi qu'il en soit, je suis pourtant persuadé que l'instrument doit être fait le dernier, puisque l'entendement n'entreprend l'ouvrage
du cœur que pour contenir le sang, pour distribuer les humeurs et pour communiquer la chaleur et la vie à toutes les parties les plus éloignées du corps. Mais
parce que la fermentation a donné l'être à ce petit corps, il est aussi raisonnable
que la fermentation le perfectionne par le moyen de l'ébullition qui se fait incessamment dans son cœur.

Ceux qui ont examiné, après le troisième jour, un œuf de poule couvé, auront
observé, aussi bien que moi, qu'auprès de la cicatrice où s'étaient formées les

trois vésicules, claires comme de l'eau courante d'un rocher, il paraît une goutte de sang que l'on appelle fort à propos le *point saillant*, puisqu'il a des mouvements réglés, et qui se resserre et s'élargit comme le cœur.

Cette partie de l'animal, qui se forme la première dans le blanc de l'œuf, auprès de la cicatrice, par l'industrie de l'âme qui y réside, est celle qui doit ensuite travailler à la perfection du poulet.

Cette goutte de sang, qui paraît quatorze jours après notre conception, est une partie principale de notre corps, l'organe de toutes les opérations de l'âme, l'origine des esprits, la source des parties sanguines, le siège de la chaleur naturelle, le trône de l'humide radical, par lequel nous vivons ; en un mot, l'extrait de l'âme de nos parents, et une chose qui a du rapport à l'huile que nous tirons des semences des plantes.

Second degré de la formation de l'homme.

La boule animée demeure encore dans le lieu où la nature l'a d'abord placée : elle ne s'enfle guère, parce qu'elle ne reçoit point d'humeur qui puisse abondamment se communiquer au petit projet qui s'y forme.

L'entendement qui y est renfermé est alors occupé à bâtir un domicile pour sa demeure ; il a assez de matière chez lui sans en recevoir d'ailleurs, pour commencer toutes les parties qui lui sont nécessaires ; il a déjà ménagé ce qu'il y avait de plus spiritueux, dont il a fait comme une matière de verre fondu, où il a placé le plus saillant. Il prétend, de ce point, distribuer la matière et les esprits, pour former et nourrir les parties principales qui doivent être fabriquées les premières.

Il ne faut pas s'étonner si, dans la plus pure portion des deux semences unies, il se forme une goutte de sang. Des changements semblables ne sont pas extraordinaires dans la nature, ni au-dessus de ses forces ; car, si les semences de nos parents viennent de la plus pure portion de leur sang, quelle difficulté y a-t-il de croire qu'elles ne puissent encore retourner en une substance pareille ? Les aliments, de quelque couleur qu'ils soient, se changent dans l'estomac en une matière blanche ; et l'artifice nous fait voir tous les jours du blanc se changer en rouge, et du rouge en blanc, par le mélange de diverses liqueurs : si bien qu'après cela on ne doit pas s'étonner si, avec du blanc, l'âme, ou plutôt l'entendement, fait du rouge, et si de la semence de nos parents il se forme du sang et des humeurs rouges.

Le vingtième jour, la génération s'avance d'une manière surprenante. Alors le cœur bat plus fort qu'auparavant ; et, s'agitant avec force pour obéir au ministre qui le commande, il commence à frapper doucement le vaisseau, où il est renfermé, et à l'irriter par ses petits battements. Ce conduit, qui en sent l'agitation, commence aussi à en être ému, et à faire de petits mouvements péristaltiques et serpentins, pour se décharger, en faveur de la matrice, du riche dépôt que la nature lui a confié.

Cependant le cœur semble alors être partagé en deux parties, qui représentent ou ses petites oreilles, ou ses ventricules. Il se meut sans cesse par les esprits et par la fermentation de son sang ; et comme l'âme perfectionne le cœur de son côté, le cœur darde aussi du sien, par ses mouvements réitérés, un peu de sang dans les petits conduits, qu'il forme à mesure qu'il pousse avec force l'humeur de ses petites cavités : tellement que l'on aperçoit alors deux petits fils rouges sortir du point saillant, qui se produisent et s'allongent ensuite avec le temps.

Au-dessous du cœur on voit toujours une autre petite vessie un peu pâle, de couleur de corne, comme l'a remarqué Cognatus, qui croît plus que le reste ; et je ne fais aucun doute, ainsi que je l'ai remarqué ailleurs, que ce ne soit le cerveau, qui n'est d'abord fait que pour le cœur, selon la pensée d'Aristote, et qui doit aussi, de son côté, travailler à la formation des parties spermatiques, comme le cœur fait du sien à la fabrique des sanguines.

Le sang avec l'entendement fait toutes choses dans la formation d'un enfant ; et si, dans les premiers mois de la génération, il nous est impossible d'apercevoir du sang qui vienne des artères de la mère pour la nourriture de l'enfant, cette humeur blanche, spermatique et nerveuse, qui y est incessamment portée, ne laisse pas pourtant de le nourrir, et de venir de la plus pure portion du sang de la femme. Le sang est fait de deux sortes de matières, l'une est cuite et l'autre est crue. Celle-ci n'est autre chose que le chyle, qui n'est pas encore sang, et qui pourtant est âme de la nature. Cette dernière humeur est la matière qui est abondante dans la femme grosse ou accouchée, et qui sert à nourrir son enfant : car cette matière se filtre par des pores qui lui sont propres, et sert ensuite à nourrir et à faire croître l'enfant : outre que la semence de l'homme, qui a communiqué sa vertu fermentative à toute la masse du sang de la femme, a rendu liquide et comme fondue, pour ainsi dire, une partie de son sang, pour servir aux mêmes usages.

Les cornes de la matrice se remplissent l'une et l'autre de cette semence pour fournir à l'embryon l'aliment qui lui est alors le plus convenable. Celle qui est vide en est toute remplie, et l'autre, qui conserve le précieux trésor de la nature, en est aussi garnie au côté de la frange, sans que cette humeur en puisse sortir. Elle s'y épaissit et s'y embarrasse tellement parmi les fibres, qui y sont en grand nombre, que l'extrémité de ces deux vaisseaux en est entièrement bouchée.

La boule croît chaque jour d'une façon étonnante ; et comme les semences jetées en terre s'enflent et se nourrissent par l'humeur qui pénètre leurs membranes, ainsi la plus subtile portion de la semence de la femme, qui touche la boule, se fait passage en forme de sueur à travers la petite membrane qui la compose, afin de subvenir à ses nécessités. C'est ainsi enfin que le petit œuf de poule se grossit en descendant dans l'ovaire, sans qu'il soit attaché à aucune des parties de la poule, ainsi que l'expérience nous le fait voir.

Le vingt-cinquième jour, tout s'avance encore plus. L'on aperçoit déjà le commencement du poumon et du foie, qui naissent à l'extrémité des veines ou des artères ; car il n'est pas aisé en ce temps-là de dire quels vaisseaux sont ceux que l'on voit, à cause qu'ils sont privés de mouvement. S'il le faut pourtant conjecturer, je pense que ce sont plutôt des artères que des veines. Le poumon et le foie naissent donc à l'extrémité des vaisseaux, comme l'agaric fait sur lé mélèze. Ils paraissent d'abord blanchâtres par la disposition des fibres que l'entendement a fabriquées, et puis rougeâtres par l'arrosement du sang du cœur.

Bien que l'humeur rouge du cœur croisse de jour en jour, elle n'a pourtant point d'autre matière pour se multiplier, qu'une partie délicate de la semence, qui est conservée entre ses membranes, et qui coule des testicules de la femme, ainsi que nous l'avons observé.

On voit clairement, par les démarches de la nature, qu'il se fait du sang avant le poumon et le foie, qu'il y a du mouvement avant que le cerveau soit formé, et que le corps se nourrit et s'augmente avant que l'estomac soit en état de faire le chyle, et les boyaux de le distribuer. On voit même alors des excréments de la seconde coction, et le foie ne commence pas plus tôt à se faire, que l'on y aperçoit une petite vessie de fiel distinguée par sa couleur verte.

En ée temps-là la matrice est encore vide dans quantité de femmes, et les règles, qui coulent souvent à quelques jeunes personnes sanguines et pléthoriques, pendant les premières semaines de leur grossesse, ne troublent point alors la génération, qui se fait ailleurs. Les vaisseaux du fond de la matrice et ceux de son col donnent, pour l'ordinaire, du sang en plus grande abondance qu'ils n'avaient accoutumé ; et si cela n'arrive point ainsi, ces femmes en sont plus malades, et on les doit quelquefois saigner, de peur que le sang qui séjourne autour de leurs parties naturelles, ne cause quelque désordre et à la mère et à l'enfant, et que la matrice, en l'humectant trop, ne puisse plus être capable de recevoir le présent que ces vaisseaux sont sur le point de lui faire. Le trente-neuvième jour, le cerveau s'augmente considérablement, et son eau claire paraît plus abondante qu'auparavant. Le poumon est manifeste, le foie presque fait, la rate est sur le point d'être formée, et les reins commencent à paraître ; mais toutes ces parties sanguines ne sont pas encore tout à fait rouges. L'épine du dos et les côtes ressemblent à de petites fibres. Enfin, tout se perfectionne avec une promptitude surprenante. Le cœur, qui n'est pas plus rouge que les autres parties sanguines, a maintenant ses mouvements plus forts et plus réglés. Il frappe et s'agite avec tant de force, que les vaisseaux éjaculatoires augmentent aussi de leur côté leurs mouvements serpentins.

L'enfant, qui est renfermé dans la boule animée, croît de telle sorte, qu'il presse fortement le lieu où il est. En effet, il a besoin alors d'un plus grand espace pour avoir la liberté de se perfectionner, et de chercher de la nourriture qu'il ne trouve pas suffisamment où il est.

Enfin, c'est en ce temps-là que quelques femmes grosses, des plus sensibles, sentent comme le mouvement d'une fourmi dans l'un ou l'autre de leurs flancs. Mlle C***, qui a eu beaucoup d'enfants, a toujours senti, le trente ou trente-unième jour de sa grossesse, le mouvement de l'enfant qu'elle avait conçu. Cela arriva par la sortie de la boule animée et par le mouvement de l'un des vaisseaux éjaculatoires qui s'en défait. On peut connaitre par là si ce que porte une femme dans ses entrailles est un garçon ou une fille : le premier étant ordinairement du côté droit est plus tôt formé que l'autre qui demeure le plus souvent dans les conduits de la matrice jusqu'au quarante ou quarante-troisième jour.

Troisième degré de la formation de l'homme.

Après que l'âme a fabriqué le cœur pour y obéir à l'entendement humain, elle le garantit de toute part des embûches qui pourraient être dressées. Elle l'environne d'abord d'une forte membrane pour le défendre contre les assauts du dedans. Elle lui fait naître une eau claire et douce pour l'humecter dans ses mouvements continuels et quelquefois violents, et fabrique ensuite au dehors des remparts d'ossements pour le défendre contre ses ennemis étrangers.

Le premier mois de la lune ne s'est donc pas plus tôt écoulé, que le petit enfant change de place, et tombe dans le vide de la matrice. Là il est reçu et conservé comme le plus riche trésor de la nature, et se sentant doucement pressé, comme par de petites caresses, il semble qu'il s'en réjouisse par les légers mouvements qu'il commence imperceptiblement à faire à sa mère.

C'est sans doute par ces pressements que les femmes ont moins de ventre en ce temps-là qu'auparavant. Leurs entrailles se tendent alors, et couvent chèrement l'enfant qui vient d'arriver. Il se place donc à l'embouchure du vaisseau duquel il est sorti, si bien qu'il est entre le milieu du fond de la matrice et l'ouverture de son vaisseau éjaculatoire. Cette situation lui est comme contrainte, puisque la cavité de la matrice n'est alors guère plus spacieuse que pour y loger une grosse amande verte.

Cependant toutes les parties de l'embryon ne sont pas encore parfaites. Le cœur, le poumon, la rate, les reins, et les boyaux semblent être suspendus et comme attachés hors de son corps ; les yeux sont comme deux petits points noirs marqués à la tête. L'épine du dos et les côtés paraissent plus forts ; les mains et les pieds commencent à se former ; les vaisseaux se grossissent et s'allongent. L'on s'aperçoit même de la production de ceux du nombril, qui vont chercher dehors de quoi faire vivre cette petite créature. C'est ce qu'a remarqué Riolan dans l'enfant d'une femme dont il fit la dissection.

L'embryon se nourrit peu à peu de ce qu'il choisit entre la membrane qui l'enveloppe, et qui s'élargit de jour en jour par l'accroissement du petit corps qu'elle renferme : ce qui n'empêche pourtant pas qu'il ne sorte de l'une et de l'autre corne de la matrice une humeur blanche et spermatique, qui n'a pas jusque-là abandonné le fœtus, et qui lui est tellement nécessaire, que, sans ce principal aliment, je ne doute point qu'il ne cessât bientôt de vivre.

Mais, parce que peut-être on dirait que j'en impose en rapportant tant de particularités sur la formation de l'homme, comme si j'avais été le témoin des actions de la nature, j'ai résolu de la confirmer par les expériences que j'en ai faites, et par celles que les plus savants médecins m'ont fait remarquer sur ce sujet.

Si l'on peut comparer les animaux avec l'homme, je puis dire, dans la remarque que j'ai faite de la nourriture du poulet, que ce petit animal ne se nourrit d'abord que du blanc de son œuf. Il l'épuise presque entièrement avant de toucher au jaune : si bien que le jaune est presque tout entier quelques jours avant qu'il sorte de sa coquille. J'en dis de même d'un enfant qui se nourrit dans les flancs de sa mère. Une matière blanche, qui n'est autre chose que la semence de la femme, lui sert d'abord de nourriture ; et, comme cette matière n'est pas suffisante pour le nourrir, le sang de la mère, qui a du rapport au jaune d'œuf, lui sert de nourriture dans les derniers mois de sa prison.

Avicenne, l'un des plus curieux observateurs de la nature qui ait jamais paru, autorise cette vérité, lorsqu'il nous rapporte qu'il a « aperçu le fœtus comme suspendu par deux petites attaches spermatiques qui sortaient de l'une et de l'autre corne de la matrice ; et je ne doute point que ce ne soit par là qu'il se nourrisse, avant qu'il vive du sang des entrailles de sa mère. »

Varole a aussi observé la même chose, lorsqu'il remarque que « les veines dorsales du fœtus, qui le suspendent, sortent des deux cornes de la matrice, en forme de cheveux. Ces petites attaches s'effacent, selon la remarque de ce méde-

cin, dès que les vaisseaux du nombril pénètrent la membrane qui environne le
œtus ʒ et que la matrice commence à distiller une petite rosée de sang qui forme
la partie charnue de l'arrière-faix, qu'Arancio appelle fort proprement le *foie de
la matrice.*

Pour moi, qui me suis beaucoup appliqué à examiner les principes de la formation de l'homme, j'ai remarqué dans la matrice, au commencement de la
grossesse de quelques femmes que j'ai disséquées, des vaisseaux blancs et lymphatiques parmi les sanguins. Ils descendaient vers son orifice, et il semblait qu'ils
formaient plusieurs valvules, pour retenir plus aisément l'humeur qu'ils contenaient.

En ce temps-là le fœtus est gros comme le pouce, et il paraît de la grosseur
d'un œuf de poule lorsqu'il est couvert de ses membranes. Sa tête, qui est aussi
grosse que tout le reste du corps, renferme une substance semblable à du lait
caillé : à voir la bouche fendue, on dirait que c'est un chien sans nez et sans
oreilles. Ses parties principales ne paraissent plus à découvert : on distingue alors
plus aisément le sexe par la diversité des parties naturelles qui sont faites les dernières ; car l'entendement ayant un chef-d'œuvre à faire, il était bien juste qu'il
y travaillât longtemps avant que de le perfectionner : et je ne doute pas que ce ne
soient les grands avantages que possèdent les parties naturelles, qui en ont re-
tardé la formation. Le siège de l'âme distributive, et les parties par lesquelles la
volupté se communique à l'homme, et par lesquelles il devient vigoureux, hardi
ingénieux et fécond, ne se forment pas en peu de temps comme les autres.

On commence, au second mois de la lune, à distinguer deux membranes,
dont l'enfant est enveloppé. La première qui paraît à nos yeux, et que les anatomistes appellent *chorion,* semble avoir été faite par la semence de l'homme et par
sa chaleur naturelle, qui, agissant sur la semence de la femme lorsqu'elle s'assemble dans l'une des cornes de la matrice, en a formé une boule. La seconde est
celle qui touche immédiatement l'enfant, que les mêmes anatomistes ont nommée
amnios, à cause de la semence de l'homme et de la femme, par le moyen de la
même chaleur, dont l'entendement s'est d'abord servi pour faire la petite vessie
diaphane et transparente, que nous avons remarquée au commencement de la
conception.

Ces deux membranes renferment donc l'enfant ; et, parce qu'elles croissent
peu à peu, à mesure que l'enfant se nourrit, elles pressent aussi et élargissent
également la matrice. La membrane externe, touchant fortement son fond, se
joint et se colle à la superficie interne de cette partie-là, par un peu de sang qui
en coule goutte à goutte. Ce sang, en se caillant par la vertu de la semence de
l'homme, devient clair, et reçoit les vaisseaux que l'enfant y pousse, pour y puiser
l'aliment qui lui est convenable sur la fin de sa prison.

Deux artères sortent des iliaques du petit enfant, une veine les accompagne, qui vient de la cavité du foie ; et ces trois vaisseaux, se trouvant unis à son nombril avec le lien qui suspend la vessie, font tout ensemble ce que les sages-femmes appellent le *cordon*, qui n'est autre chose que l'étui des artères et des veines allongées de l'enfant. Les artères en évacuent le sang superflu, et vont donner du mouvement et communiquer de la chaleur et des esprits au sang qui se trouve dans la partie charnue de l'arrière-faix. La veine, qui est souvent double, porte, du fond de la matrice dans le foie de l'enfant, l'humeur qu'elle y a puisée, afin que cette humeur soit encore perfectionnée et épurée, avant que de passer par le cœur de l'enfant.

Quatrième et dernier degré de la formation de l'homme.

L'intelligence travaille si proprement à son heureuse composition, que, si nous avions la faculté de la voir agir de jour en jour, nous y remarquerions à chaque moment quelque chose de nouveau.

Les membranes qui enveloppent l'enfant sont, dans le troisième mois de la lune, de la grosseur du poing, et le chorion commence déjà à se coller au fond de la matrice ; mais, de telle sorte, qu'il n'empêche point l'écoulement des humeurs qui viennent des vaisseaux éjaculatoires. Si cela n'était pas de la sorte, quelle apparence y aurait-il que les matières blanches et spermatiques dont l'enfant se nourrit encore, en puissent sortir incessamment ?

Quoique l'on ne demeure point d'accord des vaisseaux qui portent cette matière blanche à l'enfant, cependant on doit croire qu'il y en a, puisque les humeurs qui sont renfermées dans le chorion et dans l'amnios, ont servi jusqu'alors de matière à former toutes les parties de l'enfant, et puis à le nourrir pendant tout ce temps-là : si bien que l'on peut conjecturer que ces humeurs spermatiques se seraient épuisées, si elles n'avaient été rafraîchies par d'autres ; et je ne doute pas que les attaches spermatiques et les racines dorsales d'Avicenne et de Varole ne soient les vaisseaux qui portent au fœtus la semence de la femme pour le nourrir : car, de s'aller persuader qu'il se nourrisse d'abord du sang de sa mère, c'est ce que je ne saurais croire non plus que Galien et Fernel.

Si le sang des règles est retenu quelques jours dans une femme vide, l'expérience nous montre qu'il se corrompt, et qu'il fait dans le corps de la femme tant de désordre en peu de temps, qu'il y met une disposition à toutes sortes de maladies. A plus forte raison, s'il est retenu plusieurs mois dans une femme grosse,

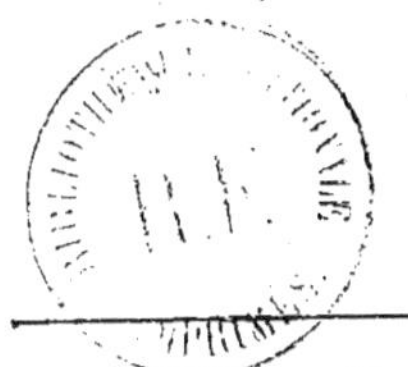

sera-t-il moins capable de nourrir un enfant délicat, qui ne s'est jusque-là entretenu que d'aliments fort purs et bien préparés.

Ce sang superflu s'écoule donc les premiers jours de la grossesse, en partie par les règles de quelques jeunes femmes sanguines. Pour les autres, qui ne se purgent pas ainsi, la partie la plus mauvaise demeure dans leurs veines, pour leur faire passer misérablement tout le temps de leur grossesse, à moins qu'elles ne soient extrêmement fortes pour y résister. Cependant la nature, qui ménage sagement ses productions, dissipe ce mauvais sang de femme, ou bien elle en évacue les excréments par la bouche en vomissant, ou par les autres lieux destinés à cet usage. Pour l'autre, qui est la meilleure partie, elle la change en matière blanche, pour la nourriture de l'enfant, comme nous allons le prouver.

La semence de l'homme n'a pas seulement la vertu d'être la principale matière de la génération ; elle rend encore la semence des femmes féconde par ses esprits, qui se brouillent parmi toute la masse de leur sang. Car quelle apparence que dans la plupart des femmes, qui ne sont pas ordinairement réglées, les premiers mois de leur grossesse, le sang des règles ne fît pas de désordres, s'il n'était changé en semence par la faculté fermentative et particulière de l'homme ? Et quel moyen encore que la femme pût engendrer tant d'humeurs blanches durant les premiers mois de sa grossesse, pour former et nourrir son enfant, si le sang des règles, comme en étant la première matière, ne servait à cet usage.

La semence de l'homme, qui change en lait le sang qui reste après que la femme grosse s'en est nourrie, change aussi en matière blanche et spermatique le même sang, pour servir de nourriture à l'enfant qu'elle porte dans ses entrailles.

1. Presque tous les médecins ont cru, les uns après les autres, que l'humeur claire qui est contenue dans l'amnios était la sueur de l'enfant, et que celle que renfermait le chorion en était l'urine : et parce qu'ils n'ont pu découvrir l'origine ni l'usage de ces liqueurs, ils ont accommodé la nature à leurs pensées, et se sont imaginé que les choses étaient autres qu'elles ne sont véritablement. C'est pourquoi ils ont fait passer l'ouraque, qui est le suspensoir de la vessie, jusqu'au delà de l'amnios, afin de porter l'urine dans la cavité du chorion ; au lieu que ce lieu se termine seulement au nombril, et qu'il n'est jamais troué que contre les ordres de la nature, ainsi que l'expérience nous le fait connaitre.

2. En second lieu, d'où pourraient venir cette urine et cette sueur dans un fœtus qui n'a pas encore de reins fabriqués, ni de vessie formée, et qui ne s'exerce pas avec assez de violence pour suer ?

3. D'ailleurs, le petit oiseau qui est renfermé dans sa coquille, qui ne sue et qui n'urine jamais, a pourtant ces deux humeurs séparées ; et, pour ne parler ici que du poulet, après que l'œuf dans lequel il est renfermé a été couvé pendant huit ou dix jours, on y remarque dans l'une de ces membranes une humeur fort

claire, que l'on appelle le *lait de l'œuf*; et dans l'autre, une matière un peu plus épaisse, que l'on nomme le *blanc*.

4. Au reste, si ces matières étaient de l'urine et de la sueur, qu'est-ce qui aurait la vertu de les conserver sans se corrompre, et sans corrompre les enfants pendant le temps qu'ils demeurent dans les flancs de leurs mères ?

Il faut donc avouer que les humeurs renfermées entre les membranes du fœtus sont plutôt son aliment que l'excrément de son petit corps.

5. S'il faut prouver cette opinion par l'axiome des philosophes, on peut dire que nous devons d'abord nous nourrir de semence, puisque nous en avons été formés ; car, outre qu'au commencement nous ne découvrons point de vaisseaux qui portent le sang de la mère au fœtus, le sang des règles, comme nous l'avons dit, est une nourriture trop éloignée pour se changer dans les parties d'un petit corps tendre. Mais quand l'enfant est accompli, et qu'il a changé de tempérament, c'est alors qu'il a besoin de plus d'aliment et du sang des règles, qui est une autre sorte de nourriture qui lui vient de la chair de l'arrière-faix.

6. D'ailleurs, les semences étant des émanations et des extraits de la plus pure partie du sang de nos parents, quel inconvénient y a-t-il à croire qu'elles ne puissent encore devenir sang, puisque la goutte de sang qui paraît quelques jours après la conception, est engendrée de semence et multipliée par cette même matière.

7. L'expérience nous fait voir que tous les oiseaux se nourrissent d'abord du blanc de leur œuf, par les veines qui y sont distribuées, et que, cette nourriture leur manquant, ce qui arrive sur la fin de leur prison, ils se servent du jaune, que l'on trouve attaché à leur nombril huit ou dix jours après qu'ils sont sortis de leur coquille. Si le sang des règles a du rapport au jaune, et la semence de la femme au blanc de l'œuf, ne devons-nous pas croire que les enfants se nourrissent d'abord de la semence de leurs mères, puis de leur sang sur la fin de leur grossesse ?

8. Nous trouvons dans l'amnios une couleur claire, douce et agréable au goût, que la nature a ainsi préparée pour servir d'aliment prochain à l'enfant, et dans le chorion une autre matière un peu plus épaisse qui en est l'aliment le plus éloigné. L'une et l'autre de ces matières se figent et se caillent quand on les expose au feu : si bien que l'on ne se tromperait point, si l'on croyait qu'elles ont les mêmes qualités et les mêmes usages que le blanc de l'œuf à l'égard des oiseaux : car, si le blanc nourrit le poulet, ainsi que nous l'avons remarqué, je ne vois point de raison pourquoi cette humeur blanche de la femme ne pourrait pas aussi servir de nourriture à l'enfant, et avoir de pareils usages. Il ne faut pas douter, selon le sentiment d'Hippocrate, que la matière claire de l'amnios ne pénètre le corps de l'enfant, que sa bouche ne la suce, que son gosier ne l'attire,

que son estomac ne la reçoive, puisque nous trouvons dans l'estomac des enfants nouveau-nés une matière chyleuse, et dans leurs gros boyaux des excréments noirs.

9. Après tout, on doit être persuadé que l'enfant, pendant tout le temps qu'il demeure dans le ventre de sa mère, se nourrit des humeurs qui se trouvent renfermées dans ses membranes : car qui lui aurait appris, dès qu'il est né, de prendre et de sucer la mamelle de sa mère, si auparavant il n'en avait appris l'usage et le métier, lorsqu'il était dans ses entrailles?

On doit donc conclure de tout ce que nous venons de dire, que les humeurs contenues dans les deux membranes qui enveloppent le fœtus, ne sont pas de purs excréments, mais la matière pour le former, ou pour le nourrir.

Si nous avions des observations de tous les mois, nous aurions sans doute plus de lumières que nous n'en avons, pour connaître de quelle façon la nature agit lorsqu'elle nous forme; et si les médecins voulaient se donner un peu plus de peine qu'ils ne font ordinairement, je me persuade que, dans peu de temps, nous ferions des découvertes qui nous apprendraient des choses admirables touchant la formation de l'homme.

Il y a environ six ans que je fis ouvrir une femme qui était morte grosse de quatre mois; et, après avoir coupé les deux membranes qui couvraient l'enfant, j'aperçus que tous ses petits membres étaient distingués : que la tête était plus grosse à proportion que tout le reste du corps : que son cerveau était comme du lait caillé, avec quelques fibres rouges qui le traversaient; que ses yeux manquaient de paupières; son nez de chair; sa bouche de lèvres; son visage, de joues; que sa poitrine était divisée en trois cavités presque égales. La fagoue était placée dans la plus haute. Cette partie était beaucoup plus grosse que dans les hommes parfaits, et était pleine d'une liqueur blanche comme du lait. Le poumon, le foie, la rate, et les reins qui étaient tous d'un rouge mourant, occupaient la capacité inférieure, et le cœur renfermé dans son péricarde était dans celle du milieu. Cette dernière partie semblait être double par la tumeur de son ventricule droit et de ses deux petites oreilles. L'estomac était rempli d'une humeur un peu épaisse, semblable en quelque façon à celle que renfermait l'amnios. Les petits boyaux contenaient une matière chyleuse, et les gros en renfermaient une autre un peu noire, qui était de la consistance d'un opiat liquide. Le boyau cœcum n'était qu'un appendice, non plus que dans les hommes; il ne formait pas un second intestin, comme on l'aperçoit dans les pourceaux. Il y avait un peu d'urine dans la vessie, et un peu de bile dans la vésicule du fiel. La coiffe semblait être une petite nuée qui flottait sur les boyaux dans le haut ventre. Les reins étaient divisés en plusieurs petites boules, comme le sont ceux des veaux, et par-dessus on observait dans la graisse d'autres partie

rougeâtres et comme glanduleuses, que l'artère adipeuse arrosait, qui était aussi
grosse que l'émulgente. Les testicules étaient dans le ventre, car c'était un
garçon, au même lieu que ceux des femmes, un peu au-dessus des reins. Les
pieds et les mains commençaient à se garnir d'ongles, et les muscles paraissaient
rouges par le sang dont ils s'étaient apparemment déjà nourris. Le chorion était
comme collé à quelque sang caillé qui sortait du fond de la matrice, de la même
manière que nous voyons un potiron attaché à un arbre ou à la racine d'un
chardon qui l'engendre. Je remarquai encore que les vaisseaux ombilicaux
venaient du bas, et s'allongeaient en haut, après avoir percé les deux membranes
de l'enfant, pour se joindre au milieu de la partie charnue de l'arrière-faix ; ce
qui eût été fait apparemment dans huit ou dix jours, si la mère ne fût morte avant
l'enfant. Je trouvai aussi beaucoup de matière blanche et mucilagineuse entre
les membranes de l'enfant et de la matrice ; et après avoir coupé moi-même un
des vaisseaux éjaculatoires de cette femme, qui était gros comme le doigt, il me
parut rempli d'une matière blanche, qui ressemblait à la semence d'une femme.
La matrice, dans son fond, était épaisse d'un pouce, et spongieuse comme une
éponge. J'y aperçus des varices en assez grand nombre, et quelques veines remplies d'un suc blanc, qui était visqueux en plusieurs endroits.

Ce qui sert à l'enfant pour son ornement et pour sa défense est formé dans
cinq ou six mois. Les cheveux percent alors la peau, et l'on voit venir les ongles
aux mains et aux pieds. Les paupières commencent à couvrir les yeux, le nez à
se garnir de peau, les muscles buccinateurs qui font les joues, à rougir, et les
lèvres sont les dernières parties à se former : on aperçoit encore alors les oreilles
imparfaites, et l'on commence à voir la poitrine qui se distingue des parties
par le diaphragme qui se forme.

Pendant que toutes ces parties s'avancent de la sorte, celles que nous appelons
principales et nécessaires à la vie, se perfectionnent et s'accomplissent aussi. Le
chorion est attaché, plus qu'auparavant, à la partie charnue de l'arrière-faix, qui
est de la hauteur d'un travers de doigt, et qui reçoit déjà l'insertion des vaisseaux
ombilicaux. Ces vaisseaux commencent à y puiser la matière qui contribue à
nourrir l'enfant, qui est déjà assez grand pour avoir besoin de plus de nourriture
qu'auparavant.

En effet, Riolan me confirme dans mon opinion par une histoire qu'il rapporte d'une femme grosse de cinq mois, dont il fit la dissection en l'année 1612.
Ses testicules étaient plats, blanchâtres, et comme attachés au milieu du dehors
de la matrice. Les cornes de cette partie étaient grosses comme le doigt ; mais la
droite l'était plus que l'autre, et toutes deux étaient remplies d'une humeur blanche.
Son col était dur et calleux, et cependant humecté d'une matière gluante. La

partie charnue de l'arrière-faix était épaisse d'un travers de doigt, joint au fond de la matrice par de petites fibres.

Cette histoire nous fait connaître que cet enfant était sorti de la corne droite de la matrice, puisqu'elle était beaucoup plus élargie que l'autre ; que les vaisseaux éjaculatoires ne seraient pas si gros, et ne contiendraient pas une si grande quantité de matière blanche, si cette matière n'avait ses usages particuliers ; savoir, de nourrir l'enfant dans ses premiers mois, et d'y contribuer encore dans ses derniers. Enfin, que l'enfant ayant communication avec la partie charnue de l'arrière-faix, il fait conjecturer qu'il se nourrit de différents aliments.

La chair de l'arrière-faix est un sang figé par la semence de la femme, qui a été rendue féconde par les esprits de la semence de l'homme. Cette chair n'est pas semblable à celle des viscères ; elle se déchire aisément avec les ongles, sa mollesse et sa substance spongieuse en étant une des principales causes. C'est ce qui la rend si prompte à s'abreuver du sang qui distille incessamment en forme de rosée par les petites artères de la matrice. Sa figure est convexe du côté qu'elle touche cette partie-là. Elle a des fentes, des sinus, ou des inégalités qui l'empêchent d'être suffoquée par les humeurs qui pourraient lui être communiquées en abondance du côté de la matrice. Toute sa substance est pleine de vaisseaux, qui sont plutôt des artères que des veines, afin d'atténuer et d'inciser le sang qui a servi une fois de nourriture à l'enfant, et de rectifier celui qui vient de nouveau du côté de la mère. Ces vaisseaux sont des productions de ceux de l'enfant, que son intelligence a poussés jusque dans l'arrière-faix, pour y chercher de quoi nourrir la petite créature qu'elle a formée.

Si la matrice ouvre de son côté huit ou dix petites artères pour distribuer du sang goutte à goutte à la chair de l'arrière-faix, cette chair en a poussé plus de quarante dans le fond de la matrice : et ainsi les femmes qui accouchent, ne courent pas ordinairement tant de risque de perdre la vie qu'on se le persuade, par l'épanchement du sang de leurs vidanges, puisqu'il y a de leur côté si peu de vaisseaux ouverts.

L'enfant est situé d'une certaine façon dans les entrailles de sa mère, que ses vaisseaux ombilicaux montent en haut pour chercher de quoi vivre, comme fait le germe d'une semence qui cherche l'air. Ils sont fortifiés d'une membrane épaisse et gluante, qui est une production de la peau du ventre de l'enfant et des autres membranes communes. Après qu'elles se sont allongées de la longueur d'environ cinq pieds, elles se jettent dans le milieu de la chair de l'arrière-faix. Les autres s'y font faire place par le mouvement de leur sang qui raréfie et subtilise l'humeur qui s'y rencontre, qui n'est pas ordinairement trop bonne ; et, après lui avoir imprimé son mouvement, il la fait promptement passer dans la veine qui est renfermée dans le même étui. Cette veine a de distance en distance de petites valvules, pour empêcher que le sang ne coule avec trop de précipitation et qu'il ne suffoque l'enfant. C'est par ces petits nœuds que les matrones devinent ce qui doit arriver à la mère, et c'est aussi contre ce pronostic que saint Chrysostome parle d'un ton si haut et si éloquent.

Si l'on veut savoir comment circule le sang dans la chair de l'arrière-faix, et comment il se communique à l'enfant, l'on n'a qu'à lier le cordon, et l'on verra que la veine s'enfle du côté de l'arrière-faix, et que l'artère bat du côté de l'enfant; et ainsi l'on n'aura plus de doute sur le mouvement de ses humeurs.

Nous avons sujet d'admirer la situation de l'enfant dans le corps de la femme; il a toujours la tête en bas, selon les lois de la nature, afin d'être prêt à sortir quand il en sera question; la grosseur et la pesanteur de sa tête lui faisant toujours garder cette posture. Son visage est tourné vers le dos de sa mère, son nez est entre ses genoux, et il a ses deux poings près de ses joues. Ses coudes touchent ses cuisses, et ses talons ses fesses : si bien qu'en cette posture il demeure neuf mois, souvent en dormant, et quelquefois en veillant et en s'agitant avec assez de vigueur : car, quoique les nerfs des enfants ne soient pas durs, ils sont pourtant aussi gros et même plus gros que les nôtres, et assez capables de causer des mouvements sensibles.

Au commencement du dixième mois de la lune, l'enfant est dans son entière perfection. Toutes ses parties sont accomplies, et il n'aspire qu'à sa liberté. La liqueur dans laquelle il nage devient vieille et corrompue, parce que, d'un côté, il en a pris le meilleur pour se nourrir depuis le commencement de sa vie, et que de l'autre il s'y est mêlé une infinité d'excréments qui l'ont infectée. Son urine, qui sort de ses parties naturelles et non d'ailleurs, et les ordures de sa peau ont corrompu cette liqueur. C'est un prisonnier infecté de l'air de la basse-fosse : il brise ses liens, et fait un effort pour aller ailleurs chercher une demeure plus commode. Son estomac ne peut plus souffrir une liqueur corrompue; elle fait de mauvaises impressions sur son cœur, et ses esprits en sont altérés. Peut-être est-ce pour cela que, depuis le milieu jusqu'à la fin de la grossesse de la mère, sa nature lui a fourni du sang assaisonné de la manière qu'il le faut pour éviter la mauvaise nourriture des liqueurs renfermées entre les membranes de l'arrière-faix. C'est en ce temps-là que l'orifice interne de la matrice, qui ressemblait, au commencement de la grossesse, au museau d'un chien naissant, ou plutôt d'une poule, n'est qu'un petit bourrelet, et encore est-il effacé par l'élargissement de la matrice; ce qui est le plus sûr et le plus véritable signe de l'approche des couches.

Ces liqueurs, qui sont devenues des excréments, ne manquent pas pourtant d'usages. Elles s'opposent, d'un côté, aux accidents externes qui pourraient lui causer la mort, lorsqu'il est encore dans les flancs de sa mère; et de l'autre, elles doivent un jour faciliter l'accouchement, en humectant les parties naturelles de la femme.

Il y a encore une autre cause de l'accouchement, qui est aussi naturelle que celle dont nous venons de parler. La chaleur qui réside dans notre cœur ne peut durer longtemps, si elle n'est éventée, et si elle ne se décharge de temps en temps des excréments vaporeux qu'elle engendre. Lorsque ce feu est venu à un degré de force, qu'il ne peut plus souffrir d'accroissements sans courir risque de périr par la suffocation, le cœur de l'enfant en serait bientôt étouffé, si, en se dégageant des liens dont il est attaché, il ne cherchait ailleurs de quoi se rafraîchir par le moyen de l'air que ses poumons doivent respirer : c'est aussi pour cela que l'on a quelquefois entendu le cri de quelques enfants qui étaient encore dans le ventre de leurs mères, comme voulant respirer avant que d'être nés. Cette cause, aussi bien que l'autre, oblige les enfants de sortir pour se donner la liberté. Ce n'est pas qu'ils manquent alors de nourriture, puisqu'il leur en vient suffisamment du côté du cordon.

C'est donc l'enfant qui, par ses efforts, donne le branle à l'accouchement ; c'est lui qui brise ses liens et les membranes qui l'embrassent ; c'est lui qui veut vivre tout seul, et qui a dessein de se servir de la nourriture. Pour cela, il frappe fortement les entrailles de sa mère, qui, étant extrêmement sensibles, sont obligées de s'élever contre lui, et de le chasser dehors. Il cause donc les premiers efforts, et la mère les achève ; car dans l'accouchement, lorsqu'il est dans le pas, la tête sortie, il est souvent si étonné de ses propres efforts et de ceux de sa mère, qu'il n'y a alors que la femme qui agisse pour le mettre dehors, par la violente agitation des muscles de son ventre.

Quelques-uns ne peuvent croire qu'un enfant ne puisse demeurer dans les flancs de sa mère sans respirer, parce que, disent-ils, la vie est tellement unie à la respiration, que nous cessons de vivre lorsque nous cessons de respirer.

Mais, s'ils avaient exactement considéré les poumons des enfants de huit ou neuf mois, ils seraient convaincus du contraire. Ils auraient observé que le poumon ne fait pas alors les actions qu'il fait dans les hommes parfaits ; car, dans les enfants, cette partie se nourrit sans se mouvoir, ainsi que la couleur de la substance nous le marque. Ils auraient encore appris que le sang ne circule pas dans leur poumon comme dans le nôtre, puisqu'il passe par le trou ovalaire du septum, ou de l'entre-deux du cœur, ainsi que l'a fort bien remarqué Botal.

Au reste, si quelques animaux parfaits vivent sans respirer, ainsi que le font la plupart des poissons, ne pouvons-nous pas croire que les enfants peuvent bien vivre quelque temps sans respirer ? L'eau de la mer rafraîchit le cœur des poissons, et fait la même fonction dans leur poumon que l'air dans le nôtre, et l'enfant qui nage aussi parmi les eaux se rafraîchit par là, et se tempère la chaleur, qui est d'abord assez modérée : si bien qu'alors il n'est pas nécessaire qu'il respire, jusqu'à ce que sa petite chaleur naturelle, et le petit feu de son cœur soient augmentés, et l'aient obligé de rompre ses liens pour chercher sa liberté.

On peut encore ajouter à cela que les aliments dont il se nourrit sont plus épurés, et moins chargés d'excréments que ceux dont nous nous nourrissons ; car toutes les parties nourricières de la mère les nettoient de leurs ordures, et les filtrent pour les épurer davantage. Le foie de l'arrière-faix les coule dans sa chair spongieuse, et les viscères de l'enfant les corrigent encore si bien, qu'après cela les aliments sont purs, et n'ont pas besoin d'être encore épurés par la respiration ; son cœur n'est pas si incommodé des vapeurs fuligineuses du sang ; il ne peut faire son action sans avoir besoin de respiration comme la nôtre.

Après que l'enfant est né, et que l'arrière-faix est sorti, selon les lois de la nature, la matrice, qui est tout ouverte alors, se renferme incontinent, et trois heures après on n'y saurait mettre la main. C'est ce qui m'a causé souvent de l'admiration, aussi bien que la verge de l'homme qui, étant raide pour engendrer, devient si flétrie et si petite après son action, qu'en hiver on aurait quelquefois de la peine à la trouver. Ce sont des coups de la nature, qui est admirable dans toutes ses actions, et qui fait plus paraître sa puissance et ses merveilles dans la production de l'homme et des animaux, que dans toute autre occasion.

ARTICLE VII

Du faux germe et du fardeau.

La nature, dans ses ouvrages, se propose toujours une fin : elle n'entreprend jamais de génération qu'elle n'ait un principe certain et déterminé. Si elle manque quelquefois à faire ce qu'elle s'est proposé, il faut plutôt en accuser les causes qui concourent avec elle, que de publier qu'elle s'est trompée. Si quelquefois elle ne fait point dans les femmes de véritable conception, on ne doit en attribuer la faute qu'à la matière sur laquelle elle travaille, qui n'est point disposée à faire des générations humaines. Tant de conditions sont nécessaires pour faire un enfant, que, s'il en manque quelqu'une, il n'en faut attendre qu'un faux germe ou un fardeau, ou tous les deux ensemble. Et pour parler en particulier sur cette matière, qui me paraît fort difficile, on me permettra seulement de l'ébaucher sans l'examiner à fond, et n'ayant lu aucun auteur, si l'on en excepte Valériola, qui en dit quelque chose, qui m'ait indiqué comment se font les irrégularités de la génération.

Je ne parle point ici des monstres, qui sont des choses extraordinaires dans la nature, et qui ne viennent point de la conception, ni des semences des sexes humains ; mais je parle des erreurs de la conception, qui sont faites par le défaut et les maladies de la semence, ou par l'abondance et la mauvaise qualité du sang des règles : car la véritable, aussi bien que la fausse conception, se fait par le mélange de la semence de l'homme et de la femme, ainsi que nous l'avons prouvé ailleurs, et que nous le ferons encore voir dans la suite de ce discours.

La femme n'a pas la puissance de se polluer comme l'homme, ni de se décharger de la semence superflue : elle la garde quelquefois fort longtemps dans ses testicules ou dans les cornes de sa matrice, où elle se corrompt et devient jaune, trouble ou puante, de blanche ou de claire qu'elle était auparavant : au lieu que l'homme se polluant souvent, même pendant le sommeil, la semence est toujours nouvelle, et ne demeure jamais dans ses conduits pour s'y corrompre, à moins qu'il ne soit incommodé. Alors sa maladie la rend souvent inféconde ; et si elle est en ce temps-là communiquée à une femme saine et fertile, ou elle ne cause point de génération, ou, si elle en cause, elle en fait un enfant malade et valétudinaire.

1. Tous les vices et irrégularités de la conception viennent donc plutôt du côté de la femme que de l'homme. Si par hasard la semence de l'homme rencontre la semence corrompue de la femme, il ne faut pas alors en espérer la véritable conception. La semence de l'homme a beau avoir toutes les qualités nécessaires pour engendrer, elle ne peut néanmoins produire un enfant, si elle trouve des humeurs qui la rendent incapable de faire son action naturelle, si dans la matrice elle se mêle avec une sérosité corrompue et violente qui détruit son âme que Galien appelle *esprit génératif*, et si enfin, entrant dans l'une de ses cornes et se communiquant à la semence de la femme, elle la rencontre trouble et incapable de recevoir ses impressions. Car quelle apparence y a-t-il que la semence de la femme soit émue par les esprits actifs de celle de l'homme, et qu'elle en soit comme caillée, pour me servir de l'expression de l'Écriture, si elle-même manque d'esprits, et si elle a perdu par sa corruption ce qu'elle avait de meilleur et de plus actif ?

Cependant la nature, qui n'est jamais dans l'oisiveté, ne laisse pas d'agir incessamment, et, par le moyen des esprits de la semence de l'homme, d'agiter, en quelque façon, la semence corrompue de la femme, qui, n'ayant nulle disposition à former les parties d'un enfant, s'enfle seulement, se multiplie, et se fermente en quelque façon.

Après quelques semaines, la boule ainsi enflée, est jetée, par le mouvement de la trompe, dans la cavité de la matrice, où elle s'enfle encore davantage ; elle est entretenue et fomentée par des humeurs séreuses qui pénètrent les pores de la membrane, et qui lui communiquent de quoi la faire croître.

Deux mois et demi, trois ou quatre mois au plus, ne sont pas plus tôt écoulés, que la nature, voyant qu'elle travaille en vain sur une matière qui n'est point propre pour être animée, se défait enfin de ce faux germe par des efforts et des douleurs insupportables, et par des accidents irréguliers. Car la femme qui le porte se sent plus grosse et plus incommodée que si elle avait conçu un enfant ; et la matrice, pendant le temps de la fausse grossesse, faisant tomber dans son fond une rosée continuelle de sang, s'épuise peu à peu elle-même, ce sang ne pouvant être retenu par une boule animée. Enfin, après le temps prescrit par la nature, ce faux germe sort quelquefois aussi gros que le poing, comme l'expérience me l'a montré. Il est couvert d'une peau assez dure, qui n'est autre chose que la membrane qui enveloppait la semence de la femme lorsqu'elle était dans l'une des cornes de la matrice. Si l'on coupe cette boule, on y trouve une humeur jaune et corrompue, souvent semblable à de la bouillie, et cette humeur n'est que la semence de la femme, qui avait de mauvaises qualités, et qui a été ensuite fomentée et entretenue par une semblable matière.

2. La seconde espèce de faux germe est d'une autre figure, et s'engendre d'une autre sorte. L'esprit génératif qui réside dans la semence de l'homme, quelque sain et quelque actif qu'il puisse être, est presque étouffé par le mélange des humeurs crues et séreuses qu'il rencontre quelquefois dans la matrice, dès qu'il y est entré : si bien que, se coulant ensuite dans l'une de ses cornes, il ne peut s'y faire aucune production, s'il y trouve de pareilles liqueurs qui soient rebelles à son impression : d'où vient qu'il ne faut pas s'étonner s'il ne peut imprimer son caractère sur les matières si irrégulières, et s'il se fait un faux germe ou une fausse conception. Il sort seulement de la semence de l'homme, ainsi mêlée, quelques esprits faibles et languissants, qui, pénétrant plusieurs boules et le corps même de la femme, mettent plutôt ses humeurs en mouvement qu'ils n'en entreprennent la génération.

Les esprits de la semence de l'homme, ne pouvant donc agiter la semence de le femme, ne laissent pas de pénétrer jusque dans la masse de son sang, qu'ils excitent tant soit peu, et qu'ils font suffisamment fermenter pour faire dégoutter dans la cavité des cornes plusieurs gouttes de semence, dont plusieurs boules sont formées. Ces boules, qui n'ont pas tout ce qu'il faut pour la génération, sont successivement chassées dans la cavité de la matrice, après que là chaleur naturelle a fabriqué une petite peau mince à chacune de ces boules, comme le feu du four produit la croûte du pain.

Quelque temps ne s'est pas plutôt écoulé, que toutes ces petites boules, se joignant les unes aux autres par de petites fibres, font la grappe du faux germe, ou un corps à peu près semblable à la chair du cou du coq d'Inde. Ces fibres charnues sont produites par quelques gouttes de sang qui sortent plus ou moins abondamment du fond de la matrice, dans le second ou le troisième mois de la fausse grossesse.

Je ne saurais prouver plus clairement ce que je dis que par l'histoire de Mlle L..., que je ne veux pas répéter ici, et que j'ai rapportée tout au long au chapitre précédent, *article* 6. Ce que dit Vallériola sur cette matière, de Loison et de la femme de George, confirme encore ma pensée. La première, après six mois de grossesse apparente, rendit une grosse grappe membraneuse, à laquelle une infinité de grosses boules semblables à des œufs de poisson étaient attachées; elles contenaient une humeur qui était devenue jaune, trouble et puante par un trop long séjour.

La nature ne peut souffrir longtemps ces fausses générations. Elle s'en défait, quand elle le juge à propos, par des douleurs et des tranchées différentes de celles des véritables accouchements. Car ce faux germe, aussi bien que l'autre, ne séjourne guère plus de quatre mois dans la matrice sans se corrompre ; et s'il y demeure jusqu'au cinq, six ou septième mois, qui est le plus long séjour de cés faux germes, l'expérience m'a appris que leurs humeurs ne sont plus claires, ni blanches, mais jaunes, troubles et corrompues, ou puantes.

3. La troisième espèce de faux germe est un faux germe animé. Je le nomme ainsi, parce qu'il ne représente pas la figure d'un homme, mais quelque autre animal. Il se forme de cette sorte.

La semence qui est renfermée dans l'une des cornes de la matrice d'une femme, ne contient pas toujours des matières entièrement corrompues et incapables de recevoir les impressions de la semence de l'homme, comme dans le premier et le second faux germé. Elle ne conserve pas aussi des matières pures comme dans la véritable conception ; mais il arrive quelquefois que la liqueur de la boule est mêlée de bonnes et de mauvaises humeurs, comme nous voyons de bon et de mauvais sang sortir d'une veine piquée : si bien que dans cette boule il y a des liqueurs flexibles et fécondes, et d'autres étrangères et incapables de recevoir le caractère que peut leur imprimer la semence de l'homme.

Quelque forte et quelque active que soit cette semence, elle ne peut communiquer sa vertu qu'aux matières disposées à recevoir son impression ; de sorte que, si la semence de la femme et les esprits de cette même semence sont en petite quantité, et qu'outre cela ils soient en partie inflexibles, irréguliers et languissants, quelle apparence y a-t-il qu'ils deviennent fertiles, et qu'il s'en fasse une véritable conception ?

Il ne faut pas imaginer que l'intelligence se mette en peine de fabriquer le corps de ce faux germe. Dieu n'envoie point une âme immatérielle et incorruptible dans le corps de ce qui n'est point homme ; mais toute la fabrique de ce corps doit être attribuée à l'âme qui réside dans la semence de l'homme, qui agit comme elle peut, en suivant les ordres que la nature lui a prescrits.

Cette âme donc, que l'on peut appeler *humaine*, se voyant obligée, par la nécessité de son essence, de faire un corps de la matrice qu'elle rencontre, s'acquitte de son devoir, et travaille incessamment sur cette matière inégale pour en faire quelque génération. Car, comme la nature veille incessamment à la perpétuité des hommes, elle aime beaucoup mieux faire travailler les agents sur quelque matière que ce soit, que de les laisser en repos. C'est ce qu'elle fait dans cette occasion. Le défaut de matière ne l'empêche point d'agir ; et, bien qu'elle en manque pour former un enfant entier, et qu'elle ne trouve point de quoi pour faire les bras ni les jambes, elle ne laisse pas pourtant de fabriquer quelque chose qui ressemble en quelque façon aux agents qui l'ont produit.

Quoique la matière sur laquelle l'âme travaille soit mêlée avec d'autre qui n'a nulle disposition à la génération humaine, cependant celle qui a des dispositions convenables sert à former un tronc animé, qui ressemble à un gros ver ou à un serpent, c'est-à-dire que ce corps n'a ni bras ni jambes.

Si, dans une autre occasion, elle rencontre un peu plus de matière pour former les bras et les cuisses d'un fœtus, alors elle ne fait que les commencer sans pouvoir les perfectionner, faute de matière, et ainsi ses parties imparfaites n'étant pas proportionnées au reste du corps, il se forme un fœtus qui ressemble à un lézard, à un rat sans queue et sans poil, ou enfin à une grenouille.

Si, dans une troisième occasion, la boule où se forme le fœtus est trop près de la matrice, et que là, elle soit trop pressée par les membranes trop dures d'une de ses cornes, et que, outre cela, le fœtus manque de matière pour être formé, alors l'âme ne peut faire qu'un animal qui manquera de quelques parties, et aura les autres en même temps difformes. C'est ce que l'expérience nous fait connaître lorsqu'elle nous fait voir des femmes qui accouchent de quelque enfant qui a la figure d'un pourceau, d'un aigle, ou de quelque autre animal semblable.

La boule où ce faux germe animé est formé est chassée, avec le temps, dans la cavité de la matrice, comme le sont les véritables enfants ; et là, cet animal recevant des cornes et du fond de la matrice des humeurs pour se nourrir et se perfectionner, croît de jour en jour jusqu'à ce que la nature, en étant irritée, s'en défasse avec peine, souvent avant neuf mois, et quelquefois aussi dans le terme ordinaire de la naissance des véritables enfants, ainsi que Houllie nous l'apprend, par l'histoire d'une femme qui accoucha de quelques enfants semblables à des grenouilles.

Quoique l'âme de la semence de l'homme, ou, si l'on veut, les esprits de cette même semence, soient affaiblis par le mélange d'une matière irrégulière, avec laquelle ils se sont mêlés dans la matrice un moment avant la conception même ; cependant ils ont encore la vertu de pénétrer le corps de la femme, et de faire leur impression sur toutes ses humeurs qu'ils mettent en mouvement, et qu'ils font ensuite cailler pour faire l'arrière-faix de ce faux germe animé. Car le sang des règles, coulant du fond de la matrice, achève de nourrir cet animal, comme il fait du véritable enfant. Mais parce que le sang de la femme, aussi bien que la semence, a des parties hétérogènes, et en est d'une substance toute différente les unes des autres, il ne faut pas s'étonner si l'arrière-faix, aussi bien que le faux germe, a des parties si difformes et si peu semblables à celles d'un arrière-faix d'un véritable fœtus.

Il y en a qui ne peuvent croire que ces deux germes aient des causes naturelles, ainsi que nous venons de l'expliquer. Ils pensent que les astres, par leurs diverses rencontres, sont la cause de la génération de ces animaux ; mais, comme nous l'avons dit ailleurs, les astres sont trop éloignés de nous pour en être des causes prochaines. Ils ne font seulement que concourir, en qualité de cause commune, dans toutes les opérations véritables ou dépravées de la nature.

Rondelet a une plaisante pensée sur la génération de ces faux germes animés, il croit que, si les femmes engendrent des fœtus qui ressemblent à des lézards, à des hérissons ou à d'autres pareils animaux, on doit les interroger, pour savoir si elles n'ont point mangé d'herbes ou bu d'eau qui conservât la semence de ces animaux. Car il se persuade que les vers, les grenouilles, ou les autres petits animaux qui s'engendrent quelquefois dans les boyaux des hommes, ne peuvent venir que des semences qu'ils ont avalées, et que la chaleur naturelle a fait éclore dans leur corps : ainsi, que la semence de ces animaux, étant distribuée parmi le sang d'une femme, peut être envoyée à la matrice, et y produire une espèce d'animal semblable à celle dont elle procède.

Mais le sentiment de Gordon et de quelques autres médecins sur cette matière est, ce me semble, bien plus probable que celui-là. Ils disent que la mauvaise nourriture des femmes fait de mauvaise semence, et qu'elle est la cause de tous les désordres qui arrivent dans la conception. C'est pour cela, ajoutent-ils, que l'on appelle *frères des Lombards* ou *des Salernitains*, les faux germes animés que les femmes italiennes engendrent quelquefois avec de véritables enfants, parce qu'elles se nourrissent fort mal. Ainsi, les fausses conceptions se font par un mélange irrégulier et par une proportion inégale des semences des deux sexes, comme six gouttes d'esprit mêlées avec trois gouttes d'eau-forte font mal fermenter la matière ; mais il en faut six pour bien la faire agiter : j'en dis de même de la véritable conception ; il faut une véritable et une égale portion de semence saine des deux sexes pour la bien faire.

L'expérience confirme cette opinion ; car, dans tous les lieux de l'Europe, principalement dans les méridionaux, où la plupart des femmes ne se nourrissent que d'herbes, de légumes ou de fruits, qui font de mauvais sang et de mauvaise semence, il arrive de pareils désordres dans la génération. L'Italie et l'Espagne nous fournissent assez d'exemples sur ce sujet, que nous rapporterions ici, si nous ne craignions d'ennuyer le lecteur, qui pourra les lire dans les auteurs qui les ont écrits.

Il est si vrai que la génération des faux germes se fait de la manière que je l'ai dite, que, si l'on corrige l'intempérie des entrailles des femmes, si l'on purifie leur sang, si l'on évacue ces mauvaises humeurs qui font de mauvaise semence, on verra bientôt après arriver de véritables conceptions, ainsi que l'expérience nous le montre.

Après avoir prouvé que les faux germes se forment par les vices et les défauts de la semence, il faut expliquer à cette heure comment les fardeaux s'engendrent par l'abondance de la mauvaise qualité du sang des règles.

Il y a deux sortes de fardeaux, qui n'ont de cordon ni l'un ni l'autre, comme en a le véritable fœtus : l'un paraît avoir quelque principe de vie, et l'autre est tout à fait inanimé ; celui-là ne vient pas seulement de la semence de l'homme et de la femme mêlées ensemble, mais encore de beaucoup de sang des règles : et c'est la raison pourquoi les bêtes n'en engendrent point ; n'ayant pas tant de sang de règles que les femmes ; et celui-ci ne procède que de la semence de l'homme et du sang des règles, ainsi que nous le ferons voir dans la suite de ce discours.

Le fardeau animé est une masse de chair couverte de peau, sans figure humaine, qui a des artères et des veines avec quelque mouvement obscur. Il se forme de cette sorte. Le sang des règles ne sort tous les mois du corps des femmes que par la fermentation que leur semence a excitée dans toute la masse de leur sang, ainsi que nous l'avons prouvé ailleurs : si bien que ce sang a toujours plus ou moins de semence dans sa masse, et par conséquent est plus ou moins susceptible des impressions que peut lui faire la semence de l'homme. Car cette semence fait cailler le sang de la femme, au lieu que la semence de la femme ne le met qu'en mouvement. C'est à la semence de l'homme que l'on doit attribuer la formation du fœtus de l'arrière-faix, et c'est aussi à cette même semence que l'on doit attribuer la vertu de faire les deux espèces de fardeaux ; savoir, l'animé et l'inanimé, que nous avons tous deux souvent observés dans les hôpitaux du pays du midi, où les femmes grosses sont reçues.

La semence de l'homme étant donc jetée dans la matrice, y trouve quelquefois tant d'humeurs qui embarrassent les parties actives de sa substance, qu'elle ne peut pénétrer dans les cornes de la matrice pour y former un enfant.

Elle demeure dans la cavité, comme engluée par l'abondance du sang des règles qui l'empêche de faire son action. L'âme de cette semence, qui veut incessamment agir lorsqu'elle trouve la matrice tant soit peu disposée à recevoir son caractère, ne peut demeurer sans rien comprendre. Elle agit donc sur la semence de la femme, qui depuis peu est sortie en abondance des cornes de la matrice, et qui s'y trouve mêlée parmi beaucoup de sang des règles. Elles en forment quelque chose d'animé, mais quelque chose d'informe. Elle y fait de la chair qui croît peu à peu ; elle y forme des artères, des veines, des ligaments, une peau, et donne à tout ce composé un mouvement tremblant et un sentiment obscur, comme la nature en donne de semblables aux éponges. C'est de cette sorte de fardeau qu'était celui qu'observa Mathieu de Grados, qui, après être né, ne vécut que quelques moments.

4. Mais si la semence de l'homme se mêle dans la matrice avec beaucoup de sang des règles, parmi lequel il y ait fort peu de semence de femme, alors il ne se fait nulle conception : le sang des règles étouffe presque l'âme et tous les esprits de la semence de l'homme ; et, s'il en reste quelques-uns, ils ne servent qu'à faire cailler et à former quelques veines parmi une chair sans figures ; ou, s'il se fait quelque sorte de conception, ce qui est animé ne vit pas longtemps : si bien que l'un et l'autre fardeau, c'est-à-dire celui qui a été peu de temps animé, et celui qui n'a jamais eu de principe de vie, demeurant l'un et l'autre fort longtemps dans la matrice, ils y croissent comme des potirons ou des truffes, et l'on en a vu y demeurer quelques années ou toute la vie même, comme la femme d'un potier d'étain de Paris, qui porta un fardeau dix-sept ans, et qui mourut enfin, selon la remarque d'Ambroise Paré.

Tous ces faux germes et ces fardeaux se forment quelquefois tout seuls, comme nous venons de le dire, quelquefois avant le véritable enfant, et quelquefois aussi après, c'est-à-dire par superfétation.

Il n'est pas plus difficile de croire que la véritable conception se fasse après la génération d'un faux germe ou d'un fardeau, que de croire que la superfétation soit possible, de laquelle l'on ne doute plus présentement, que de croire aussi que le véritable fœtus se puisse former dans les entrailles d'une femme, après qu'elle a introduit dans la cavité de sa matrice un pessaire pour la tenir assujettie, comme l'expérience me l'a fait voir, et que quelques autres histoires nous l'assurent. Car, soit que le faux germe se forme dans l'une des cornes de la matrice, soit que le fardeau occupe son fond, cela n'empêche pourtant pas que le véritable fœtus ou que la semence de l'homme ne s'empare de la corne vide.

La superfétation d'un faux germe ou d'un fardeau arrive quelquefois lorsqu'un enfant est formé dans une des cornes de la matrice, et qu'il ne descend pas sitôt dans sa cavité. Si, pendant ce temps-là, une femme amoureuse est caressée, alors elle peut concevoir une seconde fois, par la vertu de la semence de l'homme qu'elle reçoit dans les premières semaines de sa grossesse, et ainsi donner lieu à une seconde génération et à la formation d'un faux germe ou d'un fardeau, selon que la matière sera disposée pour les former.

La semence de l'homme entre donc dans la même corne où la véritable conception se fait, pour y produire un faux germe animé ; et, y trouvant la semence de la femme vers l'extrémité de la trompe qui touche la matrice, elle imprime ses caractères féconds sur une partie des humeurs qu'elle renferme, et qui sont propres à les recevoir. Mais comme la corne de la matrice, où est le premier fœtus qui a toutes ses parties accomplies, en est irritée après quelques semaines, elle les jette dehors l'un et l'autre, le dernier conçu ne faisant que de recevoir ses premiers linéaments.

Le véritable et le faux fœtus tombent donc dans la cavité de la matrice, et là s'efforcent d'un côté et d'autre d'attirer des humeurs pour se nourrir; mais comme le premier formé est le plus fort, il s'empare aussi de ce qu'il y a de meilleur dans les parties naturelles de la femme; au lieu que l'autre étant languissant, et par la première conformation, et par la privation de l'aliment qui lui est convenable, il demeure imparfait et prend la figure qui répond aux animaux dont nous avons parlé ci-dessus.

Quelquefois, au contraire, le faux fœtus suce ce qu'il trouve de meilleur, et ne laisse au véritable que le superflu et les ordures ; d'où vient que, ce fœtus ne pouvant vivre de ce mauvais aliment, il languit et il meurt enfin avant que de naître. C'est de là qu'est venue la fable que l'enfant était mordu par le faux germe animé, et que par ses morsures il l'empoisonnait de son venin.

On peut ici former une question, savoir si une femme peut engendrer un faux germe ou un fardeau sans avoir été caressée par un homme.

Ceux qui sont d'avis que les vierges, aussi bien que les femmes, sont sujettes aux désordres de la conception, comme Jules Scaliger et Levinus Lemnius le soutiennent, lorsqu'ils disent que Gallien a justement comparé les œufs de poules aux fardeaux des femmes, et que ces animaux faisant des œufs sans mâle, une femme pouvait aussi faire un fardeau sans la communication d'un homme; que la forte imagination d'une fille amoureuse pouvait faire une impression suffisante sur des matières renfermées dans ses parties naturelles, et que de là il pouvait se former aussi bien un fardeau que des taches sur le corps d'un enfant; et qu'enfin on avait des exemples de personnes d'une vie exemplaire, qui avaient engendré des fardeaux sans avoir été caressées par des hommes.

Mais ce sentiment, qui paraît favorable aux femmes qui ont prostitué leur pudicité, ne saurait forcer l'esprit de ceux qui ont examiné de bien près les actions de la nature sur le fait de la génération. Car il est aisé de savoir par expérience que de toutes les religieuses et de toutes les filles qui sont au monde, il n'y en pas une qui ait engendré un fardeau, et nous n'avons point d'histoire qui nous le fasse remarquer ; et, si nous en avons quelques-unes, elles nous sont fort suspectes, et nous les croyons supposées ; car, outre plusieurs raisons, les filles n'ont pas les vaisseaux de la matrice assez ouverts pour qu'ils puissent donner assez de sang pour en former un. Il n'y a que les femmes sanguines et amoureuses qui soient capables de ces sortes de générations, quand elles s'allient à contretemps avec un homme.

La forte imagination d'une femme, non plus que l'ardeur excessive de l'amour, ne sont point capables de faire quelque sorte de génération, comme Levinus nous le veut faire accroire. Car quelle apparence que l'action de l'âme, qui est immatérielle, puisse former des taches sur le corps des enfants, et qui plus est, un corps dans les flancs d'une femme ? C'est ce que nous avons examiné ailleurs, en parlant des taches des enfants, et ce que nous examinerons encore au *chapitre 7* de ce livre.

Au reste, on ne pourrait attribuer la cause efficiente de cette espèce de génération qu'à la semence de la femme, qui se mêle parmi le sang de ses règles pour en faire un fardeau. Mais comment se pourrait-il faire que cette semence, qui, originairement, est du sang féminin, pût avoir des parties si différentes entre elles pour faire cailler le sang dont elle procède, et de plus pour y former une peau, des artères et des veines ? Il n'y a que la semence de l'homme, qui est d'une tout autre matière, qui puisse causer ces effets, et c'est à celle-là aussi que l'on doit attribuer la faute et la véritable génération humaine. Une chose ne peut agir sur soi-même ; il faut qu'elle ait des parties de différentes substances pour mettre un corps en mouvement, et pour en former quelque chose. Il est vrai que la semence de la femme peut faire mouvoir son sang comme fait la bile, lorsqu'elle y est mêlée, mais il n'en peut rien former.

De plus, personne n'a dit jusqu'ici que le faux germe s'engendrait sans la participation d'un homme ; et cependant il est aussi bien une erreur de la conception que le fardeau, qui n'est que la chair de l'arrière-faix mal faite.

Disons encore que, si le fardeau pouvait se former sans la semence de l'homme, nous ne verrions pas si souvent des enfants conçus et liés avec des fardeaux ; et Alexandre Benoît ne nous ferait pas observer un enfant de quatre ou cinq mois étouffé au milieu d'un fardeau dont il tirait son aliment comme de la chair de l'arrière-faix ; et Kerkringe ne nous en montrerait pas un autre, comme nous l'avons remarqué ci-dessus.

Ajoutons à cela que, si le sang des règles s'est caillé quelquefois, et qu'en sortant il ait donné des marques d'un fardeau, comme le témoigne Marcellus, on doit croire que ce n'était que du sang, qui se caille aisément lorsqu'il est pur et qu'il est hors de ses vaisseaux. Si on le met dans l'eau, il se dissout incontinent, et on voit par là que ce n'est que du sang en grumeaux et non une fausse conception.

On peut encore dire que l'équivoque du mot fardeau a été la seule cause que plusieurs médecins ont cru que le fardeau pouvait être engendré sans la participation d'un homme. Ils étaient fondés sur les écrits de quelques anciens médecins, qui ont pris le fardeau pour une humeur de la matrice : mais la génération de ce fardeau ne dépend point du commerce d'un homme avec une emme : il n'en est pas de même de celui dont nous parlons, qui ne peut être engendré sans que l'homme y ait contribué de sa part.

Enfin, les œufs de poule n'ont nulle proportion aux ardeaux des femmes. Il est vrai que les femmes ont des matières qui répondent assez bien aux matières des œufs, et que celles qui jouissent d'une santé parfaite, et qui sont dans une belle jeunesse, rendent souvent de la semence proportionnée au blanc de l'œuf, et des règles qui répondent au jaune, et qui ont l'une et l'autre les mêmes usages ; mais l'expérience nous a montré que cette semence et ce sang des règles n'engendraient rien, s'ils n'étaient touchés par un homme, comme il ne sortirait point de poulet d'un œuf, à moins qu'il ne fût rendu fécond par la semence du coq.

On peut donc conclure après Hippocrate, Aristote, Gallien et plusieurs autres, que les fausses générations ne se peuvent faire sans qu'une femme n'ait été caressée par un homme.

Il serait bon de rapporter ici les signes des faux germes et des fardeaux, pour les distinguer d'avec la véritable grossesse, puisque c'est principalement l'affaire d'un médecin, qui ne doit jamais s'y tromper.

Si donc une femme est grosse d'un faux germe ou d'un fardeau, elle a plus de douleur au ventre que celle qui l'est d'un véritable enfant ; sa douleur procédant plutôt d'une cause qui est contre les lois de la nature, que de celle qui est selon ses équitables décrets.

D'ailleurs, elle a les mamelles moins dures et moins pleines de lait : il y en a même qui manquent de lait et qui nous marquent par là qu'elles n'ont pas d'enfant dans les entrailles.

Au reste, le fardeau n'ayant point de mouvement par lui-même, il tombe du côté que la femme se tourne : au lieu que l'enfant demeure attaché par sa propre vertu dans le lieu où il est, et qu'on le sent mouvoir de bas en haut quand on met la main sur le ventre d'une femme grosse de cinq ou six mois ; ce que l'on n'aperçoit ni dans un faux germe ni dans un fardeau.

Enfin une femme a beaucoup plus de peine et plus de tranchées à rendre un germe ou un fardeau, qui donne le branle aux couches; au lieu qu'un fardeau étant immobile, les efforts doivent tous venir du côté de la mère.

CHAPITRE V

S'IL Y A UN ART POUR FAIRE DES GARÇONS OU DES FILLES

La nature a fait tant d'impressions sur les hommes par la loi qu'elle a imprimée dans le cœur, qu'en dépit d'eux ils ont une envie secrète de se perpétuer. Cette passion est extrême dans quelques personnes; et il s'en est vu qui n'ont rien épargné pour avoir des successeurs, principalement du sexe le plus noble. L'art qui enseigne ce secret ne saurait être trop estimé, puisque c'est souvent de là que dépendent le bonheur des États et la tranquillité des familles.

Avant que de découvrir les règles de cet art, et de dire ce que l'expérience m'a fourni sur cette matière, il me semble qu'il faut auparavant expliquer de quelle manière s'engendrent les garçons et les filles, afin de faire les remarques plus exactes pour les règles que l'on en doit établir, et pour fortifier en même temps mon opinion sur la formation de l'homme, que j'ai exposée au *chapitre IV de la troisième partie.*

J'avoue que la question est grande, par laquelle on demande s'il y a un art pour faire des garçons ou des filles, et qu'elle est peut-être la plus difficile qui soit dans la médecine : je crois néanmoins qu'elle deviendra aisée à comprendre et à décider, si l'on veut entrer dans ma pensée, qui explique assez probablement, si je ne me trompe, l'origine et les progrès de la génération. Ce n'est pas qu'il n'y ait de grandes difficultés ici, aussi bien qu'ailleurs; mais il me semble qu'il y a plus de vraisemblance dans cette opinion que dans toute autre.

Tout le monde demeure d'accord qu'à parler en général, le tempérament des hommes est fort différent de celui des femmes; que les hommes sont plus chauds et plus secs; qu'ils ont une chair plus resserrée, une peau plus rude, des membres plus forts et plus robustes, un esprit plus pénétrant; qu'ils vivent d'aliments plus durs, plus chauds et plus secs, et que leur exercice est souvent plus violent. Les femmes, au contraire, sont plus humides et plus froides, c'est-à-dire, moins chaudes, moins sèches; elles ont une chair plus mollette, plus délicate et plus polie, un esprit plus aisé; elles usent d'aliments plus froids et humides; enfin elles sont presque toujours dans l'oisiveté.

Si la nature des hommes et des femmes est de la sorte, il est certain que les uns et les autres ont puisé cette nature et leur inclination, qui est comme un effet inséparable ; qu'ils l'ont puisée, dis-je, dans les flancs de leurs mères, lorsqu'elles leur auront fourni la première matière dont ils sont composés.

Pour expliquer cette pensée, on doit se ressouvenir de ce que j'ai dit ailleurs, et réfléchir un peu sur les principes de notre formation.

Dans une femme féconde, les cornes de la matrice sont remplies de semence qui se changent en petites boules grosses à peu près comme des petits pois, lesquelles sont rangées dans leurs petites cellules, comme le sont, en quelque façon, les œufs dans l'ovaire d'une poule : donc il naît plusieurs enfants quand la semence de l'homme en a touché plusieurs. La boule que la semence de l'homme a rendue féconde, conserve parmi ses liqueurs le germe d'un enfant qui, d'abord sans doute, est moindre qu'un ciron, et qui a été formé, si c'est un garçon, d'une matière chaude, sèche et épaisse, pleine de feu et d'esprits, avec des pores resserrés et des parties pressées. Mais si c'est une fille, la matière en est moins chaude, plus humide et plus délicate, les parties en sont plus déliées, et les pores plus ouverts et plus polis. Elle ne contient pas tant de feu, et il n'y a pas une si grande abondance d'esprits : si bien que la différence de l'un et de l'autre sexe ne vient que de la diversité des substances des semences du père et de la mère, de leurs qualités premières, et de celles que l'on appelle *de la matière*. Entre ces deux dispositions de la semence féconde de la femme, il y en a une troisième qui tient le milieu, et qui a son projet extrêmement tempéré dans toutes sortes de manières : si bien qu'il naîtrait de là un hermaphrodite, s'il n'était déterminé pour un garçon ou pour une fille par l'âme de l'homme et par l'activité de la semence, comme nous le verrons ci-après dans une dissertation particulière.

Hercule, si nous en croyons les poètes, était si robuste, qu'il n'engendra presque point d'enfants qui ne fussent mâles ; et entre soixante-douze qu'il fit, il ne s'y trouva qu'une seule fille. Mais, sans m'arrêter à ce qui pourrait paraître fabuleux, je trouve dans l Écriture, que Gédéon, qui fut l'un des princes du peuple hébreu, était d'un tempérament si chaud et si actif, qu'il engendra soixante-onze enfants mâles, sans qu'il soit parlé d'aucune fille.

Lorsque la matrice reçoit le semence de l'homme, et que ses cornes, par une vertu particulière, attirent cette humeur pour la communiquer à la semence de la femme, qui a de la disposition à recevoir une impression subite par l'activité de la matière spiritueuse de l'homme, alors l'âme et les esprits de cette matière agissante servent de principe subalterne à tout ce bel ouvrage. Si ces principes trouvent une boule où il y ait un germe de garçon, ils lui donnent de la fécondité, en faisant fermenter toutes les petites parties de l'humeur qui y est renfermée ; ils pénètrent et excitent ce petit projet, que l'intelligence de la mère avait commencé à former. Mais si l'âme et les esprits qui sont enveloppés dans la semence de l'homme touchent et rendent féconde une autre boule qui ait des dispositions à faire une fille, la semence de l'homme y fera les mêmes impressions, puisque souvent elle est indifférente à toute sorte de sexe, ainsi que nous l'avons prouvé ailleurs.

Les inclinations secrètes qui nous sont naturelles, découvrent infailliblement les principes de la génération de l'un et de l'autre sexe ; car, si je puis raisonner des causes par leurs effets, il me sera permis de dire que, comme les hommes sont naturellement robustes, et qu'avec cela ils ont un appétit naturel à vivre d'aliments chauds et secs, à s'occuper incessamment, et à se donner de la peine à la guerre et aux grandes affaires, on doit conclure que leurs principes sont plus forts et plus grossiers que ceux dont les femmes sont faites ; il s'en trouve peu qui haïssent le vin, et qui rejettent les choses qui leur piquent la langue. Les femmes, au contraire, sont naturellement délicates, et leur inclination, pour parler en général, ne se porte guère au travail ; elles usent, par une coutume naturelle, d'aliments froids et humides, qui sont proportionnés à leur tempérament, et il ne s'en est guère vu qui n'aimassent avec passion et le lait et les fruits ; la nature leur demandant, par un appétit secret, de quoi faire subsister toutes leurs parties par des choses qui leur sont proportionnées.

Les principes de l'homme et de la femme sont donc fort différents, puisque l'un et l'autre ont des inclinations si opposées. Le principe de l'un est plus chaud, plus sec et plus resserré ; et le principe de l'autre, plus froid, plus humide et plus mollet.

L'expérience nous fait connaître cette vérité ; car une femme grosse d'un garçon sera ordinairement plus vermeille, se portera beaucoup mieux que si elle l'était d'une fille : la chaleur d'un garçon échauffe et excite la mère ; au lieu qu'une fille, par sa froideur, augmente le froid et l'humide de son tempérament, ce qui la rend valétudinaire et malade pendant toute sa grossesse.

S'il se rencontre quelquefois des femmes qui soient d'un tempérament plus chaud que quelques hommes, on n'en doit pas imputer la cause à la nature, mais aux humeurs de la mère qui les a portées dans ses flancs, au lait de la nourrice qui les a allaitées, à l'exercice et aux aliments chauds dont elles ont usé pendant leur vie.

1. Ainsi, ce n'est pas la matrice qui est la principale cause des mâles ni des femelles ; elle n'est que le champ de la nature où l'on sème, puisqu'elle ne fait pas la génération, et ne reçoit que ce qu'on lui envoie de côté et d'autre ; elle s'occupe seulement à préparer la semence de l'homme, à l'attirer dans ses cornes ; elle favorise ensuite la conception ; elle fomente les nouveaux germes, et leur distribue l'aliment dont ils ont besoin ; enfin, elle agit comme une bonne mère, qui fait vivre son enfant aux dépens d'autrui.

Bien qu'il semble qu'elle soit plus chaude du côté droit, à cause du foie qui y est placé, que du côté gauche, l'expérience, cependant, nous montre qu'elle reçoit également de l'un et de l'autre des matières plus ou moins chaudes : et il s'est aussi bien trouvé des garçons du côté gauche de la matrice que des filles du côté droit. Nous avons même quelquefois trouvé, dans la dissection de quelques femmes, un mâle et une femelle du même côté; de sorte que ce n'est ni la matrice ni ses parties droites ou gauches qui sont la cause de la différence des sexes.

2. Ce n'est pas non plus le sang des règles ; car, lorsque l'embryon se nourrit de sang, il a déjà acquis sa nature et son sexe, et il serait alors impossible de les lui faire changer. Les aliments peuvent, à la vérité, altérer notre tempérament, mais ils ne sauraient jamais les transformer dans un autre, bien loin de pouvoir faire changer nos parties de lieu et de figure.

3. L'imagination de la femme, quelque forte qu'elle soit, ne peut encore produire cet effet. Car combien y a-t-il de femmes qui n'ont que des filles et qui ne peuvent avoir des garçons, bien que leur imagination soit incessamment embarrassée et comme farcie de l'idée de ces derniers ? L'imagination ne change ni nos humeurs ni leur tempérament ; la bile ne saurait par sa force devenir pituite, et la matrice qui a des dispositions pour une fille ne saurait, par son moyen, en avoir pour un garçon ; le tempérament de l'un et de l'autre étant trop éloigné, leur matière trop opposée, et leurs parties trop différentes.

4. L'expérience nous apprend qu'on fait des garçons et des filles en quelque temps de la lune que ce soit : et, bien que la lune ait beaucoup d'empire sur nos humeurs, et qu'elle préside d'autant plus à la génération, qu'elle joint ses influences à celles du soleil et des autres astres, cependant je ne crois pas qu'elle puisse faire changer les sexes : car, quoiqu'elle enfle et multiplie la semence dans son croissant et dans sa vigueur, et qu'elle en diminue la force dans son décours et dans sa défaillance, on ne peut pourtant la regarder que comme une cause fort éloignée pour la différence du sexe. Enfin les maquignons et les métayers perdent leur peine, quand ils lient aux étalons et aux taureaux leur testicule gauche pour avoir des chevaux et des taureaux, ou le testicule droit pour s'acquérir des cavales et des vaches, puisque l'expérience nous a désabusés là-dessus, et nous a fait voir que les hommes qui avaient perdu à la guerre le testicule droit, ne laissaient pas d'engendrer des enfants de divers sexes.

Il est donc véritable que ce n'est ni la matrice, ni le sang des règles, ni l'imagination de la femme, ni la ligature des parties génitales du mâle, ni enfin les astres, qui sont les causes prochaines de la génération des mâles et des femelles, mais que c'est plutôt la disposition et le tempérament de la matière dont nous sommes formés, ainsi que nous l'avons fait voir ci-dessus.

Après avoir expliqué, le plus exactement que nous avons pu, les premières causes de la génération des garçons et des filles, et en avoir découvert les causes immédiates par le moyen de la matière qui sert à les former, il faut présentement donner des règles pour engendrer cette matière, et ces esprits qui contribuent à la différence des sexes.

Première règle. On ne voit guère de trop jeunes ni de trop vieilles gens engendrer des garçons : ils ne font ordinairement que des filles. La chaleur naturelle est trop faible dans les premiers pour cuire et perfectionner la semence ; les derniers sont trop languissants, et la glace de leur âge s'oppose à l'abondance et à la chaleur des esprits qui doivent contribuer à former un garçon. Et parce que la semence n'est qu'un excrément de tout le corps et des testicules, il faut que toutes les parties soient fortes et vigoureuses, pour engendrer de la matière à faire un garçon, ce qui ne se rencontre ni dans les uns ni dans les autres.

Deuxième règle. La façon de vivre est une des principales causes du sang et des humeurs ; si l'on mange et que l'on boive des choses succulentes, chaudes et pleines d'esprit, les humeurs participent de ces mêmes qualités, et la semence a alors des dispositions pour un garçon à venir. Mais si les aliments sont froids, quelle apparence qu'elle puisse servir à engendrer de la matière pour former un garçon ? Elle n'aura tout au plus que des dispositions pour le corps d'une fille. Et l'expérience nous apprend que ceux qui se nourrissent d'aliments chauds et succulents, et de la chair d'animaux lascifs, acquièrent par là non seulement la force d'engendrer, mais aussi de faire un garçon, pourvu qu'il y ait tant soit peu de vivacité dans leur tempérament.

Troisième règle. Il n'est pas besoin de manger ni de boire beaucoup et à contretemps quand on a dessein de faire un garçon. La chaleur est plus vive et plus forte quand nous sommes réglés. L'excès cause des crudités, et l'on ne voit guère d'hommes et de femmes, déréglés à table, qui engendrent des garçons. Leur semence n'a presque point de chaleur ni d'esprits ; et, parce qu'elle est indigeste et imparfaite, elle n'est propre qu'à former une fille.

Quatrième règle. Si le manger et le boire éteignent notre chaleur naturelle quand nous en usons avec excès, l'action déréglée de l'amour nous épuise et nous rafraîchit de telle sorte, qu'après nos embrassements réitérés nous n'engendrons que des filles. L'expérience nous fait voir dans les jeunes gens qui, dans les premiers jours de leur mariage, se caressent si éperdument, qu'ils n'engendrent point du tout, ou, s'ils engendrent, ce n'est ordinairement que des filles. Que l'on fasse réflexion sur les mariages que l'on fait aujourd'hui parmi les hommes, on y verra sans doute beaucoup plus de filles aînées que l'on n'y rencontrera de garçons. Les jardiniers impatients ne recueillent jamais de bonnes graines ; ils désassaisonnent toujours la terre ; et, quand ils veulent la semer, ou ils sont frustrés dans leur attente, ou les plantes qui en viennent sont faibles et languissantes. Nous

nous pressons trop pour l'ordinaire quand nous nous caressons; et, si nous savions nous modérer, notre ouvrage serait plus parfait et durerait plus long-temps. Si, lorsque nous caressons une femme, nous nous contentions d'une fois, il naîtrait apparemment un garçon; au lieu que, si par hasard une femme conçoit de la seconde ou de la troisième fois qu'on l'embrasse l'une après l'autre, il n'en naîtra assurément qu'une fille; ou, s'il reste encore quelques esprits vifs et pénétrants dans la matière qui doit servir pour un garçon, il sera fort petit, et peut-être défiguré par le peu de matière et d'esprits que lui fournira son père.

Nous voyons tous les jours de jeunes femmes qui n'ont fait que des filles avec un homme, et qui, étant remariées avec un autre, ne produisent que des garçons. La chaleur de notre jeunesse nous précipite dans les délices de l'amour : notre semence n'est pas plus tôt faite qu'elle est épanchée, et nos emportements amoureux durent souvent dans les deux sexes jusqu'à l'âge de vingt-cinq ou trente ans. Mais si un homme ne caressait sa femme que trois ou quatre fois le mois, la semence de l'un et de l'autre serait plus cuite, plus épaisse et plus remplie d'esprits. Elle aurait plus de disposition à former un garçon que si on l'épanchait plus souvent; et c'est assurément pour cette raison que les vieillards font quelquefois des mâles; car, comme ils manquent presque de chaleur naturelle, et que leur semence est crue et faible, s'ils n'attendaient deux ou trois mois pour donner le temps à la nature de la cuire et de la perfectionner, ils ne sauraient déterminer la semence de la femme à leur donner un successeur.

Cinquième règle. L'expérience m'a fait encore remarquer que, si les femmes qui ont des règles modérées, conçoivent après leur écoulement, elles font, pour l'ordinaire, des garçons; mais si elles ont des règles abondantes, et qu'elles engendrent avant que ces règles paraissent, ou dès qu'elles finissent, elles font toujours des filles. Si nous examinons la cause de ces différentes productions, que nous avons souvent observées, nous trouverons qu'elles prouvent clairement l'opinion que j'ai établie; car les femmes qui ont abondamment leurs règles, étant d'un tempérament plus humide que les autres, elles ne peuvent produire en elles-mêmes de semence propre à faire un garçon, puisque la complexion de leur corps et de leur humeur est opposée à la génération d'un mâle. Dans le temps que les règles coulent encore, la matrice en est humectée et rafraîchie tout ensemble; et, bien que cette partie pût réserver alors une semence pleine de chaleur et gonflée d'esprits, son intempérie et celle de tout le corps seraient pourtant une cause qui diminuerait cette même chaleur, et qui dissiperait une partie de ces esprits. Au lieu qu'une femme qui a ses règles modérées est agitée d'autant de feu et de chaleur qu'il lui en faut pour un garçon : la semence qu'elle engendre est chaude, sèche et bien cuite; et après que sa matrice s'est une fois défaite de toutes ses impuretés, et qu'elle a été échauffée par le passage du sang qui a coulé avec médiocrité, elle devient encore mieux disposée qu'auparavant : si bien que, la semence de l'homme y arrivant, elle la dissout et la raréfie alors plus promptement, pour la faire devenir propre à donner des caractères de fécondité au projet du mâle qu'elle conserve.

Sixième règle. Enfin, j'ai aussi observé que les régions du Midi n'étaient pas si peuplées d'hommes que celles du Septentrion ; qu'il y avait dans les premières six fois plus de femmes que d'hommes, et que dans les autres, les hommes égalaient presque en nombre les femmes, ou les surpassaient même. Il est aisé, ce me semble, d'en découvrir la cause.

La chaleur des pays méridionaux diminue insensiblement la chaleur naturelle · elle dissipe continuellement des esprits, en tenant toujours ouverts les pores du corps ; si bien que l'on n'est ni si vigoureux, ni si grand mangeur que dans les pays tempérés ou froids. Les humeurs ne sont pas si bien digérées dans ceux-là que dans ceux-ci, et la semence, dans les premiers, est plus propre à engendrer des filles qu'à faire des garçons. Je dirai encore que, parce que les hommes y sont incessamment pénétrés d'une chaleur étrangère, et qu'ils sont accoutumés de jouir des femmes avec excès, ils ont une semence crue, indigeste, qui est toujours disposée à faire des filles. J'ajouterai à ces raisons, que les femmes étant dans une continuelle oisiveté, et leur beauté consistant à ne point marcher pour être trop grosses, quelle apparence y a-t-il que, dans cet état, elles puissent avoir une semence forte et bien digérée, et que l'intelligence puisse former dans leurs flancs le projet d'un garçon, d'une matière si mal cuite? Au contraire, dans les pays tempérés et dans ceux qui sont médiocrement froids, on a beaucoup plus de chaleur naturelle. Le froid bouchant les pores du corps, en empêche la dissipation, et la semence étant, par cette raison, plus chaude et plus remplie d'esprits, on engendre aussi plus de garçons que de filles.

C'est encore pour cela même que l'on fait plutôt des mâles pendant que le vent souffle du côté du Nord. En effet, les vents froids qui règnent dans nos climats le matin et le soir, pendant les saisons les plus chaudes, empêchent l'épuisement de notre chaleur naturelle, en arrêtant nos esprits, qui se dissiperaient autrement. C'est dans ce temps-là que notre chaleur et nos esprits, se multipliant dans nos corps, vivifient et animent, pour ainsi dire, la semence qui doit servir de principe à un garçon ; et s'il est vrai que les bergers, ayant remarqué la vertu de ce vent sur leurs troupeaux, font tous leurs efforts pour les faire accoupler pendant qu'il souffle, dans l'espérance de profiter plus sur les béliers qu'ils ne le feraient sur les brebis, on peut bien dire qu'il n'a pas moins de pouvoir sur la génération des hommes.

Pour moi, j'ai observé que le vent du Septentrion a une telle propriété pour conserver la vie des animaux, et pour fortifier leur chaleur, que si, par exemple, on tire hors de l'eau des carpes ou des anguilles, et puis qu'on les mette dans la paille, le ventre en haut, on empêchera, par ce moyen, les premières de mourir pendant trois jours, et les autres pendant six : ce que l'on ne saurait seulement faire pendant un jour entier, lorsque le vent du Midi souffle médiocrement.

En effet, il affaiblit les animaux en dissipant leur chaleur naturelle, et en faisant évaporer leurs esprits : si bien que la coction se fait alors fort mal ; le sang et les humeurs se distribuent très lentement, et la semence ne peut avoir des esprits que pour animer le corps d'une femelle.

On doit conclure, après toutes ces raisons, qu'il y a un art pour faire des garçons ou des filles, et que si l'homme et la femme se marient lorsqu'ils ne croissent plus ; s'ils observent également la façon de vivre que je viens de prescrire ; s'ils ne se caressent que rarement, et qu'ils donnent le temps l'un et l'autre à la chaleur naturelle de cuire leur semence, et à l'âme de la perfectionner, et s'ils attendent qu'un vent souffle du Septentrion au plein de la lune, je suis très persuadé, par l'expérience que j'en ai, qu'ils feront un garçon plutôt qu'une fille.

CHAPITRE VI

SI LES ENFANTS SONT BATARDS, QUAND ILS RESSEMBLENT A LEUR PÈRE OU A LEUR MÈRE

Parce que la plupart des jurisconsultes, avec quelques savants médecins, soutiennent qu'une femme, pensant fortement à son mari au milieu de ses plaisirs illicites, fait, par la force de son imagination, un enfant qui ressemble parfaitement à celui qui n'en est pas le père, il sera bon d'examiner si la ressemblance d'un enfant dépend de l'imagination ou de quelque autre cause. C'est pourquoi nous rechercherons ce que c'est que la ressemblance des enfants à leurs ancêtres, nous en établirons les différences, et nous tâcherons d'en découvrir les causes les plus véritables.

La ressemblance, selon le plus commun sentiment, est une qualité naturelle, qui fait les hommes semblables les uns aux autres, si bien qu'en les regardant ou en les voyant agir, on se trompe souvent, comme fit autrefois à Rome le magistrat Antonius, qui acheta pour jumeaux deux beaux garçons, que Turannius lui vendit bien cher, quoique l'un fût asiatique et l'autre européen.

Les enfants ressemblent en trois façons à ceux dont ils sont issus. Ils leur ressemblent, dis-je, ou en qualité d'homme, ou en qualité de mâle et de femelle, ou en qualité de particulier : de sorte que l'espèce, le sexe et l'individu établissent les trois sortes de ressemblances; et, pour ne parler ici que de la dernière, je dirai que les enfants ressemblent à leur père ou à leur mère dans l'âme et dans le corps.

Quoique l'âme de l'homme soit d'une matière extrêmement subtile, que nous ne pouvons découvrir avec les yeux, elle nous donne pourtant des marques de ressemblance par les effets qu'elle produit. Les passions et les inclinations des enfants nous font connaître ceux dont ils ont été engendrés. Je ne parlerai point ici de l'âme immortelle, que j'ai nommée *intelligence;* je suis persuadé qu'elle n'est pas matérielle, et qu'elle est d'une autre nature que l'âme, qui est la principale cause de la ressemblance. Cette âme dont nous parlons nous donnera, par exemple, des marques d'une exacte économie dans le fils, comme nous l'avons observé dans le père, et elle inspirera à ce même enfant les inclinations criminelles que l'on remarque dans la mère. L'âme de cet enfant ressemble donc, par ses qualités, à son père et à sa mère. Pour le corps, il aura des proportions et des ressemblances à la figure, à la couleur et aux actions de ceux qui l'ont engendré; ou bien il ressemblera à son grand-père ou à son oncle, ou enfin il ne ressemblera ni aux uns ni aux autres, mais il retiendra les deux autres sortes de ressemblance dont nous avons parlé ci-dessus.

J'avoue qu'il est fort difficile de découvrir les causes de toutes ces ressemblances, depuis que nous avons perdu la science qu'en avaient les Psylles ; ce qui a fait que les anciens ont été si partagés sur cette matière, et que presque tous les jurisconsultes ont plutôt attribué la cause de la ressemblance à l'imagination de la mère qu'à tout autre chose.

Mais, avant que de dire ce que je pense sur cette ressemblance, il me semble que je dois auparavant examiner si l'imagination en peut être la véritable cause.

1. Les jurisconsultes disent, après quelques médecins, que la femme a l'imagination si prompte et l'esprit si vif, que l'on ne doit pas s'étonner si elle imprime sur ce qu'elle conçoit dans ses entrailles la ressemblance de ce qu'elle désire avec passion et de ce qu'elle s'imagine fortement : de sorte que si, par exemple, elle a un appétit déréglé pour le vin, pour les mûres, ou pour quelque autre chose, ou qu'elle s'imagine fortement être caressée par quelque personne, son imagination est tellement attachée à ces sortes d'objets, que l'expérience nous fait voir tous les jours que l'enfant qui se forme alors dans son sein, recevait les marques des désirs ou des idées de sa mère: jusque-là même qu'il s'est trouvé des femmes blanches engendrer des enfants noirs semblables aux Éthiopiens, pour avoir contemplé trop attentivement, pendant qu'elles concevaient, ou aussitôt après avoir conçu, des Maures, soit réellement ou en peinture. L'imagination est si forte dans quelques femmes, qu'elles envoient de leur cerveau à l'enfant qui se forme

dans leurs entrailles, les corpuscules des objets externes qu'elles y ont reçus ; de sorte que ces images corporelles se communiquent aux parties tendres de l'enfant par une suite de nerfs qui viennent du cerveau de la mère.

2. Bien que les bêtes femelles aient des âmes incomparablement moins mobiles que les femmes, les naturalistes nous font pourtant remarquer qu'elles ont assez de force pour faire ces impressions sur leurs petits; car si on enveloppe d'un mouchoir blanc le coup du paon qui couve, ou que l'on peigne de diverses couleurs les œufs d'une poule qui couve aussi, les petits du paon deviendront tout blancs, et les poulets tout bigarrés.

Mais, parce que l'imagination de la femme est beaucoup plus vive que celle de ces animaux, elle communique aussi plus fortement à son enfant ce qu'elle s'est une fois vivement imaginé : de sorte que, si elle pense vivement à son amant, à son oncle ou à son grand-père, lorsqu'elle conçoit, l'enfant qu'elle engendrera sera tout semblable à l'une de ces personnes.

3. La ressemblance n'est pas une preuve de filiation, selon le sentiment des mêmes jurisconsultes. L'enfant qui ressemble à son père n'est pas pour cela légitime. L'on ne saurait, sur cette conjecture, se déclarer héritier de son père. Sa mère, dans ses embrassements illégitimes, a pu l'avoir engendré avec cette ressemblance par la force de son imagination; car, en pensant toujours à son mari lorsqu'elle était entre les bras de son amant, elle a imprimé sur le corps de l'enfant qu'elle concevait alors, les traits du corps et tous les caractères de l'âme de celui sur lequel son imagination était fixement arrêtée. Sans doute que ce fut la même cause pour laquelle un cuisinier de Rome ressemblait si bien à Pompée le Grand, que plusieurs le prenaient pour ce grand capitaine.

On peut dire à tout cela qu'il est vrai que notre âme, étant liée à notre corps aussi étroitement qu'elle l'est, peut faire sur nous de violentes impressions. L'expérience de tous les jours nous en donne assez de preuves. Mais je ne saurais me persuader que l'action de cette même âme soit capable de reproduire les ressemblances dont il s'agit. Ceux qui le soutiennent ne se fondent que sur de vaines observations, sur des preuves imaginées et sur des raisonnements mal établis. Car, que peut l'imagination d'un paon ou d'une poule sur des œufs qu'ils n'ont pas pondus? L'âme de ces deux espèces d'animaux est si peu active, qu'il n'y a pas d'apparences qu'elle pût agir hors d'eux-mêmes, et imprimer sur des œufs étrangers des caractères qu'elle se serait figurés, si l'on peut parler de la sorte.

S'il naît tous les jours des poulets bigarrés dans les fours d'Égypte, et que nos poules en fassent éclore de mêlés, sans que leurs œufs aient été auparavant peints, peut-on assurer que c'est l'imagination de ces animaux qui est la cause de la variété du plumage de leurs petits?

Les taches de quelques couleurs qu'on remarque aux enfants ne viennent pas non plus de l'imagination de la mère, ainsi que nous l'avons observé ailleurs. L'imagination n'a point un pouvoir si violent, que d'imprimer des caractères sur un corps étranger. Car, lorsqu'un enfant se forme dans les flancs de sa mère, il n'agit que par lui-même, et alors il n'a besoin d'elle que comme une semence a besoin de la terre. Comment donc peut-on comprendre qu'une femme grosse de deux, de trois ou quatre mois, ayant un appétit désordonné de manger, par exemple, des mûres, et se mettant alors fortement ce fruit dans l'imagination, puisse communiquer à sa main la vertu d'imprimer sur l'endroit de son corps où elle sera posée, la ressemblance de ce fruit qui, passant de là sans s'arrêter et se mêlant parmi son sang, ses esprits et ses sucs, qui coulent alors incessamment à ses parties naturelles, puissent être imprimés sur le corps de l'enfant, au même endroit que la mère aura touché le sien ? En vérité, l'imagination des hommes a ici plus de force que celle des femmes, et ce n'est que celle des premiers qui a inventé ces sortes de raisonnements. Ils n'ont pu trouver la cause naturelle de ce qui arrive; ils en ont allégué d'apparentes, pour ne pas demeurer court, ayant à rendre raison de cet effet. Car, de s'imaginer qu'il y a une suite de nerfs qui viennent du cerveau de la mère, et qui s'implantent dans le corps de l'enfant, pour lui porter des corpuscules des objets externes, et pour lui imprimer les marques de ces mêmes objets, c'est ce que l'anatomie ne nous a point montré jusqu'ici.

Mais il est bien plus vraisemblable de dire que ces marques sont des inégalités et des défauts de la matière dont nous sommes formés, que l'âme qui a mangé le petit corps de l'enfant, n'a pu en aucune façon corriger, ou plutôt que ce ne sont que des contusions que le corps tendre de l'enfant a reçues dans le commencement de sa vie ; et comme le sang qui est une fois sorti des veines par quelques coups, ou de la mère, ou de l'enfant, ne se dissipe pas alors entièrement, les parties qui le reçoivent en demeurent toujours tachées.

Pour goûter bien ce sentiment, l'on n'a qu'à faire réflexion sur toutes les marques que les enfants apportent du ventre de leur mère, et l'on observera toujours qu'elles ont du rouge. Il n'est pas possible que les femmes grosses n'aient jamais souhaité ardemment que de manger des choses de cette couleur ; nous voyons tous les jours le contraire, et leur appétit déréglé est aussi bien pour des choses vertes, jaunes, noires ou blanches, que pour des rouges. Cependant on n'observe presque jamais aucune de ces couleurs-là imprimée sur la peau des enfants.

Mais encore n'est-ce pas une pure fable que de dire qu'il y a eu des femmes blanches, et mariées avec des hommes blancs, qui, par la force de leur imagination, aient fait des enfants noirs. Elles n'avaient pas sans doute le secret de Julie, fille d'Auguste, qui ne faisait jamais d'enfants qui ne ressemblassent à son mari, quoiqu'elle fût caressée par plusieurs autres, parce qu'elle ne souffrait point leurs caresses qu'elle ne fût grosse de lui.

Pour moi, je me persuade aisément que les femmes ont beaucoup contribué à introduire cette opinion sur la cause de la ressemblance des enfants, afin de couvrir les fautes qu'elles commettent très souvent ; et qu'ensuite des personnes habiles et politiques, ayant considéré que ce sentiment était assez favorable pour le bien et pour la tranquillité de l'État, ont cherché des raisons pour l'appuyer.

Mais, bien loin que l'imagination de la femme soit la cause de la ressemblance, il est même impossible qu'elle puisse produire les effets qu'on se persuade.

1. Tout le monde sait quels transports sent une femme dans ses parties amoureuses quand elle est caressée ; il semble alors que la chaleur naturelle l'abandonne pour y courir avec précipitation. Son imagination n'est alors fixée sur aucun objet qui puisse la détourner ; et, si elle est arrêtée sur quelqu'un, c'est assurément sur celui qui est présent.

Quoique la peur trouble en quelque façon ses voluptés, et qu'elle fasse quelque impression sur son âme lorsqu'elle s'abandonne à des libertés illicites, elle prend néanmoins ses précautions de telle sorte, qu'elle peut jouir en assurance de ses plaisirs amoureux. Si elle ne peut avoir cette force d'esprit, et que la crainte la trouble, bien loin de faire un enfant semblable à celui que la peur représente à son imagination, elle fait un avorton, qui manque de ce qu'il faut pour être formé ; car son âme étant ailleurs, et son esprit étant dans un mouvement irrégulier, elle ne peut concourir entièrement à la génération d'un enfant parfait. C'est de là même qu'il arrive que les grands hommes font quelquefois des enfants qui sont indignes d'être leurs fils, parce que l'âme des pères étant occupée à de grandes affaires, ils ne communiquent pas assez de chaleur ni d'esprits à leur semence, qui est ainsi la cause d'un enfant difforme ; ce que nous examinerons en particulier au *chapitre* 8.

2. D'ailleurs, s'il est vrai que l'imagination soit la cause de la ressemblance, pourra-t-on dire que les mouches ou que les plantes même ont de l'imagination pour engendrer ce qui leur est semblable ? Une mouche à miel, par exemple, a la même figure et les mêmes inclinations que celles qui l'ont engendrée ; et celle-ci leur est si semblable, qu'il est impossible qu'on ne les prenne l'une pour l'autre. Cependant peut-on dire que c'est l'imagination de ces animaux qui est la cause de leur ressemblance ?

3. D'autre part, l'imagination de la femme doit avoir été vivement frappée par les objets dont elle doit faire l'impression sur le corps de l'enfant qui se forme dans son sein. Mais si cette femme n'a jamais vu son grand'père, ou qu'elle n'ait jamais ouï parler des défauts de ses ancêtres pour se les représenter

fortement à l'imagination, comment pourra-t-elle faire un enfant louche, borgne, boiteux, ou pied-bot ? Cependant l'histoire nous apprend qu'il y avait autrefois des familles à Rome qu'on ne distinguait que par les défauts de leurs ancêtres, qui étaient Sarobons, Conclus ou Scaures ; et à Jurgères, dans notre voisinage, il y a un muet, fils d'un homme qui parle, et petit-fils d'un autre muet.

Je connais une femme boiteuse du pied droit, qui fit sa première fille incommodée du même pied ; cependant elle m'a souvent protesté qu'elle n'avait jamais pensé à son incommodité pendant qu'elle concevait, ni durant toute sa grossesse. Aussi est-il certain que son défaut est peu sensible, et qu'elle y est tellement accoutumée qu'elle n'y pense presque jamais.

Les petits hommes du Septentrion ont tous les cuisses courbées en dedans ; mais ce n'est pas sans doute l'imagination de leurs mères qui les rend semblables à leurs ancêtres : c'est plutôt quelque chose d'interne et d'essentiel, que nous découvrirons ci-après. Car, de s'aller imaginer que le caprice d'une femme puisse forcer les principes dont l'âme se sert pour agir naturellement, j'avoue que c'est ce que je saurais comprendre.

4. Au reste, si l'imagination est la cause de la ressemblance externe, elle doit aussi être une cause universelle, et agir incessamment de la même façon dans tous les particuliers : de sorte que les enfants devraient toujours naître semblables à ceux que la mère s'est fortement imaginés. Si elle a pensé, par exemple, à un héros, l'enfant qui en naîtra aura la figure de la personne imaginée ; et cependant nous voyons tous les jours le contraire, et nous sommes témoins qu'un enfant ressemble à son frère, à son oncle ou à son bisaïeul, à qui la mère n'aura pas pensé, ni au moment de sa conception, ni même durant sa grossesse.

5. Après tout, pour faire une ressemblance, il faut que toutes les petites parties qui doivent concourir à composer un enfant, soient tellement disposées pour une grosse tête, par exemple, pour un nez aquilin, pour de gros yeux noirs et pour tout le reste du corps, que nous remarquions dans un enfant une figure semblable à celle de son aïeul. Ce n'est point à l'imagination de la mère, qui est une *faculté animale*, comme l'appellent les médecins, à former ainsi un corps et à en observer toutes les dimensions ; elle manque d'instrument pour cela, et n'a d'empire que sur ce qui lui appartient. La formation d'un enfant ne peut être que l'action de l'intelligence, qui se sert de l'âme pour lui donner la figure convenable. C'est donc à cette âme à donner la forme externe, et à chaque partie, et à tout le corps même. Et ce serait une chose ridicule, que la faculté formatrice de l'âme, qui n'est autre chose que l'âme même, composât une partie, et que, d'un autre côté, l'imagination qui n'en est qu'une faculté, lui donnât la figure. La boulangère qui mourut en cette ville, il y a quatre ou cinq ans, à sa troisième couche difficile, parce qu'elle ne se pouvait délivrer d'un enfant qui avait, comme

son père, les épaules fort larges, ne mourut que par l'effort qu'elle fit en tâchant de le mettre au monde. Il ressemblait si parfaitement à son père, dans la largeur de la poitrine, que je ne puis croire que cette conformation soit venue de l'imagination de la mère.

Sur ce principe, la mère de *Pierre Forestus*, l'un de nos savants médecins, refusa en mariage, pour sa fille, un homme fort riche, parce qu'il était large d'épaules, dans la crainte que sa fille ne mourût en couche, selon l'expérience qu'elle en avait.

6. Mais encore est-ce l'imagination de la mère qui a engendré dans les reins de son fils une pierre qui lui a été tirée à l'âge de cinq ans? La mère a-t-elle jamais pensé à cette maladie, à laquelle le père avait des dispositions, quand, à l'âge de dix-huit ans, il fit cet enfant, puisque le père même n'avait point encore ressenti cette incommodité? Il ne s'en est aperçu qu'à l'âge de cinquante ans.

7. Enfin l'on ne peut attribuer à l'imagination de la mère l'horreur qu'avaient deux frères pour du fromage, puisque leur mère aimait avec passion cet aliment; on devait plutôt attribuer cette répugnance à des causes internes et essentielles, puisque, selon la remarque de Skinkius, qui nous en fait l'histoire, leur père ne pouvait en souffrir l'odeur sans se pâmer.

Après cela, il faut donc dire que ce n'est pas l'imagination de la mère qui est la cause de la ressemblance des enfants, non plus que des inclinations et des maladies auxquelles ils sont sujets; que c'est plutôt un pareil, et je puis dire un même principe, qui a fait le corps du père, qui travaille sur celui du fils, et que l'âme de celui-ci imprime des caractères semblables sur une matière qui lui obéit, et qui a des dispositions à ces mêmes accidents.

Afin d'examiner de plus près cette question, on doit observer plusieurs choses, que je juge être nécessaires pour la bien entendre.

Premièrement, on doit remarquer que la semence est animée de l'âme de l'homme, qui est communicative, comme nous l'avons expliqué ailleurs.

Secondement, que les semences de l'homme et de la femme, étant mêlées, ont des mouvements actuels et des mouvements en puissance; que les premiers sont des puissances prochaines, et que les autres ne sont que des mouvements éloignés.

Troisièmement, que la ressemblance est naturelle ou accidentelle; que la naturelle procédant des principes internes de l'enfant, est toujours certaine et constante, au lieu que l'accidentelle ne l'est pas.

1. Cela étant supposé, examinons d'abord la cause de la ressemblance du fils au père, de la fille à la mère, comme la plus naturelle de toutes.

2. Recherchons ensuite la cause de la ressemblance de la fille au père et du fils à la mère.

3. Observons aussi la cause de la ressemblance que les enfants ont confusément avec leur père et leur mère.

4. Découvrons encore pourquoi les frères et les sœurs se ressemblent.

5. Voyons après cela la source de la ressemblance des enfants au grand-père,
aux bisaïeuls et aux oncles.

6. Examinons enfin pourquoi un enfant ne ressemble à aucun de ses
parents.

1. La cause de la ressemblance du fils au père et de la fille à la mère ne peut
être prise que des principes internes qui servent à former ces enfants, c'est-à-dire
des semences de l'homme et de la femme, qui, étant unies ensemble, ne font
qu'un corps, sur lequel l'âme, qui est l'autre principe, venant à agir, se fabrique
un domicile pour la semence.

Je le dis encore une fois, je ne parle point de l'âme immortelle, qui ne communique jamais, et qui ne fait point de ressemblance. Je parle seulement de
l'âme matérielle, qui sert d'instrument à l'intelligence, qui la fait agir selon ses
ordres.

Les esprits, ou l'âme qui réside dans la semence de l'homme, s'étant donc
mêlés avec l'âme qui est dans la semence de la femme, lorsque la conception s'accomplit, et ne faisant alors qu'un même composé, travaille, en qualité de principe, sur la matière la plus terrestre et la plus épaisse de la semence de l'un et de
l'autre sexe. Et parce que la semence d'une femme peut être d'un tempérament
chaud et sec, qu'elle a les parties de sa matrice pressées les unes auprès des autres,
et qu'elle ne manque pas d'esprits pour produire un mâle, la semence de l'homme,
lui imprimant son caractère, fait un mélange qui a toutes les qualités convenables à former un garçon ; car l'âme qui est dans la semence de l'homme, ayant
le mouvement fort prompt et fort actif, l'emporte sur l'âme qui est dans la
semence de la femme, et fait ainsi obéir la matière sur laquelle elle travaille ; si
bien que celle-ci étant pénétrée par celle-là, il se fait un mélange dans la boule
où se forme l'enfant, lequel cause la ressemblance qu'a cet enfant avec son père.

Si l'on mêle du levain bien aigre parmi de la pâte, le pain qui sera fait sentira
l'aigre, quoique le levain y soit entré en beaucoup plus petite quantité. Tout de
même, l'âme qui est dans la semence du père, ou, si l'on veut, les esprits qui y
résident étant fort pénétrants, se font connaître dans le mélange qui se fait des
deux semences ; et c'est ce qui arrive toujours, selon les lois de la nature, que le
fils est semblable au père, et la fille à la mère : autrement, selon le sentiment
d'Aristote, ce serait une espèce de monstre, s'il ressemblait à quelque autre
personne.

Le projet de l'enfant ayant donc reçu la complexion du père par les impressions
qu'a faites sa semence sur la semence de la femme, se perfectionne tous les jours

par ces mêmes principes. Si le père, par exemple, est bilieux et mélancolique, qu'il soit haut et prompt, et qu'il ait avec cela la voix grosse et de bonnes inclinations, une portion de son âme, qu'il communique à son enfant, par le moyen de sa semence, portera partout avec elle ces qualités qui en sont inséparables. Elle dilatera et étendra la matière des os ; elle produira de la chaleur et de la sécheresse dans les principales parties ; elle causera, en un mot, un tempérament bilieux et mélancolique : enfin, la partie de la semence du père, qui n'est autre chose qu'une portion de son âme, avec sa partie grossière, dont le corps est en partie formé, l'emportant sur l'âme, la matière qui est dans la semence de la mère est la source de la ressemblance qu'a un garçon avec son père, non seulement d'espèce, mais encore de sexe et d'individu.

Il en arrive ainsi de la ressemblance qu'a une fille avec sa mère ; car la matière qui est renfermée dans une boule, étant d'une complexion froide et humide, si on la compare à la matière dont un garçon est formé, ne peut servir qu'à faire une fille, principalement si la semence de l'homme est faible et languissante, et qu'elle approche du tempérament de celle de la femme ; l'âme ayant une force dominante, prend le dessus sur l'âme de la semence de l'homme, et, étant unies ensemble, impriment sur la matière qui est disposée à recevoir son caractère féminin, des marques de ressemblance avec la femme dont elle procède : de sorte que, si la femme est d'un tempérament froid et humide, qu'elle soit pituiteuse et sujette aux fluxions, que ses passions soient modérées, et ses mœurs raisonnables, l'âme qui agit fortement sur la matière du projet de l'enfant, produira aussi les mêmes effets dans la fille qui doit naître ; car le tempérament de la mère est la cause de tout ce que nous remarquons en elle. Que ses mœurs et sa santé en soient des effets, et que la disposition de l'âme et de la matière de la semence suive aussi par nécessité ce même tempérament, on doit sans doute attendre que la fille soit semblable à sa mère, et qu'elle ait les mêmes inclinations, puisqu'elle possède plus de son corps que de l'âme et du corps de son père. L'âme de la semence du père, et sa semence même, n'a servi dans cette occasion qu'à rendre la semence de la mère prolifique, et à augmenter la matière du projet.

Elle a souffert, pour ainsi dire, plus qu'elle n'a agi, et l'on dirait même que le père n'a en rien contribué pour faire cette fille, tant elle ressemble à sa mère dans les qualités du corps et dans les passions de l'âme.

2. Mais si la fille ressemble au père, et le fils à la mère, ce qui arrive souvent, on doit concevoir, d'une autre façon, la cause de la ressemblance individuelle. Si le père, par exemple, est grand et gros ; s'il est sanguin et pituiteux, qu'il ait la chair mollasse et les actions lentes ; si la mère, au contraire, est petite, sèche et bilieuse, prompte et agissante, et qu'elle ait la chair ferme, il peut arriver, et

il arrive même tous les jours, que la fille ressemblera au père, et le fils à la mère.

La source de cette ressemblance est, que l'âme et la matière qui servent à la conception sont la cause de la ressemblance, lorsque l'une ou l'autre semence fait paraître, dans le mélange de la formation, ses qualités premières et secondes. Je pourrais dire, pour éclaircir ceci, que l'âme et la matière de la semence de l'homme, étant conformes à ses principes, c'est-à-dire étant froides, humides, lentes et pituiteuses, comme est celui d'où elles procèdent, elles dominent sur l'âme et sur la matière de la semence de la femme, et par leur matière et par leurs qualités ; si bien que l'âme, qui est dans la semence du père, ayant souvent des mouvements très actifs et très pénétrants, s'empare de l'âme de la semence de la mère, et par ce mélange il ne se fait qu'un corps subtil, dont la partie dominante retient toujours le parti de la complexion du père : l'âme dominante imprime donc son caractère féminin sur l'enfant qui doit se former dans les entrailles de sa mère, et rend cette fille semblable à son père. Elle est grande et grosse comme lui ; elle est lente dans ses actions ; ses yeux sont bien fendus ; ses règles sont abondantes ; enfin, elle est pituiteuse et sanguine comme son père.

Mais si le père ne donne que fort peu de semence, qui ne serve seulement qu'à faire fermenter la semence de la femme, pleine de feu et d'esprits, il naîtra de ce mélange un garçon, qui aura le tempérament de la mère, la même figure et les mêmes inclinations. Il sera petit comme elle, et il lui sera tout semblable, si l'on en excepte le sexe : car cette femme, étant d'une complexion chaude et sèche, si nous la comparons à son mari, imprime sur le projet de son enfant un caractère masculin qui se ferait toujours connaître, à moins que la semence du père ne détournât l'inclination de la nature.

3. Il n'en arrive pas ainsi lorsque les enfants ressemblent à leur père et à leur mère tout ensemble. Les semences des deux sexes sont alors tellement égales en matière, en force et en qualité, que l'enfant a des parties de l'un et de l'autre, ou bien il a une partie semblable à la même partie du père, et il en a une autre qui ressemble à une partie de la mère. Cet enfant, par exemple, avec le nez de son père et la bouche de sa mère, a la poitrine de sa mère et le foie ou l'estomac de son père : en un mot, il sera sujet aux incommodités de l'un et aux passions de l'autre.

La cause de cette ressemblance n'est autre chose que le mouvement différent des différentes parties de la semence de l'homme et de la femme ; et s'il est vrai que la semence coule des principales parties de l'un et de l'autre, et qu'avec cela elle soit animée, ainsi que nous l'avons prouvé, il me semble qu'on ne doit point avoir de peine à concevoir comment une partie d'un enfant ressemble à une partie de son père, et qu'une autre partie de ce même enfant ressemble à une partie de sa mère. Car, comme la portion de la semence qui coule, par exemple, de la tête du père ou de la mère, fait des mouvements différents, l'une et l'autre portion étant mêlées, sans pourtant être confondues, l'intelligence, qui a ordre de la nature de former un enfant, trouvant une matière disposée à former la tête d'une telle ou d'une telle façon par la victoire d'une semence sur l'autre, travaille sur cette matière selon les ordres qu'elle a reçus ; mais, comme elle rencontre beaucoup de matière dans la portion de la semence qui doit servir à faire le nez, et que outre cela cette matière a encore des mouvements forts et actifs, elle forme, par le moyen de l'âme qui lui obéit toujours, cette partie de l'enfant semblable à celle de son père, c'est-à-dire, elle fait un nez gros et aquilin.

Il en arrive de même dans la formation des autres parties du corps de cet enfant : si bien que la portion de la semence qui est destinée à former le cœur et la poitrine, tenant plus de la matière et de l'âme de la semence de la mère, l'enfant à venir sera sujet aux mêmes passions et aux mêmes incommodités que la mère. Enfin, selon les divers mouvements, forts ou faibles, que le projet aura reçus, l'enfant aura quelques parties semblables à celles de son père, et quelques autres à celles de sa mère.

.4. C'est encore la même cause qui rend les jumeaux et les jumelles semblables les uns aux autres. Car, si nous faisons réflexion sur ce que nous avons dit au *chapitre* 4 de ce livre, nous serons persuadés que la semence de l'homme, se communiquant presque dans un moment à beaucoup de petites boules que la femme conserve dans les conduits de la matrice, elle leur imprime son caractère, et fait les mêmes impressions sur les unes que sur les autres : si bien que, s'il s'y trouve de la différence, soit pour le sexe, soit pour l'individu, cela vient plutôt de la femme que de l'homme ; car, pour la semence de l'homme, elle se partage à plusieurs boules de l'un ou de l'autre côté de la matrice quand il y a des dispositions pour l'y recevoir ; et, faisant les mêmes impressions sur les unes que sur les autres, elle cause ainsi la ressemblance des jumeaux et des jumelles.

5. Mais il n'en est pas de même quand les enfants ressemblent à leur grand-père ou à leur bisaïeul. La nature ne fait point alors agir l'âme par des mouvements en puissance, et ne fait point représenter les personnes dont l'âme procède, mais celle dont elle a été produite. Ces trois enfants qui, dans la famille de Lépine, à Rome, naquirent loin les uns des autres, avec une membrane qui leur couvrait un œil, sont des preuves authentiques de ce que j'avance.

Pour comprendre bien cela, on doit être persuadé que les ressemblances que nous avons avec nos ancêtres sont en puissance dans notre semence, par l'âme et les humeurs qu'ils nous ont communiquées : si bien que, s'il y a quelque cause accidentelle qui empêche un enfant de ressembler à son père ou à sa mère, on doit croire qu'il représentera l'un de ses parents dont l'idée est demeurée dans l'âme du père et de la mère. Car, s'il est vrai que mon âme est venue de mon père, que l'âme de mon père soit sortie du sien, et ainsi toujours en remontant, par le commandement que Dieu fit à la nature au commencement du monde, selon la remarque de Tertullien, je pourrai dire que mon âme porte avec elle le caractère et l'idée de tous ceux par lesquels elle a passé; et si la semence communique successivement à plusieurs particuliers à peu près le même tempérament, quelle difficulté y a-t-il à croire qu'un enfant peut ressembler à son bisaïeul, non seulement selon la figure de ses parties externes, mais encore selon ses passions et son humeur? Une pierre d'aimant touchant un morceau de fer lui communique sa propre vertu, et puis ce morceau de fer agit avec une pareille activité que la pierre même. Ainsi il arrive souvent que la semence du fils fait de pareilles impressions que ferait la semence du père. C'est de quoi on sera plus pleinement persuadé par la question que nous allons examiner; savoir, pourquoi un enfant ne ressemble à aucun de ses parents.

6. Il n'est pas besoin de répéter ici ce que nous avons dit ci-dessus de la cause de la ressemblance qu'ont les enfants avec leur père ou avec leur mère; nous avons prouvé assez évidemment, ce me semble, que la portion de l'âme de l'homme et de la femme qui accompagnait la semence de l'un et de l'autre sexe, et que le tempérament, qui en était inséparable, étaient la cause de cette ressemblance, et que c'était d'où venaient l'effigie, les passions de l'âme, la santé, les maladies, qui faisaient ressembler les enfants à leurs ancêtres. Nous avons encore fait remarquer que cette ressemblance, étant naturelle, ne pouvait venir que d'un principe interne, et que, si elle manquait quelquefois à paraître, il fallait en attribuer le changement à des causes étrangères qui troublent la nature dans son action, et qui détournent les mouvements libres qui se trouvent dans la semence du père ou de la mère.

En effet, si ces mouvements sont un peu interrompus par des causes étrangères, les enfants naissent semblables à leur grand-père ou à leur bisaïeul, selon l'observation qu'en a faite M. Bégon intendant de cette province, l'un des sages hommes et des plus curieux que je connaisse. Il m'a dit qu'il avait remarqué aux Antilles des enfants jumeaux engendrés par des métis, que l'on nomme *mulâtres*, dont les uns, étant blancs, avaient les cheveux longs, et les autres, étant noirs, avaient les cheveux crépus; et que cette ressemblance ne pouvait venir que de leurs ancêtres, qui avaient été de ces espèces-là. Car, ajoutait-il, il y a autant d'espèces d'hommes, qu'il y a d'espèces de chiens. Mais Vossius, qui a observé qu'en Afrique il naissait un enfant blanc d'un père et d'une mère nègres, et que ces productions différentes venaient plutôt de la vérole que de leurs parents qui faisaient un ladre, que de la ressemblance de leurs ancêtres, dit aussi que ces enfants étaient faibles et languissants de vue, et ne voyant qu'au clair de la lune.

S'ils sont beaucoup interrompus, ils ressemblent à leurs parents en ligne collatérale. S'ils sont forcés et agités, ils ne ressemblent ni aux uns ni aux autres, mais seulement à l'espèce de l'homme. Enfin, si ses mouvements sont entièrement inégaux, et qu'ils trouvent une matière brouillée et désunie, il en vient des hermaphrodites et des monstres.

Le suc dont l'enfant se nourrit d'abord, le sang des règles par lequel il se perfectionne, les passions de l'âme de la mère, le lieu large ou étroit où il demeure pendant neuf mois, les aliments dont il use après être né, l'habitude qu'il prend pour ses mœurs par les exemples qu'il imite, sont de puissantes causes que je pourrais appeler *étrangères*, qui troublent quelquefois les mouvements directs de la nature, et qui l'empêchent de faire des impressions naturelles sur un enfant. La nature ressemble en cela à un peintre qui fait souvent des tableaux par imitation, mais qui en a fait aussi quelquefois par caprice.

Pour éclaircir davantage cette question, je puis dire que la semence étant animée, comme nous l'avons prouvé, porte avec elle des caractères de l'individu, et que ces caractères, étant des mouvements actuels et prochains, ne manquent jamais à être communiqués au corps sur lequel ils sont imprimés ; mais comme il y a d'autres mouvements éloignés qui ne portent point avec eux l'idée d'un particulier, mais qui portent en général la figure et la représentation d'un homme, il s'ensuit qu'aux moindres petits désordres qui arrivent dans la génération, le père ou la mère peut engendrer par ses derniers mouvements un enfant qui ressemble à un homme, mais qui n'aura aucune ressemblance avec ceux qui l'auront engendré.

L'imagination de la mère trouble plutôt l'action de la nature, qu'elle ne contribue à la ressemblance. J'avoue cependant qu'elle a quelque pouvoir sur ses esprits et sur ses humeurs ; et si elle ne fait point d'impression sur le projet d'un enfant qui se gouverne par lui-même dans ses premiers jours de vie, elle en fait du moins sur le suc nourricier, ou sur le sang des règles, dont l'enfant se nourrit dans les flancs de sa mère.

On sait quels changements et quels désordres causent les aliments au commencement de notre vie. Comme ils entretiennent notre chaleur quand ils sont bons, ils la détruisent quand ils sont mauvais. J'attribue l'embonpoint de certains peuples à l'usage du lait, du beurre et du fromage, et à un air froid et humide qu'ils respirent ; au lieu que l'on en remarque d'autres qui ont une tout autre figure, parce qu'ils vivent dans un air tout opposé à celui-là, et qu'ils usent d'autres aliments.

Enfin, il y a quantité d'autres causes éloignées de notre tempérament et de nos inclinations naturelles : si bien que, quand l'âge nous met en état d'être comparés à notre père ou à notre mère, nous nous trouvons alors fort différents, soit par notre faute, ou par la faute de ceux qui ont eu soin de notre éducation.

Ainsi, j'ose conclure hardiment qu'à moins qu'il n'y ait des causes accidentelles et éloignées, qui changent la ressemblance que nous devons naturellement avoir avec ceux qui nous ont engendrés, nous leur sommes fort semblables. Les Garamantes, qui n'étaient pas sauvages en ceci, faisaient nourrir tous leurs enfants en commun, jusqu'à l'âge de cinq ans, et alors ils donnaient à chacun les enfants qui lui ressemblaient le plus, jugeant par-là qu'il était leur père, et qu'il était obligé d'en prendre soin. Ils croyaient donc que la ressemblance était une puissante conjecture de filiation, et qu'elle procédait de quelque principe interne qui était invariable.

Pour moi, j'avoue que j'aurais mauvaise opinion d'une femme qui aurait un enfant qui ressemblerait à l'un de ses domestiques; et ce serait, selon moi, une preuve assez forte pour le faire estimer illégitime : au lieu que, s'il était semblable à son père, ce serait sans doute une grande conjecture pour la chasteté de la mère.

CHAPITRE VII

POURQUOI IL Y A DES ENFANTS QUI NAISSENT FAIBLES OU IMPARFAITS, ET D'AUTRES FORTS ET ROBUSTES

S'il est vrai que le mariage des rois a principalement en vue le bien de leurs États, il est juste que celui de leurs sujets ait aussi pour fin la gloire de leurs princes. Un roi ne sera jamais en état de se défendre contre les insultes de ses ennemis, bien loin de conquérir des villes et des provinces, s'il a des sujets faibles ou imparfaits : au contraire, rien ne pourra résister à sa puissance, s'il en a de bien faits et de robustes.

C'est donc une chose digne d'un royaume bien policé, de régler tellement ce qui concerne les mariages, que tous ceux qui naissent puissent un jour être capables de soutenir les entreprises de celui qui y commande.

Si nous pouvions découvrir la cause qui fait qu'il y a tant de personnes petites, valétudinaires ou contrefaites, et en même temps ce qui fait les hommes forts et robustes, spirituels et adroits, ce serait, ce me semble, un moyen assuré pour remédier aux désordres qui n'arrivent que trop souvent dans les familles et dans les États, par la négligence qui se remarque dans les mariages, et par les abus qui s'y commettent tous les jours.

Si le roi Agésilaüs n'eût épousé une femme jeune et petite, jamais les Lacédémoniens ses sujets n'eussent eu pour lui tant de mépris ni tant d'indifférence. Car quelle apparence qu'une telle femme eût pu fournir tant de matière pour former un enfant d'une taille avantageuse? Ses entrailles auraient été trop pressées, et ses flancs trop resserrés pour s'élargir comme il fallait, et elle n'aurait pas eu assez d'humeurs pour lui communiquer la nourriture dont il auraiteu besoin. Cet enfant aurait été un nain comme sa mère, et puis il aurait été l'objet du mépris et de la haine des peuples, et un sujet indigne d'être le fils d'un roi.

En effet, une petite femme de douze ans, ou quand même elle serait plus âgée, a les flancs trop resserrés et les parties de la génération trop petites pour y contenir, durant neuf mois, un enfant de belle taille; et, bien loin de le porter jusqu'au bout de sa grossesse, elle serait contrainte d'accoucher avant que toutes les parties de l'enfant fussent accomplies. Mais encore, si le mari et la femme sont fort jeunes et de même âge, la semence de celui-ci n'augmentera presque point la matière de la boule où l'enfant devra être formé. Elle ne communiquera seulement que les esprits fermentatifs de la génération, et ainsi l'enfant sera toujours faible, languissant et petit.

Les petites personnes viennent encore d'une autre cause; car, si le père et la mère sont d'un tempérament extrêmement lascif, l'expérience fait voir que les enfants qui en naissent ne peuvent être grands. L'amour de deux jeunes personnes mariées les embrase souvent de telle sorte, qu'il ne se passe point de jour que cette passion ne les agite et ne les épuise, et si par hasard il naît quelques enfants de ces embrassements réitérés, ce ne sont que des nains et des enfants faibles, qui n'ont pas eu dans les flancs de leur mère assez de matière pour y être bien formés. On se joint trop souvent l'un à l'autre, pour avoir de la semence bien cuite et bien digérée; et ainsi le mari ne communique à la femme que fort peu de matière pour la génération, et encore est-elle mal conditionnée. La femme, de son côté, n'a que de très faible semence, puisque l'amour l'oblige à la répandre plus tôt qu'il ne faudrait. Ce peu de matière, donc, qui sert à former cet enfant, ne peut servir qu'à faire des parties trop petites pour être jamais les parties d'un corps bien proportionné.

Si les personnes mariées imitaient la chasteté d'un roi des Palmyréniens et de Zénobie sa femme, nous aurions aussi beaucoup plus d'hommes grands, spirituels et robustes que nous n'en avons. On rapporte que cette princesse était si modérée dans sa passion, qu'elle ne s'approchait jamais de son mari que pour en avoir des enfants, et que, pour cela, elle attendait toujours le temps de ses règles, pour connaître si elle était grosse ou non. Si les règles paraissaient, elle retournait incontinent après entre les bras du roi, afin d'obéir plutôt aux ordres de la nature qu'à sa propre passion; et, si les règles ne venaient point, elle se passait, pendant sa grossesse, des plaisirs du mariage, que la plupart des femmes souhaitent alors avec tant d'ardeur.

C'est le véritable moyen de faire des enfants forts et spirituels, que d'en user de la sorte. Il semble que l'on se remarie toutes les fois que l'on se caresse après un assez long intervalle. Il ne manque alors ni matière ni esprits pour former un enfant bien fait; et l'expérience fait voir, tous les jours, que les plus grands hommes sont souvent venus de conjonctions illégitimes. Jamais Rome n'aurait été la terreur de ses voisins, si Romulus, son fondateur, ne fût né de la sorte; et jamais deux villes considérables de l'Europe n'eussent élevé deux statues à l'honneur et à la mémoire d'Érasme, si la naissance lui eût donné de l'esprit.

En effet, la semence a le temps de se cuire et de se perfectionner; les esprits s'y assemblent en plus grande foule lorsqu'on se caresse rarement; les plaisirs de l'amour sont même plus grands quand on les prend avec modération, et ils ne dégoûtent pas comme ils font ordinairement.

Pour peu de santé qu'aient un homme et une femme, pourvu qu'ils observent tout ce que l'on doit observer pour faire des enfants forts et spirituels, ils ne manquent pas d'y réussir; et nous ne voyons jamais guère, pour me servir de la pensée d'un poète, *des aigles fiers engendrer de faibles colombes*.

Mais si, dans l'excès de l'amour, la femme prend le dessus, et n'observe pas toute la bienséance que l'on doit observer quand on se caresse amoureusement, on ne doit pas douter que cette posture ne soit l'une des causes des petites et faibles personnes : car, puisqu'un homme lascif, comme nous venons de le dire, ne répand à chaque fois que fort peu de semence; si, d'ailleurs, il ne garde pas une posture convenable, le peu de matière qu'il répandra ne sera pas reçue où elle doit l'être, et ainsi il ne fera point de conception; ou, s'il en fait, ce ne sera qu'un avorton ou un nain qui n'aura rien d'avantageux, ni dans l'âme, ni dans le corps.

Tout le monde sait que la vieillesse est froide et languissante, et qu'elle n'a guère de vigueur dans les embrassements amoureux. Si l'on fait un enfant à cet âge-là, on doit croire, pour l'ordinaire, qu'il sera lent et stupide, son père n'ayant de matière et d'esprits que pour lui donner seulement la force d'homme, à moins que sa mère, qui est souvent jeune et amoureuse, ne contribue, de son côté, au génie de son enfant, par l'abondance de son feu et de ses esprits. Un cheval engendré d'un vieux cheval n'est jamais agile; et les écuyers savent très bien qu'il n'est pas aussi propre, ni au manège, ni à la guerre, que les autres. Mais dans la fleur de l'âge, quand on ne croît ni ne décroît plus, on a tout ce qui est propre à faire des enfants spirituels et robustes. C'est pour cela que, au rapport de César, les anciens Allemands, qui ont toujours passé pour des gens forts, estimaient que c'était une chose honteuse à un homme de connaître une femme avant l'âge de vingt ans.

La mauvaise façon de vivre des pères et mères est encore l'une des causes les plus communes de la faiblesse des enfants. Jamais un homme débauché n'engendrera un enfant robuste et vertueux; et les incommodités qui accompagnent cet enfant pendant sa vie, ne seront que des suites assurées et des marques évidentes des crimes de son père et des faiblesses de sa mère. La ladrerie, la goutte, les écrouelles, la stupidité de l'esprit, et les autres fâcheuses maladies, viennent souvent de la vie déréglée de ceux qui nous ont engendrés. Nous héritons souvent de leurs incommodités, et presque jamais de leurs vertus. Et comme le sang de ces pères et de ces mères est tout plein de crudités et de pituites, toutes les parties qui s'en nourrissent sont aussi des excréments qui ont des usages différents de ceux que la nature s'était proposés. Les testicules, pour ne m'arrêter qu'à ces parties génitales, ne peuvent faire d'un sang cru et froid une bonne semence, qui soit ensuite la cause d'un enfant sain et vigoureux. Au lieu d'être pleine d'esprits et de feu, d'avoir une matière écumeuse et raréfiée, et d'être pure et tempérée, elle est pituiteuse et pleine d'ordures, ce qui ne cause que des désordres dans la génération.

Ceux qui s'étudient à avoir des enfants sains et spirituels, observent, entre autres choses, un temps qui ne soit incommode ni pour eux ni pour les femmes; surtout ils se donnent bien garde, ainsi que nous l'avons remarqué, de les connaître pendant leurs règles ou peu de temps auparavant. Car, s'il arrive que la conception se fasse lorsque les règles sont près de couler, ou qu'elles coulent même, les ordures dont la matrice est alors remplie, tachent et infectent la semence de l'homme, qui porte ensuite de mauvaises qualités dans le lieu où réside ordinairement la semence de la femme, et où se fait la conception. La génération s'y accomplit pourtant; mais la matière qui sert à former l'enfant, n'étant pas pure et bien conditionnée, les parties qui en sont faites en deviennent mal faites : de sorte que dans la suite elles font fort mal leurs fonctions, et rendent par conséquent l'enfant valétudinaire et incommodé. Nous n'avons sur cela que trop d'exemples, si l'honnêteté et la bienséance me permettaient de les mettre au jour.

On doit donc observer bien des choses pour ne pas engendrer des enfants mal faits : car, si un corps a des défauts quand on le négilge, l'âme aussi n'en a pas moins; et je suis assuré que, si Thersite n'eût été si laid, il n'eût point eu une si méchante âme; et il est impossible qu'une âme pût bien faire ses fonctions dans le corps d'un homme tel qu'était le sien. Il avait le dos enfoncé, la tête pointue, du duvet au menton, au lieu de barbe, et avec cela il était boiteux et louche.

Cette laideur est une marque de tous les vices : au lieu que la beauté du corps est l'image d'une belle âme, et le caractère d'un homme de bien, si nous en croyons saint Ambroise.

Ce ne sont point les astres qui nous font spirituels, robustes, valétudinaires ou imparfaits : ils sont trop éloignés de nous. Et quoique le soleil et la lune aient, à la vérité, plus de force que les autres, cependant ils n'agissent sur nous que comme des causes étrangères, bien différentes de celles qui nous sont essentielles. Nous voyons tous les jours des enfants conçus au même aspect des astres et à la même heure du jour, qui ont néanmoins des inclinations toutes différentes et des corps de différentes formes. J'avoue pourtant qu'un enfant sera plus prudent et plus sage, qui aura été formé au printemps, ou en automne, et qu'un autre sera plus prompt ou moins actif, qui aura été conçu en été ou en hiver ; mais ces dernières inclinations ne dépendent pas tant des astres que des humeurs qui dominent dans ces saisons, ou dans le corps de leur père ou de leur mère.

Les enfants difformes, et qui tiennent du monstre, ne sont connus que par des causes naturelles, quoi qu'en veuillent dire quelques docteurs. Ils dépendent de l'homme ou de la femme, ou enfin de quelque alliance qui est contre les lois de la nature.

Les naturalistes nous font remarquer que, si un coq couvre une poule une seule fois, il rend plusieurs de ses œufs féconds ; et, si l'on regarde de près ces mêmes œufs, l'on verra dans quelques-uns deux jaunes, d'où naîtront ensuite deux poulets souvent séparés, et quelquefois unis : quelquefois aussi, mais plus rarement, il paraîtra sur un jaune deux racines ou deux ongles qui auront reçu en même temps les impressions génératives du coq ; et je ne doute point que ce ne soit de là que naissent les poulets difformes, et qui approchent du monstre.

J'en dis autant à proportion des enfants ; car, si la semence de l'homme touche plusieurs boules qui aient des dispositions à en recevoir des impressions, elle les fait toutes fermenter et les vivifie au même moment : si bien que de cette génération il naît plusieurs enfants qui ont des enveloppes différentes, et qui ont aussi des arrière-faix particuliers. Mais s'il se trouve dans une boule une matière séparée en deux par une petite membrane, ou que cette matière ait deux projets d'enfants, la semence de l'homme ne laisse pas de les exciter toutes deux à la fois, et de les animer, comme s'il n'y en avait qu'un. Chaque partie de la boule reçoit les impressions génératives de la semence de l'homme, et il en vient des jumeaux ou des jumelles, qui, étant séparés les uns des autres, et rarement unis, ont souvent un arrière-faix commun. Mais si deux boules sont unies, il se fait un monstre, peut-être semblable à celui que je vis il y a un mois, qui avait deux têtes, quatre bras et deux pieds seulement : c'est la véritable cause, selon mon avis, de la génération des monstres.

La matrice peut encore contribuer à la difformité d'un enfant, selon le sentiment de quelques médecins; car, étant cicatrisée d'un côté, et ne pouvant s'y dilater comme dans ses autres parties, il arrive qu'elle presse l'enfant du côté de la cicatrice, et qu'elle lui cause par ce moyen une mauvaise conformation. Mais l'expérience nous apprend que les enfants sont imparfaits, qui sont élevés dans une matrice incommodée de la sorte.

Il y a encore d'autres sortes de monstres qui se forment par le mélange des espèces différentes. Les histoires que nous avons sur ce sujet nous font croire que la chose est possible. L'hippotaure que le cardinal de Comitibus mena de France en Italie, et qu'il donna ensuite au cardinal Scipion Borghèse, n'est pas une histoire faite à plaisir. Tout Rome le vit et l'admira pendant trente-un ans ; après quoi il mourut faute de dents. Il avait la tête d'un taureau, et le reste presque semblable à un cheval. J'apprends qu'en Auvergne et ailleurs on se plaît à avoir de ces sortes d'animaux engendrés par un cheval et par une vache.

Si l'on doute du mélange des hommes avec les bêtes, l'on n'a qu'à jeter les yeux sur l'antiquité ; l'on y verra Pasiphaé, femme du roi Minos, engendrer un Minotaure, par les plaisirs qu'elle prit avec un taureau; on y verra encore cette belle fille, nommée Onoscélée, engendrée d'un homme et d'une ânesse. Si ces deux exemples sentent un peu la fable, au moins celui de cette fille toscane, qui accoucha d'un animal moitié homme et moitié chien, ne sera pas suspect. Volaterran nous a laissé par écrit que ce monstre naquit durant le pontificat de Pie III, et qu'il avait les mains, les pieds et les oreilles d'un chien, et le reste d'un homme. Ces monstres sont si véritables, que l'on m'a assuré qu'il en naissait dans l'île de Formose, qui avaient la figure d'homme, avec une queue velue, d'un poil roux, semblable à celle d'un bœuf. Si cela était impossible, comme quelques-uns se le persuadent, jamais l'Écriture sainte n'aurait fait une loi là-dessus, qui condamne à mort la bête et la femme qui s'y seraient soumises.

Il est donc aisé de connaître la cause des monstres sans que je me donne la peine de la faire remarquer; car, s'il est vrai, comme je l'ai prouvé ailleurs, que la semence soit animée, et qu'elle vienne de toutes les parties du corps des deux sexes, comme l'expérience nous le fait voir, il me semble qu'il n'en faut pas davantage pour découvrir la cause immédiate des inclinations et de la figure du corps des monstres.

QUATRIÈME PARTIE

CHAPITRE PREMIER

ARTICLE PREMIER

De l'impuissance de l'homme.

Nous savons que la génération des animaux parfaits suit immédiatement la conjonction du mâle et de la femelle; que le mâle doit être d'un âge médiocre, selon son espèce; qu'il doit avoir ses parties naturelles bien formées, et avec cela jouir d'une santé parfaite, pour agir comme il doit dans cette action. Mais, pour ne parler ici que de l'homme, il doit être vigoureux, plein de sang et d'esprits, et avoir tout ce qu'il faut pour caresser amoureusement une femme; il doit encore commander à ses parties amoureuses, qui doivent lui obéir lorsqu'il est question de faire son devoir auprès d'une femme.

S'il est trop jeune ou trop vieux, qu'il soit malade, ou qu'il ait quelque défaut naturel dans ses parties principales ou amoureuses, il n'y a pas de difficulté qu'on ne le puisse taxer d'impuissant. Car, si le membre viril est trop court ou trop petit, qu'il soit mollet ou paralytique; que le trou par où doit passer la semence ne soit pas dans le lieu où il doit être; que d'ailleurs un homme soit trop gras, et qu'il ait le ventre prodigieusement avancé; que ses testicules soient petits ou flétris, ou qu'il n'en ait point du tout; que sa semence soit trop liquide, qu'elle sorte en trop petite quantité, ou qu'elle ait d'autres défauts; en un mot, s'il manque quelque chose, du côté de l'homme pour les deux grands ouvrages de la population et de la génération, la loi permet à une femme de demander, en justice, la dissolution de son mariage[1]; et je ne doute point, si nous en croyons un archevêque, qu'il ne faille attribuer à quelqu'une de ces causes le divorce qui arriva au roi Lothaire et à la reine Théberge.

Tout ce qui détruit notre chaleur naturelle et qui éteint notre feu et nos es-

---

1. Mme de Gesvres s'est fait séparer pour une cause semblable, et cela dans ce siècle.

prits, s'oppose directement aux actions du mariage. Nos testicules se flétrissent, nos vaisseaux spermatiques se dessèchent, et notre membre se diminue, quand nous sommes accoutumés à garder scrupuleusement la chasteté et la continence ; et s'il est vrai, ce que Vidus Vidius le jeune nous rapporte d'une personne ecclésiastique qui avait, pendant toute sa vie, gardé exactement, comme elle le devait, les règles de la bienséance, nous ne devons pas douter que les parties de notre corps, n'exerçant pas l'action pour laquelle la nature les a faites, ne se flétrissent et ne se dessèchent en quelque façon.

Les contentements excessifs que nous prenons avec les femmes ne nous causent pas de désordres moins fâcheux. Il est vrai qu'ils ne nous apportent pas de semblables flétrissures, mais ils nous rendent incapables de continuer nos plaisirs licites. Les vaisseaux spermatiques s'affaiblissent, les vésicules séminaires se relâchent, et les parties principales de notre corps s'épuisent et se rafraîchissent tellement par la dissipation de notre chaleur et de nos esprits, qu'elles ne sont plus ensuite en état de fournir la matière qui est nécessaire pour former un homme. Témoin Théodoric, roi de Bourgogne, qui, après s'être épuisé auprès de Laodice et des autres courtisanes de sa cour, ne put jamais consommer son mariage avec Hermamberge, fille du roi d'Espagne. Témoin encore Néron, qui, après avoir passé sa jeunesse dans les débauches des femmes, témoigna deux fois son impuissance à la belle Poppée, selon le rapport de Pétrone.

D'ailleurs, s'il est vrai, ce que l'on dit ordinairement, que la bonne chère excite à l'amour, l'on peut assurer aussi que l'extrême indigence rend un homme impuissant. Car, puisque l'abstinence, selon la pensée des théologiens, est le meilleur de tous les remèdes contre la concupiscence de la chair, il ne faut pas douter que, si elle est excessive, elle ne détruise tous les mouvements qui pourraient nous porter à rechercher les embrassements des femmes. Notre sang est diminué, et nos esprits sont épuisés par là ; nos parties principales et amoureuses en deviennent languissantes : tant il est vrai qu'il n'y a rien de plus opposé à l'amour que ce qui nous rafraîchit et nous épuise tout ensemble !

Mais les passions de l'âme sont encore quelque chose de plus violent que tout ce que nous venons de dire ; et, pour ne parler ici que de la haine qui est fomentée dans l'esprit d'un homme par la laideur d'une femme, par sa mauvaise humeur, par sa conduite indécente, ou enfin par une odeur exécrable qui sort de son corps, elle est une des principales causes qui peuvent rendre un homme impuissant à l'égard de cette femme-là.

Après tout, comme il n'y a rien qui nous détruise plus tôt que les maladies, puisqu'elles nous conduisent à la mort, les jurisconsultes ont eu quelque raison d'écrire que l'on ne doit point présumer qu'un homme valétudinaire, et encore moins un homme malade, soit capable d'engendrer, la maladie le rendant impuissant et incapable de caresser une femme. Il est certain que les plaisirs de l'amour demandent de la force et de la vigueur pour s'opposer aux épuisements et aux faiblesses qui en naissent, alors même que nous les prenons avec mesure; au lieu que la maladie étant une disposition contre les lois de la nature, elle affaiblit et détruit même toutes les actions de nos parties, qui, par conséquent, ne sont pas en état de faire leur devoir quand il est question d'engendrer.

Mais les jurisconsultes n'ont peut-être pas remarqué que leur décision était trop générale pour être vraie, puisqu'il y a quelques maladies qui nous excitent à l'amour, et dans lesquelles on peut engendrer. Nous savons qu'un homme qui est atteint d'un satyrisme, et qu'un autre qui souffre de quelques douleurs de goutte ou de pierre, sont alors plus amoureux, et ne peuvent s'empêcher de presser étroitement leurs femmes. Les humeurs chaudes et aiguës qui causent leurs maladies, sont alors mêlées avec des vents, qui se cantonnent pour l'ordinaire parmi leurs parties naturelles, et qui les y chatouillent sans cesse, et les excitent à se venger agréablement des douleurs qui les pressent. Il y a même des maladies qui ont rendu des hommes féconds, d'impuissants qu'ils étaient auparavant. Avenzoar, médecin arabe, rapporte de lui-même que, ne pouvant engendrer dans sa jeunesse, il engendra aisément après une fièvre aiguë, qui lui rafraîchit tellement les viscères, et puis le mit dans une telle complexion, qu'il se trouva ensuite propre à faire des enfants.

Il faut donc modérer les décisions des jurisconsultes, et ne pas dire, d'un autre côté, par une espèce de contradiction, comme le fait une de leurs gloses, que l'on doit compter le commencement de la vie d'un enfant qui naît après la mort de son père, du jour que son père est mort : comme si un homme était en état d'engendrer dans une fièvre aiguë, dans une longue maladie, et dans quelque autre incommodité qui afflige les parties principales ou amoureuses. C'est là s'opposer à la raison et à l'expérience de tous les jours.

Mais je ne veux m'arrêter ici qu'aux hommes qui sont toujours impuissants, et qui, étant incommodés dans leurs parties naturelles, ne peuvent jamais se joindre amoureusement à une femme, quand ils seraient même à la fleur de leur âge. Les défauts naturels qu'ils ont dans leurs parties amoureuses, le manquement de l'humeur, qui est la semence des hommes, ou enfin les pollutions nocturnes et les gonorrhées, qui arrivent par la faiblesse de leurs vaisseaux, sont de puissants obstacles pour l'amour, qui les rendent plus froids que la glace quand ils se trouvent auprès d'une femme.

Quelle apparence y a-t-il qu'un membre d'un ou de deux travers de doigt soit une mesure suffisante pour satisfaire une femme et pour engendrer des enfants ? Un homme si mal pourvu manque de force, de chaleur, d'esprits et de semence; et s'il sort quelque humeur dans ses agitations amoureuses, ce n'est qu'un peu de sérosité qui n'a pas toutes les qualités requises pour la génération. La femme a beau se faire effort pour la recevoir, ses parties, quelque enflammées qu'elles soient, ne peuvent rien faire d'une humeur qui manque de disposition pour le grand ouvrage de la nature.

L'impuissance de se joindre à une femme est encore augmentée par la petitesse de la verge, qui, étant trop courte et trop petite tout ensemble, ne peut réjouir une femme, ni lui fournir une liqueur propre à former un enfant.

Tous les remèdes sont inutiles pour ces sortes de défauts ; et bien que Gallien et Fallope nous en proposent quelques-uns, nous sommes pourtant du sentiment de ceux qui croient que ces deux maladies sont incurables si elles sont extrêmes, et que les juges peuvent prononcer hardiment sur la dissolution d'un mariage qui n'aura pas d'autres arrhes de sa validité.

Car, de s'imaginer que les bouillons succulents, les aliments choisis et l'excellent vin puissent faire croître les parties que la nature n'a pu allonger, c'est manquer de connaissance pour les maladies qui arrivent aux parties nerveuses. On a beau frotter ses parties malades d'huile de vers de terre, d'huile de lavande ou de palma-christi. parmi lesquelles on aura mêlé un peu de poudre du nerf d'un taureau ou d'un cerf, tout cela ne produit rien, et ne sert qu'à embarrasser davantage le malade. La boule qui perce le prépuce, et à laquelle une balle de plomb est attachée, ni l'emplâtre de poix de Bourgogne, qu'on applique souvent sur les parties naturelles d'un homme, et qu'on en ôte plusieurs fois, ne guériront pas non plus tous ces défauts, ni ne feront croître ni allonger la verge d'un homme, qui est naturellement trop petite.

Quoi que l'on fasse pour guérir ces défauts naturels, l'on ne fera que comme ce méchant nourricier dont parle Gallien, qui, nourrissant fort mal l'enfant dont il avait le soin, frappait assez fortement ses fesses avec la main, de deux en deux jours, pour les faire enfler, et pour faire voir à son père son embonpoint supposé.

Bien que la mollesse et la flétrissure de la verge soient des maladies qui peuvent quelquefois être guéries, cependant il s'en trouve souvent d'incurables, auxquelles la médecine n'a jamais pu subvenir. Car si cette partie est naturellement stupide et immobile, quoiqu'elle soit médiocrement grosse et longue, il n'y a point d'art qui la puisse vivifier, ni de remède qui la puisse guérir. La chair ou ₁a cendre de la tarentule, la poudre d'un nerf de taureau, ou la racine du satyrion ont trop peu de force dans de pareilles langueurs ; et si la main d'une belle femme, qui est le plus excellent de tous les remèdes, n'a pas assez de vertu pour guérir la mollesse de la verge d'un homme, les autres remèdes y auront peu de force, principalement si les nerfs qui sortent de l'os *sacrum*, et qui sont distribués à la verge, sont faibles, bouchés ou cicatrisés ; ou si un homme a reçu, vers ces parties-là, quelque grand coup ; ou s'il lui est survenu quelque humeur considérable qui ait altéré toutes les parties voisines ; enfin, si la paralysie arrive à l'une ou à l'autre cuisse, le membre viril qui reçoit les mêmes influences de l'extrémité de la moelle du dos, en demeure immobile : aussi bien que l'une de ces parties-là, il est impossible de l'en guérir, à moins que l'on ne combatte toute la maladie qui en est la cause. Mais comme cette incommodité est presque toujours incurable, principalement dans les hommes qui commencent à vieillir, il ne faut pas aussi espérer que l'on puisse soulager une partie qui, dans cet âge, a fort peu de chaleur pour se défendre contre la violence de ce mal.

Quelquefois la verge de l'homme n'est pas trouée par le bout, elle l'est à la racine, à côté, par-dessus ou par-dessous. On en a vu qui avaient deux ouvertures, l'une pour l'urine, et l'autre pour la semence, comme avait un avocat de Padoue, dont Vésale nous fait l'histoire. Tous les hommes qui ont ces sortes de défauts sont quelquefois incapables de caresser une femme, et presque toujours inhabiles à la génération. En effet, Platerus nous rapporte qu'un homme qui avait deux trous à la verge, ne laissa pas de se marier ; mais parce qu'il ne satisfaisait pas sa femme comme elle le désirait, ils se séparèrent volontairement l'un de l'autre. Cependant, il y a quelques histoires contraires qui nous apprennent que l'on peut engendrer avec ces défauts. Celle de Denis, orfèvre romain, en est une preuve évidente : il ne laissa pas d'engendrer, bien qu'il eût la verge trouée à la racine du gland, comme nous le rapporte Zacchias, qui témoigne l'avoir vu.

Nous avons dit ailleurs que la nature plaçait d'abord dans le ventre les testicules des hommes, et que peu à peu, par leur propre poids, par l'agitation continuelle du ventre, et par la force de la chaleur naturelle, ils descendaient dans la bourse : mais s'il arrive quelque obstacle que ce soit, qu'ils n'y descendent pas, il ne faut pas pourtant prendre ces hommes pour impuissants, bien qu'en apparence ils manquent de ce qui fait juger de la virilité d'un homme. Pourvu qu'ils aient l'activité d'un homme vigoureux, qu'ils soient velus par le corps, qu'ils aient la voix forte et grosse, beaucoup de poil au menton et aux parties naturelles, on peut juger qu'ils sont capables d'engendrer quoiqu'on ne leur trouve rien dans la bourse.

M. de Montagne, gentilhomme de cette province, m'a souvent montré ses parties, et M. d'Argenton, qu'Ambroise Paré disséqua, n'étaient tous deux pas moins capables d'engendrer, pour n'avoir pas de testicules dans la bourse. Il fallait plutôt blâmer la légèreté de la femme du dernier, lorsqu'elle lui fit un procès sur cela, que de l'accuser lui-même d'être impuissant. Aussi, par le décre et la décision qu'en fit alors la faculté de médecine de Montpellier, Hucher en étant chancelier, il fut déclaré qu'il n'est pas besoin, pour être capable d'engendrer, de trouver des testicules dans la bourse d'un homme, pourvu toutefois qu'il ait d'autres marques suffisantes de virilité. C'est ce qui a fait dire à Riolan qu'un homme dont il fait l'histoire, qui en imposait souvent aux médecins, qui croyaient qu'il était rompu, n'était pas moins capable d'engendrer, pour avoir ses testicules cachés dans ses aines.

Il n'en est pas de même de ceux qui en manquent tout à fait. Ils sont lâches, ils ont la voix efféminée, ils n'ont point de poil au menton ni aux parties naturelles. En effet, la force et le courage des hommes dépendent des testicules ; car il sort de ces parties des humeurs et des vapeurs subtiles qui, se mêlant parmi les esprits de notre sang et de notre suc nerveux, font toute notre hardiesse et toute notre vigueur. Ceux qui ont de petits testicules, qui sont avec cela tout flétris, ne peuvent recevoir ces vapeurs pour les encourager auprès des femmes et partout ailleurs. Témoin les animaux que l'on coupe et que l'on bistourne, qui n'ont pas tant de vigueur ni tant de force qu'auparavant.

Si un homme a le ventre extrêmement gros, il n'y a pas d'apparence que son embonpoint lui permette de caresser une femme, surtout si elle est elle-même d'une taille à peu près pareille : et quand ils se pourraient joindre, leur semence ne peut guère être prolifique, si nous en croyons l'expérience. Il est vrai que l'on peut choisir une posture commode, ainsi que nous l'avons expliqué ailleurs, si l'un et l'autre sont assez agiles pour cela ; mais, en vérité, la peine passe le plaisir. Et comment eût pu faire Vitellio, lieutenant-général des armées du roi d'Espagne, aux Pays-Bas, s'il lui eût fallu entrer dans la lice amoureuse, lequel, dans ces provinces-là, ne trouvait point de cheval assez fort pour le porter une lieue ?

A la vérité, le vinaigre mêlé avec de l'eau est un remède assuré pour se faire diminuer, si l'on en use pour sa boisson ordinaire, mais il est pire que le mal ; ce qu'éprouva ce grand capitaine ; car, après en avoir bu pendant un an, il diminua de plus de soixante livres, comme nous l'assure l'historien.

Toutes les maladies dont nous venons de parler étant incurables, elles doivent rendre un homme impuissant et l'empêcher de se marier ; ou, s'il est marié, elles doivent être des causes légitimes à une femme pour demander en justice la dissolution de son mariage. Car, si la maladie est naturelle, perpétuelle et incurable, qui est-ce qui doutera qu'une femme ne soit bien fondée à demander un autre mari ?

ARTICLE II

Du congrès.

Le premier parlement de France n'aurait pas été si souvent surpris, s'il avait connu exactement les causes de l'impuissance des hommes ; et le marquis de Langey, en particulier, n'aurait pas éprouvé la disgrâce de l'arrêt donné contre lui, le 7 février 1659, si le congrès qui fut ordonné était une preuve infaillible de la virilité d'un homme.

Les officiers de nos évêques n'invalideraient pas tous les jours si légèrement des mariages s'ils avaient bien étudié les maladies qui en empêchent la consommation, ou s'ils avaient nommé des personnes savantes pour les instruire. L'officier du Mans, par exemple, n'aurait pas prononcé, il y a quelques années, sur la dissolution du mariage de Pierre Nau, qui voulut bien se trouver impuissant au congrès, s'il avait connu l'impuissance supposée de cet homme-là ; car, puisque, par arrêt de la Chambre, donné le 15 juillet 1655, la femme Nau fut obligée de retourner avec son mari et d'y mener son enfant légitime qui était la seule preuve que le père n'était pas impuissant : ne doit-on pas dire que cet officier, quelque homme de bien qu'il pût être, n'avait pas assez observé toutes les circonstances qu'il faut observer dans de pareilles occasions, pour connaître l'impuissance d'un homme ?

En effet, nous avons bien d'autres marques plus assurées que le congrès public pour connaître la virilité d'un homme ; et j'oserais dire que le congrès, qui fut autrefois aboli par l'empereur Justinien, comme opposé à la pureté du christianisme, n'a été établi que par quelques curieux de notre siècle ; car il es l'infamie des sexes et le déshonneur de notre temps : et je ne sais si dans l'histoire l'on en pourrait trouver des exemples qui ne soient ridicules. C'est une loi qui blesse la pudeur, elle est trop dure et trop injurieuse à l'homme. Il y faut faire voir à tout le monde des parties que la nature a cachées avec tant de soin, et chercher même aux témoins d'autres témoins que nous fuyons lorsque nous suivons les ordres de la nature. Car quelle honte est-ce de montrer en plein midi ce que nous avons soin de cacher, même pendant la nuit ? Ce n'est plus qu'un prétexte de divorce, et qu'un effet de la lasciveté et de l'audace des femmes. Ce sont elles-mêmes qui ont fait naître dans l'esprit des juges la pensée d'une épreuve aussi peu sûre qu'elle est déshonnête. De mille hommes il n'y en a peut-être pa un qui puisse sortir victorieux du congrès public. Nos parties naturelles ne nous obéissent point quand nous le voulons, bien loin d'obéir aux juges. Elles se flétrissent souvent contre notre volonté, et souvent elles sont dans la glace, quand notre cœur est le plus embrasé. Si nous sommes prêts à nous animer, le courage nous manque, la crainte nous saisit, la haine s'empare de notre cœur, et la pudeur s'oppose à des libertés effrontées.

D'ailleurs, jouir d'une femme hardiment, n'est pas une marque de virilité; les eunuques se portent avec ardeur dans les plaisirs charnels, et l'on en a vu souvent de mariés : mais, à dire le vrai, ils ne réussissent pas dans l'ouvrage de la génération; et la conjonction même de l'homme et de la femme n'étant pas elle seule une marque de virilité, on ne doit point juger par le congrès de la fécondité d'un homme.

Celui qui se sent impuissant ne doit pas se marier; celui qui en doute doit consulter un savant médecin qui l'éclaircisse là-dessus; et celui qui est vigoureux ne doit point s'exposer au congrès public. On ne commande jamais à l'amour, c'est l'amour qui nous commande, et nous n'avons point encore vu, jusqu'ici, des gens amoureux s'allier par la haine.

Il y a beaucoup plus de dissolutions de mariages depuis environ cent ans que le congrès est introduit en France, qu'on en avait vu auparavant. C'est pourquoi le parlement de Paris, ayant enfin jugé que le congrès était ennemi de la chasteté, et qu'il n'était pas la véritable marque de la virilité de l'homme, fit défense, le 18 de février 1677, par un arrêt solennel, aux juges civils et ecclésiastiques, d'ordonner, à l'avenir, la preuve du congrès dans leurs causes de mariage. Messire René de Cordouan, marquis de Lingey, dont nous avons parlé ci-dessus, fut la cause de cette réforme; car, après avoir épousé en secondes noces demoiselle Diane de Montaud de Navailles, dont il a eu sept enfants, il fit bien voir par là qu'on n'est pas toujours maître de ses actions, quand on s'expose en public à caresser une femme.

ARTICLE III

Du divorce entre des personnes mariées

Quoiqu'il y ait des jurisconsultes qui fassent une distinction entre la dissolution du mariage et le divorce, l'un étant la cause de l'autre; néanmoins, parce que nous n'examinons ici ni ces termes, ni la chose même qu'ils signifient avec autant d'exactitude qu'ils le font, nous userons tantôt de l'un et tantôt de l'autre pour exprimer notre pensée sur ce que nous avons à dire là-dessus. La dissolution du mariage n'est autre chose qu'un juste empêchement de l'usage du mariage, prononcé par un juge compétent, qui, par une évidente connaissance de cause, fait défense au mari et à la femme de coucher ensemble, et de se rendre les devoirs réciproques des personnes mariées. Si les causes qui font le divorce sont incurables, la loi permet à celui qui se porte bien de se remarier ; mais si avec le temps on peut y remédier par les règles de la médecine, comme nous l'avons examiné ailleurs, je ne saurais me persuader que l'on puisse avoir une raison légitime de dissoudre un mariage qui a été fait avec tant de solennité.

Il faut aujourd'hui, dans le christianisme, des causes bien plus puissantes pour causer le divorce, qu'il n'en fallait dans les siècles passés. Ce n'est plus le caprice d'un mari qui répudie sa femme, comme il arrivait autrefois parmi les Juifs, mais une cause légitime, connue par des juges, et approuvée par leur sentence. Il est vrai que la loi ancienne permettait aux Juifs de répudier leur femme, et d'en prendre une autre à leur discrétion ; mais ce n'était, comme parle l'Écriture, *qu'à cause de la dureté de leur cœur*.

Dans toutes les causes de divorce que les Juifs avaient, celle de l'impudicité était la plus forte et la plus commune. La jalousie troublait souvent la paix et la tranquillité de leurs mariages ; et quelquefois, n'ayant pas d'autres raisons apparentes, ils accusaient leurs femmes d'impudicité, et leur reprochaient, pour avoir lieu de les répudier, qu'elles s'étaient abandonnées avant que de se marier. C'est en vue de cela que Moïse, pour prévenir ces désordres, fit une loi par laquelle il commanda aux père et mère de garder soigneusement les linges qui avaient servi la première nuit des noces à la défloration de leur fille, afin qu'étant un jour faussement accusée par son mari, ils pussent montrer aux magistrats, pour sauver la réputation de la femme, des signes véritables d'une virginité injustement soupçonnée : ce que l'on observe encore aujourd'hui en quelques villes d'Espagne.

Les lois des païens étaient aussi légères sur cette matière, que celles des Juifs étaient dures. Cicéron n'eût pas répudié sa femme, et ne lui eût pas fait dire qu'elle eût soin de ses affaires, pour avoir manqué quelquefois à lui écrire pendant son exil ; et Sulpitius Gallus n'eût pas fait faire le même compliment à la sienne, pour l'avoir seulement trouvée une seule fois sans coiffe par la rue, si leurs lois eussent été fort équitables. Ce n'est pas aussi parmi nous la froideur, ni la haine, ni l'intérêt qui obligent un mari à faire divorce avec sa femme, comme le font encore aujourd'hui les Orientaux ; mais c'est l'impuissance du mari ou de la femme qui en font la dissolution, par l'autorité des magistrats.

Je me persuade que les juges d'aujourd'hui n'ont pas entrepris par là de toucher à la substance du mariage ; ils savent trop bien que c'est un sacrement que les hommes ne peuvent annuler : mais ils examinent seulement l'habileté et la puissance d'engendrer des mariés, et, outre cela, la validité du contrat social.

Pour n'oublier rien qui puisse contribuer, sur cette matière, à la curiosité du lecteur, il me semble qu'il ne sera pas hors de propos, avant que de finir ce chapitre, de mettre ici le formulaire du libelle de répudiation dont se servaient les Juifs, comme Rabbi Musche de Costi nous le rapporte.

« Le troisième jour de la semaine, le vingt-neuvième de la lune de..., l'an... de la création du monde, je N. pharisien, demeurant présentement à Venise, ville située au fond du golfe Adriatique, proteste et déclare, en présence de N. N. témoins, que, de mon libre mouvement et sans contrainte, je vous délaisse et répudie, vous, ma femme, nommée N., fille de N., fils de N., afin que vous soyez désormais libre, et que vous puissiez chercher un autre mari pour votre condition, sans que personne s'entremette de vous y former aucun empêchement, d'aujourd'hui à l'éternité des siècles. Et c'est ici le cartel de divorce, le libelle de démission, l'instrument de désertion que je vous envoie, selon les ordonnances de Moïse et d'Israël. »

Les témoins signaient dans le corps et au bas du libelle, aussi bien que le mari.

CHAPITRE II

DE LA STÉRILITÉ DES FEMMES

On sait que la stérilité dépend plus souvent des femmes que des hommes, et, que la chaleur naturelle étant un des principaux instruments de nos actions, fait, par son seul défaut, la stérilité des uns et des autres. Si elle est faible, les parties en sont défectueuses ; s'il manque quelque chose au grand attirail des parties génitales de la femme, toute l'action de ces mêmes parties est interrompue, et il ne faut point s'attendre à la génération.

Qu'une femme soit dans la fleur de son âge, et qu'elle jouisse d'une santé parfaite ; qu'elle soit mariée avec un homme vigoureux, et qu'elle prenne avec lui, tant qu'il lui plaira, des plaisirs modérés, si elle n'a pas de dispositions à faire un enfant, jamais elle ne peut espérer l'avantage de porter le doux nom de mère. Car, si elle est trop vive et trop emportée dans l'amour, qu'une chaleur excessive consume ses entrailles, qu'elle n'ait presque point ses règles, ou, si elle en a modérément, qu'elles ne soient pas rouges, quelle apparence qu'elle puisse concevoir ? Elle brûle, pour ainsi parler, et dessèche la semence qu'on lui donne ; et, s'il s'en forme par hasard un enfant, ou il est contrefait, ou il ne demeure point neuf mois dans les flancs de sa mère.

Si, d'un autre côté, une froideur extraordinaire et une grande humidité occupent ses parties principales, que sa matrice soit extrêmement humectée par la graisse qui se trouve aux environs ; si elle a les flancs resserrés et le ventre étroit, et s'il ne paraît de poil par son corps qu'à la tête ; jamais elle ne retiendra la semence qu'on lui aura communiquée, et par conséquent il ne se fera jamais de conception ; ou, s'il en arrive par hasard quelqu'une, ce fœtus sera suffoqué par la grande humidité des parties de sa mère, et sortira avant le terme : si bien qu'une femme ne pourra jamais avoir d'enfant, à moins que l'on ne corrige ces grands défauts, qui ne se corrigent presque jamais.

Il en arrive de même aux femmes qui ont la matrice mal faite, soit par un défaut de la nature ou par quelque autre accident étranger, comme sont les grands ulcères, les grandes cicatrices et les autres incommodités de la matrice.

Mais tous ces défauts ne sont pas de légitimes causes pour empêcher le mariage quand il n'est pas fait, ou pour le dissoudre quand il est consommé. Les indispositions qui n'empêchent pas une femme d'être caressée par son mari, ne sont pas capables de causer le divorce ; et souvent, quand une femme est stérile avec un homme, l'expérience nous fait voir qu'elle ne l'est pas avec un autre. Une plante aime sa terre, et ne graine jamais dans un lieu opposé à son tempérament. Un homme ne pourra faire concevoir une femme dont la semence n'est pas proportionnée à la sienne, ni dans sa matière, ni dans ses qualités. Mais si ce même homme trouve une femme qui ne soit ni si chaude ni si bouillante que lui, il viendra sans doute de leurs embrassements amoureux une génération avantageuse.

Il n'y a que les incommodités qui vont jusqu'à s'opposer aux plaisirs de l'amour, et à empêcher un homme de s'allier amoureusement à sa femme, qui puissent être des causes légitimes de la dissolution du mariage. Car, si une femme est extrêmement étroite, et que le conduit de la pudeur soit bouché, ou par la grandeur excessive du clitoris, ou par cette membrane charnue que l'on nomme *hymen*, ou par les cicatrices d'un fâcheux accouchement, ou par l'abaissement de l'os pubis, ou enfin qu'il y ait d'autres causes qui l'étrécissent sans remède, on doit croire que cette femme est absolument stérile, parce qu'elle ne peut souffrir les caresses d'un homme. En effet, toutes les causes qui peuvent empêcher un homme de jouir avec sa femme des plaisirs que le mariage lui permet de prendre, sont toutes capables de faire faire divorce ; et, comme les défauts de la femme ne sont que dans ses parties externes, la loi a permis qu'elles fussent examinées par des personnes discrètes et entendues, afin d'en faire leur rapport aux juges, qui doivent ensuite prononcer des arrêts justes et équitables.

Un homme est bien surpris la première nuit de ses noces, quand, dans la chaleur de sa passion, touchant sa femme avec tendresse, il ressent un membre aussi raide que le sien, qui lui frappe le ventre. C'est alors qu'étant tout éperdu, il sort du lit et s'imagine, ou être ensorcelé, ou qu'on a voulu le railler en lui donnant un homme pour une femme qu'il avait choisie. Cependant, à la clarté d'une bougie, il aperçoit le visage de sa femme, qui l'appelle avec douceur; mais il n'y a ni caresse ni complaisance qui le puissent tirer de l'étonnement où il est : si son âme en revient un peu, ses parties amoureuses n'obéissent pas sitôt à sa passion. Néanmoins, comme l'amour est un enfant, on l'apaise enfin quand on le flatte. Les parties naturelles de cet homme sentent donc une seconde fois les atteintes de l'amour; mais il n'a pas fait une seconde tentative, qu'il est aussi surpris qu'auparavant; et ce qui accroît encore davantage son étonnement, c'est qu'il ne peut se débarrasser d'entre les bras de son épouse, qui le presse de la poitrine à mesure que sa passion augmente. C'est alors qu'il ne doute plus des charmes : car, comme dans cette occasion, par une étrange métamorphose, l'homme devient comme une femme, et la femme prend la place de l'homme : si bien que celui-là a ses parties toutes flétries et toutes mollettes, par la surprise où il est encore, et celle-ci a les siennes tout en état de faire épreuve de sa vaillance. Enfin, cet homme, étant un peu revenu à lui, se met en devoir d'examiner la cause de son étonnement. Il n'a pas plutôt jeté les yeux sur les parties naturelles de sa femme, qu'il aperçoit une verge droite et dure comme la sienne : il l'interroge là-dessus. Elle lui répond avec assez de pudeur et de sincérité, qu'elle croit que toutes les femmes sont faites comme elle, et elle lui avouera véritablement ce qu'elle en a ressenti depuis qu'elle se connaît. Elle lui dit donc que, pendant l'hiver, le froid excessif fait presque entièrement retirer son clitoris, et qu'en ce temps-là il ne paraît ni plus long ni plus gros que la moitié du petit doigt; mais que, dès que la chaleur de l'été se fait sentir, cette partie se grossit et s'allonge extrêmement; d'où vient, ajoute-t-elle, qu'il ne faut pas s'étonner si elle est présentement si grosse et si longue, puisque nous sommes dans les plus longs jours et dans les plus violentes chaleurs. Elle lui avoue encore qu'elle n'a point vu de femme plus amoureuse qu'elle, et que, lorsque quelque personne lui plaît, ou que l'amour lui échauffe l'imagination, elle sent que cette partie s'agite, se raidit et s'endurcit, même contre sa volonté; qu'elle n'a jamais éprouvé avec personne ce qu'elle était capable de faire, mais qu'elle s'apercevait bien maintenant, par l'étonnement et par les transports qu'elle remarque en lui, que cette partie n'est pas semblable dans toutes les femmes.

Le mari, étant pleinement informé de toutes choses, et ayant mûrement délibéré sur ce qu'il devait faire en cette occasion, lui propose de communiquer son défaut à quelqu'un de ses amis. Elle y consentit aussitôt, et le mari en parle incessamment à un sage et docte médecin, qui, pour satisfaire aux prières du mari et aux larmes de la femme, se met en devoir de couper cette partie, qui est d'une excessive grandeur. On la lie donc, et on la laisse ainsi liée pendant un jour, après quoi il survint de fâcheux accidents, qu'à cause de cela on n'en put faire l'extirpation.

Une pareille aventure arriva à Platerus, qui, ayant dessein de couper le clitoris d'une matrone, n'en put venir à bout, par les mêmes obstacles que nous venons d'alléguer.

Haldy Rodoan aurait sans doute fait la même opération sur une reine qui lui découvrit sa turpitude, s'il eût cru pouvoir extirper cette partie sans courir risque de sa réputation, et sans exposer la vie de cette princesse.

Dans cet état, il est impossible qu'un homme puisse caresser sa femme, ainsi que nous l'examinerons en particulier ci-après, au chapitre des *hermaphrodites*; et si cette maladie est incurable, comme elle l'est sans doute, on doit croire qu'un juge est bien fondé quand, sur le rapport de quelques personnes savantes dans ces sortes de maladies, il ordonne la dissolution du mariage.

On ne saurait encore guérir la compression que fait l'os pubis au conduit de la pudeur. Ce conduit en est quelquefois si rétréci dans les dehors, qu'il est impossible qu'un homme qui a même la verge médiocre, s'y puisse faire passage.

Les deux os des cuisses pressés en dedans, et le croupion retroussé par devant, causent quelquefois les mêmes obstacles. C'est pourquoi la loi n'estime pas saine une femme qui est ainsi contrefaite dans ses parties naturelles.

Il arrive quelquefois tant d'ulcères au conduit de la pudeur de quelques courtisanes, qu'il s'en est vu qui, après être guéries, l'avaient presque tout fermé par des cicatrices : si bien que les règles venant à paraître, ne pouvaient couler qu'à peine par le petit trou qui restait, et qu'un homme, voulant encore badiner avec elles, ne pouvait pénétrer dans un lieu qui avait été autrefois si ouvert.

Les fâcheux accouchements causent autant d'incommodités aux femmes que le font les maladies secrètes ; car, après que le pas a été déchiré en plusieurs endroits, il y vient beaucoup d'ulcères qui, étant négligés, se remplissent de tant de chair superflue, que le conduit de la pudeur en est presque bouché. Cette chair baveuse devient solide et dure avec le temps, et ne peut être fléchie par la verge d'un homme, quelque forte et quelque raide qu'elle soit ; témoin ce que dit Riolan, d'une femme qui fut si fermée après de pénibles couches, qu'il lui était ensuite impossible de souffrir son mari.

Ces maladies sont trop invétérées pour être guéries, et il n'y a point de femme qui voulût s'exposer à souffrir qu'on la disséquât toute vive. On pourrait ici proposer quantité de pessaires d'argent, d'étain, de plomb, ou même de chair, de différente grosseur, que l'on pourrait frotter de beurre frais ou d'onguent rosat, et les placer dans le conduit de la pudeur, les uns après les autres, en commençant par les plus petits. Mais les cicatrices dont ce lieu est tout rempli en empêchent l'élargissement; et par conséquent, pour en dire ce que je pense, toutes ces incommodités sont incurables, et sont des causes légitimes pour empêcher une femme de se marier.

Entre les maladies incurables de la matrice, on peut ajouter à celles dont nous venons de parler, les grandes excroissances, si nous en croyons Gordon; les squirrhes et les tumeurs considérables, si nous voulons suivre le sentiment de Fabrice de Hilden, qui remarque qu'une femme ne put souffrir deux maris l'un après l'autre, et, par conséquent, ne put avoir des enfants, parce qu'elle avait un squirrhe vers l'orifice interne de la matrice. Il nous fait encore l'histoire d'une autre, qui, après avoir beaucoup souffert dans un fâcheux accouchement, en devint stérile par une tumeur rude que l'on trouva après sa mort, qui occupait une partie du bas de la matrice. Cependant, si les duretés sont si petites qu'elles se puissent toucher, et qu'elles arrivent à de jeunes personnes, je ne doute point qu'on ne les puisse guérir par les remèdes dont on se sert ordinairement dans de pareilles occasions.

Bien qu'on puisse couper l'hymen et les membranes qui lient quelquefois fortement les caroncules les unes aux autres, néanmoins il y a des occasions où ces membranes sont si épaisses et si garnies de vaisseaux, qu'il y a du danger à en faire l'ouverture; car elles sont tellement jointes au conduit de la pudeur, qu'il semble que ce n'est qu'une production. Ces parties étant coupées, il en arrive quelquefois des inflammations, des fièvres et des convulsions même. Dans cet endroit-là, les plaies ne peuvent se guérir qu'avec peine, les humidités qui sortent par là du corps de la femme étant des causes assez fortes pour les en empêcher; ce qui cause des ulcères sordides et sales, qui souvent sont suivis d'une gangrène qui mène infailliblement une femme à la mort.

Voilà les maladies qui peuvent causer le divorce, par l'obstacle qu'elles apportent à la copulation de l'homme et de la femme. On ne doit point ici se faire fort sur le contrat de mariage. Il est de la nature des autres contrats; car s'il se trouve que ceux qui ont contracté ne peuvent faire la chose à laquelle ils se sont obligés, le contrat demeure nul par l'impuissance de l'un des deux; tout de même, puisque ceux qui se marient s'obligent à se rendre mutuellement les devoirs du mariage, si l'un ou l'autre ne peut ensuite le faire, alors le mariage est nul, pourvu toutefois que le juge ait prononcé sur la dissolution. En effet, si l'homme ou la femme a quelques maladies ou quelques défauts sans remède qui les empêchent de se joindre ensemble, il n'y a pas lieu d'espérer une fécondité heureuse, qui est le principal fruit et la douce satisfaction du mariage.

CHAPITRE III

SI LES CHARMES PEUVENT RENDRE UN HOMME IMPUISSANT ET UNE FEMME STÉRILE

La curiosité n'est blâmable que dans son excès; l'on serait injuste, si l'on trouvait mauvais qu'on étudiât avec soin les belles et les bonnes choses. C'est cette sorte de curiosité qui ne touche que les grandes âmes. Elle polit l'esprit sans le ternir, elle fixe le jugement sans le détruire, et enrichit la mémoire sans la charger.

L'homme est placé au milieu du monde, pour observer tout ce que la nature y fait de plus curieux, il ne doit pas passer pour trop entreprenant, quand il en remarque exactement toutes les circonstances. Mais si son envie de savoir est déréglée, et qu'elle se porte à des choses vaines ou illicites, c'est alors qu'elle doit être censurée, et qu'elle le rendrait aussi malheureux que l'empereur Adrien, le plus curieux de tous les hommes.

L'art de pénétrer dans l'avenir a de tout temps flatté les hommes, et je ne crois pas qu'il y ait jamais eu de science recherchée avec plus de soin, mais aussi avec moins de succès que celle que l'on appelle *magie noire*. Car tout ce qu'on nous en dit est si éloigné du bon sens, que la plupart des savants se sont toujours déliés de ses promesses et moqués de ses maximes.

En effet, pour ne m'arrêter qu'au nœud d'aiguillette, par lequel les magiciens et les sorciers prétendent empêcher un homme de caresser sa femme la première nuit de ses noces, nous examinerons si tout ce que l'on fait et tout ce que l'on di en la nouant, peut avoir quelque empire sur les parties amoureuses d'un homme qui aime ardemment, et qui est de lui-même en état de satisfaire agréablement son épouse. Nous verrons ensuite si le démon, ou les magiciens qui en sont les suppôts, peuvent détruire la fécondité d'une femme qui a tout pour engendrer.

Qu'il est difficile de se défaire de ce que l'on a appris dans ses plus tendres années! Il faut avoir beaucoup de force d'esprit, ou de bons maîtres, pour se désabuser des fables que l'on nous a débitées. Les idées s'en conservent toujours; au moins dans les personnes qui ont l'esprit faible, surtout quand à cette vaine persuasion se joint la mauvaise façon de vivre, ou l'humeur mélancolique. C'est alors qu'il est absolument impossible de les faire démordre de leurs sentiments mal fondés.

Si dans cette disposition où sont ces personnes, on leur dit avant qu'elles se marient, qu'on a le dessein de leur nouer l'aiguillette, leur esprit, déjà persuadé des enchantements, en reçoit une nouvelle impression ; et, lorsqu'ils veulent se joindre amoureusement à leur femme, la persuasion de la fable, la crainte du sortilège et l'amour conjugal font un si grand désordre dans leur âme et dans leur sang, qu'il ne leur reste de chaleur que pour se conserver la vie, bien loin d'en avoir pour en donner à un autre. Le trouble où ils se trouvent alors, les fait souvent tomber dans une humeur noire, qui leur cause ensuite une haine pour une femme, presque irréconciliable. Ils ont de la peine à la voir et à la souffrir ; quand il est question de la caresser et de coucher avec elle, une certaine horreur s'empare tellement de leur esprit, qu'ils ne sont jamais plus contents que quand ils ne voient plus l'objet de leur chagrin. Cette imagination blessée, bien loin de se guérir par le temps, sent toujours augmenter son mal, et ils publient ensuite eux-mêmes, aussi bien que les autres, qu'ils ont été ensorcelés, et qu'en se mariant on leur a noué l'aiguillette.

Ce qui m'arriva sur ce sujet, il y a environ trente-cinq ans, est une preuve de ce que je dis. Pierre Buriel, tonnelier de son métier et puis faiseur d'eau-de-vie, travaillant pour mon père dans une de ses maisons de campagne, lui dit un jour de moi quelque chose de désavantageux, ce qui m'obligea le lendemain de dire au tonnelier que, pour m'en venger, je lui nouerais l'aiguillette quand il se marierait. Comme il le devait faire en peu de temps avec une servante de notre voisinage, cet homme crut bonnement ce que je lui disais ; et, bien que je ne lui parlasse qu'en riant, néanmoins ces feintes menaces firent une si forte impression sur son esprit, déjà préoccupé des charmes, qu'après s'être marié il demeura près d'un mois sans pouvoir coucher avec sa femme. Il se sentait quelquefois des envies de l'embrasser tendrement : mais, quand il fallait exécuter ce qu'il avait résolu, il se trouvait impuissant, son imagination étant alors embarrassée des idées du sortilège. D'un autre côté, sa femme, qui était bien faite, avait autant de froideur pour lui qu'il en avait pour elle ; et, parce que cet homme ne la caressait point, la haine s'empara aussitôt de son cœur, et elle témoigna pour lui les mêmes répugnances qu'il avait pour elle. C'était alors un beau jeu de les ouïr publier l'un et l'autre qu'ils étaient ensorcelés, et que je leur avais noué l'aiguillette. Je me repentis alors d'avoir raillé de la sorte avec un homme si faible, et je fis tout ce que l'on peut faire dans cette occasion pour leur persuader que cela n'était pas ; mais plus je protestais au mari que ce que j'avais dit n'était que des bagatelles pour me venger de lui, plus il m'abhorrait, et croyait que j'étais l'auteur de toutes ses infortunes. Le curé de Notre-Dame, qui les avait mariés, employa même tout son esprit et toute sa prudence à ménager cette affaire. Enfin il en vint plus tôt à bout que moi, et rompit le charme par ses soins, après vingt-un jours, sans que le marié fût obligé de pisser par l'anneau de son épouse. Depuis, ils ont vécu ensemble près de vingt-huit ans, et quelques enfants sont nés de leur mariage, qui sont maintenant des bourgeois les plus aisés de la Rochelle.

L'amour n'a jamais employé ses soins que pour donner des agréments à l'un et à l'autre sexe. Il a voulu les obliger par là à se joindre souvent, et en se joignant, à perpétuer leur espèce. On ne saurait exprimer quels violents désirs il nous fait naître dans le cœur, pour nous lier amoureusement; et si ce n'était pas un ordre exprès de la nature, je ne saurais croire que les envies qu'il nous inspire incessamment, fussent si pressantes qu'elles le sont. C'est une rêverie que de croire qu'un magicien puisse s'y opposer, et que nous ne puissions résister à ses charmes. Les belles portent avec elles un philtre et un sortilège bien plus puissant, et c'est contre celui-ci qu'il y a peu de remèdes.

D'ailleurs le mariage est un sacrement sur lequel le démon n'a point d'empire. Il ne saurait détruire l'ouvrage de Dieu, ni ruiner ce que Jésus-Christ a établi par ses lois si saintes, et je ne saurais croire qu'il y ait aucune liaison entre les actions d'un tel art, et les mystères de la nature et de la grâce. La haine des démons et la perfidie des sorciers ne doivent point faire de peur aux chrétiens, et les conciles ne nous défendent autre chose que de ne pas croire ceux qui nous veulent persuader qu'on peut nous lier ou nous délier par la vertu des sortilèges. Il y a déjà longtemps que nous sommes revenus de ces sortes de folies, que le paganisme avait inventées pour abuser les esprits crédules. Si tout le monde ressemblait à un duc de Nevers qui aima mieux s'exposer au péril de mourir par un flux de sang, que de souffrir qu'on le lui arrêtât par des paroles et par des charmes, assurément il n'y aurait pas tant de faiblesse parmi le peuple qu'il en paraît aujourd'hui, et le peuple chrétien ne serait pas si sot que de croire à cette heure ce que l'on aurait eu de la peine autrefois à persuader aux païens. C'est ce que disait souvent Agobard, évêque de Lyon.

L'astrologie judiciaire et la magie n'ont aucun principe ni démonstratif ni plausible. Ceux même qui en ont traité à fond sont encore présentement à s'en accorder; et, parce qu'elles imposent une fatalité indispensable aux actions des hommes, elles sont contraires à la religion chrétienne et aux maximes d'un État bien policé.

Et pour parler en particulier, les figures de Gamahez, les couleurs des aiguillettes, les caractères des talismans, et les paroles du sortilège n'ont pas assez de pouvoir pour s'opposer à la conjonction de l'homme et de la femme. La plupart des hommes sont plus raffinés aujourd'hui qu'autrefois, et ils ne se laissent pas aisément aller aux rêveries du rabbinisme, aux impostures de l'astrologie judiciaire, ni aux vaines persuasions de la magie. Les paroles, pour ne m'étendre pas plus loin, ne sont qu'un souffle articulé qui exprime nos pensées ; et, quand même nous serions possédés d'un esprit impur, nous ne saurions faire ce que l'on dit que fait un sorcier pour le nœud de l'aiguillette. Tout au plus, le démon n'aurait alors de pouvoir que sur le corps qu'il posséderait, et son empire ne saurait s'étendre jusque sur l'autre partie de l'homme. Témoin l'empereur Frédéric Barberousse, qui se moqua si justement des menaces d'un Arabe qui passait pour magicien, que les Milanais qu'il assiégeait lui avaient envoyé.

D'autre part, qui peut croire que nos parties naturelles puissent être plutôt enchantées que les autres qui nous composent? N'est-ce point peut-être parce qu'elles servent à des actions impudiques et illicites, que le démon prend de là sujet de les enchanter? Mais notre cœur n'est-il pas la source du mal que nous commettons! nos mains n'exécutent-elles pas ses pernicieux desseins? et notre langue ne découvre-t-elle pas ce qu'il a de mauvais? Cependant nous n'avons point appris jusqu'ici que notre cœur, nos mains et notre langue aient été ensorcelés.

Au reste, tout le monde sait que les femmes ont plus de légèreté que nous n'en avons, et que l'on voit plus de sorcières, ou plutôt de folles et de mélancoliques, que l'on ne voit d'hommes sorciers. Cependant, quand il est question d'engendrer, on dirait que le démon s'attache plutôt aux hommes qu'aux femmes, comme si les parties naturelles des hommes lui étaient plutôt destinées que celles des femmes.

Dans cette fausse pensée, l'on ne manque ni de raisons apparentes, ni d'autorités recherchées, pour prouver ce que l'on dit ordinairement là-dessus ; et la vérité, dans cette occasion, n'a pas tant de lustre que le mensonge.

Mais si nous ne nous laissons pas prévenir en faveur des enchantements, nous trouverons aisément la véritable cause par laquelle ce sont plutôt les hommes qui sont exposés à ces charmes imaginaires. La femme ne fait que souffrir quand on la caresse, et c'est assez qu'elle puisse recevoir les impressions de l'homme, pour devenir féconde : au lieu qu'il faut des machines à l'homme pour le faire agir, et peu de chose pour l'en empêcher. Si son imagination est blessée par les désordres de la femme ; si elle est émue par sa beauté, ou dégoûtée par sa laideur, ses parties amoureuses lui refusent l'obéissance qu'elles lui doivent. Si un homme aime avec trop de passion ; si la pudeur ou la timidité ne peuvent souffrir les amorces de l'amour ; si les courtisanes ou la débauche ont épuisé ses forces, et qu'à cause de cela il ne puisse jouir des plaisirs du mariage, on dira aussitôt qu'il est ensorcelé, ainsi que le disait autrefois l'empereur Néron, de lui-même, et que l'aiguillette lui avait été nouée, comme s'il ne paraissait pas assez de causes naturelles qui le rendent froid et languissant. Jamais on n'eût cru que Théodoric, roi de

Bourgogne, eût été charmé, si auparavant il n'eût perdu ses forces entre les bras de ses courtisanes ; et jamais Hermamberge n'aurait appréhendé le sortilège, s'il avait été en état de la satisfaire.

Je ne parle point ici des hommes impuissants par la nature, ni de ceux qui ont quelques défauts dans leurs parties naturelles. L'on sait assez qu'ils ne sont point capables de s'allier étroitement à une femme : mais je parle seulement de ceux à qui il ne manque rien pour s'acquitter agréablement du devoir d'un mari.

Si nous avons un peu de force d'esprit, nous nous moquerons de ce que quelques personnes spirituelles ont dit en raillant, ou en voulant profiter de la faiblesse des autres : nous nous moquerons, dis-je, du millepertuis et de la rue cueillis de nuit, en disant quelques paroles obscures, cousus ensuite dans du linge, avec une aiguille qui a servi à ensevelir les morts, et puis pendus au cou d'une fille, avec une aiguille de nerf de loup, pour l'empêcher d'être dépucelée. Nous nous rirons des caractères éphésiens, écrits avec du sang de chauve-souris, et puis pendus au cou de la mariée pour le même effet : nous tiendrons pour superstitions ce que l'on dit ordinairement des vertus de l'aiguillette, soit faite de nerfs de loup, soit de peau de chat ou de chien enragé. On aura beau la faire teindre d'une ou de trois couleurs, la nouer de trois ou de neuf nœuds, cracher trois fois sur la poussière ou dans son giron, et dire tout bas quelques mots obscurs et barbares, pendant que le prêtre dit aux mariés ces mots latins, *ego vos conjungo*, rien de tout cela ne sera capable de faire sur nous la moindre impression, si nous avons tant soit peu de force d'esprit.

Nous n'avons que faire, pour nous garantir de ces charmes, de graisser la porte de la chambre où l'on doit coucher, avec de la graisse de loup, de chien noir, d'attacher à la colonne du lit des mariés des testicules de coq, de jeter dans la chambre des fèves coupées par la moitié, et faire beaucoup d'autres bagatelles que les vieilles femmes ont inventées pour amuser les enfants. Pour nous moquer des maléfices, nous n'avons besoin que de vigueur et de hardiesse ; il ne faut qu'avoir été sage avec les femmes, et être amoureux quand on se marie, pour mépriser tout ce qui peut s'opposer aux plaisirs du mariage. Et s'il faut s'expliquer ici plus nettement, voulez-vous rompre toutes sortes de charmes ? soyez sobre, et modérez toutes vos passions ; ne soyez ni si lent ni si ardent à l'amour ; usez de votre femme lorsque la nature vous excitera à l'embrasser. La chasteté vous rallumera souvent le feu que vous aurez perdu entre ses bras ; et par là, si les mariés veulent, ils apprendront à se moquer du sortilège ; car c'est une grande partie de la santé que de vouloir être guéri.

On ne peut douter que les vapeurs noires d'une humeur mélancolique ne puissent troubler notre imagination, et nous persuader des choses qui ne sont pas. Nous en avons des exemples, et il ne se passe point d'année que je n'en fasse quelques observations en faisant la médecine.

Si un homme ne peut connaître sa femme, parce qu'il croit avoir l'aiguillette nouée, il ne faut pas d'abord combattre directement son opinion. Plus on s'opiniâtre à lui dire que c'est une bagatelle, plus il sera obstiné dans son sentiment. C'est l'effet d'une humeur noire et mélancolique, que de rendre fermes ceux en qui elle domine. Tout ce que l'on doit faire dans cette occasion, c'est de traiter cet homme comme un fou, et de tâcher de guérir son imagination blessée, par quelque action de souplesse, comme Montaigne guérit un comte avec un petit talisman d'or.

Un juge allemand demandait un jour à une fameuse sorcière, qui est-ce qui pouvait être le plus tôt guéri d'un sortilège? A quoi elle répondit fort à propos, que c'était celui qui gardait le plus longtemps ses vieux souliers; voulant dire par là, qu'il ne fallait que du temps et de la patience pour guérir ceux qui pensaient être ensorcelés.

Je crois pourtant, ainsi que je l'ai dit ailleurs, qu'il y a des remèdes pour nous rendre froids auprès des femmes, sans que nous soyons pour cela charmés. Mais ce que l'on appelle sortilège ou enchantement, ne se fait que par un pacte tacite ou exprès avec le démon; et pour cela, l'on ne se sert que de paroles obscures, de figures, d'herbes sans vertus et d'autres bagatelles, qui nous font bien voir que ce n'est pas la nature qui agit, mais tout autre chose.

Il est impossible que le diable, pour venir à la seconde proposition que je dois examiner en peu de mots, puisse empêcher la nature d'agir, quand elle a tout ce qui lui faut pour agir. L'enfant qui se forme dans les flancs de sa mère, ne s'y forme que par un exprès commandement de Dieu. Le démon n'a nul pouvoir d'empêcher la génération, et encore moins quand elle est appuyée du sacrement de mariage. La nature suit inviolablement les ordres du Créateur, quand elle n'est point empêchée dans son action par quelques causes naturelles ou violentes; et si le démon ou un sorcier peut s'opposer à la conception, ou plutôt si le prince des puissances de l'air, pour me servir de l'expression de saint Paul, exerce son pouvoir sur les incrédules et sur les rebelles, ce n'est point par le sort, mais par l'impie crédulité d'une femme, par sa peur ou par l'agitation extraordinaire de son sang et des humeurs. Car, qu'un serpent, mis sous le seuil d'une porte, puisse rendre une femme stérile, il n'y a que les fous et les hypocondriaques qui puissent le croire.

J'ajouterai encore à ce que je viens de dire, que, s'il est vrai que Jésus-Christ soit venu enchaîner le démon pour l'empêcher de nous nuire, et qu'il y ait présentement des hommes plus éclairés que dans les siècles passés, qui se sont aperçus de la souplesse des uns et de la faiblesse des autres, on ne doit pas

s'étonner qu'on ne voie pas à cette heure tant de sorciers qu'autrefois. Médée,
qui ne se servait que d'herbes qui agissent par des qualités manifestes, passait
pour sorcière dans un siècle ignorant ; et un joueur de gobelets passerait pour
magicien parmi les Siamois, s'il leur faisait voir ses souplesses et son industrie.

C'est une grande marque de sagesse, de ne pas croire légèrement tout ce que
l'on nous dit des charmes et du sortilège. Si l'on purgeait avec l'ellébore ou avec
le vin émétique tous ceux qui pensent avoir l'aiguillette nouée, je ne doute point
qu'ils ne fussent, pour la plupart, bientôt guéris des maladies du cœur et du
cerveau, que leur cause l'humeur mélancolique. C'était le sentiment du grand
jurisconsulte Alciat, qui avait assisté au procès de beaucoup de sorciers, et qui
disait, pendant qu'on les brûlait du côté du Béarn, *que le feu n'était pas un si
bon remède pour eux que la purgation*. En effet, nous ne voyons pas que les
parlements les plus sensés aient été si faibles, dans ces derniers siècles, que de se
laisser séduire aux impostures des sorciers. Celui de Paris se moque, avec raison,
de cette bagatelle, et cette illustre compagnie ne s'est jamais repentie, comme ont
fait les autres, d'avoir été trop facile à persuader.

Si l'on eût purgé plusieurs fois le cerveau de Gratienne Gaillard, femme de
Jean d'Auroux, de Berri, qui tombait dans de fâcheux accidents lorsque, dans
les premières années de son mariage, on lui parlait de son mari, au lieu de la
démarier comme fit M. la Chapelle, official du diocèse de Bourges, sans doute
que l'on aurait mieux agi dans cette occasion. Car, puisque M. Couturier,
docteur en médecine, et deux autres médecins, jugèrent qu'elle était folle, il n'y
avait point d'autres remèdes, pour la remettre en son bon sens, que ceux que
nous avons proposés.

Les exorcistes anciens en usaient bien mieux que ne font aujourd'hui nos
modernes. Jamais ils n'entreprenaient de faire sortir, par les prières de l'Église, le
démon du corps des possédés, que les médecins n'eussent auparavant bien purgé
le malade.

Si de grands hommes ont semblé croire aux impostures des sorciers, ils ont
voulu parler comme le peuple, et ont été quelquefois bien aises de se laisser
tromper avec lui. L'art fait souvent paraître des choses surprenantes. La nature
s'en mêle quelquefois ; mais Dieu ne permet que fort rarement qu'il se fasse des
prodiges et des miracles : et c'est, à mon avis, une faible raison de dire que Dieu
permet tout ce que l'on croit pour l'ordinaire des enchantements.

Mais je rappelle dans mon esprit que l'on est fort mal récompensé après avoir
écrit pour ou contre les sorciers, et que Bodin, qui se déclara autrefois leur
ennemi capital, a passé aussi bien pour magicien que Wier, qui en a entrepris
la défense. Jamais Apulée, accusé de magie, ne se serait tiré d'affaire, avec toute
sa philosophie et tout son bel esprit, si Lolannus Avitus, ami de Claudius, n'eût

intercédé pour lui auprès de ce président. On me permettra donc de n'en rien dire davantage, et il suffit que Naudé ait fait en ce siècle l'apologie des grands hommes accusés de magie.

CHAPITRE IV

DES HERMAPHRODITES

Il faut avouer que la nature se joue quelquefois, lorsqu'elle donne aux parties qui distinguent les deux sexes une figure différente de celle qu'elles doivent naturellement avoir. Il n'y a qu'à lire des histoires des hermaphrodites pour apprendre que des personnes ont eu tout ensemble les parties naturelles d'un homme et d'une femme. Ce sont ces gens que l'on jetait autrefois dans la mer ou dans la rivière, ou que l'on reléguait dans quelque île déserte, comme des présages de quelque sinistre événement.

Si l'intelligence qui travaille dans les entrailles d'une femme, manque quelquefois à former les parties les plus nobles et les plus nécessaires à la vie d'un homme, on ne doit pas s'étonner s'il lui en arrive autant dans la formation des parties génitales. Mais parce que la propagation de l'espèce n'est pas d'une si grande nécessité que l'existence de la vie, nous ne voyons pas aussi tant de défauts dans le cœur, dans le cerveau, dans le foie et dans les autres parties principales, que dans les parties amoureuses des hommes et des femmes. En effet, il ne se passe guère de lustre que l'on n'entende parler de quelques hermaphrodites, qui autrefois passaient pour des prodiges et pour des monstres, et qui sont aujourd'hui regardés comme quelque chose de fort curieux.

1. J'en compte de cinq espèces. Les premiers ont toutes les parties naturelles d'un homme fort bien faites; ils urinent et engendrent comme les autres hommes, mais avec cette différence qu'ils ont une fente assez profonde entre le siège et la bourse, qui est inutile à la génération.

2. Les autres ont tout de même les parties naturelles d'un homme fort bien figurées, qui leur servent à faire les fonctions de la vie et de la génération; mais ils ont une fente qui n'est pas si profonde que celle des premiers, et qui, étant au milieu de la bourse, presse les testicules d'un côté et d'autre.

3. On ne découvre dans les troisièmes aucune partie naturelle d'homme; l'on ne voit seulement qu'une fente, par laquelle l'hermaphrodite urine. Cette cavité a plus ou moins de profondeur, selon le défaut de la matière qui a été employée

à la former : mais cependant le doigt en trouve aisément le fond. Les règles ne coulent jamais par là, et cette espèce d'hermaphrodite est un véritable homme, aussi bien que les deux autres. Ce sont ces sortes d'hermaphrodites qui, à l'âge de quinze ou dix-huit ans, deviennent garçons, de filles qu'ils avaient été estimés auparavant : témoin la femme de ce pêcheur qui, au rapport d'Antoine de Palerme, devint homme après quatorze ans de mariage. Toutes les parties d'un homme lui sortirent tout d'un coup, et elle parut alors à son mari aussi vaillante que lui dans l'action naturelle des hommes.

4. Les quatrièmes sont des filles qui ont le clitoris plus long et plus gros que les autres, et qui par là en imposent au peuple, qui n'est pas savant dans les parties qui les composent. Ce sont elles que les Grecs appellent *tribades*, dont les Français ont formé leur mot de *ribaudes* ; et c'est aussi de cette espèce d'hermaphrodites, dont Columbus dit avoir examiné les parties internes et naturelles, sans y avoir trouvé aucune chose essentielle, différente des parties naturelles des autres femmes. La seule marque que ce sont des filles, c'est qu'elles souffrent tous les mois l'écoulement de leurs règles.

5. Enfin, les cinquièmes sont ceux qui n'ont l'usage ni de l'un ni de l'autre sexe, et qui ont les parties naturelles si confuses, et le tempérament d'homme et de femme si mêlé, que l'on aurait de la peine à dire lequel l'emporte sur l'autre. Telle était la Bohémienne, qui pria le même Columbus de couper sa verge, et d'élargir le conduit de la pudeur, pour avoir la liberté, disait-elle, de se joindre amoureusement à un homme. Mais ces sortes de personnes sont plutôt une espèce d'eunuques que d'hermaphrodites ; leur verge ne leur servant de rien, et les règles ne leur venant jamais.

Je ne prétends point parler ici de ces femmes à qui les règles manquent pour quelque cause que ce soit : on est aisément persuadé qu'elles ne changent point de sexe, et que leurs parties naturelles demeurent toujours les mêmes ; mais on sait aussi qu'elles peuvent changer de tempérament, et prendre celui d'un homme, comme l'a remarqué Hippocrate, dans la personne de Phaëtus.

Beaucoup de personnes assurent, et c'est même vrai, qu'il y a des hermaphrodites ; mais aucune ne nous instruit véritablement de leurs causes efficientes et matérielles : examinons-en donc exactement la source.

1. Il y a, sur cette matière, plusieurs raisonnements. Les uns pensent que la conjonction de Vénus et de Saturne dispose si confusément dans les flancs d'une femme la matière qui sert à former un enfant, qu'il naît de là un hermaphrodite.

2. Les autres croient que les hermaphrodites se forment pendant que les règles coulent, et que les règles étant toujours impures, elles ne peuvent produire que des monstres.

3. Les troisièmes disent que la nature, ayant un soin particulier pour la propagation des hommes, s'efforce toujours, autant qu'elle le peut, à engendrer plutôt des femelles que des mâles. Aussi voyons-nous, ajoutent-ils, beaucoup plus d'hommes hermaphrodites que de femmes, la nature ayant marqué à ces premiers les vestiges des parties naturelles de la femme.

4. Les autres croient que l'homme et la femme ayant contribué tous deux également à la génération, la faculté formatrice qui tâche de rendre le corps sur lequel elle travaille semblable à ceux dont elle est sortie, imprime, autant qu'elle peut, sur ce corps les caractères d'homme et de femme; ce qui fait un hermaphrodite : si bien qu'il s'en est vu qui étaient capables d'engendrer dans les deux sexes, et qui avaient la mamelle droite d'homme, et la mamelle gauche de femme.

5. Les cinquièmes se persuadent que, Dieu ayant fait l'homme mâle et femelle, comme parle l'Écriture, nous avons essentiellement en nous-mêmes la faculté de devenir l'un et l'autre sexe, et par conséquent il ne faut pas s'étonner s'il naît quelquefois des hermaphrodites, puisque nous le sommes en puissance.

Enfin, il y en a qui disent là-dessus tant de fables, que je ne saurais me résoudre à rapporter leur sentiment.

1. Si nous examinons les raisons de ceux qui disent que la conjonction de Vénus et de Saturne est la cause des hermaphrodites, nous verrons clairement qu'elles sont trop faibles pour nous persuader. Ces astres sont trop éloignés de nous, pour être les causes prochaines d'un tel effet, et pour avoir un empire si absolu sur le corps d'un enfant dans les entrailles de sa mère : et s'il était vrai que leur conjonction pût causer ces difformités, au moins ne serait-ce pas dans deux hermaphrodites nés dans les diverses saisons d'une année.

2. Les secondes ne me persuadent pas plus; car, selon leur sentiment, il devrait plutôt naître des galeux, des ladres et des valétudinaires que des hermaphrodites, si la conception se faisait pendant le flux des règles, comme nous 'avons remarqué ailleurs.

3. Je ne suis pas non plus convaincu par les raisons des troisièmes; car la nature n'étant que la puissance de Dieu dans la production des animaux, elle ne travaille jamais, selon ses ordres naturels, que sur la matière qu'on lui a donnée; et par conséquent les hermaphrodites dépendent plutôt de la disposition de la matière, comme nous verrons ci-après, que du dessein prémédité de la nature.

4. Le sentiment des quatrièmes sent si fort la fable que ce serait perdre du temps que de s'arrêter à le réfuter; car la faculté formatrice, qui n'est qu'un effe de l'âme, ou l'âme même, si l'on veut, n'a pas le pouvoir de faire des différences i manifestes, et la génération ne se faisant que par le mélange et la fermentation

des deux semences, comme nous l'avons prouvé ailleurs, elle ne peut en séparer les actions, quand les semences sont une fois jointes : si bien qu'il ne s'est encore jamais vu d'hermaphrodite qui pût user indifféremment de ses deux parties naturelles, et en produire des enfants. Si nous avons quelques histoires là-dessus, ce sont toujours de véritables femmes qui abusent de leur clitoris, avec lequel elles ne peuvent jamais engendrer dans un autre.

5. Enfin, de croire que nous soyons hermaphrodites en puissance, c'est une imagination tirée de Platon, et une erreur qui fut condamnée sous le pape Innocent III ; et quoique l'Écriture paraissait d'abord favorable à ce sentiment, cependant, si on la considère de bien près, on verra qu'elle a un sens tout autre que celui qu'on lui veut donner.

Mais pour dire ce que je pense sur une matière aussi difficile que celle-ci, il me semble qu'on doit prendre la chose de fort loin, et se souvenir de ce que nous avons dit ailleurs de la cause de la génération des garçons et des filles : après quoi il sera, ce me semble, aisé de connaître ce qui fait la confusion des sexes.

Nous avons dit que la semence était le plus souvent indifférente pour les deux sexes, et que, si elle trouvait une boule dans les cornes de la matrice qui renfermât une matière chaude, sèche, resserrée, pressée et pleine d'esprits, elle la rendait féconde pour en faire un garçon ; mais que, si elle en rencontrait une autre qui fût moins chaude et moins sèche, plus ouverte et plus mollette, et moins remplie d'esprits que la première, elle ne laissait pas de l'animer pour en faire une fille.

Nous avons encore dit que, si la matière qui était renfermée dans une autre boule était tellement tempérée dans ses qualités et égale dans sa matière, qu'elle fût dans un parfait équilibre à l'égard de toutes ces choses, la semence de l'homme déterminait cette matière pour un garçon ou pour une fille, selon le plus ou le moins de feu et d'esprits qu'elle portait avec sa matière lâche ou resserrée.

Mais si, par hasard, la semence de l'homme a plus de disposition pour déterminer à l'un des deux sexes la semence tempérée de la femme, alors il se fait un hermaphrodite qui a plus de rapport à l'un ou à l'autre, selon les différents efforts de la semence animée de l'homme ou de la femme.

1. Pour éclaircir davantage cette difficulté, examinons la chose de plus près. L'intelligence de l'enfant, ou son âme immortelle, si l'on veut, qui a travaillé depuis le commencement de la formation de cette créature à se faire un domicile, et qui a déjà achevé la plupart de ses parties principales, commence vraisemblablement vers le trente-cinquième jour à s'employer à faire les parties naturelles d'un garçon. Elle prend donc la matière qu'elle a mise dans l'endroit où doivent être posées les parties naturelles de l'enfant. Elle travaille incessamment

à les former ; mais, parce qu'elle manque de matière pour les accomplir, elle en emprunte des parties voisines : aimant mieux rendre celles-ci défigurées, que de manquer à former parfaitement les parties qui doivent servir à la génération.

2. Et ce sont les défauts qu'on remarque dans les deux premières espèces d'hermaphrodites dont nous avons parlé ci-dessus, qui sont de véritables hommes.

3. Mais, lorsqu'il ne se trouve guère de matière pour faire les parties génitales d'un garçon, on ne saurait dire quelle économie l'intelligence prend pour former ces parties. Elle épargne la matière, elle ménage le lieu, et dispose si bien toutes choses, qu'elle forme parfaitement les parties génitales d'un garçon ; mais elle les forme en dedans, manquant de force, de chaleur et de matière pour les faire sortir au dehors. C'est de cette sorte qu'elle agit en formant les parties naturelles de la troisième espèce d'hermaphrodites qui sont estimés des filles, bien qu'ils soient de véritables garçons. Ce sont ceux-ci qui changent de sexe, et qui de filles qu'ils étaient estimés auparavant, deviennent hommes, qui se marient ensuite, et qui sont les pères de plusieurs enfants. La chaleur naturelle et génitale, devenant tous les jours forte, pousse au dehors, à l'âge de quinze, de vingt ou de vingt-cinq ans, les parties amoureuses qui étaient demeurées cachées jusqu'à ce temps-là, comme il arriva à cette fille italienne, qui devint homme, du temps de l'empereur Constantin, comme saint Augustin nous le rapporte. C'est peut-être aussi quelque effort violent qui fait sortir ces mêmes parties : témoin Marie Germain, dont parle Paré, qui, ayant fait un grand effort en sautant un fossé, devint homme à la même heure, par la sortie des parties naturelles.

4. Au lieu que l'intelligence manquait de matière pour former les parties génitales des trois premières espèces d'hermaphrodites dont nous venons de parler, dans la quatrième il s'en trouve plus qu'il n'en faut. L'intelligence, qui, vers le quarante-cinquième jour de la formation d'une fille, est en peine de placer toute la matière qu'elle a d'abord réservée pour former ses parties amoureuses, se détermine enfin à faire le clitoris beaucoup plus gros et plus long qu'il n'a coutume d'être, afin de laisser aux parties génitales internes de cette fille une figure naturelle pour servir un jour à la génération ; car elle aime beaucoup mieux manquer dans les choses superflues que dans les nécessaires. Ce sont ces sortes d'hermaphrodites qui, étant de véritables femmes, ont fait accroire à beaucoup de gens qu'elles étaient aussi des hommes. C'est ainsi que Montnus a pris son hermaphrodite pour un homme, lorsqu'il caressait amoureusement ses servantes, et pour une femme, lorsqu'elle se liait amoureusement à son mari pour avoir des enfants.

Bien que ces quatre espèces d'hermaphrodites aient mérité ce nom, la nature ne leur a pourtant pas refusé l'avantage de se servir de leurs parties génitales, et d'engendrer comme les autres. Les hommes hermaphrodites font des enfants, et les femmes hermaphrodites conçoivent, si bien que les uns et les autres ne diffèrent des hommes et des femmes que par quelques parties qui manquent ou qui sont superflues, mais qui souvent ne troublent point la génération. Cette femme, que l'on appelait *Émilie*, qui était mariée avec Antoine Sperta, au rapport de Ponanus, fut estimée femme pendant son mariage de douze ans, mais elle fut ensuite réputée pour homme, après s'être alliée à une femme.

Il n'en est pas de même de la cinquième espèce, que l'on peut appeler *parfaits et véritables hermaphrodites*, puisqu'ils n'ont l'usage ni de l'un ni de l'autre sexe; et c'est de cette sorte qu'ils se forment dans les flancs de leur mère.

L'intelligence, qui a le soin de composer ce petit corps hermaphrodite, est fort en peine quand elle trouve dans le ventre de sa mère une matière qu'elle ne peut ménager pour faire ses parties génitales. D'un côté, la matière est humide et mollette : de l'autre elle est sèche et resserrée : ici, elle est chaude : là, elle est froide; en un mot, c'est une matière qui a des parties si différentes et si rebelles, qu'il est impossible de les pouvoir ménager, et avec cela il y a si peu de matière, qu'elle manque de chaleur et d'esprits, dont l'intelligence se sert toujours pour former toutes les parties de notre corps. Si c'est un garçon qu'elle entreprend de former, il deviendra, quand il sera homme, trop froid et trop lent pour engendrer, et aura de grands défauts dans ses parties génitales. Si c'est une fille, elle sera un jour trop chaude et trop sèche, et manquera d'organes, de semence et de règles pour former et faire vivre un enfant.

Néanmoins, l'intelligence doit achever son ouvrage, de quelque manière que ce soit. Elle y travaille donc fortement, et ferait sans doute des parties qui seraient en quelque façon déterminées à l'un des sexes, si la matière n'était point inégale, ni d'une complexion différente. Enfin, elle forme un hermaphrodite, ou, si l'on veut, un monstre qui n'est ni homme ni femme, et qui n'a pas les parties naturelles de l'un ni de l'autre.

On pourrait accuser l'intelligence de s'être trompée dans la figure qu'elle a donnée aux parties naturelles d'un enfant hermaphrodite; car on ne peut pas douter que les intelligences, quelque savantes qu'elles soient, ne puissent se tromper quelquefois, et ne pas faire les parties justes : mais que l'on se trompe là-dessus! l'intelligence a trop de lumières pour manquer dans cette occasion, quand elle a une matière bien disposée.

Cela étant ainsi expliqué, on peut maintenant répondre aux questions que l'on fait ordinairement sur cette matière; savoir:

1. Si les filles peuvent être changées en garçons, et les garçons en filles.

2. Si un hermaphrodite peut user de l'un et de l'autre sexe, et s'il peut engendrer.

3. Si l'hermaphrodite peut concevoir dans lui-même sans se joindre à personne.

4. Si un prêtre peut marier un hermaphrodite, ou une personne qui est accusée de l'être.

5. Si un hermaphrodite peut se faire moine ou religieuse.

1. Pour éclaircir la première question, on doit savoir que le tempérament d'un homme est si différent de celui d'une femme, qu'il est impossible qu'il arrive dans la nature un changement si extraordinaire. La complexion d'un homme ne consiste pas seulement dans une certaine union des premières et des secondes qualités, mais dans un certain mélange et un arrangement de la matière dont il est composé; et par conséquent il est impossible qu'un garçon devienne fille, et qu'une fille devienne garçon; le tempérament de l'un et de l'autre étant une chose trop éloignée, comme nous l'avons examiné ailleurs.

D'autre part, ceux qui se sont appliqués à disséquer des hommes et des femmes savent bien que leurs parties génitales sont fort différentes entre elles; et, si la nature leur a donné un espace suffisant pour placer les uns, elle leur en a refusé un pour placer les autres. Ainsi je pourrais dire, avec le savant Varole, qu'il est impossible que les deux sexes se puissent trouver véritablement dans un même corps.

Il est vrai, pourtant, que nous apprenons, par quelques histoires que nos médecins ont écrites, que des personnes qui avaient été d'abord estimées filles étaient devenues hommes dans la suite, leurs parties naturelles d'hommes s'étant manifestées, ou par les enjouements du mariage, ou par l'abondance et la force de la chaleur naturelle, ou enfin par quelque mouvement violent.

Mais, à dire le vrai, ce n'étaient que des hommes cachés, comme était cette servante de dix-huit ans, qui mourut de la peste, dans le corps de laquelle Jean Bouhain, médecin de Lyon, trouva les mêmes organes qui servent aux hommes pour la génération.

On peut dire encore que les femmes qui passent quelquefois pour des hommes, qui ont quelques poils au menton et par le corps, et qui ont la voix un peu grosse, ne sont que de véritables femmes, bien qu'elles se divertissent de leur clitoris avec leurs compagnes. Si bien qu'après tout cela on ne peut pas dire que les uns se soient changés dans les autres; car nous n'apprenons point que les hommes soient devenus femmes, et que leurs parties naturelles se soient anéanties, ou soient retournées en dedans pour former les parties d'une femme; et le peu d'histoires que l'on nous fournit sur ce sujet, sont toutes fort suspectes, mal entendues ou fabuleuses: témoin l'histoire qu'Ausone nous rapporte d'un homme hermaphrodite, de Bénévent en Italie, où il fait, à dessein, un équivoque pour surprendre l'esprit du lecteur dans une chose rare et extraordinaire.

Il n'y a plus aujourd'hui de Tirésias. La fable cède à la vérité, et l'on ne croit plus, à cette heure, ce que l'on croyait autrefois si aisément. Les deux hommes hermaphrodites de Licétus, dont l'un s'était marié et l'autre rendu moine, ne laissèrent pas l'un et l'autre de concevoir et de porter un enfant dans leurs flancs.

Mais aussi ce n'était que de véritables femmes, que l'on avait d'abord prises pour des hommes, à cause de la longueur et de la grosseur de leur clitoris. Ainsi, nous devons croire que les parties génitales d'un homme ne sauraient se retirer au dedans, pour se placer comme doivent être placées les parties naturelles de la femme; et, quand même cela se pourrait faire, je ne saurais me persuader qu'il y eût un lieu assez spacieux pour les y recevoir.

Il faut donc conclure que ces changements sont impossibles : que les hermaphrodites qui conçoivent, sont de véritables femmes; que les autres, qui font concevoir, sont de véritables hommes; et que, si les intelligences qui ont le soin de former les corps se trompent quelquefois dans leur ouvrage, c'est bien plutôt par la faute de la matière que par leur propre ignorance.

2. La seconde question est aisée à décider, après ce que nous venons de dire ; car, de s'imaginer qu'un hermaphrodite puisse user de l'un et de l'autre sexe, et qu'il puisse engendrer par les deux, c'est ce que l'on ne pourrait permettre qu'à des enfants. De deux différentes parties naturelles qu'a un hermaphrodite, il y en a toujours une qui est inutile, parce qu'elle est contre les lois de la nature, et que l'intelligence ne l'a faite que par force, ne trouvant pas assez de matière, ou en trouvant trop pour former les parties dont l'enfant aurait besoin pour la génération. Car, quelle confusion serait-ce de trouver dans un seul corps des testicules d'hommes et de femmes, une matrice et un membre viril; en un mot, tout l'attirail des parties génitales d'un homme et d'une femme ! Le tempérament de l'un et de l'autre, s'il faut le répéter, est trop différent pour être uni ensemble, et pour être changé, quand il faudrait se servir de l'une et de l'autre de ces parties naturelles.

Les lois civiles, qui n'estiment point les hermaphrodites pour des monstres, veulent qu'ils choisissent l'un ou l'autre sexe, pour avoir lieu dans une de ces deux qualités, ou d'homme ou de femme, de se joindre amoureusement à une femme ou à un homme. Et si l'hermaphrodite n'exécute pas exactement la loi, cette même loi veut qu'il soit puni en sodomite, puisqu'il a abusé d'une partie contre les lois de la nature. Ce fut pour cette raison que la servante écossaise, qui avait choisi la qualité de fille, et puis qui engrossa la fille d'un bourgeois, fut enterrée toute vive, par sentence du juge, si nous en voulons croire Weinrich ; et que Françoise de l'Estége, dont parle Papon, et qui avait badiné avec Catherine de la Manière, fut avec elle appliquée à la question, par le sénéchal des Landes, et elles auraient été toutes deux condamnées à la mort, si les témoins eussent été suffisants.

1. 2. Les hermaphrodites de la première et de la seconde espèce peuvent caresser des femmes en qualité d'hommes, et peuvent même faire des enfants, leur défaut étant si peu de chose qu'il ne change rien dans la virilité. Car, bien qu'ils puissent user de la partie de la femme qu'ils semblent avoir, ils n'en reçoivent cependant aucun plaisir, ni ne sauraient engendrer par là.

3. Il n'en est pas ainsi de la troisième espèce ; il faut attendre un âge vigoureux pour caresser une femme ; quand même quelques-uns s'y seraient alliés après la sortie de leurs parties naturelles, ils auraient de la peine à engendrer, étant du nombre de ceux que la loi appelle *froids*.

4. Le clitoris, qui fait estimer les femmes pour des hommes, s'il est gros et long, est la cause qu'un homme ne peut connaître sa femme ; mais si cette partie est médiocre, nous voyons tous les jours, par expérience, que ces sortes de femmes conçoivent, et quoiqu'elles se servent de cette partie pour badiner avec les autres femmes, à qui elles donnent souvent presque autant de plaisir que des hommes ; cependant on ne doit point espérer de génération par là, puisque le clitoris n'étant pas troué, l'hermaphrodite ne peut donner aucune matière pour la génération ; témoin Daniel de Baudin, qui badinait bien avec sa femme, et qui put bien être engrossé lui-même par un de ses camarades.

5. J'avoue que la dernière espèce d'hermaphrodite n'est point capable de caresser une femme, ou d'être caressée d'un homme, et encore moins d'engendrer. Il a les parties naturelles tellement froides et débiles, et avec cela si mal faites, qu'il n'y a pas lieu d'espérer que l'amour puisse les échauffer pour jouir des voluptés que la nature a préparées aux autres hommes.

Il est donc vrai, à parler en général, que quelques hommes hermaphrodites peuvent caresser amoureusement des femmes, et peuvent même leur faire des enfants ; et que quelques femmes hermaphrodites peuvent aussi être caressées et concevoir quelquefois, les uns et les autres se servant des parties qui prévalent, et qui sont les plus accomplies.

III. Sur ce que les naturalistes disent que les hyènes et les lièvres mâles engendrent une fois dans leur vie au-dedans de leurs entrailles, et sur ce que le docte Languis soutient que les cerfs en font de même, l'on doute si les hermaphrodites les plus vigoureux dans les deux sexes ne peuvent point aussi engendrer dans eux-mêmes, sans avoir la compagnie d'aucune autre personne. Car ils ont, dit-on, de la matière pour former un enfant, un lien pour le concevoir, des liqueurs pour le nourrir, si bien qu'en cette rencontre il ne manque rien pour la génération.

Mais si l'on fait réflexion sur ce que nous venons de dire, et sur ce que nous remarquerons au *chapitre* 5, on demeurera d'accord que ces générations sont impossibles et ridicules tout ensemble ; que les observations qu'ont faites les naturalistes sont fort suspectes et sentent la fable ; et qu'enfin ils peuvent s'être trompés, en prenant quelques parties des femelles pour les testicules des mâles. Car quelle apparence de faire sortir de la semence d'une partie pour la faire entrer dans une autre, sans qu'elle s'évente et qu'elle s'altère en changeant de lieu ? Et quand même cela serait possible, le tempérament qui engendre la semence masculine, pourrait-il en faire de féminine, et produire des règles en même temps, ou quelque autre chose qui y fût proportionné ? Cela me paraît si éloigné de la raison et de l'expérience de tous les jours, que je laisse cette question pour passer à une autre ; savoir, si un prêtre peut marier une personne accusée d'être hermaphrodite.

IV. Bien que le jurisconsulte Majolanus fasse tous les hermaphrodites irréguliers et incapables du sacrement de mariage, cependant il me semble que cette décision est trop générale, et qu'elle choque même les lois, puisqu'il y a des hermaphrodites si vigoureux à embrasser les femmes, et d'autres si disposés à souffrir agréablement un homme, qu'il y aurait injustice à défendre le mariage aux uns et aux autres. Car si les premiers ont les parties naturelles du sexe féminin bien faites et bien proportionnées, comme il s'en trouve quelques-uns, une petite fente de nulle considération n'empêchera pas l'action amoureuse de ces hommes hermaphrodites, non plus qu'un clitoris un peu allongé ne s'opposera pas aux caresses que pourra faire un homme aux femmes hermaphrodites. Ainsi, si les uns ont les parties capables de divertir une femme, et que les autres soient disposés à recevoir les caresses d'un homme, je ne doute pas qu'un prêtre ne puisse conférer le sacrement de mariage à l'un et à l'autre, pourvu, néanmoins, que cela ne se fasse que par l'autorité du juge, qui doit être auparavant dûment informé par des personnes savantes, et le serment de l'hermaphrodite, de l'état où il se trouve, et de la partie qui domine en lui.

En effet, comme les juges ignorent souvent les marques dont on se sert ordinairement pour connaître la force et la capacité d'engendrer de l'un et de l'autre sexe, ils ne doivent jamais décider là-dessus sur la seule foi des hermaphrodites, sans le rapport de quelque savant médecin. Celui-ci leur fera remarquer que la hardiesse, la vivacité dans les actions, la voix forte, beaucoup de poils sur le corps, et principalement au menton et aux parties naturelles, avec tous les autres signes qui découvrent la virilité d'un homme, sont des marques qu'un hermaphrodite a les parties naturelles d'un homme beaucoup plus fortes que celles de l'autre sexe. Au contraire, si l'hermaphrodite a les parties naturelles du sexe féminin bien conformées, que le conduit de la pudeur ne soit point défectueux, que la gorge soit belle, la peau polie et douce, que les règles paraissent dans leur temps, qu'il ait de la douceur et de l'agrément dans les yeux, et qu'on lui remarque avec tout cela tous les autres signes qui distinguent pour l'ordinaire une femme d'un homme, cet hermaphrodite doit passer pour une femme. Le juge peut donc prononcer hardiment sur le mariage, tant de l'un que de l'autre ; et un prêtre ne doit point hésiter à conférer le mariage aux hermaphrodites qui ont en main le certificat du médecin et la sentence du juge.

V. La dernière question dépend de la quatrième : car si un homme hermaphrodite est capable de se marier, ses défauts ne l'empêcheront pas de se rendre moine, comme fit l'hermaphrodite de Cajotte, qui, s'étant marié pour femme à un pêcheur, demeura quelques années dans son mariage ; mais au bout de quatorze ans, les parties viriles lui sortirent tout d'un coup, si bien que, pour éviter les railleries du peuple, il se jeta dans un monastère, où Valtéran et Pontanus, qui en font l'histoire, l'ont vu plusieurs fois, et ont appris la vérité de sa propre bouche. J'en dis de même des hermaphrodites femelles, qui peuvent entrer dans un cloître, pourvu qu'elles ne soient point du nombre de ces femmes lascives, qui sont capables de donner de l'amour aux filles les plus retenues et les plus saintes ; Car si elles étaient aussi lascives que cette Bessa dont parle Martial, je m'assure qu'il n'y a pas de médecin si peu honnête homme, qui voulût donner un certificat à ces sortes de femmes, ni un juge si injuste, qui fût d'avis qu'on les tondît, et qu'on les jetât parmi les religieuses.

CHAPITRE V

SI UNE FEMME PEUT DEVENIR GROSSE SANS L'APPLICATION DES PARTIES NATURELLES D'UN HOMME OÙ L'ON TRAITE FORT CURIEUSEMENT DES INCUBES ET DES SUCCUBES

A quoi bon la nature aurait-elle fait toute la machine des parties naturelles de l'homme et de la femme, si ce n'eût été pour l'excellent ouvrage de la génération ? Elle a fabriqué des sexes divers, qui ont chacun leurs parties différentes. La femme a le conduit de la pudeur et la matrice pour recevoir. L'homme a des muscles pour lever sa verge, et des ligaments caverneux pour la roidir. Si l'érection et l'intromission n'eussent été absolument nécessaires pour engendrer, jamais la nature n'aurait entrepris d'en faire les organes : car, sans ces deux actions, selon la pensée de tous les medecins, la génération est impossible.

Puisque la nature ne nous a pas ordonné de faire des enfants de la même manière que nous urinons, mais d'une façon où il se trouve beaucoup moins de facilité, on doit croire que l'étroite conjonction des deux sexes est absolument nécessaire pour nous perpétuer. En effet, de cette première façon, la semence d'un homme ayant été exposée à l'air, aurait perdu tous ses esprits, et aurait ensuite été incapable de servir à la génération.

L'expérience de tous les jours, et l'histoire même que nous rapporte Riolan, favorisent notre opinion contre ceux qui veulent que la génération se puisse faire par l'épanchement de la semence sur les lèvres des parties naturelles d'une femme. Le conduit de la pudeur de la femme dont il parle, était tellement fermé par des cicatrices, après un fâcheux accouchement, qu'il n'y restait qu'un fort petit trou, par lequel passa aussi la semence de son mari qui l'engrossa. Cela n'empêche pas que ces deux personnes ne se soient jointes étroitement, et il faut même qu'une alliance étroite soit arrivée, et que la matrice de l'une ait attiré aussi vivement la semence de l'autre, qu'un estomac affamé arrache la viande de la bouche, et qu'un cerf, par sa vertu particulière, attire le serpent hors de son trou, si nous en croyons les naturalistes.

Ce qui a donné lieu aux théologiens, aux jurisconsultes, et à quelques médecins, de croire qu'une femme pouvait engendrer sans l'application des parties naturelles d'un homme, ce sont sans doute les histoires qu'Averroès, Amatus, Lucitamus et Delrio nous ont laissées par écrit, d'une jeune femme qui devint grosse pour s'être baignée dans de l'eau où des hommes s'étaient pollués ; d'une autre femme engrossée par les caresses d'une de ses compagnes, qui sortait d'entre les bras de son mari ; et enfin d'une jeune fille qui se trouva grosse, son père s'étant par hasard pollué, en dormant, dans le même lit où elle était.

Mais ces histoires, et plusieurs autres semblables, sont faites à plaisir, pour couvrir la lasciveté des femmes, et pour cacher le vice d'un amour impur. C'est ainsi que l'on s'est persuadé que la génération se pouvait faire sans se joindre amoureusement : si bien qu'il serait permis de croire, selon ce sentiment qu'une vierge pourrait engendrer naturellement sans être déflorée ; ce qui pourrait faire douter d'un des plus augustes mystères de la religion chrétienne.

C'est encore ce qui a donné lieu de croire qu'il y avait des démons incubes et succubes, qui étaient épris et embrasés d'amour pour les femmes ; et c'est de là aussi que les théologiens et les jurisconsultes ont formé beaucoup de questions ridicules, comme :

1. Si l'enfant d'un incube et d'une femme est différent d'un autre. Si son âme et son corps ayant été ménagés par l'adresse du démon, il n'a point quelque chose de particulier par-dessus les enfants.

2. Si l'enfant engendré par le ministère du démon doit être appelé le fils d'un incube, ou celui dont l'incube a dérobé la semence.

3. Si les incubes et les succubes jouissent entre eux des plaisirs de l'amour.

4. Enfin, si le démon peut si bien conserver la semence d'un homme à qui il l'a dérobée, qu'elle puisse ensuite servir à la génération.

On a toujours estimé les hommes qui, dans la paix ou dans la guerre, se sont distingués par leur génie ou par leur valeur. L'antiquité a fait bâtir des temples et élever des autels à la mémoire de ces héros, pour lesquels elle commandait même d'avoir de la vénération : d'où les peuples ont aisément passé jusqu'à cet excès de superstition, que de les prendre pour les dieux. Les pénates, les faunes, les sylvains, les satyres, les esprits follets et les domestiques en sont venus, et les plus importantes vérités de la politique, de la physique et de la morale des anciens philosophes ont été cachées sous ce voile. Ce que développe fort bien saint Augustin, dans sa *Cité de Dieu*. Les prêtres mêmes, pour se faire valoir, se sont efforcés de maintenir l'existence de ces divinités. Les rabbins ont cru que les faunes, les incubes et les dieux tutélaires étaient des créatures que Dieu laissa imparfaites le vendredi au soir, et qu'il n'acheva pas, étant prévenu par le jour du sabbat : c'est par cette raison, selon le sentiment de Rabbi-Abraham, que ces esprits n'aiment que les montagnes et les ténèbres, et qu'ils ne se manifestent que de nuit aux hommes.

Mais laissons ce que la cabale a avancé de superstitieux, et ce que le paganisme a inventé de ridicule sur cette matière, pour examiner les questions que les théologiens et les jurisconsultes chrétiens proposent.

1. L'Écriture sainte semble favoriser la première proposition, lorsqu'elle nous marque que les anges, ayant trouvé les filles des hommes belles, s'allièrent avec elles, et que de cette alliance naquirent les *géants* : si bien que l'on peut inférer de là, que, puisque les anges. qui sont ainsi appelés en d'autres passages de l'Écriture, peuvent se mêler amoureusement avec les femmes, et engendrer des enfants, les démons, qui ne sont différents des anges que par leur chute, peuvent aussi, selon le sentiment de Lactance, attirer les femmes dans les plaisirs impudiques, et les souiller par leurs embrassements.

On assure que les enfants qui naissent de ces conjonctions abominables sont plus pesants et plus maigres que les autres, et que, quand ils teteraient trois ou quatre nourrices tout à la fois, ils n'en deviendraient jamais plus gras. C'est la remarque qu'a faite Spenger, moine dominicain, qui fut l'un des inquisiteurs qu'envoya le pape Innocent VIII, en Allemagne, pour faire le procès aux sorciers. Si le corps de ces enfants est donc différent du corps des autres enfants, leur âme aura sans doute des qualités qui ne seront pas communes aux autres. C'est pourquoi le cardinal Bellarmin pense que l'Antechrist naîtra d'une femme qui aura eu commerce avec un incube, et que sa malice sera une marque de son extraction.

Ce n'est pas d'aujourd'hui que l'on a douté de l'accouplement des démons avec les femmes ou avec les hommes, et que l'on a douté encore s'ils pouvaient engendrer. Ces questions furent autrefois agitées devant l'empereur Sigismond. On y allégua tout ce que l'on put de part et d'autre, et enfin on se rendit aux raisons et aux expériences qui parurent les plus convaincantes et les plus certaines. Il fut donc résolu que ces accouplements extraordinaires étaient possibles. En effet, saint Augustin, qui avait eu longtemps de la peine à se déterminer sur cette matière, avoue enfin que, puisqu'on dit « qu'il y a plusieurs personnes qui se sont trouvées, par un malheureux commerce, avec les démons, et qu'on l'a appris de celles-là même qui en ont été caressées, de la bonne foi desquelles il n'est pas permis de douter; il est très assuré que les sylvains, les pans et les faunes, que l'on appelle ordinairement *incubes*, n'ont pas seulement désiré de caresser amoureusement les femmes, mais qu'ils les ont véritablement caressées, et que les démons, que les Français appellent *Drusions*, n'ont pas seulement tâché de connaître les femmes, mais qu'ils les ont même réellement connues : si bien, ajoute-t-il, qu'il semblerait que l'on fût impudent, si on niait ce qu'on assure là-dessus avec tant de circonstances. »

On peut encore ajouter à cela la confession que font une infinité de sorcières qui disent avoir été caressées du démon, et en être même devenues grosses. Les livres de Delrio, de Sprenger, de Dilancre et de Bodin sont pleins de semblables histoires : si bien qu'après tant de preuves authentiques et tant de confessions de sorciers et de sorcières, qui l'avouent de bonne foi et presque de la même sorte, il y aurait de l'opiniâtreté à retenir un sentiment opposé. Car les histoires que l'on nous en a faites paraissent si assurées, qu'il semble que l'on ne doive pas douter de la vérité de ces conjonctions diaboliques; témoin Benoît Berne, âgé de soixante-quinze ans, qui fut brûlé tout vif, après avoir avoué que depuis quarante ans il avait commerce avec une succube, qu'il appelait *Hermoline*; et François Pic, prince de la Mirandole, qui, l'ayant connu, nous est garant de la vérité de cette histoire.

Toutes ces preuves paraîtraient fortes, si nous n'avions la raison et l'expérience qui nous font connaître le contraire ; et, pour dire ce que je pense sur cette matière, on me permettra de raisonner de la sorte.

La curiosité nous est naturelle à tous. Celle qui est blâmable est une maladie d'âme, qui s'empare principalement des esprits faibles. Le monde est plein de gens qui veulent pénétrer dans les choses les plus cachées, et dans les secrets de l'autre monde. Si on leur parle de quelque chose d'extraordinaire, incontinent la joie rejaillit sur leur visage, et ils témoignent que c'est là l'endroit qui les flatte le plus.

D'ailleurs, on est souvent ravi de joie de trouver l'occasion de plaire ; et si un homme d'esprit se rencontre parmi les personnes faibles, il ne manquera pas de fomenter leur désir d'apprendre, et de prendre plaisir lui-même à se faire écouter et admirer. Il leur fera des histoires qu'il aura adroitement inventées ; et, quoique les choses que nous entendons nous fassent de l'horreur, si elles nous sont pourtant inconnues, nous nous plaisons à les ouïr réciter. Il parlera des démons, des incubes, des succubes et des esprits follets, des sorciers, etc., selon l'adresse de son esprit et la souplesse de son génie ; il persuadera si bien ce qu'il aura avancé par des raisons qu'il s'étudiera à chercher, que tous ceux qui l'écouteront seront convaincus de la vérité de la fable. Plus cet historien se sera acquis de la réputation, ou par son autorité, ou par son mérite, plus on ajoutera de foi à ce qu'il aura dit ; on cherchera même ensuite d'autres raisons pour appuyer la fable, et l'on trouvera sans doute des preuves pour justifier des choses si surprenantes.

C'est ce qui s'est passé dès les premiers temps, et ce qui se passe encore tous les jours, mais qui ne nous empêchera pas de prouver que l'opinion de l'accouplement et de la génération des démons ne peut être soutenue.

J'avoue que la conséquence que l'on tire de l'Écriture sainte serait juste, si les anges pouvaient caresser et engrosser les femmes ; car il me semble qu'il n'y aurait pas plus de difficulté à croire le commerce des démons, que celui des anges avec les femmes. Mais, outre que le passage de l'Écriture peut bien s'expliquer sans admettre ces alliances qui répugnent à la nature, elle nous dit que les saints, qu'elle appelle les *fils de Dieu*, s'étant joints avec les filles des autres, qu'elle appelle *hommes*, engendrèrent des hommes puissants, c'est-à-dire des rois et des monarques, qui avaient la puissance et l'autorité en main pour se faire craindre et respecter en cette qualité.

Ces hommes puissants étaient sans doute alors appelés des *géants*, par la grandeur de leur autorité, au lieu que ce terme marque présentement la grandeur du corps ; et cette équivoque du mot de *géants* a donné lieu, sans doute, à l'une des plus grandes erreurs qui ait jamais eu cours. C'est ainsi que les mots de *tyran*, de *parasite*, étaient autrefois fort honorables, au lieu que présentement ils sont odieux à tout le monde.

D'ailleurs les enfants peuvent être lourds par la pesanteur et la grosseur de leurs os. Et ceux qui ont de grandes entrailles et le foie chaud, peuvent tarir deux ou trois nourrices de suite pour s'humecter et se rafraîchir. Si ces mêmes enfants ont un jour l'esprit malicieux, qui est un effet de leur tempérament, on ne doit pas conjecturer par là qu'ils ont été engendrés par un démon.

Pour ce qui est de l'assemblée qui se tint devant l'empereur Sigismond, je ne m'étonne pas si elle décida que les démons pouvaient avoir commerce avec les femmes, et qu'ils pouvaient même engendrer, puisqu'elle n'était presque composée que de théologiens qui, accoutumés à croire simplement ce qu'ils ne voient pas, et qu'ils ne savent pas même, donnèrent leur sentiment en faveur de ces générations, qui sont si opposées aux lois de la nature. Si cette illustre compagnie eût été composée de philosophes et de médecins, ou qu'elle se fût réglée par le sentiment de saint Chrysostome, je suis fort persuadé que ces questions n'auraient pas été décidées de la sorte.

Au reste, si on examine bien le passage du grand Augustin, que nous avons voulu traduire tout entier, on verra aisément que la certitude qu'il y a de ces sortes de commerce et de génération, n'est fondée que sur le rapport de quelques hommes simples et crédules, ou de quelques femmes superstitieuses et mélancoliques. Si nous voulions croire tout ce qui nous est tous les jours dit et assuré par nos malades, qui ont l'imagination égarée, et qui semblent pourtant l'avoir juste, nous tomberions souvent dans de pareilles erreurs ; car les vapeurs noires d'une bile brûlée troublent quelquefois tellement leurs âmes, qu'ils pensent que leurs songes sont des vérités.

C'est donc par une cause à peu près semblable, que les sorcières se persuadent avoir été au sabbat, et avoir été caressées du diable, qui avait les parties naturelles hérissées et écaillées, et de la semence froide comme de la glace, sans pourtant que ces misérables femmes soient parties du lieu où elles s'étaient endormies.

Mais, pour ne pas m'opposer à une opinion qui me semble être reçue presque de tous les théologiens et de tous les Pères, sans alléguer de puissantes raisons pour la combattre, examinons la chose avec toute l'application possible, mais aussi sans préoccupation.

Nous apprenons de la théologie que les démons, étant de purs esprits, sont aussi des substances différentes de la nôtre : qu'ils n'ont ni chair, ni sang, ni parties naturelles, et par conséquent point de semence pour la génération ; que, s'ils prennent quelquefois des corps, qu'ils peuvent former d'air, ces corps ne vivent point, et ne peuvent aussi exercer les opérations de la vie ; que, n'ayant point de successeurs à espérer, parce qu'ils sont immortels, ils ne doivent aussi avoir ni d'envie de se perpétuer, ni de désirs de se satisfaire par les plaisirs de l'amour. Quelque puissants qu'ils soient, ils ne sauraient passer les bornes que la nature leur a prescrites. Les animaux ne se joignent point aux plantes, ni les plantes aux minéraux, pour faire des générations, leur substance étant trop éloignée l'une de l'autre. En un mot, la nature n'a pas permis ces alliances : de sorte que, suivant le sentiment de saint Chrysostome, « il y aurait de la folie à croire que les démons s'allient avec les femmes, et qu'une substance incorporelle puisse se joindre à un corps pour engendrer des enfants. »

En vérité je ne saurais me persuader, non plus que Cassien, illustre disciple de ce grand évêque, que ces substances, purement spirituelles, puissent naturellement avoir un commerce charnel avec les femmes. La raison qu'en rapporte ce dernier, avec Philostrius, évêque de Bresse, c'est que, si cela s'est fait quelquefois, il doit encore présentement arriver; mais, parce que nous savons que cela n'arrive point maintenant, nous devons conclure que ces conjonctions et ces productions abominables n'ont jamais été. C'est pourquoi saint Augustin, souvent trop crédule, qui pense mieux dans un endroit que dans un autre, commande aux prêtres de prêcher au peuple, pour le désabuser de la fausse pensée où il est, « que « ce qu'on dit du commerce des sorciers avec les démons soit réel et véritable. »

Mais ce qu'il y a encore de plus pressant sur cette matière, c'est la décision du concile d'Ancyre, qui blâme et déteste la créance qu'ont les sorciers d'être portés de nuit au sabbat jusqu'à l'un des bouts de la terre, de se joindre aux démons et de prendre avec eux des plaisirs abominables, « puisque toutes ces choses, ajoute-t-il, ne sont que des rêveries et des illusions, bien loin d'être des vérités. »

Je ne saurais trop m'étonner de ce que les chrétiens croient si légèrement ce que les païens auraient de la peine à croire. Car tous ne demeurent pas d'accord que Servius Tullius, roi des Romains, ait été engendré d'un incube, et que Simon le Magicien fût le fils de la vierge Rachel; non plus que dans les siècles suivants, quelque grossiers qu'ils aient été, Merlin Cocaye n'a pas été cru sur sa parole, quoique sa mère et lui voulussent persuader aux rois d'Angleterre, Vortigerne, Ambroise, Uterpendagrion et Artus, qu'il était fils d'un démon incube et d'une religieuse, fille du premier roi. La folie et la faiblesse des hommes, le désir de la nouveauté, l'ignorance des causes naturelles, la honte que l'on a de l'obscurité de sa famille, la crainte qu'un adultère ne se découvre, les flatteries des courtisans pour les princes, les ressorts de l'avarice et de la vanité, enfin la passion violente de l'amour sont les puissantes causes qui produisent ordinairement ces sortes d'opinions dans l'esprit des hommes. Jamais Mundus n'aurait joui de Pauline, si l'avarice et l'amour ne s'en fussent mêlés, et jamais on n'aurait douté que l'enfant qui naquit de cette conjonction n'eût été le fils de l'incube Anubis, si l'imprudence de Mundus n'eût découvert tout le mystère.

1. Léon d'Afrique, nous faisant l'histoire de ce qui se passe en son pays, nous assure que tout ce que l'on dit de la conjonction des démons avec les femmes n'est qu'une pure imposture, et que ce que l'on attribue au démon n'est commis

que par des hommes lascifs ou des femmes impudiques, qui persuadent aux
autres que ce sont des démons qui les caressent. Les sorcières du royaume de
Fez, ainsi que cet historien le rapporte, veulent bien que l'on croie qu'elles ont
beaucoup de familiarité avec le démon : pour cela elles s'efforcent de dire des
choses surprenantes à celles qui vont les consulter. Si de belles femmes les vont
voir, ces sorcières ne veulent point recevoir d'elles le prix de leur art, mais elles
leur témoignent seulement le désir qu'a leur maître de les caresser pendant une
nuit. Les maris prennent même ces impostures pour des vérités, et ils abandonnent souvent, selon leur langage, leurs femmes aux dieux et aux vents. La
nuit étant venue, la sorcière, qui est du nombre de ces femmes que les Latins
nomment *tribades* ou *fricatrices*, embrasse étroitement la belle, et en jouit au
lieu du démon dont elle pense être amoureusement caressée.

2. Les théologiens, qui raisonnent sur la fausse hypothèse de la conjonction
des démons avec les femmes, ont formé une seconde difficulté; savoir, de qui
un enfant serait le fils, ou de l'incube, ou de l'homme de qui la semence aurait
été surprise. Et, pour expliquer la manière dont cela se fait, ils se sont imaginé
qu'un homme ayant commerce avec un démon succube, ce démon devenant
incube sans perdre de temps, par l'activité de sa nature, communiquait incessamment à une femme qu'il trouvait disposée, la semence qu'il avait depuis peu
reçue d'un homme, et que l'enfant qui naissait de cette conjonction était véritablement le fils de cet homme, et non du démon, qui, en cette occasion, n'avait
contribué que de son industrie.

3. La troisième question, savoir si les incubes et les succubes se caressent
entre eux à la façon des hommes et des femmes, n'a pas été agitée par ceux qui
ont écrit sur ces matières. Mais il est certain que, outre plusieurs raisons que
nous pourrons alléguer là-dessus, les démons, étant d'eux-mêmes éternels et
malheureux tout ensemble, n'ont pas besoin de perpétuer leur espèce, ni de
prendre des plaisirs dans les caresses des femmes.

4. Enfin, pour passer à la dernière difficulté, quelques docteurs croient que
le démon agit avec tant de vitesse, en portant dans les parties naturelles d'une
femme la semence qu'il a reçue d'un homme, qu'il conserve cette même semence
dans tout le tempérament qui est nécessaire pour la génération. Ils ajoutent
même que c'est une grande erreur que de ne pas croire que le démon puisse faire
cela.

Mais tous ces raisonnements me paraissent vains et inutiles, s'il est vrai,
comme nous l'avons prouvé, que ce soit une fable que les démons se joignent
amoureusement aux femmes. Ils ne sont propres qu'à nous entretenir dans
l'aveuglement où l'on est sur ces sortes de conjonctions. Car si un homme ne
peut engendrer, selon l'avis de tous les médecins, parce qu'il a une petite verge

qui ne porte pas assez loin la matière qui sert à la génération, et qui ne la darde qu'à l'entrée des lieux d'une femme, que peut-on espérer d'une semence éventée et froide, qui aura touché un cadavre, ou un corps d'air que le démon aura emprunté ?

L'âme ou les esprits de semence, si l'on veut, se dissiperaient et s'évanouiraient aisément : si bien que ce qui demeurerait ne serait plus lui-même qu'un cadavre de semence, s'il m'est permis de parler de la sorte, qui serait incapable de la génération. Il n'y a au monde que la matrice d'une femme qui puisse conserver, pour la génération, la semence d'un homme, et il ne faut pas s'imaginer que le démon puisse passer les ordres que la nature a établis, quoiqu'il ait une pénétration d'esprit inconcevable et une vitesse de mouvement surprenante.

Si l'esprit des eaux minérales froides et celui de l'extrait du romarin se dissipent presque dans un moment, l'esprit de la semence, qui est beaucoup plus subtil, se conservera-t-il dans sa matière exposée à l'air ? Et, puisque les sorcières avouent que la semence du démon est froide quand elles la reçoivent, quelle apparence y a-t-il qu'elle soit prolifique, l'air, qui ronge tout ce qu'il y a au monde, en ayant dissipé les esprits et corrompu la substance ?

C'est donc une grande erreur de croire, comme font plusieurs théologiens, que le démon puisse ramasser la semence de plusieurs hommes pour la jeter ensuite dans les parties naturelles d'une femme, et causer ainsi la génération. Si le démon pouvait faire cela, et qu'il le fît effectivement, il pourrait aussi rassembler la semence de plusieurs animaux de différentes espèces, et procurer ainsi la génération des monstres, ce qui ferait confondre la nature et troubler l'ordre que Dieu a mis parmi les créatures, depuis la création du monde.

D'ailleurs, nous n'avons point appris que les démons succubes puissent engendrer, bien que la fable nous dise qu'ils se joignent avec les hommes, et je m'étonne de ce que l'on ne s'est point avancé jusque-là. Peut-être aurait-on trouvé des raisons aussi probables pour appuyer ce sentiment, que l'on en a inventé pour soutenir l'autre ; et il aurait eu sans doute quelqu'un qui se fût dit aussi bien fils d'un succube que d'un incube.

Au reste, si les sorcières n'étaient pas folles , ou intimidées par l'horreur des tourments, jamais elles n'auraient découvert le commerce qu'elles disent avoir eu avec le démon. Il y en a eu même qui en ont fait gloire en Béarn, aussi bien qu'en Allemagne, et on en a vu qui se vantaient hautement d'être la reine du sabbat. L'ellébore ou les Petites-Maisons seraient des remèdes plus proportionnés à leurs maladies , que le feu et les tourments dont on s'est servi jusqu'ici ; et il n'est pas toujours vrai, comme dit Cicéron, que la vérité se trouve dans l'enfance, le sommeil, l'imprudence, l'ivresse et la folie. Après tout, pour connaître plus parfaitement la vérité de cette opinion, examinons ce que les médecins disent de la maladie qu'ils appellent *incube,* et nous verrons par là que la fable sera découverte.

Cette maladie n'est qu'une suffocation nocturne, dans laquelle la respiration et la voix sont interrompues. Il nous semble, quand nous en sommes surpris, que Cupidon, selon le sentiment des païens, ou le démon, ainsi que les théologiens le croient, ou le pesant, comme le peuple parle, nous presse la poitrine et nous empêche de crier au secours, de respirer et de nous mouvoir. Si une femme amoureuse et mélancolique en est attaquée, elle croit fortement que le démon la caresse; et si, avec cela, elle a la mémoire embarrassée des contes que l'on fait ordinairement des sorcières, son imagination, se trouvant alors dépravée, fait qu'elle raconte ensuite sa rêverie pour une vérité.

Une femme effroyable à voir, vieille, sèche et mélancolique, qui a l'esprit imbu des fables du siècle; un vieillard atrabilaire, qui a passé toute sa vie dans les plaisirs illicites, et qui, dans l'âge où il est, conserve encore un vif souvenir de sa lasciveté passée, ne saurait mieux entretenir ses voluptés que dans sa mélancolie amoureuse : si bien qu'étant tout occupé de ses plaisirs impudiques, quand cette maladie l'attaque, sa folie amoureuse va souvent jusque-là, qu'il lui semble voir et caresser un démon en forme de femme, comme se l'imaginait un vieillard de quatre-vingts ans, que l'on appelait *Pine,* qui parlait partout où il était à son succube Florine, selon le rapport de Pic de la Mirandole. Mais Socrate, Apollonius, Cardan, Scaliger et Campanella n'étaient-ils point de ce nombre-là, puisqu'ils ont publié avoir eu commerce avec un génie et un démon familier? Je ne crois pourtant pas qu'ils fussent nés un jour de Quatre-Temps, ni qu'ils fussent venus au monde la tête embarrassée de leur arrière-faix, comme Tyres, jésuite, a écrit que ceux qui naissaient de la sorte avaient commerce avec les esprits. Que, s'ils ont publié avoir un démon familier, ç'a plutôt été par vaine gloire que par quelque autre raison, savoir, pour se faire estimer du peuple.

Le dormir sur le dos, le travail que souffre l'estomac à digérer les viandes dures, la faiblesse de la chaleur naturelle, la fermentation d'une humeur atrabilaire, l'impureté de la matrice, ou la chaleur extraordinaire des parties naturelles, sont les véritables causes de ces illusions nocturnes et démoniaques. Une vapeur épaisse, qui s'élève et qui se mêle parmi notre sang, cause la difficulté de respirer, et la privation de la voix, qui accompagne cette incommodité. Cette vapeur noire, étant ennemie de notre vie, empêche le libre mouvement du cœur et du poumon, et retarde ainsi l'ébullition naturelle qui s'y fait, en embrassant les conduits de l'une et de l'autre de ces parties : de sorte que, non seulement on ne peut alors ni parler ni respirer, mais même que tout le corps languit par la faiblesse de ces deux parties principales.

Cette vapeur obscure, étant portée au cerveau, offusque les esprits qui s'y sont nouvellement fabriqués, et puis, se mêlant parmi le suc nerveux, empêchent l'âme d'agir selon sa coutume. L'imagination en est dépravée ; les sens en sont troublés, les nerfs embarrassés, tellement qu'il n'y a pas d'apparence que le cœur, le poumon, le diaphragme, en un mot toutes les parties du corps soient dans leur tempérament ordinaire. La difficulté de respirer en est augmentée, aussi bien que celle de se mouvoir. Car cette vapeur épaisse et ennemie de nous trouble si fort la fermentation naturelle du suc nerveux, que l'âme, qui s'en sert comme d'un instrument prochain, ne peut faire toutes les belles actions que nous lui voyons faire tous les jours.

Mais quand les vapeurs d'une semence corrompue sont mélées parmi le sang et le suc nerveux, il ne faut attendre de ce mélange que des illusions véné-riennes qui troublent l'imagination, et font voir aux personnes qui en sont incommodées, des spectres amoureux et des faunes lascifs.

Si nous en voulons croire Hippocrate, les femmes y sont plus sujettes que les hommes ; ceux-ci se déchargent souvent, pendant le sommeil, d'une abon-dance de semence qui les travaille, au lieu que celles-là ne s'en peuvent débar-rasser si aisément, et souvent ne peuvent éviter de tomber dans ces sortes d'illusions.

La raison qu'il en rapporte, c'est qu'elles sont d'un esprit plus faible que les hommes, et que le sang des règles se présentant à leurs parties naturelles pour sortir, les filles qui ne sont pas encore accoutumées à ces sortes d'épanchements, sont aussi alors plus susceptibles de ces sortes d'idées, jusque-là même qu'il s'en est trouvé qui se sont persuadées d'être grosses, après s'être imaginé avoir été caressées d'un incube.

Je ne m'étonne donc pas si les sorcières sont si souvent surprises par des ter-reurs paniques : car, outre qu'elles sont femmes, elles engendrent encore inces-samment beaucoup de pituite et de mélancolie, qui sont la cause de ces sortes de maladies. Il faut croire que ces illusions nocturnes ne sont véritables que dans leur esprit, et si ces femmes se sont imaginé d'avoir été pendant la nuit ce qu'elles n'ont point été, ou d'avoir fait ce qu'elles n'ont point fait, on doit être persuadé, avec saint Augustin, que le démon a pu se servir de leur faiblesse et de leur maladie pour leur faire croire toutes les choses qu'elles croient ; ce qui n'arrive que par un effet du juste jugement de Dieu. J'avoue que le démon se mêle quelquefois, mais fort rarement, parmi l'humeur mélancolique de nos mala-dies : ce qu'on ne saurait connaître que par l'une de ces trois remarques ; savoir, quand la personne pénètre dans les secrets de nos pensées, quand elle parle de quelque langue qu'elle n'a pas apprise, ou quand elle fait des actions qui pas-sent les forces ordinaires de la nature.

La maladie incube est quelquefois si commune, soit par l'intempérie de l'air ou par la mauvaise qualité des aliments et des eaux, qu'elle devient comme épidémique et populaire, ainsi que Lysimacus l'observa autrefois à Rome. Et si, parmi toutes les personnes qui en sont attaquées, il y en a quelques-unes qui aient l'âme embarrassée d'un amour impur ou des fables de sorciers, il ne faut pas douter que sa passion ou sa créance ne lui fasse voir en dormant, ou même en veillant, des objets capables de l'entretenir dans ses rêveries. L'amour et la maladie incube, joints ensemble, sont deux mots, qui sont deux espèces de folies, et qui peuvent causer tout ce que l'on nous dit de surprenant, touchant le commerce des démons avec les femmes.

Toute l'antiquité n'a pas cru ces bagatelles, puisqu'elle nous a laissé par écrit des remèdes pour guérir ceux qui sont possédés d'un esprit impur, et qui sont attaqués de terreurs paniques, croyant bien que ce que l'on pensait être un démon, n'était ordinairement qu'un homme mélancolique, qui était la cause de tous les désordres que l'on voyait arriver à ces sortes de personnes. Jusque-là que Pomponace nous fait l'histoire de la femme d'un cordonnier, laquelle parlait plusieurs langues sans les avoir jamais apprises, et qui fut ensuite guérie par le savant médecin Calceran, qui, avec l'ellébore, lui chassa ses rêveries, et lui ravit en même temps la science par l'évacuation de la bile noire, dont le démon se servait.

S'il est vrai, comme l'expérience de tous les jours nous le fait connaître, qu'après avoir préparé la bile noire, e puis l'avoir purgée, après avoir corrigé l'intempérie des entrailles, ôté les obstructions qut s'y trouvent, et provoqué le sommeil, nous rétablissons la santé de ceux qui ont l'imagination dépravée, et qui se persuadent d'être agités par un démon; nous pouvons dire hardiment qu'en combattant l'humeur mélancolique, et en la chassant du corps de ces sortes de malades, nous en faisons sortir en même temps le démon. Cela arriva de la sorte à un apothicaire qui accompagnait un médecin dans l'un des hôpitaux d'Auvergne : cet apothicaire protestait, si nous en croyons Houillier, qu'il avait vu pendant la nuit le démon figuré de la sorte qu'il le dépeignait, et qu'il en avait été maltraité. Cependant ce démon imaginaire fut chassé par les soins du médecin de l'hôpital, qui guérit l'apothicaire de la maladie incube dont il était attaqué.

Nous concluons donc, après tout ce que nous venons de dire, que nous sommes le plus souvent nous-mêmes la cause des spectres que nous imaginons voir ou toucher : si nous étions moins timides et moins mélancoliques, nous ne tomberions pas si souvent dans ces faiblesses d'âme. Mais comme parmi les hommes il y a des mélancoliques de différentes espèces, il doit aussi y avoir plusieurs manières de rêver et de devenir fou. En un mot, une sorcière ne sera jamais caressée amoureusement par un démon, bien moins pourra-t-elle en devenir grosse, s'il est vrai, comme nous l'avons montré, que la génération soit impossible sans l'application des parties naturelles de l'un et de l'autre sexe. L'opinion contraire passera toujours pour une fable dans l'esprit d'un homme raisonnable ; au lieu que, selon le jugement d'un esprit faible et scrupuleux, elle sera toujours une vérité incontestable.

CHAPITRE VI

SI LES EUNUQUES SONT INCAPABLES DE SE MARIER ET DE FAIRE DES ENFANTS

Les testicules contribuent tellement à la perfection de notre santé, que Galien a osé les comparer, et même les préférer au cœur ; mais leur principal usage est de servir à perpétuer notre espèce. La nature ne les a pas seulement formés, comme se l'est imaginé un philosophe, pour faire tenir tendus les vaisseaux spermatiques, comme sont tendus les poids d'un tisserand : mais ils servent à un autre usage incomparablement plus noble que celui-là : car ceux qui en manquent sont imparfaits et incapables de se perpétuer par la génération. Et d'ailleurs, la chaleur naturelle, qui est la source de toutes nos actions, se diminuant insensiblement par leur perte, et les fermentations naturelles ne se faisant plus, on est accablé d'incommodités et de langueurs. Le cerveau se relâche et puis se décharge sur les parties inférieures, et l'on est alors attaqué d'une infinité de maladies qu'il est impossible de guérir et d'éviter même. L'âme souffre aussi bien que le corps, et l'on devient timide et lâche, de fort et de courageux que l'on était auparavant.

C'est ce qui a fait si fort valoir ces petites parties de nous-mêmes, jusque-là que la jurisprudence n'admet point d'homme en témoignage, si on les lui a a coupés, et que l'Église n'en veut recevoir aucun qui en soit privé. Dieu même avait défendu autrefois qu'on lui offrît, dans ses sacrifices, des animaux qui ne fussent pas entiers. En effet, les eunuques, si nous en croyons l'empereur Sévère, sont une troisième espèce d'hommes, qu'il ne faut ni voir ni souffrir. Et si l'eunuque Dorothée occupa l'évêché d'Antioche, ce ne fut que par un effet e l'amitié extraordinaire que l'empereur Aurélien avait pour lui.

Mais, pour bien examiner la question qui fait le sujet de ce chapitre, nous devons d'abord distinguer les eunuques, pour connaître ceux qui sont propres au mariage, et ceux qui ne le sont point. Entre les eunuques qui ont été faits par la nature ou par l'art, il y en a qui n'ont qu'un testicule, et d'autres qui n'en ont point du tout.

On ne doit point mal juger de la virilité d'un homme lorsqu'on ne lui trouve point de testicules au dehors, comme nous l'avons prouvé ailleurs par l'autorité de la faculté de médecine de Montpellier, et par les raisons que nous avons déduites en cet endroit-là. Car il arrive quelquefois que les testicules étant demeurés au dedans, et, n'étant pas descendus dans la bourse, par les obstacles qui se sont opposés à leur sortie, les hommes qui les ont ainsi cachés ne laissent pas d'être aussi parfaits que s'ils les avaient au dehors, témoin ceux dont nous avons fait l'histoire. Ces sortes de personnes sont vigoureuses et fortes comme les autres, et ont tous les signes qui sont nécessaires pour marquer la virilité d'un homme. Ainsi, ils sont en état de se marier et de faire des enfants. Et je ne fais aucun doute que Putiphar, qui était eunuque de Pharaon, et le lieutenant général de ses armées, ne fût de ce nombre-là, puisqu'il avait une fille qu'il maria avec Joseph.

Il y a des eunuques qui n'ont qu'un seul testicule, mais il est bien fait et bien proportionné, ce qui les rend aussi féconds que les autres hommes; car, sèlon l'axiome des philosophes, la force unie est capable de plus d'action que celle qui est partagée. Un homme voit aussi bien, et peut-être mieux d'un œil, que s'il en avait deux ; et la nature ne nous a donné deux testicules qu'afin que l'un pût suppléer au défaut de l'autre. Cet homme, dont parle Zacharias, qui n'avait qu'un testicule dans sa bourse, auquel étaient attachés d'un côté et d'autre les vaisseaux spermatiques, était sans doute aussi vigoureux et aussi capable d'engendrer que ceux qui en avaient deux. Mais si le testicule est petit et flétri, il ne faut pas s'attendre qu'un tel homme soit propre à la génération, bien qu'il puisse être capable de caresser une femme.

Pour ne point confondre ici les espèces des eunuques, comme le font quelques-uns, je ne parlerai, ni des hommes impuissants qui ont trois testicules petits et de nulle vertu, ni de ceux à qui la maladie ou les remèdes froids ont empêché l'usage de ces parties, ni encore de ceux à qui on les a brisés, comme on fait aujourd'hui aux taureaux, pour les châtrer, puisqu'un véritable eunuque est celui à qui la nature a dénié une ou deux de ces parties, ou à qui le chirurgien ou quelque accident en a emporté une ou toutes les deux ensemble.

Mais il n'en est pas de même de ceux qui n'en ont ni au dedans ni au dehors. Ils sont valétudinaires, incommodés, impuissants et lâches, et méritent d'être chassés de la compagnie des hommes, comme inutiles à la société humaine : ce qui arriva au prêtre Léonce, selon le rapport de saint Athanase, qui fut déposé de la prêtrise pour s'être châtré, de peur de caresser une femme qu'il tenait chez lui.

A les considérer dans le détail, ils ont la voix grêle et languissante, et la complexion d'une femme ; on ne leur voit que du poil follet à la barbe. Le courage et la hardiesse font place à la crainte et à la timidité ; enfin, leurs mœurs et leurs manières sont toutes efféminées. Ce sont ces grands désavantages pour lesquels la loi Cornélia punissait très sévèrement ceux qui avaient la témérité d'ôter les testicules à un homme, parce qu'en même temps on lui ôtait la force, la santé, et tout ce qu'il avait de meilleur.

Quoique ces sortes d'eunuques soient incapables d'engendrer, nous ne manquons pourtant pas d'histoires qui nous apprennent qu'ils ont fait des enfants. Fontanus nous en rapporte une d'un gentilhomme qui perdit ses deux testicules à la guerre, et qui néanmoins engendra après avoir été guéri ; et Aristote nous a laissé par écrit qu'un taureau nouvellement châtré, rendit féconde une vache qu'il avait couverte. Mais, bien que ces histoires paraissent presque incroyables, cependant ce sont des faits auxquels la raison ne s'oppose point. Car on ne doit point douter que, s'il reste à un homme ou l'épididyme ou quelque petite portion de l'un des testicules, sans que les vaisseaux spermatiques soient tout à fait brisés, il ne soit en état de faire une fois un enfant. Nous en sommes persuadés dans les animaux par l'expérience de chaque jour. Les chapons mal châtrés chantent comme les coqs, et en font même l'office. Car, s'il est vrai que l'épididyme soit de la même nature que les testicules, c'est-à-dire, qu'il soit un entrelacis de vaisseaux entre lesquels il y ait une matière glanduleuse, comme nous l'avons remarqué ailleurs, il ne faut pas douter qu'il n'ait la vertu de faire la semence prolifique, et puis de la renvoyer vers les vésicules et les prostates pour être évacuée. Ne pourrait-il pas même se faire qu'une suffisante quantité de semence se fût conservée dans les vésicules séminaires ou dans les prostates, pour servir à la génération d'un enfant dans les premières caresses d'une femme ? Cela n'empêche pourtant pas qu'à parler en général, il ne faille dire de ces eunuques à qui ces deux petites parties manquent, qu'ils sont incapables d'engendrer.

Je trouve dans l'histoire que nous a laissée Marcelin, que Sémiramis fut la première qui fit couper des enfants ; aussi est-ce vers les contrées où régnait cette princesse, que les eunuques ont paru d'abord en plus grand nombre. Les Perses, les Mèdes et les Assyriens ont été ceux qui s'en sont le plus servis, et nous remarquons que Nabuchodonosor faisait couper tous les Juifs et autres prisonniers de guerre, pour n'avoir que des eunuques à son service ; d'où vient que saint Jérôme nous fait observer que Daniel, Ananias, Azarias et Misaël étaient quatre eunuques qui servaient dans le palais du roi de Babylone.

C'est ici la méthode dont on sert dans l'Orient pour faire des eunuques. On fait prendre par la bouche une petite quantité d'opium aux enfants qu'on veut couper, et, après que le sommeil les a accablés, on tire de leurs bourses ce que la nature avait pris tant de soin à fabriquer. Mais, comme on a observé que plusieurs mourraient par ce narcotique, on s'est avisé d'un autre moyen. On met les enfants dans le bain tiède, on leur presse quelque temps après les veines du cou, que nous appelons *jugulaires*, et par là on les rend stupides et apoplectiques ; après quoi, il est aisé de faire l'opération de l'énichisme sans qu'ils en sentent rien. Et je ne sais si l'on rendit Narsès eunuque de cette façon, qui fut bibliothécaire de l'empereur Justinien.

L'expérience a montré ensuite que les hommes à qui on ôtait seulement les testicules, ne laissaient pas pour cela de se divertir avec les femmes, et de souiller aussi la couche nuptiale des autres hommes : on s'est donc résolu à couper tout net les parties naturelles des hommes que l'on voulait faire eunuques, afin de leur ôter par là le moyen de se joindre amoureusement aux femmes. Le paysan de Montaigne fit la même chose ; car, étant importuné par les soupçons de sa femme jalouse, un jour qu'il revenait des champs, il se coupa tout net avec une serpe ses parties naturelles, et les jeta au nez de sa femme pour lui faire dépit et pour se venger d'elle. Bibienus trouvant Corbo Actienus, et Publicus Cervinus rencontrant Pontinus en adultère, en usèrent de la sorte envers ces deux hommes, selon la remarque de Valère-Maxime.

On dit que les eunuques à qui la verge reste aiment passionnément les femmes ; et parce qu'ils sont plus faibles d'esprit qu'ils n'étaient auparavant, ils sont aussi plus susceptibles de passions. Quand leur imagination est une fois échauffée, et qu'une espèce de semence liquide et aqueuse qui se trouve dans leurs prostates ou dans leurs vésicules séminaires, irrite leurs parties naturelles, on ne saurait dire jusqu'où ils poussent leur amour déréglé. C'est ce qui fit soupçonner d'adultère le philosophe Phavorinus, tout eunuque qu'il était, et qui fut aussi la cause que le soldat dont Cabrole nous fait l'histoire, le fit pendre, bien qu'il fût naturellement un parfait eunuque. C'est de ces sortes d'eunuques qu'il faut entendre le passage de l'Ecclésiaste, lorsqu'il dit « qu'un ennuque, par sa « concupiscence, est capable de déshonorer une fille en lui ravissant sa virginité. »

Il est donc présentement aisé de décider la question, si les eunuques peuvent se marier. Les premiers, qui sont des eunuques apparens, peuvent le faire, puisqu'ils peuvent caresser une femme et engendrer. Les seconds sont aussi de ce nombre ; mais il n'en est pas de même des troisièmes, qui manquent de testicules, ni de ceux qui n'ont point de verge, ou qui n'en ont qu'une petite, inca pable de faire l'action pour laquelle elle est destinée, car ces derniers, ne pouvant caresser une femme, ils doivent sans doute être jugés incapables de se marier.

Mais on pourrait dire que, s'il est permis à deux personnes de quatre-vingts ans de se marier, un eunuque, tel qu'était Phavorinus, pourra avoir aussi cette même liberté. Les vieillards ne sont point capables de faire des enfants, non plus que l'eunuque, et le mariage ne leur est permis, selon les casuistes, que pour éteindre le feu de leur concupiscence. Si un eunuque a donc cet avantage et pour lui et pour la femme qu'il épouse, de pouvoir se servir de sa verge, ainsi que l'avait autrefois le musicien Smèce, pourquoi veut-on empêcher ces sortes d'eunuques de se marier ?

Cependant l'empereur Léon fit un édit par lequel il défendait aux eunuques de se marier, de quelque nature qu'ils fussent ; et le pape Sixte V fit aussi une bulle qu'il envoya en Espagne, par laquelle il déclarait nuls les mariages de ces sortes de personnes. La raison en est manifeste : « Les eunuques ne font que « soupirer en embrassant une fille », comme parle l'Écriture, et n'ont pas de parties propres pour la génération, qui est la première fin du mariage, au lieu que d'étouffer le feu de la concupiscence n'en est que la seconde.

Car de s'imaginer que les testicules, comme ont pensé qnelques-uns, ne sont pas les principales parties qui font la semence, et qu'ils ne sont point du tout nécessaires pour la génération, puisqu'il s'est vu des animaux parfaits qui ont engendré sans en avoir, c'est une erreur assez réfutée par les raisons que nous avons rapportées ici et ailleurs, qui nous doivent persuader qu'ils sont absolument nécessaires.

Avant que de finir ce traité et ce chapitre, il me semble qu'il n'est pas hors de propos d'examiner la question qui se présente ; savoir, si on peut châtrer les femmes comme les hommes.

Tous les médecins savent que la matrice n'est pas absolument nécessaire à la vie, comme elle l'est à perpétuer les hommes. Les histoires que nous avons de sa perte sont des preuves qui ne nous permettent pas d'en douter. L'expérience même nous fait voir que parmi les animaux on coupe les truies et les poules, sans néanmoins qu'elles en meurent. Athénée nous assure qu'Andramasis, roi des Lybiens, fit couper toutes les femmes pour s'en servir au lieu d'eunuques ; et Wier nous rapporte que Jean de Hesse, trouvant sa fille en adultère, lui arracha la matrice, comme il faisait aux autres animaux. Ainsi on ne peut pas douter qu'on ne puisse rendre une femme incapable de concevoir, en lui ôtant la matrice et les testicules ; mais la difficulté est de savoir comment les anciens y procédaient. Et pour dire ici ce que je pense là-dessus, je ne crois pas qu'on puisse faire cette opération sans péril ; et je pourrais dire que ce roi qui ne se servait que de femmes pour eunuques, les faisait boucler, ou leur faisait appliquer un cadenas, comme font aujourd'hui en Italie et en Espagne les maris qui soupçonnent leurs femmes, ou bien encore comme font les nègres du royaume d'Angole et de Congo, qui, appréhendant la prostitution de leurs filles, leur cousent les parties naturelles dès qu'elles sont nées ; et ainsi ce roi pouvait avoir des femmes traitées de la sorte, qui passaient parmi son peuple pour des femmes à qui l'on avait tranché les parties de la génération pour les empêcher d'engendrer.

CINQUIÈME PARTIE

L'ART DE FAIRE DES GARÇONS

CHAPITRE PREMIER

OPINIONS DIVERSES SUR LA GÉNÉRATION

Tout le monde sait, au moins par théorie, la façon dont les animaux travaillent à la multiplication de leur espèce. Le mâle et la femelle ne peuvent produire leur semblable que par une union intime de leurs *différences sexifiques*. C'est pour cette raison que la nature a fait l'une en relief et l'autre d'une forme propre à recevoir la première, afin qu'elles puissent s'unir étroitement et s'enchâsser exactement l'une dans l'autre.

On sait encore ce que le mâle fournit sensiblement à la génération : il n'y a pas la moindre difficulté là-dessus ; mais il n'en est pas de même, à beaucoup près, de la manière dont la femelle y contribue. C'est un point sur lequel les philosophes sont très partagés. On peut les diviser en trois principales sectes, que je nommerai avec leur permission, en attendant qu'il leur plaise de se nommer autrement, *séministes animalistes et ovistes* [1].

Les séministes prétendent que le fœtus est formé dans la matrice par le mélange des semences de la femelle et du mâle.

C'est le sentiment d'Aristote, de tous les anciens, et celui de leur ennemi juré, le plus célèbre des modernes, Descartes. Je m'étonne qu'il ait épargné cette opinion des péripatéticiens, lui qui semblait avoir renouvelé contre eux le serment d'Annibal à l'égard des Romains.

Les animalistes enseignent que l'embryon est non seulement tout formé, mais déjà très vivant dans la semence du père, qui le lance à millions dans la matrice, où la mère ne fait que donner le logement et la nourriture à celui, à ceux qui sont prédestinés ou condamnés à la vie.

---

1. Cette dernière dénomination n'est pas nouvelle.

Cette opinion doit sa naissance à Hartsoeker, Hollandais, dont les yeux jeunes encore aperçurent à l'aide du microscope cette prétendue graine d'animaux dans la semence des mâles seulement de toutes les espèces.

Les ovistes soutiennent que les femelles de tous les animaux contiennent des ovaires, qui sont comme autant de pépinières de leurs diverses espèces, et dont chaque œuf fertilisé par le mâle rend un petit animal.

Je distinguerai plusieurs sectes d'ovistes. Si j'ai rapporté leur système le dernier; ce n'a été que pour ma commodité : dans l'ordre des temps, il doit être entre les deux autres. Malgré l'imposante antiquité du premier et la nouveauté séduisante du second, il a pour lui la foule des anatomistes, entre lesquels se sont distingués, Malebranche et Verheyen; mais ce n'est ni le nombre, ni l'autorité, ce sont les raisons seules qui doivent déterminer sur le choix d'un parti.

Les ovistes paraissent les plus favorables aux femelles. Les animalistes semblent faire plus d'honneur aux mâles : et les séministes les plus raisonnables ne sont pas plus avantageux à l'un des sexes qu'à l'autre.

Je dis les séministes les plus raisonnables, car il s'en est trouvé beaucoup qui n'ont guère mis moins de différence que les animalistes, entre les manières dont le mâle et la femelle concourent à la production de leurs semblables ; entraînés apparemment par le préjugé qui donne à l'homme une supériorité naturelle sur la femme : tant il est difficile aux esprits les plus sages, aux philosophes même, d'être tout à la fois juges intègres et parties dans une affaire. J'en suis bien fâché ; mais on ne peut laver de cette tache Aristote lui-même. Ce sublime génie, tout partisan qu'il était du beau sexe, a trahi sa cause en cette occasion, et n'a pu se préserver de la partialité contagieuse qui nous fait toujours pencher en faveur de ce qui nous ressemble le plus. Il a prétendu que la semence du mâle est la seule qui sert à former l'animal, et que la femelle ne lui fournit que la vie et le couvert.

Au reste, les erreurs dans lesquelles est tombé ce grand homme, lui font personnellement moins de tort qu'à l'humanité, dont elles démontrent la faiblesse; ainsi apprenons à le réfuter, sans prétendre le badiner : ce n'est point avec des plaisanteries qu'on doit combattre un auteur grave : c'est avec des raisons et avec des expériences.

Je n'en vois aucune, ni des unes, ni des autres pour les séministes, et j'en vais rapporter plusieurs qui leur sont contraires. Tout ce qu'ils ont en leur faveur, c'est l'espèce de nécessité dans laquelle on est d'admettre, de la part du mâle et de la femelle, une égale participation à la production du fœtus : prérogative dont ils jouissent et qui manque tant aux animalistes qu'aux ovistes ordinaires; mais si je leur trouve un système doué de cet avantage, qu'auront-ils à dire? Que leur restera-t-il? rien. Or, je leur en promets un. En attendant, je nie tout net l'existence de la liqueur prétendue séminale qu'ils font seuls si libéralement répandre aux femelles ; et je les défie tous de me la prouver.

CHAPITRE II

CONTRE LES SÉMINISTES

Une des principales raisons qui font croire que les femelles répandent de la semence aussi bien que les mâles, c'est qu'on regarde communément l'effusion de cette liqueur, comme la cause du plaisir qui l'accompagne chez les hommes, et supposant que dans les deux sexes les effets semblables viennent de causes pareilles, les séministes ne croient pas pouvoir donner au plaisir des femmes d'autre origine que l'épanchement de leur semence : mais cette idée populaire est une erreur, dont plusieurs anatomistes ont déjà secoué le joug, sans le détruire à la vérité. Contents de donner chez les femmes, une autre source au plaisir, ils n'ont point cherché à tarir l'ancienne. Pour moi, peu embarrassé de lui en indiquer une nouvelle, je vais chercher à dissiper la première. Il importe peu de découvrir sa véritable origine, pourvu qu'on fasse voir que ce n'est pas la semence ; et c'est ce qu'il ne m'est pas fort difficile de prouver.

Suivant les Séministes, les femelles ne peuvent concevoir sans répandre de semence : d'ailleurs cette liqueur ne peut, ainsi que dans le mâle, couler sans produire le plaisir ; d'où il suivrait que le plaisir serait inséparable de la conception. Cependant combien de mères se plaignent du contraire ? La plupart, si on les en croit, ne trouvent dans les embrassements de leurs époux, que la satisfaction, si douce à la vérité pour les cœurs bien faits, de remplir exactement les devoirs de leur état. On voit même jusqu'à des amantes assurer qu'elles ne reçoivent des caresses de leurs amants, (malheureux au centre du bonheur) que pour le plaisir généreux ou délicat d'en procurer à ce qui les aime ou qui leur est cher.

Celles qui sont dans l'heureuse impossibilité de donner sincèrement des marques d'une délicatesse ou d'une générosité pareille, n'en ont certainement pas l'obligation à la liqueur qu'elles répandent. Comment un physicien peut-il se persuader que quelques gouttes d'une liqueur insipide soient capables de causer une sensation si agréable, de faire une impression si vive sur les parois d'un conduit, dont elles ne doivent arroser qu'une très petite portion ? Encore si c'était comme chez les hommes, dont la semence plus abondante remplit la capacité du canal étroit d'où elle jaillit, l'erreur serait plus excusable.

Mais ce qui rend la chose plus difficile à comprendre, c'est que cet organe n'est pas, à beaucoup près, d'une sensibilité aussi grande qu'on se plaît à l'imaginer : pour qu'il fût celui du plaisir, il devrait avoir un sentiment aussi délicat au moins que la langue ; et est-il comme elle fourré, garni de houppes nerveuses ? Sa surface interne est spongieuse, sans cesse humide, et n'est pas plus parsemée de rameaux de nerfs que beaucoup d'autres parties.

La nature avait de bonnes raisons pour n'y en pas mettre davantage. Ceux qui la supposent si sensible, ne se souviennent apparemment pas qu'elle est destinée à plus d'un usage, et qu'après avoir servi d'entrée à la semence, elle doit aussi servir de sortie à l'enfant qui s'en est formé. Songent-ils bien à la dilatation prodigieuse, énorme qui, pour cette opération, est nécessaire à ce conduit et à la matrice ? Se représentent-ils, que la première porte par où nous devons arriver au jour, l'orifice interne de la matrice, admet à peine, hors le temps de la grossesse, le stylet le plus fin ? Assurément les douleurs de l'enfantement seraient encore bien autres qu'elles ne sont, si ces parties étaient aussi sensibles qu'on le veut. Si elles l'étaient assez pour causer, à l'occasion de quelques gouttes d'une liqueur fade, un plaisir capable, malgré sa trop courte durée, de ravir la connaissance, il n'y a point de femme qui pût donner la vie sans la perdre de douleur.

Le siège du plaisir doit être, sans contredit, la partie la plus sensible : et où est l'homme qui ne sache pas que le conduit dont il est question n'est pas précisément l'organe doué du sentiment le plus fin ? S'il en est quelqu'un qui l'ignore, qu'il le demande à sa femme.

Ce canal est si peu doué de cette qualité, que le plus souvent il ne sent seulement pas tomber la semence de l'homme : quelquefois les femmes les plus neuves ne devinent l'instant de sa chute, que par l'accélération subite des mouvements précipités qui annoncent cette rosée féconde.

De là les prouesses chimériques de ces galants qui ne sont que de faux braves. De là ces exploits nombreux et fabuleux dont se vantent si souvent les nouveaux mariés, et que leurs moitiés, quelquefois novices, ont la simplicité de croire, ou la complaisance d'attester, moins à la vérité pour la gloire de leurs maris, que pour celle de leurs propres attraits.

Ainsi donc tout conspire à ravir aux fluides que répandent les femelles, l'honneur d'être la source de leur volupté. La qualité de la liqueur, sa quantité, la structure des organes, leurs différents usages, des expériences de plus d'une espèce, et les inductions qu'on en tire, concourent également en faveur de mon opinion. Cependant si les Séminites étaient d'assez mauvaise humeur pour ne

pas se contenter de ces raisons, je suis en état de leur en donner encore d'autres,
tant cette vérité abonde en preuves.

Je suis persuadé que ce qui les entraîne dans l'erreur sur le compte des femelles, c'est le préjugé dans lequel ils sont à l'égard des mâles. Ils pensent que
chez ces derniers la semence est incontestablement la cause du plaisir qu'ils trouvent à la répandre, et rien n'est plus évidemment faux. Je ne m'arrêterai point à
en tirer les preuves, ni de la nature de l'urètre, ni de la qualité de la semence,
bien moins propre que l'urine à agir sur les parois de l'urètre, ni de l'obstacle
que l'huile qui sort des prostates et précède la semence apporterait à son action,
ni quantité d'autres raisons; je viens tout de suite au fait. Il y a un vieil axiome
qui dit que *l'effet ne peut exister avant la cause* : or, le plaisir existe très certainement avant la semence, que les Séministes concluent.

Il n'y a point à nier le fait. Si quelqu'un en doute, il faut, comme dit la
chanson, l'envoyer à l'école, où il n'est apparemment jamais allé; car il y a peu
d'écolier de cinquième qui ne soit en état de lui attester, de lui prouver même ce
que j'avance. Dans les collèges, on apprend malheureusement à goûter le plaisir,
on s'en rend capable longtemps avant que d'être en état de répandre de la semence :
et je crains fort que les jeunes filles, élevées dans les couvents, n'aient aussi le
malheur d'y trouver des instructions à peu près semblables.

Qu'on ne dise pas que ces joies anticipées ne sont qu'un essai, un prélude
des délices réservées pour un âge plus mûr ; ceux qui ont goûté des unes et des
autres assurent qu'ils ne trouvent point de différence entre elles : et qu'il n'y en
ait effectivement aucune, ou que du moins la semence ne soit pas précisément
la cause des dernières, rien n'est plus aisé que de s'en convaincre par sa propre
expérience. On n'a qu'à faire attention, quand on le peut, au progrès et à la dé-
cadence de la volupté. On trouvera que son plus haut point est fixé à l'instant
qui précède immédiatement le départ de la semence. Jusqu'à ce moment unique,
le plaisir monte et va toujours en augmentant; mais après le jet de la première
goutte, il retombe aussitôt et va sans cesse en diminuant : de sorte qu'à proprement parler, la sortie de la liqueur le détruit, plutôt qu'elle ne le produit. Son
effusion est la fin que la nature se propose en cette occasion. Le plaisir est le
moyen dont elle se sert pour y arriver. Sitôt qu'elle a attrapé son but, le moyen
cesse. Elle nous traite comme des enfants auxquels on donne des confitures pour
les engager à manger du pain. Leurs lèvres friandes ont souvent l'adresse d'esca-
moter les confitures, sans que leur dent fasse au pain la moindre brèche : que
d'enfants parmi les pères et mères, ou ceux qui craignent de le devenir. Je dirai
peut-être ci-dessous quel est, chez les hommes, l'organe immédiat de la volupté.
On sait que son siège, chez les femmes, est cette partie qui a un faux air de ressemblance avec la différence spécifique de l'homme. Ainsi que les Séministes

n'abusent plus de ce prétexte pour faire répandre de la semence aux femelles.

Un autre fondement de leur préjugé, peut-être plus difficile à détruire que le précédent, quoiqu'il ne soit pas plus solide que le premier, c'est la conséquence qu'ils tirent de la façon dont le mâle contribue à la multiplication de son espèce. L'égalité du concours de la part des deux sexes passe chez eux pour un point incontestable. Ils savent, à n'en point douter, que le mâle répand de la semence, et de là ils concluent que la même chose arrive à la femelle ; c'est fort mal conclure. Deux causes peuvent différemment, quoique également, concourir à la même opération.

Nombre de gens attestent qu'ils ont vu de cette liqueur, mais un nombre, sans comparaison plus grand, de témoins plus croyables assurent qu'ils n'en ont jamais vu, quoiqu'ils aient beaucoup cherché à en voir. Comme il y a de la gloire à la faire répandre, en ce que son effusion passe pour un signe certain du plaisir qu'on a rendu, le témoignage de ceux qui disent en avoir vu, doit être suspect.

Il doit l'être encore par un autre endroit. Étaient-ils en état de juger de la qualité de ce fluide ? S'ils ne sont pas trompeurs, ils se sont apparemment trompés. Ils ont pris pour de la semence ce qui n'est qu'une humeur onctueuse, semblable à celle qui dans le mâle précède la sortie de la semence réelle, pour enduire son passage, de peur qu'il ne s'y accroche quelques particules de cette substance précieuse. Dans la femelle, comme dans le mâle, cette liqueur anonyme, qu'on pourrait appeler *l'huile de Vénus*, sort des prostates et a le même office. Elle empêche que la semence du mâle ne s'arrête contre les parois du vagin. Peutêtre y sert-elle encore à faciliter, à rendre plus profonde l'introduction de ce qui porte cette semence jusqu'à l'ouverture interne de la matrice.

De mauvais plaisants à propos du second usage de cette liqueur que répandent les femelles, ne manqueront pas de s'écrier : voilà une précaution de la prudente nature peu nécessaire dans nos climats. Mais je leur répondrai qu'ils ont beau plaisanter, qu'il est cependant certain qu'elle est du moins quelquefois utile, et si elle ne l'est pas plus souvent, il y a peut-être plus de la faute de ces plaisants que du sujet de leurs plaisanteries.

J'avoue que cet épanchement n'est pas ordinairement nécessaire, aussi n'est-il pas fort commun. Il ne se fait guère que chez quelques-unes des vierges, qui cessent de l'être, ou par ces intrépides beautés qui, à l'exemple heureux du jeune David, ont le courage de combattre un Goliath ; ou enfin par celles qui ont le bonheur de combler les vœux, de recevoir des leçons de ces hommes aimables, consommés, passés maîtres dans l'art délicieux de donner, de communiquer du plaisir. Ce sont de nouvelles raisons de ne pas ajouter foi trop légèrement aux discours des témoins qui se vantent d'avoir vu de cette liqueur : le témoignage de ceux qui disent n'en avoir jamais aperçu me parait bien plus sincère.

J'ai connu un jeune homme d'une fort jolie figure, qui était sur ce chapitre d'une curiosité insatiable. Entraîné presque par elle seule, à ce qu'il disait, après tous les objets qui pouvaient lui fournir l'occasion de la satisfaire, il n'épargnait, comme un autre Newton, ni ses trésors, ni sa peine, pour faire des expériences : et sur un nombre prodigieux qu'il a tentées avec sa jolie figure, il n'y en a jamais eu qu'une qui lui réussit : encore n'en était-il pas parfaitement content. Qu'on ne dise pas qu'apparemment il n'était pas un Goliath ; ou que dans les sujets qui avaient la complaisance de se prêter à sa curiosité, les organes du plaisir étaient émoussés, et les sources de la semence taries. Si l'on doit l'en croire, quant au premier chef, il était fort propre à faire réussir ces sortes d'expériences. Et pour les beautés qui voulaient bien en être de moitié, elles étaient la plupart soi-disant vierges, ou tout au moins de fort honnêtes femmes ; *de ces femmes de bien qui se gouvernaient mal* [1].

Mais, me dira-t-on, c'est aux anatomistes qu'on doit s'en rapporter là-dessus ; et ils assurent que les femelles, outre cette liqueur onctueuse que je reconnais, répandent de véritable semence. Je m'en rapporte d'autant plus volontiers à leur témoignage et ils le méritent d'autant mieux, que non seulement ils doivent se connaître aux espèces de liqueurs dont il s'agit ; mais soit dit sans les offenser, ce ne sont pas ordinairement les personnages les plus propres à les faire couler. Si quelques-uns d'eux jouissent de cet avantage, il ne doit pas être si rare qu'on le dit. Mais qu'on m'en nomme un d'un nom connu et respectable, qui dise avoir été témoin du fait. Pour moi je n'en connais point.

Les plus fameux, tels que M. Winslow, reconnaissent deux liqueurs que répandent les femelles, l'une qui vient des protastes, ou des bords du vagin, que j'ai nommée *l'huile de Vénus* : l'autre qui sort du fond du vagin, ou des bords de l'orifice interne de la matrice. La dernière suinte, pour ainsi dire, continuellement. Son usage est vraisemblablement d'humecter les parois du vagin, pour en conserver la souplesse et en empêcher l'adhérence pendant les interstices des règles. C'est là sans doute ce qui fait que les femmes les plus attentives ne peuvent jamais rendre ces lieux parfaitement secs. Il en arrive à proportion autant chez nous. Pour la première liqueur, *l'huile de Vénus*, elle ne paraît chez elles, comme chez nous-mêmes, que pour précéder l'acte de la génération. Sa fin principale est sans doute de dilater les bords du vagin, dont l'entrée est toujours la partie la plus étroite. Voilà les seules liqueurs dont, hors le temps des règles et des grossesses, l'existence soit bien constatée par le rapport

---

1. P. Corneille, comédie du *Menteur*.

des anatomistes. Ceux qui admettent une troisième qu'ils honorent du nom de semence, ne parlent tous que sur des ouï-dire, et dans la persuasion où ils sont que, dans les femelles comme dans les mâles, l'effusion de cette semence est la cause du plaisir qui accompagne l'acte prolifique : mais encore une fois cette effusion n'est fondée sur aucune preuve. Au contraire, il y en a plusieurs qui l'anéantissent absolument.

A quel dessein la nature pousserait-elle cette[1] semence hors de la matrice, qui, suivant les séministes, en est la source, et dans laquelle elle doit se mêler avec celle du mâle? Il faut bien qu'il jette la sienne hors de chez lui, pour l'insinuer dans l'endroit où elle doit être déposée; mais pour celle de la femelle, il n'y a pas de raison pour la faire sortir de cet endroit. Comment s'y mêlerait-elle avec celle du mâle. si elle en sortait, lorsque cette dernière y entre?

S'il était vrai que les femelles répandissent de la semence qui sortit de la matrice. il n'en sortirait donc apparemment qu'une partie, l'autre y resterait, y attendrait celle du mâle pour se mêler avec elle, et par conséquent dans toutes les matrices des femelles disséquées après l'accouplement, on devrait trouver de la semence, au moins de la femelle : et c'est ce qui n'arrive point, témoin l'auteur de *Vénus Physique* lui-même. Dans les matrices de femelles de plusieurs animaux; voyez jusqu'où va son attention. Il a la bonté de vous avertir que ce sont des matrices de femelles, de peur apparemment qu'on ne s'imagine que ce sont des matrices de mâles. Qu'on dise après cela qu'il n'est pas exact et juste. Probablement il a voulu dire que dans les matrices de différentes espèces de brutes disséquées après l'accouplement, on n'a point trouvé de cette liqueur. « Pendant les deux mois de septembre et d'octobre, dit-il ailleurs, temps auquel les biches reçoivent le cerf tous les jours, et par des expériences de plusieurs années, voilà tout ce que Harvey découvrit, sans jamais apercevoir dans toutes ces matrices une seule goutte de liqueur séminale. » Cependant Harvey est peut-être l'homme du monde qui a le plus fait de ces sortes d'expériences.

Enfin une troisième raison, à laquelle il me semble qu'il n'y a rien à répliquer, c'est qu'une femme qui reçoit les caresses de son mari, tandis qu'elle est enceinte, ne répand pas moins de liqueur qu'avant de l'être; elle passe même communément pour avoir plus de plaisir : et ce plaisir assurément ne peut pas venir de l'effusion d'une liqueur séminale qui sort de la matrice, puisque les anatomistes conviennent tous qu'elle demeure exactement fermée pendant pres-

---

1. Le fond de la matrice est tapissé d'une membrane qui est parsemée de petits trous, par lesquels vraisemblablement sort cette liqueur que la femelle répand dans l'accouplement.

Le savant anatomiste fait sortir la semence des femelles par l'embouchure des vaisseaux qui fournissent le sang des règles.

que tout le temps de sa grossesse; donc la femelle ne répand point exactement de semence. Cela me paraît démontré contre l'auteur de *Vénus Physique.*

Je sais bien qu'il y a eu des séministes qui faisaient venir d'une autre source la semence de la femelle : ils disaient qu'elle était contenue dans ses ovaires; de chacun desquels elle s'écoulait par un vaisseau qui se divisait en deux branches. L'une plus courte et plus grosse aboutissait à la corne de la matrice; l'autre, plus longue et plus menue, avait son embouchure jusque dans le col de la matrice, proche son orifice interne. C'était par le premier de ces deux conduits que la semence avant la conception coulait dans la matrice : elle s'évacuait par le second pendant la grossesse, et parcourant un chemin plus long, causait alors plus de plaisir. Cette explication était ingénieuse; mais malheureusement pour ces auteurs, on ne trouve point ces vaisseaux de communication des ovaires avec la matrice. Pour remédier à cet inconvénient, on a vu des séministes pousser l'obstination jusqu'à se retrancher sur leur invisibilité. Tel a été un certain M. de la Motte, accoucheur de Valogne, qui, en 1718, prit la peine de se faire imprimer exprès pour nous faire part de ses efforts d'imagination. Il était bien bon de tant s'embarrasser d'un chemin pour faire passer la semence des ovaires dans la matrice. Son digne émulateur, l'auteur de *Vénus Physique,* est bien plus habile. Il tranche tout d'un coup la difficulté, en faisant trouver la semence dans la matrice; sans se mettre en peine d'où, ni par où elle y vient. Ce que c'est que le génie!

D'ailleurs, comment conçoit-on que dans la matrice, surtout des femmes qui ont eu des enfants, le mélange des semences se fît en assez grande quantité et assez exactement pour fermenter et produire par ce moyen le fœtus? C'est comme si un chimiste répandait sur une assiette, ou dans un plat, deux gouttes de liqueur qu'il voudrait faire fermenter, au lieu de les verser dans un verre. La fermentation me plaît assez; mais pour la produire, on se sert d'un trop grand vase. J'en voudrais un plus petit que la matrice, et plus proportionné à la faible dose des liqueurs qu'on suppose s'y mêler.

Par le moyen de ce mélange, est-il possible de concevoir la formation des jumeaux? Celle des deux membranes dans lesquelles chaque fœtus est enfermé? Ou plutôt ne conçoit-on pas qu'elle est impossible dans ce système? C'est pourtant la plus excusable des erreurs qu'on a imaginées sur la génération. J'avais promis des faits, des raisons contre : il me semble avoir dégagé ma parole. Passons donc à celle des animalistes.

CHAPITRE III

CONTRE LES ANIMALISTES

Je n'imiterai point ces vieux philosophes entêtés de leurs opinions et sottement prévenus contre toutes les nouveautés, qui pour s'épargner la peine, que peut-être ils prendraient en vain, de réfuter les Animalistes, nient sans façon l'existence des animaux spermatiques, sans avoir seulement daigné occuper un instant leurs yeux à s'éclaircir de la vérité du fait. Quoique je n'aie jamais eu occasion de m'en convaincre par le rapport des miens, je ne balance point à croire les témoins graves et nombreux qui me l'attestent. Peut-être aussi ma confiance vient-elle en partie du peu de difficulté que je trouve à détruire leurs prétentions.

Effectivement elles me semblent encore plus mal fondées que celles des Séministes. Ceux-ci ont pour eux une raison tout au moins très spécieuse, qu'ils rebattent sans cesse : c'est la nécessité d'admettre dans la génération une égalité de concours de la part des deux sexes : égalité sans laquelle il paraît impossible d'expliquer, de comprendre la ressemblance des animaux indifféremment l'un ou l'autre des individus qui les ont engendrés, souvent avec tous les deux à la fois : et cette ressemblance, si favorable en apparence aux Séministes, est encore plus contraire aux Animalistes. Si, comme ils le veulent, le fœtus n'est autre chose que le ver qu'on voit nager dans la semence du mâle, comment peut-il se faire qu'il ressemble quelquefois à la femelle ? Dira-t-on que c'est pour en avoir reçu la nourriture et le logement ? En ce cas, pourquoi donc les troupeaux ne ressembleraient-ils pas aussi aux prairies ? D'ailleurs, pourquoi les animaux ne ressemblent-ils pas tous à leur mère ? Ne les a-t-elle pas tous logés et nourris ?

Cette ressemblance n'est pas le seul obstacle qui s'oppose à la fortune des animaux spermatiques. Leur nombre, la façon dont on veut qu'ils se contiennent, leur figure, leurs prétendus ouvrages, jusqu'à leur vie, tout est contre eux.

Leur multitude innombrable ne s'accorde point du tout avec l'économie de la nature, magnifique à la vérité dans le dessein de ses ouvrages, mais toujours ménagère dans l'exécution. Que de milliers d'animaux inutiles ! que d'enfants perdus pour un qui vient à bien ! Nous avons, dit-on, sous nos yeux, des exemples d'une pareille conduite dans la production des arbres et des plantes. La comparaison n'est pas juste. Quoique les fruits, les graines que rapporte un arbre, une plante, ne germent pas tous, cependant ils peuvent tous germer : leur mère commune, la terre, leur offre un champ assez vaste pour les contenir et les faire fructifier tous ; il n'en est pas de même des femelles par rapport à la quantité prodigieuse des animaux que le mâle dépose dans leur sein. De plus, les graines, les fruits, qui ne servent pas à produire des plantes, des arbres, ont un autre usage : ils sont l'aliment des habitants de la terre et de l'air, au lieu que les animaux spermatiques qui périssent deviennent d'une inutilité parfaite. Combien de milliers de glands, poursuit-on, tombent d'un chêne, se dessèchent ou pourrissent, pour un très petit nombre qui germera et produira un arbre ! Je ne savais pas que pour produire un chêne, plusieurs glands fussent nécessaires. Mais, ajoute-t-on, ne voit-on pas par là même que ce grand nombre de glands n'était pas inutile, puisque, si celui qui a germé n'y eût pas été, il n'y aurait eu aucune production nouvelle, aucune génération ? Quel raisonnement ! Son auteur n'a-t-il pas senti qu'on pouvait le rétorquer, en lui demandant comment il n'a pas vu lui-même, que pour produire le chêne en question, tous les glands qui ont pourri, étaient tout à fait inutiles, et qu'il suffisait du seul qui a germé ?

La façon dont on veut que les animaux spermatiques soient de père en fils contenus les uns dans les autres à l'infini est, à mon avis, une des erreurs les plus extravagantes dans lesquelles soit jamais tombé l'esprit humain. Quel peut être le fondement sur lequel elle est appuyée ? Car je n'en vois aucun : à moins que ce ne soit la possibilité. La divisibilité de la matière fait, dit-on, entrevoir, Dieu sait comment, qu'il est absolument possible que les animaux soient enfermés les uns dans les autres à l'infini ; donc ils sont effectivement ainsi contenus. Belle conclusion ! De tous temps, de ce qu'une chose existait, on a conclu qu'elle était possible ; mais, de ce qu'elle est possible, s'est-on jamais avisé d'insérer qu'elle existait. Voilà, sans contredit, une nouvelle méthode de raisonner. Plût à Dieu qu'elle fût aussi bonne que l'ancienne ! Combien de mortels s'écriraient : Je puis devenir un Crésus ; donc, j'en possède les trésors. Je puis être roi, donc je règne. Pour moi, plus modeste ou plus ambitieux, je dirais dans mon cœur, la charmante Olympe peut faire ma félicité, donc je suis heureux. Mais que l'ingrate me fait bien sentir la fausseté de cette conséquence.

Il serait à souhaiter que je fisse aussi bien sentir aux Animalistes celle de leur opinion. Comment imaginent-ils qu'un mâle contienne tous ses descendants ? C'est sans doute dans ses vésicules séminaires ; mais il est évident qu'elles ne contiennent seulement pas ensemble les différents enfants du même père. Car il n'est que trop certain qu'on épuise souvent ces réservoirs de façon à n'y laisser aucun de leurs petits poissons spermatiques, ni aucune goutte du fluide dans lequel ils ont coutume de nager. Dans ces circonstances, où sont renfermés ceux qui naissent plusieurs années après ? Il est clair qu'ils sont, avec la semence, filtrés de la masse du sang; le sang se forme du chyle, le chyle est la plus subtile partie des aliments, tels que les fruits, les légumes, donc la semence et ses petits hôtes sont originairement contenus en substance dans les fruits, les légumes, et non pas dans l'animal, du moins avant qu'il ait pris ces aliments. Par conséquent, ce mâle ne contient seulement pas tout à la fois les petits qu'il engendre en différents temps un peu éloignés, et cela suivant le principe des Animalistes mêmes; bien loin de renfermer de père en fils sa nombreuse postérité.

Encore une chose qui me déplaît beaucoup dans les animaux spermatiques, c'est leur figure. Si véritablement ils sont les rejetons de l'animal dans la semence duquel ils nagent, pourquoi n'en ont-ils jamais la forme? Pourquoi celle d'un méprisable ver, d'une grenouille naissante, cache-t-elle à nos yeux, armés de microscope, le roi même des animaux? Par quel hasard la graine des quadrupèdes ressemble-t-elle à celle de l'homme? Comment cet orgueilleux tyran de tout ce qui respire peut-il se reconnaître au travers de déguisements si vils, et se donner des vers pour successeurs? Enfin, à quoi bon tous ces mystères de la nature? La vie ne sera donc plus qu'une espèce de bal général, où tous les animaux viennent en masque danser, les uns un menuet, les autres une contredanse?

Au surplus dire, pour expliquer l'origine des animaux, qu'ils viennent de ces vers spermatiques, déjà vivants dans la liqueur séminale de leur père, ce n'est pas lever la difficulté; ce n'est que l'éloigner d'un degré, et supposer ce qui est en question; car il reste toujours à savoir d'où viennent eux-mêmes ces animaux spermatiques, comment ils sont devenus ce qu'ils sont.

Ces demandes, quoiqu'assez embarrassantes, ne sont pas les seules de ce genre qu'on pourrait faire sur leur compte. Pour peu qu'on fût curieux, on serait bien aise de savoir, entre autres merveilles, comment ces habiles ouvriers, dès qu'ils sont déposés dans la matrice, travaillent comme de petits perdus à s'y attacher par les fils qui forment l'arrière-faix, et comment ils ourdissent cette double membrane dont ils se forment une tente, sous laquelle, achevant secrètement leur métamorphose, ils campent jusqu'au jour de leur avènement à la lumière. Puisque jusqu'à leur transmigration ils se sont bien passés d'un tel secours, quel besoin en ont-ils dans un lieu et dans un temps où ils ne font que croître et devenir de plus en plus vigoureux? Cette enveloppe se trouvant toujours faite avant les filets qui l'attachent à la matrice, où ses invisibles auteurs prennent-ils de quoi la fabriquer et se nourrir pendant qu'ils la fabriquent? Comment, en venant au monde, oublient-ils si promptement tous leurs jolis métiers, semblables aux enfants de Paris qui, dit-on, deviennent sots en grandissant?

Pour rendre raison des deux premiers prodiges, l'auteur de *Vénus Physique* cite l'exemple de quelques insectes tisserands de leur profession, tailleurs même, qui filent des étoffes dont ils se coupent et se font fort adroitement des habits, dont ils se construisent des maisons ; mais cet esprit vif et léger, qui ne veut pas toujours prendre la peine de réfléchir, n'a pas fait attention que ces artisans laborieux sont toujours des animaux faits et non pas à naître. On en voit bien se construire des espèces de tombeaux ; mais on n'en a, je crois, encore vu aucun bâtir son berceau. Est-ce avant que d'éclore que les oiseaux font des nids?

Que répondra-t-il à ceci? L'expérience nous apprend, et pour son honneur, je veux bien croire que, dans le cours des recherches multipliées qu'il a faites sur ce sujet, elle lui a appris à lui-même que, quand un mâle, en des temps peu éloignés, répand plusieurs fois de la liqueur dont il s'agit, les dernières effusions sont désertes et totalement dénuées d'animaux spermatiques : cependant il est certain qu'elles ne sont pas moins fécondes que les premières. Pour le prouver, je n'ai pas besoin de recourir aux exploits incroyables de ce vigoureux héros qui, à la gloire des anciens et à la honte des modernes, sut dans le cours d'une nuit métamorphoser cinquante sœurs, vierges encore, en autant de mères et mères de garçons. Je sais des faits un peu plus récents et plus sûrs que celui-là, qui n'ont que trop bien prouvé que, lorsqu'on a peur de devenir père, on ne doit pas se fier à la huitième ou neuvième effusion. Heureux ceux qui peuvent en craindre les effets ! Mais comment les partisans des animaux spermatiques les explique-ront-ils ?

Que les animalistes de bonne foi se jugent sur ces raisons. Si elles ne suffisent pas pour leur faire abjurer leur erreur, j'en réserve encore quelques-unes qui leur sont communes avec les ovistes ordinaires, contre lesquels je les rapporterai.

Mais quel sera donc l'usage des animaux spermatiques? A quel dessein la nature les aura-t-elle placés aux lieux où ils se trouvent? Les premières réflexions que je fis sur cette matière m'en avaient fait imaginer un singulier. Déjà persuadé que la semence ne pouvait par elle-même causer, en sortant, le sentiment déli-cieux qui l'accompagne, je l'attribuais au chatouillement causé par les mouve-ments rapides et divers dont on dit que sont agités les habitants de cette liqueur ; mais les réflexions que j'ai ci-dessus rapportées contre les séministes me firent bientôt reconnaître que j'étais dans l'erreur.

Je crois avoir depuis ce temps rencontré plus juste, en pensant que ces petits animaux n'ont aucune utilité relative à celui dans la semence duquel ils nagent. Ils sont là pour leur propre commodité, uniquement parce qu'ils s'y trouvent bien, tels que quantité d'autres que le microscope a fait découvrir en mille endroits, où l'on n'en soupçonnait pas plus que dans la semence des mâles.

« M. Jobelot... a découvert au microscope un nombre prodigieux d'animaux singuliers dans les infusions de foin, de paille, de blé, de séné, de poivre, de sauge, de melon, de fenouil, de framboise, de thé, d'anémone royale, etc. Il a vu dans une effusion d'anémone avec de l'eau commune un animal nouveau couvert d'un beau masque de figure humaine bien formé. » C'est dommage que les Animalistes n'en aient pas aperçu de semblables dans la liqueur prolifique de l'homme.

« Il a vu (M. Jobelot) dans l'infusion de paille de blé de nouveaux poissons ; il a vu dans le cœur de ces poissons imperceptibles des mouvements alternatifs de diastole et de sistole ; dans la même infusion il a vu successivement des animaux de différente espèce, il a vu ces animaux qui seraient perdus pour nous sans le secours du microscope, sauter, s'élancer, faire des culbutes très réjouissantes, éviter tous les obstacles dans leur chemin, tant ils ont les yeux bons ; et après bien des expériences, on ne craint pas d'assurer que de neuf mille sortes de plantes connues de M. Tournefort, il n'y en a presque pas une, qui étant mise en infusion avec de l'eau commune, ne donne au bout de quelques heures, ou de quelques jours, soit en été, soit en hiver, une multitude innombrable de petits animaux vivants, qu'on voit nager dans la plus petite goutte d'eau. » M. de Malezieu a vu au microscope des animaux 27 millions de fois plus petits qu'une mite. M. Leuwenhoek dit qu'il en a trouvé dans un chabot plus que la terre ne peut porter d'hommes. M. Paulini veut, dans une dissertation qui parut en 1703, que tout soit plein de vers imperceptibles à la simple vue, et d'œufs de vers, mais qui n'éclosent point partout. Il attribue aux vers la plupart des fièvres malignes et des maladies contagieuses.

Cela posé, pourquoi n'en pas admettre jusque dans la semence des animaux ? C'est, dira l'auteur de *Vénus Physique*, parce qu'on n'en découvre point dans leurs autres liqueurs. Avec sa permission, le fait n'est pas vrai. M. Hartsoeker a remarqué dans l'urine gardée quelques jours, des espèces de petites anguilles, mais quand bien même il ne s'en trouverait que dans la semence, il ne serait pas difficile de rendre raison de la préférence que ces vers lui accordent. C'est une preuve qu'ils sont bons gourmets et qu'ils se connaissent en liqueurs. Ils choisissent pour nourriture la portion la plus exquise, la plus épurée de notre sang. Apparemment qu'ils ne trouvent pas les autres fluides de leur goût, ni assez délicats. Je ne doute pourtant point que leurs œufs n'y nagent aussi en très grande quantité. Mais une autre raison qui peut encore les empêcher d'y éclore, c'est le peu de temps que ces liqueurs restent dans leurs réservoirs, le peu de chaleur qu'elles y sentent, et c'est vraisemblablement pour cela qu'il faut garder quelques jours l'urine pour y apercevoir des anguilles. La semence au contraire est ordinairement conservée dans les vésicules séminaires assez de temps pour donner aux vers celui d'y éclore tout à leur aise. Quand on ne l'y laisse pas séjourner assez, elle devient inhabitée et n'offre aux regards les plus perçants et les plus attentifs aucune trace d'êtres vivants, comme l'a remarqué Hartsoeker lui-même dans la semence d'un homme qu'il examina, après avoir connu une femme plusieurs fois de suite. Ces vésicules d'ailleurs sont, pour ainsi dire, la zone torride du corps des animaux. Il y fait extrêmement chaud, surtout pendant l'exercice qui procure la liberté à leurs petits prisonniers, et cette chaleur facilite beaucoup leur naissance.

J'ai même dans l'idée qu'elle n'arrive que dans ce moment. Le suivant, dira-t-on, est celui de leur mort : *c'était bien la peine de naître.* Oui, sans doute ; et si l'on comparait le cours de leur vie à leur taille, on trouverait peut-être qu'ils vivent à proportion plus longtemps que des animaux beaucoup plus gros. Respirer un quart d'heure parmi eux, est le sort d'un Mathusalem. Peut-être ont-ils trouvé pendant ce temps celui de faire l'amour, d'en goûter les douceurs et de laisser des héritiers. Nous avons après cela bonne grâce à nous plaindre de la durée de nos plaisirs. Leurs œufs enlevés en l'air se mêlent bientôt à celui que nous respirons. De nos poumons ils passent dans notre sang, de la masse duquel ils sont filtrés avec la semence, dans laquelle ils doivent éclore, et ainsi se perpétue leur espèce.

Il pourrait pourtant aussi se faire que leurs œufs fussent déposés dans les aliments, comme dans des magasins, principalement dans les fruits, les légumes, dont se nourrissent les différents animaux ; et je serais assez volontiers de cet avis, d'autant plus que je doute fort qu'on trouve constamment la même figure aux vers qu'on observe dans la liqueur prolifique de deux mâles de la même espèce, ou même dans la semence d'un seul considérée en différents temps. Mais quand on la trouverait toujours, cette même figure, cela ne prouverait en leur faveur autre chose, sinon que la semence, dans laquelle ils nagent, n'est propre à faire éclore que les vers de leur espèce. Je soupçonne encore qu'il n'y a aucune proportion entre les animaux spermatiques et ceux qui les croient suffire, pour renverser le système dont ils sont l'unique fondement : car de même qu'un œuf de poule tient un certain milieu entre ceux de dinde et de pigeon, le ver qui doit reproduire un chien, par exemple, devrait tenir une espèce de milieu entre le rejeton du cheval et celui du lapin, être plus petit que l'un et moins insensible que l'autre ; mais la vérification de ces soupçons, de ces doutes, est-elle nécessaire à mes lecteurs pour les préserver de l'opinion des animalistes, ou pour les y faire renoncer ?

CHAPITRE IV

EN FAVEUR DES OVISTES

Quelle foule de raisons et d'expériences favorables aux ovistes, ou du moins aux œufs! Ils en ont plus pour eux que je n'en ai rapporté contre les animalistes et les séministes ensemble. L'uniformité générale de la nature dans les opérations semblables, l'existence incontestable d'œufs chez les femelles de tous les animaux, la situation des ovaires, leur connexion avec la matrice, le seul conduit qui communique de l'une avec chacun des autres, sa figure conique et recourbée, le rapport de la forme de chaque ovaire avec celle de l'extrémité supérieure de ce conduit, la structure singulière de cette extrémité, la contiguïté de l'autre avec les cornes de la matrice, les œufs trouvés, tantôt prêts à quitter l'ovaire, tantôt déjà tombés dans le canal formé pour leur donner passage, et tantôt tout à fait descendus dans la matrice, relativement aux différents temps écoulés depuis le moment de la conception; le nombre de ces œufs égal à celui des cicatrices faites à l'ovaire; la double poche dans laquelle on trouve constamment enveloppés tous les animaux jusqu'à l'instant de leur naissance; la formation même de quelques-uns dans le canal qui va de l'ovaire à la matrice ; voilà les témoins également nombreux et convaincants qui déposent en faveur des œufs : écoutons et examinons leurs dépositions.

La nature ne fait rien en vain, disent les philosophes, elle ne multiplie point les êtres sans nécessité ; et l'expérience, conforme à ces sages principes, nous apprend que jamais elle n'emploie plusieurs moyens pour produire les effets qui peuvent s'opérer par un seul, elle en varie bien l'application : souvent même on dirait qu'elle se plaît à pousser cette variété, toujours agréable, jusqu'à rendre méconnaissable aux yeux vulgaires le moyen dont elle se sert; mais ce n'est jamais aux dépens de la loi générale qu'elle semble s'être imposée. Ainsi l'Orphée de nos jours et son charmant écho savent doubler, tripler, diversifier en cent façons un même air qui, en plaisant à toutes les oreilles, n'est reconnu que par les savants. Les plantes nous offrent un exemple sensible de cette admirable conduite. Leurs graines varient à l'infini, relativement aux espèces qui les ont produites et qu'elles doivent reproduire; mais ce sont toujours des graines ; c'est-à-dire des petits sacs, des enveloppes dans lesquelles la semence des plantes est renfermée; ne peut-on pas en dire autant à proportion des arbres et des fleurs? Ne pourrait-on pas même pousser plus loin l'analogie? Les œufs des poissons, ceux des insectes et des oiseaux, que sont-ils au fond, sinon des espèces de graines? Les œufs, les oignons, les fruits et les graines contiennent et sont destinés à reproduire d'une même façon générale, les poissons, les insectes, les oiseaux, les fleurs, les arbres et les plantes. Pourquoi veut-on que la nature ait une exception pour quelques animaux, et qu'elle ne les produise pas sur un modèle de génération commun à tous les autres êtres vivants? En vérité, quand j'y réfléchis, je suis surpris que les médecins un peu physiciens, les Hippocrate, les Galien, accoutumés à trouver toujours les fœtus dans des enveloppes, n'aient pas conjecturé que leur génération se faisait à peu près comme celle des oiseaux et des poissons.

Ce qui avait échappé à la pénétration de ces sublimes génies, ce qu'ils n'avaient pas seulement soupçonné, est enfin devenu certain par le secours de la trop lente expérience et de je ne sais quel anatomiste, dont cette seule découverte méritait bien de transmettre le nom à la postérité. J'ai regret de ne le pas savoir non plus que celui du chef des ovistes; mais ni l'un, ni l'autre, ne sont jamais parvenus à ma connaissance, et je crains fort qu'ils ne soient tombés dans un indigne oubli. Quoi qu'il en soit, on trouva vraisemblablement, sans y penser, le nid où la nature avait caché les œufs des animaux vivipares; et, une fois trouvé dans une espèce, on le découvrit aisément dans toutes les autres, où les anatomistes prirent la peine de les chercher. Partout, et spécialement chez la femme, on le trouva double et situé, non pas dans la matrice, à cause des inconvénients auxquels l'auraient exposé les règles et la grossesse, mais à ses côtés et un peu au-dessus de son fond, auquel il est attaché par deux cordons, qu'on a jadis regardés maladroitement comme des vaisseaux par où la semence de la femelle, pendant l'accouplement, s'écoulait dans la matrice, pour s'y mêler avec celle du mâle; et qui ont si fort et si longtemps entêté les séministes dans leur séduisante erreur.

Ces réservoirs, connus des anciens sous le nom de testicules, reçurent des modernes celui d'ovaires, en l'honneur des œufs dont ils sont l'assemblage. Ces œufs sont dans la femme gros chacun comme un petit pois. Ils tiennent et des œufs des oiseaux et de ceux des poissons, en ce que, comme les uns, ils contiennent une liqueur limpide et gluante, telle que le blanc d'œuf ordinaire, dont elle a le goût, et avec lequel ils partagent la propriété de s'adoucir au feu; et comme les autres, ils ne sont recouverts que d'une peau mince et molle. La mollesse de cette faible membrane est un frivole fondement sur lequel s'appuient quelques chicaneurs pour leur refuser le titre d'œufs, comme si elle n'était pas suffisamment justifiée par celle des œufs des tortues, des serpents, des lézards et des poissons; par la nature du lieu qui doit leur servir de retraite, et par les racines qu'ils doivent y jeter pour en tirer la nourriture et l'accroissement du germe qu'ils renferment. Sans compter les autres inconvénients qu'un chacun peut aisément apercevoir, comment ces racines auraient-elles pu se faire un passage au travers d'une coque aussi dure que celle des œufs ordinaires ?

Il ne faut pas se laisser prévenir contre eux par la comparaison de leur volume avec celui des œufs des oiseaux. Ceux d'une poule sont à la vérité bien plus gros que ceux d'une femme ; mais on n'en sera point surpris, ou du moins on cessera de l'être, si l'on fait attention que les œufs des animaux ovipares, outre leur germe, qui n'est peut-être pas la cent millième partie de leur matière, contiennent ses petites provisions faites par la nature pour tout le temps qu'il doit passer dans sa coquille : au lieu que l'œuf d'un animal vivipare ne renferme guère que les parties de son embryon. Cette inégalité surprenante au premier coup d'œil n'est pas sans exemple parmi les corps qui végètent. L'oignon d'une fleur est souvent plus considérable qu'un gland : cependant quel rapport y a-t-il entre un chêne et cette fleur ? Serait-il permis de comparer aux graines des plantes, les œufs des insectes et des poissons, ceux des oiseaux aux oignons des fleurs, et les œufs des animaux vivipares aux fruits des arbres, ou plutôt à leurs pépins et à leurs noyaux ?

Peu de temps après la découverte des œufs, Fallope fit celle de deux conduits, qui des deux côtés du fond de la matrice s'élèvent vers les ovaires. Leur figure recourbée leur fit donner le nom de trompes, auquel pour récompenser leur inventeur on ajouta le sien, en les appelant trompes de Fallope. Ces deux conduits ne sont pas comme les cordons qui attachent les ovaires à l'utérus ; ils sont très sensiblement creux, surtout par leur extrémité supérieure, et les seuls qui communiquent de la matrice aux ovaires. Non seulement ils sont tortueux, mais d'autant plus étroits qu'ils approchent de la matrice, de peur que s'ils eussent été droits, perpendiculaires, ou à peu près et d'un diamètre cylindrique, égal dans toute leur longueur, leur descente n'eût été trop rapide pour les œufs et ne les eût fait arriver dans le lieu destiné à les recevoir, avant que la nature y eût fait les préparations nécessaires. Ces trompes font, chez les animaux vivipares, l'office de l'entonnoir ; dans les ovipares, la structure en est toute admirable, mais surtout celle de leur extrémité supérieure, du pavillon recourbé vers l'ovaire voisin, auquel il n'est attaché que par la plus longue de ses découpures et d'une façon lâche, pour avoir une pente plus douce. Quoique l'ovaire et le pavillon ne soient pas contigus, le rapport de leurs formes ovales prouve visiblement qu'ils sont faits pour être dans l'occasion appliqués l'un sur l'autre. Afin que cette application soit encore plus exacte, plus étroite, de peur que le pavillon de la trompe ne laisse échapper quelque œuf dans la capacité du ventre, ses bords sont découpés, déchiquetés en manière de frange, et intérieurement plissés. Les plis sont à la concavité du pavillon en manière de feuillets, afin de soutenir en tombant l'œuf, dont la chute pouvait nuire à l'arrangement déjà commencé des parties qu'il contient. Enfin l'embouchure des trompes est contiguë aux cornes de la matrice, dans lesquelles elles déposent les œufs, qui ont coutume de germer en ces recoins, où se trouvent presque toujours les fœtus. Que de ménagements ! quelle mécanique ! à quoi serviraient ces organes merveilleux sans l'usage que je leur assigne ? Que les animalistes et les séministes leur en donnent un autre. Il faut avouer que, du côté de la structure des parties, les ovistes ont tout l'avantage sur leurs adversaires.

Celui qu'ils retirent de l'expérience n'est pas moindre. Plusieurs anatomistes ont trouvé des œufs, les uns à demi détachés de l'ovaire, les autres tombés dans les trompes, ou déjà parvenus presque dans la matrice, suivant le temps passé depuis l'accouplement, et cela en raison des cicatrices observées aux ovaires. « Quand un œuf est prêt à tomber, dit Dionis, il ne tient plus à l'ovaire que par une faible et petite queue, comme le fruit mûr à l'arbre, lequel en cet état tombe par la moindre secousse qu'on y donne : j'ai souvent trouvé à des femmes que j'ai disséquées de ces œufs à demi détachés, et d'autres qui l'étaient tellement qu'ils pendaient à l'ovaire, comme une perle à l'oreille, ne tenant plus que par quelques filets membraneux. » La description que M. Litre nous donne d'un ovaire qu'il disséqua, dit l'auteur de *Vénus Physique*, mérite beaucoup d'attention. Il trouva un œuf dans la trompe ; il observa une cicatrice sur la surface de l'ovaire qu'il prétend avoir été faite par la sortie d'un œuf.

Mais cela n'approche pas encore de ce que rapporte Graaf. Dans les dissections de quantité de femelles qu'il avait fait couvrir exprès, il dit que vingt-quatre heures après l'accouplement, il a toujours trouvé inflammation à l'ovaire ; au bout de deux jours l'altération plus considérable, quelque temps après des œufs dans la trompe, ou dans la matrice, lorsque les femelles avaient été disséquées un peu tard. Enfin, il assure avoir toujours compté aux ovaires les vestiges d'autant d'œufs détachés, qu'il en trouvait dans les trompes ou dans la matrice. Peut-on désirer des observations sur cette matière plus exactes, plus positives et plus convaincantes ?

Mais si elles laissaient quelque doute, ne serait-il pas entièrement détruit par cette poche dans laquelle on trouve constamment enveloppé le germe de tous les animaux vivipares ? D'où peut venir cette membrane, si ce n'est celle de l'œuf même, dilatée, étendue à proportion des besoins et de l'accroissement de l'embryon ? De cette manière, rien n'est plus simple ni plus naturel que sa formation qui, dans le sentiment des animalistes et celui des séministes, devient un véritable mystère. Cette considération m'a toujours extrêmement frappé et me paraîtrait seule décisive en faveur des œufs.

On dirait que pour rendre la conviction plus complète, la nature a pris plaisir à en arrêter quelques-uns dans les trompes de Fallope, à les y faire germer, pousser des racines et croître comme dans la matrice, malgré l'humeur qui a coutume d'arroser les parois de ces conduits pour les empêcher de se boucher, et pour les rendre glissants. Dionis, entre autres anatomistes, en a rapporté plusieurs exemples qui sont démonstratifs, principalement ceux dont il a été témoin ; tel que celui de la femme grosse de sept mois, morte à l'Hôtel-Dieu à Paris, dans la trompe droite de laquelle on trouva l'enfant. L'auteur de *Vénus Physique*, que rien n'embarrasse, soutient et prouve à son ordinaire, qu'un pareil phénomène peut s'expliquer à merveille par le mélange des deux semences. Le fœtus, dit-il, de quelque manière qu'il soit formé, doit se trouver dans la cavité de la matrice ; et les trompes ne sont qu'une partie de cette cavité. Les trompes une partie de la cavité de la matrice ! Sur ce pied il ne serait pas surpris de voir des fœtus se former dans le vagin ; car ce n'est non plus qu'une partie de la cavité de l'utérus : mais en admettant pour un moment le mélange ordinaire des deux semences, comment cette liqueur, contre son propre poids, serait-elle montée dans les trompes ? Et, supposez qu'un accident l'y eût poussée, comment y serait-elle demeurée suspendue ? Sa pesanteur seule n'aurait-elle pas suffi pour la faire retomber dans la matrice ? Il faut avoir bien peu de connaissance de la nature des fluides, pour en parler ainsi. N'est-il pas clair que le fœtus ne se trouve engagé dans la trompe que pour y avoir été malheureusement retenu par l'exiguïté du canal conique, qui l'avait reçu de l'ovaire pour le conduire dans la matrice ? Il faut être Pyrrhonien pour ne pas se rendre à l'évidence de ces preuves.

Cependant, malgré leur force, j'avoue que le système des œufs n'est pas sans difficultés : mais aussi j'ose assurer que ces difficultés ne sont pas sans réponse : du moins je n'en connais aucune de ce genre. Je suis de bonne foi et prétends dire sincèrement le pour et le contre. J'ai assez de confiance aux motifs qui m'ont déterminé sur le choix que j'ai fait, pour espérer qu'ils n'auront pas moins de pouvoir sur l'esprit de mes lecteurs, pourvu qu'ils soient exempts de préjugés ou capables de s'en défaire.

Les plus fortes objections qu'on puisse proposer contre les œufs sont peut-être les expériences de Harvey ; il a eu beau disséquer des biches et des daines, dit-on, dans un temps où elles reçoivent tous les jours le mâle, il n'a jamais trouvé de semence dans leur matrice. Eh bien ! qu'en conclure ? tout au plus qu'il n'y en avait pas alors. Une seule expérience telle que celle de Verheyen, qui en a trouvé en abondance dans la matrice d'une génisse, est plus efficace pour prouver qu'elle y entre, que toutes celles de Harvey ne le sont, pour prouver qu'elle n'y entre pas. Si ce dernier s'était contenté d'inférer de ses observations que la

semence du mâle ne séjourne pas dans la matrice, il n'y aurait rien eu à lui dire,
et il eût raisonné juste. Mais MM. les anatomistes ressemblent à MM. les as-
tronomes: ils ne se piquent pas communément d'être grands dialecticiens, et je
crois qu'ils ont raison. Ces deux espèces de philosophes subalternes et analogues,
peu faits pour raisonner, ne semblent destinés qu'à se servir de leurs yeux, du
télescope et du scalpel, et à rendre, de ce qu'ils ont vu, un compte exact aux
physiciens leurs seigneurs qui, sur leur rapport, jugent les systèmes, confirment
ou anéantissent les anciens, les réforment et en créent des nouveaux.

L'auteur de *Vénus Physique* pourra-t-il souffrir qu'avec le secours de cette
logique dont il fait si peu de cas et d'usage, on tourne au profit des œufs ces
mêmes expériences de Harvey, qu'il avait jugées leur être si contraires? Il faudra
pourtant bien qu'il le souffre; je ne vois pas du moins comment il pourrait
l'empêcher. Car vous convenez, lui dirais-je, et l'expérience de Verheyen prouve
que la semence entre dans la matrice; celles de Harvey démontrent qu'elle n'y
séjourne pas; que voulez-vous donc qu'elle devienne? Il n'y a point là à choisir :
elle n'a pas d'autre chemin à prendre que celui des ovaires. Aussi le prend-elle
régulièrement, et ne reste-t-elle pas pour l'ordinaire en quantité fort sensible
dans la matrice. Si cela est arrivé une fois, c'est par un accident qui ne tire point
à conséquence; c'était le coup d'essai d'une jeune vache, dont la matrice, novice
encore, ne savait apparemment pas bien son métier, et retint mal à propos pour
elle ce qui lui avait été confié pour le faire passer ailleurs.

Je ne prétends pas néanmoins que toute la semence soit portée aux ovaires ;
une partie doit, par les orifices des veines de la matrice, s'introduire dans la
masse du sang, où par la fermentation elle cause les ravages, les désordres auxquels sont exposées les femmes nouvellement enceintes. C'est même une suite
nécessaire de la façon dont on verra ci-après que la semence est poussée vers les
ovaires. Quand les deux faces de l'utérus s'appliquent l'une contre l'autre, la
liqueur qu'il contient, est obligée d'enfiler rapidement les trompes de Fallope ;
mais cela ne se peut faire sans que toute la membrane interne de la matrice en
soit imbibée, surtout dans les cornes, à cause de leur proximité avec l'embouchure des trompes et des deux espèces de cul-de-sac qu'elles forment aux deux
coins de la matrice, dans lesquels s'engage une partie de la liqueur chassée
vers les trompes. Aussi est-ce en ces endroits qu'on aperçoit les premiers et les
plus grands changements. Les parois de ces réduits s'enflent d'abord, ensuite il
en sort des excroissances spongieuses semblables à des mamelons, qui doivent
servir de base au placenta. Quelque temps après paraissent des filaments étendus
d'une corne à l'autre de la matrice, qui vont en formant une espèce de réseau
semblable aux toiles d'araignées, s'entrelacer autour des mamelons.

C'est de ce réseau que Harvey s'est imaginé bonnement qu'était formée l'enveloppe qui renferme le fœtus : et ce travers, malheureusement une fois saisi, l'a empêché de découvrir la vérité. Cependant combien de motifs devaient le lui faire abandonner ? Car il n'a sûrement pas vu l'enveloppe se former du réseau; il avait seulement vu le réseau s'ourdir des filets répandus par la matrice ; ensuite il a trouvé la poche toute formée, et il a mal à propos voulu qu'elle ne fût qu'une métamorphose du réseau. Mais comment a-t-il pu concevoir que les fils dont il était tissu se soient détachés de la matrice pour composer une membrane sphérique? Pourquoi d'ailleurs se seraient-ils tout à fait détachés pour avoir la peine de se rattacher de plus belle ? Car Harvey a trouvé l'enveloppe d'abord sans aucune adhérence à la matrice. Pendant toutes ces opérations inintelligibles, où était en réserve la liqueur contenue dans cette enveloppe de nouvelle fabrique, aussi bien que l'autre petite poche qu'elle contenait, et la liqueur qui y était renfermée? Cette seconde enveloppe est encore un mystère plus impénétrable, s'il est possible, que la première; et de la formation de laquelle Harvey ne dit pourtant pas un mot. Au reste, il fait bien, et il eût encore mieux fait de n'en pas dire davantage de l'autre, que d'en parler comme il en a parlé. Quoique médecin, il a raisonné là comme un franc chirurgien qui n'est pas de l'académie, ni maître ès arts. Je ne m'étonne pas si l'auteur de *Vénus Physique* le trouve si grand homme, après s'être moqué du père de la logique, Aristote. Et je découvre enfin la source de son goût pour l'un et de son aversion pour l'autre. Que n'eût-il point dit du philosophe grec, si comme son cher anatomiste anglais, il s'était avisé de comparer la matrice au cerveau, et de dire que l'une conçoit le fœtus, comme l'autre les idées qui s'y forment ? Ou que la femelle est rendue féconde par l'approche du mâle, comme par celle de l'aimant, le fer acquiert la vertu magnétique ?

Avec quelle facilité et quelle netteté toutes ces obscurités se débrouillent par le moyen des œufs ! Ces mamelons, ces fils qui s'y réunissent, qui s'y entortillent, qui se multiplient jusqu'à paraître un réseau, sont les préparatifs que fait la matrice pour recevoir l'œuf, tandis qu'il descend tout doucement le long des trompes. Arrivé dans la matrice par l'embouchure d'une des trompes, il glisse dans la corne voisine. D'abord il ne fait que se coller contre les mamelons dont j'ai parlé ci-dessus, jusqu'à ce que le fœtus qu'il contient ait besoin de nourriture. Alors il jette des racines qui l'attachent aux mamelons, auxquels viennent de toutes parts aboutir les filets, pour lui apporter des provisions de différents endroits, des vaisseaux divers de la matrice; semblable à un conquérant qui s'empare d'une place, dont il met à contribution tous les quartiers, tous les habitants. L'enveloppe, que le bon homme Harvey a eu la simplicité de croire avoir vue se former des filets qui composent le placenta, est la membrane générale de l'œuf : la liqueur qu'elle contient est la première nourriture destinée au fœtus. La seconde poche est son enveloppe particulière, la liqueur transparente qu'elle renferme est le germe. Et de peur qu'on ne me soupçonne d'avoir pris tout ceci dans ma tête, comme il est vraisemblable au moins que Harvey avait pris dans la sienne ce qu'il nous conte de la formation de la première enveloppe, je suis bien aise d'avertir ici les lecteurs peu instruits de ces matières, que je n'ai rien dit de l'œuf qu'on ne trouve dans ceux de tous les oiseaux. Celui d'une poule, outre la coque, a une membrane qui renferme le blanc, une autre pour le jaune, et de plus une très petite vésicule, remplie aussi d'une liqueur diaphane qui est le germe du poulet. Ces membranes sont en plus grand nombre dans les œufs des animaux ovipares, parce qu'ils contiennent différentes nourritures et en plus grande quantité que ceux des animaux vivipares.

Il faut être aussi superficiel que l'auteur de *Vénus Physique* pour ignorer ces choses, ou aussi peu physicien pour être, quand on les sait, longtemps embarrassé des difficultés qu'offrent au premier aspect les expériences rapportées par Harvey. Pour le réfuter, il n'est besoin que de le lire avec un peu de réflexion dans *Vénus Physique*. Si son auteur en eût été capable, eût-il pu ne pas reconnaître pour la membrane d'un véritable œuf, cette poche dont il dit que le dedans, lisse et poli, contenait une liqueur semblable au blanc d'œuf, et qu'elle n'était point du tout adhérente à la matrice [1]? Ces faits si décisifs en faveur des ovistes, lui ont pourtant paru si peu compatibles avec le système des œufs et celui des animaux spermatiques, que s'il les eût rapportés avant que d'exposer ces systèmes, il eût craint qu'on n'eût seulement pas daigné les écouter. Il me paraît à moi, ne lui en déplaise, que les expériences de Harvey, bien loin de détruire le système des œufs, lui sont extrêmement favorables, elles ne renversent que celui des animalistes, et surtout des séministes, avec lequel l'auteur de *Vénus Physique* [2] avait eu la bonté de les juger assez conformes. Si la semence du mâle ne séjourne point dans la matrice, et que celle de la femelle n'ait, pour s'y rendre, aucun conduit, comment de leur mélange, deux fois chimérique en cet endroit, veulent-ils que résulte le fœtus?

L'expérience même de Verheyen, bien entendu, ne leur est point favorable ; elle ne l'est tout au plus qu'à ceux d'entre eux qu'on pourrait nommer demi-séministes, et que l'auteur de *Vénus Physique* a voulu tourner en ridicule pour avoir, avec Aristote, prétendu que le mâle fournissait lui seul tout ce qu'il fallait pour la formation du fœtus, et que la femelle ne faisait que lui donner un asile avec le nécessaire, tant pour subsister que pour croître. Leurs prétentions n'auraient-elles point été fondées sur ce que par hasard ils auraient peut-être trouvé quelquefois de la semence du mâle dans la matrice, et qu'ils y en auraient toujours cher-

1. Ne craignait-il point qu'on ne crût que c'était le dehors qui contenait cette liqueur.
2. Cet ouvrage, si souvent cité, *Vénus Physique*, sera publié à la suite de ce livre.

ché vainement de celle de la femelle? Quand l'auteur de *Vénus Physique* les a voulu ridiculiser, il n'avait apparemment pas encore trouvé cette judicieuse réflexion dont il tâche de tirer avantage pour les autres séministes. « Lorsque nous croyons que les anciens ne sont demeurés dans telle ou telle opinion, que parce qu'ils n'avaient pas été aussi loin que nous, nous devrions peut-être plutôt penser que c'est parce qu'ils avaient été plus loin, et que des expériences que nous n'avons pas encore faites, leur avaient fait sentir l'insuffisance des systèmes dont nous nous contentons. Belle maxime! dont l'application est encore plus heureuse. On ne s'imaginerait pas sans doute qu'elle est occasionnée par les œufs et les animaux spermatiques. L'auteur veut apparemment par là faire entendre qu'il les soupçonne d'avoir été connus des anciens avec des circonstances qui les leur ont fait rejeter, et que nous ignorons encore. Il est vrai qu'ils étaient dénués du secours du microscope : mais qui sait s'ils en avaient besoin. Leurs yeux étaient peut-être meilleurs que les nôtres. Lorsqu'ils ont dit que le sang se faisait dans le foie, d'où il se distribuait sans retour à toutes les parties du corps, ils étaient peut-être aussi fondés sur des observations qu'ils ont eu la malice de nous taire, et dont l'ignorance nous laisse bonnement croire la circulation du sang. Ces esprits d'autant plus sublimes que les siècles qui les ont produits sont plus reculés, c'est-à-dire qu'on avait eu moins de temps pour faire des observations, auraient-ils, en nous rapportant leurs opinions, jugé à propos de nous en céler les raisons fondamentales, à dessein d'exercer notre sagacité, et de nous laisser la satisfaction de les découvrir nous-mêmes, de les deviner comme le mot d'une énigme? Cette conjecture n'est-elle pas fort glorieuse pour eux, aussi bien que pour celui qui l'occasionne?

C'est donc peut-être pour avoir mieux que nous connu les œufs, qu'ils ne les ont pas admis, et qu'ils n'ont daigné en faire aucune mention, non plus que des trompes de Fallope. Sans doute ils ont dit avant leurs confrères modernes, comment veut-on que la semence du mâle, contre son propre poids, monte de la matrice jusqu'aux ovaires, et par où encore? Par des canaux qui n'aboutissent point à ces endroits : le voici ce comment.

Lorsque deux humains travaillent à se donner des successeurs à la vie, la différence spécifique de l'homme ébranle, agite, remue agréablement les extrémités des ligaments ronds, qui viennent en s'épanouissant, aboutir aux bords supérieurs de la différence spécifique de la femme; ces ligaments ronds se gonflent, communiquent peu à peu leurs ébranlements réitérés au fond de la matrice, à laquelle ils sont attachés, et qu'ils tirent en devant. Bientôt l'agitation se répand par toute la matrice, dont le fond ne peut se porter en avant sans l'entr'ouvrir nécessairement par cette action. L'orifice, en s'ouvrant, presse contre les parties voisines les petites glandes dont sont parsemés ses bords, et ces grains glanduleux, aussi bien que leurs canaux de décharge, se vidant totalement, deviennent sans doute la source du préjugé où sont tant de gens mal instruits sur la semence de la femme. Si dans un de ces moments favorables, l'homme vient à darder sa liqueur prolifique dans la matrice, l'impression de ce fluide la fait entrer dans une contraction générale, qui la referme exactement. Ses deux faces se collent l'une contre l'autre, et obligent la semence qu'elle a reçue d'enfiler rapidement les trompes de Fallope; semblable au jus d'une cerise pressée entre deux doigts, qui s'échappe de côté et d'autre.

Les trompes de Fallope n'ont pu se dispenser d'essuyer les secousses de la matrice. Attachées à son fond, elles ont dû se conformer à ses mouvements, tandis qu'il venait en avant se porter en arrière, se raidir, s'élever et s'appliquer sur les ovaires, vers lesquels leurs pavillons sont toujours dirigés par la dernière de leurs franges, qui les y attache lâchement; elles restent l'une ou l'autre, quelquefois toutes les deux, dans cette attitude, jusqu'à ce qu'elles ait reçu l'œuf, ou les œufs qui doivent se détacher des ovaires. Alors elles reprennent leur situation naturelle, pour procurer à leur précieux dépôt une pente plus douce, de crainte qu'une plus rapide ne troublât ce qui se passe au dedans, et ne le fît arriver dans la matrice avant les préparations nécessaires pour les recevoir.

Cette explication mécanique est confirmée par le témoignage de quantité de femmes, qui disent qu'elles éprouvent toujours un sentiment particulier au moment de la conception. Entre autres, il n'y a pas longtemps que je questionnais sur cet article une jeune dame bientôt mère de sept enfants, quoique femme de qualité. Elle me dit qu'à ses deux premiers, soit faute d'expérience ou d'attention, elle ne s'était aperçue de rien; mais elle m'assura qu'à ses cinq derniers elle avait reconnu, à je ne sais quel frémissement, l'instant qui la rendait mère. Et que peut être ce petit frémissement, si ce n'est le mouvement de la matrice, et surtout l'application des trompes aux ovaires?

Si l'on trouve quelque chose à dire à ces témoignages, en voici un qui, je crois, paraîtra sans réplique. C'est Dionis qui le rapporte. M. Seron, médecin de M. le marquis de Louvois, lui fit voir une lettre par laquelle on mandait d'Angleterre qu'on y avait, depuis peu, disséqué une femme morte par ordre de la justice, dans laquelle on avait trouvé une des trompes attachée par son pavillon à l'ovaire contigu, qu'elle embrassait tout entier. Cette singularité occasionna des informations, qui découvrirent que peu de temps avant son exécution, cette malheureuse avait, comme on dit, voulu jouer de son reste avec un prisonnier, et faire aux plaisirs de la vie ses adieux dans les formes.

« Verheyen a voulu, dit-on, faire les mêmes expériences que Graaf, et ne leur a point trouvé le même succès. Il a vu des altérations, ou des cicatrices à l'ovaire; mais il s'est trompé, lorsqu'il a voulu juger par elles du nom des fœtus qui étaient dans la matrice. » Cela n'est point étonnant. Apparemment que les femelles qu'il a disséquées avaient déjà porté ou essuyé quelque avortement.

Cet accident est beaucoup plus fréquent qu'on ne se l'imagine, et il y a peut-être fort peu de femmes qui, sans le savoir, n'aient eu de fausses couches ; cela est si aisé à faire. Il ne faut, dans certaines circonstances, que des mouvements un peu vifs, quelques transports amoureux. Lorsque deux époux qui s'entr'aiment, vaquent au devoir conjugal, et que la femme surtout a le dangereux avantage d'avoir du tempérament, leurs travaux courraient risque d'être infructueux si l'on ne savait qu'en ces sortes de fonctions, les plus sages se proposent ordinairement plus d'un but, et que celui qui devrait être le principal, ne l'est pas toujours : bienheureux encore, quand il est accessoire ! Qu'on se représente un œuf embarqué dans une des trompes pour se rendre à la matrice. Si sur ces entrefaites, un accès de plaisir vient à faire jouer les trompes de la façon dont je l'ai expliqué ci-dessus, que deviendra le pauvre petit misérable enfermé dans l'œuf ? Ne sera-t-il pas bien à son aise ? L'œuf sera peut-être arrosé encore une fois, qui troublera et empêchera peut-être l'effet de la première. Il sera sûrement froissé, écrasé, précipité dans la matrice, qui, n'ayant pas eu le temps de lui préparer sa demeure, le mettra à la porte. Elle aura encore moins de peine à l'y mettre, si nous supposons que la scène se passe à l'embouchure de la trompe, à l'instant où l'œuf est près d'entrer dans la matrice, ou lorsqu'il y est tout arrivé, sans avoir encore eu le temps de prendre racine. Les secousses que, par le moyen des ligaments ronds, la volupté causera dans la matrice, forceront le sanctuaire de l'amour à s'entr'ouvrir, d'où l'œuf, prêt à germer, sortira en roulant, sans que celle chez qui se passe cette scène, en ait seulement le moindre soupçon. Les fausses couches ne deviennent dangereuses que lorsque l'embryon a jeté des racines déjà un peu fortes ; mais si dans ce temps même un accident peut rompre tous les liens qui l'attachent, combien la chose doit-elle être moins difficile, lorsqu'il ne tient encore à rien ?

Aussi voyons-nous rarement une jeune femme, principalement quand elle est jolie et unie à un mari digne de ses charmes, devenir enceinte dans les premiers jours de son mariage. C'est pourtant là, je pense, le temps où ils travaillent avec le plus d'ardeur : mais voilà précisément ce qui retarde l'effet de leurs travaux. Ces heureux époux, encore amants, ressemblent à ceux qui ont la fureur de bâtir : chaque jour ils détruisent l'ouvrage du précédent. Au lieu qu'une pauvre fille qui aura le malheur d'avoir, pour un malhonnête homme, une faiblesse unique, ne manque presque jamais d'en être trop rigoureusement punie par un succès redouté, après lequel tant d'autres ont le plaisir de courir si longtemps. Pour l'attraper, il ne faut pas aller si vite. Voyez ces époux plus mûrs, plus posés, plus froids et plus ménagers des caresses : leur couche féconde leur donne régulièrement tous les ans au moins un enfant.

De là le proverbe qui dit que les gens vifs n'en ont point. J'ai un ami marié à une fort aimable femme, qui ne l'a jamais rendu père que par le secours de quelque voyage ou de quelque brouillerie : et qu'on ne croie pas que leurs enfants soient le fruit du retour ou du raccommodement. Il est prouvé qu'ils précédaient ces époques.

Mais si cet exemple ne paraît pas convaincant, qu'on fasse attention à ce qui arrive aux filles de théâtre et à leurs rivales. Chez elles les enfants sont regardés comme des preuves de sagesse, tant la diversité des sujets en met dans nos idées. D'où cela peut-il venir? Si ce n'est de ce qu'on fait par expérience, que la multiplicité des hommes, à l'égard d'une même femme, est contraire à la génération. Sa stérilité n'est fondée que sur la vivacité que met dans ses mouvements la variété des heureux qu'elle a le bonheur de faire. Il en est des plaisirs de l'amour à peu près comme de ceux de la table. La diversité des mets aiguise le goût émoussé et ranime l'appétit. Les douceurs de l'amour sont à la vérité toujours les mêmes au fond; mais elles varient quant à la forme. Elles sont offertes, apprêtées, assaisonnées par des mains nouvelles. Avec cela une femme polie se met en frais et fait mieux les honneurs de sa personne vis à vis d'un favori nouveau, qu'avec un ancien amant ou un mari. On ne prend pas tant de peine pour ces derniers, et l'on ne fait point de façon avec eux : en un mot on leur laisse prendre du plaisir, et l'on veut en donner à leur successeur ou à leur coadjuteur. Aussi les marques de la reconnaissance sont-elles plus ardentes, plus multipliées, et cela est juste. Il y aurait de l'ingratitude à ne pas répondre, quand on le peut, aux bonnes manières qu'on a pour nous.

Je suis persuadé que si l'on disséquait certaines actrices, de ces filles heureusement nées, qui n'ont jamais donné de plaisir sans le partager, on trouverait à leurs ovaires bien d'autres cicatrices encore qu'il n'y en avait à ceux de cette femme disséquée par M. Mery, dont parle l'auteur de *Vénus Physique*.

Il dit que M. Mery trouva dans l'épaisseur même de la matrice, une vésicule toute pareille à celle qu'on prend pour des œufs ; mais il faut bien se garder de le croire. C'est l'avis des plus habiles anatomistes, et en particulier de l'exact et fidèle M. Winslow, qui nous avertit qu'il les faut bien distinguer (les œufs) d'autres vésicules contre nature appelées hytatides. Le suffrage de ce savant anatomiste a d'autant plus de poids que, du moins en cet endroit, il ne prend parti ni pour ni contre les œufs.

Plusieurs curieux ont voulu répéter les expériences de Graaf, et elles leur ont encore plus mal réussi qu'à Verheyen. Ils ont fait couvrir des chiennes, des brebis, des vaches et autres femelles semblables, dans lesquelles ils n'ont trouvé ni cicatrice aux ovaires, ni œufs, soit dans les trompes, soit dans la matrice. Que conclure de là ? L'une des trois choses suivantes : ou qu'ils n'ont pas bien examiné les parties, ou qu'ils n'ont pas donné aux œufs le temps de se détacher des ovaires, ou enfin qu'en ces cas il ne s'en est effectivement point détaché. Croit-on que toutes les fois qu'une femme reçoit le mâle, elle devienne féconde? Il y a, sans comparaison, bien plus d'unions stériles que d'autres. Et qui assurera que parmi les femelles sur lesquelles on a tenté ces expériences, il n'y en eût point d'inhabiles à la génération? En un mot, mille inconvénients peuvent dans ces occasions empêcher la réussite de nos recherches, dont le mauvais succès d'ailleurs prouve infiniment moins contre les œufs que le bon ne prouve en leur faveur. Cependant ce dernier n'est pas le plus rare à beaucoup près, et il est attesté par des professeurs célèbres, par des membres de l'Académie des sciences, tels que MM. Graaf, Verheyen, Litre, Mery, Dionis, qui ne sont pas tous ovistes, et dont le témoignage ne peut être en aucune façon contrebalancé par celui de quelques chirurgiens ignorés, peu connus ou peu dignes de l'être.

CHAPITRE V

DIVISION DES OVISTES EN INFINITOVISTES, UNOVISTES, ANIMOVISTES ET SÉMINOVISTES

J'ai dit que les ovistes sont ceux qui veulent que les femelles de tous les animaux contiennent des magasins d'œufs, dont chacun, fortifié par le mâle, rend un petit; mais il y a plusieurs opinions sur la façon dont l'œuf produit cet animal : j'en distinguerai quatre, et encore de ma propre autorité, je nommerai leurs partisans, infinitovistes, unovistes, animovistes et séminovistes.

Les infinitovistes prétendent que le mâle ne contribue à la génération qu'en ce que la portion la plus subtile de sa semence va porter le mouvement à un fœtus tout formé dans l'œuf, depuis le commencement du monde, quoique sans vie et unique, s'il est mâle, mais qui, s'il est femelle, contient de mère en fille tous ses descendants emboîtés les uns dans les autres. C'est le système de Swammerdam et de presque tous ceux à qui l'on a jusqu'ici donné le nom d'ovistes.

Les unovistes ne diffèrent des infinitovistes qu'en ce qu'ils veulent que chaque œuf soit un petit ermitage habité par un solitaire inanimé, soit mâle ou femelle et formé peu après la naissance de celle qni le porte. Dionis est de cette opinion, et l'auteur de l'*Anti-Vénus Physique* semble en être.

Les animovistes sont des animalistes réformés qui, forcés par leur conscience de reconnaître des œufs, regardent les ovaires comme des hôtelleries, dont chaque œuf est un appartement, où vient en passant du néant à l'être, loger un animal spermatique sans aucune suite, s'il est femelle; mais traînant après lui de père en fils, s'il est mâle, toute sa postérité. Leuvenhoek est l'auteur de cette réforme.

Je m'étonne que quelqu'un des animovistes n'ait, à l'exemple des unovistes, poussé la réforme plus loin, en ne donnant·pas plus de suite aux vers mâles qu'aux vers femelles, et en les faisant tous sans distinction de sexe entrer dans la carrière du monde en petits ermites.

Enfin les séminovistes seront ceux qui penseront que l'embryon est produit par le mélange des deux semences, fait non pas dans la matrice, mais dans l'œuf.

Je crois être encore seul de ce sentiment : mais j'espère ne le pas être long-temps, et les séministes, contre lesquels j'ai tant apporté de raisons, sont ceux de qui j'attends la conversion la plus prompte. Je compte qu'ils me sauront un bon gré, augmenté par la surprise de me voir rapprocher de si près de leurs idées principales, pour lesquelles ils m'auront vraisemblablement cru beaucoup d'éloignement, et je crains que mes demi-confrères les ovistes ne me sachent encore plus mauvais gré, et ne soient encore plus étonnés de me voir les abandonner tous, après leur avoir donné tant de preuves de mon attachement pour les œufs.

CHAPITRE VI

CONTRE LES INFINITOVISTES, LES ANIMOVISTES ET LES UNOVISTES

En vérité, les infinitovistes ne méritent pas une réfutation sérieuse, non plus que les animovistes : ainsi je passe tout de suite aux unovistes; d'autant plus que je ne puis détruire l'hypothèse de ces derniers, sans renverser de fond en comble celle des autres, qui d'ailleurs doivent être déjà bien ébranlées par les coups que j'ai portés aux animalistes.

Le système des unovistes n'est fondé que sur ce que quelques observateurs prétendent avoir, à l'aide du microscope, découvert l'embryon formé dans l'œuf, avant qu'il ait été rendu fécond par le mâle. Mais ces faits prétendus et difficiles à constater, sont détruits par d'autres faits incontestables et par des raisons aussi convaincantes que les faits. Les meilleurs microscopes n'ont fait apercevoir aux regards les plus perçants qu'une espèce de tête montée sur des soupçons de vertèbres que leur figure informe, leur exiguïté et leur immobilité ne permettent guère à des esprits sages de prendre pour un animal tout formé ; il est bien plus difficile de décider si c'en est une, que de s'assurer de l'existence de vers spermatiques, qui est vérifiée par leur agitation continuelle. Au lieu que ce que quelques-uns ont pris pour un animal tout formé, quoiqu'immobile, pourrait fort bien n'être qu'une portion de la liqueur enfermée dans l'œuf, plus épaisse que le reste ; ou même la forme du petit sac qui doit envelopper immédiatement l'embryon, lorsque ce sac a reçu la semence du mâle, il devient à peu près rond ; mais auparavant, comme il n'est pas plein, il doit même avoir une autre figure. Au reste, quelque chose que ce puisse être, la façon dont le fœtus croît et devient sensible, prouve que ce n'est pas lui. Car s'il était tout formé, la semence du mâle, en lui communiquant le mouvement et la vie, devrait porter en même temps l'accroissement dans tous ses membres ; il devrait dans son état d'invisibilité croître de la même façon que lorsqu'il est devenu totalement visible ; d'autant que dans l'une et l'autre situation, c'est sans doute par le milieu du corps, c'est-à-dire par le nombril, qu'on lui fait venir sa nourriture, qui de là va se distribuer à tous ses membres ; cependant mille expériences, et en particulier celles de Harwey, nous apprennent que la formation du fœtus commence par un bout et finit par l'autre. On n'aperçoit d'abord qu'un point vivant. « On le voit dans la liqueur cristalline sauter et battre, dit l'auteur de *Vénus Physique*, tirant son accroissement d'une veine qui se perd dans la liqueur où il nage... au lieu de voir croître l'animal par l'intussusception d'une nouvelle matière, comme il devrait arriver, s'il était formé dans l'œuf de la femelle... Ici c'est un animal qui se forme par la juxtaposition de nouvelles parties. J'ai déjà remarqué que cet auteur exact avait eu la bonté de nous avertir à propos de matrices, que c'était de celles des femelles dont il entendait nous parler : il a la même attention à l'égard des œufs ; apparemment de peur qu'on ne les prenne pour des œufs de mâles. Lorsqu'il lui arrive de manger des œufs ordinaires, sans doute il dit qu'il a mangé des œufs de poule, de crainte qu'on ne s'imagine que ce sont des œufs de coq. Quelle précision !

Les principales observations sur lesquelles se fondent les unovistes sont celles de Malpighi : et ces observations mêmes soigneusement examinées sont, ainsi que celles de Harwey, tout à fait contraires aux prétentions de leur auteur et de ses adhérents. Qu'on en juge par ces paroles d'un infinitoviste ? « Un certain degré de chaleur agite le jaune et le blanc, ou la matière liquide qui enveloppe le germe ; la chaleur la divise, cette matière l'atténue, la digère, la fait couler par le nombril dans le corps du petit animal. Les vaisseaux qui la reçoivent successivement, la dirigent vers les différentes parties du corps pour y porter la nourriture, l'accroissement et la vie. M. Malpighi a suivi presque heure par heure le progrès de la génération du poulet dans l'œuf sous la poule. Selon ces observations, après

douze heures, environ, l'on voit dans le germe une sorte de petite tête, des vésicules qui sont l'origine des vertèbres ; après trente heures, les yeux commencent
de paraître, etc. L'accroissement s'aperçoit ainsi par degrés. Après vingt jours, le
poulet est entièrement formé. » S il l'était en petit depuis le commencement du
monde, ou quelques années, quelques jours seulement, apparaîtrait-il ainsi par
membres? Je ne comprends pas comment l'ingénieux et savant Père Regnault
(c'est le jésuite) a pu tomber dans le sentiment des infinitovistes, lui qui a coutume de raisonner si bien. Je m'en prends à quelque scrupule qui l'aura empêché
de réfléchir sur cette matière, autant que sur les autres qu'il a traitées.

C'est en vain que les unovistes appellent les plantes à leur secours. Je conviens qu'au premier coup d'œil cet exemple leur est favorable; mais il cesse de
l'être, sitôt qu'on vient à le considérer attentivement. On sait que lorsqu'une
plante est parvenue à un certain degré d'accroissement, il se forme dans son sein
de la graine, c'est-à-dire de petits sacs, dont chacun contient le germe de la
plante. Ce germe n'est autre chose qu'une espèce de levain qui fermente avec les
sucs de la terre ou l'eau de pluie, lorsqu'il vient à être détrempé, et par le moyen
de cette fermentation, se métamorphose en véritable plante. Tout de même que
le fœtus dans l'œuf résulte du mélange des semences, les sucs qui pénètrent la
graine sont l'office de l'esprit séminal du mâle.

S'il est donc vrai que le microscope ait fait apercevoir les plantes dans leurs
graines, les fleurs dans leurs oignons, le chêne même dans le gland, ce phénomène n'est point encore absolument inexplicable.

Tandis que la graine déjà mûre tient encore à sa plante, il peut se faire
qu'elle continue à en tirer des sucs, qui alors devenus inutiles pour l'accroisse
ment et la nourriture de la graine, sont employés à faire lever le germe qu'elle
contient, comme il arrive aux blés, aux seigles, aux avoines et autres grains, lorsque couchés par l'orage sur la terre, ils en expriment des sucs, ou qu'ils sont pénétrés, imbibés par des pluies qui les font rester trop longtemps sur pied. Le la-
boureur, à son grand regret, les voit alors germer insensiblement. Pourquoi la
nature ne pourrait-elle pas produire le même effet d'une façon insensible? Les
plantes sont des femelles d'une espèce singulière, continuellement attachées à la
terre, qui leur sert de mâle. Il n'en est pas de même à l'égard des animaux ; ainsi
cet exemple si souvent rebattu par les infinitovistes, ne prouve rien, même en
faveur des unovistes.

Quand ils disent que l'esprit séminal du mâle va porter le mouvement et la vie
à l'animal déjà tout formé, conçoivent-ils bien distinctement ce qu'ils disent?
Cela est assez difficile à croire, comme nous verrons bientôt; mais une difficulté
à laquelle il leur est impossible de répondre, c'est la ressemblance des animaux
avec ceux qui les ont engendrés; d'un mulâtre avec son père noir et sa mère

blanche, ou son père blanc et sa mère noire; du mulet avec son père l'âne et sa mère la jument, ou sa mère l'ânesse et son père le cheval ou le taureau. Et ainsi de tous les autres animaux nés de deux individus d'espèces différentes.

Dionis répond plaisamment à cette objection, insoluble dans toute autre hypothèse que celle du mélange des semences, pour se débarrasser d'un exemple qu'on lui oppose, il en apporte un autre précisément du même genre. Lui cite-t-on la génération d'une mule? Il y riposte par celle d'un poulet sorti d'une poule ordinaire et d'un coq faisan. Ce poulet participe et du faisan et de la poule; cependant, si on l'en croit, il est certain que cette dernière fournit tout ce qui est nécessaire à la production du poulet. Ceux qui sont curieux de savoir comment donc il tient du faisan, n'ont qu'à lire ce qui suit : « quand une Européenne mariée à un nègre fait des enfants qui sont entre le blanc et le noir, et qui participent de la complexion du père et de la mère, c'est par un effort de l'imagination de la femme dont les organes ébranlés d'une manière singulière par cette sorte de copulation monstrueuse, expriment des sucs séminaires, capables de tels ou de tels arrangements. » Cette explication n'est-elle pas fort claire? L'heureuse et commode ressource que l'imagination des femelles! on lui fait opérer aujourd'hui encore bien des merveilles. Mais si l'on eût fait faire attention à Dionis, que si la couleur des enfants d'une Européenne et d'un nègre est entre le blanc et le noir, celle des enfants d'une négresse et d'un Européen est entre le noir et le blanc, qu'eût-il répondu? Rien? je crois. Il aurait pourtant pu faire jouer l'imagination de la négresse vis-à-vis d'un homme blanc, comme celle de la femme blanche vis-à-vis d'un nègre. Mais il n'y prenait pas garde de si près. Il lui arrivait souvent de faire ce que le proverbe dit que faisait quelquefois Homère. La belle occasion pour citer un passage latin! l'auteur de *Vénus Physique* ne tiendrait pas contre.

Si les unovistes veulent bien prendre la peine de lire avec attention les raisons que je viens d'apporter contre eux, j'espère qu'ils ne balanceront pas à abjurer leur erreur, pour se faire séminovistes. Car il ne doivent pas trouver plus de difficulté dans la production du fœtus par le mélange des semences, que dans sa formation par celle de la femelle seule, dont il leur plaît de le composer.

Je ne me flatte pas qu'il soit aussi aisé de convertir les infinitovistes, quoique tout ce que je viens de dire, soit également contre eux et qu'ils ne diffèrent des unovistes que par une affinité ridicule. Comme ils ont pris leur parti sans y être engagés par aucunes raisons, je leur en apporterais en vain pour les faire cesser d'y persister. On guérit de l'erreur et de l'ignorance, mais l'entêtement est incurable.

Les animovistes sont à peu près dans le même cas. Jaloux de la belle invention de Swammerdam qui a imaginé de faire contenir par Eve les œufs de sa nombreuse postérité emboîtés les uns dans les autres, ils ont voulu lui ravir ce privilège, pour en décorer Adam, en lui faisant contenir les animaux spermatiques de tous ses descendants, incorporés les uns dans les autres. Il faut bien que chacun ait son tour, et je sais bon gré à Lowenhoeck d'avoir fait venir celui des mâles; mais si j'avais été à sa place, je ne m'en serais pas tenu là. Au défaut du mérite de l'invention, j'aurais voulu enchérir sur l'extravagance de mon antagoniste, la doubler, la tripler. Les infinitovistes n'avaient attribué qu'aux femelles la faculté de renfermer en elles tous les individus de leurs races; les animovistes se sont contentés de la transporter aux mâles; pour ne point faire de jaloux, j'aurais libéralement accordé aux deux sexes cette contenance infinie. L'un aurait contenu les logements bâtis les uns dans les autres à l'infini (les œufs, l'autre aurait renfermé tous leurs petits hôtes futurs, les animaux spermatiques; et je n'en aurais point fait à deux fois, je leur aurais tout de suite donné la vie dès le commencement du monde, avec le pouvoir de sauter, de cabrioler et de faire la culbute les uns dans les autres à l'infini, pour les amuser les pauvres petits, en attendant qu'ils devinssent grands; avec tout cela j'aurais encore défié les infinitovistes et les animovistes de trouver mon opinion plus ridicule que ne le sont les leurs. La divisibilité de la matière les rend toutes également possibles, et plus elles sont difficiles à comprendre, plus elles semblent admirables à certains yeux.

Une de mes envies serait de savoir quel emploi chez la plupart des animaux ovipares, chez les oiseaux, les animovistes donnent au ver spermatique, quand il est introduit dans son œuf. Il faut qu'ils le fassent dormir comme une petite marmotte, jusqu'à ce qu'il vienne à être réveillé par la chaleur de la femelle qui couve l'œuf dans lequel il dort: car il est certain que pendant tout cet intervalle, quelque long qu'il soit, il ne donne aucun signe de vie, ni d'accroissement.

Et les infinitovistes aussi bien que les unovistes, comment conçoivent-ils que leur petite statue immobile, inanimée et depuis si longtemps enchâssée dans sa niche sphérique, est mise en mouvement et vivifiée par l'esprit séminal du mâle? est-ce bien lui qui anime? Ou n'est-il pas dans le cas d'être animé, d'être agité lui-même? Et n'est-il pas clair que cet esprit mêlé dans l'œuf avec la semence de la femelle, a besoin du secours de la chaleur pour fermenter et produire, au moyen de cette fermentation, le fœtus? Je ne sais pas si l'esprit de parti m'aveugle aussi, et je n'en voudrais pas jurer, car il ne faut jurer de rien, mais cette réflexion me paraît tout à fait concluante en faveur de mon opinion : ou tout au moins les infinitovistes et les unovistes s'expriment bien mal, en disant que la semence du mâle va porter le mouvement et la vie à la petite statue qu'ils supposent dans l'œuf. Après qu'il a été rendu fécond par cette liqueur, sans avoir été couvé, y découvre-t-on plus d'apparence de vie, ou même de mouvement qu'on n'y en voyait auparavant.

Ce qui me porte quelquefois à me défier de ce que je regarde comme l'évidence même, c'est l'exemple de tant de grands hommes, qui ont erré sur cette matière et en particulier du R. P. Regnault, dont j'ai parlé : « Il faudrait, dit-il, contre les Animovistes, que tel animal devenu sensible eût acquis presque tout à coup, dans son accroissement, mille millions plus de volume et de grandeur qu'il n'en avait d'abord. Je doute, poursuit-il, que l'on reconnût à ces traits la sagesse et la simplicité de l'Auteur de la nature. » Ne peut-on pas visiblement rétorquer cet argument contre son auteur? Ce trait décoché contre les Animovistes, par une main accoutumée à frapper son but, n'est-il pas réfléchi en plein contre les Infinitovistes? Et celui qui l'a lancé, croit-il que les petites statues chimériques des uns, soient d'un volume plus sensible que les vers spermatiques des autres ? Ce philosophe aimable est, à l'intention près, un Macchabée, un Samson, toujours vainqueur de ses adversaires ; mais qui dans le sein de la victoire même, rencontrant enfin sa défaite, est enveloppé dans la chute de ceux qu'il renverse et enseveli sous ses trophées.

Chacun a sa marotte : apparemment celle des Infinitovistes et des Unovistes est cette petite statue qu'ils se plaisent à nicher dans chaque œuf. Parmi ses partisans les plus zélés, aucun n'a, je crois, poussé sa passion pour elle plus loin qu'un certain M. Pierquin, mort depuis peu curé en Champagne. Ce bon pasteur qui ne manque pourtant pas d'esprit ni d'érudition, admet des germes tout formés depuis la création, non seulement dans les œufs de tous les animaux et les graines des plantes, mais encore dans les pierres précieuses, les camaïeux et les coquillages. Il prouve son sentiment et le soutient en vigoureux champion contre plusieurs adversaires, par des passages de saint Augustin, d'ailleurs applicables à tous les systèmes sur la génération. C'est ce qui arrive à la plupart des gens d'Église qui se mêlent de philosophie : ils démontrent jusqu'à l'existence de Dieu par des passages de l'Écriture. Notre prêtre champenois ne peut digérer qu'on fasse représenter, par les simples lois du mouvement, ces figures surprenantes qu'on observe sur les camaïeux. Il veut, à toute force, qu'elles aient été dessinées dès le commencement du monde par Dieu même. Mais avec sa permission, comment l'entend M. Pierquin? S'imagine-t-il que Dieu ait de sa propre main tracé ces images avec un crayon? Est-il homme à prendre au pied de la lettre les passages de l'Écriture qui attribuent des membres à l'Être souverain? Quand il aurait produit ces merveilles dès l'instant qu'on le suppose, n'aurait-ce pas été par la médiation de ces mêmes règles du mouvement dont l'apôtre de Champagne fait si peu de cas? Ne sait-il pas que c'est l'Auteur de la nature qui les a établies, qui les conserve, qui les fait exécuter continuellement? Que c'est par elles que sont produits tous les effets corporels? Et que les prodiges qu'elles ont pu opérer dès leur établissement, elles peuvent les répéter aujourd'hui en tout temps? L'un n'est pas plus difficile que l'autre, et s'il l'était, apparemment ce ne serait pas le dernier : à moins que les Infinitovistes ne trouvent plus facile de renfermer dans le chaton d'une bague, que dans un volume *in-folio*, tous les vers de la *Henriade*, distinctement tracés. Si j'avais autant de goût pour la belle érudition, que l'auteur de *Vénus Physique*, je n'aurais pas manqué de citer à la place du poème de M. de Voltaire, celui d'Homère, ou tout au moins de Virgile.

Il est donc constant, quoi qu'en dise M. Pierquin, que la formation première des camaïeux, des pierres précieuses, des plantes et des animaux, est tout aussi possible, pour le moins, dans les différents temps, où il veut que tous ces corps ne fassent que se développer, que dans celui où il prétend qu'ils ont tous ensemble été dessinés en miniature plus petits et plus petites à l'infini. Examinons maintenant lequel de ces deux sentiments mérite la préférence. Sans doute on doit la donner à celui qui est le plus simple, le plus conforme aux usages de la nature et aux expériences : ce sont là les caractères, les traces auxquelles on reconnaît la vérité; or, l'expérience, la méthode de la nature et sa simplicité, ne parlent pas assurément en faveur des Infinitovistes. Il faut bien se donner de garde de prendre pour magnificence leur superfluité. A des traits pareils, je reconnais moins la Providence divine que la paresse de l'esprit humain. Il traite le Tout-Puissant comme un vil ouvrier, qui se dépêche d'achever sa tâche, pour n'avoir plus rien à faire. Mais en cela on commet une bévue d'autant plus lourde, qu'on fait recommencer à l'Auteur de la nature une infinité de fois la même chose. Car il n'y a point, je crois, de philosophes qui n'enseignent que Dieu conserve immédiatement tous les êtres créés, et que cette conservation est une véritable production toute semblable à la première. Eh! dites-moi, je vous prie, à quoi bon donner au Créateur la peine de répéter tant d'opérations, depuis le commencement du monde jusqu'à l'instant où leurs différents corps, comme autant d'acteurs, doivent paraître sur la scène de l'univers? Ne suffit-il pas de les y produire une bonne fois au moment qu'ils doivent venir jouer leur rôle? En attendant la nature qui ne laisse rien d'inutile, emploie à quelque autre usage la matière dont elle doit les composer, et qui dans l'autre hypothèse resterait jusqu' leur naissance d'une exacte inutilité.

M. Pierquin, et ses semblables, déclament sans cesse contre le hasard; mais ce n'est que pour ne vouloir pas faire attention que ce que le vulgaire nomme hasard, n'est autre chose que la Providence. Il faut que ce M. Pierquin qui paraît avoir pris tant de plaisir à examiner les curiosités de la nature, ne se soit jamais amusé à contempler sur le soir d'un beau jour d'été, cette agréable foule de nuages divers qui représentent des hommes, des montagnes, des forêts, des paysages charmants, des avenues d'orangers exactement parallèles, des parterres dessinés avec la dernière symétrie, et non moins admirables que les images tracées sur les plus rares camaïeux : indubitablement M. Pierquin aurait fait sortir ces nuages de germes formés depuis six ou sept mille ans, dans des vapeurs et des exhalaïsons que le temps a développées à leur tour. Sérieusement, plus je réfléchis sur l'opinion des Infinitovistes, moins je les trouve excusables. Ces graves personnages, avec leurs petites statues, ressemblent aux enfants qui s'amusent avec leurs poupées.

CHAPITRE VII

EXPOSITION DU SYSTÈME DES SÉMINOVISTES

Le système que je propose n'est pas difficile à construire, après la destruction des autres. Il sort naturellement de leurs ruines, sur lesquelles il semble s'élever comme sur des fondements inébranlables. J'ai fait voir que celui des Séministes n'est pas soutenable. Ceux des Animalistes, des Animovistes et des Infinitovistes ne sont, à leur rendre exactement justice, qu'un tissu de ridiculités et d'absurdités. A l'égard des Unovistes, ils ont plusieurs difficultés qu'il leur est impossible de résoudre, entre autres la ressemblance des animaux avec ceux qui les ont engendrés. Les Séminovistes sont les seuls qui aient réponse à tout. Ils réunissent les avantages de tous les autres systèmes, sans participer à aucun de leurs inconvénients.

J'admire toujours qu'on ne m'ait pas prévenu dans cette découverte si simple : car je ne m'en fais point accroire, il y avait déjà longtemps que toutes les parties de cet édifice étaient connues, il ne s'agissait que de les arranger. Mais la plupart des hommes, naturellement paresseux, aiment mieux croire tout uniment, que de prendre la peine d'approfondir. Ils ont plus tôt fait d'adopter les opinions des autres, que de travailler à les réformer. Combien consentent à se payer de mauvaises raisons, pour s'épargner les frais d'en chercher de meilleures ? Contents de savoir ce que leurs prédécesseurs ont dit, ils ne disent rien eux-mêmes, aimant à se persuader qu'il n'y a rien de mieux, ni de plus à dire. Ils vont jusqu'à couvrir leur paresse, ou leur incapacité du voile de la modestie. Il y a, disent-ils, trop d'orgueil à vouloir corriger les autres et à prétendre faire mieux. Le beau prétexte pour perpétuer l'ignorance ! Découvrir l'erreur d'un autre, c'est beaucoup :

c'est s'apercevoir qu'il s'était égaré, et se préserver de ses égarements. Tomber dans une erreur nouvelle, c'est encore quelque chose. A la vérité c'est prendre une route mauvaise, aussi bien que la première, mais outre qu'erreur pour erreur il est naturel de donner la préférence aux siennes, surtout quand on ne connaît que celles des autres pour ce qu'elles sont, les nôtres ont du moins le mérite de la nouveauté ; et c'en est effectivement un. Si dans la recherche des vérités naturelles, la naissance d'une erreur n'est pas tout à fait un bien, ce n'est pas non plus proprement un mal. On épargne à ses successeurs la peine de frayer le chemin qu'on leur a battu. Ils en sont quittes pour reconnaître, en le parcourant aisément, qu'on s'était égaré ; et le temps qu'on a perdu à leur tracer est autant de gagné pour eux. Il leur en reste plus pour inventer de nouveaux systèmes ; et à force d'en imaginer, il faudra bien qu'après tous les mauvais, au plus tard, le bon vienne enfin. Ainsi c'est fort bien fait que de bâtir, quand on en est capable, de nouvelles hypothèses. Voici la mienne.

La matière est une et la même partout. Ses parties, c'est-à-dire, les corps, ne diffèrent entre eux que par la quantité du mouvement présent ou passé, par la configuration des molécules, et par la diversité d'autres modifications contingentes dont ils sont affectés. De là le dangereux espoir de convertir en or tous les autres métaux. Le plus ou le moins de mouvement dépend de la figure plus ou moins propre à le recevoir, à le conserver. La figure elle-même vient des cribles, des filières, des matrices par où passent les parties de la matière. Les cribles, les filières, les matrices, sont des espèces de moules formés par le rapport, la connexion des parties voisines et par la pression générale des corps environnants. C'est là la source commune de tous les fossiles, des métaux, des pierres précieuses, des camaïeux, des végétaux, des animaux, en un mot, de l'homme même.

De ces corps, les uns se forment par la seule contiguïté, ou la juxtaposition de leurs particules, tels sont les fossiles, les métaux, les pierres précieuses, etc. Les autres, tels que les végétaux et les animaux, appellent à leur secours la fermentation. A son aide, ils commencent à se former aussi par la juxtaposition, et puis après par l'intussusception. La petite portion de matière, l'espèce de levain contenu dans la graine des plantes fermentées avec les sucs convenables de la terre ; et la semence des animaux mâles avec celle de leurs femelles.

Après bien des mutations et des préparations, les molécules de la semence de la femelle sont criblées par ses ovaires et réservées dans les œufs. La semence du mâle est filtrée pareillement par ses testicules, qui laissent pourtant encore passer quelques petits corps étrangers, tels que les œufs des animaux spermatiques, et de là portée dans les vésicules séminaires. Dans l'union de la femelle et du mâle, la semence de ce dernier s'élançant avec rapidité, hors de ses réservoirs, est, de la façon dont nous l'avons dit ci-devant, transmise aux ovaires. Là, elle pénètre la première membrane d'un ou de plusieurs œufs, qui s'en imbibe par des pores garnis de valvules, propres à permettre aisément l'entrée de la liqueur et à s'opposer à sa sortie. Le mélange de ce fluide avec celui qui est contenu entre la première et la seconde membrane de l'œuf, le *chorio et l'amnios*, cause une fermentation. L'œuf s'enfle, et cette enflure suffit pour le détacher de l'ovaire, d'où il tombe dans la trompe de Fallope. Elle le descend tout doucement dans la matrice à laquelle il se colle, il s'attache vraisemblablement par l'endroit par lequel il tenait à l'ovaire. Pendant ce temps, la fermentation continue, augmente. Les parties les plus grossières de la semence du mâle restent entre les deux membranes de l'œuf. La portion la plus subtile traverse l'*amnios* et se mêle dedans, y fermente avec la partie la plus épurée de la semence de la femelle qui y est contenue : et c'est de ce dernier mélange que se forme le fœtus.

Les particules des semences, taillées comme des pierres destinées à bâtir une maison, ou mieux encore comme les pièces d'un ouvrage de marqueterie, ont toutes des figures différentes et analogues avec celles des molécules qui doivent leur être contiguës. Continuellement agitées suivant toutes sortes de déterminations, par le fluide dans lequel elles nagent ou qu'elles composent, elles se rencontrent, se choquent sans cesse les unes les autres, se présentent leurs faces diverses, et s'unissent lorsqu'il se trouve entre elles un juste rapport; manque-t-il, elles se heurtent seulement et continuant leurs mouvements divers, jusqu'à ce qu'elles rencontrent précisément celles qui doivent être leurs voisines, et auxquelles elles sont destinées à s'unir : rencontre qui leur est facilitée par les degrés semblables ou divers de pesanteur ou de légèreté des particules homogènes ou hétérogènes.

Si les membres doubles, tels que les yeux, les oreilles, les extrémités supérieures et inférieures, exigeaient pour leur composition des parties semblables, elles sauraient, malgré leur ressemblance, s'arranger chacune à leur place, sans la moindre confusion, quoiqu'il n'y ait peut-être pas deux organes parfaitement pareils, de façon à pouvoir être substitués à la place l'un de l'autre, je suppose que les deux pouces soient exactement semblables : qu'en arrivera-t-il? Le premier qui rencontrera la main droite s'y attachera, et l'autre ne pourra pas faire autrement que d'aller s'ajuster à la main gauche.

La formation du fœtus commence toujours régulièrement par le même organe, par la tête. Apparemment, parce que ses principes ont un rapport plus prochain, ou peut-être parce que de toutes les parties des semences, il n'y en a que deux, justement appartenant à la tête, qui ont immédiatement un rapport exact entre elles, et qui deviennent les fondements de tout l'édifice. Celle qui est destinée à s'unir la troisième, n'aura point d'analogie parfaite, ni avec la première, ni avec la seconde, prises séparément, mais seulement avec les deux assemblées; de sorte que les rapports de cette troisième aux deux autres naissent de l'union des deux premières; les rapports de la quatrième aux trois autres viennent de l'assemblage de celles-ci; les rapports de la cinquième aux quatre précédentes, à quelques-unes seulement de ces quatre, proviennent de leur union, qui forme quelque éminence ou quelque cavité, et ainsi de suite; il est évident que les membres du fœtus se formeront toujours dans le même ordre; et je ne vois rien que de fort simple dans cette supposition.

Je ne sais donc pas pourquoi on se récrie si fort contre la formation de l'embryon par le mélange des semences, pourquoi on la trouve si inconcevable. Ceux qui parlent ainsi, qui ne veulent pas comprendre que du mélange des deux liqueurs, il résulte un corps aussi organisé que celui d'un animal, conçoivent pourtant à merveille comment tous les animaux de père en fils ou de mère en fille, sont contenus à l'infini dans les mâles ou dans les femelles exactement formés, quoiqu'en miniatures. Et ces miniatures de quoi sont-elles composées? Puisqu'ils trouvent si incompréhensible de former avec des liqueurs un corps organisé? Est-ce d'os, de marbre, de diamant ou de quelque pâte? Si je concevais que l'un fût plus difficile à Dieu que l'autre, assurément je ne regarderais pas ce dernier comme le plus aisé.

A propos de quoi, encore une fois, trouvent-ils tant de difficulté dans le premier, dans la formation d'un corps organisé par le mélange de deux liqueurs? Ignorent-ils ce qui n'est ignoré par aucun de ceux qui ont fait un cours de philosophie? Les effets admirables de ces fermentations cités par l'auteur de *Vénus physique*? Ces végétations chimiques qui représentent si naturellement des buissons, des arbrisseaux, qu'on n'a pu leur en refuser le nom? L'arbre philosophique perfectionné par M. Hombert; l'arbre de Mars découvert par M. Lemery le fils, et les grappes de raisin de M. Petit? Il faut croire que M. Pierquin n'avait point d'idée de ces cristallisations : indubitablement il les aurait fait venir aussi de germes dessinés en miniature depuis le commencement du monde, et contenus dans les dissolutions d'argent, de mercure, de limaille de fer, de sel ammoniac ou dans l'eau-forte, l'esprit de nitre, l'huile de tartre par défaillance, ou le vin de Bourgogne ou de Champagne. Car c'est du mélange de quelques-unes de ces liqueurs que naissent ces arbres artificiels, garnis de racines, ornés de branches, de feuilles et même de fruits.

Mais sans avoir recours à ces admirables enfants de l'art, examinons seulement avec des yeux attentifs les simples productions de la nature. Si pendant la rigueur de l'hiver, pour consoler Flore exilée de nos jardins, je lui donne une retraite sur ma cheminée, l'oignon d'une fleur appliquée sur l'orifice d'une carafe pleine d'eau, jette des racines, pousse une tige et produit une fleur aussi belle, du moins au rapport de nos yeux, que celles que le printemps fait éclore dans nos parterres. Il est évident que cette production ne se fait qu'aux dépens de l'eau, qui diminue à vue d'œil. Ainsi ceux qui veulent que l'oignon ait entièrement contenu la fleur en petit, ne peuvent au moins disconvenir que son développement et son accroissement n'ont pu se faire, sans que les parties de l'eau se soient converties en celles de cette fleur. Pareillement, le gland ne peut, de quelque manière que ce soit, produire un chêne sans métamorphoser en ses rameaux, ses feuilles et ses fruits, les sucs de la terre qui lui servent de nourriture. Et les animaux, soit lorsqu'ils sont encore dans le sein de leur mère, soit après qu'ils en sont sortis, comment prennent-ils leur accroissement? N'est-ce pas par une espèce de transsubstantiation, par la conversion du sang et du lait de leur mère en leurs propres parties charnues, cartilagineuses et même osseuses? Or est-il plus difficile à des liqueurs de composer radicalement le corps d'un animal, que de se transformer en tous ses membres; ou si l'on veut que l'un soit plus difficile que l'autre, la certitude que nous avons de l'existence continuellement réitérée du dernier, ne démontre-t-elle pas au moins la possibilité du premier ?

Ces incrédules, ces esprits de conception difficile ou plutôt rebelle, qui ne veulent pas absolument comprendre que du mélange de deux liqueurs il puisse résulter rien d'organisé, seraient mieux fondés à me demander pourquoi dans les vésicules séminaires, la semence du mâle et celle de la femelle dans les œufs ne s'arrangent pas chacune en particulier, aussi bien que lorsqu'elles sont mêlées, de façon à produire un animal ?

Je répondrais à cette objection que c'est parce que les deux molécules destinées à s'unir les premières, et à servir comme de pièces fondamentales au fœtus, sont l'une dans le mâle et l'autre dans la femelle; et que leur assemblage étant la source de tous ceux des autres particules, il ne peut s'en faire aucune union, tant que ces deux premières restent séparées.

On pourrait encore répondre que lorsque chacune des liqueurs prolifiques est seule, elle n'est pas dans une assez grande agitation pour que ses parties se présentent les unes aux autres suivant leurs différentes faces; elles composent un fluide trop épais, semblable à de l'eau dormante et croupie. Au contraire, ces liqueurs viennent-elles à se mêler, la fermentation, la chaleur augmente l'agitation de leurs molécules, les divise, les atténue, leur donne la dernière façon et les rend enfin propres aux différentes unions auxquelles elles sont destinées. Qu'on se souvienne de la façon dont se fait le beurre; pour en avoir, suffit-il de mettre de la crème dans un vase? Personne n'ignore qu'il faut la battre longtemps, afin d'assembler les parties qui doivent composer le beurre et d'en séparer le petit-lait.

Cette explication rendrait croyable et concevable un fait surprenant rapporté

par quelques auteurs. Ils disent que des curieux ayant reçu dans une petite fiole
de la semence d'un animal, et ayant mis et laissé pendant quelque temps cette
fiole bien bouchée dans du fumier, ils y virent avec admiration, en l'en retirant,
une espèce de petit animal informe. Cette expérience est digne d'être répétée et
par les Séministes et par les Séminovistes. Ne serait-ce point quelque fait semblable qui aurait porté Aristote à penser que la semence du mâle contenait elle
seule toutes les parties nécessaires à la formation du fœtus? Quoique je me sente
assez de penchant à ajouter foi à cette expérience, ou du moins à sa possibilité, je
suis très persuadé qu'il n'en pourrait jamais provenir qu'une production monstrueuse; pour la rendre régulière, il faut nécessairement que la femelle y contribue. Sans le mélange de la semence de la femelle avec celle du mâle, les parties
de la dernière n'auront entre elles que des rapports tout à fait éloignés et des liaisons extrêmement confuses, dont il ne pourra jamais résulter qu'une ombre, un
soupçon de fœtus.

CHAPITRE VIII

SUR LA RESSEMBLANCE

Mon opinion concilie à merveille les œufs avec la formation du fœtus par le
mélange des semences; le mâle et la femelle y contribuent également; ainsi elle
explique, autant qu'il est, je crois, possible de l'expliquer, la ressemblance de
l'animal avec ceux qui l'ont engendré; phénomène absolument inexplicable dans
toute autre hypothèse. Car, encore une fois, le mélange des semences ne peut se
faire ailleurs que dans l'œuf; puisqu'il est le réservoir de celle de la femelle, qui
n'en sort point, qui n'en saurait sortir et qui, quand elle en pourrait sortir, n'a
aucun conduit pour se rendre dans l'utérus.

Je conviens que ce n'est pas encore là développer d'une façon bien satisfaisante le phénomène de la ressemblance; mais examinons si nous ne pourrions
pas jeter dessus un peu plus de lumière. Ce n'est pas d'aujourd'hui qu'on en a
fait la tentative. On a dit pour y parvenir que la semence, soit du mâle, soit de
la femelle, n'était qu'un assemblage de molécules, insensibles, détachées de toutes
les parties sensibles de leurs corps, suivant la semence qui, par la quantité ou la
qualité, dominait dans leur mélange, il en résultait tantôt un mâle, tantôt une
femelle. Mais, dira-t-on, comment les molécules insensibles, dont on veut que
la semence de chaque individu soit composée, se détachent-elles de chaque partie

sensible de son corps et vont-elles se réunir dans leurs réservoirs ? C'est ce qu'on ne s'est pas trop mis en peine d'expliquer ; ne pourrait-on pas le concevoir ainsi ?

Quand une brûlure, causée par de l'eau chaude, nous a enlevé la peau de quelque endroit du corps, la nature, toujours attentive à nos besoins, répare bientôt cet accident par la fabrique d'une peau nouvelle et toute semblable à la première. D'où il me semble qu'on peut conclure que du plus pur de notre sang, elle forme continuellement des parties toujours prêtes à remplacer celles qu'un accident ou l'épuisement peut nous ravir, et auxquelles elles ressemblent toujours, parce qu'elles sont composées de la même matière, et qu'elles passent par les mêmes moules qui ont servi à former les précédentes. Il est même plus que vraisemblable que c'est là l'usage le plus important auquel la nature destine les aliments qu'elle nous invite si souvent à prendre. Mais comme c'est là le premier de ses soins, il est aussi probable qu'elle prépare plus de ces parties qu'il n'en faut communément pour réparer les pertes causées par les accidents, ou pour remplacer les parties usées, épuisées par leur service continuel. Ces parties surnuméraires toutes taillées, pour ainsi dire, et toutes prêtes à occuper quelques places, n'en trouvant point de vacantes, rentrent dans la masse du sang avec lequel elles refluent vers le cœur, le sang se distribue derechef dans tous les membres, entraînant avec lui ces parties toutes moulées, et qui conservent leur configuration pendant quelques tours, lorsqu'elles parviennent aux testicules ou aux ovaires ; elles y sont filtrées à peu près comme la salive, l'urine et les autres liqueurs sont filtrées par les parotides, les reins et autres glandes. Voilà, je crois, comment on peut concevoir que la semence se forme de l'assemblage des molécules insensibles, qu'on dit ordinairement se détacher de toutes les parties sensibles du corps.

Ces conjectures peuvent, à ce qu'il me semble, trouver un fondement dans les faits suivants ; les chiens, les chats qu'on a coupés, les chapons, en un mot tous les animaux eunuques en deviennent plus gros et plus gras. Les hommes vigoureux et chastes par sagesse sont à peu près dans un cas pareil. D'où peut venir cet excès de volume et d'embonpoint sur les animaux entiers, qui font un usage fréquent des plaisirs de l'amour ? N'est-ce point de ce que les parties que ces derniers dissipent en semences, sont dans les premiers toutes employées aux réparations, à l'entretien, à l'augmentation de l'individu ? Ne serait-ce point aussi la véritable raison pour laquelle ordinairement les galants ne sont pas gras ? Et d'où vient qu'après une maladie ou de longues fatigues, nous nous trouvons peu propres à contenter les dames ? C'est surtout en ce cas que la plus légère satisfaction qu'elles reçoivent de nous, nous fait éprouver une espèce d'epuisement.

Pourquoi les organes de la génération sont-ils les derniers à se former, et en deviennent ils qu'à un certain âge propres à filtrer leurs liqueurs, si ce n'est de peur de nuire à l'accroissement des animaux? Et si les parties des semences n'étaient pas telles que je viens de les décrire, leur conservation, leurs dissipations influeraient-elles si sensiblement sur notre crue, notre santé et notre embonpoint? On a coutume de faire, contre ce sentiment sur la formation de la semence, une objection que ceux qui la font regardent comme impossible à résoudre. Dans cette hypothèse, disent-ils, les enfants des parents mutilés devraient naître sans les membres qui manquent aux auteurs de leur naissance. Le fils d'un manchot ne devrait jamais avoir qu'un bras ; et l'expérience déroge souvent à cette règle.

Je réponds à cela que c'est parce qu'elle est fausse; on sait bien qu'il est des parties qu'une fille ne peut tenir que de sa mère, et d'autres que le fils pareillement ne peut recevoir que de son père, parce que personne ne donne ce qu'il n'a point; mais il ne faut pas s'imaginer que le père fournisse toute la matière de son fils, ou la mère toute celle de sa fille. Ils ont et n'ont que chacun leur part dans l'une et l'autre composition. Ainsi lorsque d'un père qui n'a qu'un bras, il naît un fils avec deux, c'est qu'apparemment il en doit un au moins à sa mère. Je dis un au moins, car il pourrait bien les lui devoir tous les deux, et en récompense tenir ses jambes de son père. Si ce père était cul-de-jatte, ses enfants pourraient tenir leurs jambes de la mère.

Je croirais même volontiers qu'il n'est pas nécessaire qu'un homme soit cul-de-jatte pour diriger l'influence de sa femme sur la produccion des parties inférieures de leurs enfants. Ce qui me le porte à croire, c'est le grand nombre de cagneux qu'on voit. On n'en rencontre presque pas d'autres, et tous en bas blancs, soit aux promenades, soit sur les théâtres. Il n'y a pas jusqu'aux acteurs qui se donnent les airs de l'être. Passe encore pour les chanteurs, ils ne chantent pas de la jambe et ne sont par conséquent pas obligés de l'avoir bien faite. Mais parmi les danseurs même, il semble qu'il soit du bon air d'être cagneux. N'est-ce pas une chose criante? Et quels seront donc après cela les priviléges des danseuses? Les rois, pour avoir de beaux chevaux, dépensent des sommes considérables à l'entretien de plusieurs haras : ils devraient bien en établir quelques-uns pour se former de ces hommes destinés à les amuser par leurs talents corporels.

Mais, ajoute-t-on, si le père et la mère étaient sans jambes et sans bras, et que leurs enfants en eussent... Je demanderais comment ces père et mère auraien fait pour le devenir l'un avec l'autre; en un mot je nierais le fait, et supposé qu'on vînt à bout de me le prouver, je n'en croirais tout au plus que la moitié. J'avoue que si l'on trouvait en France les preuves qu'on m'en apporterait, je serais fort embarrassé à les réfuter. Je sais trop quelle est la fidélité des Françaises envers leurs maris; mais si le phénomène était d'un pays étranger, je croirais pouvoir, en sûreté de conscience, attribuer aux soins officieux d'un coadjuteur du mari l'excès des membres que des enfants auraient sur ceux de leur mère et de son époux.

Il est pourtant vrai que ce ne serait pas sans répugnance que je hasarderais cette explication, tant j'appréhende de faire quelques injustices aux belles, ne fussent-elles que négresses; mais l'honneur de mon hypothèse me ferait aux dépens du leur, risquer ces conjectures, que je les supplie de me pardonner. J'ajouterai même pour mériter ou du moins pour obtenir mon pardon, que je crois les avoir formées sur des impossibilités, et que jamais enfants n'ont eu des membres dont ceux de leur père et mère n'aient pas été la source.

Tantôt l'un fournit le haut, l'autre fait les frais du bas: tantôt c'est tout le contraire. Quelquefois le mâle ne donnera pour sa part que de quoi faire la tête et les pieds, et la femelle sera chargée de pourvoir à tout le reste. Une autre fois se réservant les extrémités, elle abandonnera le milieu de l'ouvrage à son compagnon. Dans le premier cas, ils produiront une Pallas, une beauté martiale, et un Adonis dans le second. De là vient qu'on est si sujet à se tromper, quand on juge des appas cachés par ceux qui ne le sont pas. Combien, en raisonnant sur ce mauvais principe, a-t-on fait d'injustices à des beautés à qui, pour être parfaites, il ne manquait qu'un visage plus délicat?

Souvent on a bien mal à propos pris les traits du leur pour la règle de leurs autres charmes. Elles sont plus prudentes à notre égard, des attraits peu mâles ne les préviennent pas si fort contre nous; qu'elles dédaignent d'approfondir, si la débilité est infailliblement unie à leur délicatesse : et plus d'une fois elles ont eu sujet de s'applaudir de leur louable curiosité. Quelle agréable surprise, de rencontrer la massue d'un Hercule entre les mains d'un Adonis! mais que nos belles se donnent bien de garde de croire toujours, en voyant un joli garçon, aller prendre la pie au nid. Elles courraient risque d'être souvent aussi tristement étonnées, que nous le demeurerons nous-mêmes, lorsque, attirés par une tête brillante, nous la trouvons élevée sur des fondements qui ne semblent pas faits pour lui en servir. Que de sirènes parmi les femmes les plus charmantes! que de satyres parmi les plus aimables hommes! Tout cela prouve que les beautés que nous connaissons ne peuvent servir de règle certaine pour juger de celles qui nous sont inconnues. Je ne sais qu'un moyen de ne s'y pas tromper : c'est de n'en juger que sur le rapport de ses yeux, au moins, encore souvent leur témoignage ne produit-il qu'une certitude morale.

L'incertitude fâcheuse dans laquelle nous sommes sur cette matière vient des combinaisons innombrables dont sont susceptibles les parties des semences de la femelle et du mâle, car il ne faut pas s'imaginer qu'ils fournissent régulièrement l'un le haut et l'autre le bas de l'animal qu'ils produisent en commun. La plupart du temps, leurs liqueurs séminales se mêlent si intimement, que dans le fœtus qui résulte de ce mélange, il n'y a aucun trait particulier dont elles ne partagent toutes deux la formation; et alors un enfant sans ressembler ni à son père, ni à sa mère, a ce qu'on appelle un air de famille, auquel on reconnaît si souvent des frères et sœurs qui ne se ressemblent pourtant point.

C'est là à peu près en quoi consiste la ressemblance du mulet avec l'âne et la jument, et souvent du mulâtre avec ses parents, l'un blanc et l'autre noir.

Quant à celle d'un enfant avec un oncle, une tante, son grand-père, sa grand'mère, ou quelque autre de ses aïeux, elle est purement fortuite, et si l'on comparait les cas où elle arrive, avec ceux où elle n'arrive pas, on trouverait que les premiers sont bien plus rares que les derniers; mais si on prétendait le contraire, il n'y aurait qu'à dire que les accidents auxquels sont sujettes les parties des semences des père et mère leur laissent ordinairement, ou même leur procurent plus d'analogie avec les traits d'un aïeul qu'avec ceux d'un étranger dont la ressemblance demande une plus grande altération dans les molécules des liqueurs séminales.

Au reste, je n'exige pas de mes lecteurs qu'ils soient parfaitement contents des conjectures que je leur propose sur la ressemblance des animaux avec ceux qui les ont engendrés; mais une chose que j'attends de leur équité, c'est qu'ils conviendront que le père et la mère, dans mon système, concourant également à la production du fœtus, on conçoit au moins d'une façon générale qu'il peut, n'importe comment, ressembler tantôt à l'un, tantôt à l'autre et quelquefois à tous les deux; phénomène absolument inconcevable dans toute autre hypothèse que la mienne, si l'on excepte celle des séministes, qui d'ailleurs est, comme je l'ai fait voir, insoutenable.

CHAPITRE IX

SUR LA DISSEMBLANCE

De ce que nous avons dit sur la ressemblance, il semble au premier coup d'œil qu'on ne devrait apercevoir dans un enfant aucun trait qu'on ne reconnût clairement venir de l'un ou de l'autre de ses parents : il est certain qu'il leur ressemble plus souvent qu'on ne le soupçonne, mais il y a des raisons pour qu'il ne leur ressemble pas toujours.

Avant que de s'unir et de former un embryon, les parties des semences ne sont-elles pas sujettes à une infinité d'accidents, soit tandis que dans les vaisseaux du mâle et de la femelle, elles circulent avec les autres liqueurs, soit dans le temps même qu'elles viennent à s'en séparer? Mille chocs, mille collisions peuvent endommager leur première figure, et par conséquent la ressemblance de l'animal qu'elles doivent produire, avec ceux qui en sont l'origine et devraient en être le modèle. Par là il est aisé de concevoir que la laideur ou la beauté des enfants ne doit pas nécessairement répondre à celle de leur père et mère. Des époux fort laids où fort beaux peuvent avoir un enfant qui ne le soit point, ou bien qui soit d'une laideur ou d'une beauté différente de la leur.

J'ai formé à un lapin gris un petit sérail de lapines grises aussi. Je suis sûr qu'elles n'ont point fait d'infidélité à leur sultan ; elles n'en avaient pas le pouvoir ; cependant parmi les petits, ordinairement gris, qu'elles me donnaient, elles en ont plus d'une fois mêlés quelques noirs, tant mâles que femelles. D'où peut venir un pareil phénomène, si ce n'est des accidents arrivés aux parties des semences.

Sans ces inconvénients, chaque enfant serait l'image vivante de ceux qui lui ont donné le jour. Il pourrait être tout à la fois une demi-copie naturelle et parfaitement ressemblante de deux originaux différents; et la moitié des traits de son visage, de toute sa personne seraient autant de témoins également irréprochables et indiscrets, qui déposeraient continuellement aux yeux de tous les spectateurs pour ou contre la fidélité de sa mère. Mais grâce aux changements qui peuvent survenir aux parties des semences, il peut ressembler à un parent, à un voisin, à un ami, à qui bon lui semblera, sans que son père, ou celui qui passe pour l'être, puisse raisonnablement y trouver à redire.

Il est pourtant toujours vrai qu'un enfant doit naturellement ressembler plus fréquemment à son véritable père qu'à un étranger. Il est même bien rare et bien difficile qu'il n'ait quelque trait marqué auquel on puisse reconnaître celui dont il sort; mes lapins m'en ont donné maintes et maintes preuves. J'ai rapporté ci-dessus que de deux gris il m'en était quelquefois né de noirs, mais je dois aussi rapporter un fait qui m'a paru bien digne de remarque; c'est qu'à la réserve de trois gris, qui par conséquent avaient de la ressemblance avec leur père, tous les autres au nombre de quarante-deux gris ou noirs, lui ressemblaient par un endroit de la tête. C'était une espèce de Caïn qui transmettait à tous ses descendants une marque blanche qu'il portait au milieu du front. Chez les uns elle était plus grande, et chez les autres plus petite ; tantôt plus haut, tantôt plus bas, il y en avait aussi de marqués de blanc à d'autres endroits qu'à la tête, entre autres de noirs qui avaient les extrémités des pattes blanches.

Mais pour revenir des lapins aux hommes, voici un fait, peut-être plus surprenant, arrivé chez les derniers. J'ai connu quatre frères et trois sœurs, tous sept enfants du même père, auquel ils ressemblaient entre autres endroits par les pieds. Ils avaient les deux orteils, voisins du gros, joints ensemble dans presque toute leur longueur, et lorsque leur mère accouchait, son mari avait coutume de demander en badinant à voir les pieds de l'enfant, pour s'assurer s'il en était bien le père.

Il arrive souvent que les enfants d'un boiteux ne le sont pas, mais voit-on ceux d'une boiteuse manquer l'être ? Il peut pourtant absolument se faire qu'ils ne le soient point, suivant ce que j'ai dit ci-dessus : l'enfant de deux époux aimables peut à la rigueur ne pas l'être, ou l'être au contraire quand ses parents ne le sont pas; mais il faut bien se donner de garde de croire ces cas fort communs, ils sont d'une rareté extrême, et surtout le dernier. Une jument jeune et bien faite, servie par un fier étalon, auquel elle est fidèle, n'a pas coutume d'engendrer des mazettes, et deux rosses sont encore moins sujettes à produire un beau poulain.

Je ne cherche pas à rendre suspecte la fidélité des belles, à Dieu ne plaise ! mais quand une femme aimable, unie à un mari qui ne l'est pas, lui donne des enfants qui le sont, je ne crois pas que ce soit trop à lui à se glorifier de la beauté de sa famille.

Cependant je ne crois pas non plus que la femme doive beaucoup s'en glorifier elle-même. Si ses enfants sont beaux et ceux de son époux, ils ne lui en ont pas grande obligation : ils n'en ont tout au plus qu'à leur père, qui par les attraits de la moitié qu'il s'est choisie, a tâché de réparer les défauts de sa personne, tandis que son épouse a fait tout le contraire. Peut-être aussi s'est-elle flattée, car il ne faut pas accuser les gens à tort, qu'ils tiendraient plutôt d'elle que de lui. Cette espérance peut avoir plus d'un fondement, et souvent l'expérience lui en sert. Pourquoi ne pas compter un peu sur un bonheur qu'on voit arriver à tant d'autres? Lorsque de deux époux, c'est la femme qui n'est pas belle, les changemens qui arrivent aux parties des semences du mari, se font presque toujours en mal ; mais en récompense ils se font communément en bien, quand c'est l'époux qui n'est pas beau.

Ces changements, tantôt contraires et tantôt favorables, ne sont pas la seule source du défaut de ressemblance d'un enfant avec ses père et mère. Un autre inconvénient qui nuit encore fréquemment à leur ressemblance, c'est que probablement les deux semences contiennent souvent des molécules destinées à former le même organe, ou les mêmes parties d'un organe. En ce cas si le père a les yeux noirs et que la mère les ait bleus, ceux de leur enfant ne doivent être ni bleus ni noirs, mais d'une couleur composée de ces deux. Si les parents fournissent en trop grande abondance à la composition du même membre, il en résulte chez leur fille ou leur fils un plus grand, plus gros ou plus long, que le correspondant ne l'est chez chacun d'eux. C'est là, je crois, l'origine des oreilles de Midas, des grands nez, et de la plupart des organes qui péchent par excès.

Peut-être est-ce aussi là la source de quelques monstres, tels que ceux qu'on nomme hermaphrodites ; mais il est pour le moins aussi vraisemblable qu'ils viennent de l'union, ou de la confusion de deux œufs ; et cette opinion me plaît davantage. Quoique bien exposée dans les Mémoires de l'Académie des sciences, par M. Lemery, cette matière est assez intéressante, pour mériter de notre curiosité un article, ne fût-ce que pour faire voir que ce qu'on en a dit de mieux, peut à merveille s'appliquer à l'hypothèse des séminovistes. Son sort est de partager les avantages de toutes les autres, sans participer à aucun de leurs inconvénients.

CHAPITRE X

SUR LES MONSTRES

Un monstre est un animal qui n'est pas formé suivant les lois ordinaires de la nature, qui a plus ou moins de membres que ceux de son espèce n'ont coutume d'en avoir : de là la division vulgaire en monstres par excès et en monstres par défaut.

Les premiers viennent de l'union de deux, ou de plusieurs œufs destinés à faire des jumeaux, si en tombant dans la matrice, ou en descendant par la même trompe, ils viennent malheureusement à se rencontrer, ils se collent l'un contre l'autre, leurs liqueurs se mêlent, et au lieu de jumeaux, ils produisent un monstre.

Deux œufs ainsi unis et dont l'union, ou plutôt l'adhérence aurait passé jusqu'au fœtus sans perte, ni mélange des liqueurs, formeraient un animal double.

Si le phénomène se faisait avec deux œufs de femme, qui continssent des fœtus de différents sexes, il en résulterait un des hommes de Platon, un androgyne. On croit communément qu'avec les deux sexes, nous serions doublement heureux ; mais on se trompe fort : nous risquerions beaucoup plus à perdre qu'à gagner. Quel esclavage ! que d'inconvénients attachés à la nécessité de traîner ou de suivre sans cesse un témoin de toutes ses actions ! voilà pourtant ce que cette union nous procurerait très certainement, et il ne serait pas moins douteux qu'elle doublât nos autres sensations, agréables ou désagréables. Il faudrait pour cela que ces deux corps n'eussent qu'une même âme : s'ils avaient chacun la sienne, ce qui dépendrait de la volonté de Dieu, tout s'y passerait comme chez nous-mêmes, à l'incommodité près dont je viens de parler.

Quand un des fœtus demeurant entier, il se dissipe une partie des semences destinées à former l'autre, il résulte du tout un corps auquel les restes de l'un des fœtus forment des membres surnuméraires, qui en font un monstre : et ces membres, surabondants, tant au dedans qu'au dehors, pouvant varier à l'infini, il n'y a sorte de monstres, par excès, qu'ils ne soient capables de composer. Ainsi un chien à trois têtes, un cerbère, est possible. Un homme à deux, un Janus ne l'est pas moins. Nous préserve le Ciel de pareils monstres féminins ! si les organes de la génération d'un fœtus mâle, dont toutes les autres parties avaient été détruites, venaient s'attacher à un fœtus femelle, il en résulterait sans contredit un véritable hermaphrodite, doublement capable d'engendrer. Vraisemblablement il n'aurait qu'une âme et bien des gens trouveraient son sort plus digne d'envie que celui d'un androgyne.

Les monstres par défaut ne sont pas plus difficiles à expliquer que les monstres par excès. Quelques-unes des parties de la liqueur d'un œuf fécondé, n'ont qu'à, par un accident, venir à se dissiper, à se perdre, il faudra bien que l'animal naisse sans les membres qui devaient être composés par ces parties dissipées, ou perdues. Ne pourrait-on pas dire aussi que le mâle et la femelle ont manqué à les fournir ?

Ce serait une ouverture pour comprendre la formation des moles, incompréhensible dans les hypothèses de tous les autres partisans des œufs, aussi bien que dans celle des animalistes. S'il était vrai que le fœtus fût tout formé dans la semence du mâle, ou dans l'œuf, d'où pourrait venir cette masse informe de chair, qu'au lieu d'un enfant rendent quelquefois les femmes ? Ne devrait-elle pas avoir au moins par quelques endroits, la figure d'un animal ? Dans notre système, à nous autres séminovistes, cela n'est point du tout nécessaire. Les parties des semences d'un œuf destinées à s'unir les premières, n'ont qu'à, par malheur, venir à se dissiper, à s'échapper de l'œuf ; ou le père et la mère n'ont qu'à manquer à les fournir ; les autres parties n'ayant plus que des rapports éloignés, s'accrochent les unes aux autres plutôt qu'elles ne s'unissent, et ce qu'elles peuvent faire de mieux, n'est qu'un morceau de chair.

Il est encore une espèce de monstres dont les anatomistes ne parlent pas si souvent que des précédents, et qui ne sont pas moins dignes d'attention, puisqu'ils pourraient seuls renverser tous les systèmes des animalistes, des animovistes, des infinitovistes et des unovistes : je veux dire, les animaux engendrés de deux parents d'espèces différentes, tels que les mulets. Je mettrais volontiers les mulâtres aussi

dans cette classe, si ce n'est qu'ils ne sont pas, à ce que je crois, moins propres à
la génération qne les auteurs de leur naissance.

Mais tous les animaux mi-partis de deux espèces y sont-ils inhabiles ? Je ne
puis me le persuader. Je m'imagine qu'ils ne sont privés de cet avantage que
lorsqu'ils sont le fruit d'espèces fort éloignées. En ce cas, si j'osais tenter l'explication de ce prodige impénétrable, ou du moins impénétré, je dirais que la
source de ce défaut est dans le peu d'analogie que les molécules des semences
destinées à former les organes de la génération, ont avec les membres auxquels
elles doivent s'attacher ; les parties séminaires qui doivent former les organes
nécessaires à la vie, ont encore assez de rapport entre elles pour s'unir, parce
qu'elles s'unissent les premières, comme les plus essentielles, et que leur union,
quoique extraordinaire, n'a point assez altéré leur analogie avec leurs voisines
pour en empêcher l'assemblage. Mais les organes propres uniquement à la génération, comme moins nécessaires, sont les derniers à se former ; et quand ils
commencent à vouloir se développer, le peu d'analogie qu'ils avaient déjà avec
les parties contiguës, ayant encore diminué à mesure que ces parties ont augmenté, cette analogie se trouve tellement éloignée, que les parties des semences
qui doivent former les organes de la génération ne peuvent plus se débrouiller
et s'arranger d'une façon nette et précise : elles ne composent au lieu de ces
organes que des espèces de moles.

D'ailleurs quand ces organes se formeraient aussi distinctement que dans les
cas ordinaires, il me semble qu'on pourrait encore rendre raison de leur inutilité. Nous savons que chaque glande ne filtre qu'une certaine liqueur. Les parotides ne filtrent que la salive et les reins ne préparent que l'urine. Par
conséquent les testicules et les ovaires les mieux faits ne sont capables de filtrer
que la semence, et quelle semence encore ? Suivant les principes que nous avons
posés ci-dessus, ce n'est que de son père qu'un animal tient ses testicules, et une
femelle ne doit ses ovaires qu'à sa mère. Les testicules de l'un et les ovaires de
l'autre sont donc du même genre que ceux du parent qui les lui a transmis ; ils
sont percés, criblés de la même façon. Ils ne peuvent par conséquent admettre
que des liqueurs semblables, des molécules taillées à peu près de même. Les
testicules du père ne filtraient que des parties semblables à celles de son corps :
il en était de même des ovaires de la mère. Ces organes dans le fils, dans la fille,
qui ressemblent quelquefois l'un et l'autre à leurs deux parents tout à la fois,
peuvent bien se prêter jusqu'à un certain point, par exemple jusqu'à filtrer des
parties de semence qui tiennent et des traits du père et de ceux de la mère,
quand ils sont de la même espèce ; mais lorsqu'ils sont d'espèces différentes, les
parties des semences dans le fils, comme dans la fille, trop extraordinairement
configurées, sont arrêtées au passage et ne peuvent être filtrées par les testicules

de l'un ni par les ovaires de l'autre. Le moyen que des testicules pareils à ceux d'un âne, et des ovaires semblables à ceux d'une jument, transmettent des molécules pareilles à celles d'un mulet ! c'est comme si l'on voulait faire passer des grains de plomb ronds par des moules triangulaires.

Après avoir, sans y penser, et même contre mon intention, entrepris l'explication de ce phénomène, dois-je craindre désormais de me faire taxer de présomption ? Non sans doute. Me voilà dûment atteint et convaincu de l'audace la plus vaine. Que rien ne retienne donc plus mon imagination : donnons-lui carrière, promenons-la sur tous les monstres qui se présenteront à elle, et voyons un peu s'il en est quelqu'un qui lui fasse peur. Ce ne seront pas du moins le minotaure, le centaure, le sauvage de l'île de Bornéo, ni même l'homme marin. Ces animaux ne sont plus pour moi des énigmes, ou s'ils en sont, je me flatte de les avoir devinées, ils ont tous eu pour mères des femmes, et pour père le premier a eu un taureau ; le second un cheval ou un âne ; le troisième un singe, et le quatrième un dauphin ou quelqu'autre poisson.

Personne n'ignore que le Minotaure fut fils de Pasiphaé et d'un taureau, comme nous l'apprend l'histoire, ou du moins la fable qu'ici je prends à la lettre. Et cela posé, la naissance que je donne aux centaures doit-elle paraître si difficile à croire ! Si une grande reine, si l'épouse du sage Minos a pu lui faire une infidélité, lui planter, comme on dit, des cornes en faveur d'un galant qui en portait de réelles, doit-on trouver étrange que des femmes, ou des filles du commun, se soient éprises pour des chevaux ou des ânes ? Je me rappelle que la fable nous offre aussi une inclination de cette espèce dans la mère du célèbre Chiron : si le goût de ces amantes antiques paraît bizarre aux belles de nos jours, je suis persuadé que ce ne sera pas celui de Phylire qui le paraîtra le plus.

En fait d'amour pour n'être rebuté,
Des dons du Ciel c'est peu d'être doté.
Jadis Saturne aimait une pucelle,
Et, dit l'histoire, elle lui fut cruelle,
Tant qu'il s'offrit comme Divinité.
Que fit le Dieu ? honteux et dépité,
Il se transforme en cheval moucheté,
Croyant ainsi réussir auprès d'elle
En fait d'amour.
Pas n'y manqua. Je m'en serais douté,
Et, ce qui doit surtout être noté,
Le cas avint au siècle de Cybelle,
Dans l'âge d'or. C'est la loi naturelle,
Jamais cheval ne s'est vu rebuté
En fait d'amour.

Malgré les bonnes fortunes de mon confrère P... et le goût que la plupart des femmes ont pour les singeries, je ne les accuserai pas d'en avoir pour les singes mêmes; mais personne n'ignore combien les singes en ont pour elles. N'a-t-on même pas vu la relation d'une femme qui, pendant quelques années qu'un naufrage lui avait fait passer avec un galant de cette espèce, en avait eu plusieurs enfants? Que ce goût vienne, comme le prétendent quelques-uns, de la conformité des caractères ou d'ailleurs, cela n'y fait rien : il n'en est pas moins certain. Ce penchant posé, figurez-vous une Ariane entraînée par le perfide amour ou poussée par la fortune ennemie sur le rivage d'une île déserte. Les belles infortunées ne trouvent pas toujours, à point nommé, des dieux pour consolateurs. Si, au lieu d'un Bacchus, quelqu'un de ces gros et vigoureux singes, redoutables même aux hommes, vient malheureusement à surprendre notre princesse accablée de fatigue et de sommeil, que voulez-vous qu'elle devienne à son réveil, procuré par les caresses effrayantes du vilain animal, entre les pattes duquel elle se sent étroitement et fortement serrée? Quand même il la trouverait bien éveillée, que pourrait-elle opposer aux attentats imprévus de cet horrible et furieux amant? Des bras tendres, délicats, faibles et affaiblis, qui sur-le-champ seraient punis de leur résistance par les morsures les plus cruelles? Voulez-vous qu'une beauté naturellement timide se fasse, comme ses habits, déchirer en lambeaux, dévorer plutôt que de s'exposer à donner l'être à quelque petit sauvage, tels que ceux de l'île de Bornéo? Le plus court, dans ces cas périlleux, est de se pâmer, aux risques de ce qui en pourra arriver. Vraiment il y a des femmes qui, pour sortir d'embarras, se pâment à bien moins.

Je ne doute point que l'honneur ne leur soit à toutes beaucoup plus cher que la vie, car il n'y en a pas une seule qui ne le dise, comment donc arrive-t-il, que les plus braves d'entre elles, au moindre danger qui menace leur vie, perdent la tête, et que rarement les plus timides la perdent sincèrement, quand elles croient qu'on n'en veut qu'à leur honneur? Bien des gens s'imagineraient peut-être que c'est parce que la crainte de perdre leur honneur, est bien moins forte chez elles que celle de perdre la vie. Pour moi, je suis persuadé que c'est tout le contraire. Et voilà vraisemblablement d'où vient qu'un amant délicat a tant de peine à triompher d'une maîtresse dont il ne combat la rigueur que par des soins, des soupirs, des services et des respects ; elle recueille toutes ses forces, conserve toute sa présence d'esprit pour défendre sa gloire jusqu'à son dernier soupir. Un brutal, au contraire, qui use de main mise et de violence, a communément bon marché de la plus fière, elle croit qu'il n'en veut qu'à sa vie, qu'elle n'estime pas assez pour la disputer. C'est là donc, sans doute, la véritable raison pour laquelle les singes triomphent de la vertu des Arianes, elles pensent que ces animaux n'attentent qu'à leur vie: si elles s'imaginaient qu'ils attentassent à leur honneur, oh! je suis persuadé que plutôt que de les souffrir assouvir leurs infâmes désirs, elles se feraient mettre en pièces, ou que du moins, pour arrêter de si coupables flammes, elles iraient, aux dépens de leur vie, sauver leur honneur au milieu des flots.

Mais là même serait-il bien en sûreté? Le bienfaiteur par qui la vie d'Arion échappa au naufrage, ne l'eût-il pas fait faire àll'honneur d'Ariane? Les relations de voyages sont pleines d'histoires qui prouvent l'inclination naturelle du dauphin pour l'homme. Je laisse à penser s'il peut en manquer pour la femme, surtout quand elle est belle. Tout ce qui vit reconnaît son doux empire. Le feu grégeois est moins ardent que celui qui brille dans ses yeux tout-puissants. Oui, j'en vois quelquefois deux, dont les regards sont capables d'aller à travers l'onde, embraser jusqu'au cœur des poissons. Si celle à qui ils appartiennent, ou quelqu'autre à peu près semblable, venait par un hasard, mêlé de malheur et de bonheur, à se trouver sur le dos d'un dauphin, croyez-vous qu'il ne se fît pas payer son secours? Ou qu'à l'exemple d'Arion, qui, pour prix de ses chansons, fut retiré du milieu des flots, notre belle en fût quitte avec son libérateur pour de simples remerciements, Il est des personnes auxquelles, quelque généreux qu'on soit, il est extrêmement difficile de rendre des services tout à fait désintéressés, et qui même ne savent pas mauvais gré à ceux qui les obligent, de le faire avec un peu de cette espèce d'intérêt. Telles sont les belles. D'ailleurs quand elles s'avisent d'être reconnaissantes, elles ne le sont point à demi, surtout lorsque le bienfaiteur est de leur goût. Combien en a-t-on vu d'assez courageuses pour préférer la perte de leur vie à celle de leur gloire, pousser la gratitude jusqu'à payer de leur honneur la conservation de leurs jours? Un cœur vraiment généreux se croirait coupable d'ingratitude, s'il ne donnait pas, lorsqu'il le peut, des marques de reconnaissance d'un prix supérieur à celui du bienfait qu'il a reçu. Ainsi je ne serais point autrement étonné, qu'une femme eût la complaisance d'accorder à un dauphin, ce que la frayeur ne lui eût pas permis de refuser à un singe.

Qu'on juge après cela de quels effets, de quelles productions cette bonté d'âme eût pu devenir la source. Non seulement l'homme marin pourrait bien n'avoir point d'autre origine, mais elle pourrait encore à merveille être celle des sirènes, des tritons et des néréides; de Thétis même et de Neptune, en les supposant tous réels. La fable n'a presque point de monstres qui m'étonnent. Je conviens qu'il n'est pas aisé de concevoir que les organes de la génération, dans un dauphin puissent former une union féconde avec ceux d'une femme: mais si le dauphin est privé de cet avantage, est-il bien sûr qu'il en soit de même de tous ses concitoyens? N'y a-t-il pas aussi des chevaux marins? Pourquoi aucun des nombreux et divers habitants de l'élément favori de Vénus n'en aurait-il obtenu une faveur qu'elle a prodiguée à l'âne, au singe et à la plupart des animaux terrestres, qu'elle a étendue jusque sur les peuples de l'air?

Car je ne doute point que parmi les grands oiseaux, il n'y en ait des capables de rendre mère une jeune fille. La fable de Léda n'aurait-elle point quelque fondement? J'ai regret qu'on n'ait pas fait venir d'une pareille union les ailes de l'Amour. Au lieu de Jupiter, les poètes auraient bien mieux fait de lui donner pour père un beau cygne. Parmi les métamorphoses auxquelles les mortelles ont forcé les dieux d'avoir recours, pour s'ouvrir le chemin de leur cœur, c'est là celle que je leur pardonnerai le plus volontiers. Je suis bien moins scandalisé du goût de la fille de Tindare que de celui de la mère de Chiron.

Le beau sexe me reprochera sans doute de prendre plaisir à lui attribuer la naissance de tous ces monstres, et m'en demandera peut-être la raison. Il s'en faut beaucoup qu'elle ne soit aussi offensante qu'il a pu se l'imaginer. Je ne fonderai point mes conjectures sur sa douceur, sa timidité, sa faiblesse ou sa curiosité. Je ne leur donne point d'autre fondement que ses attraits. Ne sont-ils pas assez puissants pour opérer tous ces prodiges? Pour forcer les dieux à se métamorphoser en bêtes, et pour faire rechercher aux bêtes un sort envié des dieux? La terre et l'eau, l'air et l'Olympe n'ont point de cœurs exempts du doux tribut qu'imposent les charmes d'une jeune beauté. Le reste de l'univers n'en offre point à l'homme d'aussi séduisants. Il me semble qu'il ne doit pas avoir beaucoup de peine à se défendre de ceux d'une guenon et des autres femelles des animaux. Cependant qu'il ne se flatte point de ne pas avoir sa part à la production des monstres. Non que je ne pusse bien l'en exempter, si je voulais. Mais je suis trop ami de la vérité pour ne pas le rendre père des satyres et des faunes, qui vraisemblablement sont fils d'une chèvre. Car j'ai trop bonne opinion du goût du beau sexe pour les faire venir d'une femme et d'un bouc; il faut être équitable. Nos histoires modernes, qui ne contiennent autre chose que des fables, ne nous apprennent que trop à quoi nous devons nous en tenir là-dessus. Je pardonne à des singes de devenir amoureux d'une femme; mais je ne puis pardonner à des hommes d'être les rivaux d'un bouc.

En 1561 et 1567, le pape envoya en France des troupes italiennes qui traînaient à leur suite quantité de chèvres parées comme de nouvelles mariées. Leur nombre était égal à celui des officiers, à compter depuis le général inclusivement jusqu'au dernier anspessade, chacun avait sa chacune; les soldats, n'ayant pas le moyen d'en avoir à eux, se servaient de celles qu'ils rencontraient sur leur passage; et lorsqu'ils n'en trouvaient pas assez, ils prenaient pour supplément les petits garçons qui les gardaient. Les paysannes françaises en furent si scandalisées qu'après la retraite de ces Italiens, elles assommèrent dans tous les lieux où ils avaient passé, et jetèrent à la voirie leurs pauvres chèvres sans faire grâce à aucune. Je pourrais pour garants de ces faits citer le Fèvre, Varillas, d'Aubigné, Théodore de Bèze, les mémoires d'Artagnan et autres; mais je me contente de renvoyer mes lecteurs à l'article de Bathyllus du dictionnaire de Bayle où j'ai trouvé ces anecdotes et leurs autorités.

Si l'on ne donne plus aujourd'hui dans ces travers, ou si l'on n'en voit plus d'effets, il ne faut pas l'attribuer aux bonnes mœurs, à la vertu du siècle. Nos contemporains, malgré toutes leurs lumières, ne sont pas moins vicieux que nos ignorants ancêtres. Nous ne sommes redevables de la réforme de ces détestables abus qu'à la religion chrétienne. Doit-on trouver si étrange que des peuples capables d'adorer des dieux qui se changeaient en bêtes, pour séduire leurs femmes et leurs filles, se soient, à l'exemple de leurs divinités, dégradés au point de concevoir de l'amitié pour des brutes, et d'assouvir sur elles d'infâmes désirs ?

Qu'on ne dise point que ce n'est pas la religion chrétienne qui a aboli ces abominations, sous prétexte que le centre même de son empire en est encore infecté ; qu'on n'en a tout au plus supprimé que les effets, et que leur suppression n'est due qu'à la juste sévérité des lois. Ces sages lois, à qui les devons-nous, si ce n'est à la pureté de notre religion ?

On ne peut inventer des supplices assez effrayants pour punir ces sortes de crimes pour lesquels tout l'univers a maintenant une horreur si bien fondée. Les suites en sont extrêmement contraires aux intérêts de la société : cependant il faut convenir que ce ne sont pas encore celles qui y sont le plus opposées. Il est d'anciens abus, il s'en introduit peut-être des nouveaux, pour lesquels on est bien éloigné d'avoir autant d'horreur, et qui sont pourtant encore beaucoup plus préjudiciables au bien public. Je ne crois pas qu'on me soupçonne d'être superstitieux, mais je me pique d'être bon citoyen et me crois du sens commun : et puisque l'occasion se présente, je ne serai pas fâché d'en profiter pour dévoiler l'énormité peut-être ignorée de certains crimes, qu'il ne faudrait que bien connaître pour les abhorrer. Pour cette entreprise, il me semble que je n'ai besoin que des lumières de la raison.

Je fais huit classes des principales fautes qu'on peut commettre en matière d'impureté. Dans la première, je mets le commerce d'une veuve avec un homme veuf, d'une fille et d'un garçon qui ont fait leurs épreuves, ou qui tous deux en sont à leurs coups d'essai. Quand l'un des deux endoctrine l'autre, le cas du disciple demeure dans la première classe, et celui du maître monte dans la seconde. La troisième est occupée par ces couples d'amants dont l'un est marié. S'ils le sont tous les deux, et que ce ne soit pas l'un avec l'autre, je les place dans la quatrième. La cinquième est pour les Pasiphaés, les Phylires, pour les pères des faunes, des satyres. La sixième est pleine de ceux qui se procurent des plaisirs solitaires. Si on les partage avec un complice de son sexe, ce partage augmente le crime d'un bon degré. Je lui en donne pourtant un de moins qu'à celui de deux époux qui, en suivant leurs désirs, prennent des mesures pour en empêcher les effets. Leur crime est à mon avis le plus grand, le plus odieux de tous.

Sans doute ils offensent inégalement l'Être suprême, mais je laisse aux casuistes à déterminer ces inégalités. Le point de vue sous lequel je les regarde principalement, est le préjudice qu'ils apportent au bien de la société : et c'est sur ce pied que je les ai arrangés dans l'ordre qu'on vient de voir, mais il est à observer que dans chaque classe on peut encore distinguer des rangs divers.

Les coupables de la première ne font proprement tort qu'à eux. Celui qu'ils sont censés faire à leurs parents est compensé par l'avantage qui en rejaillit sur le public, dont le plus grand bien est d'avoir des citoyens.

On devine aisément les motifs qui m'ont fait peupler la deuxième classe.

Les habitants de la troisième ne sont pas, à mes yeux, tout à fait aussi coupables l'un que l'autre : celui qui est marié me le paraît le plus. Si c'est l'amante qui est mariée, elle risque de faire tort aux enfants de son mari : si c'est l'amant, il fait un tort réel à sa femme. J'en ai connu une qui, sur cet article, avait des principes fort singuliers. Elle était bien aise d'avoir un amant, mais elle ne comblait jamais ses désirs que lorsqu'elle se croyait sûre que son mari l'avait mise hors d'état d'en craindre les suites. Le galant avait beau se plaindre, il fallait qu'il prît patience. Voici comment elle raisonnait : dès qu'une fois je suis légitimement enceinte, et que mon mari n'a pas le moindre soupçon de mes galanteries, je ne fais tort qu'à moi-même, et ce ne sont les affaires de personne, c'est disposer de mon bien.

Dans le quatrième cas, la faute est double de celle du troisième ; sans avoir égard aux intérêts du mari lésé, on prive une femme d'un bien qui lui appartient, et on risque d'introduire des héritiers illégitimes parmi les enfants de l'autre.

Le père d'un satyre, la mère d'un minotaure déroge aux lois de la nature, et au lieu du roi des animaux ne produit qu'un monstre. C'est faire à la société un tort considérable.

Mais n'en reçoit-elle pas encore un plus grand de ceux qui ne produisent rien du tout, et qui cependant ne veulent pas perdre le plaisir attaché à la production de leur semblable ? Je pense que oui : et c'est ce qui m'a fait régler le cinquième et le sixième rang. Cette raison n'a pourtant pas été l'unique. Une autre qui, seule, me semblerait décisive, c'est que le plaisir qu'on peut prendre sans aucun secours étranger, étant beaucoup plus facile, est sans comparaison bien plus préjudiciable à la propagation du genre humain, de combien de sujets ne prive-t-il pas la société, en retenant dans le célibat quantité de personnes que, sans ce malheureux expédient, leur tempérament forcerait de recourir au mariage ? Cette raison me paraît si forte qu'elle m'a fait longtemps balancer, si je ne transposerais pas la sixième et la septième classe à la place l'une de l'autre. Qu'importe à la nature de quelle façon on la prive de ses biens, sitôt qu'on l'en prive? La principale différence que je trouve entre ces deux classes, c'est que la sixième, ainsi que la cinquième, n'exige qu'un coupable, et que la septième en exige nécessairement deux, qui même pour l'ordinaire le font doublement à l'actif et au passif. Cependant le bien public étant toujours préférable au bien particulier, la nécessité de faire partager son crime à un autre ne m'aurait pas déterminé, si je n'avais songé à la facilité de trouver des complices.

Mais une chose sur laquelle je n'ai jamais hésité, c'est à regarder comme le comble des horreurs les précautions que prennent deux époux pour ne point ou ne plus avoir d'enfants, sans renoncer pour cela au plaisir qu'ils trouvaient à en faire. C'est frauder les droits de la nature. C'est manquer lâchement aux engagements authentiques qu'on a pris avec le public : si ce public était équitable, s'il entendait toujours bien ses véritables intérêts, il devrait avoir bien plus mauvaise opinion des femmes qui ne font pas d'enfants, que des filles qui ont le malheur d'en faire. Par ses préjugés il autorise, pour ainsi dire, ces dernières à prendre des mesures pour n'en point avoir ; et les premières sont obligées par état à faire tous leurs efforts pour lui en donner. Je voudrais que, comme chez les anciens, les femmes stériles fussent l'objet de notre mépris, qu'il fût permis de les répudier, et que nous réglassions les marques de notre estime sur le nombre de leurs enfants. Leur vanité, leur orgueil, les feraient peut-être consentir à laisser aller les choses, comme il plairait à la nature. Je dis peut-être, car il y en a qui ne chérissent que leurs attraits. Et il n'est rien à quoi elles ne fussent capables de consentir plutôt que de risquer à les perdre. Ce sont ces jolies femmes-là qu'on devrait regarder comme de vrais monstres, l'opprobre de la société, et non pas une fille infortunée, qui vraisemblablement eût été une épouse fidèle, une mère tendre et une excellente citoyenne, si son cœur incapable de tromper et d'en croire les autres capables, eût eu le bonheur de rencontrer, à la place d'un malhonnête homme, un amant digne de son attachement.

Ce que c'est que le préjugé! il fait traiter de bagatelle les plaisirs solitaires, ou ceux de deux époux qui en empêchent les effets : au contraire il sait, surtout par les femmes, regarder comme des horreurs qui les font frémir, les plaisirs qu'un homme voué au célibat peut prendre avec son semblable ou une brute; cependant n'est-il pas clair aux yeux d'un juge impartial, qu'il n'y a pas de comparaison entre les crimes de la plupart de ces femmes et ceux qui les font frémir? L'homme voué au célibat ne fait tort qu'à lui : de ce côté il ne doit plus rien à la société, et les époux ont contracté avec elle des dettes qu'ils doivent sans cesse travailler à acquitter, s'ils ne veulent renoncer à l'usage des principales douceurs du mariage. Il est vrai que l'époux souffre quelque diminution dans les siennes ; mais l'é-

pouse, sans rien perdre du côté du plaisir, gagne l'exemption des inconvénients
et des périls qui accompagnent ou qui suivent les grossesses et les accouchements.
C'est pourquoi il ne faut pas, sur cette matière, s'en rapporter aux femmes; quand
leur intérêt ne les aveugle pas, il n'en décide pas moins leur façon de penser : et
y a-t-il après cela de quoi s'étonner de leurs jugements? Croit-on que leur aversion pour les chèvres et leurs galants soit un effet de l'amour du besoin public ?
Au reste, je ne pense pas qu'il soit besoin d'avertir qu'en cherchant à leur inspirer de l'horreur pour leurs dérèglements, je ne prétends point diminuer celle
qu'on a justement pour les faiseurs de monstres.

CHAPITRE XI

SUR LE MOYEN DE FAIRE DES FILLES

Sexe plus volage que les zéphirs et plus charmant encore que volage, qui
m'avez tant de fois trompé des espérances que vous aviez pris plaisir à me donner, je n'ai jamais su vous rendre la pareille. Je n'ai point oublié que vous n'a-
vez pas eu dans le titre de cet ouvrage la part qui vous y était due, et que dans
ma préface, je vous ai promis de vous en dédommager. Par tout ce que jusqu'à
présent j'ai dit sur votre compte, un autre se croirait vraisemblablement dégagé
de sa parole; mais je crains tant de manquer à la mienne, surtout envers vous,
que j'ai voulu vous faire les honneurs de ce chapitre, en l'intitulant *le moyen de
faire des filles*, titre sans doute moins attendu de mes lecteurs que celui qui leur
eût annoncé le secret de faire des garçons. Cependant que ceux qui s'attendaient
à ce dernier titre, me pardonnent le petit tour que je leur joue en votre faveur.
Ils trouveront les deux secrets nécessairement liés l'un avec l'autre.

Il n'y a point d'animal qui ne soit le fruit du mélange de la semence de son
père avec celle de sa mère. C'est l'espèce de ces semences qui détermine celle du
fœtus. Un cheval et une jument produisent un poulain, un âne et une ânesse
font un ânon, et une jument couverte par un âne donne un mulet; la semence
dans les femelles est filtrée par les ovaires, et dans les mâles par les testicules : ce
sont donc les testicules et les ovaires qui décident l'espèce des animaux dont ils
sont l'origine. D'ailleurs, ces organes sont naturellement doubles et dans le mâle
et dans la femelle : ne détermineraient-ils point le sexe aussi bien que l'espèce?

Voilà une question que je me suis faite : mon premier mouvement m'a fait pencher pour l'affirmative, et mon penchant a été fécondé par les observations suivantes :

L'artère spermatique droite sort de l'aorte environ un demi-doigt au-dessus de celle du côté gauche.

La veine spermatique droite entre dans la veine cave, et la gauche entre dans l'émulgente.

Il n'y a, je crois, point d'homme qui ignore qu'il a un testicule un peu plus gros et plus élevé que son compagnon.

Chaque testicule a son canal, appellé déférent, par où la semence se rend dans les vésicules séminaires.

Les vésicules séminaires sont plus grosses d'un côté que de l'autre.

Celles du côté droit sont séparées de celles du côté gauche.

Les deux conduits qui en sortent demeurent dans toute leur longueur séparés l'un de l'autre.

Ces deux conduits ont chacun leur orifice bien distingué par lequel la semence est sans aucun mélange portée jusque dans l'urètre.

Ces variétés constantes, à l'égard d'organes d'ailleurs parfaitement semblables, ont augmenté le soupçon dans lequel j'étais qu'un des testicules ne servait à faire que des mâles, l'autre que des femelles, et qu'il en était ainsi des ovaires.

Dans cette hypothèse, il est évident qu'il serait fort aisé d'avoir à son gré des garçons ou des filles. Il n'y aurait qu'à se faire enlever le testicule ou l'ovaire destiné pour le sexe qu'on ne voudrait pas avoir.

Je conviens qu'il pourrait se trouver des personnes qui auraient quelque peine à faire personnellement usage de cet expédient; mais il n'y en a point qui ne s'en servît volontiers à l'égard des chiens, des chevaux et des autres animaux, et c'est déjà un grand avantage. Cette opération ne serait que la moitié de celle qu'on fait tous les jours à la plupart d'entre eux. Je la crois douloureuse; mais l'expérience prouve qu'elle est rarement mortelle. Loin d'en mourir, la plupart des sujets sur lesquels on la fait, à peine en sont malades. Je m'imagine que la douleur qu'elle occasionne est à peu près semblable à celle que cause une dent qu'on fait arracher. On l'enlève avec l'organe qui en était le siège.

Au surplus on pourrait, en faveur de ceux qui ne voudraient pas s'y exposer, trouver d'autres expédients, moins sûrs à la vérité, mais aussi plus doux. J'en ai un dans l'idée qui dépendrait uniquement de l'adresse des femmes.

Pour le bien concevoir, il faut observer qu'un homme ne peut pas à son choix faire couler sa semence des vésicules séminaires qui sont à la droite, plutôt que de celles qui sont à la gauche. La femme, au contraire, peut la diriger vers celui de ses ovaires qui lui plaît. Elle n'a qu'à se pencher toujours de son côté, lorsqu'elle travaille à devenir mère. La liqueur séminale sera par sa propre pesanteur déterminée à s'insinuer dans la trompe qui aboutit à l'ovaire qu'elle a en vue. Tant qu'il ne sera pas arrosé par la semence des vésicules séminaires auxquelles il correspond, la femme restera stérile : elle ne deviendra féconde que lorsque cet ovaire sera arrosé par la semence des vésicules séminaires qui lui sont analogues.

Il est vrai qu'on me demandera maintenant de quel côté une femme doit-elle se pencher pour avoir des filles? Quel est l'ovaire, quel est le testicule destiné pour les produire? C'est ce que je ne sais pas encore trop bien moi-même.

L'histoire nous apprend que Charles II, roi d'Angleterre, abandonna les daines et les biches d'un de ses parcs à la curiosité de Harvey, qui en rendit veufs tous les daims et les cerfs, à force de chercher dans les entrailles de leurs femelles, à pénétrer le mystère de la génération : il serait à souhaiter qu'il se trouvât un sultan assez généreux pour céder à un habile anatomiste les beautés de quelqu'un de ses sérails sur lesquelles on essayât diverses attitudes jusqu'à ce qu'on en découvrît une propre à faire des filles. L'opposée serait sans doute celle dont il faudrait se servir pour avoir des garçons. Comme les musulmans n'ont pas pour les sciences autant de goût que les peuples de la Grande-Bretagne, je doute qu'il règne jamais de prince mahométan capable d'imiter le monarque anglais; mais, en revanche, une chose dont je ne doute point, c'est que si par hasard quelqu'un en formait le dessein, il ne manquerait sûrement pas d'anatomistes pour remplir l'emploi de Harvey. C'est une place que je voudrais au *galant* auteur de *Vénus Physique*. Je suis persuadé que son zèle pour l'avancement des sciences lui ferait volontiers consacrer le reste de ses jours à l'exercice de ces savantes et délicates expériences.

J'en ai moi-même déjà tenté quelques-unes avec ma seconde femme ; car j'en ai eu deux, et avec la première je ne songeais tout au plus à avoir des enfants qu'en général; mais toutes les fois que je travaillais à remplir les vœux de la dernière qui désirait des garçons, j'avais soin de la faire pencher du côté gauche, et soit par hasard ou par adresse, je n'en ai eu que trois enfants qui, tous trois, sont du sexe qu'elle souhaitait. Cependant je ne compte que de bonne sorte sur ces expériences. La mort, l'inexorable mort ne m'a pas permis de les multiplier assez pour arracher à leur succès un certain degré de probabilité.

C'est dommage que la religion ne nous permette pas d'en faire sur plusieurs femmes dans le même temps : la découverte de la vérité en irait bien plus vite ; mais pour l'accélérer d'une façon plus efficace encore, ne pourrait-on pas se servir d'un expédient qui me vient en pensée et qui n'est, je crois, défendu chez aucun peuple? Ce serait de couper pendant quelque temps un testicule et un ovaire aux criminels et aux criminelles condamnés à mort par la justice, de marier ensemble ces demi-eunuques, de leur enjoindre de travailler à devenir pères et mères, sous peine de subir l'exécution de la sentence prononcée contre leur vie, et de tenir pour plus grande sûreté la femme inaccessible à tout autre homme que son mari, jusqu'à ce qu'on fût bien sûr de sa grossesse. On ne répéterait pas longtemps cette épreuve sans s'assurer de ce qu'on doit penser de mon hypothèse.

Enfin ceux qui se sentiront de la répugnance pour ce moyen, n'ont qu'à lui faire changer de sujet et l'appliquer aux animaux. Par ce qui se passera chez eux, on pourra juger de ce qui doit arriver chez nous. C'est la même chose, au moins quant aux fonctions animales, et nous saurons encore bien plus promptement et plus facilement à quoi nous en tenir.

On ne manquera pas de m'objecter qu'il y a des hommes qui sont nés avec un seul testicule, et qui pourtant ont eu des filles et des garçons. Ceux qui me feront cette objection, ne seront peut-être pas si sûrs de sa réalité que moi ; car j'ai connu dans ce cas un homme assez mon ami pour m'en faire confidence. Mais j'ai deux réponses au lieu d'une, à cette difficulté.

La première est le bon mot de Rabelais à un homme de la cour soupçonné d'impuissance. Une belle nuit sa femme s'avisa d'accoucher. Dès le point du jour, le nouveau père sortit tout joyeux pour aller divulguer cette heureuse nouvelle. La première personne qu'il rencontra fut le curé de Meudon, dont il avait plus d'une fois essuyé les railleries. Ce bon mari lui ayant fièrement compté sa chance : eh monsieur, lui répliqua le digne pasteur, qui jamais a douté de votre épouse ?

Effectivement, il y a bien peu de femmes, s'il y en a, qui, même avant que de l'être, ne sachent combien un homme doit montrer de testicules, et quand un époux a le malheur de n'en avoir qu'un, quelque sage que soit l'épouse, il a tout lieu de craindre qu'elle ne se croie à moitié trompée au moins, et qu'elle ne cherche à s'en dédommager.

Cependant ces maris-là valent bien les autres, si l'on doit en croire mon ami, et ne fût-ce que pour son honneur et pour celui de son épouse, je croirai du moins que ses semblables peuvent réellement avoir des enfants des deux sexes ; mais aussi je suis persuadé qu'ils ont véritablement deux testicules, quoiqu'il n'y en ait qu'un de visible et de palpable ; et c'est la seconde réponse que j'ai promise à l'objection.

Si l'on m'en fait quelque autre, j'en renvoie la solution à l'évènement des expériences que je propose. Je crois qu'il est inutile d'exhorter à les faire ceux qui sont à portée de se donner cette satisfaction. L'utilité publique, l'honneur et le profit même que peut raisonnablement espérer celui à qui elles réussiraient, sont des motifs assez puissants pour déterminer à les entreprendre : et le seul désir de connaître la vérité suffit pour engager les curieux d'un certain genre à les tenter.

CHAPITRE XII

SUR LA CAUSE DU PLAISIR

C'est le roi des plaisirs et le plus doux plaisir des rois mêmes, que celui qu'on goûte dans les bras d'un objet aimable, dont on est, ou dont on se croit aimé. Il est si supérieur à tous les autres, qu'un des peuples de la terre le plus nombreux le regarde comme un extrait de la béatitude ; il mérite donc bien qu'on prenne la peine de chercher à connaître son origine ; la plupart des hommes se contentent de le sentir, peu inquiets de savoir d'où il vient, pourvu qu'il vienne ; mais les philosophes s'en font un nouveau, plus flatteur que le premier, de la découverte de sa source ; lorsque ces beaux génies se mêlent d'être voluptueux, une volupté commune ne leur suffit pas ; ils la font, pour ainsi dire, germer et multiplier entre leurs mains.

Quelle différence entre le sort d'un philosophe et celui d'un amant ordinaire, ou d'un libertin ! Ce dernier ne goûte, ne connaît en amour que le plaisir des sens ; le second y joint ceux du cœur, et le troisième y ajoute encore ceux de l'esprit. L'un ne songe qu'à son plaisir ; l'autre paraît moins occupé du sien que de celui de ce qu'il aime, et leur rival aussi sensuel, aussi délicat et plus éclairé, unit à la douceur de recevoir et de rendre du plaisir, la satisfaction de savoir au moins en général comment et pourquoi il le sent et le fait ressentir. La volupté du libertin est aussi vive que l'éclair et plus passagère encore. L'amant y en joint une plus douloureuse et plus durable. Elle ressemble à ces liqueurs qui laissent après elles une odeur suave, qu'on respire, qu'on aime à respirer longtemps encore après qu'on les a bues : mais la volupté la plus satisfaisante, la plus glorieuse, est réservée au vrai sage. L'heureux mortel ! il les réunit toutes trois. Son bonheur est comme la somme, ou plutôt le produit des deux autres multipliés par celui qui lui est personnel. Car il ne faut pas s'imaginer que sa félicité se fasse par addition, en sorte qu'elle soit seulement double de celle de l'amant, et triple ou quadruple de celle du libertin. Elle se fait par multiplication. Si j'avais les privilèges de l'auteur du *Vénus Physique*, et que le sentiment pût se calculer, ou que l'espèce de calcul dont il s'agit, m'autorisât à parler le langage de la géométrie, devenu intelligible à la plupart de nos femmes d'esprit ; je dirais que les plaisirs du libertin, de l'amant et du philosophe sont entre eux comme un nombre, son carré et son cube; c'est-à-dire que si le plaisir du premier était 4, celui du second serait 16, et celui du troisième 64; et je me rapporterais volontiers de la justesse de ce calcul aux amants qui ont quelquefois été heureux et libertins. Je suis persuadé qu'ils conviendraient que j'ai raison à l'égard de la première partie, qui est à leur portée : et je n'aurais pas tort quant à la seconde; ils peuvent m'en croire sur ma parole. La volupté qui leur est propre est pour le moins autant au-dessous de celle qui est particulière au philosophe, qu'au-dessus de celle qui leur est commune avec le libertin. Tout le monde est à portée de prendre du plaisir : il n'est même pas fort rare d'en rendre; mais il l'est extrêmement de joindre à ces deux avantages celui de savoir comment et pourquoi l'on en sent et l'on en rend. Trois fois heureux celui qui peut confondre toutes ces sortes de plaisirs; ceux de la troisième espèce sont désormais les seuls auxquels j'aspire, puissé-je les partager avec mes lecteurs!

Je crois avoir démontré ci-dessus que l'effusion de la semence n'est point chez nous-mêmes la cause du plaisir que nous trouvons à la répandre, puisque nous sommes capables de goûter l'un avant que d'être en âge de produire l'autre. J'épargnerai à mon lecteur l'énumération des erreurs dans lesquelles on est tombé sur ce sujet, aux risques qu'en pourra courir à ses yeux mon érudition. Je passe tout de suite à ce que je pense sur cette matière. Peut-être est-ce encore une erreur qui ne vaut pas la peine de faire essuyer le récit de celles qui l'ont précédée.

Je pense donc que, chez nous autres hommes, le plaisir dont il s'agit consiste dans les mouvements d'une espèce de soupape toute nerveuse qui bouche l'orifice des vésicules séminaires par où sort la semence, ou bien seulement dans les mouvements de sa charnière tissue de fibres nerveuses toutes pures.

Dans cette hypothèse, il ne me paraît pas fort difficile de rendre raison du plaisir dont nous cherchons la cause, et de toutes ses circonstances.

Au-dessous de ce plaisir suprême, il en est un au-dessus de tous les autres. C'est celui qui le précède immédiatement, il lui cède à la vérité; mais il ne cède qu'à lui, et sans lui il n'en est point qui ne lui cédât. Ils doivent tous les deux s'expliquer de la même façon. Toute la différence qui se trouve entre eux, c'est que l'un consiste dans l'ouverture des soupapes des vésicules séminaires, et l'autre dans celle des valvules des prostates. Ce dernier, presque aussi doux que celui qu'il annonce, est sans comparaison plus durable. Pourquoi ne pouvons-nous pas assez modérer nos désirs pour nous en tenir plus longtemps à lui? Nous le quittons imprudemment pour courir après un autre, qui nous échappe sitôt que nous l'avons attrapé. Nous perdons tout pour vouloir tout avoir. L'homme ne se trouve jamais bien tant qu'il sent qu'il peut être mieux.

Mais est-ce à nous que nous devons nous en prendre? Non, c'est à la nature elle-même. L'effusion de la semence est son but, et elle y tend avec impatience. Si elle n'eût pas mis une certaine gradation dans le plaisir qui nous y conduit, souvent pour le prolonger, nous nous serions arrêtés en chemin et nous aurions trompé ses espérances ; mais elle a bien su y pourvoir, en nous faisant, jusqu'à ce qu'elle soit arrivée à sa fin, pressentir une volupté toujours supérieure à celle que nous sentons. Au reste, nous devons lui être fort obligés de ce qu'elle nous attire par degrés au comble de la félicité. Si elle était subite, sans compter ce que nous perdrions du côté de sa durée déjà trop courte, pourrions-nous en supporter l'impression? Les hommes sensuels, tout préparés qu'ils y sont, succombent quelquefois sous l'excès de sa douceur. Elle accable les jeunes gens qui la sentent pour la première fois; que deviendrions-nous donc si nous la goûtions subitement? Ce serait pour le coup que nous serions exposés à mourir de plaisir.

Pour parer cet inconvénient, la nature produit cette sensation par une espèce de cascade, au moyen des petits nerfs dont elle a semé la différence spécifique de l'homme. De son extrémité, qui en est toute lardée, ils vont, après avoir parcouru sa longueur, aboutir aux prostates d'où de nouveaux filets nerveux, plus fins, plus purs et plus courts que les précédents, partent pour aller se terminer aux vésicules séminaires : un homme veut-il travailler à en faire un autre, les houppes nerveuses dont est criblée l'extrémité si sensible de sa différence spécifique, sont agréablement agitées, les nerfs se tendent peu à peu, ébranlent, soulèvent, ouvrent les valvules des prostates et donnent un avant-goût du bonheur, en laissant sortir ce fluide onctueux et transparent qui est l'avant-coureur de la semence.

Les valvules des prostates en s'ouvrant tirent et raidissent les nouveaux nerfs qui vont aboutir aux vésicules séminaires, dont enfin les soupapes s'ouvrant aussi laissent sortir la semence et produisent ce sentiment délicieux qui retentit dans tous les membres, par le moyen des liaisons qu'ont les soupapes des vésicu les séminaires avec les rameaux des nerfs répandus par toutes les parties du corps.

C'est dans le seul mouvement de ces soupapes que consiste le plaisir. Sa trop courte durée n'en est-elle pas une bonne preuve? S'il était, comme on se l'imagine, l'effet de l'effusion de la semence, il devrait tout au moins durer autant qu'elle, et il s'en faut malheureusement beaucoup. Quand la première goutte de la semence paraît, la sensation est déjà passée, il n'en reste qu'une espèce de souvenir qui dure à peine jusqu'à l'effusion de la dernière goutte. On voit par là combien sont aveugles en leurs désirs les émulateurs de ce digne épicurien, qui souhaitait un col de grue pour goûter plus longtemps, pour savourer à longs traits les plaisirs de la table. Non, celui dont il s'agit, n'est dû qu'aux mouvements de la valvule des vésicules séminaires, encore n'est-ce que quand elle vient à s'ouvrir ; ce qu'elle fait assez rapidement. Dès qu'elle est ouverte, la semence sort, et c'est ce qui fait qu'on a coutume d'attribuer le plaisir à l'effusion de cette liqueur, qui le suit de si près, tandis qu'elle coule et que la soupape demeure ouverte, les vifs transports dont l'homme était agité, sont tout à coup suspendus, il devient immobile, soit parce qu'il sent qu'il ne peut être mieux, que ses vœux sont enfin comblés ; soit parce que les plus tendres caresses qui lui étaient si agréables l'instant d'auparavant, lui sont devenues douloureuses et insupportables ; comment expliquer cette impression nouvelle, ce passage si subit du plaisir à la douleur, si ce n'est en disant que la valvule se trouve alors dans l'état violent du dessus d'une tabatière, dont on forcerait la charnière en voulant trop l'ouvrir ? Quand on la laisse en repos, elle retombe doucement, referme l'orifice des vésicules séminaires, et retrace, par sa chute lente et voluptueuse, une faible image du sentiment évanoui.

Il est des femmes heureusement constituées, mais il en est trop peu qui ont reçu de la nature le précieux don d'arrêter quelques instants, de ressusciter, pour ainsi dire, ou du moins de rappeler le plaisir envolé : car ce n'est pas lui proprement qu'elles reproduisent, ce n'en est que l'ombre, c'est une copie imparfaite du plus parfait original, c'est un écho qui répète confusément les dernières syllabes d'une chanson chantée par la plus belle voix du monde ; et cet écho, où croit-on qu'il est ? Dans la différence spécifique de quelques femmes, qui ont le talent d'en mouvoir, d'en serrer à leur fantaisie les bords presque aussi facilement que les lèvres de la bouche même. Ces douces étreintes continuent, renouvellent les ébranlements des fibres nerveuses répandues dans toute la longueur de la différence spécifique des hommes, et leurs agitations, leurs agréables secousses se communiquent à l'organe immédiat du plaisir, à la valvule des vésicules séminaires.

Voilà sans doute en quoi consiste principalement le charme secret de ces personnes, dont les faveurs redoublent l'amour de l'heureux amant qui les reçoit. Elles n'ont point à craindre d'infidélités : ou si quelquefois elles y sont exposées, le déserteur revient bientôt à leurs genoux en demander pardon. Elles sont toujours aimées, parce qu'elles sont toujours aimables ; avec cet avantage incomparable, elles peuvent se passer de beaucoup d'autres attraits : et tous les autres peuvent à peine dédommager de l'absence de celui-là. C'est surtout lui qui fait quelquefois préférer à une épouse charmante une maîtresse qui le paraît bien moins et qui au fond l'est bien davantage ; faut-il que la nature en ait gratifié si peu de différences spécifiques ! cette espèce de sphincter si rare chez elles et commun dans un degré plus parfait à tous leurs antipodes, ne fait-il point entrevoir la principale cause du goût pervers dont on accuse les Ultramontains ?

L'exemple des eunuques et des enfants, dont les uns ne sont plus, et les autres ne sont pas encore en état de répandre de la semence, est très favorable à mes conjectures sur le plaisir qui en accompagne, ou plutôt en précède ordinairement la sortie : comme la nature est toujours prudente, elle ne manque pas à former les vésicules séminaires avant la liqueur qu'elles doivent contenir ; ainsi les jeunes gens peuvent en faire jouer la soupape à sec et s'amuser à l'essayer quelque temps avant qu'ils soient en état d'en rien faire sortir.

Par la même raison, ces prétendus infortunés chez qui des mains trop inhumaines ont tari la source de l'humanité, les eunuques, quoique inhabiles à la génération, ne le sont pas au plaisir : plus d'une sultane en pourrait dire des nouvelles, et en ce cas ils ne sont pas à beaucoup près tant à plaindre que le pense l'auteur de *Vénus Physique*. S'il·les eût bien connus, peut-être lui eussent-ils fait plus d'envie que de pitié. On peut avec l'agréable se consoler de la privation de l'utile. Et quel utile encore ! C'est plutôt un superflu, un obstacle même pour plaire à nos belles, ou pour en recevoir des preuves qu'on leur a plu. Anciens objets de leurs chastes mépris, modernes Abailards, qu'elles vous en dédommageraient, que de vertus dont la vôtre serait l'écueil si elle n'était pas ignorée ! que vous seriez heureux si on vous croyait capables de l'être ! le malheur est que vous vous en souciez peu. Ce n'est pas tant le pouvoir de l'être qui vous manque que le désir de le devenir. Les sérails abondent en preuves de cette vérité ; mais pour s'en convaincre, il n'est pas nécessaire d'aller les chercher si loin. Le lecteur curieux peut en trouver une dans le premier chat ou chien coupé qui lui tombera sous la main. Je dois cette découverte à un ami qui, dans une lettre qu'il m'a écrite sur la matière que je traite, me marque :

« Dans ma tendre jeunesse, j'aimais passionnément la chasse et n'avais point de chien pour y aller ; mon frère en avait un auquel je faisais toutes sortes de caresses pour l'engager à me suivre ; un jour que je badinais avec lui et que je lui portais indifféremment les mains partout, je m'aperçus qu'il était extrêmement sensible à un certain endroit qu'il n'est pas besoin que je nomme ; comme je ne cherchais qu'à l'obliger, je le caressai tant qu'il voulut à cet endroit ; le pauvre animal, pour m'en témoigner sa reconnaissance, ne me quitta point de la journée. Cette expérience m'ayant mis au fait des moyens de lui plaire, toutes les fois que nous allions à la chasse je ne manquais pas de lui faire ma cour, et lui, à son tour, ne manquait pas de chasser sous le bout de mon fusil. Mon frère avait beau l'appeler et le battre, le moment d'après il revenait à moi, et tout eunuque qu'il était, le souvenir du plaisir que j'avais soin de lui renouveler de temps en temps lui faisait oublier les coups qu'il venait de recevoir ; à l'aide de ce joli secret, lorsque nous allions sept ou huit à la chasse, je me suis donné plus d'une fois le divertissement de traîner après moi tous les chiens, dont les maîtres ne pouvaient comprendre l'attachement subit et singulier pour quelqu'un que plusieurs de ces animaux voyaient pour la première fois. »

Je ne sais si mes lecteurs seront contents de ce que j'ai dit sur le plaisir des hommes; mais je crains qu'ils ne le soient encore bien moins de ce que j'ai à dire sur celui des femmes. Dans la recherche du premier, j'étais guidé par ma propre expérience et par celle de mes amis : ces ressources me manquent toutes deux à l'égard du second. Pour être à portée de rendre compte de ce qui se passe chez les femmes, il faudrait être de leur nombre, et, grâces au ciel, je n'en suis point. J'en remercie le ciel; car ce sexe m'est trop cher pour désirer d'en être. Je voudrais seulement qu'il fût un peu plus sincère sur l'article que je traite. Quand on l'interroge sur cette matière, la plupart de ses pudiques individus se piquent d'une réserve ridicule : elles rougiraient de parler un moment de ce qu'elles n'ont point de honte de faire tous les jours : les autres vous disent qu'elles ne savent point ce qu'on leur demande. Elles affectent une ignorance doublement mortifiante pour celui qui les questionne, et semblent lui reprocher de ne les avoir pas mises en état de le mieux instruire! Quelques-unes, au contraire, se vantent d'une sensibilité qu'elles manifestent et qu'elles expliquent d'une façon à n'y faire avoir aucune foi. « J'en ai questionné de bien des espèces, me mande l'ami dont j'ai parlé ci-dessus, et je n'ai été content d'aucune. Je croyais ordinairement le contraire de ce qu'elles me disaient, et j'ai découvert plus d'une fois que je ne m'étais pas trompé. Sérieusement, quand on en a entendu plusieurs sur ce chapitre, on ne sait plus à quoi s'en tenir. Le plus court et le plus sûr est de les interroger avec l'index ou son voisin, et c'est de leurs mouvements, plutôt que de leur bouche, qu'on doit attendre la vérité. »

Suivant ce principe le grand nombre, contre son ordinaire, a, je crois, raison cette fois-ci : l'opinion commune est par hasard vraie. C'est celle qui, chez les femmes, regarde comme l'organe immédiat du plus doux des plaisirs cet abrégé de la différence spécifique de l'homme, que quelquefois il égale, dit-on, et surpasse même en volume. Dans cette hypothèse, je crois que la volupté se produit chez la femme à peu près comme chez l'homme, c'est-à-dire par les mouvements de cet organe ou de quelques-unes de ses parties : tâchons de concevoir et d'expliquer de quelle façon la chose arrive.

Pour y parvenir, qu'on me permette de rapporter deux ou trois passages de Dionis en ses propres termes :

« Les deux muscles, dit-il, qu'on appelle éjaculateurs, sortent du sphincter de l'anus, et s'avançant latéralement le long des lèvres, s'insinuent à côté du clitoris..... Ils servent à resserrer et à rétrécir l'orifice du vagin, parce qu'en se gonflant ils obligent les lèvres de se serrer l'une contre l'autre, de manière qu'elles

en compriment mieux la verge dans le temps des approches. C'est aussi par leur moyen que quelques femmes font mouvoir ces lèvres selon leur volonté. »

Dans une note on ajoute : M. Heister a observé à l'entrée du vagin un plan de fibres musculeuses qui y forment une espèce de sphincter et sont adhérentes au clitoris qui resserrent cet orifice au temps du coït, et embrassent agréablement le membre viril; ce qui fait que cet orifice est toujours plus serré que le reste du vagin. »

Cela posé, je crois que le plaisir de la femme vient des frictions de la différence spécifique de l'homme contre les parois de la sienne, et principalement contre l'entrée. *Ces muscles qui en se gonflant la rétrécissent, ces fibres musculeuses qui l'abordent, et vont s'attacher au clitoris*, lui communiquent les secousses agréables qu'on leur donne, les raidissent, tendent ses ressorts et font enfin jouer celui qui est l'organe immédiat de la plus délicieuse de toutes les sensations.

Peut-on assez admirer la mécanique industrieuse que la nature emploie pour arriver à ses fins? Celle qu'elle se propose en cette occasion est d'engager le mâle à conduire sa semence jusque dans la matrice : si elle lui donne du plaisir, elle lui en promet toujours davantage, jusqu'à ce qu'il ait rempli ses vues, ce n'est que pour le mieux faire servir à les remplir; elle n'ignore pas qu'on ne fait rien pour rien. De peur que l'homme et la femme, dont les vues ne sont pas toujours précisément les mêmes que celles de la nature, ne s'amusassent à jouir de ses moyens sans songer à sa fin, et ne cherchassent pas à rendre l'union de leurs différences spécifiques aussi intime, aussi profonde qu'elle peut l'être, elle a eu la sage précaution de proportionner le plaisir à la profondeur de l'introduction, et de rendre l'un d'autant plus grand que l'autre est plus parfaite. Je suis fort trompé, si ce n'est pas à cette intention que les différences spécifiques sont redevables de leur forme voluptueuse.

Ceux qui ne jugent des choses que par l'écorce, s'imaginent que la différence spécifique de l'homme ne finit en forme de pointe mousse que pour s'introduire plus aisément dans celle de la femme; mais si c'eût été là le principal dessein de la nature, pourquoi aurait-elle formé l'entrée de la différence spécifique de la femme plus étroite que le reste de ce canal? N'eût-elle pas dû plutôt la rendre partout d'un égal diamètre? Ou si elle eût, suivant l'intention qu'on lui prête, voulu rendre inégale la capacité de ce conduit, n'eut-elle pas dû faire tout le contraire de ce qu'elle a fait, non seulement pour faciliter l'union des deux différences, mais encore pour faire exactement répondre la forme de l'une à celle de l'autre? Cependant, quoique celle de la femme doive son nom à son rapport avec une gaine, il s'en faut beaucoup qu'elle ne soit à l'égard de celle de l'homme ce qu'est l'étui à l'égard du couteau, ou le fourreau à l'égard de l'épée. Non pas que

<table>
<tr><td>48me LIVRAISON.</td><td>12e SÉRIE.</td></tr>
</table>

ces différences spécifiques n'aient entre elles à peu près la même forme, mais leur union se fait dans une situation renversée, comme si on introduisait une épée par la pointe du fourreau : et la nature avait ses raisons pour leur donner cette attitude : c'était pour engager l'homme et la femme à s'unir le plus profondément qu'il serait possible. La différence spécifique de l'homme augmente en volume à mesure qu'elle s'enfonce dans celle de la femme, en est plus étroitement serrée et la flatte plus fortement, plus agréablement; ce qui redouble le plaisir de part et d'autre. Il est vrai qu'ils en trouveraient encore davantage si la différence de la femme embrassait dans toute sa longueur aussi étroitement qu'à son entrée celle de l'homme; mais la nature, toujours ménagère même au plaisir, ne nous en donne qu'autant qu'il lui en faut pour nous amener à son but, et sitôt qu'elle nous y a attirés, elle nous laisse là, semblable à ces gens qui cessent de nous flatter, dès qu'ils n'ont plus besoin de nous. Au reste, ce que j'en dis n'est pas pour me plaindre d'elle en cette occurrence; je suis assez content du prix dont elle paye nos travaux sur la génération. Que n'en a-t-elle attaché d'aussi doux à tous nos besoins.

Maintenant il est aisé de concevoir les divers degrés de plaisir dont cette opération est accompagnée chez les différents sujets. Il peut être varié à l'infini par le plus ou le moins de sensibilité dont sont doués les organes. J'ai connu un homme de vingt et quelques années chez qui l'effusion de la semence ne faisait pas plus d'impression que la sortie de l'urine. Ce pauvre jeune homme en était désolé. C'est apparemment ainsi que sont constituées le peu de personnes qui vivent chastement dans le célibat. Une autre qualité d'ou dépend encore beaucoup la perfection du plaisir, c'est le rapport trop peu consulté des différences spécifiques qu'on destine presque toujours au hasard à s'unir. La volupté monte au plus haut degré, lorsqu'entre deux personnes, d'ailleurs sensibles, ce rapport est exact; mais hélas! il l'est encore bien moins souvent que celui des humeurs et des caractères. Lorsqu'il ne l'est pas, et c'est malheureusement le cas ordinaire, le plaisir y perd considérablement : il n'est presque pas reconnaissable; heureux ceux qui en connaissent la différence ! je ne sais pas trop sur qui la rejeter. Les hommes disent que c'est sur les femmes, et les femmes prétendent que ce doit

1.
     L'homme créé par le fils de Japet
     N'eut qu'un seul corps mâle ensemble et femelle,
     Mais Jupiter de ce tout si parfait
     Fit deux moitiés et rompit le modèle.
     Voilà d'où vient qu'à sa moitié jumelle,
     Chacun de nous brûle d'être rejoint.
     Le cœur nous dit, ha ! la voilà, c'est elle :
     Mais à l'épreuve, hélas! ce ne l'est point.

être sur les hommes. Ces derniers accusent communément la différence spécifique de leurs moitiés de pécher par excès ; les femmes, à leur tour, reprochent à la différence spécifique de leurs maris de pécher par défaut, et souvent elles ont raison ; mais les maris n'ont pas non plus toujours tort : ou plutôt ils ont tous tort de s'accuser d'autre chose que de n'être pas faits les uns pour les autres. Pourquoi faut-il former au hasard un nœud comme celui-là ? Quelquefois de quatre mécontents que fait l'hymen, l'amour eût fait quatre heureux si on lui eût permis de les arranger différemment. Car la nature ne fait pas une différence spécifique dans un sexe, sans lui en destiner dans l'autre une qui lui convienne. Il ne s'agit que de la rencontrer ; je conviens que la rencontre est quelquefois difficile ; il y a dans les deux sexes des personnes qui passent leur vie à la chercher. Cela est sans doute fâcheux : mais n'est-il pas bien piquant pour deux époux d'avoir à se faire des reproches tout contraires à ceux que se font communément leurs semblables ? C'est un cas fort embarrassant. Heureusement il n'est pas moins rare. D'ailleurs le temps console de tout. Une femme pardonne aisément à son mari de pécher par excès ; et un mari n'a pas longtemps sujet de reprocher à sa femme de pécher par défaut ; au lieu que celles qui en ont un opposé, sont incorrigibles ; ce sexe n'en a point dont il se corrige plus promptement que de celui-ci ; aussi les hommes en ont-ils fait une perfection dont ils sont fort curieux. Nous reprochons aux femmes de ne pas penser tout à fait de même sur notre compte : mais en conscience ce reproche est-il juste ? Ne pensent-elles pas au fond précisément comme nous ? Et le principe qui nous porte à souhaiter qu'elles pèchent par défaut plutôt que par excès, diffère-t-il de celui qui leur fait désirer que nous péchions par excès plutôt que par défaut ? Nous leur faisons souvent bien des injustices en général, mais elles nous les rendent bien en particulier.

Si l'on pouvait compter sur la sincérité de celles qui se piquent d'insensibilité, on pourrait encore, dans mon hypothèse, expliquer ce phénomène ; il est vrai que cette explication ne serait pas trop à leur avantage, non plus qu'à celui de leurs maris, et si elles la savaient, elles ne se piqueraient peut-être pas tant d'indifférence ; effectivement, en la supposant réelle, elle ne peut venir que d'une extrême disproportion entre les différences spécifiques des deux époux ; et l'on sent assez, sans que je le dise, que ce ne doit pas être celle du mari qui pèche par excès.

Cet inconvénient porté à un certain point, et le souvenir des organes auxquels nous avons vu ci-dessus que sont attachés les deux muscles éjaculateurs, ne pourraient-ils pas faire comprendre un fait que rapportent quelques-uns, et qui m'a toujours paru inconcevable ? C'est qu'il y a des femmes moins sensibles aux justes hommages que le roi des dieux rendait à l'aimable Léda, qu'à ceux qu'usurpait sur son sexe le beau Ganymède. Si mes soupçons sont fondés, la complaisance qu'avait pour Jupiter ce dangereux usurpateur, n'était pas tout à fait gratuite.

De tout ce que nous avons dit, il est aisé de conclure quelles sont, dans l'un et l'autre sexe, les différences spécifiques les plus favorables. Il est évident que ce sont celles qui tiennent à peu près le milieu, de façon pourtant que chez l'un des sexes, elles penchent un peu vers le défaut, et chez l'autre vers l'excès. Et s'il fallait choisir entre les deux extrêmes, je conseillerais aux hommes les plus avantageux de ne pas assez compter sur leurs avantages pour négliger cette règle. A l'égard des femmes, elles n'ont besoin là-dessus des conseils de personne : elles savent à merveille que parmi les innombrables espèces de différences spécifiques de l'homme, on en distingue trois principales, de longues et menues qui ne sont guère propres qu'à la génération; d'autres, grosses et brèves, qui font beaucoup de plaisir; et enfin de longues et de grosses, ce sont les bonnes : aussi les femmes le savent-elles bien. Il n'y en a point qui ne cherche à accomplir le précepte d'Horace, qui ordonne de joindre l'agréable à l'utile.

Je ne puis finir ce chapitre sans tenter l'explication d'un fait attesté tous les jours par quantité de maris. Ils assurent que leurs femmes sont plus amoureuses dans le commencement de leur grossesse que dans tout autre temps. N'en peut-on pas trouver la raison dans un passage de Dionis, où je crois que ce bon anatomiste n'a eu garde de soupçonner qu'elle fût? « Les ligaments ronds, dit-il page 298, se glissant sur l'os pubis, se divisent comme une patte d'oie en plusieurs petites branches, dont les unes s'insèrent auprès du clitoris, quelques-unes aux grandes lèvres de la vulve, et les autres aux cuisses ». Il n'y a point d'anatomistes qui n'attribuent à ces connexions des ligaments ronds les inquiétudes, les lassitudes, les douleurs mêmes que, sur la fin de leur grossesse, les femmes sentent dans les cuisses, principalement quand elles se mettent à genoux, mais personne, au moins que je sache, ne s'est encore avisé d'attribuer à ces mêmes connexions des ligaments ronds, le nouveau penchant que les femmes ont pour l'amour dans les premiers mois de leur grossesse. Cependant il me semble qu'il n'y a point de moyen plus naturel de les expliquer. Lorsque le fœtus vient à croître et la matrice à s'enfler, les ligaments ronds doivent se tendre, se raidir, tirer un peu à eux les organes du plaisir auxquels les extrémités sont attachées; et par de petites secousses agréables et nouvelles faire naître des désirs amoureux. Quand la grossesse est avancée à un certain point, ces désirs cessent peut-être parce que les ébranlements qui les causaient, ne sont plus nouveaux, on s'accoutume enfin à tout; peut-être aussi parce que d'autres effets de la grossesse plus considérables, quoique dans un genre moins gracieux, empêchent de faire attention à ces impressions légères. Mais, dira-t-on, pourquoi ne deviennent-elles pas douloureuses en ces parties aussi bien qu'aux cuisses?

Eh ! qui a dit qu'elles ne le sont pas ? Pour moi, je crois très fort qu'elles le sont,
et qu'il n'y a que la pudeur qui empêche celles qui les souffrent, d'en faire inutilement des plaintes. D'ailleurs les rameaux de ligaments ronds qui s'attachent
aux environs des organes du plaisir, sont bien moins exposés à être tiraillés que
ceux qui descendent jusqu'aux cuisses.

Je n'ai pas sans doute épuisé tout ce que l'on peut dire sur le plaisir, soit des
hommes, soit des femmes ; mais je crois qu'avec un peu de réflexion, un lecteur
intelligent n'aura pas beaucoup de peine à en trouver les raisons daus les principes que j'ai posés : au surplus, quand cela ne serait pas, qu'on se souvienne
qu'il est des choses faites pour être senties et non pour être expliquées. Cette
vérité n'a peut-être jamais été citée plus à propos.

SIXIÈME PARTIE

LA NYMPHOMANIE

CHAPITRE PREMIER

DES PARTIES ORGANIQUES DE LA FEMME

Comme la naissance et les progrès de la maladie que nous appelons : « fureur utérine, » viennent absolument des impressions et des mouvements des fibres intérieures des organes, je crois devoir me dispenser de donner ici la description des parties extérieures de la femme.

Je me bornerai donc à décrire, le plus succinctement qu'il me sera possible, ses parties intérieures, et surtout celles qui concourent immédiatement aux impressions et affections de la matrice, comme siège principal des fâcheux accidents, dont j'entreprends de faire l'effrayant tableau.

Nous considérons dans les parties de la femme deux conduits : l'un appelé le canal de l'urètre, dont nous ne donnerons aucune description, parce qu'il est tout à fait étranger à notre sujet ; l'autre est le vagin, que les anatomistes nous disent être un canal long, qui descend depuis l'orifice de la matrice, jusqu'à l'extrémité des parties honteuses de la femme.

Dans les vierges, on lui donne environ cinq à six pouces de longueur. Il passe entre la vessie et le rectum. Des deux membranes qui composent sa substance, l'une est interne et l'autre est externe.

L'interne est un tissu de nerfs qui la rendent conséquemment très sensible. Sa partie intérieure est pleine de rides spirales qui s'étendent dans l'accouchement. Ce canal est rempli de vésicules qui contiennent une espèce de mucosité que déchargent une infinité de petites glandes ; de là vient l'humidité fort nécessaire dans le vagin.

La membrane externe est un tissu de fibres musculaires capables d'extension et de contraction. On voit à la partie inférieure de l'orifice de ce canal un plexus de vaisseaux qui composent un corps caverneux rempli de sang artériel que déchargent ces vaisseaux dans certains moments de volupté, qui étant embrassés par une grande quantité de fibres musculaires dont nous venons de parler, contractent singulièrement l'orifice, et procurent une sensibilité exquise.

Les artères et les veines de la partie supérieure du vagin viennent des hypogastriques, et ceux de la partie inférieure ont leur principe dans les hémorroïdales. Ils se communiquent les uns aux autres, et sont destinés à les vivifier pour faire gonfler et raidir les corps caverneux par l'extrême sensibilité qui y règne. Le surplus du sang des artères est rapporté par les veines dans la veine cave.

La matrice est un corps membraneux composé d'un tissu cellulaire de fibres, couvert d'une grande quantité de vaisseaux sanguins. Sa figure ressemble exactement à celle d'une poire dont la cavité peut contenir une grosse amande ; sa longueur, depuis son orifice interne jusqu'au fond est de trois travers de doigts ; sa partie postérieure est large de deux pouces, et l'intérieure d'un. Elle a un pouce d'épaisseur. Sa situation est dans la partie inférieure de l'hypogastre entre le rectum et la vessie, où les os pubis la défendent par devant, et l'os sacrum par derrière. Mais il règne certain espace entre eux et elle, ce qui occasionne dans le sexe la grosseur des hanches.

Son orifice, qui se joint à la partie supérieure du vagin, est fort petit, et ressemble assez au museau d'un chien ; sa cavité interne, à la gorge de l'orifice, s'appelle « col de la matrice ». Sa surface est inégale et pleine de rides, dans les intervalles desquelles on remarque plusieurs conduits très petits qui arrosent le col de la matrice pendant l'écoulement des ordinaires. Les fleurs blanches viennent des glandes qui sont à l'origine de ces petits conduits, et qui sont proprement le siège de cette maladie si commune aujourd'hui dans le sexe, qui la supporte sans faire réflexion qu'il porte un principe de mort ; les remèdes en sont néanmoins à présent très connus.

Le col de la matrice a de petits trous qui sont les extrémités des conduits qui viennent des vésicules séminales, destinés à verser dans la matrice une liqueur mucilagineuse et spermatique, que les vésicules pompent et attirent des testicules ou ovaires de la femme, et qui, n'étant point une semence, en tient néanmoins lieu, par le plaisir qu'elle cause en sortant de ces vésicules, qui sont de petits corps sphériques servant de réceptacle à cette liqueur spermatique qui y est introduite par les vaisseaux déférents qui prennent leur origine dans les ovaires. Ces vésicules sont nerveuses et musculaires. Elles se dilatent par le mouvement des muscles accélérateurs qui leur font attirer la liqueur spermatique qui, dans le moment, les oblige à se contracter, pour la pousser avec force dans la cavité de la matrice. Jusque-là la femme a agi toute seule; et, comme le mouvement particulier de ses organes nous étant bien connu, est suffisant pour nous mettre parfaitement au fait des causes puisées dans sa nature, qui sont relatives aux accidents de la fureur utérine, nous n'irons pas plus loin sur l'usage de ses muscles et de ses fibres, dont la progression nous mènerait, comme malgré nous, aux principes et aux effets de la génération.

Nous nous réduirons à dire encore quelques mots sur la situation des veines, des artères et des nerfs de la matrice et de ses ligaments, parce que toutes ces choses importent singulièrement à notre sujet; et quoique les ovaires n'aient pas un rapport bien essentiel aux accidents dont je traite, je crois cependant nécessaire d'en faire connaître la nature, la situation et les effets qui deviennent fréquemment la source de quantité d'accidents, par l'ignorance des pères et mères, ou de celles qui sont chargées de l'éducation de la jeunesse.

Les artères et les veines de la matrice viennent des hémorroïdales, des hypogastriques et des vaisseaux spermatiques qui s'anastomosent l'un avec l'autre. Les nerfs de la matrice viennent des intercostaux et de ceux qui sortent de l'*os sacrum*. Il y a beaucoup de vaisseaux lymphatiques dans sa surface interne, qui, s'unissant peu à peu, forment de grosses branches qui ont leur insertion dans le réservoir du chyle. Tous les vaisseaux de la matrice rampent sur sa surface externe, faisant plusieurs tours et replis qui les garantissent de rupture dans l'extension.

La partie postérieure de la matrice ne tient à rien. L'antérieure est attachée à la vessie et au rectum, et, chaque côté, par deux espèces de ligaments qu'on divise en ligaments larges et en ligaments ronds.

Les ligaments larges ne sont autre chose qu'une production du péritoine qui part des côtés de la matrice. Ils sont composés d'une double membrane qui en contient une autre dans sa duplicature. On les compare communément, à cause de leur figure et de leur largeur, aux ailes des chauve-souris.

L'ovaire est attachée à une de leurs extrémités : elle a ses vaisseaux déférents ; l'un qui s'insère dans le fond de la matrice, et l'autre qui va se rendre dans les vésicules séminales vers son col.

Les ligaments ronds naissent de la partie antérieure et latérale du fond de la matrice, et, passant par les productions du péritoine à travers les anneaux des muscles obliques et transversaux de l'abdomen, ils vont se perdre dans la graisse auprès des aines, où ils forment une expansion en patte d'oie.

Il y a dans les femmes quatre vaisseaux spermatiques. Ils sont plus courts que ceux des hommes : chaque artère forme plusieurs plis et retours ; en descendant, elles se partagent en deux branches, dont la plus petite va à l'ovaire, et la plus grosse se divise en trois, dont il y en a une qui se distribue sur la matrice,

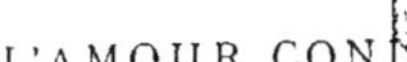

une autre au-dessus du vagin, la troisième sur les ligaments de la matrice et le
trompes de Fallope.

Les ovaires sont deux corps de figure ovale un peu aplatis sur le devant, dont
chacun est situé aux côtés, à deux travers de doigt ou environ de distance du fond
de la matrice. Ces ovaires, que nous appelons aussi testicules de la femme, sont
glanduleux et membraneux, et presque de moitié moins gros que ceux des hommes. Leur surface naturelle est polie; ils sont couverts d'une membrane propre
qui adhère fortement à leur substance, et d'une autre membrane commune qui
vient aussi du péritoine, et qui couvre les vaisseaux spermatiques. Leur substance est un composé de glandes, de fibres et de membranes, qui laissent de petits
espaces entre elles, dans lesquels il y a des vésicules rondes de différente grosseur
pleines d'une liqueur blanche. On en remarque quelquefois jusqu'à une douzaine
dans un seul ovaire.

Je ne décrirai pas comment et sous quelle forme les nerfs sont attachés à
l'ovaire, ou plutôt à ses interstices. Je ne dirai rien de la chute des œufs, de leur
fécondation dans la matrice, parce que ces spéculations sont très étrangères à mon
objet; mais je ne puis m'empêcher de parler de la chute contre nature de ces
mêmes œufs, parce que, comme je l'ai déjà annoncé, elle est une source d'accidents notables auxquels, surtout les jeunes personnes, sont sujettes.

Par cette chute contre nature, j'entends la chute des œufs avant leur maturité,
c'est-à-dire avant le terme prescrit par les règles ordinaires de la nature, soit dans
l'ordre de la génération chez les femmes, soit dans celui du flux menstruel dans
toutes les personnes du sexe.

Sa cause vient de quelque indisposition des ovaires qui les forment, ou de quelque impureté du sang qui se mêle dans la substance de ces œufs, d'où vient qu'ils
se détachent les uns après les autres avant le temps. Alors leur substance, semblable à celle d'un fruit avorté ou piqué des vers, cause une grande irritation
dans la cavité de la matrice, et par son âcreté mordicante incise les extrémités
capillaires des vaisseaux sanguins, ce qui fait fluer longtemps le sang pur des
veines. C'est ce qu'on appelle perte de sang. Première incommodité. La seconde,
c'est qu'il en arrive des coliques les plus aiguës ; et la troisième enfin, qui est la
plus dangereuse, ce sont les ulcères à la matrice. Heureux qui sait les connaître
quand ils existent dans cette partie; plus heureux encore qui sait y faire parvenir
les vrais spécifiques !

Lors au contraire que par quelque obstruction dans les viscères, ou par le défaut d'une bonne conformation, soit aussi que par son propre vice ou telle maladie que ce puisse être, le sang n'a point la force de porter dans les vésicules ce
suc précieux qui forme la fécondité de la nature, il s'en suit la stérilité incurable
quand le vice est dans les solides, ou bien la jaunisse et les pâles couleurs, qui

réduisent bientôt la malade au tombeau, si on n'a recours au plus tôt aux remèdes capables de rétablir les fluides.

Je me suis beaucoup plus étendu que je n'aurais voulu le faire sur le détail des parties organiques de la femme. Mais j'en ai cru la connaissance si nécessaire pour la suite de cet ouvrage, que je me suis par cette raison beaucoup moins restreint que je ne l'avais d'abord projeté. Il convient à présent de donner une idée générale de la nymphomanie.

CHAPITRE II

DANS LEQUEL ON EXPLIQUE EN GÉNÉRAL CE QUE C'EST QUE NYMPHOMANIE OU FUREUR UTÉRINE

On entend par nymphomanie un mouvement déréglé des fibres dans les parties organiques de la femme. Cette maladie est différente de toutes les autres, en ce que celles-ci attaquent subitement, et annoncent presque sur-le-champ, par des symptômes évidents, toute leur malignité; celle-là au contraire se cache presque toujours sous le dehors imposteur d'un calme apparent, et souvent elle est déjà d'un caractère si dangereux, qu'on ne s'est pas encore aperçu, non seulement de ses progrès, mais même de ses commencements. Quelquefois la malade qui en est atteinte a un pied dans le précipice sans se douter du danger. C'est un serpent qui s'est insensiblement glissé dans son cœur; heureuse si, avant d'en être mortellement blessée, elle a encore la force de se soustraire par une prompte fuite au cruel ennemi qui veut la perdre.

Cette maladie surprend quelquefois les jeunes filles nubiles dont le cœur prématuré pour l'amour a parlé en faveur d'un jeune homme dont elles sont devenues éperdument amoureuses, et pour la jouissance duquel elles trouvent des obstacles insurmontables.

On voit aussi des filles débauchées, qui ont vécu quelque temps dans le désordre d'une vie voluptueuse, être tout d'un coup attaquées de ce mal; ce qui arrive lorsqu'une retraite forcée les tient éloignées des occasions qui favorisaient leur fatal penchant.

Les femmes mariées n'en sont pas moins exemptes, surtout celles qui se trouvent unies à des époux d'un tempérament faible, qui exige de la sobriété dans les plaisirs, ou à un homme froid, peu sensible aux délices de la jouissance.

Enfin les jeunes veuves y sont souvent exposées, surtout si la mort les a privées d'un homme fort et vigoureux, dans le commerce duquel, par des actes vivement répétés, elles avaient acquis l'habitude des plaisirs, dont le délicieux souvenir occasionne chez elles des regrets amers, qui produisent insensiblement des troubles, des agitations et des mouvements d'abord involontaires, mais dont les suites réduisent bientôt l'âme dans l'état le plus fâcheux.

Toutes en un mot, dès qu'elles sont une fois atteintes de ce mal, s'occupent avec autant de force que de vivacité, et sans interruption, des objets qui peuvent porter dans leurs passions l'infernal flambeau de la lubricité, surtout si elles y sont portées par la véhémence naturelle du tempérament.

Elles donneront encore de l'extension à cette véhémence naturelle, si elles s'entretiennent avec des romans luxurieux qui commencent par disposer le cœur aux sentiments tendres, et finissent par inspirer et apprendre les lascivetés les plus grossières. Elles augmentent les feux qui les dévorent par des recueils de chansons dont leurs voix passionnées chérissent et répètent sans cesse les airs et les paroles, qui soufflent dans leur âme le poison qui doit les tuer.

Dans les conversations particulières avec leurs compagnes, elles ont grand soin de faire tomber les propos sur les objets qui les flattent, bien loin de faire des efforts continuels pour les bannir de leur imagination. Si malgré toute leur adresse, elles n'ont pu empêcher la conversation de tomber sur des objets étrangers à leurs passions, elles tombent dans une langueur et un ennui mortel qu'il leur est impossible de dissimuler.

Elles se déshonorent sans cesse en secret par des pollutions habituelles dont elles sont elles-mêmes les infortunées ouvrières, quand elles n'ont pas encore ouvertement franchi les barrières de la pudeur ; ou bien, quand l'impudence commence à se mettre de la partie, elles ne craignent plus de se procurer cet affreux et détestable plaisir, par le secours d'une main étrangère.

Toujours disposées à prêter l'oreille aux compliments flatteurs et séduisants des hommes qui les environnent, elles craignent les occupations les plus légères si elles sont capables de les détourner un moment des sales objets que leur imagination chérit.

De la promenade, où les jeux les plus innocents de la nature ont pris, dans leur âme préoccupée la tournure des attraits les plus vifs de la volupté, elles passent à des tables somptueuses, dont les mets âcres, piquants et empoisonnés, achèvent de mettre le sang dans un affreux désordre.

Les vins vigoureux dont elles sont sans cesse abreuvées, les liqueurs spiritueuses qu'elles avalent comme l'eau, l'abus qu'elles font du café et du chocolat, dont l'excès chez elles est prodigieux : toutes choses enfin, dont une seule est capable de corrompre l'harmonie animale, et qui réunies mettent le comble aux feux qui les dévorent; tout cela porte dans les passions la torche ardente des plus honteuses et des plus excessives cupidités.

Je conviens que tous ces fâcheux accidents, dont on ne saurait tracer un assez hideux tableau, sont supportables dans les commencements; mais les tristes événements qu'ils produisent, deviennent bientôt de la plus grande importance, si on n'embrasse au plus vite, et de la meilleure foi du monde, les moyens les plus sages pour en réprimer le cours. Les femmes au contraire qui n'ont point la force de reculer quand elles ont fait le premier pas dans ce dédale d'horreurs, tombent insensiblement, et presque sans s'en apercevoir, dans des excès qui, après avoir flétri leur gloire, finissent par leur ôter la vie.

Vous les voyez continuellement absorbées dans la même pensée, et leur plus grande crainte est d'en être distraite un seul moment. Elles ne songent qu'au fatal objet qui cause leur maladie, elles ne voient que lui, toutes les puissances de leur âme en sont comme immobiles, elles n'aperçoivent et n'entendent plus rien de ce qui se passe autour d'elles, c'est là leur principale affaire : elles négligent absolument toutes les autres, même celles d'où dépend le bon ordre de leur maison, et par conséquent leur fortune. Tristes et mélancoliques, elles aiment le repos et le silence, et si elles l'interrompent, ce n'est que pour parler avec elles-mêmes. Mais malheur à celui ou à celle qui osera venir troubler ce délicieux silence. La violence qu'elles se font pour dissimuler les feux horribles qui les consument, achèvent de mettre le comble à leurs maux. Mais cette violence est de peu de durée.

Un bel adolescent se présente à leur vue ; que dis-je? un homme tel qu'on veuille l'imaginer ; car, dans le tourbillon de flammes qui composent leur atmosphère, les traits de feu qui partent de leurs yeux, peuvent bien brillanter l'objet, quelque défectueux qu'il puisse étre, jusqu'à transformer un Vulcain en un Adonis. Cet homme donc, quel qu'il soit, devient à l'instant l'objet de leur cupidité. Leur oreille se prête avidement aux moindres choses flatteuses qu'on leur dit, et même les compliments d'usage deviennent à leur sens des séductions très recherchées. Elles y répondent d'un ton de voix et avec des gestes qui annoncent déjà une vive passion, et elles prennent au plus grand sérieux les plaisanteries usées qu'on veut bien leur faire. Non seulement elles se rendent avec beaucoup de facilité aux désirs qu'elles croient avoir fait naître, mais plus souvent encore, elles osent les prévenir avec une impudence qui les flétrit.

Cette maladie, déjà trop violente, n'est pas encore à son dernier période. On en voit les accès augmenter de jour en jour avec des caractères de malignité les plus effrayants. La sensation réelle des plaisirs, jointe à ceux dont l'imagination répète sans cesse les diverses images, rend en peu de temps les malades furieuses et effrénées; alors, franchissant les bornes de la modestie sans aucun remords, elles trahissent l'affreux secret de leur vilaine âme par des propos qui saisissent d'étonnement et d'horreur les oreilles les moins chastes, et bientôt l'excès de leur lasciveté ayant épuisé toutes leurs forces, elles secouent le joug imposant et glorieux de la pudeur; et avec un front ouvertement déshonoré, elles sollicitent, d'une voix aussi vile que criminelle, les premiers venus à répondre à leurs insatiables désirs. Si elles trouvent de la résistance, elles se flattent de la vaincre à force de séduction. Quel art n'emploient-elles pas pour cela dans leurs propos et leurs gestes? Et quand un juste mépris est le payement de ces avances, vous voyez ces monstres, malheureusement revêtues d'une figure humaine, s'abandonner à des excès de fureur dont les suites sont de vous accabler hautement des plus injustes reproches. Elles vous poursuivent par des propos qu'elles inventent pour flétrir votre réputation ; vous persécutent avec autant d'éclat que d'opiniâtreté ; et après avoir fait mille tentatives inutiles contre votre repos et votre gloire, elles se livrent avec violence, et même souvent sans précaution, à tout ce que la vengeance peut inspirer de plus cruel et de plus tragique.

Jusqu'ici cette maladie, quelque fâcheuse que nous ayons pu la peindre, n'a point passé les bornes du délire mélancolique; mais on va bientôt lui voir prendre tous les caractères d'une manie ouverte.

C'est alors qu'elles crient et s'emportent continuellement comme des insensées, qu'elles disent et contredisent, sifflent et applaudissent, nient et affirment, font des signes et des gestes ridicules, tiennent des propos qui leur sont propres pour émouvoir les passions des hommes; et afin d'y réussir plus sûrement, elles affectent des nudités qu'elles ont l'imbécillité de croire qu'on voudra bien attribuer à des distractions vives qu'elles feignent assez maladroitement, pour que le jeune homme le moins expérimenté ne puisse jamais être leur dupe. Si malgré tout on les désespère, elles se jettent sur vous toutes furieuses, et l'excès de leur frénésie vous donne à peine le temps d'échapper de leurs mains.

Quelqu'un qui n'a pas été témoin de ces cruels accès, aura peine à se persuader les terribles vérités que je suis obligé de développer dans cet ouvrage. Avant d'avoir vu par moi-même les climats moins favorisés de la nature, où le sang au lieu d'être animé par un air sulfureux et balsamique, est sans cesse altéré par des pelotons de glace qu'on y dévore par la fatale nécessité de respirer; où au lieu des parfums qui lui donnent l'action et de la nourriture, on est sans cesse environné de molécules froides, humides et très malsaines, qui détruisent les parties spiritueuses du sang, dont la circulation est toujours languissante dans les veines, et par conséquent incapable de se réparer. Avant, dis-je, d'avoir parcouru ces climats que je croyais heureux, parce que, selon moi, les mortels devaient y être moins en proie aux passions, qui toutes célestes dans leurs principes deviennent cependant par nos abus des sources inépuisables de disgrâces.

Avant que par une fatale expérience, aussi humiliante pour l'humanité que désolante pour l'honnête homme qui s'occupe avec tendresse du bonheur de ses semblables, j'aie été parfaitement instruit que le feu de la lubricité, bien plus fort et plus actif que celui de la nature, ne connaît point la différence des climats ni des constitutions, mais brûle partout et en tout avec le dernier excès, jusque dans les antres les plus glacés; j'aurais cru avec tout le monde que cette maladie devait presque être ignorée dans les pays froids. C'est pourquoi, dit un grand homme, dont je ne suis pour ainsi dire que le traducteur, j'ai vu sans surprise le silence des auteurs nés dans ces climats, sur une matière aussi importante; mais, ajoute-t-il, je ne peux cacher mon étonnement quand je vois les plus célèbres auteurs de l'antiquité, habitants des pays méridionaux, tels qu'Hippocrate, Galien, Celse, Paul Æginette, qui ont traité de la médecine dans la Grèce et l'Italie, observer un profond silence sur la fureur utérine. Mais je suis encore plus surpris que des médecins qui ont vécu dans des siècles moins reculés, et qui ont acquis une grande réputation parmi nous, surtout ceux qui ont passé leurs jours dans des climats chauds, où l'on présume que cette maladie est plus commune, tels qu'Arnaud de Ville-Neuve, Valescus de Tarente, Bernadus Gordonius, Guillaume Rondelet de Narbonne, Antoine Guainier, Alexandre Bedetti, Italien, qui tous ont traité ex professo des maladies des femmes, semblent comme avoir affecté de ne pas dire un mot de la fureur utérine.

Soranus, médecin grec (c'est toujours le même auteur qui parle) un peu plus ancien que Galien, qui s'est acquis beaucoup de réputation sous l'empire de Trajan, est le seul de l'antiquité qui ait écrit sur cette matière. Nous n'avons plus cet ouvrage ; mais Aëtius dans un traité qui a pour titre : *De la Médecine tirée des anciens*, avoue que ce qu'il dit de la nymphomanie dans ce chapitre est extrait de Soranus ; mais comme l'inscription est de Janus Cornarius, qui a traduit en latin les ouvrages d'Aëtius, M. Astruc, voulant puiser dans les sources grecques le véritable nom de cette maladie, a parcouru les seize livres en manuscrit d'Aëtius, qu'il a trouvés dans la bibliothèque du roi de France, et il y a vu que le titre du chapitre en question est *Perites metromanias*.

Nicolas Myrepsus, d'Alexandrie, parle d'un antidote dont il loue l'excellence contre la nymphomanie ; mais il n'en dit rien de plus. On doit cependant présumer que c'est de la fureur utérine dont il a entendu parler.

Zonaras, p. 23, t. III, de ses Annales, rapporte qu'Eusébie, femme de l'empereur Constance, fils de Constantin-le-Grand, fameuse par sa beauté, mais plus connue encore par ses disgrâces avec son époux qui était faible, froid et conséquemment très peu propre aux plaisirs dont il se privait à cause de ses infirmités habituelles, est tombée dans une langueur mortelle, à laquelle ont succédé les accès les plus violents de la fureur utérine, qui ont terminé ses jours avant ceux de Constance.

Outre le terme de nymphomanie que nous adoptons pour exprimer cette maladie, on lui donne encore différentes dénominations. Moschio, médecin grec, l'appelle *satyriasis*, d'autres métromanie, d'autres érotomanie, qui signifie manie d'amour. Mais tous ces noms étant arbitraires, nous nous en tiendrons à celui de nymphomanie, toutes les fois qu'il sera question de la fureur utérine.

Je m'attends que ce livre excitera bien plus la curiosité des jeunes gens que celle du sexe. Je croirais donc manquer au zèle que je leur ai particulièrement voué, si je terminais ce chapitre sans leur offrir un puissant correctif, pour l'idée favorable qu'ils ont de leur force et de leur excellence au-dessus de la femme. Cet antidote est l'onanisme de M. Tissot. Tout ce que je pourrais dire à cet égard, ne pourrait jamais atteindre l'énergie et la vivacité des tableaux de ce grand homme. Je pourrais être aussi vrai que lui, mais non aussi intéressant. Combien s'en trouvera-t-il, qui, après la lecture de cet important ouvrage, se replieront sur eux-mêmes avec des craintes fondées et salutaires qui produiront en eux le commencement de la sagesse? Ils seront sans doute les plus fortunés. Mais combien d'autres verront-ils naître à l'instant du fond de leur âme, non cette crainte consolante qui vient d'une juste horreur du crime, mais une foule d'accusateurs désespérants qui les feront frémir à la vue des maux physiques auxquels ils sont exposés par leur propre faute. L'horreur des accidents actuellement existants, celle de ceux qui doivent en résulter nécessairement, jettera dans leur âme cette langueur mortelle, persécutrice éternelle et infatigable des criminels qui n'ont pas craint de travailler à la destruction de leur être.,

Une lueur d'espérance viendra les tirer de cette espèce d'anéantissement; ils auront entendu parler d'un de ces hommes bien plus chers à leurs semblables qu'ils n'en sont véritablement chéris, bien moins respectés qu'ils sont respectables par la tendresse philosophique avec laquelle ils s'occupent des maladies peu apparentes, mais évidemment contagieuses et mortelles qui désolent l'espèce, et qui assomment sans que le malade fournisse à celui qui le traite d'autres lumières que celles qu'il puise dans sa propre expérience, et dans une étude d'autant plus laborieuse, que l'équivoque se présente sans cesse pour obscurcir ces mêmes connaissances qu'il croit avoir acquises, et que souvent cette équivoque est appuyée par la honte opiniâtre et déplacée du malade, qui se flatte toujours de sauver sa vie et son honneur en usant des secours généraux de la médecine.

Je suppose donc qu'ils iront trouver cet homme célèbre avec toute la confiance qu'inspire l'excès du malheur, qu'en arrivera-t-il? L'épouvantable peinture qu'un honnête homme, qui ne veut point se déshonorer par un pronostic flatteur, est obligé de leur faire des désordres qui existent dans leur économie animale; peinture qui est dans ce moment le frein le plus respectable qu'on puisse opposer à l'excès de leur passion et de leur brutalité; peinture dont ils sentent la vérité par la consomption douloureuse et souvent désespérante dont ils sont jour et nuit les infortunées victimes. Cette peinture, dis-je, qui n'est encore ordinairement qu'une ombre qui voile à leurs yeux une infinité d'autres conséquences bien plus fâcheuses, jette leur âme dans un abattement qui leur ôte le courage de prendre les moyens longs, ennuyeux et pénibles, mais cependant uniques pour remédier à leur cruelle situation. D'autres plus courageux entrent dans la carrière; mais bientôt l'inconstance les saisit : abandonnant l'efficacité des remèdes, ils se servent du peu de force qu'ils ont recouvré pour retourner à leurs premières horreurs dans lesquelles ils périssent. Quelques-uns, ce qui est assez rare, entreprennent avec autant de bonne foi que de constance les moyens de guérir. Une cure radicale devient enfin le prix de leur docilité. Quelques autres, malgré la bonté du régime et l'habileté du médecin, ne sont plus susceptibles de la salubrité des remèdes, et se voient condamnés, pendant le peu de temps qu'il leur reste à vivre, à traîner des jours languissants; trop heureux quand les instants de ces jours infortunés ne sont point marqués par des douleurs aiguës et lancinantes qui entraînent après elles le désespoir avant la mort.

Toutes ces menaces que nous ne cessons de faire aux libertins des deux sexes, ne seraient point capables d'opérer en eux le plus faible retour à la vertu morale ou chrétienne, si quantité de raisonnements puisés dans la nature, si une infinité d'expériences connues et très confirmatives de ces raisonnements, ne portaient dans leurs esprits un caractère d'évidence qui ne les persuade que parce qu'elle les fait frémir.

Ce serait bien en vain qu'une foule de philosophes chrétiens leur crieraient sans cesse que l'incontinence, et surtout celle dont nous traitons ici, est un crime absolument abominable, si un bon physicien ne venait à leur secours, pour leur démontrer comment ce crime les conduit à la mort avec autant de cruauté que de promptitude.

Combien ai-je vu de jeunes gens plongés dans ces abominations, ressentir pendant longtemps les maux les plus cruels, sans se douter un moment des horribles causes qui les avaient produits? Ils n'avaient garde de soupçonner que des passe-temps qui leur faisaient éprouver des sensations aussi délicieuses, pussent être le germe de leurs douleurs. Que leurs yeux se dessillent donc enfin, à la faveur du flambeau que je leur présente. Qu'ils apprennent et admirent la construction de leur être. Qu'ils s'instruisent à chérir et à respecter l'ordre de leur existence; qu'ils évitent ce qui en peut troubler l'importante harmonie, et que tout ce que je viens de leur dire, jette dans leur âme un fond inépuisable d'aversion et d'horreur pour les abominations qui les flétrissent, les désho-norent et les anéantissent. Que ceux qui n'auront point assez de religion pour craindre d'outrager l'auteur et le maître suprême de leurs jours, soient au moins arrêtés par le spectacle épouvantable des maux sans nombre dont ils seront affligés, et dans le supplice desquels ils joueront tout à la fois les rôles déses-pérants de bourreaux et de victimes.

CHAPITRE III

DES CAUSES ET DES ACCIDENTS DE LA NYMPHOMANIE

Quelqu'un qui fera bien attention à cette passion morbifique, y découvrira deux accidents qui forment chacun une maladie différente.

Elle commence par un délire mélancolique, dont on trouve la cause dans le vice de la matrice; ensuite elle se tourne en délire maniaque, qui a son principe dans le dérangement du cerveau. Quand ces deux accidents concourent ensemble, ils forment ce que nous appelons nymphomanie; si, au contraire, il n'y en a qu'un, ou l'on aura simplement des désirs violents du coït, sans néanmoins éprouver des délires, ou l'on tombera dans une profonde mélancolie, ou dans une manie supportable, sans être consumé par d'inutiles désirs : c'est ce que nous allons expliquer par ordre.

Nous parlerons en premier lieu de l'effrénée cupidité vénérienne simple; 2° de la même, jointe avec le délire mélancolique; 3° enfin, lorsqu'elle dégénère en manie.

L'effrénée cupidité vénérienne dans les femmes est ordinairement occasionnée par la violente secousse des organes, qui sont chez elles le siège de la volupté; de même que la violence de la faim ou de la soif dépendent de l'impression vigou-reuse que reçoivent les tuniques de l'estomac ou du gosier.

Il y a plus d'un organe destiné dans les femmes à exciter les plaisirs véné-riens. 1° Le clitoris qui, de l'avis de tout le monde, est le siège de la volupté la plus exquise. C'est pourquoi il est appelé par excellence le trône de l'amour. 2° Toute l'ampleur et la profondeur du vagin, mais surtout à la partie qui va en se rétrécissant, se joindre avec la vulve, et qui sur la fin devient extrêmement étroite. 3° La face interne de la matrice qui, elle-même non-seulement est bien sensible à la volupté, mais encore y sollicite les autres organes, de même que les impressions qui se font sentir au ventricule par la soif et la faim, font désirer à tous les organes qui en dépendent la sensation du boire et du manger. Au reste, ce que nous disons du vif sentiment de la matrice, s'explique par ce que nous voyons arriver dans les animaux dont les femelles cessent de désirer dès qu'elles sont pleines. Mais nous voyons, à la honte de l'humanité, que quand ce sentiment de la matrice est émoussé par une copulation fructueuse, une femme n'en est pas moins ardente pour le coït, de même qu'un estomac rassasié par les mets et les boissons les plus délicieuses, ne détruit pas l'insatiable cupidité du palais et du gosier pour les mêmes mets et les mêmes boissons, qu'il est ensuite obligé de rejeter avec des dégoûts affreux : mille fois plus bêtes que les bêtes mêmes qui servent à leurs abus excessifs !

On doit aussi mettre au nombre des organes de la volupté, tous les vases qui sont destinés chez les femmes à faire la secrétion de la semence ; car ils contribuent tous à augmenter la sensation des plaisirs. Tels sont : 1° la glande prostate qui entoure la matrice, et l'arrose avec abondance d'une humeur qui sort par deux lacunes ou petits orifices dans la partie supérieure de la vulve, sur les deux côtés de l'urètre au-dessous du clitoris. 2° Les glandes de *Cowper*, qui sont situées dans le périnée entre la vulve et l'anus, et qui par un double conduit vont aboutir à la naissance du vagin proche les racines des caroncules myrtiformes· 3° Un grand nombre de petites glandes séparées ou liées ensemble qui sont répandues dans tout le vagin, d'où il est constant qu'il découle une humeur un peu gluante assez semblable à la semence. 4° Différentes lacunes qui sont distribuées dans la face interne du vagin, qui, sans orifice, répandent néanmoins, ou plutôt filtrent une humeur limpide, mais en petite quantité.

Toutes ces choses, qu'on ne peut raisonnablement révoquer en doute, étant une fois admises, on en pourra certainement conclure que les organes chez les femmes reçoivent des impressions bien plus vives, et que par conséquent elles doivent s'enflammer avec beaucoup plus de facilité que les hommes ; et cela par trois raisons : 1° Parce que les secousses et mouvements qui excitent des impressions vives et fortes sur les organes dont nous avons parlé, et propres à réveiller les sentiments et les désirs, sont dans les femmes beaucoup plus violents que dans les hommes. 2° Parce qu'il se trouve dans ces organes une disposition quelquefois particulière qui donne plus d'ébranlement et de véhémence aux secousses qui excitent ces désirs. 3° Enfin, lorsque, par un concours simultané de l'une et l'autre cause, les impressions sont portées avec plus de violence sur les organes, et que ces mêmes organes les reçoivent avec plus de vivacité, d'où l'on conçoit que les sensations et les désirs doivent augmenter au double. Ces secousses dont nous venons de parler qui enflamment dans le sexe le désir de la volupté, peuvent être rapportées à trois causes principales.

1º A un frottement agréable des organes dans lequel on se plaît, et dont le sentiment occasionne jusqu'à un certain point des chatouillements de différentes espèces et de différents degrés.

2º A des picotements doux et flatteurs, dont elles sont agréablement inquiétées.

3º A des pincements voluptueux qui les agitent et les animent.

On ne peut définir à quel degré, et de quelle espèce doivent être tous ces mouvements pour exciter les désirs. La seule chose qu'on peut assurer, est qu'ils diffèrent de tous les mouvements des autres organes appétitifs.

Quant à la première cause, comme elle est tout à fait extérieure, nous ne pouvons pas dire qu'elle donne naissance à la fureur utérine. Il faut donc en chercher le principe dans les deux autres. En effet, comme ces picotements et ces pincements agréables sont occasionnés par les humeurs séminales qui arrosent la vulve, le vagin et la matrice, on peut assurer avec vérité que les impressions qu'occasionnent ces écoulements et ces arrosements, tant des glandes que des lacunes, sont les causes les plus prochaines de cette maladie, soit dans ses principes, soit dans ses accidents; car ces impressions peuvent être plus vives, et par conséquent provoquer au plaisir avec plus de vivacité, par trois raisons. 1º Si la semence, et tout ce qu'on peut nommer humeur séminale, abonde en quantité. 2º Si elles pèchent par beaucoup d'acrimonie. 3º Enfin, si elles ont tout à la fois le vice d'abondance et d'acrimonie.

Premièrement, elles pècheront par une trop grande quantité, 1º si le sang qui les distribue dans les organes est lui-même trop abondant, ce qui se trouve ordinairement chez les femmes qui vivent dans les plaisirs et la bonne chère, dont les mets sont juteux et épicés; car on peut dire en général que mille petites aisances qu'on s'accorde, jointes à une table bien servie qui offre tous les goûts qu'un appétit délicat peut désirer, sont une source qui enfante les désirs les plus voluptueux.

Cette abondance de sang, que nous appelons *Pléthore*, se rencontre encore dans les femmes qui mènent une vie molle et sédentaire, et chez lesquelles la transpiration ne pouvant s'établir, leur laisse conséquemment beaucoup plus de sang qu'il n'en faut pour l'économie animale.

2º Si, par leur conformation, elles ont les organes destinés par la nature à la sécrétion de la semence, plus amples et plus à découvert, il s'ensuivra nécessairement une secrétion plus abondante de l'humeur séminale; 3º enfin, si par l'usage fréquent des hommes ou par tout autre moyen, elles ont une jouissance plus répétée des plaisirs. C'est ainsi que le lait augmente et se multiplie dans les mamelles par le sucement du mamelon. De même aussi plus on crache, et plus les glandes salivaires font une copieuse sécrétion de la matière ptyalistique.

Secondement, la semence pèche par une acrimonie contre nature dans les femmes qui sont d'un tempérament bilieux et atrabilaire, et dont le sang âcre et brûlant fournit une semence de même caractère. Dans celles qui se nourrissent de viandes salées, poivrées, ou endurcies à la fumée, qui boivent des vins forts et des liqueurs violentes, qui se remplissent d'un chocolat composé et du café le plus fort. Car toutes ces choses irritent singulièrement le sang. Dans celles enfin qui passent leur vie dans des veilles continuelles et dans les travaux d'une imagination qui se nourrit sans cesse de mille agréables ou désagréables chimères.

Troisièmement, ces deux vices, c'est-à-dire l'abondance et l'acrimonie du sang, concourent ensemble, quand les causes qui les produisent se trouvent réunies dans le même sujet : et il est certain que, si elles ne s'y trouvent pas toutes à la fois, on les y voit ordinairement réunies pour le plus grand nombre; parce qu'elles ont ensemble une très grande affinité.

La disposition particulière des organes pour sentir et répondre plus vivement aux secousses qu'ils éprouvent, consiste en trois choses : 1º dans la ténuité et la délicatesse des fibres nerveuses, qui fait que, tout d'ailleurs égal, elles sont mues avec plus de facilité, de vitesse et de force; 2º dans la plus grande tension de ces fibres, qui, la même parité observée, produit des effets pareils à ceux que je viens de décrire ; 3º dans le concours simultané, soit de la délicatesse, soit de la tension extraordinaire de ces petites fibres; d'où il arrive que leurs oscillations observant toujours d'ailleurs la même égalité, sont plus promptes, plus faciles et plus fortes, et cela par deux raisons :

1º Les fibres nerveuses chez les femmes sont plus délicates à causé de leur conformation naturelle. C'est ainsi que l'on voit des animaux avoir des sensations plus délicates que les autres ; c'est ainsi que dans le même sujet on voit des parties sentir plus vivement que les autres. Ainsi l'a voulu l'Auteur de la nature. Cette délicatesse des fibres peut aussi venir des secousses précédentes et réitérées qu'elles ont essuyées, soit dans le commerce naturel avec les hommes, soit par l'irritation artificielle des parties féminines, dont l'usage augmente singulièrement la flexibilité et le sentiment des fibres nerveuses; de même qu'un instrument acquiert bien plus de jeu et donne des sons plus vifs et plus agréables après avoir été longtemps joué.

2º Quelquefois ces fibres sont dans une tension plus forte, par conséquent leurs vibrations sont plus vives; cela est encore dans l'ordre de la conformation naturelle. C'est par cette conformation qu'est produite dans les organes la différente faculté de sentir : c'est par cette raison que celui-ci a une vue plus perçante, celui-là l'oreille plus juste, un autre l'odorat plus fort, etc.

Cette tension peut aussi quelquefois être occasionnée par la grande sécheresse qui arrive dans les parties, soit qu'elle vienne d'un défaut naturel, ou qu'elle soit l'effet de quelque maladie ; comme, par exemple, l'inflammation et la phlogose qui contractent fortement les fibres nerveuses, et occasionnent dans les parties naturelles des picotements et des tiraillements fréquents qui donnent beaucoup d'âcreté à la semence.

3° Enfin ces fibres nerveuses sont plus délicates et plus tendues, si toutes les causes dont nous avons parlé, ou au moins le plus grand nombre, se rencontrent dans le même sujet ; et elles doivent s'y trouver ordinairement à cause de leur grande liaison. Toutes les fois que ces causes concourront ensemble, il arrivera, par deux raisons que nous avons suffisamment expliquées, que par la tension violente et la délicatesse des fibres, les désirs vénériens seront plus vifs et plus fréquents.

Enfin, s'il arrive que les deux causes dont nous avons parlé, desquelles l'une dépend de l'acrimonie et de l'abondance du sang, l'autre, de la tension et de la délicatesse des fibres, se trouvent jointes dans le même sujet, ce qui arrive presque toujours à cause de leur grande affinité, il s'ensuivra de là que, d'un côté, les fibres des parties ou des organes seront plus fortement et plus sensiblement affectées par l'abondance et l'acrimonie de la semence, et de l'autre, que les mouvements et les secousses seront reçues plus vivement ; parce que les fibres, augmentant en ténuité et en tension, leur vibration devient beaucoup plus sensible, d'où il est aisé de conclure que le sentiment et le désir de la volupté seront augmentés du double. Mais si ces secousses réunies viennent à ébranler les fibres du cerveau, ce sera alors qu'arriveront les délires plus ou moins forts, suivant que l'ébranlement sera plus ou moins violent, ou qu'il sera plus ou moins habituel. Nous en verrons les funestes gradations dans la suite de cet ouvrage.

CHAPITRE IV

DES DEGRÉS ET SYMPTÔMES DE LA FUREUR UTÉRINE

Par tout ce que nous avons dit jusqu'à présent, il serait aisé de conclure qu'il n'est point de maladie où les gradations sont plus promptes et plus violentes, dont néanmoins les symptômes peuvent rester plus longtemps cachés, au moins dans ses commencements, et même lorsqu'elle a acquis une certaine malignité. C'est alors qu'il faut absolument l'œil pénétrant et habile d'un homme expérimenté auquel rien n'échappe, et qui sait, malgré le peu d'apparence du danger de la plaie, sonder avec autant de hardiesse que de lumière, les sinus fistuleux, et pénétrer les clapiers dont d'autres ne se seraient pas seulement doutés.

Quoique la fureur utérine soit une passion morbifique assez constamment semblable à elle-même dans les différents sujets où elle se rencontre, elle souffre cependant des variations, sinon essentielles, au moins accidentelles, dont il est important de s'instruire, pour suivre exactement cette maladie dans tous ses degrés; c'est pourquoi je la distingue 1° en commençante; 2° en confirmée; 3° en désespérée.

Dans le premier état, la raison jouit encore de tous ses droits, la vertu est encore capable de causer mille remords; les saletés dont l'imagination est remplie, trouvent à combattre des impressions de pudeur et d'honnêteté qui donnent encore le courage d'en repousser la malignité; ou, si on leur cède, on a grand soin de se cacher sous le voile impénétrable du mystère. Alors des syndérèses continuelles viendront réveiller les sentiments honnêtes qu'un moment de brutalité aura essayé d'étouffer, et la malade aura la faculté de rentrer en elle-même et de reprendre sa première tranquillité. Quelque combat qu'elle ait à essuyer, tant qu'elle aura la force de se faire à elle-même ce raisonnement : *il n'est ni permis, ni honnête, d'obéir à une passion aussi honteuse,* et qu'elle ne perdra jamais de vue cette vertueuse maxime, elle résistera longtemps et peut-être toujours à la violence de sa passion.

Elle se tirera avec d'autant plus d'avantage des commencements fâcheux de cette maladie, que ses fibres auront reçu des secousses moins violentes : ce qui arrivera : 1° si elle est organisée de façon à être moins sensible ; 2° si un sommeil heureux vient à son secours pour remettre ces mêmes fibres dans le calme dont elles jouissaient avant leur tension ; 3° si ni la nourriture ni la façon de vivre n'ont rien d'irritant ; 4° si les principes d'une bonne éducation sont soutenus par des exemples; 5° si on peut avoir recours à la fuite des objets capables d'exciter ces vibrations; 6° enfin si on fait usage à propos des anodins et des rafraîchissants.

Mais si la malade, après avoir longtemps combattu, commence à vouloir trouver dans son esprit des raisons pour douter de la vérité et de l'honnêteté de la maxime que nous venons d'établir; si elle est d'un tempérament naturellement violent; si elle voit sans précaution les objets qui la rendent malade; si elle s'abandonne à une vie molle, sensuelle et voluptueuse ; si elle prend en aversion les exemples heureux qui pourraient la ramener à l'amour de la vertu; si, au lieu de prendre des boissons rafraîchissantes et capables de calmer l'âcreté des humeurs, elle boit au contraire des vins et des liqueurs; si enfin elle vient à être privée du sommeil; bientôt les secousses réitérées des fibres des organes feront éprouver à celles du cerveau une tension ou plutôt une pression qui fait déraisonner.

C'est alors que nous devons regarder la maladie comme confirmée ; car la malade ne voit plus les objets du même œil. Ils prennent dans son esprit et dans son cœur une tournure bien différente ; elle jouit sans inquiétude et sans remords des mêmes choses, dont auparavant la présence, ou seulement la pensée, produisait mille troubles dans son âme : elle peut enfin se dire à elle-même que *rien n'est si beau et si doux que d'obéir aux amoureux désirs*. Voilà donc le délire mélancolique qui la saisit, et nous la voyons passer joyeusement du premier au second période, et s'approcher avec délice des bras de la mort qui l'attend au troisième période, vers lequel elle s'avance à grands pas.

Néanmoins, dans ce second période, la consonnance peu naturelle des fibres n'est pas toujours constante. Elle peut varier par plusieurs causes naturelles et artificielles.

1º Cette violente cupidité peut s'émousser d'elle-même par nombre d'accidents qu'il serait trop long de détailler.

2º Le repos du sommeil procuré par des émulsifs ou des narcotiques, quelquefois même par le seul besoin de la nature, peut modérer les mouvements précipités des fibres.

3º Les anodins seuls, utilement administrés, peuvent les relâcher.

4º La grande chaleur du sang peut être tempérée par quelques saignées et des rafraîchissants.

5º Enfin les avis, les reproches, et quand la douceur ne réussit pas, les corrections peuvent quelquefois ramener la malade à son devoir.

De tout cela on conçoit que ce second période est encore susceptible de variations, de remèdes et de curation, et le succès se fait bientôt connaître par la différence du maintien, des propos et de toute la conduite de la malade.

Mais il n'est pas facile d'exprimer avec quelle facilité et quelle précipitation on passe au troisième période, dans lequel nous regardons la maladie comme désespérée. Dans cet état, la longueur du mal a opéré dans les fibres un parfait changement de ton. Les idées ont des représentations absolument différentes qui font adhérer le cœur et l'esprit de la malade à la seconde proposition contradictoire à la première, de sorte, qu'au lieu d'essuyer encore, au moins par de légers intervalles, quelques troubles à la vue du danger, elle est au contraire parfaitement d'accord avec toutes les puissances du corps et de l'âme, pour soutenir que rien n'est si honnête, si naturel, ni si permis que de se livrer à tous les plaisirs des sens.

Dans cette cruelle situation il est essentiel de remarquer les diverses positions des fibres pour la consonnance et la dissonance d'avec la première proposition. Ces fibres, comme je l'ai déjà dit, changent de ton avec quantité d'autres qui excitent violemment les désirs vénériens ; de sorte qu'il arrive que les fibres, entre lesquelles il régnait auparavant de la dissonance, sont parfaitement d'accord, et que celles qui étaient d'accord sont absolument dissonantes. C'est de ce bouleversement général de leurs rapports que naît le délire qui renverse l'ordre des idées, et qui fait que les malades affirment ce qu'elles ont nié, nient ce qu'elles ont affirmé. Ce délire variant et se multipliant à l'infini, se joint bientôt à une espèce de fureur, de sorte que ces malheureuses une fois sorties du sentier de la droite raison, et continuellement excitées par la véhémence du mouvement des esprits, deviennent furieuses contre tous les objets qui s'opposent à leurs désirs, et c'est là précisément le vrai délire maniaque.

Quelle sera la femme assez téméraire qui, en lisant ces affreuses vérités, que l'intérêt de l'humanité m'oblige de développer, ne sera point épouvantée, en voyant la situation abominable où peut la conduire le premier pas vers la volupté?

Il faut cependant faire attention que le délire maniaque, quelque considérable qu'il puisse être, n'est pas toujours universel; souvent il n'est excité que par quelques objets particuliers qui réveillent l'ardeur des plaisirs; c'est pourquoi les premiers accès de ce mal ne doivent point toujours être regardés comme des symptômes propres à la manie; car ils conviennent aussi aux accidents qui résultent du délire mélancolique; c'est pourquoi nous appelons ce premier état *manie deutéropathique*, et le second, où les accès sont plus violents et plus généraux, *manie protopathique*. Nous n'entrerons point dans de plus grandes divisions sur cette matière, elles nous mèneraient, comme malgré nous, à un traité volumineux des parties de la tête, dont les connaissances anatomiques importent peu à l'application des remèdes et à la curation de la fureur utérine, qui est le principal objet que nous nous proposons. Il suffit que nous sachions que la continuité et la véhémence des secousses des fibres dans les parties organiques, produisent infailliblement une tension et une pression dans celles de la tête qui cause le délire, que ce délire dans les uns est universel, et dans d'autres n'a que des objets particuliers; et qu'enfin, de quelque façon qu'on l'envisage, il ne laisse presque plus d'espoir de guérison.

Nous distinguons encore cette fureur par ses différentes causes.

1° Celle qui vient d'une trop grande abondance de semence, ou d'une âcreté considérable, ou bien d'une trop grande abondance et d'une âcreté de la semence tout ensemble.

2° Celle qui vient du vice des fibres nerveuses des parties organiques qui reçoivent des vibrations plus vives, soit par leur délicatesse ou leur tension, soit par la délicatesse et la tension réunies l'une à l'autre; ce qui leur donne une sensibilité bien plus vive.

3° Enfin celle qui est produite et par le vice de la semence, et par celui des

parties organiques ; car alors par la réunion des causes simples le mal doit s'étendre au double.

Nous la divisons encore par rapport à ses symptômes, 1° en fureur utérine sans délire, telle que nous l'avons remarqué dans le premier période de la maladie ; 2° en fureur utérine avec le délire mélancolique, comme nous l'avons suffisamment expliqué dans ce chapitre et les précédents ; 3° enfin en fureur maniaque.

Par cette division, et tout ce que nous avons dit jusqu'à présent, il est aisé de concevoir que les symptômes doivent être différents suivant les divers degrés de la maladie ; cependant on ne peut douter, qu'il n'y ait des symptômes généraux qui conviennent également à toutes les malades et aux différents degrés de la maladie. C'est pourquoi je les divise en communs et en propres. Les communs sont une démangeaison et une espèce de tiraillement qu'on éprouve dans la partie du vagin et de la matrice, qui sont continuellement irrités par l'âcreté de la semence, qui les met dans l'éréthisme, d'où vient cette contraction violente qui dessèche tous les vases destinés à arroser les parties : de là vient aussi la lenteur dans le retour du sang qui donne lieu à la phlogose qu'on a plusieurs fois observée dans les cadavres des métromaniaques. Cette phlogose n'est pas toujours un simple symptôme de cette maladie, elle peut aussi très souvent en être la cause.

2° Une grande ardeur et une sécheresse dans les parties ; d'où vient que les parois ou tuniques de la matrice étant desséchées, les organes sont sans cesse ouverts pour recevoir les impressions de l'air. C'est encore ce que l'on a fréquemment observé dans l'ouverture des cadavres.

3° Le clitoris est ordinairement enflé et plus grand que dans une femme sage.

4° L'un des ovaires, ou même tous les deux sont gonflés par une humeur épaisse, visqueuse et purulente, et sont remplis de petits œufs dont la forme excède la naturelle. Les trompes sont quelquefois infectées de cette matière, ainsi qu'on l'a remarqué dans les malades qui ont été ouvertes.

5° Enfin un flux virulent accompagne ordinairement ces autres symptômes soit que l'intérieur du vagin ayant été fréquemment irrité par la masturbation, distille une sanie épaisse et visqueuse, soit que cette sanie vienne de quelque ulcère fistuleux du vagin ou de la matrice.

Outre ces symptômes communs, il y en a de propres dans les différents périodes du mal. Ainsi dans le premier, les malades sentent des feux qui les dévorent malgré elles. Ces flammes, dont elles sentent la turpitude, les suivent partout ; elles sont inquiètes, solitaires, tristes, pensives, taciturnes, et fuient avec soin la société de leurs compagnes. Rien ne les affecte aussi fort que les pensées obscènes dont elles sont préoccupées ; elles en perdent la faim, la soif et le sommeil, et ne donnent presque rien à ces besoins naturels pour ne point se distraire des objets qui les inquiètent. Elles tombent dans des méditations si vives et si profondes, que les idées sales et lascives, dont les fibres du cerveau sont sans cesse fatiguées, leur donnent des oscillations et une tension qui leur font absolument perdre l'usage du sommeil.

Elles ont des intervalles heureux où la turpitude de leurs désirs leur fait horreur. Elles essayent quelquefois de rentrer dans le sentier de la sagesse, mais plus souvent elles ne s'occupent que des moyens qui pourront dérober à tout le monde la connaissance de leur état. Elles espèrent même le cacher aux personnes qui en sont la cause. Mais vaine résolution, efforts impuissants! quand ils prennent leur source dans le propre sein de la faiblesse.

La lecture d'un roman, un tableau voluptueux, une chanson luxurieuse, les propos et les caresses d'un homme séduisant, font bientôt manifester des mouvements dont on aurait juré un instant auparavant être éternellement maîtresse.

Il faut néanmoins convenir que ce premier période admet des intervalles assez longs, pour donner le temps de guérir les malades. Mais ne vous fiez jamais à la tranquillité, même réelle, dont elles paraissent jouir. C'est un feu mal éteint qui se rallumera au premier jour avec une fureur dont on ne sera plus maître. Profitez au contraire de ces moments précieux dont on est quelquefois redevable à une évacuation critique et abondante ; tantôt à quelques saignées et autres remèdes de précaution qu'il aura plu à un médecin d'ordonner; tantôt à un régime de vivre que le hasard de la saison ou de la situation aura procuré ; quelquefois enfin, a une chute qui oblige à des remèdes, à un repos et à un régime aussi exact que si l'on avait à guérir la maladie intérieure la plus maligne. Profitez de ces moments pour remettre le calme dans ce petit monde, où les tempêtes et les orages ont déjà occasionné de si fâcheux désordres. Tenez la malade dans l'éloignement des objets qui pourraient encore rallumer ses feux. Tenez-la longtemps à un régime humectant, sobre et rafraîchissant. Procurez-lui des récréations suivant son goût et variez ses occupations de manière à ne point l'ennuyer. Faites en sorte que ses petits travaux exigent autant d'invention de la part de l'esprit, que d'adresse du côté des doigts. Car combien d'ouvrages une femme par habitude peut-elle faire, qui laissent l'esprit et le cœur dans une oisiveté des plus pernicieuses ?

Dans le second période, les fibres du cerveau sont si fatiguées des combats que l'imagination leur a fait essuyer, qu'elles commencent à changer de ton. Alors les images qui ne pouvaient paraître qu'avec une turpitude révoltante, trouvent un accès plus facile et moins inquiétant. Le délire et la tristesse s'emparent de la malade, on trouve qu'il est bien dur d'être toujours armé contre les plaisirs des sens ; on commence à douter de la vérité de la maxime dont nous avons parlé; on cherche dans son esprit et dans son cœur des raisons pour en blâmer la sévérité et pour justifier la proposition contradictoire de ce qu'elle présente de malhonnête. Tantôt on se condamne et l'on frémit de son état; tantôt on balance les avantages d'une vie toute voluptueuse avec ceux d'une conduite sage et honnête. La malade tombe dans une mélancolie profonde, ses formes se perdent, sa vertu s'anéantit, la mollesse et toutes les images lascives qui l'accompagnent étouffent les remords et s'emparent de son âme tout entière. Pour le coup l'effronterie prend la place de la pudeur.

Au lieu de combattre les désirs, on ne cherche plus qu'à les multiplier et à les assouvir. On ne se trouve plus assez de sens pour satisfaire son affreuse cupidité. Tous les objets qui peuvent favoriser cette ardente passion, deviennent des dieux tutélaires auxquels on ne rougit plus de prodiguer son encens.

Dans ce déplorable état, l'homme le plus ignoble devient un personnage intéressant. La malade l'attire à elle par mille moyens qu'il serait trop long de décrire; elle le caresse, elle le prie, elle le sollicite et quand les flatteries n'ont pu réussir, elle ne craint point d'employer les menaces pour qu'on satisfasse sa brutalité. C'est pour lors que les fibres du cerveau sont tellement renversées, que leur dissonance se convertit en parfaits accords et que la malade ne trouve plus en elle-même d'oppositions à se persuader qu'il lui est enfin permis d'obéir à ses passions et qu'elle peut dire et faire toutes les folies qu'une erreur aussi honteuse doit lui inspirer.

Dans le troisième période, cette mélancolie se tourne en manie, c'est-à-dire en fureur. Alors, les malades ont l'esprit absolument aliéné, surtout lorsqu'il est question des choses vénériennes; elles profèrent continuellement des obscénités révoltantes; toutes les personnes connues ou inconnues sont sollicitées, pressées et poursuivies par elles, dans l'espoir d'en jouir. Si on leur résiste, elles se jettent sur vous avec fureur, vous frappent et vous déchirent. Elles ont aussi les autres symptômes qui ont accoutumé de suivre toute manie vénérienne, c'est-à-dire l'insomnie, le défaut d'appétit et de la soif, malgré le grand besoin de manger et de boire; une chaleur brûlante par tout le corps, sans fièvre; l'insensibilité aux froids les plus piquants; un ventre paresseux; des urines épaisses, pourprées et peu abondantes.

Alors se manifestent infailliblement les terribles accidents qu'on a quelquefois pu éviter dans le premier et le second période du mal; tels que sont les tumeurs, les stéatomes, les hydatides et les abcès, un flux d'une purulence fétide, la phlogose de la matrice et de toutes les parties qui l'avoisinent, et quantité d'autres, dont l'énumération ne serait d'aucun secours pour connaître cette situation désespérante, qui, malheureusement pour ces infortunées, ne s'annonce qu'avec trop d'évidence.

CHAPITRE V

DES SIGNES DIAGNOSTIQUES DE LA FUREUR UTÉRINE, ET DU PRONOSTIC QU'ON EN DOIT FAIRE

Il n'est pas aussi facile que l'on se l'imagine de connaître à la première inspection l'état de cette maladie, ni même de prononcer sur son existence. Si tous les symptômes que nous avons détaillés se trouvaient toujours réunis dans le même sujet, il serait possible au médecin de décider à la première vue, non seulement que la maladie est existante, mais encore qu'elle est à tel ou tel période; et pour lors, on ne serait plus dans le cas de balancer sur le choix des moyens de guérir. Mais une malheureuse expérience nous a appris qu'il n'y a point d'état où une malade puisse dissimuler avec autant d'art, et qu'il n'est point de maladie qui présente d'elle-même autant d'équivoques à l'examen du médecin. C'est pourquoi je n'ai pu blâmer la conduite de quelques-uns, auxquels j'ai succédé dans le traitement de ces sortes de malades, qu'ils avaient eues longtemps entre leurs mains sans se douter de la nature de leur mal. Comme elles avaient réussi à les tromper, elles se flattaient du même succès à mon égard, et m'annonçaient par avance, que je ne réussirais pas mieux qu'eux à leur procurer du soulagement.

Voici donc le premier, et en même temps le plus grand obstacle que je trouve à la connaissance de la fureur utérine; c'est la turpitude des causes qui l'ont produite, sur lesquelles la malade gardera le silence le plus opiniâtre, jusqu'à ce qu'elle soit tombée dans les accidents maniaques qui la décèlent, c'est-à-dire jusqu'à ce qu'elle soit arrivée à cet état fâcheux dans lequel elle n'est plus susceptible de guérison. Le second obstacle que j'ai remarqué n'est pas moins considérable. Il vient de l'équivoque des symptômes les plus évidents. En effet, je suppose que les parties organiques soient dans ce terrible état où la malade, pressée par les douleurs aiguës et lancinantes, sera forcée, malgré toutes ses feintes, de découvrir le siège du mal; le médecin, après l'examen le plus judicieux des accidents qui existent, ne pourra encore former un pronostic certain; car, ces accidents étant communs à la vérole, pourra-t-on plutôt les attribuer à la métromanie, qu'à un commerce impur et passager qui a pu les produire, et que la négligence a fait parvenir à cette extrémité fâcheuse ? Certainement la malade qui aura pris une fois le parti de la dissimulation, aimera beaucoup mieux faire l'aveu d'une faute passagère, que de convenir d'un état habituel d'infamie ; et elle aura d'autant plus l'art de tromper, que sa faiblesse, occasionnée par les douleurs et les remèdes, aura émoussé la vivacité de ses passions, ou au moins, en aura ralenti les démonstrations extérieures. Pour prouver la vérité de ce que j'avance, il n'y a qu'à examiner la nature de ces accidents dans les parties organiques. Tel est l'écoulement fétide et purulent.

De quelque façon que nous envisagions cet écoulement, nous ne pourrons jamais le regarder comme une preuve de l'existence de la métromanie ; car, ou il vient de la vessie par le canal de l'urètre, ou de la matrice par le vagin, ou enfin, des prostates et de toutes les autres espèces de glandes. Dans le premier cas, on pourra attribuer cet écoulement aux ulcères des reins ou de la vessie ; dans le second, on décidera que la matrice est enflammée et ulcérée ; dans le troisième enfin on ne doutera point qu'un virus très mordicant n'ait rongé les orifices des glandes. Alors ces vices des reins et de la vessie, de la matrice et des glandes, n'étant point absolument propres à la métromanie, la chose restera encore en question. Mais si la malade n'est pas maîtresse de ses démonstrations extérieures qui, en manifestant les vices de l'âme, annoncent la cause du dérangement du corps, alors il ne sera pas difficile de porter son jugement.

Ainsi, dans le premier période, il faut examiner plusieurs choses :

1° Si la malade n'a point d'inclination sur laquelle on la contraigne.

2° Si cette inclination est la seule cause de sa langueur.

3° Si, au contraire, par vice de tempérament, elle est susceptible de tendresse pour le premier qui se présente.

4° Si elle ne se satisfait pas elle-même, en se polluant habituellement.

5° Si ses règles sont peu ou trop abondantes.

6° Enfin, si elle est brûlante, paresseuse, taciturne, ennemies des parties auxquelles une jeunesse bien réglée prend ordinairement beaucoup de plaisir.

Il n'est pas nécessaire que tous ces signes se trouvent réunis, pour faire soupçonner que la maladie est commençante. Le médecin alors ne négligera rien pour gagner la confiance de sa malade.

Il ne lui fera pas voir combien il la pénètre, parce qu'elle pourrait se rebuter et tomber dans une méfiance insurmontable. Il la sondera avec autant de douceur que d'adresse ; il fera, en un mot, son possible pour gagner son cœur et se rendre maître de tous ses secrets.

Il flattera sa faiblesse dans les commencements ; peu à peu on lui fera voir le danger ; insensiblement il lui inspirera de l'horreur. Ses remèdes soutenus de ses conseils, quelques précautions prises par les parents qu'on avertira, s'ils sont assez prudents pour que cela se puisse faire sans danger, tant pour le médecin que pour la malade, formeront un concert capable de guérir la malade, avec autant de sûreté que de promptitude.

Le second période est plus facile à connaître. Car, malgré toute la dissimulation, il est des moments où la malade se montre telle qu'elle est. D'ailleurs, on remarque dans ses propos et ses gestes un caractère, sinon de lasciveté, au moins de liberté, qui n'est pas ordinaire. Sa mélancolie est plus noire, ses démarches pour les objets qui la flattent, sont plus imprudentes ; s'il subsiste quelques accidents dans les parties organiques, ils sont plus malins et plus violents ; la chaleur brûlante qui la dévore, son aversion pour le boire et le manger, son insensibilité au froid, son éloignement pour les compagnies raisonnables, la violence, et l'indécence avec lesquelles elle se livre à celles qui lui plaisent, tout cela marque assez que la maladie a déjà fait des progrès, et qu'on ne doit plus négliger un instant les moyens de les arrêter.

Le troisième période est accompagné de signes trop évidents, pour que le moins expérimenté puisse s'y méprendre. Il n'y a qu'à se rappeler ce qu'on a dit des symptômes dans le chapitre précédent.

Pronostic. — La métromanie ou fureur utérine, est une maladie honteuse et horrible, qui couvre d'opprobre et d'infamie non seulement la personne qui en est attaquée, mais aussi les parents qui ont eu le malheur de lui donner le jour.

On peut assurer en général qu'elle est toujours difficile à guérir, et plus souvent sujette à des rechutes au moment qu'on s'y attend le moins, et plus elle est invétérée, plus aussi la cure en devient difficile.

C'est pourquoi, pour en former un pronostic, il faut avoir égard à ses différents périodes, et aux différents degrés de chaque période.

Dans le premier, j'en distingue trois:

1º Quand la maladie ne fait absolument que commencer ; alors avec peu de précautions, et une petite quantité de remèdes, mais longtemps continués, on assurera la guérison.

2º Quand la maladie a déjà pris quelque racine, que l'imagination a été fatiguée par des représentations lascives, que les fibres des organes ont essuyé des tensions réitérées ; mais que la malade peut encore, sans presque aucun combat, se faire horreur à elle-même de son état; on pourra avec plus de précautions, et des remèdes plus multipliés et plus longs, assurer la guérison.

3º Enfin, quand par la secousse réitérée des fibres, les représentations lascives font une impression si grande sur la malade, qu'elle commence à craindre le retour des sentiments honnêtes, qui condamnent le dérèglement qui règne déjà dans son cœur, quand elle détourne les yeux de l'abîme dont elle connaît encore la profondeur ; c'est alors que son état peut déjà être regardé comme très dangereux, quoique dans le premier période.

C'est pourquoi on ne saurait faire trop d'attention à la conduite des jeunes personnes, et lorsqu'on s'aperçoit du moindre signe qui a rapport à cette maladie, il faut avoir sur-le-champ recours à la méthode et aux remèdes que j'indiquerai dans le chapitre suivant. Car il n'est point de mal qui exige plus promptement l'application des remèdes, et auquel on puisse avec plus de justice appliquer l'ancien proverbe :

Principiis obsta sero medicina paratur.
Cum mala per longas invaluere moras.

Dans le second période, je distingue deux degrés. 1° Dans le commencement le délire n'est point encore dans toute sa force, et à des intervalles quelquefois assez longs pour qu'on en puisse profiter avec avantage. Lorsque les choses sont encore dans cet état, on peut espérer que le mal ne sera point incurable. 2° Quand le délire mélancolique est presque continuel, ou qu'il n'a que des intervalles très courts, alors on n'a qu'un pronostic très fâcheux à faire. Cependant il serait très imprudent de perdre tout espoir ; car quoiqu'on doive juger le mal presque sans remède, cependant j'ai vu des exemples de guérisons dans ces états horribles, qui ont été procurées à la vérité par des événements extraordinaires sur lesquels on ne doit jamais compter ; mais dont la possibilité est suffisante pour soutenir l'espérance des personnes qui s'y intéressent.

Le troisième période n'offre qu'un pronostic désespérant. Il n'y a plus d'espérance de rappeler la malade à aucun principe d'honnêteté, puisqu'elle n'est plus susceptible de raisonnement. D'ailleurs, toutes les parties organiques sont dévorées d'abcès et d'ulcères incurables. La matrice et même les ovaires sont souvent cancérés à la suite des squirres, il ne reste plus d'autre ressource que la mort, trop heureuses quand, au lieu de la fureur, elles tombent dans une démence et une imbécillité insensibles, qui les sauvent des horribles maux auxquels les frénétiques sont exposées.

Quoique je dise que cet état est sans remède, il ne faut pas néanmoins abandonner ces malheureuses à leur déplorable sort. Il faut, jusqu'à la fin, alléger leurs tourments par tous les moyens que l'humanité et la connaissance de la nature peuvent inspirer.

Il faut aussi remarquer que lorsque la fureur utérine est encore susceptible de guérison, elle peut très bien se terminer sans le secours des remèdes : c'est ce que l'on a vu arriver par les événements dont je vais donner le détail.

Une demoiselle de Lyon, que je nommerai Lucille, avait reçu l'éducation la plus vertueuse et la plus honnête : à l'âge de seize ans, sa mère étant morte, une vieille tante la fit sortir du couvent, où elle était depuis neuf ans. A peine eut-elle gagné quelque confiance dans la maison de sa tante, qu'elle lui proposa de lui donner un domestique. Elle lui avait souvent parlé d'un laquais de Mme l'abbesse qui avait mille bonnes qualités ; effectivement, quand la vieille tante avait été voir sa nièce, elle avait remarqué dans ce garçon une agilité et une honnêteté qui sont assez rares dans les domestiques de nones et de moines.

La tante représentait souvent à sa nièce combien la chose était peu praticable ; premièrement, que ce serait une chose bien malhonnête d'aller retirer le domestique de chez Mme l'abbesse, et que ce serait une ingratitude insoutenable à l'égard d'une dame qui lui avait donné ses soins depuis son enfance. Ces raisons flattèrent peu Lucille, loin de s'en contenter, elle fit de nouvelles tentatives pour déterminer sa tante à ce qu'elle voulait. La tante, néanmoins, tenait toujours ferme, lui ajoutant qu'outre le mauvais procédé, il y avait encore une raison qui lui paraissait insurmontable. Je suis persuadée, ma nièce, lui dit-elle, que vous prenez trop d'intérêt à ce qui me regarde pour exiger de moi une chose qui me mettrait vraisemblablement dans le cas de perdre le meilleur domestique qu'on puisse avoir. Depuis dix ans Germain est à mon service, c'est un garçon fidèle, intelligent et plein de bonnes qualités ; mais il a la manie de ne pouvoir souffrir dans la maison d'autres domestiques que lui ; il ne peut s'accorder avec aucun, mais il me dédommage bien de ce caprice ; car il fait lui seul plus que dix autres. Je suis sûre d'avance que, si je consentais à ce que vous voulez, je me verrais forcée de congédier Germain.

Lucille rendait bien à ce Germain toute la justice qu'il méritait ; mais dès qu'elle dut le regarder comme un obstacle à la jouissance de son cher Janot (c'était le nom du domestique du couvent), elle n'eut plus d'égard aux grandes qualités qui devaient lui rendre ce vieux domestique recommandable. Le chocolat ou le café préparé par lui, étaient détestables, ses commissions mal faites, ses entrées dans la chambre trop libres, ses réponses impertinentes, ses questions trop familières, son maintien peu décent, sa façon de marcher dans l'appartement très peu ménagée. Que de défauts succédèrent en peu de temps à ses bonnes qualités !

Lucille tombe tout à coup dans une tristesse qu'elle attribue longtemps à un dérangement de santé ; elle ne fait plus les parties de sa tante, elle fuit les sociétés, ne sort de sa chambre qu'à l'heure du dîner et ne dîne pas ; elle passe l'après-dîner dans sa chambre, et ne voit personne parce qu'elle a la migraine : les livres pieux et instructifs lui causent des vapeurs ; elle ne lit plus que le *Paysan parvenu*, ou d'autres ouvrages de ce genre qui nourrissent dans ses veines le poison et le triste feu qui la consument, et dans son esprit les dangereuses et folles espérances qui le fixent.

L'heure du souper arrive, c'est un ennui nouveau qui l'empêche de paraître ; la compagnie inquiète la presse de descendre. Mais la migraine a redoublé. Tous les jours semblables prétextes pour se soustraire aux sujets de dissipation. L'été arrive, le médecin conseille de changer d'air, on va à la maison de campagne de la tante qui est voisine du couvent. On s'empresse de rendre une visite à l'abbesse : le malheureux Germain, tout à la fois intendant, maître d'hôtel, valet de chambre, laquais et postillon, verse la voiture : quelle heureuse chute ! On ne s'entretient pendant toute la visite que de la maladresse de Germain. Mme l'abbesse, que Janot a conduite plus d'une fois dans les visites des biens dépendants de son abbaye, donne une description très étendue des monts et traverses par lesquels il l'a fait voyager très heureusement. Ah ! madame, dit Lucile à l'abbesse, donnez absolument Janot à ma tante pour son postillon ; autrement je n'aurai plus l'honneur de vous voir : je renoncerai à sortir du château plutôt que de me risquer une seule fois à la conduite de ce maladroit Germain. Mais la chose devient plus impossible que jamais ; Janot tombe malade, il se met au lit, une fièvre et un point de côté le mettent en deux jours au tombeau. Lucile en est inconsolable ; la mélancolie, qu'on avait espéré de dissiper par les amusements de la campagne, redouble, Janot est sans cesse présent à son imagination troublée ; tous les héros de roman ne lui paraissent rien en comparaison de ce qu'aurait pu devenir Janot, s'il n'eût été moissonné dans ses plus beaux jours. Lucile, dans le plus épais d'un bosquet, étendue sur un gazon qui bordait un ruisseau, dont le triste murmure entretenait sa mélancolie et lui tenait lieu des amusements les plus bruyants, ne voyait plus et n'entendait plus que son cher Janot. Elle lui parlait quelquefois en ces termes : «Tu ne vis donc plus, ô mon cher Janot ? hélas ! peut-être est-ce cette malheureuse Lisette qui est cause de ta mort et de toutes mes disgrâces ? C'est cette barbare, ce sont ses jeux souvent répétés qui m'ont appris, par l'image des plaisirs, ceux qu'on pouvait espérer avec toi. Curiosité fatale qui trouble aujourd'hui tout le repos de ma vie ! Aventure cruelle qui m'a conduit au seul endroit du couvent d'où je pouvais, sans être vue ni soupçonnée de personne, être témoin de vos expressions naïves et tendres, de vos embrassements vifs et répétés, de vos délicieuses caresses ! Ah ! que j'en voulais à Lisette d'être moins voluptueuse que toi ! Fatale confiance de ma part de m'être obstinée, malgré toute ma jalousie et ma rage contre cette trop heureuse et imbécile Lisette, à être témoin d'une si sensible volupté !

« Que me reste-t-il aujourd'hui de ce souvenir et de l'espoir que j'avais conçu d'être un jour l'unique objet des soins et de la tendresse de l'infortuné Janot. Mon âme est dévorée de mille désirs que rien n'est capable de modérer ! Je brûle d'un feu plus violent mille fois que celui de la fièvre la plus terrible ! Tout me déplaît, tout m'attriste.

« Quand, par l'illusion de mon imagination, je me suis livrée un moment à la séduisante image de Janot vivanr, bientôt l'image de sa mort me replonge dans les horreurs du désespoir. Ah! malheureuse que je suis..... Pourquoi donc m'occuper encore d'une ombre?... Était-il le seul qui pût faire goûter à une fille des plaisirs dont l'imagination me fait un si séduisant tableau! Pourquoi donc éviter la compagnie du chevalier du Lys? Il n'est ni aussi beau, ni aussi bien fait que Janot: mais son éducation lui donne des grâces que Janot n'avait pas, et qu'il n'aurait jamais eues. » Le chevalier du Lys devient donc l'objet des désirs de Lucile; il reçoit ses politesses affectées avec cette froide honnêteté et ce respect peu intéressant qui annoncent un homme aimable, mais sans prétention; ou du moins qui est pris d'ailleurs. N'importe, la grande proximité du château du chevalier lui donne souvent occasion de la voir. Mais l'ardente Lucile s'apperçoit qu'elle ne fait pas un grand progrès sur son cœur.

Quelle est la surprise du chevalier! Il la voit un jour entrer dans sa chambre, étant encore au lit. Il veut se lever, on l'en empêche; il témoigne sa confusion de l'indécence; un seul drap sur le corps, car la chaleur était insupportable, on le trouve très bien et très décemment. Des yeux pleins de feu le mesurent dans cette situation; on lui témoigne qu'il doit savoir bon gré de la démarche qu'on fait pour le surprendre; que ce ne sera pas la dernière fois, qu'on veut essayer à le rendre plus matinal... Le chevalier reçoit tout cela avec une politesse glacée et embarrassée; on espère l'émouvoir par des agaceries, on lui fait des niches, les mouvements font voir ce qu'on cherche, on en fait de parlants, de voluptueux et l'on en entreprend qui font voir tout ce qu'on croit capable de rendre un homme téméraire. Enfin. il s'échappe, attrape sa robe de chambre, sonne, et avec le ton le plus décent, remercie Lucile de l'agréable surprise qu'elle lui a procurée. Il finit par lui offrir à déjeuner. Mais elle le refuse, et s'en retourne déconcertée et outrée des avances vaines qu'elles a faites. Cependant elle se flatte encore en elle-même que le chevalier sera moins timide une autre fois; elle parcourt sa conduite; tantôt elle en rougit, un moment après elle s'applaudit; cette première démarche lui donne la hardiesse d'en faire bientôt une autre; elle espère qu'elle sera plus heureuse. Elle rentre chez elle: personne ne s'est aperçu de sa promenade; elle est enchantée de pouvoir la répéter encore et toujours avec le même mystère. Sa mélancolie devient moins sensible, sa tante s'aperçoit du changement et n'en soupçonne point la cause; le soir, Lucile la prévient qu'elle sera bien aise d'aller le lendemain dîner chez le chevalier: cela paraît nouveau, et annonce qu'enfin elle veut se prêter à la dissipation. La partie se lie, mais Lucile est faite pour les contretemps: le chevalier a reçu des ordres pour rejoindre son régiment. Il est allé à Lyon mettre ses affaires en ordre pour son départ; il ne reviendra même plus à sa campagne, car il a disposé avec promptitude toutes les choses qu'il sera nécessaire de lui envoyer. Le chevalier aurait pu tout aussi bien faire les préparatifs à sa terre comme à Lyon, si son cœur y eût été intéressé ; mais il lui était arrivé plus d'une fois de porter ses pas sans dessein vers l'endroit du bosquet que la mélancolie de Lucile avait adopté. Il avait été témoin de ses soupirs et avait très bien entendu ses complaintes. Il ignorait pourtant celle dont le résultat avait été de se tourner vers lui ; mais cette démarche l'avait tellement convaincu de l'état de Lucile, que la crainte de jouer avec elle un personnage ridicule, il avait été fort aise de saisir cette occasion pour éviter des entrevues embarrassantes avec elle, et lui ôter les moyens de réitérer de pareilles étourderies ; mais le remède était plus violent qu'il ne le pensait.

Lucile n'eut garde d'attribuer la conduite du Chevalier à un fait exprès ; elle crut simplement que c'était un effet du hasard ; elle maudit mille fois sa destinée et retomba bientôt dans la tristesse la plus noire. Si elle ouvrait la bouche, c'était pour demander des nouvelles du Chevalier ; elle en faisait hardiment les éloges les plus outrés, et souvent indécents. Puis tout à coup elle gardait un silence que rien n'était capable d'interrompre. Bientôt ses lèvres devinrent livides, ses yeux enfoncés et hagards, son teint pâle et défiguré ; joint à cela une maigreur affreuse qui faisait des progrès terribles, fit craindre pour sa vie. La crainte de ne pouvoir lui procurer à la campagne, tous les secours dus à un état aussi périlleux, fait prendre le parti de la ramener à Lyon.

Les médecins sont appelés, on trouve un corps brûlant ; cependant il n'y a point de fièvre ; l'extrême pâleur du visage annonce un dérèglement dans la nature ; la malade déclare que ce n'est point la cause de son mal. Un dégoût général pour toutes les viandes, fait croire que c'est un vice d'estomac.

Est-ce débilité, chaleur ou raideur ? C'est là où la médecine s'embarrasse. On lui ordonne de ne point veiller, mais elle passe une partie de la nuit à lire et l'autre à repasser dans son imagination tout ce qu'elle a lu. On lui compose des consommés, ou plutôt des quintessences de jus ; le corps s'échauffe de plus en plus, l'estomac n'annonce cependant pas une meilleure disposition.

Le reste de l'été se passe en ordonnances inutiles de la part des médecins, et en accidents multipliés du côté de la malade. Tout d'un coup elle est attaquée d'un flux de sang si extraordinaire, qu'on est persuadé qu'enfin elle est au dernier période du mal. La tante désolée, ne voulant pas s'en rapporter seulement aux médecins qui la traitaient, et ne voulant rien avoir à se reprocher, veut qu'on appelle tous les médecins célèbres de la ville, et surtout un jeune homme qui faisait du bruit depuis quelques mois. Ce jeune homme, heureusement pour Lucile, avait appris par hasard du Chevalier les circonstances qui l'intéressaient ; il avait eu le temps de faire les réflexions les plus combinées sur son état ; aussi s'opposa-t-il contre toutes les apparences aux avis de ses confrères, et sur l'assurance qu'il donna de la tirer d'affaire malgré le danger évident qu'annonçait l'hémorragie, il fut décidé qu'on le laisserait opérer, et en effet il réussit. Je tiens de lui-même l'histoire du commencement et des progrès de la maladie de Lucile. Comme le plus grand mal consistait dans un dessèchement, et une inflammation des plus violentes dans les parties de la matrice et du vagin, il regarda cet écoulement même comme un remède accordé par la nature pour amollir et humecter ces parties, et conséquemment capable d'en tempérer la chaleur. Il n'eut donc garde d'opposer les spécifiques; mais au contraire par des palliatifs, il vint à bout de calmer simplement la fougue du sang. Ensuite par les délayants et les anodins longtemps continués, par des précautions tant de la part de la tante que de la sienne, et enfin par un mariage du goût de la malade, elle fut très bien rétablie d'une maladie qui annonçait les progrès les plus rapides et les plus fâcheux. D'où nous devons conclure que la fureur utérine peut très bien se guérir d'elle-même par un flux immodéré des menstrues, ce qui est confirmé par le rapport de ce médecin, et par celui de plusieurs autres qui ont observé la même chose dans d'autres sujets.

L'expérience nous a aussi appris qu'un flux d'hémorrhoïdes produit le même effet. La raison en est sensible, Car la phlogose des parties pouvant être aussi bien la cause qu'un des symptômes de la fureur utérine, il est certain que le principe étant anéanti, les effets doivent disparaître nécessairement. Or, rien n'est plus capable de diminuer, et même de détruire la phlogose des parties, que le flux hémorrhoïdal. Car, ce qui occasionne le gonflement et la phlogose de la matrice, c'est le sang qui s'épaissit et s'obstrue dans les petites veines qui couvrent sa cavité et sa surface. Ce sang venant donc à se vider à travers les interstices par lesquels les vases se communiquent, non seulement se désobstrue dans ces petites veines, mais encore les vide absolument pour suivre son cours par les vaisseaux hémorrhoïdaux; par conséquent la phlogose et l'inflammation doivent cesser, et si elles sont la cause principale de la fureur utérine, comme cela peut arriver, alors le flux hémorrhoïdal deviendra son tombeau.

J'en ai vu un exemple dans une des communautés de filles qui tiennent les écoles publiques dans nos petites villes de France.

Une de ces filles, âgée de vingt-six ans, était sujette depuis six ans à des accès de fureur utérine, qui n'étaient pas continuels, mais qui revenaient assez fréquemment pour obliger à des précautions. Depuis quelque temps même ils devenaient plus considérables. Ses règles supprimées en étaient la cause. Une année après l'avoir vue, j'en demandai des nouvelles à son médecin, qui m'assura que depuis six mois qu'elle avait essuyé un flux hémorrhoïdal très ample, tous les accidents métromaniaques était entièrement disparus. Quelquefois les fleurs blanches, quand elles n'ont point acquis de malignité, sont aussi un événenement très heureux dans les métromaniaques, parce qu'elles humectent et tempèrent la matrice et le vagin, ce qui les rend moins sensibles aux aiguillons de la volupté.

On a très souvent observé que les malades se guérissent par la grossesse. Cela vient de ce que les liqueurs contenues dans le chorion et l'amnios se résolvant en vapeurs à travers les membranes, relâchent et ramollissent les tuniques de la matrice. Mais comme la guérison est prompte, la rechute est aussi très facile ; à moins que la femme ne devienne encore enceinte en peu de temps.

Le mariage seul guérit la nymphomanie, surtout quand elle a pris sa source dans une violente passion pour l'objet qu'il est enfin permis de posséder.

Je pourrais parler de plusieurs autres événements justifiés par l'expérience, qui mettent fin à la fureur utérine ; mais comme ils sont d'une nature à ne point être exposés avec décence aux yeux du lecteur, on me permettra de les passer sous silence.

CHAPITRE VI

DES MOYENS DE GUÉRIR DANS LE PREMIER ET LE SECOND PÉRIODE, ET DES SOULAGEMENTS QU'ON PEUT ESPÉRER DANS LE TROISIÈME PÉRIODE

On doit regarder les différents degrés de la fureur utérine comme autant de maladies particulières. Quoique leurs rapports soient les mêmes quant à leur cause, on doit néanmoins observer quelques différences dans les remèdes qu'on y apporte.

Le premier période présente trois indications à suivre. La première, qui est de délayer et de calmer le sang ; par ce moyen, la semence qui s'en forme, en deviendra moins âcre et moins brûlante.

La seconde, d'humecter et de relâcher toute la face interne de la matrice et du vagin. La troisième enfin, de distraire la malade de ses pensées obscènes, afin qu'étant rappelée à elle-même, elle puisse se rapprocher de tous les objets qui peuvent lui faire prendre du goût aux choses honnêtes.

Pour satisfaire à la première indication, qui est d'adoucir et de délayer le sang, on doit commencer par une ou deux petites saignées du bras, à moins que quelques accidents critiques n'en empêchent. Dans ce cas quelques-uns conseillent la saignée de la jugulaire. Pour moi je suis d'avis qu'on attende que les ordinaires soient passées pour faire la saignée du bras, et qu'en attendant on emploie les adoucissants et les délayants pour calmer l'âcreté de cette évacuation.

Mais en supposant qu'il n'y ait point d'obstacle à la saignée, voici l'ordre qu'on doit suivre dans le premier degré du premier période, c'est-à-dire, quand la maladie ne fait absolument que commencer. Une seule saignée du bras suffira : le lendemain, on purgera la malade avec la formule n° 1. Sa boisson ordinaire sera suivant la formule n° 2. Tous les matins on lui donnera à jeun une bouteille, ou au moins une chopine de petit lait clarifié, et l'après-dîner, à trois heures de distance de chaque repas, on lui fera prendre la même boisson.

On lui permettra tout au plus à dîner de manger un peu de viande, pourvu qu'il n'y ait pas la moindre épice, encore ce sera de la viande de lait, comme agneau, poulets, lapins et veau ; mais point de graisse. On pourra satisfaire son appétit qui augmentera de jour en jour, lui préparer des légumes humectants et rafraîchissants ; on lui permettra aussi les fruits, pourvu qu'ils soient de la même qualité que les légumes. Cependant on répétera tous les huit jours l'usage de la médecine n° 1, et dans l'intervalle on lui fera prendre, suivant qu'on le jugera convenable, quelques lavements composés selon la formule n° 3.

Si les vapeurs s'étaient déjà mises de la partie, comme je l'ai vu souvent arriver, on lui donnera tous les quatre jours en se couchant, un spécifique décrit dans la formule n° 4. Il ne m'a jamais manqué en pareille occasion, et souvent même il a suffi d'en prendre une fois.

Par le régime et les boissons que je viens d'ordonner, on aura suffisamment répondu à la seconde indication.

Pour ce qui est de la troisième, ce sera aux parents ou à ceux qui seront chargés de soigner la malade, à s'acquitter de tout ce qu'il faut pour la remplir parfaitement. Mais je dois leur en indiquer les moyens, et leur dévoiler ce qu'une expérience, qui m'a souvent saisi d'étonnement et d'horreur, ne m'a que trop certainement appris. Il faut donc examiner quelles sont les connaissances les plus intimes et les plus chères à la malade, et sans chercher à pénétrer dans leurs mœurs, ni à espionner ce que pourra produire la continuation de ces intimités, de quelque sexe que soient ces connaissances, il faut les éloigner sous des prétextes qui ne puissent pas les offenser, ni révolter l'esprit de la malade, qu'il est intéressant de ménager, à cause de sa faiblesse et de celle des organes.

Si cette liaison existe vis-à-vis d'un domestique, de quelque sagesse qu'on le suppose, il faut l'examiner et suivre avec la même rigueur qu'on aurait vis-à-vis de la fille du monde qui aurait donné les plus violents soupçons sur sa conduite. On observera avec le plus grand scrupule les gestes et les regards de la malade en recevant les services de ce domestique.

La familiarité criminelle de ces malheureuses avec leurs jeunes maîtresses,

ou de jeunes élèves, est une contagion plus générale qu'on ne pense. On y fait
d'autant moins de réflexions que le danger est moins évident, et le danger n'est
grand que parce qu'il moins sensible. Si après toutes ces observations, il ne paraît
aucun attachement singulier vis-à-vis de qui que ce soit, on pourra supposer
raisonnablement que l'imagination de la malade est la source de ses maux, et
qu'un libertinage secret les a amenés au point de malignité qui oblige d'y apporter des remèdes. Il sera donc nécessaire, si la malade s'obstine à la dissimulation,
de ne la pas perdre un instant de vue, ni le jour, ni la nuit, pendant laquelle on
lui donnera pour compagne de sommeil une fille dont la vertu et la prudence
seront à toute épreuve.

On ne tardera point à découvrir que la véritable cause de la maladie est la
masturbation. Ce sera alors qu'il ne faudra plus épargner ni les reproches, ni les
peintures de ce détestable crime, dont il faudra lui découvrir, et même outrer les
conséquences fâcheuses. On ne se lassera point de lui renouveler tous les jours
ces peintures, capables de lui inspirer de l'horreur pour elle-même. On redoublera
les soins pour l'empêcher de retomber dans un pareil désordre. On ne lui permettra jamais d'être seule, sous quelque prétexte que ce puisse être, même sous
celui de vaquer aux besoins naturels ; car j'en connais qui m'ont avoué que cette
indigne habitude avait pris sur elles un tel empire, que se voyant observées jour
et nuit, elles s'étaient enfin décidées à feindre des besoins secrets pour s'abandonner sans témoins à cette détestable manœuvre. Je dois encore ajouter que pour
ces sortes d'aveux, quand une fois la première démarche a été faite, j'ai trouvé
beaucoup moins de pudeur dans les femmes que dans les hommes.

Dans le second degré du premier période, les saignées doivent être plus fréquentes et plus abondantes, en ayant cependant égard aux forces et aux tempéraments. Les délayants doivent être pris en plus grande quantité, et cependant
tels que je viens de les indiquer, ainsi que le purgatif qui doit être aussi le même ;
mais au lieu d'observer huit jours d'intervalle, on doit le réitérer tous les quatre
jours pendant le premier mois. Du reste, on gardera le même régime qu'on fera
continuer pendant plus de temps, et on prendra les mêmes précautions sur la
conduite personnelle de la malade.

Dans le troisième degré où les fibres ont déjà éprouvé une tension longue, et
par conséquent ont acquis une grande délicatesse, la marche doit être un peu différente : car alors il se présente deux écueils également à craindre. Le premier,
est la faiblesse de la malade qui interdit la saignée. Le second, est la sensibilité et
l'irritation des parties que les purgatifs ne peuvent qu'augmenter. Il en est un
troisième, qui n'est pas d'une moindre considération ; c'est le relâchement, l'atonie,
et le manque d'action dans le genre nerveux, auxquels les rafraîchissants et les
délayants sont absolument contraires. On ne peut raisonnablement nier la vérité

de ces trois réflexions. Cependant plus d'un auteur fameux, et plusieurs de nos maîtres, surtout celui que je respecte le plus, s'en sont écartés dans la pratique. Ils sont presque tous d'accord pour l'emploi copieux de la saignée, des évacuants et des relâchants. Pour moi, à qui l'expérience a fait voir tous les inconvénients de cette route frayée, on me permettra de ne point la suivre aveuglément.

Mais avant de proposer ma méthode, je vais donner celle des autres, en avertissant que la mienne m'a toujours réussi, et que celle des autres ne m'a jamais donné la satisfaction que je devais en attendre, vu les grandes autorités sur lesquelles elle est appuyée. Premièrement, ils ordonnent la saignée plus ou moins abondante, suivant l'âge, le tempérament et la force du malade ; et plus les symptômes sont véhéments, plus la saignée doit être forte et fréquente. Je ne pourrais sur ce premier article m'abandonner à la moindre réflexion, parce qu'elle me conduirait malgré moi à une dissertation deux fois plus volumineuse que cet ouvrage.

Secondement, ils conseillent l'usage des purgatifs, doux à la vérité, et qui, sans irriter les intestins, puissent vider les humeurs vicieuses et indigestes des premières voies ; ils ajoutent que ces purgatifs doivent souvent être répétés.

L'hypothèse des purgatifs non irritants étant fausse, cette maxime présente sur-le-champ une méthode qui n'est point généralement sûre, et qui souvent, et surtout lorsqu'elle sera réitérée, offre des accidents assez difficiles à guérir, et quelquefois même incurables.

Enfin, ils veulent qu'on donne à grandes doses et fréquemment les juleps et les apozèmes rafraîchissants et délayants. Telles sont les racines, feuilles et fleurs de nénuphar, les racines de guimauve, celles de chicorée et d'oseille.

Les feuilles de laitue, de saule, de lentille, etc.

Les fleurs de mauve, de pavot et de violettes.

D'autres, après avoir épuisé les malades de force et de sang, les accablent et les remplissent de rafraîchissants de la première classe, qui effectivement les tirent de l'état où elles étaient ; mais pour tomber dans une infinité d'accidents qui ne leur laissent plus d'autre perspective qu'une vie ennuyeuse et languissante, qui les rend tout au moins inutiles dans la société, quand elles ne deviennent pas insupportables aux autres et à elles-mêmes. J'ai aussi vu des médecins employer pour cette maladie la décoction des feuilles de ciguë à la dose de deux pincées.

De toutes ces choses on en choisit trois ou quatre, suivant le goût et la commodité, et l'on en fait prendre deux fois le jour, matin et soir, à une certaine distance des repas, en ajoutant, à chaque potion, une dragme de cristal minéral, de sel prunelle, ou de sel sédatif d'Homberg.

On ordonne aussi de prendre quatre fois par jour, loin des repas, le petit-lait clarifié ; de chaque gobelet on a soin de faire une décoction avec une once de racine de nénuphar, ou bien l'on y mêle de son sirop. On conseille même pour toute boisson le petit-lait clarifié sans addition si les malades ne montrent pas trop de répugnance. On verra par la suite ce que je dirai de l'usage de ce petit-lait, que je ne désapprouve pas entièrement, mais auquel je crois qu'il faut quelques modifications.

On ordonne encore le lait d'ânesse deux fois le jour; mais je rejette cette pratique comme inutile, si on emploie des remèdes plus efficaces; et comme très insuffisante, si on s'en tient uniquement à cela. Quant au lait de vache, j'en fais une estime bien différente. On verra les grands effets qu'il peut produire en le donnant avec les précautions requises.

On fait aussi usage, matin et soir, des émulsions faites avec les quatre semences froides majeures, ou avec les quatre mineures, dans quelques eaux distillées de nénuphar, de laitue ou d'endive, en ajoutant à chaque émulsion une once de sirop de violette, de nymphæa ou d'althea. On fait boire aussi, pendant un mois de suite, les eaux minérales acidules et chalibées, à la quantité de deux ou trois livres, en faisant dissoudre dans les premiers verres quelque sel purgatif, comme trois drachmes de sel de duobus, demi-once de sel polychreste ou de sel d'Epsom.

Voilà en général la pratique ordinaire dans le degré de cette maladie.

Ma méthode est un peu différente.

Premièrement, pour répondre à la première indication qui paraît exiger la saignée, je dis qu'il est des cas où elle est utile, d'autres où elle est dangereuse ; quelques-uns où elle demande à être répétée une fois; aucuns où on doive les faire fréquentes ni abondantes.

Toutes ces particularités pourraient être justifiées par les exemples des malades au secours desquelles j'ai été appelé, et que je me suis vu forcé de laisser périr misérablement, parce qu'on ne m'avait point laissé assez de sang pour travailler à leur rétablissement. Le sang renferme les matériaux de l'édifice, dont il est lui-même l'architecte.

Comment est-il possible de réparer cet édifice sans matériaux, et sans le principal ouvrier ? Il n'est donc point de cas où l'on doive épuiser un homme de sang, à moins de vouloir lui ôter la vie. Quand le médecin se voit arrivé à cette cruelle alternative, son devoir est de se retirer, si son expérience ne lui donne d'autres moyens pour soulager, que d'anéantir les principes de l'existence, sans pouvoir se flatter d'un espoir raisonnable de les réparer.

Pour juger des cas où la saignée est utile, il suffit de se rappeler ses principes sur l'usage de ce remède. On ne doit saigner que pour l'inflammation ou la pléthore des vaisseaux. Quand le mal dont nous parlons, ou vient de ces deux causes, ou existe avec elles, alors la saignée deviendra nécessaire, et il sera d'autant plus utile de la répéter, qu'il y aura lieu de juger qu'il y a pléthore et inflammation tout ensemble.

Cela arrive aux métromaniaques qui le sont plus par imagination que par des habitudes d'un vice réel. Comme la saignée est le plus rafraîchissant et le plus calmant de tous les remèdes, on l'emploie toujours vis-à-vis d'eux avec succès; mais il faut les faire petites, et au nombre de trois ou quatre en moins de vingt-quatre heures : faire des saignées abondantes et en grand nombre, c'est écraser le malade au lieu de le secourir; c'est lui ôter le pouvoir de supporter les autres rafraîchissants qui lui conviennent ; c'est souvent se préparer des maux dont la cure deviendra plus longue, et l'événement plus triste que la maladie à laquelle on a voulu remédier.

Si le vice vient de l'imagination et d'une habitude criminelle tout ensemble, mais dont les excès n'auront pas été considérables, soit par leur nature, soit par la durée, alors la saignée sera encore très utile, mais il suffira d'en faire deux en douze heures.

Si enfin le mal vient uniquement d'une habitude excessive des plaisirs, soit dans les coïts, soit dans l'abominable masturbation, quel sera le médecin qui osera me soutenir qu'on doit saigner une telle malade. Conservez à cette malheureuse le peu de sang qui lui reste encore dans les veines ; c'est une semence dont nous pourrons peut-être faire quelque chose. Si vous l'en privez, il n'y a plus de germe, par conséquent plus de vie. Il faudrait plus d'un ouvrage pour développer cette grande maxime de médecine, qui est dans les principes les plus connus de cet art. Mais il faudrait aussi une réputation plus célèbre, et une plume bien plus éloquente que la mienne pour la persuader. Que dis-je? Quand on en sera bien persuadé, on y manquera encore dans la pratique; et nous sommes presque dans le cas du désespoir sur l'illusion des malades et des médecins à cet égard. Je me donnerai au moins la satisfaction, si Dieu me donne la vie et la santé, de faire là-dessus des dissertations si sensibles et si démonstratives, que, peut-être, j'aurai enfin la gloire d'avoir intéressé l'humanité en faveur de l'humanité même.

Après avoir fixé l'usage légitime de la saignée dans les trois degrés de la première période de la maladie, nous ne devons point négliger l'emploi qu'on doit faire des purgatifs et des autres remèdes.

J'ai déjà prescrit ce qu'il faut pour le premier et le second degré; toute la difficulté consiste dans la façon de se conduire dans le troisième.

Il y a sur l'usage des purgatifs les mêmes réflexions à faire que sur celui de la saignée. Plus le mal est avancé, plus il y a de faiblesse et d'irritabilité, moins il y a lieu de se servir des choses qui peuvent affaiblir, comme la saignée; et de celles qui peuvent irriter comme les purgations. Ainsi, jusqu'à ce qu'on ait pu me prouver que les médecines n'irritent point, surtout quand la nature est d'elle-même très irritable, je ne pourrai admettre les purgatifs dans ma méthode, et l'on aura d'autant moins de sujet de blâmer ma conduite à cet égard, qu'elle n'exclut point tous les évacuants, pourvu qu'ils soient de l'ordre des toniques non astringents, qui ont la vertu de digérer successivement ce qui peut l'être, et avec le temps d'évacuer tout le superflu.

C'est pourquoi, après une ou deux saignées tout au plus, je fais prendre le soir même un demi-bain ; une heure après on donne dans un bouillon fait avec le maigre de bœuf, de veau et d'orge cru, quinze gouttes de quintessence diaphorétique, expliquée dans la formule n° V. Je fais prendre le lendemain matin un autre bain à jeun, après lequel on fait prendre la même dose de quintessence dans du bouillon. La malade se repose une heure dans le lit, après quoi elle peut manger un potage clair, au riz et au lait, mais en très petite quantité. A dîner, on pourra lui servir un potage, et très peu de viande, avec deux verres de bon vin rouge, mêlé avec autant d'eau minérale. Dans l'après-dîner, deux heures après le repas, si elle a soif, elle boira du petit-lait bien clarifié ; et pour en venir à bout, on le fait filtrer dans un entonnoir avec le papier gris. A six heures elle se remettra dans le bain, où on fera en sorte, par gradation, de la tenir deux heures.

En sortant du bain, on lui fera avaler deux onces d'hydromel vineux, dans lequel on aura mis quinze gouttes d'essence diaphorétique. Sur les neuf ou dix heures, on lui servira une chopine de lait, et si elle témoigne grand appétit, on pourra lui permettre une once de biscuit ou de pain très léger et bien cuit, pour tremper avec le lait. Cependant, on prendra les mêmes précautions que j'ai indiquées dans les deux premiers degrés, et on ajoutera celle d'entretenir sur les parties une flanelle continuellement imbibée dans une décoction d'herbes émollientes, avec une préparation de saturne : voyez la formule n° VI. Ce remède est tout à la fois émollient et rafraîchissant. C'est pourquoi, si l'inflammation de l'intérieur des parties est grande, on fera très bien, avec la même préparation, de donner des injections qui pénètrent, s'il est possible, jusque dans la matrice, qui reste ordinairement ouverte dans cet état. On pourra d'autant plus aisément réitérer ces injections, que ces sortes de malades s'y prêtent volontiers.

Après qu'on aura éprouvé ce régime pendant sept ou huit jours, si l'on voit que l'amas des humeurs augmente, qu'il s'accumule des obstructions dans l'estomac et les viscères, que les intestins s'obstinent à ne point se contracter ; ce sera alors un signe évident que la nature demande le secours des évacuants.

Alors on donnera la veille dans l'après-dîner un lavement composé selon la formule n° VII. Le lendemain, on suspendra tous les autres remèdes, et l'on fera boire, à commencer dès sept heures du matin, d'heure en heure, un gobelet de

l'apozème décrit à la formule n° VIII. Le soir, on donnera les gouttes diaphorétiques ; ensuite, on observera, si l'évacuation a été forte, de lui faire prendre bien
tard l'émulsion n° X. Le lendemain, on reprendra le traitement ordinaire, et en
le suivant, on aura lieu d'être surpris de la rapidité et de la certitude du
succès.

. Pour le second période, il se présente les mêmes indications essentielles que
dans le troisième degré du premier. Cependant, il en est d'accidentelles qui exigent des précautions différentes.

J'y ai établi deux degrés : dans le premier, où l'on admet encore des intervalles
dans le délire mélancolique, il faut observer le même traitement que dans le troisième degré du premier période ; avec cette différence, qu'au lieu des demi-bains
tièdes que j'ai prescrits, on donnera les bains entiers et froids ; et que pour cuire
les humeurs cacochymes qui sont dans les viscères, et en évacuer le superflu, on
donnera tous les jours à jeûn, une heure avant le bain, une cuiller d'essence au-
rifique décrite dans la formule n° IX ; et comme l'ardeur des parties doit être
plus considérable, on y introduira des pessaires, continuellement imbibés d'eau
préparée suivant la formule n° IX. S'il y avait dans ces parties des accidents plus
considérables, on aurait recours aux remèdes que je vais indiquer dans le traitement du troisième période. C'est dans ce cas déplorable, qu'un médecin doit gé-
mir de se voir appelé, et qu'en même temps, il doit faire tous les efforts de science,
d'expérience et d'étude pour répondre à la confiance dont on l'honore : car il
faut lui supposer une capacité peu commune et une discrétion à toute épreuve.

J'ai vu beaucoup de ces malades, j'ai donné les conseils que j'ai cru convenables à leur situation, je n'en ai vu aucune guérir.

L'histoire d'une seule que j'ai eu la constance de traiter moi-même, c'est-à-
dire, d'exécuter mes propres remèdes, servira tout à la fois de modèle pour la conduite qu'on observera vis-à-vis de celles qui sont arrivées au délire maniaque et
de consolation pour les personnes qui s'y intéresseront, puisque j'ai eu le bonheur
de réussir. Mais qu'un seul exemple ne serve point à diminuer la terreur que
doit inspirer une situation aussi cruelle, qu'un médecin entreprend toujours sans
espoir, et dont le succès, quand il arrive, le force de se récrier sans cesse sur les
secrets impénétrables de la nature, qui bornent ses connaissances et son étude.
D'ailleurs, on va voir que ce n'est que par des soins infinis et des régimes très
entendus que je suis enfin venu à bout de guérir cette malade.

Elle était déjà à cette extrémité qui force les parents d'avoir recours aux maisons de force, pour se débarrasser d'un fardeau au-dessus de leur tendresse et de
leurs soins. Depuis deux ans je n'étais point venu en province, personne ne m'a-
vait prévenu du désastre de mademoiselle de***. Il n'avait été guère possible de
le faire, puisque, dès le lendemain de mon arrivée, j'allai voir son père, double-

ment affligé par la perte qu'il avait faite dans mon dernier voyage, d'une femme qui devait lui être chère. Après les premiers compliments, je lui témoignai l'empressement que j'avais de saluer mademoiselle sa fille. Je vois bien, me répondit ce père infortuné, que vous ignorez toute l'étendue de mes malheurs : peut-être, si vous aviez été ici, vous auriez pu remédier à ma disgrâce; mais le mal est sans ressource, et plaise à Dieu que je puisse enfin prendre sur moi de n'y plus songer. Voyant que je me persuadais que sa fille était morte : Non, me dit-il, la malheureuse Éléonore respire encore, et peut-être vivra-t-elle trop pour être longtemps victime d'un état auquel on ne peut penser sans frémir. Je ne voulus point l'entretenir plus longtemps dans ses sujets d'affliction. J'allai diner chez une dame où j'étais bien sûr d'être informé de toutes les circonstances qui avaient rapport à cet événement. Effectivement, par tout ce que j'appris d'elle et de bien d'autres, je fus dans le cas de juger que cette fille était métromaniaque au dernier degré. Plusieurs gentilshommes du voisinage avaient échappé avec peine à ses accès de fureur : les deux domestiques de la maison n'avaient pas toujours été assez forts ou peut-être assez vigilants pour la contenir : quelquefois même elle s'était échappée assez loin, pour faire craindre pendant quelques jours qu'on l'avait cherchée, qu'elle ne se fût précipitée dans un des étangs; car il y en a grand nombre dans cette campagne. En vain avait-on conseillé au père de la mettre en sûreté. Cette fille, qui avait fait les délices du voisinage par sa beauté, en était devenue l'horreur; enfin la nécessité avait contraint le père de la conduire lui-même à Tours, dans une communauté que je ne nommerai pas, parce que je ne puis en parler qu'avec indignation. Quoique sa fortune fût bornée, il s'était cependant soumis à des dépenses considérables, que ces religieuses avaient exigées, pour fournir aux soins et à toutes les douceurs que sa tendresse sollicitait pour alléger la situation de cette furieuse. On lui avait tout promis pour l'engager à augmenter la pension. Mais la règle, dans ces maisons impénétrables à l'humanité, est d'exiger beaucoup et de ne rien changer à l'ordre qu'on observe indistinctement pour les malades, qui y sont traitées de façon à augmenter leur fureur et tous leurs accidents, jusqu'à ce qu'un épuisement total les jette dans l'imbécillité.

Dans les différents voyages que j'avais faits en province, j'avais reçu de cette demoiselle toutes les honnêtetés dont un étranger peut être flatté.

Je fus plus sensible que je ne puis l'exprimer à sa disgrâce; l'élégance de sa figure, la beauté de ses yeux, la régularité de ses traits, la vivacité de son coloris, tout cela ne me sortait plus de la tête, et j'étais pénétré d'une vraie douleur quand j'imaginais les changements que cette vilaine maladie avait déjà dû faire dans cette figure si intéressante.

Comme mes affaires demandaient que je fisse un séjour plus considérable qu'à l'ordinaire, je me décidai tout d'un coup à entreprendre la guérison de cette malade, et je pris cette résolution bien plus par humanité que par aucun autre motif; quoique l'amour-propre me flattât beaucoup sur la gloire qu'il y aurait à cette entreprise, si elle avait un heureux succès. J'allai donc trouver le père, à qui je fis part de ma résolution. Votre fille, lui dis-je, n'a que vingt-deux ans. Quelles ressources encore dans la nature! Ne serait-ce pas une cruauté criminelle de négliger de chercher dans tous les secrets de l'art les moyens de la réchapper? Il est peut-être encore temps, il y a encore à cet âge des principes capables de s'assimiler avec les remèdes pour rétablir l'animal, ou au moins pour réparer la plus essentielle harmonie. Ah! me dit ce père infortuné, comment pourrais-je me refuser à votre zèle? Mais permettez que je vous observe que le mal est pire que jamais. Les nouvelles que j'en reçois sont désespérantes; si vous saviez tout ce que j'ai fait, et ce qu'on fait encore! Mais bien loin que les remèdes opèrent, ils semblent augmenter le mal. Ne croyez pas, lui répondis-je, que je me croie bien supérieur en connaissances; mais quelque chose me dit que nous serions dignes l'un et l'autre des plus justes reproches, si nous abandonnions cette infortunée. La certitude qu'elle ne guérira jamais dans la communauté où elle est, l'espoir de la guérison si nous l'en sortons; voilà deux motifs bien puissants pour venir à son secours. D'ailleurs, je me charge de tous les embarras et des désagréments. Moi-même je l'irai chercher, je l'amènerai chez moi; ce sera dans ma maison que je la traiterai. Deux hommes et une garde que je prendrai tour à tour, seront les seuls domestiques qui auront accès dans l'appartement que je lui ferai occuper. Vous seul de tout le voisinage serez instruit du secret. Si nous réussissons, on applaudira hautement à votre tendresse et à mon zèle; si, au contraire, après avoir tout essayé, le mal continue, nous serons quittes pour avoir recours aux mêmes moyens dont on use aujourd'hui.

Une proposition qui aplanissait aussi bien tous les obstacles ne put pas être rejetée. Aussi fûmes-nous bientôt d'accord sur les moyens d'exécuter notre projet. Deux jours après je pris de grand matin le chemin de Tours, où j'arrivai le soir. Dès le lendemain j'allai voir un grand vicaire que j'avais connu particulièrement à Paris. Je lui racontai le sujet de mon voyage et lui déclarai que j'exigeais de lui, qu'à l'appui de son autorité, nous puissions sur-le-champ être introduits dans l'intérieur de la maison sans qu'on pût avoir le temps de faire le moindre changement à l'ordre qu'on y observe, parce qu'il était important que je pusse juger, par le traitement actuel, la façon dont on s'était conduit vis-à-vis d'Éléonore. Je ne pouvais guère mieux m'adresser qu'à ce grand vicaire, puisqu'il était supérieur de la maison. Il m'accorda sur-le-champ ma demande, et dans l'instant nous nous rendîmes à la communauté où le grand vicaire, après s'être entretenu de choses vagues avec la supérieure, lui dit qu'il devait entrer sur-le-champ avec moi dans l'intérieur de la maison. Elle lui représenta le danger qu'il y aurait

pour nous si les sœurs n'avaient pas le temps de mettre de côté les malades les
plus furieuses; que telles qui nous paraîtraient au premier abord les plus tranquilles pourraient tout à coup se mettre dans une fureur capable d'alarmer toute
la maison; mais il leva cette difficulté, en disant qu'on pourrait aussi bien mettre
ordre à tout en notre présence, et ordonna d'ouvrir les portes sur-le-champ, ce
qu'on fit.

Je ne dirai point toute l'horreur dont je fus saisi à l'entrée de cette maison,
séjour de la fureur, du crime et du désespoir. Mon respectable conducteur avait
dit tout bas à la supérieure de lui faire un signe quand nous serions à la cellule
d'Éléonore. Il était convenu avec moi de me le rendre; car je ne voulais, dans
cette première visite, rien faire apercevoir de l'intérêt que je prenais à elle.

Approchez, filles infortunées, et maudissez le moment où vous avez ouvert
votre faible cœur à l'entrée des passions déshonnêtes : écoutez et ne frémissez
pas, si vous pouvez, à la vue du spectacle dont je vais vous faire le récit.

O spectacle trop hideux et trop effrayant! vous êtes et serez toujours présent à
mes yeux et à ma mémoire, qui en est sans cesse épouvantée..... Est-ce vous,
m'écriai-je en moi-même, trop infortunée Éléonore?... Est-ce vous que j'ai vue
autrefois si aimable et si digne d'être aimée? Est-ce bien vous dont l'esprit, les
grâces, la beauté et l'élégance de la taille étonnaient et charmaient tout le monde?
O sort déplorable, qui doit faire trembler toutes les personnes de votre sexe et
l'humanité entière! Destin cruel! Quelle incroyable métamorphose as-tu opé-
rée?... Quels yeux hagards et enfoncés, quelle peau jaune et livide, quelles joues
flasques et décolorées, quelles lèvres pendantes et violettes, quelle bouche écu-
mante et puante, quelles dents noires et décharnées, quelle taille recourbée et
déformée, quel tout affreux! Puis-je croire que vous avez été le siège de tant de
charmes? Cette chevelure dont l'art relevait avec tant de goût la beauté, n'est donc
qu'une crinière éparse et hérissée dont la pommade et la poudre parfumée sont
l'ordure et la poussière? Ces mains potelées, si blanches et si adroites pour orner
ce malheureux corps, ne sont donc plus couvertes que d'excréments, et se servent
de cette matière vile et puante en guise de pâte, de parfums et de rouge. O fatale
idée de coquetterie et d'amour! à quelle toilette êtes-vous réduite?... Persécutez-
vous encore une malheureuse dans ce séjour d'horreur et d'infamie où vous
l'avez conduite? Ne l'avez-vous arrachée des mains de ses parents, d'une table
sensuelle, d'un sommeil agréable et innocent, d'une société brillante et aimable,
des bras de l'espérance la plus heureuse que pour devenir sa honte, son supplice
et son bourreau? O fatal amour! passion véritablement infernale, tu es bien plus
inhumain que ces filles qui la maltraitent sans cesse; tu es bien plus horrible que ce cachot affreux et puant; tu es plus vil que cette nourriture mal-
propre qu'on lui sert; tu es mille fois plus impur que cette paille pourrie et

infectée qui lui tient lieu de lit. Voilà donc, barbare, la volupté que tu promets ! C'est donc là le terme de ta mollesse et le comble de tes délices ! O trop infortunée Éléonore, puisse votre exemple servir de leçon à vos semblables ! Puisse cette triste et désolante image changer les gouttes brûlantes de sang qui coulent dans leurs veines en des molécules de glace inaccessibles aux ardeurs les plus séduisantes de la volupté.

Il me serait bien difficile d'exprimer le saisissement et la tristesse qui s'emparèrent de toutes les puissances de mon âme. Je priai le grand vicaire de me dispenser du dîner auquel il m'avait invité. Je le quittai avec promesse que nous retournerions le soir pour régler le compte avec la supérieure et disposer les moyens de la faire partir. Dans cet intervalle, il chercha deux jeunes hommes vigoureux et deux femmes telles que je les lui avais demandées, et il me les amena après avoir fait le marché pour six mois avec les dernières. J'avais remarqué, lorsqu'on était entré dans le cachot de cette malheureuse, qu'elle s'était sauvée dans un coin, où elle s'était tenue accroupie tout le temps que la religieuse y était restée, et je n'avais point oublié qu'elle avait poussé un cri affreux lorsqu'on avait voulu l'en retirer pour l'avancer vers nous ; ce à quoi elle s'était refusée constamment. Lorsque je fis part à la supérieure des ordres que j'avais de ramener Éléonore, elle me dit que je serais le maître, mais que la chose lui paraissait impossible, à moins de la faire enchaîner dans une voiture couverte, et qu'encore elle donnerait bien de l'ouvrage par les cris épouvantables qui causeraient des tumultes et un scandale affreux dans la route.

Je lui répondis que j'avais prévu à tout. Que quant au moyen d'enchaîner Éléonore, je ne le souffrirais pas, y en ayant un plus doux et plus honnête, que je ferais exécuter le lendemain moi-même. Qu'à l'égard des accès de fureur, la chose ne me paraissait pas aussi facile. Que cependant j'essayerais de les calmer. Que tout ce que je lui demandais était de la faire tenir prête pour le lendemain matin à trois heures, soit pour la propreté du corps, soit pour celle du linge. Je lui fis prendre, avant de la quitter, l'émulsion formule n° X, et je me retirai à l'auberge après avoir fait mille remerciements au grand vicaire.

Je donnai les ordres pour que la voiture fût prête le lendemain. A l'heure marquée, je me rendis à la communauté, où je trouvai Éléonore, habillée très proprement et gardée dans la salle par les religieuses. J'y entrai d'abord seul et je témoignai qu'on avait fait beaucoup plus que je n'avais demandé. En effet, je les priai de lui ôter tous ses habillements, excepté la chemise ; mais auparavant d'augmenter son trouble par cette cérémonie, je leur dis de lui faire prendre la même émulsion de la veille, ce à quoi elles réussirent quoique avec beaucoup de peine. Elles se mirent ensuite à la déshabiller, ce qui ne s'exécuta qu'avec une violence qui me donna un spectacle fort désagréable.

Je fis apporter un bandage d'une toile forte et large, avec lequel je leur dis de l'emmailloter en lui couchant les bras sur les côtés. Cette manœuvre, qui fut exécutée avec beaucoup d'adresse, la révolta au point d'écumer de rage. Mais il fallut céder à la force. Ses gardes la transportèrent dans la voiture, où ils n'eurent pas grande peine à la contenir. Mais il y avait de quoi frémir au bruit de ses cris, à voir les grincements de dents qu'elle n'interrompait que pour essayer de les mordre ou pour leur cracher au visage. On les sortit grand train de la ville, et je les suivis à cheval, où j'eus le temps, pendant toute la journée, de m'abandonner aux réflexions les moins consolantes sur l'espoir de la tirer d'un état si fâcheux. Cependant, à la dînée, l'ayant fait mettre sur un lit, elle reposa environ une demi-heure ; mais elle ne voulait absolument rien prendre. Je voulus essayer si, en lui faisant rendre la liberté des mains, elle ne serait pas plus docile à faire usage de ce qu'on lui offrait. En effet, cela réussit, non sans avoir fait auparavant bien des efforts pour gripper ses gardes, qui eurent après cela bien de la peine à la remettre dans la même situation du matin.

Nous nous remîmes en route après avoir essuyé toutes ses folies, et nous arrivâmes la nuit dans ma campagne. Je la fis sur-le-champ transporter dans son appartement, où je trouvai tout exactement disposé comme je l'avais ordonné avant mon départ.

Comme tout ce qui concerne cette malade doit servir de modèle en pareil cas, on me passera d'être long, plutôt que d'omettre les moindres circonstances.

Le lit était à roulettes, et construit d'un bois de chêne fort épais, ayant une colonne à chaque angle et une à chaque milieu, ce qui compose huit colonnes. Tout l'intérieur était rembourré de crin. La forme était d'une boîte de six pieds de long sur deux et demi de large. Un fond de sangle qu'on pouvait ôter quand on voulait : un sommier, de balles d'avoine sans lit de plumes ni matelas. A défaut de ce sommier, on peut en avoir de crin ; mais on doit en avoir plusieurs, afin de pouvoir toujours changer la malade au plus léger besoin. Un seul drap qu'on a soin de contenir avec des boucles qui sont pratiquées dans les traverses de côté et des deux bouts du lit. Point de couverture ni d'autres façons pour le coucher jusqu'à ce que la malade soit revenue à un certain degré de résipiscence. Quelque tard qu'il fût, j'ordonnai, aussitôt mon arrivée, un bain dans lequel on força la malade de rester une heure. On l'en sortit, et après l'avoir essuyée on lui présenta un grand plat de riz qu'elle dévora ; après on la remit en maillot dans le lit, et un seul homme resta auprès d'elle, avec ordre de ne la punir autrement, lorsqu'elle voudrait mordre ou crier, qu'en lui jetant un gobelet d'eau fraîche sur le visage.

Le lendemain je la fis saigner quatre fois, à la quantité de six onces, en observant trois heures de distance d'une saignée à l'autre. Je lui fis prendre entre chaque saignée une bouillie claire faite avec le lait et la fleur d'orge, dans chacune desquelles on avait mis une demi-once de sirop de pavot.

Je commençai cette cure le 12 du mois de mai de l'année 1761. Le 13, je lui fis commencer l'usage de la quintessence formule n° V., 15 gouttes dans un bouillon fait avec le veau, un quartier de poule maigre et toutes les herbes calmantes (voyez la formule n° XI), après le bain d'une heure et la douche qu'on lui donnait sur la tête. Elle reprenait le même bain et la même douche à 5 heures. A dîner on lui servait un potage au lait; dans le jour, quand elle avait soif, on ne lui donnait d'autre boisson que le petit-lait clarifié; deux heures avant le bain on lui servait une bouillie à la fleur d'orge; à 5 heures, au sortir du bain et de la douche, une ample soupe au lait, et vers les 10 heures, une bouillie comme ci-dessus, avec une once de sirop de pavot blanc.

Je fis observer ce régime et ces remèdes pendant tout le reste du mois de mai et tout juin.

Il faut observer, 1° qu'elle était toujours emmaillotée la nuit, de façon à ne pouvoir porter la main sur les parties. 2° Que le jour les femmes l'observaient tant au lit que dans le bain, de façon à ne lui jamais donner le loisir de se livrer à aucune obscénité. 3° Que quand elle essayait de le faire, on ne la punissait autrement qu'en lui inondant le visage, et tout au plus en faisant semblant de vouloir la mettre dans son maillot. 4° Qu'on lui faisait, avant d'entrer dans le bain, des injections dans le vagin, qu'on lui faisait garder. (Voyez la formule n° XII.) 5° Enfin que jour et nuit elle avait sur les reins une plaque de plomb assez mince, et sur toutes les parties une flanelle fort épaisse continuellement imbibée d'eaux émollientes. (Voyez la formule n° XIII.) Je remis pendant tout ce temps à remédier aux vices particuliers des parties organiques; je crus devoir me contenter de ces palliatifs généraux, capables d'adoucir la constitution salée et muriatique du sang, et par conséquent de corriger le vice de la lymphe qui aborde à ces parties. On aura peine à croire qu'avec un régime et des remèdes aussi anodins, il ne se soit opéré aucun changement dans la malade. Mêmes fureurs, même écoulement, à la vérité un peu moins fétide, même jaunisse et raideur sur la peau. Je commençai néanmoins, le 1er juillet, à employer des remèdes un peu plus toniques. C'est pourquoi, sans interrompre l'ordre de ceux dont j'avais fait usage jusqu'alors, et sans rien changer au régime, j'observai, au lieu de sirop de pavot dans la bouillie du soir, d'y faire mettre quinze gouttes de la teinture anodine, suivant la formule n° XIV, et au lieu de la quintessence diaphorétique, je lui mis dans le bouillon du matin quatre grains d'or de vie, dont la préparation a été longtemps un rare secret, et l'est encore pour beaucoup de gens. (Voyez la formule n° XV.) Cependant, je me mis en devoir de travailler essentiellement aux accidents des parties.

Ces accidents étaient un prolongement considérable du *clitoris* avec des dartres, un abcès dans la matrice qui s'annonçait avec assez de malignité par l'âcreté et la puanteur de la matière qui en découlait. Le nez était douloureux et habituellement enflammé, tantôt plus, tantôt moins.

Le prolongement ou turgescence du *clitoris* avait un peu diminué; les dartres paraissaient avoir perdu de leur âcreté; je jugeai donc que les mêmes embrocations pourraient les guérir à la longue; mais je m'occupai plus sérieusement de l'écoulement qui annonçait un ulcère ouvert dans la cavité de la matrice. J'ordonnai donc de faire des injections avec la formule n° XVI. J'eus la satisfaction, au bout d'un mois, c'est-à-dire vers le 6 août, de remarquer un peu plus de tranquillité dans ma malade; ses fantaisies étaient moins fréquentes, ses oppositions aux remèdes moins considérables, ses mouvements lascifs cédaient à la première menace.

L'écoulement devint d'une odeur et d'une couleur plus louables, le nez était encore un peu douloureux, mais sans inflammation; enfin, je pus m'apercevoir de l'effet de mes remèdes; mais que j'étais éloigné encore d'espérer une entière guérison! Cependant, la jaunisse qui disparaissait peu à peu m'annonçait une révolution totale dans la machine. Je fis encore changer les injections, et j'en ordonnai suivant la formule n° XVII, que je faisais répéter après les bains. D'ailleurs, je fis continuer le régime et les remèdes. Je m'étais toujours opposé jusqu'alors au désir qu'avait le père d'Éléonore de la voir : quand je lui annonçai que je commençais à trouver un changement sensible à sa situation, il me témoigna que peut-être sa présence opérerait quelque sensation qui produirait un bon effet. Jusque-là, elle n'avait vu que ses gardes et moi. Depuis quelques jours, lorsque je lui parlais de son père, elle paraissait tomber pendant quelques instants dans une rêverie profonde, comme aurait pu le faire une personne raisonnable; j'en conclus que l'image d'un homme aussi cher se retraçait encore dans ses idées, que par conséquent les fibres du cerveau pourraient peu à peu reprendre leur ton naturel. Enfin, le dernier du mois d'août, c'est-à-dire près de quatre mois après le commencement des remèdes, j'introduisis dans l'appartement le père d'Éléonore.

J'étais convenu avec lui qu'il résisterait à ces mouvements de tendresse qui occasionnent des larmes, parce que tout ce qui peut faire des impressions vives était dangereux dans cet état. J'avais prévenu sa fille de son arrivée, afin de préparer le rapport des idées. Elle n'avait pas plus répondu à cela qu'à toutes les choses que je lui avais dites depuis qu'elle était chez moi. Le père ne fut pas plus heureux, elle le regarda fixement, poussa néanmoins un soupir, et se détourna d'un autre côté, comme pour ne plus voir un objet qui lui fatiguait la tête. Je ne m'attendais pas à cette entrevue aussi tranquille, aussi ne voulus-je pas qu'elle fût plus longue. Je lui conseillai même de ne lui rendre que des visites rares et courtes, et de ne lui faire aucune démonstration qui pût la fatiguer. Le retour des fibres à leurs justes accords est une chose nécessaire pour qu'elle puisse vous reconnaître, lui dis-je, il ne peut être que fort lent ; si on veut en forcer la marche, au lieu d'avancer on recule. Attendez donc patiemment du temps et des remèdes ces parfaits accords qui ramèneront à une parfaite connaissance. C'est un point mathématique dont nous ne connaissons point la distance.

Cependant, dès ce moment je lui parlai tous les jours non seulement de son père, mais aussi de ses anciennes connaissances de son sexe. Je l'entretenais aussi de sa campagne, de ses promenades, de toutes les choses enfin que je croyais les plus aisées à être retracées dans sa mémoire. Je ne me lassais pas de lui parler, mais elle s'obstina toujours à ne pas me répondre, non plus qu'à son père, qu'elle fixait toujours avec le même étonnement.

J'avoue que ce silence obstiné me déconcertait, voyant surtout que le reste allait de mieux en mieux, car, dès la fin de septembre, l'ulcère de la matrice parut cicatrisé, la turgescence du clitoris n'était plus sensible, les dartres avaient absolument disparu ; depuis quelques jours ses gestes n'avaient plus rien d'obscène. Elle traitait honnêtement ses gardes, elle était on ne peut plus docile à tous les remèdes. Il y avait même plus de quinze jours qu'on n'usait plus du bandage.

On se contentait, à l'endroit des parties, de l'envelopper d'une flanelle imbibée qui faisait quatre fois le tour du corps et qui lui descendait à moitié cuisse. Le jour on montait ce bandage plus haut pour lui donner l'aisance de se promener dans l'appartement ; ce qu'elle faisait peu, mais d'un air très raisonnable, quoique infiniment triste. Moi-même, elle me recevait avec une honnêteté distinguée qui m'annonçait un ordre dans ses idées. Je ne balançai plus à me persuader que deux choses s'opposaient à l'entier rétablissement de ma malade.

1° La honte de reparaître dans sa province, qui pouvait tenir les fibres dans une tension opiniâtre. 2° Une profonde tristesse occasionnée par les idées désagréables que cette honte produisait en elle. Mais je me trompais, comme je l'ai reconnu depuis par son propre aveu. Le 22 octobre, une de ses gardes vint me chercher avec précipitation. Venez, me dit-elle, au plus vite, monsieur, mademoiselle a dormi profondément toute la nuit et ne fait que de s'éveiller à l'instant. Après nous avoir fixées ma camarade et moi, elle nous a demandé qui nous étions. Nous lui avons répondu que par vos ordres et ceux de monsieur son père, nous étions à son service pour la soulager dans sa maladie. Où suis-je donc, nous a-t-elle dit ? Vous êtes, lui ai-je répondu, chez un ami de monsieur votre père, si vous voulez, j'irai lui dire de venir vous parler. Je courus à l'appartement

d'Éléonore, avec une joie inexprimable. Elle me reçut avec cet air froid et languissant qu'elle avait toujours eu dans le mieux de son mal et me pria d'envoyer
dire à son père de la venir chercher, parce qu'elle ne voulait pas m'être plus longtemps incommode. Je dépêchai sur-le-champ un exprès au père d'Éléonore, pour
l'informer de cette heureuse nouvelle. Il ne tarda pas à se rendre chez moi, Sa
fille ne lui fit pas un accueil beaucoup plus tendre qu'à moi. Elle reçut ses embrassements avec bien plus de modération qu'il ne les lui donnait, et lui dit: Je sors,
mon père, d'un songe bien long et bien fatigant. Il faut que ce songe m'ait fait
faire bien des sottises, pour vous avoir forcé à m'éloigner de votre présence. Si
j'ai encore des droits sur votre tendresse, j'exige d'elle que vous me rameniez aujourd'hui chez vous pour y jouir de tous les droits que vous m'y avez toujours
donnés. J'exige aussi que votre maison soit impénétrable à tout le monde, excepté à monsieur (en me montrant) et à Mlle de Baudéduit, que je vous prierai
de faire venir. Le service de cette femme, en désignant une de ses gardes, me sera
fort agréable : elle est la seule qui n'ait point donné beaucoup de travail à mon
imagination pendant mon malheureux songe.

Il serait difficile de rendre les réponses et les mouvements de ce père
tendre. Il accorda tout ce que sa fille voulut et je n'eus garde de m'y opposer.
Il fut décidé que nous passerions la journée chez moi et que le soir on se rendrait au château de M. de..., où je suis resté un mois sans presque les quitter.

Éléonore a gardé longtemps le régime que je lui ai prescrit, qui consistait à
ne manger que des viandes blanches, beaucoup de laitage, du lait clarifié pour
toute boisson. Elle a couché très longtemps sur un seul sommier de crin. Son
père a eu le plus grand soin de ne la laisser voir qu'à des personnes gaies et vertueuses. Elle s'est mariée avec un jeune homme aimable dont elle fait les délices
et elle passe encore aujourd'hui pour la plus belle et la plus honnête femme de sa
province.

Je n'ai rien à ajouter aux remèdes ni à la conduite qu'on a dû observer
dans cette histoire. Celles qui ne pourront pas être guéries, en recevront au
moins du soulagement, elles attendront la mort avec moins d'horreur et de désespoir.

Ce que je ne puis m'empêcher de recommander aux parents à qui ces accidents
arrivent, c'est, autant que l'aisance leur permet, de faire essayer sous leurs yeux
tous les moyens que peut proposer un médecin expérimenté et de ne se décider à
mettre ces malheureuses dans des maisons de force, qu'après avoir inutilement
tenté tous les remèdes. Je dois leur conseiller de ne jamais permettre que leurs
filles contractent la plus légère familiarité avec les domestiques des deux sexes.

Ceux qui sont en état de leur donner une gouvernante, doivent la choisir d'un
âge un peu avancé et d'une pureté dans les mœurs irréprochable.

Si malgré toute leur vigilance un jeune cœur s'est engagé, ou bien que les mauvais conseils de quelque compagne aient donné lieu à l'imagination d'enfanter des dérèglements, dès qu'ils s'en apercevront, qu'ils ne se livrent point à une sévérité cruelle pour y mettre ordre; mais qu'avec autant de modération que d'intelligence et de fermeté, ils emploient sur-le-champ les moyens que j'ai indiqués dans le second période et le troisième degré du premier.

Et vous, maîtresses de pension, qui faites de l'emploi honnête de l'éducation, un métier vil, sordide et mercenaire, songez que vous vous chargez de crimes quand vous commettez le soin de vos jeunes élèves à des sous-maîtresses, qu'un intérêt sordide vous fait choisir dans la lie du peuple, ou au moins dans le sein d'une misère presque toujours occasionnée par l'inconduite. Je finirai cet ouvrage par des observations sur l'imagination, qui ne pourront être qu'utiles. Les médecins, les parents, le sexe même y trouveront des avis et des réflexions morales travaillées d'après nature et autorisées par des exemples réels.

Observations sur l'imagination, par rapport à la nymphomanie.

Sans chercher à traiter métaphysiquement cette partie intéressante de l'esprit humain, je n'en dirai que ce qui est convenable et nécessaire à mon sujet. L'idée que j'en donnerai, aura le plus de précision et le plus de clarté qu'il me sera possible.

Un des points principaux auxquels un médecin doit s'attacher, est d'étudier les effets de l'imagination dans les maladies qu'il traite. Cette partie, un peu négligée dans la médecine, fait que l'on donne souvent à gauche, ou que l'on reste étourdi et aveugle sur la cause réelle de certains maux.

Les symptômes physiques intérieurs et extérieurs sont véritablement des connaissances nécessaires, mais malheureusement on ne s'y borne que trop ; et le médecin le plus savant à cet égard peut être dans le cas de se trouver embarrassé, et même se tromper tous les jours dans le jugement qu'il doit porter, et dans la conduite qu'il doit tenir.

L'imagination est un miroir où se rendent les objets qui intéressent et qui font agir l'homme. La glace de ce miroir varie dans sa composition comme tous les organes, elle doit son jeu à la nature et aux préjugés ; voilà le canevas sur lequel elle travaille. La nature lui fournit les premiers objets et les penchants que le tempérament décide. Cette glace grossit, diminue, multiplie, ou rend les objets tels qu'ils sont suivant son degré de perfection.

Quoique les premiers objets qui s'offrent dans ce miroir ne s'y portent que par le secours des sens, cependant l'imagination en enfante un nombre infini fabriqués par des comparaisons et des rapports, et il ne faut à ces objets que la vraisemblance pour exister.

C'est l'imagination qui est presque toujours le principe ou la mère de la plupart des passions et de leurs excès ; car sans elle l'homme en aurait peu de déterminées. Il pourrait, il est vrai, boire, manger, exercer tous ses sens et satisfaire tous ses besoins à l'excès ; mais ce ne serait que des plaisirs actuels, qui n'auraient pas été combinés, et il s'en tiendrait indifféremment à jouir des objets qui se présenteraient, sans avoir d'autres goûts décidés, que ceux qui lui seraient procurés par l'habitude ou par l'occasion.

Il faut regarder l'imagination comme l'intendante de l'amour-propre ; elle suit l'impression du tempérament ; toujours instruite de ses inclinations, elle travaille à les exagérer et à les favoriser ; les sens les lui transmettent simples et naturelles, et c'est elle qui les raffine, les augmente, les conduit et les fixe. C'est elle qui peint à un glouton le plaisir de la table ; c'est elle qui lui peint les saveurs de tels ou tels mets ; c'est elle qui lui en fait rechercher ou même inventer l'apprêt ; c'est elle qui augmente son désir de jouir, et qui lui fait tout sacrifier pour cela ; c'est elle, enfin, qui lui procure cette volupté et cette jouissance anticipées, qui rendent les réelles plus excessives et plus sensibles.

Cependant, l'imagination n'a pas également la même force ni le même jeu sur toutes les passions ; l'amour est une de celles sur laquelle elle travaille le plus ; et l'on peut dire qu'en celle-là elle monte le tempérament, et lui fait faire des efforts au-dessus de sa propre nature ; il ne lui faut qu'une étincelle pour en faire bientôt une incendie ; ou, dans des circonstances contraires, elle retient et réprime les feux et la force que la nature pourrait avoir mis dans la constitution de ce même tempérament.

Dans le premier cas, un médecin doit être pénétrant pour démêler les vraies causes du mal, lorsque le moindre symptôme, ou le moindre soupçon, le portent à croire qu'il peut venir de là.

Dans le second, il doit être intelligent pour trouver dans cette même imagination une partie des remèdes propres à guérir sa malade. Il n'y a point d'occasion où l'on puisse dire avec plus de vérité, *contraria contrariis curantur*.

C'est un point surtout bien important dans la maladie dont il est question ici, car il y en a où elle peut se guérir en se contentant de traiter simplement l'imagination ; mais il n'y en a point, ou du moins presque aucune où les remèdes physiques puissent seuls opérer une cure radicale.

Il n'y a point de tempérament qui n'ait un germe de ce feu naturel et génératif, à moins que quelque vice ou quelque accident contraire à l'ordre de la nature ne s'y opposent ; ce qui ne pourrait pas être pour lors un cas de nymphomanie.

Les lois de la société sont des besoins publics, auxquels il a fallu en sacrifier plusieurs particuliers ; elles établissent des remèdes et des préservatifs qu'on a été forcé d'imaginer, pour parer des maux réels qui détruiraient ou troubleraient l'ordre avantageux et même nécessaire qui existe. C'est ainsi que se sont établis les droits et les limites convenables à chaque sexe. L'éducation honnête et ordinaire part de ce principe et se soumet à ce remède. De là vient que les filles sont élevées avec une retenue et une décence souvent capables d'irriter leurs

passions, de causer une révolution et un dérangement dans le physique de leur
nature, et de les rendre victimes du bien public lorsqu'un tempérament enflammé
par la nature ou par l'imagination cause des accidents.

C'est pour cela que l'humanité ne saurait employer trop de soins pour
remédier à cet inconvénient ; ce devrait être un objet particulier de la médecine,
d'étendre ses connaissances sur ces maladies malheureuses, dangereuses et difficiles à traiter et à découvrir, par rapport à la honte que l'éducation et les préjugés
y attachent. Les parents même doivent être les premiers à favoriser les médecins
à cet égard : non seulement la tendresse doit les y engager, mais un intérêt particulier doit encore les y obliger ; puisqu'ils sont dans le cas de participer à l'opprobre qui peut résulter des suites de ces maladies. Continuons à examiner de
plus près les effets de l'imagination.

La tendance d'un sexe à l'autre vient d'un besoin aussi naturel que difficile à
supprimer. Il n'est point de moyens moraux capables d'imposer silence à la
nature. L'ignorance dans laquelle on élève les jeunes personnes, peut bien
rendre ce cri de la nature presque inintelligible, mais elle ne saurait l'étouffer. Les
mystères qu'on lui fait deviennent bientôt le sujet de tout le travail de son
imagination. Ce qu'elle sent sans en développer les raisons, ce qu'elle voit, ce
qu'elle entend, sans pouvoir pénétrer, tout irrite et échauffe ses idées ; et ce
germe de feu naturel et physique reçoit par son imagination des forces et un
accroissement par une nourriture surabondante et par une correspondance
aveugle ; alors le tempérament, à peine formé, acquiert des besoins réels qui,
quoique inconnus, sont capables de faire un ravage dangereux dans les parties
qui sont le siège de ces besoins. Voilà ce qu'une imagination vive peut par elle-
même opérer, sans le secours d'autres connaissances que de celles que la nature
a données. C'est alors au médecin de tirer parti de cette situation, lorsqu'il a
eu la prudence et l'adresse de la découvrir. Passons à d'autres objets plus critiques.

Il est rare qu'une fille parvienne à l'âge de puberté sans acquérir bientôt de
connaissances capables de la mettre sur les voies de pénétrer les mystères de
l'amour. Son imagination la porte à mettre tout à profit pour y parvenir ; des
gestes, des paroles échappées devant elle, des livres qui lui tombent entre les
mains ; enfin, tout favorise ses recherches et sa curiosité qui s'augmente avec ses
découvertes, et qui à la fin enfante les désirs les plus vifs.

Outre cela, la fille la mieux élevée et la mieux gardée peut toujours communiquer avec les jeunes personnes de son sexe ; c'est alors qu'un pareil commerce
rassemble leurs lumières, leurs différentes idées, et procure à leurs imaginations
des matériaux pour travailler et agir avec plus de force et de succès. J'ai très
souvent entendu, sans être vu, la conversation de plusieurs filles qui s'entrete-

naient sur cet article, et je ne saurais peindre la vivacité et les effets singuliers dont l'imagination est capable.

Bien plus, combien n'y a-t-il pas de filles sujettes à être corrompues par les domestiques, ou les faux amis d'une maison? De quel venin n'infectent-elles pas ensuite leurs compagnes? Voilà des maux qu'on ne peut souvent pas parer; mais il est nécessaire d'apprendre à les prévoir et à les connaître; car ils sont la plupart du temps les premiers principes et les nourriciers de la maladie que je traite. J'en ai vu tant d'exemples, que je ne puis m'empêcher d'en rapporter, où l'on verra le pouvoir qu'a l'imagination, les désordres qu'elle peut causer, et les abus où elle peut jeter les médecins.

Une fille, nommée Julie, tenait le jour de parents riches et nobles; son éducation et ses talents n'avaient point été négligés. Elle n'avait qu'une sœur, qui devait partager avec elle une fortune considérable. Ses grâces et sa beauté la rendaient intéressante à tous les gens à prétentions; mais il semblait que la nature eût été trop prodigue à son égard: son esprit et son tempérament étaient pleins d'une vivacité qui lui aurait donné plus d'agrément encore, si elle avait été plus modérée et moins dangereuse. Son cœur était un composé de soufre toujours exposé au flambeau de l'amour, et c'était une quintessence de feu qui coulait dans ses veines.

A peine Julie eut douze ans, qu'elle s'aperçut amplement de son existence. Son imagination lui peignait, sous les plus agréables couleurs, l'heureuse situation dont elle avait droit de jouir; et ses qualités, qu'elle connaissait un peu trop, semblaient lui répondre du bonheur dont elle se formait une vive idée.

Elle avait pour confidente et pour interprète de ses idées, une jeune femme de chambre nommée Berton; cette fille expérimentée dans l'art de jouir, et initiée dans les secrets de Vénus, était adroite à cacher son jeu. Vertueuse Agnès aux yeux de la mère, intendante chère et voluptueuse des plaisirs de la fille, et Messaline dans les bras d'un amant; c'est ainsi que, satisfaite, elle conduisait sa barque avec un succès qui ne fut pas de longue durée.

Julie devenait tous les jours plus savante sans qu'on s'en doutât, et son imagination devenait plus forte et plus dangereuse. A la vue des jeunes gens dont elle connaissait déjà théoriquement les facultés, elle sentait des mouvements vifs qui portaient dans son cœur des désirs qu'elle désirait de satisfaire. Ah! que chez elle le cri de la nature commençait à opérer de révolutions! elle l'entendait, le sentait et le comprenait trop fortement pour ne pas lui obéir. Mais, hélas! c'était bien un autre cri qui se faisait entendre à ses parents, c'était l'intérêt, l'honneur qui leur parlaient, et qui retardaient les secours naturels que demandaient les pressants besoins de leur fille.

Quoiqu'elle n'eût que treize ans, il se présenta beaucoup de partis pour l'épouser; ses parents la trouvaient encore trop jeune et ne voulaient point se presser de lui donner un mari, afin d'en trouver un plus digne et de sa dot et de sa naissance.

Et Julie était alors dans cet état que j'ai dépeint, dans les distinctions que j'ai faites de la nymphomanie. Elle était dans la première situation, que j'ai nommée commençante. Sa raison jouissait encore de tous ses droits. La vertu était encore capable de causer mille remords. Les saletés, dont son imagination était remplie, trouvaient à combattre des impressions de pudeur et d'honnêteté, etc.

Sans doute si son imagination eût été moins vive et moins bien suivie, et si son tempérament eût été moins violent, elle eût eu la force de se faire avec succès à elle-même ce raisonnement : il n'est ni permis, ni honnête d'obéir à une passion si honteuse. Mais elle n'était pas organisée de façon à vaincre ce malheureux penchant. Ses fibres étaient dérangées par des tensions continuelles ; son sommeil était troublé par les vives impressions qu'elle recevait le jour ; la chère délicate et exquise qu'elle faisait, n'irritait et n'échauffait que plus son tempérament ; enfin, les funestes secours et les dangereux discours de Berton ne donnaient que trop de succès à son imagination.

Plus Julie acquérait de lumières et d'âge, plus elle s'impatientait d'être privée d'une jouissance qui lui paraissait si agréable. La lenteur de ses parents à la lui procurer, était d'autant plus cruelle pour elle, qu'elle ne trouvait aucun moyen d'y remédier. La soumission, la honte, la pudeur étaient des ennemis qu'elle ne savait par où attaquer. A peine même osait-elle découvrir à sa confidente une partie de ses désirs. Cet état fâcheux commençait à la jeter dans une tristesse sensible. Tout l'ennuyait, tout l'inquiétait ; il lui échappait même quelquefois des traits de mauvaise humeur vis-à-vis de ses parents. Mais les prétextes feints, dont elle se servait pour agir, détournaient toujours son père et sa mère du vrai principe qui occasionnait ce changement ; et les remèdes qu'on y apportait étaient plutôt contraires, que propres à guérir le mal.

Berton, qui était pénétrante, et qui en savait plus que les autres, ne s'y trompa pas. L'intérêt mercenaire qu'elle prenait à sa maîtresse, la porta à lui donner des secours à sa façon. Elle voulut d'abord essayer de l'engager à la patience, en lui représentant qu'elle était l'objet de la tendresse de son père ; que c'était ce qui retardait ces moments si doux et si sensibles que l'amour lui préparait ; qu'outre cela, elle était bien forcée de se soumettre aux volontés de ses parents ; et que sans doute on ne tarderait pas à faire ce choix, qui devait l'inonder de plaisirs, dès qu'il se présenterait quelqu'un digne d'elle.

Pareil discours adoucissait moins les maux de Julie qu'il ne les rendait plus sensibles. Elle savait que ce choix pouvait aller encore loin. Elle connaissait la méfiance et l'indécision de ses parents; elle savait aussi combien leur avarice était capable d'y mettre obstacle, et quelle peine ils auraient de se défaire d'une partie de leur fortune pour établir promptement leurs filles.

O préjugés cruels! ô coutumes malheureuses! dont les filles riches et de qualité sont victimes... disait-elle, ô ma chère Berton! puis-je me voir tous les jours entourée d'une foule de jeunes gens aimables, puis-je, avec l'idée que tu m'as donnée de l'amour, attendre patiemment des moments que je prévois encore si loin de moi? Faut-il que souvent pour être trompée, il faille prendre des mesures si tardives, et qui, presque toujours, révoltent la nature? Faut-il que les parents soient capables de perdre tout souvenir de leurs jeunes ans, ou qu'ils aient une tendresse si cruelle et si mal entendue? Que dirait mon père, si, pressé par une faim dévorante, il donnait ordre à son cuisinier de lui servir à dîner, que le cuisinier courût aussitôt au marché, et que n'y trouvant que des choses communes, il revînt sans rien apporter; cependant, si mon père, lassé d'attendre, appelait le cuisinier pour savoir la cause d'un si long retard, que dirait-il si le cuisinier lui répondait : « Monsieur, je suis bien fâché, j'ai couru partout, mais je n'ai trouvé que des choses communes et indignes d'être mises sur votre table, il m'est impossible de vous donner à dîner aujourd'hui; j'espère que demain vous serez traité comme vous méritez. »

Crois-tu, Berton, que mon père se contentât des raisons honnêtes de ce cuisinier, et qu'il imposât silence à son besoin en attendant des secours dignes d'une faim de qualité?

Berton voyant que toutes ses raisons morales n'opéraient pas beaucoup sur sa maîtresse, résolut de la soustraire à la tristesse par quelque autre moyen. Elle imagina que la lecture l'intéresserait assez pour faire une diversion. Elle ne manqua pas de faire un choix des romans les plus tendres, les plus lascifs et les plus voluptueux, et elle les mit dans ses mains par gradation.

Quel remède!... Il ne manquait plus à Julie que cela pour la décider à tomber dans cette situation que j'ai désignée dans le troisième degré du premier période. Cette lecture fut pour elle semblable à un verre ardent qui rassemble les rayons du soleil pour les fixer dans une partie et l'incendier; ce fut son imagination qui fut cette partie enflammée, et qui communiqua bientôt un feu nouveau et plus vif dans son cœur. La nature seule avait parlé jusqu'alors, mais bientôt l'illusion, la chimère et l'extravagance jouèrent leur rôle; les images lascives et voluptueuses, qu'elle dévorait des yeux, achevèrent sans peine d'exclure de son cœur ses sentiments d'honnêteté, de piété, de pudeur et de retenue, que la nature avait jusqu'alors respectés, et qu'elle n'aurait peut-être jamais pu vaincre sans les secours de l'art. Elle acquit enfin la force malheureuse d'approuver en elle-même cette maxime horrible : rien n'est si beau ni si doux que d'obéir aux amoureux désirs.

Quoique sa tristesse semblât de temps en temps se dissiper, elle retombait néanmoins assez souvent dans de profondes rêveries causées par les moyens par lesquels elle cherchait à se procurer les jouissances dont elle se faisait de si agréables images, et découvrant enfin toute l'étendue et la force de ses désirs à Berton, elle lui déclara la volonté décidée où elle était d'en venir aux expériences physiques.

Cependant, depuis l'usage de ces livres, son imagination lui avait tracé le plan d'une passion plus en règle; son cœur sentait du· penchant à se fixer à un objet. Ses yeux commençaient à chercher sans cesse à ses côtés quelque héros qui, paraissant propre aux amoureux exploits, fût digne de décider son goût.

En effet, Saint-Albin fut celui sur qui dardèrent les rayons de sa flamme ; ce fut en sa faveur qu'ils se réunirent. Ce jeune homme s'en aperçut bientôt. Son bonheur lui semblait trop grand pour ne pas chercher les moyens d'en profiter. Il devint plus hardi et plus assidu, et il ne tarda pas d'apprendre de la bouche de Julie, ce que ses yeux lui avaient si bien exprimé. Mais on craignait que ce Saint-Albin, qui était du goût des parents pour la société, n'en fût point du tout pour le mariage, n'ayant pas une fortune brillante.

Berton fut bientôt consultée et tourmentée ; mais cette fille avait une espèce de prudence ; elle ne voulait point se prêter à des entrevues secrètes qui lui auraient fait jouer un peu trop gros jeu : elle prit le parti d'user de ses dernières ressources pour maintenir l'équilibre qu'elle voyait sur le point de se perdre. Elle promit à Saint-Albin de faire tout ce qui dépendrait d'elle pour le faire réussir; mais elle lui dit qu'il fallait qu'il commençât par prendre toutes les mesures possibles pour obtenir le consentement des parents, et qu'on verrait ensuite la tournure que prendrait cette affaire.

Pour déterminer Julie à se prêter à cet arrangement, elle employa tous les secours de l'art de la masturbation ; elle s'était persuadée qu'il n'y avait plus que ce moyen capable de calmer et de distraire sa maîtresse, et elle ne balança pas à lui faire user de ce remède qui cache presque toujours, sous l'écorce de l'honneur et de la vertu, les désordres les plus honteux et qui couvre nécessairement les maux les plus cuisants et les plus dangereux, les remords les plus affreux et souvent une fin ignominieuse qui fait horreur à l'humanité.

L'art est bien dangereux lorsque son secours procure les moyens de favoriser et d'assouvir une passion, et qu'il met en même temps le respect humain en sûreté. Que de filles et de femmes qui ne sont retenues que par la crainte et la vanité, et qui donnent à plein collier dans le désordre dès qu'elles croient avoir trouvé le moyen de paraître vertueuses et sages aux yeux du public ! Cette funeste manie de masturbation, dont l'imagination est artisane, conduit à des excès dont insensiblement on n'est plus maître, excès d'autant plus dangereux qu'il ne se trouve jamais d'obstacles dans l'action que ceux que fait naître l'épuisement ou l'extinction des forces. Situation triste et abominable que j'ai désignée dans la seconde distinction de cette maladie par *confirmée*.

Les démarches que fit Saint-Albin pour obtenir Julie de ses parents ne furent pas heureuses; au lieu de réussir elles firent naître des craintes et des soupçons, il devint dangereux et suspect; bref, pour couper court à une inclination qui ne plaisait pas, on le pria très poliment de porter ailleurs ses prétentions et de cesser totalement le cours de ses visites.

L'usage que faisait Julie du remède de Berton, joint à l'espérance de pouvoir posséder bientôt son amant, opéra d'abord dans elle un changement sensible; sa gaieté et ses grâces ordinaires parurent vouloir se rétablir; mais dès qu'elle apprit l'exclusion de Saint-Albin, elle fut désespérée. Elle chercha à adoucir cette disgrâce en redoublant son indigne manœuvre. Son imagination et son tempérament ardent la portèrent bientôt à un excès fatal; un dégoût général et une mélancolie noire la rendirent insupportable à elle et aux autres; toujours seule, elle évitait tous les objets qui pouvaient la distraire à sa passion. Une pâleur jaunâtre et une maigreur sensible la défigurèrent; une chaleur excessive la consumait intérieurement et extérieurement; ses fibres et ses organes dérangés par un mouvement continuel et des tensions surnaturelles lui causaient fort souvent des accidents syncopiques qui donnaient de terribles alarmes. Cette situation étourdit les parents qui ne prenaient point la route d'en découvrir la cause; ils firent appeler un médecin qui ordonna des remèdes d'après les conjectures hasardées qu'il avait faites.

La malade n'en allait pas mieux; elle sacrifiait toutes les forces qu'elle pouvait rassembler à satisfaire son imagination par son exercice ordinaire; les remèdes qu'elle prenait ne faisaient qu'augmenter ses feux et irriter son mal. Les saignées qu'on lui faisait aidaient à l'épuiser. Elle ne tarda pas à tomber dans le dernier degré de la maladie que j'ai désignée par *désespérée*. Les fibres du cerveau commencèrent à être attaquées vivement, et le délire maniaque s'annonça comme je l'ai déjà ci-devant dépeint.

Quoique les symptômes de la maladie fussent assez clairs, les parents et le médecin s'obstinèrent à être aveugles, et ils attribuaient à d'autres causes les effets surprenants qu'ils voyaient opérer. Mais voici ce qui arriva et qui donna lieu au médecin de former de nouvelles conjectures toujours fausses.

Le délire maniaque qui s'était emparé du cerveau et de toutes les facultés de Julie lui faisait tenir des discours et faire des gestes qui dévoilaient une lubricité furieuse et une indécence qui faisait horreur. Le médecin s'étant approché pour lui tâter le pouls, elle saisit la main de cet homme avec une force et une fureur étonnantes. Les efforts qu'elle faisait et les secousses qu'elle se donnait la découvrirent, et le médecin aperçut sur son linge des taches d'une couleur qui lui fit soupçonner qu'elle devait sa misérable situation à un commerce impur et prématuré. Bientôt ses soupçons se tournèrent en certitude; il ordonna qu'on fît changer de linge à la malade; il examina avec attention celui qu'elle quittait; alors il décida que la matrice était enflammée et ulcérée; que les vésicules, les fibres et les organes voisins de cette partie étaient attaqués; qu'un virus très mordicant rongeait les orifices des glandes; il conjectura enfin que cela avait été occasionné par un commerce qu'elle avait eu avec quelque homme vérolé qui lui avait communiqué ce même mal. A l'égard de l'aliénation d'esprit où elle était tombée, il décida que quelqu'un avait voulu traiter secrètement la malade, que les remèdes dangereux par leur qualité et leur dose, ou par la préparation du mercure, avaient attaqué les fibres du cerveau, ce qui lui causait ce délire, qui devoilait les actions impudiques auxquelles elle s'était livrée.

D'après la décision du médecin qui paraissait très bien déduite, Berton fut violemment soupçonnée et menacée. Ce qu'elle répondait aux questions qu'on lui faisait ne s'accordait point du tout avec les idées du médecin. Elle était sûre que Julie n'avait jamais vu d'homme, et elle n'était pas assez imbécile pour croire que la masturbation seule fût capable de donner la vérole. Elle répondait donc avec autant d'effronterie que de raison que sûrement le médecin se trompait, qu'elle donnait sa tête pour caution que sa maîtresse n'avait non seulement pas eu de commerce impur avec quelque homme, mais pas même le moindre tête-à-tête indécent et qu'on devait consulter quelque autre médecin.

La fermeté et l'assurance de Berton rendait le cas aussi étonnant que délicat; et les parents, voulant vérifier un fait si important, firent appeler un nouveau médecin.

Celui qu'on fit venir joignait à la science cette pénétration, cette intelligence et ces connaissances morales qui sont si propres et si nécessaires pour aider et secourir heureusement le physique; il avait, outre cela, fait une étude particulière de la nymphomanie. A peine eut-il vu la malade, qu'il combina, avec jugement, sa situation avec tous les discours qu'il entendait; il fit des questions adroites aux parents et à Berton, et d'un ton aussi assuré que vrai, il déclara Julie métromaniaque. Il fut plus loin : il découvrit par son adresse tout le fond de l'affaire, qui, malheureusement pour Berton, acheva de prouver ce qu'il avait avancé. Cette femme de chambre fut chassée, mais trop tard.

Ce médecin sage et intelligent ne cacha point aux parents l'état affreux et désespéré où était leur enfant; il indiqua les remèdes propres à adoucir le mal. Ces remèdes firent bien quelque effet, mais Julie ne reprenait point son bon sens : elle était moins agitée et moins ardente, mais le délire existait toujours. Alors le médecin ne voyant plus qu'un seul remède capable de la rendre entièrement à elle-même, il le proposa à ses parents.

Comme il était instruit parfaitement du principe et de la progression de la maladie, et qu'il voyait combien l'imagination y avait eu part, il crut que c'était à l'imagination qu'il était absolument nécessaire de remédier, en continuant néanmoins les autres remèdes physiques. Il déclara donc au père et à la mère que s'ils voulaient voir le prompt rétablissement de leur fille, le seul remède pour y parvenir était entre leurs mains ; qu'ils n'avaient qu'à procurer à Julie la vue et l'entretien de Saint-Albin, et consentir à leur union, qu'il répondait, pour ainsi dire, de l'effet heureux que cela opérerait.

Les parents reçurent mal cet avis. L'honneur, la vanité, l'intérêt, l'emportèrent sur la tendresse paternelle. Quelle honte, quelle humiliation ne trouvaient-ils pas, outre cela, à faire de pareilles démarches ?

Saint-Albin n'avait pas pour Julie un amour assez romanesque pour persister malgré l'intention des parents ; le congé qu'il avait reçu, lui avait dépeint des obstacles trop violents à surmonter ; et ne voulant pas y perdre son temps et ses peines, il avait pris raisonnablement son parti, et porté ses vues ailleurs ; il avait même déjà formé quelques engagements avec une autre demoiselle, parti aussi avantageux que Julie, lorsqu'il apprit l'affreuse situation de cette malheureuse. Saisi aussitôt par des sentiments de pitié et d'humanité, se rappelant cette ancienne tendresse qui causait ce malheur, il prit le parti d'aller se présenter lui-même chez les parents de Julie, ne doutant pas que sa présence et sa voix n'occasionnassent quelque révolution heureuse sur cette fille.

Malgré cette précaution humble et modeste qu'il montra, cette douleur muette et intéressante qui était peinte sur son visage, il fut fort mal reçu de la mère, qui lui dit d'un ton fier et inhumain, qu'il était bien hardi de se présenter encore chez elle ; que l'indisposition de sa fille n'avait aucun rapport avec lui ; et que c'étaient sans doute des gens d'aussi mauvaise foi que lui, qui avaient eu l'imprudence de donner lieu au bruit insultant qui se répandait si mal à propos.

Saint-Albin déconcerté, confus et outré de cette réception, et des sentiments abominables de cette marâtre, se retira prudemment ; mais il fut puni aussi cruellement qu'injustement de la démarche honnête et humaine qu'il venait de faire ; car sa seconde maîtresse l'ayant su, en fut offensée au point qu'elle rompit tout à fait avec lui, et sans vouloir entendre la moindre raison, ne voulut plus le voir.

Les parents de Julie voyant après un certain temps qu'il n'y avait plus d'apparence de guérison, prirent le parti d'éloigner de leurs yeux cet objet de honte, capable, sans doute, de leur reprocher à chaque instant, et leur imprudence, et leur inhumanité. Ils la firent transporter dans un couvent, pour y subir le sort des folles.

Le nouveau médecin ne perdait pas de vue cette malheureuse, il prescrivit un régime et des remèdes. Au bout de trois ans elle reprit insensiblement l'usage de la raison. Quoique les mercenaires barbares qui la gardaient, vissent de très mauvais œil cet heureux rétablissement, et qu'elles prissent même des moyens pour qu'il restât ignoré, il parvint cependant aux oreilles des parents, qui, après s'en être exactement assurés, la firent revenir auprès d'eux.

Julie trouva à son arrivée du changement dans la maison. Sa sœur cadette avait fait un mariage très brillant et très avantageux ; car on la regardait comme fille unique. La situation où elle vit cette sœur mariée, fit une si grande impression sur son imagination, qu'elle ne tarda pas à retomber dans le même état et dans les mêmes accidents où elle avait été. On fut obligé de la reléguer derechef dans son affreuse retraite. Après quelque temps sa fureur maniaque se changea en imbécillité, soit par les traitements durs qu'elle y éprouvait, soit par le peu de soin qu'on mettait à faire les remèdes qui lui auraient été nécessaires. Voilà l'état où je l'ai vue il y a un an, et où elle est sans doute encore sans aucun espoir de guérison.

Cette aventure est un tableau assez frappant du pouvoir et des effets dangereux de l'imagination. Il produit des preuves assez claires et assez fortes du besoin d'intelligence et de soins que doit avoir un médecin, principalement dans cette maladie, que la négligence et les bévues rendent si cruelle. Le sort de Julie, qui n'est malheureusement que trop vrai et que trop réel, fait horreur à l'humanité : puisse-t-il servir de leçon aux filles, aux parents et aux médecins.

Il en est sans doute parmi ceux qui exercent cet art, qui n'ont pas besoin de cet avis. J'en connais un entr'autres qui dans une occasion a été bien récompensé de son intelligence et de ses soins ; voici en deux mots ce qui lui arriva.

Ce médecin, plus habile encore dans les maladies où l'imagination a part, que dans celles qui ne sont que physiques ; ce médecin, dis-je, eut une demoiselle métromaniaque à traiter ; il employa d'abord les remèdes physiques, propres à la cure de cette maladie. Cette fille était sur le point de tomber dans le dernier période ; voyant que les remèdes physiques ne suffisaient pas, il jugea qu'il fallait attaquer l'imagination, il le fit avec tant d'art et de succès qu'il rétablit entièrement sa malade. La grâce avec laquelle il opérait, purifia, adoucit et fixa les sentiments tendres de celle qu'il traitait. Les parents, au comble de leur joie, sentant l'obligation impayable qu'eux et leur fille avaient à ce médecin, s'apercevant en outre du goût qu'elle paraissait avoir pour lui, le prièrent de vouloir bien l'accepter en mariage pour gage de leur reconnaissance. C'était pour le médecin une fortune bien au-dessus de ses espérances et de ses prétentions ; aussi n'hésita-t-il pas un instant à accepter l'offre agréable et généreuse de ces honnêtes parents; et il cimenta de nœuds qui ne firent qu'augmenter le bonheur de la demoiselle en comblant le sien.

C'est assez de ces deux exemples, qui ont des rapports essentiels à tout mon ouvrage, pour donner des idées heureuses et sensibles de mes principes. Je serai toujours satisfait, quand ils ne feraient qu'ouvrir une carrière nouvelle à une plume plus énergique, qui voulût les développer avec toute l'élégance que mérite une matière si intéressante. J'aurai eu la gloire d'avoir posé la première pierre d'un édifice qui fera honneur à l'humanité, en sauvant celui de plus d'une famille, et en secourant une des plus sensibles misères qui humilient, vexent et déshumanisent le premier des animaux.

FORMULES

Nº I. — Prenez : pulpe récente de casse, une once et demie, manne choisie, deux onces, cristal minéral, une drachme; faites fondre dans un gobelet d'une décoction faite avec deux drachmes de séné et un grain de tartre émétique. Le tout pour une dose.

Nº II. — Prenez : racines de grande consoude, de guimauve, de chiendent, de bistorte de chaque m. j.; faites cuire ces racines un demi-quart d'heure dans l'eau bouillante, à la mesure de six pintes; ajoutez-y une demi-once de bois de réglisse raclé bien menu. Faites-lui prendre deux bouillons. Retirez votre eau du feu : quand elle sera refroidie, vous la mettrez dans des bouteilles sans les boucher, et les garderez dans un lieu frais ou à la cave.

Nº III. — Prenez : racines d'althea, demi-once, graines de lin et de psillium, de chacune une drachme, savon blanc râpé, une drachme, sucre de Saturne, six grains; faites bouillir le tout un demi-quart d'heure dans une chopine d'eau, etc.

Nº IV. — Prenez : un demi-setier d'eau. Faites-y infuser pendant vingt-quatre heures une once de potasse. Filtrez, le plus proprement qu'il vous sera possible, cette eau par un papier gris dans un entonnoir couvert. Mêlez à cette eau ainsi filtrée deux onces d'huile de noix fraîche et tirée à froid. Cela forme une espèce de crème.

Nº V. — Prenez : feuilles de petite absinthe bien épluchée et séchée à l'ombre, clous de girofle, une once, sucre candi, une once, ambre gris, une drachme, aloès, mastic, gomme adragante, de chacun une drachme et demie. Réduisez le tout en poudre subtile, mettez-le dans une bouteille de verre. Versez par dessus une chopine d'essence de vin rectifié. Bouchez exactement le vaisseau avec une vessie mouillée, faites-le digérer à une chaleur très douce et presque insensible pendant quinze jours, vous aurez une quintessence diaphorétique, dont les qualités sont supérieures. Quand la liqueur est refroidie, on la filtre à travers le papier pris dans un entonnoir hermétiquement couvert, et on la met dans des bouteilles bien bouchées. Plus cette quintessence est vieille, et plus elle acquiert de vertus.

N° VI. — Prenez : racines de nénuphar, d'althéa de chaque demi-once, graines de lin, de laitue, de concombre, de chacune une demi-drachme; faites bouillir le tout dans une pinte d'eau où les maréchaux éteignent leur fer, pendant un demi-quart d'heure; faites-y dissoudre ensuite six grains de sucre de Saturne.

Cette composition se corrompt aisément, ainsi que toutes celles où entrent les émollients, c'est pourquoi on n'en doit jamais faire que ce que l'on croit pouvoir consommer en dedans les vingt-quatre heures.

N° VII. — Prenez : feuilles de mauve, de guimauve, de seneçon de chaque m. j.; faites-les bouillir un demi-quart d'heure dans un bouillon qu'on aura fait avec un jeune poulet écrasé; ajoutez une once d'huile d'amandes douces à la colature, quand elle sera dans la seringue. Ce lavement est délayant, rafraîchissant et tonique tout ensemble.

N° VIII. — Prenez : pulpe récente de casse, trois onces. Faites-la bouillir dans deux bouteilles d'eau. Passez et faites dissoudre dans la colature six grains d'émétique. Vous mettrez infuser dans cette colature, pendant la nuit, dans un vase bien couvert : follicules de séné, deux drachmes, rhubarbe en poudre, trois drachmes.

Le matin, vous passerez la liqueur et la mettrez en bouteille.

Comme les purgatifs sont relatifs, on arrêtera l'usage de celui-ci lorsqu'on en verra des effets suffisants.

N° IX. — Prenez : une chopine d'eau, deux cuillerées de vinaigre; mêlez et faites-y dissoudre quatre grains de sucre de Saturne.

N° X. — Prenez : graines de citrouille, de courge, de concombre, de melon, de chaque drachm. j.; broyez ces graines dans un mortier en les humectant avec l'eau distillée de nénuphar à la quantité de quatre onces; passez et mêlez avec la colature une once de sirop de nymphéa ou de violette, ou d'althéa.

N° XI. — Prenez un poulet maigre, une livre de rouelle de veau, une demi-poignée d'orge, quatre écrevisses broyées.

Mettez-les dans une pinte et demie d'eau. Faites cuire à très petit bouillon jusqu'à ce que le tout soit réduit à une pinte; ajoutez-y feuilles d'aigremoine, de pimprenelle, de scolopendre, de chicorée sauvage, de fumeterre, de cresson, de chacune une demi-poignée.

Faites encore bouillir une ou deux minutes; puis retirez votre pot du feu et laissez infuser vos herbes pendant une heure, ensuite passez le tout avec une toile forte à travers laquelle vous exprimerez le suc des herbes et des viandes. Il vous restera une pinte de colature que vous partagerez en deux bouillons.

N° XII. — Prenez : une chopine de petit-lait clarifié, dans laquelle vous ferez bouillir pendant un demi-quart d'heure : feuilles de plantain, de mauve, racines de guimauve, de nénuphar, de chacune demi-poignée, une tête de pavot blanc.

Passez la colature sans expression ; faites-y insérer pendant douze heures une drachme de safran oriental, et après l'avoir passée une seconde fois, mettez-la dans un vase propre pour l'usage.

N. B. — Que ces injections doivent se renouveler tous les jours, parce qu'elles s'aigrissent facilement, et qu'alors elles pourraient faire plus de mal que de bien.

N° XIII. — Prenez : semences de chicorée, de laitue, d'endive, de pourpier, de chacune une drachme ; feuilles d'althéa, de mauves, de chacune m. 1 ; racines d'althéa, de nénuphar, de chacune demi-once ; une tête de pavot.

Faites bouillir le tout dans une suffisante quantité d'eau, pour en avoir trois pintes.

Passez et mettez la colature dans un vase propre pour l'usage.

N. B. — Il faut renouveler cette décoction tous les jours.

N° XIV. — Prenez deux onces du meilleur opium, une once de safran, une drachme de cannelle en poudre, autant de clous de girofle. Mettez le tout en infusion dans une bonne chopine de vin d'Espagne pendant trois jours à une chaleur aussi modérée que celle du soleil, coulez la liqueur et gardez-la dans des bouteilles bien bouchées.

N° XV. — Prenez douze onces de vif-argent revivifié du cinabre ou du sublimé, broyez-le dans un mortier de marbre avec un pilon d'un bois dur et pesant, en y ajoutant deux drachmes d'or qu'on aura réduit en limaille. Jetez-y de l'eau froide, et continuez à broyer. Jetez l'eau qui sera sale, et répétez cette lotion en continuant de broyer, jusqu'à cinq ou six fois. Laissez sécher cet amalgame d'or et de mercure que vous mettrez dans un matras où vous ajouterez du bon esprit de vitriol, jusqu'à ce qu'il surpasse la matière d'un doigt : vous laisserez votre matras sur des cendres chaudes pendant vingt-quatre heures, ensuite vous la laisserez digérer à froid pendant huit jours ; après quoi vous prendrez un petit alambic, et vous y jetterez votre dissolution. Adaptez un chapiteau et un récipient, distillez et remettez dans l'alambic ce qui sera sorti dans le récipient, redistillez ainsi jusqu'à cinq fois, et la dernière fois jusqu'à sec ; mettez la matière qui restera en poudre dans un plat de terre non verni, sur un feu de charbon, laissez-la rougir pendant quatre ou cinq heures et renfermez-la ensuite dans une bouteille. La dose de cette poudre est depuis trois grains jusqu'à six.

N° XVI. — Prenez orge crue, lentilles, fèves avec leur peau, de chacune une once ; feuilles d'aigremoine, d'absinthe, de chèvrefeuille, de marrube, de chaune une demi-poignée ; racines d'aristoloche, d'iris, de chacune une drachme.

Faites bouillir le tout dans une pinte d'eau environ un quart d'heure. Passez et coulez dans un vase convenable pour l'usage.

Cette décoction peut très bien se garder deux jours.

N° XVII. — Prenez racines de grande consoude, de bistorte, de chaque une demi-poignée; feuilles de plantain, feuilles de prêle, de bourse-à-pasteur, de sanicle, de piloselle, de mille-feuilles, de chaque une demi-poignée; de roses rouges, une pincée.

Faites-les bouillir une ou deux minutes dans une pinte d'eau, coulez et passez dans un vase propre pour l'usage.

N. B. — Cette décoction peut se garder comme la précédente.

REMÈDES QUE J'AI ANNONCÉS POUR LES FLEURS BLANCHES.

L'un est extérieur, et l'autre intérieur. On peut quelquefois les employer séparément, mais plus souvent il convient de les administrer ensemble. Il est même des cas où ils deviennent insuffisants. Mais comme dans les plus ordinaires je les ai toujours employés avec succès, je ne crains point de les rendre publics en prévenant, 1° de remédier à l'engorgement des premières voies dans la partie qu'elles pèchent; 2° d'accompagner ces remèdes d'un régime exact : deux choses sur lesquelles on fera très bien de consulter son médecin.

Le sexe aura de quoi se satisfaire plus amplement sur cette matière dans mon *Avis aux dames sur leur santé;* ouvrage qui sera dans peu entre ses mains, et qui y serait déjà, si un avis qui m'a été demandé sur les signes univoques de la grossesse, ne m'eût conduit, comme malgré moi, aux recherches les plus exactes sur les fausses grossesses qui déshonorent tous les jours les demoiselles les plus respectables, et jettent dans les familles l'horreur et le désespoir. Cette matière m'a paru tout à coup si digne de ma tendresse pour l'humanité, que dans l'instant j'ai abandonné mes autres travaux, pour m'occuper uniquement à venger le sexe des jugements prématurés du public.

Remède extérieur.

Prenez une livre de litharge d'or bien porphyrisée.
Une pinte de vinaigre de vin le plus fort.

Faites-les bouillir ensemble dans un pot de terre verni pendant une heure et demie en tournant sans cesse. Laissez refroidir et reposer la matière dans un lieu propre. Il surnagera une liqueur rouge que vous prendrez avec une cuiller, et la mettrez dans un flacon pour vous en servir au besoin.

On prend une cuiller à café de cette liqueur, et deux cuillers à café d'esprit-de-vin camphré qu'on met dans une pinte d'eau filtrée, mesure de Paris.

Quand on veut s'en servir on remue bien la bouteille, puis on en verse dans une tasse qu'on fait tiédir au bain-marie. Ensuite on en remplit une seringue qu'on injecte avec beaucoup de douceur et de précaution dans la matrice. On réitère souvent dans le jour ces injections, en prenant une posture commode pour les garder au moins un demi-quart d'heure.

Nous avons obligation de ce remède, d'autant plus merveilleux qu'il est simple, à M. Goulard, professeur et démonstrateur royal en chirurgie de l'Université de Montpellier, et notre reconnaissance pour lui serait sans borne, si, trop idolâtre de sa production, il n'en avait étendu l'usage jusqu'à l'intérieur : ce que les maîtres de l'art, malgré la vénération qu'ils conserveront toujours pour M. Goulard, n'oseront jamais adopter. Heureux si ces mêmes maîtres étaient tous également d'accord pour respecter les talents et les lumières supérieures de M. le baron van s'Wieten, et cependant se réunissaient, avec la fermeté qu'inspire l'évidence, pour proscrire sans cesse le poison le plus violent et le plus subtil, je veux dire le sublimé corrosif, qu'il a eu le malheur de recommander contre les accidents vénériens. Si cet homme, digne d'ailleurs de tous les éloges des personnes de l'art et des honnêtes gens, vient enfin un jour à s'attendrir sur l'humanité qu'il a désolée de bonne foi par ce cruel remède, que le Ciel en fureur a laissé imaginer à nos dangereux chimistes, alors il n'y aura point d'académie dans l'univers qui ne doive ériger à sa gloire de ces monuments solides que les révolutions des temps ne sauraient détruire. Car par cette rétractation glorieuse il rendra autant d'hommes à la société que les guerres les plus sanglantes en peuvent anéantir. Cette digression paraîtra peut-être un peu déplacée, mais il a fallu soulager mon cœur, qui en était depuis trop longtemps oppressé.

Remède intérieur contre les fleurs blanches.

Prenez des écorces d'orange et de citron confites, de chacune deux onces ; clous de girofle et cannelle, de chacun deux drachmes ; muscade râpée, une drachme ; de la bonne thériaque, trois drachmes ; des yeux d'écrevisses, une once.

Mettez en poudre tout ce qui peut être pulvérisé, et broyez le tout longtemps dans un mortier avec les écorces confites, jusqu'à ce que cela soit bien réduit en pâte. Ajoutez-y trois drachmes de rhubarbe bien choisie en poudre subtile, broyez encore jusqu'à ce que le tout soit bien incorporé, en y mêlant du sirop de coing, autant qu'il en faut pour le réduire en forme d'opiat un peu solide, qu'on mettra en pot et qu'on gardera pour l'usage dans un lieu frais.

La malade doit en prendre le matin à jeun, et le soir en se couchant, de la grosseur d'une aveline.

Cet opiat est un excellent stomachique, et j'en ai fait des expériences aussi heureuses que fréquentes dans les fleurs blanches qui dépendent du vice de l'estomac. Ce sont les plus ordinaires.

SIXIÈME PARTIE

L'ONANISME

Essai sur les maladies produites par la masturbation.

INTRODUCTION

Nos corps perdent continuellement; et si nous ne pouvions pas réparer nos pertes, nous tomberions bientôt dans une faiblesse mortelle. Cette réparation se fait par les aliments, mais ces aliments doivent subir dans nos corps différentes préparations, que l'on comprend soùs le nom de nutrition. Dès qu'elle ne se fait pas, ou qu'elle se fait mal, tous ces aliments deviennent inutiles, et n'empêchent pas qu'on ne tombe dans tous les maux que l'épuisement entraîne. De toutes les causes qui peuvent empêcher la nutrition, il n'y en a peut-être point de plus commune que les évacuations trop abondantes.

Telle est la fabrique de notre machine, et en général des machines animales, que, pour que les aliments acquièrent ce degré de préparation nécessaire po u réparer le corps, il faut qu'il reste une certaine quantité d'humeurs déjà travaillées, naturalisées, si l'on veut me permettre ce terme. Si cette condition manque, la digestion et la coction des aliments reste imparfaite, et d'autant plus imparfaite que l'humeur qui manque est plus travaillée, et d'une plus grande importance.

Une nourrice robuste, qu'on tuerait en lui tirant quelques livres de sang dans vingt-quatre heures, peut fournir la même quantité de lait à son enfant quatre ou cinq cents jours de suite, sans en être sensiblement incommodée, parce que le lait est de toutes les humeurs la moins travaillée; c'est une humeur qui est presque encore étrangère, au lieu que le sang est une humeur essentielle. Il en est une autre, la liqueur séminale, qui influe si fort sur les formes du corps, et sur la perfection des digestions qui les réparent, que les médecins de tous les siècles ont cru unanimement que la perte d'une once de cette humeur affaiblissait plus que celle de quarante onces de sang. L'on peut se faire une idée de son importance, en observant les effets qu'elle opère dès qu'elle commence à se former : la voix, la physionomie, les traits même du visage changent; la barbe paraît; tout le corps prend souvent un autre air, parce que les muscles acquièrent une grosseur et une fermeté qui forment une différence sensible entre le corps d'un adulte et celui d'un jeune homme qui n'a pas passé la puberté. L'on empêche tous ces développements en emportant l'organe qui sert à la séparation de la liqueur qui les produit; et des observations vraies prouvent que l'amputation des testicules, dans l'âge de la virilité, a procuré la chute de la barbe, et le retour d'une voix enfantine. Peut-on douter, après cela, de la force de son action sur tout le corps, et ne pas sentir, par là même, combien de maux doit procurer la profusion d'une humeur si précieuse? Sa destination détermine le seul moyen légitime de l'évacuer. Les maladies en procurent quelquefois l'écoulement. Elle peut se perdre involontairement dans des songes lascifs. L'auteur de la Genèse nous a laissé l'histoire du crime d'Onan, sans doute pour nous transmettre celle de son châtiment; et nous apprenons par Galien, que Diogène se souilla en commettant le même crime.

Si les dangereuses suites de la perte trop abondante de cette humeur ne dépendaient que de la quantité, ou étaient les mêmes à quantité égale, il importerait peu, relativement au physique, que cette évacuation se fît de l'une ou de l'autre des façons que je viens d'indiquer. Mais la forme fait ici autant que le fond : qu'on me permette encore cette expression, mon sujet autorise des licences de cette espèce. Une quantité trop considérable de semence perdue dans les voies de la nature jette dans des maux très fâcheux, mais qui le sont bien davantage quand la même quantité a été dissipée par les moyens contre nature. Les accidents que ceux qui s'épuisent dans un commerce naturel éprouvent sont terribles : ceux que la masturbation entraîne le sont bien plus. Ce sont ces derniers qui font proprement l'objet de cet ouvrage; mais la liaison intime qu'ils ont avec les premiers empêche d'en séparer le tableau. C'est ce tableau commun qui formera mon premier article : il sera suivi de l'explication des causes, second article dans lequel j'exposerai celles qui rendent les suites de la masturbation plus dangereuses : les moyens de guérison et des remarques sur quelques maladies analogues finiront l'ouvrage. Je joindrai partout les observations des meilleurs auteurs à celles que j'ai faites moi-même.

ARTICLE PREMIER

LES SYMPTOMES

SECTION PREMIÈRE

Tableau tiré des ouvrages des Médecins.

Hippocrate, le plus ancien et le plus exact des observateurs, a déjà décrit les maux produits par les plaisirs de l'amour, sous le nom de consomption dorsale. « Cette maladie naît, dit-il, de la moelle de l'épine du dos. Elle attaque les jeunes mariés ou les libidineux. Ils n'ont pas de fièvre ; et, quoiqu'ils mangent bien, ils maigrissent et se consument. Ils croient sentir des fourmis qui descendent de la tête le long de l'épine. Toutes les fois qu'ils vont à la selle ou qu'ils urinent, ils perdent abondamment une liqueur séminale très liquide. Ils sont inhabiles à la génération, et ils sont souvent occupés de l'acte vénérien dans leurs songes. Les promenades, surtout dans les routes pénibles, les essoufflent, les affaiblissent, leur procurent des pesanteurs de tête et des bruits d'oreille; enfin une fièvre aiguë (*lipyria*), termine leurs jours. » Je parlerai, dans un autre endroit, de cette espèce de fièvre.

Quelques médecins ont attribué à la même cause et ont appelé seconde consomption dorsale d'Hippocrate une maladie qu'il décrit ailleurs, et qui a quelque rapport avec cette première. Mais la conservation des forces, qu'il spécifie particulièrement, me paraît une preuve convaincante que cette maladie ne dépend point de la même cause que la première. Elle paraît plutôt être une affection rhumatismale.

« Ces plaisirs, » dit Celse dans son excellent livre sur la conservation de la santé, « nuisent toujours aux personnes faibles, et leur fréquent usage affaiblit « les forts. »

L'on ne peut rien voir de plus effrayant que le tableau qu'Arétée nous a laissé des maux produits par une trop abondante évacuation de semence. « Les jeunes gens, dit-il, prennent et l'air et les infirmités des vieillards; ils deviennent pâles, efféminés, engourdis, paresseux, lâches, stupides et même imbéciles; leurs corps se courbent, leurs jambes ne peuvent plus les porter, ils ont un dégoût général, ils sont inhabiles à tout; plusieurs tombent dans la paralysie. » Dans un autre endroit, il met les plaisirs de l'amour dans le nombre des six causes qui produisent la paralysie.

Galien a vu la même cause occasionner des maladies du cerveau et des nerfs, et détruire les forces; et il rapporte ailleurs qu'un homme, qui n'était pas tout à fait guéri d'une violente maladie, mourut la même nuit qu'il paya le tribut conjugal à sa femme.

Pline le naturaliste nous apprend que Cornélius Gallus, ancien préteur, et Titus Æthérius, chevalier romain, moururent dans l'acte même du coït.

« L'estomac se dérange, dit Aëtius, tout le corps s'affaiblit; l'on tombe dans la pâleur, la maigreur, le dessèchement, les yeux se cavent. »

Ces témoignages des anciens les plus respectables sont confirmés par ceux d'une foule de modernes. Sanctorius, qui a examiné avec le plus grand soin toutes les causes qui agissent sur nos corps, a observé que celle-ci affaiblissait l'estomac, ruinait les digestions, empêchait l'insensible transpiration dont les dérangements ont des suites si fâcheuses, produisait des chaleurs de foie et de reins, disposait au calcul, diminuait la chaleur naturelle, et entraînait ordinairement la perte ou l'affaiblissement de la vue.

Lommius, dans ses beaux commentaires sur les passages de Celse que j'ai cités, appuie le témoignage de son auteur par ses propres observations. « Les émissions fréquentes de semence relâchent, dessèchent, affaiblissent, énervent, et produisent une foule de maux; des apoplexies, des léthargies, des épilepsies, des assoupissements, des pertes de vue, des tremblements, des paralysies; des spasmes, et toutes les espèces de gouttes les plus douloureuses.

L'on ne lit point sans horreur la description que nous a laissée Tulpius, ce célèbre bourgmestre et médecin d'Amsterdam : « Non seulement, dit-il, la moelle de l'épine maigrit, mais tout le corps et l'esprit languissent également; l'homme périt misérablement. Samuel Verspretius fut attaqué d'une fluxion d'une humeur excessivement âcre, qui se jeta d'abord sur le derrière de la tête et la nuque; elle passa de là sur l'épine, les lombes, les flancs et l'articulation de la cuisse, et fit souffrir à ce malheureux des douleurs si vives, qu'il devint tout à fait défiguré, et tomba dans une petite fièvre qui le consumait, mais pas assez vite à son gré; et son état était tel, qu'il invoqua plus d'une fois la mort, avant qu'elle vînt l'arracher à ses maux. »

Rien, dit un célèbre médecin de Louvain, n'affaiblit autant et n'abrège autant la vie.

Blancard a vu des gonorrhées simples, des consomptions, des hydropisies qui dépendaient de cette cause ; et Muys a vu un homme encore d'un bon âge, attaqué d'une gangrène spontanée du pied, qu'il attribua à des excès vénériens.

Les *Mémoires des Curieux de la Nature* parlent d'une perte de vue : l'observation mérite d'être rapportée en entier. L'on ignore, dit l'auteur, quelle sympathie les testicules ont avec tout le corps, mais surtout avec les yeux. Salmuth a vu un savant hypocondriaque devenir fou, et un autre homme se dessécher si prodigieusement le cerveau qu'on l'entendait vaciller dans le crâne ; l'un et l'autre pour s'être livrés à des excès du même genre. J'ai vu moi-même un homme de cinquante-neuf ans qui, trois semaines après avoir épousé une jeune femme, tomba tout à coup dans l'aveuglement, et mourut au bout de quatre mois.

« La trop grande dissipation des esprits animaux affaiblit l'estomac, ôte l'appétit ; et la nutrition n'ayant plus lieu, le mouvement du cœur s'affaiblit, toutes les parties languissent, l'on tombe même dans l'épilepsie. » Nous ignorons, il est vrai, si les esprits animaux et la liqueur génitale sont la même chose ; mais l'observation nous a appris, comme on le verra plus bas, que ces deux fluides ont une très grande analogie, et que la perte de l'un ou de l'autre produit les mêmes maux. M. Hoffman a vu les plus fâcheux accidents suivre la dissipation de la semence. « Après de longues pollutions nocturnes, dit-il, non seulement les forces se perdent, le corps maigrit, le visage pâlit ; mais de plus la mémoire s'affaiblit, une sensation continuelle de froid saisit tous les membres, la vue s'obscurcit, la voix devient rauque ; tout le corps se détruit peu à peu ; le sommeil troublé par des rêves inquiétants ne répare point, et l'on éprouve des douleurs semblables à celles qu'on ressent après qu'on a été meurtri par des coups. »

Dans une consultation pour un jeune homme qui, entre autres maux, s'était attiré par la masturbation une faiblesse totale des yeux, il dit qu'il a vu plusieurs exemples de gens qui, même dans l'âge fait, c'est-à-dire quand le corps jouit de toutes ses forces, s'étaient attiré non seulement des rougeurs et des douleurs extrêmement vives dans les yeux, mais encore une si grande faiblesse de vue, qu'ils ne pouvaient lire ni écrire quoi que ce soit. J'ai même vu, ajoute-t-il, deux gouttes sereines produites par cette cause. » L'on verra avec plaisir l'histoire même de la maladie qui donna lieu à cette consultation. « Un jeune homme s'étant livré à la masturbation à l'âge de quinze ans, et l'ayant exercée très fréquemment jusqu'à vingt-trois, tomba pendant cette période dans une si grande faiblesse de tête et des yeux, que souvent ces derniers étaient saisis de violents spasmes dans le temps de l'émission de la semence. Dès qu'il voulait lire quelque chose, il éprouvait un étourdissement semblable à celui de l'ivresse ; la pupille se dilata extraordinairement ; il souffrait dans l'œil des douleurs excessives ; les paupières étaient très pesantes, elles se collaient toutes les nuits ; ses yeux étaient toujours baignés de larmes, et il s'amassait dans les deux coins, qui étaient très douloureux, beaucoup d'une matière blanchâtre. Quoiqu'il mangeât avec plaisir, il était réduit à une extrême maigreur ; et dès qu'il avait mangé, il tombait dans une espèce d'ivresse. » Le même auteur nous a conservé une autre observation dont il avait été le témoin oculaire, et que je crois devoir placer ici. « Un jeune homme de dix-huit ans, qui s'était livré fréquemment à une servante, tomba tout à coup en faiblesse, avec un tremblement général de tous les membres, le visage rouge et le pouls très faible. On le tira de cet état au bout d'une heure, mais il resta dans une langueur générale. Le même accès revenait très fréquemment avec une très forte angoisse, et lui procura au bout de huit jours une contraction et une tumeur du bras droit avec une douleur au coude qui redoublait toujours avec l'accès. Le mal alla pendant longtemps en augmentant, malgré beaucoup de remèdes : enfin M. Hoffman le guérit. »

M. Boerhaave peint ces maladies avec cette force et cette précision qui caractérisent tous ses tableaux.

« La trop grande perte de semence produit la lassitude, la débilité, l'immobilité, des convulsions, la maigreur, le dessèchement, des douleurs dans les membranes du cerveau ; émousse les sens, et surtout la vue ; donne lieu à la consomption dorsale, à l'indolence et à diverses maladies qui ont de la liaison avec celles-là. »

Les observations que ce grand homme communiquait à ses auditeurs, en leur expliquant cet aphorisme. et qui portent sur les différents moyens d'évacuations, ne doivent pas être omises. « J'ai vu un malade dont la maladie commença par une lassitude et une faiblesse dans tout le corps, surtout vers les lombes ; elle fut accompagnée du jeu des tendons, de spasmes périodiques et de la maigreur, de manière à détruire tout le corps : il sentait aussi de la douleur dans les membranes mêmes du cerveau, douleur que les malades nomment ardeur sèche, qui brûle continuellement en dedans les parties les plus nobles.

« J'ai vu aussi un jeune homme attaqué de la consomption dorsale. Il était d'une fort jolie figure ; et malgré qu'on l'eût souvent averti de ne se point trop livrer au plaisir, il s'y livra néanmoins et il devint si difforme avant sa mort, que cette grosseur charnue qui paraît au-dessus des apophyses épineuses des lombes s'était entièrement affaissée. Le cerveau même dans ce cas paraît être consumé ; en effet, les malades deviennent stupides. Ils deviennent si roides, que je n'ai point vu une aussi grande immobilité du corps produite par une autre cause. Les yeux mêmes sont si hébétés, qu'ils n'ont plus la facilité de voir. »

M. de Senac peignait, dans la première édition de ses *Essais*, les dangers de la masturbation, et annonçait aux victimes de cette infamie toutes les infirmités de la vieillesse la plus languissante, à la fleur de leur âge. L'on peut voir dans les éditions suivantes les raisons de la suppression de ce morceau et de quelques autres.

M. Ludwig, en décrivant les maux qui surviennent aux évacuations trop abondantes, n'oublie pas la spermatique. « Les jeunes gens de l'un ou de l'autre sexe, qui se livrent à la lascivité, ruinent leur santé en dissipant des forces qui étaient destinées à amener leur corps à son point de plus grande vigueur, et enfin ils tombent dans la consomption. »

M. de Gorter donne un détail des accidents les plus tristes, dépendants de cette cause, mais il serait trop long de le copier ; je renvoie à son ouvrage même tous ceux qui entendent la langue dont il s'est servi.

Le docteur N. Robinson, dans son ouvrage sur la consomption, a mis un assez long chapitre très bien fait sur la consomption dorsale, que je ne puis point insérer ici. La constipation, la tristesse, la crainte de ne jamais guérir lors même que la guérison est assurée, la douleur fixe à la croisée des reins, la grande faiblesse, les douleurs passagères de toutes les articulations, l'affaiblissement des facultés et des sens, les pollutions nocturnes, la gonorrhée simple, sont les caractères qui, suivant lui, distinguent cette espèce des autres.

Après avoir rapporté la description de la consomption dorsale d'Hippocrate, telle qu'on l'a lue plus haut, M. Van Swieten ajoute : « J'ai vu tous ces accidents, et plusieurs autres, dans les malheureux qui s'étaient livrés à de honteuses pollutions. J'ai employé inutilement pendant trois ans tous les secours de la médecine pour un jeune homme qui s'était attiré, par cette infâme manœuvre, des douleurs vagues, étonnantes et générales, avec une sensation tantôt de chaleur, tantôt d'un froid très incommode par tout le corps, mais surtout aux lombes. Dans la suite, ces douleurs ayant un peu diminué, il sentait un si grand froid dans les cuisses et dans les jambes, quoique au tact ces parties parussent conserver leur chaleur naturelle, qu'il se chauffait continuellement auprès du feu, même pendant les plus grandes chaleurs de l'été. J'admirai surtout pendant tout ce temps un mouvement continuel de rotation des testicules dans le scrotum, et le malade éprouvait dans les lombes la sensation d'un mouvement semblable, qui lui était très à charge. » Ce détail nous laisse ignorer si ce malheureux termina sa vie au bout de trois ans, ou s'il continua à languir pendant quelque temps, ce qui est bien plus fâcheux : il n'y a cependant pas une troisième issue.

M. Kloekof, dans un très bon ouvrage sur les maladies de l'esprit qui dépendent du corps, confirme par ses observations celles qu'on vient de lire. « Une trop grande dissipation de semence affaiblit le ressort de toutes les parties solides ; de là naissent la faiblesse, la paresse, l'inertie, les phtisies, les consomptions dorsales, l'engourdissement et la dépravation des sens, le stupidité, la folie, les évanouissements, les convulsions. »

M. Hoffmann avait déjà remarqué que les jeunes gens qui se livrent à l'infâme pratique de la masturbation perdaient peu à peu toutes les facultés de leur âme, surtout la mémoire, et devenaient tout à fait inhabiles à l'étude.

M. Lewis décrit tous ces maux. Je ne transcrirai ici, de son ouvrage, que ce qui a rapport à ceux de l'âme. « Tous les maux qui naissent des excès avec les femmes suivent plus promptement encore, et dans un âge tendre, l'abominable pratique de la pollution de semence, qu'il serait difficile de peindre avec des couleurs aussi affreuses qu'elle le mérite : pratique à laquelle les jeunes gens se livrent sans connaître toute l'énormité du crime, et tous les maux qui en sont les suites physiques. L'âme se ressent de tous les maux du corps, mais surtout de ceux qui naissent de cette cause. La plus noire mélancolie, l'indifférence pour tous les plaisirs (ne pourrait-on pas dire l'aversion ?), l'impossibilité de prendre part à ce qui fait l'objet de la conversation des compagnies dans lesquelles ils se trouvent sans y être ; le sentiment de leur propre misère, et le sentiment d'en être les artisans volontaires, la nécessité de renoncer au bonheur du mariage, sont les idées bourrelantes qui contraignent ces malheureux à se séparer du monde : fort heureux si elles ne les portent pas à terminer eux-mêmes leur carrière. »

De nouvelles observations confirmeront plus bas la vérité de cet effrayant tableau. Celui qu'a fait M. Storck, dans le bel ouvrage qu'il a publié sur l'histoire et le traitement des maladies, n'est pas moins terrible ; mais je renvoie à l'ouvrage même, dont aucun médecin ne peut se passer, ceux qui voudront le voir.

Avant que de passer aux observations qui m'ont été communiquées, je terminerai cette section par le beau morceau qui se trouve dans l'excellent ouvrage dont M. Gaubius a enrichi la médecine. Non seulement il peint les maux, mais il en indique les causes, avec cette force, cette vérité, cette sagacité et cette précision qui n'appartiennent qu'au plus grand maître. C'est un morceau précieux, dont on me saura gré de conserver le coloris, en le rapportant tel que l'auteur l'a écrit :
« Immoderata seminis profusio, non solum utilissimi humoris jactura, sed ipso
« etiam motu convulsivo, quo emittitur, frequentius repetito, imprimis lædit.
« Etenim summam voluptatem universalis excipit virium resolutio, quæ crebro
« ferri nequit, quin enervet. Colatoria autem corporis quo magis emulgentur,
« eo plus humorum aliunde ad se trahunt, succisque sic ad genitalia derivatis,
« reliquæ partes depauperantur. Inde ex nimia venere lassitudo, debilitas,

« immobilitas, incessus delumbis, encephali dolores, convulsiones sensuum
« omnium, maxime visus hebetudo, cæcitas, fatuitas, circulatio febrilis, exsic-
« catio, macies, tabes et pulmonica et dorsalis, effeminatio. Augentur hæc mala
« atque insanabilia fiunt ob perpetuum in venerem pruritum, quem mens, non
« minus quam corpus, tandem contrahit, quoque efficitur ut et dormientes
« obscena phantasmata exerceant, et in tentiginem pronæ partes quavis occa-
« sione impetum concipiant, onerique et stimulo sit quamlibet exigua reparati
« spermatis copia, levissimo conatu, et vel sine hoc, de relaxatis loculis elap-
« sura. Quocirca liquet, quare adolescentiæ florem adeo pessumdet iste excessus. »

SECTION II

Observations communiquées.

Je ne suivrai d'autre ordre que celui des dates de réception. J'ai vu, me dit
mon illustre ami M. Zimmermann, un homme de vingt-trois ans qui devint
épileptique, après s'être affaibli le corps par de fréquentes manustuprations.
Toutes les fois qu'il avait des pollutions nocturnes, il tombait dans un accès
d'épilepsie parfait. La même chose lui arrivait après les manustuprations, dont il
ne s'abstenait point, malgré tous les accidents et tout ce que l'on pouvait lui dire.
Quand l'accès était passé, il éprouvait des douleurs très fortes aux reins et
autour du coccyx. Cependant, ayant enfin cessé cette manœuvre pendant quelque
temps, je le guéris des pollutions, et j'espérai même de le guérir de l'épilepsie,
dont les accès avaient déjà disparu. Il avait repris les forces, l'appétit, le sommeil, et une très belle couleur, après avoir ressemblé à un cadavre. Mais étant
revenu à ses masturbations, qui étaient toujours suivies d'une attaque, il eut
enfin les accès dans les rues même; et on le trouva mort un matin dans sa
chambre, tombé hors de son lit et baignant dans son sang. Qu'on me permette
ici une question qui se présenta à moi quand je lus cette observation : ceux qui
se tuent d'un coup de pistolet, qui se noient volontairement ou qui s'égorgent,
sont-ils plus comptables de leur mort, sont-ils plus suicides que cet homme-ci ?
Sans entrer dans le détail, mon ami ajoute qu'il en connaît un autre qui est dans
le même cas : j'ai appris, depuis, qu'il avait fini de la même manière. J'ai connu
(c'est encore M. Zimmermann qui parle) un homme d'un très beau génie et d'un
savoir presque universel, à qui de fréquentes pollutions avaient fait perdre toute

l'activité de son esprit, et dont le corps était exactement dans l'état de celui du malade qui consulta M. Boerhaave, et que je rapporterai ailleurs.

Je dois les deux faits suivants à M. Rast le fils, célèbre médecin de Lyon, avec qui j'ai eu le plaisir de passer quelques mois à Montpellier. Un jeune homme de Montpellier, étudiant en médecine, mourut par l'excès de ces sortes de débauches. L'idée de son crime avait tellement frappé son esprit, qu'il mourut dans une espèce de désespoir, croyant voir l'enfer ouvert à ses côtés, prêt à le recevoir. Un enfant de cette ville, âgé de six ou sept ans, instruit, je crois, par une servante, se pollua si souvent, que la fièvre lente qui survint l'emmena bientôt. Sa fureur pour cet acte était si grande, qu'on ne put l'en empêcher jusqu'aux derniers jours de sa vie. Lorsqu'on lui représentait qu'il hâtait sa mort, il se consolait en disant qu'il irait plus tôt trouver son père mort depuis quelques mois.

M. Mieg, célèbre médecin de Bâle, connu dans le monde savant par d'excellentes dissertations et à qui sa patrie a l'obligation de l'inoculation qu'il continue avec autant de succès que d'habileté, m'a communiqué une lettre de M. le professeur Stehelin, nom cher aux lettres, dans laquelle j'ai trouvé plusieurs observations intéressantes et utiles.

J'en réserve quelques-unes pour la suite de cet ouvrage, où elles seront mieux placées; c'est ici le lieu des deux autres. Le fils de M***, âgé de quatorze à quinze ans, est mort de convulsions et d'une espèce d'épilepsie dont l'origine venait uniquement de la masturbation : il a été traité par les médecins les plus expérimentés de notre ville. Je connais aussi une jeune demoiselle de douze à treize ans, qui, par cette détestable manœuvre, s'est attiré une consomption, avec le ventre gros et tendu, une perte blanche et une incontinence d'urine. Quoique les remèdes l'aient soulagée, elle languit toujours, et je crains des suites funestes.

SECTION III

Tableau tiré de l'Onania.

Depuis la publication de cet ouvrage, j'ai appris, par le canal le plus respectable, que l'on ne devait pas ajouter une entière créance aux faits de la collection anglaise, et que cette raison, quelques calomnies, des obscénités, et la supposition d'un privilège impérial, avaient fait prohiber la traduction allemande dans l'Empire. Ces motifs m'auraient déterminé à supprimer tout ce que j'ai tiré de cet

ouvrage, mais quelques considérations m'ont engagé à le conserver sous la modification de cet avis. La première est que quelques-unes de ces raisons ne regardent que l'édition allemande. La seconde, que, quoiqu'il puisse s'y trouver quelques faits supposés, et quelques-uns paraissent même porter ce caractère, il est
cependant prouvé que le plus grand nombre n'est que trop vrai. Enfin, une troisième considération qui m'a décidé, c'est ce que je trouve dans la même lettre de
M. Stehelin. J'ai reçu, dit-il, une lettre de M. Hoffmann, de Maestricht, dans
laquelle il me marque avoir vu un masturbateur qui s'était déjà attiré une consomption dorsale qu'il traita sans succès, et qui fut guéri par les remèdes de
l'*Onania* dont le docteur Bekkers, à Londres, doit être l'auteur, et si bien guéri,
qu'il est redevenu gros et gras et qu'il a quatre enfants.

L'*Onania* anglais est un vrai chaos, l'ouvrage le plus indigeste qui se soit
écrit depuis longtemps. On ne peut lire que les observations; toutes les réflexions
de l'auteur ne sont que des trivialités théologiques et morales. Je ne tirerai de
tout cet ouvrage, qui est assez long, qu'un tableau des accidents les plus ordinaires dont les malades se plaignent : la vivacité, l'expression énergique de la
douleur et du repentir qui se trouvent dans un petit nombre de lettres, et qui ne
peuvent point se trouver dans l'extrait, ne doivent pas affaiblir l'impression
d'horreur que la lecture inspire, parce que cette impression dépend des faits; et
les lecteurs m'auront obligation de leur épargner la lecture d'un bien plus grand
nombre de lettres sans tour et sans style. Je rangerai sous six chefs les maux
dont se plaignent les malades anglais, en commençant par les plus fâcheux, ceux
de l'âme.

1° Toutes les facultés intellectuelles s'affaiblissent, la mémoire se perd, les
idées s'obscurcissent, les malades tombent même quelquefois dans une légère
démence; ils ont sans cesse une espèce d'inquiétude intérieure, une angoisse
continuelle, un reproche de leur conscience, si vif, qu'ils versent souvent des
larmes. Ils sont sujets à des vertiges ; tous leurs sens, mais surtout la vue et
l'ouïe, s'affaiblissent; leur sommeil, s'ils peuvent dormir, est troublé par des
rêves fâcheux.

2° Les forces du corps manquent entièrement ; l'accroissement de ceux qui se
livrent à ces abominations avant qu'il soit fini est considérablement dérangé. Les
uns ne dorment point du tout; les autres sont dans un assoupissement presque
continuel. Presque tous deviennent hypocondriaques ou hystériques, et sont
accablés de tous les accidents qui accompagnent ces fâcheuses maladies, tristesse, soupirs, larmes, palpitations, suffocations, défaillances. L'on en a vu cracher des matières calcaires. La toux, la fièvre lente, la consomption sont les châ-
timents que d'autres trouvent dans leurs propres crimes.

3° Les douleurs les plus vives sont un autre objet des plaintes des malades;

l'un se plaint de la tête, l'autre de la poitrine, de l'estomac, des intestins, de douleurs de rhumatisme extérieur, quelquefois d'un engourdissement douloureux dans toutes les parties du corps, dès qu'on les comprime le plus légèrement.

4° L'on voit non seulement des boutons au visage, — c'est un symptôme des plus communs, mais même de vraies pustules suppurantes sur le visage, dans le nez, sur la poitrine, sur les cuisses ; des démangeaisons cruelles de ces mêmes parties. Un des malades se plaignait même d'excroissances charnues sur le front.

5° Les organes de la génération éprouvent aussi leur part des misères dont ils sont la cause première. Plusieurs malades deviennent incapables d'érection ; chez d'autres, la liqueur séminale se répand au moment du plus léger prurit et de la plus faible érection, ou dans les efforts qu'ils font pour aller à la selle. Un grand nombre est attaqué d'une gonorrhée habituelle qui abat entièrement les forces, et dont la matière ressemble souvent à une sanie fétide, ou à une mucosité sale. D'autres sont tourmentés par des priapismes douloureux. Les dysuries, les stranguries, les ardeurs d'urine, l'affaiblissement de son jet, font cruellement souffrir quelques malades. Il y en a qui ont des tumeurs douloureuses aux testicules, à la verge, à la vessie, au cordon spermatique. Enfin, ou l'empêchement du coït, ou la dépravation de la liqueur génitale, rendent stériles presque tous ceux qui se sont livrés longtemps à ce crime.

6° Les fonctions des intestins sont quelquefois totalement dérangées, et quelques malades se plaignent de constipations opiniâtres, d'autres d'hémorroïdes, ou d'un écoulement fétide par le fondement. Cette dernière observation me rappelle le jeune homme dont parle M. Hoffmann, qui, après chaque masturbation, était attaqué de la diarrhée, nouvelle cause de la perte de ses forces.

SECTION IV

Observations de l'Auteur.

Le tableau qu'offre ma première observation est terrible ; j'en fus effrayé moi-même la première fois que je vis l'infortuné qui en est le sujet, et sentis alors, plus que je n'avais fait encore, la nécessité de montrer aux jeunes gens toutes les horreurs du précipice dans lequel ils se jettent volontairement.

L. D***, horloger, avait été sage et avait joui d'une bonne santé jusqu'à l'âge de dix-sept ans. A cette époque, il se livra à la masturbation qu'il réitérait tous les jours, souvent jusqu'à trois fois ; et l'éjaculation était toujours précédée et accompagnée d'une légère perte de connaissance, et d'un mouvement convulsif dans les muscles extenseurs de la tête, qui la retiraient fortement en arrière, pendant que le cou se gonflait extraordinairement. Il ne s'était pas écoulé un an, qu'il commença à sentir une grande faiblesse après chaque acte. Cet avis ne fut pas suffisant pour le retirer du bourbier ; son âme déjà toute livrée à ces ordures n'était plus capable d'autres idées ; et les réitérations de son crime devinrent tous les jours plus fréquentes, jusqu'à ce qu'il se trouva dans un état qui lui fit craindre la mort. Sage trop tard, le mal avait déjà fait tant de progrès, qu'il ne pouvait être guéri ; et les parties génitales devaient être devenues si irritables et si faibles, qu'il n'était plus besoin d'un nouvel acte de la part de cet infortuné pour faire épancher la semence. L'irritation la plus légère procurait sur-le-champ une érection imparfaite, qui était immédiatement suivie d'une évacuation de cette liqueur, qui augmentait journellement sa faiblesse. Ce spasme, qu'il n'éprouvait auparavant que dans le temps de la consommation de l'acte, et qui cessait en même temps, était devenu habituel et l'attaquait souvent sans aucune cause apparente, et d'une façon si violente, que pendant tout le temps de l'accès, qui durait quelquefois quinze heures et jamais moins de huit, il éprouvait dans toute la partie postérieure du cou des douleurs si violentes, qu'il poussait ordinairement non pas des cris, mais des hurlements ; et il lui était impossible, pendant tout ce temps-là, d'avaler rien de liquide ou de solide. Sa voix était devenue enrouée, mais je n'ai pas remarqué qu'elle le fût davantage dans le temps de l'accès. Il perdit totalement ses forces. Obligé de renoncer à sa profession, incapable de tout, accablé de misère, il languit presque sans secours pendant quelques mois ; d'autant plus à plaindre, qu'un reste de mémoire, qui ne tarda pas à s'évanouir, ne servait qu'à lui rappeler sans cesse les causes de son malheur et à l'augmenter de toute l'horreur des remords. Ayant appris son état, je me rendis chez lui. Je trouvai moins un être vivant, qu'un cadavre gisant sur la paille, maigre, pâle, sale, répandant une odeur infecte, presque incapable d'aucun mouvement. Il perdait souvent par le nez un sang pâle et aqueux, une bave lui sortait continuellement de la bouche ; attaqué de la diarrhée, il rendait ses excréments dans son lit sans s'en apercevoir ; le flux de semence était continuel ; ses yeux chassieux, troubles, éteints, n'avaient plus la faculté de se mouvoir ; le pouls était excessivement petit, vite et fréquent ; la respiration très gênée, la maigreur excessive, excepté aux pieds qui commençaient à être œdémateux. Le désordre de l'esprit n'était pas moindre ; sans idées, sans mémoire, incapable de lier deux phrases, sans reflexion, sans inquiétude sur son sort, sans autre sentiment que celui de la douleur, qui revenait avec tous les accès au moins tous les trois jours. Être bien au-dessous de la brute, spectacle dont on ne peut pas concevoir l'horreur, l'on avait peine à reconnaître qu'il avait appartenu autrefois à l'espèce humaine. Je parvins assez promptement, à l'aide des remèdes fortifiants, à détruire ces violents accès spasmodiques, qui ne le rappelaient si cruellement au sentiment que par les douleurs. Content de l'avoir soulagé à cet égard, je discontinuai des remèdes qui ne pouvaient pas améliorer son état : il mourut au bout de quelques semaines, en juin 1757, œdémateux par tout le corps.

Tous ceux qui se livrent à cette odieuse et criminelle habitude ne sont pas aussi cruellement punis ; mais il n'en est point qui ne s'en ressente du plus au moins. La fréquence des actes, la variété des tempéraments, plusieurs circonstances étrangères occasionnent des différences considérables. Les maux que j'ai vus le plus souvent sont : 1º un dérangement total de l'estomac, qui s'annonce chez les uns par des pertes d'appétit ou par des appétits irréguliers ; chez les autres, par des douleurs vives, surtout dans le temps de la digestion, par des vomissements habituels, qui résistent à tous les remèdes tant que l'on reste dans ses mauvaises habitudes ; 2º un affaiblissement des organes de la respiration, d'où résultent souvent des toux sèches, presque toujours des enrouements, des faiblesses de voix, des essoufflements dès qu'on se donne un mouvement un peu violent ; 3º un relâchement total du genre nerveux.

Il n'est pas nécessaire de connaître beaucoup l'économie animale pour sentir que ces trois causes peuvent produire toutes les maladies de langueur, et l'expérience prouve qu'elles les produisent tous les jours. Les premiers accidents qui en résultent dans les masturbateurs sont, outre ceux que je viens d'indiquer, une diminution considérable dans les forces, une pâleur plus ou moins considérable, quelquefois une légère jaunisse, mais continuelle ; souvent des boutons qui ne passent que pour faire place à d'autres, et se reproduire continuellement partout le visage, mais surtout au front, aux tempes et près du nez ; une maigreur considérable ; une sensibilité étonnante aux changements des saisons, surtout au froid ; une langueur dans les yeux, un affaiblissement de la vue ; une diminution considérable de toutes les facultés, surtout de la mémoire. « Je sens bien, m'écrivait un patient, que cette mauvaise manœuvre m'a diminué la force des facultés, et surtout la mémoire. » Qu'il me soit permis d'insérer ici les fragments de quelques lettres, qui réunis formeront un tableau assez complet des désordres physiques que produit la masturbation, et dont la langue dans laquelle j'écrivais m'empêcha de faire usage dans la première édition de cet ouvrage. « J'eus le malheur, comme bien d'autres jeunes gens (c'est dans l'âge mûr qu'il m'écrit), de me laisser aller à une habitude aussi pernicieuse pour le corps que pour l'âme ; l'âge aidé de la raison a corrigé depuis quelque temps ce misérable penchant, mais le mal est fait. A l'affection et sensibilité extraordinaire du genre nerveux, et aux accidents qu'elle occasionne, se joignent une faiblesse, un malaise, un ennui, une détresse qui semblent m'assiéger comme à l'envi ; je suis miné par une perte de semence presque continuelle ; mon visage devient presque cadavéreux, tant il est pâle et plombé. La faiblesse de mon corps rend tous mes mouvements difficiles ; celle de mes jambes est souvent telle, que j'ai beaucoup de peine à me tenir debout, et que je n'ose pas me hasarder à sortir de ma chambre. Les digestions se font si mal, que la nourriture se représente aussi en nature, trois ou quatre heures après l'avoir prise, que si je ne venais que de la mettre dans mon estomac. Ma poitrine se remplit de flegmes, dont la présence me jette dans un état d'angoisse, et l'expectoration dans un état d'épuisement. Voilà un tableau raccourci de mes misères, qui sont encore augmentées par la triste certitude que j'ai acquise, que le jour qui suit sera encore plus fâcheux que le précédent. En un mot, je ne crois pas que jamais créature humaine ait été affligée de tant de maux que je le suis. Sans un secours particulier de la Providence, j'aurais bien de la peine à supporter un fardeau si pesant. »

Je lus en frémissant, dans la lettre d'un autre malade, ces mots terribles, qui me rappelèrent ceux de l'*Onania :* « Si la religion ne me retenait pas, j'aurais déjà terminé une vie d'autant plus cruelle, qu'elle l'est par ma propre faute. » Il n'est pas au monde, en effet, d'état pire que celui de l'angoisse ; la douleur n'est rien en comparaison ; et quand elle se joint à une foule d'autres maux, il n'est point étonnant qu'un malade désire la mort comme son plus grand bien, et regarde la vie comme un malheur réel, si l'on peut appeler vie un état aussi triste.

Vivere quum nequeam, sit mihi posse mori ;
Dulce mori miseris, sed mors optata recedit.

La description suivante est plus courte et moins terrible. « J'ai eu le malheur dès ma tendre jeunesse, je crois entre huit et dix ans, de contracter cette pernicieuse habitude, qui de bonne heure a ruiné mon tempérament ; mais surtout depuis quelques années je suis dans un accablement extraordinaire : j'ai les nerfs extrêmement faibles , mes mains sont sans force, toujours tremblantes et dans une sueur continuelle ; j'ai de violents maux d'estomac, des douleurs dans les bras, dans les jambes, quelquefois aux reins et à la poitrine, souvent de la toux ; mes yeux sont toujours faibles et cassés, mon appétit est dévorant ; et cependant je maigris beaucoup et j'ai tous les jours plus mauvais visage. » L'on verra dans la section du traitement le succès des remèdes dans ce cas. Je ne détaillerai pas la cure du premier, à cause de sa longueur. « La nature, écrivait un troisième, m'ouvrit les yeux sur la cause de la langueur dans laquelle je me trouvais, et sur le danger de l'abîme où je me précipitais, soit par des boutons ou vessies qui survenaient à la partie qui servait d'instrument à mon crime, soit aussi par la faiblesse que j'éprouvais au milieu du crime même, et qui ne me permettait pas de douter quelle était sa cause. » Un autre me marqua « qu'il éprouvait pendant cet acte une douleur au visage, semblable à celle que l'on aurait sentie si on y eût appliqué des épingles. Les premiers symptômes maladifs furent beaucoup de boutons au visage, à la poitrine et aux reins, avec une inquiétude générale et continuelle ; bientôt l'affaiblissement du corps et surtout des facultés le jeta dans une profonde mélancolie et l'état le plus horrible et le plus indéfinissable : il a été pendant sept ans incapable de toute application, et sans jouir d'un seul instant de bonheur. Je ne vivais, dit-il, que pour l'angoisse, l'inquiétude, l'agitation la plus cruelle, les resserrements les plus affreux, et un étourdissement si terrible, que lorsqu'on me parlait je n'entendais quelquefois que des sons auxquels je n'attachais aucune idée. J'avais des douleurs vives au cerveau, au cou, et de la roideur dans tout le corps. »

Je pourrais ajouter ici un grand nombre de relations de maladies pour lesquelles j'ai été consulté depuis la seconde édition de cet ouvrage ; mais ce seraient des répétitions inutiles, et je me borne à deux ou trois des plus récentes.

Un homme, qui est dans la fleur de son âge, m'écrivait il n'y a que peu de jours : « J'ai contracté fort jeune une affreuse coutume qui a ruiné ma santé ; je suis accablé d'embarras et de tournoiements de tête qui m'ont fait craindre l'apoplexie et pour lesquels on m'a saigné ; mais on s'aperçut d'abord que l'on avait eu tort. J'ai la poitrine serrée et par conséquent la respiration gênée ; j'ai fréquemment des douleurs d'estomac et je souffre successivement presque par tout le corps ; je suis tout le jour assoupi et inquiet ; pendant la nuit mon sommeil est troublé et agité, et il ne me répare point ; j'ai souvent des démangeaisons ; je suis pâle ; j'ai les yeux affaiblis et douloureux, le teint jaune, la bouche mauvaise, etc. »

« Je ne puis faire, m'écrivait un second, deux cents pas sans me reposer ; ma faiblesse est extrême ; j'ai des douleurs continuelles dans tout le corps, mais surtout dans les épaules ; je souffre beaucoup des maux de poitrine ; j'ai conservé de l'appétit, mais c'est un malheur, puisque j'ai des douleurs d'estomac dès que j'ai mangé, et que je rends tout ce que je mange : si je lis une page ou deux, mes yeux se remplissent de larmes et me font souffrir ; j'ai souvent des soupirs très involontaires. « Filo xylino flaccidius veretrum, omnisque erectionis « impotens, semen quidem, manu sollicitatum, effluere sinit, nequaquam « vero ejaculat, adeo cæterum imminutum et retractatum, ut oculi de sexu vix « judicare possint. » L'on trouvera les détails et les succès du traitement dans la suite de cet ouvrage ; je les donnerai, parce que c'est le plus affaibli et le plus docile des malades que j'ai vus.

Un troisième, qui s'était livré à cette horrible manœuvre à l'âge de douze ans, paraissait plus attaqué dans les facultés intellectuelles que dans la santé corporelle. « Je sens ma chaleur diminuer sensiblement ; le sentiment est consi-

dérablement émoussé chez moi ; le feu de l'imagination extrêmement ralenti,
le sentiment de l'existence infiniment moins vif ; tout ce qui se passe à présent
me paraît presque un songe ; j'ai plus de peine à concevoir et moins de présence
d'esprit ; en un mot, je me sens dépérir, quoique je conserve du sommeil, de
l'appétit, et assez bon visage. »

Une suite qui n'est pas rare, c'est l'hypocondrialgie ; et si les hypocondriaques se livrent à cette pratique, elle empire tous les accidents du mal et le rend
totalement incurable. J'ai vu les inquiétudes, les agitations, les anxiétés les plus
cruelles, être l'effet de ces deux causes réunies ; et des observations réitérées
m'ont prouvé que dans les hypocondriaques qui sont sujets à avoir quelquefois
des attaques de délire ou de manie, la masturbation hâte toujours les accès. Le
cerveau affaibli par cette double cause perd successivement toutes ses facultés ; et
les malades tombent enfin dans une imbécillité qui n'est suspendue que par
quelques attaques de frénésie. Les *Mémoires des Curieux de la Nature* parlent
d'un homme mélancolique, qui, suivant le conseil d'Horace, cherchait quelquefois à dissiper ses tristesses par le vin, et qui, s'étant trop livré à un autre genre
de plaisirs dans les premiers jours d'un second mariage, tomba dans une manie
si terrible qu'il fallut l'enchaîner.

Jakin nous a conservé, dans ses Commentaires sur Rhazès, l'histoire d'un
mélancolique que des excès dans le même genre jetèrent dans une consomption
accompagnée de manie, qui le tuèrent en peu de jours.

L'on sait que les paroxysmes épileptiques, accompagnés d'une effusion de
liqueur séminale, laissent plus d'épuisement encore et surtout plus d'étourdissement que les autres. Le coït excite les accès du mal dans ceux qui y sont sujets,
et c'est à cette cause que M. van Swieten attribue le grand accablement dans
lequel les malades tombent, si les accès sont fréquents. M. Didier avait connu un
marchand de Montpellier qui ne sacrifiait jamais à Vénus, sans avoir après une
attaque d'épilepsie.

Galien rapporte une observation semblable, et Henri van Heers témoigne la
même chose. J'ai eu occasion de m'en convaincre moi-même. M. van Swieten a
connu un épileptique qui fut attaqué de l'accès la nuit de ses noces. M. Hoffmann connaissait une femme très lubrique, qui avait le plus souvent un accès
d'épilepsie après chaque acte vénérien. L'on peut placer ici ce que dit M. Boerhaave, dans son *Traité des maladies des nerfs*, que dans l'ardeur vénérienne
tous les nerfs sont affectés, quelquefois jusqu'à mort. Il rapporte l'exemple d'une
femme qui tombait à chaque coït dans une syncope assez longue, et celui d'un
homme qui mourut dans le premier coït ; la force du spasme l'avait jeté sur-le-
champ dans une paralysie totale. Et je trouve dans l'excellent ouvrage dont
M. de Sauvages vient d'enrichir la médecine l'observation très singulière, et

peut-être unique, d'un homme qui, au milieu de l'acte, était attaqué (et le mal a duré douze ans) d'un spasme qui lui raidissait tout le corps, avec perte de sentiment et de connaissance. « Ita ut illum, præ oneris impotentia, in alteram « lecti partem excutere cogeretur uxor; et evacuatio spermatis lenta flaccidoque « veretro demum succedebat, remittente corporis rigiditate. » Je connais plusieurs faits analogues ; M. de Haller en a indiqué un grand nombre dans ses remarques sur les *Instituts* de Boerhaave, et l'on en trouve plusieurs autres chez les observateurs.

L'on a vu plus haut que la masturbation procurait l'épilepsie, et cela arrive plus souvent peut-être qu'on ne le croit : est-il étonnant que ses actes rappellent les accès, comme je l'ai vu plus d'une fois dans ceux qui y sont déjà sujets? Est-il étonnant qu'elle rende cette maladie incurable ?

Cette rigidité totale de tout le corps, dont parle M. Boerhaave, est un des symptômes les plus rares; je ne l'avais vu qu'une fois, quand on imprima la dernière édition de cet ouvrage, mais dans le degré le plus complet. Le mal avait commencé par une raideur du cou et de l'épine; il gagna successivement tous les membres; et je vis cet infortuné jeune homme, quelque temps avant sa mort, ne pouvant avoir d'autre situation que d'être couché à la renverse dans un lit, sans pouvoir remuer ni les pieds ni les mains, incapable de tout autre mouvement, et réduit à ne prendre d'aliments que ceux qu'on lui mettait dans la bouche : il vécut quelques semaines dans ce triste état, et mourut, ou plutôt s'éteignit, presque sans souffrance.

J'ai vu depuis un autre exemple terrible de cette rigidité totale et mortelle, qui mérite bien d'être rapporté. Je fus demandé le 10 février 1760, pour voir, à la campagne, un homme de quarante ans, qui avait été très fort et très robuste, mais qui avait fait beaucoup d'excès en femmes et en vin, et qui s'était souvent exercé à ce qu'on appelle des tours de force. Son mal avait commencé, il y avait plusieurs mois, par une faiblesse dans les jambes qui le faisait chanceler en marchant, comme s'il avait trop bu ; il tombait quelquefois, même en se promenant dans la plaine ; il ne pouvait descendre les degrés qu'avec beaucoup de peine, et il n'osait presque plus sortir de son appartement. Ses mains tremblaient beaucoup ; il ne pouvait écrire quelques mots qu'avec beaucoup de difficulté, et il les écrivait très mal ; mais il dictait aisément, quoique sa langue, qui n'avait jamais eu une grande volubilité, commençât à en avoir un peu moins. Sa mémoire le servait bien ; et la seule chose qui pût faire soupçonner quelque lésion dans les facultés, c'est qu'il était moins attentif au jeu de dames, et que sa physionomie était changée; il avait de l'appétit, et il dormait, mais il avait un peu de peine à se tourner dans son lit.

mal ; et je pensais que les tours de force qu'il avait souvent faits pouvaient être la cause de ce que les muscles étaient plus particulièrement attaqués. La saison était peu favorable aux remèdes, mais il fallait cependant chercher à arrêter les progrès du mal. Je lui conseillai des frictions de tout le corps avec de la flanelle et quelques fortifiants ; je me proposais d'en augmenter les doses, et de leur joindre l'usage du bain froid, dans le commencement de l'été. Au bout de quelques semaines, le tremblement des mains paraissait un peu diminué. Il y eut une consultation au mois d'avril : on attribua le mal à ce que le malade avait écrit pendant quelques mois, il y avait deux ans, dans une chambre nouvellement récrépie ; on employa des bains tièdes, des frictions graisseuses, des poudres qu'on dit être diaphorétiques et antispasmodiques : il ne survint aucun changement. Au mois de juin, une seconde consultation décida qu'il irait prendre les eaux de Leuk, en Valais ; au retour il avait plus de tremblement et plus de raideur. Depuis lors (septembre 1760), jusqu'au mois de janvier 1764, je ne l'ai revu que trois ou quatre fois. En 1762, sur la foi de je ne sais quelle annonce, il fit venir de Francfort les remèdes de l'*Onania*, qui n'opérèrent rien. Il en prit, l'année dernière, d'un médecin étranger avec aussi peu de succès. Le mal a fait, dès le commencement, des progrès lents mais journaliers, et plusieurs mois avant sa mort il ne pouvait plus se soutenir sur ses jambes ; il ne pouvait plus remuer seul les bras ni les mains. L'embarras de la langue augmenta, et il perdit tellement la voix, qu'on ne pouvait l'entendre qu'avec beaucoup de peine ; les muscles extenseurs de la tête la laissaient continuellement tomber sur la poitrine ; il avait toujours de l'inquiétude dans les reins ; le sommeil et l'appétit diminuèrent successivement ; les derniers mois de sa vie il avait beaucoup de peine à avaler ; depuis Noël il survint de l'oppression, avec une fièvre irrégulière ; les yeux s'éteignirent singulièrement. Il passait, quand je le revis au mois de janvier, tout le jour et une grande partie de la nuit sur un fauteuil, penché en arrière, les jambes étendues sur une chaise, la tête tombant à chaque instant sur la poitrine, ayant toujours une personne debout auprès de lui, sans cesse occupée à le changer d'attitude, à lui relever la tête, à l'alimenter, à lui donner du tabac, à le moucher, et à écouter attentivement tout ce qu'il disait. Les derniers jours de sa vie, il était réduit à prononcer lettre par lettre, et on les écrivait à mesure qu'il les prononçait. Voyant que je ne lui donnais aucune espérance, et que je n'employais que quelques lénitifs pour l'oppression et la fièvre, pressé par le désir de vivre, il fit à un de ses amis, pour venir me la faire de suite, la confidence de la cause à laquelle il attribuait tous ses maux, en lui avouant que c'était la masturbation ; qu'il avait commencé cette infamie il y avait plusieurs années ; qu'il l'avait continuée aussi longtemps qu'il avait pu, et qu'il avait senti croître ses maux à mesure qu'il s'y livrait. Il me confirma cet aveu quelques jours après ; et c'est ce qui l'avait déjà déterminé à employer les remèdes de l'*Onania*.

L'excès dans les plaisirs de l'amour ne produit pas seulement des maladies de langueur ; il jette quelquefois dans des maladies aiguës, et toujours il dérange celles qui dépendent d'une autre cause ; il produit très aisément la malignité, qui n'est, selon moi, que le défaut de force dans la nature. Hippocrate nous a déjà laissé, dans ses *Histoires des maladies épidémiques*, l'observation d'un jeune homme qui, après des excès vénériens et vineux, fut attaqué d'une fièvre accompagnée des symptômes les plus fâcheux, les plus irréguliers, et enfin mortelle.

Tout ce que dit M. Hoffmann sur cette matière mérite d'être rapporté. Après avoir parlé des dangers des plaisirs de l'amour pour les blessés, il examine celui que courent les personnes qui ont la fièvre en s'y livrant, et commence par citer une observation de Fabrice de Hilden, qui dit qu'un homme ayant eu commerce avec une femme, le dixième jour d'une pleurésie qui avait été terminée le septième par des sueurs abondantes, il fut attaqué par une forte fièvre et un tremblement considérable, et mourut le treizième jour. Il donne ensuite l'histoire d'un homme de cinquante ans, goutteux et livré aux femmes et au vin, qui, dans les premiers jours de convalescence d'une fausse pleurésie, fut attaqué, immédiatement après le coït, d'un tremblement général, avec une rougeur excessive au visage, la fièvre, et tous les symptômes de la maladie dont il relevait, mais beaucoup plus violemment que la première fois, et il fut dans un bien plus grand danger. Il parle d'un homme qui ne se livrait jamais à des excès vénériens, sans avoir une fièvre d'accès pendant plusieurs jours. Il finit par une observation de Bartholin, qui vit un nouveau marié attaqué le lendemain de ses noces, après des excès conjugaux, d'une fièvre aiguë, avec un grand abattement, des défaillances, des soulèvements d'estomac, une soif immodérée, des rêveries, l'insomnie et beaucoup d'inquiétudes : il guérit par le repos et quelques fortifiants.

N. Chesneau vit deux jeunes mariés attaqués, la première semaine de leur noce, d'une violente fièvre continue, avec une rougeur et un gonflement considérable du visage : l'un deux avait une violente douleur au croupion : il périrent l'un et l'autre au bout de peu de jours.

M. Vandermonde décrit une fièvre produite par la même cause, qui fut aussi très longue et accompagnée des accidents les plus effrayants, mais dont l'issue fut plus heureuse que dans le malade d'Hippocrate. Je ne rapporterai pas ici la description qu'il en donne, parce qu'elle est un peu longue, mais je conseille aux médecins de la lire dans l'ouvrage même, qui aujourd'hui se trouve partout ; je parlerai plus bas du traitement. M. de Sauvages peint cette maladie sous le nom de fièvre ardente des épuisés : le pouls est tantôt fort et plein, tantôt faible et petit; les urines sont rouges, la peau sèche et chaude, la soif considérable; ils ont des nausées, et ne peuvent point dormir.

J'ai vu, en 1761 et 1762, deux jeunes hommes très sains, très forts, très vigoureux, qui furent attaqués l'un le lendemain, l'autre la seconde nuit de leurs noces, sans aucun frisson, d'une fièvre très forte, avec le pouls vite et dur, des rêveries, beaucoup de légers mouvements convulsifs, une inquiétude insoutenable, et la peau très sèche; le second avait beaucoup d'altération, et beaucoup de peine à uriner. Je pensai d'abord que l'excès du vin pouvait aussi avoir quelque part à ces accidents, mais je fus pleinement dissuadé, au moins pour le second. Ils furent guéris l'un et l'autre au bout de deux jours; circonstance qui, jointe à l'époque de la maladie et à ses caractères, ne laisse aucun doute sur sa cause.

De tristes observations m'ont appris que les maladies aiguës, dans les masturbateurs, étaient très dangereuses; leur marche est ordinairement irrégulière, leurs symptômes bizarres, leurs périodes dérangées. L'on ne trouve point de ressources dans le tempérament, l'art est obligé de tout faire; et comme il ne procure jamais de crises parfaites, quand, après beaucoup de peine, la maladie est surmontée, le malade reste dans un état de langueur plutôt que de convalescence, qui exige une continuation de soins les plus assidus pour empêcher qu'il ne tombe dans quelque maladie chronique; et je vois que Fonseca avait déjà averti de ce danger. Plusieurs jeunes gens, dit-il, même très robustes, sont attaqués après des excès avec les femmes, dans une même nuit, ou d'une fièvre aiguë qui les tue, ou ils tombent dans des maladies fâcheuses dont ils ont beaucoup de peine à guérir; car, quand le corps est affaibli par des excès vénériens, s'il est attaqué par quelque maladie aiguë, il n'y a point de remède.

Un jeune garçon qui n'avait pas encore seize ans s'était livré à la masturbation avec tant de fureur, qu'enfin, au lieu de sperme, il n'avait amené que du sang, dont la sortie fut bientôt suivie de douleurs excessives et d'une inflammation de tous les organes de la génération. Me trouvant par hasard à la campagne, on me consulta. J'ordonnai des cataplasmes extrêmement émollients, qui produisirent l'effet que j'en attendais; mais j'ai appris depuis qu'il était mort peu de temps après de la petite vérole; et je ne doute point que les atteintes qu'il avait portées à son tempérament par ses infâmes fureurs n'aient beaucoup contribué à rendre cette maladie mortelle. Quel avis aux jeunes gens !

Tous ceux qui ont souvent occasion de traiter le mal vénérien savent que, dans les sujets usés par la fréquence des débauches, il devient fréquemment mortel. J'ai vu les plus affreux spectacles en ce genre.

M. Morgagni dit que de trop fréquentes idées vénériennes suffisent pour produire des varicocèles et des hydrocèles, qui sont souvent des maladies fâcheuses.

SECTION V

Suites de la masturbation chez les femmes.

Les observations préeédentes paraissent toutes, si l'on en excepte celle de M. Stehelin, regarder principalement les hommes ; ce serait traiter incomplètement cette matière que de ne pas avertir le sexe, qu'en courant la même carrière de mauvaises œuvres, il s'expose aux mêmes dangers ; que plus d'une fois il s'est attiré tous les maux que je viens de décrire, et que tous les jours les femmes livrées à cette luxure périssent misérablement ses victimes. L'*Onania* anglais est rempli d'aveux qu'on ne lit point sans être saisi d'horreur et de compassion ; le mal paraît même avoir plus d'activité dans le sexe que chez les hommes. Outre tous les symptômes que j'ai déjà rapportés, les femmes sont plus particulièrement exposées à des accès d'hystérie ou de vapeurs affreux ; à des jaunisses incurables ; à des crampes cruelles de l'estomac et du dos, de vives douleurs de nez ; à des pertes blanches, dont l'âcreté est une source continuelle de douleurs les plus cuisantes ; à des chutes, à des ulcérations de matrice, et à toutes les infirmités que ces deux maux entraînent ; à des prolongements et à des dartres du clitoris ; à des fureurs utérines qui, leur enlevant à la fois la pudeur et la raison, les mettent au niveau des brutes les plus lascives, jusqu'à ce qu'une mort désespérée les arrache aux douleurs et à l'infamie.

Le visage, ce miroir fidèle de l'état de l'âme et du corps, est le premier à nous faire apercevoir des dérangements intérieurs. L'embonpoint et le coloris, dont la réunion forme cet air de jeunesse qui seul peut tenir lieu de beauté, sans lequel la beauté ne produit plus d'autre impression que celle d'une admiration froide, l'embonpoint, dis-je, et le coloris disparaissent les premiers ; la maigreur, le plombé du teint, la rudesse de la peau, leur succèdent immédiatement ; les yeux perdent leur éclat, se ternissent, et peignent par leur langueur celle de toute la machine ; les lèvres perdent leur vermillon, les dents leur blancheur, et enfin il n'est pas rare que la figure reçoive un échec considérable par la déformation totale de la taille. Le rachitis, ce qu'on appelle communément la nouure, n'est pas une maladie qui, comme l'a écrit le grand Boerhaave, n'attaque jamais depuis l'âge de trois ans. L'on voit communément des jeunes gens de l'un et de l'autre sexe, mais surtout parmi les femmes, qui, après avoir été bien faits jusqu'à 8, 10, 12, 14, même 16 ans, tombent peu à peu dans un dérangement de la taille par la courbure de l'épine, et le désordre devient quelquefois très considérable. Ce n'est pas ici la place des détails de cette maladie, ni de l'énumération des causes qui la produisent. Hippocrate en a déjà indiqué deux. J'aurai peut-être occasion de communiquer dans un autre ouvrage ce que plusieurs observations m'ont appris là-dessus ; mais ce que je dois dire ici, c'est que, parmi ces causes, la masturbation occupe un des premiers rangs.

M. Hoffmann avait déjà dit que les jeunes gens qui se livrent aux plaisirs de l'amour avant que d'avoir fait leur crue maigrissaient et décroissaient au lieu de croître ; et l'on sent qu'une cause qui peut empêcher l'accroissement doit à plus forte raison en troubler l'ordre et produire ces inégalités dans sa marche, qui contribuent à la maladie dont je parle.

Un symptôme commun aux deux sexes, et que je place dans cet article parce qu'il est plus fréquent chez les femmes, c'est l'indifférence que cette infamie laisse pour les plaisirs légitimes de l'hymen, lors même que les désirs et les forces ne sont pas éteints : indifférence qui non seulement fait bien des célibataires, mais qui souvent poursuit jusque dans le lit nuptial. Une femme avoue, dans la collection du docteur Bekkers, que cette manœuvre a pris tant d'empire sur ses sens, qu'elle déteste les moyens légitimes d'amortir l'aiguillon de la chair. Je connais un homme qui, instruit à ces abominations par son précepteur, éprouva le même dégoût dans les commencements de son mariage ; et l'angoisse de cette situation, jointe à l'épuisement dû à ses manœuvres, le jeta dans une profonde mélancolie, qui céda cependant à l'usage des remèdes nervins et fortifiants.

Avant que d'aller plus loin, qu'on me permette d'inviter les pères et mères à réfléchir sur l'occasion du malheur de ce dernier malade, et il en est plus d'un dans le même cas. Si l'on peut être trompé à ce point dans le choix de ceux à qui l'on confie le soin important de former l'esprit et le cœur des jeunes gens, que ne doit-on pas craindre et de ceux qui n'étant destinés qu'à développer leurs talents corporels sont examinés moins rigoureusement sur les mœurs, et des domestiques qu'on engage souvent sans s'informer s'ils en ont ? Le jeune enfant dont j'ai parlé d'après M. Rast fut instruit au mal, comme on l'a vu, par une servante ; la collection anglaise est pleine d'exemples pareils, et je ne pourrais produire qu'un trop grand nombre de jeunes plantes perdues par le jardinier auquel on avait confié le soin de leur tournure. Il est, dans cette espèce de culture, des jardiniers de deux sexes. Quels remèdes, me dira-t-on, à ces maux ? La réponse sort de ma sphère ; je la ferai courte. Apporter la plus grande attention au choix d'un précepteur, et veiller sur lui et sur son élève avec cette vigilance qui, dans un père de famille attentif et éclairé, découvre ce qui se fait dans les endroits les plus obscurs de sa maison ; cette vigilance qui découvre le bois du cerf échappé à tous les autres yeux, et qui est toujours possible quand on veut fortement l'avoir.

Docuit enim fabula dominum videre plurimum in rebus suis.

(Phæd.)

Ne laisser jamais les jeunes gens seuls avec les maîtres suspects; empêcher tout commerce avec les domestiques.

Il n'y a pas longtemps qu'une fille âgée de dix-huit ans, qui avait joui d'une très bonne santé, tomba dans une faiblesse étonnante : ses forces diminuaient journellement ; elle était tout le jour accablée par l'assoupissement, et la nuit par l'insomnie ; elle n'avait plus d'appétit, et une enflure œdémateuse s'était répandue par tout le corps. Elle consulta un habile chirurgien qui, après s'être assuré qu'il n'y avait point de dérangement dans les règles, soupçonna la masturbation. L'effet que produisit sa première question lui confirma la justesse de son soupçon, et l'aveu de la malade le changea en certitude. Il lui fit sentir le danger de cette manœuvre, dont la cessation et quelques remèdes ont arrêté en très peu de jours les progrès du mal, et produit même quelque amendement.

Outre la masturbation ou la souillure manuelle, il est une autre souillure qu'on pourrait appeler clitoridienne, dont l'origine connue remonte jusqu'à la seconde Sapho,

Lesbides, infamem quæ me fecistis, amatæ;

et qui trop commune parmi les femmes de Rome à l'époque où toutes les mœurs s'y perdirent, fut plus d'une fois l'objet des épigrammes et des satires de ce siècle :

Lenonum ancillas posita Laufella corona
Provocat, et tollit pendentis præmia coxæ.
Ipsa Medullina frictum crissantis adorat.
Palmam inter dominas virtus notalibus æquat.

La nature, dans ses jeux, donne à quelques femmes une demi-ressemblance aux hommes, qui, mal examinée, a fait croire pendant bien des siècles à la chimère des hermaphrodites. La taille surnaturelle d'une partie très petite à l'ordinaire, et sur laquelle M. Tronchin a donné une savante dissertation, opère tout le miracle ; et l'abus odieux de cette partie, tout le mal. Glorieuses peut-être de cette espèce de ressemblance, il s'est trouvé de ces imparfaites qui se sont emparées des fonctions viriles. Le danger n'est cependant pas moindre que dans les autres moyens de souillure ; les suites en sont également affreuses. Toutes ces routes mènent à l'épuisement, aux langueurs, aux douleurs, à la mort. Ce dernier genre mérite d'autant plus d'attention, qu'il est fréquent de nos jours, et qu'il serait aisé de trouver plus d'une Laufella et d'une Médullina, qui, comme ces Romaines, estiment assez les dons de la nature, pour croire qu'ils doivent faire disparaître les différences arbitraires de la naissance.

L'on a vu souvent des femmes aimer des filles avec autant d'empressement que les hommes les plus passionnés, concevoir même la jalousie la plus vive contre ceux qui paraissaient avoir de l'affection pour elles.

Il est temps de finir de si tristes détails, je me lasse de peindre les turpitudes et les misères de l'humanité. Je n'accumulerai pas ici un plus grand nombre de faits ; ceux qui me restent trouveront naturellement leur place ailleurs ; et je passe à l'examen des causes, après cette observation générale : c'est que les jeunes gens nés avec une constitution faible ont, à parité de crimes, bien plus de maux à redouter que ceux qui sont nés vigoureux. Aucun n'évite le châtiment, tous ne l'éprouvent pas également sévère. Ceux surtout qui ont à craindre l'hérédité de quelques maladies paternelles ou maternelles, qui sont menacés de la goutte, du calcul, de l'étisie, des écrouelles, qui ont eu quelques atteintes de toux, d'asthme, de crachement de sang, de migraines, d'épilepsie, qui ont du penchant à cette espèce de nouure dont j'ai parlé plus haut ; tous ces infortunés, dis-je, doivent être intimement persuadés que chaque acte de ces débauches porte une forte atteinte à leur constitution, hâte à coup sûr l'apparition des maux qu'ils craignent, en rendra les accès infiniment plus fâcheux, et les jettera, à la fleur de leur âge, dans toutes les infirmités d'une vieillesse la plus languissante.

Tartareas vivum constat inire vias.

ARTICLE II

LES CAUSES

SECTION VI

Importance de la liqueur séminale.

Comment une trop grande émission de semence produit-elle tous les maux que je viens de décrire? c'est ce que je dois examiner actuellement. On peut réduire ces causes à deux, la privation de cette liqueur, et les circonstances qui en accompagnent l'émission. Le détail anatomique des organes qui la séparent, les conjectures plus ou moins probables sur la façon dont se fait cette séparation, les observations sur ses qualités sensibles, seraient autant d'objets déplacés dans cet ouvrage. Il ne s'agit que de prouver son utilité par les témoignages des médecins les plus respectables : j'en ai déjà rapporté quelques-uns ; et de déterminer ses effets sur le corps. La section suivante sera destinée à l'examen des effets qui doivent produire les circonstances qui accompagnent l'émission.

Hippocrate a cru qu'elle se séparait de tout le corps, mais surtout de la tête. La semence de l'homme vient, dit-il, de toutes les humeurs de son corps, elle en est la partie la plus importante. Ce qui le prouve, c'est la faiblesse qu'éprouvent ceux qui en perdent par l'union charnelle, quelque petite que soit la dose qu'ils en perdent. Il y a des veines et des nerfs qui, de toutes les parties du corps, vont se rendre aux parties génitales. Quand celles-ci se trouvent remplies et échauffées, elles éprouvent un prurit qui, se communiquant dans tout le corps, y porte une impression de chaleur et de plaisir ; les humeurs entrent dans une espèce de fermentation qui en sépare ce qu'il y a de plus précieux et de plus balsamique ; et cette partie, ainsi séparée du reste, est portée par la moelle de l'épine aux organes génitaux. Galien adopte ces idées. « Cette humeur, dit-il, n'est que la partie la plus subtile de toutes les autres ; elle a ses veines et ses nerfs qui la portent de tout le corps aux testicules. En perdant la semence, dit-il ailleurs, on perd en même temps l'esprit vital ; ainsi il n'est point étonnant qu'un coït trop fréquent énerve, puisqu'il prive le corps de ce qu'il y a de plus pur. »

Le même auteur nous a conservé, dans son *Histoire de la Philosophie*, les opinions de différents philosophes anciens sur ce sujet : qu'on me permette de les rapporter ici. Aristote, dont les ouvrages physiques seront estimés tant qu'on connaîtra le prix des observations et le mérite et la difficulté qu'il y a à en ouvrir la carrière, l'appelle l'excrément du dernier aliment (ce qui signifie, en termes plus clairs, la partie la plus perfectionnée de nos aliments), qui a la faculté de reproduire des corps semblables à celui qui l'a produit. Pythagore dit que c'est « la fleur du sang le plus pur. » Alcmæon son élève, physicien et médecin distingué, l'un des premiers qui aient connu l'importance de disséquer les animaux, et celui des philosophes païens qui paraît avoir eu les idées les plus vraies de la nature de l'âme ; Alcmæon, dis-je, la regardait comme une portion du cerveau ; et il n'y a que deux ou trois ans qu'un médecin célèbre a adopté et amplifié ce système. Il indique les passages par lesquels le cerveau va aux testicules, qu'il regarde comme des ganglions et non pas comme des glandes, et c'est par la dissipation du cerveau qu'il explique tous les phénomènes de l'épuisement vénérien.

Platon envisageait cette liqueur comme un écoulement de la moelle de l'épine. Démocrite pensait comme Hippocrate et Galien. Épicure, cet homme respectable, qui a connu mieux que personne que l'homme n'était heureux que par les plaisirs, mais qui, en même temps, a fixé ces plaisirs par des règles que le héros chrétien ne désavouerait pas ; Épicure, dont la doctrine a été si cruellement défigurée et dénigrée par les stoïciens, que ceux qui ne l'ont connue que par leur canal s'y sont laissé prendre et ont pris pour un débauché, dit M. de Fénelon, un homme d'une continence exemplaire et dont les mœurs ont toujours été très réglées, j'ajouterai, dont les principes sont la censure la plus sévère des dogmes de ses prétendus sectateurs modernes, qui ne connaissant de lui que son nom, en abusent indignement pour autoriser des systèmes d'infamie qu'il abhorrerait, et dont les sages qui aiment le vrai ne doivent pas permettre qu'on déshonore la mémoire, si tant est que des gens perdus puissent déshonorer quelqu'un ; Épicure, dis-je, regardait la semence comme une parcelle de l'âme et du corps, et fondait sur cette idée les préceptes qu'il donnait de la conserver soigneusement.

Quoique plusieurs de ces sentiments diffèrent en quelque chose, tous prouvent combien l'on a cru cette humeur précieuse.

L'on a demandé : est-elle analogue à quelque autre humeur ? Est-elle la même que ce liquide qui, sous le nom d'esprits animaux, parcourt les nerfs, concourt à toutes les fonctions un peu importantes de la machine animale, et dont la dépravation produit une infinité de maux si fréquents et si bizarres? Pour répondre positivement à cette question, il faudrait connaître intimement la nature de ces deux humeurs. Nous sommes loin de ce degré de connaissance, et nous n'avons à proposer que d'ingénieuses et de probables conjectures.

« L'on comprend aisément, » dit Hoffmann, « comment il y a un rapport si étroit entre le cerveau et les testicules; puisque ces deux organes séparent du sang la lymphe la plus subtile et la plus exquise, qui est destinée à donner la force et le mouvement aux parties, et à servir même aux fonctions de l'âme. Aussi il est impossible qu'une dissipation trop abondante de ces liqueurs ne détruise pas les forces de l'âme et du corps. Le liquide séminal, « dit-il ailleurs, » se distribue, comme les esprits animaux séparés par le cerveau, dans tous les nerfs du corps; il y paraît être de la même nature : de là vient que, plus on en dissipe, moins il se sépare de ces esprits. » M. de Gorter est dans la même idée. « Le sperme est la plus parfaite et la plus importante des liqueurs animales, le résultat de toutes les digestions; son intime rapport avec les esprits animaux prouve que, comme eux, elle tire son origine des humeurs les plus parfaites. » En un mot, il paraît, par ces témoignages et par une foule d'autres qu'il serait inutile de citer, que c'est une liqueur extrêmement importante, qu'on pourrait appeler l'huile essentielle des liqueurs animales, ou plus exactement peut-être l'esprit recteur, dont la dissipation laisse les autres humeurs faibles et, en quelque façon, éventées.

Quelle que soit, dira-t-on, l'importance de cette humeur, puisqu'elle est déposée dans ses réservoirs, de quel usage peut-elle être au corps? L'on accorde qu'une trop grande évacuation des humeurs qui circulent actuellement dans les vaisseaux, qui par là même fournissent à la nutrition, telles que le sang, la sérosité, la lymphe, etc., doit affaiblir; mais il est plus difficile de comprendre comment une humeur qui ne circule plus, qui est isolée, peut produire cet effet. Je réponds d'abord que des exemples semblables, et trop fréquents pour n'être pas généralement connus, auraient dû prévenir cette objection. Il n'y a personne qui n'ait vu qu'une évacuation de lait, pour me borner à celle-ci, quoique médiocre et peu longue, affaiblit à un point, dont les influences se font quelquefois ressentir pendant le reste de la vie, une nourrice dont la santé n'est pas vigoureuse, et que la plus robuste succombe au bout d'un certain terme. La raison en est sensible : en vidant trop souvent les réservoirs destinés à recevoir quelque liqueur, l'on détermine les humeurs, par une suite nécessaire des lois de la machine, à y affluer en plus grande abondance : cette sécrétion y devient excessive; toutes les autres en souffrent, surtout la nutrition qui n'est qu'une espèce de sécrétion; l'animal languit et s'affaiblit.

Mais, en second lieu, il y a pour la semence une réponse qui n'a pas lieu pour le lait. Le lait est une liqueur simplement nutritive, dont la trop grande sécrétion ne nuit qu'en diminuant trop la quantité des humeurs : la semence est une liqueur active, dont la présence produit des effets nécessaires au jeu des organes, qui cesse si on l'évacue ; une liqueur, par là même, dont l'émission superflue nuit par un double endroit. Je m'explique : il est des humeurs, telles sont la sueur et la transpiration, qui abandonnent le corps au moment où elles sont séparées des autres humeurs et expulsées des vaisseaux de la circulation. Il en est d'autre, telle est l'urine, qui, après cette séparation et cette expulsion, sont retenues pendant un certain temps dans des réservoirs destinés à cela, et dont elles ne sortent que quand elles sont en assez grande quantité pour exciter sur ces réservoirs une irritation qui les force mécaniquement à se vider. Il en est de troisièmes qui sont séparées et retenues, comme les secondes, dans les réservoirs, non point dans la vue d'être du moins entièrement évacués, mais pour acquérir dans ces réservoirs une perfection qui les rend propres à de nouvelles fonctions, quand elles rentrent dans la masse des humeurs : telle est, entre plusieurs autres, la liqueur génitale. Séparée dans les testicules, elle passe de là, par un canal assez long, dans les vésicules séminales, et est constamment repompée par les vaisseaux absorbants, et, de proche en proche, rendue à la masse totale des humeurs. C'est une vérité que l'on démontre par bien des preuves ; une seule suffit. Dans un homme sain, la séparation de cette liqueur se fait continuellement dans les testicules ; elle se rend dans ses réservoirs dont l'étendue est très bornée et ne peut peut-être pas en contenir tout ce qui se sépare dans un jour ; cependant il est des hommes continents qui n'en évacuent point pendant des années entières. Que deviendrait-elle si elle ne rentrait pas continuellement dans les vaisseaux de la circulation ? rentrée qui est extrêmement facilitée par la structure de tous les organes qui servent à la séparation, à la route et à la conservation de cette humeur. Les veines y sont beaucoup plus considérables que les artères, et cela dans une proportion qui ne se trouve point aussi grande ailleurs. Aussi il est probable que ce repompement ne se fait pas seulement dans les vésicules séminales, mais qu'il a déjà lieu dans les testicules, dans les épididymes, qui sont une espèce de premier réservoir adhérent aux testicules, et dans le canal déférent, qui est celui par lequel la semence va du testicule à la vésicule séminaire.

Galien avait su que les humeurs s'enrichissent de la semence retenue, quoiqu'il en ignorât le mécanisme : « Tout en est plein, » dit-il, « chez ceux qui ne commercent pas avec les femmes ; l'on n'en trouve pas chez ceux qui se livrent souvent à ce commerce. » Il se donne ensuite beaucoup de peine pour découvrir comment une petite quantité de cette humeur peut donner autant de force au corps; enfin il décide « qu'elle est d'une vertu exquise, et qu'ainsi elle peut communiquer très promptement de la force à toutes les parties du corps ». Il prouve ensuite, par plusieurs exemples, qu'une petite cause produit souvent de grands effets, et conclut enfin: « Est-il donc étonnant que les testicules fournissent une liqueur propre à répandre une nouvelle vigueur sur tout le corps? Le cerveau produit bien les sensations et les mouvements, et le cœur donne aux artères la force de battre! » Je finirai cette section par rapporter ce que dit de la semence l'un des plus grands hommes de ce siècle. « La semence est gardée dans les vésicules séminaires jusqu'à ce que l'homme en fasse usage, ou que les écoulements nocturnes l'en privent. Pendant tout ce temps-là, la quantité qui s'y en trouve excite l'animal à l'acte vénérien; mais la plus grande quantité de cette semence, la plus volatile, la plus odorante, celle qui a le plus de force, est repompée dans le sang, et elle y produit, en y entrant, des changements bien surprenants: la barbe, les poils et les cornes; elle change la voix et les mœurs; car l'âge ne produit pas dans les animaux ces changements, c'est la semence seule qui les opère et on ne les remarque jamais dans les eunuques. »

Comment la semence opère-t-elle ces effets? C'est là un de ces problèmes dont la solution n'est peut-être pas encore mûre. Ce qu'on peut cependant dire, avec beaucoup de probabilité, c'est que cette liqueur est un stimulus, un aiguillon qui irrite les parties qu'il touche; son odeur forte et l'irritation évidente qu'elle exerce sur les organes de la génération ne laissent aucun doute là-dessus, et l'on comprend que ces particules âcres, étant continuellement repompées et remêlées aux humeurs, aiguillonnent légèrement, mais sans interruption, les vaisseaux qui, par là même, se contractent avec plus de force. Leur action sur les fluides est plus efficace, la circulation est plus animée, la nutrition plus exacte; toutes les autres fonctions se font d'une manière plus parfaite. Quand ces secours manquent, plusieurs fonctions ne se développent jamais: c'est le cas des eunuques, toutes se font mal.

Il se présente ici une question assez naturelle; c'est pourquoi les eunuques n'éprouvent pas les mêmes maux que ceux qui s'épuisent par des débauches vénériennes. Il n'est guère possible de répondre exactement à cette question qu'à la fin de la section suivante.

SECTION VII

Examen des circonstances qui accompagnent l'émission.

Il y a plusieurs évacuations qui se font sans qu'on s'en aperçoive : toutes les autres se font dans l'état de parfaite santé, avec une facilité qui fait qu'elles n'ont aucune influence sur le reste de la machine ; le plus léger mouvement dans l'organe qui en renferme la matière suffit à l'expulsion. Il n'en est pas de même de l'évacuation du sperme. Il ne faut rien moins que des ébranlements généraux, une convulsion de toutes les parties, une augmentation de vitesse dans le mouvement de toutes les humeurs, pour le déplacer et lui donner issue. Est-ce trop hasarder de dire qu'on peut regarder ce concours nécessaire de toute la machine, au moment de son évacuation, comme une preuve sensible de l'influence qu'il a sur tout le corps? Le coït, dit Démocrite; est une espèce d'épilepsie. « C'est, » dit M. de Haller, « une action très violente, qui est très voisine de la convulsion, et qui, par là même, affaiblit étonnamment, et nuit à tout le système nerveux. »

L'on a vu dans les observations que j'ai rapportées plus haut, et dans quelques-unes de celles que j'ai citées, l'émission accompagnée de vraies convulsions, d'une espèce d'épilepsie ; et la même observation fournit les preuves évidentes de l'influence que ces mouvements violents eurent sur la santé du malheureux qui en est le sujet. La promptitude avec laquelle l'affaiblissement suit l'acte a paru à bien des gens, et avec raison, une preuve que ce ne pouvait être la seule privation de semence qui l'occasionnait; mais ce qui prouve démonstrativement combien le spasme doit affaiblir, c'est l'affaiblissement qu'éprouvent tous les malades qui ont des accès de maladies convulsives : celui qui suit les accès d'épilepsie est quelquefois excessif.

Ce n'est qu'au spasme qu'on peut attribuer l'effet que le coït produisit sur l'amman d'une ville de Suisse, dont F. Platerus nous a conservé l'histoire, et qui, s'étant remarié déjà vieux, fut saisi, en voulant célébrer ses noces, d'une suffocation si violente, qu'il fut obligé de cesser. Le même accident le reprit toutes les fois qu'il tenta le même essai. Il s'adressa à une foule de charlatans; l'un lui promit, après lui avoir fait prendre plusieurs remèdes, qu'il n'avait aucun danger à courir. Il hasarda une nouvelle tentative sur la parole de son Esculape; mais, plein de confiance, il voulut aller jusqu'au bout, et mourut dans l'acte même, entre les bras de sa femme.

Les palpitations violentes qui accompagnent quelquefois le coït sont aussi un symptôme convulsif. Hippocrate parle d'un jeune homme à qui des excès en vin et en femmes avaient occasionné, entre autres symptômes, des palpitations continuelles ; et Dolæus en a vu un saisi dans l'acte même d'une palpitation si violente, qu'il aurait été étouffé s'il avait persisté. L'on trouve dans Hoffmann d'autres faits semblables.

L'observation de l'enfant cité plus haut est encore une preuve, qui n'a pas échappé à la sagacité de M. Rast, du pouvoir de la cause convulsive ; puisqu'à cet âge il ne pouvait guère évacuer qu'une humeur des prostates, et non point une véritable semence.

Ces remarques ont été saisies par le plus grand nombre des bons auteurs qui ont écrit sur cette matière. Galien paraît les avoir déjà faites. « La volupté elle-même », dit-il, « affaiblit les forces vitales. » M. Fleming n'a pas omis cette cause dans son poème sur les maladies des nerfs.

Quin etiam nervos frangit quæcumque voluptas.

Sanctorius établit positivement que les mouvements affaiblissent plus que l'émission du sperme, et il est bien étonnant que M. Gorter, son commentateur, ait cherché à persuader le contraire. La raison qu'il en donne, en assurant que ces mouvements n'affaiblissent pas plus que d'autres mouvements quelconques, parce qu'ils ne sont pas convulsifs, ne persuadera personne. Un exemple, s'il peut en citer un, ne fait pas la loi. Lister, Noguez, Quincy, qui ont commenté le même ouvrage avant lui, ne pensent pas comme lui, et ils attribuent une partie du danger à l'affaiblissement que laissent les convulsions. Le coït, dit Noguez, est une convulsion ; il dispose les nerfs aux mouvements convulsifs, et la plus légère occasion les fait naître.

J.-A. Borelli, l'un des premiers créateurs de la physiologie, ne les avait pas envisagés comme M. Gorter ; il est positif sur cet article : « Cet acte est accompagné d'une espèce d'affection convulsive, qui porte les plus rudes atteintes au cerveau et à tout le genre nerveux. »

M. Senac attribue positivement aux nerfs les faiblesses qui suivent le coït. La cause la plus vraisemblable de la syncope qui survient quand un abcès s'ouvre dans l'intérieur de l'abdomen. « C'est, » dit-il, « l'action des nerfs qui se mettent alors en jeu. Cela est confirmé par l'abattement ou par la syncope qui suivent l'effusion du sperme ; car ce n'est qu'aux nerfs qu'on peut imputer cette défaillance. »

M. Lévis attribue plus à cette cause qu'à l'autre, tout comme Sanctorius.

Dès qu'il y a convulsion, le genre nerveux se trouve dans un état de tension, ou, plus exactement, dans un degré d'action extraordinaire, dont la suite nécessaire est un relâchement excessif. Tout organe qu'on a monté au-dessus de son ton retombe au-dessous; par là même les fonctions qui en dépendent se font nécessairement mal; et comme les nerfs influent sur toutes, il n'en est point qui n'éprouve quelque dérangement, quand ils sont affaiblis.

Une raison qui contribue aussi à l'affaiblissement du genre nerveux, c'est l'augmentation de la quantité du sang dans le cerveau pendant l'acte vénérien, augmentation bien démontrée, et qui est allée plusieurs fois jusqu'à produire l'apoplexie. L'on en trouve plusieurs exemples dans les observateurs, et Hoff-mann rapporte celui d'un soldat qui, se livrant à cet acte avec fureur, mourut apoplectique dans le coït même; l'on trouva le cerveau plein de sang. C'est par cette même augmentation de sang, qu'on explique pourquoi ces excès produisent la manie. Cette quantité de sang, distendant les nerfs, les affaiblit; ils résistent moins aux impressions, et c'est ce qui fait leur faiblesse.

En réfléchissant sur les effets de ces deux causes, l'évacuation de la semence et les mouvements convulsifs, il est aisé d'expliquer les désordres qui doivent en résulter dans l'économie animale. L'on peut les ranger sous trois classes : la dépravation des digestions, l'affaiblissement du cerveau et du genre nerveux, le dérangement de la transpiration. L'on verra qu'il n'est aucune maladie chronique qu'on ne puisse déduire de cette triple cause.

Le relâchement dans lequel ces excès jettent dérange les fonctions de tous les organes, dit un des auteurs qui ont le mieux écrit sur la diététique; et la diges-tion, la coction, la transpiration, les autres évacuations ne se font plus comme il faut : d'où il résulte une diminution sensible des forces, de la mémoire, et même de l'entendement; un obscurcissement dans la vue, tous les maux de nerfs, toutes les espèces de goutte ou de rhumatisme, une faiblesse étonnante dans le dos, la consomption, la faiblesse des organes de la génération, des urines sanglantes, un dérangement dans l'appétit, des maux de tête et un grand nombre d'autres mala-dies qu'il est inutile de détailler ici; en un mot, rien n'abrège autant la vie que l'abus des plaisirs de l'amour.

1° L'estomac est la partie qui se ressent la première de toutes les causes qui affaiblissent, et cela, parce que c'est celle dont les fonctions demandent la plus grande perfection dans l'organe. La plus grande partie des autres sont autant passives qu'actives. L'estomac est presque entièrement actif; aussi, dès que ses forces diminuent, ses fonctions se dérangent : vérité d'observations qui, jointe à la suivante et à la variété des impressions premières, et souvent fâcheuses, que ce qu'on avale produit sur ce viscère, rend raison de la fréquence, de la bizarrerie et de l'opiniâtreté de ses maladies. Il est, de toutes les parties du corps, l'une de celles qui reçoivent le plus grand nombre de nerfs, et dans laquelle, par là même, il se distribue une plus grande quantité d'esprits animaux. Ce qui affaiblit l'ac-

tion des uns, et diminue la quantité ou altère la qualité des autres, doit donc diminuer la force de ce viscère plus que d'aucun autre; c'est ce qui arrive dans les excès vénériens. L'importance de la fonction à laquelle il est destiné fait que, dès qu'elle se fait moins bien, toutes les autres s'en ressentent.

Hujus enim validus firmat tenor omnia membra :
At contra ejusdem franguntur cuncta dolore.

Dès que les digestions se font imparfaitement, les humeurs prennent un caractère de crudité qui les rend impropres à toutes leurs destinations; mais qui empêche surtout la nutrition, dont dépend la réparation des forces. Il suffit, pour s'assurer de l'influence générale de l'estomac, d'observer l'état d'une personne qui éprouve une digestion laborieuse : les forces se perdent dans quelques minutes; un malaise général rend la faiblesse plus à charge; les organes des sens s'émoussent, l'âme même n'exerce ses facultés qu'imparfaitement; la mémoire, et surtout l'imagination, paraissent anéanties; rien, en un mot, ne rapproche plus un homme d'esprit d'un sot, qu'une digestion pénible.

Une belle observation rapportée par M. Payva, médecin portugais, habitué à Rome, répand un grand jour sur l'affaiblissement prodigieux dans lequel les excès de ce genre jettent l'estomac. « Quand les désirs vénériens », dit-il, « sont montés chez les jeunes gens à leur plus haut degré, ils éprouvent une espèce de sensation agréable à l'orifice de l'estomac; mais s'ils satisfont ces désirs avec trop d'impétuosité et au delà de leurs forces, ils éprouvent dans ce même endroit une sensation extrêmement désagréable et fâcheuse, qu'ils ne peuvent pas exprimer; et ils payent bien chèrement leurs excès par la maigreur, le marasme, etc., dans lesquels ils tombent. »

Arétée avait déjà connu cette vérité, et M. Boerhaave emploie les mêmes expressions que M. Payva; il ajoute que ce sentiment douloureux se dissipe à mesure qu'ils reprennent leurs forces. Il confirme la même chose ailleurs, en y joignant une règle de pratique très utile : c'est que quand il survient des accès d'épilepsie, après des excès vénériens, il faut penser à fortifier les nerfs de l'estomac.

2° La faiblesse du genre nerveux, qui dispose à tous les accidents paralytiques et spasmodiques, est produite, comme je l'ai déjà dit, par les mouvements convulsifs qui accompagnent l'émission; en second lieu, par le vice des digestions : dès qu'elles pèchent, les nerfs s'en ressentent, et s'en ressentent d'autant plus, que le fluide qui les pénètre étant le dernier ouvrage de la coction, celui qui suppose la plus parfaite, quand elle est altérée, il est celui des fluides animaux qui en est le plus sensiblement affecté, celui sur lequel la crudité des humeurs a le plus d'influence. Enfin, ce qui augmente cet affaiblissement, c'est l'évacuation d'une humeur analogue aux esprits animaux, et qu'à raison de cette analogie, on ne peut point évacuer sans diminuer la force du genre nerveux, dont les doutes modestes de quelques grands hommes, qui n'osent affirmer en physique que ce dont la vérité tombe sous leurs sens, et les objections de quelques physiologistes subalternes ou systématiques, ne m'empêchent pas d'attribuer la force à ces esprits. D'ailleurs, indépendamment du dommage qui résulte de cette évacuation, relativement à la·quantité d'esprits animaux, elle nuit, en ce qu'elle prive les vaisseaux de ce léger aiguillonnement que produit le sperme repompé, et qui contribue si fort à la coction. Elle nuit donc, et en soustrayant une partie d'esprits animaux, ou au moins d'une humeur très précieuse, et en diminuant la coction, sans laquelle ces esprits ne sont préparés qu'imparfaitement et insuffisamment.

Il y a, entre les maladies de l'estomac et celles des nerfs, un cercle vicieux. Les premières font naître les secondes ; et celles-ci, une fois formées, contribuent infiniment à les augmenter. Quand l'observation journalière ne le prouverait pas, la seule inspection anatomique de l'estomac suffirait pour en convaincre. La quantité de nerfs qui s'y distribuent démontre combien ils sont nécessaires à ses fonctions, et combien, par là même, elles doivent être dérangées, quand ils ne sont pas en bon état.

3° Enfin, la transpiration se fait moins bien : Sanctorius a même déterminé la quantité dont elle diminuait ; et cette évacuation, la plus considérable de toutes, ne peut pas être supprimée, qu'il n'en résulte promptement une foule de symptômes différents.

L'on comprend aisément qu'il n'est point de maladies qui ne puissent être produites par cette triple cause. Je n'entrerai pas dans l'explication de tous les symptômes particuliers ; ce détail prolongerait trop ce petit ouvrage, et n'intéresserait que les médecins auxquels il est inutile : l'on peut voir ce qu'en dit M. Gorter.

M. Clifton Wintringham a très bien détaillé les dangers de cette évacuation relativement aux goutteux, et son application mérite d'être lue.

Feu M. Gunzius, enlevé à la médecine à la fleur de son âge, a donné une explication mécanique très ingénieuse des inconvénients de ces excès relativement à la respiration ; il parle dans cet endroit d'un homme qui s'était attiré par là une toux continuelle, symptôme que j'ai vu chez un jeune homme qui mourut victime de l'onanisme. Il était venu à Montpellier pour faire ses études ; ses excès dans cette infamie le jetèrent dans l'étisie, et je me rappelle que sa toux était si forte et si continuelle, que tous ses voisins en étaient incommodés. On le saigna fréquemment, dans la vue, sans doute, d'abréger ses souffrances. Une consultation lui ordonna d'aller prendre des bouillons de tortue chez lui (il était, si

je ne me trompe, Dauphinois), et lui promit une guérison complète : il mourut
deux heures après.

Ce qu'on comprend le moins aisément, ou plutôt ce qu'on ne comprend point
du tout, c'est cet affaiblissement prodigieux des facultés de l'âme. La solution de
ce problème tient à la question, insoluble pour nous, de l'influence des deux
substances l'une sur l'autre, et nous sommes réduits à l'observation des phénomènes. Nous ignorons et la nature de l'esprit, et celle du corps ; mais nous savons
que ces deux parties de l'homme sont intimement unies, que tous les changements que l'une éprouve sont ressentis par l'autre : une circulation un peu plus
ou moins vite, un sang un peu plus ou moins épais, quelques onces d'aliments
de plus ou de moins, la même quantité d'un aliment plutôt que d'un autre, une
tasse de café au lieu d'un peu de vin, un sommeil plus ou moins long ou tranquille, une selle un peu plus ou moins abondante, une transpiration trop forte
ou trop faible, changent du tout au tout notre façon de voir et de juger les objets :
d'une heure à l'autre, les révolutions de la machine nous font sentir et penser
différemment, et nous font, à leur gré, de nouveaux principes des vices et des
vertus ; tant sont vrais les vers du premier satirique moderne :

> Tout, suivant l'intellect, change d'ordre et de rang :
> Ainsi c'est la nature et l'humeur des personnes,
> Et non la qualité, qui rend les choses bonnes.
> C'est un mal bien étrange au cerveau des humains.

Tant est exact le tableau que Lucrèce a tracé de cette union intime :

> . . . . . *Gigni pariter cum corpore, et unà*
> *Crescere sentimus, pariterque senescere mentem :*
> *Nam velut infirmo pueri, teneroque vagantur*
> *Corpore ; sic animi sequitur sententia tenuis.*
> *Inde, ubi robustis adolevit viribus ætas,*
> *Consilium quoque majus, et auctior est animi vis :*
> *Post ubi jam validis quassatum est viribus ævi*
> *Corpus, et obtusis ceciderunt viribus artus ;*
> *Claudicat ingenium, delirat linguaque, mensque ;*
> *Omnia deficiunt, atque uno tempore desunt.*
>
> . . . .
> *Quin etiam morbis in corporis avius errat*
> *Sæpe animus ; dementit enim, deliraque fatur.*

L'observation nous apprend également que, de toutes les maladies, il n'y en
a point qui affectent l'âme plus promptement que celles du genre nerveux : les
épileptiques, qui, au bout de quelques années, tombent presque ordinairement
dans l'imbécillité, en fournissent une triste preuve, qui, en même temps, nous

apprend qu'il n'est point étonnant si des actes qui, comme on l'a dit plus haut, sont toujours légèrement épileptiques, produisent cet affaiblissement du cerveau, et par là même des facultés.

L'affaiblissement du cerveau et du genre nerveux est suivi de celui des sens; et cela est naturel. Sanctorius, Hoffmann, et quelques autres, ont cherché à expliquer pourquoi la vue souffrait plus particulièrement : mais leurs raisons, qui sont vraies, ne me paraissent pas suffisantes. Les principales, et celles qui sont particulières à cet organe, sont la multitude des parties qui composent l'œil, et qui, étant toutes susceptibles de différents vices, le rendent infiniment plus sujet à des dérangements que les autres. Les nerfs, en second lieu, servent ici à plusieurs usages, et sont en très grand nombre. Enfin, cet afflux d'humeurs sur cette partie pendant le temps de l'acte, afflux dont la scintillation, qu'on aperçoit alors dans les yeux des animaux, forme une preuve sensible, produit dans les vaisseaux d'abord une faiblesse, et ensuite des engorgements, dont la perte de la vue est une suite nécessaire.

Il est aisé actuellement de répondre à la question proposée plus haut ; pourquoi les eunuques, qui n'ont point de semence, ne sont-ils pas exposés aux maladies que nous venons de décrire?

Il y en a deux raisons très suffisantes. La première, c'est que s'ils ne retirent pas les avantages que produit cette liqueur, quand elle a été préparée et repompée ; d'un autre côté, ils ne perdent point cette partie précieuse du sang destinée à devenir semence. Ils n'éprouvent pas ces changements qui sont dus à la semence préparée, et que j'ai indiqués plus haut ; mais ils ne doivent pas non plus être exposés aux maux qui viennent de la privation de cette humeur non préparée. L'on pourrait, si l'on veut me permettre d'employer les termes des métaphysiciens, distinguer la semence en semence à faire, *semen in potentia* : c'est cette partie précieuse des humeurs que les testicules séparent; et semence faite, *semen in actu*. Si la première ne se sépare pas, la machine manque des secours qu'elle retire de la semence préparée et n'éprouve point les changements qui en dépendent, mais elle ne s'appauvrit pas ; elle n'acquiert pas, mais elle ne perd pas ; on reste dans l'état d'enfance. Quand la semence se sépare et s'évacue, c'est alors une privation, un appauvrissement réel. La seconde raison, c'est que les eunuques n'éprouvent point ce spasme auquel j'ai attribué une partie des maux qui suivent ces excès.

Les accidents qu'éprouvent les femmes s'expliquent tout comme ceux des hommes. L'humeur qu'elles perdent étant moins précieuse, moins travaillée que le sperme de l'homme, sa perte ne les affaiblit peut-être pas aussi promptement ; mais quand elles vont jusqu'à l'excès, le genre nerveux étant plus faible chez elles, et naturellement disposé au spasme, les accidents sont violents. Des excès subits les jettent dans des accidents analogues à celui d'un jeune homme dont j'ai parlé plus haut, et j'ai été le témoin d'un triste spectacle en ce genre. En 1746, une fille âgée de vingt-trois ans défia six dragons espagnols, et soutint leurs assauts pendant toute une nuit dans une maison aux portes de Montpellier. Le matin, on l'apporta en ville mourante : elle expira le soir, baignée dans son sang, qui ruisselait de la matrice. Il eût été intéressant de s'assurer si cette hémorragie était la suite de quelque blessure, ou si elle ne dépendait que de la dilatation des vaisseaux, produite par l'action augmentée de cet organe.

SECTION VIII

Causes de dangers particulières à la masturbation.

L'on a vu plus haut que la masturbation était plus pernicieuse que les excès avec les femmes. Ceux qui font intervenir partout une providence particulière établiront que la raison en est une volonté spéciale de Dieu, pour punir ce crime. Persuadé que les corps ont été astreints, dès leur création, à des lois qui en régissent nécessairement tous les mouvements, et dont la divinité ne change l'économie que dans un petit nombre de cas réservés, je ne voudrais avoir recours aux causes miraculeuses que quand on trouve une opposition évidente avec les causes physiques. Ce n'est point le cas ici : tout peut très bien s'expliquer par les lois de la mécanique du corps, ou par celles de son union avec l'âme. Cette habitude de recourir aux causes surnaturelles a été déjà combattue par Hippocrate, qui, en parlant d'une maladie que les Scythes attribuaient à une punition particulière de Dieu, fait cette belle réflexion : « Il est vrai que cette maladie vient de Dieu, mais elle en vient comme toutes les autres ; elles n'en viennent pas plus les unes que les autres, parce que toutes sont une suite des lois de la nature qui régit tout. »

Sanctorius, dans ses observations, nous fournit une première cause de ce danger particulier : « Un coït modéré est utile », dit-il, « quand il est sollicité par la nature : quand il est sollicité par l'imagination, il affaiblit toutes les facultés de l'âme, et surtout la mémoire. » Il est aisé d'expliquer pourquoi. La nature, dans l'état de santé, n'inspire des désirs que quand les vésicules séminales sont remplies d'une quantité de liqueur, qui a acquis un degré d'épaississement qui en rend la résorption plus difficile ; et cela dénote que son évacuation n'affaiblira pas le corps sensiblement. Mais telle est l'organisation des parties génitales, que leur action et les désirs qui la suivent sont mis en jeu, non seulement par la présence d'une humeur séminale surabondante, mais que l'imagination a beaucoup d'influence sur toutes ces parties ; elle peut, en s'occupant des désirs, les mettre dans cet état qui les produit, et le désir conduit à l'acte, qui est d'autant plus pernicieux, qu'il était moins nécessaire. Il en est de l'organe de ce besoin, comme de ceux de tous les autres, qui ne sont mis en jeu à propos que quand ils le sont par la nature. La faim et la soif indiquent le besoin de prendre des aliments et de la boisson : si l'on en prend plus que ces sensations n'en exigent, le surplus nuit au corps et l'affaiblit. Le besoin d'aller à la selle et d'uriner sont également marqués par de certaines conditions physiques ; mais la mauvaise habitude peut si fort pervertir la constitution des organes, que la nécessité de ces évacuations cesse d'être dépendante de la quantité de matières à évacuer. L'on s'assujettit à des besoins sans besoin ; et tel est le cas des masturbateurs. C'est l'imagination, c'est l'habitude, et non pas la nature, qui les sollicitent. Ils soustraient à la nature ce qui lui est nécessaire, et ce dont, par là même, elle se garderait bien de se défaire. Enfin, en conséquence de cette loi de l'économie animale, que les humeurs se portent là où il y a irritation, il se fait au bout d'un certain temps un afflux continuel d'humeurs sur ces parties ; il arrive ce qu'Hippocrate avait déjà observé : « quand un homme exerce le coït, les veines séminales se dilatent et attirent la semence. »

On peut remarquer ici que l'onanisme a un danger particulier pour les enfants avant le temps de la puberté : il n'est pas commun heureusement de trouver des monstres de l'un ou de l'autre sexe, qui en abusent avant cette époque, mais il ne l'est que trop qu'ils abusent d'eux-mêmes ; un grand nombre de circonstances les éloignent d'un commerce débauché, ou le modèrent ; une débauche solitaire ne trouve point d'obstacle et n'a point de bornes.

Une seconde cause, c'est l'empire que cette manœuvre odieuse prend sur les sens, et qui est bien peint dans l'*Onania* anglais. « Cette impudicité », dit-il, « n'a pas plus tôt subjugué le cœur, qu'elle poursuit le criminel partout ; elle s'en saisit, et l'occupe en tout temps et en tout lieu : au milieu des occupations les plus sérieuses, des actes de religion même, il est en proie aux désirs et aux idées lascives qui ne l'abandonnent jamais. » Rien n'affaiblit autant que cette tension continuelle de l'esprit, toujours occupé du même objet. Le masturbateur, uniquement livré à ses méditations oraurières, éprouve à cet égard les mêmes maux que l'homme de lettres qui fixe les siennes sur une seule question : et il est rare que cet excès ne nuise pas. Cette partie du cerveau, qui se trouve alors en action, fait un effort qu'on pourrait comparer à celui d'un muscle longtemps et fortement tendu : il en résulte, ou une telle mobilité, qu'on ne peut plus arrêter le jeu de cette partie, ni par là même détourner l'âme de cette idée : c'est bien le cas des masturbateurs ; ou une incapacité d'action. Épuisés enfin par une fatigue continuelle, ces malades tombent dans toutes les maladies du cerveau, mélancolie, catalepsie, épilepsie, imbécillité, perte des sens, faiblesse du genre nerveux, et une foule de maux semblables. Cette cause fait un tort infini à plusieurs jeunes gens, en ce que, lors même que leurs facultés ne sont pas encore éteintes, l'usage en est perverti.

Quelle que soit la vocation à laquelle ils se vouent, on ne réussit à rien faire sans un degré d'attention dont cette habitude pernicieuse les rend incapables. Parmi ceux même qui ne se vouent à rien (cette classe n'est que trop nombreuse), il en est qui n'y sont pas propres'; un air de distraction, d'embarras, d'étourdissement, n'en fait que des oisifs déplaisants. Je pourrais en citer que cette incapacité de se fixer, jointe à la diminution des facultés, a mis hors d'état d'être jamais rien dans la société. Triste état qui met l'homme au-dessous de la brute, et qui le rend à juste titre l'objet du mépris, plus encore que de la pitié de ses semblables.

De ces deux premières causes, il en résulte nécessairement une troisième, c'est la fréquence même des actes : l'âme et le corps concourent, dès qu'une fois l'habitude a pris un peu de force, pour solliciter à ce crime. L'âme, obsédée par les pensées immondes, excite les mouvements lascifs ; et si elle est distraite quelques moments par d'autres idées, les humeurs âcres qui irritent les organes de la génération la rappellent bientôt au bourbier. Que ces vérités d'observations seraient propres à arrêter les jeunes gens, s'ils pouvaient prévoir qu'ici un premier faux pas en entraîne un autre ; qu'ils sont presque maîtrisés par la tentation ; qu'à mesure que les motifs de séduction augmentent, la raison qui devrait les contenir s'affaiblira ; et qu'enfin, ils se trouveront en peu de temps plongés dans une mer de misère, sans avoir peut-être un bout de planche pour les aider à s'en tirer. Si quelquefois les infirmités commençantes leur donnent de forts avis, si le danger les effraye pour quelques moments, la fureur les replonge. L'on peut bien dire :

> *Virtutem videant, intabescantque relicta.*
>
> *(Pers.)*

Cependant le danger est proche, et le temps opportun de l'amendement est court.

> *. . . . . . Cinis et manes, et fabula fies :*
> *Vive memor lethi : fugit hora : hoc quod loquor inde est.*
>
> *(Pers.)* !

Pendant que j'étudiais en philosophie à Genève, temps dont le souvenir me sera cher le reste de mes jours, un de mes condisciples était venu à cet état horrible, qu'il n'était pas le maître de s'abstenir de ces abominations, même pendant le temps des leçons : il n'attendit pas longtemps son châtiment, et il périt misérablement de consomption, au bout de deux ans. On trouve un fait semblable dans l'*Onania*. L'ingénieux auteur qui a fourni l'extrait de l'édition latine de cet ouvrage, dans l'excellent journal latin qui paraissait à Berne il y a quatre ans, raconte, à propos de cette observation, que tout un collège trompait quelquefois par cette manœuvre l'ennui, et cherchait à éviter le sommeil que leur inspiraient les leçons d'une métaphysique scolastique qu'un très vieux professeur leur faisait en dormant ; mais cette historiette me paraît moins prouver ce que j'avance que l'horrible dissolution dans laquelle les jeunes gens peuvent tomber.

Le même auteur vient de faire imprimer dans un ouvrage que je n'ai pas l'avantage de pouvoir lire, mais qu'un excellent juge met à côté des meilleures productions de ce siècle, ce qui suit. On a découvert, il y a quelques années, dans une ville, qu'une société entière de garnements de quatorze et quinze ans s'était réunie pour la pratique de ce vice, et toute une école en est encore infectée.

La santé d'un jeune prince se perdait journellement, sans qu'on pût en découvrir la cause. Son chirurgien la soupçonna, l'épia, et le surprit en flagrant délit. Il avoua qu'un de ses valets de chambre l'avait instruit, et qu'il était retombé souvent. L'habitude était si forte, que les considérations les plus pressantes, présentées avec force, ne purent la déraciner. Le mal allait en empirant ; ses forces se perdaient journellement, et on ne put le sauver qu'en le faisant garder à vue jour et nuit pendant plus de huit mois.

Un malade me peignait vivement les difficultés de la victoire, dans une de ses lettres. « Il faut bien des efforts (ce sont ses termes) pour vaincre l'habitude qui nous est rappelée à chaque instant. Je vous l'avoue en rougissant : la vue d'un objet féminin, quel qu'il soit, fait naître chez moi des désirs. Je n'ai pas même besoin de ce secours ; ma sale âme n'est que trop portée à me représenter sans cesse des objets de concupiscence. Cette passion ne s'allume plus chez moi, il est vrai, que je ne me rappelle en même temps tous vos avis : je combats, mais ce combat même m'épuise. Si vous pouviez trouver le moyen de détourner mes pensées de cet objet, je crois que ma guérison serait proche. »

L'on a déjà vu, dans l'extrait de l'*Onania*, que la réitération fréquente avait produit la fureur utérine chez une femme. L'habitude de n'être occupé que d'une idée rend incapable d'en avoir d'autres ; elle prend l'empire et règne despotiquement. Des organes sans cesse irrités contractent une disposition morbifique qui devient un aiguillon toujours présent, indépendant de toute cause externe. Il y a des maladies des parties urinaires qui donnent une envie continuelle d'uriner ; l'irritation réitérée des organes de la génération y produit une maladie analogue. Il n'est point étonnant si le concours de ces deux causes morale et physique réunies, jette dans cette horrible maladie. Que cette idée est propre à effrayer salutairement les personnes chez lesquelles il y a encore qnelques vestiges de raison et de pudeur !

Une quatrième cause de l'épuisement des masturbateurs, c'est que, indépendamment même des émissions de semence, la fréquence des érections, quoique imparfaites, dont ils se plaignent, les épuise considérablement. Toute partie qui est dans un état de tension produit une dépense de forces, et ils n'en ont point à perdre : les esprits s'y portent en plus grande abondance ; ils se dissipent, ce qui affaiblit ; ils manquent aux autres fonctions, qui, par là même, se font imparfaitement : le concours de ces deux causes a les suites les plus dangereuses. Un autre accident auquel cette quatrième cause rend les masturbateurs plus sujets, c'est une espèce de paralysie des organes de la génération, d'où naissent l'impuissance, par le défaut d'érection, et la gonorrhée simple, parce que les parties relâchées laissent échapper la semence à mesure qu'elle arrive, et suinter continuellement l'humeur que séparent les prostates ; et qu'enfin toute la membrane intérieure de l'urètre acquiert une disposition catarrheuse, qui la dispose à fournir un écoulement de même nature que celle des pertes blanches des femmes : disposition, pour le dire en passant, moins rare qu'on ne pense, qui n'est point bornée à la membrane qui revêt les narines, la gorge, le poumon, mais qui attaque souvent tous les viscères creux, qu'on méconnaît, parce qu'on ne la soupçonne pas, et qu'on traite mal, parce qu'on la méconnaît. Il serait aisé de trouver dans les observateurs des exemples de cette maladie traitée pour une autre.

Un habile chirurgien me parlait un jour d'un homme qui, livré par une espèce de goût singulier aux Vénus du plus bas étage, et ne les connaissant guère que dans les coins des rues et debout, tomba dans l'épuisement, accompagné de maux de reins les plus cruels, et d'une atrophie ou desséchement des cuisses et des jambes, jointe à une paralysie de ces parties qui paraissait être une suite de l'attitude dans laquelle il s'était livré à ses sales voluptés. Il mourut après avoir gardé six mois le lit, dans un état également propre à exciter la pitié et l'effroi. Cette observation ne fournit-elle pas une cinquième cause des dangers ordinairement particuliers à la masturbation ? Quand on perd ses forces par deux moyens à la fois, l'affaiblissement augmente bien considérablement. Une personne qui est debout ou assise a besoin, pour se maintenir dans ces situations, surtout dans la première, de faire agir un grand nombre de muscles ; et cette action dissipe les esprits animaux. Les personnes faibles, qui ne peuvent pas se tenir un instant debout sans éprouver une faiblesse, les malades qui ne peuvent pas être assis sans éprouver le même accident, le prouvent bien évidemment. Pour être couché ou étendu, il ne faut point cet emploi de forces. L'on sent par là même que le même acte, dans les unes ou les autres de ces attitudes, produira bien plus d'affaiblissement dans les premiers que dans le dernier cas ; et Sanctorius avait déjà indiqué le danger de cette attitude : *Usus coïtus stando, lædit ; nam musculos et eorum utilem perspirationem diminuit.*

D'autres observations bien constatées fournissent une sixième cause qui paraîtra peut-être bien faible, mais que les physiciens éclairés ne croiront pas volontiers nulle. Tous les corps vivants transpirent ; il s'exhale à chaque instant, par la moitié peut-être des pores de notre peau, une humeur extrêmement ténue, et qui est beaucoup plus considérable que toutes nos autres évacuations. Dans le même temps, une autre espèce de pores admet une partie des fluides qui nous environnent, et les porte dans nos vaisseaux. Ce sont des torrents invisibles, pour me servir de l'heureuse expression de M. Senac, qui sortent de notre corps et qui y entrent. Il est démontré que, dans quelques cas, cette inspiration est très considérable. Les personnes fortes expirent plus ; les faibles, qui n'ont presque point d'atmosphère propre, inspirent davantage ; et cette partie expirée, ou cette transpiration des personnes bien portantes, contient quelque chose de nourricier et de fortifiant qui, inspiré par une autre, contribue à lui donner de la vigueur. Ce sont ces observations qui expliquent comment la jeune fille qui couchait avec David lui donnait des forces ; comment cette même tentative a réussi à d'autres vieillards à qui on l'a conseillée ; pourquoi cela affaiblit la jeune personne, qui perd sans rien recevoir, ou plutôt qui reçoit des exhalaisons faibles, corrompues, putrides, qui lui nuisent.

L'on transpire plus dans le temps du coït que dans un autre, parce que la force de la circulation est augmentée. Cette transpiration est peut-être plus active, plus spiritueuse que dans tout autre temps ; c'est une perte réelle que l'on fait, et qui a lieu de quelque façon que se fasse l'émission du sperme, puisqu'elle dépend de l'agitation qui l'accompagne. Dans le coït, elle est réciproque, et alors l'un inspire ce que l'autre expire. Cet échange est mis hors de doute par des observations sûres. J'ai vu, il n'y a pas longtemps, un homme qui n'avait aucune gonorrhée, ni aucun symptôme vérolique cutané, donner la maladie vénérienne à une femme qui, dans le même instant, lui rendait la gale en échange. L'un, dans ce cas, compense les pertes de l'autre. Dans celui de la masturbation, le masturbateur perd et ne recouvre rien.

En observant l'effet des passions, on découvre une septième différence entre ceux qui se livrent aux femmes et les masturbateurs ; différence qui est toute au désavantage de ces derniers. La joie qui tient à l'âme et qu'il faut bien distinguer de cette volupté purement corporelle que l'homme partage avec l'animal, et dont elle diffère du tout au tout, cette joie, dis-je, aide les digestions, anime la circulation, favorise toutes les fonctions, rétablit les forces, les soutient. Si elle se trouve réunie avec les plaisirs de l'amour, elle contribue à réparer ce qu'ils peuvent ôter de force ; et l'observation le prouve. Sanctorius l'a remarqué. « Après un coït excessif, » dit-il, « avec une femme qu'on aimait et qu'on désirait, l'on n'éprouve pas la lassitude qui devrait être la suite de cet excès, parce que la joie que l'âme éprouve augmente la force du cœur, favorise les fonctions et répare ce qu'on a perdu. » C'est sur ce principe que Venette, dans l'ouvrage duquel on trouve un bon chapitre sur le danger des plaisirs de l'amour poussés à l'excès, établit que l'union avec une belle femme épuise moins qu'avec une laide. « La beauté a des charmes qui dilatent notre cœur et qui en multiplient les esprits. Il faut croire, avec saint Chrysostome, que, s'excitant contre les lois de la nature, le crime est beaucoup plus grand de ce côté-là que de l'autre. » Et peut-on douter que la nature n'ait attaché plus de joie aux plaisirs procurés par les moyens qui sont dans ses voies, qu'à ceux qui y répugnent?

Une huitième et dernière cause qui augmente les dangers de la masturbation, c'est l'horreur des regrets dont elle doit être suivie, quand les maux ont dessillé les yeux sur le crime et sur ses dangers.

> *Miseri quorum gaudia crimen habent.*
> Foin des plaisirs que le remords doit suivre.

Et s'il en est qui soient dans ce cas, ce sont les masturbateurs. Quand le voile est tombé, le tableau de leur conduite se présente sous les faces les plus hideuses : ils se trouvent coupables d'un crime dont la justice divine ne voulut pas surseoir la punition, et qu'elle punit sur-le-champ de mort ; d'un crime réputé très grand crime par les païens mêmes :

> *Hoc nihil esse putas : scelus est, mihi crede, sed ingens*
> *Quantum vix animo concipis ipse tuo.*
>
>   *(Mart.)*

La honte qui les suit augmente infiniment leur misère. Tel est le degré de débordements dans quelques endroits, que les débauches avec les femmes n'y sont presque regardées que comme un usage ; les plus coupables sur cet article n'en font pas mystère, et ne se doutent pas même qu'ils puissent en être méprisés. Quel est le masturbateur qui ose avouer son infamie? Et cette nécessité de s'envelopper des ombres du mystère ne doit-elle pas être, à ses propres yeux, une preuve du crime de ces actes ? Combien n'en est-il pas qui ont péri pour n'avoir jamais osé révéler la cause de leurs maux? On lit dans plusieurs lettres de l'*Onania* : « J'aimerais mieux mourir que de paraître devant vous après un tel aveu. » L'on est, en effet, et l'on doit être infiniment plus porté à excuser celui qui, séduit par ce penchant que la nature a gravé dans tous les cœurs, et dont elle se sert pour conserver l'espèce, n'a de tort que celui de ne pas s'arrêter au point limité par la loi ou par la santé; c'est un homme emporté par la passion qui s'oublie; l'on est bien plus porté à le justifier que celui qui pèche en violant toutes les lois, en renversant tous les sentiments, toutes les vues de la nature. Sentant combien il devrait être en horreur à la société, s'il en était connu, cette idée doit le bourreler sans cesse. « Il me semble, » me marquait un de ces criminels, dans la même lettre dont j'ai cité un fragment plus haut, « que chacun lit sur mon visage l'infâme cause de mon mal; et cette idée me rend la compagnie insoutenable. » Ils tombent dans la tristesse et le désespoir; on en a vu des exemples dans la quatrième section de cet ouvrage; et ils éprouvent tous les maux qu'entraîne une tristesse soutenue, sans avoir, ce qui est affreux pour un criminel, aucun prétexte de justification, aucun motif de consolation. Et quels sont ces effets de la tristesse? Le relâchement des fibres, le ralentissement de la circulation, l'imperfection des digestions. le manque de nutrition, les obstructions occasionnées par ces resserrements qui paraissent être l'effet le plus particulier de la tristesse; ces épanchements d'humeurs qui sont une suite des resserrements. « Les couloirs du foie se ferment, » dit M. de Sénac, « et la bile se répand par tout le corps; » les spasmes, les convulsions, les paralysies, les douleurs, l'augmentation de l'angoisse à l'infini; tous les accidents qui peuvent être une suite de ceux-ci.

Il est inutile de m'étendre davantage sur les dangers particuliers à la masturbation, ils ne sont que trop réels et trop démontrés; je passe aux moyens de guérison.

ARTICLE II

LA CURATION

SECTION IX

Moyens de guérison proposés par les autres médecins.

Il y a quelques maladies dans lesquelles on est presque sûr du succès des remèdes. Celles qui sont les suites des épuisements vénériens, et, à plus forte raison, de la masturbation, n'entrent pas dans cette classe ; et le pronostic qu'on peut en faire, quand elles sont parvenues à un certain degré, n'a rien que d'effrayant. Hippocrate a annoncé la mort. « C'est une misérable maladie, » dit M. Boerhaave, « je l'ai vue souvent ; je n'ai jamais pu la guérir. » M. van Swieten traita sans succès, pendant trois ans, le malade dont il parle. J'ai vu mourir misérablement de cette maladie. Il y a d'autres malades que je n'ai pas même pu soulager. Cependant ces exemples ne doivent pas décourager ; l'on en a de plus heureux. Il s'en trouve dans la collection de l'*Onania*, dans les observations des médecins ; ma propre pratique m'en a fourni quelques-uns.

Dans le même endroit où Hippocrate donne la description de la maladie, telle que je l'ai rapportée plus haut, il indique la curation. « Quand le malade se trouve dans cet état, dit-il, faites-lui des fomentations par tout le corps, ensuite donnez-lui un remède qui le fasse vomir ; après cela un autre qui purge la tête ; ensuite un qui purge par en bas. Il faut entreprendre cette cure surtout au printemps. Après les purgatifs, l'on donne le petit-lait, ou le lait d'ânesse ; après cela, le lait de vache durant quarante jours. Pendant qu'il boira le lait, il ne mangera point de viande, et on lui donnera le soir une bouillie de froment. Après avoir fini l'usage du lait, on le nourrira des viandes les plus tendres, en commençant par une petite quantité, et on le rengraissera par ce moyen. Il évitera pendant

un an toute débauche, tout exercice immodéré; il se bornera à des promenades dans lesquelles il évitera le froid et le soleil. »

L'on voit qu'Hippocrate commence la cure par un vomitif et par une purgation. Son autorité pourrai faire loi; et cette loi, dans le plus grand nombre des cas serait nuisible. Il est aisé de se retirer de cet embarras, en remarquant qu'il n'ordonne la purgation que dans la vue de détourner la fluxion qu'il supposait se jeter de la tête sur l'épine du dos, et que, dans un autre endroit, il met ceux qui sont malades après des excès vénériens, dans le catalogue des personnes auxquelles il ne faut donner aucun purgatif, parce que non seulement ils ne peuvent leur faire aucun bien, mais, qu'au contraire, ils peuvent leur faire du mal. Ainsi, c'est cette dernière règle qui doit être regardée comme générale; la première forme une exception, et une exception même qui paraît fondée sur une théorie dont l'erreur est reconnue àujourd'hui, et qui ne doit par là même avoir aucune force.

On trouve dans la dissertation d'Hoffman, que j'ai déjà souvent citée, deux observations qui doivent rendre très circonspect sur l'usage de l'émétique; je les rapporterai l'une et l'autre. Un homme de cinquante ans, s'étant livré pendant longtemps à des excès en femme, tomba dans la langueur, la maigreur, la consomption; sa vue diminua insensiblement, enfin il ne voyait les objets que comme à travers un nuage. Ce fut à cette époque qu'il prit un émétique, pour prévenir la fièvre qu'il craignait, après un long usage de viande de cochon fumée; le remède lui fit enfler la tête et le rendit tout à fait aveugle. Une prostituée publique, qui éprouvait un obscurcissement dans la vue toutes les fois qu'elle avait commerce avec un homme, ayant pris un émétique, perdit entièrement la vue.

M. Boerhaave paraît avoir voulu indiquer les difficultés de la guérison plutôt que les moyens de l'obtenir. « Il y a peu d'espérance de guérison : le lait passe trop facilement; l'exercice à cheval ne fait aucun bien à ces sortes de malades, et ils se plaignent que ces remèdes les affaiblissent; effectivement, l'exercice rend, dans l'erreur de leurs songes, l'écoulement de la semence plus abondant, et leur ôte en même temps leurs forces. Lorsque le jour reparaît, ils ne quittent leurs lits que baignés de sueur et affaiblis par le sommeil même; ils ne peuvent supporter les aromatiques dont les effets sont aussi dangereux. La seule ressource, dans ce cas, sont les bons aliments, un exercice modéré du corps, les bains des pieds, et les frictions faites avec précaution.

Parmi les consultations de ce grand homme, que M. de Haller a ajoutées à l'édition qu'il en a procurée, il y en avait une pour un homme qui s'était rendu tout à fait inepte aux plaisirs de l'amour. « Un homme de trente ans s'est si fort affaibli les organes de la génération, que le sperme s'écoule toutes les fois qu'il y a quelque commencement d'érection ; car elle n'est jamais complète et la semence n'est point lancée avec force, mais elle s'écoule goutte à goutte, ce qui le rend impuissant ; il a la mémoire, l'estomac, les reins, les jambes totalement affaiblis. »

M. Boerhaave répondit : « Ces maladies sont toujours extrêmement difficiles à guérir ; elles ne se déclarent presque jamais que lorsque le corps affaibli fait que les remèdes restent sans effet.

« On peut essayer ce que produiront les suivants : 1° Un régime sec et léger, composé d'oiseaux, de viande de bœuf, de mouton, de veau, de chevreau, rôtie plutôt que bouillie ; d'une petite quantité de bière excellente ; de peu de vin, mais d'un vin très fortifiant. 2° Beaucoup d'exercice, augmenté peu à peu jusqu'à commencement de lassitude, et toujours à jeun. 3° Des frictions, avec une flanelle parfumée de la fumée d'encens, sur les reins, le bas-ventre, le pubis, les aines, le scrotum, faites régulièrement le soir et le matin. 4° Il faut prendre de deux en deux heures, pendant le jour, une demi-drachme de l'opiat suivant :

> « ℞. *Terræ Japon. dr. IV. opopanac. dr. V. cort. Peruv. dr. VI. cons. rosar. rubr. unc. I. oliban. dr. II. succ. acac. unc. ss. syrup. kerm. q. s. f. l. a. cond.* »

Et l'on boira par-dessus demi-once de vin médicinal :

> « ℞. *Rad. caryophill. mont. Pæn. mar. aa. unc. I. cort. rad. cappar. camirisc. aa. unc. I. ss. lign. agalloch. veri unc. I. vin. gall. alb. libr. VI. f. l. a. vin. med.* »

J'espère, ajoutait M. Boerhaave, que le malade sera guéri après en avoir fait usage deux mois. Mais il ne voulut point s'en servir, et il mourut au bout de quelques semaines, d'une dysenterie maligne. Quel eût été l'effet du remède ? C'est ce qu'on ne peut pas deviner. M. Zimmerman m'a écrit qu'il en avait fait faire usage à un malade, pendant deux mois, sans aucun succès.

M. Hoffmann indique les précautions qu'il faut prendre et les moyens qu'il faut employer. « Il faut éviter tous les remèdes qui ne conviennent pas aux personnes faibles et qui peuvent affaiblir un corps déjà énervé : tels sont tous les astringents, ceux qui sont trop rafraîchissants, les saturnins, les nitreux, les acides et surtout les narcotiques ; ils nuisent tous dans les cas de cette espèce, et malheureusement on ne laisse pas que d'en faire souvent usage.

« Le but qu'on doit se proposer, c'est de rétablir les forces, et de rendre aux fibres le ton qu'elles ont perdu. Les remèdes chauds, volatils, aromatiques, ceux qui ont une odeur forte et agréable, ne conviennent pas ici ; il ne faut que des aliments doux, et propres à réparer cette substance nutritive gélatineuse que les évacuations immodérées ont détruite : tels sont les bouillons forts de bœuf, de

veau, de chapon, avec un peu de vin, de suc de citron, de sel, de noix muscade
et de clous de girofle. On joint avec succès à cet usage celui des remèdes qui
favorisent la transpiration, et qui raniment le ton languissant des fibres. »

Dans une autre consultation pour un masturbateur, il ordonnait de prendre
tous les matins une mesure de lait d'ânesse, coupé avec un tiers d'eau de Selter.

Il serait inutile de citer les préceptes ou les observations d'autres auteurs. Je
me contenterai de rapporter un cas très utile, tel qu'il se trouve dans une thèse
de M. Weszpremi, qui renferme quatorze observations toutes intéressantes.

W. Conybeare, âgé de trente ans, avait, depuis six ans, la vue si obscurcie,
sans aucun vice apparent dans l'œil, qu'il voyait tous les objets comme à travers
un nuage épais. Il avait été successivement dans les trois hôpitaux les plus
célèbres de Londres, Saint-Thomas, Saint-Barthélemy et Saint-Georges ; enfin,
il y a deux ans qu'il se rendit dans le nôtre. Partout, après les autres remèdes,
on avait essayé si la salivation mercurielle pourrait le guérir de cette espèce de
goutte sereine. Les médecins étaient lassés, et le malade entièrement découragé.
L'interrogeant en particulier et avec beaucoup de soin sur sa maladie, il me dit
que, de temps en temps, il se sentait mal tout le long de l'épine du dos, surtout
quand il se courbait pour prendre quelque chose ; que ses jambes étaient si faibles,
qu'il pouvait à peine être debout une minute sans s'appuyer, autrement les
jambes lui tremblaient et il avait un vertige et un éblouissement ; que sa mémoire
était si fort affaiblie, que quelquefois il paraissait stupide ; et je vis moi-même
qu'il était extrêmement décharné. Tout cela me fit soupçonner que la goutte
sereine pourrait bien n'être qu'un symptôme d'une maladie plus fâcheuse, et que
le malade était attaqué d'une véritable consomption dorsale.

Je le sollicitai vivement de m'avouer s'il ne s'était jamais souillé de l'abominable crime d'Onan, qui détruit entièrement les parties balsamiques du fluide
nerveux. Après bien des délais, il avoua en rougissant. Je lui ordonnai de
prendre le soir deux pilules mercurielles, dont chacune contenait six grains de
mercure, et le lendemain une once de sel purgatif, et de réitérer quatre fois dans
quinze jours. Au bout de ce terme je le fis vivre, suivant l'ordonnance d'Hippocrate dans un cas semblable, uniquement de laitage pendant quarante jours. Dans
le même temps, il se faisait frotter deux ou trois fois par semaine, en se couchant.
A la fin de cette cure, il revint de la campagne en beaucoup meilleur état que
quand il était parti. Je lui conseillai ensuite le bain froid pendant trois semaines ;
il le prenait à jeun, à huit heures du matin, de deux jours l'un. Pendant deux
mois, il prit deux fois par jour l'électuaire minéral et le julep volatil, auquel il
joignait les frictions et les bains de pied. Ces secours rétablirent si bien sa santé,
qu'il voulait reprendre l'exercice de sa profession qui était la boulangerie ; mais
je lui conseillai de se vouer à quelque autre, craignant que l'inspiration de la

farine qui s'élève en pétrissant, ne formât, dans un estomac et dans une poitrine encore faibles, une colle dont les effets auraient pu être dangereux.

M. Stehelin soulagea la malade dont j'ai parlé, section II, page 22, par des bains fortifiants, la teinture de Mars de Ludovic, et des bouillons apéritifs.

Les principaux remèdes de l'*Onania* sont des secrets qu'il s'est réservés. L'on voit, en général, et cette observation est importante, qu'il n'employait aucun évacuant, et que les roborants seuls en étaient la base, sous le nom de teinture fortifiante, *the strentheming tincture*, et de poudre prolifique, *the prolific powder*. Ils agissent sans que leur action produise aucun effet sensible ; mais, ce sont les termes de l'auteur, ils enrichissent, ils fortifient, ils nourrissent les parties génitales de l'un et de l'autre sexe ; ils leur donnent une nouvelle force ; ils favorisent la génération de la semence ; ils relèvent puissamment les forces d'une nature accablée ; en un mot, comme tous les secrets, ils opèrent tout ce qu'on leur demande. Il y a un troisième remède inconnu, sous le nom de potion restaurante, qui agit aussi très efficacement ; et, en effet, si l'on doit ajouter foi à tous les témoignages qui déposent en faveur de ces remèdes, ils ont sans doute beaucoup de vertu. Outre ces trois arcanes, il donne quelques formules ; l'une est une potion composée d'ambre, d'aromates et de quelques autres remèdes de la même classe ; une seconde est un liniment composé d'huiles essentielles, de baumes, de teintures âcres. L'une et l'autre de ces compositions me paraissent trop stimulantes ; et, comme elles n'ont pour elles aucune expérience, j'en omets la description : il en indique deux autres qui paraissent plus convenables.

DÉCOCTION

℞. *Flor. siccat. lamii mpl. VI. radic. cyper. et galang. aa. unc. II. rad. bistort. unc. I. rad. osmund. regal. unc. II. flor. ros. rubr. mpl. IV. Ichthyocoll. unc. III.*

Scissa tus. mixt. cum aquæ quart. VIII. ad quartæ part. evaporat. coquant. Pour en prendre tous les jours un quart.

INJECTION

℞. *Saccari Saturni, vitriol. alb. alum. rup. aa dr. I. aq. chalyb. fabror. pint. II. ss. per dies decem igne arenæ digerantur : add. spir. vin. camphr. cochl. III.*

On trouvera de très sages vues, applicables à la maladie dont je traite, dans un livre qui vient de paraître, intitulé : *Précis de médecine pratique*, par M. Lieutaud, médecin des Enfants de France, qui, après s'être fait un nom distingué parmi les anatomistes et les physiologistes, vient de s'assurer, par cet ouvrage, un des premiers rangs parmi les praticiens. Les chapitres relatifs à la consomption dorsale sont ceux qui ont pour titre : *calor morbosus*, chaleur morbifique ; maladie, pour le dire en passant, très fréquente, dont personne n'avait parlé, que l'on traite souvent très mal, comme je m'en suis plaint ailleurs, et dont M. Lieutaud a développé le premier les symptômes, la nature et le traitement ; *vires exhaustæ*, l'épuisement ; et *anæmia*, qu'on peut traduire le manque de sang, chapitre très intéressant, qui est tout entier à l'auteur.

M. Lewis, dont je n'avais point pu me procurer l'ouvrage avant l'impression de la première édition du mien, est celui de tous qui s'est le plus étendu sur la cure. J'ai eu le plaisir de voir que nous étions parfaitement dans les mêmes idées, et que nous employons les mêmes remèdes, surtout le kina et les bains froids ; conformité qui me paraît prouver en faveur de la méthode que nous avons suivie l'un et l'autre. Je ne rapporterai ici que les deux aphorismes qui renferment la substance de sa doctrine ; je me servirai de quelques passages de l'explication qu'il y ajoute, pour confirmer, dans la section suivante, ma propre pratique.

« La cure de cette maladie, dit cet habile médecin, dépend de deux articles : ce qu'il faut éviter et ce qu'il faut faire ; et les remèdes n'ont aucune efficace si l'on n'apporte pas une grande attention à tout ce qui regarde les choses non naturelles, ou toutes les branches du régime. Un air sain èst de la plus grande importance. La diète doit être fortifiante sans échauffer. Le sommeil ne doit pas être trop long, et il faut dormir à des heures convenables. L'on doit prendre un exercice modéré, surtout à cheval. Si les évacuations naturelles se font irrégulièrement, il faut les mettre dans l'ordre. Le malade doit chercher à se distraire par la compagnie, ou par les plaisirs innocents.

« Tous les remèdes doivent être tirés de deux classes, les balsamiques et les fortifiants. »

Il recommande beaucoup, au lieu de thé, qui est toujours, dit-il, très nuisible aux nerfs, l'infusion de mélisse ou de menthe, en mettant dans chaque tasse une cuillerée d'une mixture balsamique, composée de crème et de jaunes d'œufs battus ensemble avec deux ou trois gouttes d'huile de cannelle, ce qui fait une boisson dont le palais et l'estomac s'accommodent très bien, comme j'ai eu l'occasion de le remarquer moi-même ; et ce remède est en effet véritablement balsamique et fortifiant. Mais je placerai ici une remarque qui peut être utile, c'est que M. Lewis indique parmi les fortifiants qu'il conseille, les remèdes tirés du plomb ; et je me fais un devoir d'avertir que, malgré son autorité et celle de quelques autres médecins respectables, l'usage intérieur des préparations de plomb est un véritable poison, de l'aveu presque unanime de tous les médecins ; j'en ai vu les effets les plus tristes ; et l'impudente imprudence des charlatans ne fournit que trop d'occasions d'en observer de tels. Si on veut le conserver, comme celui de quelques autres poisons, qu'au moins l'administration en soit réservée à ceux qui sont en état de connaître ses dangers et ses vertus, et qu'on ne l'indique pas sans précautions dans des ouvrages destinés au public.

Je finirai cette section par la méthode que M. Storck emploie dans ces maladies ; elle est très simple et très efficace. En comparant toutes ces méthodes, on verra qu'elles sont toutes fondées sur les mêmes principes, qu'elles tendent au même but, et qu'elles emploient des moyens très ressemblants les uns aux autres ; conformité qui fait l'éloge de la méthode et inspire de la confiance. « On commence, dit M. Storck, par les nourrir de bouillons succulents. Le riz, les gruaux d'avoine, ceux d'orge cuits avec du bouillon ou du lait, et le lait sont très utiles ; mais il faut observer d'en prendre peu et souvent. Si l'estomac était si fort affaibli, comme cela arrive quelquefois quand la maladie a fait de grands progrès, qu'il ne pût pas même soutenir ces aliments sans de grandes angoisses, il faut donner une nourrice au malade, ce qui en a quelquefois tiré de l'état le plus fâcheux. On redonne de la force et de l'action aux fibres relâchées, par l'usage d'un vin avec le fer, le kina et la cannelle. Dès que le malade a assez de force pour se promener, il lui est extrêmement utile d'aller dans un air de campagne très pur, ou de montagne. »

SECTION X

Pratique de l'auteur.

Il y a quelques maladies dans lesquelles il est difficile de démêler exactement la cause, et par là même de déterminer l'indication et de régler le traitement, mais qui se guérissent avec assez de facilité quand on est parvenu à ce point ; il n'en est pas de même dans la consomption dorsale. L'on sait quelle est la maladie ; l'on en connaît la cause : c'est, comme le dit M. Lewis, « une espèce particulière de consomption, dont la cause prochaine est une faiblesse générale des nerfs. » L'indication est aisée à former ; l'on ne peut pas être partagé par là même sur l'essentiel du traitement ; mais souvent le meilleur traitement échoue ; c'est une raison de plus pour en fixer les détails avec exactitude. Le relâchement général des fibres, la faiblesse du genre nerveux, l'altération des fluides, sont les causes du mal. Il dépend de l'affaiblissement de toutes les parties ; il faut leur rendre leur force, c'est l'unique indication. Elle a ses subdivisions tirées des différentes parties affaiblies ; mais, comme les mêmes remèdes servent à les remplir toutes, il est inutile de les détailler ici ; elles l'ont été dans le cours de cet ouvrage.

Ceux qui ignorent parfaitement la médecine, et qui en parlent cependant plus que ceux qui la savent, croiront qu'il est fort aisé de remplir cette indication, et qu'avec de bons aliments et des cordiaux, dont nos boutiques abondent, on fortifie bien aisément ; de tristes expériences, ont, au contraire, appris aux plus grands médecins que rien n'était plus difficile.

« Il est bien aisé », dit M. Gorter, « de diminuer les forces ; l'on a presque aucun secours pour les réparer. » On le comprendra aisément, si l'on réfléchit que les aliments et les remèdes ne sont autre chose que les instruments dont la nature se sert pour s'entretenir, réparer ses pertes, et remédier aux dérangements qui surviennent dans le corps. Et qu'est-ce que la nature ? L'aggrégat des forces du corps, distribuées harmoniquement. C'est la force vitale distribuée respectivement dans les différentes parties. Quand les forces sont épuisées, c'est donc la nature qui est en défaut ; c'est l'architecte ouvrier qui ne fonctionne plus : donnez-lui des matériaux tant que vous voudrez, il est hors d'état de les employer. Vous pouvez l'enterrer avec son bâtiment, sous la pierre, le bois et le mortier, sans qu'il se répare un seul pouce de muraille. Il en est de même des maladies qui dépendent de la destruction des forces ; les aliments ne réparent point, et les remèdes n'agissent point. J'ai vu des estomacs si affaiblis, que les aliments n'y recevaient pas plus de préparation que dans un vaisseau de bois ; quelquefois ils s'y arrangent suivant les lois de leurs gravités spécifiques ; et, quand enfin une nouvelle dose irrite l'estomac par son poids, on les voit ressortir successivement par un léger effort, très séparés les uns des autres. D'autres fois, par un plus long séjour, ils s'y corrompent, et on les vomit tels qu'ils seraient, si on les eût laissés gâter dans un bassin d'argent ou de porcelaine. Que doit-on espérer des aliments dans des cas de cette espèce ?

L'épuisement n'est pas aussi considérable dans tous : il en est dans lesquels les forces ne sont qu'affaiblies sans être totalement détruites ; il reste alors quelques ressources dans les aliments et même dans les remèdes. Ce qui reste de la nature tire quelque parti des premiers ; et, les derniers doivent être de ceux qu'on a remarqués propres à ranimer ce principe d'action vitale qui s'éteint : ce sont les secours étrangers dont on aide l'architecte, pour qu'il puisse travailler à son ouvrage en dépensant le moins possible de ses forces ; c'est, d'autres fois, le coup d'éperon qu'on donne à un cheval faible, pour qu'il fasse un effort dans un mauvais pas. Mais qu'il faut d'habileté et de prudence pour savoir juger d'un coup d'œil la profondeur du bourbier, la force de l'animal, et les comparer ! Si l'ouvrage est au-dessus de ses forces, ce coup d'éperon l'obligera, il est vrai, à un effort ; mai si cet effort ne peut pas le mettre au bon chemin, il ne fera que l'épuiser totalement.

La faiblesse produite par la masturbation offre une difficulté dans le choix des remèdes fortifiants, qui ne se présente pas dans d'autres cas ; c'est qu'il faut éviter avec le plus grand soin ceux qui, en irritant, pourraient réveiller l'aiguillon de la chair. C'est une loi de la mécanique animée, si différente de l'inanimée, et si peu soumise aux mêmes règles, que, quand les mouvements s'augmentent, l'augmentation est plus considérable dans les parties qui en sont le plus susceptibles : ce sont, chez les masturbateurs, les parties génitales, c'est donc dans ces parties que l'effet des remèdes irritants se manifestera le plus sensiblement ; et les suites dangereuses de cet effet ne peuvent rendre trop circonspect sur les moyens qu'on emploie. Quels peuvent-ils donc être ? C'est ce que j'examinerai après avoir détaillé le régime. Je suivrai, dans ce détail, la division ordinaire de six choses non naturelles : l'air, les aliments, le sommeil, les mouvements, les évacuations naturelles, et les passions.

L'AIR

L'air a sur nous l'influence que l'eau a sur les poissons, et même une beaucoup plus considérable. Ceux qui savent à quel point cette première influence s'étend, qui n'ignorent pas que les gourmets connaissent non seulement la rivière, mais encore l'endroit de la rivière où un poisson a été pris, et qu'ils distinguent,

> . . . . . *Lupus hic, Tiberinus, an alto*
> *Captus hiet? pontesne inter jactatus, an amnis*
> *Ostia sub Tusci?*

ceux-là, dis-je, sentiront combien il importe pour les malades de respirer un air plutôt qu'un autre. Ceux qui sont entrés une fois en leur vie dans une chambre qu'on habite sans l'aérer ; ceux qui auront côtoyé les marais dans les chaleurs, habité dans des lieux bas entourés d'éminences de tous côtés ; ceux qui auront passé d'une ville peuplée dans la campagne, qui auront respiré l'air au lever du soleil ou à midi. avant ou après une pluie ; tous ces gens-là, dis-je, comprendront comment l'air peut influer sur la santé.

> *Temperie cœli corpusque animusque juvatur.*
> (*Ovide.*)

Les faibles ont plus besoin du secours d'un air pur que les autres : c'est un remède qui agit (et c'est peut-être le seul) sans le concours de la nature, sans employer ses forces ; il est par là même de la plus grande importance de ne pas le négliger. Celui qui convient le mieux à une atonie générale, c'est un air sec et tempéré : un air humide, un air trop chaud, sont pernicieux. Je connais un malade de cette espèce que les grandes chaleurs jettent dans un épuisement total, et dont la santé varie en été, suivant l'alternative des jours plus ou moins chauds. Un air trop froid est beaucoup moins à craindre, et cela doit nécessairement être ainsi ; la chaleur relâche les fibres déjà trop lâches, et dissout les humeurs déjà trop fondues ; le froid, au contraire, remédie à ces deux maux.

Quand les Caraïbes sont attaquées de paralysie à la suite de ces terribles coliques convulsives auxquelles ils sont sujets, lorsqu'on ne peut pas les envoyer aux bains chauds, qu'on trouve dans le nord de la Jamaïque, on se contente de les envoyer dans quelque endroit plus froid que leur pays ; et ce seul changement d'air opère toujours très favorablement.

Une autre qualité essentielle de l'air, c'est qu'il ne soit point chargé de particules nuisibles, qu'il n'ait point perdu, par son séjour dans des lieux habités, cette espèce de qualité vivifiante qui en fait toute l'efficace, et qu'on pourrait appeler l'esprit vital aussi nécessaire aux plantes qu'aux animaux ; er tel est l'air qu'on respire dans une campagne bien aérée et jonchée d'herbes, d'arbres et d'arbrisseaux. Que le malade, dit Arétée, demeure auprès des prés, des fontaines et des ruisseaux ; les exhalaisons qui en émanent et la gaieté que ces objets inspirent, fortifient l'âme, animent les forces et rétablissent la vie. L'air de la ville, sans cesse inspiré et expiré, continuellement rempli d'une foule de vapeurs ou d'exhalaisons infectes, réunit les deux inconvénients d'avoir moins de cet esprit vital et d'être chargé de particules nuisibles. Celui de la campagne possède les deux qualités opposées ; c'est un air vierge et un air imprégné de tout ce qu'il y a de plus volatil, de plus agréable, de plus cordial dans les plantes, et de la vapeur de la terre qui, elle-même, est très salubre. Mais il serait inutile de se choisir une demeure dans un bon air, si on ne le respirait pas. L'air des chambres, si on ne le renouvelle pas continuellement, est à peu près le même dans toutes ; ce n'est presque pas en changer que de passer d'une chambre fermée en ville dans une chambre fermée à la campagne. L'on ne jouit de toute la salubrité d'une atmosphère saine qu'en pleins champs. Si les infirmités ou la faiblesse ne permettent pas de s'y transporter, l'on doit renouveler plusieurs fois par jour l'air de la chambre, non pas en ouvrant simplement une porte ou une fenêtre, ce qui le renouvelle peu, mais en faisant passer dans la chambre un torrent d'air frais, en ouvrant tout à la fois dans deux ou trois endroits opposés. Il n'y a aucune maladie qui n'exige cette précaution ; mais alors il convient de soustraire le malade à une trop grande impression, ce qui est toujours très aisé.

Il est aussi extrêmement important de respirer l'air du matin ; ceux qui s'en privent pour rester dans une atmosphère étouffée entre quatre rideaux renoncent volontairement au plus agréable et peut-être au plus fortifiant de tous les remèdes. La fraîcheur de la nuit lui a rendu tout son principe vivifiant, et la rosée qui s'évapore peu à peu, après s'être chargée de tout le baume des fleurs sur lesquelles elle a séjourné, le rend véritablement médicamenteux. L'on nage au milieu d'une essence de plantes qu'on inspire continuellement, et dont rien ne peut suppléer le bon effet. Le bien-être, la fraîcheur, la force, l'appétit qu'on sent pendant le reste du jour, en sont une preuve à la portée de tout le monde, plus forte que tout ce que je pourrais ajouter. J'en ai vu encore très récemment les effets les plus sensibles sur quelques personnes valétudinaires, sur celles surtout qui étaient hypocondriaques ; elles éprouvaient, de la manière la plus marquée, que, si elles humaient l'air au lever du soleil, elles se sentaient beaucoup plus gaies le reste du jour ; et ceux qui le passaient avec elles, n'auraient pas pu se tromper à cette marque sur l'heure de leur lever. L'on sent combien cet effet est important pour les malades de la consomption dorsale, qui sont si souvent hypocondriaques. Le retour de la gaieté démontre seul, d'une façon invincible, un amendement général dans la santé.

LES ALIMENTS

L'on doit être guidé dans le choix des aliments par ces deux règles : 1° ne prendre que des aliments qui, sous un petit volume, contiennent beaucoup de nourriture, et qui se digèrent aisément. C'est l'aphorisme de Sanctorius : *Coïtus immoderatus postulat cibos paucos et boni nutrimenti;* éviter tous ceux qui ont de l'âcreté. Il est important de rendre à l'estomac toutes ses forces ; et rien ne détruit plus la force des fibres animales, qu'une extension forcée ; ainsi, si l'on dilatait l'estomac par la quantité des aliments, on l'affaiblirait journellement : d'ailleurs, s'il est trop rempli, les personnes faibles éprouvent un état de malaise, d'angoisse, de faiblesse et de mélancolie, qui augmente tous leurs maux. L'on prévient ces deux inconvénients, en choisissant des aliments tels que je les ai indiqués, et en n'en prenant que peu à la fois, mais fréquemment. Il est essentiel qu'ils puissent donner aisément ce qu'ils ont de nutritif. L'estomac n'est pas en état de digérer ce qui se digère difficilement : son action extrêmement languissante serait totalement détruite par les aliments, ou trop durs, ou propres à diminuer ses forces.

L'on peut, sur ces principes, former le catalogue de ceux qui conviennent dans ce cas, et de ceux qu'on doit exclure. Dans la dernière classe sont les viandes naturellement dures et indigestes, telles que celles du cochon, toutes celles de vieilles bêtes; celles que l'art a durcies au moyen du sel et de la fumée, préparation qui les rend en même temps âcres; toutes celles qui sont trop grasses; les autres graisses quelconques, qui relâchent les fibres de l'estomac, diminuent l'action déjà trop faible des sucs digestifs, restent indigestes, disposent à des obstructions, et acquièrent par leur séjour un caractère d'âcreté qui, irritant continuellement, donne de l'inquiétude, des douleurs, de l'insomnie, de l'angoisse, de la fièvre. Il n'y a rien, en un mot, dont les personnes qui ne digèrent pas, doivent se garder avec plus de soin que des choses grasses. Les pâtes non fermentées, surtout quand elles sont pétries avec des graisses, sont une autre espèce d'aliment très fort au-dessus des forces d'un mauvais estomac. Les herbes potagères, en produisant des gonflements qui le distendent, et qui gênent en même temps la circulation dans les parties voisines, sont également nuisibles; tels sont généralement toutes les espèces de choux, les légumes à cosse, et ceux qui ont un goût et une odeur extrêmement âcres, dernière qualité qui les rend nuisibles, indépendamment des flatuosités.

Les fruits, qui sont si salutaires dans les maladies aiguës, et inflammatoires dans les obstructions, surtout dans celles du foie et dans plusieurs autres maladies, ne conviennent jamais dans ces cas; ils affaiblissent, ils relâchent, ils énervent les forces de l'estomac; ils augmentent la dissolution du sang déjà trop aqueux; mal digérés, ils fermentent dans l'estomac et dans les intestins, et cette fermentation développe une quantité étonnante d'air, qui produit des distensions énormes qui dérangent absolument le cours de la circulation. J'ai vu cet effet être si considérable chez une femme, pour avoir mangé trop de fruits rouges, vingt-quatre jours après une couche très heureuse, que le ventre était tendu au point de devenir livide; elle était dans l'assoupissement et son pouls presque imperceptible. Les fruits laissent aussi dans les premières voies un principe acide, propre à occasionner plusieurs accidents fâcheux; ainsi il faut presque entièrement s'en priver. Les jardinages crus, le vinaigre, le verjus, ont les mêmes inconvénients et méritent la même exclusion.

Quoique le catalogue des aliments défendus soit long, celui des aliments permis l'est encore davantage. Il comprend toutes les viandes d'animaux jeunes, nourris dans de bons endroits et bien nourris : telles sont surtout celles de veau, de jeune mouton, de jeune bœuf, de poulet, de pigeon, de poulet d'Inde, de perdreau. Les alouettes, les grives, les cailles, les autres gibiers, sans être absolument interdits, ont cependant des inconvénients qui ne permettraient pas d'en faire un usage journalier. Le poisson est dans le même cas.

L'on doit, non seulement choisir les viandes avec soin, il faut encore les préparer convenablement. La meilleure façon, c'est de les rôtir à un feux doux qui conserve leur suc et qui ne les dessèche pas, ou de les cuire lentement dans leur propre jus. Celles qu'on fait bouillir avec beaucoup d'eau donnent au bouillon tout ce qu'elles ont de succulent et restent incapables de nourrir ; souvent elles ne sont que des fibres charnues dénuées de leurs sucs et chargées d'eau, également insipides au goût et indigestes à l'estomac. Il est très ordinaire de voir des personnes faibles, fort éloignées de tout soupçon de friandise, qui ne peuvent point en manger sans sentir que leur estomac souffre. Plus les viandes sont tendres, moins elles soutiennent cette préparation, qu'on devrait réserver, quant aux malades, pour tirer des viandes dures ce qu'elles ont de nourrissant.

Quelques soins qu'on donne à la préparation de la viande, il est des personnes qui ne peuvent pas la digérer : on est réduit à ne leur en donner que le jus, qu'on exprime après l'avoir fait médiocrement cuire ; mais comme il se corromprait très aisément, il faut y joindre un peu de pain et une petite dose de jus de citron, ou un peu de vin : un tel mélange est tout ce qu'on peut employer de plus nourrissant. Quelques écrevisses cuites et écrasées dans le bouillon en relèvent le goût, et le rendent peut-être encore plus fortifiant ; mais elles ont le double inconvénient d'être un peu échauffantes et de rendre le bouillon plus susceptible d'une prompte corruption ; ainsi il faut être sur ses gardes à ces deux égards. Le pain et le jardinage n'ont pas l'avantage de réunir beaucoup de nourriture sous un petit volume ; mais leur usage, surtout celui du pain, est absolument indispensable, pour prévenir non seulement le dégoût que l'usage d'un régime tout animal ne manquerait pas de produire, mais encore la putridité qui en serait une suite, si on ne le mêlait pas de végétaux. Sans cette précaution, l'on verrait bientôt éclore, dans les premières voies, l'alcali spontané et tous les désordres qu'il peut entraîner. J'ai vu les plus grands accidents produits par ce régime, chez des personnes faibles à qui on l'avait ordonné. Un des symptômes les plus ordinaires est l'altération ; ils sont obligés de boire, et la boisson les affaiblit : d'ailleurs, elle se mêle difficilement avec les humeurs, parce que ce mélange dépend de l'action des vaisseaux, qui est très languissante ; et si, par un malheur très ordinaire chez ceux qui ne prennent que très peu de mouvement, l'action des reins diminue, les liquides passent dans le tissu cellulaire et forment d'abord des œdèmes, et enfin des hydropisies de toutes les espèces.

L'on prévient ces dangers en mariant toujours le régime végétal avec l'animal. Les meilleures herbes sont les racines tendres et les herbes chicoracées, les cardes et les asperges. Il y en a d'autres qui, quoique fort tendres, incommodent, parce qu'elles rafraîchissent trop ; elles amortissent la force de l'estomac.

Les graines farineuses, préparées et cuites en crème avec du bouillon de viande, sont un aliment qui n'est point à mépriser ; il réunit ce qu'il y a de plus nourrissant dans les deux règnes, et le mélange prévient le danger de chaque aliment donné seul ; le bouillon empêche la farine de s'aigrir, la farine empêche le bouillon de pourrir. L'on s'aperçoit aisément, en lisant les observateurs avec un peu de réflexion, que les maladies sont plus malignes dans le nord de l'Europe que dans sa partie moyenne : cela ne viendrait-il point de ce que l'on y mange plus de viande et moins de végétaux ?

Ce que j'ai dit plus haut des fruits n'empêche pas, quand l'estomac conserve encore quelques forces, qu'on ne puisse de temps en temps s'en permettre une petite quantité, des mieux choisis pour l'espèce et la maturité ; les plus aqueux sont ceux qui conviennent le moins.

Les œufs sont un aliment du genre animal et un aliment extrêmement utile ; ils fortifient beaucoup et se digèrent aisément, moyennant qu'ils ne soient que peu ou point cuits, car, dès que le blanc est durci, il ne se dissout plus ; il devient pesant, indigeste et ne répare pas ; c'est alors l'aliment des estomacs qui digèrent trop et non de ceux qui ne digèrent point. La meilleure façon de les manger, c'est de les avaler en sortant de la poule sans coction, ou de les manger à la coque, après les avoir seulement plongés trois ou quatre fois dans l'eau bouillante, ou délayés dans du bouillon chaud qui ne bouille pas.

Enfin, une dernière espèce d'aliment, c'est le lait : il réunit toutes les qualités qu'on désire ; il n'a aucun des inconvénients qu'on craint. C'est le plus simple, le plus facile à assimiler, celui qui répare le plus promptement ; tout préparé par la nature, on ne risque point de le gâter par la préparation artificielle ; il nourrit comme le jus de viande et n'est point susceptible de putridité ; il prévient l'altération ; il tient lieu d'aliment et de boisson ; il entretient toutes les sécrétions ; il dispose à un sommeil tranquille ; en un mot, il est propre à remplir toutes les indications qui se présentent dans ce cas, et M. Lewis l'a vu produire les meilleurs effets. Zacutus Lusitanus dut à son usage le rétablissement d'un jeune homme, que des excès avec les femmes avaient jeté dans une fièvre violente, accompagnée d'une chaleur brûlante et d'une ardeur d'urine qui l'avait absolument détruit, et l'avait mis dans l'état d'un squelette. Pourquoi donc ne l'emploie-t-on pas toujours et ne le substitue-t-on pas à tous les autres aliments ? Par une raison qui lui est particulière, qui en dénature souvent l'effet, et qui fait qu'il en produit quelquefois un très différent de celui qu'on espérait et qu'on avait lieu d'attendre.

Cette raison, c'est l'espèce de décomposition à laquelle il est sujet. Si la digestion n'en est pas prompte, s'il séjourne trop longtemps dans l'estomac, ou si, sans y séjourner longtemps, il y trouve des matières propres à hâter cette décomposition, il éprouve les changements que nous lui voyons subir sous nos yeux : la partie butyreuse, la caséeuse et la séreuse se séparent; le petit lait occasionne quelquefois une diarrhée prompte, d'autres fois il passe par les voies urinaires ou par la transpiration sans nourrir ; les autres parties, si elles restent dans l'estomac, ne tardent pas à le molester, à occasionner des maladies, des gonflements, des nausées, des coliques; si l'on ne s'en sent pas incommodé d'abord, c'est qu'elles passent par les intestins, où elles peuvent, il est vrai, séjourner un certain temps sans nuire sensiblement, mais elles y acquièrent une âcreté singulière, et au bout d'un certain temps elles produisent des accidents que le délai n'a pas rendus moins dangereux ; et l'on peut établir comme une loi qui doit rendre extrêmement circonspect quand on ordonne le lait dans les cas graves, que si c'est l'aliment dont la digestion est la plus aisée, c'est aussi celui dont l'indigestion est la plus fâcheuse. L'on a vu plus haut les difficultés que M. Boerhaave trouvait dans son usage ; mais, quelque grandes qu'elles soient, les avantages qu'on peut en retirer sont assez considérables pour qu'on cherche tous les moyens possibles de les surmonter, et heureusement il y en a. L'on peut les ranger sous deux classes : les attentions de régime et les remèdes. Je renverrai l'examen de ceux-ci à un des articles suivants.

Les attentions du régime sont : 1º le choix du lait : pour quelque espèce qu'on se détermine, la femelle qui le fournit doit être saine et bien conduite ; 2º il faut éviter, pendant qu'on le prend, tous les aliments qui peuvent l'aigrir, et tels sont tous les fruits, tant crus que cuits, et, en général, tout ce qui a de l'acidité ; 3º il faut le prendre dans des temps fort éloignés des autres aliments ; il n'aime aucun mélange; 4º n'en prendre que peu à la fois ; 5º avoir l'estomac, le bas-ventre et les jambes extrêmement au chaud; 6º (sans cette précaution toutes les autres seraient très inutiles) se modérer extrêmement sur la quantité des aliments, même les mieux choisis. L'on ne doit, pendant qu'on prend le lait, donner aucun travail à l'estomac; la plus petite surcharge, la plus légère indigestion y laisse un principe de corruption qui corrompt sur le champ le lait et du plus sain des aliments peut faire un poison quelquefois violent, et au moins toujours très nuisible.

Quel lait mérite la préférence ? Pour répondre à cette question, je n'entrerai point dans l'examen des différentes sortes de lait; ce serait prolonger mon ouvrage par un hors-d'œuvre; l'on a là-dessus plusieurs secours et peut-être point de meilleur qu'une dissertation, aujourd'hui fort rare, de feu M. d'Apples, docteur en médecine et professeur en grec et en morale dans cette Académie. L'on n'emploie presque plus aujourd'hui que celui de femme, d'ânesse, de chèvre et de vache. Chacun a ses qualités différentes ; c'est la comparaison de ces

qualités et les indications qu'offre la maladie qui doivent déterminer le choix
qu'on fait de l'un ou de l'autre. Il y a peu de cas dans lesquels celui de vache ne
puisse tenir lieu de tous les autres. L'on croit généralement celui de femme plus
fortifiant, c'est l'idée des plus grands maîtres ; mais l'on appuie cette opinion sur
un fondement ruineux, qui est l'usage qu'elle fait de viandes, sans réfléchir que
dans le même temps on donne la préférence à celui d'une robuste paysanne qui
n'en mange point ou du moins très peu, et qui ne vit que de pain et de végétaux. Je crois cependant qu'on pourrait l'essayer avec succès ; les belles cures
opérées par son usage ne laissent aucun doute sur son efficacité : mais il a un
inconvénient qui lui est particulier, c'est qu'il doit être pris immédiatement au
mamelon qui le fournit ; c'est une précaution dont Galien a déjà connu la nécessité ; et en se moquant de ceux qui ne veulent pas s'y astreindre, il les renvoie
comme des ânes au lait d'ânesse. Mais le vase n'exciterait-il point des désirs
qu'on cherche à amortir, et ne serait-on pas exposé à voir renouveler l'aventure
du prince dont Capivaccio nous a conservé l'histoire ? On lui donna deux nourrices ; le lait produisit un si bon effet, qu'il les mit à même de lui en fournir de
plus frais au bout de quelques mois, s'il se trouvait en avoir besoin.

L'on croit que le lait d'ânesse est le plus analogue à celui de femme ; mais
qu'on me permette de le dire, c'est une assertion d'opinions plus que d'expérience. Il est le plus séreux et par là même le plus relâchant ; c'est une erreur
funeste de le croire le plus fortifiant. Des observations journalières démontrent
le contraire et prouvent que, non seulement il n'est pas le plus efficace, mais que
peut-être il l'est le moins. Je n'en ai pas toujours vu de bons effets, et je ne suis pas
le seul. « Il me semble, » m'écrivait M. de Haller, « que ce lait d'ânesse fait rarement ce qu'on lui demande. » L'inutilité est un bien grand défaut dans un
remède sur lequel on fonde la guérison des maladies les plus graves. M. Hoffmann le conseillait dans les cas où il y avait tout à la fois épuisement ou cupidité.

Avant de quitter ce qui regarde les aliments, je dois finir par le conseil d'Horace, c'est de ne pas faire des mélanges :

> . . . . *Nam variæ res*
> *Ut noceant homini credas, memor illius escæ,*
> *Quæ simplex olim sederit ; at, simul assis*
> *Miscueris elixa, simul conchylia turdis,*
> *Dulcia se in bilem vertent, stomachoque tumultum*
> *Lenta feret pituita.*

L'on sent, sans qu'il soit besoin d'insister sur ce conseil, combien il est
impossible que des aliments très différents subissent dans le même temps une
digestion parfaite. Ce mélange est une des causes qui ruinent les santés les plus
fortes et qui tuent les faibles ; ils ne peuvent l'éviter avec trop de soin.

Une autre attention également nécessaire et presque également négligée, c'est une mastication exacte ; c'est un secours dont les estomacs les plus vigoureux ne peuvent pas se passer longtemps sans déchoir sensiblement et sans lequel les faibles ne font que la digestion la plus imparfaite. Il faut avoir beaucoup observé, pour s'imaginer jusqu'à quel point il importe à la santé de mâcher soigneusement. J'ai vu les maux d'estomac les plus rebelles, et les langueurs les plus invétérées se dissiper par cette seule attention. J'ai vu, d'un autre côté, des personnes bien portantes tomber dans les infirmités quand leurs dents endommagées ne leur permettaient plus qu'une mastication imparfaite, et ne recouvrer leur santé que quand, après la perte totale de leurs dents, les gencives acquéraient cette dureté qui les met à même d'en faire les fonctions.

Tant de détails, tant de précautions et de privations sont exprimés dans un vers de M. Procope :

Vivre selon nos lois, c'est vivre misérable.

Mais peut-on trop payer la santé ? Qu'on est bien dédommagé des sacrifices qu'on lui fait par le plaisir d'en jouir, par les agréments qu'elle répand sur tous les moments de la vie! « Sans la santé, » dit Hippocrate, « on ne peut jouir d'aucun bien ; les honneurs, les richesses et tous les autres avantages sont inutiles. » D'ailleurs, ces sacrifices sont bien moindres qu'on ne le croit. Je puis citer plusieurs témoins à qui, dès les premiers jours, il n'en a plus rien coûté de renoncer à la variété et à la saveur des mets recherchés, pour se remettre au régime simple. C'est celui qu'indique la nature et qui plaît aux organes bien constitués. Un palais sain qui a toute la sensibilité qu'il doit avoir ne peut goûter que les mets simples : les composés, les apprêts lui sont insoutenables ; et il trouve dans les aliments les moins savoureux une saveur qui échappe aux organes émoussés ; ainsi, ceux qui y reviennent pour leur santé, par raison et avec quelque goût, doivent être sûrs qu'à mesure qu'ils recouvreront cette santé, ils trouveront dans ces aliments des délices qu'ils n'y soupçonnent pas. Une oreille fine démêle cette légère différence entre deux tons qui échappe à une oreille moins sensible ; il en est de même des nerfs des organes du goût : quand ils sont exquis, ils aperçoivent les plus légères variétés des saveurs, et ils y sont sensibles. Les buveurs d'eau en trouvent qui les flattent autant que le Falerne le plus exquis, et d'autres qui ne valent pas les vins de Brie. Enfin, quand on n'aurait pas l'espérance de suivre avec plaisir un régime (il est aisé de s'accommoder de celui que j'ai indiqué), la satisfaction de sentir qu'en s'y soumettant on remplit un devoir serait un motif bien pressant, une récompense bien flatteuse pour ceux qui connaissent le prix du bien-être avec soi-même.

Les boissons sont une partie de régime presque aussi importante que les aliments.

L'on doit s'interdire toutes celles qui peuvent augmenter la faiblesse et le relâchement, diminuer le peu de forces digestives qui restent, porter de l'âcreté dans les humeurs, et disposer le genre nerveux à une mobilité déjà trop considérable. Toutes les eaux chaudes ont le premier défaut ; le thé les réunit tous ; le café a les deux derniers, aussi l'on doit s'en priver avec la plus grande rigueur. L'auteur d'un ouvrage au-dessus des éloges, et dont ceux qui s'intéressent pour les progrès de la médecine attendent la continuation avec la plus grande impatience, a fait du danger de ces liqueurs un tableau bien propre à en dégoûter ceux qui les prennent avec le plus de plaisir.

Les liqueurs spiritueuses qui paraissent au premier coup d'œil pouvoir convenir en ce qu'elles opèrent précisément le contraire de l'eau chaude, dont réellement elles diminuent le danger, si l'on y en joint une petite quantité, ont d'autres inconvénients qui doivent les faire rejeter ou au moins restreindre à un usage extrêmement rare. Leur action est trop violente et trop passagère ; elles irritent plus qu'elles ne fortifient, et si quelquefois elles fortifient, la faiblesse qui succède est plus grande qu'avant leur usage ; elles donnent d'ailleurs aux papilles de l'estomac une dureté qui leur ôte ce degré de sensibilité nécessaire pour avoir appétit, et elles ôtent aux liqueurs digestives ce degré de fluidité qu'elles doivent avoir pour aider cette sensation ; aussi les buveurs de liqueurs ne la connaissent point. « Les personnes, » dit l'illustre auteur que je viens de citer, « qui boivent tous les jours des liqueurs après le repas, dans la vue de remédier aux vices des digestions, ne pourraient mieux s'y prendre si elles voulaient venir à bout du contraire, et détruire les forces digestives. »

La meilleure boisson est une eau de source très pure, mêlée avec partie égale d'un vin qui ne soit ni fumeux ni acide ; le premier irrite sensiblement le genre nerveux, et produit dans les humeurs une raréfaction passagère, dont l'effet est de distendre les vaisseaux pour les laisser ensuite plus lâches, et d'augmenter la dissolution des humeurs ; le second affaiblit les digestions, irrite, et procure des urines trop abondantes qui épuisent les malades. Les meilleurs vins sont ceux qui ont moins d'esprits et de sel, plus de terre et d'huile, ce qui forme ce qu'on appelle les vins moelleux : tels sont quelques vins rouges de Bourgogne, du Rhône, de Neufchâtel, et un petit nombre dans ce pays ; les vieux vins blancs de Grave, ceux de Pontac bien choisis, les vins d'Espagne, de Portugal, ceux des Canaries ; et, dans les endroits où l'on peut en avoir, ceux de Tokai, supérieurs peut-être à tous les vins du monde, en salubrité comme en agrément. Pour l'usage ordinaire, il n'en est point de préférables à ceux de Neufchâtel.

Dans les endroits où l'on n'a pas de bonne eau , on peut la corriger en la filtrant, en la ferrant, ou en y faisant infuser quelques aromates agréables, tels que la cannelle, l'anis, l'écorce de citron.

La bière ordinaire est nuisible. Le mum, qui est un extrait de grain aussi nourrissant que fortifiant, peut être d'un grand usage ; riche d'esprit, il ranime autant que le vin et nourrit davantage ; il peut tenir lieu de boisson et d'aliments.

Parmi les boissons utiles, l'on doit ranger le chocolat, qui appartient peut-être à plus juste titre à la classe des aliments ; le cacao renferme en lui-même beaucoup de substance nutritive, et le mélange du sucre et des aromates prévient ce qu'il pourrait avoir de nuisible comme huileux. « Le chocolat au lait, » dit M. Lewis, « pris à une dose qui ne puisse pas surcharger l'estomac, est un excellent déjeuner pour les personnes en consomption. Je connais un enfant de trois ans qui était atteint au dernier degré de cette maladie, abandonné de son médecin, et que sa mère rétablit en ne lui donnant que du chocolat à petites doses, mais souvent ; et il est vrai qu'on ne peut trop recommander cet aliment à quelques personnes faibles. » Il en est plusieurs auxquelles il nuirait infiniment.

Une attention générale, c'est qu'on doit éviter la quantité de boisson quelconque ; elle affaiblit les digestions en relâchant l'estomac, en noyant les sucs digestifs et en précipitant les aliments avant qu'ils soient digérés ; elle relâche toutes les parties, elle dispose à des urines ou à des sueurs qui épuisent. J'ai vu des maladies, produites par l'atonie, diminuer considérablement sans autre secours que le retranchement d'une partie de la boisson.

LE SOMMEIL

Ce que l'on peut dire sur le sommeil se réduit à trois articles : sa durée, le temps de le prendre, et les précautions nécessaires pour jouir d'un sommeil tranquille.

Dès qu'on est adulte, sept heures de sommeil, ou tout au plus huit, suffisent à tout le monde. Il y a du danger à dormir davantage et à être plus longtemps au lit ; cela jette dans les mêmes maux qu'un excès de repos. Si quelqu'un pouvait s'y livrer plus longtemps, ce seraient ceux qui se donnent beaucoup de mouvements et de mouvements vifs pendant le jour ; mais ce n'est point ceux-là qui le font, ce sont au contraire ceux qui mènent la vie la plus sédentaire. Ainsi il ne faut jamais passer ce terme, à moins qu'on ne soit parvenu à ce point de fai-

blesse qui ne laisse pas les forces nécessaires pour être longtemps levé ; en ce cas il faut l'être le plus qu'il est possible. « Moins on dort, » dit M. Lewis, « plus le sommeil est doux et fortifie. »

Il est démontré que l'air de la nuit est moins salutaire que celui du jour, et que les malades faibles sont plus susceptibles de ses influences le soir que le matin ; il faut donc consacrer au sommeil, pendant lequel nous sommes bornés à une petite parcelle de l'atmosphère qu'également nous ne pouvons pas éviter de corrompre, le temps où l'air est le moins sain, et celui où l'usage d'un air moins sain nous serait plus nuisible. Ainsi il faut se coucher de bonne heure, et se lever matin : c'est un précepte si connu, qu'il y a peut-être de la trivialité à le rappeler ; mais il est si négligé, l'on paraît en sentir si peu la conséquence, qui est infiniment plus grande qu'on ne croit, qu'il est très permis de le supposer inconnu, et de le rappeler en insistant sur son importance, surtout pour les personnes valétudinaires.

« Si l'on se couche à dix heures, et l'on ne doit jamais se coucher plus tard, » ce sont les termes de M. Lewis, « on doit se lever en été à quatre ou cinq heures, en hiver à six ou sept. Il est absolument nécessaire, ajoute-t-il, de défendre aux personnes atteintes de cette maladie, de se laisser aller à rester dans le lit le matin. » Il voudrait même qu'on prît l'habitude de se lever après son premier sommeil, et assure que, quelque pénible que cette coutume pût être dans les commencements, elle deviendrait bientôt aisée et agréable. Plusieurs exemples prouvent la salubrité de ce conseil. Il y a plusieurs personnes valétudinaires qui se sentent très bien au réveil du premier sommeil doux et profond, et qui se trouvent dans un grand malaise, si elles se laissent aller à se rendormir : elles sont aussi sûres de passer bien le jour, si, quelque heure qu'il soit, elle se lèvent après ce premier sommeil, que de le passer désagréablement, si elles se livrent au second.

Le sommeil n'est tranquille que quand il n'y a aucune cause d'irritation ; ainsi l'on doit chercher à les prévenir. Trois attentions des plus importantes sont : 1° de n'être pas dans un air chaud, et de n'être ni trop ni trop peu couvert ; 2° de n'avoir pas froid aux pieds en se couchant, accident très ordinaire aux personnes faibles, et qui leur nuit par plusieurs raisons ; l'on doit à cet égard observer exactement la règle d'Hippocrate, dormir dans un endroit frais, et avoir soin de se couvrir ; et 3°, ce qui est encore plus important, de n'avoir pas l'estomac plein : rien au monde ne trouble le sommeil, ne le rend inquiet, douloureux, accablant, comme une digestion pénible dans la nuit. L'abattement, la faiblesse, le dégoût, l'ennui, l'incapacité de penser et de s'occuper le lendemain en sont la suite inévitable.

> . . . . *Vides ut pallidus omnis*
> *Cœna desurgat dubia? quin corpus onustum*
> *Hesternis vitiis animum quoque degravat una,*
> *Atque affigit humo divinæ particulam auræ.*
>
> (*Horat.*)

Rien au contraire ne contribue plus efficacement à procurer un sommeil doux, tranquille, continu, et qui raccommode, qu'un souper léger. La fraîcheur, l'agilité, la gaieté du lendemain en sont les suites nécessaires.

> *Alter, ubi dicto citius curata sopori*
> *Membra dedit, vegetus præscripta ad munia surgit.*
>
> (*Horat.*)

Le temps du sommeil, dit avec bien de la raison M. Lewis, est celui de la nutrition et non de la digestion : aussi il exige dans ses malades la plus grande sévérité pour le souper; il leur défend, et jamais défense plus légitime, toute viande le soir; il ne leur permet qu'un peu de lait et quelques tranches de pain, et cela deux heures avant que de se coucher, afin que la première digestion soit finie avant que de se livrer au sommeil. Les Atlantes, qui ne connaissaient point la diète animale, qui ne mangeaient jamais rien de ce qui avait eu vie, étaient fameux par la tranquillité de leur sommeil, et ignoraient ce que c'est que songer.

LES MOUVEMENTS

L'exercice est d'une nécessité absolue; il coûte aux personnes faibles d'en prendre, et si elles ont du penchant à la tristesse, il est très difficile de les déterminer à se mouvoir. Rien n'est cependant plus propre à augmenter tous les maux qui viennent de faiblesse, que l'inaction : les fibres de l'estomac, des intestins, des vaisseaux, sont lâches; les humeurs croupissent partout, parce que les solides n'ont pas la force de leur imprimer le mouvement nécessaire; il naît des stases, des engorgements, des obstructions, des épanchements; la coction, la nutrition, les sécrétions, ne se font point; le sang reste aqueux, les forces diminuent, et tous les symptômes du mal augmentent. L'exercice prévient tous ces maux en augmentant la force de la circulation; toutes les fonctions se font comme si l'on avait des forces réelles, et cette régularité dans les fonctions ne tarde pas à en donner : ainsi l'effet du mouvement est de suppléer les forces, et de les rétablir. Un autre de ses avantages, indépendant de l'augmentation de circulation, c'est qu'il fait jouir d'un air toujours nouveau. Une personne qui ne se remue point gâte bientôt celui qui l'environne, et il lui nuit ; une personne en action en change continuellement. Le mouvement peut souvent tenir lieu de remèdes ; tous les remèdes du monde ne peuvent pas tenir lieu de mouvement.

La fatigue des premiers jours est un écueil contre lequel le faible courage de plusieurs malades échoue ; mais s'ils avaient celui de surmonter ce premier obstacle, ils sentiraient que c'est véritablement le cas où il n'y a que les premiers pas qui coûtent. J'ai été étonné moi-même de voir à quel point ceux qui n'avaient pas été rebutés acquéraient de forces par l'exercice. J'ai vu des personnes, qui étaient fatiguées de faire le tour d'un jardin, parvenir en quelques semaines à faire jusqu'à deux lieues de chemin, et se trouver dans le bien-être au retour.

L'exercice à pied n'est pas le seul favorable ; celui qu'on prend à cheval vaut même beaucoup mieux pour les personnes extrêmement faibles, ou pour celles qui ont les viscères du bas-ventre et la poitrine endommagés ; dans une plus grande faiblesse encore, celui d'une voiture est à préférer, pourvu qu'elle ne soit pas trop douce. Quand la saison ne permet pas de sortir, on doit se donner du mouvement dans la maison ou par quelque occupation un peu pénible, ou par quelque jeu d'exercice, tel que le volant qui exerce également tout le corps.

Le retour de l'appétit, du sommeil, de la gaieté, sont les suites nécessaires du mouvement ; mais il faut avoir la précaution de ne prendre jamais un exercice un peu fort aussitôt après le repas, et de ne pas manger quand on a chaud après l'exercice ; on doit le prendre avant le repas, et se reposer quelques moments avant que de manger.

LES ÉVACUATIONS

Les évacuations se dérangent avec les autres fonctions, et leur dérangement augmente le désordre de la machine ; il est important d'y faire attention, afin d'y remédier de bonne heure. Les évacuations qui exigent principalement nos soins sont les selles, les urines, la transpiration, et les crachats. La meilleure façon de les maintenir ou de les ramener au point où elles doivent être, c'est de s'astreindre aux préceptes que j'ai donnés sur les autres objets du régime ; quand on est exact, les évacuations, dont le plus ou le moins de régularité est le baromètre du meilleur ou du plus mauvais état des digestions, se font assez régulièrement. Celle qu'il est le plus important de favoriser comme la plus considérable, c'est la transpiration, qui se dérange très aisément chez les personnes faibles. On l'aide en faisant frotter la peau très régulièrement avec une vergette ou une flanelle ; quand elle est très languissante, on n'a pas de plus sûr moyen pour la ranimer, que d'avoir tout le corps couvert immédiatement de laine. L'on doit éviter d'être trop habillé, dans la crainte de suer, ce qui nuit toujours à la transpiration ; les couloirs forcés restent plus faibles, et s'acquittent moins bien ensuite de leurs fonctions ; l'on doit éviter de l'être trop peu, ce qui arrête également toute évacuation cutanée. La partie que tout le monde, et les personnes faibles plus que tous les autres, doivent tenir le plus chaudement, c'est les pieds ; l'on ne négligerait pas cette précaution si aisée, si l'on savait à quel point elle intéresse la conservation de toute la machine. Le fréquent froid des pieds dispose aux maladies chroniques les plus fâcheuses : il y a un grand nombre de personnes sur lesquelles il produit promptement de mauvais effets ; mais ceux surtout qui sont sujets à des maux de poitrine, à des coliques ou à des obstructions, ne peuvent trop se prémunir contre ces dangers. Les sacrificateurs, qui marchaient toujours à pieds nus sur les pavés du temple, étaient souvent attaqués de violentes coliques.

La salive se sépare quelquefois très abondamment chez les personnes faibles ; le relâchement des organes salivaires les dispose à cette copieuse sécrétion. Si les malades la crachent continuellement, il en résulte deux maux : l'un, qu'ils s'épuisent par cette évacuation ; l'autre, que cette humeur si nécessaire à l'ouvrage de la digestion, qui, sans elle, ne s'opère qu'imparfaitement, lui manque, et la rend par là même pénible et mauvaise. J'ai fait assez sentir les dangers d'une mauvaise digestion, pour qu'il ne soit pas besoin d'insister plus longtemps sur ceux d'une évacuation qui la rend telle ; c'est par cette raison que M. Lewis défend absolument à ses malades de fumer, la fumigation, entre autres inconvénients, disposant à une salivation abondante, par l'irritation qu'elle produit sur les glandes qui fournissent à cette sécrétion.

L'inspiration qui se fait d'une personne à l'autre, et dont j'ai parlé plus haut, ne pourrait-elle pas être rappelée ici comme moyen de curation ? Capivaccio avait cru utile de faire coucher son malade entre deux nourrices, et il est très vraisemblable que l'inspiration de leur expiration contribua peut-être autant que le lait à rétablir ses forces. Elidæus, contemporain de Capivaccio et précepteur de Forestus, qui nous a conservé cette observation, conseilla à un jeune homme qui était dans le marasme le lait d'ânesse et de coucher avec sa nourrice, qui était une femme extrêmement saine et à la fleur de l'âge ; ce conseil réussit très bien et ne discontinua que quand le malade avoua qu'il ne pouvait plus résister au penchant qui le portait à abuser de ses forces revenues. On pourrait conserver un remède utile et en prévenir le danger en ne mêlant pas les sexes.

LES PASSIONS

L'on a vu plus haut l'étroite union de l'âme et du corps ; l'on a compris combien le bien-être de la première influait sur le second, l'on a vu les funestes effets de la tristesse : ainsi il est presque inutile d'ajouter qu'on ne peut trop éviter toutes les sensations disgracieuses de l'âme, et qu'il est de la dernière conséquence de ne lui en procurer que d'agréables dans toutes les maladies et surtout dans celles qui, comme la consomption dorsale, disposent par elles-mêmes à la tristesse, tristesse qui, par un cercle vicieux, les augmente considérablement. Mais, et c'est une difficulté du traitement, souvent les malades se complaisent à ce symptôme de leur mal, et l'on ne peut les déterminer à faire des efforts pour le surmonter ; d'ailleurs il ne faut pas se faire illusion et croire qu'il n'y a qu'à ordonner d'être gai pour qu'on le devienne ; le rire ne se commande pas plus qu'il ne se défend, et l'on est aussi peu maître de s'empêcher d'être triste que d'avoir un accès de fièvre, ou une rage de dents. Tout ce qu'on peut exiger des malades, c'est qu'ils se prêtent aux remèdes contre la tristesse, comme ils se prêteraient à d'autres. Ces remèdes sont moins la compagnie dans ce cas (nous avons vu qu'elle leur déplaisait pour des raisons particulières), que la variété des situations. Le changement continuel des objets forme une succession d'idées qui les distrait, et c'est ce qu'il leur faut. Rien n'est plus pernicieux aux personnes qui sont portées à se livrer à une seule idée que le désœuvrement et l'inaction ; rien n'est surtout plus pernicieux à nos malades, et ils ne peuvent éviter avec trop de soin l'oisiveté et l'abandon à eux-mêmes. Les exercices champêtres, les travaux de la campagne les distraient plus puissamment que bien d'autres. M. Lewis veut qu'on ne voie, s'il est possible, que des objets de son sexe :

Nam non ulla magis vires industria firmat,
Quam venerem et cæci stimulos avertere amoris.

(*Virg.*)

que les malades ne soient jamais absolument seuls ; qu'on ne les laisse point se livrer à leurs réflexions ; qu'on ne leur permette ni lecture ni aucune occupation d'esprit : ce sont autant de causes, dit-il, qui épuisent les esprits et qui retardent la cure. Je ne penserais pas avec lui qu'on dût absolument leur interdire toute lecture. On doit leur défendre de lire longtemps de suite, ne fût-ce qu'à cause de la faiblesse de leur vue ; on doit leur défendre toute lecture qui demanderait de l'application ; on doit leur interdire sévèrement toutes celles qui pourraient rappeler à leur souvenir des idées, à leur imagination des objets dont il serait à souhaiter qu'ils perdissent la mémoire : mais il en est qui, sans fixer beaucoup l'attention, et sans pouvoir rappeler des images dangereuses, les distraient agréablement et préviennent les dangers terribles d'un ennui désœuvré.

LES REMÈDES

Je suivrai le même ordre que dans l'article précédent. J'indiquerai les remèdes qu'on doit éviter, avant que de parler de ceux qu'on doit suivre. J'ai déjà indiqué une première classe de ceux qu'on doit exclure : ce sont ceux qui irritent, les remèdes chauds et volatils. Il y en a une seconde très opposée, et également nuisible, les évacuants. J'ai déjà dit que les sueurs, la salivation, les urines abondantes, épuisaient le malade. Je ne reparlerai pas de ces évacuations, l'on sent que tous les remèdes qui les exciteraient doivent être bannis : il reste à examiner la saignée et les évacuations des premières voies. L'indication étant de redonner des forces, pour juger s'ils conviennent, il ne s'agit que de savoir si ces évacuations sont propres à la remplir. Je serai court. Il y a deux cas dans lesquels la saignée rétablit les forces, dans les autres elle les ôte : ou quand on a trop de sang, ce n'est pas le cas des personnes en consomption ; ou quand le sang a acquis une densité inflammatoire qui, le rendant impropre à ses usages, détruit promptement les forces : c'est la maladie des gens vigoureux, de ceux qui ont les fibres raides, la circulation forte. Nos malades sont précisément dans le cas contraire ; la saignée ne peut que leur nuire. « Toutes les gouttes de sang », dit M. Gilchrist, « sont précieuses aux personnes qui sont en consomption ; la force assimilante qui la répare est détruite, et ils n'en ont que ce qu'il faut pour soutenir la circulation très faiblement. » M. Lobb, qui a très bien approprié les effets des évacuations, est positif. « Dans les corps », dit-il, « qui n'ont que la quantité de sang nécessaire, si on la diminue par les saignées ou par les autres évacuations, on diminue les forces, on trouble les sécrétions et on produit plusieurs maladies. » La façon dont M. Sénac parle de la saignée lui donne encore plus sûrement l'exclusion dans ce cas. « Si la matière dense ou rouge manque, les saignées sont inutiles ou pernicieuses ; on doit donc les interdire aux corps exténués, dont le sang est en petite quantité, ou a peu de consistance ; quand il ne sort des vaisseaux qu'une liqueur qui à peine peut donner de la couleur au linge ou à l'eau. » L'on a vu que tel était l'état du sang des masturbateurs ; et c'est généralement celui des personnes faibles et valétudinaires. Que ceux qui travaillent à les guérir par la saignée comparent leur méthode à ce précepte fondé sur la théorie la plus éclairée et les observations pratiques les plus nombreuses et les mieux réfléchies ; ce sont les bases de l'ouvrage d'où je les tire, et qu'ils jugent des succès auxquels ils doivent s'attendre.

Les remèdes qui évacuent les premières voies fortifient, quand il se trouve dans ces parties, ou des amas de matières si considérables, que par leurs masses elles gênent les fonctions de tous les viscères, ou quand il y a dans l'estomac et dans les premiers intestins des matières putrides, dont l'effet ordinaire est une grande faiblesse. Dans ces cas-là on peut employer les évacuants, si rien ne les contre-indique, s'il n'y a point d'autres moyens de débarrasser les premières voies, ou s'il y a du danger à ne pas les évacuer promptement. Ces trois conditions se trouvent rarement chez les personnes qui sont dans un état de consomption, chez lesquelles la faiblesse et l'atonie des premières voies est une contre-indication toujours présente aux purgatifs ou aux émétiques. Il y a le plus souvent un autre moyen d'en procurer l'évacuation successive, c'est d'employer les toniques non astringents : tels sont un grand nombre d'amers qui, en redonnant du jeu aux organes, produisent le double bon effet de digérer ce qui peut l'être et évacuer le superflu. Il y a enfin rarement du danger à ne pas les évacuer promptement ; ce danger a lieu quelquefois dans les maladies aiguës ; l'âcreté des matières, que la chaleur augmente, et la prodigieuse réaction des fibres peuvent occasionner des symptômes violents, qui n'ont jamais lieu dans les maladies de langueur, dans lesquelles les évacuants proprement dits ne sont par là même jamais, à beaucoup près, aussi nécessaires, et sont, comme je l'ai dit, très souvent contre-indiqués.

L'atonie, le manque d'action sont la cause des amas, quand il s'en fait ; qu'on les vide par un purgatif, l'effet est dissipé, mais la cause qui l'a produit est considérablement augmentée ; l'on a à réparer et le mal existant, et celui que le remède a fait. Si l'on ne parvient pas à y remédier promptement, l'effet se reproduit plus vite qu'auparavant ; et si l'on se laisse aller à employer de nouveau les purgatifs, on augmente une seconde fois le mal ; l'on fait d'ailleurs contracter aux intestins une paresse qui les empêche de faire leurs fonctions ; l'on parvient au point de ne plus avoir d'évacuation que par art ; en un mot, les purgatifs, dans les embarras des premières voies chez les personnes faibles, ne produisent une diminution dans l'effet qu'en augmentant la cause, ne soulagent pour le moment qu'en empirant la maladie. L'on ne suit cependant que trop cette méthode ; les malades l'aiment, elle paraît plus prompte ; et effectivement, pourvu que la chute des forces ne soit pas trop considérable, ils se trouvent soulagés pour peu de jours ; le mal, il est vrai, revient, mais on aime mieux l'attribuer à l'insuffisance qu'à l'opération du remède auquel on s'affectionne ; d'ailleurs, les malades sont pour le soulagement présent, et peu de médecins ont le courage de s'y opposer. Il est cependant bien important, en médecine comme en morale, de savoir sacrifier le présent à l'avenir ; la négligence de cette loi peuple le monde de malheureux et de valétudinaires. Il serait à souhaiter que l'on pût inculquer à tant de médecins et à tant de malades le beau morceau qu'on trouve dans la Pathologie de M. Gaubius, sur tous les maux que cet abus des purgatifs entraîne.

N'y a-t-il point de cas, dira-t-on, dans lesquels les émétiques et les purgatifs puissent être admis pour les malades dont je parle ? Sans doute, il en est quelques-uns, mais très rares ; et il faut bien de l'attention pour ne pas se laisser tromper aux signes qui paraissent indiquer les évacuants, et qui souvent dépendent d'une cause qu'on doit attaquer par de tout autres remèdes. Je n'entrerai point dans le détail de ces distinctions, il serait hors de place ; et il me suffit d'avoir averti que les évacuants devaient rarement avoir lieu dans cette maladie. M. Lewis croit qu'un émétique doux peut préparer utilement les premières voies pour les autres remèdes, mais il ne veut pas qu'on aille au delà : plusieurs cas m'ont appris qu'on pouvait et qu'on devait très souvent s'en passer ; et j'ai rapporté plus haut deux observations de M. Hoffmann, qui prouvent tout le danger de ce remède. Sans expérience, le seul bon sens persuade qu'un remède qui donne des convulsions doit peu convenir dans des maladies qui sont l'effet de convulsions réitérées ; il est cependant vrai qu'il y a des circonstances qui peuvent le rendre nécessaire ; je l'ai employé depuis peu, et il a opéré favorablement.

C'est en combattant la cause qu'on détruit le mal ; pour peu qu'on en enlève chaque jour, on est sûr que l'effet disparaîtra sans crainte de retour. Si l'on n'agit que sur l'effet, le travail de chaque jour est non seulement inutile au jour suivant, mais presque toujours nuisible.

Après avoir indiqué ce qu'on doit éviter, que doit-on faire ? J'ai marqué plus haut les caractères qui doivent avoir les remèdes : fortifier sans irriter. Il en est quelques-uns qui peuvent remplir ces deux indications ; cependant le catalogue n'en est pas long, et les deux plus efficaces sont, sans contredit, le quinquina et les bains froids. Le premier de ces remèdes est, depuis près d'un siècle, regardé, indépendamment de sa vertu fébrifuge, comme l'un des plus puissants fortifiants, et comme calmant. Les médecins modernes les plus célèbres le regardent comme spécifique dans les maladies des nerfs. L'on a vu qu'il entrait dans l'ordonnance de M. Boerhaave rapportée plus haut ; et M. Vandermonde s'en est servi avec beaucoup de succès dans le traitement d'un jeune homme que des débauches en femme avaient jeté dans un état très fâcheux. M. Lewis le préfère à tous les autres remèdes ; et M. Stehelin, dans la lettre dont j'ai déjà parlé plusieurs fois, dit qu'il le croit le plus efficace de tous.

Vingt siècles d'expériences exactes et raisonnées ont démontré que les bains froids possédaient les mêmes qualités. Le docteur Beynard en a prouvé l'usage plus particulièrement dans les désordres produits par la masturbation et les excès vénériens, surtout dans un cas où, indépendamment de l'impuissance et d'une gonorrhée simple, il y avait une si grande faiblesse, augmentée, il est vrai, par les saignées et les purgatifs, qu'on regardait le malade comme au bord du tombeau.

M. Lewis ne craint pas d'affirmer encore plus positivement leur efficacité : « De tous les remèdes », dit-il, « soit internes, soit externes, il n'y en a aucun qui égale les bains froids. Ils rafraîchissent, ils fortifient les nerfs, et ils aident la transpiration plus efficacement qu'aucun remède intérieur ; bien ménagés, ils sont plus efficaces dans la consomption dorsale, que tous les autres remèdes pris ensemble. » L'on doit même remarquer que les bains froids ont, comme je l'ai déjà dit de l'air, un avantage particulier ; c'est que leur action dépend moins de la réaction, c'est-à-dire des forces de la nature, que celle des autres remèdes : ceux-ci n'agissent presque que sur le vivant ; les bains froids donnent du ressort même aux fibres mortes.

L'union du quinquina et des bains froids est indiquée par la parité de leurs vertus ; ils opèrent les mêmes effets, et étant combinés, ils guérissent des maladies que tous les autres remèdes n'auraient fait qu'empirer. Fortifiants, sédatifs, fébrifuges, ils redonnent les forces, ils diminuent la chaleur fébrile et nerveuse, et calment les mouvements irréguliers produits par la disposition spasmodique du genre nerveux. Ils remédient à la faiblesse de l'estomac, et dissipent très promptement les douleurs qui en sont la suite. Ils redonnent de l'appétit ; ils facilitent la digestion et la nutrition, ils rétablissent toutes les sécrétions, et surtout la transpiration, ce qui les rend si efficaces dans toutes les maladies catarrhales et cutanées ; en un mot, ils remédient à toutes les maladies causées par la faiblesse, pourvu que le malade ne soit attaqué ni d'obstructions indissolubles, ni d'inflammation, ni d'abcès ou d'ulcères internes, conditions qui n'excluent même nécessairement, ou presque nécessairement, que les bains froids, mais qui permettent souvent le quinquina.

J'ai vu, il y a quelques années, un étranger âgé de vingt-trois ou vingt-quatre ans, qui, dès sa plus tendre enfance, était tourmenté par des maux de tête cruels, et presque continus vu la fréquence et la longueur des accès, qui étaient toujours accompagnés d'une perte totale de l'appétit. Le mal avait considérablement empiré par l'usage des saignées, des évacuants, des eaux purgatives, des bains chauds, des bouillons, et d'une foule d'autres remèdes. Je lui ordonnai les bains froids et le quinquina. Les accès devinrent en peu de jours plus faibles et beaucoup moins fréquents. Le malade au bout d'un mois se crut presque radicalement guéri ; la cessation des remèdes et la mauvaise saison renouvelèrent les accès, mais infiniment moins violemment qu'auparavant ; il recommença la même cure au printemps suivant, et la maladie vint à être si légère, qu'il crut n'avoir plus besoin de rien. Je suis persuadé que les mêmes secours réitérés une ou deux fois le guériront radicalement.

Un homme de vingt-huit ans était désolé, depuis bien des années, par une goutte irrégulière, qui se jetait toujours à la tête, et occasionnait des désordres effrayants sur le visage. Il avait consulté plusieurs médecins, et essayé des remèdes de plusieurs espèces, et depuis peu un vin médicinal, composé des aromates les plus pénétrants, infusés dans le vin d'Espagne. Tous, et surtout le dernier, avaient augmenté le mal : l'on avait appliqué des vésicatoires aux jambes, qui occasionnaient des symptômes violents ; ce fut à cette époque que je fus demandé. Je lui conseillai une forte décoction de quinquina et de camomille, qu'il continua pendant six semaines, et qui lui redonna plus de santé qu'il n'en avait eu depuis bien des années. Il serait inutile de rapporter un plus grand nombre d'exemples, surtout étrangers à la matière, pour prouver la vertu fortifiante de ces remèdes si bien démontrée depuis longtemps, et dont tout indique l'usage dans cette maladie, usage dont les plus heureux succès ont confirmé l'utilité.

Quand j'ai employé le quinquina en forme liquide, j'ai ordonné la décoction d'une once avec douze onces d'eau, ou, suivant l'indication, de vin rouge, cuit pendant deux heures dans un vaisseau bien fermé, pour en prendre trois onces trois fois par jour. Je place les bains froids le soir, quand la digestion du dîner est entièrement finie ; ils contribuent à procurer un sommeil tranquille. J'ai vu un jeune masturbateur qui passait les nuits dans l'insomnie la plus inquiète, et qui était baigné tous les matins dans des sueurs colliquatives ; la nuit qui suivit le sixième bain, il dormit cinq heures, et se leva le matin sans sueur, et beaucoup mieux.

Le mars est un troisième remède, trop employé dans tous les cas de faiblesse, pour qu'il soit nécessaire d'insister sur son efficacité comme fortifiant. Comme il n'a rien d'irritant, il est extrêmement approprié à nos malades. On le donne ou en substance, ou en infusion ; mais la meilleure préparation, ce sont les eaux martiales préparées par la nature, et surtout les eaux de Spa, l'un des plus puissants toniques qu'on connaisse, et un tonique qui, bien loin d'irriter, adoucit tout ce que les humeurs peuvent avoir de trop âcre. Les gommes, la myrrhe, les amers, les aromates les plus doux, sont aussi d'usage. Ce sont les circonstances qui doivent décider sur le choix entre ces différents remèdes. Les premiers que j'ai indiqués méritent également la préférence ; mais il peut se trouver des cas qui en exigent d'autres ; on peut en général les choisir dans toute la classe des nervins, en prenant pour boussole dans ce choix les précautions que j'ai indiquées plus haut. C'est une maladie de nerfs, on doit la traiter comme telle ; et souvent on l'a fait, et on a réussi, sans en connaître la cause. Il est vrai, et des observations incontestables me l'ont démontré, que l'ignorance de cette cause, et par là même la négligence des précautions qu'elle exige, a d'autres fois rendu infructueux les traitements les mieux indiqués en apparence, sans que les médecins pussent pénétrer la cause de ce peu de succès.

J'ordonnai au jeune homme, dont le cas est décrit dans un fragment de ses lettres (p. 35), des pilules dont la myrrhe faisait la base et une décoction avec le quinquina, qui eurent le plus heureux succès. « Je m'aperçois chaque jour, » m'écrivait-il seize jours après avoir commencé ces remèdes, « du grand bien qu'ils me font ; mes maux de tête ne sont plus ni si fréquents, ni si violents ; je ne les ai plus que lorsque je m'attache trop : l'estomac va mieux ; je n'ai plus que rarement les douleurs dans les membres. » Au bout d'un mois sa guérison fut complète, à cela près qu'il n'avait pas, et n'aura peut-être jamais les forces qu'il aurait eues sans sa mauvaise conduite. L'échec que la machine reçoit dans le temps de l'accroissement a des conséquences qui ne se réparent point. Puisse cette vérité être bien imprimée dans l'esprit des jeunes gens ! elle a été depuis peu fortement prêchée. « La jeunesse, » dit M. Linnæus, « est un temps important pour se former une santé robuste. Rien n'est plus à craindre que l'usage prématuré ou excessif des plaisirs de l'amour : il en naît des faiblesses dans la vue, des vertiges, la diminution de l'appétit, et même l'affaiblissement de l'esprit et de la raison. Un corps énervé dans la jeunesse n'en revient plus ; sa vieillesse est prompte et infirme, et sa vie courte. » Seize cents ans avant ce grand naturaliste, Plutarque, dans son bel ouvrage sur l'éducation des enfants, avait recommandé la formation de leur tempérament comme une chose extrêmement importante. « L'on ne doit, » dit-il, « négliger aucun des soins qui peuvent contribuer à l'élégance et à la force du corps » (les excès dont je traite nuisent autant à l'une qu'à l'autre) ; « car, » ajoute-t-il, « le fondement d'une vieillesse heureuse, c'est une bonne constitution dans la jeunesse : la tempérance et la modération à cet âge sont un passeport pour vieillir heureusement. »

A l'observation précédente, dont le succès paraît dû au quinquina, j'en joindrai une autre dans laquelle les bains froids furent le principal remède. Un jeune homme d'un tempérament bilieux, instruit au mal dès l'âge de dix ans, avait toujours été dès ce temps-là faible, languissant, cacochyme ; il avait eu quelques maladies bilieuses qui avaient eu beaucoup de peine à se guérir ; il était extrêmement maigre, pâle, faible, triste. Je lui ordonnai les bains froids, et une poudre avec la crème de tartre, la limaille et très peu de cannelle, dont il prenait trois fois par jour. Dans moins de six semaines, il acquit une force qu'il n'avait jamais connue auparavant.

Un grand avantage des eaux de Spa et du quinquina, c'est que leur usage fait passer le lait. Les eaux de Spa partagent cet avantage avec quelques autres eaux. L'on a vu plus haut que M. Hoffmann ordonnait le lait d'ânesse avec un tiers d'eau de Selter. M. de la Mettrie nous a conservé une belle observation de M. Boerhaave. « Ce duc aimable, « je traduis mot pour mot, « s'était mis hors du mariage ; je l'ai remis dedans par l'usage des eaux de Spa avec le lait. »

La faiblesse de l'estomac qui rend la digestion trop lente, les acides, le peu d'activité de la bile, les engorgements dans les viscères du bas-ventre, sont les principales causes qui empêchent la digestion du lait, et qui n'en permettent pas l'usage. Les eaux qui remédient à toutes ces causes ne peuvent qu'en faciliter la digestion ; et le quinquina, qui remplit les mêmes indications, doit aussi se marier très bien au lait. L'on peut employer ces remèdes, ou avant, pour préparer les voies, ce qui est presque toujours nécessaire, ou en même temps.

Je rétablis parfaitement, en 1753, un étranger qui s'était tellement épuisé avec une courtisane, qu'il était incapable d'aucun acte de virilité ; son estomac était aussi extrêmement affaibli, et le manque de nutrition et de sommeil l'avait réduit à une grande maigreur. A six heures du matin, il prenait six onces de décoction de quinquina, à laquelle on ajoutait une cuillerée de vin de Canarie ; une heure après, il prenait dix onces de lait de chèvre qu'on venait de tirer, et auquel on ajoutait un peu de sucre et une once de fleur d'orange. Il dînait d'un poulet rôti, froid, de pain et d'un verre d'excellent vin de Bourgogne avec autant d'eau. A six heures du soir, il prenait une seconde dose de quinquina ; à six heures et demie, il entrait dans un bain froid dans lequel il restait dix minutes, et au sortir duquel il entrait dans son lit. A huit heures, il reprenait la même quantité de lait ; il se levait depuis neuf jusqu'à dix. Tel fut l'effet de ces remèdes, qu'au bout de huit jours il me cria avec beaucoup de joie, quand j'entrai dans sa chambre, qu'il avait recouvré le signe extérieur de la virilité, pour me servir de l'expression de M. de Buffon. Au bout d'un mois, il avait presque entièrement repris ses premières forces.

Quelques poudres absorbantes, quelques cuillerées d'eau de menthe, souvent la seule addition d'un peu de sucre, quelques pilules avec l'extrait de quinquina, peuvent aussi contribuer à prévenir la dégénération du lait. L'on pourrait aussi employer cette gomme nouvellement introduite dans quelques endroits d'Angleterre, sous le nom de *gummi rubrum Gambiense*, et sur laquelle on trouve une petite dissertation dans l'excellente collection que publie la nouvelle Société de médecins formée à Londres ; elle fortifie et elle adoucit ; ce sont les deux grandes indications dans les maladies dont il est question.

Enfin, si, quelque soin qu'on prît, il était impossible de soutenir le lait, on pourrait essayer le lait de beurre; je l'ai conseillé avec succès à un jeune homme pour lequel un principe d'hypocondrialgie me faisait craindre le lait entier. Les bilieux le boivent avec plaisir et s'en trouvent toujours bien ; on doit le préférer au lait, toutes les fois qu'il y a beaucoup de chaleur, un peu de fièvre, une disposition érysipélateuse; et il est surtout d'un très grand usage, quand les excès vénériens produisent une fièvre aiguë, telle que celle dont mourut Raphaël. Malgré la faiblesse, les toniques nuiraient; la saignée est dangereuse; le fameux Jonston, mort baron de Ziebendorf, il y a plus de quatre-vingts ans, l'avait déjà défendue positivement dans ce cas. Les cures trop rafraîchissantes ne réussissent pas, comme M. Vandermonde le prouve, et comme je l'ai vu moi-même; mais le lait de beurre réussit très bien, pourvu qu'il ne soit pas trop gras. Il calme, il délaye, il adoucit, il désaltère, il rafraîchit, et en même temps il nourrit et il fortifie; ce qui est bien important dans ce cas, dans lequel les forces se perdent avec une promptitude dont on n'a point d'idée. M. Gilchrist, qui ne fait pas grand cas du lait dans l'étisie, loue extrêmement le lait de beurre dans la même maladie.

Depuis la dernière édition de cet ouvrage, faite il y a sept ans, j'ai été consulté par plusieurs personnes énervées : quelques-unes ont été entièrement guéries, un assez grand nombre considérablement soulagées, d'autres n'ont rien gagné ; et quand le mal est parvenu à un certain point, tout ce qu'on peut espérer, c'est que les remèdes arrêtent les progrès du mal : j'ai ignoré une partie des succès.

Le lait, dans presque toutes ces cures, a été l'aliment principal; le quinquina, le fer, les eaux martiales et le bain froid ont été les remèdes. J'ai mis quelques malades entièrement au lait, d'autres n'en prenaient qu'une ou deux fois par jour.

Le malade dont j'ai détaillé la maladie dans la section V, où j'en ai promis le traitement, ne vécut pendant trois mois que de lait, de pain bien cuit, d'un ou deux œufs sortant du ventre de la poule, par jour, et d'eau fraîche au moment où on l'apportait de la fontaine. Il prenait du lait quatre fois par jour : deux fois au sortir du pis, sans pain, deux fois chauffé, avec du pain. Le remède était un opiat composé de quinquina, de conserve d'écorce d'orange et de sirop de menthe. Il avait l'estomac couvert avec un emplâtre aromatique; on lui frottait tout le corps avec une flanelle tous les matins; il prenait le plus d'exercice qu'il pouvait, à pied et à cheval, et surtout il vivait beaucoup en plein air. Sa faiblesse et ses maux de poitrine m'empêchèrent de lui conseiller les bains froids à cette époque. Le succès des remèdes fut tel, que les forces revinrent, l'estomac se rétablit; il put au bout d'un mois faire une lieue de chemin à pied; les vomissements cessèrent entièrement ; les douleurs de poitrine diminuèrent considérablement, et il continue depuis plus de trois ans à être dans un état fort tolérable ; il revint peu à peu aux aliments ordinaires, parce qu'il se dégoûta du lait.

Les parties génitales sont toujours celles qui recouvrent le plus lentement leurs forces ; souvent même elles ne les recouvrent point, quoique le reste du corps paraisse avoir recouvré les siennes ; l'on peut prédire à la lettre, dans ce cas, que la partie qui a péché sera celle qui mourra.

J'ai toujours trouvé plus de facilité à guérir ceux qui se sont épuisés par de grands excès en peu de temps, dans l'âge fait, que ceux qui se sont épuisés à la longue par des pollutions plus rares, mais commencées dans la première jeunesse, qui ont empêché leur accroissement, et ne leur ont jamais laissé acquérir toutes leurs forces. On peut envisager les premiers comme ayant eu une maladie très violente qui a consumé toutes leurs forces ; mais les organes ayant acquis toute leur perfection, quoiqu'ils aient beaucoup souffert, la cessation de la cause, le temps, le régime, les remèdes peuvent les rétablir. Les seconds n'ont jamais laissé former leur tempérament, comment se rétabliraient-ils ? Il faudrait que l'art opérât dans l'âge de la maturité ce qu'ils ont empêché la nature d'opérer dans l'enfance et dans la puberté : on sent combien cet espoir est chimérique ; et les observations me prouvent tous les jours que les jeunes gens qui se sont livrés à cette souillure dans l'enfance et à l'époque du développement de la puberté, époque qui est une crise de la nature, pour laquelle toutes ses forces lui sont nécessaires, l'observation me prouve, dis-je, que ces jeunes gens ne doivent point espérer d'être jamais vigoureux et robustes, et ils sont très heureux quand ils peuvent jouir d'une santé médiocre, exempte de grandes maladies et de douleurs.

Ceux qui ne se repentent que tard, dans un âge où la machine se conserve quand elle est bien montée, mais où elle ne répare que péniblement, ne doivent pas non plus avoir de grandes espérances : au-dessus de quarante ans, il est rare de rajeunir.

Quand j'ordonne le quinquina avec du vin, je ne fais pas vivre uniquement de lait, mais je fais prendre le remède le matin, et du lait le soir. J'ai trouvé quelques malades pour lesquels il a fallu changer cet ordre : le vin pris le matin les faisait constamment vomir.

Quand j'emploie les eaux minérales, j'en fais boire quelques bouteilles pures avant que de les mêler avec du lait.

Quand le mal est invétéré, il dégénère ordinairement en cacochymie, et il faut commencer par le détruire avant que travailler au rétablissement des forces : c'est dans ce cas que les évacuants sont quelquefois indispensablement nécessaires, et opèrent très efficacement. Les fortifiants, les nourrissants, le lait, ordonnés dans ces circonstances, jettent dans une fièvre lente, et le malade perd ses forces à proportion de l'usage qu'il en fait.

Quand des excès prompts jettent tout à coup dans des faiblesses si considérables, qu'on a lieu de craindre pour la vie du malade, il faut recourir aux cordiaux actifs, donner du vin d'Espagne avec un peu de pain, des bouillons succulents avec des œufs frais, mettre le malade au lit, et lui appliquer sur l'estomac des flanelles trempées dans du vin chauffé avec de la thériaque.

Dans les cas où les excès vénériens ont occasionné une fièvre aiguë, on ne doit employer la saignée que quand elle est indiquée par la plénitude et la dureté du pouls; et il vaut mieux en faire deux petites qu'une grande. La décoction blanche de l'eau d'orge avec un peu de lait, quelques prises de nitre, des lavements avec une décoction de fleurs de bonhomme, quelques bains de pieds tièdes, et pour nourriture des bouillons de veau farineux, sont les remèdes véritablement indiqués, et ceux qui ont réussi très promptement dans les cas où je les ai employés.

Les symptômes demandent rarement un traitement particulier, et ils cèdent au traitement général. On peut cependant joindre quelquefois les fortifiants externes aux fortifiants internes, quand on veut fortifier plus particulièrement une partie, et j'ai souvent conseillé, avec succès, des épithèmes ou des emplâtres aromatiques sur l'estomac; et il n'est pas inutile d'envelopper les testicules dans une fine flanelle trempée dans quelque liquide fortifiant, et de les soutenir par l'usage d'un suspensoir.

L'on peut placer ici ce que dit M. Gorter : « J'ai quelquefois guéri la goutte sereine occasionnée par des excès vénériens, en employant les fortifiants internes et des poudres nasales céphaliques, qui, par l'irritation légère qu'elles produisaient, déterminaient un plus grand afflux des esprits animaux sur le nerf optique. »

Il serait inutile d'entrer dans de plus grands détails sur la cure; quelque étendue que je leur donnasse, ils ne pourraient jamais servir à guider les malades sans le secours d'un médecin, pour lequel ils seraient inutiles. Je me suis plus étendu sur le régime, parce que, quand le mal n'a pas fait de grands progrès, joint à la cessation de la cause, il peut seul opérer la guérison, et que chacun peut s'y astreindre sans aucun danger. Il ne me resterait, pour terminer cette partie, qu'à joindre la cure préservatoire; j'ai senti que cet article manquait à la première édition de cet ouvrage, et que c'était un vide essentiel. Un homme célèbre dans la république des lettres par ses ouvrages, et plus respectable encore par ses talents, ses connaissances et ses qualités personnelles, que par son nom et par les emplois qu'il remplit si dignement dans une des premières villes de Suisse, M. Iselin, secrétaire d'État à Bâle (il voudra bien me permettre de le nommer), m'a fait sentir ce vide d'une manière bien polie. Je rapporterai le fragment de sa lettre avec d'autant plus de plaisir, qu'il marque précisément ce qu'il faudrait faire. « Je souhaiterais, » m'écrit-il, « de voir de votre main un ouvrage dans lequel vous expliquiez les moyens les plus sûrs et les moins dangereux par lesquels les parents, pendant le temps de l'éducation, et les jeunes gens, lorsqu'ils sont abandonnés à leur propre conduite, pourraient le mieux se préserver de cette violence des désirs, qui les porte à des excès dont naissent des maladies si horribles, ou à des désordres qui troublent le bonheur de la société et le leur propre. Je ne doute pas qu'il n'y ait une diète qui favorise particulièrement la continence ; je crois qu'un ouvrage qui nous l'enseignerait, joint à la description des maladies produites par l'impureté, vaudrait les meilleurs traités de morale sur cette matière. »

Il a sans doute bien raison ; rien ne serait plus important que cette addition qu'il désire ; mais rien de plus difficile en la séparant des autres parties de l'éducation, non seulement médicinale, mais morale. Pour traiter cet article à part, si l'on voulait le traiter bien, il faudrait établir un grand nombre de principes, qui prolongeraient beaucoup trop ce petit ouvrage, et qui lui sont d'ailleurs très étrangers. Quelques préceptes généraux, isolés des principes et des divisions nécessaires, non seulement seraient peu utiles, mais pourraient même devenir dangereux ; ainsi il vaut mieux renvoyer ce traité à faire partie d'un plus considérable sur les moyens de former un bon tempérament, et de donner aux jeunes gens une santé ferme, matière qui, quoique traitée par d'habiles gens, n'est pas encore épuisée, tant s'en faut, et sur laquelle il y a une foule de choses extrêmement importantes à ajouter, aussi bien que sur les maladies de cet âge. Ainsi, malgré moi, je ne toucherai point ici cet article. Tout ce que je puis dire, c'est que l'oisiveté, l'inaction, le trop long séjour au lit, un lit trop mou, une diète succulente, aromatique, salée, vineuse, les amis suspects, les ouvrages licencieux, étant les causes les plus propres à porter à ces excès, on ne peut les éviter avec trop de soin. La diète est surtout d'une extrême importance, et l'on n'y fait pas assez d'attention. Ceux qui élèvent les jeunes gens devraient avoir présente la belle observation de saint Jérôme : « Les forges de Vulcain, les volcans du Vésuve et le mont Olympe ne brûlent pas plus de flammes que les jeunes gens nourris de mets succulents et abreuvés de vin. »

Menjot, l'un des médecins de Louis le Grand, dès le milieu jusqu'à la fin du siècle dernier, parle de femmes que l'excès d'hippocras jeta dans une extase vénérienne. L'usage du vin et des viandes est d'autant plus fâcheux, qu'en augmentant la force des aiguillons de la chair, il affaiblit celle de la raison, qui doit leur résister. « Le vin et les viandes hébètent l'âme, » dit Plutarque dans son *Traité du manger des viandes*, ouvrage qui devrait être généralement lu. Les plus anciens médecins avaient déjà connu l'influence du régime sur les mœurs; ils avaient l'idée d'une médecine morale; et Galien nous a laissé sur cette matière un petit ouvrage, qui est peut-être ce que l'on a de mieux jusqu'à présent. L'on sera convaincu, après l'avoir lu, de la réalité de sa promesse. « Que ceux qui nient que la différence des aliments rend les uns tempérants, les autres dissolus; les uns chastes, les autres incontinents; les uns courageux, les autres poltrons; ceux-ci doux, ceux-là querelleurs; d'autres modestes, des derniers présomptueux; que ceux, dis-je, qui nient cette vérité, viennent vers moi, qu'ils suivent mes conseils pour le manger et pour le boire, je leur promets qu'ils en retireront de grands secours pour la philosophie morale. Ils sentiront augmenter les forces de leur âme; ils acquerront plus de génie, plus de mémoire, plus de prudence, plus de diligence. Je leur dirai aussi quelles boissons, quels vents, quelle température de l'air, quels pays ils doivent éviter ou choisir. »

Hippocrate, Platon, Aristote, Plutarque nous avaient déjà laissé de très bonnes choses sur cette importante matière : et parmi les ouvrages qui nous restent du pythagoricien Porphyre, ce zélé antichrétien du iiie siècle, il y en a un de l'abstinence des viandes, dans lequel il reproche à Firmus Castricius, à qui il l'adresse, d'avoir quitté la diète végétale, quoiqu'il eût avoué qu'elle était la plus propre à conserver la santé et à faciliter l'étude de la philosophie; et il ajoute : « Depuis que vous mangez de la viande, votre expérience vous a appris que cet aveu était bien fondé. Il y a de très bonnes choses dans cet ouvrage. »

Le préservatif le plus efficace, le seul infaillible, c'est sans contredit celui qu'indique le grand homme qui a le mieux connu ses semblables et toutes leurs voies; qui a vu non seulement ce qu'ils sont, mais ce qu'ils ont été, ce qu'ils doivent être, et ce qu'ils pourraient encore devenir; qui les a le plus véritablement aimés; qui a fait les plus grands efforts en leur faveur; qui s'est sacrifié pour eux, qui en a été le plus cruellement persécuté. « Veillez avec soin sur le jeune homme, ne le laissez seul ni jour ni nuit; couchez tout au moins dans sa chambre. Dès qu'il aura contracté cette habitude, la plus funeste à laquelle un jeune homme puisse être assujetti, il en portera jusqu'au tombeau les tristes effets; il aura toujours le corps et le cœur énervés. » Je renvoie à l'ouvrage même, pour lire tout ce qu'il y a d'excellent sur cette matière.

La peinture du danger, quand on s'est livré au mal, est peut-être le plus puissant motif de correction; c'est un tableau effrayant, bien propre à faire reculer d'horreur. Rapprochons-en les principaux traits. Un dépérissement général de la machine; l'affaiblissement de tous les sens corporels et de toutes les facultés de l'âme; la perte de l'imagination et de la mémoire; l'imbécillité, le mépris, la honte, l'ignominie qu'elle entraîne après soi; toutes les fonctions troublées, suspendues, douloureuses; des maladies longues, fâcheuses, bizarres, dégoûtantes;

des douleurs aiguës et toujours renaissantes ; tous les maux de la vieillesse dans l'âge de la force ; une inaptitude à toutes les occupations pour lesquelles l'homme est né ; le rôle humiliant d'être un poids inutile à la terre ; les mortifications auxquelles il s'expose journellement ; le dégoût pour tous les plaisirs honnêtes ; l'ennui ; l'aversion des autres et de soi qui en est la suite ; l'horreur de la vie, la crainte de devenir suicide d'un moment à l'autre ; l'angoisse pire que les douleurs ; les remords pires que l'angoisse, remords qui, croissant journellement, et prenant sans doute une nouvelle force, quand l'âme n'est plus affaiblie par les liens du corps, serviront peut-être de supplice éternel, et de feu qui ne s'éteint point : voilà l'esquisse du sort réservé à ceux qui se conduiront comme s'ils ne le craignaient pas.

Avant que de quitter l'article du traitement, je dois avertir les malades (et cet avis regarde également tous ceux qui ont des maladies chroniques, surtout quand elles sont accompagnées de faiblesse), qu'ils ne doivent point espérer que l'on puisse réparer dans quelques jours des maux qui sont le produit des erreurs de quelques années. Ils doivent s'attendre aux ennuis d'une cure longue, et s'astreindre scrupuleusement à toutes les règles du régime ; si quelquefois elles paraissent minutieuses, c'est parce qu'ils ne sont pas en état d'en sentir l'importance ; il faut qu'ils se répètent sans cesse que l'ennui de la cure la plus rigide est fort inférieur à celui de la maladie la plus légère. Qu'il me soit permis de le dire, si l'on voit des maladies curables qui ne guérissent point parce qu'elles sont mal traitées, l'on en voit aussi un grand nombre que l'indocilité du malade rend incurables, malgré les secours les mieux indiqués de la part du médecin. Hippocrate exigeait, pour mieux s'assurer du succès, que le malade, le médecin et les assistants fissent également leur devoir : si ce concours était moins rare, les issues heureuses seraient plus fréquentes. « Que le malade, dit Arétée, soit courageux, et qu'il conspire avec le médecin contre la maladie. » J'ai vu les maladies les plus rebelles céder à l'établissement de cette harmonie ; et des observations très récentes m'ont démontré que la férocité même des maladies cancéreuses cédait à des cures ordonnées peut-être avec quelque prudence, mais surtout exécutées avec une docilité et une régularité dont les succès font l'éloge.

ARTICLE IV

MALADIES ANALOGUES

SECTION XI

Les pollutions nocturnes.

J'ai montré les dangers d'une évacuation trop abondante de semence par les excès vénériens et par la masturbation, et j'ai dit au commencement de cet ouvrage qu'elle se perdait aussi par les pollutions nocturnes dans des songes lascifs, et par cet écoulement connu sous le nom de gonorrhée simple; j'examinerai brièvement ces deux maladies.

Telles sont les lois qui unissent l'âme au corps, que lors même que les sens sont enchaînés par le sommeil, elle s'occupe des idées qu'ils lui ont transmises pendant le jour.

> *Res, quæ in vita usurpant homines, cogitant, curant, vident,*
> *Quæque aiunt vigilantes agitantque, ea si cui in somno accidunt,*
> *Minus mirum est.*
>
> (Acc.)

Une autre loi de cette union, c'est que sans troubler cet enchaînement des autres sens, ou, pour ôter toute équivoque, sans leur rendre la sensibilité aux impressions externes, l'âme peut dans le sommeil faire naître les mouvements nécessaires à l'exécution des volontés que les idées dont elle s'occupe lui suggèrent. Occupée d'idées relatives aux plaisirs de l'amour, livrée à des songes lascifs, les objets qu'elle se peint produisent sur les organes de la génération les mêmes mouvements qu'ils y auraient produits pendant la veille, et l'acte se consomme physiquement s'il se consomme dans l'imagination. L'on sait ce qui arriva à Horace dans un des gîtes de son voyage à Brindes.

> *Hic ego mendacem stultissimus usque puellam,*
> *Ad mediam noctem exspecto : somnus tamen aufert,*
> *Intentum veneri : tum immundoomnia visu,*
> *Nocturnam vestem maculant, ventremque supinum.*

Ces organes, à leur tour, irrités les premiers, ne réveillent quelquefois que l'imagination, suscitent des songes qui se terminent comme les précédents. Ces principes servent à expliquer les différentes espèces de pollutions.

La première est celle qui vient d'une surabondance de semence ; c'est celle des gens à la force de l'âge, qui sont sanguins, vigoureux, chastes. La chaleur du lit venant à raréfier les humeurs, et la liqueur spermatique étant plus susceptible de raréfaction qu'une autre, les vésicules irritées entraînent l'imagination qui, dénuée des secours qui lui feraient voir l'illusion, s'y livre tout entière ; l'idée du coït en produit l'effet dernier, l'éjaculation. Dans ce cas, cette évacuation n'est point une maladie, c'est plutôt une crise favorable, un mouvement qui débarrasse d'une humeur qui, trop abondante et trop retenue, pourrait nuire ; et quoique quelques médecins, qui n'ajoutent foi qu'à ce qu'ils ont vu, l'aient nié, il n'en est pas moins vrai que cette liqueur peut, par son abondance, produire des maladies différentes du priapisme ou de la fureur utérine.

Qu'on me permette une courte digression sur cette question ; elle n'est pas étrangère à mon sujet.

Galien nous a conservé l'histoire d'un homme et d'une femme que l'excès de semence rendait malades, et qui furent guéris en renonçant à la continence qu'ils s'étaient imposée ; et il regarde la rétention de cette humeur comme capable de produire des accidents très fâcheux. J'ai vu à Montpellier une observation semblable en tout à celle de la femme dont ce grand homme parle. Une veuve très robuste, âgée de près de quarante ans, qui avait joui très souvent, pendant longtemps, du physique de l'amour, et qui en était privée depuis quelques années, tombait de temps en temps dans des accès hystériques si violents, qu'elle perdait l'usage des sens ; aucun remède ne pouvait dissiper les accès ; on ne pouvait les faire finir que par de fortes frictions des parties génitales, qui lui procuraient un tremblement convulsif suivi d'une abondante éjaculation ; et dans le même instant elle recouvrait ses sens. L'on a publié depuis la première édition de cet ouvrage trois observations entièrement analogues, l'une de M. Weber, médecin à Waslrode dans l'électorat du Hanovre, qui l'a insérée dans un recueil de très bonnes observations, qu'il publia successivement ; les autres sont de M. Betbeder, médecin à Bordeaux, et se trouvent dans le recueil que publia M. Richard.

Elles concourent à prouver que les médecins ne doivent pas perdre entièrement de vue cette cause de maux, puisqu'elle se présente quelquefois.

Zacutus Lusitanus rapporte une observation très semblable. Une fille, dit-il, était dans un paroxysme convulsif très violent; elle étouffait, sans sentiment, sans connaissance, avec un tremblement général, les yeux renversés, etc. Tous les autres remèdes étaient inutiles : je fis appliquer un pessaire âcre qui produisit une abondante évacuation spermatique, et elle recouvra sur-le-champ ses sens. M. Hoffmann nous a aussi conservé l'histoire d'une religieuse qu'on ne pouvait tirer du paroxysme hystérique qu'en excitant la même évacuation; et Zacutus, dans le même ouvrage que je viens de citer, parle de deux hommes auxquels la suppression des plaisirs de l'amour nuisit : l'un fut attaqué d'une tumeur à l'ombilic, qu'aucun remède ne put diminuer, et que le mariage dissipa : l'autre, affaibli par ses débauches en ce genre, les quitta tout à coup; six mois après, il eut des vertiges, et bientôt des attaques de véritable épilepsie, qu'on attribua à un vide de l'estomac : on le traita par des stomachiques qui aigrirent le mal, et il mourut dans un violent accès. L'on trouva tout en bon état dans le cadavre, excepté les vésicules séminales et le canal déférent, qui étaient remplis d'un sperme vert, et ulcérés dans plusieurs endroits.

Un médecin, respectable par son savoir et par son âge, qui a suivi longtemps les armées autrichiennes en Italie, m'a dit avoir remarqué, que ceux des soldats allemands qui n'étaient pas mariés, et qui vivaient sagement, étaient souvent attaqués d'accès d'épilepsie, de priapisme, ou de pollutions nocturnes; accidents qui venaient d'une sécrétion plus abondante de semence, et peut-être de ce que cette semence avait plus d'âcreté dans un pays plus chaud et où la diète est plus succulente.

L'on a du même docteur Jacques, que j'ai cité dans le second article de cet ouvrage, une thèse dont M. de la Mettrie a donné la traduction, dans laquelle il cite beaucoup de maladies produites par la privation des plaisirs vénériens; et M. de la Mettrie en indique une autre, du D. Reneaume, sur la virginité claustrale, dont l'objet est le même.

M. Zindel a publié à Bâle une dissertation dans laquelle il a recueilli les observations éparses des maladies produites par une trop grande chasteté, et l'on peut placer ici ce que dit M. de Sauvages des dangers de la chasteté pour les femmes au tempérament desquelles elle ne convient pas; elles sont d'autant plus les victimes de leur feu, qu'elles cherchent à le cacher plus soigneusement, et elles tombent dans la tristesse, l'insomnie, le dégoût, la maigreur, les pollutions. Il ajoute une observation qui fournit peut-être l'exemple de la plus rude épreuve à laquelle le tempérament combattu ait jamais été exposé; c'est celui d'une jeune fille qui, dévorée par son feu, et conservant son âme pure avec une force étonnante, était sujette à des pollutions, même dans le temps qu'elle gémissait de son malheur aux pieds d'un confesseur décrépit et dégoûtant.

« Une jeune femme qui épouse un vieux mari », disait une nouvelle mariée à son amie, « ferait mieux de se jeter dans la rivière avec une pierre au cou. »

Enfin, sans parler de quelques autres, M. Gaubius met la continence excessive dans la classe des causes de maladies. Il est rare, dit-il, qu'elle produise quelques maux ; on l'a vu cependant dans quelques hommes nés avec beaucoup de tempérament, et qui forment beaucoup de semence, et dans quelques femmes ; il fait ensuite l'énumération de ces maux. L'on ne doit donc point en nier l'existence, mais l'on peut en affirmer la rareté, surtout dans ce siècle, qui paraît être celui de la faiblesse ; et l'on se trompe tous les jours, en attribuant indistinctement à cette cause toutes les maladies qui attaquent les personnes nubiles du sexe, et en leur conseillant le mariage pour tout remède ; remède souvent mal indiqué et souvent nuisible, parce qu'il ne peut pas détruire les vices qui entretenaient la maladie, et qu'il ne fait qu'ajouter aux maux passés ceux que la grossesse et les couches produisent ordinairement dans les personnes languissantes. Je reviens aux pollutions.

L'on a vu que la première espèce, produite par une surabondance de semence qu'elle évacue, n'était pas un mal en elle-même ; mais elle peut le devenir en revenant trop fréquemment, et lors même qu'il n'y a plus de surabondance nuisible. J'ai déjà observé qu'une évacuation disposait à une suivante, tant est grande la force de l'habitude, qui consiste en ce que la réitération des mouvements les rend plus faciles, et qu'ils se produisent par la plus légère cause : observation d'une grande utilité pour l'intelligence de l'économie animale, sur laquelle Galien, et surtout M. Maty, ont dit d'excellentes choses, mais qui n'a cependant pas encore été pleinement traitée ; et il en résulte cet inconvénient, c'est que les évacuations en deviennent une suite, indépendamment du besoin, et lors même qu'il n'existe pas. Alors elles sont très fâcheuses, et elles ont tous les dangers de l'évacuation excessive, procurée par d'autres moyens. Satyrus, surnommé Gragropilex, demeurant à Thasus, eut, dès l'âge de vingt-cinq ans, de fréquentes pollutions nocturnes ; quelquefois même la semence s'écoulait pendant le jour. Il mourut de consomption dans sa trentième année.

M. Zimmermann me parle d'un homme d'un très beau génie, à qui les pollutions avaient fait perdre toute l'activité de son esprit, et dont le corps était exactement dans l'état décrit par Boerhaave. L'on a vu, plus haut, les maux que M. Hoffmann observa après des pollutions. Les symptômes les plus ordinaires, quand le mal n'a pas fait encore de bien grands progrès, c'est un accablement continuel, plus considérable le matin, et de vives douleurs de reins. L'on me consulta, il y a quelques mois, pour un vigneron âgé de cinquante ans, très robuste auparavant, et que des pollutions fréquentes depuis trois ou quatre mois avaient si prodigieusement affaibli, qu'il ne pouvait travailler que quelques heures par jour; souvent même il en était empêché par des douleurs de reins qui le retenaient au lit, et il maigrissait journellement. Je donnai quelques conseils, dont j'ai ignoré l'exécution et l'effet.

J'ai connu un homme devenu sourd pendant quelques semaines, après un long rhume négligé, qui, quand il avait une pollution nocturne, était beaucoup plus sourd le lendemain, avec beaucoup de malaise; et un autre, affaibli par plusieurs causes, qui, après la pollution, se réveille dans un si grand accablement et un engourdissement si général, qu'il est comme paralytique pendant une heure, et fort abattu pendant plus de vingt-quatre.

L'on peut mettre dans cette première classe les pollutions de ceux qui, ayant été accoutumés à de fréquentes émissions, les suspendent tout à coup. Telles étaient celles d'une femme dont parle Galien; elle était dans le veuvage depuis quelque temps, et la rétention du sperme lui procurait des maladies de l'utérus; elle eut, dans le sommeil, des mouvements des lombes, des bras et des jambes, qui étaient convulsifs, et qui furent accompagnés d'une émission abondante de sperme épais, avec la même sensation que dans le coït. Une danseuse fut blessée par hasard près du sein gauche fort légèrement; le chirurgien lui prescrivit une diète assez sévère, et lui défendit les plaisirs dont elle était en usage de jouir souvent. La troisième nuit de cette privation, à laquelle elle se soumit en négligeant la diète, elle eut une pollution, qui, revenant plusieurs fois toutes les nuits suivantes, la maigrissait à vue d'œil, et lui causait de violents maux de reins. La plaie ne laissait pas que de guérir, et l'eût été tout à fait si elle s'était ménagée pour les aliments et la boisson. Le chirurgien, ferme dans ses principes, continuait son interdiction, la saignait et la purgeait. Ennuyée et affaiblie, elle laissa les remèdes, reprit son ancien train : la faiblesse et les douleurs se dissipèrent bien vite.

Mais qu'on se garde bien de conclure de cette observation l'utilité du précepte des plus grands maîtres en chirurgie, qui, fondés sur d'autres observations, interdisent sévèrement le coït aux blessés; il n'y a point de praticien qui n'ait pu se convaincre par soi-même combien il leur est nuisible. J'en rapporterai un seul exemple dans lequel la masturbation fut mortelle, et dont G. Fabrice de Hilden nous a conservé l'histoire. Côme Slotan avait coupé la main à un jeune homme qui l'avait eue meurtrie par un coup de feu. Comme il le connaissait très ardent, il lui défendit sévèrement tout commerce avec sa femme, qu'il avertit aussi du danger; mais quand tous les accidents furent dissipés et que la guérison était en bon train, le malade se sentant des désirs auxquels sa femme ne voulut pas répondre, il se procura, sans coït, une émission de semence, qui fut immédiatement suivie de fièvre, de délire, de convulsions et d'autres accidents violents, dont il mourut au bout de quatre jours.

J'ai vu un jeune marié qui, se jetant étourdiment du siège d'un cabriolet, tomba à côté ; la roue de derrière lui passa sur le pied, entre le talon et la cheville ; il n'y eut ni fracture ni luxation, mais une forte contusion. Se trouvant bien au bout de cinq jours, il se conduisit comme s'il n'eût point d'accident. Deux heures après, toute la jambe enfla, avec des douleurs inouïes, et une forte fièvre qui dura près de trente heures. Revenons.

Ce que j'ai dit au commencement de cette section, sur la liaison entre les rêves et les idées dont l'âme s'est occupée pendant le jour, sert à expliquer pourquoi les masturbateurs sont si sujets aux pollutions nocturnes : leur âme, occupée pendant tout le jour d'idées vénériennes, se représente pendant la nuit les mêmes objets, et le songe lascif est suivi d'une évacuation qui est toujours prête à se faire quand les organes ont acquis un degré considérable d'irritabilité.

Il est important de prévenir de bonne heure les progrès de l'habitude ; et quelle que soit la première cause des pollutions, de ne pas les laisser invétérer. Quand elles ont duré longtemps, elles se guérissent très difficilement. « Il n'y a point de maladie, » dit M. Hoffmann, « qui tourmente plus les malades et donne plus de peines aux médecins que les pollutions nocturnes qui ont duré longtemps, et qui sont devenues habituelles, surtout si elles reviennent tous les jours. L'on emploie les meilleurs remèdes presque toujours inutilement, souvent même ils font plus de mal que de bien. »

Tous les médecins qui ont écrit sur cette maladie en ont dit la guérison très difficile, et tous les médecins qui ont eu occasion de la traiter l'ont éprouvé eux-mêmes ; et l'on ne doit point en être surpris. A moins que l'on ne pût ou redonner aux organes leur force et diminuer leur irritabilité pendant le temps qui s'écoule entre deux pollutions, ce qui est impossible, ou prévenir tout à coup le retour de songes lascifs, ce qui n'est pas plus aisé, on doit être sûr que la pollution reviendra, et qu'elle détruira tout le bien que peut avoir opéré la petite quantité de remède qu'on a employée depuis la dernière : on ne peut donc gagner d'une pollution à l'autre qu'un infiniment petit, et il faut en accumuler un grand nombre avant que d'obtenir un effet sensible.

Cælius Aurelianus a rassemblé tout ce que les anciens ont dit de mieux sur le traitement. Il veut 1º que le malade évite autant qu'il est possible toute idée vénérienne ; 2º qu'il soit couché sur un lit de matière dure et rafraîchissante ; qu'il applique sur ses reins une mince plaque de plomb ; qu'il applique sur toutes les parties qui sont le siège de la maladie des éponges trempées dans de l'eau et du vinaigre, ou des choses rafraîchissantes, comme les balaustes, l'acacia, l'hypociste, le psyllium ; 3º qu'il ne fasse usage que d'aliments et de boissons qui rafraîchissent et qui resserrent. Il lui conseille : 4⁰ les fortifiants ; 5⁰ l'usage du bain froid ; 6° de ne jamais se coucher sur le dos, mais toujours sur le côté ou sur le ventre. Ce conseil est plein de bonnes choses ; mais voyons plus distinctement quelle est l'indication qui se présente. C'est de diminuer la quantité de semence et de prévenir les rêves.

La diète et le régime général sont beaucoup plus propres à la remplir que les remèdes. Les aliments les plus convenables sont ceux qui sont tirés du règne végétal, les légumes et les fruits ; parmi les viandes, celles qui contiennent le moins de substance. Dans l'une et l'autre classe, il faut faire choix de ceux qui n'ont aucune âcreté. L'on a déjà vu plus haut l'influence de ce régime sur la tranquillité du sommeil ; on ne peut trop le recommander aux personnes affligées de pollutions nocturnes, à qui cette tranquillité est si nécessaire. Elles doivent surtout renoncer au souper, ou au moins ne souper que très légèrement ; cette seule attention contribue plus à opérer la guérison que tous les remèdes.

J'ai vu, il y a plusieurs années, un jeune homme qui avait presque toutes les nuits une pollution nocturne, et qui avait déjà eu quelques accès de cauchemar. Un chirurgien-barbier lui ordonna de boire en se couchant quelques verres d'eau chaude qui, sans diminuer les pollutions, augmentèrent la dernière maladie ; les deux maux se réunirent et revinrent toutes les nuits ; le fantôme du cauchemar était une femme qui occasionnait en même temps la pollution. Affaibli par cette double maladie et par la privation d'un sommeil tranquille, il marchait à grands pas vers une consomption. Je lui ordonnai de ne prendre à souper qu'un peu de pain et quelques fruits, de souper de bonne heure, et de prendre, en entrant au lit, un verre d'eau fraîche avec quinze gouttes de liqueur anodine minérale d'Hoffmann. Il ne tarda pas à reprendre un sommeil tranquille ; les deux maladies se dissipèrent entièrement, et il recouvra bientôt ses forces.

Les viandes indigestes, les viandes noires, surtout le soir, sont un véritable poison pour ce mal ; et, js le répète, si l'on ne prend pas le parti de souper très peu et sans viande, les autres remèdes ne sont d'aucune utilité. Le vin, les liqueurs, le café, nuisent par plusieurs endroits. La meilleure boisson est l'eau pure, sur chaque bouteille de laquelle on peut dissoudre avec succès une drachme de nitre. J'ai cependant vu, il n'y a pas longtemps, un malade à qui le nitre nuisait, en lui procurant de plus fréquentes pollutions : j'attribuai cet effet à deux causes : l'une, c'est qu'il avait les nerfs très faibles, et dans ces tempéraments le nitre agit comme irritant ; l'autre, c'est qu'il augmentait considérablement les urines. La vessie se remplissait plus promptement pendant la nuit, et l'on sait que la tension de la vessie est une des causes déterminantes des pollutions.

Le précepte, que donne Cælius, d'éviter les lits mous, est de la plus grande importance ; il n'y faut point souffrir de plume ; la paille serait de beaucoup à préférer au crin, et j'ai vu quelques malades qui se sont fort bien trouvés de couvrir le matelas d'un cuir. Le conseil de ne pas se coucher sur le dos est également nécessaire ; cette situation nuit en contribuant à rendre le sommeil plus agité et en échauffant davantage les parties génitales. Enfin, comme l'habitude a ici une très grande influence et qu'il importe de la rompre, l'observation suivante pourra fournir un moyen d'y réussir. Je la tiens d'un Italien respectable par ses vertus, et l'un des plus excellents hommes que je me rappelle d'avoir vus. Il me consultait pour une maladie très différente ; mais afin de mieux m'instruire il me fit toute l'histoire de sa santé. Il avait été incommodé, cinq ans auparavant, de pollutions fréquentes qui l'épuisaient totalement. Il résolut fortement le soir de se réveiller au premier moment où une femme frapperait son imagination, et s'occupa longtemps de cette idée avant de s'endormir. Le remède eut le plus heureux succès ; l'idée du danger et la volonté de se réveiller, unies étroitement la veille à l'idée d'une femme, se reproduisirent au milieu du sommeil en même temps que cette dernière ; il se réveilla à temps ; et cette précaution réitérée pendant plusieurs soirs dissipa le mal.

Mais que ces deux derniers cas n'inspirent pas trop de sécurité ; il en est contre lesquels les meilleurs remèdes échouent ; celui que M. Hoffmann rapporte en est un exemple, et l'on doit d'avance donner aux malades l'avis qu'il donnait au sien : c'est que, sans une longue persévérance dans l'usage des remèdes, on ne doit en attendre aucun effet, ou plutôt, dans ce cas où le régime est l'essentiel, ce n'est souvent qu'en l'observant longtemps qu'on peut éprouver un soulagement sensible. Si l'on emploie des remèdes, ils doivent être fondés sur la même indication que le régime. Il n'y a pas longtemps que j'ai vu une saignée assez abondante emporter le mal. Les poudres nitreuses, limonade, les esprits acides, les laits d'amandes, peuvent être d'usage.

M. Hoffmann employa pour le masturbateur qui, après avoir quitté ses infamies, tomba dans des pollutions, la poudre suivante :

℞ *C. C. pphicé ppati. ossis sepiæ aa unc. S. succini cum instillat. olei tartar. per deliquium ppat. dr. II cascar, dr. I.*

dont il prenait une drachme le soir avec de l'eau de cerises noires ; le matin les eaux de Selter et le lait ; pour boisson une tisane de santal, de racines de chine, de chicorée, de scorsonère et de cannelle. Moyennant ces secours, et une diète convenable, le malade guérit en quelques semaines. M. Zimmermann a guéri, par l'usage de la même poudre, des pollutions très fréquentes, suivies des langueurs ordinaires, et qui avaient duré quelques années, chez un jeune homme de vingt et un ans. Il n'est pas aisé d'expliquer comment cette poudre, qui n'est qu'un simple absorbant, fait du bien ; mais j'ai vu de bons effets du camphre.

Une autre espèce de pollutions, ce sont celles des hypocondriaques. La circulation chez eux se fait lentement, surtout dans les veines du bas-ventre ; par là même les parties d'où elles rapportent le sang sont souvent engorgées ; les nerfs sont aisément mis en mouvement ; leurs humeurs ont un caractère d'âcreté très propre à irriter ; leur sommeil est ordinairement troublé par des songes : voilà bien des raisons de pollution ; aussi ils y sont extrêmement sujets. « L'imagination, » dit M. Boerhaave, « produit souvent pendant le sommeil des émissions de semence. Les gens de lettres les plus assidus et les rateleux sont sujets à cet accident, et l'écoulement de la semence est si considérable, qu'ils tombent dans l'atrophie. » Cette maladie a pour eux des suites d'autant plus fâcheuses, qu'ils ne se livrent jamais à quelques excès de ce genre, sans en être extrêmement incommodés. M. Fleming l'a heureusement exprimé :

Non veneri crebro licet unquam impunè litare.

Il n'y a qu'un moyen de curation, c'est d'attaquer la maladie principale. L'on commence par détruire les engorgements, ensuite l'on emploie les bains froids, et cette salutaire écorce que Dieu veuille nous conserver. C'est alors véritablement le cas de ces deux puissants remèdes, auxquels on peut quelquefois allier le mars. Si les attentions sur le choix des aliments sont nécessaires dans tous les cas, elles le sont plus particulièrement dans celui-ci. Les hypocondriaques font généralement très mal les digestions ; les aliments mal digérés produisent des gonflements flatueux qui, troublant la circulation, les disposent aux pollutions de deux façons : 1° en gênant le retour du sang dans les veines génitales ; 2° en troublant la tranquillité du sommeil, et en disposant par là même aux rêves. L'on sent par là la raison de la défense que *Pythagore* faisait à ses disciples de manger des aliments flatueux, qu'il regardait avec raison comme nuisibles, tant à la netteté et à la force des fonctions de l'âme qu'à la chasteté. Outre les deux raisons que j'en ai données, pourrais-je hasarder d'en indiquer une troisième, que j'ai eu fortement lieu de soupçonner chez deux malades? C'est l'expansion de l'air dégagé des fluides dans les corps caverneux, ce qui produisait une érection et le prurit vénérien. Personne n'ignore que toutes nos liqueurs sont imprégnées de ce fluide, mais que tant qu'elles sont parfaitement saines, il y est comme incarcéré et privé de toute élasticité. De grands physiciens avaient cru qu'il n'y avait que deux moyens de la lui rendre : un degré de chaleur plus considérable qu'on ne l'observe jamais dans le corps animal, et la putréfaction. Mais une foule d'observations de maladies produites par l'air ainsi dilaté, ont prouvé qu'indépendamment de ces deux causes, il y avait d'autres altérations dans les fluides qui opéraient le même effet; et ces altérations paraissaient plus fréquentes chez les hypocondriaques : ainsi il n'est point étonnant que les corps caverneux soient le siège de ce développement d'air maladif; il n'y a au contraire point de partie qui paraisse devoir y être plus exposée; et si l'on n'y a pas fait attention plus tôt, c'est vraisemblablement manque d'observateurs plutôt que d'observations. Celles-ci font sentir toute la nécessité d'éviter ces aliments qui, plus chargés d'air que les autres, incommodent et par celui qui s'en sépare dans les premières voies, et par celui qu'ils portent dans le sang. Tout le monde sait que la bière nouvelle, qui est extrêmement flatueuse, occasionne de violentes érections; et j'ai vu, depuis la dernière édition de cet ouvrage, que M. Thiery, un des plus savants médecins et des plus célèbres praticiens de France, a connu ces érections flatueuses.

L'on peut placer ici, comme analogue à cette dernière espèce de pollutions, et attaquant principalement les mélancoliques, une maladie qu'on pourrait appeler fureur génitale; elle diffère du priapisme et du satyriasis; je la peindrai par une observation que j'avais déjà publiée dans la première édition latine de cet ouvrage, et omise dans la française. Un homme âgé de cinquante ans en était atteint depuis plus de vingt-quatre, et, dans ce long terme, il n'avait pas pu se passer vingt-quatre heures de femme ou de l'horrible supplément de l'onanisme; et il en réitérait ordinairement les actes plusieurs fois par jour. Le sperme était âcre, stérile; l'évacuation très prompte. Il avait les nerfs excessivement affaiblis, des accès de mélancolie et de vapeurs très violents, les facultés abruties, l'ouïe très pesante, les yeux extrêmement faibles : il est mort dans l'état le plus triste. Je ne lui ai jamais conseillé de remèdes; il en avait pris un grand nombre; plusieurs ne lui avaient rien fait; tous ceux qui étaient chauds lui avaient nui; le seul quinquina infusé dans du vin, que lui avait ordonné M. Albinus, l'avait soulagé; et l'autorité de ce grand médecin est un nouveau témoignage bien respectable en faveur de ce remède. On trouve parmi les consultations de M. Hoffmann un cas à peu près semblable; le prurit vénérien était presque continuel, et l'âme et le corps étaient également énervés.

SECTION XII

Gonorrhée simple.

« La gonorrhée, » dit Galien qui ne connaissait que la simple, «est un écoulement de semence sans érection. » Plusieurs auteurs de tous les siècles en parlent, et

Moïse, le plus ancien de tous. L'on trouve dans les observations d'Hippocrate l'exemple d'un montagnard dont la maladie paraît avoir été un marasme, et qui avait un écoulement involontaire d'urine et de semence. M. Boerhaave paraît cependant mettre cette maladie au nombre des choses douteuses. « On lit, » dit-il, « dans quelques livres de médecine, que la semence s'est quelquefois écoulée sans qu'on l'ait sentie. Mais cette maladie doit être très rare, et je ne sache pas que la semence se soit écoulée sans quelque chatouillement, ou ce n'était pas de la vraie semence séparée dans les testicules et accumulée dans les vésicules séminaires, quoique j'aie vu la liqueur des prostates s'écouler. »

Cette autorité est sans doute bien respectable ; mais, outre que M. Boerhaave ne décide point positivement, il a contre lui tous les médecins ; et, pour ne point sortir de son école, l'un de ses plus illustres disciples, M. Gaubius, admet l'évacuation de semence sans sensation. Mes propres observations ne me laissent pas douter de l'existence de l'une et de l'autre maladie. J'ai vu des hommes qui, après une gonorrhée virulente, après des excès vénériens, ou des masturbations, avaient un écoulement continuel par la verge, mais qui ne les rendait pas incapables d'érection et d'éjaculation : ils se plaignaient même qu'une seule éjaculation les affaiblissait plus qu'un écoulement de plusieurs semaines ; preuve évidente que la liqueur de ces deux évacuations n'était pas la même, et que celle qui sort par la gonorrhée ne vient que des prostates, de quelques autres glandes qui entourent l'urètre, des follicules répandus dans toute sa longueur, ou enfin des vaisseaux exhalants dilatés. J'en ai vu d'autres qui avaient, comme les premiers, un écoulement qui les affaiblissait encore plus, qui les rendait incapables de tout prurit vénérien, de toute érection, et par là même de toute éjaculation, quoique les testicules ne parussent point hors d'état de faire leurs fonctions. Il me paraît démontré que dans ces derniers la vraie semence testiculaire s'écoulait sans sensation. Et quand on connaît la structure des parties génitales, l'on se persuadera aisément que la première maladie doit être beaucoup plus fréquente que la dernière, mais l'on comprendra très bien l'existence de celle-ci. Les auteurs exacts ont appelé gonorrhée vraie celle dans laquelle ils ont cru que la matière de l'écoulement était la vraie semence, et l'autre gonorrhée bâtarde ou catarrhale. M. Morgagni, dont le suffrage est d'un si grand poids, admet l'écoulement de l'une et de l'autre humeur, et il me semble qu'on ne peut pas le révoquer en doute.

Les dangers de cet écoulement sont très considérables ; l'on a vu le tableau qu'Arétée en fait : « Comment », dit-il au même endroit, « ne serait-on pas faible, quand ce qui fait la force de la vie se perd continuellement ? La seule semence est ce qui fait la force de l'homme. » Celse, qui vivait avant Arétée, dit positivement que l'écoulement de semence sans sensation vénérienne mène à la consomption. Jean, fils de Zacharie, plus connu sous le nom d'Actuarius, dans l'ouvrage qu'il composa en faveur de l'ambassadeur que l'empereur de Constantinople envoyait dans le Nord, pense comme les auteurs que j'ai déjà cités. « Si l'écoulement de semence qui se fait sans érection et sans sensation dure quelque temps, il produit nécessairement la consomption et la mort, parce que la partie la plus balsamique des humeurs et les esprits animaux se dissipent. »

Les auteurs les plus modernes pensent comme les anciens. « Tout le corps maigrit », dit Sennert, « et surtout le dos ; les malades deviennent faibles, secs, pâles ; ils languissent ; ils ont des douleurs de reins ; les yeux se creusent. » M. Boerhaave range cette gonorrhée parmi les causes de la paralysie ; et l'on remarquera que dans cet endroit il admet la gonorrhée de véritable semence. « La paralysie », dit-il, « qui vient de la gonorrhée, est incurable, parce que le corps est épuisé. » On trouve dans une très bonne dissertation de M. Koempf des observations fort intéressantes.

Cette maladie peut dépendre de plusieurs causes éloignées. La cause prochaine est presque toujours combinée d'un vice dans les liqueurs qui s'écoulent, qui sont trop ténues et souvent trop âcres, et d'un grand relâchement dès parties. Le vice des liqueurs dénote un défaut d'élaboration qui dépend d'une faiblesse générale, qui exige les toniques que la faiblesse des organes indique aussi ; les circonstances concourantes décident sur le choix. Il serait hors de place d'entrer ici dans tous ces détails sur lesquels on trouvera de bonnes choses dans plusieurs auteurs, et surtout dans Sennert, l'auteur du meilleur abrégé de médecine pratique qu'on ait. Les mêmes remèdes, indiqués dans le courant de cet ouvrage contre les autres suites de la pollution, le sont contre celle-ci, le bain froid, le quinquina, le mars, les autres roborants. M. Boerhaave dit que l'hépatique produit d'excellents effets (*egregios sanè præstat usus*) dans la gonorrhée invétérée qui dépend du relâchement des organes. Quelquefois, pour détourner la tendance que l'habitude donne aux humeurs sur la même partie, on peut commencer par quelques laxatifs : il y a même de grands médecins qui leur ont attribué une efficacité presque spécifique contre cette maladie. L'expérience, plus encore que la raison, m'a prouvé le contraire ; et ceux qui se donneront la peine de lire les auteurs que j'ai nommés plus haut, verront qu'ils n'ordonnent rien de laxatif.

Actuarius ordonne des choses qui fortifient sans échauffer.

Arétée, qui veut qu'on y remédie incessamment, vu le danger dont elle menace, n'ordonne que des fortifiants, l'abstinence des plaisirs de l'amour, et le bain froid.

Celse, des ouvrages duquel l'un et l'autre ont profité, ordonne des frictions et surtout le bain d'eau extrêmement froide (*natationesque quàm frigidissimæ*) ; il veut que tout ce qu'on mange et qu'on boit, on le prenne froid ; qu'on évite tous les aliments qui peuvent engendrer des crudités, des vents, et augmenter l'âcreté de la semence. Fernel ordonne des aliments succulents aisés à digérer, et des électuaires restaurants.

Si la promesse de Langius, qui osait jurer que les purgatifs et la diète guériraient cette maladie, est vraie, ce ne peut être que dans le cas où elle serait produite par une mauvaise diète qui aurait donné lieu à des obstructions dans le bas-ventre, et fait dégénérer toutes les humeurs, sans que les solides eussent encore reçu d'atteintes bien considérables ; et il n'a en vue que ce cas ; car s'ils avaient reçu une atteinte un peu considérable, les purgatifs devraient nécessairement être aidés par des roborants. Telle était la gonorrhée que Regis observa, et dont Craanen nous a conservé le détail. « Un homme », dit-il, « d'un tempérament pituiteux, ayant fait longtemps usage d'aliments humectants, fut attaqué d'un écoulement d'une humeur aqueuse, crue, visqueuse, qui sortait sans sentiment. Il maigrissait, ses yeux se cavaient, il perdait tous les jours ses forces. Regis commença par les purgatifs pour évacuer ces humeurs pituiteuses ; » ensuite il lui ordonna des fortifiants et des aliments desséchants ; enfin, si cela ne suffisait pas, il conseillait un caustique à chaque jambe. Mais cette méthode des purgatifs ne peut jamais convenir quand cette maladie est la suite des excès vénériens, et qu'elle dépend, comme dit Sennert, « de la faiblesse que les vésicules séminales ont contractée par les alternatives si fréquentes de réplétion et d'inanition. »

Le détail de quelques cas fera mieux saisir la véritable curation.

Timée en fournit un qui ne peut être mieux placé qu'ici. « Un jeune homme, » dit-il, « étudiant en droit, d'un tempérament sanguin, se polluait manuellement deux ou trois fois par jour, et quelquefois plus souvent : il tomba dans une gonorrhée, accompagnée d'une faiblesse de tout le corps. Je regardai la gonorrhée comme une suite du relâchement occasionné dans les vaisseaux séminaux, et la faiblesse dépendait de la fréquente effusion de semence, qui avait dissipé la chaleur naturelle, amassé des crudités, lésé le genre nerveux, abruti l'âme, affaibli tout le corps. » Il lui ordonna un vin fortifiant avec les astringents et les aromatiques infusés dans le gros vin rouge ; un opiat de même nature, et un onguent composé d'huile de roses, de mastic, de nitre, de bol d'Arménie, de terre sigillée, de ballaustes et de cire blanche. « Le malade fut guéri au bout d'un mois de ce mal honteux, et je l'avertis de s'abstenir à l'avenir de cette infâme débauche, et de se souvenir de la menace de l'ÉTERNEL, qui exclut les mous du royaume des cieux. (Cor. I, c. VI.)

« Un des meilleurs médecins que nous ayons en Suisse, » me marque M. Zimmermann, M. G.-M. Wepfer, de Schaffouse, « dont l'autorité ne peut être que d'un très grand poids, assure avoir guéri un écoulement continuel de

semence, suite de la masturbation, par le secours de la teinture de mars de Ludo-
vici. » M. Weslin, de Zurzach, « m'a confirmé la même chose sur sa propre
expérience. Pour moi, » ajoute mon ami, « je n'en ai pas vu d'aussi bons effets. »

M. le professeur Stehelin parle d'un homme lettré qui était affligé d'une effusion involontaire de semence, sans idées vénériennes, et qu'il a guérie par l'usage
d'un vin avec le mars et le quinquina. Les remèdes, et entre autres les eaux de
Swalbach, et la douche d'eau froide sur le pubis et le périnée, n'eurent pas les
mêmes succès sur un jeune homme qui s'était attiré ce mal par la masturbation.
Il ajoute que M. le docteur Bongars, fameux praticien à Maseyck, a guéri deux
personnes attaquées d'une débilité des vésicules séminales, en leur faisant prendre trois fois par jour huit à dix gouttes de laudanum liquide de Sydenham dans
une tasse de vin de Pontac, et en leur faisant boire une décoction de salsepa-
reille. M. Stehelin remarque que, quoique l'opium soit un remède contraire aux
indications, il a cependant été conseillé par « Ettmuller contre l'éjaculation trop
prompte qui dépend d'une semence trop spiritueuse. » Qu'il me soit permis
d'ajouter qu'en examinant attentivement le conseil de ce fameux praticien, et en
comparant la nature du mal, dans certains cas, avec les effets de l'opium, on
concevra aisément que ce remède peut quelquefois être utile, mais non pas dans
le cas où il le conseille. Il distingue avec beaucoup de soin les différentes espèces
d'écoulement, il assigne les causes et le traitement de chaque espèce; et, passant
ensuite à l'éjaculation qui vient dès le commencement de l'érection, *nimis citam*,
il en donne deux causes : 1º le relâchement des vésicules séminales; 2º une
liqueur séminale trop bouillante, trop spiritueuse et trop abondante; c'est dans
ce cas qu'il ordonne l'opium. Mais à quel titre?

L'opium, dont la vertu aphrodisiaque est si bien démontrée, vertu qu'Ettmuller lui-même indique, et dans son petit ouvrage sur ce remède, et dans l'endroit même où il donne ce conseil, ne peut qu'augmenter la cause de la maladie,
et par là même en augmenter les symptômes. Les cas où il est utile, c'est au
contraire quand les humeurs sont crues, ténues, aqueuses, et les nerfs en même
temps excessivement mobiles. L'on sait qu'il remédie à ces différents accidents,
qu'il suspend l'irritabilité, et qu'il arrête toutes les évacuations, excepté la transpiration. Mais, on ne peut trop le redire, l'on doit être attentif à ne l'ordonner
qu'à propos, sans quoi il deviendrait nuisible. M. Tralles, dans son excellent
ouvrage sur ce remède, nous fournit une observation, et l'on en trouve de semblables ailleurs, qui doit nous obliger à beaucoup de circonspection. Un homme,
dit-il, qui dès sa jeunesse, avait eu du penchant aux pollutions, ce qui l'avait
rendu extrêmement faible, ne prenait jamais de l'opium, soit pour modérer une
toux ou une diarrhée, ou dans quelque autre but, qu'il n'eût pendant la nuit, et
à son grand dommage, des songes lascifs accompagnés d'une émission sperma-

tique. Qu'on me permette une réflexion qui se présente naturellement, c'est que l'erreur d'Ettmuller prouve bien évidemment : 1° combien une théorie exacte a d'influence sur la pratique, qui, sans son secours, ne peut être que très souvent fausse et erronée; 2° combien par là même un homme qui réunit l'une et l'autre, doit avoir d'avantages sur celui qui n'est guidé que par quelques observations, ou qui se livre à une théorie systématique; enfin, 3° combien la lecture des meilleurs auteurs de pratique, qui ont été dénués de cette théorie exacte due à notre siècle, peut tromper ceux qui, en les lisant, ne peuvent avoir qu'une foi implicite, et qui ignorent ces principes qui doivent servir de pierre de touche, pour discerner en médecine ce qui est de bon ou de mauvais aloi.

Je finirai par deux de mes observations; un plus grand nombre serait superflu.

Un jeune homme de vingt ans, qui avait eu le malheur de se polluer, était attaqué depuis deux mois d'un écoulement muqueux continuel et de pollutions nocturnes de temps en temps, accompagnées d'un épuisement considérable; il avait de fréquents et violents maux d'estomac; il se sentait la poitrine extrêmement faible et suait très aisément; je lui ordonnai l'opiat suivant :

℞. Condit. rosar. rubr. unc. III. condit. anthos. cort. Peruv. aa. unc. I. mastices dr. II. cath. dr. I. olei. cinnam. gtt. III. sirup. cort. aur. q. s. f. electuar. solid.

Il en prenait un quart d'once deux fois par jour. Au bout de trois semaines il se trouva bien à tous égards, et l'écoulement n'avait plus lieu qu'après les pollutions nocturnes, qui étaient beaucoup moins fréquentes; la continuation du même remède, pendant quinze jours, le remit tout à fait.

Deux époux étrangers, que je n'ai jamais connus, attaqués presque dans le même temps, et bien sûrs qu'il n'y avait pas de virus, d'un écoulement accompagné de faiblesse et de douleurs tout le long de l'épine du dos, ne pouvaient accuser que des excès conjugaux; l'écoulement était beaucoup plus considérable chez le mari. Ils avaient essayé différents remèdes très inutilement, et entre autres des pilules mercurielles qui avaient augmenté l'écoulement; ils me firent consulter. Je leur ordonnai les bains froids, un vin de quinquina, d'acier et de fleurs de roses rouges. Ils prirent régulièrement le remède; c'était dans l'été de 1758; les pluies continuelles rendaient l'usage des bains de rivière très difficile; la femme n'en prit que deux ou trois, le mari une douzaine; au bout de cinq semaines ils me firent dire qu'ils étaient presque totalement rétablis; j'ordonnai la continuation jusqu'à parfaite guérison, qui ne tarda pas.

Ces succès heureux ne peuvent point servir à fonder un pronostic général et favorable; cette maladie est le plus souvent extrêmement rebelle, quelquefois même incurable. Je n'en donnerai qu'un exemple, mais démonstratif. Un des plus grands praticiens qu'il y ait en Europe, et qui enrichit la médecine par des ouvrages tous excellents, est affligé, depuis plus de quinze ans, d'une gonorrhée simple, que tout son art et celui de quelques autres médecins qu'il a consultés n'ont pu dissiper ; cette triste incommodité le consume peu à peu, et fait craindre de le perdre longtemps avant le terme auquel il serait à souhaiter qu'il parvînt, et auquel il pourrait parvenir dans le cours ordinaire des choses.

IL SERAIT INUTILE de m'étendre davantage ; j'ai tâché de ne rien omettre de ce qui peut ouvrir les yeux des jeunes gens sur les horreurs de l'abîme qu'ils se préparent. J'ai indiqué les moyens les plus propres à remédier aux maux qu'ils se sont attirés ; je finis par réitérer ce que j'ai déjà dit dans le cours de cet ouvrage, que quelques cures heureuses ne servent pas à leur faire illusion : le mieux guéri recouvre difficilement sa première vigueur, et ne conserve une santé passable qu'à force de ménagements ; et quelques exemples de gens, ou qui n'avaient été que peu malades, ou chez lesquels un tempérament plus vigoureux a pu se relever plus aisément, ne doivent point être regardés comme faisant une règle générale.

> . . . . . *Non bene ripæ creditur ;*
> *Ipse aries etiam nunc vellera siccat.*

SEPTIÈME PARTIE

MALADIES DES ORGANES GÉNÉRATEURS

PROLÉGOMÈNES GÉNÉRAUX

Exposé anatomique des organes générateurs chez l'homme.

Les organes générateurs de l'homme, destinés à concourir à la reproduction de son espèce, se composent d'un appareil de sécrétion et d'excrétion de la liqueur séminale.

Les organes sécréteurs sont les testicules, en général au nombre de deux.

Les organes excréteurs sont les conduits déférents : les vésicules séminales, les conduits éjaculateurs et l'urètre, canal auquel se rattachent deux corps qu'on nomme caverneux, et qui sont formés par un tissu érectile pour constituer la verge.

TESTICULES ET LEURS DÉPENDANCES

ENVELOPPES DES TESTICULES

Ces organes sont enveloppés par plusieurs membranes, dont la réunion forme ce qu'on appelle les bourses : leur ordre de superposition, en procédant de dehors en dedans, est le suivant :

1° Le *scrotum*, espèce de poche commune aux deux testicules, formée par la peau. Sa couleur est plus brune que celle du reste du corps. Son chorion a peu d'épaisseur. Elle est très élastique, couverte de follicules pileux très saillants.

L'action de la chaleur relâche singulièrement le scrotum ; il s'allonge excessivement chez les vieillards et chez les individus épuisés par les excès. Il est très contractile sous l'influence du froid, et chez les jeunes sujets qui n'ont point abusé des plaisirs des sens.

Le scrotum est partagé en deux, par une ligne qu'on désigne sous le nom de *raphé*.

2° Le *dartos*, tissu qui enveloppe les deux testicules et fournit un prolongement qui les sépare, et qu'on désigne pour cela sous le nom de *cloison du dartos*.

Le dartos ne s'étend point sur les côtés du cordon des vaisseaux spermatiques, on n'y trouve que des tissus adipeux. En avant il enveloppe la verge ; en arrière et sur la ligne médiane il envoie un prolongement étroit jusqu'au sphincter de l'anus.

Le dartos est un tissu en quelque sorte filamenteux, dans l'épaisseur duquel se rendent un grand nombre de vaisseaux qui lui donnent une teinte rougeâtre.

Le dartos est très intimement uni à la peau du scrotum, mais il adhère fort peu aux autres enveloppes testiculaires subjacentes.

3° La tunique érythroïde, membrane très mince, provient de l'épanouissement des fibres d'un petit muscle appelé *crémaster*, et concourt avec lui aux mouvements d'ascension des testicules.

4° La tunique fibreuse commune forme une enveloppe commune au testicule et au cordon des vaisseaux spermatiques ; elle est mince et transparente ; elle forme une sorte d'amphore, dont le goulot embrasse le cordon, tandis que le corps contient le testicule. La surface interne de cette membrane est tapissée par un des feuillets de la tunique vaginale.

5° La tunique vaginale, membrane de l'ordre des séreuses, formant par conséquent un sac sans ouverture, qui enveloppe le testicule sans qu'il soit contenu dans sa cavité. Le premier feuillet adhère intimement, comme nous venons de le dire, à la tunique fibreuse ; le second se réfléchit sur le testicule et embrasse le cordon à une certaine hauteur.

Arrivé à un petit corps que je décrirai plus tard sous le nom d'épididyme, et qui s'applique comme annexe au testicule, elle le recouvre en dehors, puis s'adossant à elle-même au-dessous de lui, elle forme une espèce de cul-de-sac qui laisse libre la partie moyenne de l'épididyme et l'isole du testicule.

En dedans du petit corps dont il s'agit, la tunique vaginale est séparée de lui par le canal déférent et par les vaisseaux du testicule.

TESTICULES

Organes glanduleux qui sécrètent la matière spermatique, ils sont situés dans les enveloppes que nous venons de décrire, au-dessous de la verge; ils sont soutenus par elle et par le cordon des vaisseaux spermatiques, à une distance des anneaux inguinaux, qui varie suivant le relâchement plus ou moins grand du dartos et du crémaster. Le testicule gauche descend ordinairement plus bas que le droit.

Les testicules sont au nombre de deux; quelquefois il n'y en a qu'un, mais cela tient, dans le plus grand nombre des cas, à ce que le second a été retenu dans l'abdomen.

Le volume des testicules varie suivant les individus; le gauche est en général plus petit que le droit. D'après M. Cruveilhier, la dimension en longueur, en hauteur et en épaisseur de ces organes est la suivante : longueur deux pouces, hauteur un pouce, épaisseur huit lignes.

Les testicules sont plus mous chez les vieillards que chez les adultes, ce qui tient vraisemblablement à l'état de vacuité où se trouvent chez les premiers les conduits séminifères.

La forme de ces organes est celle d'un ovoïde aplati sur les côtés; leur surface est lisse et polie, habituellement lubrifiée par un fluide qui facilite extrêmement leurs mouvements. Cette disposition est due à une enveloppe fibreuse insensible, désignée sous le nom de tunique albuginée. Elle adhère, par un grand nombre de filaments vasculaires, à leur tissu, et forme au niveau de leur bord supérieur un épaississement nommé corps d'hygmore. L'extrémité antérieure de l'ovoïde, que représentent les testicules, est dirigée en haut; l'inférieure en arrière et en bas.

Le tissu propre des testicules a l'aspect d'une pulpe jaunâtre, mollasse, dans laquelle on remarque une infinité de petites colonnes assez résistantes qui se divisent en lobules; ces petites cordes sont formées par des vaisseaux qui se détachent de la tunique albuginée.

Les lobules des testicules sont formés par l'agglomération de filaments très ténus, repliés à l'infini sur eux-mêmes. Ce sont les conduits séminifères; ils ont été injectés par le canal déférent.

Enfin, les filaments dont il s'agit se réunissent en un certain nombre de conduits, et percent la tunique albuginée au niveau de la tête de l'épididyme.

L'artère testiculaire, après avoir traversé la membrane albuginée, se ramifie dans le tissu des testicules. Les veines suivent la même disposition et viennent former les vaisseaux dits spermatiques.

Les vaisseaux lymphatiques sont extrêmement nombreux.

Les nerfs proviennent et du système ganglionnaire et du système cérébro-spinal.

ÉPIDIDYME

C'est un petit corps ressemblant assez à un cimier de casque. Il est couché le long du bord supérieur des testicules et un peu sur leur face externe. Son extrémité antérieure s'appelle tête, et est intimement unie aux testicules. Sa partie moyenne ou corps en est détachée, comme je l'ai dit en parlant de la disposition de la tunique vaginale dans ce point. Son extrémité postérieure ou queue adhère de nouveau à ces organes. Arrivée à leur extrémité postérieure, elle se relève, se réfléchit sur elle-même et devient l'origine du conduit déférent.

L'épididyme, dépouillé de la tunique vaginale qui le recouvre, se montre sous la forme d'un cordon extrêmement replié sur lui-même. L'injection montre qu'il est creux ; il reçoit des artères, des reins et des vaisseaux lymphatiques. Ses nerfs lui viennent des testiculaires.

CONDUIT DÉFÉRENT

Il s'étend de l'épididyme au conduit éjaculateur. Voici le trajet qu'il suit : il offre au commencement un assez grand nombre de replis, et se dirige d'abord d'arrière en avant, et de bas en haut, le long du bord supérieur du testicule, ensuite il devient partie constituante du cordon testiculaire, et marche de bas en haut vers l'anneau inguinal, à côté des vaisseaux spermatiques, enveloppé d'une gaine filamenteuse qui lui est propre. Il pénètre ensuite dans l'abdomen obliquement par ce canal, coupe perpendiculairement l'artère épigastrique, ensuite il abandonne les vaisseaux spermatiques, se dirige verticalement dans le bassin, derrière la vessie, dont il va gagner le bas-fond. Enfin il aboutit au niveau de l'urètre, à côté du cordon, du côté opposé, s'y réunit, et arrivé vers l'extrémité antérieure de la vésicule séminale, il s'abouche à angle aigu avec le conduit excréteur de la vésicule séminale, pour former le conduit éjaculateur.

Le cordon des vaisseaux spermatiques est donc formé par la réunion des vaisseaux spermatiques, des artères, des veines, du plexus nerveux spermatique, par le crémaster et la tunique fibreuse testiculaire.

Le conduit déférent est formé par un tissu très dur; il a une forme cylindrique: son canal a une ténuité telle, qu'on peut à peine y introduire le plus mince stylet, ses parois, au contraire, offrent une épaisseur très considérable.

PROSTATE

C'est un corps glanduleux, blanchâtre, dont l'étude exacte n'a été faite avec soin que dans le commencement de notre siècle. En effet, c'est Éverard-Home qui, en 1805, attira toute l'attention des anatomistes sur ce corps. Avant lui, Haller dit expressément que la prostate n'a point l'apparence lobulaire. La prostate nous offre la forme d'un cœur de carte à jouer, ou d'un cône dont la grosse extrémité regarde en arrière et forme un bourrelet saillant qui regarde le col de la vessie et qui offre plus d'épaisseur sur les côtés qu'ailleurs, tandis que le sommet du cône regarde en bas et en avant. Son volume ordinaire est celui d'une grosse châtaigne; dans l'état pathologique, il peut acquérir celui d'un œuf et même d'une demi-orange.

La prostate est située derrière la symphyse du pubis, au-devant du rectum. Elle se double chez un grand nombre d'animaux, tandis que chez l'homme elle est bilobée.

La face inférieure de la prostate est lisse, divisée en deux parties par un sillon antéro-postérieur; elle répond au rectum, auquel elle adhère par un tissu cellulaire assez dense, d'où le précepte d'explorer la prostate, en portant un doigt dans l'anus. La face supérieure et antérieure est en rapport avec l'aponévrose postérieure supérieure, surtout avec l'expansion fibreuse que l'on nomme ligament inférieur de la vessie. Les parties latérales sont limitées par l'aponévrose latérale; elles sont elles-mêmes recouvertes directement par quelques fibres du muscle releveur de l'anus. La prostate est traversée par un canal qui reçoit les conduits éjaculateurs, lesquels marchent accolés l'un à l'autre et ne lui adhèrent que par un tissu cellulaire assez lâche.

Quelquefois la prostate ne forme qu'une gouttière à sa partie supérieure, et c'est dans cette gouttière que vient se loger le canal de l'urètre, mais c'est une anomalie, ainsi que lorsqu'on voit, ce qui est rare, le canal occuper la partie inférieure de la prostate; presque toujours la prostate forme autour du canal un cylindre creux complet, et presque toujours la portion située au-dessous a plus d'épaisseur que la portion située au-dessus.

Normalement la prostate ne proémine pas dans le canal de l'urètre, mais il arrive fréquemment, chez les vieillards, qu'à la partie inférieure de la base de la prostate on trouve un tubercule plus ou moins saillant, appelé luette vésicale, décrit aussi sous le nom de lobe moyen.

La luette vésicale se continue en avant avec une éminence que l'on a comparée à tort à une crête de coq, et que l'on nomme vérumontanum.

La prostate existe seulement chez l'homme; elle manque chez la femme; elle présente un volume variable suivant l'âge; ainsi chez les enfants elle est fort petite; elle est plus grosse chez les jeunes gens de quinze à seize ans, davantage chez l'homme de vingt-cinq à trente ans; enfin elle s'hypertrophie souvent chez le vieillard. Les dimensions de la prostate augmentent chez les masturbateurs, aussi chez ceux qui ont abusé des plaisirs de l'amour ou qui ont été sujets aux maladies génito-urinaires.

La prostate doit être regardée comme une agglomération de lobules glanduleux, qui se subdivisent en granulations, qui sont au milieu d'un tissu que l'on croit être musculaire et se continuer avec la tunique musculeuse de la vessie. De ces grains glanduleux émanent de petits conduits excréteurs qui se réunissent bientôt pour former un nombre indéterminé de canaux prostatiques qui s'ouvrent sur les côtés du vérumontanum.

VÉSICULES SÉMINALES

Petites poches membraniformes qui servent de réservoir au sperme.

On les trouve entre le rectum et la vessie; leur direction est oblique en dedans et en avant; elles sont très rapprochées dans ce dernier point, et ne sont séparées l'une de l'autre que par les conduits déférents; elles permettent à la vessie, par leur écartement en arrière, de s'appliquer sur le rectum.

Les vésicules séminales sont oblongues et aplaties; leur extrémité antérieure est embrassée par la prostate; leur surface est bosselée.

Les vésicules séminales sont enveloppées par un tissu propre qui les isole des parties avec lesquelles elles sont en rapport. Elles paraissent formées par une agglomération de cellules qui communiquent entre elles et qui sont remplies d'une humeur jaunâtre qui n'a aucun rapport avec le sperme.

Les vésicules séminales présentent à leur extrémité antérieure un canal excréteur très mince, qui, comme je l'ai déjà dit, se réunit au conduit déférent pour former le conduit éjaculateur de chaque côté. Ces deux conduits traversent la prostate de bas en haut parallèlement, et viennent s'ouvrir à droite et à gauche sur le renflement du vérumontanum.

VERGE

Cet organe est situé au-devant de la symphyse du pubis. Dans l'état de flaccidité, elle présente une courbure, dont la concavité est inférieure ; le contraire a lieu dans l'érection.

Cylindroïde dans le premier état, elle est prismatique et triangulaire dans le second. Les bords sont mous. Son extrémité postérieure est attachée au pubis ; son extrémité antérieure se termine par un renflement appelé gland.

La verge est formée par les corps caverneux du canal de l'urètre. Elle est mise en mouvement par des muscles qui lui sont propres. Recouverte par la peau, elle reçoit un grand nombre de vaisseaux et de nerfs.

L'extrémité de la peau de la verge forme en se réfléchissant sur elle-même, au niveau du gland, une espèce de gaine libre qui le recouvre : c'est ce qu'on appelle le prépuce. Arrivée au collet du gland, la peau devient une membrane muqueuse, se réfléchit de nouveau sur lui, l'enveloppe entièrement et se continue avec la muqueuse de l'urètre.

L'étroitesse excessive de l'ouverture du prépuce constitue ce qu'on appelle le phimosis. Dans ce cas le gland ne peut être mis à découvert. Lorsque cette disposition est excessive, on est conduit, pour faciliter l'érection et l'acte générateur, à pratiquer une opération qui consiste dans l'ablation du prépuce.

On désigne sous le nom de frein de la verge un petit repli membraneux formé par la muqueuse, qui s'étend du prépuce à la gouttière que l'on remarque au-dessous de l'orifice de l'urètre.

La peau de la verge est unie aux tissus sous-jacents par un tissu cellulaire très large, ce qui favorise essentiellement son élasticité et permet au prépuce de se dédoubler.

CORPS CAVERNEUX

On nomme ainsi deux corps qui forment la plus grande partie de la verge, et qui sont composés par un tissu érectile.

Les corps caverneux commencent en arrière par une bifurcation qui en constitue les racines ; chacune d'elles naît en dedans et un peu au-dessus de la tubérosité de l'ischion ; se porte en avant et au dedans de la lèvre interne de la branche ascendante de l'ischion et descendante du pubis, et vient se réunir à la symphyse pour former le corps caverneux. Cette disposition a fait qu'on a admis pendant longtemps l'existence de deux corps caverneux, quoiqu'il n'en existe en définitive qu'un seul résultant de l'adossement des deux mêmes.

Le corps caverneux présente à sa partie supérieure un sillon qui longe les vaisseaux et les nerfs dorsaux de la verge. A sa face inférieure est une gouttière profonde et large à laquelle s'adapte l'urètre.

L'extrémité antérieure est en quelque sorte coiffée par la base du gland ; cependant ces deux organes ne pourraient communiquer par aucun vaisseau.

Le corps caverneux est enveloppé par une membrane fibreuse extrêmement épaisse et résistante, quoiqu'elle soit en même temps douée d'une élasticité remarquable. Un tissu spongieux, contenant du sang en quantité plus ou moins grande, remplit l'espèce de cylindre qu'elle forme, et c'est à ceci qu'appartient la propriété érectile. Il est pénétré par un nombre considérable de vaisseaux qui trouvent un appui dans les prolongements qui se détachent de la membrane fibreuse.

Enfin le corps caverneux est divisé en deux moitiés latérales par une cloison formée par des colonnes fibreuses, dont la direction est verticale et qui sont très fortes. Elle paraît destinée à borner l'expansion érectile du tissu de ce corps.

La verge est soutenue par une espèce de ligament triangulaire, qui s'étend de la symphyse pubienne du corps caverneux sur la ligne médiane.

Enfin la verge, indépendamment des vaisseaux nombreux, artériels, veineux et lymphatiques, et des nerfs qu'elle reçoit, a des muscles propres qu'il est important de connaître ; ce sont le bulbo-caverneux, l'ischio-caverneux, le bulbo-urétral et l'ischio-bulbaire.

Je terminerai ici la description des organes génitaux de l'homme, le canal de l'urètre ayant été décrit au commencement de cet ouvrage, à propos des organes urinaires.

PHYSIOLOGIE DES ORGANES GÉNÉRATEURS CHEZ L'HOMME

Plusieurs médecins anciens et du moyen âge pensaient que les organes générateurs étaient les mêmes pour l'homme que pour la femme ; de ce nombre se trouvaient Galien et Avicenne, qui affirmaient que ces organes étaient extérieurs pour l'homme et intérieurs pour la femme. M. Geoffroy Saint-Hilaire, dans sa Théorie des analogies organiques, compare les testicules aux ovaires, l'épididyme à la trompe de Fallope, les cornes de la matrice aux canaux déférents, etc., et cherche, comme on voit, à faire revivre l'opinion des anciens. Mais tous ces rapprochements, très philosophiques sans doute, sont pour nous plus ingénieux que vrais, et je dirai que les fonctions génératrices sont confiées à deux ordres d'organes appartenant aux deux sexes, dont ils constituent, non pas l'unique, mais du moins la principale différence ; car je ne pense pas que l'on puisse dire avec Vanhelmont, « *propter solum uterum, mulier est id quod est*, c'est par la matrice seule que la femme est ce qu'elle est. » Mais on le sait, quoique cet organe réagisse sur la femme d'une manière bien évidente, et semble même soumettre à ses lois la somme entière, ou à peu près, des actions et des affections de ce sexe, il n'en est pas moins vrai que la matrice n'est pas l'unique différence de l'homme et de la femme. Une femme naît, croît et se développe avec toutes les apparences extérieures de son sexe. Elle se distingue de l'homme non seulement par les caractères particuliers de ses organes génitaux, mais encore par sa taille plus petite ; son irritabilité nerveuse est plus grande, son insouciance, sa gaieté sont souvent portées au point de la rapprocher de l'enfant ; enfin tous ces caractères restent chez la femme, parce que rien ne saurait les effacer en elle, et elle est, comme on le voit, non pas toujours enfant, mais enfantine, suivant l'expression de Burdach. De plus, chez l'homme, tout semble tourner au bénéfice du tissu musculaire, tandis que chez la femme il y a prédominance du système lymphatique et du tissu cellulaire, qui efface les rudes saillies des muscles et donne à tous les membres cette délicatesse de contours, ces formes arrondies et gracieuses, dont la Vénus de Praxitèle offre un type si charmant.

Le squelette de la femme offre aussi des caractères tranchés qui le différencient de celui de l'homme ; ainsi, par exemple, les clavicules sont moins courbes, la poitrine est moins longue et plus évasée chez la femme que chez l'homme, les fémurs sont plus obliques et le bassin surtout est beaucoup plus large. Après cet aperçu général sur l'homme et la femme, il me faut arriver à la détermination des fonctions des organes générateurs chez l'homme, envisagés seulement dans l'espèce humaine, sans me préoccuper ni des végétaux ni des animaux. Dans les organes génitaux mâles, se remarquent d'abord des organes destinés à la formation d'un fluide ou principe fécondant nommé sperme : ce sont là les organes de sécrétion ; d'autres sont chargés de conduire ce fluide au lieu de sa destination, ce sont des organes de transmission. Dans les organes génitaux femelles, on rencontre aussi des appareils destinés à la formation de corps susceptibles d'être fécondés, ce sont des organes de sécrétion pour la femme, puis chez elle des organes de réception, qui serviront de dépôt au produit de la fécondation embryonnaire.

APPAREIL DE SÉCRÉTION CHEZ L'HOMME

La liqueur prolifique est sécrétée par les testicules, qui sont en nombre pair et recouverts par plusieurs enveloppes dont je viens de faire l'histoire en traitant de l'étude anatomique de ces organes ; cependant je dois rappeler que les testicules exécutent des mouvements vermiculaires bien prononcés sous l'influence d'un air froid ou d'un stimulus peu énergique qui ne fait qu'augmenter l'activité de ces organes ; ces mouvements sont dus au dartos ; ou plutôt, comme il a été fort bien démontré, aux contractions du muscle crémaster ; quant à la membrane séreuse ou tunique vaginale, c'est elle qui enveloppe immédiatement les testicules proprement dits, se réfléchit à leur surface, et pour beaucoup d'anatomistes et de physiologistes ne les contient pas dans sa propre cavité ; mais il est plus vrai d'admettre, comme cela a été démontré, que la tunique vaginale n'est qu'un prolongement du péritoine entraîné dans l'anneau inguinal par la descente du testicule ; quoi qu'il en soit, cette membrane séreuse sécrète habituellement un liquide qui facilite le frottement de ses deux feuillets l'un contre l'autre. Dans certains cas il peut se faire une accumulation anormale de ce liquide, que l'on désigne alors sous le nom d'hydrocèle. Quant aux testicules, quelquefois on a cru en trouver trois, mais il est certain que ce troisième n'était autre chose qu'une tumeur épiploïque graisseuse ; on cite quelques cas dans lesquels il n'y en avait qu'un seul ; la possibilité de l'absence d'un testicule est une chose acquise à la science.

Depuis la plus haute antiquité on a observé l'inégal volume et l'inégale hauteur des testicules, dont j'ai dit un mot dans la partie anatomique de ce sujet. Toujours le testicule gauche est plus petit et descend plus bas que le droit ; cette circonstance anatomique a été surtout bien appréciée par les sculpteurs anciens qui l'ont quelquefois même exagérée dans leurs statues ; on a voulu en donner diverses raisons anatomiques plus ou moins justes. Blandin prétend que cela n'est dû qu'au développement plus grand des veines testiculaires à l'époque de la puberté, développement plus considérable à gauche qu'à droite, cette augmentation de volume déprime le testicule gauche en faisant peser sur lui un poids plus considérable : telle est la donnée la plus rationnelle fournie par l'anatomie. Maintenant quelle peut être l'utilité de cette inégale hauteur des testicules ? Je pense que c'est surtout pour qu'il n'y ait pas compression de ces organes pendant la marche ou la course.

Enfin les testicules sont enveloppés d'une membrane fibreuse, blanche, épaisse, faisant partie de leur substance propre ; c'est la tunique albuginée, qui

renferme dans son intérieur une matière grisâtre, fauve, filamenteuse ; ces filaments constituent les vaisseaux séminifères dont le nombre, suivant Monro,
s'élève à 3oo environ, de chacun 16 pieds de long, de telle sorte que, mis bout à
bout, ils offriraient une longueur d'environ 5,000 pieds ; quelques auteurs exa-
gèrent encore cette longueur. Quoi qu'il en soit de la justesse ou de l'erreur de
cette évaluation approximative, les canaux sont destinés à la sécrétion du sperme,
sécrétion qui paraît dépendre de la multiplicité des points de contact du liquide
avec le tissu solide, et d'une influence vitale particulière qu'exercent les parois
organiques ; car elle semble s'opérer dans toute la longueur des canaux en commençant dans les extrémités en cul-de-sac de ces mêmes canaux ; suivant Lauth,
le chemin que la liqueur séminale est obligée de parcourir dans l'intérieur de
l'épididyme de l'homme, a 21 pieds de longueur, ce qui concorde bien avec ce
fait bien connu, que la sécrétion de la semence surpasse toutes les autres en lenteur ; car cette sécrétion s'établit tard, et lorsque les organes qui contiennent le
sperme s'en sont vidés entièrement il s'écoule quelques jours avant qu'une nouvelle évacuation devienne possible. Enfin après sa sécrétion, le fluide prolifique
est amené par les canaux déférents jusqu'aux vésicules séminales, s'y accumule
pendant quelque temps, jusqu'à ce que le besoin de la génération ou toute autre
cause l'en fasse sortir ; ces vésicules sont de petits sacs auréolaires tapissés par
une membrane muqueuse qui sécrète une humeur glaireuse qui sert de véhicule
au sperme ; l'excrétion qui s'accomplit dans ces vésicules, due surtout à l'action
tonique de leurs parois, peut encore être favorisée par la douce compression
qu'exercent sur elles les muscles releveurs de l'anus, au moment de l'éjaculation.
Chez les animaux qui sont privés de ces vésicules, l'accouplement dure plus
longtemps, parce que la liqueur nécessaire à la fécondation doit être préparée
pendant la copulation et ne s'écoule que goutte à goutte. Maintenant il me faut
examiner les organes de transmission.

Placée à la jonction en quelque sorte de l'appareil génital et de l'appareil
urinaire, la prostate secrète un liquide ou fluide prostatique, qui est versé en
plus grande proportion au moment du coït, et qui paraît avoir pour fonction de
lubrifier le canal et de faciliter l'éjaculation du sperme. L'excrétion de cette
humeur est, dit-on, accompagnée chez les eunuques, d'un sentiment voluptueux.

Les conduits éjaculateurs qui résultent de la réunion des canaux déférents
avec les vésicules séminales traversent la prostate et s'ouvrent sur les côtés du
vérumontanum. La liqueur sécrétée par la prostate se mêle à la semence, et souvent peut même quelquefois être éjaculée la première ; chez les masturbateurs ou
les malades atteints de pertes séminales, il n'existe souvent que cette liqueur qui
remplace la semence. C'est par l'urètre que s'échappe la semence au dehors ; ce

canal ne sert pas qu'à cette fonction, il est aussi conduit excréteur des urines
La verge est l'organe de transmission par excellence ; c'est elle qui est chargée de
porter la liqueur séminale dans les parties génitales de la femme ; pour remplir
convenablement cette fonction, elle doit entrer en érection ; cet acte s'accomplit
quand une irritation mécanique ou mentale vient réagir sur les organes génitaux : alors la verge s'allonge, se gonfle, et se raidit par l'accumulation du sang
dans les cellules des corps caverneux et dans les mailles du tissu spongieux de
l'urètre. Dans la dilatation dont il est question, il y a redressement de l'urètre
qui est tiraillé par la verge qui s'allonge, l'irritation se propage de l'extérieur à
l'intérieur jusqu'aux vésicules séminales et aux testicules qui, doucement agités
par les fibres musculaires du crémaster, sécrètent davantage, et si l'irritation est
portée assez loin, elle se fait ressentir sur les vésicules séminales ; alors elles se
contractent spasmodiquement, et aidées par les releveurs de l'anus, elles chassent
le liquide qui remplit leur cavité.

La liqueur séminale, ainsi que je viens de le dire, n'est jamais éjaculée à
l'état de pureté, telle qu'elle a été élaborée par les testicules, elle est constamment
mêlée au fluide sécrété par les vésicules séminales, par la prostate et par les
glandes muqueuses de l'urètre. (Voir l'article *Sperme humain*.)

DES SYMPATHIES ET DES LIAISONS

Qui existent entre les organes générateurs et les organes urinaires.

Le voisinage dans lequel se trouvent les organes générateurs et les organes
urinaires établit entre eux une espèce de solidarité, qui les soumet à l'empire des
mêmes circonstances et des mêmes influences. Il est rare que les perturbations
des uns n'aient pas de retentissement sur les autres, et qu'une maladie quelconque des organes générateurs reste circonscrite dans les limites d'un seul appareil
et vice versa ; d'abord, ces appareils ont une voie commune, le canal de l'urètre,
qui suffirait à lui seul pour expliquer bon nombre de phénomènes sympathiques,
si on ne savait que ces deux systèmes ne vivent pour ainsi dire que de la même
vie, et que les nerfs, qui les animent, ont la même origine, que les vaisseaux,
qui y aboutissent, partent des mêmes troncs ; aussi, lorsque la membrane de
l'urètre, se trouve dans une disposition convenable, le passage seul de l'urine,
dans ce conduit, suffit pour y déterminer une espèce de jouissance. Je viens de
dire, que l'excitation d'un de ces deux appareils, est suffisante pour animer

l'autre ; ces phénomènes de sensibilité et de réaction tiennent évidemment à la sympathie de ces organes entre eux, à leur intime solidarité ; ce qui se passe, et cela est fort essentiel à dire, par rapport aux fonctions de ces appareils à l'état normal, a également lieu à l'état de maladie. Ainsi, ne sait-on pas qu'une blennorrhagie augmente fréquemment les besoins d'uriner ; que les rétrécissements du canal de l'urètre produisent les maladies de la prostate, donnent lieu aux pertes séminales, que les inflammations de la vessie, ou même la présence outre mesure de l'urine dans cette poche détermine presque toujours des érections ; l'étude de ces sympathies, de ces solidarités de voisinage, si nécessaires à étudier pour le praticien, si utiles à connaître pour le malade, est faite pour rendre compte, dans bien des circonstances, des accidents morbides qui peuvent se développer du côté d'un de ces organes, lorsque l'autre est en traitement, et indique la marche à suivre, pour les éviter ou les faire disparaître.

DE L'HYGIÈNE SPÉCIALE DES ORGANES GÉNÉRATEURS

Pour les conserver en état de santé, de force, de vigueur et de puissance.

La propreté est une branche essentielle de l'hygiène. Si par hygiène on entend, comme il convient de le faire, tout ce qui concourt au maintien et à la conservation de la santé, la médecine proprement dite a pour but de guérir les maladies existantes, l'hygiène de prévenir l'apparition de ces maladies chez l'homme, et surtout parmi de nombreuses agglomérations d'individus. La malpropreté peut engendrer les affections de toute nature, et cependant, l'excès des moyens recommandés pour les prévenir peut aussi avoir ses inconvénients, tant il est vrai qu'il n'est si bon usage que l'abus n'en soit un mal.

Chez les femmes surtout, et particulièrement chez celles qui se livrent avec trop de fréquence au culte de Vénus, l'usage immodéré des bains chauds et des ablutions locales peut occasionner des relâchements et des désordres dans l'appareil génital.

Les résultats de la malpropreté ne se bornent pas seulement à des inconvénients physiques, le moral en est aussi affecté. C'est une expérience qu'ont pu faire tous les hommes qui ont le plus grand soin d'eux-mêmes, lorsque, par des circonstances indépendantes de leur volonté, ils se sont vus momentanément privés des objets nécessaires à la propreté, comme à l'armée, dans un voyage ; n'est-il pas vrai qu'alors une inexplicable tristesse, un commencement de dégoût s'empare d'eux. Si seulement ils ont été plus longtemps que de coutume sans pouvoir se raser, changer de linge, et se livrer aux ablutions qu'exige la conservation de soi-même.

La propreté, indispensable à toutes les parties du corps humain, l'est encore bien plus pour les organes de la génération; l'appareil viril, foyer de sécrétions continuelles, exige, sous le rapport de la santé, des soins particuliers; comme tout autre appareil, il a son hygiène spéciale à laquelle il faut le soumettre chaque jour; l'appareil génital doit être quotidiennement soumis à des ablutions froides en toutes saisons, et quelle que soit la température. Ces ablutions doivent s'étendre à toutes ses parties et être faites de manière à ce qu'aucune sécrétion blanchâtre, sébacée, ne puisse séjourner entre le gland et le prépuce que l'on doit toujours découvrir; la présence de cette matière à la surface de la membrane préputiale l'irrite, y entretient un état inflammatoire capable d'engendrer la balanite, l'urétrite, les pertes séminales et même le satyriasis.

Le phimosis ou le recouvrement du gland par le prépuce constitue chez l'homme une conformation *vicieuse*, qui par cela même demande des soins de propreté plus rigoureux, afin d'en prévenir les inconvénients. Ce vice de conformation chez l'homme peut être en effet la source des affections les plus sérieuses, telles que l'impuissance et les pertes séminales, si surtout la négligence laisse s'y amasser cette matière irritante dont je parlais tout à l'heure, car, alors, il pourrait en résulter, outre l'inconvénient d'exhaler une odeur infecte, des démangeaisons, un prurit insupportable, et des ulcérations au gland et au prépuce. Le mieux, en pareil cas, est d'avoir recours à l'opération peu douloureuse et sans danger du phimosis: que ceux qui y répugnent évitent donc le désagrément résultant de leur conformation, à l'aide de fréquentes injections toniques et aromatiques, faites à l'aide d'un petite seringue entre le gland et le prépuce.

Les bourses ne demandent pas moins de soins pour être maintenues dans un état de fermeté convenable, afin d'empêcher leur flaccidité et le relâchement des cordons auxquels sont attachés les testicules. L'usage des suspensoirs est très salutaire, et peut, dans ce cas, prévenir beaucoup d'accidents; mais l'emploi des immersions à l'eau froide leur est surtout indispensable. L'eau chaude ou même tiède aurait pour effet d'affaiblir la puissance des organes générateurs et de les condamner au relâchement et à la mollesse.

A ces préceptes, auxquels il est nécessaire de se conformer rigoureusement si l'on ne veut pas voir l'appareil viril déchoir de sa puissance, j'ajouterai quelques autres considérations, qui ne seront pas déplacées ici pour arriver aux fins de la création, à la reproduction de son semblable, à la perpétuation de sa race. Il ne doit pas suffire à l'homme d'être physiquement capable de planter un homme, comme disait le philosophe Protagoras; il faut encore que sa compagne lui plaise et qu'il plaise à sa compagne, sans quoi le but de la nature ne serait qu'imparfaitement atteint. Il est dans l'essence de l'amour de fortifier et d'embellir l'enfant qu'il procrée autant avec la volupté de l'âme qu'avec la volupté des sens. Or, ce besoin mutuel de se plaire qu'éprouvent instinctivement deux êtres si bien créés l'un pour l'autre fait qu'ils tendent incessamment à se rapprocher, à réaliser l'androgyne. Ce besoin sera-t-il satisfait, si la malpropreté avec ses insurmontables répugnances vient y mettre obstacle ? Non, sans doute, et les exemples d'impuissance par la malpropreté sont trop nombreux pour que j'en cite aucun. La malpropreté est une noueuse d'aiguillettes, dont les maléfices sont tout puissants.

Il ne faut pas même croire que l'effet cesse toujours si la cause vient à disparaître ; l'imagination, si je puis ainsi dire, a trop de rancune pour cela : qu'une image sale et dégoûtante l'ait frappée une fois, cette image lui reviendra, et son souvenir suffira pour éteindre les feux de l'amour et paralyser l'action de l'appareil générateur le mieux disposé. De là vient probablement la désignation de *remède d'amour*, que le peuple donne proverbialement à certaines femmes dégoûtantes de malpropreté.

Le but de la femme doit être, en dehors des vaines simagrées de la coquetterie, la conservation de sa beauté ; comme chez l'homme, le but principal sera la conservation de sa vigueur. Ce sont là des instincts de nature, dont il est facile de se rendre compte, en suivant, dans les allures qui leur sont particulières, les enfants des deux sexes. Qu'un petit garçon et une petite fille veuillent attirer sur eux l'attention, ils ne s'y prendront pas de la même manière, comme si la cause de leur puissance à venir leur était déjà révélée : vous verrez la petite fille se livrer à toutes sortes de minauderies et de gentillesses, tandis que le petit garçon s'appliquera à soulever un fardeau trop pesant pour ses forces. Or, s'il en est ainsi, si la beauté et la vigueur sont les apanages des deux sexes, quelle beauté résistera à une malpropreté coutumière ? quelle vigueur ne s'altérera pas au foyer de la même cause ?

C'est ici qu'il me paraît à propos de tracer une ligne de démarcation entre l'usage et l'abus ; de même que la propreté dont j'ai parlé tout à l'heure est utile, indispensable à la santé, de même il en existe une autre, qui conduit par des moyens contraires au mal que l'on veut éviter : c'est celle dont l'excessive recherche substitue à la puissance virile une honteuse effémination. S'il ne faut pas ressembler à l'empereur Claude qui, au dire de Suétone, dédaignait de se moucher, ni aux philosophes Cratès et Antisthène, dont la barbe était constamment habitée et le manteau déguenillé, on ne doit pas non plus prendre pour modèle ces voluptueux énervés que l'on voyait chaque jour se plonger dans du lait ou dans des bains parfumés, se couvrir pendant la nuit les mains et le visage d'une pâte adoucissante, comme le faisaient Henri III en France et Charles II en Angleterre. A ces jeux de toilette, les rois perdent souvent leur couronne virile; ils s'assimilent à la femme, sans en conquérir jamais la grâce ni les attraits. Le soin excessif qu'ils ont de leur personne éteint le principe vital qui doit les caractériser, et ne produit pas moins de ravages dans les organes de l'intelligence que dans les organes de la génération ; ainsi dégradés, un rien les fatigue, un rien les ennuie; incapables d'aucune action virile, ils le sont aussi d'aucune pensée énergique : l'instinct même de la conservation s'efface dans l'amour désordonné de soi, parce que le cerveau perd jusqu'à la faculté d'inspirer des moyens conservateurs. De même on voit les peuples mous et efféminés devenir la proie facile du premier conquérant qui se présente pour s'en emparer.

Il faut donc en toutes choses, même en questions de soins de propreté, éviter aussi soigneusement l'abus, que pratiquer l'usage dans des conditions normales auxquelles la raison devra toujours présider.

DU SPERME HUMAIN (FLUIDE FÉCONDANT)

La vie, cette succession perpétuelle de phénomènes admirables et incompréhensibles, se reproduit, dans le règne végétal et dans le règne animal, par le rapprochement, par la fécondation qui s'opère, dans les végétaux, à l'aide d'une poussière qu'on appelle pollen ; dans les animaux et chez l'homme, au moyen d'une liqueur qui a reçu le nom de semence, de fluide prolifique, de sperme.

Des organes spéciaux dans les plantes et chez l'homme produisent cette semence, cette liqueur; chez les végétaux, ce sont les étamines et les pistils; chez l'homme ce sont les testicules qui sont chargés de sa sécrétion et les vésicules séminales de sa conservation ; la verge est destinée à porter dans les parties génitales de la femme ce fluide, pour y être fécondé et produire l'espèce.

Le sperme est blanc, semi-transparent; il répand une odeur forte, *sui generis;* il est formé de deux parties, une liquide et visqueuse, l'autre plus épaisse et grumeleuse; au moment de son éjaculation, il ne se dissout pas dans l'eau, mais au bout de quelque temps il perd cette propriété; de plus, il a une viscosité et une odeur très forte, qui disparaissent aussi en partie, après un séjour à l'air plus ou moins prolongé; examiné au microscope, ce liquide nous offre de petits animalcules, qui ont la propriété de se mouvoir avec une rapidité étonnante; ils ont tous une tête arrondie et une queue effilée, et semblent préférer l'obscurité à la lumière. Ces animalcules ont reçu le nom de spermatozoaires, et ont été l'objet d'études très laborieuses de la part de Leuwenhoec, de Boerhaave, de Spallanzani, de Cooper, etc., et de quelques physiologistes distingués, tels que Buffon, et plus récemment M. Raspail, qui ont pensé que ce n'était autre chose que des animaux infusoires, comme on en rencontre quelquefois dans d'autres humeurs; mais les expériences de MM. Prévost et Dumas ont éclairé plus complètement la question, et je dirai avec ces expérimentateurs que l'existence des animalcules spermatiques, pour notre espèce au moins, paraît incontestable, et l'on peut ajouter que leur existence est essentielle pour que la conception s'opère. A l'appui de cette opinion, il a été fait plusieurs expériences qui prouvent que ces animalcules n'existent point ou sont fort rares chez les individus affectés de maladies syphilitiques; l'on sait en effet que la stérilité comme l'impuissance doit souvent être attribuée à la maladie vénérienne (voir l'article *Stérilité*), et je possède des observations de personnes malades depuis longtemps qui n'ont eu d'enfants qu'à la suite d'un traitement antisyphilitique complet que je leur ai fait subir.

Il existe une différence bien sensible entre la liqueur séminale qui s'échappe dans l'acte voulu par la nature et celle dont l'émission a eu lieu par suite de masturbation, de pollutions ou de pertes séminales. La première est beaucoup plus consistante, et la seconde bien moins animalisée; plus aussi le sujet qui fournit le sperme s'éloigne du temps de la puberté, plus celui-ci acquiert de consistance.

Je me suis moi-même livré à des recherches microscopiques sur le sperme humain; je me suis servi pour mes expériences d'un des plus forts microscopes à gaz. Mes observations m'ont complètement confirmé celles de Leuwenhoec et Hartsoeker, et m'ont révélé que le sperme pris dans les vésicules séminales était différent du sperme éjaculé; que ce dernier, dans son passage à travers la prostate et le canal de l'urètre, se mêlait à un liquide, à un mucus particulier, qui augmentait sa quantité, ce qui explique pourquoi, dans l'acte du coït, on éjacule une forte quantité de sperme, lorsque les vésicules n'en contiennent qu'une très petite.

Voici la composition du sperme humain à l'état normal, telle que la révèle l'analyse chimique :

Eau..............................	900 parties.
Mucilage extractif d'une nature particulière..	60
Soude..............................	10
Phosphate de chaux....................	30
Et quelques traces d'hydrochlorate et peut-être de nitrate de chaux.	

Le fluide séminal se produit-il instantanément, au moment du coït, et par conséquent en raison de l'excitation convulsive qui détermine le rapprochement, ou bien sa sécrétion a-t-elle lieu comme celles de l'économie, telles, par exemple, que la bile, l'urine, etc. ? Dans le premier cas, que deviendrait le sperme sécrété qui n'aurait point été employé ? Serait-il absorbé par les lymphatiques de l'économie et appliqué à son accroissement ? Je cite à dessein un extrait consigné à l'article *Sperme* du *Dictionnaire des sciences médicales*. « La liqueur spermatique a-t-elle deux voies par lesquelles elle doit passer ? Une partie est-elle absorbée, tandis qu'une autre est chassée au dehors ? Le plus grand nombre des médecins sont de cette opinion ; Haller en fut un des plus forts partisans ; on la trouve consignée dans son traité de physiologie. Il regarde comme hors de doute qu'il se fait continuellement une sécrétion de la semence, comme de toutes les humeurs en général ; il croit que l'odeur qu'exhalent certains animaux pendant le temps du rut, celle qu'il a observée chez ceux qui gardent pendant longtemps une continence forcée, et celle qu'on reconnaît chez le jeune homme arrivé à l'époque de la puberté, sont produites par une quantité de sperme qui a été portée dans le torrent de la circulation, et dont tous les organes se trouvent plus ou moins imprégnés ; il donne surtout, comme plus grande preuve de son assertion, que l'homme et les animaux qui ont été châtrés ne fournissaient plus cette même odeur ; il pense que c'est le sperme qui donne à la chair et au lait des femelles, après l'accouplement, ce goût désagréable qu'on leur reconnaît, que c'est cet esprit fétide vital, comme il le désigne, ou d'*aura seminalis* qui s'exhale du sperme, qui détermine tous les changements qu'on observe dans l'homme lors de la puberté. Bien que j'aie dit quelque chose de ce qui a été avancé jusqu'ici sur la génération, cette fonction admirable est et sera longtemps si peu connue, que je crois devoir négliger d'entrer en discussion sur des points de la science de l'homme placés si fort dans le vague, et sur lesquels plusieurs auteurs n'ont émis que des hypothèses parfois insoutenables.

Bien des théories brillantes et captieuses ont été tour à tour émises sur la génération, sur la fécondation, et par conséquent sur la liqueur qui en est le principe. Des modernes physiologistes ont tour à tour agité cette vaste et belle question sans rien décider de concluant, de certain ni de positif ; néanmoins tous sont d'accord que c'est du pollen dans les végétaux, du sperme chez les êtres organisés et vivants, que découle cette succession phénoménale et perpétuelle de générations et d'individus, dont la vivante série démontre d'une manière incontestable que la reproduction de l'espèce est la loi universelle qui régit les êtres organisés, et disons avec le savant physiologiste Virey : « Que l'amour, la génération et la vie sont la même chose sous différentes dénominations ; c'est un flambeau que nous passons de main en main à ceux qui nous succèdent ; comme nos pères nous l'ont transmis, nous n'y changeons rien ; nous ne pouvons ni l'augmenter ni le diminuer ; il ne nous appartient pas en propre. »

DES DIVERSES ALTÉRATIONS QUE SUBIT LE SPERME HUMAIN

Par suite d'abus, d'excès, d'affections syphilitiques,
de maladies de langueur, etc.

Dans un organisme aussi compliqué que l'est la machine humaine, au milieu de tant d'organes qui tous ont des fonctions spéciales, en même temps qu'ils sont solidaires les uns des autres dans l'accomplissement de ces mêmes fonctions; en présence de tant de causes d'excitabilité, de points de contact, de centres de communication, on serait tenté de dire que tout l'homme est à la fois dans chacune des parties qui composent son être; aussi le praticien peut-il se demander s'il est plus spécialement fondé à localiser les maux qui affectent l'économie et à en circonscrire le siège et le développement dans une seule région, ou à en demander compte à l'économie en général.

Cette réflexion, qui peut s'appliquer aux maladies qui affectent les grands organes de notre économie, trouvera une application bien plus positive encore lorsqu'il sera question d'une maladie spéciale du grand centre des organes générateurs ou de ses annexes; alors toute l'économie en retentira et chaque partie de son organisation se trouvera dans la nécessité d'en subir les conséquences et d'en accepter la solidarité.

C'est ainsi que, par suite d'une cause morbide quelconque, lorsque des altérations viennent à modifier le système générateur, ses fonctions, ou le fluide fécondant qui en est le produit, on voit les digestions s'altérer, les fonctions cérébrales s'affaiblir, les forces musculaires diminuer, la puissance génératrice s'éteindre et la vie lentement s'évaporer. Le mal paraît cependant circonscrit, et néanmoins il porte ses atteintes dans tous les grands centres de l'organisation générale.

Au milieu des troubles dont l'économie ou une de ses parties peut être le siège, voyons quelles sont les altérations que subit le liquide spermatique, quelles sont les causes susceptibles de les lui faire éprouver, et quels en sont les résultats sur l'organisation humaine.

Ces altérations peuvent porter sur sa composition et sur sa quantité; la première sera modifiée, la seconde raréfiée.

Les causes qui modifieront sa composition seront ou locales ou générales; les causes locales ressortiront toutes des affections qui ont l'appareil sécréteur du sperme pour siège, et les causes générales, de celles qui, en affaiblissant l'organisme le rendent impropre à élaborer les matériaux nécessaires pour la composition du fluide fécondant.

Parmi les causes locales, sont les *maladies syphilitiques*, lorsque celles-ci, bien entendu, auront frappé la prostate, l'urètre ou le testicule ; il en serait de même de l'orchite, de la prostatite, quand bien même celles-ci ne reconnaîtraient pas pour cause la syphilis. L'altération du fluide fécondant n'en sera pas moins certaine, et ses propriétés physiques et chimiques ne lui seront pas moins enlevées. Ces modifications seront le résultat de l'inflammation de l'épididyme, des canaux sécréteurs et éjaculateurs qui modifieront le sperme dans ses matériaux constitutifs ; mais il est une affection spéciale, dans les maladies syphilitiques envahissant les organes générateurs, qui atteint plus particulièrement le fluide fécondant dans ses éléments ; je veux parler de ce que les auteurs nomment testicule syphilitique, testicule vénérien, sarcocèle vénérien. Dans cette affection, il se forme un engorgement, non seulement de l'épididyme, mais encore de la glande elle-même ; cette tumeur, par sa nature essentiellement syphilitique, sécrète un liquide virulent, qui prend la place du sperme dont la sécrétion est devenue trop difficile pour l'organe, par suite de la compression que cette humeur exerce sur la glande et sur les canaux spermatiques. Cette affection n'empêche pas cependant toute sécrétion de liqueur séminale, mais dans les éjaculations ou dans le coït, sa propriété est annihilée et rendue nulle pour la fécondation.

D'autres altérations du testicule, telles que le cancer, les tubercules, amènent, par un mécanisme identique, les mêmes résultats que la syphilis et que les accidents que je viens d'énumérer, par conséqnent des altérations de même nature dans la composition du sperme humain : il suffit de les énoncer d'une manière générale, sans devoir m'y arrêter davantage.

Les pertes séminales altèrent aussi le fluide fécondant ; elles lui ôtent ses propriétés, le rendent impropre à la génération, lui enlèvent tout ce qu'il a de stimulant par rapport aux organes générateurs, et conduisent ces derniers à l'impuissance. Voici comment les choses se passent :

Le sperme, trop promptement perdu, ne reste pas assez longtemps dans ses réservoirs naturels ; il n'y est point suffisamment élaboré ; il est alors plus aqueux, plus limpide, plus clair ; les animalcules y sont moins développés, moins vivaces ; au début de la maladie ils sont quelquefois aussi nombreux, quelquefois même davantage, plus tard ils viennent à se raréfier, puis deviennent imperceptibles et nuls ; ils se trouvent alors remplacés par des corpuscules brillants, du volume à peu près de la tête de chacun de ces animalcules, corpuscules négatifs quant à la vivification du liquide spermatique.

Ce qui a lieu pour les pertes séminales se passe à peu près de la même manière pour les pollutions diurnes et nocturnes. C'est ce que l'on remarque aussi par rapport aux sécrétions, presque imperceptibles, de matière séminale, qui s'écoule chaque fois que certains individus ont de vifs désirs ou des points de contact très excitants ou très multipliés, bien même que passagers, avec des femmes qui stimulent leurs désirs et leur lubricité.

Voici pour les causes locales qui peuvent amener les diverses altérations du sperme humain ; je vais maintenant jeter un coup d'œil sur les causes générales susceptibles de produire des effets identiques sur ce même liquide fécondant.

Ces causes générales seront physiques ou morales ; dans le premier cas elles porteront une altération matérielle dans une des parties de l'économie ; et dans le second cas, elles prendront leur source dans l'imagination et dans toutes les causes morales qui peuvent influencer l'homme dans les diverses circonstances de sa vie.

Au nombre des causes physiques se rencontrent la phtisie. le rachitisme, la diathèse cancéreuse, les scrofules, la débilité sénile ou prématurée, le lymphatisme au plus haut degré, toutes les maladies de langueur dans lesquelles la constitution, tendant toujours à perdre de sa richesse, ne peut suffisamment mettre en réserve les matériaux indispensables pour l'élaboration d'un liquide nécessaire dans l'acte du rapprochement, dans la fécondation ou dans la reproduction d'un être humain.

Parmi les causes morales, je signalerai en première ligne les affections tristes et mélancoliques de l'âme, les peines de cœur, les désirs trop longtemps comprimés, la rareté du coït, ou son abstention complète, le dégoût pour les femmes, trop d'animation ou trop d'ardeur dans les désirs vénériens. Des statistiques, en effet, ont établi qu'il y avait peu de conceptions dans les premiers jours et et dans les premières semaines des unions, époque où probablement le délire de l'imagination emprunte aux qualités excitantes du liquide fécondant.

Bien qu'il soit assez difficile d'expliquer physiologiquement de pareils faits, ils sont néanmoins constatés ; et d'un autre côté, les mystères de la génération sont assez peu connus et la science des rapports du physique au moral assez obscure, pour ne pas permettre d'en donner une explication satisfaisante, et permettre de hasarder au moins cette dernière.

On a cependant cherché à expliquer ces faits d'une autre manière, en disant, que dans les premiers temps des unions, le coït étant plus fréquent, les époux se trouvaient sous l'influence des excès vénériens ; bien qu'il fût facile de répondre à cette objection, en disant que les fâcheux effets des excès vénériens ne se montrent pas habituellement après quelques jours ou quelques semaines, on pourrait encore dire que l'altération du sperme devrait être consécutive à ces excès, et non les précéder, et que, partant de là, pendant les premières approches, le sperme devrait au moins être fécondant.

Toutes les causes que je viens d'énumérer et qui se rapportent à l'altération du liquide spermatique ont été jusqu'ici examinées comme étant en dehors de la volonté de l'homme. Voyons ensuite celles qui viennent de lui-même, de sa propre volonté, de ces irrésistibles penchants qui, le dominant, l'éloignent de son état normal pour le rapprocher de l'état maladif de l'abus, de l'excès, tels par exemple, que l'habitude de la masturbation d'où naissent tant de cas fréquents de spermatorrhée, dans lesquels les altérations du sperme sont fréquentes et remarquables.

La masturbation, en effet, dont je n'ai ici qu'un mot à dire, eu égard à l'altération du fluide spermatique, porte en elle le germe de toutes sortes de maladies si variées, si capricieuses et si fatales, qu'il n'est pas toujours facile, en examinant ces dernières, d'en reconnaître la source, au milieu des ravages qu'elle exerce sur toute l'économie. Il est rare que les personnes qui dans leur jeunesse ont fait abus de cette pernicieuse manie n'en ressentent les funestes effets dans l'âge mûr, dont le plus désastreux et aussi le plus infaillible est l'altération du fluide fécondant, et, par conséquent, l'anéantissement de la puissance virile.

Examinons donc, dans ce cas, comment les choses ont lieu : ici un double phénomène se passe, phénomène local, puis phénomène général. Le phénomène local est une irritation produite dans les canaux sécréteurs, excréteurs et éjaculateurs, dont l'effet inévitable est d'empêcher, retarder ou altérer la direction du sperme ; puis une modification du liquide spermatique lui-même qui le prive de sa puissance fécondante lors de son émission ; de telle sorte, que le coït est suivi non seulement de résultats négatifs, mais encore que la masturbation donnant lieu à une série d'actes dont la consommation dépasse de beaucoup l'approvisionnement, son produit ne consiste plus que dans une espèce de mucus, fourni, d'un côté, par l'irritation des organes et, de l'autre, par un sperme non encore élaboré.

Le phénomène général est l'appauvrissement résultant de pertes continuelles et amenant une diminution de forces dans les organes, diminution telle, qu'ils ne peuvent plus exécuter leurs fonctions, ni s'approprier les parties constitutives des matériaux essentiels et réparateurs.

Ce que je dis des abus de soi-même s'applique à tout ce qui est excès des facultés génératrices.

On a beaucoup parlé de médicaments, de substances capables d'altérer, d'annihiler, de raréfier le sperme humain. Les anciens, entre autres, y ajoutaient beaucoup de créance ; on en faisait un fréquent usage dans les communautés où devaient régner la chasteté et le célibat. La chimie moderne a fait justice de

toutes ces erreurs; j'aurai occasion de revenir sur cette question au chapitre qui
aura pour but l'examen des substances anaphrodisiaques.

DE LA FÉCONDATION ET DE L'INFÉCONDITÉ

(STÉRILITÉ CHEZ LA FEMME)

Les altérations du fluide spermatique, dont je viens de parler, constituent la
plupart du temps, chez l'homme, l'état d'impuissance, et chez la femme, elles
peuvent causer accidentellement son infécondité, et faire croire qu'il existe chez
cette dernière des causes de stérilité essentielle.

L'infécondité ou stérilité chez la femme est ce qu'on appelle impuissance chez
l'homme; les observations recueillies par la science ont démontré qu'en général
les cas de stérilité se présentaient plus fréquemment que les cas d'impuissance.

Dans l'espèce humaine la puissance reproductive est plus limitée que chez la
plupart des autres animaux, bien que cependant l'union sexuelle y soit plus fréquente.

Ainsi, chez les poissons ovipares, considérés comme les animaux les plus
féconds, Leuwenhock a calculé jusqu'à neuf millions trois cent quarante-quatre
mille œufs dans une seule morue; je ne suivrai point ici cet observateur dans ses
démonstrations physiologiques, la gestation humaine étant considérée comme un
phénomène, lorsque la nature met au monde plus d'un être humain à la fois.

Quant à l'état d'impuissance chez l'homme et aux causes qui peuvent l'amener par rapport aux altérations du sperme et en dehors de ces causes, je m'en oc-
cuperai dans un chapitre suivant, essentiellement consacré à l'impuissance : je
n'ai donc rien à en dire pour le moment.

Je me propose seulement, dans ce chapitre, de considérer l'infécondité chez
la femme, en état de mariage, c'est-à-dire la stérilité, et je rappelle qu'au nombre
des causes qui peuvent l'amener bien qu'accidentellement, les viciations du fluide
spermatique doivent être comptées.

Il est important de se rappeler que l'acte de la copulation, si je puis ainsi
m'exprimer, étant un acte à deux, la fécondation qui doit en être la conséquence
naturelle n'exige pas seulement pour son accomplissement des dispositions favorables chez les deux sexes, mais aussi une disposition relative de rapports sympathiques entre eux : c'est ce qui fait que souvent l'acte du rapprochement, resté
sans fruit, entre tel homme et telle femme, produit la fécondation dans une union

différente ; la femme avec un autre homme, et l'homme avec une autre femme :
il ne faut donc pas, en état de mariage, et dans des circonstances d'infécondité,
conclure à priori que la femme est stérile ou l'homme impuissant ; il en est des
répugnances des organes générateurs chez l'homme et chez la femme comme des
sympathies de l'âme chez les deux sexes, bien qu'à la vérité les exemples en soient
moins nombreux, et surtout plus difficiles à saisir.

Chez l'homme, les causes d'infécondité ou d'impuissance seront faciles à saisir, lorsqu'elles dépendront d'une cause physique appréciable, telle, par exemple,
que le défaut d'érectilité, l'absence d'éjaculation ou l'appauvrissement du liquide
spermatique ; elles deviennent difficiles à saisir lorsqu'elles tiennent à des causes
obscures, indépendantes de l'homme, et toutes du côté de la femme, causes qui,
malgré une sévère observation, échappent fort souvent aux investigations de la
science.

Chez la femme, cette faculté fécondante varie selon les individualités ; les
femmes trop ardentes, trop vives, d'un tempérament sec, n'y sont pas mieux
disposées que celles d'une complexion grasse, dont la fibre est molle, dont le tempérament est indolent ou porté outre mesure au lymphatisme.

Celles qui sont d'une constitution modérément sanguine, portés à la gaieté et
aux affections tendres, d'une douce sensibilité, d'un tempérament calme sans
froideur, sont en général les femmes les plus fécondes et les meilleures mères.

Au contraire, une femme à peau aride, sèche et velue, d'un caractère impétueux et irritable, douée de passions haineuses et vindicatives, même avec une
propension spéciale aux idées libidineuses et érotiques, ne sera imprégnée qu'avec
peine et avortera très facilement.

Les causes qui rendent la plupart du temps les femmes infécondes ou stériles
tiennent presque toujours à des vices de conformation, dont l'existence facile à
détruire les empêche d'être mères, à défaut par elles de recourir aux conseils de
l'art et de l'expérience. C'est ainsi que l'on remarque chez celles-ci des altérations
ou des engorgements des ovaires ; une vicieuse direction des trompes de Fallope ;
des obliquités diverses de l'ouverture de l'utérus ; des engorgements ou des indurations du col de la matrice : à ces altérations matérielles, il faut ajouter telles
dispositions de l'utérus, qui le rendront incapable de s'imprégner des matériaux
spermatiques ; telles qu'un état spasmodique de l'organe, une disposition cancéreuse, son relâchement, une humidité surabondante, des fleurs blanches excessives, de grands désordres dans la menstruation, etc.

L'étroitesse excessive du vagin, sa clôture par la membrane de l'hymen, sa
constriction spasmodique peuvent rendre la cohabitation impossible, sans cependant pour cela empêcher la fécondation, pourvu que l'imprégnation ait lieu'

même sans l'intromission du membre viril ; il suffit, en effet, que la semence puisse parvenir jusqu'à l'utérus.

L'absence des règles, même pendant toute la vie, n'est pas non plus une cause absolue de stérilité, surtout dans les pays chauds ; leur irrégularité, leur absence momentanée, n'est pas non plus une cause d'infécondation. C'est à tort aussi que l'on penserait que la menstruation suffit, ou soit au moins une cause qui favorise la fécondité. On se rappelle à ce sujet que Bonaparte, alors premier consul, désireux et l'on se doute pourquoi, d'avoir des enfants, au moins un, avec Joséphine, restée stérile depuis qu'il l'avait épousée, et chez laquelle la menstruation était absente depuis longtemps, mit en œuvre tout le génie médical de Corvisart, son médecin, pour faire revenir les règles à l'impératrice, afin qu'elle redevînt féconde. Les règles revinrent effectivement, mais la faculté génératrice ne revint pas avec ses indices extérieurs. On a vu, et les feuilles publiques en ont souvent fait mention, des femmes devenir mères longtemps après la suppression de ce signe ordinaire de la fécondité ; des femmes sont devenues grosses, et ont heureusement accouché à l'âge de soixante ans et même plus.

Ce serait donc à tort que l'on regarderait que pour être mère une femme doit être déjà réglée, bien réglée, ou encore réglée ; il ne faut pas non plus regarder la volupté la plus vive comme l'indice d'une conception prompte et facile ; l'utérus, dans un état d'extrême excitation vénérienne, en s'ouvrant à des jouissances trop multipliées, produit un effet contraire. L'observation a démontré que les femmes luxurieuses étaient moins fécondes que les femmes d'un tempérament opposé. On peut citer à l'appui de cette assertion ce qui arriva lorsque les Anglais peuplèrent leur colonie pénitentiaire de Botany-Bay ; ils déportèrent avec les malfaiteurs beaucoup de femmes prostituées ; celles-ci demeurées stériles, pour la plupart, dans leur vague commerce, devinrent fécondes dans les unions particulières qu'elles eurent ensuite l'occasion de contracter dans cette colonie. Il en est de même chez l'homme, que l'abus du coït empêche d'engendrer, parce qu'alors il ne produit plus qu'un sperme infécond et appauvri, qui n'a plus la vigueur d'action indispensable à la fécondation de la femme. Cela est si vrai, que la polygamie, que l'on pourrait croire favorable à l'accroissement de la population, dans les pays où elle est encouragée, contribue plutôt, au contraire, à en paralyser le développement. L'usage immodéré des bains chauds en Orient doit aussi être classé au nombre des causes qui nuisent à la conception. Chez les femmes de ces contrées, les bains chauds fréquemment répétés produisent à la longue, dans les organes génitaux de la femme, un relâchement, une dilatation, une annihilation de la puissance fécondante, des organes chargés de son accomplissement.

En terminant ce chapitre, qui ne peut ici qu'énoncer des considérations générales sur le sujet qui nous occupe, je ferai remarquer combien est puissante et variable l'action du climat sur la fécondité ou la stérilité des femmes. Sans parler ici de cette action envisagée dans ses rapports constants avec les populations indigènes, je la signale seulement ici comme exerçant une immense influence sur la physiologie des organes génitaux de la femme. Telle, en effet, restée stérile sous une température froide, devint mère sous une température élevée, tandis que le phénomène opposé ne s'est pas moins fréquemment observé, c'est-à-dire qu'une femme concevra sous une zone tempérée, après avoir demeuré longtemps inféconde et stérile sous un climat brûlant.

DE LA GÉNÉRATION CHEZ L'HOMME

Loi immuable, permanente et universelle de la reproduction de l'espèce.

La génération ou la vie, source de toute fécondité, ne se trouve pas seulement dans l'individu en particulier, mais existe dans le monde entier, dans l'immensité de la matière organisée à laquelle chaque être, chaque individu emprunte ses matériaux propres d'organisation, de conservation et de reproduction, conditions qu'il ne conserve que momentanément et dont il doit la transmission à ses descendants ; ainsi, la plante comme l'animal ont puisé leur existence dans la source féconde et vitale de leurs ancêtres, qui, eux-mêmes, en avaient fait autant près des auteurs de leurs jours ; et ainsi de suite, en remontant l'échelle de la création, depuis l'homme jusqu'à l'atome créé, transformé, multiplié par la main de l'Être-Suprême ; la génération n'est pas seulement un phénomène individuel, mais une loi générale, découlant du grand principe posé par le maître du monde.

La génération est chez l'homme l'acte par lequel, aidé du concours de la femme, il a la propriété en tout temps, en toute saison, et tant qu'il possède ses qualités viriles, de reproduire son espèce.

Au milieu de tant de causes qui concourent à la destruction de l'humanité, la génération est là pour la relever, la faire renaître et la perpétuer, et opposer, par son concours reproducteur, plus que la compensation des extinctions, que les ravages du temps amènent forcément ou naturellement. L'acte de la génération n'est donc pas seulement l'acte qui reproduit l'espèce, c'est encore celui qui la conserve, celui qui la rend impérissable.

Le but de la génération est de donner naissance à un être essentiellement semblable à celui dont il se détache ; cette similitude est ce qui constitue l'espèce, mais elle est assujettie, dans les individus qui la composent, à des modifications dont il est à peu près possible d'assigner les causes.

Parmi celles-ci, il faut comprendre le croisement des races, origine des plus notables altérations, survenues dans l'espèce humaine, tant pour la colorisation de la peau que pour le caractère des physionomies, des structures et des conformations osseuses ; il faut aussi comprendre les différences de température, de climat, de mœurs, de révolutions et d'habitudes.

En tenant compte de ces considérations, il n'est point de loi plus rigoureuse que la loi de la génération ; restée immuable dans son unité, pendant et depuis la succession des temps, on sait que jamais il n'y a eu de productions spontanées chez les êtres organisés, et qu'une fois créés, chaque espèce, chaque individu s'est toujours rapporté à son type primordial.

Cependant les circonstances dans lesquelles la génération s'accomplit ne sont pas les mêmes pour tous les êtres organisés ; chez l'homme, tous les temps sont propices à sa reproduction, lorsque chez les animaux cette faculté ne peut s'exercer qu'à des époques déterminées et circonscrites ; chez l'homme aussi, la copulation est toujours indispensable pour la reproduction de son semblable, tandis qu'elle ne l'est pas pour certaines espèces animales, portant en elles les conditions des deux sexes.

Chez l'homme, la génération s'accomplit à l'aide du rapprochement, du concours de la femme et de l'union des parties sexuelles chez les deux individus : elle s'effectue au moyen du membre viril en état d'érection, et de son introduction dans la cavité vaginale de la femme ; l'agent qui constitue les matériaux de la reproduction humaine est le liquide spermatique, déposé, au moment de l'orgasme voluptueux, dans l'utérus de la femme.

L'opinion des physiologistes, quoique bien divisés sur cette matière, est que ce fluide, transmis dans l'utérus, l'est au moment du rapprochement, à l'instant où cet organe est porté, par l'excitation qui lui est propre, à son plus haut état de paroxysme nerveux ; l'*aura seminalis* y est alors absorbée par l'orifice interne des trompes utérines, en même temps que leur orifice externe s'applique à la surface des ovaires qui s'en imprègnent aussitôt ; les choses s'étant passées ainsi, supposent-ils, et dans des conditions normales, la conception a lieu, et le germe d'un nouvel être commence son existence.

On voit ici combien il est nécessaire que, pour être mis en rapport, les organes de sexes différents soient dans un état complètement normal de fonctions et de conformation. En l'absence de cette conformité de rapports, soit une érection vicieuse, soit une maladie ou l'oblitération des vaisseaux séminifères chez l'homme, soit encore, chez la femme, des affections de l'utérus, des déviations, des conformations anormales, ces anomalies suffiront pour empêcher que l'acte de la génération ait son but, son résultat, c'est-à-dire que la conception puisse s'opérer.

On en doit conclure alors combien peuvent être nombreux les cas d'infécondité et de stérilité chez la femme, puisqu'ils sont susceptibles de dépendre de causes si multiples et si variées, du côté de l'homme comme du côté de la femme.

Mais comment s'accomplit la génération, pour que le grand acte, l'acte perpétuel de la reproduction ait lieu? d'où les individus créés tirent-ils la puissance, la propriété de se féconder et de se reproduire? Est-ce un don spécial de la création? est-ce une propriété physique que l'espèce emprunte ou reçoit de la matière? Pour répondre à ces questions surnaturelles, il faut dire que la nature a des secrets dont il n'a pas encore été permis à la science de sonder les profondeurs, et qu'il faut admettre comme une vérité nombre infini de conjectures, basées sur une longue suite de faits accomplis et incontestables. Mais l'homme en est là, il pense, il suppose, il juge, il conclut, bien que la vérité positive en cette matière lui échappe, parce que jamais les plus nombreuses, les plus consciencieuses études sur la nature ne révéleront complètement les arcanes de la divine création.

Bien souvent cependant on a essayé d'expliquer les lois de l'organisation et celles de la nature, et parmi celles-ci, le mystérieux acte de la génération a bien souvent occupé les physiologistes, les philosophes et les naturalistes; ils n'ont pas seulement tenté de surprendre ce mystère chez l'homme, ils ont voulu en saisir les inexplicables secrets chez les animaux, chez les plantes, enfin dans tous les degrés de l'échelle organique. Parmi eux les physiologistes allemands paraissent être ceux qui se sont le plus occupés de cette question et qui semblent avoir mis le plus de persévérance à en chercher la solution.

Selon cette école, dont les doctrines rappellent Pythagore de l'antiquité et le savant Buffon de notre siècle, les germes primitifs d'où découle la génération nagent dans les éléments qui constituent l'atmosphère; ces éléments imperceptibles et insaisissables, émanés sans interruption de tous les corps organisés de la nature, sont aspirés par l'homme, par les animaux, ainsi que par les végétaux, au moyen d'organes aspirateurs et absorbants, introduits dans l'économie par les voies respiratoires, par l'alimentation; ces éléments vivificateurs, ces germes reproducteurs, particules des humeurs et des fluides de chaque être organisé, se mêlent au torrent circulatoire de l'homme, des animaux et des végétaux; ils s'y constituent, s'y préparent et s'y élaborent dans les vaisseaux disposés à cet effet, et parviennent, par les lois physiologiques spéciales à chaque organe, jusque dans les conduits séminifères, dont la puissance spiritueuse leur communique la vie, comme le feu se communique d'un corps inflammable à un corps avide d'ignition.

Dès lors les ressorts les plus intimes de l'organisation sont mis en mouvement pour opérer le développement ultérieur de ces principes de reproduction, et constituer enfin les germes fécondants.

Ceux qui ne parviennent pas jusqu'aux vaisseaux séminifères ou fécondants, c'est-à-dire qui ne concourent pas d'une manière directe à la génération d'un nouvel être de l'échelle animale ou végétale, servent alors à augmenter la quantité des éléments reproducteurs, à fortifier les corps, pour être ensuite eux-mêmes, après leur entière décomposition, cédés de nouveau, par les voies de sécrétion et d'émanation, à d'autres corps qui les attendent pour se régénérer et se reproduire.

Voilà bien pour le système reproducteur en général; reste maintenant à expliquer la fécondation, la génération dans l'espèce, chez l'individu, dans la race enfin. Que de systèmes encore ont tour à tour été émis et proposés depuis Aristote, qui reconnaissait chez les deux sexes la présence d'une humeur fécondante, concentrée dans le cerveau, et douée de la propriété de descendre par l'épine du dos jusque dans les organes sexuels, pour y constituer par leur mélange, au moment de la copulation, le fœtus, l'être humain! Aristote prétendait en outre que la femelle donnait la matière, et le mâle l'esprit vivificateur.

Ce système ne laissa pas que d'éblouir, de créer des sectateurs, et de donner lieu pendant plusieurs siècles à des controverses que je ne chercherai point à rapporter ici; mais vinrent plus tard les Haller, les Swammerdam, les Spallanzani, qui, aidés de connaissances anatomiques et de lois physiologiques plus sagement étudiées, reconnurent que chez tous les êtres organisés, animaux et végétaux, l'œuf est primordial et originel; mais dans sa formation, comme dans son développement, quel est le concours réciproque et simultané du mâle et de la femelle, par rapport à sa production? Certains physiologistes ont prétendu que dans l'ovaire de la femme existait le principe de l'œuf embryonnaire, et que la semence du mâle n'arrivait dans l'acte de la copulation que pour le féconder, pour y développer le fœtus; d'autres naturalistes ont pensé au contraire que bien que l'œuf soit le point de départ de tout être organisé, la semence du mâle en contenait le germe, et que cette dernière l'apportait au moment du rapprochement et en cédait le principe au moment de la fécondation.

Reste maintenant à examiner un dernier point, et ici je vais rentrer dans les vues du célèbre Buffon, dont le système, aujourd'hui réfuté, trouva, lors de son apparition, nombre d'admirateurs, à cause de l'immense talent et de la haute réputation de son auteur. Il s'agit de savoir si, dans l'acte reproducteur, au moment de la copulation, les éléments que fournissent l'homme et la femme sont similaires de toutes les parties qui les envoient, et dont elles se détachent pour se combiner entre elles, et former des parties semblables et identiques : ainsi l'œil, le cœur, le poumon fourniraient chacun leurs molécules constitutives dans les matériaux spermatiques, matériaux qui eux-mêmes fourniraient l'œil, le cœur, le poumon de l'être nouvellement organisé.

Encore une dernière question : quel est celui des deux sexes, ou chez l'un d'eux quels sont les matériaux qui caractériseraient physiquement de la manière la plus saillante, la plus frappante, l'embryon ? auquel des deux individus devra-t-il ressembler davantage : sera-ce au père ? sera-ce à la mère ? sera à celui qui donnera ou qui recevra ; sera-ce à l'individu le plus fortement constitué ? sera-ce à celui du côté duquel se trouvera le liquide spermatique le plus vivifiant ? Pourra-t-on reconnaître, dans l'examen de la liqueur spermatique, les conditions diverses capables de constituer une frappante ressemblance, au moins par rapport à l'individu mâle ? pourra-t-on assigner les causes si variées de cette force ou de cette faiblesse du nouveau-né, souvent si en désaccord avec la constitution des père et mère? pourra-t-on jamais savoir à quoi tiennent ces différences de tempérament, de sensibilité ou d'irritabilité? Sera-t-il possible de trouver la cause dans certaines familles de cette variété ou de cette similitude de sexe? pourquoi, enfin, tels parents font plutôt des filles que des garçons, d'autres des garçons que des filles ?

Ce sont là des mystères ou des ébauches incompréhensibles du grand problème de la génération, le plus beau sujet d'étude, le plus mystérieux, il est vrai, auquel la science puisse se livrer, car toute la nature en dépend ; ou, pour mieux dire, la génération, c'est la nature elle-même; les poètes et les philosophes ainsi que les naturalistes ont été d'accord quand ils ont dit que l'amour était l'âme du monde ; quand, dans leur symbole, ils ont fait de l'amour le plus puissant de leurs dieux. Le mot âme vient du mot amour; le verbe aimer n'est qu'une contraction du verbe animer, *amare*, *animare*, c'est-à-dire, vivifier, donner une âme, parce que la vie est toujours le résultat de l'amour ou de la génération; l'amour développé produit une animation, un être animé; l'amour, c'est l'âme, le principe de la vie : celle-ci se caractérise par l'amour : plus, en effet, on a de vitalité, de puissance virile, plus on a d'amour, c'est-à-dire de vigueur reproductive. Le temps de la génération est le moment le plus énergique de la vie, et quand la puissance virile s'éteint, avec elle disparaît l'amour : vivre, c'est aimer; l'homme qui n'aime rien renferme son être dans une existence végétative, individuelle; chez celui qui aime, au contraire, la vie aspire à se répandre au dehors, à engendrer d'autres êtres et se prépare à les aimer, à les soutenir et à les protéger. Sans cet amour, qui est le principe de la vie, le seul agent de la reproduction et de la conservation du plus splendide ouvrage du Créateur, l'acte de la génération lui-même n'est plus que le brutal assouvissement d'un désir charnel, sans but, sans résultat et sans moralité.

DE LA VIRILITÉ ET DES SIGNES QUI LA CARACTÉRISENT

On appelle communément âge viril cette période de la vie humaine qui sert d'intermédiaire entre la jeunesse et la vieillesse, c'est-à-dire l'époque de la vie où l'homme a atteint toute sa perfection, et où il peut mettre en usage sa vigueur. Cependant, la seconde moitié de l'âge viril prend habituellement la dénomination d'âge mûr. Entre ces derniers âges, il n'y a pas plus de ligne de démarcation à établir qu'entre les couleurs de l'arc-en-ciel : tout se lie par des nuances ; mais s'il est impossible de suivre la virilité dans les désinences successives qui la conduisent jusqu'aux confins de la vieillesse, du moins peut-on marquer son commencement d'une manière précise et déterminée. La virilité est, en effet, acquise à l'homme le jour où, tout travail de croissance ayant cessé dans ses organes, il peut dépenser ses forces, avec modération, sans doute, s'il veut en prolonger l'usage, mais, enfin, sans autre préoccupation que celle de sa propre conservation.

Dans nos climats tempérés, on peut fixer à vingt-cinq ans l'âge de la virilité ; quelques auteurs l'ont confondu avec l'âge de la puberté, dont ils faisaient une seule et même chose ; arguant de ce que, à Rome, la jeunesse quittait à dix-sept ans la robe prétexte, vêtement de l'adolescence, pour revêtir la robe virile.

C'était subordonner les lois de la nature aux caprices d'une mode.

La puberté n'est que le point de départ d'où l'homme va marcher vers la virilité. La durée de ce trajet dans la vie est ordinairement de six ans. Au bout de ce temps, on arrive à l'âge de la virilité ; mais la virilité elle-même, c'est-à-dire cette vigueur courageuse, cette plénitude de force, de puissance et de volonté que l'homme sent fermenter en lui-même, on ne la possède à ce moment qu'à la condition d'avoir fait jusqu'alors sa route avec prudence et sagesse.

La puissance génitale est le premier, le plus irrécusable signe de la virilité, et même, sans cette puissance, la virilité n'existerait pas : la virilité peut donc être paralysée avant son époque par les altérations causées à la puissance génitale, pendant le temps, surtout, que la nature a destiné à son développement ; si les altérations existent à l'âge de la virilité, l'homme énervé n'en a que le masque.

Qui ne sait pas, en effet, combien la puissance nerveuse en général tient à

l'énergie de la force reproductive ? Plus on abuse de celle-ci, plus on débilite les facultés cérébrales ; on ne communique pas l'existence à d'autres êtres, sans perdre de la sienne propre : il semble qu'on épuise, par l'accomplissement de l'acte générateur, la richesse du système nerveux.

Sous l'empire des impressions les plus impérieuses de l'amour, la vigueur atteint son plus haut degré d'exaltation : l'animal le plus timide, comme le cerf, devient belliqueux et redoutable ; le taureau paraît menaçant et inabordable ; rien n'égale la fureur du tigre, du loup et du lion, dans leurs chaleurs amoureuses ; mais toute incandescence s'éteint après la copulation. *Omne animal, triste post coïtum, nisi hominem et gallum gallinaceum.* Le cerf redevient craintif et perd son bois ; les autres quadrupèdes muent tristement et se confinent dans leurs tanières, où ils vont reprendre lentement leurs forces.

La femelle fécondée acquiert seule un surcroît d'énergie, car il semble que le sperme du mâle, en imprégnant ses organes, ait communiqué plus d'excitation et de vigueur à sa nature, tant les qualités stimulantes particulières au fluide fécondant ont la propriété de se développer chez la femelle, après la fécondation.

C'est du nom même de l'amour que les anciens ont appelé héros et héroïques les hommes les plus mâles, les plus ardents, les plus généreux, en un mot les plus doués de virilité, parce qu'ils avaient observé que la passion de l'amour allume l'audace et le bouillant courage. Sous ce rapport, nos anciens paladins ont parfaitement ressemblé aux héros de l'antiquité ; même valeur, mêmes exploits et mêmes folies inspirées par l'amour, même virilité déployée dans l'explosion des haines jalouses et furieuses.

Le vœu de chasteté que s'imposèrent certains hommes et certaines castes fut le plus magnifique hommage rendu à la virilité, dont ils voulaient conserver intacte la vertu, afin de se maintenir au-dessus des autres hommes par l'effet de la puissance physique et de la force morale qui en résultent.

Les grandes passions, sans doute, ont engendré de grandes actions, mais c'est au sein de la chasteté que furent conçues les grandes pensées ; la plupart des grands philosophes vécurent dans le célibat, et, s'il faut en croire les traditions de son temps, *Newton mourut vierge.*

La supériorité militaire ne s'obtient pareillement que loin des délices et en dehors de la dépendance des femmes. Capoue triompha par les voluptés de l'armée d'Annibal, que n'avaient pas encore pu vaincre les Romains.

La virginité des muses, dans l'ancienne mythologie, n'était pas seulement un vain et poétique symbole, c'était un haut enseignement qui proclamait l'incompatibilité des vastes inspirations du génie avec les exercices de Vénus.

Si, comme personne ne le met en doute, la force génératrice est la source de la virilité, du courage et du génie, il s'ensuivra, par une conséquence nécessaire, que l'épuisement de cette force lui enlèvera cet heureux apanage.

Dans le dernier siècle, l'auteur de l'*Art d'aimer* en offrit un exemple. Né, sans aucun doute, avec le sens poétique, il pratiqua avec tant de ferveur l'art qu'il avait enseigné, que Gentil-Bernard, comme l'avait surnommé Voltaire, tomba dans un état de marasme et d'imbécillité tel qu'il lui était devenu impossible même de reconnaître ses propres ouvrages.

L'usage immodéré des plaisirs vénériens est, sans contredit, la cause la plus efficiente de la perte de la virilité : cependant, ce n'est pas la seule ; l'abus des liqueurs fortes a été justement signalé comme une cause d'énervation de la puissance génitale ; mais cette énervation n'est pas spéciale à l'appareil de la génération ; elle n'est qu'une des conditions de la débilitation qui s'opère dans toute l'économie des individus intempérants.

Larrey cite, dans ses *Mémoires de chirurgie militaire*, l'atrophie des testicules, remarquée sur des soldats français, en Égypte, et qui faisaient un habituel abus des alcooliques.

« Les testicules, dit-il, diminuaient jusqu'au volume d'un haricot blanc, ainsi que le cordon spermatique ; l'individu s'efféminait ; l'estomac se débilitait, la barbe tombait, l'économie animale se plongeait dans un affaissement général. »

Larrey attribue ce phénomène à l'abus des liqueurs spiritueuses et particulièrement de l'eau-de-vie de dattes, dans laquelle les Orientaux font infuser du poivre d'Inde.

Je dois maintenant faire observer que ces causes accidentelles, quel que soit le nombre des victimes qu'elles atteignent, n'agissent que par exception comparativement aux désastres qu'occasionne, dans tout le monde civilisé, l'abus des plaisirs vénériens. Avant l'âge viril, il l'empêche de se constituer dans son état normal ; pendant l'âge viril, il éteint la virilité.

DE LA VIGUEUR ET DES CONDITIONS QUI LA CONSTITUENT

La statuaire antique a toujours représenté Hercule au repos. C'est l'image la plus fidèle de la véritable vigueur : ayant la conscience d'elle-même, elle n'a pas besoin de se manifester par des contorsions musculaires ; elle est calme, parce qu'elle n'a rien de factice. Cependant elle s'anime dans l'occasion, mais c'est toujours sans efforts.

Chez l'homme, une taille moyenne, l'heureux développement des formes extérieures, l'expression mâle du visage, l'animation du regard, la vivacité dans les mouvements, la force de la volonté, constituent, dans l'âge viril, les signes visibles de la vigueur, c'est-à-dire la somme de forces nécessaires pour agir.

Chez les nations, comme chez les individus, la vigueur est fille de la liberté. Plus, en effet, un individu est libre dans le développement de ses forces, plus il acquiert de vigueur. Il en est de même pour les nations. Ce n'est point à d'autres causes qu'il faut attribuer la mâle virilité des peuplades sauvages, avant que, façonnées au joug des Européens, elles aient perdu leur vigueur avec leur liberté. La civilisation, dont je suis loin de médire, n'en a pas moins pour résultat inévitable l'affaiblissement des forces physiques ; et pour preuve de ce que j'avance, comparez seulement la vigueur d'un paysan breton avec celle des habitants d'une grande ville, où règnent toujours la mollesse et les habitudes efféminées.

La juste répartition des forces dans l'économie, le libre exercice de ces forces, lorsque l'homme est à l'apogée de sa croissance et que toutes les parties de son corps ont pris leur développement, favorisent la vigueur de ses organes et leur procurent le degré le plus complet d'énergie et de puissance.

Trois conditions sont nécessaires pour la conservation de la vigueur en général, et de celle de chaque organe en particulier : Une nourriture saine et réparatrice ; l'exercice normal de tous les membres et de tous les organes, avec régularité ; l'abstinence des habitudes qui peuvent énerver l'économie ou porter atteinte à ces organes.

Je n'insisterai pas ici sur ces trois points, leur ayant donné tout le développement dont ils étaient susceptibles, dans les chapitres où je parle de l'hygiène, de la continence, de l'exercice normal des organes générateurs et des habitudes qui les détériorent.

J'ajouterai seulement quelques mots qui prouveront par des exemples ce que j'ai dit de l'influence qu'exerce la civilisation sur la vigueur reproductive des races humaines.

Nous ne voyons plus aujourd'hui d'Hercule, de Samson, ni de Milon de Crotone ; nous serions tentés de les tenir pour fabuleux, si l'histoire ne l'attestait. Caton le Censeur eut un fils, de la fille de Salonius, son client, à l'âge de quatre-vingts ans ; Massinissa, roi des Numides, après une vie passée dans les camps, devint père, à près de quatre-vingt-dix ans, d'un fils, qui eut nom Méthymne. Qui ne sait que Solon et Anacréon se livrèrent aux exercices de l'amour jusque sous les glaces d'une extrême vieillesse ? On rapporte que Wladislas, roi de Pologne, engendra aussi à l'âge de quatre-vingt-dix ans, deux fils, Ladislas et Casimir, qu'il eut de sa seconde femme.

Citons aussi ce fameux Thomas Parr, du comté de Shrop, en Angleterre, qui, né l'an 1483, sous le règne d'Édouard IV, fut amené à Charles Ier pour être vu de ce prince, comme un prodige de vieillesse ; il fut père d'une famille nombreuse, dont il vit quatre générations ; à l'âge de cent trente ans, il se remaria. Il jouissait alors de toutes ses facultés physiques et morales ; il épousa une veuve, dont il eut encore deux enfants. Il mourut à Londres, rue de Strand, l'an 1635, âgé de cent cinquante-deux ans.

Sans doute, de pareils exemples ont toujours été des exceptions ; mais pourquoi ces exceptions mêmes ne se présentent-elles plus dans nos temps modernes ? Cela tient à l'abus trop prématuré des plaisirs de Vénus, à la corruption des grandes villes, au relâchement des mœurs.

Un ouvrage publié par Esparon établit dans la période virile trois phases bien distinctes ; elles commencent avec la virilité et finissent avec elle ; elles constituent pour ainsi dire les saisons de cette même virilité. La première est celle où la faculté reproductive étend ses germes et commence à se faire sentir et à indiquer à l'homme ses devoirs et la mission que le Créateur lui a donnée de perpétuer son semblable ; la seconde, celle pendant laquelle la faculté reproductive est en pleine action ; la troisième, enfin, celle où la vigueur dégénère, commence à s'éteindre, pour plus tard s'annihiler complétement. Cette troisième phase est ordinairement voisine de la sénilité.

Est-ce à dire que la sénilité, autrement dit la vieillesse, soit toujours l'époque de la vie où la faculté reproductive cesse, où la vigueur n'existe plus ? non, certes, car on citerait bon nombre de vieillards qui dans un âge fort avancé ont conservé toute la plénitude de leur vigueur, de leur force virile et de leurs facultés génératrices.

Sans parler de la puissance, de la vigueur qu'avaient nos patriarches, Abraham, Salomon et tant d'autres, ne voyons-nous pas encore de nos jours des exemples nous démontrer que dans la vieillesse, dans cette dernière période de l'existence, la virilité, la vigueur peuvent encore revendiquer leurs droits avec de justes prétentions.

Jean Kins, pêcheur, mort à la fin du xviie siècle dans sa cent soixante-neuvième année, se livrait encore à l'âge de cent ans aux exercices de la natation et traversait facilement un fleuve à la nage ; à cent cinquante il avait la mémoire tellement fraîche, qu'il fut appelé en témoignage devant les connétables de Londres, pour un fait passé depuis cent vingt ans. Il eut plusieurs enfants qu'il vit lui-même centenaires et au delà ; il eut encore à cent trente ans les honneurs de la paternité. Il mourut dans l'extrême vieillesse, avec la conservation de toutes ses facultés, âgé de cent soixante-neuf ans.

De notre époque, je puis citer le docteur N. de Q..., respectable vieillard, né en 1728, mort en 1840, sans aucune infirmité, et qui, à quatre-vingt-seize ans, épousa une Irlandaise de vingt-quatre ans, qui lui donna plusieurs charmants enfants.

Le docteur D..., mort à Paris, en 1810, à l'âge de cent vingt ans, était, jusqu'à sa cent dixième année, resté célibataire. Possesseur d'une belle fortune, il pensa à se marier à ce moment, et épousa une jeune fille de dix-neuf ans, dont il eut cinq enfants, trois garçons et deux filles.

J'ai recueilli dans l'histoire du dernier siècle un exemple semblable d'engendrement tardif. Je le rapporterai d'autant plus volontiers, qu'il fit à l'époque une grande sensation, et qu'il fut immédiatement suivi d'une circonstance qui le fait rentrer dans mon sujet.

C'était vers l'année 1726, l'abbé de la Chétardie, curé de Saint-Sulpice, avait un frère aîné, âgé de soixante-dix-neuf ans. Ils demeuraient tous les deux ensemble. Un jour, le vieux gentilhomme dit au curé : « Mon frère, je ne veux pas commettre une action qui me ferait encourir la damnation éternelle, mais, malgré mon âge, je sens qu'il m'est impossible de me passer de femme: il faut donc que je me marie. » Cherchez-moi dans un de vos couvents une jeune personne sans fortune; je lui laisserai la mienne dont vous n'avez pas besoin, et je l'épouserai.

M. de la Chétardie, par les soins de son frère le curé, épousa, en effet, une demoiselle de Monastrelles, à peine âgée de quinze ans; le mariage fut célébré sans pompe.

A onze heures, les nouveaux mariés allèrent se mettre au lit; une demi-heure après, on entendit le retentissement d'une sonnette; on monta au bruit: on trouva le vieillard expirant auprès de sa jeune femme. Dans le conseil à huis clos, tenu à la suite de cet événement, on décida que ce qu'il y avait de mieux à faire était de reconduire Mme de la Chétardie, demoiselle de Monastrelles, à son couvent. On l'y reconduisit, en effet; mais bientôt les symptômes d'une grossesse se manifestèrent, et au bout de neuf mois elle mit au monde un garçon, qui fut le fameux chevalier de la Chétardie, dont le nom fit tant de bruit en Europe, à l'occasion des négociations dont il fut chargé, tant en Russie qu'en Pologne; sa mère, qui mourut dans un âge assez avancé, ne voulut jamais porter d'autre nom que celui qu'elle portait étant demoiselle.

Si nous pensons pouvoir apprécier à quoi tient l'usure des propriétés vitales, à quoi tient la débilité, la sénilité prématurée, pouvons-nous de même apprécier et dire quelles sont les causes qui protègent, qui maintiennent ces existences patriarcales, ces conditions de vigueur qui s'éternisent et se perpétuent chez certains individus tels que je viens d'en citer plusieurs exemples.

Généralement, la longueur de la vie est en raison directe de l'accroissement matériel du corps humain, de la puissance vitale que l'individu a reçue et en raison inverse de celle qu'il dépense. La première période de la vie, la période constitutive, l'âge de puberté, règle et détermine habituellement toutes les autres; la précocité dans cette phase de l'existence n'est jamais le signe d'une longue vie ni d'une vigueur remarquable par sa durée et son maintien, surtout au moment du décroissement des forces. L'homme qui s'est formé tard et qui a su se ménager à cette époque de la vie où fermentent les passions est sûr de faire un long voyage et de retrouver une somme de forces suffisantes pour en faire la dernière partie avec énergie et vigueur. Pour preuve de ce que j'avance, je citerai les populations précoces de l'Orient, qui se flétrissent de bonne heure; les filles toutes jeunes y deviennent mères, et chez les garçons les organes de la génération fonctionnent à l'âge où ils seraient encore chez nous dans la période d'adolescence : au contraire, les peuples du pôle opposé comptent de bien plus grandes longévités: les unions s'y forment dans un âge bien plus avancé, et la vigueur s'y maintient bien plus longtemps et bien plus tard.

MALADIES DES ORGANES GÉNÉRATEURS

EXPOSITION, CAUSES, TRAITEMENT, OBSERVATIONS, FORMULES.

MALADIES DE LA VERGE

PHIMOSIS

Le phimosis est une des maladies de la verge, dans laquelle le gland est couvert de son prépuce, sans qu'on puisse le refouler en arrière. Cette disposition peut être congénitale ou accidentelle.

Toute cause pouvant déterminer l'étroitesse du prépuce ou augmenter le volume du gland peut donner lieu à cette affection. Les individus qui, par une disposition congénitale, auront le prépuce long et très étroit, y sont particulièrement disposés.

La blennorrhagie et les chancres en sont les causes les plus ordinaires. Le pus de la blennorrhagie n'ayant pas un libre écoulement au dehors, s'amasse entre le gland et le prépuce, y séjourne, les irrite, les enflamme et donne lieu au phimosis. D'autres fois l'inflammation développée sur le gland par suite de la blennorrhagie urétrale suffit pour donner lieu à l'étranglement du bord libre du prépuce, et produire le phimosis.

Les chancres peuvent aussi y donner lieu, surtout lorsqu'ils occupent le pourtour du bord libre du prépuce ; ils en déterminent alors l'inflammation ; la peau du pénis est tirée vers son extrémité et forme un bourrelet, au fond duquel on aperçoit à peine le méat urinaire. Lorsque ces chancres sont cicatrisés, leurs cicatrices tendent toujours à se rétrécir, resserrent l'ouverture du prépuce et déterminent le phimosis. Lorsqu'ils existent à la base du gland et que le prépuce a la disposition que j'ai indiquée, la matière qui suinte de leur surface, jointe à la matière sébacée, irrite la muqueuse et produit le même résultat.

Chez les vieillards, l'orifice du prépuce se contracte sans cause appréciable. Il

devient parfois d'une étroitesse telle, qu'il s'oppose au jet de l'urine, qui le remplit alors, l'irrite et développe encore le phimosis.

Abandonné à lui-même, il n'offre pas de grands dangers s'il est congénital ;
mais il expose les individus qui en sont affectés à des inconvénients qui les forcent à demander l'opération. Lorsqu'il est bien prononcé, l'émission des urines
ne se fait pas comme à l'état normal, car leur jet étant arrêté par les bords du
prépuce qui dépassent le gland , elles s'écoulent en nappe ou goutte à goutte, et
s'infiltrent en partie entre lui et le prépuce, pour se répandre ensuite sur les vêtements, ce qui donne au malade une odeur repoussante. Il en est de même de
l'émission du sperme. L'urine et la matière sébacée qui sont accumulées entre le
gland et le prépuce donnent lieu à la formation de calculs qui agissent à leur sur
face comme des corps étrangers irritants et en déterminent l'inflammation. Je ne
parlerai point des souffrances qu'éprouvent les individus affectés de cette infirmité, lorsqu'ils se livrent à l'acte du coït, surtout avec des femmes étroites. Je
me bornerai à dire seulement que dans ces circonstances les efforts qu'ils font
peuvent provoquer la déchirure du prépuce, ou bien le refouler vivement derrière la base du gland , et déterminer ainsi le paraphimosis dont il sera parlé
plus bas.

Quant au phimosis inflammatoire, outre les inconvénients que je viens de
citer, il présente encore de graves dangers. Ainsi, il peut déterminer la gangrène
du prépuce, ou bien des adhérences entre ce dernier et le gland. Je vais indiquer
les moyens propres à prévenir ces accidents.

Le traitement du phimosis comprend deux ordres de moyens : les résolutifs et
l'opération.

Les résolutifs ne sont employés que lorsqu'il s'agit du phimosis aigu inflammatoire. Quant au phimosis congénital, l'opération seule peut en faire raison.
Ainsi, on a d'abord recours aux cataplasmes émollients, aux bains et aux injections de même nature faites entre le gland et le prépuce, soit pour agir directement sur l'inflammation, soit pour les débarrasser des matières irritantes qui se
trouvent à leur surface. On parvient quelquefois, à l'aide de ces moyens, à arrêter
les accidents inflammatoires, mais il n'en est pas toujours ainsi, et lorsque ces
accidents ont été portés à un haut degré, la gangrène devient imminente. On ne
doit jamais attendre jusqu'à cette période de la maladie pour pratiquer l'opération, car, outre qu'elle est plus pénible et plus douloureuse, elle offre moins de
chance de succès.

L'opération du phimosis a pour but d'élargir l'ouverture du prépuce et de
le raccourcir s'il est trop long. Il existe trois méthodes pour la pratiquer : la méthode par circoncision ; la méthode par excision partielle ; la méthode par excision simple.

Chacune de ces méthodes renferme plusieurs procédés modifiés par différents auteurs; je ne m'étendrai pas sur chacun d'eux, ni sur les modifications dont on les a crus susceptibles. Il me suffira d'indiquer ici le procédé que je mets habituellement en usage, celui qui me paraît le plus simple, le plus exempt de douleur pour le malade et qui ne laisse après lui aucune trace visible d'opération.

Voici comment j'opère: Je tire le prépuce en avant, et trace avec de l'encre ou du nitrate d'argent fondu la ligne sur laquelle je veux inciser, puis j'abandonne le prépuce à lui-même, et m'assure du retrait qu'il éprouvera après la section, et si la ligne tracée se trouve trop en avant ou trop en arrière de la couronne du gland, j'en fais une autre au point convenable; ensuite, je ramène le prépuce en avant, et place derrière la ligne tracée des pinces à pansement, et je coupe au-devant d'elles tout ce qui le dépasse. Reste alors à emporter l'excès de la membrane muqueuse: Je la saisis au milieu de sa partie supérieure, la fends d'un seul coup de ciseau jusqu'au niveau de la peau, puis je l'ébarbe jusqu'au frein.

Le pansement se réduit à l'application d'un petit plumasseau de charpie sèche placée circulairement autour de la petite plaie, d'une compresse en Croix de Malte par-dessus la charpie, percée dans son milieu pour la sortie de l'urine, et d'une petite bande dont les tours doivent être assez serrés pour empêcher le sang de couler. On soutient ensuite la verge relevée contre le ventre. Les pansemens subséquents qui durent à peu près une dizaine de jours sont renouvelés toutes les vingt-quatre heures, et faits avec des plumasseaux enduits de cérat.

PARAPHIMOSIS

On donne le nom de paraphimosis à la maladie qui est précisément le contraire du phimosis, et qui consiste dans l'étranglement du gland par le prépuce retiré et resserré derrière lui.

Toute cause capable de produire une érection forte et continue, telle que l'exercice à cheval, les attouchements impurs peuvent le produire. On l'observe assez souvent chez les enfants dont le gland n'a pas encore été découvert, et qui le voulant voir, font par force redescendre le prépuce au dessous du gland.

On l'observe aussi quelquefois chez les nouveaux mariés, la première nuit des noces: par la violence que la verge fait pour franchir le détroit vaginal alors resserré, le gland se découvre, et le prépuce ne peut plus revenir sur lui. On a vu des hommes ignorants accuser dans ces circonstances leur femme de leur avoir communiqué une maladie syphilitique.

Enfin on l'a rencontré chez des malades qui, ayant découvert le gland pour laver cette partie, pendant la flaccidité de la verge, attendent trop longtemps pour rendre le prépuce à son état naturel ; la couronne du gland se gonfle et devient trop volumineuse pour ramener l'ouverture à sa surface.

Toutefois pendant l'érection le paraphimosis est beaucoup plus difficile à se produire, parce que l'extrémité du pénis, qui ne franchit que difficilement l'orifice du prépuce, pendant l'état de flaccidité de la verge, le traverse encore plus difficilement quand elle a acquis un volume beaucoup plus considérable.

Voici comment se produit l'étranglement de la verge par le prépuce. Dans l'érection, elle s'allonge, le gland se découvre, l'orifice du prépuce se trouve à la racine du gland et le serre comme ferait une ligature placée au même point. Il apporte un obstacle considérable, non seulement au retour du sang qui vient du gland, mais encore à celui qui vient de la face interne du prépuce lui-même, lequel est ramené derrière la couronne du gland, et forme entre cette couronne et le lien de la constriction, plusieurs replis en forme d'anneaux. Ces anneaux deviennent le siège d'un gonflement, moitié œdémateux, moitié inflammatoire, et ils forment bientôt un bourrelet volumineux, inégal, rouge et luisant, qui s'élève entre le gland et le lieu où existe la constriction, et rend beaucoup plus marquée la rainure circulaire formée par celle-ci ; le gland est gonflé, rouge et luisant ; toutes les parties sont fort douloureuses au toucher.

Si la constriction est peu considérable, la douleur et la rougeur disparaissent, et le bourrelet formé par le feuillet intérieur du prépuce reste seulement œdémateux, et les choses en sont dans cet état jusqu'à ce qu'on ait remédié au paraphimosis. Cette terminaison a lieu surtout si le paraphimosis atteint une verge dont les parties sont saines. Mais le plus ordinairement, le bourrelet et le gland s'enflamment de plus en plus, quelquefois même le gonflement est si considérable que l'urètre en est fortement comprimé ; il en résulte une rétention d'urine qui réclame le secours du cathétérisme. Le malade éprouve alors de l'anxiété, de l'agitation ; des douleurs très vives se font sentir ; elles ne cessent que quand la gangrène a détruit le bourrelet et la bride circulaire cause de tous les accidents. Il est excessivement rare que la gangrène attaque le gland, elle se borne au bourrelet, qui se trouve détruit et avec lui le rétrécissement, de sorte qu'après la chute des escarres il y a là en quelque sorte une guérison naturelle.

Pour éviter ces accidents, il faut donc avant tout réduire le gland, ramener le prépuce en place, pour faire cesser l'étranglement et les douleurs et prévenir la gangrène. Il faut que le bord libre du prépuce soit dégagé de la couronne du gland et ramené en avant, car si on attirait seulement la portion postérieure du fourreau sur le gland, l'opération serait incomplète. Si l'accident est récent, qu'il affecte des parties saines, et que l'inflammation soit peu considérable, on pratique le taxis et la réduction s'opère facilement.

Voici comment on y procède : le malade est couché sur le bord du lit ; le chirurgien, debout et devant, comme dans l'opération du phimosis : celui-ci couvre le gland avec un linge fin, le saisit à pleine main près de sa couronne et le comprime lentement, mais d'une manière croissante, jusqu'à ce qu'il soit complètement flétri. Cela fait et sans lui donner le temps de reprendre son volume, il saisit rapidement la verge en arrière de l'étranglement, entre l'indicateur et le médius de chaque main, pour ramener la peau en avant, tandis que ses deux pouces appuyés sur le gland le repoussent en arrière, alors la réduction se fait avec facilité.

Au lieu de comprimer le gland seulement pour le ramener à son état de flaccidité, on a conseillé d'exercer la compression sur toute la verge à l'aide d'une petite bandelette. On remplit également cette indication en faisant prendre des bains froids, en appliquant des cataplasmes émollients, mais quelquefois l'eau froide produit l'effet contraire, et les cataplasmes n'agissent que lentement.

Le taxis ne réussit pas toujours, soit parce que le gland reste fortement gonflé ou est trop enflammé ; il faut alors faire la section de la bride cutanée. Il existe deux procédés dont la description est entièrement du domaine d'un traité de chirurgie pratique ; il me suffira seulement de dire que la méthode la plus généralement employée, celle dont je retire des avantages habituels, consiste à faire sur la bride, sur la tumeur préputiale des incisions qui font cesser l'étranglement et les accidents inflammatoires ; lorsque ces incisions sont insuffisantes pour permettre la réduction du prépuce, alors je pratique plusieurs scarifications profondes sur le bourrelet. Ces scarifications sont faites dans le sens de la longueur de la verge.

Si le malade est affecté en même temps de chancres vénériens, le gonflement inflammatoire devient très considérable. Il ne faut pas alors chercher à réduire de suite, car l'opération serait très douloureuse et augmenterait les accidents de l'inflammation.

Il faut d'abord traiter les chancres, dont la guérison est plus facile et plus prompte, car ils sont à découvert, et une fois le gonflement inflammatoire dissipé, on opère la réduction sans peine. On a soin de faire tenir la verge constamment relevée contre le ventre.

Si le bourrelet ne doit son volume qu'à la sérosité qu'il renferme, on le presse entre les doigts, après qu'on l'a scarifié, et lorsqu'il est affaissé, on opère sa réduction.

Si, au contraire, on ne ramène pas de suite le prépuce sur le gland, le dégorgement des parties infiltrées s'opère lentement, la maladie devient chronique, et ce n'est qu'après un temps plus ou moins long qu'on peut opérer la réduction. On a vu quelquefois le prépuce retiré en deçà du gland, y former une tumeur dure dont la réduction est presque impossible ou du moins très longue.

Après la guérison du paraphimosis, pour lequel il a fallu en venir à l'opération, l'ouverture préputiale est assez grande pour permettre au gland de la franchir aisément; mais il peut se faire que les cicatrices l'aient rendue plus petite, et qu'il faille en venir à une seconde opération; il faut alors fendre le prépuce pour prévenir la récidive.

Quant au mode de pansement, il se fait absolument de la même manière que celui que j'ai indiqué à l'article *Phimosis*; il ne faut pas que la bande circulaire qui protège le pansement soit par trop serrée, elle doit être seulement contentive, autrement dans les instants où il y aurait érection, le malade éprouverait de trop grandes souffrances et la cicatrisation de la plaie serait retardée.

Toutes les fois que le paraphimosis est le résultat d'un phimosis congénital, ou dépendant des progrès de l'âge, ou enfin d'une cicatrice, le malade reste exposé aux mêmes accidents qu'après la guérison. Il vaut mieux dans ce cas pratiquer l'opération du phimosis.

CIRCONCISION

La circoncision (*circumcisio*) est une opération qui consiste, chez l'homme, à retrancher circulairement une partie du prépuce, et chez la femme, à supprimer une portion de ce qu'on nomme le prépuce du clitoris.

Cette opération est fort ancienne. On en retrouve l'usage chez les prêtres de la vieille Égypte, qui pratiquaient cette opération chez les sujets descendus d'Abraham; elle est d'institution divine parmi le peuple hébreu; elle avait pour but de rappeler à la postérité d'Abraham d'où devait sortir le Messie, leur commune origine, en même temps que l'alliance que Dieu avait contractée avec leur ancêtre, et aussi les promesses qu'il avait faites à Abraham et dont devait jouir toute sa postérité. Indépendamment des motifs religieux et politiques qui devaient en perpétuer l'usage parmi les Israélites, un but, un motif physique en a fait adopter la pratique dans quelques parties de l'Afrique et de l'Asie, ainsi que dans la plupart des contrées où l'ardeur climatérique semble exiger des précautions hygiéniques plus intimes.

Passée dans la législation et dans les mœurs de certaines nations, elle y a été considérée comme devoir religieux, comme acte national, comme frein à la débauche, comme aide à la reproduction, comme empêchement à l'onanisme, comme moyen d'hygiène d'un caractère infaillible.

Dieu dit à Abraham : « Abandonnez votre pays, dirigez-vous du côté de l'Occident : je ferai sortir de vous un grand peuple. »

Abraham arrive à Chanaan, après quelques années de séjour à Ur, ville de Chaldée, puis il se dirige vers le pays de Chanaan. Dieu lui dit encore : « Je donnerai ce pays à votre postérité... Levez les yeux au ciel, comptez les étoiles, si vous le pouvez : c'est ainsi que se multipliera votre race. »

Le mariage d'Abraham avec Sara avait été stérile. Dieu ordonna au patriarche de se faire circoncire, et, quoique âgé de quatre-vingt-dix-neuf ans, il eut bientôt un fils que l'on nomma Isaac.

Alors Dieu lui apparut de nouveau pour lui prescrire ceci :

« Tous les mâles nés libres ou esclaves, issus de votre race ou d'ailleurs, seront circoncis, et cette loi ne souffrira aucune exception, car celui qui n'aura pas été circoncis le huitième jour après sa naissance, sera exterminé de mon peuple ; il n'aura aucune part à mes promesses, ni aux prérogatives des descendants d'Abraham, parce qu'il aura violé mon alliance, et qu'il n'en aura pas porté sur lui le caractère spécial. »

Voilà donc une loi divine, religieuse et politique tout à la fois, qui fait une nation à part, le peuple de Dieu, destiné à traverser les siècles, à vivre d'une vie séparée en quelque sorte au milieu des sociétés humaines se succédant sur la terre.

Cette loi avait aussi pour but d'améliorer les habitudes, les mœurs des hommes que Dieu avait choisis, de les mettre à l'abri des maladies quelquefois dangereuses, de les rendre plus aptes à la reproduction de l'espèce.

Était-ce avant ou après la loi de Dieu que les prêtres de l'Égypte avaient adopté cette pratique ? Il est difficile d'émettre, à cet égard, une opinion appuyée de preuves irréfragables.

Toujours est-il, qu'elle se répandit dans toute cette partie du monde voisine de la zone torride et dans tous les pays où la chaleur extrême commande de grands soins de propreté.

Elle s'est propagée aussi chez des peuples pour lesquels elle ne paraissait pas avoir été instituée, puisqu'on en voit des traces dans différents États de l'Europe.

De tous les vices des hommes à l'époque où Dieu manifesta sa présence à Abraham, il en était un qui altérait la vie dans sa source et nuisait au développement de l'espèce : je veux parler de l'onanisme. La circoncision dut y mettre un terme.

Sous le rapport de l'hygiène, il se comprend que cette opération prévenait les effets que pouvaient causer l'abondance et l'accumulation de la matière sébacée et sécrétée à la base du gland, en tenant cet organe constamment découvert.

Sous le rapport de la fonction de la génération, il se comprend encore que l'élan et la direction de la liqueur fécondante, arrêtés par cette espèce de gaine qui enserre la verge, deviennent faciles et d'une action plus sûre après le dégagement du gland.

Enfin, sous le rapport de l'onanisme, il ne peut y avoir aucun doute que la cause de l'exaltation nerveuse qui se manifeste chez les enfants et qui les porte à un abus funeste, venant à disparaître au moyen de l'excision du prépuce ou d'une partie de cet organe, ne doive concourir à détruire une habitude si pernicieuse.

La circoncision, considérée sous le point de vue opératoire, consiste tout simplement, comme je l'ai dit plus haut, à retrancher circulairement le prépuce pour mettre le gland complètement à découvert. Chez les Israélites, qui considèrent cette opération plutôt au point de vue religieux que sous le rapport hygiénique, ils font circoncire leurs enfants le huitième jour de leur naissance. Dans l'antiquité, pour pratiquer cette opération, on se servait, selon que nous l'apprend la tradition des livres saints, de couteaux en pierre, et les ministres chargés de cette cérémonie opéraient toujours circulairement. De nos jours, cette opération qui a toujours en vue, lorsqu'elle se pratique chez l'homme, la santé, la propreté et le bien-être des organes générateurs, se pratique par les diverses méthodes que j'ai, plus haut, exposées à l'article *Phimosis*, et à laquelle je renvoie le lecteur.

Envisagée sous le triple point de vue de l'hygiène, de la propreté et des soins que nécessite l'appareil générateur, considérée comme un empêchement à la pratique de l'onanisme, chez les enfants surtout, appréciée comme pouvant favoriser, dans nombre de conformations vicieuses, la double fonction des organes urinaires et générateurs, la circoncision ne saurait être trop encouragée.

HYPOSPADIAS

On donne ce nom à la conformation anormale du pénis, qui consiste dans un arrêt de développement du canal de l'urètre qui, tantôt manque entièrement, et d'autres fois existe à partir du col de la vessie jusqu'au tiers ou à la moitié de la verge ; ainsi, au lieu de rencontrer l'ouverture du conduit urinaire à l'extrémité du gland, c'est au-dessous du membre viril, et dans un endroit plus ou moins rapproché des bourses que se trouve cet orifice.

Dans l'hypospadias, le canal de l'urètre manque presque toujours dans toute la portion qui s'étend depuis le gland, qui est imperforé, jusqu'à l'ouverture insolite qui en est plus ou moins éloignée et qui, quelquefois, se rencontre seulement au périnée, en formant une cavité, bordée par des replis de la peau, qui ont dissimulé, dans certains cas, les testicules, et donné naissance à des erreurs où un sexe a été pris pour l'autre, surtout lorsque le pénis, produisant peu de saillie, a pu en imposer jusqu'au point d'être pris pour un clitoris, erreur qui peut aisément avoir lieu surtout au moment de la naissance.

D'autres fois le canal de l'urètre existe, mais il est bouché ou oblitéré par une fausse membrane, jusqu'à l'endroit où son ouverture anormale se rencontre sous la verge.

On a observé, chez de jeunes filles, le clitoris d'une si grande longueur, qu'on a pu se tromper au point de le prendre dans les premiers temps de la vie pour un membre viril, tant cet organe, dans son excessive prédominance ressemble au pénis de l'homme. Columbus cite l'exemple d'une femme qui avait le clitoris aussi long que le petit doigt. Haller parle d'une autre chez laquelle cet organe allait à sept pouces ; on prétend en avoir vu d'aussi forts que le cou d'une oie, et même de la longueur monstrueuse de douze pouces. Ce sont ces dimensions énormes qui en imposent quelquefois sur le véritable caractère du sexe, et qui ont fait croire à l'existence réelle des hermaphrodites.

C'est ce vice de conformation dont beaucoup d'auteurs ont parlé et dont s'est emparée la fable, qui a fait croire à l'hermaphrodisme, et qui, dans plusieurs circonstances, ainsi que je vais en rapporter un exemple, a pu abuser ceux mêmes qui étaient atteints de cette infirmité, jusqu'au point de se méprendre sur la nature de leur propre sexe.

Je rapporte un fait qui prouve que, dans certains cas de cette nature, on peut, au premier aperçu, être embarrassé pour établir son jugement. « Une personne qui offrait tous les caractères extérieurs d'une jolie femme, se présente chez le professeur Marjolin, le prie de l'examiner et de lui dire à quelle sexe elle appartient. Dans les grandes lèvres d'une vulve assez bien conformée, ce professeur sentit deux tumeurs oblongues, et du volume des glandes séminales de l'homme ; il existait un vagin qui se terminait en cul-de-sac derrière le pubis, et la vessie s'ouvrait sous la racine d'un corps qui ressemblait bien plus au pénis qu'au clitoris en apparence ; et au premier coup-d'œil, à part l'examen des parties génitales, cette personne semblait être complètement du sexe féminin, tandis qu'abstraction faite des autres parties de son corps, l'examen seul des organes génitaux en imposait complètement ; et sans l'examen attentif et minutieux de l'infirmité dont elle était atteinte, le savant professeur eût été disposé à reconnaître, à la première vue, l'ensemble des organes constitutifs de la virilité chez l'homme. Aussi, bien loin de réunir avec quelques organes les deux facultés des sexes, ces individus sont bien plutôt privés, comme il arrive, de toutes deux à la fois ; et au lieu de les considérer comme des êtres privilégiés, on doit, au contraire, les regarder comme disgraciés par la nature, qui les a à la fois fréquemment frappés d'impuissance et de stérilité.

Sabatier, Buffon, Richerand, ont cité plusieurs exemples d'hermaphrodisme; parmi ceux que j'ai été à même d'observer, le suivant me paraît curieux et digne d'être rapporté ici.

Il se trouvait en 1829, à l'Hôtel-Dieu de Paris, dans une des salles de médecine, un individu âgé de seize ans, pour qui la nature de son véritable sexe était un mystère. Enregistré lors de sa naissance comme fille, il avait successivement changé de vêtements et d'habitudes, et de fille qu'il avait été jusqu'alors, il était devenu tout à coup garçon, pour plus tard reprendre les habits et les habitudes de son premier sexe, auxquels il restait fort peu constant. Il était un type des hypospades, avait une fort jolie physionomie, s'appelait Auguste, et se faisait nommer Augustine, selon qu'il voulait être garçon ou fille; il avait des formes féminines, une gorge assez développée, un son de voix fort doux, et des allures qui simulaient assez celles d'une femme. Cet individu appartenait à la dernière classe de la société; il avait toujours été de mœurs plus qu'équivoques, et, ce qui vient à l'appui de mon assertion, c'est qu'il souffrait l'approche de jeunes garçons et que lui-même avait des rapports avec des filles de son âge.

Les obligations que m'imposent ici la réserve et la pudeur ne me permettent pas de m'étendre davantage sur l'histoire de cet hypospade, qui était, comme je viens de le dire, un des types les plus remarquables de l'espèce dont je m'occupe, puisqu'il réunissait à la fois, l'apparence de la virilité, les dehors féminins, sans avoir cependant aucune des qualités constitutives de l'un ou de l'autre sexe.

L'hypospadias ne nuit point à la faculté d'excréter les urines; seulement elles tombent perpendiculairement entre les jambes et ne peuvent jamais être lancées au loin; cependant, en relevant le dos de la verge contre le pubis, les hypospades peuvent la lancer, à une très petite distance, il est vrai.

Ce n'est pas non plus un empêchement à la faculté d'engendrer; cependant l'acte éprouvera d'autant plus de difficulté que l'ouverture urétrale sera plus rapprochée du scrotum, et offrira, par conséquent, plus de difficulté dans l'émission de la liqueur séminale qui ne pourra que s'écouler au lieu d'être lancée selon le vœu de la nature.

Résumé thérapeutique de l'hypospadias.

Les moyens médicaux, la médecine, ni les moyens hygiéniques ne peuvent rien contre cette vicieuse conformation, dont le traitement rentre essentiellement dans le domaine des opérations chirurgicales.

ÉPISPADIAS

C'est à MM. les professeurs Duméril et Chaussier que l'on doit l'introduction de ce nom dans le langage médical ; il a été créé par opposition au mot hypospadias, parce que, dans l'infirmité dont il est ici question, l'ouverture anormale de l'urètre se trouve en dessus du pénis, au lieu d'être en dessous ; ce dernier vice de conformation est plus rare que le précédent. Ses inconvénients cependant ne sont pas moindres ; ils sont même plus grands, en ce que l'urine, s'échappant en dessus de la verge, et contre l'arcade pubienne, sort en formant une nappe de liquide très incommode et très désagréable, et en ce que la situation de cette ouverture apporte, dans l'acte de la génération, des empêchements encore plus grands que dans l'hypospadias.

Pour remédier à ces infirmités, plusieurs procédés opératoires ont été proposés et pratiqués : ils tendent tous à rétablir le canal de l'urètre dans son étendue normale, depuis son ouverture accidentelle jusqu'à l'extrémité du pénis, en créant un conduit de nouvelle formation.

L'opération est moins compliquée lorsque l'urètre est seulement oblitéré par une fausse membrane que l'on détruit facilement, au moyen de l'introduction d'un stylet boutonné et du cathétérisme jusque dans la vessie.

Je ne rapporte ici aucun procédé opératoire ; leur exposition est du domaine de la chirurgie, et appartient, par conséquent, à un traité sur la matière : je dis seulement, que j'ai vu quelques hypospadés, et que dans ceux-ci je n'en ai trouvé aucun, qui consentît, pour remédier à cette difformité qu'ils considéraient comme légère, à se soumettre aux chances d'une opération.

MALADIES DE LA PROSTATE

PROSTATITE

MALADIES DIVERSES DE LA PROSTATE, ABCÈS, TUMEURS
GONFLEMENTS, ENGORGEMENTS, CALCULS, PLAIES, CANCER, ULCÈRES,
CATARRHE

Leur influence sur les organes génito-urinaires.

La prostatite, inflammation de la prostate, peut offrir deux marches bien tranchées et importantes à connaître. Elle peut être aiguë ou chronique. A l'état aigu, elle existe surtout chez les adultes; mais à l'état chronique elle est extrêmement commune chez les vieillards, chez lesquels la prostate finit même souvent par se tuméfier.

Le plus souvent les causes de la prostatite sont les blennorrhagies, la masturbation, un rétrécissement plus ou moins ancien, les efforts pour aller à la garde-robe, chez les individus affectés d'hémorroïdes ou de fistules à l'anus. La mauvaise direction d'une sonde, l'usage intempestif du copahu ou du cubèbe provoquent des prostatites excessivement aiguës. Enfin une violence externe sur le périnée, la contrainte de ne pas rendre les urines en temps convenable, les excès de table, les liqueurs alcooliques et l'équitation sont encore autant de causes secondaires de cette maladie.

Dès le début de cette affection, le malade ressent de la pesanteur, de la chaleur et de la douleur au périnée; cette douleur d'abord sourde devient pulsative, la fièvre arrive, le sommeil ne peut plus avoir lieu; si le malade va à la garde-robe, il sent un poids qui paraît s'opposer à l'excrétion des matières fécales; le besoin d'uriner augmente de plus en plus, et enfin il devient très pénible à satis-faire, car il semble que l'urine le brûle en passant, et la douleur est si vive, qu'elle lui arrache quelquefois des cris; la rétention d'urine peut même s'établir; enfin si l'on essaye de sonder le malade, cela ne pourra s'opérer qu'en causant des douleurs atroces qui quelquefois forcent à y renoncer. Ces douleurs sont dues à la phlogose qui s'est propagée au col de la vessie, et qui peut envahir aussi la membrane interne de l'organe. Alors l'urine est expulsée chargée de mucosités abondantes, de stries, de taches sanguines, rouges ou briquetées.

La prostatite, passée à l'état chronique, cause le gonflement de la prostate, peut amener des rétrécissements de l'urètre, des indurations, des carcinomes de l'organe, et parfois la mort, si le malade n'est pas attentif et surveillant.

Il faut employer un traitement antiphlogistique, pratiquer une ou plusieurs saignées d'abord, appliquer ensuite des sangsues au périnée, tous les jours un ou deux bains de siège, lavements émollients et narcotiques. Les boissons mucilagineuses et la diète triomphent presque toujours de la prostatite ; s'il y avait rétention d'urine, le cathétérisme serait indispensable, et il faudrait le pratiquer quoique douloureux à supporter par le malade. Quand les antiphlogistiques ne peuvent entraver la marche de la maladie, la terminaison de la prostatite par suppuration est presque sûre.

ABCÈS DE LA PROSTATE

Il sont le plus souvent la suite d'une prostatite aiguë qui se termine par suppuration, comme je le disais plus haut, ou bien ils sont causés par des manœuvres peu ménagées ou inhabiles, exercées avec des instruments qu'on chercherait à introduire dans la vessie. Sœmmering pense qu'ils ne se forment le plus souvent que dans l'enveloppe cellulaire, et très rarement dans le parenchyme glandulaire ; cependant parfois on trouve la glande réduite à une simple coque, ce qui prouve que c'est la capsule qui résiste le plus.

Les signes des abcès de la prostate sont très obscurs en général ; la diminution de l'inflammation qui précède l'abcès, la difficulté d'uriner, une douleur brûlante et pulsative au bout du gland sont à peu près les seuls symptômes, assez incertains pourtant, d'une collection purulente dans la prostate, car le plus souvent rien n'indique au dehors l'existence de cet abcès ; mais il arrive assez souvent que des foyers considérables de pus se développent dans le parenchyme même de la prostate, et on peut quelquefois les reconnaître à l'aide du médius plongé dans le rectum ; on sent alors une fluctuation manifeste.

Les abcès ne s'ouvrent presque jamais spontanément au dehors, quoique Home parle de cela comme d'une chose ordinaire. Le plus souvent le pus se fait jour dans l'urètre la suite de violents efforts pour uriner, ou bien c'est le chirurgien qui perce l'abcès avec le bec d'une sonde. Les abcès peuvent encore s'ouvrir dans la cavité de la vessie ou dans le rectum, et alors le pus s'échappe par l'anus. D'une manière ou d'une autre, il y a un sentiment de bien-être indicible et un soulagement considérable pour le malade. Mais quelquefois le foyer prostatique est éraillé et le pus se fait issue entre l'anus et la racine des bourses, ou bien le pus s'épanche dans le bassin et donne lieu à des affections très graves ; mais si l'abcès s'ouvrait dans le cul-de-sac recto-vésical, il surviendrait une péritonite inévitablement mortelle.

Il est avantageux, quand l'abcès est ouvert, de faire porter une sonde pour éviter le contact de l'urine avec la partie abcédée. En général, les abcès de la prostate se cicatrisent très vite et complètement.

Il me reste maintenant à parler de ces cas dans lesquels le tissu glanduleux a été dénaturé, ramolli, et s'est échappé avec le pus, soit par l'urètre, le rectum, par la vessie ou même le périnée. Il reste une sorte de coque qui représente la capsule de la prostate ; cette capsule forme un sac ouvert qui simule une seconde vessie, et dans ce sac l'urine ou le pus séjournent presque nécessairement. Cette affection porte le nom de caverne urineuse prostatique ; elle est fort redoutable, et tout ce que l'on peut faire se borne à lutter contre le séjour des liquides dans cette cavité, en agrandissant et régularisant l'ouverture, et en faisant des injections narcotiques d'abord, puis détersives et même stimulantes, s'il est nécessaire.

TUMEURS, GONFLEMENTS, ENGORGEMENTS DE LA PROSTATE.

La prostate varie considérablement, comme je l'ai dit, dans ses dimensions, puisque du volume d'un marron, elle peut acquérir celui d'une orange et même plus. Les tumeurs de la prostate n'ont rien de constant ni pour la forme, ni pour le volume, ni pour le siège. Cependant le plus souvent la proéminence se remarque à la partie inférieure du canal prostatique de l'urètre. Elle prend alors naissance par un large pédicule, et va s'épanouir tout à l'aise dans la vessie ; souvent aussi, ces tumeurs font saillie dans le rectum et même dans le canal de l'urètre. Ces tumeurs contrarient l'emploi de la lithotritie, quand il y a une pierre à broyer dans la vessie.

Les tumeurs de la prostate peuvent n'envahir qu'une portion de la glande, soit le corps ou les lobes latéraux, ou bien encore envahir à la fois le corps et les lobes latéraux.

Les tumeurs du corps de la glande sont souvent pédiculées, et quelquefois aussi elles ne le sont pas. Celles qui sont pédiculées ont un volume variable, depuis celui d'un haricot jusqu'à celui d'une noisette. Quant aux tumeurs non pédiculées, leur base fait corps avec la glande par une grande étendue, de telle sorte que le tissu de cette glande se soulève autour d'elle et les efface en partie. La tumeur est d'autant plus molle qu'elle a plus de volume, ou qu'on l'examine plus près de son extrémité libre.

TUMEURS DES LOBES LATÉRAUX DE LA PROSTATE

Elles peuvent affecter un seul lobe ou les affecter tous deux; dans l'un ou l'autre cas, elles sont plus rares que la tumeur du corps; en se tuméfiant ainsi, les lobes latéraux s'allongent et se développent souvent surtout de côté; mais il peut très bien arriver qu'il n'y ait qu'un seul lobe latéral de tuméfié, et alors seul il fait saillie dans l'urètre, au point de déprimer l'autre lobe.

TUMEURS DU CORPS ET DES LOBES LATÉRAUX DE LA PROSTATE

Ces tumeurs varient et pour la forme, et pour la couleur, et pour la densité. Home cite un cas où il y avait adhérence entre les trois tumeurs; il en cite encore un autre dans lequel les trois lobes se rejetaient dans la vessie, unis de façon à former une cloison demi-circulaire entre la vessie et l'urètre. Ce genre de tumeur est une affection des plus graves. Chose assez remarquable, depuis l'âge de quinze à cinquante ans, la maladie la plus ordinaire des voies urinaires est le rétrécissement du canal de l'urètre; après cette époque, ce rétrécissement ne produit presque jamais d'accidents sérieux, mais alors la prostate, qui était si peu susceptible de s'engorger ou de se tuméfier dans les premiers temps de la vie, le fait alors fréquemment, et il est rare que l'on arrive à soixante ans sans avoir plus ou moins à souffrir d'une affection de cette partie.

Les causes de cette maladie sont très peu connues; pourtant l'âge vient en première ligne, comme je viens de le dire; l'équitation trop souvent répétée, les blennorrhagies, les excès des liqueurs alcooliques, les excès du coït, enfin : chez beaucoup de vieillards qui se sondent eux-mêmes, il y a quelquefois gonflement chronique ou tumeurs produits par les instruments qui viennent buter sans cesse contre la portion transverse ou lobe moyen, que ces malades prennent pour un rétrécissement et qu'ils franchissent avec peine et efforts.

La marche de ces engorgements ou de ces tumeurs est lente, et les souffrances du malade sont souvent attribuées à toute autre cause. Dans le commencement de ces engorgements, on voit survenir de la chaleur, de la pesanteur à l'anus, un fourmillement dans tout le canal; l'émission de l'urine est laborieuse, fréquente et très difficile; le jet n'est pas formé, elle ne sort souvent que goutte à goutte et à l'insu du malade comme en suintant; plus tard, il survient comme le sentiment d'un corps étranger qui interrompt le cours de l'urine et une douleur mordicante qui se fait sentir à la prostate ; enfin, par suite de brides qui se forment sur les côtés de la tumeur, ou par suite de son accroissement, il peut y avoir rétention d'urine. Alors, il faudra sonder le malade avec une sonde très recourbée, parce que, par la tuméfaction, le col de la vessie est plus relevé qu'à l'état normal. Il faut aussi éviter de prendre des sondes coniques, car elles pourraient s'engager dans les tissus et les lacérer sans en avoir conscience. Très rarement, dans ces tumeurs, il y a pissement de sang, à moins qu'il n'y ait complication de pierre dans la vessie. L'existence des tumeurs de la prostate peut causer un état inflammatoire qui augmente prodigieusement la sécrétion de cette glande. J'ai vu des cas où la quantité de fluide sécrété égalait l'urine rendue par la vessie. La viscosité de cette liqueur sécrétée est telle qu'elle peut excorier la membrane de l'urètre et devenir une source de pollutions nocturnes.

L'effet de ces tumeurs sur la vessie est d'abord l'inflammation de la partie de la membrane interne qui touche à la tumeur ; puis cette inflammation gagne de proche en proche; alors la membrane devient très irritable, ce qui est cause du fréquent désir d'uriner des malades ; ensuite, l'irritation gagne la membrane musculaire et tient les fibres dans une tension constante, de façon que la capacité de la vessie est diminuée de près de moitié.

L'engorgement de la prostate favorise singulièrement la formation de la pierre, car la vessie ne se vidant jamais complètement, les matières salines peuvent se déposer tout à leur aise pour former un calcul.

De plus, l'urine contenue trop longtemps dans la vessie devient de plus en plus irritante et produit souvent le catarrhe vésical ou la cystite; enfin, on le comprend, l'irritation peut gagner les uretères, puis des uretères, les reins, et, dès lors, arrivent des néphrites effrayantes par leur gravité; dans le cas où la tumeur cause la rétention d'urine, la vessie se remplit si facilement qu'elle s'oppose bientôt à l'écoulement de l'urine par les uretères, et qu'elle empêche que les reins se déchargent plus ou moins ; enfin, elle s'oppose à la sécrétion de l'urine, par la dépression graduelle de la substance mamelonnée ; et bientôt la mort survient, causée par l'infection du sang par les urines.

Si l'engorgement est peu avancé, s'il n'est pas trop ancien, s'il n'affecte pas encore l'état squirreux, on peut guérir le malade; ainsi, chez ceux à qui cet engorgement survient par suite de la mauvaise introduction des sondes et des bougies, l'introduction plus méthodique ou la suppression de ces instruments suffit pour la guérir; si cet engorgement est vénérien, on se sert des frictions mercurielles au périnée ou bien de la pommade d'iodure de plomb; on conseille encore, dans tous les cas, l'application d'un vésicatoire à la partie supérieure de l'une des cuisses ; il faut maintenir le ventre libre, faire prendre des bains simples ou iodurés; si la glande prostate est douloureuse au toucher, il convient d'appliquer des sangsues au périnée; enfin, plus tard, quand la glande devient squirreuse, il n'y a vraiment pas de traitement avantageux contre ces tumeurs. On a conseillé la cautérisation : mais à ce moment c'est un faible moyen et qui ne fait pas grand'chose ; la ligature de ces tumeurs : cela ne peut guère se faire que sur les tumeurs pédiculées, et encore c'est vraiment peu praticable ; enfin, l'extirpation faite par une ouverture pratiquée à l'abdomen, comme dans la taille hypogastrique, a été pratiquée avec le plus grand succès.

L'incision des brides, le broyement ou écrasement offrent peut-être plus de chances heureuses; mais ces opérations doivent être faites par des hommes spéciaux, et quand le diagnostic ne laisse aucune incertitude.

CALCULS PROSTATIQUES

Ils peuvent résulter d'un fragment de gravier retenu dans la plaie à la suite d'une opération de la taille, ou bien parce que ce fragment, venu de la vessie, s'est creusé une loge dans la prostate et s'y trouve plus ou moins emprisonné. Ou bien ces calculs peuvent se former par suite de la stagnation de l'urine dans les cavernes de la prostate. Enfin, ces calculs peuvent se former dans le tissu même de la prostate, sans communication avec les urines. Le volume de ces calculs est très variable; ils sont le plus souvent à peine de la grosseur d'une tête d'épingle, et quelquefois aussi gros qu'une aveline ; leur nombre est très variable ; ils sont quelquefois peu nombreux, et d'autres fois ils sont près d'un cent. Quand il n'y a qu'un seul calcul, sa forme est le plus ordinairement celle d'une amande; tous les calculs prostatiques ont une couleur foncée, verdâtre, une sorte de transparence: ils sont formés de phosphate de chaux ; mais assurément ceux qui proviennent de la vessie, comme je l'ai dit plus haut, contiennent autre chose certainement.

Les signes en échappent fort souvent à l'attention du chirurgien, surtout s'il n'y en a qu'un et qu'il soit petit; enkystés en quelque sorte dans l'épaisseur du périnée, ils augmentent toujours et finissent par gêner à la manière d'une tumeur: alors, en portant le doigt dans l'anus, on peut déjà les distinguer et apprécier leur forme et leur volume; si la prostate ne contient qu'un calcul, on le sentira sous forme de bosselure, et on le distinguera à sa dureté et au sentiment de piqûre qui en résulte quand on pousse en avant pour le presser contre le pubis. Si elle en contient plusieurs, alors la pression y détermine une crépitation très évidente.

Si le calcul est petit, on le saisira avec la pince de Hunter, et on le retirera entier par l'urètre; s'il est trop volumineux, il sera broyé sur place à l'aide d'un litholabe à trois branches de très petit calibre; enfin, si le calcul est trop dur pour être brisé dans la glande, il faut pratiquer l'opération connue sous le nom de boutonnière, à l'aide d'un bistouri convexe; ensuite on déloge le calcul ou les calculs à l'aide des doigts, de pinces ou d'instruments convenables pour cette extraction. Il faut surveiller cette opération avec le plus grand soin.

PLAIES DE LA PROSTATE

Les plaies de la prostate ont lieu de l'intérieur à l'extérieur, ou bien de l'extérieur à l'intérieur. Elles sont produites, le plus souvent, par des instruments piquants, tranchants ou contondants. On a rencontré des plaies de la prostate avec déchirure chez des individus tombés d'un arbre sur la pointe d'un échalas; chez d'autres qui s'étaient assis sur la pointe d'un tranchet de cordonnier; des balles de plomb ont quelquefois divisé la prostate en labourant le périnée; des noyaux de fruits, des épingles, peuvent, en divisant les tissus, blesser la prostate au lieu de s'échapper par l'anus. Mais c'est surtout dans les diverses opérations de la taille et dans l'opération appelée boutonnière que se font les plaies de la prostate.

Les plaies qui vont de l'intérieur à l'extérieur sont plus rares; elles ont lieu surtout dans le cathétérisme; elles sont causées même par les sondes en gomme, en élastique, par des bougies: alors on donne à ces plaies le nom de fausses routes; elles sont très variables, car les unes ne sont guère que des écorchures, tandis que d'autres traversent toute la glande pour aller s'ouvrir dans le rectum ou dans la vessie. Enfin, ces plaies peuvent avoir lieu par scarification, pour couper les brides qui entourent quelquefois les tumeurs de la prostate. Il est nombre de cas, comme dans la taille, ou bien quand une blessure extérieure aura divisé la prostate, dans lesquels on pourra les diagnostiquer; mais sans cela, on ne pourra guère reconnaître ces plaies qu'à la manière dont le malade urine. En effet, si la blessure ne porte que sur l'urètre, l'urine n'en suinte qu'au moment où le malade l'expulse volontairement; et, au contraire, elle suinte dès le commencement de la contraction de la vessie, si la prostate est divisée; et si la blessure est profonde, l'urine s'échappe malgré la volonté du malade, comme par incontinence. Quant aux plaies internes, on les reconnaît assez facilement pendant la fixité de la sonde, qui ne peut aller ni à droite ni à gauche, ni en avant, puis par un suintement de sang qui survient par l'urètre quand on retire la sonde.

Les plaies produites de dehors en dedans ne demandent point de traitement spécial, c'est celui des plaies en général. Mais il faut pour cela que l'incision soit bien nette, pour que les surfaces se rapprochent facilement et ne permettent pas à l'urine de s'écouler par la plaie, et, de plus, que l'incision n'atteigne pas la base de la prostate.

Si la plaie est sinueuse ou déchiquetée, elle entraînera de graves accidents; si elle arrive à la base de la prostate, elle pourra donner lieu à des épanchements urineux très graves.

Quant aux fausses routes, il suffira de pratiquer le cathétérisme convenablement et méthodiquement, car elles pourraient aussi causer des épanchements urineux, surtout si elles sont multiples et complètes, c'est-à-dire si elles traversent la prostate dans plusieurs sens; mais si elles sont simples et incomplètes, la guérison se fera facilement.

CANCER DE LA PROSTATE

On ne sait encore rien de bien positif quant à cette affection; car il est à peu près certain que les cas de cancer rapportés par Dessault, Choppart et autres auteurs, n'étaient que des cas de tumeurs dans lesquels la glande acquiert assez de dureté pour crier sous le scalpel, comme un cartilage. On a parlé d'un vieillard qui rendait des urines noirâtres et bourbeuses vers les derniers temps de sa vie; la prostate, du volume d'un œuf d'autruche, était dégénérée en cancer, et offrait tous les caractères du tissu encéphaloïde ramolli; dans l'un et l'autre lobe existait un foyer sanguin; les deux clapiers communiquaient ensemble et avec la vessie; la portion prostatique de l'urètre était réduite en une pulpe molle, au travers de laquelle la sonde avait fait fausse route et aboutissait à l'un des foyers. On a rapporté quelques cas où la dégénérescence de la prostate n'était que particelle et très circonscrite. Les ulcères cancéreux ont une certaine tendance à se montrer dans les plaies de la prostate, longtemps baignée par l'urine; enfin, on a encore cité un exemple qui prouve qu'un cancer vésical peut exister à la région des trigones implantés sur la prostate, sans que cette glande en soit atteinte.

ULCÈRES DE LA PROSTATE

Le diagnostic des ulcérations de la prostate est en général assez obscur: des gouttes de sang que ramène la sonde, une douleur vive et cuisante quand la sonde touche les points ulcérés; et si à cela se joint une douleur vive et brûlante dans la région prostatique, au moment de l'émission des premières gouttes d'urine, avec de tels caractères on pourra croire qu'il y a quelque excoriation ulcérée dans le canal. Les ulcères ne revêtent en général qu'un modique degré de gravité ; cependant ils peuvent provoquer de vives douleurs, occasionner des pollutions nocturnes qui épuisent les malades, et quelquefois enfin une incontinence d'urine. On opposera à ces ulcérations des injections émollientes ou narcotiques si les douleurs sont trop vives, ou des injections d'eau blanche ou de solution de sulfate de zinc, de cuivre, d'alun, etc., ou bien des injections astringentes végétales de ratanhia, de noix de galle ou d'écorce de chêne, ou, enfin, des injections faites avec une solution de nitrate d'argent. On a proposé l'emploi de pommade au calomel ou autres semblables, des poudres minérales, telles que l'alun. Ces choses sont d'un emploi très incommode ; il vaut mieux s'en tenir aux injections, ou bien, mieux encore, il faut toucher avec l'azotate d'argent, à l'aide du porte-caustique, ces ulcérations ; par ce dernier procédé, la guérison est très rapide.

CATARRHE DE LA PROSTATE

On l'observe à la suite des gonorrhées rebelles : les malades rendent par l'urètre, tantôt d'une manière continue, tantôt avec interruption, un liquide visqueux, variable quant à sa consistance, à sa couleur, à son odeur et à sa quantité ; son caractère essentiel est de tacher le linge, en lui communiquant une teinte bleuâtre ou roussâtre qui le différencie bien du fluide spermatique ; car le linge qui a reçu le fluide spermatique paraît raidi comme s'il eût été gommé. La quantité de l'écoulement prostatique varie chez certains malades ; ce fluide peut tremper plusieurs serviettes, surtout s'il y a complication d'inflammation de l'urètre, et d'autres fois il ne forme que quelques taches. Chez d'autres, la matière de l'écoulement ne fait que coller les lèvres de l'orifice externe de l'urètre ; dans tous ces cas, il faut peu se préoccuper de ces écoulements qui résultent d'une surabondance de la sécrétion prostatique. Il faut rassurer les malades qui s'inquiètent souvent beaucoup, ordonner des injections astringentes, puis de légères cautérisations avec l'azotate d'argent, un régime adoucissant, et bientôt le flux prostatique a cessé, et le malade est guéri.

SPERMATOCÈLE

Sous ce nom, on désigne une tumeur renfermée dans le scrotum et formée par l'accumulation du sperme.

Les observateurs qui ont été à même d'observer, d'étudier et de faire des recherches sur cette maladie, se sont tous accordés à la considérer comme rare de nos jours, et beaucoup plus fréquente dans les temps les plus reculés, où les congrégations religieuses, les monastères, les cloîtres et les ordres religieux, imposaient à un grand nombre d'hommes l'obligation de la continence.

Cette maladie, en effet, qui ne s'observe aujourd'hui que fort rarement, est le résultat de l'empêchement qu'éprouve l'homme doué d'un tempérament ardent et vigoureux de se livrer à ses désirs vénériens et de les accomplir.

Indépendamment de la continence, cette maladie reconnaît encore une foule d'autres causes. Ainsi, la compression des cordons testiculaires par un bandage herniaire, par des tumeurs prostatiques ou rectales ; quelques auteurs lui ont aussi assigné comme cause une lésion du cervelet ; théorie spéculative que je rejette essentiellement.

L'engorgement des canaux déférents des vésicules séminales, de l'épididyme, de la prostate même, constitue cette maladie qui s'oppose à l'émission du fluide fécondant, le force à séjourner contre nature dans des réservoirs momentanés, en produit l'inflammation, puis le gonflement.

Cette affection peut être confondue avec l'inflammation des testicules. Morgagni, en effet, dans son immortel ouvrage, cite des exemples où le spermatocèle a simulé des hernies, des varicocèles, à un tel point de tromper les praticiens sur la nature de la maladie.

Les renseignement fournis par le malade, sa constitution, son tempérament, ses habitudes, éclaireront puissamment le diagnostic et ne permettront pas de méprise dans l'espèce qui nous occupe.

L'invasion du spermatocèle est extrêmement rapide, les lombes deviennent douloureux, des tiraillements se font sentir tout le long du trajet des cordons des vaisseaux spermatiques, la rougeur et le gonflement envahissent le scrotum, les testicules sont durs, tuméfiés et douloureux au toucher, le malade ressent de la gêne et de la pesanteur au périnée, à l'hypogastre et dans toute la région des organes génitaux. Cette affection suit, dans sa marche et dans ses progrès, les mêmes phases exactement que les différentes phlegmasies des organes de la génération ; la fièvre s'allume, la face devient rouge, un sentiment d'ardeur et de brûlement parcourt tous les membres, les désirs vénériens obsèdent le malade, et l'on a vu le délire s'emparer du cerveau ; on a même observé, dans des cas où cet état d'excitation et de souffrance était porté trop loin, survenir des accès de folie, de manie, de mélancolie, de priapisme et même d'épilepsie.

Cette affection, comme je l'ai fait pressentir, en commençant, est fort rare de nos jours, où il nous est assez habituel de nous abandonner aux désirs de nos sens, et de les satisfaire complètement : elle a donc été, de la part des médecins modernes, l'objet d'une très rare observation.

J'ai eu l'occasion de l'observer chez un jeune homme de vingt-cinq ans, qui, dans son jeune âge, avait eu l'habitude de se livrer fréquemment à la masturbation, et qui, revenu de cette funeste habitude, dont il redoutait les suites funestes, s'était, pendant deux années, soumis volontairement à une continence absolue, non sans éprouver de violents désirs, non sans être presque sans cesse en butte à l'effervescence de ses transports amoureux, auxquels il aurait infailliblement cédé si des pollutions fréquentes, qui vinrent enrayer l'affection, ne l'eussent débarrassé de son spermatocèle, maladie à laquelle il aurait succombé, à la suite des céphalalgies, des fièvres, du délire, d'insomnies, auxquels il était en proie depuis quelque temps, lorsque cet écoulement séminal vint rafraîchir ses sens, et mettre fin à cette affection.

Il peut, en effet, de cet état, résulter des accidents graves ; car on comprendra de suite que, dans cette phlegmasie locale, des organes d'une haute importance peuvent être intéressés ; ainsi, les organes sécréteurs du sperme et ceux qui le conservent et le transmettent pourront être compromis. La prostate, les vésicules séminales, les canaux déférents, l'épididyme, devront participer à la phlegmasie. Il est donc utile d'opposer des moyens énergiques à l'envahissement des graves désordres qui pourraient se manifester par suite, tels que le priapisme, le satyriasis, les pollutions, la fièvre, le délire, etc., comme j'ai été à même de l'observer chez le jeune homme qui fut l'objet de l'observation que j'ai relatée tout à l'heure.

La première indication à remplir est de donner issue au fluide spermatique ; cette précaution suffit quelquefois pour empêcher l'engorgement des testicules, de l'épididyme et des vaisseaux spermatiques. Le coït ou le mariage doivent donc être d'abord conseillés ; mais lorsque ces moyens ne suffisent pas pour amener le dégorgement des parties tuméfiées ou enflammées, alors il faut recourir aux bains, aux cataplasmes émollients et rafraîchissants, aux appositions de sangsues le plus rapprochées de l'épididyme, des testicules et de la prostate ; mettre le malade à l'usage des boissons rafraîchissantes et nitrées, à l'usage de l'orgeat, du nymphœa, des grands bains, dont la température ne devra jamais dépasser vingt-cinq à vingt-huit degrés ; lui conseiller de coucher sur un lit dur, rafraîchissant, et lui faire éviter le décubitus sur le dos.

Cette maladie, abandonnée à elle-même, pourrait avoir la même terminaison que celle de toutes les phlegmasies des organes de la génération ; l'induration et la dégénérescence cancéreuse des parties qui en seraient le siège, et amener, par suite, la consomption et le marasme chez ceux qui en seraient atteints.

Résumé thérapeutique du spermatocèle.

Traitement adoucissant, bains généraux ou locaux, fomentations et cataplasmes émollients et laudanisés; diète, repos, rechercher les causes et les combattre ainsi que les symptômes.

PRIAPISME

On entend par priapisme cette érection permanente, forte et douloureuse qui n'est pas accompagnée de penchant à l'acte vénérien. Ce nom vient de πριαπίσμος, πριάπος (*Priape, dieu du libertinage et de la volupté*).

Cette affection, entièrement étrangère à l'enfance, rare chez les jeunes gens, ne se manifeste guère que dans l'âge adulte et dans la vieillesse. L'homme seul en est passible; la femme peut cependant éprouver quelque chose d'analogue, par suite de l'emploi de certaines substances irritantes; les cantharides, par exemple : elle est encore sujette à la nymphomanie, mais cette affection correspond plutôt au satyriasis qu'au priapisme. On a remarqué aussi que cette tension permanente du pénis était plus fréquente chez les hommes à tempérament sanguin, avec prédominence du système biliaire, et chez les individus de forme athlétique et dont la voix offre une basse-taille. Le priapisme est aussi plus fréquent dans les saisons chaudes et dans les contrées où la température est plus élevée que dans les pays froids.

Le priapisme est symptomatique ou essentiel : souvent il reconnaît pour cause la blennorrhagie, les calculs dans la vessie, les fièvres intermittentes, l'hypocondrie, les maladies herpétiques, l'emploi des cantharides. D'autres fois, au contraire, le priapisme est essentiel, et on ne peut lui assigner aucune cause. Il est toutefois facilité par une tempérance habituelle, une force de constitution très prononcée, une sagesse absolue, l'habitude des passions amoureuses, l'absence des soins de propreté, l'usage des vêtements de flanelle, les attouchements illicites, la flagellation, les climats chauds; mais de toutes ces causes, la plus fréquente est sans contredit l'emploi des cantharides, soit à l'intérieur, soit à l'extérieur.

On a vu l'application des vésicatoires, dans lesquels entrait une trop grande quantité de poudre de cantharides, déterminer le priapisme; mais c'est surtout leur emploi à l'intérieur qui produit cet accident : aussi cet usage doit-il toujours être dirigé bien judicieusement; l'administration inconsidérée de ces insectes peut donner lieu aux accidents les plus graves, et plus d'une fois des libertins usés ou des vieillards impuissants, séduits par les propriétés aphrodisiaques qu'on leur reconnaît, ont trouvé la mort au lieu des plaisirs qu'ils s'étaient promis. Quelquefois aussi des courtisanes effrénées s'en sont servi dans l'intention d'exciter les désirs d'un amant épuisé, et l'ont véritablement empoisonné. Ajoutons que ce raffinement de débauche se trompait presque toujours : c'était le satyriasis qu'il voulait produire, et il n'engendrait qu'un priapisme trop souvent stérile.

Voici un fait qui peut éclaircir l'objet qui nous occupe :

Un jeune militaire, ancien par ses services, prit quatre jours avant son mariage deux grains de cantharides, incorporés dans du cachou ; rien n'annonça leur action. Le lendemain quatre grains amenèrent des signes non douteux de virilité. La veille de ses noces, il avale deux grains le matin, deux avant dîner et autant le soir. Après deux assauts amoureux, il éprouve une tension de la verge très douloureuse, avec soif, fièvre, céphalalgie; il but beaucoup d'orgeat et prit un bain presque froid ; le calme ne tarda pas à se rétablir.

Certaines causes moins directes ont encore de l'influence sur le développement du priapisme : l'habitude d'un coucher trop mou, trop efféminé, des parfums, des aromates, un séjour au lit trop prolongé, la suppression d'un flux hémorroïdal, l'habitude des gonorrhées, les irritations vers le canal de l'urètre produites par des sondes, des bougies, et encore tout ce qui peut exciter l'imagination, telles que la fréquentation des spectacles, la vue de danses lascives ou d'images obscènes, des rencontres fréquentes avec des femmes qui excitent vivement les sens, le langage de la passion et tous les raffinements de la coquetterie.

C'est ici le cas de citer le priapisme des pendus, résultant essentiellement de l'irritation du cervelet, priapisme qui persiste quelquefois longtemps après la mort. Je ne fais que le mentionner, car celui-ci n'est pas du ressort de la médecine.

Le priapisme ne s'annonce le plus souvent que par degrés. Il ne constitue d'abord, surtout s'il est essentiel, qu'une érection douloureuse qui se manifeste la nuit et se dissipe assez promptement dès que le malade quitte le lit ou se lave à l'eau froide. Le décubitus sur le dos et le poids des couvertures favorisent singulièrement cet état.

Mais le priapisme peut présenter plus d'intensité; il revient quelquefois à heures presque fixes, principalement le matin à l'approche du jour ; l'absence du lit ne le fait plus disparaître ; il résiste même à la promenade, aux lotions d'eau froide; il y a de la fièvre, de la céphalalgie, de l'agitation, de l'anxiété, quelquefois du délire, souvent des douleurs lombaires ; l'urine est rouge, boueuse, ou bien son émission est totalement impossible, et il y a hématurie.

Si le priapisme est porté au plus haut degré, l'inflammation s'étend de la verge au périnée, à la vessie, au rectum, et la gangrène peut s'ensuivre, c'est principalement dans le priapisme produit par les cantharides que l'on voit survenir ces symptômes ; à cela il peut encore se joindre, dans ce cas, une cystite, une entérite dont on sait la gravité.

Le priapisme, en tant qu'il est essentiel, est plutôt une maladie incommode que grave. La plupart du temps il cède, au moins en grande partie, à l'emploi d'un traitement convenable et d'une hygiène prudente, s'il n'est que le symptôme d'une autre maladie, de la blennorrhagie, de la pierre, d'une maladie herpétique, des fièvres ; il pourra être plus ou moins intense, suivant la gravité de l'affection qui le produit, et dans tous les cas disparaître avec elle. Mais s'il reconnaît pour cause l'emploi des cantharides, il peut, en outre des symptômes qui accompagnent l'empoisonnement par ces insectes, en présenter d'autres très alarmants, et se terminer, par exemple, par la gangrène, c'est-à-dire presque nécessairement par la mort.

Les aliments doux, les légumes, la diète lactée, la limonade ordinaire ou nitrique, l'eau de laitue, le petit-lait employé froid, les narcotiques administrés avec réserve, dans la crainte d'augmenter l'irritation générale, telle est la base du traitement du priapisme ; mais ce sont surtout les bains froids complets ou de siège, les douches locales, qui seront d'une grande ressource ; les lavements mucilagineux, presque froids, peuvent aussi être utiles ; s'il y a pléthore évidente, il faudra pratiquer quelques saignées, et appliquer des sangsues à la région lombaire plutôt qu'à l'anus.

Si par hasard le priapisme était la suite d'abus de plaisirs, quelques toniques devraient être employés : c'est ainsi que fut guéri par les aromates un vice-roi des Indes.

Si le priapisme, et c'est un des cas fréquents, est venu à la suite de l'emploi des cantharides, il pourra y avoir besoin de lutter non seulement contre le priapisme, mais aussi contre l'empoisonnement. C'est ainsi que si l'on est appelé de bonne heure, on aura recours à l'émétique ou à l'ipécacuanha ; mais si, comme cela doit arriver le plus souvent, il s'est déjà formé un laps de temps assez long depuis l'emploi des cantharides, ce moyen seul ne pourrait plus suffire : on conseillera les boissons adoucissantes, émollientes, froides, en grande abondance, des frictions sur la partie interne des cuisses, avec l'huile camphrée, à la dose de deux onces, des bains tièdes, des lavements, des demi-lavements de graine de lin légèrement nitrée ou camphrée, et l'on injectera dans la vessie des liquides adoucissants pour prévenir ou combattre l'inflammation. L'opium à l'intérieur ou en topiques, mais à faible dose, variables du reste, suivant les cas, pourront encore être utiles.

Dans le traitement de tout priapisme, il faudra éloigner de la vue du malade tout ce qui peut exalter ses sens, les lectures licencieuses, la vue de danses lascives et même des spectacles devront être totalement interdites. Le lit de ces malades ne devra pas être mou ; les couchers de plume, les couvertures de laine, les édredons seraient aussi contraires. Le décubitus sur le dos devra, autant que possible, être évité. Pour cela, on emploie une serviette, munie d'un nœud dans le milieu, qui est appliquée sur le dos. Les douleurs que fait éprouver le nœud, quand on se couche sur cette partie, oblige le malade à changer de position.

Depuis deux mois, j'ai soumis à la cautérisation un jeune homme affecté d'un priapisme opiniâtre, qui a cédé en grande partie à ce moyen. Je l'ai déjà cautérisé cinq fois, et à la deuxième cautérisation, il put reprendre ses occupations, que les douleurs qu'il éprouvait l'avaient forcé de quitter.

On a aussi conseillé la castration, contre cette maladie rebelle, mais les dangers seuls de l'opération, l'incertitude du succès doivent, aussi bien que dans le satyriasis, empêcher le médecin de la pratiquer, quand bien même le malade le réclamerait comme un bienfait, ainsi que nous l'avons déjà rencontré six ou huit fois.

Il me paraît tout naturel de terminer ce sujet par une observation de priapisme passée sous mes yeux.

M***, médecin à Paris, fut sujet dans sa jeunesse à des pollutions nocturnes. Plus tard, il lui arrivait souvent à son réveil d'être en érection. Ces érections, qui lui faisaient d'abord éprouver un sentiment de démangeaison insupportable, se montrèrent peu à peu très douloureuses ; le sommeil lui devint difficile : c'était principalement une heure après qu'il s'était couché et au point du jour que ces accès revenaient ; c'était souvent en vain qu'il cherchait à calmer ses douleurs avec des lotions d'eau froide, et le matin la tension du pénis était tellement tenace, que, malgré toutes les lotions possibles, ce n'était souvent qu'après une ou deux heures de courses chez ses malades que l'accès venait à cesser. On comprend combien son état était gênant pour ses occupations, et il était fréquemment obligé par décence et aussi pour calmer la gêne que lui causait la marche, de relever le pénis contre le ventre et de l'y tenir fixé.

Cette affection lui dura plusieurs années, et le faisait souffrir surtout l'été ; les bains froids lui offraient alors une grande ressource, et il était rare qu'ils ne fissent pas cesser l'accès. Il joignait à cela un régime doux, de la modération dans toutes choses, et principalement dans ses plaisirs, l'emploi de boissons froides et adoucissantes, telles que la décoction de nymphæa. Il est ainsi parvenu à se guérir complètement de cette infirmité et à rendre supportable le peu d'accès qu'il en ressent parfois.

Résumé thérapeutique du priapisme.

Écarter tout ce qui peut stimuler les sens ; régime lacté et débilitant, bains

tièdes, boissons rafraîchissantes, orgeat, groseille, limonade, etc., petites saignées générales, souvent renouvelées ; éviter d'être couché la nuit sur le dos,
s'assurer s'il n'est pas produit par l'existence d'une pierre dans la vessie ; camphre
et ciguë. Cautérisation de la prostate, lavements composés.

SATYRIASIS OU SATYRIASE

Cette dénomination dérive du mot *Satyrus*, ou σατυρος, noms sous lesquels
sont connus ces êtres mythologiques dont l'attribut principal est une grande ardeur pour les plaisirs de l'amour : telle est du moins l'étymologie que l'on en
trouve dans le *Scoliaste* de Théocrite, tandis qu'Heinsius et le cardinal Baronius,
pensent que ce nom viendrait d'un mot hébreu *satarhotre caché*, parce que, disent-ils, les satyres se cachaient dans le creux des rochers. Quoi qu'il en soit de
ces diverses opinions, les anciens ont constamment attaché une idée de lubricité
aux actions des satyres. Eustache appelle une prostituée *satyra* σατυρα, et de nos
jours on en a formé le mot *satyriase*, pour indiquer chez l'homme l'érection
continuelle du pénis, avec penchant irrésistible, insatiable, dès lors morbide,
d'exercer l'acte vénérien.

Ces trois symptômes sont nécessaires pour constituer le satyriasis, car l'érection sans désirs appartient au priapisme ; les désirs immodérés sans érection,
mais avec délire, formeraient l'érothomanie, ou folie par amour ; enfin le penchant irrésistible à répéter fréquemment l'acte vénérien tient souvent à une disposition organique naturelle, qui ne peut nullement être prise pour un état
morbide. Cet état peut même aller jusqu'à la lubricité la plus extravagante sans
mériter le nom de satyriasis. En voici un exemple tiré de Baldassar.

Un musicien d'une structure athlétique, d'un tempérament ardent, était tellement tourmenté de désirs vénériens, qu'après s'être livré à plusieurs assauts
amoureux en peu d'heures, il n'était pas encore rassasié. Une légère diète, plusieurs saignées et des bains calmants unis à des moyens hygiéniques doux,
furent sans effet ; on l'engagea à se marier, ce qu'il fit, avec une femme forte et
robuste : il en fut soulagé quelque temps, mais bientôt ses désirs devinrent plus
violents, et il réclamait à grands cris la castration contre cette infirmité. Suivant
l'avis donné par Privatius, de Pavie, Baldassar lui conseilla, matin et soir, du
nitre dissous dans de l'eau de nymphæa ; l'usage de ce sel pendant huit jours le
rafraîchit tellement, dit Baldassar, qu'il suffisait à peine aux besoins de sa femme.

Le satyriasis est une maladie rare, surtout dans nos climats ; elle est bien
moins fréquente que la *nymphomanie* chez la femme. La réserve des mœurs, la

contrainte que les femmes sont presque toujours obligées d'imposer à leurs penchants, rendent assez bien raison de cette différence.

Plus ordinaire à l'âge viril qu'à tout autre, le satyriasis peut aussi se montrer, même dans la vieillesse la plus avancée : qui ne connaît pas l'histoire de Jérôme de Cambrai, qui, à l'âge de cent ans fut condamné à mort pour crime de viol, et dont le peuple montrait, avant la révolution, la figure en bronze au-dessus de la porte de l'Hôtel-de-Ville de Cambrai? Qu'il me soit permis cependant d'émettre, avec d'autres auteurs, un doute sur la véracité de ce fait.

Au nombre des causes principales du satyriase, nous citerons un tempérament sanguin, la jeunesse et principalement l'âge de la puberté, une continence absolue, surtout chez un individu qui n'a jamais connu les plaisirs vénériens, et dont l'imagination ardente et surexcitée lui en retrace incessamment l'idée, ou bien une continence inaccoutumée, la vue d'objets lascifs, l'onanisme ou l'abus des plaisirs, l'usage des substances aphrodisiaques en général, enfin tout ce qui peut, soit directement, soit indirectement, exalter la sensibilité des parties génitales.

En effet, toutes ces causes peuvent agir de deux manières, ou bien immédiatement sur les organes génitaux, ou bien médiatement par l'entremise de l'imagination, et ce dernier mode d'action paraît le plus fréquent. Le satyriasis est quelquefois aussi le symptôme de l'éléphantiasis, ainsi que de toutes les affections cutanées, comme l'a fait observer Alibert. Toutes irritations de la peau produisent sur les organes de la génération une action sympathique qui a été largement mise à profit par la débauche et le libertinage qui a fait employer la flagellation, l'urtication, l'acupuncture et autres moyens semblables.

L'habitude de la masturbation peut déterminer par la suite un satyriasis quelquefois très dangereux, quand l'individu tarde trop longtemps à renoncer à ses penchants funestes. En voici un exemple que j'emprunte au *Dictionnaire des Sciences médicales.*

Un jeune homme d'une constitution extrêmement robuste, s'était, depuis l'âge de quinze à vingt ans, adonné à l'onanisme avec un rare acharnement. De bons conseils l'ayant fait quitter ses habitudes pernicieuses avant que sa santé, quoique affaiblie, fût entièrement altérée, il entra dans une maison de commerce, où son zèle et son activité ne tardèrent pas à lui gagner l'attachement du négociant et de sa femme ; mais se trompant sur les sentiments de la femme, qui n'était pourtant ni jeune ni jolie, il s'imagina en être tendrement aimé : dès lors le moindre coup d'œil le mettait en érection et il ne tardait pas à éjaculer. Bientôt sa raison se troubla, et, à la suite d'une lecture de *Phèdre*, il crut qu'il était Hyppolyte, que son idole était Phèdre, et alla se jeter aux pieds de son maître, dont il faisait Thésée, et lui avoua l'amour coupable qui le tourmentait ; ayant quitté cette maison, le délire diminua, mais l'érection et l'émission du sperme continuèrent; malgré un grand besoin d'aliments, les digestions ne pouvaient jamais se faire; à ces désordres se joignait un malaise de tout le corps. La maladie céda cependant à l'emploi combiné des antispasmodiques et des toniques. Ce jeune homme se maria quelque temps après, et jouit dès lors de la plus parfaite santé.

Le satyriasis peut n'être que symptomatique, et reconnaître pour cause, par exemple, l'empoisonnement par les cantharides. Dans ce cas, l'irritation des reins et de la vessie peut être transmise sympathiquement à l'appareil génital, ou plus probablement s'étendre immédiatement à ces parties, y prendre le caractère d'une inflammation, et se terminer quelquefois par la gangrène et la mort. Cabrol en cite des exemples; voici le plus étonnant : Un homme d'Orgon, en Provence, avait les fièvres, et, suivant le conseil d'une sorcière, il prit une potion dans laquelle entraient des cantharides et des orties, ce qui le rendait si furieux à l'acte vénérien, que sa femme, dit Cabrol, nous jura sur Dieu qu'il l'avait chevauchée quatre-vingt-sept fois en deux nuits, sans y comprendre plus de dix fois qu'il s'était corrompu; et même dans le temps que nous consultâmes, le pauvre homme spermatisa trois fois en notre présence, embrassant le pied du lit, et agissant contre iceluy, comme si c'eût été femme; il ajoute que malgré tous les moyens pour éteindre cette furieuse chaleur, le malade succomba.

Ces quelques exemples rattachés aux causes de la maladie, en font assez bien voir en même temps quelques-uns des symptômes, mais il est utile d'insister davantage sur ce point.

Des érections faciles, fréquentes, durant longtemps, tantôt occasionnées par la vue des femmes, tel est le signe précurseur de la maladie. Mais bientôt l'imagination est agitée par des images lascives, et un penchant presque irrésistible à l'acte vénérien, des rêves érotiques troublent le sommeil; le malade est sujet à de fréquentes pollutions; un délire quelquefois doux, quelquefois violent s'empare des malades, les désirs deviennent irrésistibles, et tous les moyens sont bons pour les satisfaire; la face est rouge, les yeux animés, le pouls vif et rapide, et la physionomie offre une expression assez semblable à celle des animaux en rut. L'homme qui, affecté d'un satyriasis aussi intense commettrait un viol, serait-il réellement coupable? Je ne sache pas que ce cas se soit jamais présenté; et d'un autre côté les auteurs de traités de médecine légale n'ont pas posé cette question. Je pencherais cependant vers cette opinion, qu'il y a réellement alors folie momentanée. On comprend, du reste, combien il serait difficile de constater qu'il y a eu satyriasis au moment du viol, à moins toutefois qu'il n'ait persisté postérieurement à l'acte. A son summum, la maladie présente un délire continuel, des désirs insurmontables, et quelquefois l'inflammation et la gangrène subite des organes génitaux. Je dois dire toutefois que le plus souvent, le délire moins vio-

lent continue encore quelque temps, cesse, et avec lui l'érection qui est à la fois
cause et symptôme du satyriasis.

Pour compléter ce que j'ai à dire de la marche de la maladie, il n'est pas hors
de sujet de citer rapidement l'histoire célèbre racontée par Buffon, du curé de
Cours, près la Réole, en Guyenne. Ce prêtre, après plusieurs années passées
dans une chasteté à laquelle son âge et son tempérament le rendaient peu
propre, et à la suite d'une foule d'épreuves soutenues avec la plus grande vertu
et pour l'honneur de la religion, fut poussé par la violence de ses désirs et des
efforts tentés pour les combattre à un satyriasis accompagné de délire intense
et des hallucinations les plus extraordinaires. Je renvoie consulter, pour les
détails, l'auteur de l'observation que je laisse parler pour la fin de l'histoire.

« Le rideau déjà tiré, le flambeau de la raison totalement éteint, le tact, car
il devait avoir aussi ses joies et ses tourments, comme les autres, vint faire le
dénouement de la pièce, par une catastrophe qui alarme la pudeur, étonne la
nature et déconcerte la religion. » A la suite de cette crise, le malade a recouvré
sa raison, et bientôt après la santé.

A cela, j'ajouterai encore, sans envie de blasphémer, que la tentation de
saint Antoine n'était autre chose qu'un satyriasis. L'on sait que ce pieux
solitaire, doué apparemment d'un tempérament fougueux, était sans cesse aux
prises avec les démons, sous la forme de femmes enchanteresses qu'il repoussait
par la prière.

Le satyriasis est une affection plus ou moins dangereuse, suivant l'âge et le
tempérament, la cause qui l'a produit, et surtout les excès auxquels le malade
s'est livré jusqu'au moment où l'on est appelé pour y porter remède. On assure
que beaucoup de personnes en sont mortes dans l'île de Crète. Arétée dit aussi
que les malades périssent, pour la plupart au bout de sept jours ; mais si cela est
vrai pour les pays chauds, il faut que le satyriasis entraîne plus de dangers
que dans nos climats, où il est moins fréquent et moins grave. Il faut dire,
toutefois, que le satyriasis qui reconnaît pour cause l'emploi des cantharides
a toujours paru plus sérieux que la même affection dépendant d'une autre
cause.

De même que le pronostic varie suivant ses causes, de même le traitement
doit présenter des différences suivant les mêmes causes.

Si l'on a affaire à un individu jeune, fort, robuste, et qui ait longtemps
observé les lois d'une continence austère, il faudra employer des moyens débilitants, tels que les saignées, les ventouses scarifiées, les cataplasmes relâchants,
les boissons rafraîchissantes, et joindre à cela l'éloignement de tout ce qui peut
exalter l'imagination, priver le malade de la vue des femmes, de la lecture des
livres et de la contemplation d'images obscènes, mais il faudra employer les

toniques et les fortifiants ; dans le cas où l'irritation des parties génitales se joindrait à un état de débilité, nous ne pensons pas qu'il faille jamais employer la castration, car le remède nous semble pire que le mal, quoique Baldassar ait songé à l'employer dans ce cas, et qu'Origène se soit mutilé lui-même pour n'avoir pas à lutter contre un tempérament fougueux.

S'il s'agit d'un satyriasis produit par l'emploi des cantharides, il faudra employer, en outre d'un traitement débilitant, tous les curatifs de l'empoisonnement par ces insectes, et agir comme nous l'avons dit à l'article priapisme.

Il faudra, dans tous les cas de guérison du satyriasis, ce qui a lieu le plus souvent, employer des moyens hygiéniques propres à empêcher le retour de la maladie, conseiller l'usage modéré des plaisirs de l'amour, une direction habituelle de l'esprit vers des objets étrangers à ce sentiment ; l'étude des sciences, l'équitation, la promenade, la culture des arts, le séjour à la campagne, etc.

Résumé thérapeutique du satyriasis

Débilitants, saignées générales et locales, cataplasmes et fomentations émollientes ; si c'est un jeune homme, boissons rafraîchissantes et calmantes ; si c'est un vieillard, régime tonique, vin de quinquina, de gentiane, etc., enfin l'étude des sciences naturelles, la promenade à la campagne, l'équitation, les travaux de culture, tout ce qui peut tenir l'esprit éloigné des plaisirs de l'amour.

DES ABUS ET DES EXCÈS DES ORGANES GÉNÉRATEURS

Qu'entend-on par abus et excès vénériens

Tout emploi des organes génitaux, tout usage de leurs fonctions en dehors des conditions normales imposées par la nature, qui n'auraient pas pour but la reproduction de l'espèce, est abus ou excès vénérien.

Ces abus sont extrêmement nombreux, et se constituent de toutes les tentatives que fait l'homme pour exalter chez lui la puissance du sens vénérien ; il faut ranger dans cette catégorie l'onanisme ou la masturbation, les idées libres et impudiques, la vue et le goût des tableaux lascifs, les lectures érotiques, les passions déréglées, les attouchements passionnels, les habitudes contre nature, enfin les inutiles efforts pour s'opposer à l'impuissance, lorsque celle-ci est incurable.

Toutes ces tentatives contre nature sont une atteinte portée à la puissance et à la vigueur, et un précédent qui tôt ou tard, dans l'avenir, débilite prématurément le système générateur.

C'est aux mêmes fins que conduisent les abus ou les excès ; l'appauvrissement de l'organisme, avec plus ou moins de rapidité, des nuances plus ou moins tranchées, différentes par les moyens, mais essentiellement semblables par les résultats.

Pour me résumer, je dirai que l'abus des organes génitaux consiste dans la pratique d'un vice, d'un acte contre nature, et que l'excès vénérien est la répétition trop fréquente d'un acte naturel : il y a abus dans l'onanisme et excès dans le coït.

DE L'INFLUENCE DES ABUS ET DES EXCÈS VÉNÉRIENS

De l'exercice des fonctions dévolues aux organes générateurs

On a souvent agité la question de savoir si la civilisation avait amené avec elle la corruption des mœurs, le libertinage, en un mot, la fréquence des abus vénériens. Sans vouloir entrer dans aucune discussion sérieuse sur cette question tant de fois débattue, je ferai observer que si, dans les capitales, dans les lieux où les populations vivent agglomérées, la débauche et les abus vénériens sont proportionnellement plus fréquents que dans les campagnes, la civilisation, si elle en était la cause, n'en serait pas la seule ; les rudes travaux de la campagne sont de nature à amortir les feux du sens vénérien, les veilles y sont plus rares et moins prolongées ; dans les villes, au contraire, il y a plus d'abandon, moins de surveillance, plus de facilité dans les rapports, plus de liberté et par conséquent plus d'occasions et plus de facilités à abuser des plaisirs vénériens dont la source se trouve tout naturellement dans les réunions nombreuses où règne le luxe, où une vie agitée engendre les besoins factices mais impérieux, et trop souvent faciles à satisfaire.

Sans aucun doute, l'abus du sens vénérien est né de ces causes ; la nature n'avait attaché de plaisir au rapprochement des sexes que dans le but de la perpétuité de l'espèce ; mais l'homme sortant de la route tracée par la nature est parvenu à se procurer ce plaisir, de plusieurs façons, sans répondre au vœu du Créateur : ainsi, tantôt se suffisant à lui-même, l'homme se procure ce plaisir, c'est la masturbation ; tantôt, recourant à un être du même sexe que lui, il obtient cette jouissance, c'est la sodomie, et chez la femme la tribaderie ; tantôt enfin, poussant ses goûts hors nature, il s'accouple avec des êtres d'une nature différente, et commet le crime de bestialité ; masturbation, sodomie, tribaderie, bestialité, tous ces actes sont des excès auxquels l'homme, par ses dérèglements, est arrivé à soumettre ses organes qui, dans l'état de première nature, constituaient la noblesse et la virilité de l'homme.

Non seulement les abus vénériens sont de plusieurs sortes, mais aussi ils appartiennent à des âges différents ; dans l'enfance, ils ne prennent pas leur source dans l'usage immodéré des organes génitaux ; ils proviennent de l'impression produite par les objets extérieurs qui entourent les enfants : tels sont les attouchements des nourrices, les dangereux points de contact avec les femmes de chambre, et plus tard les habitudes contractées dans les pensions, dans les collèges, quand la surveillance cesse un moment d'être aux aguets.

Ces funestes pratiques de l'enfance doivent être considérées comme de ruineux emprunts sur l'avenir de l'homme ; s'il n'y a pas encore déperdition de liqueur séminale, ne peut-on pas calculer tout ce que l'économie doit souffrir de ces ébranlements dont le cerveau devient solidaire, et quelle doit être la perturbation d'un organe non encore formé, dont le développement se trouve ainsi subitement interrompu dans sa marche ?

Quand arrive la puberté, les impressions nerveuses qui ont ébranlé profondément l'économie ne cessent point de produire leurs effets : une nouvelle complication arrive, ce sont les pertes séminales.

C'est à prévenir ou à réprimer ces abus que doivent tendre tous nos efforts ; mais trop souvent, hélas ! les conseils de l'expérience sont insuffisants quand la raison humaine ne nous vient pas en aide.

Si les enfants savaient quel avenir ils se préparent ; si les hommes mûrs pensaient plus souvent à la vieillesse qui les attend, un savant auteur ne serait plus fondé à dire : « A mon avis, ni la peste, ni la guerre, ni la variole, ni une foule de maux semblables, n'ont de résultats plus désastreux pour l'humanité que la funeste habitude de la masturbation : c'est l'élément destructeur des sociétés ; il est d'autant plus actif qu'il agit continuellement et mine petit à petit les populations. »

J'ai rencontré dans le monde des hommes même très érudits, vivant sous l'empire d'une erreur bien grave et bien funeste, qui consiste à ne voir dans la pratique de l'onanisme que l'onanisme lui-même, c'est-à-dire qu'une habitude, une affection locale et complètement isolée ; comme si une parenté fatale n'existait pas presque toujours entre les maux qui affligent l'humanité ? Maîtres eux-mêmes de faire cesser la cause, ils s'en prennent à la science en la taxant d'exagération et d'impuissance toutes les fois qu'elle ne parvient pas à dominer les effets.

Les excès de l'appareil génital peuvent encore être la conséquence de l'accomplissement naturel des vues de la nature, c'est-à-dire du rapprochement pur et simple des deux sexes; c'est dans le cas où cet acte se répéterait trop souvent et aurait sur l'économie une réaction fâcheuse ; dans cette circonstance alors, l'organisme éprouverait de trop fréquentes pertes qu'il ne serait pas en état de réparer assez promptement.

Certaines causes qu'il est utile de signaler ici peuvent porter l'homme dans l'âge mûr et dans la virilité à commettre malgré lui des excès vénériens, croyant en cela suivre son appétit et satisfaire les besoins de sa nature: telles sont la présence des ascarides qui se font remarquer si souvent dans le rectum, les érections que la présence de ces animalcules provoque, l'état morbide de la prostate, son état d'irritabilité, l'accumulation du fluide fécondant dans les vésicules séminales, l'existence d'une matière âcre sébacée entre le gland et le prépuce, l'irritation du cervelet ou de ses membranes, etc. ; et souvent aussi des pollutions nocturnes qui font à tort croire à l'homme que l'économie a besoin de se débarrasser par le rapprochement d'un excédant de fluide séminal.

En voyant où conduisent les abus ou les excès d'organes spéciaux, abus qui dans l'avenir ne lèguent que chagrins et infirmités, l'homme devrait être assez sage pour savoir se tenir dans les limites de la prudence et de la modération, juste proportion bien suffisante à la satisfaction de ses besoins et de ses jouissances.

MASTURBATION

C'est l'acte qui provoque et détermine l'éjaculation de la semence prolifique par des moyens en dehors des vues prévues et ordonnées par la nature. D'où l'ancien nom de mastupration qu'on lui donnait, qui vient de *manu stupro :* je déshonore, je corromps avec la main. On lui donne aussi quelquefois le nom d'onanisme, à cause du crime de masturbation commis par Onan, crime qui fut puni de mort par la justice divine, ainsi que nous le rapporte *la Genèse* au chapitre xxxviii, en nous transmettant l'histoire d'Onan, l'un des fils de Judas, fiancé à Thamar, et qui attira la colère de Dieu parce qu'il se livrait au vice dont il est ici question: « Dixitque ergo Judas, ad Onam filium suum, ingredere ad uxorem fratris tui, et sociare illi ut suscites semen fratri tuo. Ille sciens non sibi nasci filios, introiens ad uxorem fratris sui, semen fundebat in terram ne liberi fratris nomine nascerentur. Et idcirco percussit eum Dominus quod rem detestabilem faceret. »

La masturbation se montre à tout âge, dans toutes les conditions de la société et chez les deux sexes. Elle est l'une des causes les plus fréquentes des maladies les plus variées; car au bout d'un certain temps après des désordres que je vais énumérer, elle entraîne la paralysie, l'aliénation mentale, la perte de la mémoire et des facultés intellectuelles ; elle amène l'amaigrissement, la consomption, la phtisie pulmonaire, les scrofules, le rachitisme, les luxations spontanées du fémur, la carie vertébrale, les abcès froids; et la terminaison constante de ces affections, disons-le, c'est toujours la mort, quand on ne sait pas renoncer à la cause qui les a produites. Aussi, d'après ce court aperçu, est-il facile de voir combien il est important pour le médecin philanthrope de chercher à découvrir cette habitude et d'instruire sévèrement les malades des chances malheureuses auxquelles ils se soumettent en continuant leurs tristes et pernicieuses manœuvres ; on comprend aussi quelle vigilance les parents doivent exercer sur leurs enfants, pour les préserver d'un défaut aussi flétrissant pour l'âme qu'il est funeste pour la santé qu'il trouble et détruit constamment.

J'ai dit que la masturbation se montrait à tout âge, mais c'est surtout dans l'enfance ou à l'époque de la puberté qu'elle se rencontre plus fréquemment.

C'est chez les jeunes enfants, particulièrement dans l'âge le plus tendre, au berceau même, que la masturbation paraît se développer avec le plus de facilité, ce qui se conçoit assez aisément lorsqu'on pense que pour la consommation de cette habitude, il n'est besoin du concours d'aucuns phénomènes extérieurs, ni de l'attrait des plaisirs de la volupté; elle se développe dans le jeune âge, avant qu'aucune sensation voluptueuse ait apparu à l'imagination toute virginale des jeunes enfants, ce qui prouverait qu'un besoin intime, une stimulation propre des organes génitaux, porteraient les deux sexes avec un irrésistible entraînement vers la consommation de ce déplorable vice. Combien de jeunes gens, en effet, ayant toute la candeur et la pureté du jeune âge, ont rencontré le tombeau par suite de la masturbation dont ils avaient contracté l'habitude, sans qu'aucun agent extérieur soit venu leur en révéler l'existence.

Il s'est malheureusement rencontré, et nous avons vu des exemples chez de jeunes enfants, avant même l'époque de la puberté, chez lesquels la sensibilité des organes générateurs avait été précocement éveillée par des attouchements impurs exercés par des nourrices, des bonnes d'enfant, des femmes de chambre, qui simulaient même avec de très jeunes garçons le rapprochement sexuel. Dans les pensions, dans les collèges, au milieu de leurs camarades, de leurs condisciples, ne voit-on pas des jeunes gens aveugles, par un coupable instinct des désirs vénériens, se rendre mutuellement les ministres de leur honteux plaisir? La plupart du temps, parmi les jeunes filles et dans leur pensionnat, au milieu de leurs jeunes amies, ne remarque-t-on pas l'habitude de ce terrible fléau se traduire sous les dehors innocents d'une juvénile amitié, et cacher ainsi la pratique de leur adolescente débauche. Elle exerce des ravages différents suivant les âges; dans l'enfance, elle entraîne la mort très rapidement, parce qu'alors on éveille, on provoque violemment le sang génital au détriment des autres fonctions de l'organisme qui dès lors ne peuvent arriver à leur parfait développement.

Il n'est pas de passion aussi funeste dans ses résultats, aussi pernicieuse dans son principe que l'onanisme; il frappe les enfants, la jeunesse; incapables de réflexion, se laissant facilement aveugler par les jouissances frivoles qui résultent de cette fatale habitude, ils s'y abandonnent avec entraînement, avec fureur, encouragés qu'ils y sont, la plupart du temps, par l'exemple; ce vice honteux exerce chez eux d'autant plus de ravages, que leur organisation n'étant pas arrivée à son apogée de perfection, ne peut plus tard retrouver pour son achèvement complet des éléments indispensables épuisés au milieu de coupables manœuvres.

Nous voyons d'autres causes aussi faire naître l'instinct, oserai-je dire même le besoin de la masturbation, telles par exemple que des affections dartreuses répercutées et concentrées dans le système générateur, un écoulement habituel et irritant de ces parties, leur malpropreté; chez les jeunes garçons, l'amas de la matière sébacée, entre le prépuce et le gland, une prédominance extrême des organes sexuels; chez les filles, le développement excessif du clitoris, son excitation devenue habituelle par le frottement des vêtements d'abord, du toucher ensuite, dispositions qui ont conduit, maintes fois et insensiblement, de jeunes filles à la nymphomanie, puis au tombeau !

Nous savons que le sperme est, de tous les fluides, celui qui demande le plus d'élaboration, le plus de soins et les matériaux les plus reconstituants : aussi, si nous voyons la résorption du sperme produire des effets admirables en produisant l'augmentation des forces, nous voyons au contraire le dépérissement, l'amaigrissement, le marasme et la mort être la funeste et inévitable conséquence de la perte prématurée du sperme par la masturbation. Dès lors, l'économie qui ne peut plus s'accroître, qui au contraire s'affaiblit, faute d'éléments de nutrition, amène, par son appauvrissement, les déformations des membres, les caries des os, le rachitisme, cette maladie affreuse, désespoir de toutes les tendres mères de famille : voilà les résultats constants de la masturbation dans l'enfance; chez les adolescents, elle cause un arrêt de développement, qu'on me permette ce mot; car le suc nourricier, étant tout entier employé à la sécrétion du sperme, ne porte plus aux organes qu'un sang pâle, décoloré et appauvri qui ne répare point l'organisme. Dès lors, celui-ci s'affaiblit toujours de plus en plus, et finit par amener les scrofules, les tubercules pulmonaires, les palpitations et les affections du cœur.

Aucune maladie peut-être n'est aussi capable de porter ses ravages dans l'économie que la pratique de l'onanisme ; sa fatale influence retentit dans tous les centres : ni le physique ni le moral ne peuvent s'affranchir de ses cruelles atteintes ; les fonctions digestives et de la nutrition sont totalement perverties, les forces corporelles diminuent, le corps s'émacie sensiblement, la vie semble se concentrer sous l'apparence d'une extrême excitabilité et d'une vive irritation dans les organes génitaux qui sont le siège et le point de départ d'un continuel et profond ébranlement : la paresse la plus complète, le dégoût pour le travail, succèdent à l'activité et aux idées intelligentes ; le corps ne peut se livrer à aucun genre d'exercice qu'il ne soit de suite frappé de courbatures et de lassitudes générales ; le froid et la chaleur impressionnent très douloureusement les masturbateurs, qui deviennent moroses, taciturnes, fuient la société et recherchent tous les endroits solitaires, dans le coupable but de satisfaire leurs honteuses habitudes et de se livrer à leur funeste penchant.

L'habitude de la masturbation n'est pas seulement désastreuse pour l'économie par la consommation de l'acte en lui-même, elle l'est encore par les moyens que les masturbateurs mettent en jeu pour se satisfaire, ce qui ajoute aux dangers et à l'influence pernicieuse que ce vice exerce sur la santé et sur la vie.

On a vu des femmes tomber, par suite de la masturbation, dans un état de fureur utérine tel, qu'elles ne craignaient pas de recourir, pour satisfaire leur habitude favorite, à l'usage et à l'introduction d'étuis, de goulots de bouteilles, et déterminer par ces coupables manœuvres des maladies organiques des parties génitales, des cancers de la matrice, du vagin, des écoulements abondants, sanieux et puriformes, des fistules vésicales, vaginales, et des perforations du rectum.

Chez ceux qui se livrent fréquemment à la masturbation, le plaisir est devenu tellement peu sensible qu'ils sont obligés, pour amener chez eux des sensations dépravées dont ils se montrent si avides, de recourir à des inventions que l'on se refuserait à croire si de nombreux et authentiques témoignages ne venaient en confirmer l'assertion. C'est ainsi que l'on a vu des masturbateurs s'introduire dans l'urètre, dans la glande prostate et même dans la vessie, des morceaux de bois, des lanières de cuir, se piquer la verge, la diviser même avec un couteau, se traverser les bourses avec des épingles, des aiguilles, afin de réveiller une sensibilité qu'ils avaient entièrement usée et si mal dépensée dans la pratique de l'onanisme.

Chopart nous en a laissé un exemple fort curieux et que nous citons à dessein :

« Gabriel Galien se livra à la masturbation dès l'âge de quinze ans, avec un

tel excès qu'il la réitérait huit fois par jour. Peu de temps après, l'éjaculation de
la semence devint rare et si difficile, qu'il se fatiguait pendant une heure pour
l'obtenir, ce qui le mettait dans un état de convulsion générale, et encore ne ren-
dait-il que quelques gouttes de sang et point d'humeur séminale. Il ne se servit
que de sa main jusqu'à l'âge de vingt-six ans pour satisfaire cette dangereuse
passion. Ne pouvant plus ensuite exciter l'éjaculation par ce moyen, qui ne faisait qu'entretenir la verge dans un état de priapisme presque continuel, il imagina de se chatouiller le canal de l'urètre avec une petite baguette de bois d'environ six pouces de longueur. Il l'y introduisit plus ou moins, sans l'enduire
d'aucune substance grasse ou mucilagineuse, capable d'adoucir la rude impression qu'elle devait faire sur une partie sensible. L'état de berger qu'il avait
embrassé lui donnait souvent l'occasion d'être seul et de se livrer facilement à
sa passion : aussi employait-il, à différentes reprises, quelques heures de la journée à se titiller l'intérieur de l'urètre avec sa baguette. Il en fit constamment
usage pendant l'espace de seize années; elle lui procurait une éjaculation plus
ou moins abondante. Le canal de l'urètre, par un frottement de cette nature si
souvent réitéré et si longtemps soutenu, devint dur, calleux et absolument insensible. Galien, trouvant alors sa baguette aussi inutile que sa main, se crut le
plus malheureux de tous les hommes.

L'aversion insurmontable qu'il avait pour les femmes, l'abstinence à laquelle
il se voyait réduit, l'érection continuelle qui provoquait sa passion sans qu'il pût
l'assouvir, semblaient en effet justifier son idée. Dans cet état d'effervescence
mélancolique, qui avait lieu tant au physique qu'au moral, ce berger laissait
souvent errer son troupeau, il ne s'occupait que de la recherche d'un nouveau
moyen propre à se satisfaire. Après bien des tentatives également infructueuses,
il revint avec un nouvel acharnement à l'usage de la baguette; mais voyant que
ces moyens ne faisaient qu'irriter ses faux besoins, il tira comme par désespoir
un mauvais couteau de sa poche, avec lequel il s'incisa le gland, suivant la longueur du canal de l'urètre. Cette incision, qui aurait causé à tout autre homme
les douleurs les plus aiguës, ne lui procura qu'une sensation agréable suivie d'une
éjaculation complète. Enchanté de cette heureuse découverte, il résolut de se dédommager de son abstinence forcée toutes les fois que sa fureur le dominerait. Les
fossés, les buissons, les rochers lui servaient d'asile pour répéter ou exercer son
nouveau procédé, qui lui procurait toujours le plaisir et l'éjaculation qu'il en
attendait. Enfin, donnant tout l'essor possible à sa passion, il parvint, peut-être
en mille reprises, à se fendre la verge en deux parties exactement égales, depuis
le méat urinaire du gland, jusqu'à la partie de l'urètre et des corps caverneux
qui répond au-dessus du scrotum et près de la symphyse du pubis. Lorsque le
sang coulait en abondance, il arrêtait l'hémorragie en liant circulairement la verge

avec une ficelle, et il serrait suffisamment la ligature pour s'opposer à l'écoulement du sang sans en intercepter le cours dans les corps caverneux. Trois ou quatre heures après, il ôtait cette ligature et abandonnait les parties divisées à elles-mêmes. Les diverses incisions qu'il faisait à la verge n'éteignaient pas ses désirs. Les corps caverneux, quoique divisés, entraient souvent en érection en se divergeant à droite et à gauche. M. Sernin, chirurgien en chef de l'Hôtel-Dieu de Narbonne, qui m'a communiqué ce fait, a été témoin du phénomène de cette érection. »

Les masturbateurs se trouvent sans cesse placés autant sous la dépendance du moral que du physique : l'intime sympathie qui unit d'une manière si directe le cerveau aux organes générateurs les met dans la nécessité d'obéir à des désirs immodérés du cerveau ou à l'excitation des organes génitaux ; c'est ainsi que les pensées libidineuses, les idées érotiques, les livres obscènes, en allumant l'imagination, viennent réagir sur l'appareil générateur, de même que l'excitation de cet appareil par le toucher, par le frottement ou par un agent extérieur quelconque, provoque à l'instant même l'ardeur du centre cérébral, l'embrase et détermine l'exécution d'actes dont l'accomplissement, plus tard, doit exciter de bien amers regrets chez celui qui n'aura pas pu comprimer l'élan de ses passions et n'aura su y mettre un frein salutaire.

L'expérience et l'observation viennent déposer tous les jours de l'indifférence que la masturbation fait naître pour les plaisirs légitimes de l'hymen, quand bien même les désirs et les forces ne seraient pas éteints ; cette indifférence est surtout plus sensible chez les femmes ; je connais un homme qui, instruit à ces abominations par son précepteur, éprouva un dégoût invincible dans le commencement de son mariage, et l'angoisse de cette situation, jointe à l'épuisement de ses manœuvres, le jeta dans une profonde mélancolie. Une femme avoue, dans la collection du docteur Bekkers, que cette manœuvre a pris tant d'empire sur ses sens, qu'elle déteste les moyens légitimes d'amortir l'aiguillon de la chair.

Quelquefois cependant, après l'âge de la puberté, cette pratique honteuse disparaît plus ou moins, parce qu'alors, à la timidité du premier âge succède une sorte de hardiesse et d'emportement qui pousse à l'union des sexes, qui souvent affranchit les masturbateurs pour transformer leur passion en amour pour la beauté physique, qui souvent les pousse à s'abandonner d'une manière immodérée à l'acte du coït. Cet excès finit aussi par engendrer les mêmes maux que la masturbation, quoique à un degré beaucoup moindre ; car toujours, dans l'acte de la masturbation, il y a un effort intellectuel pour créer un être purement d'imagination, dont l'idéalité se prolonge jusqu'à l'issue de la crise, dont le masturbateur recule le dénouement pour augmenter ses jouissances.

Mais à quelles causes rapporter la masturbation ? elles varient suivant les âges et les positions. Aussi, chez les jeunes enfants de deux à trois ans, le fait n'est point raisonné, c'est un acte tout matériel provoqué par un prurit ou un chatouillement tenant à la présence des vers ou à une affection dartreuse portée sur les parties sexuelles. Pour faire disparaître la masturbation dans ce cas, il faut tenir les enfants dans la plus grande propreté et porter une attentive surveillance à l'état de leurs parties génitales ; mais dans l'adolescence c'est la lecture des livres licencieux, une éducation trop sensuelle, l'enseignement et l'exemple ; l'éducation sensuelle et les livres libidineux influent puissamment sur le développement du penchant à l'onanisme, pas autant pourtant que la provocation par l'exemple.

C'est surtout dans les collèges, où un grand nombre de jeunes gens sont réunis, dans les séminaires, que la masturbation fait les plus hideux ravages et que la surveillance la plus active doit être exercée, dans les dortoirs, là où la décence la plus rigoureuse doit être observée, les conversations défendues, les rondes de nuit très fréquentes. Il faut surveiller les lieux écartés, ou les endroits où les jeunes gens se trouvent à l'état de nudité plus ou moins complète, soit aux bains ou aux cabinets d'aisances.

Mais si des dangers attendent, comme on le voit, les enfants dans les maisons d'éducation, malgré toute l'austère surveillance de leurs maîtres, des périls d'un autre genre menacent ceux qui reçoivent une éducation isolée dans leurs familles. Ce sont surtout les domestiques dont on doit se défier avec soin : plusieurs fois j'ai vu des enfants m'avouer devoir cette habitude à leurs bonnes, qui les masturbaient, tantôt pour faire cesser leurs cris, tantôt pour gagner leur amitié en leur procurant des sensations voluptueuses inconnues, ou enfin, en se servant de ces malheureux petits êtres comme d'instruments de jouissance pour elles-mêmes. On a vu des nourrices se faire, de la succion de leur nourrisson, un moyen d'onanisme.

On doit aussi se défier et se mettre en garde contre l'influence qu'exercent les spectacles, le jeu des acteurs, la licence de la scène, les bals et la musique désordonnée que l'on y entend, sur la production de l'onanisme et des plaisirs solitaires : bien des faits viennent attester que c'est dans ces réunions malheureusement trop souvent immorales que se développent les passions licencieuses et effrénées, notamment celle de la masturbation, dont ne peuvent souvent se garantir des personnes d'expérience et de raisonnement, à plus forte raison la jeunesse inexpérimentée, chez laquelle bouillonnent les passions et l'effervescence du jeune âge. Qu'il me soit, à cet égard, permis de rapporter ici un exemple de ce genre, qui m'a été communiqué, et qui frappera sans doute le lecteur à cause du nom illustre de l'auteur qui fait le sujet de cette observation.

Malfilâtre, l'illustre auteur de ces jolies poésies qui toutes se ressentent si bien du reflet de leur auteur, est mort épuisé et victime des plus tristes caprices de la passion solitaire. Il a raconté à un homme distingué, dans les dernières circonstances de sa vie, que ne manquant jamais d'aller le dimanche, le lundi et le jeudi, aux jolies fêtes du Ranelagh, à Passy, il y recueillait avec avidité les plus gracieux types féminins qu'il pouvait remarquer, il en analysait les perfections en poète d'une imagination antique, puis qu'en les rassemblant, il en composait un être idéal avec lequel toutes ses forces s'épuisaient.

C'était une hallucination qui n'avait de terme que dans l'épuisement extrême. Malfilâtre était d'une grande modestie, d'une timidité de jeune fille, il avait des amitiés éminentes par le mérite et la fortune ; car durant les dernières années, il n'a jamais manqué de rien. Il a reconnu hautement que la manie qui causait sa mort était plus puissante que sa volonté ; il demeurait à Passy, dans une petite maison, le long de la route de Saint-Cloud ; il a été enterré à Passy, près du bois.

On voit, par là même, que toutes les classes de la société peuvent être stigmatisées par cet horrible fléau. En effet, j'ai plus haut démontré sa présence dans les collèges, les pensionnats, chez les femmes de charge, parmi les domestiques, pénétrer au sein de la famille, au milieu de la haute société ; mais si je cherchais dans les rangs placés au bas de l'échelle sociale, on serait épouvanté des ravages exercés par la masturbation dans les chambrées d'ouvriers, dans les prisons, dans les cellules, dans les bagnes, où la masturbation s'accompagne de la salacité la plus révoltante, de la dégradation la plus ignoble et de l'abrutissement le plus complet.

Maintenant que j'ai exposé rapidement les éléments principaux de la masturbation, je vais esquisser à grands traits le tableau des accidents produits par cette funeste habitude.

Les masturbateurs ont en général la figure pâle et altérée ; le corps est dans un état de maigreur effrayant, malgré la conservation de l'appétit, qui pourtant finit par se troubler ; ils ont les yeux cernés, leur physionomie est triste et souffrante, ils fuient les jeux et les plaisirs, aiment à s'isoler pour satisfaire leur penchant tyrannique ; les digestions finissent par se pervertir ; arrivent les maladies intestinales et en même temps les palpitations, les étouffements : les sentiments affectueux s'effacent ; le monde devient insupportable. L'intelligence s'obscurcit, une mélancolie maniaque ou érotique s'empare des hommes, tandis que la nymphomanie la plus dépravée devient le partage des femmes adonnées à l'onanisme. Enfin le rachitisme ou les scrofules surviennent, qui déforment les membres du masturbateur et décèlent ainsi sa pernicieuse passion aux yeux du monde, jusqu'à ce que la phtisie pulmonaire ou la carie vertébrale l'aient conduit au tombeau.

J'ai parlé de l'onanisme, des causes qui semblent le développer et l'entrete-

nir; je vais dire un mot de l'influence particulière qu'il exerce sur les organes
génito-urinaires en particulier ; j'examinerai ensuite les moyens les plus propres
à opposer à ce fléau destructeur ou à le prévenir.

J'ai eu bien des fois l'occasion dans ma pratique de rencontrer des malades
chez lesquels la masturbation avait produit des incontinences d'urine, des
catarrhes de vessie, des urétrites, des rétrécissements de l'urètre, des maladies de
la prostate. Chez les femmes adonnées à cette habitude, j'ai constaté que des pru-
rits de la vulve, du vagin, des écoulements leucorrhéiques abondants, des
métrorrhagies, des dégénérescences de la matrice, des ulcérations et des indurations de son col étaient le résultat de l'onanisme et des moyens incroyables
mis en usage pour le pratiquer.

L'impuisance est toujours la conséquence de la masturbation ; elle arrive
progressivement chez l'homme, mais d'autant plus vite que le sujet est moins
jeune et moins capable de faire des déperditions du fluide fécondant : l'émission du sperme accompagne en effet presque toujours cette action chez les
jeunes sujets, où cette déplorable habitude n'a point encore tari les sources de la
vie; mais bientôt ce fluide s'épuise, les vaisseaux séminifères, les conduits éjaculateurs, ne tardent pas à devenir malades; la glande prostate s'hypertrophie et
s'indure, l'émission de l'urine devient difficile et douloureuse ; les urines ne trouvant plus dans leur émission un libre cours, deviennent bourbeuses, ammo-
niacales et sédimenteuses ; les reins ne tardent pas à s'enflammer, car ils ne peuvent plus se débarrasser dans un temps donné du produit de leur sécrétion. La
muqueuse de l'urètre, sans cesse excitée par le passage d'un liquide irritant,
s'enflamme et s'épaissit : de là des rétrécissements et une perturbation générale
dans tout l'appareil génito-urinaire. Chez deux malades qui étaient venus récla-
mer mes soins, l'un pour un catarrhe de vessie, l'autre pour un pissement de
sang, il m'a été prouvé par les aveux mêmes de ces malades, que leurs maladies
reconnaissaient pour principe l'habitude de l'onanisme. J'ai guéri une incontinence d'urine nocturne chez une jeune fille de seize ans, qui depuis cinq ans
avait fait un tel excès de la masturbation, que ses parties génitales externes
offraient l'aspect d'une complète flétrissure, et chez laquelle l'onanisme avait
amené la débilité complète de la vessie et de son col.

Les pertes séminales, dans la plupart des cas, sont une suite inévitable de
l'onanisme, qui fort souvent détermine l'absence complète d'érectilité, la flaccidité et la flétrissure du membre viril. Les organes de la génération éprouvent
aussi leur part de misère dont ils sont la cause première. Plusieurs malades
deviennent incapables d'érection ; chez d'autres la liqueur séminale se répand
au moment du plus léger prurit et de la plus faible érection, ou dans les efforts
qu'ils font pour aller à la selle. Un grand nombre est attaqué d'une gonorrhée

habituelle, qui abat entièrement les forces et dont la matière ressemble souvent à une sanie fétide ou à une mucosité sale ; d'autres sont tourmentés par un priapisme douloureux ; les dysuries, les stranguries, les ardeurs d'urine, l'affaiblissement de son jet, font cruellement souffrir les malades. Il y en a qui ont des tumeurs très volumineuses aux testicules, à la verge, à la vessie et aux cordons spermatiques ; enfin ou l'impossibilité du coït ou la dépravation de la liqueur séminale rendent stériles presque tous ceux qui se sont livrés à ce crime.

L'onanisme détermine des accès d'épilepsie et d'hystérie incurables. Ces accès nerveux, si dangereux à la suite de l'onanisme, l'ont été fréquemment à la suite ou pendant le coït, et Van-Swieten a connu un épileptique qui en fut attaqué la nuit de ses noces ; Hoffmann connaissait une femme très lubrique qui avait le plus souvent un accès d'épilepsie après chaque acte vénérien. Je veux placer ici ce que dit Boerhaave dans son traité des maladies de nerfs : que dans l'ardeur vénérienne tous les nerfs sont affectés quelquefois jusqu'à la mort. Il rapporte l'exemple d'une femme qui tombait à chaque coït dans une syncope assez longue, et celui d'un homme qui mourut dans le premier coït : la force du spasme l'avait jeté sur-le-champ dans une paralysie totale. Et je trouve, dans l'excellent ouvrage dont M. Sauvages vient d'enrichir la médecine, l'observation très singulière et peut-être unique d'un homme qui, au milieu de l'acte, était attaqué (et le mal a duré douze ans) d'un spasme qui lui raidissait tout le corps, avec perte de sentiment et de connaissance : *ita ut illum præ oneris impotentia in alteram lecti partem excutere cogeretur uxor, et evacuatio spermatis lento flaccidoque veretro succedebat, remittente corporis rigiditate.* Je connais plusieurs faits analogues : de Haller en a indiqué un grand nombre dans ses remarques sur les instituts de Boerhaave, et l'on en trouve plusieurs autres chez les observateurs.

Si de nombreux exemples viennent nous démontrer que les affections nerveuses sont fort communes chez les femmes à la suite de la masturbation, que ce vice développe chez elles la nymphomanie et la fureur utérine, disons cependant qu'il présente moins de dangers que chez les jeunes gens et chez les hommes faits ; les femmes, en effet, dans cette fatale habitude, ne mettent à contribution que le système nerveux, mais elles ne perdent pas de semence et ne voient pas, par conséquent, la vie s'éteindre aussi promptement chez elles par l'épuisement de la sève. On remarque assez communément chez elles des atrophies partielles des mamelles, des membres supérieurs et inférieurs, accompagner l'habitude de l'onanisme, atrophie portée à un tel point que ces organes finissaient quelquefois par se flétrir, se dessécher ou tomber en gangrène. Alibert cite une observation de flétrissure et d'atrophie des membres thoraciques chez une femme dans un cas de masturbation, et ce qui rend curieuse cette observation, c'est que les membres abdominaux, contrairement à ce qui se passe d'habitude, avaient considérablement augmenté de volume; ce cas m'a paru assez curieux pour le rapporter ici, tel que l'a laissé Alibert dans ses *Éléments de thérapeutique*.

« Une paysanne, âgée d'environ vingt-deux ans, était occupée habituellement à garder les moutons; dans la solitude qui l'environnait, victime de l'activité de son imagination et de l'effervescence de ses sens, elle contracta des habitudes honteuses qui portèrent une atteinte funeste à sa santé. Cette fille infortunée se cachait dans les broussailles et dans les endroits les plus retirés pour satisfaire à son pernicieux penchant. Deux ans s'écoulèrent, et tous les jours on voyait progressivement ses facultés intellectuelles s'affaiblir; elle devint comme stupide. On l'apporta à l'hôpital Saint-Louis, où, dans le délire le plus effréné, elle offrait le scandale perpétuel d'une sorte de mouvement automatique qu'elle n'était poin maîtresse de comprimer, malgré les violents reproches qu'on lui adressait. Un autre phénomène vint frapper notre attention : chez elle, les extrémités supérieures, comme les bras, les mains, la tête et la poitrine, offraient un état de maigreur digne de pitié; mais les hanches, le bas-ventre, les cuisses, les jambes, étaient dans un embonpoint à surprendre les observateurs; on eût dit, en quelque sorte, que la vie était retirée et accumulée dans les membres abdominaux. Ce qui causa surtout notre surprise dans un accident aussi étrange, c'est que les forces sensitives s'étaient exaltées et concentrées dans l'intérieur de l'organe utérin, au point que la seule vue d'un homme qui serait entré dans l'hôpital Saint-Louis, où elle était couchée, suffisait pour déterminer en elle le spasme voluptueux des parties de la génération. Toutes les impressions qu'elle éprouvait venaient retentir dans cet organe. La main de toute personne qui n'était pas de son sexe posée dans la sienne, elle en avait la sensation dans le vagin. Cette malheureuse avait une telle propension à s'émouvoir, qu'il suffisait de lui toucher un doigt, pour y exciter des mouvements contractiles. En parcourant ainsi successivement les différentes parties de son corps, on finissait par agiter toute sa personne et la mettre en convulsion, comme on met en activité les ressorts d'une horloge. Ces convulsions duraient près de trente minutes; la malade, pendant ce temps, poussait des gémissements lamentables, et présentait l'image parfaite des visionnaires de Saint-Médard. Une pareille situation était vraiment effroyable pour les spectateurs. Nous avons déjà vu que, dans les premiers temps qu'elle vint à l'hôpital Saint-Louis, le seul aspect d'un homme suffisait pour exciter en elle des pollutions; ensuite ces pollutions n'avaient lieu que quand on tâtait le pouls, ou lorsqu'il y avait autour de son lit une grande affluence d'élèves qui la considéraient. Ces habitudes invincibles de la malade ayant déjà été imitées par deux femmes de la même salle, nous nous décidâmes à la renvoyer chez ses parents. »

La masturbation punit non-seulement le masturbateur lui-même, mais encore la race qu'il doit engendrer, soit en lui transmettant le principe des affections tuberculeuses ou scrofuleuses dont il est atteint lui-même, ou bien une maladie plus cruelle que la mort, l'épilepsie, dont je n'ai pas encore parlé, mais qui reconnaît pour cause la plus fréquente la masturbation : enfin, mille complications affreuses peuvent survenir, telles que l'affaiblissement de la vue, la cécité même ou la paralysie générale. Du côté des organes sexuels, certain développement exagéré de la verge, avec blennorrhée, ou chez les petites filles l'allongement parfois monstrueux du clitoris, la lividité de la vulve, le relâchement des petites lèvres, et parfois, dans l'un et dans l'autre sexe, un ébranlement fébrile qui finit par déterminer la stérilité, état qui toujours devient la source féconde de maux, de tracasseries et de chagrins dans l'intimité du ménage.

Comment le médecin reconnaîtra-t-il la masturbation, ou plutôt le masturbateur ? C'est là une chose très difficile, car, pour s'y adonner, le masturbateur se suffit : il n'a besoin de personne, il se cache soigneusement pour éviter le soupçon, Ses scrupules, il les oublie. La crainte des maladies, il l'éloigne. Pourtant il faut tenir compte du goût qu'il montre pour l'isolement, de la facilité avec laquelle il comprend, même à demi-mot, tout ce qui est relatif à sa pernicieuse habitude. S'il est couché, sa respiration est courte, précipitée, il aime à se cacher sous ses couvertures : sa face est alors très rouge, il paraît plongé dans un profond sommeil ; mais si on le découvre brusquement on le prend souvent en flagrant délit de masturbation, ou bien on observe des traces de maculations qui peuvent aider puissamment le médecin, les parents ou l'observateur à obtenir l'aveu du coupable.

Quand on aura à interroger l'une des victimes de l'onanisme, on devra, après avoir réuni le plus de probabilités possible, procéder par voie de douceur, de conciliation, de persuasion, sous forme de conseils donnés, comme si l'on avait la certitude du fait.

Quoi qu'il en soit, quand on a acquis cette certitude, que doit-on tenter pour débarrasser le masturbateur de sa triste manie ?

Beaucoup de moyens ont été employés pour réprimer l'habitude de l'onanisme ; mais combien ces moyens ont été inefficaces ! Et cela se comprendra facilement lorsqu'on se rappellera que ce funeste penchant peut exister chez de jeunes enfants au berceau, se dérober à l'investigation la plus pénétrante, être la conséquence d'une organisation particulière, et n'exiger, pour sa consommation, qu'une imagination désordonnée et le concours de la solitude. L'éducation, l'hygiène, offriront à eux seuls plus de ressources que la thérapeutique et les agents mécaniques. Calmer l'imagination, diminuer l'exaltation du système nerveux sont donc les vrais principes qui devront servir de base au traitement et à la guérison de l'onanisme et de ses cruels effets.

Les pères et mères, les nourrices, les maîtres et maîtresses d'institution et généralement toutes les personnes aux soins desquelles de jeunes enfants ou des adolescents des deux sexes seront confiés, devront les surveiller avec la plus grande attention dans leurs mouvements, dans leurs gestes, dans leurs habitudes et dans leurs fréquentations. Ils devront constamment les avoir à leur côté; les mères partageront le lit, le coucher de leurs enfants en bas âge; plus tard, il faudra conserver vis-à-vis d'eux la circonspection la plus scrupuleuse et la plus sévère, en présence surtout de certaines natures dont la sensibilité va jusqu'à l'exaltation; ils auront soin d'éloigner de la vue et de la disposition des jeunes enfants des deux sexes les images et les ouvrages obscènes, et ne jamais les faire assister à des représentations publiques, école du scandale et du vice. Les natures impressionnables seront surtout éloignées de la vue d'objets lascifs, de danses et de musique voluptueuses, de bals, de concerts, etc.

Les moyens mécaniques, tels que les gilets de force, les ceintures, les corsets, les caleçons contre l'onanisme, ne peuvent rendre de services qu'au milieu de la surveillance la plus active, et secondés d'agents thérapeutiques généraux, employés avec activité et persévérance.

Les moyens de guérison empruntés à la thérapeutique se renfermeront tous dans les sédatifs, les tempérants et les toniques. On devra éviter avec soin l'usage des liqueurs spiritueuses, celui d'une nourriture échauffante et trop réparatrice, un coucher trop mou et les habitudes efféminées. Une société choisie, la lecture de bons livres de morale et de piété religieuse, aideront puissamment l'hygiène, et les agents mécaniques.

Il faut éviter avec soin tout ce qui peut exciter les sens, la volupté, les bals, la musique, la danse, les spectacles, les conversations libres, les lectures douteuses; le sommeil doit être court, on ne doit jamais laisser les enfants éveillés dans leur lit. Les promenades ou les voyages, la culture des champs, enfin tous les travaux qui occupent le corps et l'esprit, et qui sont le moins susceptibles de laisser prise à l'oisiveté, seront aussi d'un grand secours.

Les bains froids, la natation en pleine rivière, sont d'excellents moyens pour réparer les désordres produits dans l'économie par la masturbation.

L'alimentation demande beaucoup de soin et une grande surveillance, surtout chez ceux dont les organes digestifs ont été longtemps débilités par l'onanisme. Il faut alimenter modérément les malades; débuter par une diète légère, et n'arriver que progressivement à une nourriture réparatrice. « On commence, dit M. Storck, par les nourrir de bouillons succulents; le riz, les gruaux d'avoine, ceux d'orge cuit avec du bouillon ou du lait, et le lait, sont très utiles; mais il faut observer d'en faire peu et souvent; si l'estomac était fort affaibli, comme cela arrive quelquefois, quand la maladie a fait de grands progrès, qu'il ne pût pas même soutenir ces aliments sans de grandes angoisses, il faudrait alors donner une nourriture légère au malade, ce moyen a quelquefois suffi pour en tirer de l'état le plus fâcheux. On redonne de la force et de l'action aux fibres relâchées, par l'usage du vin avec le fer, le kina et la cannelle. Dès que le malade peut se promener, il lui est extrêmement utile d'aller dans un air de campagne très pur ou de montagne.

Le régime sera plutôt tonique que débilitant; quelques ferrugineux insolites sont souvent très utiles, mais ce sont là de faibles ressources contre la masturbation, qui est le plus ordinairement un acte libre, volontaire et raisonné. C'est donc à la raison et à la volonté qu'il faut surtout s'adresser, en montrant au masturbateur tous les malheurs qui peuvent fondre sur lui d'un moment à l'autre, ou en lui inspirant une crainte profonde de Dieu, ou bien celle de la mort. Si à l'aide de ces moyens, que j'ai rapidement énoncés plus haut, pour détruire les ravages produits par ce terrible vice, on obtient repentir, cessation ou même diminution de l'habitude, alors la santé renaîtra, le bonheur apparaîtra; la joie et le vif coloris de la jeunesse viendront animer les traits des malheureux qui auparavant étaient délabrés, tristes, mornes et abattus, à moins, toutefois que les accidents n'aient décidé quelque maladie mortelle telle que la phtisie, le marasme, l'épuisement.

Mais bien souvent tous les moyens employés viennent à échouer en présence de l'habitude, et l'on voit, chez de jeunes sujets remplis d'espoir et d'avenir, la vie s'éteindre en l'absence de la morale et de la raison! médecine, morale, hygiène, sévérité, violence même, tout a été impuissant contre la contagion de l'onanisme, dont l'habitude triomphe si aisément des obstacles qu'on lui oppose, et dont elle semble calculer d'avance la faiblesse et l'insuffisance. Alors prolonger autant que possible l'existence, rendre agréables les derniers jours d'espérance et de vie, récréer l'esprit par des lectures amusantes et spirituelles, animer le flambeau de la vie par l'habitation de la campagne, par un air pur et bienfaisant; entourer les derniers jours du mourant des douceurs et des agréments de la famille, satisfaire enfin ses dernières volontés et ses plus légers caprices.,.

Résumé thérapeutique de l'onanisme

Le traitement de l'onanisme est surtout moral, si l'on peut ainsi dire; il faut agir sur l'esprit du masturbateur, s'efforcer de lui faire honte de son habitude, l'effrayer sur les conséquences de sa funeste manie, exercer la surveillance la plus scrupuleuse. Ce moyen constitue en général la base du traitement de l'onanisme ; il faut que le masturbateur ne soit jamais seul, ou, tout au moins, qu'il ait la crainte d'être à tout instant surpris. On peut avoir recours à des moyens mécaniques, lui faire porter une ceinture ou bandage contre l'onanisme, établir des ligatures qui attachent les mains du masturbateur, et mécaniquement lui faire tenir ses cuisses éloignées l'une de l'autre. Emploi des moyens hygiéniques : la campagne, la promenade jusqu'à la fatigue, le laisser peu dormir et ne pas lui permettre de se coucher sur le dos, le faire reposer sur le côté ; régime très doux, point d'alimentation excitante.

Pour calmer l'excitation des sens qui existe chez nombre de masturbateurs, on peut avoir recours à plusieurs des formules que j'ai déjà indiquées aux articles *Priapisme* et *Satyriasis*.

DE LA SPERMATORRHÉE

Ou de l'écoulement du fluide spermatique, en dehors du vœu de la nature ; pertes séminales, pollutions diurnes et nocturnes.

S'il existe dans l'univers, dit Virey, un principe physique capable d'imprimer à notre intelligence toute l'étendue et l'audace dont il est susceptible, c'est le sperme, sans contredit. Il est certain qu'avant la puberté, on n'est point encore capable d'exaltation morale, et dans l'âge de virilité, la perte de cette liqueur fécondante dont l'épuisement est la conséquence, constitue une espèce de castration qui casse et abâtardit les corps et les esprits les plus magnanimes. C'est donc le sperme, parmi tous les fluides de l'économie, qui la stimule le plus énergiquement, qui la répare et l'entretient ; qui porte son effet électrisateur jusqu'au cerveau pour lui inspirer l'idée du génie, de nobles pensées, du sublime, de la gloire et des sentiments généreux.

Les grands génies en seraient un exemple frappant, Newton mourut vierge ; le fameux Pitt et le philosophe Kant n'avaient jamais de fréquentation avec les femmes, et si nous en croyons Bacon, les plus grands hommes de l'antiquité s'abstinrent des délices et des voluptés de l'amour.

Si ces vérités sont exactes, s'il est incontestable que la liqueur fécondante soit le principe vivificateur de tous les êtres organisés, que devra-t-il se passer dans l'économie humaine lorsque cette source féconde, ce principe de vie et de richesse viendra à s'échapper et à se tarir ? à quel degré de marasme et de flétrissure physique et morale devra être condamné l'homme s'il ne chasse promptement hors de son économie la cause de ce fléau destructeur autant de ses forces physiques que de sa puissance intelligente? Examinons donc ce qu'est la spermatorrhée, ce que sont les pertes séminales et ce qui se passe chez l'homme lorsqu'elles existent.

On comprend sous le nom générique de spermatorrhée toute évacuation involontaire de sperme, quels qu'en soient la cause et le principe. Sollicitée par la volonté individuelle, la spermatorrhée prend le nom de masturbation, dont elle est le résultat. Si elle se produit sans coït, sans attouchement excitateur, sans aucune sensation et à l'insu du malade, elle reçoit le nom de perte ; accompagnée de sensations voluptueuses, elle prend le nom de pollution, du verbe *polluere*, souiller, profaner.

La spermatorrhée peut être diurne ou nocturne, c'est-à-dire qu'elle peut se produire le jour ou la nuit. La spermatorrhée nocturne est plus fréquente que la diurne, plus susceptible de devenir habituelle et plus indépendante de la volonté des sujets.

A ces différentes formes de spermatorrhée il faut ajouter les pollutions spontanées, bien qu'elles n'aient point été toujours admises par les différents auteurs ; on ne peut cependant pas en contester l'existence : c'est pourquoi je la mentionne ici. Dans quelle catégorie, par exemple, rangera-t-on ces sensations voluptueuses excessives qui se manifestent si souvent à l'âge où le travail de la puberté met en ébullition toutes les facultés sensitives? ne sont-elles pas des pollutions spontanées? Ne sait-on pas aussi que chez certains individus la puissance de l'imagination est tellement susceptible de s'exalter à la vue et au plus léger contact d'une femme, comme par le concours d'idées érotiques, que le sens vénérien en reçoit une surexcitation si complète, que l'émission du sperme est immédiatement provoquée?

Il est un moyen qui ressort des agents thérapeutiques et auquel certains libertins ne manquent pas d'avoir recours lorsqu'il s'agit d'amortir chez eux l'aiguillon de la chair. Ce moyen produit la pollution : je veux parler de la flagellation, et je laisse à dessein s'expliquer sur ce moyen le spirituel auteur de la *Physiologie de l'Espèce*, auquel j'ai eu dans le cours de cet article maintes fois l'occasion d'emprunter de si intéressants passages :

« Nous ne pouvons passer sous le silence, dit-il, une pratique employée autrefois par une secte de dévots qui la mettaient en usage dans le but de mortifier la chair. Ils ignoraient que la stimulation de la peau, se propageant aux viscères intérieurs devait augmenter au contraire l'énergie de leurs fonctions physiologiques, et provoquer aux actes que l'on avait en vue de réprimer par ce moyen. J.-J. Rousseau, dans sa jeunesse, ne dédaignait pas les corrections qui lui étaient administrées par une demoiselle beaucoup plus âgée que lui, et plus d'une fois il s'exposa à recevoir le fouet de ses mains, surtout quand il se fut aperçu que cette punition développait en lui des signes manifestes de virilité. »

Ne doit-on pas encore ranger dans cette catégorie ces voluptueuses excitations qu'éprouvent certains enfants à la suite de fustigations, telles que celles que rapporte le docteur Serrurier, relatives à un de ses condisciples de collège qui trouvait un plaisir indicible à se laisser fustiger? il tâchait sans cesse de se rendre coupable de fautes qu'il savait devoir le faire passer aux verges en se livrant à deux individus chargés de cette ignoble fonction. Ce garçon regrettait quelquefois que la punition ne fût pas plus longue, parce qu'alors la pollution était incomplète: aussi bientôt ce malheureux prit-il l'habitude de la masturbation; il fut offert en spectacle, à son lit de mort, à tout le collège, comme un modèle de dépravation et comme un exemple des dangers de cette funeste passion.

Dans la catégorie des pollutions spontanées on doit encore ranger celles qui appartiennent aux individus chastes et continents, gênés par l'amas de la liqueur séminale; ces individus sont dans un état de trouble, d'inquiétude, d'orgasme, d'agitation, accablés et préoccupés sans cesse d'idées érotiques. Cet état se manifeste encore chez les jeunes gens pubères dont l'innocence a été garantie de toute initiation fâcheuse; leur caractère s'aigrit, ils deviennent tristes, mélancoliques, maussades, enclins à la solitude pour rêver aux mystères qui excitent les passions bouillonnantes dans leur sang: alors des rêves érotiques surviennent, et c'est dans l'un de ces rêves agréables que la semence est rendue. Quand l'excès de la liqueur séminale a été ainsi rejeté, les préoccupations cessent, un sentiment de bien-être se fait sentir, les idées sont plus claires, les mouvements plus souples, l'esprit est plus apte à toute espèce de travail. On a vu, par la continence forcée, se produire chez l'homme le priapisme, le satyriasis.

PERTES SÉMINALES DIURNES

Les pertes séminales diurnes constituent une maladie longtemps ignorée des médecins même les plus célèbres; ils pensaient que lorsque la liqueur séminale devait s'échapper elle ne pouvait le faire sans sensations voluptueuses, et qu'en dehors de ce chatouillement la liqueur qui sortait n'était point du liquide séminal. On est vraiment surpris de voir une pareille erreur partagée par des hommes tels qu'ont été Boerhaave et Haller. Des expériences plus récentes ont démontré que les écoulements séminaux diurnes n'étaient que trop réels, et c'est aussi à tort que dans beaucoup de circonstances on a confondu cette maladie avec la gonorrhée, dont les symptômes diffèrent essentiellement: dans le premier cas, l'écoulement se produit par un flux paisible et modéré, tandis que dans les écoulements gonorrhéiques et prostatiques le flux a lieu goutte à goutte. Dans la perte diurne il se fait un écoulement d'un liquide vicieux, incolore, diaphane, analogue à la synovie, susceptible de tacher le linge, les malades accusent des douleurs aux lombes et au sacrum, le liquide répand une odeur de sperme, forte, pénétrante et particulière. Dans l'écoulement gonorrhéique ou prostatique il y a seulement odeur fétide, mais non pas fade comme celle de la liqueur spermatique. Dans le cas de pertes séminales, la santé s'altère, tandis que les autres écoulements constituent seulement une incommodité fâcheuse, il est vrai, mais d'une nature beaucoup moins grave.

Ces pertes séminales peuvent reconnaître pour causes, de certaines prédispositions; la blennorrhagie qui précède souvent la perte ou pollution en est la cause la plus directe et la plus énergique ; les maladies dartreuses, la masturbation et le coït immodéré en sont encore des causes fréquentes. La vie trop sédentaire, le tempérament nerveux, le mauvais régime, les hémorrhoïdes, l'abus de l'équitation peuvent aussi les amener. D'autres causes tendent aussi à les entretenir, telles que le virus vénérien, une constipation excessive ou bien une diarrhée chronique, le diagnostic de la perte séminale diurne est souvent fort difficile à porter, et cependant c'est là une maladie terrible et insidieuse, une maladie affreuse qui affaiblit l'organisme avec une lenteur et une persévérance désespérantes quand on n'y remédie pas à temps, et cela se conçoit bien quand on se rappelle ce que disent même les vieux auteurs que la perte d'une once de fluide spermatique affaiblit plus que celle de quarante onces de sang.

La perte diurne arrive presque toujours à l'insu du malade et malgré lui; la plupart ne sauraient soupçonner qu'une si modique perte de fluide puisse occasionner chez eux les accidents dont ils sont menacés d'être les victimes. La liqueur séminale s'échappe alors dans le moindre effort pour aller à la selle. Le malade, ayant soin d'uriner avant d'aller à la garde-robe, puis se coiffant le gland d'un cornet en papier, verra qu'aux premières épreintes il perdra une certaine quantité de liqueur prolifique, qui sera recueillie dans le cornet.

La semence qui s'écoule dans l'acte vénérien est bien plus fortement odorante et bien plus élaborée que celle qui s'écoule par les pollutions. Dans celles-ci, la semence est plus pâle, plus tenue, plus aqueuse et bien plus vite expulsée. Les urines sont muqueuses, opaques, au moment de leur émission, et peu après elles laissent déposer une matière floconneuse, blanchâtre, qui communique à toute l'urine une odeur pénétrante et analogue à celle de l'eau dans laquelle on met des pièces anatomiques. Les symptômes de la perte séminale diurne sont une maigreur et une pâleur progressives qui deviennent extrêmes: il y a engourdissement général, stupidité, énervation, faiblesse extraordinaire, profonde, dans les lombes et dans les cuisses, les yeux caves et enfoncés. Les malades, au milieu de tou cela, n'accusent point de douleur : les forces digestives sont affaiblies, mais l'appétit se soutient, il augmente même quelquefois jusqu'à la voracité : alors le relâchement des organes digestifs produit par un sentiment pénible, plein d'anxiété ; ils deviennent moroses et solitaires pour laisser plus librement échapper les vents qui les tourmentent. Le sommeil le plus naturel ne répare pas leurs forces ; à leur réveil ils ont des bâillements répétés. Les facultés intellectuelles se perdent ou s'affaiblissent, la mémoire s'amoindrit et la vue s'éteint ; le plus ordinairement la phtisie arrive pour clore ce déchirant tableau. L'entrée de la belle saison est pour ces malades une période funeste ; ils doivent cette recrudescence de leurs maux à cette faculté générale de procréation devenue plus active à cette époque de l'année pour tous les êtres organisés, et, on le comprend, à ce moment plus les vésicules séminales sont remplies, plus il y a de chance de perte pour les malades. Alors on les voit arriver au marasme par l'épuisement rapide des forces et périr par la consomption dorsale, ou par la phtisie, comme je l'ai déjà dit ; telle est l'issue de la perte séminale diurne, quand elle n'est pas combattue ou qu'elle l'est trop tard. Beaucoup de maladies, abandonnées à elles-mêmes, tendent à une guérison spontanée, pourvu qu'elles ne soient pas exaspérées par les imprudences des malades. Il n'en est pas de même des pertes séminales ; car la plupart de leurs effets sont favorables à leur accroissement. Il faut donc agir promptement pour s'efforcer de guérir cette maladie.

Il faut tâcher de bien reconnaître les causes de la perte séminale diurne, afin de la combattre directement ; c'est en effet en détruisant la cause de débilité que l'on parvient à guérir de la débilité elle-même, car très souvent ces maladies existent longtemps et font d'incroyables ravages, parce qu'elles sont méconnues ainsi que les causes qui les produisent ou leur donnent naissance. On attribuait chez les malades, les phénomènes extérieurs que l'on observait, à des anévrismes du cœur, à des phtisies pulmonaires, à des affections cérébrales, à des hypocondries, tandis qu'il n'y avait que des pertes séminales, et malheureusement on dirigeait tous les efforts de l'art pour combattre ces apparences de maladies, tandis que la maladie essentielle et réelle se cachait toujours et conduisait infailliblement la victime au tombeau.

Avant que cette maladie fût aussi connue que de nos jours, on croyait devoir se conformer en tout au fameux aphorisme de Sanctorius: « Coïtus immoderatus postulat cibos paucos sed boni nutrimenti, » c'est-à-dire ne prendre que des aliments qui, sous un petit volume, contiennent beaucoup de nourriture et qui se digèrent aisément. Si l'on conseillait alors des bouillons fortement chargés de matières nutritives, on administrait les analeptiques et les aliments que l'on pensait augmenter la semence, tels que le salep fait avec des bulbes d'orchis, les œufs, se poisson, etc. ; on voulait par là rendre aux organes leur énergie primitive, sans réfléchir qu'en voulant détruire l'épuisement on entretient la cause qui l'a fait naître, car il ne faut jamais perdre de vue ce vieil aphorisme de l'école de Salerne : on vit de ce qu'on digère et non pas de ce qu'on mange. Le médecin doit donc observer quels sont les causes et l'état de la maladie, et les attaquer franchement s'il peut les connaître. Il faudra que le malade suive le précepte d'Hippocrate, en observant une diète lactée, en mangeant des légumes et des fruits frais, ayant soin d'éviter les pêches, les abricots ou les fraises. De plus le malade prendra de fréquents et légers purgatifs ou des lavements de graine de lin ou de guimauve pour entretenir la liberté du ventre, car les excréments endurcis peuvent séjourner dans le rectum, et les vésicules peuvent être comprimées dans les efforts du malade pour aller à la garde-robe.

On se trouve généralement très bien de faire usage d'eaux minérales alcalines et gazeuses ; c'est surtout l'eau de Spa qui tient le premier rang parmi elles ; on peut l'administrer pure ou coupée avec du lait, pour les personnes dont l'estomac est trop délabré.

Les bols préparés avec du fer en limaille et de la poudre de quinquina, ainsi que les eaux ferrées, sont quelquefois utiles et ont joui d'une grande réputation ; mais il arrive aussi qu'il y a constipation, ce qui augmente les pertes séminales ; puis il s'y joint souvent un sentiment de constriction à l'épigastre, qui oblige de cesser l'administration des médicaments. Il vaut mieux recourir à l'emploi de la glace réduite en poudre ; elle agit plus directement sur les parois de l'estomac.

Il faut aussi seconder l'effet de la glace à l'intérieur par un traitement externe, qui se composera d'applications ou de lotions froides sur les parties les plus voisines du siège de la maladie. Les uns, avec Cælius Aurélianus, ordonnent l'application sur les parties génitales d'une éponge imprégnée d'eau froide et de vinaigre ; d'appliquer sur les organes de la génération, une ou deux fois par jour une vessie contenant de la glace en poudre, dans les cas où la maladie a fait de très grands progrès. Déjà, s'il y avait même consomption dorsale, il faudrait prendre des douches très froides, et les recevoir sur les régions lombaires et sacrées. Les bains froids, les bains russes sont aussi recommandés fortement ; mais leur emploi doit être guidé avec soin par le médecin. Il en est de même des bains de mer fort utiles aux malades et dont le médecin doit aussi surveiller l'action.

POLLUTIONS ET PERTES NOCTURNES

Le besoin d'épancher la semence se manifeste comme tous les autres besoins ; il se révèle souvent pendant le sommeil, et se produit sous l'influence d'effets nerveux, de songes, à la fin desquels la pollution s'effectue. Ordinairement elles ont lieu à des intervalles éloignés.

Sous beaucoup de rapports les pollutions nocturnes peuvent être mises en parallèle avec les pollutions diurnes, si surtout on se borne à en chercher les causes; on retrouve en effet leur présence chez les individus qui se sont livrés à la masturbation et sont plus que tout autre exposés à ces pollutions fréquentes: alors ce n'est plus une surabondance séminale, c'est une maladie des organes destinés à la contenir. Quelquefois, chez les continents surtout, les pollutions nocturnes ont lieu sans qu'il y ait aucun trouble dans l'économie animale; d'autres fois, elles sont accompagnées d'un ébranlement général, d'un tremblement fébrile, avec augmentation du pouls. Plusieurs causes peuvent amener ces pollutions nocturnes: en tête, nous devons placer la masturbation, l'abus des femmes, l'excès des liqueurs fortes, du tabac, de la bière, puis la continence dont nous avons parlé, enfin l'ingestion de substances âcres, telles que les cantharides, le seigle ergoté et le café en petite quantité. Il est enfin des causes secondaires, telles que l'habitude d'un lit trop mollet, trop chaud, ou celle de se coucher sur le dos ou sur le ventre, les dartres, l'amas de matière sébacée entre le gland et le prépuce.

Chez les individus livrés à l'onanisme, les organes génitaux, affaiblis et irrités sans cesse par des provocations démesurées, perdent l'aptitude d'élaborer, de retenir et d'éjaculer normalement la semence, et la sensation qui accompagne la déperdition de la semence est bien différente de ce qui arrive chez les gens chastes. Dans leurs rêves bizarres, le trouble, l'embarras, la répugnance même, le disputent au plaisir qui doit accompagner l'éjaculation. Un poète a dit avec raison: ce qui frappe le jour, la nuit nous le rappelle. En effet, l'homme qui, pendant le jour a bercé son imagination des charmes secrets d'une jolie femme qu'il aura vue, s'endormira dans les idées les plus riantes et les plus voluptueuses; mais ô déception, cette belle femme est remplacée par un hideux fantôme ou par une horrible vieille toute décrépite, de sorte que la beauté, les grâces, s'effacent pour faire place aux formes les plus obscènes et les plus dégoûtantes, et pourtant telle est l'exigence de la sensibilité sexuelle pervertie, que ces images lascives causent la pollution, accompagnée de réveil immédiat, de malaise, de dégoût et de tristesse. L'apparition des différents fantômes varie autant de fois que la pollution, et cette dernière est d'autant plus abondante, que la figure de ces êtres fantastiques est plus horrible et plus lascive.

TRAITEMENT DE LA SPERMATORRHÉE EN GÉNÉRAL

Le traitement des pertes ou des pollutions nocturnes emprunte beaucoup à la thérapeutique de la spermatorrhée en général; il est cependant des moyens particulièrement applicables à la guérison de la spermatorrhée nocturne, c'est surtout parmi ceux-ci que nous y retrouvons les moyens mécaniques, dont l'application devient indispensable lorsque les agents internes ont échoué.

Plus tenaces encore et tout au moins aussi désastreuses pour l'économie que les pertes diurnes, il faut se hâter de les attaquer dans leur principe en portant dans toute la constitution des agents capables de la modifier profondément.

Parmi les moyens internes, je cite ici comme m'ayant maintes fois réussi, les décoctions légères de quinquina, l'usage des eaux minérales ferrugineuses, l'eau de chaux, la glace à l'intérieur, pilée ou mélangée à une quantité de sucre ou d'eau de fleurs d'oranger dans la proportion de deux ou trois soucoupes par jour, et d'une au moment de se mettre au lit.

Si les digestions, comme cela arrive presque toujours, sont difficiles ou dérangées, le malade s'abstiendra de manger le soir et fera usage de préparations de fer, des eaux gazeuses mêlées avec le petit lait.

Les toniques réfrigérants sur les parties génitales et sur les lombes, rendent dans beaucoup de circonstances d'importants services pour les appliquer avec avantage. Il est certaines précautions auxquelles il faut habituer les malades. La nuit une vessie remplie de glace sera appliquée sur les organes sexuels; cette glace doit être changée souvent, attendu qu'elle fond facilement. Une seconde vessie sera également appliquée sur le sacrum, près de l'origine des nerfs. Le spasme des parties génitales se dissipe facilement avec ce moyen, qui finit par triompher des pertes séminales les plus opiniâtres, ainsi que de l'impuissance, lorsque celle-ci en est la conséquence.

L'application d'une éponge imbibée d'eau froide vinaigrée sur ces mêmes parties, resserre sensiblement les vésicules séminales, et remplit quelquefois la même indication.

Les douches ascendantes d'eau froide vinaigrée, mêlée à une quantité de nitrate de soude, dirigées sur la région périnéale, ont concouru puissamment aux guérisons que nous avons obtenues. Il en est de même des douches d'eau froide sur la région lombaire, des topiques réfrigérants sur la nuque et sur l'occiput, le soir avant l'heure du repos, qui nous ont réussi dans bien des cas.

La vessie ne devra jamais être pleine, afin d'éviter les inconvénients de la compresssion, qui est de nature à déterminer de l'irritation sur les vésicules séminales.

Toute idée voluptueuse, tout songe lascif doivent être bannis de l'imagination des malades ; leur coucher doit se composer de crin et de matières dures et saines sur lesquelles ils devront constamment ressentir une douce fraîcheur. Ils doivent se fortifier par des bains froids, et ne jamais se coucher sur le dos.

Restent maintenant les moyens mécaniques, il en est un recommandé par Stoll, qui s'opèrent en liant la verge à l'aide d'un lacet qui embrasse cet organe ; lorsque la pollution veut s'opérer, il y a mouvement, spasme du canal, quelquefois érection : dès lors compression avec douleur, d'où résulte le réveil du malade, et la pollution est enrayée.

D'autres ont proposé une sorte de pince qui porte le nom d'érectomètre, destinée à exercer une certaine pression sur le pénis et au-dessous ; c'est là, comme on le voit, une sorte de presse-urètre ; ces moyens, du reste, rentrent tout à fait dans la méthode de compression du pénis à l'aide des compresseurs utéraux. J'en ai inventé quelques-uns, tous d'une application facile et exempte de tout accident : ils ne gênent en rien la circulation du membre viril, réveillent le malade au moment de la perte, et s'opposent à l'émission de la semence.

Tels sont les modes de traitement les plus convenables dirigés contre la spermatorrhée : il me reste maintenant à ajouter quelques mots sur un moyen chirurgical ou mécanique qui compte de nombreux faits de guérisons de spermatorrhée, qui avait résisté à tous les moyens tentés jusque-là pour leur guérison ; je veux parler de la cautérisation de la prostate à l'aide du nitrate d'argent fondu.

Je ne fais ici que mentionner cet héroïque moyen, je ne m'y étends pas davantage, puisque j'ai réservé dans ce même ouvrage et dans un chapitre postérieur (*Cautérisation de la prostate*) la description et le mode d'emploi de cette importante opération.

Une observation fort importante et qui naît de l'expérience et des faits eux-mêmes, c'est qu'il arrive souvent que dès le commencement des pertes ou des pollutions par l'une des méthodes indiquées, n'importe laquelle, on les voit subitement augmenter d'abord et ne diminuer qu'ensuite. Il semble qu'avant de succomber, elles doivent opposer une lutte acharnée au traitement ; c'est alors qu'il ne faut point ralentir les moyens ; c'est alors le moment de redoubler de zèle, d'activité et de persévérance pour les anéantir et les faire disparaître.

Pour entrer dans la voie de la persévérance, du courage et de la détermination, il suffit au malade d'envisager la gravité de cette affection au point de vue des souffrances physiques et morales, aussi à celui du peu de durée de son existence sous l'influence de la spermatorrhée ; ainsi chez les anciens comme chez les modernes, chez tous ceux qui se sont voués à l'étude physique et morale de l'homme dans l'intérêt de sa santé et de la prolongation de sa vie, et malgré tant de discussions, de controverses et de disputes académiques, dont les bancs de toutes les écoles ont retenti à toutes les époques, tous les physiologistes, les observateurs et les médecins ont été d'accord sur ce point, savoir : que pour la conservation de l'individu, pour son intacte reproduction, le liquide séminal, sous le rapport de sa qualité et de sa quantité, était indispensable pour l'homme ; que ses altérations ou sa perte le débilitaient prématurément, pervertissaient toutes les fonctions de son économie, le conduisaient à *l'impuissance* et le rendaient par conséquent impropre à l'engendrement de son semblable. Pour être pénétré de ces tristes vérités si bien appréciées des anciens, je ne puis mieux terminer ce chapitre qu'en mettant sous les yeux du lecteur l'esquisse fidèle qu'Hoffmann nous a laissée des *pertes séminales* :

« Après de longues pollutions nocturnes, dit ce praticien, non seulement les forces se perdent, le corps maigrit, le visage pâlit, la mémoire s'affaiblit, une sensation continuelle de froid saisit tous les membres, la vue s'obscurcit, la voix devient rauque, tout le corps se détruit peu à peu, le sommeil troublé par des rêves inquiétants, ne répare plus, et l'on éprouve des douleurs semblables à celles qu'on ressent après avoir été meurtri par des coups. Si nous portons des regards plus attentifs sur les individus affaiblis par ces pollutions, nous remarquons qu'outre ces effets, il existe sur tout l'ensemble de leur physionomie une tristesse sombre, mélancolique ; leur âme n'est plus expansive, ils ne trouvent plus dans la société des femmes ce charme qui fait une des plus douces jouissances de la vie, les traits du visage sont altérés, cette blancheur de la peau animée d'un vif coloris, est remplacée par cette teinte rembrunie, apanage de la vieillesse, les yeux, de vifs et saillants, qu'ils étaient s'enfoncent dans les orbites, souvent des boutons enflammés ou suppurants couvrent le front, et le corps, par son émaciation, présente l'image d'un spectre hideux, qui ne semble se mouvoir que par l'action de quelques ressorts que la cause délétère qui les mine n'a point encore usés. »

DES ÉCOULEMENTS QUI SIMULENT LES PERTES SÉMINALES

Écoulements urétraux, prostatiques; catarrhes urétraux; catarrhes vésicaux, blennorrhagies; moyens de les différencier.

Pour reconnaître le liquide résultant de la spermatorrhée, deux conditions sont nécessaires, il faut constater : 1° la sortie du liquide par la verge; 2° la nature de ce liquide.

Dans les pollutions nocturnes, il est assez facile de reconnaître la sortie du sperme, car elle s'effectue presque toujours avec une sensation de plaisir. Dans le cas même où une sensation agréable n'accompagnerait pas cette pollution, on retrouve au réveil des traces de sperme, soit sur les poils du pubis, soit sur le linge, soit dans l'intérieur du prépuce. Si la liqueur est desséchée, on la reconnaît encore à des traces brillantes. L'existence des pollutions nocturnes, en dehors même des symptômes généraux qu'elles laissent après elles, est ordinairement facile à constater comme nature du liquide.

Mais il n'en est pas de même des pollutions diurnes ou non convulsives; dans ces dernières, en effet, la sortie du liquide se fait à l'insu du malade, le sperme peut être mêlé à d'autres matières ou confondu avec d'autres produits de sécrétions normales ou morbides.

Je vais passer en revue ces diverses sécrétions, et je dirai au fur et à mesure les moyens dont on peut se servir pour différencier tous ces divers liquides si différents. Chez les individus qui se nourrissent d'idées lascives, ou après une excitation légère des organes génitaux, il arrive que l'extrémité de la verge est imprégnée d'une matière visqueuse blanchâtre, qui, en se desséchant, laisse sur le linge des taches semblables à celles du blanc d'œuf; les lèvres du méat urinaire peuvent aussi être collées par le desséchement de cette matière. Cet écoulement n'est pas une maladie, mais l'excitation de la muqueuse qui tapisse l'intérieur du gland et du canal de l'urètre. On l'appelle mucus urétral.

Quand cette excitation se communique jusqu'à la prostate, ce qui arrive presque toujours, le mucus prostatique se mêle au mucus urétral. Je vais dire comment on peut distinguer ces deux matières du sperme.

D'abord ces deux mucus ne sortent jamais par jet, même pendant les efforts de la défécation, parce que n'étant retenus dans aucun réservoir spécial, ils ne peuvent en être spontanément expulsés. Le fluide spermatique, au contraire, surtout pendant la défécation, sort, je ne dis pas par jet, mais au moins en masse. Première distinction.

Après avoir constaté l'abondance et la brusque sortie du liquide expulsé, on n'a qu'à le frotter entre ses doigts, car le sperme, même le plus aqueux, mousse alors comme du savon et a cette odeur caractéristique qui lui est propre. Le fluide prostatique, au contraire, joint au mucus de l'urètre, donne une matière filante et visqueuse, toujours transparente et susceptible de s'allonger entre les doigts.

Je parlerai tout à l'heure du microscope, qui peut être appliqué dans tous les cas où il s'agit de différencier deux fluides entre eux.

Je ne m'arrêterai pas longtemps à la blennorrhagie aiguë, dont le produit est difficilement assimilable au sperme, sans compter même les douleurs qui accompagnent toujours la chaude-pisse. Mais quand la blennorrhagie est passée à l'état chronique, quand elle est devenue blennorrhagie, elle est constituée par un écoulement que l'on désigne sous le nom de goutte militaire. Cependant on ne confondra pas la spermatorrhée avec la blennorrhagie, si l'on se rappelle que c'est à la fin de l'excrétion urinaire que la liqueur séminale est rendue, tandis que c'est par les premières gouttes d'urine que le mucus urétral est entraîné; du reste, ce signe différentiel n'a de valeur que lorsque l'écoulement urétral ne donne que quelques gouttes, le matin par exemple, comme dans la goutte militaire. Les antécédents peuvent être ici de quelque secours. De deux choses l'une : ou le liquide a toujours présenté le caractère de fluidité, et alors il ne s'agit pas de spermatorrhée ; ou il y a d'abord eu des pertes de véritable sperme, point ou à peine altéré, et si ces pertes se sont prolongées, autant que le liquide s'altérait, il est alors probable qu'il s'agit de pertes séminales involontaires.

Peut-on confondre l'écoulement séminal avec l'écoulement provenant d'un catarrhe de vessie? Selon moi, il sera toujours facile de distinguer le mucus résultant d'un catarrhe vésical d'avec le sperme, en faisant uriner le malade debout; en effet, ces matières, étrangères à l'urine et plus pesantes qu'elle, se rassemblent vers le col de la vessie et sortent par conséquent les premières, tandis qu'on observe le contraire pour le sperme.

Si tous les moyens que je viens d'indiquer pour reconnaître le sperme ne suffisaient pas, il faudrait avoir recours au microscope. Quand le sperme est-seul, il est facile de distinguer sur le miroir les animalcules ; mais si le sperme est mêlé à des matériaux étrangers fournis par les vésicules séminales, la prostate, l'urètre ou la vessie, il se forme une espèce de couche épaisse qui masque les zoospermes; il faut, dans ce cas, ajouter une goutte d'eau qui délaye cette couche et qui étale davantage les zoospermes, ce qui, en diminuant la densité du liquide, permet à la masse des animalcules de se mieux dessiner. L'effet dont je parle serait encore plus prononcé, si, au lieu d'une goutte d'eau, on se servait d'une goutte d'alcool ; mais l'alcool a l'inconvénient d'altérer le sperme, de telle sorte qu'il ne peut être conservé longtemps.

L'évaporation, qui nuit assez souvent à l'opération, la favorise quelquefois d'une manière remarquable. La dessication est tout à fait défavorable, en ce que le mucus empâte les zoospermes, mais une goutte d'eau les replace bientôt dans leur état ordinaire, et les premiers phénomènes se reproduisent.

Il faut encore faire attention que quelquefois deux zoospermes sont superposés de manière à sembler n'en former qu'un monstrueux à deux têtes ou à deux queues. Mais il suffit encore d'une goutte d'eau entre les deux verres pour que ces deux animalcules se séparent et deviennent différents.

DE LA CASTRATION CONSIDÉRÉE COMME MOYEN CURATIF DES PERTES SÉMINALES

Appréciation et critique de ce moyen.

En bonne chirurgie, l'ablation d'un organe doit toujours être le dernier moyen que l'opérateur doive appeler à son aide. Il faut, avant d'en venir à cette extrémité, avoir épuisé toutes les ressources de la thérapeutique ; cette règle générale de la chirurgie est surtout applicable en ce qui regarde les pertes séminales. Cette maladie n'étant pas considérée à ce point d'incurabilité qu'il faille, dès son apparition, recourir à un moyen aussi extrême que celui de l'amputation des testicules, il s'ensuit que cette opération est tout à fait inutile dans le cas qui nous occupe, comme je vais le démontrer.

Aucun chirurgien ne se décidera à enlever les testicules, et peu de malades consentiront à cette opération, dès le début de la maladie; l'un et l'autre voudront essayer des moyens que fournit la thérapeutique, et ils auront raison ; mais s'il arrive que tous ces moyens échouent; si le mal, au lieu de diminuer, augmente, et que le malade voie tous les jours ses forces s'anéantir et l'abandonner, pourra-t-on avoir recours à l'extirpation des testicules?

En principe, si l'on considère que les pertes séminales affaiblissent à ce point l'organisme que la mort menace d'arriver par suite de cet affaiblissement, il faudrait extirper, par cette maxime, qu'il vaut mieux sacrifier une partie que le tout. Mais à l'époque où on pourrait mettre en pratique un pareil précepte, on s'exposerait à atteindre un but diamétralement opposé à celui qu'on se propose, et on ne sauverait ni la partie ni le tout.

Pour supporter une pareille opération, il faut que l'organisme possède une certaine force de vitalité, pour réagir contre la perte de sang et les douleurs qu'une semblable opération entraîne toujours après elle.

Et d'abord ne sait-on pas qu'en opérant la castration chez un individu on porte au physique le même tort qu'au moral? On enlève par cette opération le stimulus du cerveau, de la pensée et de l'intelligence, enfin on réduit l'homme à l'état de crétinisme, et l'on en voit exactement la preuve chez les eunuques. Ces êtres malheureux, rabaissés à la vie individuelle, végètent dans une perpétuelle adolescence d'idées et de sentiments. On enseigne la musique aux castrats et jamais ils ne peuvent y mettre ni l'expression ni le sentiment de l'âme.

Puis un tabescent parvenu à cette période de la maladie, à laquelle tous les moyens thérapeutiques ont échoué, aura-t-il assez de force pour supporter une nouvelle perte et résister aux douleurs qui n'affaiblissent pas moins ? Je ne le crois pas, si on pense combien affaiblissent les pertes séminales, on se convaincra sans peine que l'ablation des testicules serait alors véritablement mortelle, et si le chirurgien la pratiquait, il prendrait sur lui une responsabilité énorme.

Ce n'est pas le seul cas où la médecine, impuissante, doive préférer voir la mort envahir lentement le malade ; les philanthropes, je le sais, voudraient que, dans le cas d'une mort certaine, le médecin crût de son devoir d'abréger les souffrances du malade ; mais la médecine s'est tracé d'autres devoirs, et adoptant la maxime des gens du peuple, qui dit : Tant qu'il y a espoir, il n'y a pas mort, elle se garde bien de briser une existence qui ne lui appartient pas, et qu'elle a mission de défendre jusqu'à l'extrémité.

Ainsi, dans aucun cas de pertes séminales, il ne me semble opportun de recourir à l'ablation des testicules : au début de la maladie, parce que ce moyen serait barbare, avant d'avoir épuisé tout l'arsenal de la thérapeutique ; employé à la fin, il serait tout à la fois inutile, dangereux et criminel.

DE L'IMPUISSANCE

Considérations générales.

A quelque objet que l'on en fasse l'application, le mot impuissance est, sans contredit, celui de tous les mots qui entraîne avec lui le plus d'idées désolantes ; en effet, en toutes choses, l'impuissance, c'est le désespoir ; le désir est violent, la volonté lui vient en aide, mais l'impuissance est là : nul désir, nulle volonté n'en peuvent triompher. Dans bien des circonstances, dans celle par exemple où l'impossibilité de satisfaire son ambition ou sa cupidité est démontrée au conquérant ou à l'avare, la résignation peut consoler de l'impuissance, et l'homme déchu de ses convoitises peut espérer d'autres dédommagements ; mais où peut en trouver l'homme, lorsqu'il s'agit de sa propre impuissance, si surtout, comme les anges déchus de Milton, il ne peut attribuer qu'à lui seul son exclusion anticipée du paradis perdu pour lui et par sa faute ? A combien de regrets, en effet, s'expose celui qui s'est ainsi condamné à ne plus participer aux délices que répand sur toute l'humanité l'exercice de la puissance génératrice ! Aussi l'homme a-t-il dû, de tout temps, chercher un remède à un mal aussi cruel, à un mal qui l'atteint dans son essence, dans sa dignité, et la science médicale a-t-elle dû, de tout temps, même dès la plus haute antiquité, s'occuper du traitement de l'impuissance chez l'homme, lorsqu'on pense que les anciens peuples honoraient d'un culte si profond la puissance génésique et les organes générateurs, auxquels ils consacraient un culte et élevaient des autels.

Mais avant de parler des ressources que l'art médical offre sous ce rapport à l'humanité, examinons d'abord ce qu'est l'impuissance chez l'homme, comment on doit la considérer, et quelle étendue il faut donner à son acception.

Pour la plupart des auteurs, l'impuissance est pour l'homme l'impossibilité d'exercer le coït, c'est-à-dire l'acte du rapprochement; pour moi, je donne plus d'extension au sens de ce mot, et j'entends par impuissance l'inaptitude de l'homme à opérer une copulation fécondante ; le but de la copulation étant en effet la reproduction de l'espèce, je ne saurais séparer le résultat de l'acte lui-même; ainsi certains eunuques peuvent exercer le coït, et n'en sont pas moins impuissants. Ma définition, du reste, comprend toutes les exigences de la première, plus celle qui se rattache au résultat fonctionnel.

La génération, en effet, dont la puissance virile n'est que le moyen, exige deux conditions essentielles: 1° rapprochement, union des deux sexes; 2° liqueur prolifique fécondante et fécondation ; par conséquent, ces deux conditions étant essentiellement liées entre elles, l'absence de l'une entraînera fatalement l'impossibilité de l'autre. Ainsi l'inutilité de l'acte, aussi bien que son impossibilité à l'exécuter, constitue, selon moi, dans l'un comme dans l'autre cas, l'état d'impuissance.

En me plaçant cependant à ce point de vue, je n'entends pas dire qu'un homme soit impuissant parce que ses rapports sexuels seront négatifs dans la cohabitation ; la femme, de son côté, peut elle-même apporter dans l'acte du rapprochement des conditions de stérilité et d'infécondité; alors ce même homme, avec une autre femme obtiendra des résultats du coït, c'est-à-dire la fécondation si cet homme, pour constituer sa virilité, possède les deux conditions essentielles : l'érection et l'éjaculation.

DES DIFFÉRENTES ESPÈCES D'IMPUISSANCE

L'impuissance doit être divisée en diverses espèces: l'impuissance absolue et l'impuissance relative ; elle peut être constitutionnelle ou locale, directe ou indirecte, enfin elle peut être permanente ou passagère.

L'impuissance est absolue, lorsqu'elle provient de l'absence des organes génitaux ou de leur conformation vicieuse.

Elle est relative, lorsqu'elle résulte d'un manque de proportion entre les parties qui doivent concourir dans le coït et se correspondre chez les deux sexes, dans l'acte de la génération, comme, par exemple, lorsque le pénis est d'une dimension excessive et le vagin trop étroit.

Elle est constitutionnelle, lorsqu'en naissant l'individu apporte dans sa constitution même un état d'appauvrissement tel qu'il ne puisse être jamais capable d'élaborer les matériaux indispensables à la procréation de son espèce.

Elle est locale, lorsqu'une personne douée d'une grande vigueur, sous d'autres rapports, est atteinte d'une faiblesse marquée et spéciale des organes génitaux.

Elle est directe, lorsqu'elle a pour cause la froideur du tempérament, un affaiblissement général et local des organes générateurs.

Elle est indirecte, lorsqu'elle existe chez un individu doué du reste d'un tempérament vigoureux et présentant une conformation naturelle des organes de la génération, ou lorsqu'elle est due à la concentration des forces vitales, dans quelques parties du système; par exemple, si l'affluence du sang à travers les corps caverneux, condition nécessaire pour que l'érection se produise, vient à être suspendue, ou que l'imagination excitée ou alarmée, fasse refluer le sang au cœur ou au cerveau, l'impuissance en résultera.

L'impuissance est permanente, lorsque la cause continue et ne cesse de maintenir les organes génitaux sous son influence. Elle est passagère, au contraire, lorsqu'elle provient d'une cause physique ou morale capable d'influencer, pour un temps seulement, les organes de la génération, mais qui doit cesser au bout d'un certain temps et leur laisser reprendre leur libre action.

La division qui précède entre les différentes sortes d'impuissance, était ici nécessaire à exposer; elle doit servir de guide tant au praticien qu'au malade, désireux de connaître à quelle catégorie appartient telle nature d'impuissance, afin de choisir et d'apprécier les moyens curatifs qu'il convient d'employer pour arrêter les progrès de l'impuissance et en obtenir la guérison.

DES CAUSES DE L'IMPUISSANCE

Ces différences partielles dans la production des différentes espèces d'impuissance, se rapportent toutes à des causes physiques ou morales, congénitales ou acquises.

Les causes physiques sont toutes celles qui dépendent de la constitution, des maladies ou des vices de conformation, spécialement des organes générateurs.

Ces dispositions vicieuses ou ces maladies, l'individu peut les avoir apportées en venant au monde : elles sont alors congénitales, ou elles ont pu envahir l'économie pendant l'existence accidentellement ; alors ces causes sont acquises.

Les causes morales sont toutes celles qui, chez l'homme, dépendent des diverses dispositions dont son esprit est susceptible, selon ses passions, ses goûts, ses caprices, ses préjugés, ses préventions, enfin tout ce qui est capable d'affecter son cerveau d'une manière quelconque. Il ne faut oublier non plus ni la nature des travaux qui préoccupent la pensée, ni l'assiduité prolongée qui fatigue l'esprit, ni même les exaltations de toutes sortes.

Dans les causes physiques, il faut comprendre les maladies graves qui auront pendant longtemps exercé leurs ravages sur l'économie et engourdi en quelque sorte la puissance nerveuse, et qui peuvent rendre impuissants, pendant un temps plus ou moins long, ceux qu'elles ont failli faire périr. Il n'est pas rare d'observer l'impuissance pendant les longues convalescences de certaines fièvres typhoïdes ; on la remarque encore assez souvent à la suite des affections cérébrales profondes qui ont tenu pendant un certain temps les malades dans un état de paralysie et de délire ; les constitutions débiles, faibles, altérées, l'abus des plaisirs de la table, des liqueurs spiritueuses et enivrantes, qui d'abord excitent et plongent ensuite l'individu dans un état d'abattement et de prostration générale ; les travaux excessifs d'esprit, la langueur, le marasme, ont également produit l'impuissance.

Le cancer des deux testicules, leur atrophie, l'engorgement squirreux du cordon des vaisseaux spermatiques, les rétrécissements de l'urètre, qui empêchent l'émission du sperme au moment de l'orgasme voluptueux et forcent ce fluide à être refoulé dans la cavité vésicale ; ce qui doit faire croire à beaucoup d'individus que, dans l'acte du rapprochement, bien que la sensation du plaisir ait lieu, il n'y a ni production ni émission de la liqueur séminale ; l'engorgement de la prostate, l'ulcération des conduits éjaculateurs, l'affaiblissement des muscles du périnée, le défaut d'érectilité du pénis, par suite de la masturbation ou d'épuisement vénérien, ou par défaut d'excitabilité de la portion de l'encéphale qui envoie aux organes génitaux la stimulation qui les met en exercice ; les coups, les chutes sur la partie postérieure de la tête suivies d'une atrophie du cervelet, peuvent produire l'impuissance.

On retrouve encore l'impuissance, lorsqu'il existe des imperfections des organes génitaux, certains vices de conformation. Ainsi l'absence congénitale du pénis, la direction vicieuse de cet organe en haut, en bas ou sur les côtés pendant l'érection, comme on l'observe dans certaines vicieuses dispositions du frein, un état anévrismatique anormal du corps caverneux, comme l'a observé Albinus, l'épispadias et l'hypospadias, lorsque l'ouverture de l'urètre est tellement rapprochée du pubis, que la matière spermatique ne peut pas être déportée dans le vagin de la femme, l'absence des deux testicules.

Le phimosis et le paraphimosis congénitaux sont aussi parfois des causes d'impuissance. Dans ces vices de conformation, dit le docteur Dumont de Bonneville, le prépuce est quelquefois si peu ouvert, que l'urine (et à plus forte raison la semence) a de la peine à trouver une issue; tantôt il comprime si violemment le gland, que celui-ci ne saurait prendre le volume qu'il doit avoir dans l'érection; la compression est quelquefois même si forte et si prononcée, qu'elle exclut non seulement tout sentiment de volupté pendant le coït, mais qu'elle est encore suivie d'une douleur très vive et d'un obstacle à l'éjaculation. Cette conformation avait reçu des Latins la dénomination de capistratio. Les inconvénients qui résultent de cette disposition anormale, quant à la génération, sont les mêmes que ceux que produit le phimosis : c'est toujours en faisant éprouver des douleurs très vives qui s'opposent à la sensation voluptueuse qui provoque l'éjaculation, ou en s'opposant par la compression de l'urètre à l'émission de la liqueur séminale.

FIN DU TOME PREMIER

Imprimerie Vormus, 9, passage Saulnier. Paris

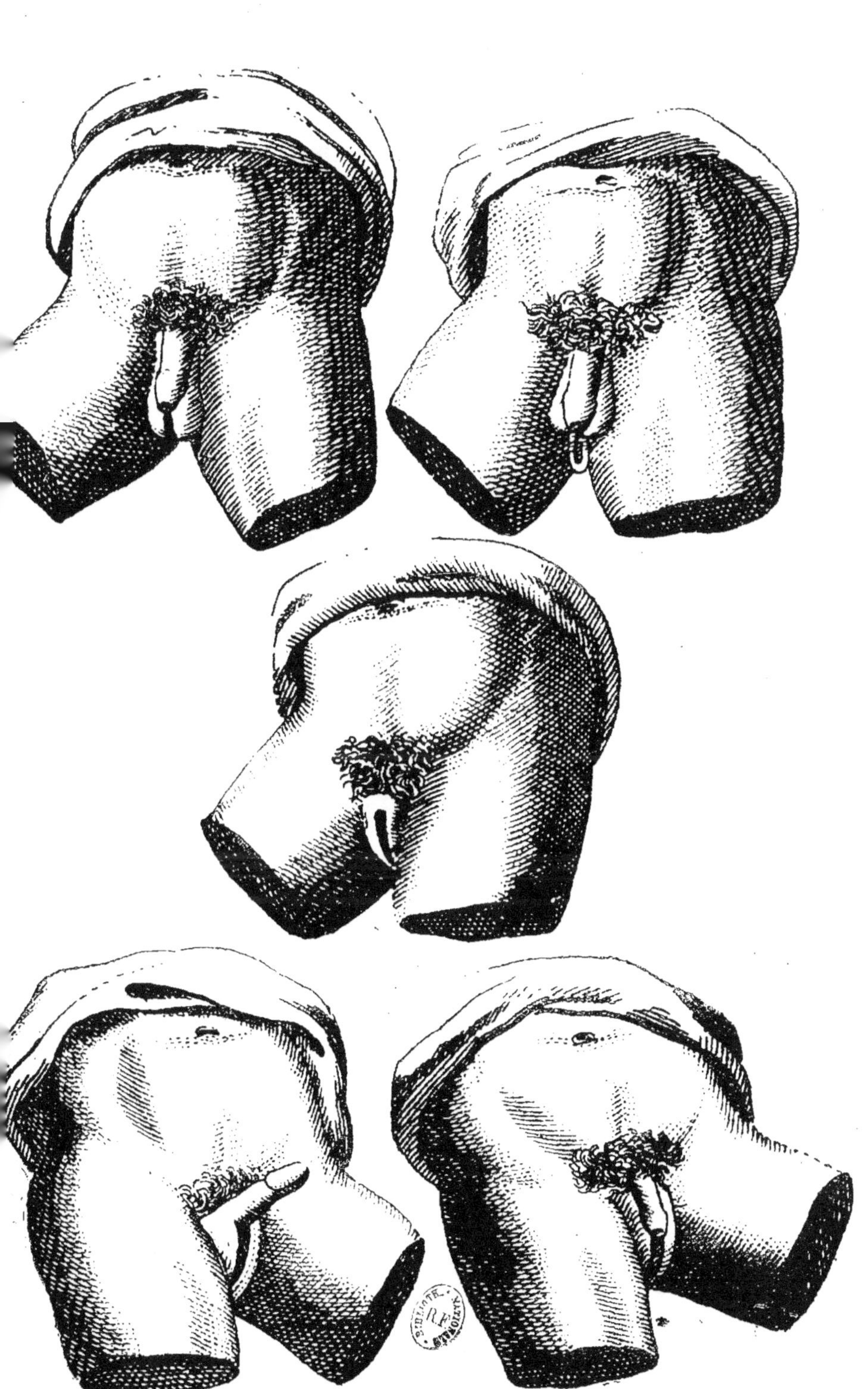

Hermaphrodites.

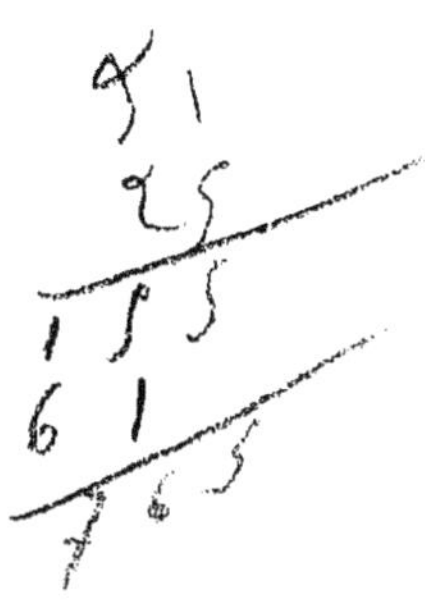

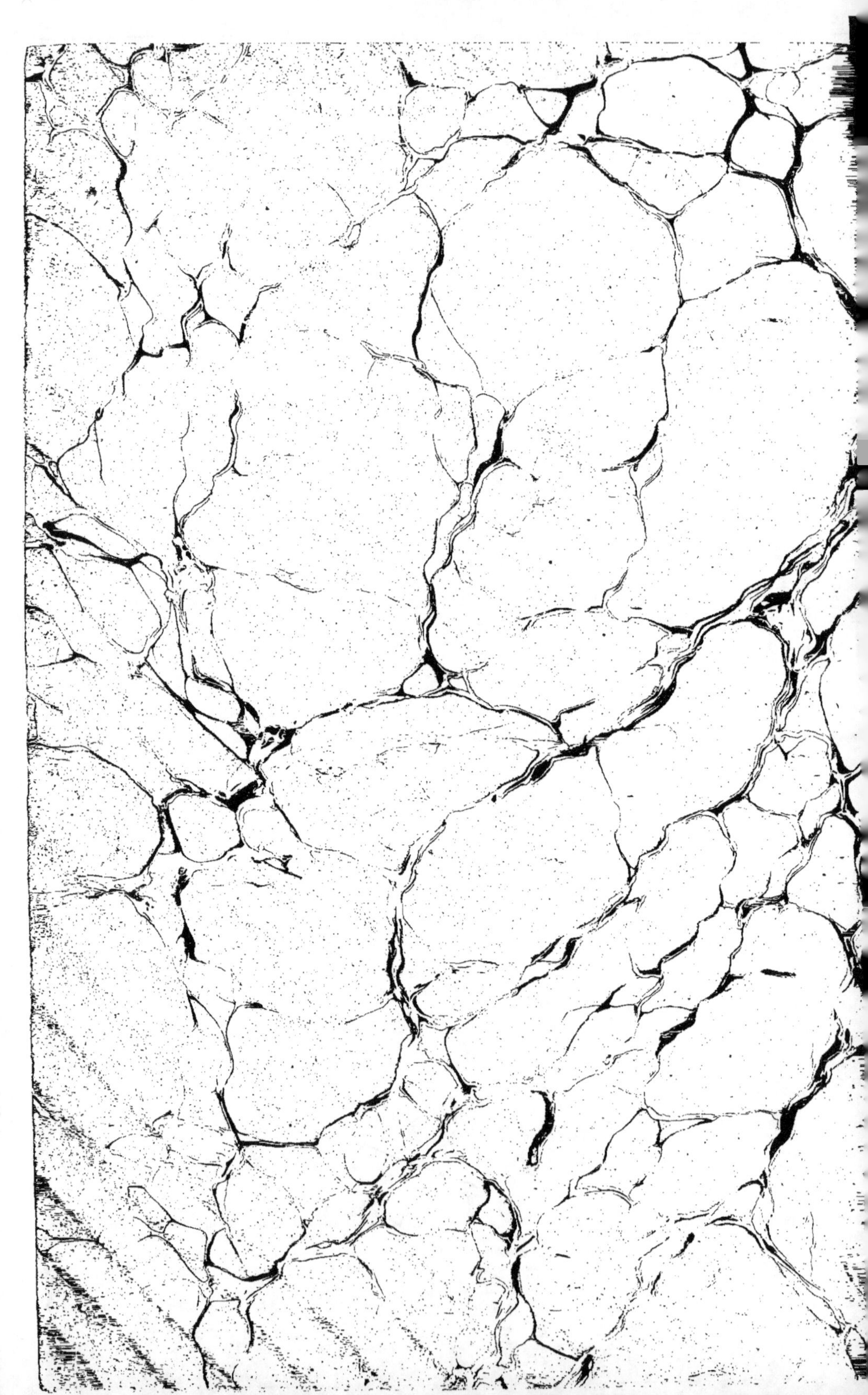

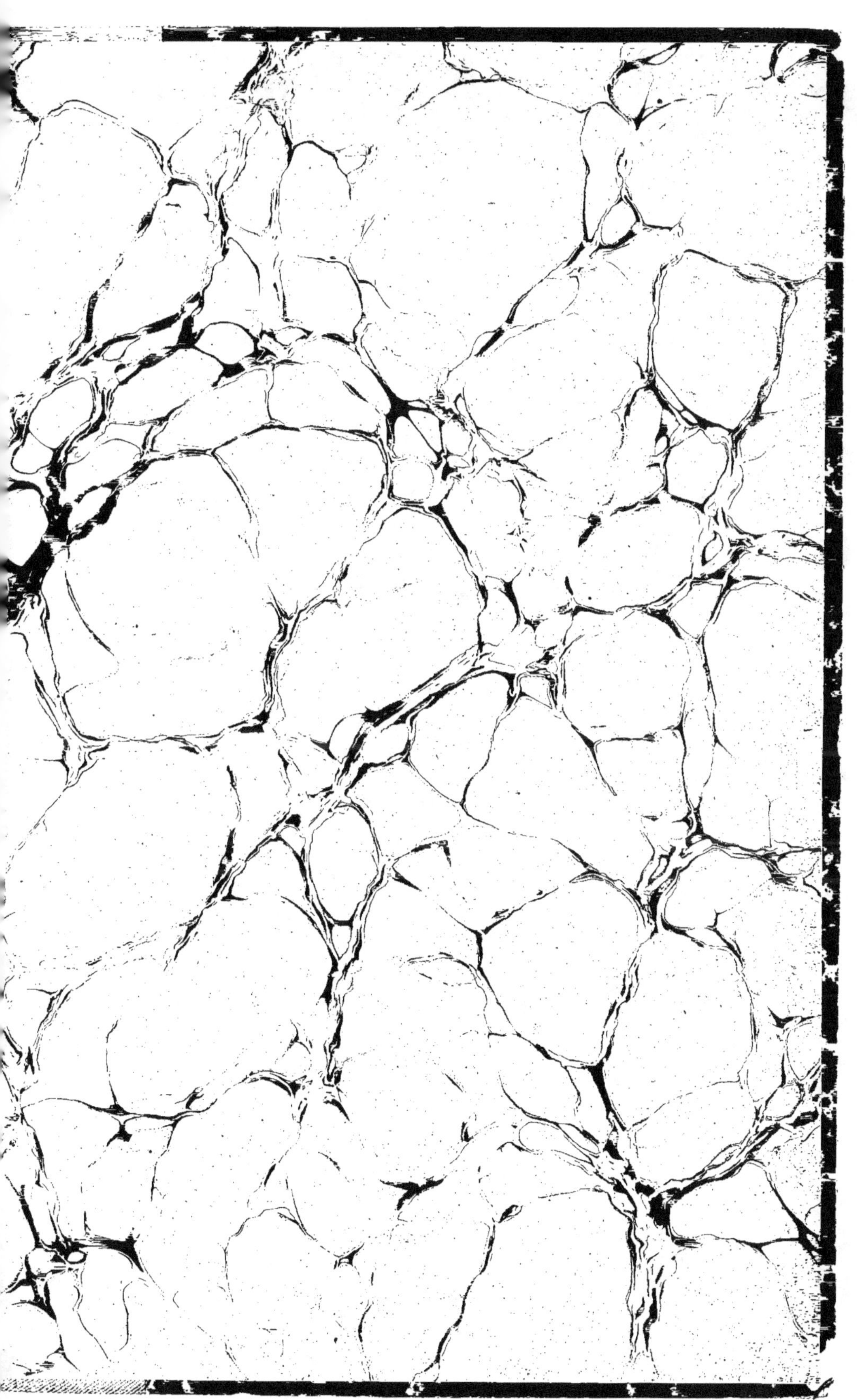